CB003158

Ensino, pesquisa e inovação

DESENVOLVENDO A INTERDISCIPLINARIDADE

Ensino, pesquisa e inovação

DESENVOLVENDO A INTERDISCIPLINARIDADE

EDITORES

Arlindo Philippi Jr

Valdir Fernandes

Roberto C. S. Pacheco

Editores
Arlindo Philippi Jr
Valdir Fernandes
Roberto C. S. Pacheco

Secretaria editorial
Soraia F. F. Fernandes

Apoio técnico editorial
Américo Somermann (Cetrans)
Augusta Thereza de Alvarenga (USP)

Projeto gráfico, capa e diagramação
Acqua Estúdio Gráfico

Produção editorial
Editor gestor: Walter Luiz Coutinho
Editora: Ana Maria da Silva Hosaka
Produção editorial: Marília Courbassier Paris
Editora de arte: Deborah Sayuri Takaishi

Produção e realização
Universidade de São Paulo (USP)
Universidade Tecnológica Federal do Paraná (UTFPR)
Universidade Federal de Santa Catarina (UFSC)
Coordenação de Aperfeiçoamento de Pessoal de Nível Superior (Capes)
Fórum de Pró-Reitores de Pós-Graduação e Pesquisa (Foprop)

Dados Internacionais de Catalogação na Publicação (CIP)
(Câmara Brasileira do Livro, SP, Brasil)

Ensino, pesquisa e inovação: desenvolvendo a interdisciplinaridade / editores Arlindo Philippi Jr, Valdir Fernandes, Roberto C. S. Pacheco . -- Barueri, SP : Manole, 2017.

Vários autores.
Bibliografia
ISBN 978-85-204-4395-8

1. Interdisciplinaridade na educação 2. Pedagogia 3. Pesquisa 4. Prática de ensino I. Philippi Jr, Arlindo. II. Fernandes, Valdir. III. Pacheco, Roberto C. S.

16-03389 CDD-370.71

Índices para catálogo sistemático:
1. Interdisciplinaridade : Formação de professores : Educação 370.71

1ª edição – 2017

Editora Manole Ltda.
Av. Ceci, 672 – Tamboré
06460-120 – Barueri – SP – Brasil
Tel.: (11) 4196-6000 – Fax: (11) 4196-6021
www.manole.com.br
info@manole.com.br

Impresso no Brasil
Printed in Brazil

EDITORES

Arlindo Philippi Jr
Valdir Fernandes
Roberto C. S. Pacheco

AUTORES

Agustina R. Echeverría
Universidade Federal de Goiás, UFG

Akiko Santos
Universidade Federal Rural do Rio de Janeiro, UFRRJ

Alcides Goulart Filho
Universidade do Extremo Sul Catarinense, Unesc

Álvaro de Oliveira D'Antona
Universidade Estadual de Campinas, Unicamp

Ana Cecilia Espinosa Martínez
Centro de Estudos Universitários Arkos, México

Ana Cristina Souza dos Santos
Universidade Federal Rural do Rio de Janeiro, UFRRJ

Andrea Valéria Steil
Universidade Federal de Santa Catarina, UFSC

Annibale Cutrona
Consórcio Interuniversitário para Investigação das Ciências do Mar, Itália

Arlindo Philippi Jr
Faculdade de Saúde Pública, USP

Carlos Kamienski
Universidade Federal do ABC, UFABC

Carolina Rodriguez-Alcalá
Universidade Estadual de Campinas, Unicamp

Cintia Barcellos Lacerda
Instituto de Astronomia, Geofísica e Ciências Atmosféricas, USP

Claudia Regina Castellanos Pfeiffer
Universidade Estadual de Campinas, Unicamp

Claudio Zaror
Faculdade de Engenharia, Universidade de Concepción, Chile

Denilson Sell
Instituto Stela

Divina das Dôres de P. Cardoso
Universidade Federal de Goiás, UFG

Dóris Santos de Faria
Universidade Federal do Oeste do Pará, Ufopa

Eduardo de Senzi Zancul
Escola Politécnica, USP

Eduardo Guimarães
Universidade Estadual de Campinas, Unicamp

Emmanuel Zagury Tourinho
Universidade Federal do Pará, UFPA

Everaldo Barreiros de Souza
Instituto Tecnológico Vale Desenvolvimento Sustentável, ITV

Faimara do Rocio Strauhs
Universidade Tecnológica Federal do Paraná, UTFPR

Flávio Batista Ferreira
Universidade Estadual de Campinas, Unicamp

Gabriela Marques Di Giulio
Faculdade de Saúde Pública, USP

Gilberto Montibeller Filho
Universidade Federal de Santa Catarina, UFSC

Giovana Ilka Jacinto Salvaro
Universidade do Extremo Sul Catarinense, Unesc

Gustavo Martini Dalpian
Universidade Federal do ABC, UFABC

Helio Waldman
Universidade Federal do ABC, UFABC

Herivelto Moreira
Universidade Tecnológica Federal do Paraná, UTFPR

Isac Almeida de Medeiros
Universidade Federal da Paraíba, UFPB

Ítala Maria Loffredo D'Ottaviano
Universidade Estadual de Campinas, Unicamp

Jorge Rojas
Faculdade de Ciências Sociais, Universidade de Concepción, Chile

José Oswaldo Siqueira
Instituto Tecnológico Vale Desenvolvimento Sustentável, ITV

José Seixas Lourenço
Universidade Federal do Oeste do Pará, Ufopa

Joviles Vitório Trevisol
Universidade Federal da Fronteira Sul, UFFS

Jurandir Zullo Junior
Universidade Estadual de Campinas, Unicamp

Leandro Key Higuchi Yanaze
Escola Politécnica, USP

Lívia Márcia Mosso Dutra
Instituto de Astronomia, Geofísica e Ciências Atmosféricas, USP

Lívio Amaral
Universidade Federal do Rio Grande do Sul, UFRGS

Luiz Alberto Pilatti
Universidade Tecnológica Federal do Paraná, UTFPR

Luiz Bevilacqua
Universidade Federal do ABC, UFABC

Maiara Gabrielle de Souza Melo
Instituto Federal de Educação, Ciência e Tecnologia da Paraíba, IFPB

Marcel Bursztyn
Centro de Desenvolvimento Sustentável, UnB

Marcelo Aparecido Phaiffer
Universidade Estadual de Campinas, Unicamp

Maria Beatriz Maury
Centro de Desenvolvimento Sustentável, UnB

Maria Cristina Maneschy
Instituto Tecnológico Vale Desenvolvimento Sustentável, ITV

Maria da Penha Vasconcellos
Faculdade de Saúde Pública, USP

Maria do Carmo M. Sobral
Universidade Federal de Pernambuco, UFPE

Sumário

Prefácio

É reconhecido que os grandes desafios de conhecimento do século XXI para a humanidade encontram-se nas interfaces entre disciplinas e demandam abordagens inter e transdisciplinares. Por várias décadas, a pós-graduação brasileira vem envidando esforços no sentido de trazer a interdisciplinaridade para seus processos de formação de recursos humanos qualificados e de produção do conhecimento, enquanto concepção e método de trabalho.

Um número significativo de professores, pesquisadores e estudantes tem participado desses esforços com a apresentação de resultados alentadores para o desenvolvimento do Sistema Nacional de Pós-Graduação, especialmente nos últimos 15 anos.

A trajetória percorrida por esses movimentos permitiu reunir experiências, refletir sobre seus avanços e dificuldades, e discutir sobre seus desdobramentos e construções, levando um amplo grupo de professores e pesquisadores, sob a liderança do professor Arlindo Philippi Jr[1], a elaborar três obras que oferecem ao país uma trilogia de significativa contribuição à prática da interdisciplinaridade:

- O primeiro volume – *Interdisciplinaridade em ciência, tecnologia & inovação*, sob a responsabilidade editorial dos professores Arlindo Philippi Jr e Antônio José Silva Neto – registra teorias e práticas interdisciplinares, combinando desafios teóricos, metodológicos, com as experiências brasi-

[1] No momento da escrita deste Prefácio, o professor Arlindo Philippi Jr ocupa o cargo de Diretor de Avaliação da Coordenação de Aperfeiçoamento de Pessoal de Nível Superior (Capes).

leiras acumuladas em uma década de programas de pós-graduação multi e interdisciplinares.

- O segundo volume – *Práticas da interdisciplinaridade no ensino e pesquisa*, com a editoria dos professores Arlindo Philippi Jr e Valdir Fernandes – coloca ênfase nas experiências de docentes, pesquisadores e alunos de pós-graduação em projetos de ensino, pesquisa e extensão interdisciplinar.
- Este terceiro volume – *Ensino, pesquisa e inovação: desenvolvendo a interdisciplinaridade*, editado pelos professores Arlindo Philippi Jr, Valdir Fernandes e Roberto C. S. Pacheco –, reúne, novamente, uma gama de autores para trazer, refletir e registrar experiências relacionadas à institucionalização e à internalização da interdisciplinaridade no ensino, na pesquisa e em instituições responsáveis pela produção do conhecimento no país.

No primeiro volume, tive a oportunidade de relatar minha trajetória profissional interdisciplinar. Vendo aquele relato em retrospectiva, noto a sintonia com os caminhos desta trilogia, particularmente com a sua trajetória editorial. Foi em minha primeira atuação institucional multidisciplinar, no Comitê de Ciências Ambientais (Ciamb) do Programa de Apoio ao Desenvolvimento Científico e Tecnológico (PADCT), entre 1995 e 1999, que reconheci a relevância da ação multi e interdisciplinar para a produção do conhecimento. Nos anos seguintes, entre 2002 e 2007, participei da Comissão Multidisciplinar da Capes, a convite do professor Luiz Bevilacqua. Quando terminou meu mandato como coordenador, fui substituído pelo professor Arlindo Philippi Jr, cuja gestão herdou o desafio de se buscar um marco conceitual e estrutural para a multi e a interdisciplinaridade na pós-graduação brasileira, dado o expressivo crescimento do número de programas multi e interdisciplinares. Os resultados daquelas reflexões estão plenamente registrados no primeiro volume desta trilogia.

Já no período de desenvolvimento do segundo volume, ocupei a Secretaria de Políticas e Programas de Pesquisa e Desenvolvimento, do Ministério da Ciência, Tecnologia e Inovação. Em cerca de dois anos e meio nessa secretaria, entre as conclusões a que cheguei está a extrema relevância de buscar interfaces constantes entre ciência e políticas públicas. Para o enfrentamento dos desafios do século XXI, a formação de recursos humanos qualificados, a produção do conhecimento e a consequente elaboração de políticas públicas não podem ser processos estanques, configurando-se cada vez mais sua interdependência.

Isso é evidente, por exemplo, na busca de transformação do mundo em direção à sustentabilidade global. Entre os desafios contemporâneos estão: produzir alimentos para 9 bilhões de pessoas respeitando limites planetários sustentáveis; valorizar e proteger serviços da natureza e da biodiversidade; desenvolver adaptação a um mundo mais urbano e mais quente; realizar a transição para sociedades de baixo carbono; reduzir a pobreza e promover a educação para a sustentabilidade; criar oportunidades de renda e de inovação com sustentabilidade global; reduzir riscos de desastres; e alinhar governança e gestão responsável. Todas essas demandas exigem a construção de uma agenda e de uma produção científica voltada à resolução de problemas complexos, com efetiva e constante comunicação com a sociedade, o que somente pode ser obtido com o diálogo entre áreas de conhecimento, alcançado a partir da articulação multi e interdisciplinar.

É nesse ponto que cabe um destaque para um dos resultados virtuosos de uma correta institucionalização: a criação de uma agenda centrada em uma visão de bem comum, que possa manter os diferentes atores comprometidos com a busca de resultados coletivos, ainda que diante de conflitos permanentes. Nessa visão, cientistas devem ser melhores comunicadores sobre a relevância e o impacto (mesmo que potencial) do que produzem, enquanto gestores públicos devem ser formuladores e governantes de ações que levem a resultados de benefícios efetivos para a sociedade. Até mais do que essa constatação, se preconiza que o processo seja um trabalho integrado entre cientistas, tomadores de decisão, agências de financiamento da pesquisa, ONGs e sociedade civil organizada, guiado por uma nova concepção de codesenho e coprodução do conhecimento, para o qual o método interdisciplinar é fundacional.

Neste terceiro volume da trilogia pela interdisciplinaridade, seus capítulos abordam diferentes aspectos contributivos para uma relação virtuosa entre ciência e políticas públicas. Os autores oferecem um leque de experiências institucionais que têm buscado na interdisciplinaridade um novo *modus operandi* na formação (incluindo relatos sobre universidades como UFABC, Unicamp, Ufopa, Unesc, UFRRJ, UFFS, UTFPR e USP), em projetos complexos, na articulação político-institucional (casos do Fórum de Pró-Reitores de Pesquisa e Pós-Graduação – Foprop – e do Conselho Nacional de Fundações Estaduais de Amparo à Pesquisa – Confap) e em gestão pública (como em capítulos que discutem a interdisciplinaridade na Capes).

A esses, se acrescentam capítulos que tratam a institucionalização de forma transversal, em temáticas que exigem a atuação de atores de diferentes matizes (gestão de recursos hídricos, pesquisa agropecuária, mudanças climáticas), em unidades institucionais (programas de pós-graduação e projetos inter e transdisciplinares), em novas instituições no sistema técnico-científico do país (como no caso do ITV de Desenvolvimento Sustentável), além de contribuições sobre experiências de internalização da interdisciplinaridade em outros países (Chile e México).

Portanto, se, de um lado, este terceiro volume conclui uma trilogia, de outro, com o tema da institucionalização, registra o caminho que a interdisciplinaridade vem percorrendo para sua plena inserção na educação superior, na ciência, na tecnologia e na inovação do país. Particularmente para a pós-graduação e a pesquisa, a trilogia contempla os três pilares para uma adequada reflexão e inserção da interdisciplinaridade: bases conceituais, práticas e aprendizados da experiência e, neste terceiro volume, sua institucionalização. Boa leitura e aplicação.

Carlos A. Nobre
Presidente da Capes

Prefácio: síntese de uma reflexão

Por mais inovadora que possa ser até hoje, a ideia da interdisciplinaridade não é realmente coisa tão nova. A palavra já era utilizada durante o primeiro quarto do século XX, e sua noção, explorada por filósofos e pedagogos como reação à fragmentação do quadro de produção e de transmissão do conhecimento. O fato de a palavra constar da edição 1929 do *Oxford English Dictionnary* traz testemunho do uso já bastante comum do termo na época. Durante anos, as discussões sobre a noção ficaram restritas a um público de especialistas preocupados com o desmembramento do pensamento científico.

No entanto, o recorte disciplinar continuava seu movimento de especialização e de fracionamento no âmbito das instituições de ensino e de pesquisa – em particular nas universidades. Teve-se de esperar até os anos 1960 e sua intensa efervescência intelectual para que essa evolução fosse profundamente colocada em questão. Em muitos países da Europa, nos Estados Unidos e em vários países da América Latina, manifestou-se a exigência de uma maior abertura das instituições de formação para as preocupações da sociedade, criando espaço para temáticas transversais (tais como desenvolvimento, gênero, pobreza) e liberando-se do formalismo rígido do recorte disciplinar. Rapidamente essa reflexão crítica ultrapassou os limites da comunidade dos pedagogos para alimentar, em âmbitos nacionais e internacional, debates sobre estratégias de reforma dos sistemas de formação para que se colocassem em sintonia com as profundas transformações do contexto técnico e econômico mundial. Com efeito, em 1972, a Organização para a Cooperação e Desenvolvimento Econômico (OCDE) publicava um documento intitulado *Interdisciplinarity: Problems of Teaching and Research in Universities*.

Durante os últimos decênios do século XX, a ideia progrediu, tanto em âmbito teórico, com a publicação de numerosos artigos e livros sobre o assunto, como prático, com iniciativas locais lançadas em vários países. Por exemplo, inter e multidisciplinaridade foram as palavras-chave da reforma das universidades na França entre o final dos anos 1960 e o início dos anos 1970. Na Alemanha, foi criado, desde 1968, o Centro de Pesquisa Interdisciplinar (ZIF) da Universidade de Bielefeld. Nos Estados Unidos, um grupo de professores e pesquisadores reuniram-se no final dos anos 1970 para lançar a Association for Integrative Studies (hoje, Association for Interdisciplinary Studies), enquanto a perspectiva interdisciplinar animava um crescente número de iniciativas de formação e de pesquisa em várias universidades do país. No Brasil, foi a partir dos anos 1990 que se iniciou um potente movimento de criação de diplomas acadêmicos interdisciplinares.

Poder-se-iam multiplicar, assim, os exemplos que evidenciam quão profundas foram as raízes cravadas pela ideia interdisciplinar na história do pensamento de parte significativa do século XX e do presente século. Mas, aqui, somos confrontados com um paradoxo singular. Apesar dessa já longa genealogia intelectual, ao longo de um período durante o qual tantas revoluções conceituais e científicas aconteceram, modificando em profundidade nossas representações do mundo e de nós mesmos como seres humanos, o projeto interdisciplinar ainda não perdeu seu caráter pioneiro. Não conseguiu se impor como uma imprescindível exigência para dar conta da complexidade das realidades contemporâneas. Até hoje alimenta debates, contestações, resistências dentro de instituições de formação e de pesquisa construídas conforme uma abordagem disciplinar – abordagem esta que, reconheçamos, foi capaz de mobilizar as mais altas competências especializadas para explorar de forma fragmentada as muitas facetas da realidade e que fundamentou os imensos progressos do conhecimento científico na era moderna.

Hoje em dia, montar um projeto científico baseado na colaboração de várias disciplinas dentro de uma instituição de ensino ou pesquisa e, sobretudo, mantê-lo ao longo do tempo fiel a suas ambições, frequentemente permanece uma façanha – seja qual for o acolhimento positivo recebido pela iniciativa no seu lançamento, enquanto sinal da capacidade de inovação dessa mesma instituição. Em muitos países que desempenharam um papel pioneiro na formulação da ideia interdisciplinar e na sua concretização, muitos são os projetos que não conseguiram alcançar seus objetivos iniciais. Na França, por exemplo, a já citada reforma universitária do final dos anos 1960 – reunindo as antigas faculdades em universidades multidisciplinares – gerou poucos efeitos concretos na colaboração científica entre as disciplinas reunidas dentro de uma mesma estrutura administrativa. Na grande maioria dos casos, as relações limitaram-se a um quadro de negociação sobre a repartição dos recursos entre os grandes setores de pesquisa e ensino. Nos Estados Unidos, com um sistema menos centralizado, a dinâmica foi mais diversificada e local, com uma multiplicação de experiências conduzidas, a partir dos anos 1980, dentro ou fora das universidades, em centros criados muitas vezes com apoio de fundos privados. Algumas conseguiram se manter duravelmente, mas muitas falharam. Em 2005, Stuart Henry, ao fazer um balanço dessas experiências, levantou a seguinte questão: *"can interdisciplinary/integrative studies survive?"* (Henry, 2005), e apontou a forte resistência oposta por disciplinas que continuam exercendo sua hegemonia sobre a organização e o funcionamento das instituições de ensino superior e de pesquisa.

Tanto na Europa quanto na América do Norte, nada permite pensar hoje que, durante o último decênio, a prática interdisciplinar tenha se inscrito na realidade institucional acadêmica como uma opção pedagógica e de pesquisa amplamente admitida. Em 2014, Peter Weingart, que foi o diretor do ZIF, formulou essa dúvida a respeito dos esforços organizacionais empreendidos por algumas universidades para promover a prática interdisciplinar: *"it is too early to judge if they mark the beginning of a transition or will remain just a trend"* (Weingart, 2014).

Observa-se então uma decalagem entre o sucesso crescente de um discurso que afirma a necessidade de renovar os modos de produção do conhecimento e a inércia das instituições de ensino e de pesquisa que custam a integrar essas ideias ao cotidiano de sua organização e de seu funcionamento. Quase sempre as iniciativas interdisciplinares (centros de formação, equipes de pesquisa) ficam em uma posição institucional periférica, enquanto experiências que, por mais inovadoras que sejam, dificilmente se integram às estruturas e aos processos organizacionais usuais da instituição. Isso as coloca em uma posição de fragilidade, ameaçando sua sobrevivência ou obrigando-as a se submeter às normas burocráticas dominantes, em geral pouco compatíveis com as inovações que tentam introduzir no domínio da pedagogia ou das práticas de pesquisa.

Há de se notar que o problema é quase exclusivamente restrito ao universo das instituições acadêmicas. Fora das universidades, a necessidade de ultrapassar as fronteiras disciplinares impõe-se doravante como uma exigência prática incontestada. Na busca de respostas a preocupações referentes a temáticas transversais – urbanas, rurais, sanitárias ou ambientais, entre muitas outras –, as políticas públicas e as mobilizações coletivas associam dimensões biofísicas, técnicas, econômicas, sociais e culturais. Ademais, no domínio da indústria e das grandes realizações técnicas, a colaboração entre um amplo leque de competências especializadas, às vezes muito distantes entre si, faz parte mais do que nunca do dia a dia do trabalho.

Essa dissonância gera tensões crescentes entre a sociedade nos seus diversos componentes, públicos e privados, e uma academia cada vez mais solicitada para se abrir a suas necessidades, dúvidas e inquietações. De fato, a estrutura universitária custa a se liberar dos quadros de pensamento e das formas de organização herdados de uma longa história dominada pela prevalência do recorte disciplinar. A tarefa prioritária à qual está hoje confrontada a universidade é a de fazer com que o riquíssimo capital de reflexões epistemológicas e metodológicas sobre a interdisciplinaridade, acumulado durante quase um século, concretize-se como um dos componentes constitutivos de sua estrutura e de seu funcionamento – deixando de ser apenas uma fonte de inspiração para iniciativas periféricas de caráter experimental.

Hoje, o desafio maior para renovar profundamente e de modo durável as formas de produção e de transmissão do conhecimento científico – renovação tornada imprescindível pela complexidade de um mundo globalizado e profundamente antropizado – é institucional. Não basta aprofundar, afinar o corpus teórico que sustenta a perspectiva interdisciplinar. É necessário resolver os inúmeros problemas práticos que implica a coexistência, dentro de uma mesma instituição, de uma especialização disciplinar indispensável para manter o nível de aprofundamento sem o qual não se pode esperar nenhum avanço científico e uma visão transversal, valorizando essa diversidade dos olhares, fomentando trocas e colaborações entre eles para chegar a uma apreensão mais abrangente da realidade na diversidade de suas facetas. Problemas que surgem também da demanda crescente de articulação entre as instituições acadêmicas e a sociedade nos seus múltiplos componentes – público, civil, privado. Dessa demanda se origina em grande parte o apelo para a interdisciplinaridade, criando às vezes conflitos com a exigência de autonomia do pensamento científico, cuja criatividade depende de sua capacidade de desbravar sem entraves nem imposições externas os territórios inexplorados do saber.

Organizar currículos de formação que preservem as especificidades pedagógicas do enfoque interdisciplinar; repartir e compartilhar os recursos humanos, materiais e financeiros de modo a criar sinergias e evitar concorrências entre as disciplinas e as iniciativas interdisciplinares; gerir as carreiras profissionais dos docentes de modo flexível e diversificado, integrando as exigências próprias a um desempenho interdisciplinar e a uma abertura da universidade para a demanda social; fomentar a criação de espaços e suportes editoriais adequados para a divulgação da produção científica interdisciplinar e introduzir ajustes nos critérios de avaliação dessa produção para levar em conta sua originalidade e sua singularidade; estar atento ao papel do espaço de trabalho tanto físico como organizacional para facilitar a aproximação e a colaboração das disciplinas – em particular no domínio da pesquisa, com a criação de estruturas estáveis, propícias à capitalização das experiências metodológicas e teóricas do trabalho em comum. Esses são alguns exemplos dos problemas a serem enfrentados para proporcionar aos projetos interdisciplinares um quadro institucional que permita sua internalização pelas estruturas de formação superior e de pesquisa.

Frente a tal desafio institucional, o Brasil coloca-se em uma posição pioneira na escala internacional. Os primeiros diplomas de pós-graduação de caráter interdisciplinar foram criados, a partir de iniciativas locais, por volta de meados dos anos 1990. Rapidamente as autoridades acadêmicas federais tomaram consciência da necessidade de amparar, guiar e incentivar o movimento de renovação dos modos de produção e de transmissão do conhecimento para qual a complexidade crescente do mundo contemporâneo apela. Em resposta ao fenômeno espontâneo de multiplicação dos cursos de pós-graduação interdisciplinares no país e à inadequação dos processos vigentes de acompanhamento e de avaliação formatados pela grade disciplinar, a Capes criou, em 1999, uma Comissão de Área Multidisciplinar, cuja composição científica diversificada permitia levar em conta as especificidades e as necessidades do enfoque interdisciplinar no ensino e na pesquisa. Em 2008, essa comissão transformou-se na Comissão de Área Interdisciplinar (CAinter), com missões ampliadas e responsabilidades reforçadas.

Muito além das funções da comissão anterior, a CAinter assumiu o papel de "incubadora" e de fomentadora da interdisciplinaridade em todas as regiões do país: animando a reflexão coletiva com intuito de identificar os problemas e soluções concretas, acompanhando e aconselhando os responsáveis dos projetos no momento de sua concepção e em fases críticas de seu desenvolvimento e avaliando seus progressos e retrocessos ao longo dos anos. Temos aqui um exemplo que me parece quase único no âmbito internacional de uma política pública nacional de fomento da interdisciplinaridade, abrangendo a totalidade do sistema de formação superior e dedicando uma atenção particular às condições concretas de institucionalização da ideia interdisciplinar. Essa estratégia representa um esforço sem equivalência para fazer com que essa ideia, em geral mais bem-sucedida no discurso do que na prática, ultrapasse a posição marginal ou experimental na qual ficou confinada na maioria dos casos, elevando-a a uma posição de legitimidade institucional que fez dela uma dimensão integrante do sistema de ensino e de pesquisa.

Partindo dessa experiência brasileira, que acho sem igual, o presente livro vem dar seguimento a duas obras anteriores dedicadas à exploração dos aspectos teóricos e metodológicos do projeto interdisciplinar. Tratando da questão institucional, representa um avanço capital nessa reflexão coletiva. Com efeito, a dificuldade em estabelecer, no seio das estruturas de formação superior e de pesquisa, condições organizacionais favoráveis a uma renovação das práticas pedagógicas e científicas, com maior abertura para as problemáticas híbridas e complexas do mundo contemporâneo, tem constituído, de modo geral, o maior obstáculo a uma reconfiguração do relacionamento entre as disciplinas científicas e a uma integração efetiva da interdisciplinaridade na pesquisa, no ensino e na extensão. Há de se agradecer aos professores Arlindo Philippi Jr, Valdir Fernandes e Roberto C. S. Pacheco, cujos desempenhos foram tão determinantes para incentivar e amparar a dinâmica interdisciplinar nas universidades brasileiras, por terem idealizado e coordenado este novo livro. Apoiando-se em um amplo leque de experiências concretas – em maior parte localizadas no Brasil – vai constituir, sem dúvida, uma referência conceitual e operacional imprescindível para todos os que estão à procura de um caminho para fazer com que uma ideia consensual entre cientistas e pesquisadores no mundo inteiro consiga, finalmente, ser internalizada na cultura e no funcionamento das instituições científicas.

Claude Raynaut
Centre National de la Recherche Scientifique
(Paris, França)

REFERÊNCIAS

HENRY, S. Disciplinary Hegemony Meets Interdisciplinary Ascendancy: Can Interdisciplinary/Integrative Studies Survive, and If So, How? *Issues in Integrative Studies*, n. 23, 2005, p. 1-37.

WEINGART, P. Interdisciplinarity and the New Governance of Universities. In: WEINGART, P.; PADBERG, B. *University Experiments in Interdisciplinarity. Obstacles and Opportunities.* Transcript Verlag. Bielefeld, 2014, p. 151-174.

Apresentação

Este volume é o terceiro de uma trilogia. No primeiro, o tema central foram os aspectos teóricos e metodológicos da interdisciplinaridade e, no segundo, suas práticas no ensino e na pesquisa. Neste terceiro livro, apresentam-se pesquisas, reflexões e discussões sobre processos de institucionalização da interdisciplinaridade em instituições de ensino e pesquisa, fomento e avaliação, bem como sobre os desafios de sua internalização nesses âmbitos.

Com a participação de autores brasileiros e estrangeiros, são relatados desafios e avanços alcançados com os esforços interdisciplinares, com destaque para reflexos e desdobramentos científicos acadêmicos e institucionais. São apontados elementos que caracterizam o reforço positivo da interdisciplinaridade no cumprimento da missão institucional das instituições de ensino e pesquisa.

Os capítulos estão distribuídos em quatro partes na obra. A primeira parte, "Características, demandas e complexidades das instituições e a interdisciplinaridade", contém capítulos que abordam fundamentos, pressupostos, condicionalidades, demandas, espaços e ambientes institucionais que propiciam e contribuem para a interdisciplinaridade e dela se beneficiam.

A segunda parte, "Instituições e desafios da internalização da interdisciplinaridade", constitui-se de experiências de instituições de ensino, pesquisa, fomento e acreditação, em relação à internalização da interdisciplinaridade em seus processos; também aborda a interdisciplinaridade em diferentes âmbitos e níveis institucionais, relacionada às demandas da sociedade. Apesar de ser um grande desafio, a interdisciplinaridade vem se disseminando e contribuindo significativamente para o avanço do ensino e da pesquisa e para a própria reconfiguração institucional.

A terceira parte, "Internalização da interdisciplinaridade nos grandes temas da sociedade", é composta de capítulos que versam sobre a importância fundamental da interdisciplinaridade em temas complexos contemporâneos, como ambientais e urbanos.

Por fim, a quarta parte, "Lições aprendidas e a aprender: concepções, metodologias, processos e reflexões", apresenta inovações em diferentes níveis institucionais, demonstrando a força da interdisciplinaridade para romper inércias tradicionais e estabelecer novos processos.

Em seu conjunto, as quatro partes trazem reflexões sobre o papel das instituições diante dos desafios da internalização da interdisciplinaridade, revelando o comprometimento da comunidade acadêmica com a busca de respostas para demandas da sociedade, desenvolvendo conhecimentos para o seu equacionamento e solução e, ao mesmo tempo, apontando possibilidades com relação ao pensar, organizar e produzir ciência.

Arlindo Philippi Jr
Valdir Fernandes
Roberto C. S. Pacheco

PARTE 1

Características, demandas e complexidades das instituições e a interdisciplinaridade

capítulo 1

Interdisciplinaridade e institucionalização: reciprocidade e alteridade

Arlindo Philippi Jr | *Engenheiro civil, Faculdade de Saúde Pública, USP*
Valdir Fernandes | *Cientista social, Universidade Tecnológica Federal do Paraná, UTFPR*
Roberto C. S. Pacheco | *Engenheiro civil, Universidade Federal de Santa Catarina, UFSC*

Embora não haja consenso para uma definição de interdisciplinaridade, autores como Klein (2010) e Huutoniemi et al. (2010) concordam que a combinação de disciplinas pode se dar em escalas crescentes de integração de conhecimentos existentes, na busca de produção de novos conhecimentos. Nesse sentido, interdisciplinaridade pode ser entendida como inter-relações entre distintos campos, disciplinas ou ramos do conhecimento, na busca por novas respostas para problemas prementes (Graff, 2015). Essa combinação de fontes distintas requer diferentes graus de articulação e de interação entre seus protagonistas.

São os contextos sociais dessas relações que associam interdisciplinaridade e institucionalização, esta última entendida como o processo central à criação de grupos sociais duradouros (Berger e Luckmann, 1967), que gera, como resultado, uma *instituição*, ou seja, um sistema de regras (procedimentos, práticas) aceito coletivamente e que permite criar *fatos institucionais* (i.e., atribuir função a um objeto, pessoa ou estado de coisas que não poderia ser exercida isoladamente sem que essa função lhe fosse atribuída - Searle, 2005). O termo *institucionalização* também tem sido usado para representar um dos processos do ciclo organizacional do conhecimento, em que os conhecimentos individuais dos membros da organização tornam-se parte integrante de sua estrutura organizacional (Yang et al, 2009).

Usualmente, quando se relaciona interdisciplinaridade e institucionalização, pensa-se na segunda como um processo formal de adoção da primeira. Desse ponto de vista, têm sido colocadas questões investigativas como: é possível implantar a interdisciplinaridade sem criar novas estruturas institucionais? Se sim, que mudanças devem ser absorvidas em estruturas disciplinares para que a internalização da interdisciplinaridade se efetive de fato? Se não for possível, deve-se considerar a formalização de novas estruturas interdisciplinares como inexorável à promoção da interdisciplinaridade?

Para endereçar corretamente essas questões, deve-se não só considerar a interdisciplinaridade como uma nova entidade em estruturas disciplinares acrescida a estruturas vigentes, mas, principalmente, como um instrumento de interação e integração entre saberes e, como tal, potencial fator promotor de mudanças integrativas nas organizações.

Como demonstram diversos capítulos neste volume, dois fenômenos ocorrem simultaneamente nos sistemas institucionais de educação superior, ciência, tecnologia e inovação: de um lado, há mudanças evolutivas em estruturas organizacionais clássicas vigentes, como novos cursos de bacharelado interdisciplinar ofertados por universidades tradicionais e a avaliação interdisciplinar na Capes e, de outro, novos modelos organizacionais têm surgido para dar conta de novas demandas, como novas universidades de fundamentação multi e interdisciplinar.

Esses movimentos revelam que há uma reciprocidade de efeitos entre interdisciplinaridade e institucionalização: de um lado, a força das estruturas institucionais estabelecidas é um fator potencial de impedância à criação e evolução da interdisciplinaridade. Por outro lado, quando ela encontra espaços para se estabelecer, assume características de inovação e acaba provocando mudanças em estruturas, processos e práticas institucionais construídas sob a tradição disciplinar, ou ainda modificando regras vigentes em tal monta que permite a criação de novas estruturas organizacionais, de natureza interdisciplinar.

Neste capítulo, discute-se essa relação de recíproco efeito entre interdisciplinaridade e institucionalização, bem como o conceito de *alteridade*, como fator central à atitude interdisciplinar diante da disciplinaridade. Para tal, inicialmente é abordada a interdisciplinaridade e a organização da ciência. Na sequência, é verificado de que forma a convergência impacta em fatores que influenciam a institucionalização da interdisciplinaridade sendo aqui introduzido o princípio da *alteridade*, conduzindo a discussão para o cenário institucional e de internalização da interdisciplinaridade no país, à luz desses conceitos.

INTERDISCIPLINARIDADE E ORGANIZAÇÃO DA CIÊNCIA

Parafraseando Will Durant, em sua obra *A história da Filosofia* (Durant, 2000), pode-se afirmar que este e os demais capítulos que compõem esta obra são vozes associadas a outras tantas que veem na interdisciplinaridade uma inovação e um avanço necessários, embora insuficientes, à ciência contemporânea. Essa mesma ciência que se multiplicou rapidamente em dezenas de especialidades e cada uma destas, gerando outras.

A diversificação e a especialização acentuadas da ciência trouxeram consequências em diversas dimensões no plano institucional. Instituições de ensino e pesquisa, universidades e agências de fomento e acreditação organizaram-se segundo funções especializadas, na forma de departamentos e áreas de hospedagem de cada disciplina. Em muitos casos, a experiência de departamentalizar a gestão institucional e de fomento, na tentativa de abrigar as inúmeras novas disciplinas que nasciam, fruto das demandas por novos conhecimentos, resultou na departamentalização e segmentação do próprio conhecimento.

Nesses processos de especialização e departamentalização, novamente emprestando as palavras de Durant, "o que restou foi o especialista científico que sabe *mais e mais* a respeito de *menos e menos*" (Durant, 2000, p.10), e um hiato entre a vida e o conhecimento sobre o mundo contemporâneo, que por sua vez se torna gradativamente uma teia complexa de relações de todas as ordens (Morin, 2010).

Nesse sentido, pode-se perceber a multidisciplinaridade, entendida como a combinação (soma) de saberes disciplinares na resolução de problemas, como uma primeira forma de romper com a especialização excessiva. Já a interdisciplinaridade não se apresenta apenas como método de produção de conhecimento mais eficiente, que rompe com o modelo reducionista, mas também, como a possibilidade de contribuição para a reintegração da ciência e restauração da sua capacidade de reflexão política e reintegração social (Fernandes, 2010).

Dentre os muitos representantes dessa discussão, Mannheim (1962), Horkheimer (2002), Morin e Kern (1995) e Morin (2010) apontam como um dos limites da ciência moderna a falta de reflexão filosófica sobre os efeitos de seu avanço. Além da literatura sobre interdisciplinaridade, composta por um grande número de representantes, tais como, Apostel (1973), Gusdorf (1977), Jantsch (1995), Japiassu (1976 e 2006), Klein (2010), Lenoir, (2004 e 2006), Alvarenga (1994 e 2005), Frodeman (2014), entre outros autores que tratam temas específicos à luz dessa perspectiva, tais como Vieira, Amin e Maimon (1993), Davidson-Hunt e Berkes (2003), Jolivet e Pavet (2000), para a temática ambiental, e Hlupic, Pouloudi e Rzevski (2002), para a temática de gestão do conhecimento, ou ainda autores como Joos et. al (2012), que indicam como novos campos da ciência como a Engenharia do Conhecimento podem contribuir com a interdisciplinaridade.

Quando é percebida como um conjunto de princípios facilitadores do diálogo entre as disciplinas, a interdisciplinaridade ajuda a reestabelecer uma visão mais ampla e integradora do conhecimento e dos objetos do conhecimento. Projetos interdisciplinares, além de buscarem resolver problemas complexos, são oportunidades de estabelecer pontes entre as disciplinas, para que essas se articulem na visão conjunta, tanto na complexidade como nas ligações entre fenômenos.

Alguns autores afirmam que o fator de conexão está nas fronteiras entre as disciplinas, especialmente nos aspectos escondidos nessas fronteiras que escapam ao domínio foco de cada disciplina. Com isso, a atuação interdisciplinar produz um ganho de amplitude e permite que cada disciplina amplie sua visão para além da sua própria fronteira (Fernandes, 2010). Mas não só isso: ao revelar aspectos fronteiriços, a interdisciplinaridade oferece uma visão mais completa dos fenômenos, que, desse modo, apresentam-se relacionados a outros fenômenos, em uma rede de objetos que revela, no conjunto, a complexidade da realidade em estudo. Essa dinâmica depende da escala em que se constrói a abordagem.

Assim, mais do que a agregação de conhecimentos de origens diversas na compreensão de um objeto científico, o resultado da interdisciplinaridade deve consistir no restabelecimento da visão do todo e revelar a complexidade desse todo e das inúmeras teias de relações presentes. Como impacto da desfragmentação podem surgir inúmeros conhecimentos novos e a indução de uma ciência integrada, que, por sua vez, pode contribuir para uma sociedade mais integrada.

Quando essa característica desfragmentadora da interdisciplinaridade é confrontada com a institucionalização, uma solução que pode parecer lógica é a ruptura das unidades organizacionais existentes. Entretanto, é ilusório achar que a fragmentação do conhecimento, decorrente de sua departamentalização, é reversível apenas com novas estruturas organizacionais (como universidades e campus não departamentalizados).

Reverter fatores que produziram fragmentação pode não ser suficientemente eficiente para produzir reintegração. Tanto novas estruturas quanto mudanças em estruturas existentes podem produzir modelos eficientes para a institucionalização da interdisciplinaridade. Entre os fatores-chave para que isso ocorra, está a compreensão do fenômeno da convergência, característico da sociedade do conhecimento e que coloca em cheque estruturas institucionais fragmentadas não por sua natureza operacional, mas por sua incapacidade de responder de forma ágil e efetiva pelas demandas contemporâneas.

Portanto, antes de ser estabelecido projeto de estrutura institucional para internalizar a interdisciplinaridade, deve-se esclarecer os fatores que posicionam ciência, tecnologia e sociedade beneficiária em relações virtuosas de reciprocidade.

CONVERGÊNCIA, CIÊNCIA E TECNOLOGIA

Condição social e desenvolvimento humano são alterados pelo desenvolvimento científico e tecnológico e, de forma recíproca, influenciam esse desenvolvimento. Assim, posicionar o lugar que a ciência e a tecnologia ocupam em uma sociedade, significa compreender parte importante da condição humana e do estágio de desenvolvimento em que essa sociedade se encontra.

Nos tempos atuais, ciência e tecnologia têm sido tanto determinantes como resultantes na integração e interação de múltiplos atores e fatores. Jenkins (2006) caracteriza os tempos contemporâneos como uma nova *renascença digital*, fruto da convergência de mídias e relações com transformações sociais, políticas, econômicas, legais, produtivas e culturais sem precedentes. Conscientemente ou não, a comunidade faz parte de múltiplas redes, dispersas social e geograficamente. Essa conectividade é um dos fatores característicos da sociedade globalizada, que estabelece uma miríade de relações sociais, muito além das ancoradas exclusivamente em contextos locais de interações.

Particularmente nas décadas recentes, a aceleração da produção de conhecimento tornou a tecnologia (especialmente da comunicação e informação) um fator ubíquo em inúmeros artefatos, em todos os níveis e espaços da sociedade, com implicações na mudança de hábitos, valores e costumes. Tornou-se, mais do que em qualquer época, elemento fundante dos modos de vida cotidianos. A tecnologia tornou-se parte importante das relações sociais e dos próprios espaços de interação, redefinindo territorialidades, compreensões de mundo e, até mesmo processos cognitivos. Na atualidade, o próprio conceito de sociedade só pode ser adequadamente definido quando contextualizado na reconfiguração proporcionada pelas novas tecnologias.

Mas a tecnologia não deve ser vista como o único catalisador de mudanças na sociedade do conhecimento. É apenas o fator mais visível, mas fortemente influenciado por novos modos de articulação da ciência, que se reposiciona tanto na configuração intraciência, nos modos multi e interdisciplinar, como extraciência, na visão transdisciplinar.

Podemos citar quatro planos na convergência entre sociedade, ciência e tecnologia: (i) o da relação de mútuo reforço entre disciplinaridade e interdisciplinaridade; (ii) o do pressuposto de neutralidade da ciência; (iii) o das relações coletivas e da visão de mundo local x global; e (iv) o da transdisciplinaridade.

Interdisciplinaridade, reciprocidade e alteridade das disciplinas

No contexto da interciência, um dos fatores que mais impactam a possibilidade de convergência de saberes científicos de diferentes origens está na forma com que novos modos de produção de conhecimento, notadamente a multi e a interdisciplinaridade, apresentam-se em relação aos paradigmas predominantes. Embora novos paradigmas tragam consigo a necessidade da crítica ao *status quo* vigente, deve-se distinguir os contrapontos em relação aqueles que, ao contrário, reforçam a relevância da disciplinaridade.

Tanto a multi como a interdisciplinaridade não questionam a necessidade de saberes disciplinares, mas, sim, o isolamento desses saberes. Especificamente em relação à demanda por conteúdo disciplinar, ocorre justamente o oposto: a combinação de saberes em projetos multi e interdisciplinares exige que, entre seus partícipes, haja pesquisadores de sólidos fundamentos disciplinares. Sem isso, não há como desenvolver projetos de pesquisa multi ou interdisciplinares com resultados efetivos na resolução de problemas complexos.

Nenhum campo científico é capaz de reunir a totalidade de ramos de conhecimento existentes em todo o espectro da ciência, ou ainda de estabelecer um método universal de produção de conhecimento. Pelo contrário, dependendo da formação de suas equipes, a interdisciplinaridade e a multidisciplinaridade podem dar origem a trabalhos com resultados bem distintos, ainda que focados num mesmo problema. Há múltiplos caminhos para a interdisciplinaridade e esses caminhos devem ser claramente identificados por quem se dispõe a trabalhar dessa forma.

Denominamos de *princípio da alteridade das disciplinas* a demanda pelo reconhecimento da diversidade disciplinar, compreendido como a natureza ou condição de distinção das disciplinas científicas, inerentemente diferenciadas na delimitação de seus objetos de estudo, em suas visões de mundo, teorias, métodos ou em seus meios de produção de conhecimento.

Para a institucionalização, o princípio da alteridade é um desafio, pois essa propriedade coloca em cheque a convivência entre visões transversais e sistêmicas e a verticalidade de grupos sociais, trazida pela diferenciação baseada no separatismo. Entretanto, é mister enfatizar que reconhecer a distinção e unidade de cada disciplina não implica em concordância com confinamentos e separações, mas, sim, na consciência da necessidade de se buscar construir pontos de entendimento comum e linguagens e instrumentos de intercomunicação, respeitando as identidades dos campos distintos do conhecimento.

Nesse ponto, o contraditório que a interdisciplinaridade propõe à disciplinaridade não está necessariamente na forma de criação e apropriação de conteúdos, mas, sim, na potencial hegemonia em termos de cultura institucional que a produção disciplinar de conhecimento pode provocar nas estruturas institucionais de ciência e da tecnologia. Estudos disciplinares envolvem profissionais de mesma formação, linguagem comum, atuando sob perspectivas teórica e metodológica similares. Com o tempo, essas estruturas se consolidam e passam a criar grupos sociais que atuam em zonas de conforto, afastando abordagens que contrariam suas práticas dificultando a combinação com coletivos distintos dos seus.

Na interdisciplinaridade, ocorre justamente o oposto: o ponto de partida é o da busca pela convivência de ímpares, ou seja, pesquisadores de diferentes origens (disciplinas), que devem construir entendimento e domínio linguístico comuns para um objeto de estudo que, embora de interesse comum, terá múltiplas lentes de análise. Isso exige tempo e, principalmente, disposição de abandono das zonas de conforto de cada disciplina, sem o que não se pode compreender visão, instrumentos e contribuições de outras disciplinas. Com o tempo, a recompensa pelo exercício da aprendizagem coletiva estará tanto no aumento da contribuição de cada disciplina na resolução do problema, como no próprio avanço das disciplinas, oriundo de sua abertura a novas visões de mundo.

Em síntese, interdisciplinaridade e disciplinaridade apresentam recíprocos benefícios quando a primeira reconhece a necessidade de conhecimentos fundamentais consolidados em disciplinas, respeitando a alteridade das mesmas, e a segunda abre-se para visões de mundo e instrumentos alternativos. Esses fatores de mútuo reforço devem ser considerados em projetos de institucionalização da interdisciplinaridade, tanto para se identificar focos de resistência como para se promover pontos de convergência.

Limites da neutralidade científica

Entre os pontos de divergência entre a interdisciplinaridade e a disciplinaridade, um merece especial atenção: o pressuposto da neutralidade científica, da separabilidade entre sujeito e objeto. Trata-se de polêmicas históricas sobre a distinção (e separação) entre desenvolvimento científico e social e da possibilidade de se conceber uma única ciência. São temas presentes desde o *Círculo de Viena*, entre os anos 1920 e 1930 (Mulligan, 2001), para o qual a ciência genuína deve satisfazer certos critérios lógicos e empíricos que possibilitam que o conhecimento proposto seja testado publicamente (Fuller, 2001).

Essa visão não encontra espaço na concepção multi e interdisciplinar. Para esse modo de produção de conhecimento, uma das certezas contemporâneas é que já não se pode mais conceber ciência e tecnologia apenas a partir de perspectivas históricas ou filosóficas, em âmbito exclusivamente acadêmico. Ciência e tecnologia são fatores intrínsecos à sociedade, que tanto influenciam como são impactados econômica e politicamente. A ciência não pode mais ser estudada exclusivamente sob uma visão clássica, como neutra desveladora das leis sociais e imune aos valores sociais e políticos. O processo tecno-científico não existe à margem da sociedade. É a sociedade que atribui valor prático e simbólico a todo e qualquer conhecimento e tecnologia especialmente quando esses se referem a processos de inovação[1].

Nesse sentido, "o entrelaçamento entre ciência, tecnologia e sociedade obriga a analisar suas relações recíprocas com mais atenção do que implicaria a ingênua aplicação da clássica relação linear entre elas" (Garcia Palácios et al, 2003, p.8). Da mesma forma, os usos dos seus resultados não são igualmente neutros. Essa é uma visão linear e ingênua que não se sustenta no contexto

---

1 Essa condição especial explica-se pelo fato de que não há inovação sem que sua proposta de valor seja reconhecida (adquirida) por um público-alvo, geralmente não científico (independentemente da gênese tecno-científica do processo que gerou a inovação).

das sociedades contemporâneas em suas complexidades. Não há como separar ciência e tecnologia, da mesma forma como não é possível separá-las da sociedade.

> O conhecimento científico da realidade e sua transformação tecnológica não são processos independentes e sucessivos, senão que se encontram entrelaçados em uma trama em que constantemente se juntam teorias e dados empíricos com procedimentos técnicos e artefatos (Garcia Palácios et al, 2003, p.10).

Portanto, para a interdisciplinaridade, a produção de conhecimento científico não é dissociada da realidade a que se refere. Mais do que isso, a produção de conhecimento científico e de tecnologia influenciam e são influenciados pelas relações coletivas.

Relações coletivas locais x globais

No plano das relações coletivas, a partir do alto desenvolvimento tecnológico, para o bem ou para o mal, a sociedade se reestruturou no espaço e no tempo. Espaços de interação foram ampliados e o tempo necessário para realizar as atividades reduzido gradativamente.

Em função disso, além dos contextos de proximidade social, psicológica e geográfica, a vida passou a se desenrolar também em contextos que superam os antigos limites comunitários, locais e regionais de espaço. A vida da sociedade já não se desenvolve mais apenas a partir da praça central e da igreja das cidades. Assistimos e participamos, em tempo real, dos fatos em todas as partes do mundo, materializando aquilo que Morin (1995, p.42) definiu como "terra vista da terra", numa alusão à visão da Terra a partir da Lua.

Por outro lado, como afirma Boisier (2013), a esmagadora maioria das pessoas ainda faz uso de seu tempo em determinados espaços geográficos, nos quais constrói seu quotidiano, no qual vive, trabalha, obtém educação, saúde, lazer. Ali se nasce, vive e morre. Embora o pão consumido cotidianamente possa ter a mesma receita do pão feito em outro continente, ainda tem que ser comprado na padaria da esquina.

Essa dicotomia e, principalmente, a velocidade e forma com que ocorrerem têm sido alvo de preocupações e críticas de diversos autores, ainda que em épocas e enfoques distintos. Mannheim (1962) e Horkheimer (2002), por exemplo, em momentos distintos, criticam a sociedade moderna e a expansão do industrialismo como modo de vida. Mais do que negar a neutralidade da ciência, o que se enfatiza é a necessidade de que haja consciência sobre a falta de reflexão autônoma e sobre a interdependência que a ciência tem com os poderes econômico e político. Ao abdicar da reflexão e da autonomia a ciência corre o risco de se tornar parte da cadeia produtiva a serviço do desenvolvimento pensado apenas como desenvolvimento econômico.

Nesse sentindo, a interdisciplinaridade é pensada não apenas como uma forma alternativa e mais eficaz de se produzir conhecimento – mesmo objetivo das disciplinas isoladas – mas como forma de romper a *racionalização da vida* e a *racionalização da ciência* (Fernandes 2008 e 2010). A visão interdisciplinar parte do diálogo entre os saberes das disciplinas e das especialidades das disciplinas, rompendo com a hegemonia pela busca da eficiência na produção de conhecimento e apostando na possibilidade de reintegrar conhecimento científico e sociedade. Como ponto de partida, esse exercício pode ter a reflexão política, no sentido mais amplo, resgatando a noção de racionalidade, não como otimização sem compromisso ou consciência dos fins, e sim como capacidade de reflexão que de alguma forma foi subtraída pelo industrialismo.

Trata-se essencialmente de mover a ciência de sua condição de setor confinado em uma cadeia produtiva do industrialismo para um ente autônomo e de capacidade crítica. Desracionalizar a ciência implica torná-la mais que parte de uma cadeia produtiva, imersa no automatismo característico do industrialismo. Cumpre torná-la capaz de contribuir para desenvolver na sociedade a capacidade reflexiva. É preciso transformar a ciência racionalizada em ciência com consciência (Morin, 2010), capaz de dialogar com a sociedade e os outros conhecimentos, que não apenas científicos.

Nesse sentido, a interdisciplinaridade tem papel fundamental, como exercício de autorreflexão por parte da ciência e como forma de buscar as conexões perdidas entre as disciplinas. Ao mesmo tempo, propicia refazer a visão do todo social e a capacidade de reflexão sobre a vida.

Tanto o restabelecimento da capacidade crítica da ciência como a consciência da relevância da atuação de sociedades locais, mesmo diante da globalização, abrem espaço para um passo adicional na produção de conhecimento, que é a coprodução entre saberes científicos e sociais.

Oportunidades para transdisciplinaridade

Assim como não devem ser percebidas fora de seu contexto social, ciência e tecnologia não são autônomas ao contexto globalizado, no qual têm papel fundamental. O estudo de ciência, tecnologia e sociedade adquire interessante perspectiva a partir do processo globalizante. Ao abordar "ciência, tecnologia e sociedade na América Latina", Dagnino (1996) aponta, dentre outros condicionantes, para o avanço tardio da ciência neste continente, para as relações entre centro e periferia criadas pelas transnacionais e pelos estados autocráticos e centralizados, na história recente.

Uma das consequências desse processo foi justamente o de não se aproveitar as potencialidades dos territórios e das culturas locais, com riscos ao empobrecimento da diversidade de atividades econômicas, de desperdício e de degradação de recursos naturais a partir de uma padronização, cujo fluxo tecnológico é visto quase como de mão única, centro x periferia.

A necessidade de uma ciência conectada à sociedade global é naturalmente (trans)interdisciplinar. A receita para o enfrentamento de tais mudanças sociais passa, portanto, por estratégias que epistemologicamente possam ser colocadas em novas bases, que demandam que as áreas se debrucem sobre atuações nesse novo contexto.

Quando pesquisadores reconhecem saberes para além dos domínios científicos, surge a oportunidade para a coprodução de múltiplos atores, que ultrapassam os muros da academia, nos setores público e privado, a que Frodeman denomina *conhecimento transdisciplinar* (Frodeman, 2014).

Nessa visão, reconhece-se que todos os atores sociais podem deter saber válido e, como tal, são potenciais partícipes da coprodução de conhecimento coletivo. De parte da comunidade científica, a postura é totalmente distinta daquela que, ao desprezar outros saberes, deixa de agregar valores essenciais na melhoria de vida da sociedade, como um todo, além de se afastar da efetiva realidade a que pretende tratar.

Na perspectiva transdisciplinar, já ao se problematizar uma dada questão da realidade tem-se a oportunidade de participação de atores sociais, coprodutores de conhecimento nas etapas de definição da agenda técnico-científica (por exemplo por meio de audiências públicas), identificação de conhecimento a ser desenvolvido, efetivação das pesquisas (por exemplo por meio de coleta coletiva de dados) e da avaliação e apropriação de resultados. Essa forma contemporânea de ciência é denominada *ciência cidadã*, que consiste na participação pública na pesquisa científica (Rotman et al., 2014). Há diversas formas dos cientistas e gestores motivarem a sociedade a colaborar, incluindo o poder de influenciar a tomada de decisão (por exemplo, priorização de investimentos em ciência), a possibilidade de colaborar em experimentos científicos (por exemplo, ajuda na coleta e tratamento de dados) e a motivação de jovens e crianças a investirem na carreira de pesquisa e inovação.

Como se pode ver, diversos fatores concorrem para posicionar a ciência e a tecnologia em novos modos na relação com a sociedade, até mesmo de combinar papéis na (co)produção de conhecimento, dantes linearmente separados entre os protagonistas sociais e técnico-científicos. Trata-se de fatores que desafiam à reflexão sobre os diversos elementos pelo qual se formaram as estruturas institucionais e coletivas de produção de conhecimento.

Essa reflexão é ainda mais relevante quando se considera a complexidade crescente dos problemas nos domínios socioambientais, sociopolíticos, socioeconômicos, climáticos, da globalização do espaço, da informação e do conhecimento, da produção e segurança alimentar, da produção e distribuição de energia sustentável, da judicialização da sociedade, da segurança, da tolerância social e convivência pacífica de heterogêneos nacionais, sociais, culturais, éticos ou de gênero. É evidente que não se pretende, nem mesmo na soma dos capítulos desta obra, tratar da totalidade de fatores, atores ou domínios afetos a essa discussão. Cabe porém, destacar parte dos elementos considerados diretamente impactantes nas conformações institucionais da ciência, da tecnologia e da inovação que guardam estreita relação com institucionalização e interdisciplinaridade.

INTERDISCIPLINARIDADE E INSTITUCIONALIZAÇÃO

São discutidos alguns dos fatores impactados e impactantes na interdisciplinaridade e sua relação com atores e fatores que compõem a institucionalidade da produção de conhecimento técnico-científico. Para tal, coloca-se como referência principal de reflexão o sistema brasileiro de educação superior, ciência, tecnologia e inovação.

Arranjo institucional e interdisciplinaridade

Uma das primeiras dimensões impactadas pela contemporaneidade da coprodução de conhecimento técnico-científico está no arranjo institucional pelo qual os sistemas locais, regionais e nacionais de educação superior, ciência, tecnologia e inovação se organizam. Nesses sistemas, destacam-se as organizações acadêmicas, as instituições de pesquisa e desenvolvimento, as organizações empresariais e as entidades governamentais, bem como suas diversas formas associativas e organizativas incluindo-se os *habitats* de inovação.

A relação entre institucionalização e interdisciplinaridade refere-se aos fatores e às instâncias organizacionais impactados ou impactantes à combinação de saberes para a coprodução de conhecimento. Nesse contexto, cabe verificar os fatores de mudanças organizacionais que se relacionam à novas formas de produção de conhecimento.

Independentemente do setor que ocupam no sistema em que se inserem, as organizações têm suas missões, visões, estruturas legais e socioculturais estabelecidas sobre bases históricas, tanto próprias como advindas de seu contexto de atuação (regulação, relacionamentos, costumes). Mudanças nesses elementos sempre encontram resistências, tanto internas como externas, que se contrapõem à emergência e ao senso de celeridade de inovações.

O primeiro protagonista para a interdisciplinaridade é, naturalmente, o setor acadêmico. No Brasil, as universidades e, particularmente, a pós-graduação têm sido o principal *lócus* do desenvolvimento científico e tecnológico. A demanda pela institucionalização e internalização da interdisciplinaridade, envolvendo abordagens, concepções e processos, postulados e em andamento, traduz-se no desafio de construir e desenvolver capacidades e conhecimentos para o enfrentamento, equacionamento e solução para temas e problemas de interesse da sociedade, respeitando as características regionais e culturais e ao mesmo tempo em conexão com os processos globais.

Assim, para as universidades, entre os fatores promotores de mudanças estão a demanda por novas profissões, os novos desafios sociais e tecnológicos verificados em suas atividades de extensão, as mudanças no estado da arte do conhecimento e também em planos administrativos, como alteração de marcos regulatórios ou em seus sistemas operacionais. No conjunto, esses e outros fatores contemporâneos demandam novas visões de realidade e de futuro em relação ao papel do conhecimento, da liderança e de processos de gestão, que devem considerar cooperação, como por exemplo infraestrutura compartilhada. Talvez, por sua missão formadora e produtora de conhecimento, caiba à universidade a liderança no exercício contemporâneo de cidadania, dar exemplo em ações pró-desenvolvimento sustentável alicerçado nos princípios de viabilidade econômica, justiça social, equilíbrio ambiental e respeito às culturas e saberes. Para tal, são necessárias visões institucionais que tornem a universidade, ao mesmo tempo, conectada ao território e à cultura local e sintonizada aos processos e movimentos globais trazidos à tona pelo desenvolvimento da ciência e da tecnologia.

As relações universidade-sociedade abrem oportunidades para a resolução de problemas complexos, pela combinação de saberes disciplinares como os casos discutidos nesta obra. Ao mesmo tempo também o exercício da transdisciplinaridade. As novas profissões têm incluído a necessidade de perfis profissionais com visão sistêmica e com múltiplas habilidades na resolução de problemas. Além disso, a conscientização sobre a interdisciplinaridade leva lideranças do sistema de educação superior, ciência, tecnologia e inovação a promoverem novos instrumentos, práticas e regulamentos que demandam adaptações no sistema acadêmico vigente, como por exemplo, novas estruturas curriculares, novos sistemas avaliativos e novas formas de programas de fomento.

Para empresas, fatores geradores de mudanças incluem as demandas por renovação de portfólio, a atualização de competências e a constante busca por competitividade. Esses fatores estão associados à inovação – forma mais visível de se identificar oportunidades para a multi e interdisciplinaridade. Independentemente de se dar na dimensão tecnológica, organizacional ou de mercado, a criação e implantação de novas soluções requer a combinação de saberes. No caso da inovação tecnológica, a própria definição de tecnologia – conhecimento embarcado de base científica – indica a oportunidade para a combinação de conhecimentos de diferentes fontes científicas. Já na inovação organizacional ou de mercado, a oportunidade para o conhecimento interdisciplinar está na agregação de saberes das ciências sociais aplicadas e nos conhecimentos provenientes dos domínios de atuação da empresa.

No caso de entidades governamentais, a incidência de mudanças é proporcional à demanda da sociedade por evoluções e à competência de seus quadros e lideranças em compreender e, preferencialmente, antecipar essas necessidades sociais. O espaço para a interdisciplinaridade (e transdisciplinaridade) está na forma com que as entidades governamentais exercem suas relações com os demais atores sociais. Dentre as visões de exercício da gestão pública, o *Novo Serviço Público - NSP* (Denhardt e Denhardt, 2003) talvez seja o que mais oportunidades apresenta à prática da interdisciplinaridade. No NSP, o protagonismo no processo de evolução das estruturas e serviços públicos não deve ser responsabilidade exclusiva do governo. A relação governo-sociedade se dá em espaço democrático no qual o serviço público é visto como uma extensão da cidadania, exercida sob princípios de transparência, coprodução, prestação de contas e responsabilidade. Cidadãos e organizações não são vistas nem como clientes nem como devedoras do Estado, e sim como copartícipes no sistema em que vivem. Trata-se de mais uma instância em que o *Princípio da Alteridade* é necessário, desta feita em relação ao papel que cada ator exerce no processo de desenvolvimento socioeconômico.

Nota-se, portanto, que há uma gama de fatores institucionais nos setores acadêmico, empresarial e governamental que guardam influência com a interdisciplinaridade. Mas isso ocorre também com outro tipo de organização, que se associa a essa tríplice hélice da inovação: as organizações governamentais ou privadas e sem fins econômicos, que realizam P&D e os chamados habitats de inovação (incubadoras, parques tecnológicos, centros de inovação e arranjos produtivos locais). Para esses, além de fatores contextuais, como marco regulatório, sistema tributário e contexto econômico, provocam mudanças as evoluções de tecnologias, de técnicas de gestão e governança, além do impacto que o próprio conjunto de mudanças nas demais organizações implica aos habitats.

Finalmente, um outro conjunto de organizações de relevância no sistema institucional de educação superior, ciência, tecnologia e inovação surge nas diferentes configurações de coletivos organizacionais, dadas por entidades representativas e associativas – conselhos, fóruns, federações, confederações, associações e outras formas de coletivos institucionais. Esses tipos de organização podem dar celeridade a mudanças em culturas, práticas e instrumentos nos sistemas vigentes, pois podem mais facilmente conectar os diferentes setores do sistema de educação superior, ciência, tecnologia e inovação. As relações entre institucionalidade e interdisciplinaridade podem ocorrer em diversos níveis, em distintas formas institucionais, como exemplificado nos contexto e cenário institucional brasileiro.

Institucionalização e interdisciplinaridade no cenário brasileiro

No Brasil, a interdisciplinaridade tem encontrado atores e fatores em todas as dimensões do arranjo institucional de seus sistemas nacional e regionais de educação superior, ciência, tecnologia e inovação.

No setor acadêmico, destacam-se os planos institucionais que reagiram aos cenários pró-interdisciplinaridade, surgidos tanto na graduação como na pós-graduação, viabilizados, respectivamente, pelo Programa Reuni e pela criação da Coordenação de Área Interdisciplinar na Capes. Diversas experiências registradas nesta obra têm sua gênese no novo cenário regulatório decorrente desses programas, que viabilizaram mudanças no arranjo institucional vigente.

São exemplos desse processo as criações de universidades com novas estruturas organizacionais de visão multi e interdisciplinar, como a Universidade Federal do ABC (UFABC)[2], a Universidade Federal da Fronteira Sul (UFFS)[3], a Universidade Tecnológica Federal do Paraná (UTFPR)[4] e a Universidade Federal do Oeste do Pará (Ufopa)[5]. Novas organizações têm, de um lado, o benefício de poderem criar estruturas, processos e, principalmente, promover uma cultura organizacional já sob diretrizes voltadas à interdisciplinaridade. Por outro lado, enfrentam o desafio de encontrarem o contexto regulatório, de avaliação e, também, cultural, moldado sob diretrizes diferentes de sua própria visão organizacional.

Um segundo contexto institucional da interdisciplinaridade no cenário acadêmico está na criação e evolução de unidades de graduação e pós-graduação de natureza inter e multidisciplinar, em universidades tradicionais. Nesta obra, exemplificam esses casos experiências da Universidade Estadual de Campinas (Unicamp)[6] e da Escola de Engenharia de São Carlos, da Universidade de São Paulo, (EESC/USP)[7]. Aqui os desafios principais ficam sob responsabilidade das próprias unidades multi/interdisciplinares, que têm a missão de se desenvolver em contextos institucionais tradicionalmente regrados sob diretrizes e processos baseados na verticalização e departamentalização. Esses desafios incluem a dificuldade de composição de quadro docente (que depende de aprovação e disponibilidade indicada por unidades disciplinares), de inserção de seus egressos (que demandam concursos com critérios que respeitam a formação multi/interdisciplinar), de efetivar atos administrativos (por causa da inexistência de vínculo com estruturas superiores da universidade ou, quando essa existe, de cobrir parcialmente a estrutura acadêmica do curso multi/interdisciplinar).

Esses e outros desafios do setor acadêmico têm sido enfrentados com a evolução de estruturas e processos em outro setor de alta relevância na criação de condicionantes para a institucionalização da interdisciplinaridade: o governo. No Brasil, como já mencionado, merece destaque o pioneirismo da

---

2 Casos e reflexões sobre a UFABC podem ser encontrados nesta obra nos trabalhos de Bevilacqua (Capítulo 3), Waldamn e Dalpian (Capítulo 4) e Kamienski (Capítulo 28).

3 O projeto da UFFS está analisado nesta obra nos trabalhos de Trevisol e Martins (Capítulo 25).

4 O projeto da UTFPR está analisado nesta obra nos trabalhos de Pilatti (Capítulo 5).

5 O projeto da Ufopa é relatado por Seixas Lourenço e de Faria (Capítulo 13).

6 Conforme relatado nesta obra por Jurandir Junior et al. (Capítulo 11) e Schulz, D'Antona e Ferreira (Capítulo 12).

7 Conforme relatado nesta obra por Proença (Capítulo 26).

Capes em promover, no final dos anos 1990, a primeira ação de institucionalização da interdisciplinaridade, com a criação da área Interdisciplinar[8]. Pouco mais de uma década depois, em 2012, a interdisciplinaridade ganhou espaço no processo de institucionalização da Capes, quando suas áreas de avaliação foram convidadas a descrever como veem e inserem programas com características interdisciplinares em suas avaliações. Trata-se de um reconhecimento de que a institucionalização e a internalização da interdisciplinaridade passam pela sua apropriação pelas áreas do conhecimento[9].

Ainda no contexto governamental do país, permanece em debate a forma com que o Conselho Nacional de Desenvolvimento Científico e Tecnológico (CNPq) tem tratado os temas da multi e da interdisciplinaridade. Naturalmente, o tema não é novo para o CNPq. Há muito tempo o antropólogo Samuel Sá já considerava a interdisciplinaridade "como experiência, como desejo ou como utopia" no âmbito do CNPq (Sá, 1987a) e lembrava que a interdisciplinaridade era preocupação das áreas de avaliação, já na década de 1970 (Sá, 1987b). Embora antiga, essa questão ainda não encontrou definição institucional no CNPq. Entre 2007 e 2008, o Conselho teve, a exemplo da Capes, um comitê multidisciplinar, mas seu quadro funcional não avaliou positivamente a experiência (Melo, 2013). A partir daí o Conselho tem mantido Programas dedicados a temas complexos, que demandam multi e interdisciplinaridade, mas não definiu estrutura organizacional de avaliação específica, utilizando-se dos comitês disciplinares ou configurados por demanda. Há tempos a comunidade científica do país, por sua vez, tem alertado para o fato de que não encontra nos processos do CNPq espaços para enquadramento de suas propostas multi e interdisciplinares (Bursztyn, 2004) e, por mais de uma ocasião, coordenadores de pós-graduação de cursos interdisciplinares e também a coordenação da CAInter/Capes têm levado o pedido para que o CNPq proceda de forma semelhante à Capes, reconhecendo a necessidade de ter comitês com critérios e avaliadores com perfis compatíveis às demandas da interdisciplinaridade. Trata-se de tema

8 Em 1999, no contexto de seu Plano de Avaliação, a Capes criou a Área Multidisciplinar (Cam), que em 2008, passou a ser denominada Área Interdisciplinar (CAInter). Inicialmente, a área recebeu propostas de programas de pós-graduação com características multi/interdisciplinares que não se enquadravam nos critérios das Áreas Disciplinares. Em 2007, foi estruturada em Câmaras e, posteriormente, deu origem a outras Áreas de Avaliação com características de atuação multi e interdisciplinar, como Ensino, Materiais, Biotecnologia e Ciências Ambientais. Esta última foi criada em 2011 e implementada a partir de 2012. Todas fazem parte da Grande Área Multidisciplinar.

9 Nesta obra, dois capítulos analisaram os documentos de comunicação da área Interdisciplinar: Oliveira e Amaral (Capítulo 9) e Pacheco, Steil e Sell (Capítulo 29).

em aberto, que, dada a relevância e o papel que exerce o CNPq no sistema técnico-científico do país, merece ter prioridade na agenda de institucionalização e internalização da interdisciplinaridade no país.

Quando o agente de análise é o setor empresarial, o interesse principal está em como interdisciplinaridade e interinstitucionalização podem contribuir com o sistema de inovação e com a competitividade das empresas do País. Isso pode ser evidenciado em programas e em ações de ambos atores da relação universidade-empresa, além das próprias entidades governamentais. No lado empresarial, exemplos dessa preocupação estão em documentos e programas desenvolvidos pela indústria brasileira. Para que a interinstitucionalidade ocorra, é necessário que um setor apresente sugestões a outro. É o caso das sugestões apresentadas no Programa de Desenvolvimento Industrial Catarinense (Fiesc, 2015), como a criação de cursos de pós-graduação de caráter tecnológico; a criação de mecanismos de inserção de mestres e doutores no setor empresarial; a valorização da produção tecnológica no sistema de avaliação da Capes e do CNPq; e a promoção de maior interação entre universidades e institutos com o setor industrial.

No âmbito das organizações associativas e representativas, também uma gama de ações tem potencial positivo para a internalização da interdisciplinaridade. Além das mencionadas prioridades de programas industriais, destaca-se a recente agenda pró-interdisciplinaridade assumida pelo Fórum de Pró-reitores de Pesquisa e Pós-Graduação (Foprop), desenvolvida a partir de discussões realizadas nas cinco regiões do país ao longo do ano de 2015 (Foprop, 2015). O Quadro 1.1 apresenta o resultado desses encontros. Uma de suas principais conclusões está justamente na necessidade de que, mesmo diante da conscientização no país sobre a relevância da interdisciplinaridade, as discussões sobre o tema devem continuar, dada a dificuldade de sua institucionalização.

Também entre as organizações associativas no sistema brasileiro de ciência e tecnologia, está o Conselho Nacional de Fundações Estaduais de Amparo à Pesquisa (Confap). Nesta obra, Gargioni e Montibeller (Capítulo 7) discutem a institucionalização tanto da multi como da interdisciplinaridade nas Fundações Estaduais de Amparo à Pesquisa (FAPs). Apenas um Estado brasileiro ainda não tem uma Fundação nesse sistema confederado, que se tornou fundamental não só na regionalização da ciência, da tecnologia e da inovação, impulsionada pelas leis estaduais de inovação, mas também em na representatividade nas instâncias decisórias do país. Ao incluir a interdisci-

Quadro 1.1: Documento de Diretrizes pela Interdisciplinaridade.

INTERNALIZAÇÃO DA INTERDISCIPLINARIDADE NO ENSINO, NA PESQUISA E NA EXTENSÃO

O FOPROP, reunido em Goiânia nos dias 18 a 20 de novembro de 2015, discutiu diversos aspectos ligados à internalização da interdisciplinaridade no Ensino, na Pesquisa e na Extensão. Foram propostas várias ações, em reuniões das regionais, consolidadas abaixo:

1. Identificar avanços e desafios na implementação da interdisciplinaridade no Ensino, Pesquisa e Extensão, com base nas experiências institucionais;
2. Desenvolver ações efetivas, pelas agências financiadoras de pesquisa, visando à implementação de atividades interdisciplinares, tais como aumento do número de editais que contemplem a interdisciplinaridade como elemento norteador da pesquisa;
3. Privilegiar, nos editais de processos seletivos, o conhecimento e as habilidades requeridas, evitando-se a exigência de diploma de determinado curso disciplinar;
4. Promover a atitude interdisciplinar, demonstrando sua necessidade para a solução de problemas complexos. Para tal, é necessário: a) investir na formação acadêmica, estimulando a flexibilidade curricular; b) incentivar a formação e interação de grupos e redes de pesquisa; c) fomentar a discussão sobre o tema por meio de seminários, colóquios e nas matrizes curriculares;
5. Estimular os sistemas de avaliação da pós-graduação a valorizar experiências interdisciplinares de pesquisa e de formação como um componente que diferencia qualitativamente os programas de pós-graduação.
6. Considerar os desafios da interligação de saberes, estabelecendo relações de parcerias entre as universidades (interinstitucionalidade), os setores públicos, as empresas e a sociedade civil.

Discutiu-se que, apesar de essas ações terem sido propostas em ocasiões anteriores, poucas instituições foram capazes de avançar na sua implementação. Assim, uma primeira conclusão geral das discussões é que, apesar da importância da interdisciplinaridade e seus aspectos teóricos e conceituais já serem bem estabelecidos (merecendo inclusive um capítulo inteiro no PNPG 2011-2020), ainda é preciso ampliar o debate, levando o assunto a um público mais amplo e promover a incorporação de outras instâncias administrativas e acadêmicas. De qualquer modo, a fim de organizar a discussão e avançar de forma propositiva para viabilizar a internalização da interdisciplinaridade no contexto do ensino, da pesquisa e da extensão, os debates foram estruturados ao longo de três eixos: I) a Estrutura curricular nas Universidades; II) a Interação de grupos e redes de pesquisa; III) os Recursos (financeiros e pessoal).
No Eixo I (Estrutura Curricular), um desafio é questionar a separação rígida entre os diferentes níveis de ensino (graduação, mestrado e doutorado). Entende-se que é possível favorecer a interdisciplinaridade pela possibilidade de que um estudante em um nível mais elevado (i.e., mestrado ou doutorado) possa, ao ingressar em um curso em uma área diferente da sua de formação original, resgatar conhecimentos básicos da nova área realizando cursos e atividades na graduação. Isso deve auxiliar na discussão, existente nos PPGs interdisciplinaridades, sobre como avançar na formação de candidatos oriundos de diferentes áreas sem que haja uma sobrecarga didática no nível da pós-graduação. Na realidade, esse raciocínio é válido mesmo em programas disciplinares, já que há, cada vez mais, uma grande interseção entre as áreas, consequência do reconhecimento gradual de que o avanço do conhecimento em uma área em particular pode se dar pela incorporação de teorias e métodos desenvolvidos em outras áreas.
Em relação ao Eixo II, é preciso avançar em políticas institucionais que permitam a integração entre grupos de pesquisa, como seminários e cursos temáticos de interesse amplo (sobre aspectos epistemológicos e/ou metodológicos de interesse de várias áreas do conhecimento), que permitam inclusive uma maior proximidade física entre os pesquisadores. Nesse contexto, discutiu-se uma questão operacional importante em relação à implementação e/ou maior apoio a laboratórios multiusuários institucionais.

(continua)

Quadro 1.1: Documento de Diretrizes pela Interdisciplinaridade. *(continuação)*

Finalmente, em relação ao Eixo III (Recursos Financeiros e Pessoal), entende-se que o principal aspecto a ser discutido é o gerenciamento de recursos humanos. As instituições tendem a ter estruturas acadêmico-administrativas (i.e., Departamentos, Institutos, Centros) excessivamente isoladas e que possuem políticas ou ações que dificultam sua integração com outros setores. Além disso, esse distanciamento dificulta a interação com docentes e pesquisadores de outras áreas. Soma-se a isso a existência de poucos editais que promovam ações interdisciplinares. As agências de fomento deveriam lançar editais centrados na resolução de problemas complexos.
Cabe ao Foprop, estimular a internalização da interdisciplinaridade, ampliando o debate e criando uma cultura que a valorize, criando/apoiando uma série de "boas práticas", reforçando a inserção da interdisciplinaridade no dia a dia das Instituições. Ao mesmo tempo, o Foprop precisa atuar junto às agências de fomento e outros órgãos governamentais, a fim de que essas diretrizes passem a ser incorporadas em suas ações.

Fonte: Foprop (2015)

plinaridade entre seus temas de referência, o Confap também leva a questão de sua institucionalização para os Estados e, mais especificamente, para as estruturas organizacionais das FAPs, cuja governança (Sartori, 2011) e, especialmente, conformação de processos e decisões de planejamento e fomento diferenciam-se de suas congêneres nacionais.

Algumas das ações em curso no sistema institucional brasileiro, envolvendo os setores acadêmico, governamental, empresarial e associativo que impactam as ações de institucionalização da interdisciplinaridade, são ressaltados como instrumentos de implantação em diferentes níveis e processos nas organizações.

Planejamento e fomento interdisciplinar

No plano de ações organizacionais, a institucionalização da interdisciplinaridade se efetiva, primeiramente, a partir da visão dos líderes das organizações partícipes do sistema de educação superior, ciência, tecnologia e inovação em que atuam, dependendo da forma com que esses líderes relacionam ciência e sociedade.

Nos Estados Unidos, a necessidade de se manter estreita associação entre o impacto da ciência na sociedade e da contribuição dessa à ciência deu origem a uma sigla: CCTS[10] – *Convergência de Conhecimento e Tecnologia para o benefício da Sociedade*. CCTS é o conjunto de interações escalonáveis e transformadoras entre disciplinas, tecnologias, comunidades e domínios da atividade humana, aparentemente distintos, que visam compatibilidade, sinergia e integração

10 CKTS – Convergence of Knowledge and Technology for benefit of Society (Roco e Bainbridge, 2013).

e, nesse processo, criam valor e se ampliam para alcançar objetivos comuns (Roco e Bainbridge, 2013). Esse conceito tem feito parte da agenda de planejamento de fomento da *National Science Foundation*.

No Brasil, a institucionalização da interdisciplinaridade tem incluído programas e planos que vêm influenciando positivamente o advento crescente da multi e da interdisciplinaridade. A título de exemplo, destacamos a indução por estruturas curriculares e unidades acadêmicas de caráter multi e interdisciplinar promovida pelo Reuni e o capítulo sobre interdisciplinaridade no Plano Nacional de Pós-Graduação - PNPG 2011-2020 (Capes 2011a; Capes, 2011b).

O Programa de Reestruturação e Expansão das Universidades Federais (Reuni) foi lançado por meio de Decreto presidencial 6096, de 24 de abril de 2007. Entre os pressupostos do programa estava a constatação de que o sistema de educação superior do país "ainda conserva modelos de formação acadêmica e profissional superados em muitos aspectos, tanto acadêmicos, como institucionais, e precisa passar por profundas transformações" (Brasil, 2007, p.7). Entre as razões apontadas para sua condição negativa está a "concepção fragmentada do conhecimento" e "currículos de graduação pouco flexíveis, com forte viés disciplinar" (idem). O programa estruturou linhas de ação que incluíram o aumento da oferta de educação superior pública, a reestruturação acadêmico-curricular (com ênfase para componentes multi e interdisciplinares), o incentivo à mobilidade intra e interinstitucional, além da busca de estreitamento entre pós-graduação e graduação. Entre seus resultados estão a criação de bacharelados interdisciplinares, abertura de espaço para abordagens de natureza multi e interdisciplinar como evolução das estruturas curriculares vigentes e também a criação de novas unidades administrativas (novos campi ou novas universidades) com modelos organizacionais horizontalizados (i.e., estruturas despartamentalizadas). Diversos exemplos relatados nesta obra têm relação com o contexto regulatório e, principalmente, de investimentos realizados sob visão multi e interdisciplinares. Como desafios, o Programa Reuni tem a difícil convivência entre modelos administrativos departamentalizados e horizontalizados e a tradição do sistema de certificação e acreditação acadêmica do país, estruturado segundo modelos disciplinares de profissionalização e gestão.

No âmbito da pós-graduação, o principal instrumento de ação estratégica nacional é o Plano Nacional de Pós-Graduação (PNPG). Em sua versão mais recente, que estabelece ações estratégicas para o país no período 2011-2020, a interdisciplinaridade mereceu um capítulo próprio, que enfatiza que "mesmo nas melhores universidades brasileiras, o ensino é compartimentado e, desde cedo, especializado, contrastando também com o movimento internacional no sentido de uma maior interdisciplinaridade e flexibilidade curricular" (PNPG 2011-2020, Capítulo 6 do Vol. 1 – Capes, 2011, p. 133-143).

O PNPG reconhece a importância da institucionalização da interdisciplinaridade nas universidades brasileiras para responder à complexificação do mundo contemporâneo. A ênfase do programa para a interdisciplinaridade soma-se às dimensões de análise do sistema de avaliação da pós-graduação brasileira, do desafio da educação básica e a necessidade de contribuição da pós-graduação, bem como do papel da pós-graduação na inserção de profissionais no setor empresarial e nas assimetrias da pós-graduação. Isso se deve à construção do que já pode ser considerado consenso entre cientistas e pesquisadores: nos dias atuais, a interdisciplinaridade é imprescindível para o desenvolvimento da ciência, da tecnologia e da inovação. É valioso instrumento de enfrentamento dos desafios contemporâneos que comportam grandes fenômenos, como a globalização e os seus desdobramentos políticos, culturais e econômicos, o surgimento das crises ambientais relacionadas ao uso e conservação dos recursos naturais, os desafios da gestão urbana, dentre outros.

Cumprir os objetivos do PNPG e o alcance de suas metas oferecerá condições para o surgimento de universidades de classe mundial, cuja constituição e funcionamento deverá ter como fundamentos a autonomia, a transparência e confiabilidade, e a governança. É necessário dar prosseguimento às reflexões, proposições e ações em pauta, que contemplem temas de alta relevância para a comunidade como: processo e sistema de avaliação; constituição de redes e associações; internacionalização; interdisciplinaridade; inovação; Educação Básica; assimetrias regionais; pós-graduação profissional.

A institucionalização da interdisciplinaridade esperada no PNPG associa-se a itens que formam uma Agenda Nacional de Pesquisa e Pós-Graduação, como fundamentos para o desenvolvimento das regiões e do país. Como tal, além da visão estratégica apontada no Plano, o desafio para uma efetiva institucionalização da interdisciplinaridade está associado à sua real *internalização* em todos os níveis organizacionais.

PARA INTERNALIZAR A INTERDISCIPLINARIDADE

A internalização é parte de um ciclo de processos de conhecimento organizacional, que associa conhecimentos como rotinas e modelos mentais práticos e compreensivos aos integrantes de uma organização (Yang et al, 2009).

Interdisciplinaridade e os marcos regulatório e administrativo tradicionais

Um sistema institucional e os componentes organizacionais que o compõem seguem uma gama de processos, rotinas e regulamentos, construídos ao longo de seu tempo de vida. Inovações organizacionais encontram, por regra, uma gama de fatores de resistência para se estabelecerem, sendo que os de natureza regulatória e legal têm forte impacto, especialmente no setor público, em que se parte do pressuposto de que a realização profissional deve se dar dentro de limites e diretrizes previamente conhecidas.

Assim, uma das questões relevantes à internalização da interdisciplinaridade diz respeito ao regramento vigente para as estruturas e rotinas em que a visão e a ação interdisciplinar estão sendo estabelecidas. Esse conjunto forma um marco regulatório que estabelece cultura e procedimentos que podem ser de difícil adequação a inovações, como a interdisciplinaridade.

Para a educação, esses elementos se materializam, por exemplo, em leis, normas e regulamentos que regem processos como: criação, avaliação, acompanhamento e planejamento de cursos; criação e estruturação de organizações acadêmicas; regulação das relações público-privadas; e a certificação nas mais variadas autorizações formais de atuação, como o reconhecimento de diplomas, certificação e regulamentação do exercício profissional, entre outros.

Em ciência, tecnologia e inovação, o sistema de regramento inclui a legislação, normas e procedimentos que regulam o planejamento, os investimentos estatais, a compra governamental, bem como o controle das ações do Estado como indutor e investidor em formação, produção de conhecimento, empreendedorismo e inovação. Nesse contexto, não só a interdisciplinaridade encontra desafios em regulamentos vigentes, mas também a própria inovação, que necessita de mecanismos indutores como a compra de pesquisa pelo Estado e a diferenciação de previsibilidade de resultados de projetos que requer sistemas de controle mais flexíveis e ágeis do que os tradicionais.

Normas e procedimentos administrativos criam processos, cultura e visões que podem dificultar inovações organizacionais, tanto de forma (i.e., inovação em procedimentos) como de conteúdo (i.e., inovação na visão e na estruturação do sistema). Assim, para que a internalização da interdisciplinaridade se efetive, é fundamental que normas e estruturas vigentes sejam revisitadas com visão aberta. Exemplos incluem normas de concursos públicos, que devem incluir a formação multi e interdisciplinar entre títulos aceitos, a diferenciação de sistemas de avaliação para propostas e unidades com características multi e interdisciplinares que contribuam para manter equidade com propostas de estruturas disciplinares, a possibilidade de exercer novas formas e processos educacionais e a realização de projetos em efetiva coprodução com outros atores acadêmicos, empresariais, governamentais e sociais envolvendo definição da agenda de pesquisa até sua avaliação de resultados.

Cultura institucional e interdisciplinaridade

Em estudo realizado sobre um conjunto de universidades que implementaram interdisciplinaridade, Holley concluiu que "implementar iniciativas interdisciplinares é alcançado não somente por meio de mudanças em como o trabalho institucional é organizado ou nas instalações em que é efetivado, mas também por meio de mudanças simultâneas na cultura institucional associada aos esforços interdisciplinares" (Holley, 2009, p. 342). O autor explicita que essas mudanças são necessárias na linguagem, comportamento e instrumentos que a universidade utiliza para implantar a interdisciplinaridade.

Para tal, o primeiro desafio na internalização da interdisciplinaridade está no espaço semântico que ela ocupa. Uma característica de consenso sobre a interdisciplinaridade, que é seu caráter integrador de conhecimentos científicos na resolução de problemas complexos, requer tempo, interação e adequada comunicação com os diferentes atores envolvidos.

Como diretriz, cabe a líderes de projetos interdisciplinares adotar uma posição de alteridade em relação às disciplinas, respeitando suas distinções e articulando a integração interdisciplinar, considerando os contextos disciplinares vigentes. Em segundo lugar, devem trabalhar para adotar linguagem comum e articular comunicação que facilite a compreensão dos projetos interdisciplinares pelos diferentes atores.

Se internamente em uma organização essas ações de internalização podem contribuir para o desenvolvimento de uma cultura interdisciplinar, no conjunto de organizações em um sistema de educação superior, ciência, tecnologia e inovação, a cultura se faz com a interação e coprodução dos diferentes atores institucionais que o compõem.

Coprodução e interdisciplinaridade

Como lembra o documento do Foprop sobre as ações pró-institucionalização da interdisciplinaridade (ver Quadro 1.1), apesar do relativo consenso sobre sua necessidade e pelo conjunto de ações já em curso no país, sua efetiva institucionalização ainda é um desafio.

Talvez uma das razões para isso esteja no fato de que não se pode institucionalizar ou internalizar a interdisciplinaridade apenas de forma individual. Há que haver uma ação coletiva, envolvendo setores da sociedade com os atores partícipes desse processo.

Essa demanda guarda relação com o conceito de coprodução, proposto no princípio da década de 1970, por Vicent e Elinor Ostrom, para se referir ao processo de criação de conhecimento coletivo oriundo da convivência de atores sociais. Trata-se da criação colaborativa e coletiva de valor (Ostrom, 1996; Fonseca, 2010; Meijer, 2012). Quando os atores desse coletivo são agentes sociais e governamentais, coprodução é definida como sendo a participação de cidadãos na produção e entrega de serviços públicos (Brudney e England, 1983).

Quando a coprodução ocorre entre pesquisadores e atores sociais, pode se dar em rede, mediada por tecnologia e incluir a participação de cidadãos em projetos científicos (na chamada *Citizen Science*). Segundo Pacheco (2015), a coprodução transdisciplinar em ciência vem inspirando diversos grupos de pesquisa a elaborarem métodos e frameworks para integração entre atores sociais e científicos (Hadorn, Pohl e Bammer, 2010; e Schutternberg e Guth, 2015). O objetivo é considerar conhecimentos de matizes diferentes, conflitos de visões, canais de comunicação, e criar espaços de coprodução com confiança mútua. E isso é algo realmente desafiador.

Porém, mais do que métodos e instrumentos, o que se faz necessário para uma efetiva coprodução é o senso de bem comum. Elinor Ostrom definiu[11] e estudou o uso coletivo de bens comuns em mais de 5 mil casos descritos na literatura nas áreas de sociologia rural, antropologia, história, economia, ciência política, agricultura, irrigação, sociologia e ecologia humana e também realizou estudos de caso na África, Ásia e Europa (Ostrom, 1990, p. xv). Suas conclusões foram reconhecidas por prêmio Nobel em economia. Ostrom conclui que coletivos que tratam de forma duradoura seus bens co-

11 Bens comuns ou *commons* são recursos compartilhados por indivíduos e, por essa razão, sujeitos a conflitos sociais (HESS e OSTROM, 2007, p. 3).

muns iniciam por uma clara delimitação desse bem comum, não importam soluções de outros contextos, estabelecem regras de forma coletiva, com monitoramento do cumprimento dessas regras, sanções ao seu descumprimento, mecanismos ágeis para resolver conflitos, autonomia em relação a autoridades externas ao grupo e uma governança definida entre seus partícipes (Ostrom, 1990).

Quando percebida como um bem comum, pelo potencial de integração e busca de resolução de problemas complexos de impacto social, a interdisciplinaridade pode ser promovida em coprodução por acadêmicos, pesquisadores, agentes públicos, empresários e demais setores da sociedade sob princípios de sustentabilidade. Diretrizes, planos e ações interinstitucionais encontram na coprodução um processo de construção coletiva, fator inexorável para a institucionalização e a internalização da interdisciplinaridade.

À GUISA DE FINALIZAÇÃO

Há pouco mais de duas décadas, o principal desafio da interdisciplinaridade no País era obter espaços institucionais. Nesse período, a crescente complexidade da sociedade contemporânea acentuou a preocupação com os limites da ciência disciplinar e tornou emergente a necessidade do aprofundamento de três abordagens que comungam o senso de interação: a Internacionalização, a Interinstitucionalização e a Interdisciplinaridade.

Como discutido neste capítulo, a institucionalização desses fatores depende de uma visão comum, de bem comum, dos atores acadêmicos, científicos, tecnológicos, empresariais, governamentais e sociais sobre o papel que a educação, a ciência, a tecnologia e a inovação têm no desenvolvimento socioeconômico. A partir de uma visão comum, viabilizam-se novas visões de realidade e de futuro para instituições e nações que desejam ser referência em conhecimento, liderança, compartilhamento e coprodução, fundamentadas em valores de cidadania, desenvolvimento sustentável, justiça social e respeito às diferentes culturas e saberes, ou seja com *alteridade*.

Quanto mais educada e informada uma sociedade, maiores são as chances de que essas demandas sejam projetadas sobre todos os atores institucionais que a compõem, tornando-a mais exigente. Vive-se tempos de mutação de paradigmas: as ações exigem maior transparência e fundamentos de coprodução. Os processos tornam-se mais ricos, porém mais complexos, o que requer cidadãos e profissionais melhor preparados, mais humanizados, com perfis de liderança, abertos ao novo e ao diálogo.

Verifica-se, assim, que tem havido crescente processo de institucionalização da interdisciplinaridade no Brasil, ao mesmo tempo avanço e desafio, diante de estruturas e culturas historicamente construídas em bases disciplinares. Com efeito, é um processo em curso, uma necessidade contemporânea, intrínseca ao estágio de desenvolvimento das sociedades, que provoca revisão das visões de mundo, epistemologias e metodologias, nas estruturas de produção de conhecimento e nas suas próprias finalidades, como pode ser constatado em vários capítulos desta obra, que tratam de iniciativas exitosas e tanto de dificuldades superadas como as que ainda devem ser enfrentadas.

Essas incluem a construção, evolução, institucionalização e internalização de novas bases epistemológicas, acadêmicas, de gestão e, principalmente, de coprodução entre atores das diferentes matizes que compõem um sistema de educação superior, ciência, tecnologia e inovação. A trajetória da institucionalização e da internalização da interdisciplinaridade no Brasil, como se pode ver nos demais capítulos desta obra e nos dois volumes que a antecederam, segue seu caminho com etapas cumpridas e muitos desafios que exigirão a visão e atitude de construção coletiva, com responsabilidades abrangentes a todos os atores afetos aos sistemas de educação superior, ciência, tecnologia e inovação do País. Desafios estes que requerem a interdisciplinaridade parte dos processos e das instituições envolvidas tendo como base a reciprocidade e a alteridade.

REFERÊNCIAS

ALVARENGA, A. T. de. A Saúde Pública como campo de investigação interdisciplinar e a questão metodológica. *Saúde e Sociedade*, São Paulo, vol. 3, n. 2 , p. 22-41, 1994.

ALVARENGA, A. T. de et al. Congressos Internacionais sobre Transdisciplinaridade: reflexões sobre emergências e convergências de idéias e ideais na direção de uma nova ciência moderna. *Saúde e Sociedade*, São Paulo, vol.14, n. 3, p. 9-29, 2005.

APOSTEL, L. Les instruments conceptuels de l´interdisciplinarité: une démarche opérationnelle. In : APOSTEL, L. e col. (org.) *L´interdisciplinarité - problemes d´enseignement et de recherche dans les universités.* Rapport du Séminaraire sur l´Interdisciplinarite, Nice, 1970 -CERI - Centre pour da Recherche et l´Innovations das l´ Enseignement/ OCDE - Organisation de Coopération et de Développement Économiques, Paris, 1973, p. 145-189

BERGER, P. L.; LUCKMANN, T. *The social construction of reality*. New York: Anchor Books, 1967.

BOISIER, S. ¿Hay espacio para el desarrollo local en la globalización? *Revista de la Cepal.* N° 86. Agosto de 2005. Online [http://www.eclac.org/publicaciones/xml/1/22211/G2282e-Boisier.pdf]. Acesso em 06 de julho de 2013.

BRASIL. [MEC] MINISTÉRIO DA EDUCAÇÃO. Decreto n. 6.096, de 24 de abril de 2007. Institui o Programa de Apoio a Planos de Reestruturação e Expansão das Universidades Federais: Reuni. Disponível em: http://www.mec.gov.br. Acesso em: 03 jan. 2016.

BRUDNEY, J. L.; ENGLAND, R. E. Toward a definition of the coproduction concept. *Public Administration Review*, p. 59-65, 1983.

BURSZTYN, M. Meio ambiente e interdisciplinaridade: desafios ao mundo acadêmico. *Desenvolvimento e Meio Ambiente*, n. 10, p. 67-76, jul./dez. 2004, Editora UFPR.

CAPES. *Plano Nacional de Pós-Graduação (PNPG 2011-2020)*. v. I. Brasília: Capes, 2011.

DAGNINO, R.; THOMAS, H. E. ; DAVYT, A. El pensamiento en ciencia, tecnología y sociedad en Latinoamérica: una interpretación política de su trayectoria. Redes (Bernal), Buenos Aires, v. 3, n. 7, p. 13-51, 1996.

DAVIDSON-HUNT, I. J.; BERKES, F. Nature and society through the lens of resilience: toward a human-in-ecosystem perspective. In: BERKES, F.; COLDING, J.; FOLKE, C. (eds.). *Navigating social-ecological systems. Building resilience for complexity and change*. Cambridge: Cambridge University Press, p. 53-82, 2003.

DENHARDT, J. V.; DENHARDT, Robert B. The new public service: serving, not steering. New York: M. E. Sharpe, 2003.

DURANT, W. *A História da Filosofia*. São Paulo: Nova Cultural – Coleção Os Pensadores, 2000.

FERNANDES, V. Racionalização da vida como processo histórico: crítica à racionalidade econômica e ao industrialismo. *Cadernos da EBAPE.BR*, São Paulo, FGV/EBAPE, 2008.

______. Interdisciplinaridade: a possibilidade de reintegração social e recuperação da capacidade de reflexão na ciência. *INTERthesis* (Florianópolis), p. 65-80, 2010.

FIESC. Federação das Indústrias do Estado de Santa Catarina. *Agenda de prioridades da indústria catarinense*. Documento do PDIC 2022, Programa de Desenvolvimento Industrial Catarinense. FIESC. 2015.

FONSECA, F. Co-produção : uma abordagem transformadora do sector público. Interface Administração Pública, n. 56, p. 16–20. Lisboa: Grupo Algébrica, 2010

FOPROP – Fórum de Pró-reitores de Pesquisa e Pós-Graduação. *Internalização da Interdisciplinaridade no Ensino, na Pesquisa e na Extensão*. Documento consolidado, apresentado no Encontro Nacional de Pró-Reitores de Pesquisa e Pós-Graduação. Goiânia, 18 a 20 de novembro de 2015.

FRODEMAN, R. *Sustainable knowledge: A theory of interdisciplinarity*. Palgrave Macmillan, 2014.

FULLER, S. History of Positivism. In: *International Encyclopedia of the Social & Behavioral Sciences*. 26 vols. Amsterdam: Elsevier. 2001, p. 11821-11827.

GRAFF, H. J. *Undisciplining Knowledge: Interdisciplinarity in the Twentieth Century*. JHU Press, 2015.

GUSDORF, G. Passe, présent, avenir de la recherche interdisciplinaire. *Revue Internationale des Sciences Sociales*, Paris, v. 29, n. 4, p. 627-649, 1977.

HADORN, G. H.; POHL, C.; BAMMER, G. Solving problems through transdisciplinary research. *The Oxford Handbook of Interdisciplinarity*. Ed. Robert Frodeman, Julie Thompson Klein and Carl Mitcham. New York. Oxford University Press. 2010.

HESS, C.; OSTROM, E. An Overview of the Knowledge Commons. In: *Understanding Knowledge as a Commons*. The MIT Press, Cambridge, Massachusetss, 2007.

HLUPIC, V.; POULOUDI, A.; RZEVSKI, G. Towards an integrated approach to knowledge management: 'hard', 'soft' and 'abstract' issues. *Knowledge and Process Management*, v. 9, n. 2, p. 90-102, 2002.

HOLLEY, K. A. Interdisciplinary strategies as transformative change in higher education. *Innovative Higher Education*, v. 34, n. 5, p. 331-344, 2009.

HORKHEIMER, M. *Eclipse da razão*. São Paulo: Centauro, 2002.

HUUTONIEMI, K. et al. Analyzing interdisciplinarity: Typology and indicators. *Research Policy*, v. 39, n. 1, p. 79-88, 2010.

JANTSCH, E. Interdisciplinaridade: os sonhos e a realidade. *Tempo Brasileiro*, Rio de Janeiro, v. 121, p. 29-42, 1995.

JAPIASSU, H. *Interdisciplinaridade e patologia do saber*. Rio de Janeiro: Imago, 1976.

______. *Como nasceu a ciência moderna e as razões da filosofia*. Rio de Janeiro: Imago, 2006.

JENKINS, H. *Convergence culture: Where old and new media collide*. NYU press, 2006.

JOLLIVET, M.; PAVÉ, A. O meio ambiente: questões e perspectivas para a pesquisa. In: VIEIRA, P. F.; WEBER, J. (orgs.). *Gestão de recursos naturais renováveis e desenvolvimento: Novos desafios para a pesquisa ambiental*. São Paulo: Cortez, p. 51-112, 2000.

JOOS, C. et al. Knowledge engineering in interdisciplinary research clusters. In: *2012 IEEE International Conference on Industrial Engineering and Engineering Management*. 2012.

KLEIN, J. T. A taxonomy of interdisciplinarity. In: FRODEMAN, R.; KLEIN, J.T.; MITCHAM, C. (eds.), *The Oxford Handbook of Interdisciplinarity*. Oxford: Oxford University Press, 2010.

______. *Crossing Boundaries: knowledge, disciplinarities, and interdisciplinarities*. Virginia: University Press of Virginia, 2010.

______. La interdisciplinaridad en la escuela. *Revista Praxis*, n. 5, p. 5, 2004.

______. Practices of disciplinarity and interdisciplinarity in Quebec elementary schools: Results of twenty years of research. *JSSE-Journal of Social Science Education*, v. 5, n. 4, 2006.

MANNHEIM, K. *O homem e a sociedade: estudos sobre a estrutura social moderna*. Rio de Janeiro: Zahar, 1962.

MEIJER, A. Co-production in an Information Age: Individual and Community Engagement Supported by New Media. VOLUNTAS: *International Journal of Voluntary and Nonprofit Organizations*, v. 23, n. 4, p. 1156–1172, 2012.

MELO, G. Mesa redonda: "Indução para a Pesquisa e o ensino interdisciplinar ". Apresentação realizada no Seminário Interdisciplinaridade: Desafios institucionais. Goiânia, 23 e 24 de setembro de 2013.

MORIN, E.; KERN, A.B. *Terra pátria*. Porto Alegre: Sulina, 1995.

MORIN, E. *Ciência com consciência*. Rio de Janeiro: Bertrand Brasil, 2010.

MULLIGAN, K. Logical Positivism and Logical Empiricism. In: *International Encyclopedia of the Social & Behavioral Sciences*. 26 vols. Amsterdam: Elsevier. 2001, p. 9036–9038.

OSTROM, E. Crossing the Great Divide : Synergy and Development. *World Development*, v. 24, n. 6, p. 1073–1087, 1996.

______. *Governing the Commons: The Evolution of Institutions for Collective Action*, Cambridge: Cambridge University Press, 1990.

PACHECO, R. C. S. Coprodução em Ciência, Tecnologia e Inovação: fundamentos e visões. Simpósio Internacional sobre Interdisciplinaridade no Ensino, na Pesquisa e na Extensão - Região Sul. In: *II Simpósio Internacional sobre Interdisciplinaridade no Ensino, na Pesquisa e na Extensão – SIIEPE II*, 2013, Florianópolis, SC. Anais do II SIIEPE 2015. Florianópolis, SC: EGC/UFSC, 2015.

GARCIA PALACIOS, et al. Apresentação. In: Introdução aos Estudos de CTS (ciência, tecnologia e sociedade). Cadernos de Ibero-América, 2003.

ROCO, M. C.; BAINBRIDGE, W. S. The new world of discovery, invention, and innovation: convergence of knowledge, technology, and society. *Journal of nanoparticle research*, v. 15, n. 9, p. 1-17, 2013.

ROTMAN, D. et al. Motivations affecting initial and long-term participation in citizen science projects in three countries. *iConference 2014 Proceedings*, 2014.

SÁ, S. Interdisciplinaridade e suas práticas em documentos de "avaliação e perspectivas" do CNPq 1978, 1982. *Cadernos de Saúde Pública*, v. 3, n. 3, p. 280-296. 1987a.

______. Interdisciplinaridade: sim e não a vasos comunicantes em educação pós-graduada. *Cadernos de Saúde Pública*, v. 3, n. 3, p. 272-279, 1987b.

SARTORI, R. Governança em Agentes de Fomento dos Sistemas Regionais de CT&I. Tese de Doutorado. Universidade Federal de Santa Catarina, Centro Tecnológico. Programa de Pós-Graduação em Engenharia e Gestão do Conhecimento. Orientador: Roberto C. S. Pacheco. Florianópolis, SC. v. 227, 2011.

SCHUTTENBERG, H. Z.; GUTH, H. K. Seeking our shared wisdom: a framework for understanding knowledge coproduction and coproductive capacities. *Ecology and Society*, in press, 2015.

SEARLE, J. R. What is an institution. *Journal of institutional economics*, v. 1, n. 1, p. 1-22, 2005

YANG, B.; ZHENG, W.; VIERE, C. Holistic views of knowledge management models. *Advances in Developing Human Resources*, 2009.

VIEIRA, P. V. F.; AMIN M. M.; MAIMON, D. *As Ciências Sociais e a Questão Ambiental: Rumo à Interdisciplinaridade*. Belém: NAEA/UFPA, 1993.

capítulo 2

Interdisciplinaridade:
fundamentos teóricos, dificuldades e experiências institucionais no Brasil

Agustina R. Echeverría | *Química, UFG*
Divina das Dôres P. Cardoso | *Bióloga, UFG*

INTRODUÇÃO

Escrever um texto sobre interdisciplinaridade em coautoria, quando as autoras são de campos conceituais diferentes é um verdadeiro desafio. Emergem, nesse processo, claramente, diferentes compreensões conceituais, diferentes valorações de experiências práticas, embora ambas concordem e argumentem em defesa da necessidade da mesma.

Considerando nossa experiência pessoal na elaboração e execução de projetos interdisciplinares, a partir da administração, da pesquisa, do ensino e da extensão universitárias, assim como da nossa participação em encontros acadêmicos regionais, nacionais e internacionais sobre o tema e da nossa interação com pesquisadores de outras instituições, no presente capítulo defenderemos a necessidade histórica da interdisciplinaridade apontando também certos aspectos de natureza ontológica, epistemológica e cognitiva que podem gerar conflitos que, por sua vez, redundam em dificuldades para sua efetivação. Apresentaremos também alguns casos que de maneira distinta são exemplos de práticas interdisciplinares.

Convém destacar que embora o presente capítulo seja parte do último livro de uma trilogia sobre a temática interdisciplinaridade, apoiada pela Capes, que versa sobre sua institucionalização, e que volumes anteriores já tratavam tanto de aspectos teóricos como de experiências institucionais, entendemos que a complexidade do tema faz com que a discussão/reflexão não se esgote e seja retomada constantemente. O conteúdo dos livros anteriores mostra isso. Neles são abordadas tanto questões teórico-metodológicas como experiências institucionais.

INTERDISCIPLINARIDADE: CONCEITOS E DESAFIOS

A interdisciplinaridade é uma questão recorrente nos últimos anos e nos mais diversos âmbitos: da pesquisa, do ensino, de projetos militares, de discussões teóricas, e embora nem sempre haja consenso na sua conceituação, parece haver concordância quanto à sua necessidade (Santomé, 1998, p. 45-55). Mas, mesmo havendo consenso sobre a necessidade do exercício da interdisciplinaridade nos mais diversos campos da atividade humana, a sua efetivação implica dificuldades e conflitos que devem ser ponderados no momento da avaliação de experiências interdisciplinares.

A dificuldade em relacionar aspectos teóricos e práticos da interdisciplinaridade pode ser observada, por um lado, nos relatos de experiências interdisciplinares que evitam teorizar sobre o assunto ou não explicitam os fundamentos teóricos, e, por outro lado, nas discussões teóricas, que carecem, muitas vezes, de exemplos práticos de ações interdisciplinares. É certo que não basta ter uma compreensão teórica dessa questão, é necessário também superar dificuldades práticas resultantes de uma formação profissional fragmentada em quase todas as áreas. A interdisciplinaridade se apresenta como uma necessidade e deve responder também à exigência de criar um novo perfil de inteligência, uma nova espécie de pesquisador e de educador. Concordamos com Frigotto (2008) quando afirmam que "temos de entender a interdisciplinaridade como uma necessidade (algo que historicamente se impõe como imperativo) e como problema (algo que se impõe como desafio a ser decifrado)" (Frigotto, 2008, p. 42).

A necessidade se impõe fundamentalmente no plano ontológico, ou seja, no plano da natureza complexa das práticas sociais, em que o ser humano intervém nas suas dimensões biológicas, psíquicas, intelectuais, culturais e no plano epistemológico, o da apreensão teórica dessa realidade social. Mas os mesmos aspectos que indicam a interdisciplinaridade como uma necessidade convergem para que ela se torne um problema.

Antes de nos determos na discussão de por que a interdisciplinaridade é, além de uma necessidade, um problema, consideramos importante a discussão breve sobre o conceito de disciplina e suas implicações no ensino e na pesquisa. É importante destacar que, para além da fragmentação do conhecimento, fruto do peso do pensamento positivista na ciência (Thiesen, 2008, p. 548),

> uma disciplina é uma maneira de organizar e delimitar um território de trabalho, de concentrar a pesquisa e as experiências dentro de um determinado ângulo de visão. Daí que cada disciplina nos oferece uma imagem particular da realidade, isto é, daquela parte que entra no ângulo de seu objetivo (Santomé, 1998, p. 55).

Dito de outro modo, as disciplinas constituem campos do saber que se caracterizam por ter um objeto de estudo e investigação específico construído de acordo com um campo de conhecimento especializado, pelas teorias, técnicas e métodos sob os quais o objeto é investigado.

Não estamos aqui hierarquizando as ciências nem atribuindo o caráter de científico exclusivamente às ciências físico-naturais, pois entendemos que essas características das disciplinas fazem parte da postura do ser humano de sair do mundo fenomenológico do senso comum e adotar uma atitude arguidora perante a realidade. Segundo Kosik:

> A atitude primordial e imediata do homem, em face da realidade, não é a de um abstrato sujeito cognoscente, de uma mente pensante que examina a realidade especulativamente, porém a de um ser que age objetiva e praticamente, de um indivíduo histórico que exerce a sua atividade prática no trato com a natureza e com os outros homens, tendo em vista a consecução dos próprios fins e interesses, dentro de um determinado conjunto de relações sociais. Portanto, a realidade não se apresenta aos homens, à primeira vista, sob o aspecto de um objeto que cumpre intuir, analisar e compreender teoricamente. [...] No trato prático-utilitário com as coisas – em que a realidade se revela como mundo dos meios, fins, instrumentos, exigências e esforços para satisfazer a estas – o indivíduo "em situação" cria suas próprias representações das coisas e elabora todo um sistema correlativo de noções que capta e fixa o aspecto fenomênico da realidade (Kosik, 1989, p. 9-10).

Para captar as relações que os fenômenos só revelam de modo inadequado, parcial ou apenas sob certos aspectos, é necessária uma ação ativa, uma elaboração, uma reconstrução da realidade mediada pelo pensamento do sujeito cognoscente. A esta atividade denominamos ciência, e é no marco do que definimos como disciplina que a atividade científica se realiza. Todavia, no dizer de Frigotto (2008):

> Mesmo que se atinja um elevado nível de capacitação crítica, nenhum sujeito individual dá conta de exaurir determinada problemática. Este esforço é sempre acumulativo e social. Já por

> este ângulo percebemos que o conhecimento humano sempre será relativo, parcial, incompleto (Frigotto, 2008, p. 42).

Essa forma parcial, incompleta e finita de apreender a realidade, que se apresenta como síntese de relações complexas, mas que se apreende sempre parcialmente, torna-se um problema quando se pensa na aproximação desses campos conceituais/metodológicos denominados disciplinas, pois a forma de produzir o conhecimento determina, também, uma forma de fazer e de ensinar ciência, que não é trivial, pois não é possível conhecer o mundo na sua totalidade.

A respeito da aproximação/integração entre disciplinas é importante destacar que há várias taxonomias na literatura propostas por diferentes autores. No presente texto nos apoiaremos na proposta de Jean Piaget (1979, apud Santomé, 1998), que diferencia pela hierarquização de níveis de colaboração a integração das disciplinas e faz a seguinte diferenciação:

1. *Multidisciplinaridade*: o nível inferior de integração. Ocorre quando, para solucionar um problema, busca-se informação e ajuda em várias disciplinas, sem que tal interação contribua para modificá-las ou enriquecê-las. Esta costuma ser a primeira fase da constituição de equipes de trabalho interdisciplinar, porém não implica que necessariamente seja preciso passar a níveis de maior cooperação.
2. *Interdisciplinaridade*: segundo nível de associação entre disciplinas, em que a cooperação entre várias disciplinas provoca intercâmbios reais, isto é, há verdadeira reciprocidade nos intercâmbios e, consequentemente, enriquecimentos mútuos.
3. *Transdisciplinaridade*: é a etapa superior de integração. Trata-se da construção de um sistema total, sem fronteiras sólidas entre as disciplinas, ou seja, de "uma teoria geral de sistemas ou de estruturas, que inclua estruturas operacionais, estruturas de regulamentação e sistemas probabilísticos, e que una estas diversas possibilidades por meio de transformações reguladas e definidas" (Piaget, 1979, p. 166-171 apud Santomé, 1998, p. 70).

Observa-se que nesta diferenciação apresentada o foco está na aproximação de diferentes campos conceituais, mas não há referências explícitas à interdisciplinaridade teórica, à relação teoria/objeto de estudo.

Do ponto de vista epistemológico, as transformações produtivas geraram demandas sociais de conhecimentos das quais surgiram novos desafios teóricos.

> Contudo, estes campos de integração de conhecimentos, estas problemáticas nas quais confluem diversos saberes, não constituem objetos científicos interdisciplinares. Na maior parte dos casos, tampouco deram lugar a um trabalho teórico interdisciplinar entendido como o intercâmbio de conhecimentos que resulta numa transformação de paradigmas teóricos das disciplinas envolvidas, ou seja, numa "revolução dentro do seu objeto" de conhecimento ou inclusive numa "mudança de escala do objeto de estudo por uma nova forma de interrogá-lo (Leff, 2010, p. 71)

Ainda segundo Leff:

> Apesar disso, a interdisciplinaridade é proclamada hoje em dia não só como um método e uma prática para a produção de conhecimentos e para sua integração operativa na explicação e resolução dos cada vez mais complexos problemas de desenvolvimento; além disso aparece com a pretensão de promover intercâmbios teóricos entre as ciências e de fundar novos objetos científicos. Entretanto, a interdisciplinaridade teórica - entendida como a construção de um "novo objeto científico" a partir da colaboração de diversas disciplinas, e não apenas como um tratamento comum de uma temática - é um processo que se consumou em poucos casos da história das ciências (2010, p. 72).

Disso que foi exposto, depreendem-se as dificuldades teóricas da construção da interdisciplinaridade. Por isso, concordamos com Frigotto (2008) ao afirmar que:

> O convívio democrático e plural necessário em qualquer espaço humano, sobremaneira desejável nas instituições de pesquisa e educacionais, não implica na junção artificial, burocrática e falsa de pesquisadores ou docentes que objetivamente se situam em concepções teóricas e, forçosamente ideológica e politicamente diversas (Frigotto, 2008, p. 58).

No campo específico do ensino, a interdisciplinaridade adquire características particulares porque, além dos aspectos epistemológicos, há de se considerar os aspectos pedagógicos e cognitivos. Há um sujeito que aprende e outro que ensina de forma intencional, e se considerarmos que o conhecimento científico é um sistema de conceitos em que uns só adquirem significados em função de outros, essa rede conceitual tem de ser explicitada em qualquer proposta pedagógica. Além disso, quando se trata de ensino, as questões de natureza curricular tornam-se relevantes. Uma disciplina científica é diferente de uma disciplina escolar. Elas têm em comum o campo conceitual, mas uma disciplina escolar se caracteriza por ter, também, um lugar determinado no currículo, uma carga horária determinada (nem sempre por argumentos epistemológico/pedagógicos) e um professor, do qual dependerá muito a abordagem dos conteúdos.

De um modo geral, no campo educativo, a interdisciplinaridade vem sendo defendida pela necessidade de superação da fragmentação dos processos de socialização do conhecimento. Nas Diretrizes Curriculares Nacionais para Educação Básica (Brasil, 2013), a interdisciplinaridade é posta como forma para a organização curricular onde é explicitado: "A interdisciplinaridade é, assim, entendida, como abordagem teórico-metodológica com ênfase no trabalho de integração das diferentes áreas do conhecimento" (Brasil, 2013, p. 184). Não obstante, é preciso pontuar que a proposta de ensino interdisciplinar não é nova e, neste contexto, os Parâmetros Curriculares Nacionais para o Ensino Médio (PCN) (Brasil, 2002) já sinalizavam um ensino por áreas do conhecimento:

> A reforma curricular do Ensino Médio estabelece a divisão do conhecimento escolar em áreas, uma vez que entende os conhecimentos cada vez mais imbricados aos conhecedores, seja no campo técnico-científico, seja no âmbito do cotidiano da vida social. A organização em três áreas – Linguagens, Códigos e suas Tecnologias, Ciências da Natureza, Matemática e suas Tecnologias e Ciências Humanas e suas Tecnologias – tem como base a reunião daqueles conhecimentos que compartilham objetos de estudo e, portanto, mais facilmente se comunicam, criando condições para que a prática escola se desenvolva numa perspectiva de interdisciplinaridade (Brasil, 2002, p. 32)

Da mesma forma que o PCN, as Orientações Curriculares para o Ensino Médio (Ocem) (Brasil, 2006) também já expressavam o compromisso com um ensino integrado. Pode-se afirmar que todas as orientações curriculares oficiais posteriores à LDB de 1996, para todos os níveis de ensino, contêm essa intencionalidade. Mas, embora esses documentos sejam amplamente citados na literatura, no que tange especificamente à interdisciplinaridade e à sua proposta de ensino por áreas, estes, de fato, têm sido ignorados, e ainda é incipiente, no contexto educacional, o desenvolvimento de experiências verdadeiramente interdisciplinares. Um exemplo importante no Brasil que promoveu e promove a formação de professores na perspectiva multi e interdisciplinar por meio da aproximação da universidade com a educação básica valorizando a dimensão coletiva do trabalho docente é o realizado pelo Grupo Interdepartamental de Pesquisa sobre Educação em Ciências da Unijuí – RS (Gipec),[1] que no esforço para articular pesquisa, ensino e extensão em

---

1 Disponível em: www.unijui.tche.br/dbq/gipec. Acessado em: 26 maio 2015.

parceria com diferentes redes de ensino desde 1995, vem realizando parcerias colaborativas entre escolas, no contexto da Unijuí. Com o apoio do então subprojeto para o ensino de ciências Spec/PADCT/Capes/MEC[2] (programa que foi determinante no estabelecimento e fortalecimento de muitos grupos interdisciplinares de ensino de ciências no Brasil), o Gipec desenvolveu importantes projetos interdisciplinares que possibilitaram a inserção de professores de escola na produção curricular. O exemplo do Gipec não é único no Brasil, mas é insuficiente se pensarmos na efetiva implementação das orientações curriculares oficiais.

A resistência ao ensino interdisciplinar pode ser entendida como a dificuldade em transcender a visão fragmentada herdada do positivismo e cristalizada no próprio tecido das universidades.

> Embora a temática da interdisciplinaridade esteja em debate tanto nas agências formadoras quanto nas escolas, sobretudo nas discussões sobre projeto-político-pedagógico, os desafios para a superação do referencial dicotomizador e parcelado na reconstrução e socialização do conhecimento que orienta a prática dos educadores ainda são enormes (Thiesen, 2008, p. 550).

Além disso, há também aspectos de ordem cognitiva dos quais derivam consequências pedagógicas que devem ser consideradas. Independentemente da perspectiva teórica de aprendizagem que se defenda, é importante levar em consideração a natureza do conhecimento a ser ensinado. Neste sentido, tendo como abordagem a educação em ciências, é importante considerar que:

> O conhecimento científico é, ao mesmo tempo, simbólico por natureza e socialmente negociado. Os objetos da ciência não são os fenômenos da natureza, mas construções desenvolvidas pela comunidade científica para interpretar a natureza. [...] O fato é que, mesmo em domínios relativamente simples da ciência, os conceitos usados para descrever e modelar o domínio não são revelados de maneira óbvia pela leitura do "livro da natureza". Ao contrário, esses conceitos são construções que foram inventadas e impostas sobre os fenômenos para interpretá-los e explicá-los, muitas vezes como resultado de grandes esforços intelectuais (Driver et al., 1999, p. 31).

É reconhecido que perspectivas particulares sobre aprendizagem não redundam, necessariamente, em práticas pedagógicas específicas, mas certas características do conhecimento científico impõem determinadas necessidades pedagógicas ao professor.

---

2 Spec – Subprograma Para o Ensino de Ciências; PADCT – Programa a Apoio ao Desenvolvimento Científico e Tecnológico; Capes – Coordenação de Aperfeiçoamento de Pessoal de Nível Superior; MEC – Ministério da Educação.

Shulman (1986) discorre sobre os conhecimentos necessários ao professor. O autor aponta três tipos para a prática docente. São eles: de conteúdo, pedagógico do conteúdo e curricular. O primeiro tipo diz respeito ao conhecimento específico da área em que o professor é especialista, por exemplo, a Biologia. Para Shulman, a diferença entre um biólogo pesquisador e um biólogo professor de Biologia reside no fato de que o professor necessita transpor didaticamente o conhecimento próprio do biólogo, no nível de escolaridade em que o aluno se encontre. Essa diferença é que distingue ambos os profissionais na área de conhecimento específico de cada um (Gonçalves e Gonçalves, 1998).

O segundo tipo de conhecimento do professor, e que tem a ver com a discussão aqui desenvolvida, é o conhecimento pedagógico do conteúdo, que permite ao professor uma percepção mais aguçada. Não se trata de conhecimentos da pedagogia em geral, mas das características próprias daquele domínio do saber, ou seja, as especificidades ontológicas daquele conhecimento que o professor precisa dominar e que no momento de pensar em um ensino interdisciplinar, que demanda um diálogo com outros campos, o deixa em situação de insegurança, pois ele terá de sair da sua "zona de conforto" e transitar em outros campos disciplinares. Isso gera resistências nos professores que (e é importante salientar), na maioria das vezes, não foram formados interdisciplinarmente. Ao contrário, eles são fruto da formação majoritariamente fragmentada das universidades. E é até paradoxal, pois há quase duas décadas no Brasil as diretrizes educacionais oficiais orientam para o ensino interdisciplinar, enquanto nos cursos de formação de professores para a educação básica os currículos continuam predominantemente disciplinares.

Em terceiro lugar, porém não menos importante, está o conhecimento curricular, que diz respeito, entre outras características, à rede conceitual onde estão inseridos os conteúdos a seres abordados (Gonçalves e Gonçalves, 1998). Propostas interdisciplinares pressupõem mudanças curriculares.

Mesmo com toda a complexidade já mencionada a respeito da interdisciplinaridade, principalmente em termos da sua execução e atuação, pode-se considerar que o Brasil já apresenta iniciativas bastante expressivas no tocante a esta particularidade teórico/prática e metodológica do conhecimento. Essas iniciativas vêm sendo feitas tanto pelas agências de fomento, o que inclui o CNPq, a Capes e as FAP (Fundações de Amparo à Pesquisa), quanto por instituições de ensino em diferentes níveis.

No contexto do CNPq/MCTI deve ser ressaltado o seu papel impulsionador da pesquisa e inovação a partir do fomento e incentivo dentro de diferentes Programas, tendo como destaque o do Instituto Nacional de Ciência e Tecnologia (INCT). Esse Programa permite que dentro de uma grande área do conhecimento se agrupem pesquisadores das mais diversas formações, das mais diferentes instituições e estados brasileiros, bem como do exterior, que passam a trabalhar conjuntamente em torno de um determinado tema que necessariamente passa a ter uma contextualização de maior abrangência em função das várias expertises a ele agregadas, que geralmente conduzem à interdisciplinaridade.

O Programa é composto hoje por 125 INCTs, distribuídos em diferentes áreas de atuação: Humanas e Sociais, Agrárias, Energia, Engenharias e Tecnologia da Informação, Exatas e Naturais, Saúde, Nanotecnologia e Ecologia e Meio Ambiente. Ressalta-se também que a composição destes INCTs, como já referido, é feita por pesquisadores de instituições diversas, públicas e particulares, nacionais e internacionais, bem como de diferentes regimes jurídicos, distribuídas por todos os estados da federação, incluindo o Distrito Federal.

Um Programa não pode manter-se temporalmente por si só. Nessa perspectiva, avaliações periódicas são realizadas interna e externamente, e o que tem sido visto, de modo geral, são avanços nos objetivos e metas propostas, o que tem contribuído decisivamente para colocar o Brasil em bom patamar no cenário mundial em termos da pesquisa e com uma perspectiva cada vez mais crescente no contexto da inovação.[3]

Outro aspecto importante fomentado pelo CNPq bem como pela Capes são as denominadas Redes de Ensino e Pesquisa que, similarmente aos INCT, congregam docentes e pesquisadores de diferentes regiões do Brasil em torno de temas comuns e de relevância para as regiões brasileiras, o que também é trabalhado e pesquisado a diferentes mãos, movidas por competências variadas, o que gera não só conhecimento novo como também formação importante de recursos humanos (www.cnpq.br).

Considerando a Capes, deve ser lembrado o seu papel fundamental e inicial da divulgação e promoção da interdisciplinaridade no Brasil. Nesse sentido, além da sua participação no fomento à pesquisa, foi criada em 1999 a Área Multidisciplinar que posteriormente se tornou uma Grande Área de Avaliação e, entre suas áreas, está a Interdisciplinar, junto a outras como Biotecnologia, Ciências Ambientais, Ensino e Materiais, e que proporcionou

3 Disponível em: www.cnpq.br. Acessado em: 26 maio 2015.

dinamismo aos mestrados e doutorados interdisciplinares. A Área Interdisciplinar da Capes contempla hoje 371 cursos de mestrados acadêmicos, 203 doutorados e 91 mestrados profissionais. Ademais, todos os Programas das áreas ditas disciplinares, por recomendação da agência, devem conter, em suas programações, diretrizes que permitam a interdisciplinaridade tanto no contexto de conteúdo programático quanto na formação discente, gerando novos conhecimentos ou disciplinas e que faça surgir, como sinalizado no documento da área, um novo profissional com um perfil distinto dos existentes, com formação básica sólida e integradora (Capes, 2013).

Considerando as questões teóricas da interdisciplinaridade quanto à sua conceituação, as dificuldades conceituais e procedimentais para a sua implementação e os desafios e esforços para sua institucionalização no Brasil, apresentaremos a seguir alguns exemplos de ações interdisciplinares em diferentes níveis institucionais.

EXPERIÊNCIAS INSTITUCIONAIS NO PAÍS

Apresentamos a seguir quatro exemplos de ações interdisciplinares que foram escolhidos por nos permitir abordar experiências com diferentes níveis de integração de campos do conhecimento e de dificuldades na sua realização. São todos exemplos de experiências institucionais em que a necessidade de aproximação surgiu no momento de enfrentar problemas e questões que demandavam essa aproximação.

No Quadro 2.1, encontra-se uma síntese das experiências que serão detalhadas a seguir.

Quadro 2.1: Exemplos de experiências interdisciplinares com diferentes níveis de integração de campos do conhecimento e de dificuldades na sua realização.

INSTITUIÇÃO	CASO	DESCRIÇÃO	NÍVEL DE INTEGRAÇÃO DAS DISCIPLINAS
Furnas e UFG	Educação ambiental e impactos socioambientais	Projeto que incorporou ações de extensão e de investigação de concepções ambientais oriundas de atores sociais atingidos pelas condições das barragens	Multidisciplinaridade considerando os conhecimentos não científicos e o método de coprodução para o desenvolvimento das ações propostas
Unifor	Mudança curricular e Interdisciplinaridade	Projeto de modificação na estrutura curricular de cursos de graduação em saúde para aproximação com o sistema público de saúde	Utiliza novos métodos pedagógicos (p. ex.: Aprendizagem Baseada em Problemas – ABP)

(continua)

Quadro 2.1: Exemplos de experiências interdisciplinares com diferentes níveis de integração de campos do conhecimento e de dificuldades na sua realização. *(continuação)*

INSTITUIÇÃO	CASO	DESCRIÇÃO	NÍVEL DE INTEGRAÇÃO DAS DISCIPLINAS
Rede Centro-Oeste	Pesquisa interdisciplinar e multi-institucional	Rede de pesquisa multi-institucional e multidisciplinar	Indução de pós-graduação multidisciplinar
Unigranrio	Práticas pedagógicas e interdisciplinaridade	Experiência integradora da universidade na definição de currículos que combinam disciplinas de diferentes áreas	Estrutura curricular e práticas pedagógicas multidisciplinares

A Educação Ambiental como meio de compreensão dos impactos socioambientais ocasionados na implantação de reservatórios de usinas hidrelétricas

O projeto de pesquisa Monitoramento e Estudo de Técnicas Alternativas na Estabilização de Processos Erosivos em Reservatórios de Usinas Hidroelétricas (UHE) é um exemplo de pesquisa e extensão interdisciplinar que está sendo desenvolvido pela empresa Furnas e a Universidade Federal de Goiás (Escola de Engenharia Civil, Instituto de Estudos Socioambientais e Instituto de Química) com a finalidade de monitoramento de processos erosivos já instalados em barragens da empresa, duas em operação e uma terceira em fase final de construção, com a avaliação das causas e consequências dos referidos empreendimentos.

As barragens escolhidas foram UHE Itumbiara, situada nos municípios de Itumbiara (GO) e Araporã (MG), a UHE Furnas entre os municípios de São José da Barra (MG) e São João Batista do Glória (MG) e a UHE Batalha, situada entre os municípios de Cristalina (GO) e Paracatu (MG). O projeto busca a sistematização da atuação preventiva no sentido de minimizar e evitar potenciais processos erosivos nos locais de estudo, bem como em futuros barramentos.

Como dito anteriormente, toda realidade é complexa e a construção de usinas hidroelétricas é um exemplo disso: as usinas hidroelétricas têm características de complexidade e de causas e consequências múltiplas desde a sua idealização. A produção de energia é uma demanda concreta, o país precisa de energia, mas as obras de engenharia necessárias para a construção das hidrelétricas são altamente impactantes e não apenas no contexto da erosão do terreno; há também o impacto socioambiental que deve ser levado em consideração.

Para atingir o objetivo proposto, estão sendo elaborados mapas de risco das áreas das bacias de contribuição e das bordas dos reservatórios com identificação dos processos erosivos instalados e de instabilidade de taludes. Porém, para o desenvolvimento destes mapas, é necessário também entender os processos erosivos que ocorrem nas margens dos reservatórios devido às ondas de ventos e oscilação do nível dos reservatórios. Este fenômeno, objeto de estudo, será reproduzido em laboratório por meio da adequação de um equipamento que permite prever a erodibilidade superficial dos solos, acrescentando-se, no funcionamento deste, o efeito das ondas. Esses dados experimentais serão utilizados na calibração da modelagem de fluxo de fluidos nos reservatórios.

Nesse caminho, serão implantados protótipos de técnicas alternativas em áreas de erosões ativas (margens e bacias dos reservatórios), os quais serão monitorados a fim de fornecer um diagnóstico final das técnicas de controle dos processos erosivos encontrados. A partir desse diagnóstico será proposta uma metodologia a ser seguida em empreendimentos futuros do sistema Eletrobras-Furnas, visando mitigar processos erosivos em barramentos, incorporando todas as etapas (projeto, construção, operação e gerenciamento ambiental).

No entanto, estas ações técnicas, por mais que sejam necessárias e importantes, se isoladas, não são suficientes para a mitigação dos processos erosivos nestas áreas de estudo, visto que a interação entre as comunidades afetadas pelas bacias dos reservatórios constitui outro aspecto do processo de degradação ambiental antrópica. Assim, para se abordar o problema de uma forma mais ampla é preciso interagir com a comunidade inserida nas bacias e nos municípios do entorno. É preciso que essas populações se incorporem de forma participativa nesses processos.

Referenciados em autores como Porto Gonçalves (2004), Sauvè (2005), Reigota (2009), Loureiro (2012) e Carvalho (2012), o projeto incorporou ações de extensão e de investigação das concepções ambientais de atores sociais atingidos pelas construções das barragens, como forma de avaliar o conhecimento, a consciência sobre o assunto e a capacidade refletida da possibilidade de intervenção e identificação de responsabilidades frente ao impacto ambiental. O alcance de um maior conhecimento pode promover ações de envolvimento dessa população com o meio ambiente e com os problemas que estão a ele vinculados, melhorando a compreensão da problemática, e identificando formas eficientes de atuação e intervenção cotidiana na busca por melhores soluções socioambientais.

Os reservatórios podem ter usos múltiplos inseridos em um manejo sustentável (lazer, pesca, transporte, turismos, esportes náuticos etc.). Ao mesmo tempo, há consequências negativas para a vida das pessoas afetadas pelas construções das usinas. Toda essa problemática só poderá ser adequadamente abordada com a participação ampla e efetiva da sociedade (Jacobi, 2012).

Dentro de uma perspectiva interdisciplinar, o projeto significa a aproximação e o diálogo entre as áreas técnicas do conhecimento e a Educação Ambiental, ou, no dizer de Charles Percy Snow no seu livro "As Duas Culturas", a cultura das ciências naturais e a cultura das humanidades (Snow, 1996).

Esse projeto encontra-se em plena execução e muitas ações de natureza multidisciplinar, ou seja, de aproximação de campos diferentes do conhecimento na resolução de um problema concreto e complexo, foram desenvolvidas: a) estudos técnicos vinculados a processos erosivos, b) oficinas para crianças/jovens de uma escola da região, que contou com a ativa participação de professores e pais, c) entrevistas com pessoas diretamente afetadas pela construção da usina e d) um curso de extensão de 40 horas na Faculdade do Noroeste de Minas (Finom) sobre processos erosivos e educação ambiental do qual participaram alunos de cursos de Engenharia Civil, Engenharia Ambiental, Agronomia, representantes das Secretarias de Educação e do Meio Ambiente do Estado de Minas Gerais e professores da rede pública do Ensino Fundamental. É importante destacar que a avaliação de todas essas ações foi extremamente positiva, tanto por Furnas e pelos professores da UFG, como pelas pessoas de diversos setores da comunidade que participaram delas. Essa avaliação positiva levou o grupo de executores (Furnas e UFG) a propor a continuidade do projeto, que em princípio estava programado para terminar em 2015.

Convém, ademais, proceder a uma observação: o caráter interdisciplinar do projeto aqui descrito não está no fato de se tratar de um trabalho em equipe (diversas áreas da engenharia, diversas áreas da gestão pública, educação ambiental), pois a "parceria" por si só não garante a interdisciplinaridade. O caráter interdisciplinar do projeto, e que é seu maior desafio, está na apreensão da complexidade do problema/objeto e na tentativa da sua resolução.

Considerando perspectivas diferentes de interdisciplinaridade, existem, segundo Lenoir (Lenoir, 2005; 2006), três leituras diferentes: uma que se poderia definir como síntese conceitual, outra instrumental, centrada na resolução de problemas empíricos sociais e uma terceira fenomenológica, que coloca a necessidade da valoração da subjetividade dos sujeitos através do diálogo. Considerando, como o próprio autor, que essas perspectivas não são excludentes, entendemos que no exemplo apresentado anteriormente predominam a abordagem instrumental – tenta-se resolver problemas concretos gerados pela construção das usinas hidroelétricas – e ao mesmo tempo fenomenológica, uma vez que se propõe valorizar as subjetividades dos atores sociais envolvidos no problema, tudo na perspectiva de uma Educação Ambiental crítica.

A Experiência do Pró-Saúde Unifor e as mudanças nas estruturas curriculares da Universidade de Fortaleza

Outro exemplo de boas práticas, tendo como suporte a interdisciplinaridade originária de uma instituição de nível superior, vem da Universidade de Fortaleza, onde docentes da área da saúde perceberam a necessidade de mudanças nos cursos de graduação da área tendo como base ações que viessem ampliar cenários de prática no contexto da rede municipal de saúde, pela adoção de metodologias com o envolvimento interdisciplinar de forma a interferir positivamente no processo ensino-aprendizagem no contexto da parceria já existente "Sistema Municipal de Saúde-Escola" (SMSE). Percebe-se nesse contexto uma ação interdisciplinar voltada para a extensão e que redundou em importantes mudanças curriculares nos cursos de formação vinculados à área da saúde.

A iniciativa surgiu da constatação de que profissionais da área da saúde, tradicionalmente formados em cursos de graduação, em ambientes hospitalares e clínicas em que predominava um modelo de atenção individualizado e especializado, estavam pouco preparados para atuar junto aos problemas de saúde da coletividade e, mais especialmente, no Sistema Único de Saúde (SUS) (Almeida et al., 2012). Além disso, a mudança do perfil epidemiológico da população, com grande predomínio de doenças crônico-degenerativas, exigiu o reordenamento das ações estratégicas na saúde, com sérias implicações na formação dos profissionais. Isto é, o surgimento de uma questão complexa que demandava ações interdisciplinares. A proposta teve como objetivo a transformação do processo de trabalho por meio também de ampliação da cobertura dos serviços de maneira a obter efeitos imediatos na qualidade da formação das futuras gerações de profissionais da saúde das diferentes áreas.

Para o processo, uma das ações propostas foi a reorientação curricular para os noves cursos de graduação da Universidade de Fortaleza: Ciências da Nutrição; Enfermagem; Educação Física; Farmácia; Fisioterapia; Fonoaudiologia; Medicina; Odontologia; e Terapia Ocupacional, tendo como responsáveis 436 professores para um conjunto de 5.407 alunos (Almeida et al., 2012).

No contexto, os cursos tiveram como desafio maior a alteração da matriz curricular de maneira que os projetos pedagógicos oriundos dessas mudanças viessem a contemplar a diversificação dos cenários de prática, bem como a inserção precoce do estudante nos espaços de saúde e redes sociais de apoio. Nessa perspectiva, buscou-se o atendimento às orientações das Diretrizes

Curriculares Nacionais (DCN) em que se destaca a necessidade de formar profissionais generalistas, humanistas, críticos, reflexivos e capazes, dentro de princípios éticos, de promover a saúde integral do ser humano bem como a habilidade do trabalho em equipe.

Um dos primeiros cursos a proceder sua reformulação curricular foi Odontologia, que teve como foco a integração curricular de modo que as habilidades gerais e específicas previstas na formação do cirurgião-dentista fossem exercitadas nas disciplinas das áreas de Ciências Biológicas e da Saúde, Ciências Humanas e Sociais e Ciências Odontológicas. No processo, a estrutura curricular deixou de ser centrada em especialidades odontológicas e, ao contrário, orientada em um contexto de complexidade crescente, seja em termos do paciente, na área clínica, seja do campo de atuação na Saúde Coletiva.

A criação do curso de Medicina já se deu com base em uma proposta curricular diferenciada na qual, além da utilização metodológica da saúde coletiva, houve introdução de novas abordagens pedagógicas do processo de ensino-aprendizagem, como a associação entre a Aprendizagem Baseada em Problemas (ABP), a metodologia da problematização e a educação baseada na comunidade. Essa abordagem teve como pressuposto a possibilidade de o aluno reorganizar seu processo pedagógico a partir da reflexão sobre o significado deste processo em sua vida.

Nessa perspectiva, o currículo do curso de medicina estruturou-se em três vertentes: Ações Integradas em Saúde (AIS), Laboratório de Habilidades (LH) e Grupos Tutoriais (GT), as quais foram divididas, semestralmente, em cinco módulos, sendo três sequenciais e relativos aos GT, e dois longitudinais, referentes às AIS e ao LH. Como resultado, observou-se a inserção dos alunos na Atenção Primária à Saúde já no primeiro semestre do curso, prosseguindo até o internato, o que se fez na perspectiva da formação discente em nível de complexidade crescente "evitando o modelo reducionista de "saúde-doença", como ocorre na seleção viciosa dos problemas vivenciados somente no hospital terciário" (Almeida et al., 2012, p 119-126)

As mudanças curriculares, propostas e efetivadas a partir da reflexão da comunidade acadêmica sobre a necessidade de formação de um novo perfil do profissional da saúde, que respondesse às novas exigências da sociedade, redundaram em um maior envolvimento de alunos e professores e na melhoria da qualidade do ensino.

A Universidade de Fortaleza pretende ainda ampliar essa inovação na instituição e, desta forma, admite a importância da integração dos cursos e o desenvolvimento de competências intrínsecas à formação dos profissionais da Saúde, e, neste sentido, tem como meta a estruturação de um núcleo comum a ser oferecido no primeiro ano de todos os cursos da área, de modo a garantir, na prática, a interdisciplinaridade, a interprofissionalidade e o fortalecimento da integração ensino-serviço, em que todos esses elementos venham a integrar um movimento que deverá resultar na melhoria da qualidade do ensino para a formação de profissionais da saúde comprometidos com as políticas de saúde e com as pessoas.

A busca da interdisciplinaridade como forma de abordar um problema na sua compreensão teórica e na sua resolução prática está na convicção de que essa atitude pode contribuir para tornar a escola um lugar onde se produza, coletiva e criticamente, um novo saber pressupondo interação e integração. Assim, a interdisciplinaridade almejada é a que possa contribuir para formação profissional na perspectiva de saberes não separados, não fragmentados, não compartimentados, considerando que a realidade moderna é resultante de problemas cada vez mais polidisciplinares, transversais, multidimensionais e transnacionais.

Considerando a participação extracurricular discente na Universidade de Fortaleza, o Programa Pró-Saúde tem como foco problemas prioritários da região, de modo a fornecer ao aluno o poder de análise dos determinantes e componentes das situações de saúde a partir de informações a ele repassadas que sejam de credibilidade, o que decorre de ações de alta resolutividade do serviço e da competência técnico-humanística dos profissionais vinculados.

Nessa perspectiva o trabalho desenvolvido pelo Pró-Saúde na Universidade de Fortaleza, tendo como base equipes multi e interdisciplinares, tem não só propiciado ao estudante o treinamento em habilidades como gerenciamento, coordenação, liderança e em atitudes de cooperação, mas também agregado valor ao serviço. Como resultante dessa ação coletiva, tem-se a constatação de uma satisfatória adequação das práticas de ensino às atividades assistenciais desenvolvidas com a ampliação da oferta de serviços de Atenção Primária (Almeida et al., 2012).

Rede Centro-Oeste de Pós-Graduação, Pesquisa e Inovação – Pró-Centro Oeste

Outro exemplo multi/interdisciplinar importante advém da denominada Rede Centro Oeste de Pós-Graduação, Pesquisa e Inovação – Pró-Centro Oeste. Esta rede originou-se a partir de um programa idealizado pelo Fórum de Pró-Reitores de Pesquisa e Pós-Graduação da Região Centro-Oeste (Foprop--CO), com a adesão dos Ministérios de Ciência, Tecnologia e Inovação/CNPq, Educação/Capes, Fundações de Amparo à Pesquisa do Centro-Oeste (Confap-CO) e com a participação de docentes/pesquisadores de instituições de ensino e pesquisa da região Centro-Oeste.

A Rede foi oficializada em dezembro de 2009 (Brasil, 2009) com assinatura dos dois Ministérios – MCTI e MEC – e foi estruturada tendo como base as potencialidades, os pontos fortes e as fragilidades da matriz de CT&I (Ciência, Tecnologia e Inovação) da Região. Nesse sentido, para sua estruturação, foi considerada a produção científica-tecnológica, tendo como foco a área ambiental baseada nos Programas de Pós-Graduação e suas áreas de influência; as diferenças intrarregionais na produção de conhecimentos e tecnologias; a infraestrutura de pesquisa existente; as experiências de trabalho em rede, bem como na geração de produtos, processos e serviços.

Objetivou ainda a formação de recursos humanos de excelência visando beneficiar a sociedade em geral, inicialmente, no âmbito de dois importantes biomas nacionais: Cerrado e Pantanal.

A Rede foi composta por 15 Instituições de Ensino Superior (IES) da região Centro-Oeste do Brasil: Centro Universitário de Anápolis; Universidade Federal de Goiás; Universidade Estadual de Goiás; Pontifícia Universidade Católica de Goiás; Fundação Universidade de Rio Verde; Instituto Federal de Educação, Ciência e Tecnologia Goiano; Fundação Universidade Brasília; Universidade Católica de Brasília; Universidade Federal de Mato Grosso do Sul; Universidade Federal da Grande Dourados; Universidade Católica Dom Bosco; Universidade Estadual de Mato Grosso do Sul; Universidade para o Desenvolvimento do Estado e da Região do Pantanal; Universidade Federal do Mato Grosso; e Universidade Estadual do Mato Grosso. Ademais, a Rede contou com a participação de Embrapas de diferentes estados e do Distrito Federal.

A Rede se estruturou dentro dos seguintes objetivos:

Gerais:

- Intensificar o processo de pesquisa, desenvolvimento e inovação na região Centro Oeste do Brasil.
- Incrementar a formação de recursos humanos qualificados na área ambiente: iniciação científica, mestrado, doutorado e pós-doutorado.

Específicos:

- Consolidar os programas de Pós-Graduação existentes na Região.
- Criar novos Programas/Cursos de Pós-Graduação na temática ambiente.
- Aumentar qualitativa e quantitativamente a produção científica e tecnológica.
- Criar condições para implantação da cultura da inovação na região Centro-Oeste.

Nessa perspectiva, e para implementação da Rede, um primeiro edital, em 2010, foi lançado pelo CNPq em parceria com a Capes, o qual contemplou três linhas:

1. Ciência, Tecnologia e Inovação para sustentabilidade da Região Centro-Oeste.
2. Bioeconomia e Conservação dos Recursos Naturais.
3. Desenvolvimento de Produtos, Processos e Serviços Biotecnológicos.

Como condição para a aprovação de projetos tinha-se a obrigatoriedade de participação de pelo menos três instituições localizadas em no mínimo dois estados da Região. No processo foram aprovados 112 projetos distribuídos em 17 redes de pesquisa. Importante enfatizar que essas 17 redes se estruturaram com base em docentes/pesquisadores das mais diferentes linhas de atuação o que incluiu, considerando grandes áreas, as agrárias (medicina veterinária e agronomia), biológicas, saúde, ciências sociais (direito) e exatas (geografia e engenharia civil).

Avaliação realizada no final de 2012 mostrou que, em termos da produção científica, houve publicação de 369 artigos em periódicos indexados, 26 capítulos de livros e oito livros com relação direta às três linhas do edital, condizente ao tema biodiversidade – cerrado e pantanal. Ainda, dentro dessa perspectiva, foram depositadas sete patentes.

Também em termos do fortalecimento da pesquisa e da inovação, foi observado que 443 projetos de pesquisa, dentro da área biodiversidade e com o cunho da interdisciplinaridade, passaram a ser desenvolvidos.

Em termos de formação discente, notou-se que 211 e 41 estudantes concluíram seus cursos de mestrado e doutorado, respectivamente, os quais se vinculavam a Programas de Pós-Graduação que tinham como ênfase a temática ambiente, sendo vários deles da área interdisciplinar. Ressalte-se que a maioria desses estudantes foi beneficiada diretamente pelas 17 redes de pesquisa instituídas no âmbito do edital promulgado pelo CNPq/Capes.

Considerando o objetivo de criação de novos Programas voltado à questão da biodiversidade, foi criado em 2012 um Programa em rede, dentro da área biotecnologia/interdisciplinar: Programa de Pós-Graduação Biotecnologia e Biodiversidade (PPGBB) nível doutorado, com a integração inicial de 9 das 15 IES participantes da Rede.

Adicionalmente, considerando as diversas IES componentes da Rede, foram criados, dentro da temática biodiversidade, 19 cursos de mestrado acadêmico, 5 cursos com os dois níveis, mestrado e doutorado, e 12 doutorados. Um bom exemplo de indução do desenvolvimento tecnológico do Centro-Oeste.

No ano de 2013, foi lançada a Chamada MCTI/CNPq/FNDCT Ação Transversal – Redes Regionais de Pesquisa em Biodiversidade e Biotecnologia n. 79/2013, que contemplou a Rede Bionorte – Coge, Rede Pró-Centro-Oeste – Coiam, Renorbio – COBRG. Nesta chamada, a maior demanda qualificada foi a da Rede Pró-Centro-Oeste, reafirmando o seu impacto para os pesquisadores da região. Neste edital foram aprovadas nove redes, destas cinco reeditas e quatro novas. Esta segunda chamada aprovou 39 projetos, que aguardam, até o momento desta escrita, implementação.

Um exemplo de educação interdisciplinar em direitos humanos: o Núcleo de Formação Geral (NFG) Inova da Unigranrio

Para finalizarmos nossa discussão, apresentamos um exemplo recente de boas práticas interdisciplinares desenvolvidas na Universidade do Grande Rio (Unigranrio), a partir do denominado Núcleo de Formação Geral/Inova (NFG), que tem como foco a educação em direitos humanos no contexto de inovações metodológicas na educação em direitos humanos (Almeida et al., 2014). A compreensão foi da necessidade da experimentação de novas práticas pedagógicas, que alcançassem o estudante em suas várias dimensões sensoriais: ver e ouvir a partir da sua inserção de material audiovisual na abordagem das diversas questões; fazer, com práticas colaborativas de criação, por meio das mídias sociais; sentir, por meio de sugestão de temáticas que envolvam relações de experiências tanto nos níveis interpessoais quanto intertemporais.

Para se atingir esses objetivos, considerando todos os cursos da Universidade, foi criada inicialmente, por decisão da Reitoria em julho de 2011 (Almeida et al., 2014) uma Comissão de Formação Geral (CFG) composta por um docente de cada uma das quatro escolas da instituição com as seguintes formações específicas: filosofia, pedagogia, história e enfermagem, os quais vieram a constituir posteriormente o NFG. Essa comissão foi incumbida das seguintes funções: a) Inserir conteúdos de formação geral em todos os cursos de graduação da Unigranrio; b) Promover espaços de troca e de discussões periódicas entre discentes, docentes e atores sociais, sobre temas como sustentabilidade, ecologia, economia, cultura geral, cidadania, filosofia, ética e direitos humanos, aproximando conhecimento acadêmico e prática social; c) Estimular a produção científica a partir do pensamento crítico-reflexivo do educando, em uma compreensão associativa do conhecimento técnico e do contexto social. O projeto se baseou também na Resolução do Conselho Nacional de Educação, que estabelece Diretrizes Nacionais para a Educação em Direitos Humanos (Brasil, 2012), e no que se refere à destinação de parte da carga horária dos currículos à formação geral no Parecer do Conselho Nacional de Educação 776/97 (Brasil, 1996).

A estratégia utilizada para a tarefa de elaboração do programa de formação geral foi a de que este se orientasse, anualmente, em torno de uma temática central que deveria ser abordada em todos os cursos de todas as áreas da graduação, por meio do que se denominou "disciplina-âncora".

A disciplina-âncora era escolhida levando-se em consideração, em um primeiro momento, sua maior aproximação com temas de formação geral ou com uma práxis voltada para o social e a formação humanista. A disciplina contaria também com um "docente-âncora" com a responsabilidade de difundir entre seus pares os conteúdos oriundos do NFG ao mesmo tempo que atuaria como elo entre os docentes.

Uma vez definida a temática teve-se a estratégia para o trabalho: a) subdivisão em campos temáticos a serem trabalhados bimestralmente por meio de textos, filmes e livros afins; b) os campos temáticos deveriam ser contemplados em todas as disciplinas, simultaneamente; c) ao final do bimestre seria seguido um tópico avaliativo relacionado; d) paralelamente, a mesma temática seria exposta em eventos mais abrangentes promovidos pelo próprio NFG por meio de palestras, mesas redondas, seminários e painéis, dentre outros.

Um *blog* específico foi criado com a finalidade de divulgação das atividades bem como para coleta de informações relativas ao sucesso do Programa visando à avaliação do mesmo. Para esta finalidade foram elaborados questionários pertinentes que, após respondidos e analisados, puderam denotar os seguintes resultados:

1. Envolvimento das escolas da Universidade com os conteúdos de formação geral:

1.1 Escola de Ciências da Educação, Letras, Artes e Humanidades – 5 cursos: envolvimento de 22 professores e 20 disciplinas. Realização de cinco reuniões de apoio.
1.2 Escola de Ciências Sociais Aplicadas – 9 cursos: participação de 60 disciplinas e 84 professores. Foram realizadas 11 reuniões de apoio.
1.3 Escola de Ciências Tecnológicas Aplicadas – 12 cursos: contou com 30 disciplinas e 30 professores, sendo realizadas 10 reuniões de apoio.
1.4 Escola de Ciências da Saúde – 13 cursos: foram envolvidas 65 disciplinas e 74 professores. Foram feitas 11 reuniões de apoio.

2. Cumprimento das atividades de formação geral por parte dos professores: 65% das atividades sugeridas foram totalmente cumpridas e 24% foram cumpridas parcialmente.
3. Grau de satisfação dos professores, relativo aos eventos realizados como palestras e mesas redondas: 53% admitiram terem sido elas satisfatórias e condizentes com a temática dos quais 64% tiveram participação de seus alunos, ao vivo ou on-line.
4. Em relação ao processo de divulgação das atividades no NFG: 91% dos docentes consideraram como ferramenta útil para divulgação de materiais; 40% fizeram sempre utilização do NFG e 49% o utilizaram algumas vezes; 84% estimularam a participação dos discentes.
5. Sobre o impacto das ações em relação ao desempenho de seu trabalho: 75% dos docentes consideraram que estas acrescentaram qualidade ao trabalho; 62% não encontraram dificuldades em inserir a temática em suas disciplinas e 89% dos professores considerou satisfatório e essencial o apoio do NFG para a implementação das ações (Almeida et al. 2014).

A partir do segundo semestre de 2012, as temáticas de Formação Geral já constaram em todos os planos de Ensino, de todas as disciplinas, em todos os Cursos da Graduação da Unigranrio, sugerindo atividades em classe e extraclasse obedecendo os campos temáticos gerados pelo tema anual.

Um resultado importante a ser destacado neste projeto é que ao longo de 2012 e 2013

> [o] Núcleo de Formação Geral foi integrado, juntamente com outros núcleos, ao Núcleo Inovador – Inova, que articula o conjunto de núcleos que o integra e está diretamente ligado à Reitoria, trazendo a garantia de continuidade do projeto, tendo em vista que todos estes núcleos circulam em torno de manter a cultura voltada para a implementação da educação norteada pelos Direitos Humanos (Almeida et al., p. 104).

Além disso, o Programa conta com o apoio total da Administração Superior da Unigranrio, o que é determinante em casos como este, de propostas inovadoras e desafiadoras que normalmente geram insegurança entre os docentes.

CONSIDERAÇÕES FINAIS

Neste capítulo discutimos questões teóricas e apresentamos casos que de maneira distinta são exemplos de práticas interdisciplinares. Em todos eles, há algo em comum: a existência de um problema complexo que não pode ser resolvido nos marcos de um único campo conceitual.

Nos últimos anos tem-se percebido que essa parece ser uma percepção que ganha espaço no plano institucional. Um exemplo foi o Fórum de Pró-Reitores de Pesquisa e Pós-Graduação da Região Centro-Oeste (Foprop-CO) – que contou com a adesão dos Ministérios de Ciência, Tecnologia e Inovação/CNPq, Educação/Capes, Fundações de Amparo à Pesquisa do Centro-Oeste (Confap-CO) e docentes/pesquisadores de instituições de ensino e pesquisa da região Centro-Oeste. Uma de suas principais conclusões está na percepção de que as fragilidades da matriz de Ciência e Tecnologia da Região Centro-Oeste só podem ser superadas pela combinação interdisciplinar de saberes de diferentes matizes. Um dos exemplos discutidos nesse Fórum foi a educação em direitos humanos, que exige conhecimentos em geopolítica, cultura, saúde, direito internacional, entre outros.

Também analisamos projetos e pesquisas de diferentes áreas que confirmam essa demanda pela interdisciplinaridade na resolução de problemas complexos. No caso da erosão provocada pelas construções de barragens hidroelétricas, as soluções necessitam da combinação de saberes de natureza técnica (da engenharia civil), social e ambiental. Isso também se verifica na questão das mudanças do perfil epidemiológico da população da cidade de Fortaleza e nas características do trabalho no Sistema Único de Saúde (SUS), que demandam um novo perfil de profissional da saúde de visão sistêmica e de múltiplas competências, para além daquelas ofertadas em cursos tradicionais de graduação em saúde.

Para finalizar é importante destacar que o apoio institucional/governamental é necessário e determinante para qualquer projeto interdisciplinar; tanto para vencer resistências próprias das inseguranças que "o novo" provoca, como para garantir a sua continuidade. A dificuldade teórica de se entender a interdisciplinaridade pode prejudicar também a prática. Por isso, as práticas interdisciplinares precisam vir, necessariamente, acompanhadas de reflexão teórica para que assim promovam a compreensão da complexidade da realidade.

REFERÊNCIAS

ALMEIDA, M.M. et al. Da teoria à prática da Interdisciplinaridade: a experiência do Pró-saúde Unifor e seus nove cursos de graduação. *Revista Brasileira de Educação* Médica, 36 (Sup. 1) 119-126; 2012.

ALMEIDA, T.M.S.A. et al. A inovação na educação em direitos humanos: o estudo de caso do Núcleo de Formação Geral (NFG) Inova da Unigranrio. *Revista Magistro*, v. 9, n. 1, 2014.

BRASIL. Conselho Nacional de Educação. Diretrizes Curriculares dos cursos de graduação. Parecer 776/97, 1997.

______. Secretaria de Educação Média e Tecnológica. Parâmetros curriculares nacionais: ensino médio/Ministério da Educação, Secretaria de Educação Média e Tecnológica. Brasília: MEC; Semtec, 2002.

______. Secretaria de Educação Básica. Brasília: Ministério da Educação, Secretaria de Educação Básica, 2006. Orientações curriculares para o ensino médio. v. 2. Ciências da Natureza, Matemática e suas tecnologias.

______. Rede Centro Oeste de Pós-Graduação, Pesquisa e Inovação – Pró-centro oeste. *Diário Oficial [da] República Federativa do Brasil*, Poder Executivo, Brasília, DF, 11 dez. 2009. Seção 1, p. 30.

______. Conselho Nacional de Educação. Resolução n. 1 de 30 de maio de 2012.

______. Diretrizes Curriculares Nacionais Gerais da Educação Básica/Ministério da Educação. Secretaria de Educação Básica. Diretoria de Currículos e Educação Integral – Brasília: MEC, SEB, Dicei, 2013.

CAPES. Documento da Área Interdisciplinar, 2013, p. 12.

CARVALHO, I.C.M. *Educação Ambiental e a formação do sujeito ecológico*. 6. ed. São Paulo: Cortez, 2012.

FRIGOTTO, G. A Interdisciplinaridade como necessidade e como problema nas ciências sociais. *Revista do Centro de Educação e Letras da Unioeste*. Campus de Foz do Iguaçu, v. 10, n. 1, p. 41-62, 2008.

GONÇALVES, T.V.O; GONÇALVES, T.O. Reflexões sobre uma prática docente situada: buscando novas perspectivas para a formação de professores. In: GERALDI, C.M.G., FIORENTINI, D.; PEREIRA, E.M.A. (orgs). *Cartografia do trabalho docente*. Campinas: Mercado das Letras, 1998.

JACOBI, P.R.; SINISGALLI, P.A.A. Governança ambiental e economia verde. *Ciênc. Saúde coletiva*, Rio de Janeiro, v. 17, n. 6, junho 2012. Disponível em <http://www.scielo.br/scielo.php?script=sci_arttext&pid=S141381232012000600011&lng=en&nrm=iso>. Acessado em: 27 set. 2012.

KOSIK, K. *Dialética do Concreto*. 2.ed. Rio de Janeiro: Paz e Terra, 1989 [texto original de 1963].

LENOIR, Y. Três interpretações da perspectiva interdisciplinar em educação em função de três tradições culturais distintas. *Revista E- Curriculum*, São Paulo, v. 1, n. 1, dez. – jul. 2005-2006.

LEFF, E. *Epistemologia ambiental*. São Paulo: Cortez, 2010.

LOUREIRO, C.F.B. *Sustentabilidade e Educação um olhar da ecologia política*. 1. ed. São Paulo: Cortez, 2012.

PIAGET, J. La epistemologia de las relações interdisciplinares. In: APOSTEL, L.; BERGER, G.; BRIGGS, A.; MICHAUD, G. *Interdisiplinaridad. Problemas de la Enseñanza y de la Investigação en las Universidades*. México. Asociación Nacional de Universidades e Institutos de Enseñanza Superior, 1ª reed., p. 153-171 apud SANTOMÉ, J.T. *Globalização e interdisciplinaridade: o currículo integrado*. Porto Alegre: Artes Médicas Sul Ltda., 1998.

PORTO-GONÇALVES, C.W. O desafio ambiental. In: SADER, E. (org.) *Os porquês da desordem mundial. Mestres explicam a globalização*. Rio de Janeiro: Record, 2004.

REIGOTA, M. *O que é educação ambiental*. 2. ed. São Paulo: Brasiliense, 2009.

SANTOMÉ, J.T. *Globalização e interdisciplinaridade: o currículo integrado*. Porto Alegre: Artes Médicas Sul Ltda., 1998.

SAUVÈ, L. Educação Ambiental: possibilidades e limitações. *Educação e Pesquisa*, São Paulo, v. 31, n. 2, p. 317-322, mai./ago. 2005.

SHULMAN, L.S. Those who understand: the knowledge grawths in teaching. In: *Educational researcher*. v. 15, n. 2. Feb. 1986. p. 4-14.

SNOW, C.P. *As Duas Culturas*. Barcelona: Presença, 1996.

THIESEN, J.S.A interdisciplinaridade como um movimento articulador no processo ensino-aprendizagem. *Revista Brasileira de Educação*. v. 13, n. 39 set/dez. 2008.

capítulo 3

Universidade Federal do ABC – UFABC: As origens

Luiz Bevilacqua | *Engenheiro Civil, UFABC*

INTRODUÇÃO

A criação de uma Universidade que incorpora na sua estrutura pedagógica o novo recorte de organização disciplinar reunindo em novos fios condutores as recentes conquistas científicas é um dos mais eficazes meios de permitir uma educação mais completa recorrendo à convergência disciplinar. Além da reforma pedagógica, para que se consiga de fato uma maior interação entre os diversos atores, torna-se necessária uma reestruturação administrativa de modo a romper as barreiras departamentais. Finalmente a rígida grade de requisitos de créditos que restringe muito a liberdade de os estudantes escolherem suas próprias carreiras também precisa ser revista. Portanto, um projeto dessa monta requer de seus autores não somente a compreensão do que significa o exercício da convergência disciplinar na educação superior, como, também, a habilidade de criar e viabilizar os mecanismos institucionais para tornar essa prática uma realidade diante de visões e estruturas contrárias.

Em 2016, a Universidade Federal do ABC (UFABC) completa seus dez anos de implantação, como uma experiência inédita de institucionalização de um modelo que rompe as barreiras disciplinares. Neste capítulo, descrevemos esta cronologia, desde os eventos que antecederam seu projeto e nos colocaram entre seus partícipes. Abordamos a natureza do desafio colocado, os contextos internacional e nacional que deram bases aos princípios de criação da universidade, bem como os elementos constituintes de seu projeto (fundamentos, aprendizados da implementação, críticas e respostas da universidade, ao longo de sua evolução). Também julgamos importante registrar riscos e desafios remanescentes, segundo nossa visão não só como partícipe do projeto, mas também como experiência de nossa trajetória universitária.

Em síntese, o capítulo pretende não somente registrar nossa visão sobre essa marcante experiência de institucionalização da interdisciplinaridade, como, também, compartilhar uma reflexão sobre elementos que podem ser comuns não somente às estruturas institucionais como a UFABC, mas a outros processos de institucionalização da interdisciplinaridade nos âmbitos da formação, pesquisa e extensão.

A CRONOLOGIA QUE ANTECEDEU O PROJETO DA UFABC

Entre 1990 e 2002, sucederam-se três reitores na UFRJ, entre eles, o professor Nelson Maculan (1990-1994). Nesse período de doze anos, um grupo de professores da UFRJ, atuando na Coppe (Coordenação dos Programas de Pós-graduação em Engenharia, hoje Instituto Alberto Luiz Coimbra), no CCMN (Centro de Ciências de Matemática e da Natureza) e no CCS (Centro das Ciências da Saúde), reuniu-se para desenvolver um novo plano acadêmico para ser implantado na UFRJ como alternativa à estrutura existente até hoje. A ideia fundamental era a implantação de um segundo campus, batizado como Campus II, coabitando o mesmo espaço da Cidade Universitária. Como a implantação de cursos completos alternativos tornou-se muito difícil de ser aprovada, tentou-se organizar um curso básico com forte ênfase científica. Esse curso seria alternativo ao curso básico convencional. Os novos estudantes poderiam optar por esse ciclo básico especial, mais exigente do que os requeridos nos currículos convencionais, com carga horária de aula presencial compatível com o tempo necessário ao estudo. Isto é, mais tempo para estudo e discussão fora das salas de aula do que tempo dentro das salas de aula. Infelizmente essa alternativa também não foi bem-sucedida.[1]

Em 1992, a partir de uma proposta do governo Norte-Americano, foi fundado o Inter-American Institute for Global Change Research (IAI), reunindo

1 Atualmente a Escola Politécnica oferece uma entrada para a opção "Ciclo Básico" semelhante à proposta anterior, mas com carga horária de aulas excessiva perfazendo um total de 84 créditos em 4 semestres.

praticamente todos os países das Américas. As propostas de pesquisa reuniam pesquisadores de vários países em um recorte de extraordinária riqueza interdisciplinar. Os temas relacionados com mudanças climáticas e os respectivos impactos ambientais abriram um leque extraordinário de disciplinas que convergiam em diversos grupos para responder aos desafios científicos, tecnológicos e sociais abertos pelos problemas em evidência. Vários pesquisadores brasileiros participaram e ainda participam das atividades do IAI.

Em 1999, a Capes instala o Comitê Interdisciplinar no qual se destaca desde o início a subárea de meio ambiente. Hoje adquiriu status próprio como uma área independente com características marcadamente interdisciplinares.

Em 2004 a Academia Brasileira de Ciências publica um pequeno volume sob o título "Subsídios para a Reforma da Educação Superior". O documento foi preparado com a participação de nove membros da ABC e consulta vários membros da comunidade acadêmica.

PROJETO DE UMA NOVA UNIVERSIDADE

O Convite e o Desafio

Em setembro de 2004, recebi um telefonema do prof. Nelson Maculan, secretário de ensino superior no MEC, que me convidava a organizar uma nova universidade na região do ABC paulista. O projeto da implantação de uma universidade federal no ABC estava engavetado na Câmara dos Deputados já por mais de vinte anos e o então presidente Lula recém-eleito solicitara encaminhar a proposta para votação. A aprovação era dada como praticamente certa, como se confirmou mais tarde, tanto na Câmara de Deputados como no Senado. O desafio que nos apresentava o professor Maculan claramente tinha suas origens nos idos de 1990, uma vez que conhecia minha participação na organização da proposta do Campus II da UFRJ. A única determinação da Secretaria de Ensino Superior do MEC foi a orientação do eixo disciplinar principal, pelo menos inicial, que deveria se concentrar na formação de engenheiros e de bacharéis nas áreas de ciências da natureza e matemática.

Sem regras preestabelecidas, o caminho estava aberto para o exercício de novas experiências para implantar uma universidade que pudesse atender às demandas e peculiaridades do século XXI. Os desvios imprevisíveis que nos reservam o caminho dessa nossa curta existência permitiram que, além da proposta do Campus II, também tivesse participado da criação do IAI, da implantação do comitê interdisciplinar da Capes e da elaboração do documento da Academia Brasileira de Ciências. E foi essa convergência de circunstâncias e experiências que me levaram a aceitar o desafio que permitiria organizar a universidade a partir do zero. No entanto, algumas surpresas nos aguardavam pelo caminho.

Para estabelecer os princípios fundamentais sobre os quais se construiria a nova universidade, o MEC designou um comitê composto por Cleuza Rodrigues Repulho (Secretária de Educação de Santo André), José Fernandes de Lima (ex-Reitor da Universidade Federal de Sergipe e membro da diretoria da Capes), Lúcia Helena Lodi (Consultora do MEC para assuntos pedagógicos), Marco Antônio Raupp (Diretor do Laboratório Nacional de Computação Científica), Maria Aparecida de Paiva e Maria Teresa Leme Fleury (Ciência Humanas e Sociais, e Administração Pública) e Sebastião Elias Kuri (Centro de Ciências Exatas e Tecnologia, Universidade Federal de São Carlos), cobrindo um amplo leque de competências na área acadêmica. Tive a honra de presidir este comitê.

Contexto internacional e realidade nacional

Estava em evidência à época a implantação nas universidades europeias das medidas propostas na "Declaração de Bologna". Embora o projeto acadêmico[2] se assemelhasse às diretivas da proposta de Bologna, este não foi o modelo tomado por base para desenhar a nova universidade. O modelo proposto para o Campus II na sua versão de ciclo básico especial foi a verdadeira inspiração, aperfeiçoado com as propostas do documento da ABC. Embora o documento da ABC cite, em várias partes, a proposta de Bologna, na realidade não pode ser confundido com ela. A proposta de Bologna teve o papel fundamental de afirmar que vivemos em outros tempos e que a universidade, particularmente a europeia, necessitava enfrentar os desafios de uma cultura já muito diferente da que sustentava o modelo tradicional. Essa nova revolução permitiu que se ousasse mais na construção da UFABC, inclusive desviando-se de certas recomendações do Conselho Nacional de Educação.

O século XXI abria-se com novos desafios, uns com abrangência universal e outros com inserção na nossa própria realidade. Era claro que as seguintes realidades afetavam todos os países:

2 Também conhecido como projeto pedagógico nos círculos dos profissionais de educação.

1. A velocidade do conhecimento científico e tecnológico crescia e continua a crescer rapidamente. Estávamos entrando em uma era de choque cultural em que futuro, presente e passado se confundem.
2. A convergência disciplinar estava praticamente estabelecida na investigação científica e tecnológica. Modelos matemáticos e computacionais, física quântica e engenharia, biofisicoquímica, cognição e neurociências, genética, biologia celular e modelos evolucionários, nanotecnologia, cosmologia e exploração do espaço, entre outros.
3. Abertura de oportunidades para novas profissões proporcionadas principalmente pelos avanços da tecnologia de informação.
4. A necessidade de atender a um número cada vez maior de candidatos ao ensino superior merecedores de uma universidade compatível com o conhecimento e tecnologia disponíveis no século XXI.
5. Acesso universal à informação transformando o papel do professor como via de transmissão do conhecimento para um papel de indutor do processo de aprendizagem e mesmo como esclarecedor de dúvidas.[3]
6. Conscientização de que hoje se vive em um mundo globalizado, com todas as vantagens e desvantagens. A educação superior não pode ignorar esse fato promovendo uma educação que contemple maior conhecimento do mundo em que vivemos.
7. A demanda da sociedade pela atuação mais concreta da universidade para resolver problemas urgentes, como mitigação dos impactos da degradação ambiental, energias renováveis, planejamento urbano, transporte, combate a doenças mais frequentes e epidemias, entre outras.

Além dessas, outras questões inerentes à nossa própria realidade eram importantes de ser consideradas:

1. A pouca importância dada na formação universitária para o exercício da capacidade de independência intelectual do estudante. Caminhar com suas próprias pernas sem precisar de muletas intelectuais tomadas por empréstimo a terceiros.
2. O requisito excessivo de quantidade de disciplinas na grade curricular. A falsa ideia de que o estudante só aprende o que o professor ensina.

---

3 O ensino à distância e os MOOC (*Massive Online Open Courses*) são testemunhos dessa tendência que hoje é uma realidade em fase de franca expansão.

3. A desvalorização de cursos técnicos em favor de cursos com diplomas universitários independentemente da qualidade da formação.
4. A permanência perpétua (de fato) no quadro docente, uma vez admitido, independentemente da qualidade e mesmo da quantidade de trabalho compatível com a missão de pesquisador e professor universitário.
5. As exigências curriculares dos Conselhos Profissionais.
6. A desvalorização das nossas próprias conquistas em favor de certo deslumbramento de tudo o que vem de fora[4] enquanto que olhando para dentro frequentemente falta-nos a disposição de cooperação interna. A tônica é a mútua desvalorização, que prolifera entre as nossas universidades.
7. A enorme aversão ao risco e o pavor de ousar conscientemente em questões acadêmicas.

Fundamentos e princípios para uma nova universidade

Todos esses fatores foram relevantes na primeira fase do projeto, que ficou a cargo da comissão dos oito, quando foi estabelecida a identidade da universidade. Lançaram-se os princípios básicos e a missão da nova universidade. Para tal, era preciso traçar as bases da nova universidade. A primeira decisão foi caracterizar a nova universidade como *universidade de pesquisa*, isto é, onde o avanço do conhecimento científico e tecnológico tem lugar privilegiado tanto para alargar as fronteiras do saber e do fazer como no processo de formação dos estudantes. Várias universidades brasileiras se classificam nessa categoria, mas talvez nenhuma tenha tido a oportunidade de se inserir nessa condição desde o início. Essa condição dava à UFABC a oportunidade de promover pesquisa avançada e formar excelentes quadros para ocupar posições, tanto no setor público como no privado, que exigissem conhecimento sólido e atitude de independência intelectual.

---

4 É o famoso complexo de cachorro vira-lata como foi insistentemente proclamado pelo saudoso Nelson Rodrigues. Uma opção milenar como apontou Esopo na fábula "O Lobo, o Cão e a Coleira" há mais de 2.500 anos. Hoje talvez fosse mais apropriado reformular para "O Búfalo, o Boi e a Canga". A propósito dessas nossas dificuldades, leia o excelente artigo: "O Lobo, o Cão e a Coleira", de Benjamin Steinbruch, na *Folha de São Paulo*, de 22 de janeiro de 2002, na seção "Mercado, Opinião econômica".

Quadro 3.1: Princípios da universidade contemporânea adotados no projeto da UFABC.

PRINCÍPIO	DESCRIÇÃO
Identidade Institucional	O compromisso central da UFABC para com a sociedade é recuperar a apreciação pelo saber que antes de ser um instrumento para atender às demandas de mercado deve servir para valorizar as coisas do espírito.
Cursos de pós-graduação integrados à graduação	Unidades de pesquisa e formação com propostas aderentes à visão de uma universidade de pesquisa.
Estrutura curricular flexível	Com disciplinas menos sujeitas à obsolescência, menor número de créditos obrigatórios e com liberdade para os estudantes escolherem seus próprios caminhos.
Admissão sem pré-requisitos	Admissão sem escolha prévia de carreiras.
Formação em duas fases	Primeira fase: graduação de 3 anos (Bacharel Interdisciplinar) e segunda fase de pós-graduação ou complemento de formação profissional.
Estrutura sem departamentos	Unidades organizacionais centradas nos cursos e nas atividades fim e baseadas em 3 Centros: Naturezas e Humanidades (CCNH), Matemática, Computação e Cognição (CMCC) e Engenharia e Ciências Sociais (CECS).
Perfil de egresso interdisciplinar	Formar jovens com independência intelectual, baixa aversão ao risco, capacidade de tomar decisões ousadas com responsabilidade e coragem para enfrentar desafios e superar obstáculos.

Como indicado no Quadro 3.1, além do contexto internacional e dos fatores de realidade nacional, o projeto da nova universidade devia explicitar princípios e fundamentos que materializassem suas ações na direção de uma universidade de pesquisa.

Em um primeiro plano, para que se possa ser uma universidade fortemente comprometida com investigação científica, a instituição necessita de *cursos de pós-graduação*, que, graças a essa visão, foram *implantados logo após sua fundação*. Aqui cabe um pequeno comentário sobre a força da tradição de 50 anos que regulamenta a implantação dos projetos de pós-graduação no Brasil. A ideia de que uma pós-graduação se inicia obrigatoriamente com um mestrado, que de fato foi extremamente útil e bem-sucedida até agora, precisa ser revista. Os princípios que sustentam a formação pós-graduada já são bem conhecidos no Brasil. Assim justifica-se plenamente a abertura de cursos pós-graduados em toda a sua extensão. Doutorado não é uma continuação do mestrado; nem o mestrado, um passo prévio ao doutorado. São opções diferentes que podem eventualmente, mas não obrigatoriamente, se sucederem. A direção da UFABC encorajou os docentes a abrirem cursos de pós-graduação, mestrado e doutorado, assumindo uma nova postura de formação avançada. Estávamos certos de que essa proposta não teria sucesso nas avaliações dos comitês da Capes viciados na ideia de que Msc e DSc são partes de uma mesma sequência, o que é falso. Mas alguém tem de começar e a UFABC tem no seu DNA a marca da abertura de novos caminhos. A grande dificuldade em implantar essa proposta foi, e ainda é, o extremo conservadorismo dos próprios docentes da UFABC. É uma reforma urgente para abrir as portas para jovens talentosos prosseguirem sem obstáculos artificiais na busca de novos conhecimentos. Assim, inicialmente todas as propostas de pós-graduação na UFABC foram abertas para doutorado e mestrado. Os comitês da Capes, no entanto, ainda não foram capazes de rever os critérios adotados há cerca de 50 anos, não obstante o avanço acelerado do conhecimento.

Além disso, a organização da formação básica diante da extraordinária dinâmica da evolução do conhecimento e das novas opções profissionais deveria focalizar as matérias menos sujeitas à obsolescência e dar oportunidade aos estudantes de se aventurarem na busca de novas oportunidades de trabalho o mais cedo possível. Portanto, buscava-se uma formação em que o próprio estudante tivesse maior participação na elaboração do seu próprio currículo.

Para atender a essas condições optou-se pela *admissão à Universidade* sem a escolha prévia de carreiras. A formação desdobra-se em duas fases. A primeira consistindo de três anos ao fim dos quais o estudante recebe o *grau de Bacharel em Ciência e Tecnologia* (*BCT*). Nesta fase, o estudante teria grande *liberdade de organizar seu próprio currículo*. Se se interessar em prosseguir, poderá se matricular nos cursos de formação profissional ou ingressar na pós-graduação, caso a opção seja pela carreira de pesquisa.[5] A Figura 3.1 apresenta as diversas possibilidades.

Como indicado na Figura 3.1, a entrada na UFABC é única, sem escolha prévia de trajetória. Todos entram para o bacharelado, que tem apenas cerca de 40% de disciplinas obrigatórias. O restante é complementado por disciplinas de livre escolha dos estudantes. Ao fim do Bacharelado, apresentam-se quatro opções:

1. Prosseguir para estudos pós-graduados, normalmente apropriado para os que têm a intenção de se dedicar a carreiras de pesquisa em universidades ou institutos de pesquisa.

5 Atualmente o estudante pode ainda, em função de suas opções pessoais, cursar o BCT em paralelo com um outro curso, seja de engenharia ou outro bacharelado e ainda cursar mais de um dos cursos oferecidos pela UFABC.

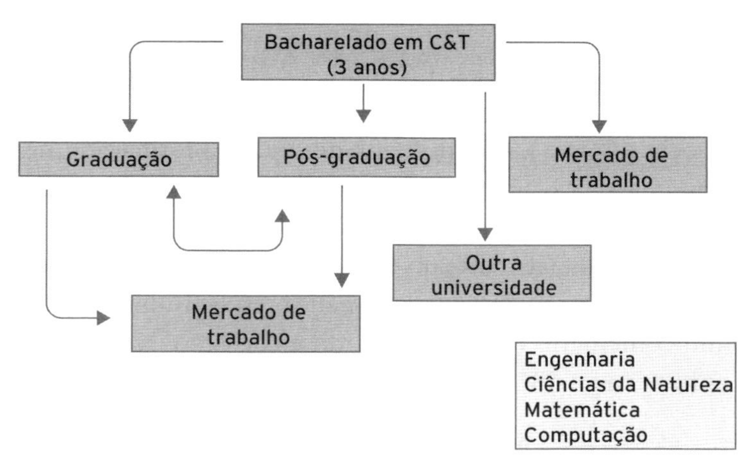

Figura 3.1: Trajetórias possíveis após o ingresso na Universidade.

2. Ir diretamente para o mercado de trabalho caso considerem que existam oportunidades de trabalho com a formação recebida. Essa opção pode ser atraente principalmente para os que pretendem se dedicar a tecnologias de informação.
3. Prosseguir em algum curso de graduação em engenharia ou bacharelado em ciências da natureza oferecido na UFABC.
4. Prosseguir a formação universitária em outra Instituição de Ensino Superior.

Note que, conforme indicado no item 4, a criação da UFABC contou com uma maior mobilidade de estudantes universitários entre as universidades brasileiras. Como não era a intenção abrir vários cursos de engenharia, contava-se com a aceitação do BCT como suficiente para que os estudantes da UFABC pudessem prosseguir seus estudos em outras universidades brasileiras. Essa é uma das expectativas do projeto da UFABC em relação às universidades brasileiras pelo menos. Talvez seja também possível estabelecer convênios de intercâmbio com universidades estrangeiras. Os cursos de graduação para quem quisesse prosseguir deveriam contemplar temas atuais e com pouca opção nas universidades clássicas, como engenharia biomédica, engenharia ambiental, engenharia aeroespacial, automação e controle para dar alguns exemplos.

Mas a formação acadêmica precisa estar acoplada com a opção por universidade de pesquisa onde as barreiras departamentais não mais existem. A organização departamental precisava ser quebrada. A solução para ceder a certas exigências mais administrativas do que acadêmicas foi a instituição de três centros: Centro das Ciências da Natureza e Humanidades (CCNH), Centro de Matemática, Computação e Cognição (CMCC), Centro de Engenharia e Ciências Sociais (CECS). É importante notar que a formação universitária, embora com ênfase nas ciências da natureza e tecnologia, precisa incluir os aspectos humanísticos e sociais. Assim, filosofia, ciências sociais, processos cognitivos precisavam fazer parte do currículo e foram incluídos no centro de ciências da natureza, engenharia e matemática respectivamente. Mais adiante será feito um comentário específico quanto à cognição. Nessa primeira fase, o comitê aprovou a UFABC com o seguinte arcabouço identificador:

> Universidade de pesquisa, organizada em três centros temáticos, CCNH, CMCC, CESC, estimulando investigação em questões interdisciplinares. Cursos de pós-graduação implantados desde a fundação da UFABC coerente com a vocação da universidade para uma forte atividade de pesquisa. Estudantes admitidos à universidade seguem um currículo parcialmente construído por eles mesmos e, ao fim de três anos, obtêm o grau de Bacharel em Ciência e Tecnologia. Se quiserem podem continuar por mais dois anos no caso das engenharias ou mais um ano no caso das ciências da natureza e matemática para obterem o diploma de engenheiro ou bacharel em ciências. Outra opção após a conclusão do BCT é entrar nos cursos de pós-graduação. As disciplinas de humanidades e ciências sociais ficam inseridas no CCNH e CECS. Um dos objetivos centrais no processo de formação é preparar jovens com independência intelectual, baixa aversão ao risco, capacidade de tomar decisões ousadas com responsabilidade e coragem para enfrentar desafios e superar obstáculos.

Estes foram os pontos essenciais e distintos formulados pelo comitê dos oito. Certamente outras considerações relativas a ensino público e gratuito, indissociabilidade do ensino, pesquisa e extensão, responsabilidade social, entre outras, também foram incluídas, mas são pontos comuns as demais universidades.[6]

Implantação do modelo proposto

Esse modelo foi apresentado ao Presidente da República, Luiz Inácio Lula da Silva, no dia 15 de junho de 2005. Após a apresentação, um dos parla-

---

6 Foi nessa primeira fase também que, para facilitar a organização administrativa, foi proposta a integração da universidade do ABC à Universidade Federal do Estado de São Paulo (Unifesp) como o campus tecnológico daquela instituição que tinha uma excelente tradição acadêmica na área de ciências médicas. A anexação foi aprovada na congregação da Unifesp, mas não foi aceita pelo MEC.

mentares presentes dirigiu-se a mim discretamente e afirmou não acreditar no sucesso do modelo, pelo menos para certas áreas do conhecimento. De fato, várias pessoas, educadores, professores, profissionais liberais, tinham sérias restrições ao modelo que estava sendo proposto. Esta era uma das dificuldades que apareciam no horizonte do caminho da implantação da UFABC, mas não era o único. Preocupava-nos a opção da identidade da UFABC como universidade de pesquisa, que não estava dentro das expectativas da sociedade do ABC fortemente voltada para o setor automobilístico em torno do qual girava a indústria local. Um instituto tecnológico, talvez fosse mais palatável para a região. A UFABC tinha outra missão. Formação de jovens engenheiros e bacharéis com capacidade de criar em lugar de copiar, de resolver em lugar de protestar, avançar com suas próprias pernas em lugar de ser rebocado. Era necessário ampliar a visão da sociedade local e mostrar que só uma universidade com o perfil proposto para a UFABC poderia transformar a região em um polo industrial de grande porte, como aconteceu com o ITA em São José dos Campos. Mas isso não seria tarefa fácil.

Em julho de 2005, a criação da UFABC foi aprovada no Senado. Assim pode-se dar início à segunda fase que consistiu no detalhamento da estrutura acadêmica e administrativa. A estrutura acadêmica foi elaborada por 27 professores universitários. Inicialmente, esse comitê era um pouco maior, mas alguns se afastaram por não concordarem com a proposta de bacharelado. De qualquer modo se prosseguiu com um grupo bastante compacto de pessoas que pelo menos estavam dispostas a aceitar o desafio.

A principal contribuição do comitê foi a elaboração do conteúdo curricular do bacharelado. A carga de disciplinas deveria ser distribuída por três grupos. O primeiro consistia de disciplinas obrigatórias que são necessárias para uma formação sólida dos jovens bacharéis. Note-se que o bacharelado não significa curso fraco com pouco conteúdo científico. É, antes, o oposto. O foco era conhecimento científico abrangendo ciências da natureza, matemática, ciências da engenharia e ciências humanas e sociais. A primeira grande novidade foi a revisão dos eixos fundamentais que, normalmente, conduzem à concentração de disciplinas nos eixos clássicos, isto é, física, química, biologia, cálculo. Essa organização funcionou muito bem no seu tempo. Mas depois de quase um século, o desenvolvimento científico conduziu ao surgimento de novos eixos que se formam a partir da interpenetração de várias áreas clássicas. Assim fica difícil justificar que uma universidade nova adote os mesmos eixos centenários. Não quero dizer que os fios condutores do passado foram e são ruins, ao contrário, foram e são muito bons, mas não são únicos. De fato, permitiram que outros eixos mais adequados ao estado da arte atual nascessem e se desenvolvessem. A interdisciplinaridade que se desenvolveu no mundo da pesquisa tem de penetrar no mundo da aprendizagem. Assim definiram-se novos eixos para orientar a formação científica: estrutura da matéria, energia, processos de transformação, comunicação e informação, representação e simulação. Um sexto eixo obrigatório correspondia às matérias relacionadas às ciências humanas e sociais.

No eixo Processos de Transformação cabem muitas alternativas, incluindo processos naturais e artificiais, com e sem controle, determinísticos e estocásticos. É um eixo dinâmico em que as ementas poderiam variar de ano para ano. Comunicação e informação abrange tanto os meios de transporte como o conteúdo, processamento e teoria da informação. Representação e Simulação é um "apelido" para matemático onde deveriam ser enfatizadas a formulação e a solução de modelos matemáticos. A preparação das ementas da sequência de cada eixo necessitava da cooperação de professores das diferentes áreas do conhecimento. Procurava-se assim organizar os conteúdos de modo a preservar a essência de cada tema e deixar os desdobramentos para outras disciplinas aplicadas. Essa reorganização permitia em princípio recuperar o núcleo central do conhecimento evitando, por exemplo, títulos como termodinâmica para físicos, termodinâmica para químicos, termodinâmica para engenheiros. De fato, termodinâmica é simplesmente termodinâmica. Ao mesmo tempo, as ementas procuravam incorporar as novas conquistas científicas e tecnológicas deixando para a história temas ultrapassados. A interação entre os docentes para preparar os conteúdos dos cursos era facilitada pela inexistência de barreiras departamentais. A única barreira era a cultural, criada no processo de formação de cada docente e a resistência em contaminar a graduação com o vírus amigo da interdisciplinaridade.

Outra característica do curso seria destinar mais tempo ao estudo individual do que às preleções dos professores. A carga horária nas salas de aula é muito exagerada nas nossas universidades. Principalmente nos dias de hoje, com toda a facilidade de acesso à informação, a universidade deve ser o lugar mais privilegiado para aprender do que para ensinar. Essa é, portanto, outra característica incluída na matriz curricular da UFABC. A carga horária desejável para um estudante ter condições de aprender deveria corresponder a no máximo 16 créditos por período letivo, isto é, 16 horas de aula por semana. A proposta do comitê dos 27 previa a conclusão do BCT com uma carga horária de 135 créditos. Cerca de 50% a serem completados nas disciplinas dos eixos fundamentais obrigatórios, 20% escolhidos de um grupo de disciplinas "optativas especiais" e 30% de escolha livre. As disciplinas optativas especiais deveriam abordar temas candentes, sujeitos a discussão e necessitando de grande esforço intelectual. Como exemplos: A Floresta Amazônica: um gigantesco complexo termodinâmico; A Formação do Universo; Deus e nós: fé, mito e fanatismo; Teoria das Cordas; As Diversas Faces da Entropia; Esporte e Política; Limitações dos Modelos Matemáticos; Complexidade. Certamente muitos outros temas cabem dentro dessa cesta de disciplinas. Os estudantes poderiam escolher o que mais lhes interessasse.

A proposta incluiu ainda um núcleo muito especial, a saber: Núcleo de Cognição. O funcionamento do cérebro humano é um dos focos, e talvez o mais importante de pesquisa em atividade. O que conhecemos, como conhecemos, qual o papel das funções biológicas, quais as atribuições funcionais das várias partes do cérebro, o que é a memória, como vemos os mapas virtuais que construímos no cérebro, a interpretação dos sonhos e muitos outros problemas estão na fronteira da investigação científica. A UFABC não podia ser criada sem essa área do conhecimento. Mas como ela é intrinsecamente interdisciplinar e requer a cooperação com setores de medicina, considerou-se mais conveniente criar um núcleo especial para conduzir pesquisa nesse tema em cooperação com outros institutos no Brasil.

Não menos importante foi a recomendação da integração entre pós-graduação e graduação, professores, estudantes, técnicos e administradores formando um grupo dedicado a levar adiante o projeto singular da UFABC.

Finalmente ficou entremeado em toda a proposta o indispensável atributo de todos os que viessem a participar da "UFABC: paixão pela vida universitária". Sem isso tudo, o mais seria inútil, vazio, sem alma.

Aprendizados da implementação

Esses foram os pontos mais importantes do período compreendido entre julho e dezembro de 2005. Uma vez entregue à SESU/MEC o documento básico que deveria inspirar o estatuto e regimento da UFABC, tornava-se necessário encontrar a equipe que estaria disposta a implantar o novo modelo. Formada a equipe, iniciou-se em 2006 a implantação da UFABC em Santo André. Como sempre, as coisas imaginadas e colocadas no papel funcionam muito bem. Quando colocadas nas mãos de homens e mulheres, passam do ideal para o real e, então, começam as dificuldades. Sem entrar em pormenores, serão relatados alguns pontos relevantes na história da UFABC.

Em primeiro lugar, um projeto com um considerável desvio do lugar-comum das propostas acadêmicas das nossas universidades precisa ser desenvolvido lentamente. Os docentes a serem contratados deveriam estar bem conscientes da proposta acadêmica que, além da ruptura da estrutura departamental, apresentava novos eixos estruturantes da organização disciplinar.

Não havia livros ou textos que orientassem a preparação das ementas, era preciso engenho e arte. Por outro lado, várias perguntas precisavam ser respondidas: que estudantes estariam dispostos a participar dessa aventura? Qual a reação das famílias? Como atrair bons estudantes? Ora, esses problemas indicavam a necessidade imperiosa de caminhar lentamente. O mais sensato seria começar os cursos de pós-graduação em cooperação com outras universidades para o uso colaborativo de facilidades de infraestrutura e laboratórios, o que de fato aconteceu em alguns casos. Deveria ser contratado um pequeno grupo de professores, de auxiliares técnicos e administrativos, em processo seletivo com o máximo cuidado, tanto no que se refere à competência profissional como à identificação com a nova proposta. Teria sido conveniente esperar a construção do mínimo de infraestrutura básica: salas de aula, gabinete de professores, laboratórios, residência para os estudantes antes de iniciar o ciclo de formação universitária. Apresentar, nas escolas da região, do estado de São Paulo e de outros estados do Brasil, as características do projeto e como ele se adequava à nova realidade.

Mas a pressa em se fazer as coisas, imposta pelos mais diversos motivos, impediu que essa trajetória fosse tomada. Certamente a opção de acelerar o processo no início teve consequências no projeto original. A impaciência de se esperar o crescimento orgânico foi uma falha no processo de implantação da UFABC, que começou em 2006 anunciando 1.500 vagas no vestibular para o Bacharelado.[7] Embora a entrada tenha sido distribuída por três períodos (por falta de infraestrutura física), 500 por período, uma vez que a UFABC divide o ano letivo em quatro trimestres, ainda assim recorreu-se a muito improviso e impôs-se grande sobrecarga de trabalho a professores e funcionários. As dificuldades não se avolumaram demais porque a evasão foi muito grande nos primeiros anos. Então a primeira dificuldade da UFABC foi a pressa na implantação das atividades acadêmicas. Os cursos de pós-graduação começaram simultaneamente; como não havia ainda infraestrutura física para sustentar as pesquisas, foi permitido que eles fossem realizadas em cooperação com

---

7 A UFABC atualmente oferece cerca de 1.000 vagas, o ITA abriu 170 vagas em 2015.

outras universidades. Assim os docentes contratados puderam continuar suas atividades de pesquisa sem quebra de continuidade.

A contratação de docentes obedeceu a critérios bastante rigorosos. Felizmente naquela época havia muitos candidatos com excelente formação em praticamente todas as áreas, exceto matemática e física experimental. O grau de doutor era obrigatório, não se abria concurso para uma área restrita do conhecimento, o que foi facilitado pela inexistência de departamentos. Os concursos eram para os centros e por linhas de pesquisa e os candidatos tinham que estar dispostos a assumir as responsabilidades do centro, inclusive do leque de disciplinas dos eixos estruturantes, diferentemente das universidades tradicionais, onde os concursos são direcionados para disciplinas específicas. Os primeiros docentes contratados eram todos de excelente formação profissional, entusiasmados com pesquisa e dedicados a seus estudantes. Outra ação que se mostrou muito positiva foi o programa "Pesquisando desde o Primeiro Dia" (PDPD), que concedia bolsas aos estudantes recém-admitidos, dispostos e aptos a começar a atuar em projetos de pesquisa. Uma experiência extraordinária em que se descobriram vocações para pesquisa de jovens calouros, mostrando mais uma vez que os talentos existem e estão esperando por oportunidades.

Críticas ao projeto

Aqui serão abordadas duas grandes dificuldades que de certa forma eram de se esperar. A primeira foi a tentativa de desacreditar a UFABC como universidade de excelência em uma campanha negativa da imprensa paulista. Foi acusada de ser um projeto político partidário para promover o presidente Lula. Muitas vezes ouvimos que a UFABC era a "Unilula". Nos primeiros anos após a sua criação, tanto a *Folha de S. Paulo* como o *Estado de São Paulo* publicaram críticas infundadas à UFABC e frequentemente ignoravam as respostas enviadas pelos dirigentes da universidade. A bem da verdade é preciso que se diga que nunca houve qualquer interferência do Planalto no projeto acadêmico da UFABC. Mas, se esses ataques podiam ser atribuídos às forças conservadoras de oposição ao governo, nem por isso a imprensa de esquerda poupou ou veio em socorro da UFABC. Uma revista semanal ou quinzenal do município de Santo André não cessava de criticar duramente a UFABC e seus dirigentes como não comprometidos com a região. A universidade estava no ABC, mas não era do ABC. Pleiteava inclusive cotas – 50% – para os habitantes de Santo André. Segundo essa revista, os dirigentes deveriam ser moradores do município. De qualquer forma, não obstante essas críticas, a UFABC sobreviveu sem recuar da sua identidade institucional.

Mas outra ameaça, vinda principalmente de professores e dirigentes de cursinhos preparatórios, surgia no horizonte. Os candidatos ao vestibular eram desaconselhados a cursar a UFABC. As famílias não confiavam que a universidade pudesse dar uma formação adequada para os seus filhos e filhas. Em consequência, os estudantes que ingressaram nos primeiros vestibulares não tinham a formação adequada para os cursos ou não queriam um curso universitário com o perfil oferecido. A universidade manteve os critérios de permanência associados ao desempenho acadêmico, o que resultou em uma grande evasão, espontânea ou como consequência do mau desempenho acadêmico.[8]

Passados os anos, as críticas pela imprensa acalmaram, os dirigentes e professores de cursinho reconhecem o valor do projeto da UFABC e candidatos cada vez mais bem preparados buscam a universidade, vindos de várias partes do Brasil.

Respostas às críticas

As críticas responsáveis são sempre válidas e úteis. Merecem respeito e resposta. Portanto a seguir, encontram-se algumas respostas.

Em primeiro lugar, a crítica relativa a não proporcionar o desenvolvimento regional adequado ao ABC foi respondida com um pedido de tempo e paciência. A universidade certamente iria atrair investimento de indústrias de alto conteúdo tecnológico. Essa previsão estava certa. De fato, a empresa sueca SAAB vai instalar a fábrica de aviões militares em São Bernardo do Campo. Lembre-se de que uma das áreas de engenharia na UFABC é a aeroespacial. Os dirigentes da SAAB visitaram a UFABC e entraram em contato com a direção. Certamente, a presença da universidade na região teve, pelo menos, alguma influência na decisão da SAAB.

A avaliação do desempenho dos estudantes a partir dos critérios do Enade tem também sido mais do que satisfatória, como pode ser observado no Quadro 3.2.

---

8 Desde o início, a UFABC aceitou a inserção de cotas reservadas para estudantes de escolas públicas, que serviu de exemplo para a atual lei federal. Esse é mais um dos desafios e, também, um diferencial, pois a UFABC teve a maior cota do país nesse período, em uma universidade que busca excelência. Nesse sentido, observando parte dessa evasão, buscando fortalecer essa cota de modo a ter melhores estudantes e analisando o perfil dos candidatos no vestibular, foi feito recentemente um vestibular utilizando o exame nacional Enem como entrada na UFABC, antes mesmo da existência do Sisu – Enem atual. O objetivo desta universidade tem sido atrair também dentro da cota os melhores talentos nacionais. Os resultados têm sido promissores.

Quadro 3.2: Desempenho no Enade.

ÚLTIMO ANO AVALIADO NO ENADE	SIGLA	IGC CONTÍNUO	IGC FAIXA
2011	ITA	4,60	5
2011	UFRGS	4,28	5
2011	UFABC	4,26	5
2011	UFLA	4,25	5
2011	Unicamp	4,22	5
2011	IME	4,19	5

Fonte: Classificação Inep (2011).

Quanto ao desempenho acadêmico, quer seja no item de produção científica, quer seja na avaliação dos estudantes, a UFABC tem se saído muito bem. A Figura 3.2 apresenta o gráfico de produção científica, medida a partir de publicações. O gráfico mostra que os professores estão publicando em revistas bem classificadas (eixo horizontal) e que os trabalhos têm sido citados

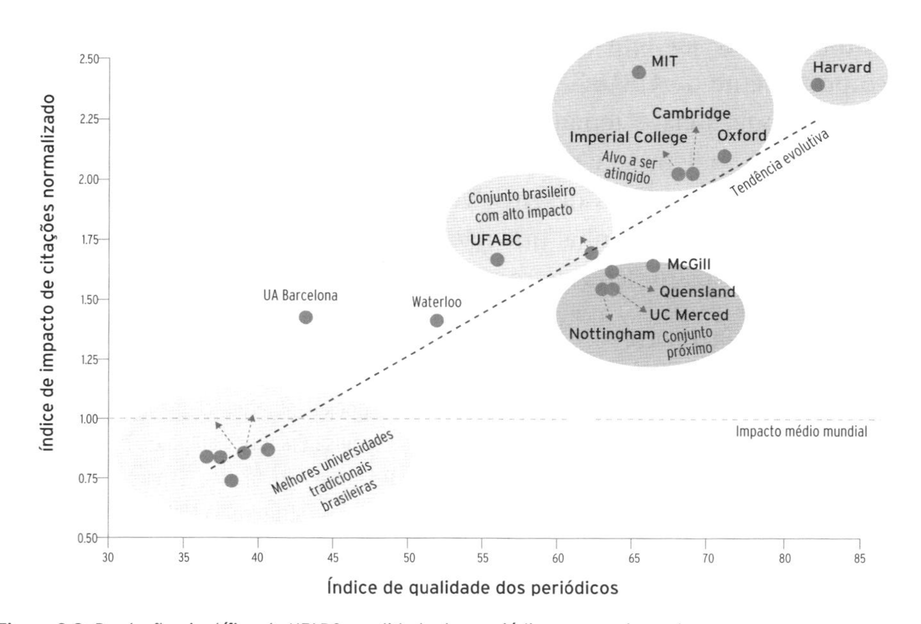

Figura 3.2: Produção científica da UFABC, qualidade dos periódicos *versus* impacto.

Fonte: elaborada a partir de dados da SIR Iber Scimago Institutions Ranking (2013) e cedida pelo prof. Roberto Serra (CCNH-UFABC).

com frequência (eixo vertical). O desempenho da UFABC com esses critérios é equivalente ao de universidades com maior tradição como McGill, Waterloo, Queensland. Está também na mesma faixa de produção da UC Merced, que faz parte do sistema da Universidade da Califórnia, criada na mesma época que a UFABC, também sem departamentos.

Em 2011, o desempenho no Enade mostra a UFABC entre as seis instituições de ensino superior melhor classificadas, ocupando a terceira posição. Em 2013, ficou em segundo lugar na avaliação geral com o IGC:5 (4.200 pontos). Foi classificada em primeiro lugar em Química (Bacharelado e Licenciatura), Matemática (Bacharelado e Licenciatura), Engenharia Ambiental e Urbana, Engenharia de Materiais. Para uma universidade que promoveu o primeiro vestibular em 2006, tendo de enfrentar várias adversidades, o desempenho da UFABC tem sido bastante bom.

A *Folha de S. Paulo* recentemente estabeleceu certos critérios de desempenho para avaliar as universidades brasileiras. Apesar das críticas ferozes feitas em 2006/2007, teve de reconhecer que no item internacionalização a UFABC conquistou o primeiro lugar. O documento do professor Gustavo Dalpian intitulado "A UFABC e os rankings universitários", publicado em outubro de 2014, demonstra o sucesso dessa universidade novíssima.

Outra questão que tem levantado bastante discussão, inclusive em parte do corpo docente da UFABC, é a organização do conteúdo das disciplinas segundo os novos eixos temáticos. Pois bem, embora esse tema possa ser intrinsecamente polêmico e não haja exemplo semelhante em outras partes, particularmente nos países desenvolvidos, como é de nosso gosto, o Helmholtz Institut, na Alemanha, que não é uma universidade, mas uma associação de pesquisa, apresenta-se como descrito abaixo:

> **ASSOCIAÇÃO HELMHOLTZ**
>
> Dos programas de pesquisa na Associação Helmholtz, seis campos de pesquisa ocupam-se com os maiores desafios e temas mais urgentes da sociedade atual clamando por soluções sustentáveis para hoje e para o futuro: Campo de Pesquisa Energia, Campo de Pesquisa Terra e Ambiente, Campo de Pesquisa Saúde, Campo de Pesquisa Aeronáutica, Espaço e Transporte, Campo de Pesquisa Tecnologias Chave, Campo de Pesquisa Estrutura da Matéria.

Ora, essas prioridades certamente estão muito bem alinhadas com a proposta da UFABC. Duas delas, inclusive, têm exatamente a mesma denominação. As outras estão pelo menos parcialmente contempladas em processos de transformação e comunicação e informação. Portanto, pode-se dizer, como declara a Helmoltz Association, que a UFABC está formando estudantes para enfrentar os problemas mais prementes da sociedade e desenvolver soluções sustentáveis para o futuro próximo e distante.

DESAFIOS E RISCOS PARA A UFABC

Essas referências quanto à avaliação de desempenho e validação da identidade institucional servem, principalmente, para demonstrar que *nós podemos, o Brasil pode*. É uma prova de contracultura. Cabe saber se a UFABC conseguirá sustentar essa bandeira. As ameaças externas foram superadas, as internas são as únicas capazes de levar à destruição. Entende-se que em um mundo em permanente evolução as mudanças acontecem. O importante é que seja evolução e não involução. Há, ainda, muitas coisas a serem completadas na universidade, bem como riscos a serem enfrentados, como os exemplos indicados no Quadro 3.3.

Quadro 3.3: Desafios e Riscos à UFABC.

	NO ENSINO	NA PESQUISA	NA EXTENSÃO
DESAFIOS	Alinhamento entre disciplinas e eixos temáticos. Disponibilização de cursos como MOOCs. Ampliação do quadro de disciplinas optativas.	Definição de agenda de pesquisa com alto potencial de impacto, mesmo diante de riscos de insucesso. Inserção da totalidade do quadro docente na pós-graduação.	Atender às demandas locais compatíveis com a missão da UFABC. Atitude proativa na formação de polos industriais. Abrir as portas da UFABC aos cidadãos da região.
RISCOS	Adotar critérios de avaliação docente excessivamente centrados em pontuações quantitativas. Visões conservadoras. Discussões pautadas em resolução ao invés de princípios. Tendência de aumentar número de créditos. Contratação de projetos de consultoria inadequados. Fazer atividades de extensão se sobreporem a atividades de pesquisa.		

Em relação aos desafios, a UFABC encontra oportunidades de avanços de curto e médio prazo nas três dimensões de sua missão. No plano do ensino, destacam-se:

a) O alinhamento entre disciplinas e seus eixos temáticos: a preparação do conteúdo das disciplinas mais coerentemente com os eixos temáticos não é fácil, pois exige muito conhecimento, experiência e competência. Há necessidade de se escrever livros-texto para os eixos temáticos. Esta, talvez, seja a tarefa mais crítica e difícil.

b) Cursos MOOCs (*Massive On-line Open Courses*): a preparação de cursos para disponibilizar na rede, uma tendência mundial em MOOCs, é outra iniciativa muito importante a ser implementada com a liderança dos grupos de Tecnologia de Informação.
c) Ampliação do quadro de disciplinas optativas: deve-se aumentar o leque das disciplinas que fazem parte do grupo especial de optativas. Para isso, são necessários criatividade e empenho para identificar temas abertos adequados ao projeto da universidade e superar a lógica da gestão pelo manual, na qual muitas vezes a "paixão" é deixada de lado em favor de regras didáticas pedagógicas escritas muitas vezes por pessoas que nunca se envolveram com a universidade.

Na pesquisa, a UFABC deve estar atenda para:

a) Implementar iniciativas que possam proporcionar avanços substanciais no conhecimento universal, mesmo diante do consequente risco de insucesso.
b) Manter todos os professores da universidade ligados aos programas de projetos de pesquisa e programas de pós-graduação.

Na extensão, a UFABC deve considerar:

a) Atender às demandas locais compatíveis com a missão da universidade. A UFABC deve contribuir também para o progresso da sociedade local. A oferta de programas de capacitação de professores do ensino médio é uma iniciativa muito importante.
b) Cooperação com as indústrias da região que incorporem produtos de tecnologia avançada. Evitar contratação de "serviços de engenharia". A universidade não é firma de projeto ou consultoria de engenharia. A UFABC deverá atrair para a região indústrias de alta tecnologia com a consequente formação de um polo industrial de tecnologias avançadas. Seria interessante que a própria universidade promovesse a instituição de um comitê de desenvolvimento industrial com representantes de algumas indústrias locais e representantes dos municípios do ABC e do Estado de São Paulo.
c) Privilegiar "invenção sobre inovação". É preciso que o foco principal na universidade seja principalmente inventar, e não aperfeiçoar inventos. A

universidade não deve andar na esteira do conhecimento, mas sobretudo abrir novas fronteiras.

d) Extensão não é apenas levar a universidade para além de seus muros, mas também abrir suas portas para os cidadãos. A exposição de pôsteres relativos aos trabalhos dos estudantes no encerramento da disciplina "Métodos Experimentais das Ciências da Natureza" tem sido uma excelente oportunidade para essa atividade.

Quanto aos riscos, são muitos os cuidados a serem tomados. Não é possível avaliar com detalhes a situação atual, mas a experiência mostra necessidade de cuidado especial com alguns riscos, tanto estruturais quanto eventuais, como perigos iminentes, percebidos menos pelos contatos com a UFABC e mais por nossa experiência universitária. Entre esses, destacam-se:

1. No ensino: as forças conservadoras são muito fortes principalmente entre os docentes, onde além de muitas resistências a um projeto inovador, existe uma forte tendência a serem discutidas resoluções ao invés de princípios, algo que se tentou desde o início evitar, mas que as visões mais conservadoras têm enorme dificuldade em aceitar. Os estudantes são os que melhor entendem a identidade da UFABC; deles dependem a manutenção e o progresso do projeto inicial. Tendência a aumentar o número de créditos exigidos para o BCT que deve permanecer não superior a 135 para que os estudantes tenham tempo de estudar. A absurda concentração das horas de aula de uma disciplina em uma única sessão que só serve aos interesses do docente e prejudica os estudantes. O relaxamento dos requisitos nos concursos para docentes que devem ser para os centros e não para disciplinas. O critério soberano deve ser competência e capacidade intelectual em lugar de diplomas. Relaxamento na exigência de desempenho dos estudantes, o que é um desrespeito aos próprios estudantes que passam a ser considerados "coitadinhos incapazes".
2. O distanciamento entre corpo docente, corpo técnico administrativo e corpo discente. A UFABC foi criada com a expectativa de reunir todos os que dela participam em torno de um ideal universitário comum. Não há bom aprendizado, boa pesquisa e boa contribuição para a sociedade sem a união de administradores para manter a máquina de serviços internos e externos funcionando, sem bons técnicos para manterem os laboratórios confiáveis, sem docentes para furarem os bloqueios científicos e tecno-

lógicos e estudantes para injetarem esperança e vontade de vencer. Com essa união cooperativa, na qual se reconhece mais a competência do que o diploma, a universidade maximiza a sua chance de ajudar o país a crescer. A UFABC não pode seguir na senda que leva à doença do gigantismo. Grande por fora e pequena por dentro. É preciso parar e talvez encolher para que os ideais iniciais sejam preservados, e a construção do projeto acadêmico seja completado. É preciso resistir às pressões políticas. Por último, é indispensável paixão: a vida universitária não se constrói sem paixão em todos os setores.

3. Não menos importante é a aprovação de um processo de avaliação docente compatível com o projeto acadêmico da UFABC, imune à atual praga de contagem de pontos que invade as universidades brasileiras. Essas são algumas iniciativas que não foram completadas até recentemente.
4. Quanto à extensão, é importante não a admitir como atividade que substitua a pesquisa e o aprendizado próprios à universidade. Há hoje uma tendência de reduzir o tempo dedicado à pesquisa e estudo por atividades consideradas como extensão que, mesmo sem serem incompatíveis com a grande missão universitária, não estão na lista das prioritárias.

CONSIDERAÇÕES FINAIS

A evolução acelerada em todos os campos do conhecimento, particularmente aqueles que se ocupam com as ciências da natureza, tem provocado uma onda de choque cultural. Analogamente com o que aconteceu nos séculos XVII e XVIII, quando as leis da mecânica foram aplicadas à descrição de fenômenos econômicos, hoje a facilidade de modelagem matemática e computacional, alavancada por máquinas cada vez mais poderosas, associadas a outras disciplinas das áreas de Física, Biologia e Química formam um complexo interdisciplinar que vem servindo de modelos para fenômenos socioeconômicos. Essa tendência requer também a convergência disciplinar nas áreas humanas e sociais. A UFABC, que recentemente incluiu no seu projeto essas áreas, deve promover também essa aliança, facilitando a interação disciplinar entre os diversos setores: humanas, sociais, ciências da natureza, engenharia, matemática e computação. O uso de modelos matemáticos e computacionais nas áreas sociais requer a inclusão de cientistas sociais para que se evitem distorções em previsões e, principalmente, em aplicações que podem ser desastrosas para a sociedade.

A eficiência do exercício da interdisciplinaridade no setor de investigação tem sido comprovada em todo o mundo. A reestruturação das unidades acadêmicas, escolas, centros e departamentos, no entanto, não tem acompanhado a nova tendência. Esse é um fenômeno universal indicando a tendência extremamente conservadora das universidades em todo o mundo. As que optaram por uma estrutura acadêmica adequada à nova malha de interconexão de conhecimento são, na sua quase totalidade, novas iniciativas como a Universidade de Merced, do sistema da Universidade da Califórnia. Assim também a UFABC é uma inciativa que procura se deslocar no intrincado mundo interdisciplinar, um mundo cheio de desafios que requerem a colaboração de todos os participantes da vida universitária para serem vencidos. Não há soluções prontas, e por isso a UFABC não foi criada na expectativa de ser modelo para outras iniciativas nos detalhes de suas estruturas, mas tem a intenção de demonstrar que os caminhos clássicos não são adequados para o novo mundo em que vivemos e que existe uma alternativa melhor.

O diálogo entre as novas universidades organizadas seguindo modelos mais adequados ao contexto científico e tecnológico atuais deve ser estimulado para que sejam avaliadas as diversas opções e seus resultados.

Procurou-se apresentar um breve relato de alguns fatos que tiveram grande influência na construção da UFABC. É uma visão pessoal, não é a história da UFABC. É um depoimento dando conta de certas decisões e opções que estão na origem da fundação da universidade e que têm muito a ver com a minha participação direta na história dessa universidade. Assim, não se trata de um documento neutro, mas reflete meu pensamento sobre a universidade, alguns dos problemas que foram enfrentados e os rumos que se abrem para o futuro. Quem escreve não é um observador, mas um autor. Insisto nesse ponto para que se entenda que nem sempre as ideias apresentadas aqui foram totalmente implantadas ou preservadas na UFABC de 2015.

De qualquer forma, a UFABC é uma experiência singular. Atualmente existem outras experiências semelhantes. Mas, por ter sido de certa forma pioneira em vários aspectos, merece ser acompanhada. Outras experiências semelhantes já foram tentadas no passado e descontinuadas por intervenção externa com o uso da força de armas, como caso da UnB, após o golpe militar de 64. Atualmente, não há perspectivas de intervenção externa. Trata-se de verificar se uma iniciativa que introduza uma revisão profunda na nossa tradição universitária e que está alinhada com o que se desenvolve nas melhores universidades do mundo sobrevive ao peso da nossa cultura. Acredito que esse acompanhamento seja da maior importância, pois será um instrumento que medirá a nossa capacidade de inovar, assumir riscos e levantar a cabeça.

Dois fatos recentes mostram o sucesso da UFABC. O Engenheiro Thiago Alencar, que se formou recentemente em engenharia aeroespacial na UFABC, recebeu em 2015 o prêmio *Theodore W. Hissey* da IEEE (Institute of Electric and Eletronic Engineers), pela sua capacidade de liderança na área de cooperação internacional. É o segundo brasileiro a receber esse prêmio. O segundo, refere-se a um artigo publicado no *The Guardian* com o título: "*UFABC is proving the shining example of what public higher education in Brazil can become*".

Foi demonstrado que *nós podemos*, mas *nós queremos*?

AGRADECIMENTOS

É preciso que se mencione que a UFABC só foi possível com a dedicação de inúmeros professores e dirigentes que, desde o início, se dedicaram à construção de uma universidade com uma nova identidade, sem experiência anterior no Brasil, construída com o esforço, as ideias e os ideais que carregam o DNA brasileiro. O Brasil deve muito a esses pioneiros que devotaram parte de suas vidas em prol de uma aposta no futuro. Felizmente, a conquista está sendo recompensadora.

REFERÊNCIAS

BEVILACQUA, L.; TAVARES, H. UFABC à espera dos seus alunos. 2006. Disponível em: www.ufabc.edu.br. Acessado em: 09 abr. 2015.

BEVILACQUA, L. Sobre a universidade no Brasil na era do choque cultural: a formação para tecnologia. *Revista Internacional Interdisciplinar Interthesis*. v. 11, n. 1, p. 43-65, 2014.

CARVALHO, T. *Universidade Federal do ABC: uma nova proposta de universidade pública?* São Paulo, 2011. Dissertação de Mestrado. Programa de Pós-Graduação de Educação. Faculdade de Saúde Pública da Universidade de São Paulo

CASTILHO, A. *O caso da UFABC. A construção discursiva da imagem da organização pública em um contexto regional político*. Dissertação de Mestrado. Programa de Pós-Graduação em Comunicação Social. Universidade Metodista de São Paulo.

CHRISTÓVÃO, M.C.T.; BERNARDES, R.C. *Os desafios da interdisciplinaridade como instrumento de inovação em projetos pedagógicos no ensino superior: a experiência da UFABC.*

DA SILVA NASCIMENTO-VIRGÍNIA, Eliane Cristina; CARDOSO, C. *Do Discurso, Profundidade Análise. Interdisciplinaridade, Universidade e Formação de Professores de Matemática: A Proposta da UFABC*. Actas del VII CIBEM ISSN, v. 2301, n. 0797, p. 4482.

DALPIAN, G.M. *A UFABC e os rankings universitários*. Comunicação UFABC – Artigos. 29.10.2014

DE OLIVEIRA, G.A.G. *Interdisciplinaridade e inclusão social no processo de implantação da Universidade Federal do ABC*. São Paulo, 2010. Tese de Doutorado. Universidade de São Paulo.

FREY, K.; FERRAZ JUNIOR, V.E.M. Ensino e pesquisa em políticas públicas a proposta interdisciplinar da UFABC. In: *IX Encontro da Associação Brasileira de Ciência Política*. 2014, Brasília. Anais Eletrônicos do IX Encontro da Associação Brasileira de Ciência Política. Brasília: ABCP, 2014. p. 1-19.

GIROLETTI, D.A.; LIMA, R.J.C.; PATAH, L.A. Educação para a inovação. *Revista de Administração da UFSM*. v. 5, n. 3, p. 607-624, 2012.

[INEP] INSTITUTO NACIONAL DE PESQUISAS EDUCACIONAIS ANÍSIO TEIXEIRA. MEC – Índice Geral de Cursos Avaliados (IGC) 2011. Disponível em: http://portal.inep.gov.br/educacao-superior/indicadores/indice-geral-de-cursos-igc. Acessado em: 19 maio 2016.

LOURENÇO, S.R.; PENNACHIN, F.A.V.; HABER, J. Construção de uma nova engenharia: o caso do curso de Engenharia de Gestão da UFABC. In: *XL Congresso Brasileiro de Educação em Engenharia. 2012*, Belém. Anais Cobenge 2012. Brasília: Abenge, 2012. v. 40

MENA-CHALCO, J.P.; DALPIAN, G.M.; CAPELLE, K.W. Redes de Colaboração Acadêmica: um Estudo de Caso da Produção Bibliográfica da UFABC. Disponível em: http://publicacoes.ufabc.edu.br/interciente/article/redes-de-colaboracao-academica-um-estudo-de-caso-da-producao-bibliografica-da-ufabc. Acessado em: 9 abr. 2015.

capítulo 4

A universidade e a construção da interdisciplinaridade

Helio Waldman | *Engenheiro eletrônico, Centro de Engenharia e Ciências Sociais Aplicadas, Universidade Federal do ABC*
Gustavo Martini Dalpian | *Físico, Centro de Ciências Naturais e Humanas, Universidade Federal do ABC*

INTRODUÇÃO

Desde tempos imemoriais, as sociedades humanas tiveram consciência da existência e importância do seu patrimônio intelectual e cognitivo, e cuidaram de estabelecer instituições encarregadas de preservá-lo e transmiti-lo às futuras gerações. Entretanto, as percepções sobre a natureza desse patrimônio, bem como as suas origens, apropriação e destinação, variaram extraordinariamente ao longo do tempo, e continuam evoluindo em nossos dias.

Ainda que o conhecimento esteja integrado às práticas coletivas, o ato de conhecer é essencialmente individual, pelo menos em primeira instância. Por isso, o conhecimento sobre o conhecimento dialoga com a tradição socrática de "conhecer-se a si mesmo", que é singularizada e problematizada pela confusão entre o sujeito e o objeto da relação cognitiva. Ao longo da História, as sociedades têm trabalhado essa dificuldade por meio da institucionalização do conhecimento, que é uma maneira de virtualizá-lo, separando artificialmente o sujeito do objeto. No início do segundo milênio, essa estratégia deu origem à Universidade, que chegou aos nossos dias, ainda que transformada pelo tempo.

Vivemos hoje um momento em que a Universidade é novamente chamada a se transformar, em função de novas dinâmicas do conhecimento, reclamadas por novas conjunturas sociais e tecnológicas. Neste capítulo, procuramos compreender estas mudanças, cientes de que o seu impacto se estende sobre toda a Universidade, inclusive e especialmente sobre a pós-graduação, a quem cabe um indispensável protagonismo neste processo, que é crucial para o desenvolvimento social e científico do Brasil.

Tal como a herdamos do século XX, a Universidade estava organizada em Departamentos, que eram responsáveis por disciplinas. O conhecimento era e ainda é produzido no interior de disciplinas, e publicado principalmente em periódicos com claros recortes disciplinares. Novos profissionais eram e ainda são preparados em cursos e percursos definidos por conjuntos de disciplinas. Enfim, o conhecimento crescia e ainda cresce por meio da multiplicação de disciplinas e especializações. Porém, essa forma de organizar a produção, a acumulação e a disseminação do conhecimento, que emergiu no século XIX e se consolidou no século XX, está perdendo eficácia e centralidade diante da complexidade das questões que confrontam a sociedade moderna. No século XX, ela foi acelerada pela crescente articulação da Ciência com o desenvolvimento industrial em uma dinâmica de mercado, mas começa agora a expor suas limitações, na medida em que não há como dar conta de tanto conhecimento com o número limitado de cientistas e engenheiros que a economia pode sustentar e a própria sociedade está disposta a fornecer. Daí a tentação de "terceirizar" o conhecimento a um aparato de artefatos cada vez mais inteligentes, informados por uma teia mundial de informações. Essa dinâmica aguça ainda mais a velha questão do controle humano e social do conhecimento. Neste contexto, a interdisciplinaridade surge como uma proposta de recolocar as pessoas no controle deste que é, talvez, o maior patrimônio da Humanidade: o conhecimento.

Desde o final do século XX, a dinâmica da disciplinaridade vem sendo alvo de críticas, que partem tanto de fora da Universidade quanto da própria comunidade acadêmica. As críticas internas estão associadas à percepção das limitações da abordagem disciplinar, e por extensão da própria estrutura departamental, da dinâmica editorial da produção científica, e da organização do ensino superior, para dar conta dos desafios de manter um nível adequado de rigor e relevância sobre um volume de conhecimento que cresce exponencialmente, alimentado por um regime de fomento com escopo indiscriminado no espaço cognitivo, recursos limitados, e pouca organicidade social. Em parte, as críticas externas seguem a mesma linha, enfatizando a miopia dos mecanismos de mercado na forma como eles se apropriam dos novos conhecimentos para incorporá-los a novos produtos sem a devida análise e exposição antecipada das consequências, por vezes danosas. Mas chegam também a questionar a impermeabilidade e opacidade dos mecanismos de julgamento da produção científica, contestando a legitimidade do princípio do julgamento pelos pares ("*peer review*"), tão arraigado à tradição acadêmica, mas cada vez mais percebido como alheio, ou pelo menos ortogonal, aos princípios republicanos, na medida em que esse julgamento direcione recursos públicos.

A noção da interdisciplinaridade tem sido usada por diferentes públicos para evocar a superação de diferentes mazelas da disciplinaridade. Dada a diversidade de públicos e das mazelas apontadas, não há como supor que todos estejamos pensando e desejando a mesma coisa quando nos referimos à interdisciplinaridade. O que nos une é a percepção de que a disciplinaridade não é mais capaz de conduzir sozinha a evolução do conhecimento, portanto algo novo deve surgir. A História nos sugere que ambiguidades como essas são o caldo de cultura de mudanças iminentes e o ponto de partida da busca do novo paradigma. Seria trágico que as mudanças viessem exclusivamente de fora para dentro da Academia, na forma de imposições desinformadas. Por isso, é muito oportuno que essas questões sejam debatidas por todas as partes interessadas em uma atmosfera de respeito mútuo, incluindo não só a comunidade acadêmica, mas todos os atores interessados, ou seja, todos que participam da imensa teia de interesses que se formou em torno da produção de conhecimento.

O presente capítulo pretende contribuir para esse debate, mapeando o advento da disciplinaridade na sua forma moderna e os impasses que levam ao seu esgotamento no século XXI. Na seção "Universidade e conhecimento", isso é feito por meio de uma narrativa que mostra como o advento das modernas disciplinas científicas levou à reorganização da Universidade segundo um modelo que as coloca no centro do processo pedagógico. Na seção "Pesquisa e Pós-Graduação, Extensão e Inovação", examinamos o papel crucial que a pós-graduação, como formadora da nova geração de cientistas, pode e precisa desempenhar na transição para a interdisciplinaridade, e quais mudanças podem ser feitas para que esse papel seja desempenhado. Finalmente, a seção "Considerações Finais" conclui com um breve apanhado das perspectivas, diagnósticos e sugestões para a década.

UNIVERSIDADE E CONHECIMENTO

O conceito de conhecimento é estudado no campo da filosofia, mais especificamente na epistemologia, que pode ser considerada uma disciplina filosófica. Entretanto, a disciplinaridade, tal como a conhecemos hoje, não emergiu da filosofia, mas resulta justamente da autonomização (ou "metodização") do conhecimento científico em relação à reflexão filosófica. Deste processo resultou uma disciplinarização da própria filosofia, que passou a se organizar segundo os cânones da própria Ciência, de certa forma subordinando-se a ela. Daí resulta uma circularidade que talvez seja o principal obstáculo para uma definição do conhecimento, o que não deve nos impedir de avançar a discussão sobre a natureza do conhecimento em uma perspectiva interdisciplinar, que dispensa, e até repele, a definição prévia do que vai ser discutido.

No marco da disciplinaridade, deixar de definir exatamente o que vai ser discutido é um erro grave. Porém, quando se deseja representar um mundo complexo como o nosso, definir algo de antemão pode mutilar severamente a sua capacidade de significação no mapa-múndi dos significados. Eis por que, na abordagem interdisciplinar, não se deve iniciar uma discussão com uma definição acabada do que queremos discutir. Vale dizer que não devemos, nessa discussão, seguir o "script" recomendado pelos periódicos científicos! Isso não nos impede de situar o conhecimento no mapa-múndi, identificando quais são as outras esferas da vida com as quais ele dialoga.

Assim, entenderemos aqui que o conhecimento é a nossa principal ferramenta no esforço de representar o mundo em que vivemos. Mas por que desejamos representar esse mundo? Não sabemos, mas provavelmente já nascemos com esse instinto, como outros mamíferos, haja vista o empenho com que os filhotes adquirem suas habilidades motoras e as crianças humanas, prolongando este processo, capturam e/ou inventam palavras e as combinam em frases, e as articulam em discursos que vão permanentemente refinando a sua visão do mundo. E passam o resto da vida atualizando essa representação e tomando-a como referencial na busca incessante de formas de melhorar a condição humana, em um esforço que faz parte dessa mesma condição.

Conhecimento disciplinar

É essa busca que coloca em movimento a evolução das sociedades humanas, e por meio dela a evolução do próprio conhecimento, compreendendo o seu acervo de fatos e das leis que os conectam entre si, da sua integração com as atividades humanas, da dinâmica das descobertas, invenções e inovações, e sua apropriação pelas pessoas e instituições, inclusive mediante a intermediação dos mercados.

Ao longo dos séculos, essa evolução tem apontado para a crescente institucionalização do conhecimento, e as disciplinas surgem neste contexto, ainda que encontrem justificação na lógica interna que elas mesmas produzem. Neste capítulo, distinguiremos dois tipos ou níveis de disciplinaridade: a modalidade fraca, de origem medieval, que previa um número limitado e fixo de disciplinas consideradas essenciais para a formação geral dos membros das profissões superiores (Medicina, Direito, Teologia); e a disciplinaridade forte, que resulta do advento da Ciência moderna a partir de Galileo, e admite um número ilimitado de disciplinas e especialidades que derivam umas das outras, em uma espécie de reação em cadeia que explode no século XX, deixando-nos na situação atual.

Disciplinaridade fraca

Durante a Idade Média, apenas sete disciplinas eram consideradas essenciais para uma formação superior. Elas eram divididas em dois conjuntos, o *trivium* e o *quadrivium*, formados respectivamente por três e quatro disciplinas. O *trivium* era composto pela lógica, que ensinava a pensar de forma consistente; pela gramática, que ensinava a expressar o pensamento de forma clara e unívoca; e pela retórica, que ensinava a colocar a lógica e a gramática a serviço do convencimento e da persuasão.

Após cursar o *trivium*, o estudante passava para o *quadrivium*, que se ocupava com o estudo das quantidades ou grandezas. Ele era composto pela aritmética, que estudava as relações entre as grandezas na sua forma pura (números); pela geometria, que estudava as grandezas no espaço em repouso; pela música ou harmonia, que estudava as grandezas no tempo; e pela astronomia, que estudava as grandezas no espaço e no tempo.

Esse quadro disciplinar consolidou-se ainda durante o primeiro milênio como pré-requisito para o ingresso em corporações ou profissões valorizadas como o Clero, o Direito, a Medicina, a Arquitetura, etc. Entretanto, não havia ainda uma instituição dedicada a ministrar esses conhecimentos, ficando cada corporação encarregada de organizar o aprendizado e o exercício profissional como melhor lhe conviesse. A partir do século XI, o desenvolvimento das sociedades medievais aumentou o interesse por essas profissões, levando os aspirantes a organizar, por meios privados ou públicos, uma instituição que lhes transmitisse os conhecimentos necessários para nelas ingressar.

A universidade medieval

Foi assim que, em 1080, nascia a Universidade de Bolonha, considerada a mais antiga do Ocidente. A ela seguiram-se outras instituições do mesmo gênero, seja por iniciativa de alunos interessados em ingressar nas profissões, seja das corporações interessadas em recebê-los, ou ainda do próprio Estado ou da Igreja. De um modo geral, essas instituições se dedicavam exclusivamente ao ensino, tomando como referência um conjunto estático de narrativas legadas pelas tradições de cada profissão, pelos ensinamentos de Aristóteles nas Ciências Naturais, e pelas referências religiosas, especialmente o texto bíblico.

Essa concepção do conhecimento como algo estático e acabado, um patrimônio a ser simplesmente preservado e transmitido às próximas gerações com a maior fidelidade possível às suas fontes, fossem elas sagradas ou profanas, só começa a ser desafiado no século XVII por Galileo Galilei, considerado por isso mesmo o fundador da Ciência Moderna. Galileo é definido pela Wikipédia como "*físico, matemático, engenheiro, astrônomo e filósofo*", sugerindo assim que a Ciência Moderna nasce interdisciplinar. É fascinante observar como isso se deu.

O pai de Galileo era músico e lutava com dificuldades financeiras. Por isso, queria que seu filho fosse médico, e para isso matriculou-o ainda muito jovem na Universidade de Pisa, onde viviam. Ao cursar as quatro disciplinas obrigatórias do *quadrivium*, porém, o jovem Galileo se deixou cativar pela matemática e pela astronomia, e decidiu se dedicar a elas, e não à medicina. Assim como Bill Gates, Steve Jobs e outros grandes inovadores de hoje, Galileo também foi um "*dropout*" em sua época. A diferença é que o sucesso dele na astronomia e na matemática levou a própria Universidade de Pisa a contratá-lo como professor dessas disciplinas mais tarde. Já a Universidade de hoje segue ritos cada vez mais canônicos para desenvolver e recrutar talentos docentes, correndo assim o risco de cortar o bem (o talento jovem) pela raiz: parece até mais canônica que as suas antecessoras medievais.

A universidade medieval tinha apenas a missão de ensinar. Por isso, foi como engenheiro, uma profissão à qual Galileo se dedicava fora da Universidade para complementar o salário de professor, que ele aguçou a sua observação dos fenômenos naturais e se tornou físico ou criou a Física, intuindo que as leis da astronomia valiam também na Terra. Essa intuição viria a ser corroborada por Newton mais tarde a partir dos pressupostos metodológicos preconizados pelo próprio Galileo, que podem ser resumidos no seguinte tripé:

a) observação dos fenômenos físicos, inclusive com a ajuda de aparelhos como a luneta astronômica, desenvolvida por Galileo para observar os céus, levando a diversas descobertas, como a dos satélites de Júpiter;
b) experimentação para testar hipóteses e teorias, como no suposto experimento em que Galileo sobe ao topo da Torre de Pisa com duas bolas de pesos diferentes, para refutar o ensinamento aristotélico de que elas cairiam ao chão com velocidades proporcionais aos seus pesos;
c) uso da modelagem matemática para reproduzir conceitualmente os fenômenos físicos observados a partir de leis matemáticas, cuja validade pode assim ser inferida ou refutada por comparação entre o modelo e a observação.

Ao longo da sua vida, Galileo adotou essas práticas no seu cotidiano, e transitou entre elas. Ao longo dos quase quatro séculos que nos separam dele, elas se consolidaram como o bê-a-bá do método científico e, por extensão, do conhecimento científico. Entretanto, poucos cientistas hoje transitam entre essas metodologias, pois agora alguns são experimentais, outros teóricos, e ainda outros são "simuladores" computacionais. É claro que essa separação de tarefas foi motivada por ganhos na potência dos experimentos e no desenvolvimento e operação de modelos matemáticos, que agora podem ser implementados em computadores. Apesar desses ganhos, porém, essa separação implica também perdas na capacidade de integrar o enorme acervo de observações e simulações em uma leitura útil e convincente do mundo.

Já renomado como astrônomo, Galileo se transfere para a Universidade de Pádua, onde tinha um salário melhor e mais oportunidades de consultoria externa. Lá, ensinou astronomia na Faculdade de Medicina. A motivação dos futuros médicos pela astronomia não era acadêmica, mas sim profissional: é que, naquela época, os médicos se orientavam pelo horóscopo dos pacientes para fazer o diagnóstico e prescrever o melhor tratamento. Isso mostra como a Ciência se insere desde cedo em um contexto dominado por práticas sociais não científicas, e a elas se subordina com docilidade, provavelmente por falta de opção, pois Galileo nunca manifestou qualquer interesse por predições astrológicas, e chegou a ironizá-las.

Ao longo de seus quatro séculos de vida, a Ciência moderna cresceu extraordinariamente e construiu ambientes que excluem os chamados saberes não científicos, geralmente conhecidos como superstições ou "outros saberes". Ao penetrar o ambiente social, porém, ela era e continua sendo um "outro saber", e tanto mais o será quanto mais ilegível ela for para o grande público. Assim, a questão da convivência entre saberes permanece aberta, e provavelmente será aguçada no contexto da interdisciplinaridade.

Disciplinaridade forte

As ideias de Galileo levaram-no a defender o modelo heliocêntrico do sistema solar, já defendidas anteriormente por Copérnico, mas de forma mais disfarçada, que lhes dava um escopo meramente instrumental. Como o texto bíblico tem passagens que parecem pressupor o modelo geocêntrico, que coloca a Terra no centro do Universo, Galileo teve sérios problemas com as autoridades eclesiásticas da sua época, tendo inclusive suas obras proibidas.

Apesar dessas resistências iniciais, as ideias de Galileo encontraram terreno fértil na inteligência europeia. Seguindo o programa de Galileo, Isaac Newton formulou as leis fundamentais da mecânica clássica, fornecendo uma explicação para o movimento dos astros. Essas explicações serviam também para interpretar observações acessíveis na Terra, reforçando sua plausibilidade e ajudando a compreender o movimento de objetos do nosso entorno. Uma pequena mas atenta comunidade de cientistas se deixou então fascinar pelas possibilidades de expandir o conhecimento com novas descobertas a partir de observações, de experimentos e da exploração de modelos matemáticos. Cada descoberta gerava, por um lado, novas questões fundamentais; e, por outro lado, novas possibilidades de aplicações práticas que dialogavam com uma economia em transformação.

A nova dinâmica gerada por essas atividades intelectuais requeria a sistematização dos novos conhecimentos por ela produzidos. Daí o surgimento de novas disciplinas, que foram se multiplicando exponencialmente. A partir do século XVIII, começa a ficar clara a inviabilidade do conhecimento enciclopédico, mesmo restrito às ciências naturais, e os cientistas passam a se filiar a determinadas disciplinas científicas, definindo-se como físicos, químicos, matemáticos, etc. Essa especialização incipiente contrasta com o que ocorria no século XVII: quando Newton precisou do cálculo diferencial para formular as leis fundamentais do movimento, ele próprio inventou o cálculo, ao invés de recorrer aos matemáticos, como certamente ocorreria hoje.

A universidade Humboldtiana

Inicialmente, durante os séculos XVII e XVIII, a revolução científica desencadeada por Galileo deixou intocada a instituição universitária, que permanecia fiel às tradições medievais que a amarravam ao ensino repetitivo de narrativas dadas como definitivas. Porém, com o acúmulo de novas descobertas científicas, o velho modelo medieval de Universidade foi se tornando cada vez mais disfuncional e antiquado. Por fim, em 1810, a criação da Universidade de Berlim forneceu a oportunidade de se explicitar uma nova proposta de organização e de escopo para a Universidade, mais consentânea com a nova dinâmica do conhecimento. O projeto de criação da nova Universidade, capitaneado pelo filósofo Wilhelm von Humboldt, colocava a pesquisa no centro da sua missão institucional, e preconizava a integração entre o ensino e a pesquisa, incorporando assim a nova dinâmica do conhecimento.

Segundo Humboldt, "a ciência deve ser vista como algo que nunca foi inteiramente alcançado e que nunca se alcançará; ao contrário, como algo que se deve permanentemente buscar". Essa noção cativou a intelectualidade do século XIX, e se estendeu sem reparos importantes até meados do século passado. Nesse período, as Universidades importantes do mundo adotaram o modelo humboldtiano em algum grau, e as mais importantes em grau máximo, passando a ser conhecidas como "Universidades de pesquisa". No Brasil, parece lícito afirmar que a visão humboldtiana só desembarca timidamente nos anos 1930, em São Paulo, com a criação da USP; e ganha mais força a partir dos anos 1960 com a criação da Unicamp, no Estado de São Paulo, e com o crescimento da pós-graduação em escala nacional, conduzido pela Capes. Mesmo assim, ainda não dá para dizer que a Universidade brasileira, como um todo, tenha aderido à visão humboldtiana. Se, por um lado, temos um pequeno número de universidades genuinamente interessadas em estimular atividades de pesquisa que dialoguem com a sala de aula, a expansão do sistema tem sido dominada por grande número de universidades, geralmente privadas, que só se preocupam com o ensino, gerando um sistema heterogêneo. Com algumas variações, o mesmo ocorre também em outros países emergentes (principalmente os BRICS), prenunciando um futuro mais diversificado para a Universidade no mundo.

Por outro lado, o público leigo nunca esteve tão consciente como hoje das possibilidades tecnológicas geradas pela Ciência, embora as associe cada vez mais com os negócios das grandes corporações do que com os estudos das Universidades ou com a pesquisa básica, cujo papel sequer é bem compreendido. Assim, se fizermos uma analogia da ciência com uma árvore, podemos dizer que há uma apreciação e uma demanda cada vez maior pelos seus frutos, mas um desconhecimento e descaso cada vez mais preocupantes com as suas raízes. Essa dicotomia tem sua origem na forma como a Ciência foi organizada no século XX a partir do pós-guerra, brevemente comentada a seguir.

Vannevar Bush e o pós-guerra

Como se sabe, a primeira metade do século XX foi dominada por duas guerras mundiais, que podem ser consideradas episódios de uma única guerra, interrompida por uma trégua de vinte anos que as potências europeias não conseguiram ou não souberam transformar em paz duradoura. Essas guerras geraram intensa demanda por aplicações militares, que encontraram no conhecimento científico a chave para o seu desenvolvimento e utilização no campo de batalha. Como se sabe, ganhou a guerra o lado que mais acreditou e apostou nesta conexão.

Finda a guerra na Europa, ainda em novembro de 1944, o Presidente Roosevelt envia uma carta a Vannevar Bush, então Diretor do *Office of Scientific Research and Development*, colocando a seguinte questão: como o esforço científico dos Estados Unidos (e por extensão dos Aliados e do mundo) deveria ser redirecionado da guerra para a paz, de maneira a "empregá-lo de forma mais plena e frutífera para criar uma vida mais plena e frutífera"? (mais detalhes em https://www.nsf.gov/od/lpa/nsf50/vbush1945.htm). A resposta de Bush foi publicada em julho de 1945 sob a forma de um relatório sob o título "*Science, the Endless Frontier*", não sendo claro se Roosevelt, que morreu em abril de 1945, chegou a conhecer o seu teor.

Sem mencionar a visão humboldtiana anteriormente citada, o Relatório incorporava seus pressupostos (a começar pelo título), mas propõe uma série de novos conceitos, diretrizes e recomendações que acabaram moldando a Ciência americana e mundial do pós-guerra, com repercussões que chegam aos nossos dias. A principal novidade é uma forte distinção entre pesquisa básica e pesquisa aplicada, para as quais são propostos mecanismos distintos de financiamento dos estudos e de apropriação de resultados. Suas recomendações, que incluem a criação de uma Fundação Nacional de Pesquisa ("*National Research Foundation*"), não foram adotadas de imediato, mas resultaram na criação da *National Science Foundation* (NSF) em 1950 e de outras agências especializadas, como a Nasa (1958), mais tarde. Pelo menos um dos motivos da demora foi a existência de outras propostas em discussão, particularmente a do Senador Harley Kilgore, um político de *West Virginia* que havia sido eleito sob a bandeira do *New Deal*, uma política socialmente inclusiva proposta por Roosevelt para superar a crise dos anos 1930.

Basicamente, Bush propunha que o governo apoiasse a pesquisa básica diretamente nas universidades de pesquisa, atraindo para elas a nata do talento científico para produzir conhecimento novo e desinteressado, de domínio público; e apoiasse a pesquisa aplicada nas grandes empresas indiretamente, por meio de incentivos fiscais e da manutenção do sistema de patentes, deixando que o direcionamento das pesquisas aplicadas fosse guiado pelo mercado. Sua visão era a de que a pesquisa básica produz um capital científico, mas só a pesquisa aplicada é capaz de extrair dividendos deste capital na forma de novos produtos e tecnologias, em um processo muito penoso de pesquisa e desenvolvimento que só as empresas poderiam conduzir sob a batuta do mercado. Já a pesquisa básica, pelo contrário, não poderia ser submetida a constrangimentos comerciais, pois exige um ambiente de irrestrita liberdade intelectual, que só a Universidade pode oferecer. Caberia então ao governo apoiá-la neste mister, especialmente no que diz respeito à atração dos maiores talentos sem limites preestabelecidos de remuneração e de autonomia necessárias para que eles possam se dedicar integralmente às suas pesquisas com ampla liberdade de escopo e de método.

Já Kilgore, ecoando a visão mais politizada do *New Deal*, propunha que o governo apoiasse diretamente tanto a pesquisa básica como a aplicada, por meio de um órgão centralizado, sob uma gestão colegiada que incluísse a comunidade, a indústria e a academia. Esse órgão seria encarregado de gerenciar as patentes financiadas com recursos públicos. Assim, as pesquisas seriam selecionadas pela comunidade com o auxílio da indústria e da academia, e seus resultados e produtos seriam bens públicos.

Ao final, o Presidente Roosevelt não viveu para dar a última palavra sobre a questão que ele mesmo levantou, mas a visão de Bush prevaleceu no essencial, com alguns desvios, a partir dos anos 1950. Na prática, a distinção entre pesquisa básica e aplicada não se revelou assim tão nítida como fazia supor o Relatório de Bush, levando algumas empresas a apoiar pesquisas na Universidade, mas sem que isso representasse um componente importante das suas receitas. E algumas empresas chegaram a apoiar pesquisas básicas importantes durante algum tempo, como a AT&T por meio dos seus famosos Laboratórios Bell ("*Bell Labs*"). Mas a divisão de tarefas (e de ganhos) proposta por Bush prevaleceu *grosso modo*.

Esses desenvolvimentos fizeram do século XX uma época singular, na qual a Ciência transformou radicalmente a vida das pessoas mediante a incorporação do conhecimento científico a uma plêiade de novos produtos e serviços produzidos por empresas com base tecnológica. Orquestrado quase inteiramente pela indústria sob o controle de mecanismos cegos de mercado, esses produtos e serviços transformaram a vida e a sociedade de forma irreversível, geralmente para melhor. Entretanto, problemas imprevistos e sem precedente emergiram, sugerindo a necessidade de uma nova abordagem para a apropriação do conhecimento científico. As questões emergentes incluem a necessidade de fontes limpas e sustentáveis de energia; a identificação de riscos e oportunidades levantados pela Internet e sua futura evolução; as mudanças climáticas; etc. Parece então ser chegada a hora de rever o modelo novecentista de financiamento e apropriação do conhecimento científico.

Conhecimento interdisciplinar

A revolução científica modificou a natureza do conhecimento tal como visto por uma intelectualidade cada vez mais globalizada. Ao invés de ser visto como um corpo estático e acabado de narrativas a serem preservadas e transmitidas às próximas gerações, o conhecimento passou a ser visto como um processo dinâmico, fluido e efervescente, que nunca para de formular, testar e refinar novas teorias, das quais sempre emergem novas indagações. Para avançar neste processo, é necessário sistematizar o que já foi feito, gerando novas disciplinas, que têm a função de encapsular o conhecimento, de maneira que ele possa ser reusado com segurança a partir de seus resultados, sem a necessidade de voltar aos seus fundamentos a cada reúso. O avanço das fronteiras do conhecimento requer então um número cada vez maior de disciplinas e de cientistas, gerando dúvidas sobre a sustentabilidade interna deste modelo a médio e longo prazo.

Por outro lado, o século XX inseriu a Ciência no caminho crítico do processo da inovação produtiva, que por sua vez adquiriu um papel propulsor dominante no crescimento da economia capitalista pós-industrial. Assim, a Ciência se vê inserida em um processo que ela não controla, ainda que nele lhe seja reservado um espaço criativo, porém restrito. Há uma clara perda de protagonismo dos cientistas na condução do empreendimento científico e tecnológico, provavelmente inevitável em face do reconhecimento social do papel crítico da Ciência na formulação de soluções e problematizações para a condição humana nas circunstâncias inéditas em que vivemos neste século. Mas ainda que não se possa evitar a instrumentalização da Ciência pela humanidade, há sérias dúvidas sobre o benefício social e a sustentabilidade da intermediação dos mercados neste processo. Assim, o modelo atual de produção de conhecimento está na berlinda, pela sua lógica tanto interna quanto externa.

As alternativas ainda são vagas, mas já respondem pelo nome, ou mote, da interdisciplinaridade. Transformar esse mote em modo é o desafio da universidade contemporânea. Ele começa com a formação geral dos futuros cientistas e profissionais, que deve ter precedência, no tempo e no espaço cognitivo, sobre a formação especializada, a fim de devolver aos novos formandos o protagonismo que deles se requer na sociedade do futuro. E prossegue com o maior protagonismo do poder público na definição de prioridades estratégicas para as pesquisas, atendendo às demandas da sociedade. E continua com a atribuição de um papel problematizador da Universidade na discussão de políticas públicas em geral, e da política científica e tecnológica em particular, garantindo-lhe um protagonismo apropriado à sua qualificação.

A nova abordagem deveria tomar cada problema real na plenitude da sua complexidade, considerando-o na escala global e nas suas implicações sociais, e colocá-lo no centro de uma discussão interdisciplinar com a participação ativa de cientistas naturais e sociais, engenheiros, estudantes, cidadãos representativos, gestores públicos e dirigentes corporativos. Ela poderia se apoiar em uma nova aliança ou parceria tal como proposta pelo conceito da Tripla Hélice (http://triplehelix.stanford.edu/3helix_concept).

Idealmente, neste contexto, os profissionais do século XXI deveriam ser definidos não apenas pela sua competência disciplinar, mas também pelo seu foco em um contexto interdisciplinar de importância socialmente reconhecida. A competência disciplinar serve para resolver problemas, o contexto interdisciplinar, para problematizar as soluções. Se há uma lição a ser tirada dos percalços do século XX, é a necessidade de balancear essas duas virtudes.

Universidade interdisciplinar

O cenário anteriormente descrito aponta para a criação de novos modelos pedagógicos e institucionais que, sem negar a tradição humboldtiana e nem mesmo a medieval, acrescente novas frentes ao protagonismo universitário. Elas são necessárias para dar suporte a um novo modo de produzir e gerenciar o conhecimento científico, que tenha sustentabilidade cognitiva, socioambiental e econômica.

Os primeiros passos neste processo já estão em andamento no mundo todo, inclusive no Brasil, embora em escalas e escopos distintos. Na Europa, como parte do processo de unificação europeia (atualmente em cheque no plano político), uma grande iniciativa dos Ministros de Educação dos países-membro estabeleceu o chamado Processo de Bolonha, que tem o objetivo primordial de unificar os sistemas nacionais de ensino superior, incentivando a mobilidade no continente europeu. Para isso, foi adotada uma concepção do ensino superior em três ciclos, incluindo a pós-graduação, que valoriza a formação geral em perspectiva interdisciplinar, dedicando-lhe o primeiro ciclo.

Nos Estados Unidos, as iniciativas correm pelas diversas instituições, o que gera a diversidade de abordagens e métodos, enriquecendo e robustecendo o processo. Várias universidades tradicionais e referenciais estão adotando reformas estruturais e curriculares no sentido de valorizar a perspectiva interdisciplinar na formação dos alunos, na pesquisa e na extensão. Outras, menos tradicionais, enxergam nessas mudanças uma oportunidade de queimar etapas na afirmação de uma nova excelência, em um processo de saudável mas arriscada competição, onde o uso de novas tecnologias tem relevante papel instrumental em face da crise do financiamento do ensino superior [C.M. Christensen e H.J. Eyring – "The Innovative University: changing the DNA of higher education from the inside out", 2011].

No Brasil, os primeiros passos nesta direção concentram-se na criação de Bacharelados Interdisciplinares (BIs) a partir da criação da Universidade Federal do ABC (UFABC) em 2005, com a oferta inicial de 1500 vagas a partir de 2006. Hoje são 1960 vagas oferecidas por ano na UFABC. Cerca de quinze Universidades Federais adotam esse sistema atualmente, em geral parcialmente, com predominância nos novos *campi*, de maneira que o sistema federal já oferece mais de onze mil vagas em BIs, correspondente a cerca de 5% das vagas federais oferecidas. Esse número tende a aumentar rapidamente com a abertura de novas Universidades e *campi*. No sistema brasileiro de ensino superior, porém, as vagas de BIs ainda se situam perto de 1% do total, e as matrículas em menos de metade de 1%. Os números sugerem que a experiência brasileira nesta direção, embora auspiciosa na concepção e nos resultados, ainda seja experimental e tentativa, sem escala sistêmica.

PESQUISA E PÓS-GRADUAÇÃO, EXTENSÃO E INOVAÇÃO

A visão humboldtiana colocou a pesquisa no centro da missão universitária, gerando a necessidade de formar pesquisadores, inclusive e especialmente para a própria Universidade. Para dar conta deste novo desafio, nasceu a pós-graduação. A docência universitária passou a ser entendida como uma profissão dedicada igualmente ao ensino e à pesquisa, integrados entre si. Logo se constatou que a formação dos docentes universitários na própria

Universidade gera alguns riscos de circularidade, como a endogenia ("*inbreeding*") e o autorreferenciamento. Para evitar ou minimizar esses riscos, algumas praxes se consolidaram em alguns países, como a inclusão de membros externos nas bancas e a não contratação de recém-doutorandos da própria instituição.

No contexto da interdisciplinaridade, porém, cabe perguntar se isso é suficiente, pois o que se deseja agora é o pensamento socialmente (e não apenas corporativamente) referenciado, sem perder as referências à observação da natureza, aos experimentos e à reflexão matemática, o que requer um certo grau de exogenia social, e não apenas institucional. Para isso, é provável que a Universidade tenha de rever muitos dos seus procedimentos, o que certamente vai demandar muita discussão e tempo.

A melhor maneira de preparar a Universidade e a sociedade para, juntas, produzirem um pensamento socialmente referenciado, é promover uma aproximação entre elas no âmbito da extensão. É por meio da extensão que as perspectivas acadêmica e social poderão se encontrar e buscar um terreno comum onde ambas possam avançar juntas no enfrentamento de questões complexas da atualidade. Daí a necessidade de balancear o tripé ensino-pesquisa-extensão, integrando seus três pés em um conjunto orgânico capaz de apoiar a construção da almejada sustentabilidade.

Ao falarmos de extensão, é importante esclarecer o que entendemos por ela, pois tal como a interdisciplinaridade, a extensão também pode significar coisas diferentes para diferentes pessoas, uma vez que ambas são conceitos relativamente novos, ainda "em fase de construção", por assim dizer. Segundo a Wikipédia, "[a] *extensão universitária* ou acadêmica é uma ação de uma universidade junto à comunidade, disponibilizando ao público externo o conhecimento adquirido com o ensino e a pesquisa desenvolvidos. Essa ação produz um novo conhecimento a ser trabalhado e articulado". Confrontada com o parágrafo anterior, essa definição, ainda que represente o pensamento corrente, comportaria alguns refinamentos: se o conhecimento é um processo, como "disponibilizá-lo" a quem dele não participa? No afã de resolver essa contradição, a Universidade deverá trazer para dentro de si contingentes cada vez mais numerosos do chamado "público externo", matizando a distinção entre os públicos externo e interno, e gerando ambientes onde ambos orbitam em torno da Academia em busca de respostas para as questões do nosso tempo, geralmente interdisciplinares. Esses públicos incluem as empresas, conforme já previa Vannevar Bush em sua visão do pós-guerra, mas não pode mais se restringir a elas, pois precisa incluir todos os atores interessados na produção e apropriação do conhecimento, ou seja, a coletividade como um todo. Só assim poderá este conhecimento ser efetivamente "trabalhado e articulado", como preconiza a definição da Wikipédia, gerando a tão desejada inovação, que fecha o círculo virtuoso da sustentabilidade.

A concepção do ensino superior adotada pelo Processo de Bolonha coloca tanto a graduação como a pós-graduação em uma estrutura de três ciclos. O primeiro ciclo é dedicado à formação geral em uma grande área de conhecimento, guardando semelhança com os Bacharelados Interdisciplinares implantados no Brasil. Já o segundo é dedicado à formação profissional em nível de mestrado, ao contrário do que ocorre em nosso país, onde a formação profissional continua abrigada na graduação. Finalmente, o terceiro ciclo é destinado à formação de pesquisadores por meio do doutorado. Assim, o Processo de Bolonha integra a graduação e a pós-graduação em um único sistema de ensino superior, reconhecendo o papel central da pesquisa na prática dos profissionais de nível superior do século XXI. No Brasil, pelo contrário, a graduação e a pós-graduação ainda são mundos distintos, destinados a diferentes propósitos, o que não se coaduna com a perspectiva interdisciplinar.

Obstáculos à interdisciplinaridade

Um dos maiores desafios da construção de uma estrutura focada na interdisciplinaridade reside no fato de que a grande maioria dos atuais professores e cientistas são formados em um contexto estritamente disciplinar. Por isso, a tendência é de que a atuação da maioria destes pesquisadores continue replicando a forma como foram treinados no passado.

A mudança no paradigma disciplinar demanda que os docentes saiam de sua zona de conforto, e se aventurem em novos setores e formas de atuação. Não são todos que possuem maturidade, competência ou interesse em se lançar neste desafio. Para facilitar a migração para a perspectiva interdisciplinar, recomenda-se às instituições o fomento à preparação de novos materiais didáticos que incorporem esta postura, bem como que incentive a experimentação com novas metodologias em sala de aula, que abram espaço para a participação e a indagação dos alunos.

Além da evolução do processo de ensino e aprendizagem, há alguns pontos que poderiam ser utilizados para acelerar o processo de mudança no perfil disciplinar. Pode-se elencar, entre eles, a extinção dos departamentos nas universidades; a retirada de restrições na elaboração de editais para contratação de docentes; e a mudança na forma como os doutorados são conduzidos. A seguir, será discorrido um pouco sobre cada um destes pontos.

Departamentos

Os departamentos tiveram um papel importante nas universidades brasileiras quando foram criados para tomar o lugar das cátedras. Os departamentos ficaram responsáveis por organizar cursos em áreas específicas, bem como por organizar as atividades de um certo grupo de docentes. Como efeito colateral, acabaram por isolar esses docentes da comunidade externa. Hoje muitos departamentos estão tendo sua atuação esvaziada, visto que somente cuidam de aspectos burocráticos e funcionais da vida do docente. Mas continuam isolando-os de outras áreas da academia.

Dado o papel secundário que os departamentos têm na vida acadêmica hoje em dia, sua extinção é iminente. A UFABC, por exemplo, foi criada sem departamentos. Os docentes foram distribuídos em três centros, que cuidam da vida funcional dos docentes. Desta forma, pesquisadores com diferentes perfis são colocados lado a lado, dando maior oportunidade para que trabalhem em conjunto.

A abolição dos departamentos não comprometeu de forma alguma a organização da instituição. Apesar disso, alguns docentes sentem-se isolados, pois os departamentos também tinham a função de colocá-los em um grupo, uma comunidade. Sem os departamentos não há mais esta sensação de pertencimento a uma turma. Este espaço, entretanto, pode ser facilmente ocupado por grupos de pesquisa ou núcleos de pesquisa, como foi feito na UFABC.

O recorte disciplinar dos departamentos os torna muito vulneráveis à crise da disciplinaridade, que deles retira o protagonismo científico. O compromisso corporativo conspira contra o protagonismo social, restando apenas os compromissos burocráticos, que não justificam a sua existência como instância decisória na esfera acadêmica. Daí por que as universidades novas tendem a adotar estruturas não departamentais, e as mais antigas a rever e reformar as suas estruturas, criando espaços de diálogo interdisciplinar. Com o tempo, acreditamos que esses novos espaços, tais como os Núcleos de Pesquisa ou de Estudos Interdisciplinares, criarão um traçado institucional mais dinâmico e mais alinhado com os interesses da sociedade.

Editais e contratação

No contexto dos departamentos, é muito comum que os editais para contratação de docentes elenquem uma série de restrições para a contratação. Entre elas, a mais corriqueira é a necessidade de que o candidato tenha feito graduação, mestrado ou doutorado na área de atuação do departamento. Este protecionismo faz com que a forma de pensar desta comunidade se modifique pouco com o tempo, atuando severamente contra o avanço do pensamento mais amplo.

Em instituições brasileiras é muito comum encontrar exemplos claros de cientistas que se destacaram em uma área específica, mas eram formados em outras áreas. Temos cientistas das exatas que se tornam grandes pensadores e filósofos; engenheiros que avançam para o campo das ciências exatas; biólogos que possibilitam grandes avanços nas áreas médicas.

Nada mais simples, portanto, que se aceitem candidatos em um certo concurso observando-se sua linha de atuação e experiência pregressa, ao invés de observar seu diploma. As contratações poderiam focar no perfil geral da área de trabalho ou na busca da solução de um problema ao invés da disciplina específica que será ministrada.

Doutorado

A elaboração de uma tese de doutorado é vista, normalmente, como uma atividade individual e introspectiva. O candidato se dedica à solução de um problema e obtém seu título. Poder-se-ia avaliar a possibilidade de avançar para uma construção mais coletiva dessas teses, incluindo a participação de um conjunto maior de pessoas. O resultado de uma tese como esta seria certamente mais amplo do que as teses elaboradas hoje em dia.

Hoje observamos que cursos de pós-graduação interdisciplinares atraem muitos alunos que buscam uma linha de atuação diferente da tradicional. Buscam inovações e flexibilidade de formação que muitas vezes não são possíveis em outros cursos. Esses novos estudantes se formarão em um futuro breve e ajudarão o sistema a avançar na discussão da interdisciplinaridade. Serão formados em um perfil interdisciplinar e tenderão a continuar essa linha de atuação.

Mobilidade

A mobilidade acadêmica no Brasil é reconhecidamente muito baixa. Isso vale tanto para docentes como para discentes.

Do ponto de vista dos discentes, existe baixa mobilidade principalmente por causa da dificuldade e incerteza do reconhecimento dos créditos cursados em outra instituição. Os alunos podem passar um ou dois períodos em outra instituição, convivendo em um contexto diferente do seu e cursando disciplinas com professores com os quais não teriam contato em situações normais. Essa interação faz com que tenham novas experiências, tenham contato com áreas distintas de atuação e se adequem a realidades distintas. Os bacharelados interdisciplinares apresentam os ingredientes necessários para romper essas barreiras, uma vez que possuem grades flexíveis.

Uma vez formados, muitos alunos também têm evitado se transferir para outras escolas quando continuam no caminho acadêmico. Realizam seus mestrados, doutorados e algumas vezes até pós-doutorados na mesma instituição, incorrendo no *inbreeding* citado anteriormente. Não raros são os casos em que estes pesquisadores também são contratados para serem pesquisadores na mesma instituição.

A mobilidade docente também é muito incipiente no cenário nacional. Os docentes contratados em uma instituição dificilmente migram para outras universidades, sendo a estabilidade do servidor o maior incentivo para não buscarem novos horizontes.

Em países como os Estados Unidos ou a Alemanha, os pesquisadores precisam obrigatoriamente se mudar para avançarem para níveis hierárquicos mais altos na carreira docente. Dificilmente um professor se torna "*Full professor*" na mesma universidade onde iniciou sua carreira.

A mobilidade docente é um processo saudável para as instituições e também para os pesquisadores que migram. Essas mudanças "arejam as ideias", trazendo experiências diversas, muitas vezes novas, soluções para problemas já vivenciados, além de informações a respeito de outras realidades acadêmicas e sociais. Essas ações contribuem para a não cristalização de conceitos e evitam a formação de grupos muito fechados. Por fim, elas propiciam uma atuação mais interdisciplinar por parte dos docentes.

CONSIDERAÇÕES FINAIS

Neste trabalho, pretendeu-se situar o advento da interdisciplinaridade numa perspectiva histórica, sugerindo que estamos no limiar de uma nova etapa de um processo milenar de evolução da Universidade, acelerado hoje pela articulação da Ciência com a construção de uma economia globalizada.

Está bastante claro que o processo de transição para a interdisciplinaridade já está em curso em todo o mundo. Em alguns lugares anda mais rápido, e quem se adiantar provavelmente estará em vantagem. No Brasil acreditamos que este processo deverá durar até uma geração, quando os primeiros formados no paradigma interdisciplinar entrarão no sistema acadêmico como professores e pesquisadores.

Por meio da criação dos Bacharelados Interdisciplinares, o Brasil já dá os primeiros passos na direção da interdisciplinaridade, mas ainda em escala experimental, e restritos à graduação. Inicialmente visto como modismo por setores mais conservadores, está cada vez mais claro que estamos diante de um novo modo de ensinar e pesquisar, e não de uma moda passageira. Assim sendo, parece oportuno iniciar estudos para integrar a graduação e a pós-graduação em uma estrutura única, organizada em ciclos, que valorize a formação geral e a perspectiva interdisciplinar.

capítulo 5

Internalização da interdisciplinaridade como condição para a internacionalização da Universidade Tecnológica Federal do Paraná - UTFPR

Luiz Alberto Pilatti | *Educador físico, UTFPR*

INTRODUÇÃO

Em uma sociedade desigual e reativa para qualquer aspecto relacionado ao desenvolvimento, como a brasileira, é imperioso avançar para além da condição de um país exportador de *commodities*, ampliando os percentuais de participação nas exportações de produtos com valor agregado. As universidades, principalmente as públicas, enquanto produtoras de conhecimento, têm a possibilidade de tardiamente assumirem um protagonismo que já deveria ser seu. A possibilidade consiste, usando como alegoria a obra maior de Gilberto Freyre, na transformação da senzala em casa grande.

Pensando o sistema de ensino de forma piramidal, tem-se que as universidades de pesquisa e a pós-graduação compõem o topo (Steiner, 2005). O sistema de ensino é indispensável e presente na maior parte dos países, quase sempre de forma diversificada e robusta. No Brasil, onde o governo e o Estado brasileiro são, e devem continuar sendo, os principais agentes de financiamento da pesquisa, novos caminhos devem ser buscados para que o país tenha condições de disputar um lugar entre aqueles que estão na fronteira do conhecimento científico e tecnológico.

Para Cruz (2006), o papel da universidade é o de educar indivíduos que vão para as empresas, usando o conhecimento adquirido para criar tecnologia. A pesquisa básica é necessária para ajudar a ensinar e a formar os estudantes, ao passo em que a pesquisa aplicada é voltada ao desenvolvimento tecnológico. A pesquisa aplicada, fundamental para o desenvolvimento do país, acontece em menor número, principalmente por esbarrar em questões burocráticas, muitas delas fora do escopo das universidades.

Em parte, o quadro se desenha em função do utilitarismo, particularmente na discussão da pesquisa. O utilitarismo de direita prescreve uma subserviência da universidade em relação à empresa, de forma que essa seja ajudada a se desenvolver tecnologicamente. Na prática, esse tipo de utilitarismo impõe às universidades cobranças de resultados daquilo que não lhes é atribuído. O utilitarismo de esquerda desloca o papel da universidade para o desenvolvimento da sociedade e a diminuição de desigualdades. No Brasil, o utilitarismo de esquerda tendencialmente apresenta-se como hegemônico, deslocando a prioridade da universidade para o social (Cruz, 2011).

Em um deslocamento mais para a direita, recentemente produzido por um governo nitidamente de esquerda, percebem-se movimentos na direção de incentivar de forma mais consistente a internacionalização das universidades, principalmente as públicas, buscando patamares mais próximos do ocupado por instituições que estão no topo de rankings internacionais (Buarque, 2014). Nesse movimento, uma questão ganha corpo e permeia o processo: a interdisciplinaridade. Tornar-se mais interdisciplinar é uma espécie de imposição que está sendo colocada para que as universidades brasileiras dialoguem com o exterior.

Tendo como pano de fundo esta demanda de internacionalização, o presente capítulo abordará os desafios da internalização da interdisciplinaridade como parte integrante de uma universidade especializada, a Universidade Tecnológica Federal do Paraná (UTFPR), que vivencia o processo de internacionalizar-se.

A PRIMEIRA UNIVERSIDADE TECNOLÓGICA DO BRASIL

A UTFPR é a primeira e (ainda) única universidade tecnológica do Brasil. Tal condição produz a impossibilidade de comparações com uma outra universidade no país assim qualificada. A especificidade da legislação brasileira, em medida significativa, dificulta também a comparação com outras universidades tecnológicas do mundo, estabelecendo limites estreitos para comparações com modelos internacionais.

A história da UTFPR é consideravelmente distinta da totalidade das universidades brasileiras, pois é resultante de várias transformações, a última ocorrida em 2005, quando o Centro Federal de Educação Tecnológica do Paraná (Cefet-PR) foi transformado em universidade. Com sua origem na Escola de Aprendizes Artífices, fundada em 1909, a UTFPR, com atuação predominante na área de educação profissional, é detentora de uma trajetória centenária, ao mesmo tempo em que é uma universidade com menos de uma década de existência (Leite, 2010).

Para entender essa transformação é necessário retroagir a 1996. Neste ano, foi promulgada a Lei n. 9.394/96, a Lei de Diretrizes e Bases da Educação Nacional (LDB), que previu, no parágrafo único do art. 52, a possibilidade de criação de universidades especializadas por campo do saber (Brasil, 1996). Outra legislação importante, que impactou enormemente em todos os Cefets do Brasil e de forma particular no Cefet-PR, foi a publicação do Decreto n. 2.208/97 (Brasil, 1997). Tal Decreto, ao regulamentar questões previstas na LDB, mais especificamente em seu art. 5°, extinguiu a possibilidade de oferta da modalidade do ensino técnico integrado à formação do nível médio. O teor deste artigo estabelece o seguinte: "A educação profissional de nível técnico terá organização curricular própria e independente do ensino médio, podendo ser oferecida de forma concomitante ou sequencial a este" (Brasil, 1997). A modalidade integrada, que foi extinta, comportava aproximadamente 70% dos alunos regularmente matriculados nas seis Unidades de Ensino do Cefet-PR existentes à época (Guimarães, 2002).

Diante de tal restrição, a instituição optou pela implantação dos cursos superiores de tecnologia, em substituição aos cursos técnicos, mesmo não havendo completa clareza, inclusive no aspecto legal, do que eram esses cursos (Romano, 2000; Vitorette, 2001; Guimarães, 2002). Em paralelo, passou a ser ofertado, em escala reduzida, o ensino médio. É importante destacar que, apenas na sua sede, em Curitiba, o Cefet-PR já atuava no ensino superior, com cursos de graduação e na pós-graduação.

Com os cursos superiores de tecnologia em funcionamento, ocorreu um deslocamento progressivo da atuação no nível de ensino médio para o nível superior, desenhando contornos claros à ideia de transformação do Cefet-PR em uma universidade especializada, conforme possibilidade aventada pela LDB (Guimarães, 2002). Uma proposta de transformação, após aprovada pelo Conselho Diretor, em 1999, mesmo alicerçada no cumprimento dos indicadores acadêmicos estabelecidos pela LDB, foi veementemente rechaçada pelo governo federal, e em particular pelo então Ministro da Educação, Paulo Renato Souza. A posição do ministro sempre foi radicalmente contrária à transformação (Leite, 2010).

Com o fim do governo do presidente Fernando Henrique Cardoso e início do governo de Luiz Inácio Lula da Silva, a proposta de transformação encontrou um aliado no então Ministro da Educação, Cristovam Ricardo Cavalcanti Buarque. A partir desta aceitação, a proposta foi redigida sob a forma de projeto de lei e tramitou em todas as instâncias regulamentares da Câmara dos Deputados e do Senado, até ser sancionada pelo presidente Lula, em outubro de 2005.

Transformada em universidade, a UTFPR permaneceu vinculada à Secretaria de Educação Tecnológica (Setec), como era o Cefet-PR, conflitando com as demais universidades que são vinculadas à Secretaria de Ensino Superior (Sesu), ambas do Ministério da Educação.

Não demorou muito para que essa situação gerasse conflitos. Assim, duas situações distintas, mas inter-relacionadas, foram particularmente importantes e, de forma indireta, determinaram a vinculação da UTFPR à Sesu.

A primeira foi a possibilidade aberta com a transformação do Cefet-PR em universidade. No âmbito do Congresso Nacional, como consequência da transformação ocorrida no Paraná, foram protocolados inúmeros pedidos de parlamentares para transformações idênticas nos Cefets de seus estados. Naquele momento, a totalidade dos Cefets não apresentava indicadores acadêmicos para se transformarem em universidade, mas isso não foi óbice para tais pretensões.

A segunda situação ocorreu com discordância da UTFPR, sustentada na autonomia universitária, em relação à política governamental de impor, para as instituições vinculadas à Setec, a priorização da oferta dos cursos técnicos. Na verdade, mais que discordância, tratava-se de inviabilidade. Sistematicamente, mesmo ligada à Setec, a UTFPR começou a ser excluída, tanto por parte do governo, que do ponto de vista legal tinha sua ingerência limitada, como por parte dos próprios Cefets, que deixaram de ver na UTFPR uma instituição igual.

A resposta do governo à pressão dos Cefets para se transformarem em universidades foi dada com o Decreto n. 6.905/2007 e com a Chamada Pública 2 (dezembro de 2007). O decreto e a chamada abriram a possibilidade de os Cefets enviarem, até 31 de março de 2008, propostas de transformação em Institutos Federais de Educação, Ciência e Tecnologia (IFs). Com a medida, o governo implicitamente assumiu que não criaria outra universidade tecnológica no país.

Em 29 de dezembro de 2008, o presidente Lula sancionou a Lei n. 11.892/2008, que instituiu a Rede Federal de Educação Profissional, Científica e Tecnológica no âmbito do sistema federal de ensino, vinculada ao Ministério da Educação. Assim, foram criados 38 IFs e somente o Cefet Celso Suckow da Fonseca – Cefet-RJ e o Cefet-MG não aderiram à proposta. Desde então, estes dois Cefets, apesar de terem indicadores acadêmicos compatíveis com os de uma universidade, permanecem com seus pleitos de transformação em universidade tecnológica. O conflito permanece sem solução, mesmo com políticas que podem ser interpretadas como coercitivas por parte do governo, para obrigar esses centros a se transformarem em IFs. A permanência da UTFPR na Setec, neste momento, tornou-se insustentável. Pouco tempo depois, a UTFPR é alocada na Sesu.

Uma importante consequência da conquista da transformação foi a adesão, em 2008, ao Programa de Apoio a Planos de Reestruturação e Expansão das Universidades Federais (Reuni). Com o Reuni, a instituição cresceu mais de 40% em todos os seus indicadores, sem transigir da qualidade. O quadro docente, em função de novas contratações e preenchimento de vagas que entraram em vacância, foi ampliado e renovado. Assim, parte considerável dos docentes entraram na instituição depois de 2008. Esse contingente, incorporado depois de um longo período de estagnação do quadro funcional da UTFPR, além de mais qualificado, veio com um perfil bastante distinto, mais acadêmico e menos próximo do setor produtivo, do que o até então existente.

Esse cenário provocou, em termos práticos, o deslocamento do eixo formativo de nível médio para a formação em nível superior, particularmente na área de engenharias, ocorrendo o fechamento de um número significativo dos cursos de formação profissional de nível técnico e tecnológico. Ocorreu, também, um avanço institucional consideravelmente significativo na direção da pós-graduação. Tem-se, efetivamente, uma outra instituição.

Antes de avançar na discussão da interdisciplinaridade, proposta do presente capítulo, é necessário discutir a concepção da UTFPR.

O PROJETO POLÍTICO PEDAGÓGICO INSTITUCIONAL (PPI) DA UTFPR

A UTFPR foi concebida, nos anos que antecederam sua transformação, para ocupar a lacuna existente na relação universidade-empresa, fruto do distanciamento real destes atores sociais. Os limites estreitos de uma imaginária zona de intersecção, na realidade concreta, conformam um gargalo no processo relacional (Dagnino, 2009). A Figura 5.1 ilustra o cenário vislumbrado na concepção da UTFPR.

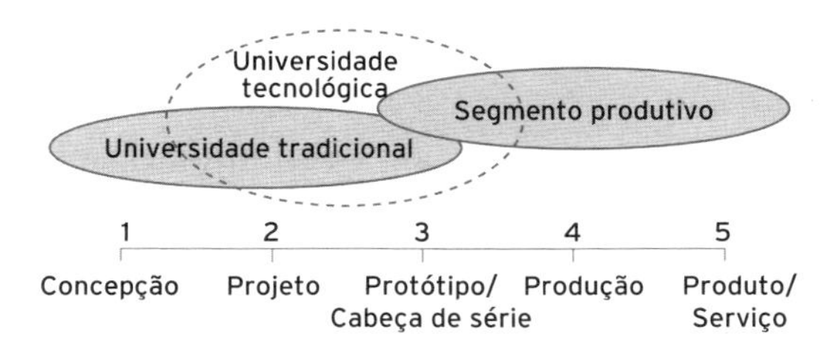

Figura 5.1: Concepção da UTFPR.
Fonte: UTFPR, 2007.

A este distanciamento, credita-se o fato de que, no Brasil, a realização da pesquisa e o desenvolvimento necessário à inovação e à competitividade, conceitualmente vinculadas às empresas, acontecem reconhecidamente no ambiente acadêmico. Tal cenário resulta na baixa competitividade da empresa e, igualmente, na reduzida capacidade do país de transformar ciência em tecnologia e em riqueza. Com efeito, criou-se a ideia de que é normal a universidade fazer a pesquisa aplicada e o desenvolvimento. Este equívoco desvia as universidades da sua atividade finalística, formar profissionais (Cruz, 2006).

Desta forma, a proposta da UTFPR, considerando todo o ciclo que vai da transformação de uma ideia até a disponibilidade de um produto ou serviço, era ocupar um espaço central, mais próximo do tecido socioprodutivo. Portanto, com implicações até mesmo transdisciplinares.

Fora deste modelo, os papéis típicos da universidade que compreendem a formação de recursos humanos altamente qualificados, o desenvolvimento da atividade singular, a vigilância tecnológica e a infraestrutura de pesquisa e desenvolvimento e inovação, em certa medida, encontram-se em oposição aos papéis típicos da indústria como o gerenciamento dos recursos humanos, o desenvolvimento da atividade serial, a vigilância mercadológica e a infraestrutura de produção. A zona de sombreamento vislumbrada, aproximando atores distanciados, que por concepção constituiria um ciclo virtuoso, em diferentes âmbitos, é motivo de controvérsias quanto ao papel das universidades, principalmente as públicas (utilitarismo de direita) (Cruz, 2011). Ocupar esse espaço implica um relativo deslocamento do eixo da pesquisa básica para a pesquisa aplicada, aproximando a universidade concebida da educação tecnológica, conforme se desprende da Figura 5.2.

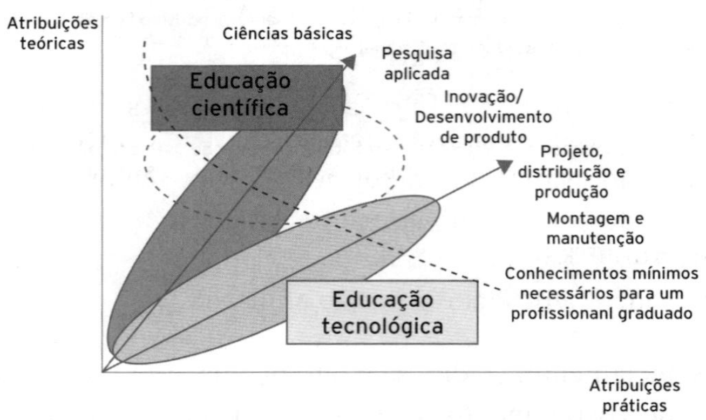

Figura 5.2: Eixos do sistema educacional.
Fonte: UTFPR, 2007.

Os papéis específicos, considerando o sistema educacional brasileiro e os níveis de ensino, estão representados na Figura 5.3. É importante observar que existe um desequilíbrio, sendo o eixo da Educação Científica notadamente preponderante em relação à Educação Tecnológica.

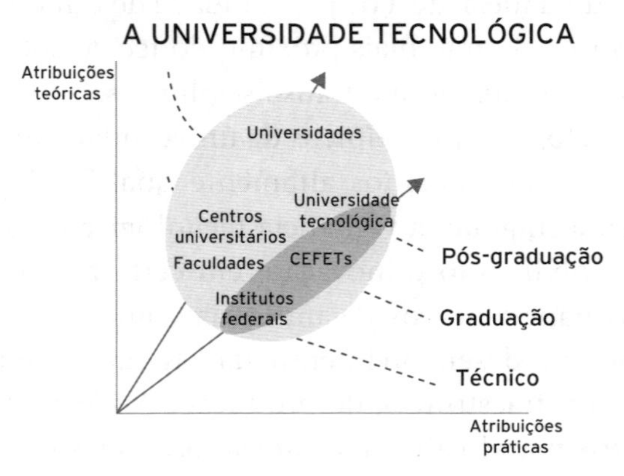

Figura 5.3: Atribuições no sistema educacional brasileiro.
Fonte: UTFPR, 2007.

A base conceitual para a formulação do modelo de universidade tecnológica foi buscada em diferentes países, principalmente os adotados na França e Alemanha. No modelo idealizado para a transformação do Cefet-PR em uma universidade especializada foi considerado como estratégico o papel de uma pró-reitoria, a Pró-Reitoria de Relações Empresariais e Comunitárias (Prorec). Nela, residiria a tarefa de estabelecer ou aprimorar o vínculo e conformar a efetiva aproximação com a indústria e o mundo do trabalho. Essa pró-reitoria, nas universidades tradicionais, tem como principal atuação a área da extensão. Na UTFPR, desde seu projeto, sempre se vislumbrou a preponderância de um dos oito eixos extensionistas: a extensão tecnológica. Essa vocação, aliada à pesquisa aplicada, é elemento estruturante no tracejo dos contornos identitários da instituição almejada.

Na concretização da proposta da universidade tecnológica, diferentes ferramentas foram concebidas visando aproximar a graduação e pós-graduação com o setor produtivo. Destaque para o papel da Prorec e o incentivo às incubadoras e ao desenvolvimento de parques tecnológicos, conforme apresentado na Figura 5.4.

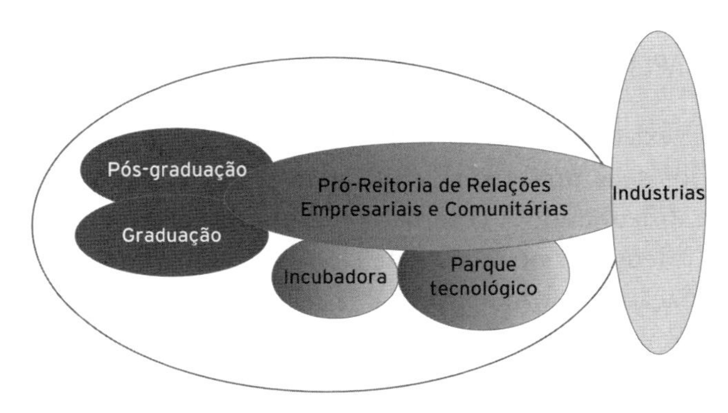

Figura 5.4: Concepção da Prorec da UTFPR.
Fonte: UTFPR, 2007.

A atuação, do então Cefet-PR, centrada nos cursos técnicos, com grande carga horária prática, e também nos cursos de engenharia, com a mesma característica, proporcionava a formação de um profissional amoldado às necessidades do mundo do trabalho. Muitos dos egressos dos cursos de engenharia daquela época também eram oriundos dos cursos técnicos. Em termos práticos, ainda que seja uma distorção essa formação, na medida em que se esperava que o técnico formado deveria ir para o mercado de trabalho, tinha-se um profissional de elevada qualificação, pela sua trajetória acadêmica de quase dez anos. Com efeito, tanto a aproximação com o tecido socioprodutivo quanto a elevada formação profissional produziam, no interior da sociedade paranaense, uma imagem de excelência institucional que foram inculcados na concepção da UTFPR.

Analisando-se os processos formativos desses alunos na década de 1990, constata-se que eles eram submetidos a currículos com elevada carga horária em disciplinas básicas e técnicas. As disciplinas técnicas indissociavam-se das atividades laborais. Notadamente, tratava-se de currículos com característica multidisciplinar.

A concepção da universidade tecnológica, calcada na ideia de que se fazia algo qualitativamente relevante, foi, ao mesmo tempo e como já mencionado, uma construção pautada em modelos internacionais, que continham impossibilidades determinadas pela legislação brasileira e a reatância estabelecida na cultura institucional. Desta forma, a proposta previa a transposição de um modelo centrado no nível médio para o nível superior.

PARA ALÉM DO APENAS MULTIDISCIPLINAR

É fato que existe uma tendência natural, na práxis acadêmica, das disciplinas e pelos seus professores edificarem fronteiras entre si, produzindo isolamento e dificultando a complementaridade. Tal situação deriva principalmente da orientação positivista da ciência. Nela, o conhecimento avança pela especialização. De forma artificial, as ciências se fragmentam, produzindo um comportamento que beira à feudalização.

Em parte, esta feudalização decorre da concepção organicista do universo. Essa concepção, calcada no princípio de que a história da humanidade foi escrita com uma evolução gradual da sociedade, na qual houve uma crescente integração e estabilização de segmentos específicos ao todo e uma diferenciação também crescente desses segmentos, distancia teleologicamente o homem da sociedade. Por sua vez, historicamente, as diferentes instituições tornam-se mais específicas e, por extensão, passam a valorizar profissionais com alto grau de especialização.

Nesse cenário, a questão da interdisciplinaridade apresenta-se como paradoxal. Se no plano teórico ela é aceita e tida como viável, no plano prático a materialização do modelo nem sempre ocorre de forma fluída. Em termos práticos, não acontecendo a complementaridade reclamada pela interdisciplinaridade, tem-se na realidade concreta a produção de conhecimentos estanques, em um mundo permeado de intersubjetividade.

Para Munhoz, "não basta a multidisciplinaridade, a pluridisciplinaridade, que podem consistir apenas em vizinhança pacífica, em simples tolerância, mas também solipsismo" (2008, p. 126). A autora observa que os termos multidisciplinaridade e pluridisciplinaridade são utilizados normalmente como sinônimos, apesar de que, por vezes, é destacada alguma diferença entre ambos, embora muito tênues. A transferência do raciocínio para o meio acadêmico (intervenção ou pesquisa) produz, "tanto no multidisciplinar como no pluridisciplinar, apenas uma simples coexistência – pacífica ou não – de compartimentos quase sempre estanques, resistentes ou indiferentes à interpretação e, consequentemente, ao intercâmbio" (Munhoz, 2008, p. 127).

A ideia de "simples tolerância", perspectivando um olhar interdisciplinar, deve ser transposta pelo pluralismo. Com ele, abre-se para o diferente, para além do eu, conformando-se assim a possibilidade de novas leituras tanto do tecido social como do mundo natural. Produz-se, também, a extensão dos limites e a possibilidade de minimização do erro, falando em ciência. Vai-se além da simples tolerância.

A postura requerida para o interdisciplinar exige mais que a simples alocação de profissionais altamente especializados em um mesmo ambiente científico. A complementaridade é condição *sine qua non* para a ampliação de perspectivas no mundo real. Para Japiassu (1976), a interdisciplinaridade transcende o monólogo de especialistas, ela implica graus sucessivos de cooperação e coordenação crescentes, com interações efetivas e reciprocidade de intercâmbios. Nessa direção, Munhoz infere que:

> O trabalho interdisciplinar leva ao enriquecimento de cada disciplina/profissão/área do saber, pela incorporação de resultados de uma especialidade por outras, partilha de métodos e técnicas; leva a ampliação da consciência crítica. Contribui significativamente para o fim do imperialismo disciplinar, da departamentalização da ciência, dos distritos do saber (2008, p. 128).

A interdisciplinaridade exige uma visão diferenciada/ampliada de mundo. Nessa visão, o distanciamento e aproximação de posições coabitam um mesmo espaço. Para Munhoz,

> A interdisciplinaridade se alicerça no entendimento do outro como alguém que comunga ou não da mesma lógica de pensar que a nossa; outro que tem visão de mundo semelhante ou divergente da nossa, menos ou mais ampla que a nossa, e também como sujeito potencialmente determinante de suas intenções, de seus projetos e de seus caminhos e que, por isso, tem – como nós devemos ter – abertura para mudar. Isso sem falar-se numa ultrapassagem ainda maior quando

> profissionais de distintas áreas, tendo como horizonte uma teleologia definida em conjunto e/ou assumida conjuntamente, atingem o clímax da interdisciplinaridade – ou o que para alguns pensadores é a transdisciplinaridade – direcionando seu trabalho para finalidades que a todos pertencem mas que não são propriedade de nenhuma área específica (idem, ibidem).

Não obstante, a transdisciplinaridade pode ser vista como uma espécie de etapa anterior. Japiassu (1976), alicerçado em Piaget, argumenta que a consecução de interações ou reciprocidade entre estudos especializados é uma etapa anterior a das relações interdisciplinares. A etapa superior, a interdisciplinar, acontece com ligações contidas no interior de um sistema total, no qual inexistem fronteiras entre as disciplinas.

A interdisciplinaridade não deve ignorar diferenças. A existência do diferente e a separação, nesta visão, é menos relevante que os pontos nodais. Assume-se, assim, que as fronteiras são menos delimitadas, tornando os objetos crescentemente mais complexos e relacionais. O entendimento da interdisciplinaridade como uma etapa superior não descarta o especialista. A existência de análises parciais e específicas é condição para trocas e novas perspectivas. Em última instância, a interdisciplinaridade reivindica a transcendência do etnocentrismo.

No caso da UTFPR, concebida com fortes traços multidisciplinares, a questão da interdisciplinaridade, apesar de não ser nova, só recentemente ganhou novos olhares. Alguns movimentos, com destaque para a internacionalização, o Plano de Desenvolvimento Institucional da UTFPR (PDI) – 2013-2017 e os trabalhos de uma comissão designada para propor inovações curriculares são responsáveis pela incorporação da questão na agenda política da instituição. É preciso, evidentemente, ter clareza que existe uma distância muito grande entre esses movimentos e a efetiva internalização.

O movimento da internacionalização, iniciado na década de 1990, no interior das universidades federais, torna-se mais consistente depois de 2012. Nesse ano, o Colégio dos Gestores de Relações Internacionais das Instituições Federais de Ensino Superior, órgão subordinado à Associação Nacional dos Dirigentes das Instituições Federais de Ensino Superior (Andifes) apresentou à Sesu solicitação de recurso específico para a internacionalização das Instituições Federais de Ensino Superior (Ifes). A Sesu acatou a solicitação, criando a rubrica "Internacionalização das Ifes" na matriz orçamentária das universidades e designando o Programa Idiomas sem Fronteiras como gestor interno dessa rubrica.

Com a sinalização governamental, a internacionalização na UTFPR transcende o patamar de uma série fragmentada de atividades internacionais, pouco relacionadas entre si, principalmente da pós-graduação, para se tornar uma meta institucional. Priorizando parceiras universitárias históricas, principalmente na França, Portugal, Espanha e Alemanha, a UTFPR procurou tornar mais efetivas relações bilaterais que até então apresentavam um espectro limitado.

O processo mostrou-se cingido de elevada complexidade. Constatou-se que para internacionalizar era preciso, antes, fazer uma espécie de "internacionalização da casa", com adequação de currículos, sítios na rede mundial de computadores, oferta de disciplinas em língua inglesa etc. Para esse olhar para dentro, o maior obstáculo é certamente a questão da apropriação da língua inglesa no cotidiano acadêmico. Outros entraves notórios são: a burocracia, legal e institucional, que impede o recrutamento de pesquisadores do exterior, acarretando morosidade ao sistema público como um todo e não protegendo o tempo do pesquisador; a pouca tradição e densidade da UTFPR, principalmente na pesquisa; o precário planejamento estratégico do Estado brasileiro, inviabilizando que as Ifes alcancem a condição de universidade de pesquisa de classe mundial; o baixo grau de investimentos, desde a infraestrutura até a instalação e manutenção de escritórios internacionais; a produção científica dos seus pesquisadores, de baixo impacto e majoritariamente em língua portuguesa; a pouca valorização da meritocracia no sistema, que produz uma série de vícios ancorados na resistência a processos de avaliação.

A sinalização institucional na direção da internacionalização ganhou materialidade em 2012, e foi reforçada nos anos seguintes, com destaques para: a Prorec passou a gerir o orçamento próprio, criando possibilidades ampliadas de atuação; o orçamento da Pró-Reitoria foi sistematicamente ampliado; criou-se o Escritório de Relações Internacionais (ERI), organicamente ligado à Prorec.

Com o ERI ocorre um aumento significativo de convênios internacionais e, por consequência, a ampliação da mobilidade acadêmica, principalmente de alunos, tendo como foco a graduação. Ao mesmo tempo, tornam-se explícitas fragilidades que, em certa medida, constituem-se em ameaças reais para um processo sustentável.

Considerando as etapas do círculo para a internacionalização proposto por Knight (2004), percebe-se que a etapa da consciência dos propósitos e benefícios está razoavelmente superada. Mesmo a internacionalização não fazendo parte da missão, visão ou valores institucionais, a promoção de uma educação de excelência, presente na missão, e o objetivo de ser referência na área tecnológica, subjacente na visão, no cenário atual, impõe-se como mecanismo estratégico.

As etapas do comprometimento da alta administração, dos professores e estudantes e o planejamento de prioridades e estratégias encontram-se em fase de desenvolvimento. É importante destacar que nas Ifes, onde as políticas públicas são majoritariamente de governo, o planejamento é extremamente complexo. A autonomia das universidades públicas é demarcada por limites bastante estreitos. O financiamento, condição estruturante para uma universidade de excelência, e também para o planejamento, apesar de avanços significativos na última década, é dependente do momento macroeconômico e, portanto, incerto.

A etapa da operacionalização das atividades e serviços, a quarta considerada por Knight (2004), apresenta-se ainda como embrionária. O mecanismo mais utilizado tem sido implementado por meio de programas de dupla diplomação. Neles, o grande desafio tem sido a compatibilização de currículos. Na maioria absoluta das tratativas, verificou-se que em cursos equivalentes, no Brasil, a carga horária é muito mais elevada. Na Europa, particularmente depois do Tratado de Bolonha, ocorreu uma mudança radical dos currículos e da atuação do professor. Pode-se dizer, simplificando muito, que se avançou na direção de um modelo efetivamente interdisciplinar, no qual o papel do professor foi transmudado. Aquilo que o aluno pode avançar sem o auxílio do professor foi deixado de lado. O papel requerido do professor tornou-se mais próximo do existente na pós-graduação, o de orientador. Em termos práticos, a internacionalização, com a compatibilização mínima de currículos, impôs um viés interdisciplinar para a "internacionalização da casa". No PDI da UTFPR, em direção convergente à internacionalização, a ideia da interdisciplinaridade foi assumida filosoficamente. Constam no documento os seguintes compromissos, cujos excertos estão registrados no Quadro 5.1.

Quadro 5.1: Excertos de interdisciplinaridade contidos no PDI 2013-2017 da UTFPR.

SEÇÃO	TEXTO
Filosofia institucional	A UTFPR deve estar permanentemente receptiva para discutir, propor e implantar as reestruturações que a realidade educacional exige, de tal modo que expressões como mobilidade, itinerários formativos, interdisciplinaridade, currículos flexíveis, atividades formativas, compromisso socioambiental, inovação no processo didático-pedagógico, internacionalização, qualidade de vida entre tantas outras, ultrapassem o plano das discussões e tornem-se reais oportunidades aos educados. [...]

(continua)

Quadro 5.1: Excertos de interdisciplinaridade contidos no PDI 2013-2017 da UTFPR. *(continuação)*

SEÇÃO	TEXTO
Filosofia institucional	Desta forma, os cursos da UTFPR deverão incentivar, difundir e ampliar a interdisciplinaridade, processo de integração recíproca e capaz de ultrapassar as fronteiras das diferentes áreas do conhecimento, no intuito de promover a integração destas ao longo do curso. Devem, também, permitir que os discentes estabeleçam percursos acadêmicos diferenciados ao longo do curso e que realizem a troca de experiências acadêmicas por meio da mobilidade acadêmica quer seja em âmbito nacional ou internacional, tornando o profissional formado pela UTFPR mais adequado às demandas que a contemporaneidade exige.
Flexibilidade curricular	A flexibilização curricular, baseada na indissociabilidade entre ensino, pesquisa e extensão, na visão do ensino centrada na criatividade, que tem como exigência a construção do conhecimento na relação com a realidade profissional e a interdisciplinaridade, propõe: – A formação profissional voltada para ampla competência e o domínio de muitas habilidades técnicas e cognitivas. – A construção científica sólida. – Uma estrutura curricular flexível que possibilite ao estudante percursos formativos diferenciados. – O rompimento com o enfoque unicamente disciplinar e sequenciado a partir de uma hierarquização artificial de conteúdos. – O ensino não pode estar confinado à sala de aula. – O ensino não pode ficar submisso a conteúdos descritivos. O saber é dinâmico, ultrapassa o aparente. Ao estudante deve ser dada a possibilidade de ampliar os horizontes do conhecimento e da aquisição de uma visão crítica que lhe permita extrapolar a aptidão específica de seu campo de atuação profissional. – O ensino não pode ser refratário à diversidade de experiências vivenciadas pelos estudantes. – O estímulo à aprendizagem permanente.
Seleção de conteúdos	Na concepção dos PPCs são considerados os seguintes componentes: (i) a Legislação Nacional; (ii) as DCIs específicas para cada nível ou modalidade de curso; (iii) as recomendações dos Conselhos Profissionais ou Conselhos de Classe; e (iv) o levantamento das demandas profissionais locais e regionais. Ainda, a elaboração dos PPCs tem, no mínimo, as seguintes premissas: – Perfil do egresso que assegure as competências, habilidades e atitudes para um profissional com formação generalista, humanista, crítica e reflexiva, capaz de absorver novas tecnologias e que considera os aspectos globais que interferem na sociedade. – Projetos elaborados com articulação entre a teoria e a prática, com ênfase nesta última. – Articulação entre ensino, pesquisa e extensão. – Indicação ao atendimento da flexibilidade como característica fundamental na estrutura curricular. – Construção do projeto orientado para permitir a mobilidade acadêmica. – Incentivo à interdisciplinaridade, processo para promover a integração das diferentes áreas de conhecimento ao longo do curso. – Incentivo à interação da graduação com a pós-graduação. – Previsão de disciplinas na modalidade de EaD. – Utilização de atividades práticas supervisionadas. – Inclusão de atividades complementares, integradas à estrutura curricular. – Inserção de Trabalhos de Conclusão de Curso (TCCs) nos cursos de graduação. – Obrigatoriedade do Estágio Curricular Supervisionado em todos os cursos.

(continua)

Quadro 5.1: Excertos de interdisciplinaridade contidos no PDI 2013-2017 da UTFPR. *(continuação)*

SEÇÃO	TEXTO
Trabalho de Conclusão de Curso	O TCC é um componente curricular obrigatório para os cursos de graduação e possui regulamentação própria. Os objetivos do TCC são: – Desenvolver a capacidade de aplicação dos conceitos e teorias adquiridas durante o curso de forma integrada, por meio da execução de um projeto de pesquisa e desenvolvimento. – Desenvolver a capacidade de planejamento e de disciplina para resolver problemas no âmbito das diversas áreas de formação. – Estimular o espírito empreendedor por meio da execução de projetos que levem ao desenvolvimento de produtos. – Intensificar a extensão universitária por intermédio da resolução de problemas existentes nos diversos setores da sociedade. – Estimular a interdisciplinaridade. – Estimular a inovação tecnológica e a construção do conhecimento coletivo.
Projetos Interdisciplinares	Os projetos integradores interdisciplinares, em algumas etapas do curso ou entre algumas disciplinas, tendem a proporcionar uma visão do todo e uma motivação maior dos discentes em função de aplicações mais significativas dos conhecimentos adquiridos. Alguns dos objetivos dos projetos integradores interdisciplinares são: (i) a abordagem multidisciplinar com vistas à solução de um problema na área do curso; (ii) o relacionamento dos conceitos teóricos vistos em sala de aula com aplicações práticas; (iii) a aquisição de visão integrada entre as diversas áreas do curso; (iv) o fomento de atividades associadas à pesquisa e ao desenvolvimento; (v) o estímulo à criatividade e à articulação dos conhecimentos; e (vi) o desenvolvimento, no estudante, do espírito de trabalho colaborativo.

Fonte: PDI 2013-2017.

Em termos práticos, a comissão responsável pela elaboração de propostas de inovação curricular, antes de inovar, na direção desenhada pela UTFPR, usando referências externas, tem de induzir um processo de compatibilização dos currículos atuais de seus cursos, fortemente marcados pela compartimentalização, face ao novo cenário que se apresenta. Os resultados preliminares já alcançados apontam na direção da aproximação com o modelo europeu. Essa aproximação, tal qual ocorreu na Europa com a adoção do Tratado de Bolonha e a sua imposição às instituições, exigirá uma mudança estrutural e cultural. A mudança começa a ganhar materialidade no compromisso firmado no PDI, tanto no aspecto da internacionalização como no da interdisciplinaridade, e, também, em outras ações que acontecem em paralelo. A comissão de inovação curricular é um exemplo importante, mas não único. Outra iniciativa é a comissão responsável pela elaboração do regulamento da atividade docente da UTFPR a partir da revisão do documento intitulado *Diretrizes para a Gestão das Atividades de Ensino, Pesquisa e Extensão* (alcunhado de "métricas") com seu importante papel no desenho de novos contornos que passaram a ser exigidos interna e externamente. Para se adequar ao novo, o próprio conceito de aula está sendo mudado.

O conceito anterior adotado institucionalmente, circunscrito à sala de aula, foi ampliado para atender ao cenário atual e futuro. Passou-se a definir aula nos cursos presenciais da seguinte forma:

- Primeira variante: desenvolvimento de atividades de forma presencial em que estejam presentes professores e alunos nas quais estão definidos o método, o conteúdo e o contexto, condizentes com o projeto pedagógico do curso ou de programas/projetos institucionais.
- Segunda variante: desenvolvimento de atividades de acompanhamento não presencial do docente nas quais estão definidos o método, o conteúdo e o contexto, condizentes com o projeto pedagógico do curso ou de programas/projetos institucionais. Por exemplo, acompanhamento de estudos, realização de estudos dirigidos, confecção de projetos, produção de material ou experimento, nas quais sejam utilizadas tecnologias de informação e comunicação (TICs).

Merece o registro de que este processo não está sendo pacífico. As resistências individuais e coletivas ainda são muito vigorosas. As muitas manifestações, verbais ou por escrito, ocorridas em audiências públicas realizadas para a elaboração do PDI vigente e das métricas, permitem inferir que em discurso até se aceita as mudanças, desde que estas não mexam no que se está estabelecido. Na mesma direção, as propostas de novos currículos que chegaram recentemente às Câmaras da Pró-Reitoria de Graduação e Educação Profissional, responsáveis pela discussão e adoção dos temas afetos a estes níveis de ensino, de um modo geral, apontam de forma limitada para um modelo congruente com as tendências atuais do ensino universitário no mundo.

Em níveis ainda insipientes, considerando as etapas do círculo para a internacionalização proposto por Knight (2004), encontram-se as duas últimas etapas, revisão para avaliar a qualidade e os impactos do processo e reforço para incentivar e reconhecer a participação dos atores da internacionalização. Os níveis são condizentes com a recenticidade do processo e as adequações necessárias e ainda em curso.

Não obstante os avanços produzidos pelos movimentos citados e outros não explicitados, o desafio permanece. Mesmo se tendo clareza de que o caminho estruturante da interdisciplinaridade é sem volta, as resistências internas e externas contra as mudanças são bastante volumosas e consistentes. As limitações impostas por uma legislação atrasada e restritiva e políticas públicas efêmeras também colocam limites. Além desses dificultadores, caracteristicamente a UTFPR é, ainda, uma universidade muito voltada para a graduação. Com efeito, antes de internacionalizar, é preciso ir além de simplesmente institucionalizar a interdisciplinaridade na graduação. A interdisciplinaridade tem de ser internalizada na UTFPR e para além da graduação.

As mudanças na UTFPR têm acontecido pelo convencimento coletivo, pelo comprometimento institucional, pela constituição de um aparato normativo e com investimentos. Tendo clareza de que a transmutação, diferentemente do que ocorreu na Europa, não acontecerá por imposição, perspectiva-se um processo estruturante que não será imediato e dependerá ainda de fatores tanto internos como externos para ser viabilizado.

CONSIDERAÇÕES FINAIS

Redesenhar um cenário não é tarefa simples, principalmente se, desde sua gênese, ele foi conformado ao longo do tempo. O mesmo pode ser dito da internalização de novos modelos. A interdisciplinaridade é um caminho, em alguma medida obrigatório, para que as universidades brasileiras possam se internacionalizar. Tem-se a clareza de que os modelos compartimentalizados, com especialização desde as etapas iniciais, não proporcionam o protagonismo que seria desejável para as universidades brasileiras. O avançar na direção interdisciplinar, mais que desejável, tornou-se necessário.

A leitura de um caso particular, o da UTFPR, possibilitou a identificação dos limites e avanços registrados no sentido da internalização do modelo interdisciplinar, como uma das condições para a internacionalização. O processo, marcado por pressões internas e externas, é complexo e de difícil materialização. Constatou-se que, mesmo com o compromisso institucional assumido no PDI, os avanços até aqui registrados são tímidos. Não obstante, a interlocução com o exterior é, sem dúvida, um caminho sem volta.

Agora, mais que uma vontade interna, ou mesmo que uma necessidade, a efetivação de novos modelos em instituições públicas depende da adoção de políticas de Estado. Sem investimentos e quadros altamente qualificados, as universidades nunca atingirão os patamares necessários ao país. A aquisição de padrões de competitividade internacional exige o avanço para além do modelo utilizado. Internalizar o novo é um desafio que se apresenta para que a internacionalização seja um processo permanente e enraizado culturalmente na instituição.

REFERÊNCIAS

BRASIL. Decreto-lei n. 2.208, de 17 de abril de 1997. Regulamenta o § 2.º do art. 36 e os arts. 39 a 42 da Lei n. 9.394, de 20 de dezembro de 1996, que estabelece as diretrizes e bases da educação nacional. *Diário Oficial da República Federativa do Brasil*, 18 abr. 1997.

______. Lei n. 9.394, de 20 de dezembro de 1996. Diretrizes e Bases da Educação Nacional. *Diário Oficial da República Federativa do Brasil*, Brasília, 23 dez. 1996.

BUARQUE, C. *Universidade na encruzilhada*. São Paulo: Unesp, 2014.

CRUZ, C.H.B. Pesquisa e universidade. In: STEINER, J.E.; MALNIC, G. (orgs.). *Ensino superior: conceito e dinâmica*. São Paulo: Edusp, 2006, p. 41-63.

______. Recursos humanos para a ciência e tecnologia no Brasil. In: SENNES, R.U.; BRITTO FILHO, A. (orgs). *Inovações tecnológicas no Brasil: desempenho, políticas e potencial*. São Paulo: Cultura Acadêmica, 2011, p. 7-39.

DAGNINO, R. A Relação Universidade-Empresa no Brasil e o "Argumento da Hélice Tripla". *Revista Brasileira de Inovação*. v. 2, n. 2, p. 267-307, jul./dez. 2009.

GUIMARÃES, A.A. *A concepção e o modelo de universidade dos cursos superiores de tecnologia do Centro Federal de Educação Tecnológica do Paraná: o caso da unidade de Ponta Grossa*. 2002. 169f. Dissertação (Mestrado em Tecnologia) – Pós-Graduação em Tecnologia, Centro Federal de Educação Tecnológica do Paraná, Curitiba, 2002.

JAPIASSU, H. *Interdisciplinaridade e patologia do saber*. Rio de Janeiro: Imago, 1976.

LEITE, J.C.C. (org.). *UTFPR: uma história de 100 anos*. Curitiba: UTFPR, 2010.

KNIGHT, J. Internationalization remodeled: definition, approaches, and rationales. *Journal of Studies in International Education*. v. 8, n. 1, p. 5-31, 2004.

MUNHOZ, D.E.N. Da multi à interdisciplinaridade: a sabedoria no percurso da construção do conhecimento. *Revista do Centro de Educação e Letras da Unioeste*. Foz do Iguaçu, v. 10, n. 1, p.123-133, 1. sem. 2008.

ROMANO, C.A. *O desafio de uma nova proposta para a graduação na educação profissional: o caso do Cefet-PR*. 2000. 153f. Dissertação (Mestrado em Engenharia de Produção) – Pós-Graduação em Engenharia de Produção, Universidade Federal de Santa Catarina, Florianópolis, 2000.

STEINER, J.E. Qualidade e diversidade institucional na pós-graduação brasileira. *Estudos Avançados*. São Paulo, v. 19, n. 54, p. 341-365, maio-ago. 2005.

[UTFPR] UNIVERSIDADE TECNOLÓGICA FEDERAL DO PARANÁ. Plano de Desenvolvimento Institucional da UTFPR (2013-2017) – PDI. Curitiba, 2013.

______. Projeto Político-Pedagógico Institucional — PPI. Curitiba, 2007.

VITORETTE, J.M.B. *A implantação dos cursos superiores de tecnologia no CEFET-PR*. 2001. 133f. Dissertação (Mestrado em Tecnologia) – Pós-Graduação em Tecnologia, Centro Federal de Educação Tecnológica do Paraná, Curitiba, 2001.

capítulo 6

A interdisciplinaridade
na agenda institucional do Fórum de Pró-Reitores de Pós-Graduação e Pesquisa

Joviles Vitório Trevisol | Filósofo, *Pró-Reitor de Pesquisa e Pós-Graduação, UFFS*
Isac Almeida de Medeiros | Farmacêutico, *Pró-Reitor de Pós-Graduação e Pesquisa, UFPB*
Maria José Giannini | Farmacêutica, *Pró-Reitora de Pesquisa, Unesp*

INTRODUÇÃO

O Fórum de Pró-Reitores de Pós-Graduação e Pesquisa (Foprop) completou, em 2015, trinta anos de existência, contando atualmente com 221 instituições de ensino e de pesquisa associadas. Surgiu em 1985, no bojo da redemocratização do país e no contexto das discussões sobre os grandes temas nacionais, entre os quais o papel da universidade, da ciência e da tecnologia em um país em processo de abertura política, econômica e cultural. A reunião que deu origem à entidade, realizada entre os dias 20 e 22 de março, na Universidade Federal Fluminense (Niterói/RJ), foi motivada por alguns acontecimentos que se revelaram de grande importância para a história política e científica do Brasil. A reunião de Niterói, considerada o I Encontro Nacional de Pró-reitores de Pós-Graduação e Pesquisa das Instituições de Ensino Superior Brasileiras, ocorreu três meses após a eleição indireta de Tancredo Neves para a Presidência da República (15 de janeiro), uma semana após a criação do Ministério de Ciência e Tecnologia (15 de março), e poucos meses antes da realização da I Conferência de Ciência e Tecnologia. A comunidade acadêmica, a exemplo do que vinha ocorrendo com os diferentes setores da sociedade brasileira, reclamava por democracia e pela ampliação dos espaços de participação no processo decisório das políticas setoriais e nacionais.

Os propósitos do Fórum na época de sua criação eram modestos e circunscritos a um grupo relativamente pequeno de instituições de ensino superior (IES). Conforme descreve José Luiz Fontes Monteiro, a reunião de Niterói [...] "foi realizada, sem qualquer formalidade e com a participação de 51 pessoas, quase todas oriundas da região Sudeste. Foram discutidos planos e dificuldades e a necessidade de união em torno dos objetivos comuns" (2006, p. 13). O desenho institucional do Fórum naquele momento refletia, notadamente, as próprias dimensões geográficas da pesquisa e da pós-graduação no país. As IESs públicas (federais e estaduais) dos estados de São Paulo, Minas Gerais e Rio de Janeiro respondiam pela quase totalidade dos programas de pós-graduação existentes e pela maior parte da pesquisa científica e tecnológica produzida. O sistema nacional de pós-graduação era pequeno e concentrado nos grandes centros urbanos. Em 1985, a propósito, mais de 40% dos doutores brasileiros tinham obtido seus doutorados em instituições estrangeiras (Marchelli, 2005, p. 9). O número de mestres titulados em 1986 foi de 3.647 e o de doutores, 868 (Brasil, 2004, p. 29-30).

A Tabela 6.1 apresenta alguns dados que dimensionam a pós-graduação brasileira na segunda metade dos anos 1980, assim como sua evolução nas décadas seguintes.

Tabela 6.1: Número de alunos de mestrado e doutorado titulados no Brasil (1985-2013)

NÍVEL	1986	1990	1996	2003	2010	2012
Mestrado	3.647	5.737	10.499	27.630	35.965	42.780
Doutorado	868	1.302	2.985	8.094	11.210	13.879
Total	4.515	7.039	13.484	35.724	47.175	56.659

Fonte: Brasil (2004); Geocapes/Capes, 2015.

A história do Foprop mantém estreita relação com o processo de expansão e de interiorização do ensino superior, da pesquisa e da pós-graduação. A criação de novas IESs nas diferentes regiões e estados da federação contribuiu para a expansão do sistema nacional de pós-graduação (SNPG). O SNPG cresceu significativamente nas últimas décadas, alimentado tanto pelas dinâmicas de regionalização, quanto pelas de nacionalização. A ideia de sistema se consolidou, articulando em seu interior diferentes dinâmicas, instituições, segmentos institucionais (IESs públicas, comunitárias e particulares), áreas de conhecimento, programas, pesquisadores e estudantes. De acordo com os dados da Capes (Geocapes, 2013), em 2013 o número de cursos de pós-graduação totalizava 5.082, sendo 3.290 mestrados (acadêmicos e profissionais) e 1.792 doutorados, com 77.067 docentes envolvidos (permanentes, colaboradores e visitantes) e 219.987 estudantes matriculados.

Após trinta anos, o Foprop se consolidou como entidade de direito privado, que representa atualmente 221 instituições de ensino superior e de pesquisa associadas, de diferentes segmentos (públicas, comunitárias e particulares) e sediadas em todos os estados e regiões do país. No âmbito de suas competências, definidas em seu Estatuto, o Fórum tem procurado ser protagonista na defesa e promoção da pesquisa, da pós-graduação, da tecnologia e da inovação. Nos termos do inciso "b", do art. 2º do Estatuto, o Foprop visa:

> congregar esforços na identificação das necessidades nacionais e regionais, nas áreas de pesquisa, inovação e pós-graduação, e propor às agências de fomento nacionais, regionais e/ou estaduais a adoção de políticas para implementação das soluções apresentadas.

A agenda de debates e as pautas do Foprop foram se alterando ao longo do tempo, refletindo, necessariamente, as mudanças do país e as próprias políticas de ensino superior, de pesquisa, de pós-graduação e de inovação. A interdisciplinaridade é uma das temáticas que ganhou centralidade na agenda do Fórum nos últimos anos, sendo objeto de inúmeros seminários, discussões, projetos e experiências institucionais.

O propósito deste capítulo é contextualizar o ingresso da temática interdisciplinar na agenda institucional do Foprop e caracterizar as principais ações desenvolvidas nos últimos anos, em conjunto com a Capes, CNPq, FAPs e instituições de ensino e de pesquisa, no sentido de aprofundar reflexões e debates sobre o tema e institucionalizar projetos e práticas interdisciplinares no âmbito do ensino, da pesquisa e da extensão.

A INTERDISCIPLINARIDADE NO CONTEXTO EPISTEMOLÓGICO CONTEMPORÂNEO

Pode-se afirmar, sem nenhum risco de exagero, que a interdisciplinaridade é um dos aspectos centrais da própria ideia ocidental de ciência e, como propõe Georges Gusdorf, "um dos eixos da história do conhecimento" (1995, p. 8). Uma retrospectiva histórica sobre o conceito nos obriga a reconhecer que os principais argumentos que alicerçam o debate contemporâneo sobre o tema estavam presentes, em linhas gerais, na *paideia* grega, na pedagogia da totalidade medieval (*trivium* e *quadrivium*), na pedagogia de Comenius, no projeto enciclopedista de Diderot e d'Alembert, nas academias científicas propostas por Leibniz e na obra de inúmeros pensadores ocidentais (Gusdorf, 1976, 1995). Ao longo das épocas, a interdisciplinaridade tem sido evocada para, entre outros propósitos, a) aprofundar a reflexão sobre a desordem e/ou o mal estar epistemológico (Gusdorf, 1995; Morin, 1999; Santos, 1989); b) denunciar as "patologias do saber" (Japiassu, 1976) que decorrem do acentuado processo de disciplinarização, hiperespecialização, fragmentação e desconexão entre saberes, ciências, pesquisadores, instituições, projetos e práticas, e c) propor métodos e práticas de religação de saberes, de diálogo entre as áreas de conhecimento e disciplinas e de cooperação entre pesquisadores e instituições.

A despeito de ser uma dimensão presente na história do pensamento ocidental, a temática interdisciplinar ganhou efervescência a partir dos anos 1960, movida por uma crítica contundente aos efeitos do positivismo no interior das universidades, entre os quais a disciplinarização, a hiperespecialização e a fragmentação do saber. Georges Gusdorf pode ser considerado o primeiro teórico contemporâneo a se debruçar com afinco sobre o tema. Em 1961 submeteu à Organização das Nações Unidas para a Educação, Ciência e Cultura (Unesco) um projeto de pesquisa interdisciplinar envolvendo um grupo de cientistas de reconhecida notoriedade, com o propósito de construir convergências e diminuir as distâncias teóricas entre as ciências humanas. Os resultados foram publicados em 1967 pela Universidade de Estrasburgo, com o título de *Lês sciences de l'homme sont dês sciences humaines* (Fazenda, 1979, 1995). O especialista, segundo Gusdorf:

> é aquele que possui um conhecimento cada vez mais extenso, relativo a um domínio cada vez mais restrito. O triunfo da especialização consiste em saber tudo sobre nada [...] a exigência interdisciplinar impõe a cada especialista que transcenda sua própria especialidade, tomando consciência de seus próprios limites para acolher as contribuições das outras disciplinas. Uma epistemologia da complementaridade, ou melhor, da convergência, deve, pois, substituir a da dissociação. (1976, p. 8 e 26)

Nos últimos cinquenta anos, a interdisciplinaridade ganhou centralidade e prestígio na agenda intelectual. Além de Gusdorf, diversos outros importantes intelectuais e cientistas se voltaram para o tema, dispostos a propor perspectivas epistemológicas para além das dicotomias estruturantes do paradigma hegemônico da ciência moderna (sujeito/objeto, homem/natureza, conhecimento científico/senso comum, ciências naturais/ciências sociais, todo/partes). Entre as contribuições mais destacadas, cabe mencionar as propostas por Jean Piaget (1973), Edgar Morin (1990, 1999), Lucien Goldmann (1979), Félix Guattari (1992), Michel Maffesoli (1992), Ilya Prigogine (2011), Boaventura de Sousa Santos (1989, 2003), Olga Pombo (2004) e Claude Raynaut (2014).

No Brasil, a discussão começou a ganhar corpo com a publicação do livro do filósofo Ilton Japiassu, em 1976, intitulado *Interdisciplinaridade e patologia do saber.* Na parte inicial do livro, o autor explicita os três protestos fundamentais que a perspectiva interdisciplinar formula:

> contra um saber fragmentado, em migalhas, pulverizado numa multiplicidade crescente de especialidades [...] contra o divórcio crescente, ou esquizofrenia intelectual, entre uma universidade cada vez mais compartimentada, dividida, subdividida, setorizada e subsetorizada, e a sociedade em sua realidade dinâmica e concreta, onde a "verdadeira vida" sempre é percebida como um todo complexo e indissociável [...] contra o conformismo das situações adquiridas ou das "ideias recebidas" ou impostas. (1976, p. 43)

As teses iniciais de Japiassu deram origem a novas abordagens, centros de pesquisa e iniciativas pedagógicas, tanto no âmbito do ensino superior, quanto da educação básica. Entre os trabalhos que aportaram importantes contribuições, cabe destacar os desenvolvidos por Ivani Fazenda (1979, 1995, 2003). Para ela, a interdisciplinaridade é mais que uma categoria de conhecimento; é uma pedagogia, pois implica atitudes, vivências, imersão, diálogo e aprendizado permanente.

A INTERDISCIPLINARIDADE NO CONTEXTO DA CAPES

O debate interdisciplinar, inicialmente periférico e circunscrito a algumas áreas de conhecimento e instituições, foi sendo apropriado pela comunidade acadêmica brasileira, gerando pautas que impulsionaram importantes movimentos de (re)organização do ensino, da pesquisa e da extensão. A pós-graduação, em particular, passou a considerar os desafios colocados pela interdisciplinaridade a partir do reconhecimento de que os problemas contemporâneos não seguem recortes disciplinares e, como sugere Raynaut (2014), não se deixam encaixar em domínios e categorias de pensamento estanques. A complexidade exige diálogos entre disciplinas próximas e da mesma área do conhecimento, assim como entre disciplinas de outras áreas e entre saberes disciplinares e não disciplinares. Passou-se a reconhecer, como destaca o Documento da Área Interdisciplinar (Capes, 2013), a necessidade de se dar conta de novas questões que emergem no mundo contemporâneo, de diferentes naturezas e com variados níveis de complexidade:

> A interdisciplinaridade [...] pressupõe uma forma de produção do conhecimento que implica trocas teóricas e metodológicas, geração de novos conceitos e metodologias e graus crescentes de intersubjetividade, visando a atender a natureza múltipla de fenômenos complexos [...] Novas formas de produção de conhecimento enriquecem e ampliam o campo das ciências pela exigência da incorporação de uma racionalidade mais ampla, que extrapola o pensamento estritamente disciplinar e sua metodologia de compartimentação e redução de objetos [...] No âmbito da interdisciplinaridade apresentam-se grandes embates epistemológicos, teóricos e metodológicos. Daí seu papel estratégico no sentido de estabelecer a relação entre saberes, propor o encontro entre o teórico e o prático, entre o filosófico e o científico, entre ciência e tecnologia, entre ciência e arte, apresentando-se, assim, como um conhecimento que responde aos desafios do saber complexo. (Capes, 2013, p. 11-12)

Tendo isso presente e considerando a crescente presença da perspectiva interdisciplinar nas IES, especialmente na pesquisa e na pós-graduação, a Capes decidiu, em 1999, criar a Área Multidisciplinar, transformada mais adiante, em 2008, em Área Interdisciplinar. Desde sua criação em 1999, a Área é a que mais tem recebido propostas de novos programas/cursos de pós-graduação, com taxa de crescimento três vezes superior à média da Capes. Concebida inicialmente para ser uma incubadora de propostas que tivessem conhecimento e saberes de várias áreas para tentar resolver um problema complexo, ela se tornou a maior Área da Capes. De acordo com dados de 2014, ao todo são 296 programas interdisciplinares de pós-graduação no Brasil, totalizando 374 cursos de mestrado e de doutorado.

A INTERDISCIPLINARIDADE NA AGENDA DO FOPROP

A interdisciplinaridade, conforme descrito anteriormente, não é tema recente nos meios acadêmicos, educacionais e no âmbito das instituições que regulam e fomentam a educação, a pesquisa e a pós-graduação no Brasil. Em linhas gerais, a reflexão epistemológica, metodológica e pedagógica sobre esse tema tem sido pauta recorrente, ora estando presente de forma mais vigorosa, ora de maneira mais enfraquecida. A intensidade da presença tem oscilado ao longo do tempo e isso se deve a inúmeros e complexos fatores (conjunturais e estruturais), decorrendo dessa variação os compromissos que os atores e as instituições envolvidos assumem com a implementação das dimensões epistemológicas e práticas da interdisciplinaridade.

A presença da perspectiva interdisciplinar na agenda institucional do Foprop ganhou intensidade nos anos recentes. De acordo com as fontes de dados disponíveis sobre a história da entidade, uma inserção mais efetiva passou a se dar a partir de 2012, no contexto da realização do "*Encontro Acadêmico Internacional: Interdisciplinaridade e Transdisciplinaridade no Ensino, Pesquisa e Extensão em Educação, Ambiente e Saúde*", organizado pela Capes, em Brasília, entre os dias 27 e 29 de novembro de 2012. Ao final da tarde do dia 28 de novembro, acolhendo convite da coordenação do evento, alguns pró-reitores de pesquisa e pós-graduação das IESs presentes[1], participaram de uma reunião de trabalho com o propósito de debater e construir uma agenda de trabalho conjunta para o ano de 2013. Decidiu-se, entre outros aspectos, pela realização de cinco encontros sobre a temática interdisciplinar, um em cada grande região do país, coordenados pelas seguintes universidades: Universidade Federal de Santa Catarina (Região Sul), Universidade Federal do Grande ABC (Região Sudeste), Universidade Federal da Bahia (Região Nordeste), Universidade Federal de Goiás (Região Centro-Oeste) e Universidade Federal do Pará (Região Norte).

No dia seguinte, nova reunião de trabalho foi realizada com os membros do Diretório Nacional do Foprop presentes ao evento[2], ocasião em que o então presidente da entidade, professor Paulo César Duque Estrada, foi consultado sobre o interesse do Fórum em apoiar a realização dos seminários regionais. No início do ano seguinte, em 21 de fevereiro de 2013, em reunião ordinária, o Diretório Nacional do Fórum apreciou o assunto, manifestando-se plenamente favorável ao apoio e definindo as ações a serem implementadas ao longo do ano (ATA/Foprop, 2013).

---

1 Desta reunião participaram: Arlindo Philippi Jr. (Conselho Superior da Capes/USP), Maria do Carmo Sobral (CACiamb/Capes/UFPE), Divina das Dôres de Paula Cardoso (UFG), Juarez Vieira do Nascimento (UFSC), Joviles Vitório Trevisol (Foprop/UFFS), Teresinha Fróes (UFBA), Gilberto Rocha (UFPA) e Vânia Gomes Zuin (Ufscar).

2 Desta reunião participaram: Arlindo Philippi Jr. (Capes/USP), Paulo Cesar Duque Estrada (Foprop/PUC-RJ) e Joviles Vitório Trevisol (Foprop/UFFS).

Tabela 6.2: Encontros regionais do Foprop sobre a temática interdisciplinar

REGIÃO	DATA	LOCAL	RESULTADOS PRINCIPAIS
NORTE	26 a 28 de junho	UFPA	Carta de Belém*
CENTRO-OESTE	23 e 24 de setembro	UFG	Carta de Goiânia**
SUL	23 e 25 de outubro	UFSC	Carta de Florianópolis***
SUDESTE	11 a 13 de novembro	UFABC	Carta de São Bernardo****
NORDESTE	27 a 29 de novembro	UFBA	Carta de Salvador*****

Fonte: Secretaria Executiva do Foprop, 2015.

* A íntegra encontra-se disponível em: www.propesp.ufpa.br/interdisciplinaridade.

** A íntegra encontra-se disponível em: www.ufg.br/n/60379-seminario-interdisciplinaridade-movimenta-ufg

*** A íntegra encontra-se disponível em: www.siiepe.ufsc.br

**** A íntegra encontra-se disponível em: http://eventos.ufabc.edu.br/inter2013/Interdisciplinaridade/carta_sao_bernardo_final2.pdf

***** A íntegra encontra-se disponível em: www.internordeste.ufba.br/modulos/gerenciamentodeconteudo/docs/183_Carta_Salvador.pdf

Concluída a realização dos seminários, o Diretório Nacional reuniu-se na cidade do Rio de Janeiro em 18 de fevereiro de 2014 para, entre outros assuntos, elaborar e aprovar a Carta do Foprop, que sistematiza as principais deliberações/recomendações oriundas dos cinco encontros regionais realizados ao longo de 2013. A Carta[3], conforme se pode observar a seguir, apresenta as diretrizes epistemológicas e as principais ações institucionais que devem nortear a concepção e as políticas nacionais:

> [...]
> 1. Estimular a criação de Área Interdisciplinar nas agências de fomento nacionais e estaduais e incentivar o lançamento sistemático de editais de fomento à interdisciplinaridade, em diversas modalidades, com temáticas definidas e critérios claros de avaliação, integrando políticas de graduação e de pós-graduação.
> 2. Promover a internacionalização da Área Interdisciplinar.
> 3. Identificar e compartilhar experiências e práticas em programas e projetos inovadores interdisciplinares em todos os níveis de ensino.
> 4. Incentivar a formação interdisciplinar de professores em todos os níveis de ensino.
> 5. Definir estratégias institucionais de identificação nos diplomas vinculados à formação interdisciplinar, informações sobre o curso, para esclarecer ao mercado de trabalho sobre a qualificação dos egressos da área interdisciplinar.

3 A íntegra da Carta do Foprop encontra-se disponível em: www.foprop.org.br.

6. Promover a transversalidade na formação acadêmica, a flexibilidade curricular, o incentivo à formação e interação de grupos/redes de pesquisa, com articulação entre as diferentes disciplinas, cursos e unidades institucionais.
7. Estimular a criação e atualização, nas universidades brasileiras, de estruturas (por exemplo, núcleos interdisciplinares) que institucionalizem a interdisciplinaridade na prática científica, no ensino, na pesquisa e na extensão.
8. Estimular a difusão da interdisciplinaridade, por meio da publicação e da realização de eventos.
9. Reformular/revisar os projetos político-pedagógicos dos cursos de graduação e pós-graduação, inserindo conteúdos, práticas e enfoques interdisciplinares.
10. Rever o papel do orientador, ampliando o recurso a múltiplos orientadores nos programas de pós-graduação.
11. Construir mecanismos de distribuição de vagas docentes sensíveis às necessidades interdisciplinares.
12. Rever as normativas que regulam os editais de concurso público e planos de carreira, no sentido de eliminar dificuldades encontradas por profissionais com formação interdisciplinar, em particular o fechamento excessivo destes editais em nichos disciplinares.
13. Quanto ao sistema de avaliação da Capes, recomenda-se:
(i) Que a multi e a interdisciplinaridade sejam fortalecidas, tanto na área Multidisciplinar, como nas demais áreas de avaliação da Capes. Sugere-se, para tal, a inclusão dos seguintes critérios na avaliação da pós-graduação: (a) cooperação em rede; (b) existência de projetos multidisciplinares e multi-institucionais; (c) diversidade de perfil na formação docente e discente; (d) atuação de egressos; (e) cooperação entre programas; e (f) transferência de resultados para a sociedade.
(ii) Que a avaliação da produção intelectual da pós-graduação feita pela Capes (a) fortaleça/amplie o sistema Qualis das áreas disciplinares, com a valorização de periódicos com enfoques multi/interdisciplinar e (b) estabeleça uma tipologia abrangente para a produção técnica e tecnológica, contemplando a diversidade de formas de se levar o conhecimento da pós-graduação à sociedade.
[...].

A Carta do Foprop, assim como as demais aprovadas no âmbito das regionais, foi tomada como referência para a concepção e organização de um seminário de abrangência internacional sobre a temática interdisciplinar, realizado em Brasília entre os dias 13 e 15 de maio de 2014, intitulado "*III Encontro Acadêmico Internacional. Interdisciplinaridade nas Universidades Brasileira: Resultados e Desafios*". O referido encontro, promovido pela Capes, em conjunto com o Foprop, foi concebido a partir de suas relações de continuidade com os seminários realizados nas cinco regiões do país, tendo como objetivos:

(i) Identificar avanços e desafios na implementação da interdisciplinaridade no ensino, pesquisa e extensão, com base nos resultados dos encontros regionais;
(ii) Propor estratégias e mecanismos para a institucionalização e consolidação da interdisciplinaridade nas universidades, nas agências de fomento, nos conselhos profissionais e nas entidades de representação científica;
(iii) Caracterizar avanços obtidos e perspectivas da contribuição da interdisciplinaridade na construção do conhecimento, na formação acadêmica de novos perfis profissionais e na inserção social da universidade[4].

As conferências, palestras, relatos de experiências e debates realizados ao longo do III Encontro, sistematizados no Relatório Final[5], reforçaram a necessidade de se firmar compromissos em torno de algumas proposições, dispostas em seis eixos temáticos (Tabela 6.3).

Tabela 6.3: Principais proposições do III Encontro Acadêmico Internacional.

EIXOS TEMÁTICOS	PROPOSIÇÕES
Papel das agências de fomento	As agências precisam criar editais temáticos, aperfeiçoar modelos de financiamento a projetos inovadores de perspectiva multi e interdisciplinar e adotar abordagens multidisciplinares nos comitês de avaliação, com novos critérios de análise de mérito científico, de impacto em grandes problemas nacionais e de valorização da colaboração entre diferentes matizes de conhecimento.
Universidades: reestruturação institucional e institucionalização	As universidades, a despeito dos avanços já implementados, devem: Quanto à **estrutura organizacional**, alterar e flexibilizar a estrutura organizacional e física da universidade, o que passa, inclusive, pela criação de espaços físicos para encontros, convivência e troca de experiências. Além disso, promover a cooperação (em rede) entre pesquisadores, universidades, profissionais e a comunidade, e incentivar a mobilidade acadêmica dos estudantes. Do ponto de vista **curricular**, revisar os currículos que se encontram descontextualizados e ultrapassados. No que tange à **liderança**, aumentar o diálogo institucional e destacar líderes que coordenem planos institucionais de desenvolvimento. Quanto à dimensão **pedagógica**, aprimorar as formas de ensino que venham a afastá-lo do modelo centrado em aulas tradicionais e massivamente teóricas, para torná-lo promotor da autonomia de discentes e docentes.

(continua)

4 A íntegra dos objetivos encontra-se na programação do evento, disponível em http://seminarios.capes.gov.br/encontro/apresentacao.

5 A íntegra do Relatório Final do III Encontro Acadêmico Internacional encontra-se disponível em: http://seminarios.capes.gov.br/encontro/apresentacao.

Tabela 6.3: Principais proposições do III Encontro Acadêmico Internacional. *(continuação)*

EIXOS TEMÁTICOS	PROPOSIÇÕES
Pesquisa, ensino e pós-graduação	Com relação à prática de investigação, há necessidade de maior articulação entre produção e transferência de conhecimento. Os grupos acadêmicos e de pesquisa devem se envolver mais com demandas da sociedade, do mercado de trabalho, para que a pesquisa seja engajada com a perspectiva de aplicação, de resolução de problemas. Há, também, de se rever na pós-graduação o papel da orientação, adotando-se múltiplos orientadores, bem como a busca por maior transversalidade na formação e pelo aumento na flexibilidade curricular.
Concursos públicos e contratação de docentes	Há necessidade de se rever normativas que regulam editais de concursos públicos e privados e os planos de carreira docente. Atualmente, o modelo de formação e de contratação é focado no domínio de conteúdos e não na aquisição de competências. As exigências de formação e atuação disciplinares para contratação de docentes devem ser revistas, para privilegiar nos concursos o conhecimento e habilidades adquiridas e não apenas os diplomas obtidos.
Integração pós-graduação e educação básica	A pesquisa e formação interdisciplinar na pós-graduação não podem ser dissociadas das necessidades da educação básica em termos da formação de professores e da busca por soluções a demandas específicas. Há de se caracterizarem o compromisso e as responsabilidades das universidades para com o desenvolvimento da educação básica por meio de recursos humanos capacitados e qualificados para a nobre missão de formação das crianças e jovens, e ancorados em estudos e pesquisas que promovam a qualidade do ensino neste âmbito.
Egressos e mercado de trabalho	Há necessidade de conscientização do mercado e da comunidade a respeito da importância da interdisciplinaridade na formação dos profissionais.

Fonte: Síntese das proposições que integram o Relatório Final do III Encontro Acadêmico Internacional (Capes/Foprop, 2014, p. 4-6).

A avaliação do III Encontro Acadêmico Internacional indicou pela continuidade dos encontros sobre a temática interdisciplinar, ficando decidido pela realização de seminários regionais em 2015 e um encontro internacional em 2016, para refletir sobre as discussões e os resultados alcançados e consolidar avanços no processo de incorporação da interdisciplinaridade em termos institucionais, acadêmicos e científicos. O Fórum pretende discutir de maneira mais aprofundada a efetiva operacionalização e institucionalização da interdisciplinaridade, com foco para a sua valorização na prática, na avaliação e distribuição de recursos e oportunidades nas diferentes IESs do país. Tendo isso presente, o Foprop elaborou, a partir do segundo semestre de 2014, uma programação de eventos a serem realizados nas cinco regiões do país ao longo de 2015 (Tabela 6.4).

Tabela 6.4: Agenda dos encontros regionais sobre interdisciplinaridade em 2015.

REGIÃO	DATA	LOCAL
SUL	27 a 30 de abril	UFSC
CENTRO-OESTE	19 de março	Capes
NORTE	14 e 15 de agosto	Inpa
SUDESTE	06 e 07 de outubro	UFMG/PUC-MG
NORDESTE	27 a 29 de setembro	UFC
ENPROP	18 a 20 de novembro	UFG/PUC-Goiás

Fonte: Secretaria Executiva do Foprop (2015).

Em consonância com a metodologia de trabalho definida, durante o Enprop foi produzida uma síntese das discussões realizadas ao longo do ano no âmbito dos encontros regionais, com um debate aprofundado sobre as experiências de internalização da interdisciplinaridade nas diferentes IES e os desafios que se colocam de ora em diante. O evento reuniu, em novembro de 2015, cerca de 200 instituições associadas, assim como a Capes, o CNPq, a Finep, o Confap e alguns órgãos de controle, como a CGU, o TCU e a AGU. Pretendeu-se ter uma visão geral das potencialidades e das fragilidades implicadas no processo de implementação da interdisciplinaridade em nossas instituições, que propiciaram ao Fórum elementos e condições para a adoção de medidas e procedimentos voltados à internalização da interdisciplinaridade pelas suas associadas.

CONSIDERAÇÕES FINAIS

O Foprop reconhece a importância que a interdisciplinaridade adquiriu na última década e manifesta seu apoio e engajamento no esforço de torná-la mais presente e efetiva na pesquisa e na pós-graduação. A dimensão interdisciplinar é importante para o desenvolvimento, consolidação e expansão do SNPG, cabendo ao Fórum o desafio de promovê-la e incorporá-la na prática de nossas instituições de ensino e institutos de pesquisa. Espera-se que, ao final das cinco reuniões regionais organizadas pelo Fórum, sejam produzidos documentos consolidados de cada uma dessas regionais propiciando a compilação em um documento que represente os anseios de todas as pró-reitorias das IESs brasileiras. Este documento, após discussão e aprovação no Enprop, será proposto e adotado como referência aos diálogos posteriores com as agências e demais instituições, bem como servirá como base para auxiliar os processos de institucionalização da interdisciplinaridade nas instituições do país.

REFERÊNCIAS

BRASIL/MEC/CAPES. *Plano Nacional de Pós-Graduação (PNPG 2005-2010)*. Brasília, 2004. Disponível em: www.capes.gov.br. Acessado em: jun. 2015.

[CAPES]. COORDENAÇÃO DE APERFEIÇOAMENTO DE PESSOAL DE NÍVEL SUPERIOR. *Documento da Área Interdisciplinar, 2013*. Disponível em: www.capes.gov.br/avaliação. Acessado em: jun. 2015.

______. Coordenação de Aperfeiçoamento de Pessoal de Nível Superior. *Geocapes*, 2015. Acessado em: jun. 2015.

______. *Plano Nacional de Pós-Graduação (PNPG 2011-2020)*. Disponível em: www.capes.gov.br. Acessado em: jun. 2015.

CAPES/FOPROP. Relatório Final do III Encontro Acadêmico Internacional. *Interdisciplinaridade nas universidades brasileiras: resultados e desafios*. Disponível em: http://seminarios.capes.gov.br/encontro/apresentacao. Acessado em: jun. 2015.

FAZENDA, I.C. *Integração e interdisciplinaridade no ensino brasileiro: efetividade ou ideologia*. São Paulo: Loyola, 1979.

______. *Interdisciplinaridade: história teoria e pesquisa*. Campinas: Papirus, 1995.

______. *Interdisciplinaridade: qual o sentido?* São Paulo: Paulus, 2003.

GOLDMAN, L. *Dialética e cultura*. Rio de Janeiro: Paz e Terra, 1979.

[FOPROP]. FÓRUM DE PRÓ-REITORES DE PÓS-GRADUAÇÃO E PESQUISA. *Estatuto*. Disponível em: www.foprop.org.br. Acessado em: jun. 2015.

______. Ata da Reunião do Diretório Nacional de 21/02/2013. Acervo Secretaria Executiva do Foprop, 2013.

______. Ata da Reunião do Diretório Nacional de 18/02/2014. Acervo Secretaria Executiva do Foprop, 2014.

GUATTARI, F. Fundamentos ético-políticos da interdisciplinaridade. *Revista Tempo Brasileiro*, Rio de Janeiro, nº 108, jan-mar de 1992.

GUSDORF, G. Passado, presente, futuro da pesquisa interdisciplinar. *Revista Tempo Brasileiro*, Rio de Janeiro, nº 121, abr-jun de 1995.

______. Prefácio. In: JAPIASSU, H. *Interdisciplinaridade e patologia do saber*. Rio de Janeiro: Imago, 1976.

JAPIASSU, H. *Interdisciplinaridade e patologia do saber*. Rio de Janeiro: Imago, 1976.

MAFESSOLI, M. Sociedades complexas e saber orgânico. *Revista Tempo Brasileiro*, Rio de Janeiro, nº 108, jan-mar de 1992.

MARCHELLI, P.S. Formação de doutores no Brasil e no mundo: algumas comparações. *Revista Brasileira de Pós-Graduação*. 2005; v. 2, n. 3.
MONTEIRO, J.L. Memória do Fórum de Pró-reitores de Pesquisa e Pós-Graduação das Instituições de Ensino Superior Brasileiras. *Vinte e um anos de história (1985-2006)*. Rio de Janeiro: Foprop, 2006. Disponível em: www.foprop.org.br. Acessado em: jun. 2015.
MORIN, E. Introdução ao pensamento complexo. 2ª ed. Lisboa: Epistemologia, 1990.
______. *O método: conhecimento do conhecimento*. Porto Alegre: Sulina, 1999.
POMBO, O. *Interdisciplinaridade. Ambições e limites*. Lisboa: Relógio d'Água, 2004.
PIAGET, J. Para onde vai a educação? Rio de Janeiro: José Olympio, 1973.
PRIGOGINE, I. O Fim das Certezas: tempo, caos e as leis da natureza. 2ª ed. São Paulo: Unesp, 2011.
RAYNAUT, C. Os desafíos contemporáneos da produção do conhecimento: o apelo para interdisciplinaridade. In: GAUTHIER, F. O. et al. *Interdisciplinaridade. Teoria e prática*. v. 1. Florianópolis: UFSC/EGC, 2013.
SANTOS, Boaventura de Sousa. Introdução a uma ciência pós-moderna. Rio de Janeiro: Graal, 1989.
______. Um discurso sobre as ciências. São Paulo: Cortez, 2003.

capítulo 7

Interdisciplinaridade nas FAPs:
internalização da prática no Sistema Nacional das Fundações de Amparo à Pesquisa e Inovação

Gilberto Montibeller Filho | *Economista, UFSC e Fapesc*
Sergio Luiz Gargioni | *Engenheiro mecânico, UFSC e Fapesc*

INTRODUÇÃO

O objetivo do presente capítulo é estudar o advento e institucionalização da multi e interdisciplinaridade (ID) no Sistema Nacional de Fundações Estaduais de Amparo à Ciência, Tecnologia e Inovação ou Fundações de Amparo à Pesquisa (FAPs).

Os procedimentos metodológicos para a finalidade definida podem ser assim sumarizados: é feita revisão acerca da noção de multidisciplinaridade e ID, nos limites necessários para a compreensão de como o presente trabalho assume o conceito. A partir disso, são apontados os componentes de operacionalização do conceito, considerando os principais elementos ou dimensões constitutivos da ID, em levantamento baseado em publicações atualizadas.

Com a base conceitual e operacional definida, são procedidos os levantamentos de programas e projetos selecionados por seu potencial de ID, no âmbito do Sistema Nacional de Fundações de Amparo à Pesquisa, composto pelas FAPs e agências federais com as quais conveniam e organismos nacionais a que estão filiadas.

Nesse sentido, são levantadas as características que revelam a presença de multidisciplinaridade ou ID nos recentes acordos e convênios internacionais das FAPs mediante a liderança do Conselho Nacional das Fundações Estaduais de Amparo à Pesquisa (Confap), que estão promovendo a internacionalização da pesquisa científica brasileira de forma inovadora e aprofundada.

Para a verificação da presença de ID na pesquisa nacional apoiada pelas Fundações Estaduais de Amparo, é feito levantamento, também, sobre a presença da ID nos trabalhos realizados pelos Institutos Nacionais de Tecnologia e Inovação (INCTs). Os institutos são grupos de pesquisas integrados por grande número de pesquisadores, em torno de um tema central. Existem 122 INCTs, dos quais selecionamos para examinar com mais detalhes aqueles cuja temática, em princípio, prenuncia tratar-se de um problema cuja abordagem sob a ótica interdisciplinar seria a mais adequada.

Igualmente, são examinados no mesmo sentido e apresentados programas e projetos de pesquisa selecionados no âmbito da Fundação de Amparo à Pesquisa e Inovação do Estado de Santa Catarina (Fapesc). A opção decorre do grau de facilidade e rapidez de acesso aos dados detalhados, por ser a instituição de vínculo dos autores. Tendo em vista o objeto do presente trabalho, também são analisados recentes editais de chamadas públicas, lançados por FAPs selecionadas. O procedimento visou verificar a existência ou não de mecanismos de indução à pesquisa multi e interdisciplinar nos requisitos ou critérios de avaliação das chamadas de propostas.

Finalmente, trazendo elementos sobre a importância da abordagem ID na pesquisa científica e tecnológica e tendo em vista as constatações e os resultados obtidos no levantamento efetuado, apresentamos sugestões para aprimoramento das políticas públicas dos ministérios e agências federais: Ministério da Ciência, Tecnologia e Inovação (MCTI), Ministério da Educação (MEC), Coordenação de Aperfeiçoamento de Pessoal de Nível Superior (Capes), Conselho Nacional de Desenvolvimento Científico e Tecnológico (CNPq), Financiadora de Estudos e Projetos (Finesp) para intensificar a ID em ações, programas e projetos.

INTERDISCIPLINARIDADE: CONCEITOS E DESAFIOS

Há fenômenos naturais ou humanos com elevado grau de especificidade, cuja compreensão se dá mediante abordagem de pesquisadores pertencentes a uma mesma área do conhecimento. Assim, um aspecto específico do mundo da matemática ou da física, da química, por exemplo, seria estudado, em profundidade, por grupo disciplinar respectivo.

Outros fenômenos ou problemas são específicos, porém possuem múltiplas dimensões ou determinações. A abordagem teria de envolver especialistas em cada dimensão, e, portanto, seria multidisciplinar. O esquema a seguir (Quadro 7.1) resume o tipo de abordagem de acordo com o tipo de problema: específico ou complexo.

Quadro 7.1: Característica do problema de pesquisa e tipo de abordagem.

PROBLEMA OU OBJETO	TIPO DE ABORDAGEM
Problema específico, delimitado, uma dimensão	Disciplinar
Problema específico, com múltiplas dimensões disciplinares	Multidisciplinar
Problema específico, complexo, várias dimensões, áreas próximas	Interdisciplinaridade fraca
Problema complexo, múltiplas dimensões, áreas distantes	Interdisciplinaridade forte

Fonte: adaptado de Nichols (2012).

Há ainda problemas complexos em sua grande multiplicidade de dimensões, cuja abordagem deve ser por interação de grupos de pesquisadores de diversas áreas do conhecimento, para dar conta das dimensões envolvidas – a abordagem interdisciplinar.

Deve-se observar que pode haver vários graus de multi e de interdisciplinaridade. Nichols (2012), sumarizando diversos autores, refere-se a esse aspecto, considerando a possibilidade de haver desde menos (*less*), fraco até forte grau, conforme sintetiza o esquema anterior.

Como se sabe, por longo período de tempo histórico prevaleceu a visão cartesiana da divisão, fragmentação do objeto, para que uma abordagem disciplinar possibilitasse mais aprofundado grau de compreensão. Seja porque essa percepção mudou em relação ao objeto que permanece o mesmo, seja porque os fenômenos se tornaram mais complexos, passou-se mais recentemente à propagação e aceitação da ID.

Muitos fenômenos passaram a um grau de complexidade que anteriormente não continham ou que não era percebido. Por exemplo, a relação entre natureza e sociedade; o ambiente natural, o construído e o ser humano; a vida nas cidades ou a questão urbana; a questão socioambiental, a exigir abordagem interdisciplinar. Mesmo para problemas específicos, passou-se a ponderar que essa abordagem seria a mais adequada, por dar conta de uma compreensão abrangente do objeto, e também porque a ciência encontra-se sob pressão para tornar-se mais relevante para a sociedade, contribuindo na solução de problemas sociais (Rafols et al., 2012).

Além disso, tem-se que a competição econômica em escala mundial depende crescentemente de inovações, o "*pro-innovation momentum*" apontado por A. Primi (2010). E as pesquisas das quais resultam inovações são de maior ID, de acordo com Rafols et al. (2012).

Finalmente, conforme Maciel e Albagli, "ante a complexidade e a dimensão dos problemas globais contemporâneos e os desafios científico-tecnológicos aí colocados, fica evidente que seu enfrentamento requer, cada vez mais, esforços conjuntos e colaborativos, de abrangência interdisciplinar e internacional" (2010, p.13).

O conceito, ou melhor, os conceitos de ID têm produzido prolífera discussão, em especial nesse início do século XXI. Uma taxonomia elaborada por Klein (2010), que recolhe a elaboração de diversos autores será, na sequência, apresentada de forma resumida, para situar o enfoque do presente trabalho de investigação sobre a ID nas ações do sistema de fundações estaduais de amparo à pesquisa.

O primeiro passo é a distinção entre os conceitos de multi, inter e transdisciplinaridade, que se caracterizam e se distinguem pelo grau de complexidade envolvida. A estrutura disciplinar da ciência é um artefato da organização social e política dos séculos XIX e XX. O enfoque multidisciplinar, por seu lado, designa o procedimento de justaposição, sequenciamento e coordenação de diversas disciplinas; compreende diferentes visões sobre um mesmo tema.

A ID implica integração, interatividade, ligamento, colaboração de diversas disciplinas enfocando uma questão ou problema. No estágio mais avançado da complexidade, a transdisciplinaridade implica transcender, transgredir, transformar os métodos e paradigmas. A ID pode então ser vista como uma posição intermediária entre uma complementaridade de distintas abordagens sobre um tema (Multi) e a integração plena e híbrida (Transdisciplinar).

A ID pode compreender uma integração parcial, restrita e simples de disciplinas com métodos, paradigmas e epistemologias compatíveis; por exemplo, uma abordagem integrando História e Literatura. Pode também ser uma integração plena, ampla, mais complexa entre disciplinas não compatíveis em termos de métodos, paradigmas ou epistemologias, como, Ciências e Humanidades (Klein, 2010). Em suma, ID é a integração das conexões entre diversos conhecimentos. Os graus de entropia e diversidade entre as áreas indicam os graus entre fraca, intermediária ou forte ID (Rafols et al., 2012).

A complexidade inerente à natureza e à sociedade, a relação crescentemente complexa entre essas duas realidades, as novas tecnologias permitindo o compartilhamento de dados e informações, tudo leva à abordagem interdisciplinar, na qual o resultado é superior à soma das partes que constituem.

O projeto ou trabalho interdisciplinar pode ser executado em equipes integrando dados, métodos, conceitos, instrumentos de diferentes disciplinas. Pode, também, ser executado por uma só pessoa – *"in the mind of a single person"*, *"a single mind"* ou *"an individual mind"* (Wagner et al., 2011) – integrando os mesmos elementos. O trabalho individual, contudo, não será aqui considerado. Nas equipes, os graus de integração e interação, parcial ou plena, não implicam necessariamente cooperação diária entre os participantes (Klein, 2010).

Por suas características, há dificuldades para observar e medir o processo de integração inerente ao trabalho interdisciplinar. Rafols et al. (2012) apontam que a ID não pode ser avaliada considerando apenas um indicador: é importante, no caso, utilizar vários indicadores parciais para capturar as representações multidimensionais. Então, um dos indicadores é a verificação de resultados. No campo científico, tradicionalmente utiliza-se, para a finalidade de avaliar resultados, indicadores bibliométricos, com a compreensão de que o trabalho científico é incompleto se não ocorre a sua publicação. Os trabalhos publicados em que constam coautorias são muito utilizados como indicadores de ID; esse é, porém, um indicador considerado fraco para essa finalidade, para muitos até um indicador inválido. Nada garante que a publicação em coautoria não seja apenas a juntada de duas ou mais contribuições a um tema, sem que tenha havido qualquer processo de integração em sua elaboração. Além disso, nas fontes de dados disponíveis é usual os autores não especificarem sua formação, e assim um artigo produzido, por exemplo, por dois físicos é nitidamente disciplinar, embora aparentemente interdisciplinar.

A ID é processo, um processo de integração entre duas ou mais áreas do conhecimento. Assim o número de áreas envolvidas pode ser relativamente pequeno (duas) ou grande: este será o grau de diversidade ou variedade de áreas. Adicionalmente, tem-se que as áreas envolvidas podem ser muito próximas ou bastante díspares, como, sociologia e ciência política, no primeiro caso, e, no último, matemática e ciências sociais.

O esquema a seguir, elaborado a partir das observações mencionadas, resume essas características.

	Duas ou mais áreas ou disciplinas
INTERDISCIPLINARIDADE (características)	Diversidade/variedade/disparidade
	Integração no processo do conhecimento

No desenvolvimento de projetos de pesquisa e inovação com enfoque interdisciplinar, ocorre a integração entre os diferentes participantes da equipe e a integração com outras equipes. Ocorre, também, o envolvimento das instituições de vínculo dos pesquisadores, de instituições governamentais, como as FAPs e outras, e de empresas públicas ou privadas. A Figura 7.1 retrata a presença desses componentes e sua integração.

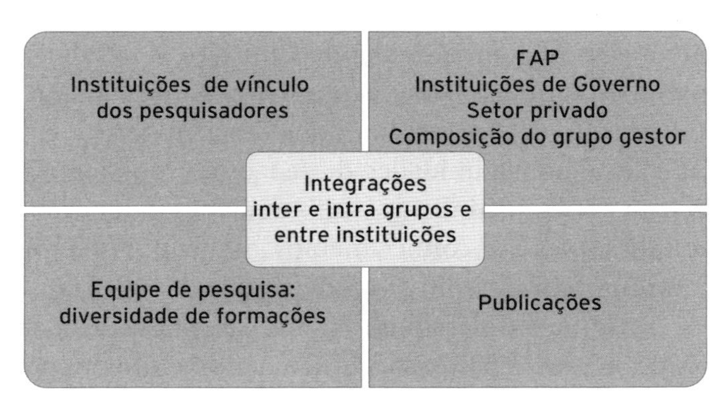

Figura 7.1: Dimensões da ID e centralidade (destaque) para o processo de integração.

As publicações dos artigos científicos derivados das pesquisas constituem elemento importante da ID. Os artigos publicados apuram e disseminam conhecimento e são indicadores importantes do grau de integração da equipe, pela publicação de artigos em coautorias. Dessa maneira, resumidamente, temos os indicadores parciais que em conjunto identificam a ID: quantidade de participantes e diversidade de formações dentre os membros da equipe; envolvimento de instituições de fomento, de instituições de pesquisa governamentais e outras; publicações em coautorias; e participação do setor privado, quando for o caso.

Na sequência, feito o apanhado conceitual, passamos a considerar programas e experiências que estão acontecendo por iniciativas de agências e instituições nacionais e estaduais de fomento à ciência e tecnologia. Iniciamos com as experiências na relação internacional.

Programas e Experiências Internacionais

Experiências de programas internacionais em andamento, por iniciativa de instituições governamentais e públicas federais e estaduais, colaboram para avanços da interdisciplinaridade na pesquisa científica. A mais expressiva delas se refere a convênio do Brasil com o Reino Unido, que será detalhado adiante.

A integração da pesquisa científica brasileira com a de outros países está passando por relevantes e inovadores avanços, ao considerar o interesse nacional dos temas e a produção de conhecimento de forma interdisciplinar e orientada para solução de problemas, essenciais na cooperação internacional em C&T (Primi, 2010). Em nível federal, papel essencial no processo é exercido pelo Confap, além da Capes, do CNPq, do MCTI e da Finep; e em nível estadual, pelas FAPs. Diversos estados estão participando do processo. Anteriormente a esse movimento, algumas iniciativas estaduais já haviam ocorrido, porém de forma isolada; agora, há acordos internacionais contemplando todas as fundações estaduais que desejam participar. Até poucos anos atrás, apenas algumas unidades da federação, por meio da sua FAP, conveniavam com países, instituições e universidades estrangeiras para intercâmbio de pesquisadores e de conhecimentos. Assim, por exemplo, a Fapesp, em 2013, mantinha acordos com cerca de cinquenta agências de fomento, universidades e institutos de pesquisa de diversos países. As demais fundações estaduais de amparo à pesquisa, em sua maioria, tinham pouquíssimos acordos internacionais.

Recentemente, iniciou-se uma mudança de avanço significativo. Pela primeira vez na sua história, o Confap celebrou convênio internacional, beneficiando todas as Fundações a este Conselho afiliadas. Assim ocorreu a assinatura de convênio de cooperação científica e tecnológica com o Reino Unido: *Research Council United Kingdom*/RCUK – Confap. A primeira operacionalização do convênio se dá a partir de 2014, com a participação do Fundo Newton (*Newton Fund*) para a realização de pesquisas conjuntas integrando equipes de pesquisadores brasileiros e britânicos, em um mesmo projeto. Cerca de 70 pesquisas conjuntas, de diversos Estados, estão sendo realizadas com esse enfoque.

O processo de avaliação das propostas, por ocasião da seleção dos projetos para receberem apoio, contribuiu, em parte, para caracterizar ID no convênio e nos projetos. Equipes de avaliadores do Brasil e do Reino Unido analisaram cada uma das mais de 300 propostas submetidas, selecionando 116 delas para nova rodada de avaliação e classificação. Essa ocorreu por meio de videoconferência, com debates entre os 16 integrantes da Comissão de Avaliação, composta por representantes brasileiros e britânicos. A avaliação (nota) final de um projeto foi atribuída mediante a aprovação de todos os participantes da comissão, essa formada por integrantes do mais alto nível, de diversas e distantes áreas do conhecimento. Participaram profissionais (professores) de universidades do Brasil e do Reino Unido das áreas médica, biológica, química, bioquímica, engenharia, economia, física, políticas públicas, gestão ambiental, veterinária, psicologia, saúde pública, segurança alimentar, genética. Em um primeiro momento, prévio à videoconferência, os 116 projetos foram distribuídos aos integrantes segundo sua área de conhecimento. Em seguida, na videoconferência, cada avaliador expôs sua nota, passando o projeto a ser discutido pela Comissão. A nota média, ouvidos os argumentos dos participantes, foi então obtida por consenso. Dessa maneira, as diversas áreas do conhecimento ali representadas participaram da avaliação de um mesmo projeto. Na seleção final dos projetos, também participaram presidentes das FAPs integrantes do convênio, por sua vez representantes de diversas áreas do conhecimento.

O edital (Newton Fund, Research Councils UK, Confap, 2010) não fazia referência ao trabalho interdisciplinar como componente de elegibilidade da proposta. A referência é feita, contudo, nos critérios de avaliação e classificação, no seguinte sentido: "se a proposta envolve trabalho interdisciplinar, verificar se está bem concebido e possui elevado nível." Em outro momento dos critérios, considera se são complementares as experiências e capacitações do grupo de pesquisadores britânicos e do grupo brasileiro, em um mesmo projeto, e que o proponente deveria incluir coparticipantes de diversas instituições no país.

As temáticas para as quais o edital apontava prioridades são questões que, por sua complexidade e abrangência, pressupõem abordagem interdisciplinar para visão mais aprofundada: saúde pública; transformações urbanas; nexo entre alimento-energia-água; biodiversidade, ecossistema e resiliência; desenvolvimento econômico e bem-estar social. Como decorrência, muitas das propostas submetidas continham equipe e visão ID. Serão ilustradas apenas duas delas.

Projeto 1: Congrega 3 universidades do Reino Unido e a Unesp, com pesquisadores-principais e colaboradores vinculados a Ciências Ambientais, Energia, Geografia, Geografia Humana, Engenharia Elétrica e Engenharia Civil.

Projeto 2: Integra pesquisadores vinculados a departamentos de Ciência da Computação, Engenharia Elétrica, Arquitetura e Engenharia Civil, de duas diferentes Universidades Brasileiras e a University College London (UCL).

Assim, embora não houvesse a exigência explícita no edital, a compreensão da necessidade de abordagem não disciplinar a problemas complexos fez com que proponentes de ambos países apresentassem equipes compostas por pesquisadores de diversas áreas, para o desenvolvimento dos projetos. Essa não é condição suficiente, porém é necessária para o trabalho interdisciplinar, ainda que possa corresponder à ID fraca.

Baseado no convênio referido e nessa mesma linha de atuação, novos editais de pesquisas integradas, na temática de Cidades Saudáveis e na questão de Segurança Alimentar foram recentemente lançados. Agora, a ID passa a ser exigida. Assim, na introdução aos editais de Cidades Sustentáveis (*Healthy Cities*) e Relação Energia-Ambiente-Segurança Alimentar (*Energy-Environment-Food Security Nexus*), as chamadas condicionam a ID nas pesquisas (*"interdisciplinary call"*). Reforça a condição quando destaca *"... to promote effective interdisciplinary working"* – promover o efetivo trabalho interdisciplinar para tratar das complexas e conectadas questões da relação entre produção de energia, meio ambiente e segurança alimentar (Confap/Newton Fund, 2015).

Também no âmbito do Fundo Newton, foi firmado acordo entre o *Medical Research Council* (MRC) do Reino Unido, o Confap e o CNPq para apoiar projetos entre brasileiros e britânicos na área de Doenças Infecciosas Negligenciadas. Ao todo, 16 FAPs participam desse acordo. Outra iniciativa no mesmo sentido é o convênio firmado recentemente entre Confap e o Conselho de Pesquisa da República da Irlanda, além de negociações com o Canadá.

Com a Dinamarca, o Brasil possui acordos de cooperação científica e tecnológica desde a década de 1980. Mais recentemente, foi firmado o Memorando de Entendimento sobre Cooperação em Educação Superior, Ciência, Tecnologia e Inovação, definindo as áreas de interesse: energias renováveis, meio ambiente, ciências agrícolas e políticas públicas de inovação. Outro acordo de cooperação específico foi firmado para potencializar o enfrentamento de enfermidades crônicas, como câncer e diabetes, contemplando o fomento à pesquisa científica. Objetiva incentivar o intercâmbio de profissionais e pesquisadores e troca de conhecimentos sobre boas práticas de soluções inovadoras, mediante as plataformas do conhecimento criadas pelo Ministério da Ciência, Tecnologia e Inovação (MCTI).

Abordados os acordos internacionais que permitem que grupos brasileiros desenvolvam temáticas comuns com pesquisadores de outros países em um mesmo projeto e, portanto, a internacionalização da ciência, que se constitui em um dos elementos importantes para o desenvolvimento da ID, passaremos, na sequência, a examinar a questão da ID em pesquisas e programas nacionais.

Programas e Experiências Nacionais

Devido a seu vulto, importância, abrangência e continuidade, o Programa Institutos Nacionais de Ciência e Tecnologia (INCT), em funcionamento desde 2008 e com resultados relevantes a serem observados, é especial para ser analisado na ótica da multidisciplinaridade e ID em experiências nacionais.

O Programa foi criado tendo objetivos de promover a excelência nas atividades de ciência e tecnologia (C&T) e sua internacionalização, bem como a integração do sistema de C&T com o sistema empresarial, melhoria da educação científica e participação mais equilibrada das diferentes regiões do país no esforço produtivo com base no conhecimento. As atividades principais dos INCTs se referem à pesquisa em temas de fronteira e/ou estratégicos, formação de recursos humanos, transferência de conhecimentos para empresas e para a sociedade em geral, educação e divulgação da ciência (Souza-Paula, 2012).

O vulto do programa se observa pelos objetivos, montante de financiamentos e pelo grande número de instituições e pesquisadores envolvidos. Participam o Ministério de Ciência, Tecnologia e Inovação (MCTI), como órgão criador dos INCTs e coordenador do Programa; o CNPq, responsável pela gestão operacional; a Capes; o Ministério da Saúde e o Banco Nacional de Desenvolvimento Econômico e Social (BNDES), na área federal. Nos estados, participam diversas Fundações Estaduais de Amparo à Pesquisa e Inovação e outros atores da esfera estadual, inclusive do setor privado. O financiamento do Programa se dá pela participação compartilhada das instituições referidas.

No total são 122 INCTs ativos, com mais de 6.000 pesquisadores e a seguinte distribuição regional aproximada: Nordeste 16%; Centro-Oeste, 6%; Sul, 16 %; Norte, 6%; e Sudeste, 56% dos pesquisadores. A participação internacional se dá por pesquisadores estrangeiros vinculados a instituições brasileiras (cerca de 150) e por mais de 200 pesquisadores de instituições estrangeiras. Avalia-se em mais de 350 as instituições brasileiras envolvidas (Souza-Paula, 2012).

O INCT significa, em suma, a participação interativa de grande número de pesquisadores e instituições em torno de um tema claramente definido, este identificado na denominação do Instituto – por exemplo, *INCT Energia & Ambiente*. A distribuição dos Institutos segundo as áreas temáticas é fornecida na Tabela 7.1.

Tabela 7.1 : Número de INCTs por área temática

ÁREAS TEMÁTICAS	Nº DE INCTS
Ciências agrárias e agronegócio	12
Energia	10
Engenharia e tecnologia da informação	13
Exatas	11
Humanas e sociais aplicadas	11
Ecologia e meio ambiente	18
Nanotecnologia	10
Saúde	37
TOTAL	122

Fonte: CNPq (2015).

Observa-se a forte presença dos institutos na área da Saúde e em Ecologia e meio ambiente, seguidas de Engenharia e tecnologia da informação e de Ciências agrárias e agronegócios. No geral, pelas áreas e temáticas, tem-se que, embora algumas aparentem comportar exclusivamente abordagem disciplinar pelo grau de especificidade, no entanto, em todas pode haver graus de abordagem multi ou interdisciplinar.

Para o levantamento dos dados e informações de cada INCT, obtidos na página eletrônica do CNPq (CNPq, 2015), selecionamos aqueles que por sua temática levantam a expectativa de haver abordagens para além da monodisciplinar.

Na Tabela 7.2, estão as informações levantadas segundo critérios básicos dessa abordagem. A primeira coluna nomina os seis institutos selecionados. São os INTCs com as temáticas: inter-relações planta-praga; energia e ambiente; estudos da metrópole; estudos do meio ambiente; análise integrada do risco ambiental; e de mudanças climáticas.

A segunda coluna da tabela registra o número de pesquisadores diretamente vinculados e, a seguinte, as entidades envolvidas. A quarta coluna reflete a condição do grupo gestor e a quinta, relaciona as principais subáreas de formação dos pesquisadores vinculados. As três últimas colunas informam sobre as publicações de artigos científicos, verificando se por grupo ou individual, o caráter disciplinar ou mais abrangente dos periódicos onde foram divulgados e o período em que ocorreram.

Tabela 7.2: INCTs selecionados para verificação da ID.

INCT SELECIONADO	PESQUISADORES	INSTITUIÇÕES ENVOLVIDAS	FORMAÇÃO DO GRUPO GESTOR	SUB-ÁREAS DE FORMAÇÃO DOS PESQUISADORES	PUBLICAÇÕES	CARACTERÍSTICA DOS PERIÓDICOS	PERÍODO PUBLICAÇÕES
INCT em Interações Planta-Praga	29	9 universidades, Embrapa	Não informado	Agronomia, Biológicas, Eng. Alimentos	60 ou mais publicações, todas em equipe	D	2008-2013
INCT Energia & Ambiente	64	5 universidades	Química	Química, Engenharia química	484 publicações no período - em grupo e na área da química	D	2009-2013
INCT Estudos da Metrópole	14 fixos, 32 associados, 14 do exterior	4 universidades	Sociologia e Ciência Política	Ciências Sociais, Ciência Política, Sociologia	Cerca de 250 artigos, sendo 50% autoria única	D	2002-2014
INCT Estudos do Meio ambiente	25	6 universidades e empresas	Química	Química, Engenharia química	Diversos artigos, todos em equipe	D	2004-2009
INCT Análise Integrada de Risco Ambiental	35	20 instituições, nacionais e internacionais	Medicina, Química, Saúde Pública	Medicina, Física/química, Biologia, Farmácia, Engenharia, Economia	Cerca de 70 artigos, em equipe	D	2008-2014
INCT Mudanças Climáticas	90 grupos de pesquisa, 400 pesquisadores	65 instituições, nacionais e internacionais	Física, Biologia	Física, Biologia, Meteorologia, Engenharia, Economia, Ecologia, Geociências, Oceanografia, Geografia, Química, Antropologia, Ciências atmosféricas	Grande número de artigos, todos publicados em equipe.	Abrangente	2008-2014

D: disciplinar. *Fonte: elaborada pelos autores com base nos dados do CNPq (2015).*

O primeiro instituto relacionado, que trata das interações planta-praga, congrega 29 pesquisadores. Participam expressivo número de instituições, sendo oito universidades e a Embrapa, além dos órgãos federais e estaduais que financiam o programa, esses presentes em todos os INCTs. Agronomia, Ciências Biológicas e Engenharia de Alimentos são as subáreas de formação dos pesquisadores do INCT Interações Planta-Praga. Esses publicaram no período de 2008 a 2013 mais de sessenta artigos, todos com coautoria em equipe, em periódicos de orientação disciplinar na área. Dados esses elementos, em nossa perspectiva analítica caracteriza-se como de multidisciplinaridade fraca.

O INCT Energia & Ambiente, o segundo na tabela, é composto de expressivo número de pesquisadores (64), envolve cinco universidades, os integrantes do grupo gestor do Instituto são de formação na área da Química e os pesquisadores são desta área ou da Engenharia Química. As publicações, todas em grupo e na área da Química, somaram quase 500 artigos científicos no período 2009-2013, em periódicos na área especificada. Assim, deduz-se que a expectativa de elevada ID para fazer a conexão entre a produção de energia e a questão ambiental em sentido mais amplo não se confirma nesse caso, podendo ser qualificada como de fraca multidisciplinaridade.

O INCT Estudos da Metrópole é formado também por expressivo número de pesquisadores, sendo alguns fixos no programa e outros associados, entre estes inclusive pesquisadores do exterior. Envolve pelo menos quatro instituições e o grupo gestor é composto por sociólogos e cientistas políticos. Dessas áreas é também a origem de todos os pesquisadores participantes. No período de 2002 a 2014 houve a publicação, em periódicos de característica disciplinar de muitos (250) artigos, sendo a metade deles em coautorias. Pode-se considerar que há multidisciplinaridade nesse Instituto, ainda que igualmente fraca.

O INCT Estudos do Meio Ambiente trabalha relações em princípio complexas, que envolvem o ambiente natural e o construído e as condições de vida da população local. O instituto é formado por 25 pesquisadores e envolve 6 instituições entre universidades e empresas. Todos os participantes são da área da Química e da Engenharia Química, e publicaram diversos artigos, sempre em coautoria de equipes, no período 2004-2009, em periódicos especializados na área. Como se constata por essas informações, os elementos essenciais caracterizam o trabalho do Instituto também como de fraca multidisciplinaridade.

O INCT Análise Integrada de Risco Ambiental é formado por 35 pesquisadores. É expressiva a quantidade de instituições nacionais e internacionais envolvidas (em número de 20). Os componentes do grupo gestor são das áreas de Medicina, da Química e da Saúde Pública. Os pesquisadores, além dessas áreas, são da Biologia, da Farmácia, da Engenharia e da Economia. No período 2008-2014, publicaram, em revistas disciplinares, mais de 70 artigos, todos por equipe de pesquisadores, isto é, em coautorias. Os elementos de ID estão presentes neste Instituto, que aborda a complexa relação entre a sociedade e as catástrofes ambientais. O grande envolvimento de pesquisadores de diversas áreas, instituições nacionais e internacionais e publicações em coautorias dos grupos, além da proposição de análise integrada, caracteriza a ID, ainda que em grau fraco.

Finalmente, o último INCT da tabela. Trata o tema das Mudanças Climáticas, e, nesse caso, a expectativa de abordagem interdisciplinar, é amplamente confirmada. O instituto é constituído por grupos de pesquisa (90 grupos), dos quais participam 400 pesquisadores. Estão envolvidas 65 instituições, nacionais e internacionais. No grupo gestor, predominam biólogos e físicos; mas no quadro de pesquisadores, além dessas áreas também estão presentes as áreas de Meteorologia, Engenharia, Economia, Ecologia, Geociências, Oceanografia, Geografia, Antropologia e Ciências Atmosféricas. É grande o número de artigos publicados, todos de produção em equipes. A relação de periódicos onde houve publicação no período 2008-2014 mostra ampla abrangência em diversas áreas. Nesse INCT Mudanças Climáticas temos, portanto, forte grau de ID, ou seja, em grau máximo.

Assim, no contexto geral, em todos os casos selecionados, o número de pesquisadores envolvidos é significativo e as pesquisas são realizadas por equipes. A forma de publicação dos artigos científicos, quase todos em grupo de três a até sete autores – há pouquíssimos casos de autoria individual –, sugere que a realização dos trabalhos em equipe é a regra. Ao se observar a formação acadêmico-científica dos integrantes das equipes, constata-se que predomina nos INCTs a presença de duas ou três subáreas do conhecimento, subáreas próximas entre si. Isso indica não haver forte grau de diversidade e disparidade. As constatações feitas se refletem nos artigos que, produzidos por equipes, são publicados em periódicos disciplinares. A avaliação pelo tipo de publicações é mais complicada, porque em muitos casos os periódicos especializados são vistos como de maior grau de respeitabilidade e o pesquisador neles prefere publicar (Rafols et al., 2012). Assim, pode-se concluir que a maioria dos INCTs apresenta os elementos que sugerem haver graus de multidisciplinaridade e ID.

A ID forte ocorre com o INCT Mudanças Climáticas. Conforme descrito anteriormente, todos os elementos da ID estão aqui presentes pelos indicadores considerados, a saber, em essência: integração no grupo e entre grupos e com as instituições; internacionalização; diversidade de formação dos pesquisadores em áreas distantes entre si; envolvimento de instituições; e publicações em grupos e em periódicos de amplo espectro.

Para a evolução em direção da maior multidisciplinaridade e ID no Brasil, a atuação da Capes tem sido fundamental. A Capes foi criada em 1951, para fomentar a implantação e consolidação de programas de pós-graduação (mestrado e doutorado) em todos os estados e no Distrito Federal. Atua mediante investimento nos cursos e na formação de pessoal qualificado de alto nível no país e no exterior, promovendo a cooperação internacional; avalia as propostas de novos cursos e, periodicamente, aqueles em operação; e subsidia o Ministério da Educação na formulação das políticas públicas para a pós-graduação nacional (Borges e Barreto, 2012).

Ao aprovar e apoiar cursos de mestrado e doutorado com proposta interdisciplinar, a Capes tem fortemente fomentado a criação de cursos dessa natureza. Nas avaliações periódicas dos cursos existentes, aponta as diretrizes para conduzir o programa mais adequadamente na direção proposta. A criação relativamente recente de uma área específica na Capes para tratar da questão demonstra o grau de elevada demanda conseguida por sua própria contribuição. Atualmente, em 20/03/2015, são 380 os cursos aprovados e recomendados na área Interdisciplinar, de acordo com o Geocapes.

Em acordos com as Fundações Estaduais de Amparo a Pesquisa e Inovação, a Capes, juntamente com o CNPq, tem mantido programas de bolsas para pesquisadores alunos da pós-graduação e apoio à capacitação docente das instituições públicas financiados pelas instituições conveniadas – em cursos mono ou multi e interdisciplinares. Em relação a esses últimos, as bolsas que permitem o intercâmbio internacional são especialmente relevantes, por este constituir elemento fundamental, conforme já apontado.

SISTEMAS REGIONAIS DE CT&I E INTERDISCIPLINARIDADE

O sistema de CT&I em cada unidade da federação é normalmente composto pela interação entre instituições e agências do governo estadual, a fundação de amparo à pesquisa e inovação do estado (FAP) ou equivalente, as universidades e instituições de pesquisa sediadas no estado, e associações estaduais ou regionais representativas do segmento empresarial e industrial inovador. A FAP é a instituição a quem cabe executar a política estadual de ciência, tecnologia e inovação. No total são 25 FAPs, cobrindo, portanto, quase todo o território nacional. São agências governamentais geralmente ligadas a Secretarias de Estado – de Ciência e Tecnologia ou de Desenvolvimento Socioeconômico ou de Educação.

Por sua abrangência e atuação, as fundações estaduais são responsáveis pela execução de parcela importante da política de apoio à ciência, tecnologia e inovação no país de forma descentralizada, estimulando a "formação e fixação de pesquisadores e promovendo a adequação dos temas de pesquisas às prioridades de cada região" (Silva, 2010). Algumas FAPs têm mais de 40 anos de existência; a maioria está na faixa entre 15 e 30 anos. Nas duas últimas décadas, essas fundações têm contribuído de forma crescente para a descentralização das atividades federais de fomento à CT&I (Botelho e Almeida, 2012).

As FAPs operam programas enquadrados em 4 linhas básicas de ação: RH/Recursos Humanos – aprimoramento de pesquisadores; Pesquisa – apoio ao desenvolvimento científico e tecnológico; Inovação – apoio à realização de PD&I; e Difusão/Divulgação – disseminação do conhecimento mediante apoio à realização de eventos e publicação de artigos científicos. A classificação das ações em RH, Pesquisa, Inovação e Difusão que foi adotada por todas as FAPs, derivou de trabalho realizado no âmbito do projeto Sifaps. Esse Sistema Nacional de Indicadores para as FAPs foi desenvolvido em 2010, sob coordenação de professores vinculados ao Programa de Pós-Graduação em Engenharia e Gestão do Conhecimento da Universidade Federal de Santa Catarina.

Os programas em cada ação geralmente são comuns e guardam semelhanças entre as FAPs. Assim, por exemplo, os programas de bolsas de estudos e pesquisas; o Programa Universal de pesquisas nas diversas áreas do conhecimento; o Programa de Pesquisas para o Sistema Único de Saúde (PPSUS); os programas de apoio a empresas para inovação, como Pappe e Tecnova. Igualmente são comuns quanto a Difusão e Divulgação do conhecimento o apoio à realização de eventos científicos e o apoio à publicação de livros e revistas especializadas. Os programas não são perenes nem inflexíveis, no sentido de que alguns podem deixar de existir, outros mudar o foco da temática em novo edital e, ainda, novos programas podem ser criados.

A seleção de projetos para recebimento de apoio é feita mediante o lançamento de chamadas públicas (editais), com periodicidade anual ou bienal, para a concessão de recursos financeiros cujas fontes principais são o Tesouro do Estado, em parceria com as agências federais. As propostas são avaliadas por consultores *ad hoc*, de formação em nível igual ou superior ao do proponente, e formação na área de abrangência do projeto. Na sequência, especialistas em diversas áreas do conhecimento, integrados em um Comitê, fazem avaliação comparativa dos projetos e a seleção final.

As Fundações Estaduais de Amparo à Pesquisa se articulam em nível nacional por intermédio do Confap, de filiação voluntária. Criado em 2006, integram o Conselho 24 estados e o Distrito Federal. Outra instância de representação e diálogo com o governo federal na área de CT&I é o Conselho Nacional de Secretários para Assuntos de Ciência, Tecnologia e Inovação (Concecti).

O Confap, cuja presidência é exercida pelo presidente de uma FAP com mandato de dois anos, renovável, tem ultimamente ampliado seu papel. O Conselho tem firmado acordos internacionais de cooperação, inclusive para pesquisas de elevado nível em temas estratégicos e de interesse e por equipes de pesquisadores de ambos países conveniados. Por meio da ação do Confap está se dando a internalização da pesquisa dos estados participantes, conforme relatado no item Programas e Experiências Internacionais.

Análise de Projetos Multi/Interdisciplinares nas FAPs

Passamos a examinar, sob a ótica da ID, programas e projetos no âmbito das FAPs. O Programa de Pesquisas para o SUS é comum entre as Fundações Estaduais, com aproximadamente as mesmas características. Serão analisadas três pesquisas que estão em andamento no Edital de Chamada Pública Fapesc/PPSUS n. 03/2012, na qual se desenvolvem o total de 13 projetos. As pesquisas selecionadas para exposição assim o foram por apresentarem mais claramente elementos que podem indicar a presença de ID. Assim, foram verificadas as dimensões de ID já possíveis de avaliação nos projetos e nos relatórios de pesquisas em andamento, a saber: o número de integrantes da equipe; a formação acadêmica do participante; e o envolvimento de instituições (dado o pequeno lapso de tempo de execução, a produção de artigos científicos encontra-se em andamento, não tendo havido ainda publicações). Portanto os dados e informações sobre o número de participantes na equipe, a formação dos pesquisadores e as instituições envolvidas são apresentados a seguir (Tabela 7.3).

Tabela 7.3: Projetos selecionados do PPSUS.

PESQUISA/ TEMA	EQUIPE	FORMAÇÃO	INSTITUIÇÕES PARTICIPANTES
Condições de vida e saúde	14 doutores e mestres	Doenças cardiovasculares; sistema nervoso; saúde bucal; pesquisa clínica; saúde mental; medidas em bioquímica e genética; serviços de saúde; exames de imagem; tecnologia da informação; sistemas de informação.	MS, CNPq, SUS, Fapesc, Secretaria Estadual da Saúde, Universidade regional, Universidade estrangeira; Poder Público Municipal.
Prontuário eletrônico multiprofissional em saúde	15 Doutores e mestres	Engenharia elétrica; Enfermagem; Ciências humanas; Programação de sistemas: Medicina; Psicologia; Ciências da computação.	MS, CNPq, SUS, Fapesc, Secretaria Estadual da Saúde, 5 universidades, 2 hospitais.
Traumatismo cranioencefálico	21 doutores e mestres	Biólogo; Neurologista; Neurocirurgião; Enfermagem; Neurocirurgia; Ciências médicas; Pneumologista; Bioquímica; Farmacêutico; Biomedicina; Psicologia; Psiquiatria.	MS, CNPq, SUS, Fapesc, Secretaria Estadual de Saúde, 2 universidades, 3 hospitais.

Fonte: Projetos e relatórios - Edital Fapesc/PPSUS 03/2012.

Constata-se a presença de dimensões importantes da ID nas pesquisas em andamento referidas. E isso ocorre sem que o edital de Chamada Pública (CP) das propostas tenha considerado nos critérios de avaliação de mérito, claramente, essas dimensões. Havia a exigência que o coordenador fosse doutor e de trabalho em equipe. Afora isso, o edital apenas mencionou em item geral que "serão preferencialmente apoiadas as propostas que envolverem parcerias institucionais, integrando ações do poder público, do setor produtivo e da sociedade civil" (item 2.1.6 da CP), porém essa condição não melhorava a pontuação na avaliação do projeto.

Em cada projeto o número de participantes com mestrado, doutorado ou pós-doutorado é expressivo – em torno de 15. As áreas de formação ou de especialização são diversas e distantes entre si. É também expressivo o envolvimento de agências de fomento, instituições universitárias e outras instituições de pesquisa. O conjunto dessas dimensões parciais é suficiente para sugerir a existência de ID nas pesquisas referidas. Essa ID "natural", isto é, sem que tenha havido indução direta, mostra que há potencial para que os próximos editais, não só no PPSUS, como em outras pesquisas, claramente exijam nos projetos elementos de ID.

Levantamento nos últimos editais do PPSUS de outras Fundações de Amparo à Pesquisa mostram situações antagônicas. Algumas não exigiram nem induziram que o projeto contivesse elementos de ID. A Fapesp (de São Paulo) a nosso ver foi a que mais avançou, exigindo do coordenador, além do doutorado, experiência e competência na área do projeto, experiência em intercâmbio internacional e em formar grupos. E estabelece preferência para projetos de pesquisadores em grupo e centros de pesquisa.

Em suma, observa-se a presença de dimensões de ID em programas e pesquisas científicas em andamento no âmbito das FAPs, potencial a ser melhor explorado mediante clara exigência e/ou elevada ponderação nos critérios de avaliação das propostas, nos próximos editais.

Interdisciplinaridade em projeto de PD&I empresarial

A exemplo do que foi relatado anteriormente, há pesquisas empresariais visando à inovação apoiadas pela Fapesc, que resultaram conter elementos de ID. É o que ocorreu no Programa PAPPE-Subvenção. Embora o edital Finep/Fapesc 004/2008 não tenha exigido equipe multidisciplinar, nem considerasse essa condição nos critérios de avaliação de mérito dos projetos, na prática a necessidade dos trabalhos levou à ID. Casos como esses não ocorrem somente nas pesquisas. O ambientalista Joan Martinez-Alier analisa situações semelhantes em sua área. Assim, há grupos comunitários que, sem se definirem como tal, na prática executam ações ecológicas. Ilustra com um caso ocorrido na Índia (relatado em Montibeller, 2008), em que mulheres promovem luta social contra o uso industrial de água potável, para garantir a confecção caseira dos alimentos. Não tendo qualquer comprometimento direto com a questão ambiental, preocupadas sim com a sobrevivência familiar, o resultado indireto acaba sendo a preservação da floresta.

Em relação ao Programa PAPPE, será ilustrado por um caso especial. Trata-se de trabalho de pesquisa e desenvolvimento denominado Software Educativo para Aprendizagem da Língua Brasileira de Sinais (Libras). Destinado especialmente, mas não exclusivamente, à educação de crianças deficientes auditivas, de escolas públicas e privadas, por meio de sistema disponível online, o desenvolvimento do produto contou com profissionais de diversas áreas. A equipe teve mais de 12 participantes, de áreas de formação próximas e também de áreas distantes, tais como: Engenharia da produção; Engenharia mecânica; Ciências da computação; grupo de especialistas em Educação Especial, Desenvolvimento de sistemas e em Tecnologia da informação; Pedagogia; Empreendedorismo; Design instrucional; especialista em pessoas com deficiência auditiva; especialista em alfabetização de crianças com deficiência auditiva e em orientação de professores na área.

Por ocasião da apresentação do Relatório Técnico-Científico Final do projeto, em workshop que reuniu os coordenadores de todas as pesquisas realizadas por meio da Chamada Pública PAPPE-Subvenção 2008, os realizadores do projeto Libras enfatizaram a integração da equipe de especialistas de áreas do conhecimento diversas e distantes entre si, como essencial para o alcance do objetivo.

Programa de Pesquisa e Desenvolvimento do Biogás

Amplo programa envolvendo múltiplas dimensões presentes na produção de biogás, com finalidade energética e ambiental, também mostra a introjeção da ID no âmbito das FAPs. No Quadro 7.2, estão relacionadas as áreas do conhecimento envolvidas no programa (primeira coluna) e as atividades que cabe à área desenvolver. São mais de 15 áreas de formação dos pesquisadores participantes, com atividades que vão desde a concepção de projetos de instalações, gestão, análises de biomassas, projetos de equipamentos até a análise e sugestão de legislação e regulamentos para o programa e para ampliar a produção e o mercado de gás.

Quadro 7.2: Áreas do conhecimento no Programa Biogás/Fapesc

ÁREAS DO CONHECIMENTO	AÇÕES ESPECÍFICAS
Eng. Ambiental e Sanitária, Arquitetura e Planejamento, Eng. Civil	Gestão de projeto Projeto de usinas Projeto construtivos de chiqueiros, galinheiros, estábulos, galpões
Medicina Veterinária	Alimentação animal Qualidade de biomassas
Biologia	Bactérias para a produção de biogás
Química Eng. Química	Biogás, biometano, hidrogênio, filtros Equipamentos físicos para a separação e captação de gases como H_2O; H_2S; CH_4; CO_2
Eng. Mecânica	Motores para a cogeração, bombas, agitadores
Eng. Elétrica	Disposição da eletricidade em rede Controle de geração e de consumo Ajuste de frequência da energia
Eng. Hidráulica	Aquecimento e refrigeração do biodigestor Hidráulica dos fluídos Higienizadores de efluentes biodigeridos

(continua)

Quadro 7.2: Áreas do conhecimento no Programa Biogás/Fapesc. *(continuação)*

Agronomia Eng. Ambiental e Sanitária	Logística de plantio, colheita, silagem de capim Balanceamento de biofertilizantes seco/úmido N-P-K em culturas agrícolas regionais Tratamento de efluentes finais da usina
Programação de Sistema (TI)	Automação do sistema (usina e complementares)
Administração	Gestão de pessoal e logística de complexo
Economia	Gestão econômica
Direito	Sugestão para criar legislação estadual visando novo mercado de energias - elétrica, térmica e biometano - e biofertilizantes. Garantir direitos autorais do pesquisador à pesquisa aplicada multidisciplinar, transversal e interinstitucional proposta no programa.

Fonte: Concepção geral e coordenação: I.Dreger.

O envolvimento institucional no programa é significativo, com sete universidades, sendo uma alemã, e três institutos de pesquisa. Participam também órgãos do governo estadual e quatro empresas produtoras de biogás.

A elaboração do programa conta com a participação de pesquisadores das áreas constantes no Quadro 7.2, e de representantes das instituições envolvidas. Esses elementos constitutivos indicam a multidisciplinaridade presente em mais essa atividade de elevado grau de articulação de grupos de pesquisa e instituições executada por uma FAP.

Em suma, a abordagem de programas e ações selecionados no âmbito do Sistema Nacional das Fundações de Amparo à Pesquisa indica a presença de multidisciplinaridade e ID, em diversos graus. Isso ocorre em programas e projetos desenvolvidos, nos estados, em convênios com agências federais, por grupos de pesquisadores vinculados a universidades. Ocorre mesmo em projeto de P&D empresarial, como visto.

Ocorre também em diversos graus nos grupos nacionais de pesquisa, como no caso dos INCTs. Aqui o levantamento naqueles em que pela temática a multi/ID sugeria haver mais elementos de ID, confirmou-se a expectativa. Encontramos, inclusive, nesse meio, instituto com a presença de todas as dimensões da ID ampla.

E nos recentes acordos internacionais liderados pelo Confap, com o Reino Unido (Fundo Newton), com a Irlanda e com a Dinamarca, para a realização de projetos em parceria de equipes brasileiras com as do país convenente, a internacionalização das pesquisas cumpre uma das dimensões essenciais da ID.

CONSIDERAÇÕES FINAIS

As experiências aqui apresentadas demonstram haver dimensões de multidisciplinaridade e ID em diversos graus – desde fraco até elevado – em programas, projetos de pesquisa e ações verificados no âmbito das Fundações Estaduais de Amparo à Pesquisa e Inovação. Isso revela potencial a ser explorado com mais intensidade. A nosso ver, o estágio atual pode ser compreendido como de "transição" para a ID plena. Mas para que tal evolução venha a ocorrer é necessário que haja indução por parte das instituições de fomento a pesquisa e inovação. E é importante que isso ocorra.

As razões para o suporte à ID incluem o fato de que essa é a melhor maneira para a resolução de problemas, gerando novas frentes de pesquisa ao desafiar o estabelecido, além de ser uma fonte de criatividade (Rafols et al., 2012). As agências de fomento à pesquisa possuem instrumentos para fomentar e disseminar a ID; o mais eficaz deles: os editais de chamada de propostas para seleção dos projetos de pesquisa a serem apoiados.

Os editais precisam ser claros em relação a esse aspecto. A clareza dos editais dos fundos e instituições de fomento à pesquisa, em acordo com proposição de Arnold et al. (2013), é importante para estimular grupos multi e interdisciplinares em pesquisas estratégicas, e responder a desafios sociais. O caminho para isso, em nosso entendimento, é constar, nos próximos editais de chamada de propostas, quando a temática sugerir, clara exigência ou elevada ponderação nos critérios de avaliação dos projetos, das dimensões que caracterizam o enfoque interdisciplinar. Essa condição poderia estar presente na esfera federal, Capes e CNPq e nos acordos destas com as FAPs.

Exemplificam na direção do que foi exposto, os recentes editais do Fundo Newton, conforme vimos, quando na introdução aos editais de Cidades Sustentáveis (*Healthy Cities*) e Relação Energia-Ambiente-Segurança Alimentar (*Energy-Environment-Food Security Nexus*), as chamadas condicionam a ID nas pesquisas ("*interdisciplinary call*"). E reforça a condição quando destaca "*... to promote effective interdisciplinary working*" – promover o efetivo trabalho interdisciplinar para tratar das complexas e conectadas questões da relação entre produção de energia, meio ambiente e segurança alimentar.

A proposição de maior ID é respaldada, também, pelo Plano Nacional da Pós-graduação/PNPG 2011-2020. O Plano aponta como um dos seus cinco eixos prioritários "a multi e interdisciplinaridade entre as principais características da pós-graduação e importantes temas de pesquisa." Em relação a esse aspecto, apresenta as diretrizes gerais de "estímulo à formação de redes de pesquisa e pós-graduação envolvendo parcerias nacionais e internacionais, no nível da fronteira do conhecimento, com vistas à descoberta do novo e do inédito".

Nas diretrizes específicas, o Plano reforça a ênfase em experiências multi e interdisciplinares, e a ampliação da cooperação internacional. Do ponto de vista institucional "a proposta do PNPG 2011-2020 apresenta uma forte articulação entre as agências de fomento federais (Capes, CNPq e Finep) e destas com as Fundações de Amparo e Secretarias de Ciência e Tecnologia dos governos estaduais e com o setor empresarial" (Borges e Barreto, 2012, p. 811-2).

A Capes tem exercido papel fundamental na indução e apoio à ID. Esse se dá principalmente nas avaliações de programas de pós-graduação e orientação na busca de maior grau de ID, e no apoio a pesquisas mediante bolsas, inclusive para a inserção internacional da ciência nacional.

Os agentes federais, especialmente a Capes e o CNPq, possuem outro poderoso instrumento para estimular ainda mais o avanço da ID, em pesquisas que respondam a interesses sociais. Nos convênios com contrapartida estadual, acordar que os editais de chamadas de propostas das FAPs contenham a exigência ou a valorização de pesquisas em equipes de pesquisadores, com diversidade de formação e também de participantes pós-graduados em programas interdisciplinares, com concentração na área da temática.

Para além das ações expostas, as FAPs especificamente, isto é, em programas operados exclusivamente com verbas estaduais, têm a condição e a necessidade estratégica de exigir pesquisas em equipes e abordagem interdisciplinar, pelo menos em percentual expressivo dos projetos. Decisão nesse sentido depende da própria Fundação, sem ingerência externa a ela, que desta maneira estaria respondendo mais apropriadamente a demandas governamentais e da sociedade, por utilização dos recursos públicos com a finalidade de responder ou apontar soluções a problemas sociais.

Os editais podem também reforçar a ID por meio da atuação dos Comitês de Avaliação (CA). As chamadas públicas das FAPs quanto ao processo de avaliação de mérito e seleção das propostas, têm se colocado de formas diversas: algumas especificam a presença do Comitê; outras a avaliação por especialistas; outras, ainda, que o CA fará a seleção das propostas a partir da avaliação prévia dos especialistas.

Em nosso entendimento, caberia normatizar o processo de avaliação para aplicação em todas as FAPs, e segundo as temáticas dos editais. Assim, para temáticas nitidamente disciplinares, avaliação preponderante por especialistas na área; e no caso de temáticas que se caracterizam pela necessidade de enfoque MD/ID a especificação, no edital, da avaliação por comitês multidisciplinares. Em qualquer dos casos, a presença de profissionais com formação interdisciplinar seria desejável.

No sentido geral, para abordar questões atuais de complexidade crescente ou complexas questões antigas, compreendê-las profundamente, de forma integral e holística, e assim contribuir para a superação ou mitigação de problemas sociais, a ID se apresenta, hoje, como a forma mais adequada e viável. Os desafios para sua disseminação são grandes, porquanto ainda está muito presente, e não só em nosso país, a visão disciplinar. No Brasil, conforme ilustrado neste capítulo, apenas alguns projetos selecionados mostram abordagem multi/interdisciplinar em diversos graus. Mas, embora poucos, esses apontam um potencial à ID, já estimulado em editais internacionais recentes. A ampliação, utilizando as chamadas públicas das instituições de amparo à pesquisa e inovação nas diversas esferas, como sugerido, contribuirá decisivamente para o avanço do conhecimento científico e tecnológico e no enfrentamento das questões sociais.

REFERÊNCIAS

ARNOLD, E. et al. *Evaluation of the Academy of Finland.* 2013. Disponível em: https://macs3phere.mcmaster.ca/handle/11375/10680 . Acessado em: 22 abr. 2015.

BORGES, M.N.; DE SÁ BARRETO, F.C. As políticas estaduais de apoio ao PNPG 2011-2020: o caso FAPEMIG-CAPES. *Revista Ensaio: Avaliação e Políticas Públicas em Educação,* v. 20, n. 77, p. 803-818, 2012. Disponível em: http://revistas.cesgranrio.org.br/index.php/ensaio/article/view/358. Acessado em: 20 abr. 2015.

BOTELHO, A.; ALMEIDA, M. Desconstruindo a política científica no Brasil: evolução da descentralização da política de apoio à pesquisa e inovação. *Sociedade e Estado,* v. 27, n. 1, p. 117-132, 2012. Disponível em: http://www.scielo.br/scielo.php?pid=S0102-69922012000100008&script=sci_arttext. Acessado em: 24 abr. 2015.

CNPq – Conselho Nacional de Desenvolvimento Científico e Tecnológico. *Institutos Nacionais de Ciência e Tecnologia/INCTs.* Disponível em: http://estatico.cnpq.br/programas/inct/_apresentacao/institutos.html. Acessado em: 20 abr. 2015.

CONFAP/NEWTON FUND. *Funding Opportunity for Scientist Conducting Research on Healthy Cities and Food-Water-Environment Nexus.* Disponível em: http://confap.org.br/news/en/funding-opportunity-for-scientist-conducting-research-on-healthy-cities-and-food-water--environment-nexus/ Acessado em: 20 maio 2015.

KLEIN, J.T. A taxonomy of interdisciplinarity. In: Julie Thompson Klein & Carl Mitcham (eds.), *The Oxford Handbook of Interdisciplinarity.* Oxford (2010)WAGNER, C.S et all. Approaches to understanding and measuring interdisciplinary scientific research 9IDR: review of the literature. *Journal of Informetrics* 165 (2011) 14-26. Disponível em: www.elsevier.com. locate/joi. Acessado em: 20 abr. 2015.

MACIEL, M.L.; ALBAGLI, S. Cooperação internacional em ciência e tecnologia: desafios contemporâneos. *Lucia Carvalho Pinto de Melo,* p. 9, 2010. Disponível em: http://www.cgee.org.br/atividades/redirect/6054#page=9. Acessado em: 30 abr. 2015.

NEWTON FUND/RESEARCH COUNCILS UK/CONFAP – 2014. RCUK – CONFAP Research Partnerships Call for Projects. Disponível em: http://confap.org.br/news/wp-content/uploads/2014/08/edital-fundo-newton-2014-confap-uk.pdf. Acessado em: 15 maio 2015.

MONTIBELLER, G.F. *O Mito do Desenvolvimento Sustentável: Meio ambiente e custos sociais no moderno sistema produtor de mercadorias.* 3ª ed. EdUFSC, 2008.

NICHOLS, L.G. Measuring interdisciplinarity at the National Science Foundation. In: *Global Tech Mining Conference,* Montreal. 2012. Disponível em: http://www.gtmconference.org/abstracts/session3-interdisciplinarity_NSF-Nichols.pdf. Acessado em: 21 abr. 2015.

PRIMI, A. Regional cooperation in S&T policies: a view from Latin America. *Lucia Carvalho Pinto de Melo,* p. 161, 2010. Em Cooperação Internacional da Era do Conhecimento. Brasilia: CGEE. Disponível em: http://www.cgee.org.br/atividades/redirect/6054#page=162. Acessado em: 30 abr. 2015.

RAFOLS, I et al. How journal rankings can suppress interdisciplinary research: A comparison between innovation studies and business & management. *Research Policy,* v. 41, n. 7, p. 1262-1282, 2012. Disponível em: http://www.sciencedirect.com/science/article/pii/S0048733312000765. Acessado em: 20 abr. 2015.

SILVA, R.E.D.R. Ciência e tecnologia nas constituições brasileiras: da vinculação de receitas: o caso das fundações de apoio à pesquisa–FAPs. 2010. Disponível em: http://repositorio.unb.br/handle/10482/4160. Acessado em: 20 abr. 2015.

SOUZA-PAULA, M.C. de. Ação de acompanhamento e avaliação do programa INCT. *ComCiência,* n. 138, p. 0-0, 2012. Disponível em: http://comciencia.scielo.br/scielo.php?script=sci_arttext&pid=S1519-76542012000400010&lng=e&nrm=iso&tlng=e. Acessado em: 22 abr. 2015.

WAGNER, C et al. Approches to understanding and measuring interdisciplinary scientific research (IDR): A review of the literature. *Journal of Informetrics,* 165 (2011) 14-16. Disponível em: http://cns.iu.edu/images/pub/2011-wagner-interdisciplinarity.pdf. Acessado em: 22 abr. 2015.

capítulo 8

Projeto e Centro Eula-Chile, a primeira abordagem interdisciplinar acadêmica no Chile

Oscar Parra | Biólogo, *Centro de Ciências Ambientais, Eula, Universidade de Concepción, Chile*
Jorge Rojas | Sociólogo, *Faculdade de Ciências Sociais, Universidade de Concepción, Chile*
Claudio Zaror | Engenheiro civil, *Faculdade de Engenharia, Universidade de Concepción, Chile*
Silvano Focardi | Biólogo, *Faculdade de Ciências da Terra e Ambientais, Universidade de Siena, Itália*
Annibale Cutrona | Engenheiro químico, *Consórcio Interuniversitário para Pesquisa das Ciências do Mar, Roma, Itália*

INTRODUÇÃO

Para entender como essa iniciativa pôde ser desenvolvida é importante saber como se originou a ideia e como foi concretizado o Projeto Europa-América Latina (Eula) e a subsequente criação do Centro Eula-Chile. O primeiro impulso veio do Conselho da Europa, que, em virtude da celebração dos 500 anos do descobrimento da América (em 1992), estendeu um convite às universidades europeias para apresentarem iniciativas visando fortalecer os laços culturais entre a Europa e a América Latina. Nesse contexto, em 1986, as universidades italianas decidiram desenvolver uma proposta acadêmica relacionada aos recursos hídricos. Enquanto isso, nos anos 1985 e 1986, os pesquisadores da Faculdade de Ciências Biológicas, hoje Faculdade de Ciências Naturais e Oceanográficas, da Universidade de Concepción (Chile) haviam executado um projeto de pesquisa aplicada para a companhia de eletricidade Endesa, nessa época ainda uma empresa pública, envolvendo projetos hidrelétricos localizados na bacia hidrográfica do rio Biobío. Esse projeto foi a primeira atividade de pesquisa de natureza multidisciplinar, da qual participaram pesquisadores das áreas de ciências naturais, econômicas e sociais nessa universidade (Faranda et al., 1993; Parra, 2010).

A partir do que foi exposto, uma comissão de pesquisadores italianos viajou para a América do Sul, a fim de visitar alguns países e localizar uma área ou território com uma problemática associada aos recursos hídricos que fosse relevante para o desenvolvimento local e, ao mesmo tempo, de uma complexidade temática que favorecesse o concurso ou participação da maior diversidade disciplinar possível. Graças a contatos anteriores entre professores italianos e chilenos da Universidade de Concepción, essa comissão chega à universidade e observa a realidade local dos grandes projetos de investimento programados, dentre eles hidrelétricos e industriais (fábricas de celulose, de sanitários, de irrigação, petroquímicos etc.), que estavam sendo programados e que certamente significariam impactos ambientais (sociais, econômicos e ecológicos) de grande importância. Além disso, a academia e o governo italiano levavam muito em conta a situação política do país, que estava com vistas a uma mudança do regime da ditadura militar para uma democracia representativa, condição que também favoreceu a aprovação definitiva do projeto por parte do governo italiano. Outro aspecto relevante para a academia italiana se decidir pela proposta da Universidade de Concepción foi a localização das várias faculdades e departamentos em um único campus universitário (Figura 8.1), o que possibilitava uma interação permanente dos pesquisadores envolvidos e que facilitaria significativamente a multi e a interdisciplinaridade no desenvolvimento das atividades, tarefas e produtos.

O projeto envolveu cerca de 180 pesquisadores chilenos e italianos, sendo a maior parte dos primeiros pertencente à Universidade de Concepción, os quais contaram com a colaboração de alguns pesquisadores da Universidade de Biobío e da Universidade Austral do Chile. Com relação às universidades da Itália, contou-se com pesquisadores da Universidade de Gênova, a qual atuou como coordenadora, da Universidade de Milão e do seu Centro Politécnico, Universidade de Bolonha, Universidade de Siena, Universidade de Pisa, Universidade Della Tuscia (Viterbo), Universidade de Nápoles "Parthenope", Universidade de Catania, Universidade de Messina e Universidade de Palermo. Com relação à Universidade de Concepción, os pesquisadores participantes pertenciam a 10 das 14 faculdades da época, a saber: Ciências Biológicas, Engenharia, Matemática e Ciências Físicas, Ciências Químicas, Ciências Florestais, Agronomia, Engenharia Agrícola, Economia e Administração, Humanidades e a Unidade Acadêmica de Los Ángeles (Parra, 2010).

O Comitê de Coordenação, composto por cinco investigadores italianos e cinco chilenos, com características multidisciplinares, assumiu a tarefa de formar uma equipe de pesquisadores da maior excelência possível, que se identificasse com o trabalho multi e interdisciplinar capaz de caracterizar a bacia do rio Biobío e sua área costeira marinha adjacente e de influência,

Figura 8.1: Campus central da Universidade de Concepción, onde está localizada a maior parte das faculdades e dos pesquisadores que participaram do Projeto Eula.

além de interpretar sua realidade ambiental e de propor soluções. A esse respeito, deve ser lembrado que a elaboração do projeto Eula teve uma fase de preparação chamada de pré-viabilidade de cerca de dois anos, o que permitiu iniciar o processo de integração e construção de uma linguagem comum entre os acadêmicos e profissionais do Comitê ou Grupo de Coordenação e com os pesquisadores que foram selecionados para coordenar as várias áreas temáticas, que mais tarde vieram a constituir os subprojetos.

A criação do centro a partir do Projeto Eula não foi um processo fácil, pelo contrário, devido ao domínio disciplinar (monodisciplina) na estrutura e organização do sistema universitário chileno e da própria Universidade de Concepción, demandou uma série de discussões e compromissos que até hoje estão presentes em seu desenvolvimento. A isso tampouco fugia a realidade das universidades italianas, a maioria delas centenárias, embora sempre atentas e ativas para experimentar novas direções no trabalho acadêmico, para o qual essa iniciativa no novo mundo lhes parecia atraente e fascinante.

Dessa maneira, o Centro de Ciências Ambientais Eula-Chile (Figura 8.2) foi criado pela Universidade de Concepción em março de 1994 como resultado da colaboração (1990-1993) acadêmica entre a Itália e o Chile. Por isso ficou conhecido como "Projeto Eula". Esse projeto permitiu obter um conhecimento dos sistemas natural, econômico e sociocultural ao identificar, caracterizar e socializar os principais problemas ambientais da bacia do rio Biobío e da região, e propôs soluções em termos de propostas que foram apresentadas para o setor público e privado da região do rio Biobío. Para tal, foi formulado um modelo conceitual (Figura 8.3), chamado modelo Eula, elemento referente que orientava a pesquisa e as atividades dos grupos de pesquisa. Como discutido mais adiante, os estudos foram divididos formalmente em 17 subprojetos que abordaram diversos aspectos dos componentes naturais e antrópicos da bacia do rio Biobío. Os pesquisadores envolvidos em cada um deles se mantiveram em permanente comunicação interdisciplinar, compartilhando informações e formulando propostas integradas.

Figura 8.2: Parte das instalações do Centro de Ciências Ambientais Eula-Chile, que abrigou os pesquisadores do Projeto Eula de 1989 a 1993.

As publicações do projeto discutiram diversos temas e áreas do conhecimento como meteorologia, climatologia, geologia e geomorfologia, usos da terra, agricultura e silvicultura, fauna e flora terrestres, avaliação de recursos hídricos, limnologia e qualidade da água, usos da água (civil e industrial), áreas costeiras e marinhas, áreas estuarinas e sistemas urbanos e planejamento territorial, geografia humana e população indígena, e propostas de gestão e saneamento ambiental. Cada temática publicada era desenvolvida de modo que se tornaria parte de um todo ou do sistema, o que correspondia à bacia hidrográfica e, portanto, cada temática publicada se transformava em uma contribuição para a compreensão de um sistema que era reconhecido como muito complexo.

A partir da divulgação dos seus resultados, por meio de *workshops* e seminários, e da publicação dos 24 volumes (detalhados mais adiante), começa uma intensa relação de trabalho com o setor produtivo, tanto com empresas públicas quanto privadas, que se manifesta por meio de diversas ações. O impacto gerado pelo projeto é transferido para o Centro Eula quando este inicia seu trabalho acadêmico ao conseguir um reconhecimento da comunidade regional por seu domínio da problemática ambiental da região do Biobío, em termos de diagnóstico e soluções, estabelecendo-se desde o início com o setor governamental e o setor privado relações de colaboração. O Eula também se beneficia do crescente interesse das empresas para abordar as questões ambientais de forma proativa, o que também é favorecido pela fase inicial de implementação das regulamentações ambientais no Chile, com a promulgação em 1994 da Lei Base do Meio Ambiente. O mesmo vale para o crescente interesse do setor público que, a partir da promulgação dessa legislação ambiental, começa a tarefa de organizar as instituições correspondentes e a treinar funcionários em questões ambientais, com o apoio e a participação ativa do Centro Eula.

O Centro Eula constitui hoje uma unidade acadêmica multi e interdisciplinar, centrada na Investigação, Formação, Extensão e Assistência Técnica sobre as questões ambientais. Ele representa a continuidade de um modelo de cooperação internacional. Os objetivos acadêmicos que foram estabelecidos na criação do Centro Eula são:

1. Desenvolver e coordenar pesquisas em ciências ambientais, particularmente em gestão ambiental de recursos naturais e planejamento territorial, considerando a gestão integrada de bacias hidrográficas e da área costeira como áreas de maior atenção.
2. Promover e implementar programas de formação na graduação e pós-graduação em ciência ambiental, gestão ambiental de recursos naturais e planejamento territorial.
3. Promover e organizar a transferência de conhecimentos e a prestação de serviços por meio da capacitação profissional, a divulgação de resultados de pesquisa científica, a educação ambiental e o fomento de relações estáveis com órgãos governamentais nacionais, regionais, do setor produtivo público e privado.
4. Incentivar o desenvolvimento da colaboração científica interdisciplinar com outras universidades chilenas e estrangeiras no âmbito da cooperação interuniversitária.

O MODELO EULA

A gestão dos recursos hídricos (continentais e marinhos) foi identificada como um tema central e apropriado para uma iniciativa de pesquisa científica e formação de recursos humanos, por sua conotação aplicativa e com implicações de ordem econômica e social. Colocar o "subsistema de água" como base para o planejamento e a programação do território não significa isolá-lo de outros subsistemas que pertencem ao horizonte físico natural ou ao horizonte antrópico (econômico e social), já que é considerado o significado dos diferentes níveis de interação entre eles, o que necessariamente requer uma abordagem interdisciplinar. Consequentemente, o sistema tem de ser tratado como um conjunto que utiliza o setor socioeconômico como um elo entre análise e proposição de uso e gerenciamento do território. A fase de "análise territorial" é, pelo que precede, inevitável e, obviamente, propedêutica àquela da verificação da proposta, já que deve levar em consideração todas as relações ou interações possíveis e, entre elas, principalmente o uso do meio físico ou natural pelo homem (Faranda et al., 1994; Parra, 2001, 2010).

A concepção do programa, configurado no modelo Eula, está delineada no sistema gráfico de blocos representado na Figura 8.3, na qual se distinguem nitidamente três fases: análise, propostas e aplicação. A fase final ou conclusiva, ou seja, em que é aplicado, não entrou nos objetivos prosseguidos com o projeto, já que correspondeu às autoridades governamentais do território (municipais e regionais) e ao setor privado a competência da recepção e aplicação das propostas feitas.

O projeto de pesquisa aplicada (17 subprojetos) proporcionou todos os dados que sustentam, motivam e justificam tais proposições, e também os instrumentos aplicativos de ordem normativa e, sobretudo, de ordem técnica de gerenciamento, além dos recursos humanos para implementá-los. Aqui foi inserida, juntamente com a pesquisa científica, a atividade de formação de recursos humanos, fundamental para todo o projeto. O mesmo pode ser dito da fase de proposta e, acima de tudo, daquela de aplicação, na qual desempenha um papel importante, porque não é eficaz pensar em um sistema de planejamento rígido do território, mas, sim, em um sistema em contínua evolução e transformação. A formação de recursos humanos está articulada, pelo menos, em dois grandes compartimentos: a preparação de pesquisadores e técnicos e a educação ambiental. Esta última teve a intenção de divulgar e

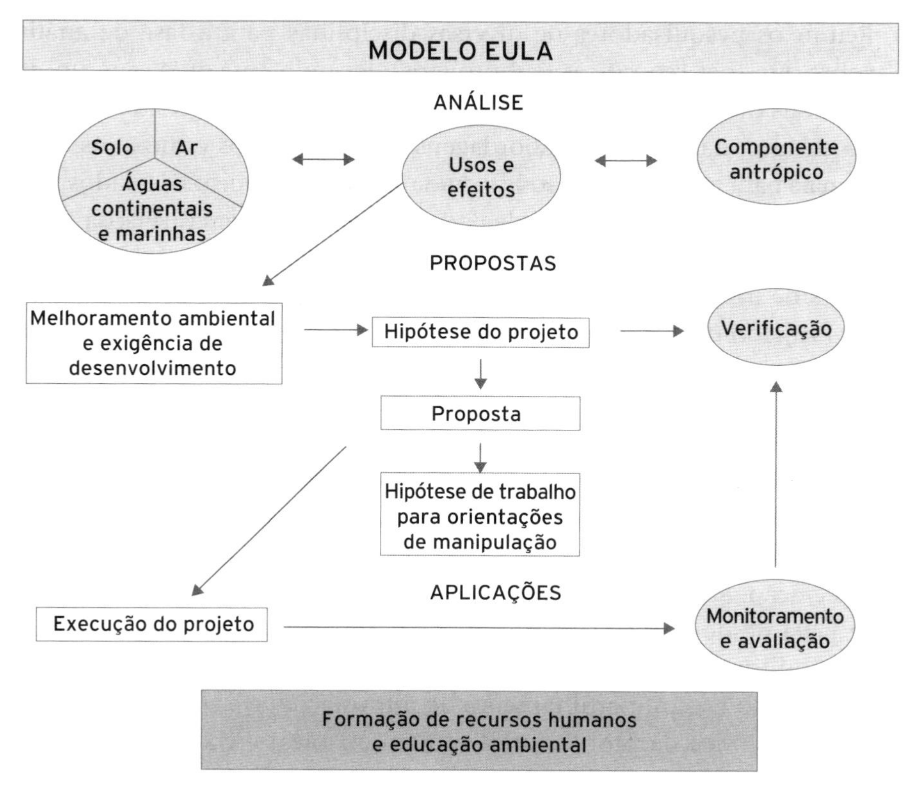

Figura 8.3: Esquema do modelo Eula com suas fases e componentes.

obter "o consenso" como base para a implementação das propostas de uso e gerenciamento do território (Farnada et al., 1993; Parra, 2001, 2010).

A escolha da "unidade bacia hidrográfica", além dos limites regionais e municipais de ordem político-administrativa, derivou da necessidade de operar em uma área geográfica definida, com componentes e fatores ambientais que influenciam uns aos outros. A bacia hidrográfica é uma unidade ambiental que permite considerar os recursos hídricos de maneira holística, sistêmica e sustentável. Isso pode representar, em relação, por exemplo, aos limites político-administrativos (regiões, províncias e comunidades), um limite para o estudo; mas constituiu, certamente, o compromisso mais aceitável para as pesquisas de natureza ambiental.

Para que o esquema respondesse e não contrariasse às expectativas dos pesquisadores envolvidos, foi necessário:

- Reunir os pesquisadores de diversas disciplinas para a fase de análises sobre questões específicas (subprojetos), levando em conta seus âmbitos culturais disciplinares, experiências e conhecimento do território ou área de estudo, mas adotando abordagens, procedimentos e métodos operacionais para garantir a gestão integrada dos dados (bancos de dados temáticos). A esse respeito, a base de dados provenientes dos diversos projetos estava disponível para todos os pesquisadores e era analisada nas reuniões de trabalho de caráter permanente que o Comitê de Coordenação do Projeto Eula tinha com os coordenadores dos diversos subprojetos, o que permitia uma retroalimentação permanente.
- Recompor o sistema integrado na fase de proposições, preocupando-se especialmente com os diversos aspectos da "transferência" para a sociedade e seus agentes por meio da aquisição de uma linguagem unificadora que, sem desnaturalizar o papel de cada pesquisador, permitia atenuar os interesses setoriais e disciplinares, favorecendo assim as inter-relações e a integração. Assim como o ponto anterior, a coordenação permanente que se fazia desde o nível superior até os pesquisadores de cada subprojeto possibilitou pouco a pouco o desenvolver de uma linguagem comum que facilitou o compartilhamento de informações e a construção de uma visão sistêmica da problemática ecológica, social e econômica da bacia hidrográfica do rio Biobío.
- Assegurar ao programa o máximo possível de interação com as autoridades locais, regionais e nacionais, e com o mundo da produção e a opinião pública interessada.
- Verificar as diferentes propostas por aproximações sucessivas fazendo comparações internas e externas, evitando o risco de que fossem totalmente estranhas ou pouco receptivas para os potenciais usuários.
- Manter o máximo de rigor científico em todas as fases do programa, mas evitando pensar que se trata de um mero exercício teórico acadêmico, como geralmente se crê quando os agentes são as universidades e os universitários.

BACIA DO RIO BIOBÍO E ÁREA MARINHA COSTEIRA ADJACENTE COMO ÁREA DE APLICAÇÃO DO MODELO EULA

O território da bacia (Figura 8.4, área de aplicação do modelo Eula, aproximadamente 24.260 km^2) é dividido em Cordilheira dos Andes, depressão central, montanhas costeiras e planície litoral. Cerca de 72% da área da bacia estava localizada na região do Biobío (região VIII) e os 28% restantes, na região de Araucanía (região IX). Além disso, a bacia correspondia a 54% da área total da região VIII. O clima é extremamente variável, uma vez que a área é influenciada por oscilações do centro de alta pressão do Pacífico Sul. A precipitação média anual na parte inferior da bacia é de aproximadamente 1.300 mm; na parte superior atinge 3.000 mm.

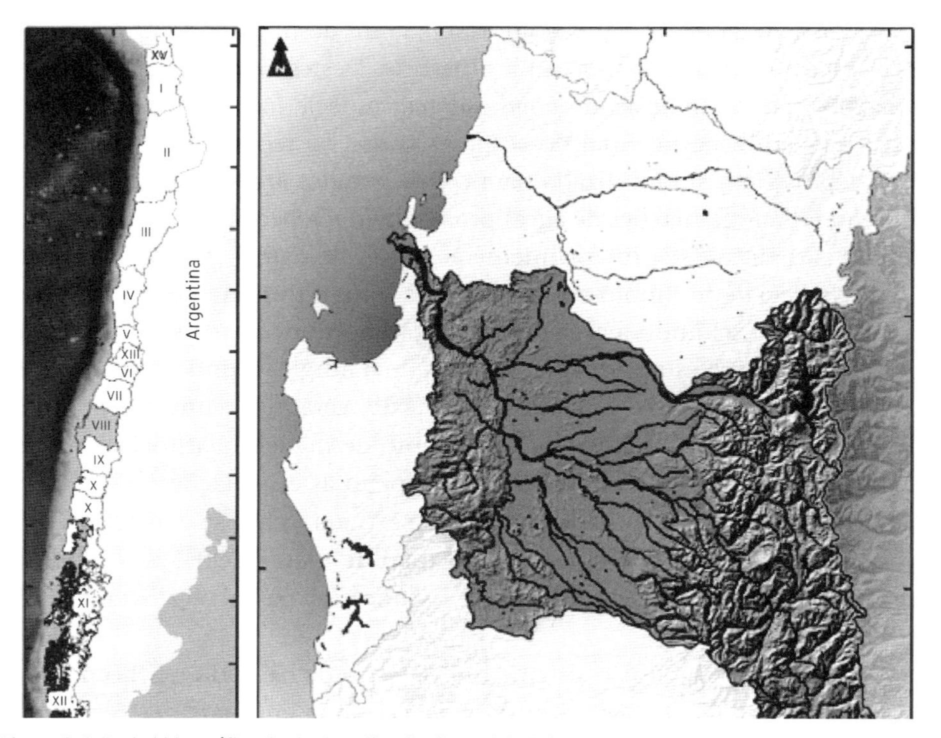

Figura 8.4: Bacia hidrográfica do rio de aplicação do modelo Eula.
Fonte: Eula (1994).

A temperatura, exceto na Cordilheira dos Andes, tem uma média anual entre 14 e 12° C (de norte a sul), com temperaturas de inverno mínimas de -5° C na depressão central e -1° C na faixa costeira, regiões nas quais a umidade relativa costuma ser muito elevada. O território está dividido em 24 municípios pertencentes a 4 províncias das regiões VIII e IX (Biobío, Nuble, Concepción e Malleco). As cidades principais eram: Concepción (capital da região VIII), Talcahuano, Los Ángeles (capital da província de Biobío), Angol (capital da província de Malleco), Mulchén, Nacimiento e Laja. Aproximadamente, com os dados do censo de 1992, os habitantes da área da bacia do rio Biobío eram cerca de 955 mil; o sistema Concepción-Talcahuano alcança cerca de 480 mil habitantes, ou seja, pouco mais de 50% de toda a área. O uso da terra era destinado principalmente para agricultura, silvicultura, pecuária, indústria, comércio, turismo e recreação. A agricultura usava, considerando-se os diferentes fins, uma superfície de cerca de 427 mil hectares, equivalentes a 17% da área da bacia. Para uso florestal, eram destinados 1.115.000 hectares, o equivalente a 46% de toda a superfície. Destes, 503 mil hectares eram utilizados para plantações de *Pinus radiata*[1], espécie introduzida no Chile a partir da Califórnia no final do século XX, que só recentemente (quase 30 anos depois) tem sido utilizada para cobrir grandes áreas. Também estavam aumentando as plantações de eucalipto. A atividade pecuária, essencialmente extensiva, dedicava-se principalmente à criação de ovinos, suínos e bovinos. A área da Região do Biobío era considerada o mais importante centro industrial do Chile excluindo a área de mineração no norte do país. As indústrias mais significativas estavam relacionadas a metalurgia, química, petroquímica, refinaria de petróleo, papel, celulose, têxtil, cerâmica, cimento, produtos alimentícios, couro, calçados, processamento de madeira, farinha de peixe e frutos do mar em conserva. No que diz respeito às exportações, prevaleciam claramente indústrias de madeira (madeira serrada, celulose e papel) e aquelas da farinha de peixe, perfazendo um total de mais de 90% dos produtos regionais exportados, com um impacto significativo na balança comercial externa do Chile.

No que dizia respeito ao sistema hidrográfico da bacia do rio Biobío, suas características mais notáveis eram que ele consistia em mais de 15 mil rios, catalogados de primeira até oitava ordem. O curso principal que dá nome à bacia tem um comprimento de aproximadamente 380 km; nascido nas lagunas Icalma e Galletué (Região IX), na altura de 1.160 metros acima do nível do mar, seus principais afluentes, das montanhas até o mar, são: Lonquimay, Pangue, Queuco, Huequecura, Duqueco, Bureo, Vergara e Laja. O fluxo caudal anual médio na sua foz na parte norte do golfo de Arauco é de aproximadamente 960 m^3/s com uma vazão máxima média de 1.600 m^3/s. e uma média mínima de 160 m^3/s (os fluxos máximos históricos ultrapassaram 15.000

1 *N.T.: uma espécie de pinheiro*

m^3/s). Além disso, o rio Biobío representava o recurso de sustentação das atividades civis e industriais de maior relevância da região VIII. Os usos dos recursos hídricos correspondem – sem definir prioridades nem hierarquias de uso – principalmente à produção de energia hidroelétrica, à irrigação, ao uso industrial e à fonte de abastecimento de água potável. O rio Biobío, por outro lado, foi historicamente o corpo de recepção de uma parte importante das descargas de líquidos urbanos e industriais, a grande maioria deles sem qualquer tratamento.

Naquela época, dois grandes projetos de investimento estavam em processo de desenvolvimento e implementação, um no setor da energia (Central Hidrelétrica Pangue) e outro no setor agrícola (projeto de irrigação Canal Laja-Diguillín), ambos de grande importância socioeconômica e impacto ambiental. Do exposto anteriormente, esse recurso hídrico também representa essencialmente o principal recurso natural da região do Biobío, que estruturava, em grande parte, a sua paisagem e que condicionava e continuará condicionando seu desenvolvimento produtivo e social futuro.

A área costeira marinha adjacente (o golfo de Arauco e a bacia de San Vicente), sobre a qual tem influência direta e indireta o rio Biobío, caracterizava-se pela alta produção de peixes. A plataforma continental é a mais estendida de toda a costa chilena com um cânion cuja profundidade máxima é de cerca de 1.000 m, em frente à ilha de Santa Maria, aproximadamente 40 km da costa. O regime de circulação está determinado principalmente pelo vento com ondas de baixa frequência. O golfo de Arauco é influenciado por fenômenos de ascensão de águas ou surgências (*upwelling*), cujo centro está localizado a oeste de Punta Lavapié. A alta produção mencionada resulta em um alto desempenho da pesca (industrial e artesanal), centrada nas seguintes espécies (nomes comuns): sardinha comum, anchova, sardinha espanhola, cavala, machuelo, sierra, merluza, congro negro, congro colorado, congro dourado, bacalhau e linguado. A atividade de exploração dos produtos marinhos se dava com a comercialização de moluscos como mexilhão, amêijoa, marisco, lingueirão e algas como *Durvillea, Gelidium, Gracilaria* e *Macrocystis.* Era óbvio que muitos dos recursos marinhos estavam relacionados com as contribuições das águas do rio que, juntamente com os processos de *upwelling*, determinam a alta produtividade da área sobre a qual a desembocadura do Biobío se assenta. A alta produtividade significava uma igualmente importante atividade industrial e comercial, de interesse regional, nacional e internacional. Não menos importantes são os ambientes costeiros, em particular, Lenga e Tubul, relevantes para a atividade artesanal de extração e cultivo de recursos bentônicos (algas e moluscos) de interesse comercial, culinário e turístico.

QUESTÕES ORGANIZACIONAIS E GERENCIAMENTO DO PROJETO EULA

As atividades foram planejadas para serem desenvolvidas não só no Chile como também na Itália. É necessário enfatizar que a intensa atividade na Itália, tanto para a pesquisa quanto para a docência, representou uma peculiaridade desta iniciativa de cooperação que, entre outras coisas, constitui um importante compromisso dos pesquisadores italianos e das instituições das quais faziam parte, que ultrapassou em muito o compromisso do período de missão ou permanência no Chile.

A direção científica foi assumida pelo diretor do Centro de Pesquisa para a Cooperação ao Desenvolvimento (Cics-Eula), que teve como homólogo chileno primeiro o diretor de pesquisas da Universidade de Concepción, depois o diretor do Centro Eula-Chile. Para cada um dos subprojetos, foram apontados um cientista responsável italiano e um chileno. Dessa maneira, a pesquisa científica se sustentou sobre uma rede organizacional bem definida, com identificação clara de tarefas e responsabilidades. A organização da atividade de formação, tanto dos docentes relacionados com conteúdo científico dos programas quanto à seleção dos docentes, foi executada pela direção científica, com a variante, após a ativação do Centro Eula-Chile, da inclusão de um subdiretor de formação e dos chefes de programas, um para o programa de Doutorado e outro para o programa Técnico. A organização da parte operacional, de acordo com as exigências científicas, foi encarregada sempre ao mesmo diretor executivo italiano, apoiado por uma estrutura administrativa disponibilizada pela Universidade de Concepción.

A administração, ou melhor, a gerência do projeto, entendida tanto como organização das atividades quanto como gestão financeira e contábil, foi substancialmente caracterizada por dois fatores: a indiscutível multi e interdisciplinaridade do programa e a íntima relação entre a formação e a pesquisa de campo e atividades de laboratório; e a coparticipação de três diferentes órgãos executores italianos (Direção Geral de Cooperação para o Desenvolvimento do Ministério das Relações Exteriores – DGCS-MAE, Cics-Eula e Instituto de Cooperação Universitária – ICU) e de uma instituição chilena (Universidade de Concepción) com vários requisitos administrativos.

A influência da interdisciplinaridade do projeto sobre a organização não só significou inter-relações entre diferentes disciplinas, como também foi necessário enfatizar o fato de que a partir do subsistema de água, deve-se levar em conta todas as inter-relações com o sistema territorial (rural e urbano), considerando este último como um sistema indivisível de ambientes marinhos costeiros e continentais. Esses dois elementos, em conjunto à já mencionada conexão entre a formação e a pesquisa de campo e de laboratório, caracterizaram e representaram um verdadeiro selo de qualidade e sustentabilidade de todas as operações do Projeto ou Programa (Figura 8.5).

Figura 8.5: Equipamento de campo para o estudo dos ecossistemas aquáticos.

Alinhada a esta visão, a seleção de instrumentos para laboratórios e para coleta de dados em campo foi de fundamental importância. A esse respeito, deve-se ter em conta o fato de que a centralização dos laboratórios, definidos por tema e considerados como serviços, por um lado permitiu eliminar o problema da duplicação de instrumentos particularmente importantes, mas, por outro, criou o problema da obtenção de um sistema completo, integrando funcionalmente os elementos que o compõem. Sempre a propósito da organização e aquisição de instrumentos e outras facilidades, deve-se considerar o enorme impacto da atividade de campo em um território que, como foi mencionado anteriormente, tem uma área de cerca de 24.260 km^2 (parte continental) e 4.000 km^2 (parte marítima).

Os técnicos e diretores de laboratórios, os bolsistas dos programas de formação, que no primeiro semestre tinham cursado as aulas teóricas e iniciado, em parte, a prática nos laboratórios das diversas faculdades da Universidade de Concepción, participaram ativamente, com a chegada do instrumental, na montagem e no desenvolvimento de metodologias e técnicas a serem empregadas, apoiados por pesquisadores italianos e chilenos e pelos técnicos das diferentes empresas fornecedoras que no processo de instalação dos instrumentos desenvolveram *workshops* de capacitação para os técnicos que iriam operá-los.

As primeiras campanhas de pesquisa realizadas nos meses de fevereiro e março de 1990, de acordo com o programa definido durante a estadia dos pesquisadores italianos, que visavam à coleta de dados preliminares que permitissem habilitar o ajuste de equipamentos de campo das posteriores campanhas integradas, sempre na perspectiva da unidade do sistema de inter-relações ar-água-solo. O planejamento de campanhas sucessivas, começando com a do inverno de agosto de 1990, significava, naturalmente, a participação dos laboratórios do programa, com a definição de um plano operacional preciso e um cronograma de processamento de dados e suas respectivas análises.

As atividades de laboratório e as de campo foram desenvolvidas em conjunto com as dos programas de formação e, em especial, com as do Programa de Doutoramento em Ciências Ambientais. De fato, após o primeiro ano, uma vez definido o tema da tese para cada um dos doutorandos, procedeu-se o planejamento das atividades de campo, de modo que estas se inserissem, sempre que possível, naquelas dos subprojetos, seja por razões de coordenação científica ou por um uso otimizado dos recursos e dos meios disponíveis. Os períodos de maior esforço de organização sempre coincidiram com os períodos de maior presença de pesquisadores italianos.

Finalmente, quando se aproximou a fase final, com a apresentação dos dados e das propostas finais, foi necessário organizar inúmeras reuniões, seminários e conferências. A decisão já assumida de publicar todos os dados significou a necessidade também de organizar um grupo de trabalho, que, com a colaboração da Direção de Extensão/Subdireção de Publicações da Universidade de Concepción, foi capaz de editar os trabalhos de modo que facilitasse sua impressão nas gráficas.

ESTRUTURAÇÃO DA PESQUISA CIENTÍFICA APLICADA

As atividades de pesquisa científica foram estruturadas em 17 subprojetos, conforme indicado a seguir:

1. Oceanografia física
2. Química marinha
3. Plâncton e produtividade
4. Produtividade terciária
5. Zoobentos e produtividade
6. Fitobentos e produtividade
7. Geologia marinha
8. Ambientes costeiros marinhos
9. Meteorologia e climatologia
10. Geologia e ecologia do sistema terrestre (solo)
11. Avaliação dos recursos hídricos
12. Ecologia e qualidade da água do sistema superficial
13. Água para uso doméstico
14. Resíduos industriais líquidos e tecnologia não contaminante
15. Inventário da atividade industrial na bacia, tecnologia atual e alternativa
16. Resíduos industriais sólidos
17. Aspectos físicos, sociais, econômicos e jurídicos

Os projetos de produção terciária, áreas de pesca marinha, avaliação dos recursos hídricos e inventário da atividade industrial na bacia também tratavam da parte econômica e social. Nos 24 volumes publicados, também foi observado o desenvolvimento de diversas temáticas sociais e econômicas na bacia.

O subprojeto número 18 foi dedicado à formação de recursos humanos. A organização em subprojetos foi exigida pelos requisitos metodológicos e operacionais; a reformulação do sistema integrado ocorreu em diferentes níveis e em vários estágios, especialmente depois de completar a fase de análise para passar para a de verificação e a de proposta final. Os diversos planos de saneamento e de uso adequado do território foram apoiados em bancos de dados, cartografia de base e mapeamento temático elaborado especificamente em várias escalas (1:500.000, 1:250.000, 1:50.000 para a área total de estudo e escalas de maior detalhe para aspectos específicos). Com todos os elementos disponíveis para os setores estratégicos, foram definidos os valores de parâmetros para as "escalas de sensibilidade" das cartas de "oferta de espaço". A partir da superposição destas últimas, obteve-se a carta geral "vocação natural do território". Até essa fase, o termo território significava apenas espaço físico. Posteriormente, intervieram os planejadores, os quais, por meio de um exercício interdisciplinar e com base na oferta existente de espaço, elaboraram os diversos planos setoriais considerando, também, todas as informações relevantes e, acima de tudo, referindo-se ao plano de desenvolvimento regional aprovado pelo governo no final de 1991. Em alguns casos, juntamente com os planos setoriais, foram desenvolvidos estudos de pré-viabilidade.

FORMAÇÃO DE RECURSOS HUMANOS

A formação de recursos humanos (subprojeto 18), em diferentes níveis e com o objetivo de promover o desenvolvimento na capacidade multi e interdisciplinar de compreender e realizar a análise e gestão ambiental, foi organizada em programas de capacitação e treinamento, com breves períodos de especialização na Itália. Essa atividade foi confiada ao ICU, com sede em Roma, também na fase governamental, com colaboração do Cics-Eula, já mencionado, para os conteúdos científicos.

É evidente que no contexto geral do Projeto Eula, tudo visava à formação e criação de novas capacidades ambientais e, em geral, tudo o que foi feito teve um impacto sobre esse objetivo e, portanto, não apenas o que se atribui especificamente a esse setor. Em outras palavras, todas as atividades que acompanharam o Projeto Eula impactaram positivamente no processo de formação de capital humano. Basta pensar no longo e integrado trabalho realizado entre pesquisadores no Chile e na Itália; na cooperação entre especialistas de ambas as nacionalidades, de diferentes universidades e de origens cultural e disciplinar diferentes; na participação no complexo plano organizacional e de gestão; no trabalho constante de adaptar os objetivos e instrumentos para consegui-los; na escolha dos métodos mais adequados em cada área temática para alcançar o objetivo final; na busca da melhor maneira de apresentar e tornar compreensível para o ambiente externo (comunidade, os intervenientes relevantes no setor público e privado) o complexo trabalho desenvolvido e os resultados alcançados. Além disso, as atividades de conscientização e educação ambiental foram parte do treinamento, embora não tenham produzido figuras profissionais definidas. Os programas de treinamento são descritos a seguir.

Programa de doutorado em ciências ambientais

Primeira etapa: duração de 3 anos e meio (julho de 1989 – janeiro de 1993); 31 bolsistas; modelo adotado: o italiano para os Doutorados de pesquisa em Ciências Ambientais, com algumas adaptações às condições locais; currículos ativados: Águas marinhas e salgadas, Águas continentais, Solo, Engenharia e planejamento territorial; corpo docente: misto ítalo-chilenos; sede: completamente na Universidade de Concepción, Centro Eula-Chile, exceto períodos limitados de permanência de estudo na Itália. A conclusão do programa e o término das respectivas bolsas de estudo foram marcados para janeiro de 1993 e o exame final, para março daquele mesmo ano. Os estudantes merecedores receberam uma bolsa de estudo na Itália com duração de um mês (abril de 1993) e realizada em diversos centros de excelência.

Segunda etapa: com o mesmo modelo da primeira, foi iniciada em abril de 1992 a segunda etapa, com 12 bolsas de estudo para chilenos e 6 bolsas para outros estudantes da América Latina (Peru, Argentina, Uruguai, Brasil e Venezuela) e com três currículos – Águas continentais, Solo e Planejamento territorial. Essa iniciativa parte do notável sucesso da primeira etapa e do fato de que a Universidade de Concepción inscreveu o doutorado em Ciências Ambientais em seu próprio estatuto e que, em janeiro de 1993, foi nacionalmente reconhecida pela Comissão Nacional de Investigação Científica e Tecnológica (Conicyt). Esta etapa terminou depois de três anos, em fevereiro de 1995. As bolsas dos primeiros 12 meses de estudantes chilenos foram financiadas com os fundos do programa destinados à ICU; as correspondentes 24 meses seguintes foram financiadas diretamente pela Cooperação Italiana. A mesma fonte também financiou as bolsas de três anos de outros estudantes latino-americanos, incluindo as despesas de viagem.

A abertura do Programa de Doutoramento em Ciências Ambientais constituiu, sem dúvida, uma ação visionária da cooperação chileno-italiana e da Universidade de Concepción. Na verdade, a ideia de formar pesquisadores de alto nível em ciências ambientais foi a primeira iniciativa do gênero no Chile. Além disso, após mais de 20 anos desde a sua criação, o programa continua a ser único no país, atraindo jovens talentos e com compromissos com o conhecimento e pesquisa em ciências ambientais. O programa teve uma repercussão internacional e, depois de lutar em diferentes e complexos processos de credenciamento, alcançou o máximo de sete anos de credenciamento, permitindo que os alunos se beneficiem de bolsas de estudo de sistema nacional Conicyt.

Programa de especialização técnico-científica para diretores de laboratório no setor do ambiente

Primeira etapa: duração de 1 ano (de janeiro a dezembro de 1990); 12 bolsas de estudo; áreas favorecidas: Química, Biologia, Ciências da Terra; modelo adotado: em parte o modelo italiano de uma "Scuola di Specialiazzazione", com todas as adaptações necessárias; corpo docente misto de professores italianos e chilenos; sede de desenvolvimento do programa: Universidade de Concepción, laboratórios do Centro Eula-Chile. A primeira etapa terminou com todos os bolsistas aprovados, após um ano de atividade.

Segunda etapa: duração de um ano (de fevereiro 1992 a janeiro 1993); 5 bolsas de estudo; áreas favorecidas: Oceanografia, Engenharia Hidráulica e Sanitária, Ecologia Marinha, Limnologia e Bentonologia. Depois da experiência da primeira etapa, foi adotada para a segunda a variante de admitir pessoas já dotadas de um grau profissional.

Programa de treinamento técnico profissional para técnicos de laboratório no setor ambiental

Primeira etapa: duração de 2 anos (de janeiro de 1990 a dezembro de 1991); 24 bolsas de estudo; áreas favorecidas: Química, Biologia, Ciências da Terra e Planejamento Territorial; modelo adotado: o italiano para a "Scuola para FiniSpeciali" com as modificações necessárias para se adaptar à situação local; corpo docente: misto ítalo-chileno; sede de desenvolvimento: Universidade de Concepción, nos laboratórios do Centro Eula-Chile.

Segunda etapa: duração de 1 ano (de abril de 1992 a março de 1993); 12 bolsas de estudo; com base nos resultados da primeira etapa, foi iniciada a segunda, porém, reservada a graduados, de acordo com o esquema da Universidade de Concepción. Havia bolsas de estudo outorgadas no último ano, em virtude do maior nível de renda dos estudantes.

Programa de especialização técnica e profissional em análise e gestão ambiental

Duração de 1 ano (de fevereiro 1992 a janeiro 1993); 10 bolsas de estudo. Era um programa de aprofundamento, reservado para os dez melhores técnicos da primeira etapa do programa de treinamento técnico.

Outras atividades de formação

Corresponderam a 60 bolsas para abordar a questão da especialização na Itália de um número significativo de professores e especialistas chilenos, orientados e preparados para trabalhar na área de Ciências Ambientais. Foi organizada e implementada também uma intensa atividade de conscientização e educação ambiental, que consistia em seminários, reuniões, debates, exposições e publicações, além da edição da revista periódica *Eula-Educa*, destinada a professores e alunos do nível básico e secundário.

ATIVIDADES DE TRANSFERÊNCIA CIENTÍFICA E RELAÇÕES COM A COMUNIDADE

O Projeto Eula foi muito dinâmico e proativo na transferência dos conhecimentos que estava gerando com as atividades de pesquisa. Ao longo de sua elaboração, foi programado um grande número de atividades como seminários e eventos científicos de caráter regional, nacional e internacional, e não só na sede da Concepción como também no campus de Chillán e de Los Ángeles. Entre os principais seminários organizados, pode-se destacar os seguintes:

1. A educação ambiental no contexto do Eula: 24 de novembro de 1989, Auditório da Universidade de Concepción.
2. Avanços tecnológicos para a redução da poluição industrial: de 8 a 9 de abril de 1991, Auditório da Universidade de Concepción; em colaboração com a Faculdade de Engenharia da Universidade de Concepción.
3. O progresso e o planejamento de futuras atividades do Programa Eula-Chile: de 21 a 22 de maio de 1991, Universidade Della Tuscia (Viterbo, Itália).
4. Gestão de recursos hídricos e planejamento territorial: de 25 a 27 de setembro de 1991, Auditório da Universidade de Concepción, Talcahuano.
5. A formação da estratégia da cooperação italiana para o desenvolvimento: de 7 e 8 de outubro de 1991, aula magna da Universidade de Siena, Itália, em homenagem aos 750 anos do Ateneo; com a colaboração do Centro Interuniversitário para o Desenvolvimento (Cinda – Santiago de Chile).
6. Ordenamento do território para o desenvolvimento na proteção do ambiente: de 9 a 11 de outubro de 1991, aula magna da Universidade de Siena, Itália.
7. Uso da terra e dos recursos hídricos na bacia do rio Biobío: de 15 a 17 de janeiro de 1992, Unidade Acadêmica de Los Ángeles da Universidade de Concepción, Los Ángeles.
8. Uma análise dos dados e resultados obtidos; plano das publicações do programa: 30 de abril e 1º de maio de 1992, Castillo-Linares.

9. Verificação do método de planejamento e avaliação dos dados analíticos disponíveis: 29 e 30 de maio de 1992, Instituto de Ciências Ambientais da Universidade de Gênova, Itália, Santa Margarita Ligure (Gênova, Itália).
10. Limnologia e avaliação do impacto ambiental: 16 e 17 de julho de 1992, Auditório da Universidade de Concepción.
11. Planejamento territorial: 27 e 28 de agosto de 1992, Auditório da Universidade de Concepción.
12. Legislação ambiental: 7 e 8 de setembro de 1992, Auditório da Universidade de Concepción.
13. Gestão da zona costeira e oceânica: 12 e 13 de novembro de 1992, Universidade de Concepción, Cendyr Náutico, Talcahuano.
14. Seminário conclusivo da coordenação de resultados do Programa de Cooperação Interuniversitária Ítalo-chilena na bacia do rio Biobío e adjacente área marinha costeira: elaboração da proposta final – 16 e 17 de dezembro de 1992, sede do Conselho Regional de Economia e do Trabalho e do Departamento de História e Design em Arquitetura (Palermo, Itália); com o patrocínio da Assembleia Regional Siciliana e participação do Conselho Regional da Economia e do Trabalho.

O Projeto Eula foi oficialmente encerrado com dois eventos oficiais. No Chile com as jornadas conclusivas de Concepción: 4, 16 e 17 de março de 1993, Casa da Arte e Auditório da Universidade de Concepción, sendo que em 4 de março (Figura 8.6) participou da cerimônia de abertura o Presidente da República do Chile, Patricio Aylwin Azócar; e em Roma, com a Giornate-conclusive di Roma: 28 e 29 de abril de 1993, na sede do Istituto Italo-Latinoamericano, Roma, Itália.

No mês de setembro de 1994 (12-14), o Projeto Eula foi apresentado em Paris, na sede da Unesco, que adotou o modelo Eula a ser aplicado em outros países do Sul e do Norte do mundo.

Além das atividades previamente descritas, o Projeto Eula desenvolveu, ao longo do período de sua execução, inúmeros debates e reuniões gerais e setoriais sobre questões ambientais no Chile, Itália e Argentina. Repercussão especial tiveram aqueles seminários e reuniões realizados com a própria comunidade, diretamente interessada na compreensão, participação e análise das propostas realizadas pelo projeto.

Figura 8.6: Vista de um dos seminários de transferência para a comunidade do Projeto Eula.

OS RESULTADOS MAIS SIGNIFICATIVOS

A conclusão formal do projeto, como indicado, estava agendada para o início de 1993. Com efeito, em março daquele ano, foi programado um seminário no Chile para apresentar as propostas finais e toda a documentação que as sustentavam; em abril foi efetuada uma atividade semelhante na Itália. No encerramento do programa, foram apresentadas diversas propostas articuladas sobre o uso adequado do território e estudos de pré-viabilidade para áreas e setores significativos de particular interesse.

A seguir, são apresentadas as propostas do Projeto Eula:

1. Um estudo de pré-viabilidade para a recuperação e a gestão do recurso hídrico, incluindo alternativas de emissários e aquedutos.
2. Apresentação de um modelo decisório para a gestão do sistema Canal Laja-Diguillin.
3. Proposta de ordenamento territorial da área da bacia e um estudo de viabilidade para a comunidade de San Pedro.

4. Proposta para o uso adequado do solo para uso agrícola e florestal.
5. Proposta preliminar de ordenamento da zona costeira;
6. Documentação de revisão (coleta) crítica e ordenada da legislação vigente no Chile, de interesse para o gerenciamento do território e propostas de revisão de alguns procedimentos.

Outros resultados importantes de serem mencionados são:

1. Caracterização biológica, química, física e sedimentológica do rio Biobío de seus principais afluentes e avaliação da carga poluente (mapas e modelos de qualidade da água).
2. Caracterização biológica, química, física, e sedimentológica da área de influência do rio Biobío (golfo de Arauco e baía de San Vicente).
3. Análise e perfis socioeconômicos em relação à flutuação demográfica, às atividades industriais de maior relevância, à atividade agrícola florestal e à atividade pesqueira industrial e artesanal.
4. Análise crítica das principais fontes energéticas da região VIII, com especial referência para a hidrelétrica.
5. Individualização ou classificação das áreas com vocação turística-recreativa da bacia do Biobío e de outras áreas da região VIII.
6. Elaboração de cartas bases e temáticas em várias escalas da área da bacia do rio Biobío (ver o próximo item).
7. Elaboração do perfil hidráulico do rio Biobío; instalação ou estrutura de rede *in situ* para aplicação em meteorologia (8 estações automáticas completas e 4 pluviométricas), hidrologia (5 estações) e erosão do solo (30 estações).
8. Elaboração de um cadastro completo das atividades produtivas e da produção de resíduos industriais e domésticos na região de Biobío.
9. Consolidação de uma rede de vínculos entre os setores público, privado e acadêmico da região do Biobío, que constitui uma base sólida para a colaboração insetorial em longo prazo.

PUBLICAÇÕES

Com base no cronograma, foram realizadas seis séries de publicações (Figura 8.7), editadas diretamente com fundos do programa e com a contribuição da Universidade de Concepción.

A série "Monografias Científicas" consistiu em publicações de trabalhos científicos desenvolvidos no contexto do programa. Os trabalhos apresentados nessa série foram avaliados por um Comitê de Pares.

A série "Atas de Seminários Científicos" contém as palestras e apresentações científicas apresentadas em alguns seminários selecionados entre os eventos que tenham sido promovidos e organizados no âmbito das atividades do Projeto Eula.

A série "Publicações de Divulgação Científica" consiste em monografias de sobre temas relacionados com a realidade ambiental da região do Biobío, cujo envolvimento com a comunidade é considerado útil para aumentar a conscientização sobre as características e o valor do território em que se vive.

As séries "Análise Territorial" e "Propostas de Ordenamento" contêm a elaboração final do programa em matéria de uso e gestão do território, considerando a sua diversidade, articulação e desenvolvimento futuro.

A série "Teses do Primeiro Ciclo de Doutoramento em Investigação em Ciência Ambiental" contém os artigos científicos originais, produzidos pelos doutorandos que conseguiram o título.

- Meteorologia e climatologia
- Geologia e geomorfologia
- Agricultura e silvicultura
- Flora e fauna terrestre
- Avaliação dos recursos hídricos
- Limnologia e qualidade da água
- Usos da água (civil e industrial)
- Sistemas urbanos e de ordenamento do território
- Sistema produtivo
- Geografia humana
- População indígena
- Ambientes costeiros e marinhos
- Áreas estuarinas
- Gestão e saneamento ambiental

8.7: Uma das capas dos 24 volumes que contêm os resultados do Projeto Eula.

Fonte: Eula (1994).

A lista dos 24 volumes que contêm os resultados do Projeto Eula é a seguinte:

"Planificación Territorial para el Desarrollo y la Protección Ambiental". Série: Actas Seminarios Científicos. Vol. 1. 1992.

"El Río Biobío y el Mar Adyacente como Unidad Ambiental". Série: Monografías Científicas. Vol. 1. 1992.

"Uso del Suelo y Manejo de los Recursos Hídricos en la Cuenca del Río Biobío". Série: Actas Seminarios Científicos. Vol. 2. 1992.

"Elementos Básicos para la Gestión de los Recursos Vivos Marinos Costeros de la Región del Biobío". Série: Monografías Científicas. Vol. 2. 1992.

"Planteamiento de un Modelo Decisional para la Gestión Integrada del Sistema Lago Laja-Río Laja (Con Respecto Al Proyecto "Canal Laja-Diguillín")". Série: Monografías Científicas. Vol. 3. 1992.

"Saneamiento de la Cuenca Hidrográfica del Río Biobío y del Area Costera Adyacente / Estudio de Prefactibilidad". Série: Propuestas de Ordenamiento. 1993.

"Risanamento del Bacino Idrografico del Fiume Biobío E Dell' Area Costiera Adyacente". Série: Proposte Di Ordenamento. 1993.

"Síntesis del Programa". Historia, Actividades Desarrolladas, Resultados Logrados y Prospectivas de "Vitalidad". 1993.

"La Región del Biobío un Espacio y una Historia". Série: Análisis Territorial. Vol. 2. 1993.

"Suelos de la Cuenca del Río Biobío Características y Problemas de Uso". Série: Análisis Territorial. Vol. 3. 1993.

"Legislación Ambiental". Série: Actas de Seminarios Científicos. Vol. 3. 1993.

"Elementos Cognoscitivos sobre el Recurso Suelo y Consideraciones Generales sobre el Ordenamiento Agroforestal". Série: Propuestas de Ordenamiento. Vol. 4. 1993.

"Oceanografía Física del Golfo de Arauco". Série: Monografías Científicas. Vol. 4. 1993.

"Planificación de la Zona Costera una Análisis de Caso: Lenga". Série: Propuestas de Ordenamiento. Vol. 8. 1993.

"Gestión de las Zonas Costera y Oceánica de la Región de Biobío". Série: Propuestas de Ordenamiento. Vol. 7. 1993.

"Uso y Manejo del Agua de Riego en la Cuenca del Río Biobío". Série: Análisis Territorial. Vol. 10. 1993.

"Producción Pesquera en la Octava Región. Los Aportes del Golfo de Arauco y Cañón Submarino del Río Biobío". Série: Monografías Científicas. Vol.14. 1993.

"Las Macroalgas en el Golfo de Arauco y Areas Adyacentes". Série: Monografías Científicas. Vol. 7. 1993.

"Peces del Río Biobío". Série: Publicaciones de Divulgación Vol. 5. 1993.

"Chile Hoy". Série: Análisis Territorial. Vol.1. 1993. **"Los Ambientes Costeros del Golfo de Arauco y Areas Adyacentes".** Série: Monografías Científicas. Vol. 9. 1993

"Cuadro Estratégico Territorial de la Recuperación y Desarrollo de la Cuenca del Río Biobío". Série: Propuestas de Ordenamiento. Vol. 6. 1993

"Planificación Ecológica en el Sector Icalma-Liucura (IX Región): Proposición de un Método". Série: Monografías Científicas. Vol. 6. 1993.

"Evaluación de la Calidad del Agua y Ecología del Sistema Limnético y Fluvial del Río Biobío". Série: Monografías Científicas. Vol. 12. 1993.

CONSIDERAÇÕES FINAIS

No momento da elaboração do Projeto Eula e criação do Centro Eula-Chile, o diagnóstico feito pelo Programa das Nações Unidas para o Meio Ambiente (Pnuma, 1987) revelava que as universidades se encontravam apenas na fase inicial do processo de incorporação da dimensão ambiental em seus programas de ensino, pesquisa e extensão. Essa realidade não mudou substancialmente até hoje. Uma mudança mais profunda exigiria transformar as estruturas compartimentadas de conhecimento e de formação profissional universitária, facilitando a execução dos processos dinâmicos de interação e inovação curricular e pedagógica. Hoje continuam formando profissionais nas diversas disciplinas sem qualquer complemento ambiental. Aparentemente, ainda não existe consciência ou vontade política na universidade para realizar essas alterações. Pode-se dizer que as questões que necessariamente requerem uma abordagem integrada, multi e interdisciplinar e holística – como a globalização, a pobreza, a toxicodependência, a urbanização, a qualidade de vida, a política energética, o sistema de transporte público, o planejamento territorial, o planejamento ambiental, as mudanças climáticas e a sustentabilidade – têm sido insuficiente ou apenas parcialmente abordadas pelas universidades chilenas.

A Agenda 21, elaborada na Conferência Mundial sobre o Meio Ambiente e Desenvolvimento Sustentável, organizada pelas Nações Unidas no Rio de

Janeiro, em 1992, assinada por 172 países membros das Nações Unidas, define tarefas relevantes para as universidades. Com efeito, as áreas de programas recomendados pela Conferência Internacional sobre um Programa de Ciência para o Meio Ambiente e o Desenvolvimento no século XXI são: a) reforço da base científica para a gestão sustentável; b) aumento do conhecimento científico; c) melhora da avaliação científica em longo prazo; d) aumento da capacidade científica (capítulo 35 da Agenda 21). Essas áreas de programas são acompanhadas na Agenda 21 por definições de objetivos, atividades e meios de execução. O balanço da atividade universitária e acadêmica em geral, no domínio do ambiente (incluindo as agências de financiamento), 22 anos após a Conferência do Rio, não é muito positivo, apesar de na sociedade civil e até mesmo nas instituições públicas e privadas o tema ambiental estar crescendo em importância e consciência.

Apesar desses resultados fracos, não se pode negar ou ignorar a contribuição que têm dado diversas disciplinas do sistema universitário para o conhecimento de vários componentes que são uma parte importante do que entendemos como meio ambiente e desenvolvimento sustentável, mas, ao mesmo tempo, temos de reconhecer que a maioria dessas contribuições, salvo exceções, não têm efeito sobre o processo de tomada de decisão política e econômica, no que está relacionado com a gestão dos recursos naturais, qualidade de vida, planejamento territorial etc. Isso se torna ainda mais difícil com as atuais políticas de avaliação e financiamento da pesquisa científica. A natureza interdisciplinar da pesquisa científica ambiental ainda não conta com espaços institucionais e financeiros próprios, para assegurar o seu próprio desenvolvimento sustentado ao longo do tempo. A isso também se acrescentam os atritos e "concorrências" que se produzem atualmente entre os centros e institutos multi e interdisciplinares com algumas faculdades em relação a espaços de atuação acadêmica. Essas dificuldades são geradas, por exemplo, na apresentação de propostas docentes e de pesquisa multi e interdisciplinares a concursos nacionais, dominados pela "lei de ferro das disciplinas". É de se esperar que esta situação mude em um futuro próximo.

Por sua vez, vale destacar que o Centro Eula-Chile progressivamente tem ganhado terreno e reconhecimento dentro da Universidade, mas o apoio de seu trabalho científico, melhorando sua infraestrutura, assim como parte do financiamento do seu pessoal, tem sido em grande parte da responsabilidade e iniciativa do próprio centro, de esforço do seu pessoal e da generosa cooperação internacional. Agora, por razões legais e regulamentares, teve de se criar em 2013, a partir do Centro Eula-Chile, a Faculdade de Ciências Ambientais na Universidade de Concepción, única maneira de ensinar a carreira de engenheiro ambiental. Faculdade e Centro Eula-Chile agora são responsáveis por seguir na tarefa de consolidar o desenvolvimento do pensamento, da pesquisa, da formação de profissionais e pesquisadores de excelência no campo interdisciplinar das ciências ambientais para a região e o país que necessitam.

Pode-se dizer que no Chile as universidades geralmente seguem presas a paradigmas e metodologias de ensino tradicionais ancorados, especialmente em relação à divisão compartimentada das disciplinas em faculdades e departamentos independentes que dificulta e/ou impede o exercício interdisciplinar para a análise de realidades complexas. Essa situação poderá variar e experimentar uma mudança qualitativa importante, na medida em que a própria universidade tome consciência da necessidade de se adaptar a essa nova realidade e crie novas estruturas acadêmicas, espaços, cultura e métodos de ensino e de aprendizagem capazes de acomodar novas questões que precisam ser analisadas à luz dos novos paradigmas.

Uma definição de ciência ambiental diz que ela é "o estudo do impacto humano sobre a estrutura e função dos sistemas ecológicos e sociais, e a gestão destes sistemas para o seu benefício e sua sobrevivência". Por outro lado, é interessante – complementando essa definição de ciência ambiental – considerar que o último Relatório Mundial sobre Ciências Sociais da Unesco (de 2013) afirma que "nenhuma disciplina ou âmbito da ciência pode compreender – e muito menos tratar – os problemas complexos entranhados pela mudança global e pela sustentabilidade". A mudança ambiental e social global que estamos experimentando exige agora "compreender a ação dentro dos sistemas socioecológicos complexos" e entender "a inseparabilidade dos sistemas e problemas sociais e ambientais", enfatiza o referido relatório (Unesco, Conselho Internacional de Ciências Sociais, 2013). Essa nova definição abre o caminho para interagir na interdisciplinaridade das ciências sociais e outras do grande espectro científico.

Hoje em dia, a realização de estudos interdisciplinares é uma preocupação fundamental em muitas universidades e institutos de pesquisa. A busca de formas organizacionais que tornem possível o trabalho interdisciplinar surge, sem dúvida, como uma reação contra a excessiva especialização que prevalece no desenvolvimento da ciência contemporânea. A experiência sugere que os generalistas das ciências tenham surgido daqueles que percorreram o caminho do aprofundamento. Também deve-se notar que hoje em dia se dispõe de informação de profundidade online que antigamente não se dispunha. A interdisciplinaridade não surge espontaneamente unindo vários especialistas, mas exige esforço e disposição pessoal de cada pesquisador e professor e, naturalmente, também da disponibilidade das autoridades universitárias, no sentido de motivar e colocar à disposição espaços acadêmicos reais e virtuais.

O Projeto Eula demonstrou que a transição desde abordagens reducionistas até o holístico é um caminho difícil, mas possível se houver um consenso de que a realidade é uma complexa interação de componentes naturais e antrópicos e que nenhuma das partes pode ser compreendida isoladamente. Embora no meio acadêmico haja resistência em âmbitos institucionais e individuais que ameaçam a pesquisa interdisciplinar, pode-se fazer um progresso significativo na criação de uma cultura sistêmica, com base em estudos integradores em torno de uma unidade territorial definida como foi, neste caso, na bacia do rio Biobío.

Os problemas relacionados com os processos de globalização têm caráter complexo. O local interage e é interdependente de processos globais. E, na natureza, os ecossistemas se tornaram cada vez mais complexos e vulneráveis por causa da ação humana. Portanto, não é mais possível estudar e analisar as partes ou os sistemas naturais sociais separadamente. A multi e a interdisciplinaridade são chamadas a contribuir com compreensão e metodologias em todos os lugares onde ocorrem e convergem como fenômenos inevitavelmente integrados à vida natural e humana.

REFERÊNCIAS

FARANDA F.; PARRA, O., OLIVIERO, A.; CUTRONA, A. Síntesis del Programa. *Historia, Actividades Desarrolladas, Resultados Logrados y Prospectivas de "Vitalidad"*. 1993. 92 p.

PARRA, O. El desafío de abordar los temas ambientales desde una perspectiva interdisciplinaria. *Ambiente y Desarrollo*. 2001; 17(1):94-100.

______. La realidad chilena frente a la creación de Centros Ambientales. *Ambiente y Desarrollo*. 2001; 17(2):67.

______. (ed.). El Centro de Ciencias Ambientales, Eula-Chile, Universidad de Concepción: Evolución y perspectivas a 20 años de su creación. Trama Impresores S.A. 2010. 361 pp.

______. Desafíos académicos en un país de gran complejidad territorial, vulnerabilidad a desastres naturales y al cambio climático. In: *Instituto Italo-Americano IILA* (ed.). Oceanografía: Azionipreventivecontro le catastrofinaturali-Politiche di formazione in scienze del mare. Editorial Stampa 3 Roma. 2011. p-59-77. 233p.

PARRA, O.; ROJAS, J.; ZAROR, C. Desafíos Ambientales para un Desarrollo Sustentable. In: *Chile Rumbo al Desarrollo: Miradas Críticas* (Felipe Cousiño y Ana M. Foxley editores). Comisión Nacional Chilena de Cooperación con Unesco. Reg. Prop. Intelect. 2011. n. 216466. p. 203-240.

PARTE **2**

Instituições e desafios da internalização da interdisciplinaridade

capítulo 9

Institucionalização da interdisciplinaridade

em uma agência governamental de fomento e sua percepção na comunidade acadêmica

Talita Moreira de Oliveira | *Engenheira de Alimentos, Capes*
Lívio Amaral | *Físico, Universidade Federal do Rio Grande do Sul*

INTRODUÇÃO

Nos últimos anos, observa-se crescentemente que questões complexas e problemas de importância global desafiam a comunidade acadêmica e científica mundial e demandam uma abordagem que envolve a interação do conhecimento proveniente de áreas historicamente disciplinares e clássicas.

A necessidade de integração e contribuição das diversas especialidades em torno da solução para problemas que, por sua natureza, extrapolam o campo de conhecimento de uma única disciplina desencadeou significativas mudanças na realidade da pesquisa e da formação de pesquisadores e professores altamente qualificados. Estas mudanças trouxeram, por via de consequência, desafios conceituais e de processos para órgãos e agências governamentais de muitos países e mesmo em organismos multinacionais de fomento e apoio à formação de recursos humanos pós-graduados.

As múltiplas questões conceituais, as complexidades dos respectivos processos e procedimentos para acompanhar, fomentar e avaliar qualitativa e quantitativamente o universo do ensino, pesquisa e pós-graduação interdisciplinar têm sido objeto de discussão em muitos países, como é descrito, por exemplo, nos estudos de agências dos Estados Unidos (Derrick et al., 2011 e The National Academies, 2004), Finlândia (Bruun et al., 2005) e Suíça (Hadorn et al., 2008).

No Brasil, essas questões guardam correspondência com o processo de institucionalização da interdisciplinaridade nas universidades e agências de fomento. Neste capítulo, busca-se apresentar inicialmente a trajetória da interdisciplinaridade no contexto da avaliação da pós-graduação brasileira, realizada pela Coordenação de Aperfeiçoamento de Pessoal de Nível Superior (Capes), descrevendo alguns aspectos próprios de avaliação dos programas interdisciplinares. Além disso, procura-se mostrar um conjunto de percepções de representantes da comunidade acadêmica sobre esse processo, como resultado de uma pesquisa realizada durante Encontro Acadêmico.

TRAJETÓRIA DA INTERDISCIPLINARIDADE NA AVALIAÇÃO DA PÓS-GRADUAÇÃO BRASILEIRA

Breve cronologia

Os primeiros trabalhos a respeito de interdisciplinaridade no Brasil começaram a surgir na década de 1970, tendo importantes estudos iniciais de Japiassu (1976) e Fazenda (1979). Atualmente, muitos trabalhos vêm sendo publicados e a discussão se tornou intensa no contexto da educação e da ciência e tecnologia. Destacam-se os encontros acadêmicos promovidos por universidades e agências do governo, que possibilitaram diferentes abordagens e reflexões teóricas e também permitiram a exposição e compartilhamento de experiências e práticas acadêmicas no ensino e na pesquisa interdisciplinar. Estas discussões resultaram na publicação de obras com a contribuição de vários pesquisadores, que representam marcos no contexto da interdisciplinaridade no país, como exemplos do volume 1 (Philippi Jr e Silva Neto, 2011) e volume 2 (Philippi Jr e Fernandes, 2015) iniciais da trilogia a que pertence este volume.

No Brasil, como é bem reconhecido, a pesquisa científico-tecnológica nas últimas cinco ou seis décadas se deu na sua quase totalidade em universidades e alguns centros de pesquisa acadêmicos. Então, como consequência deste processo histórico de construção da realidade brasileira de pesquisa e, talvez bem mais que em outros países, a existência e a consolidação da multi e interdisciplinaridade são muito dependentes dos aspectos de estruturas rígidas e departamentalizadas, que ainda são majoritárias nas universidades brasileiras e da valorização social extra-acadêmica de carreiras tradicionais.

Só mais recentemente, nos últimos quinze anos, é que surgiram gradativamente novas propostas de cursos de pós-graduação com características multidisciplinares, e que, consequentemente, demandaram novas formatações, enquadramento e caracterização diferenciados dos vários atores e respectivas estruturas funcionais.

Na Capes, enquanto agência central no fomento e avaliação, esta nova realidade da pós-graduação produziu mudanças nos processos de enquadramento em áreas de conhecimento dos programas de pós-graduação (PPGs). Em 1999, foi criada uma nova área do conhecimento denominada Multidisciplinar, atualmente considerada uma das grandes áreas de avaliação, composta por cinco áreas (Interdisciplinar, Materiais, Biotecnologia, Ciências Ambientais e Ensino).

Esta nova configuração trouxe inevitavelmente novos desafios quanto aos conceitos, processos e procedimentos de avaliação, como é bem descrito no Plano Nacional de Pós-Graduação (2011-2020) quando aponta que é imprescindível "a modelagem de parâmetros específicos, exigentes e diversificados, para a avaliação do grande número de programas que constitui a Grande Área Multidisciplinar, atenta às suas especificidades e à necessidade de aperfeiçoá-los continuamente" (Brasil, 2010).

O processo de avaliação da pós-graduação brasileira

O Brasil possui larga experiência em processos de avaliação e fomento da pesquisa e da formação de recursos humanos qualificados, considerando a atuação das agências federais Capes e Conselho Nacional de Desenvolvimento Científico e Tecnológico (CNPq) e baseado na consolidada referência da Financiadora de Estudos e Projetos (Finep) e da Fundação de Amparo à Pesquisa do Estado de São Paulo (Fapesp), o que ocorre mais recentemente nas demais Fundações Estaduais de Amparo à Pesquisa (FAPs).

A Capes é a agência responsável por acompanhar e avaliar as atividades da pós-graduação no Brasil e, consequentemente, assegurar e manter a qualidade dos cursos de mestrado profissional, mestrado acadêmico e doutorado e, como uma decorrência, induzir a expansão do próprio sistema. O processo avaliativo permite a geração de estudos e indicadores que servem de base para políticas governamentais de apoio, crescimento e fomento da pós-graduação.

A atual sistemática de avaliação consiste no acompanhamento e análise periódica de toda atividade dos PPGs, que é relatada anualmente à Capes por meio de um sistema próprio, chamado Coleta de Dados, recentemente incorporado como um dos módulos da Plataforma Sucupira. Este conjunto de informações explicita, de forma qualitativa e quantitativa, indicadores em torno de cinco principais eixos: Proposta do Programa; Corpo Docente; Corpo Discente, Teses e Dissertações; Produção Intelectual e Inserção Social.

Na avaliação, os programas recebem notas que variam de 1 a 7. Aqueles com notas 1 e 2 são descredenciados do sistema e não podem oferecer novas turmas; a nota 3 significa desempenho regular, atendendo aos padrões mínimos de qualidade; notas 4 e 5 significam um desempenho entre bom e muito bom. Notas 6 e 7 indicam nível de desempenho diferenciado quanto à formação de doutores e produção intelectual em relação aos demais programas, equiparando-se aos centros internacionais de excelência.

Esse processo é realizado com a participação da comunidade acadêmico-científica por meio de comissões de avaliação, atualmente divididas em 48 áreas, cada uma liderada por um coordenador, um coordenador adjunto e um coordenador adjunto de mestrado profissional e composta por consultores *ad hoc* com destacada experiência de ensino e pesquisa em sua área de especialidade.

Conceituação e evolução histórica de grandes áreas do conhecimento

O conceito de áreas do conhecimento na educação brasileira vem sendo utilizado desde a década de 1960, quando a legislação já tratava da organização, autorização e reconhecimento das universidades. A Lei n. 5.540 de 1968 tratava como uma das características da organização das universidades o "cultivo das áreas fundamentais do conhecimento humano". Em 1978, o Parecer 1.621 do extinto Conselho Federal de Educação (CFE) já começa a conceituar essas áreas como sendo o escopo de oferecimento dos cursos pelas universidades. Em 1994, a Resolução CFE n. 2 conceituou explicitamente as áreas fundamentais do conhecimento humano como sendo "as ciências matemáticas, físicas, químicas e biológicas, as geociências e as ciências humanas, bem como a filosofia, as letras e as artes" (Brasil, 1998).

A Lei de Diretrizes e Bases da Educação Nacional no seu art. 43, II, diz que

> A educação superior tem por finalidade: (...) II – formar diplomados nas diferentes áreas de conhecimento aptos para a inserção em setores profissionais e para a participação no desenvolvimento da sociedade brasileira, e colaborar na sua formação contínua (Brasil, 1996).

A divisão do conhecimento em áreas permitiu, então, que fossem organizadas as estruturas universitárias de graduação e pós-graduação e tem importância também para órgãos de educação, ciência e tecnologia para fins de gestão, avaliação, fomento, estatísticas e definição de políticas públicas.

Tabelas de áreas do conhecimento

Em se tratando de pós-graduação e de pesquisa, o instrumento mais conhecido para fins de organização das áreas é a "Tabela de áreas do conhecimento" do CNPq/Capes. Essa classificação não é um consenso na comunidade acadêmico-científica, por consequência da natural evolução da complexidade e diversidade das atividades de cada área.

A tabela tem em sua estrutura como primeiro nível hierárquico a grande área, composta por um grupo de áreas do conhecimento em um segundo nível, estas sendo detalhadas em subáreas em terceiro nível e ainda em especialidades em quarto nível. Essa estrutura da tabela data da década de 1950, tomando como base classificações de reconhecida importância internacional, como a tabela utilizada pela Unesco e OCDE, e já passou por diversas revisões, a última no ano de 2005, contando com comissão multi-institucional organizada por Capes, CNPq e Finep. As alterações envolveram mudanças de nomes, mudanças de composição de grandes áreas, desmembramentos, criação/alteração de áreas ou subáreas (CNPq, 2005).

Previamente à revisão de 2005, a tabela de áreas do conhecimento contava com uma grande área denominada "Outros", que abrigava áreas onde não se encontravam critérios próprios para classificação. A inadequação desta simplificação genérica em agrupar algumas áreas desencadeou a iniciativa de reenquadrá-las em outros grupos, expondo, assim, a necessidade de se caracterizar o que poderiam ser as áreas multidisciplinares, apesar de que até hoje a tabela não contempla uma área ou grande área multidisciplinar.

Áreas de avaliação da Capes

A Capes, para fins de cumprimento de sua atribuição institucional de avaliação de programas de pós-graduação, procura manter uma relação direta entre as áreas do conhecimento e as áreas de avaliação (Capes, 2012). As áreas de avaliação foram criadas para agrupar PPGs com características similares em termos de ensino, áreas de concentração, linhas de pesquisa e formação de recursos humanos, o que pode ser observado na coerência da grade curricular e disciplinas, na composição e especialização do corpo docente, na produção intelectual, na realização e participação em eventos, congressos científicos nacionais e internacionais, além das características de formação de mestres e doutores.

À medida que novos arranjos de linhas de pesquisa e novas configurações de PPGs são apresentados, a Capes vem correspondentemente incorporando novas definições conceituais e procedimentos operacionais para atender à realidade que se apresenta. Com o remanejamento e criação de áreas de avaliação, a estrutura de classificação, por ocasião da avaliação trienal de 2013, foi constituída por 3 colégios, 9 grandes áreas e 48 áreas de avaliação, conforme mostrado no Quadro 9.1.

Quadro 9.1: Estrutura de classificação em colégios, grandes áreas e áreas de avaliação utilizada pela Capes.

COLÉGIO DE CIÊNCIAS DA VIDA		
CIÊNCIAS AGRÁRIAS	**CIÊNCIAS BIOLÓGICAS**	**CIÊNCIAS DA SAÚDE**
Ciência de Alimentos Ciências Agrárias I Medicina Veterinária Zootecnia / Recursos Pesqueiros	Biodiversidade Ciências Biológicas I Ciências Biológicas II Ciências Biológicas III	Educação Física Enfermagem Farmácia Medicina I Medicina II Medicina III Nutrição Odontologia Saúde Coletiva
COLÉGIO DE CIÊNCIAS EXATAS, TECNOLÓGICAS E MULTIDISCIPLINAR		
CIÊNCIAS EXATAS E DA TERRA	**ENGENHARIAS**	**MULTIDISCIPLINAR**
Astronomia / Física Ciência da Computação Geociências Matemática / Probabilidade e Estatística Química	Engenharias I Engenharias II Engenharias III Engenharias IV	Biotecnologia Ciências Ambientais Ensino Interdisciplinar Materiais
COLÉGIO DE HUMANIDADES		
CIÊNCIAS HUMANAS	**CIÊNCIAS SOCIAIS APLICADAS**	**LINGUÍSTICA, LETRAS E ARTES**
Antropologia / Arqueologia Ciência Política e Relações Internacionais Educação Filosofia / Teologia Geografia História Psicologia Sociologia	Administração, Ciências Contábeis e Turismo Arquitetura e Urbanismo Ciências Sociais Aplicadas I Direito Economia Planejamento Urbano e Regional / Demografia Serviço Social	Artes / Música Letras / Linguística

Fonte: Capes (2014).

A criação da grande área Multidisciplinar e as áreas que a compõe se deu em resposta à necessidade de acompanhamento e avaliação regular de programas que não se enquadravam em áreas disciplinares, então caracterizadas como tais.

Cursos com características multidisciplinares começaram a ser concretamente propostos pela comunidade e, consequentemente, avaliados pela Capes no início dos anos 1990 e eram destinados a uma área de avaliação em que se entendia que havia um perfil mais correlato. Porém, ao longo dos anos, as comissões das áreas disciplinares não se sentiam mais aptas a fazer uma avaliação coerente das propostas e passaram a demandar uma análise mais ampla com o auxílio de consultores com experiência em outras áreas do conhecimento. Além disso, a comunidade e os grupos que apresentaram as propostas passaram a se considerar desfavorecidos, pois seus indicadores anuais de desempenho não encontravam respaldo em indicadores estabelecidos em áreas disciplinares (Capes, 2003).

Inicialmente, a Capes teve dificuldades em lidar com a nova perspectiva. As demandas e propostas de financiamento e cursos de pós-graduação interdisciplinares eram enviadas às então existentes áreas de avaliação disciplinares, porém muitas vezes não eram analisadas devido ao entendimento de que não lhe correspondiam e, depois de passarem por várias, eram então tratadas de forma emergencial por comissões *ad hoc* excepcionalmente formadas de maneira pontual e assistemática. Em síntese, no que se tratava de analisar, aprovar e posicionar as propostas desses cursos de pós-graduação, tais propostas ficavam longo tempo em situações indefinidas ou eram alocadas em uma área particular em que se entendia haver maior proximidade, porém sem qualquer consenso de aceitação.

Todo este processo fez com que, no final de 1999, fosse constituído na Capes o Comitê Multidisciplinar, que reuniu um grupo de consultores com experiência consolidada em várias áreas do conhecimento. Inicialmente, o comitê foi formado por 19 assessores, sendo 5 das ciências humanas, 7 das ciências agrárias e meio ambiente, 3 das engenharias e computação, 2 da área biológica e 2 da área médica. De acordo com a necessidade de análise de uma proposta, outros consultores eram convidados a participar esporadicamente (Capes, 2003).

A primeira avaliação trienal em que foram analisados programas multidisciplinares com critérios próprios em uma comissão específica foi a que ocorreu em 2001. A partir daí, como consequência da natural e necessária evolução da pós-graduação, novas configurações de programas surgiram. Isso resulta de um processo que se inicia internamente nas universidades, ao criarem estruturas diferenciadas para atender demandas de formação de recursos humanos e para diversificar a pesquisa conforme as necessidades científico-tecnológicas.

As próprias áreas disciplinares passam a se ramificar, inicialmente criando departamentos nas universidades ou montando linhas e programas de pesquisa direcionados para tratar de problemas específicos. Consequentemente, novos docentes com formação diversificada são envolvidos para lidar com metodologias e procedimentos complexos. Com o tempo e a evolução dos processos, essa estruturação passa a ficar mais consolidada e independente e novos programas vão surgindo e demandando a adequação dos critérios de avaliação.

Assim, em 2008, ocorreu uma nova configuração e o termo Multidisciplinar passou a designar de uma forma mais ampla uma grande área, incorporando três novas áreas de avaliação: Interdisciplinar, Biotecnologia e Materiais, de maneira a criar uma estrutura similar às demais grandes e respectivas áreas. Os PPGs com características multidisciplinares, mesmo que ainda enquadrados em áreas disciplinares, puderam então ser redistribuídos em grupos mais coesos em termos de critérios e indicadores. Mais tarde, um novo grupo de PPGs se destacou na área Interdisciplinar com relação ao volume de programas e às peculiaridades da temática e da pesquisa, o que resultou em 2011 na criação da área de Ciências Ambientais.

A evolução da área interdisciplinar e seus reflexos na avaliação da pós-graduação

A área Interdisciplinar vem crescendo rapidamente na medida em que novos programas de pós-graduação têm sido propostos a cada ano e, atualmente, já é a segunda área em termos quantitativos. Desde 1999, a área vem crescendo a uma taxa média de 14% ao ano e apresentou 509% de aumento no número de programas no período 1999-2013.

Esse crescimento deve-se, segundo o Documento de Área Interdisciplinar 2007-2009 (Capes, 2009), a dois fatores. Um deles está relacionado ao incentivo que a área propiciou, direta e indiretamente, para a criação de cursos inovadores em torno de temas interdisciplinares. Além disso, enquanto orientação geral, a área permitiu que cursos novos de universidades recentes em locais remotos ou novos campi interiorizados pudessem ter mais flexibilidade ou otimizar o aproveitamento do potencial de seu corpo docente.

Para melhor organização e consolidação da área frente a esse rápido crescimento, várias ações foram tomadas tanto no sentido conceitual e estrutural quanto nos procedimentos técnicos e operativos de avaliação.

Em primeiro lugar, foi levada em conta a forma de estruturação das atividades das comissões de acompanhamento e avaliação. Os cursos que se encontravam ativos no Sistema Nacional de Pós-Graduação e que foram direcionados a Interdisciplinar à época da criação da área e os novos cursos propostos são provenientes de diversos campos do conhecimento, como saúde, biológicas, ciências sociais, agrárias e engenharias. Assim, para contemplar a variedade de cursos e para que se pudesse ter melhor capacidade de avaliação, a partir de 2007 foram instituídas quatro Câmaras Temáticas: CA I (Meio Ambiente e Agrárias), CA II (Sociais e Humanidades), CA III (Engenharia, Tecnologia e Gestão) e CA IV (Saúde e Biológicas). Em 2011, a maioria dos cursos pertencentes à CA I foi migrada para a nova e então criada área de "Ciências Ambientais", pertencente à grande área Multidisciplinar. A Câmara I foi redefinida, passando a ser denominada "Desenvolvimento e Políticas Públicas".

A atual realidade da Área Interdisciplinar e das novas propostas de programas que têm sido apresentadas recentemente possui aspectos que merecem particular análise e reflexão.

O processo tal como ocorrido a partir do meio da década de 1990 gerou na comunidade o entendimento de que uma nova proposta que tivesse qualquer variação ou diferença, por menor que fosse, em relação ao canônico das áreas disciplinares existentes teria de ser obrigatoriamente interdisciplinar. Este entendimento atingiu tal proporção que a comunidade passou a considerar que, ao protocolar uma proposta de curso novo na área interdisciplinar, haveria um direito assegurado de enquadramento, sem a possibilidade de redirecionamento a outras áreas disciplinares. Porém, como sempre ocorreu ao longo do tempo, uma proposta protocolada em uma área pode ser redirecionada a outra e ali analisada. Caso aprovada, passa a ser enquadrada nesta última área, conforme explicitado atualmente na Portaria n. 120/2012 da Capes, que dispõe sobre o enquadramento de propostas de cursos novos em área básica e área de avaliação.

Os consultores chamados para análises de propostas interdisciplinares possuíam, como de costume, larga experiência como pesquisadores e orientadores de cursos, porém com atuação em áreas disciplinares. Portanto, passaram a definir conceitualmente e estabelecer novas orientações baseados em alterações dos critérios que existiam nas suas respectivas áreas. Naturalmente, como decorrência de um processo de natureza histórico-social, isto não poderia ter sido feito em pouco tempo e, então, passou-se a ter orientações muito qualitativas e de difícil interpretação pela comunidade. Como decorrência, os resultados das análises eram bem mais questionados, pois os conceitos e definições que a Capes utilizava, seja na área ou no Conselho Técnico-Científico da Educação Superior (CTC-ES), eram majoritariamente subjetivos e deficientemente explicitados e divulgados.

Para superar este quadro e evitar um direcionamento excessivo ou indevido de propostas para a área Interdisciplinar, foi alterada a sistemática de análise das propostas de cursos novos. A partir de 2010, foi introduzida a etapa de "Triagem", de modo que as propostas sejam pré-analisadas por uma comissão especial de consultores de diversas áreas de especialidades, com a atribuição de posicionar propostas enviadas à Interdisciplinar em outra área de maior afinidade, sempre que adequado e pertinente. A comissão que realiza essa etapa é composta por experientes consultores de atuação na Área Interdisciplinar e conta também com a participação de outros coordenadores de áreas, representantes dos denominados Colégios de Humanidades, Ciências da Vida e Ciências Exatas, Tecnológicas e Multidisciplinar.

Com a perspectiva de avançar, duas outras ações também ocorreram. Em 2012, os coordenadores de todas as demais áreas foram instigados pelo CTC-ES a desenvolver um denominado "exercício sobre interdisciplinaridade". O exercício constituiu em tomar as propostas de cursos novos (APCNs) de 2010 e 2011, protocoladas, analisadas e recomendadas naqueles anos na Área Interdisciplinar para responder a duas questões: a) se tal APCN poderia ou não estar na área disciplinar e b) tanto em respostas positivas quanto negativas, explicitar ao conjunto das demais áreas, por ocasião de reuniões do CTC-ES, os argumentos para o eventual enquadramento ou não na área disciplinar.

Como resultado, estabeleceu-se o entendimento de que não apenas as áreas que compõem a grande área Multidisciplinar deveriam se posicionar sobre o tema, levando, assim, a outra ação. Os coordenadores de área foram incentivados a refletir e discutir com seus pares a respeito de como a área entende e pratica a multi/interdisciplinaridade ou, se não exercita atualmente, de que forma poderia contribuir na discussão e nos ajustes dos critérios de avaliação. O resultado desta segunda ação foi a elaboração de um comunicado em cada coordenação de área, intitulado "Considerações sobre Multidisciplinaridade e Interdisciplinaridade na área", o qual foi publicado e divulgado em sua respectiva página no site da Capes.

Ao analisar esses documentos, alguns pontos importantes puderam ser destacados, pois foram recorrentes em muitos deles:

- As áreas começam a identificar que, além dos APCN, há também frequentemente nos programas já em funcionamento características interdisciplinares, no sentido de agregar conhecimento de várias disciplinas, utilizar métodos de investigação integrados para estudar fenômenos complexos e reunir corpo docente com formação em várias áreas do conhecimento.

- Há consenso da necessidade de uma nova estruturação da "tabela de áreas do conhecimento" para atender às demandas.
- Todas as áreas reconhecem que possuem de alguma forma, em maior ou menor grau, características interdisciplinares que se expressam nas atividades dos PPGs, nas linhas de pesquisa, no trabalho intelectual expresso tanto na forma de artigos em periódicos quanto em livros, na formação do corpo docente e que há boa interação com pelo menos uma outra área similar que agrega necessários conhecimentos, métodos e técnicas para as pesquisas.
- Em particular, as áreas consideradas como básicas da ciência, como matemática, física ou biologia, já aportam fortemente conteúdos, processos e ferramentas essenciais para as atividades das áreas emergentes, como Materiais, Ciências Ambientais e Biotecnologia.
- Necessidade de maior incentivo e valorização da publicação em periódicos de áreas do conhecimento diferentes da área disciplinar em questão.

O "exercício sobre interdisciplinaridade" foi importante para que cada área refletisse sobre como poderia ser aprimorado o processo de avaliação para contemplar os casos de programas que, diferentemente daqueles com foco disciplinar, trazem uma proposta diferenciada e com perfil mais interdisciplinar. Além disso, serviu para repensar os critérios de aceitação de novos cursos, para que futuras propostas inovadoras também pudessem ser mais apropriadamente consideradas.

Em síntese, todas essas atividades tiveram por objetivo avançar e atualizar a discussão sobre como a temática da inter (multi) disciplinaridade deve ser tratada pelas Instituições, pelas áreas e, consequentemente, no contexto dos processos de avaliação da Capes, frente à evolução da sistemática dos programas de pós-graduação que, em decorrência da própria natureza do conhecimento, passam a ter cada vez mais interfaces e sobreposições e necessitam incorporar competências, conhecimentos e processos das diversas áreas.

Avaliação dos programas interdisciplinares

De modo mais acentuado que o usual nas áreas disciplinares, a caracterização da pesquisa interdisciplinar e a medida de sua qualidade são, obrigatoriamente, multiparamétricas nos seus indicadores. Porém, é possível identificar os aspectos mais importantes que merecem atenção especial na avaliação.

Critérios de avaliação interdisciplinar

O que se faz na avaliação interdisciplinar é exatamente buscar indicadores diversos que possam medir de forma quantitativa e qualitativa o desempenho de todo conjunto envolvido em um programa de pós-graduação. Na atual situação temos, como realidade, alguns critérios que são bastante similares aos usados em áreas disciplinares, porém há pontos importantes que emergem como característica própria de pesquisa e prática interdisciplinar.

No Quadro 9.2 procura-se apresentar os critérios próprios de avaliação interdisciplinar estabelecidos pela área, dentro do contexto de um PPG. Neles se considera um processo de entrada de discentes, que vão encontrar um ambiente estruturado fornecido pela universidade ou centro de pesquisa, os recursos do programa, a estrutura curricular e disciplinas, a infraestrutura física e as linhas e projetos de pesquisa e, sobremodo, a experiência e qualificação dos docentes. Nesse contexto, há um importante critério de avaliação que está relacionado com as colaborações e parcerias realizadas pelos docentes e discentes do programa com outros grupos de pesquisa intra e interuniversidade.

Os resultados da pesquisa interdisciplinar e da formação de recursos humanos na pós-graduação são avaliados na forma de correlação entre a qualificação dos seus docentes com os temas e subtemas das respectivas atuações, de artigos em periódicos, livros e capítulos, de trabalhos completos em anais de eventos, de produção técnica e artística e de teses e dissertações.

Quando se trata da produção de artigos científicos, os programas da área Interdisciplinar publicam em periódicos que atendem a duas caraterísticas: a) aqueles que para a comunidade científica brasileira são historicamente identificados como sendo mais característicos de uma área disciplinar e b) aqueles que, não existindo unanimidade, passam a ser referidos como abrangentes de mais de uma área conforme são classificados e enquadrados nas bases de dados internacionais, como a Web of Science (Thomson Reuters) e a Scopus (Elsevier).

Quadro 9.2: Critérios observados na avaliação interdisciplinar dentro do contexto de um programa de pós-graduação

PESSOAS	
Discentes	**Docentes**
Admissão de discentes com formação de graduação em diferentes áreas do conhecimento	Formação disciplinar diversificada coerente com áreas de concentração, linhas e projetos de pesquisa

(continua)

Quadro 9.2: Critérios observados na avaliação interdisciplinar dentro do contexto de um programa de pós-graduação. *(continuação)*

RECURSOS E PRÁTICAS	
Proposta do programa e estrutura curricular	**Linhas e projetos de pesquisa**
Proposta do programa integradora, com poucas áreas de concentração, mas com objetivos focados. Caracterização do objeto de formação e pesquisa multi e interdisciplinar na proposta do programa e as estratégias para atingi-lo. Grade curricular que permita uma formação básica comum e que dê uma base sólida para o diálogo entre as áreas do conhecimento. Abordagem de problemas cuja solução não seria alcançada com enfoque disciplinar. Disciplinas colaborativas com áreas diferentes.	Estruturadas de forma a permitir integração de duas ou mais áreas do conhecimento, incentivando a pesquisa colaborativa. Participação discente nos projetos, preferencialmente com bolsas de estudo ou iniciação científica. Atividades de pesquisa que façam convergir duas ou mais áreas do conhecimento.
COLABORAÇÕES E PARCERIAS	
Integração de pesquisadores de diversas áreas, intra e/ou interinstituição, e destes com discentes para desenvolvimento de projetos. Capacidade de estabelecer colaborações técnico-científicas e intercâmbios entre grupos de pesquisa, com agências do governo, empresas e outras instituições nacionais e internacionais. Mobilidade discente e docente. Intercâmbios, parcerias, projetos de cooperação, produção conjunta.	
RESULTADOS	
Artigos científicos, livros, patentes	**Dissertações e teses**
Produção qualificada de docentes e discentes em forma de artigos em periódicos, livros, capítulos, trabalhos completos em anais de eventos, produção técnica e artística, publicados preferencialmente em revistas com característica interdisciplinar. A produção científica deve refletir a interdisciplinaridade das linhas de pesquisa e a eficácia da cooperação entre áreas, apresentando autores de mais de uma área do conhecimento.	Comissões de orientação e bancas de defesa diversificadas em termos de membros de áreas de atuação e complementares em torno do projeto de pesquisa. Qualidade de teses e dissertações e sua consequente geração de conhecimento. Perfil do egresso formado consistente com a proposta acadêmica e as com as características interdisciplinares.

Fonte: Documento de área Interdisciplinar (Capes, 2013).

Comissões interdisciplinares de avaliação

Cada comissão de área que avalia os programas de pós-graduação é liderada por um coordenador, um coordenador adjunto e um coordenador adjunto de mestrado profissional, indicados para um mandato de três anos, e por consultores *ad hoc* escolhidos continuamente pela comunidade acadêmica dentre os seus próprios membros e que são renovados, em sua maioria, a cada processo de avaliação. Assim, apesar de a comissão estar subordinada e atender a padrões e orientações gerais e determinativas sobre todas as áreas, a decisão final é essencialmente baseada nos pareceres da comissão e posteriormente do CTC-ES, não caracterizando, assim, uma prerrogativa de decisão interna e exclusiva da agência.

Ao considerar os principais critérios de seleção de consultores utilizados pela Capes, destaca-se que, em todas as áreas de avaliação, há uma preocupação com a experiência e a competência, a ausência de indicadores óbvios de conflitos de interesse, a cobertura de todas as especialidades participantes do processo e a distribuição de representantes entre as universidades e regiões do país.

Em geral, as comissões são formadas considerando-se a proporção média de um consultor para cada três PPGs da área. Assim, por exemplo, na Avaliação Trienal de 2013, o total de 236 programas da área Interdisciplinar foi avaliado por uma comissão composta por 85 consultores que representaram todas as grandes áreas do conhecimento e as cinco regiões geográficas brasileiras, proporcionalmente à quantidade de programas a serem avaliados em cada uma (Figura 9.1).

A avaliação da pesquisa interdisciplinar é ainda mais complexa devido à participação heterogênea de consultores. Há maiores dificuldades em se organizar um grupo diverso de especialistas em uma comissão, cada qual com sua vivência e perspectiva disciplinar, o que dificulta a conciliação de abordagens.

A dificuldade que se apresenta em termos da gestão dos conhecimentos individuais dos consultores da comissão interdisciplinar tem sido contornada, em parte, pela divisão dos programas em grupos de similaridade quanto ao seu objetivo e linhas de pesquisa nas Câmaras Temáticas, conforme relatado anteriormente neste texto. Isso permitiu a organização dos trabalhos de avaliação e auxiliou na tomada de decisão quanto à descrição de pareceres e atribuição de notas.

Cabe reiterar novamente que a decisão final de reconhecimento ou renovação de reconhecimento de um programa de pós-graduação cabe ao CTC-ES. Dado que, a cada reunião para apreciação da avaliação dos APCNs são designados dois relatores que são coordenadores de áreas diversas, todos os aspectos anteriormente mencionados, tais como conceituações, procedimentos e circunstâncias da avaliação da Área Interdisciplinar, ressurgem e levam a novos momentos de construção e reformulação de toda a temática discutida neste capítulo. Isso ocorre ainda mais fortemente quando os relatores são menos conhecedores da realidade já existente na Área Interdisciplinar.

PERCEPÇÕES DA COMUNIDADE ACADÊMICA SOBRE A INTERDISCIPLINARIDADE NA PÓS-GRADUAÇÃO BRASILEIRA

A prática interdisciplinar tem gerado em muitos países uma série de discussões e estudos e, consequentemente, alguns pontos fundamentais e

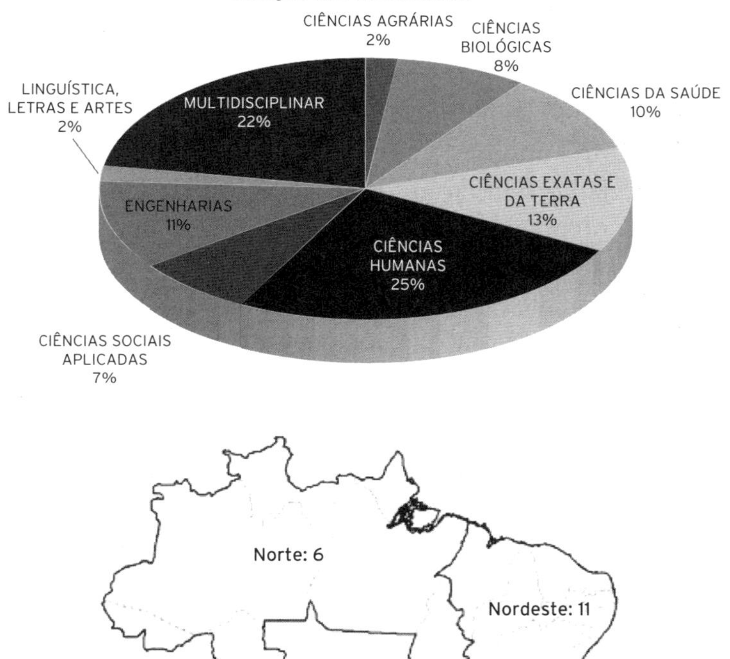

Figura 9.1: Distribuição da comissão da área Interdisciplinar por grande área de atuação dos consultores e respectivas afiliações institucionais por região.

Fonte: Avaliação Trienal 2013.

consensuais emergem. É importante tentar compreender a percepção da comunidade acadêmica quanto à vivência das dificuldades e oportunidades ao se trabalhar com programas interdisciplinares, tendo em vista o seu processo de formação e os desafios para a sua consolidação. Estes estudos devem ser foco de atenção principal das agências governamentais de fomento e avaliação e das universidades, visando ao crescimento com qualidade da pós-graduação interdisciplinar.

Estudo com aplicação de questionário foi realizado em 2008 com programas interdisciplinares vigentes à época, em que se pretendia identificar e contextualizar pontos fortes, fracos, oportunidades e ameaças (metodologia Swot) a partir da visão dos próprios programas de pós-graduação (Pacheco et al., 2011). Mostrou-se na pesquisa que os pontos fortes apontados estavam relacionados ao corpo docente, à atuação em rede, à proposta do programa, à interdisciplinaridade e à inserção social. Fatores como a produção acadêmica, a estrutura do programa, a infraestrutura, o financiamento e a gestão do programa foram listados como pontos fracos. Mas é interessante notar que os mesmos fatores levantados como pontos fortes ou oportunidades por alguns são também vistos como pontos fracos ou ameaças por outros. Isso mostra diferentes níveis de amadurecimento dos programas, sendo que alguns já conseguiram superar fraquezas, transformando-as em pontos fortes; outros precisam ainda buscar estratégias de superação.

Procedimentos metodológicos da pesquisa

Com o propósito de contribuir na discussão, foi preparado pelos autores deste capítulo um questionário visando obter da comunidade acadêmica brasileira a percepção, o entendimento e a posição sobre a interdisciplinaridade. As questões (ver anexo) foram baseadas em estudo similar a respeito de interdisciplinaridade feito pela Academia da Finlândia (Bruun et al., 2005), destinado a pesquisadores que conduziam projetos de pesquisa financiados por aquela instituição.

Por ocasião do III Encontro Acadêmico Internacional: *Interdisciplinaridade nas universidades brasileiras – Resultados e Desafios*, ocorrido nos dias 13 a 15 de maio de 2014 na Capes, em Brasília, e considerando que uma das principais motivações do Encontro era propiciar a troca de experiências e aprendizados entre colegas que trabalham na Área Interdisciplinar e discutir como implementá-los no cotidiano organizacional das instituições universitárias acadêmicas, o questionário foi aplicado.

Foram recebidos 120 questionários preenchidos pelos participantes do III Encontro, compostos majoritariamente por docentes e por discentes envolvidos com programas de pós-graduação tanto da Área Interdisciplinar quanto de outras áreas, além de demais envolvidos ou interessados no tema.

O questionário solicitava, após caracterização do perfil do participante (se era docente ou discente em PPG da Área Interdisciplinar ou de outras), respostas nos seguintes pontos: motivações e barreiras para uma abordagem interdisciplinar, trabalhos de pesquisa, gestão de projetos, colaboração e comunicação na pesquisa, publicações e avaliação. Cada ponto é tratado a seguir, com a descrição das respostas que receberam a maioria das indicações.

Resultados

Motivação e barreiras à interdisciplinaridade

Nesta seção foi perguntado a respeito da principal motivação para uma abordagem interdisciplinar e qual(is) a(s) barreira(s) atualmente encontrada(s) para o trabalho na interdisciplinaridade.

Nesta primeira pergunta, a maioria apontou como principal motivação a produção de novo e maior conhecimento a respeito do fenômeno que está sob estudo. Foi indicada também a necessidade de compartilhamento de conhecimento, técnicas ou recursos e do desenvolvimento de inovações tecnológicas.

Em quase igual proporção, foram indicadas duas barreiras principais ao trabalho interdisciplinar. Uma barreira aparece como sendo a estrutural, que está relacionada com a estrutura organizacional das instituições, que se mantém prioritariamente baseada em departamentos disciplinares. Outra está atrelada a dificuldades de pesquisadores, docentes e/ou discentes em conhecer ou se familiarizar com áreas do conhecimento diferentes da sua de origem. Também são reconhecidas como barreiras a receptividade/enquadramento por parte de agências de fomento, avaliadores e a comunidade e a barreira metodológica, que advém da dificuldade em se conciliar diferentes estilos e formas particulares da interação do pesquisador com o seu objeto de estudo.

Trabalho de pesquisa em interdisciplinaridade

Em relação à maneira com que o processo de pesquisa ocorre nos PPGs, apareceu que os alunos são ensinados e orientados a combinar conhecimento proveniente de diferentes áreas de conhecimento/pesquisa, no entanto foi indicado também que são ainda orientados com base em cada departamento/disciplina.

Porém, foi apontada como a principal dificuldade dos alunos em se conduzir projetos de pesquisa interdisciplinar a falta de formação/qualificação necessária durante a graduação. Para auxiliar a contornar esse problema, a grande maioria das respostas aponta para a inclusão de orientadores adicionais (coorientadores) para auxiliar no desenvolvimento da pesquisa. Em decorrência, há o reconhecimento de que a abordagem interdisciplinar beneficia os alunos no que diz respeito à aquisição de boas habilidades de pesquisa e ao aprendizado resultante da combinação de conhecimento e métodos de diferentes áreas.

O trabalho em equipe foi apontado como importante na abordagem interdisciplinar, majoritariamente com a possibilidade de os membros do grupo de pesquisa estudar diferentes aspectos do fenômeno de uma forma compartilhada, mesmo que o problema de pesquisa seja definido diferentemente em cada subprojeto ou parte da equipe.

Dificuldades no trabalho de pesquisa interdisciplinar são relacionadas com o estabelecimento de objetivo/meta, a definição do problema e/ou escolha da abordagem. Foi indicada a necessidade de se aplicar métodos integrativos a fim de combinar as hipóteses, materiais e teorias de diferentes campos de pesquisa. Em decorrência, o principal benefício da abordagem interdisciplinar na pós-graduação, em termos da produção do conhecimento, é o maior potencial de aplicação do conhecimento desenvolvido, gerando impacto mais elevado na sociedade.

Gestão de projetos em interdisciplinaridade

Com relação a dificuldades na gestão de projetos interdisciplinares, foi apontada como principal desafio a necessidade de coordenação mais intensa para que haja melhor integração dos resultados. Segundo os participantes, a melhor maneira de contornar essa dificuldade é intensificando a comunicação interna e a tomada de decisão em comum no âmbito do projeto.

Colaboração na pesquisa interdisciplinaridade

A colaboração entre pesquisadores e instituições é reconhecida como fundamental para o desenvolvimento da pesquisa interdisciplinar. Destacam-se como principais benefícios o aprimoramento da capacidade dos pesquisadores em fazer colaborações interdisciplinares similares no futuro e o surgimento de novas áreas de pesquisa e novas perspectivas.

Com relação ao tipo de colaboração que é feita nos PPGs, a maioria respondeu que é feita ou buscada entre especialistas de áreas diferentes. A colaboração com instituições internacionais ainda é baixa quando comparada a colaborações dentro da própria instituição ou entre instituições nacionais. As respostas demonstram que há ainda fragilidade na interação com atores não acadêmicos e/ou com receptores finais do conhecimento, no que diz respeito a oportunidades de desenvolvimento de novas tecnologias, produtos ou serviços.

As principais barreiras para ampliar a colaboração na pesquisa interdisciplinar estão relacionadas com entraves entre os departamentos institucionais dos pesquisadores, diferenças entre práticas adotadas pelos pesquisadores ou outros obstáculos institucionais.

Visando aumentar a colaboração, os entrevistados indicaram como principal forma de comunicação interna a realização de encontros ou seminários regularmente para apresentação de resultados ou para discussão de problemas de pesquisa. Porém a principal dificuldade advém da própria limitação dos pesquisadores em se familiarizarem com os assuntos de cada um de forma satisfatória para a comunicação.

Divulgação de resultados da pesquisa interdisciplinaridade

O principal veículo de publicação utilizado são periódicos especializados que cobrem vários campos do conhecimento, porém há dificuldade em encontrar fóruns/eventos adequados que tenham uma melhor correspondência com o conteúdo da pesquisa.

Na análise Swot feita por Pacheco et al. (2011), a produção acadêmica foi considerada tanto como ponto forte quanto como ponto fraco dos programas interdisciplinares. Interessante notar que a produtividade foi marcada por alguns programas como a principal característica atrelada ao fato de a produção acadêmica ser um ponto forte; mas, por outro lado, a sua falta é o principal motivo de a produção acadêmica ser indicada como ponto fraco. Isto pode estar associado ao fato apontado no parágrafo anterior, mas também há outros pontos relacionados. A pesquisa feita por aqueles autores mostra, por exemplo, que a formação recente dos docentes e a falta de prática interdisciplinar contribuem para que o corpo docente seja considerado ponto fraco, o que pode afetar a sua produtividade acadêmica em um primeiro momento.

Avaliação e fomento à interdisciplinaridade

A avaliação realizada pela Capes foi considerada parcialmente satisfatória para medir o desempenho de programas interdisciplinares. Apesar de a maioria considerar que programas interdisciplinares não necessitam de critérios diferenciados de avaliação em relação aos disciplinares, os critérios e as práticas existentes devem ser modificados/atualizados para que possam responder melhor ao modo atual do trabalho de pesquisa.

A importância de se ter PPGs interdisciplinares distribuídos ou aceitos em todas as áreas de avaliação foi destacada pela pesquisa, desde que uma expressiva parte das áreas de concentração/linhas de pesquisa sejam aderentes ou similares ao que existe em outros programas da área. Porém foi destacada a dificuldade das áreas para revisão e flexibilização de suas definições e limites clássicos. O aspecto que mais impactaria na inserção de programas interdisciplinares em áreas de avaliação disciplinares é a necessidade de rediscussão e reformulação dos critérios do Qualis para atender à realidade das publicações interdisciplinares.

Foi apontada como principal ação a ser feita pelas agências de fomento para estimular a prática da interdisciplinaridade nas instituições de ensino e pesquisa o lançamento de editais de fomento específicos para projetos ou centros interdisciplinares.

CONSIDERAÇÕES FINAIS

A abordagem deste capítulo buscou contextualizar a inserção institucional da interdisciplinaridade na Capes, principalmente no que diz respeito à criação e evolução da área de avaliação e os reflexos na pós-graduação. Em contraponto à visão do processo por parte de uma agência governamental, procurou-se levantar a percepção da comunidade acadêmica, que vivencia os desafios da implementação de programas interdisciplinares. A importância da interdisciplinaridade na pesquisa e na pós-graduação tem sido discutida amplamente na comunidade científica brasileira e internacional. O tema foi destacado em um capítulo próprio no Plano Nacional de Pós-graduação 2011-2020, que ressaltou a necessidade de definição de novas diretrizes para uma área que tem demonstrado expressivo crescimento em comparação com as demais (Brasil, 2010).

Em se tratando de agências governamentais de ciência, tecnologia e inovação, deve-se dar especial atenção às diferentes realidades e níveis de qualidade no que se refere ao ensino médio, de graduação e pós-graduação e as demandas que se apresentam por consequência de um ambiente em natural e necessária transformação. O principal desafio é estar em consonância com as novas perspectivas, no sentido de delinear orientações, ajustar estruturas e sistemáticas, propor e incentivar novas configurações, tanto nas universidades quanto nas próprias diretrizes internas a respeito do processo de avaliação e do fomento, de modo a atender da melhor forma à realidade que se apresenta.

Considerando a percepção da comunidade acadêmica, há ainda alguns desafios a serem superados para aperfeiçoar a prática da interdisciplinaridade nas instituições. A colaboração na pesquisa deve ser incentivada de forma mais ampla possível, tanto internamente quanto entre instituições nacionais e ainda internacionalmente. É fundamental também considerar a interação com parceiros externos às universidades, para ampliar o conhecimento e a aplicação das pesquisas. Para isso, há de se quebrar algumas barreiras, principalmente aquelas relacionadas com a departamentalização nas universidades e as limitações dos pesquisadores em ir além do conhecimento de sua área de atuação e trabalhar em conjunto com parceiros de outras áreas. Com isso, espera-se alcançar melhor integração e gestão de projetos, permitindo-se utilizar o conhecimento de forma compartilhada, além de aumento da produtividade acadêmica.

A interdisciplinaridade deve ser uma questão a ser tratada não só na pós-graduação, mas pensada de forma sistêmica na educação, incentivando o trabalho em equipe, repensando a dinâmica das disciplinas, de forma a preparar melhor os alunos, considerando a diversificação de suas habilidades e a ampliação do conhecimento.

Há necessidade de se continuar com as discussões, tanto no âmbito das agências quanto da comunidade acadêmica em geral e definir novas orientações a respeito dessa temática, principalmente no que diz respeito à forma de se avaliar os resultados que advêm da pesquisa interdisciplinar e seu impacto científico, social e econômico no contexto do desenvolvimento do país.

ANEXO

Questionário aplicado aos participantes do III Encontro Acadêmico Internacional: *Interdisciplinaridade nas universidades brasileiras – Resultados e Desafios*, ocorrido nos dias 13 a 15 de maio de 2014 na Capes, em Brasília. Baseado em Bruun, et al. (2005).

1. IDENTIFICAÇÃO
1.1. Você participa de um PPG interdisciplinar?
( ) Sim, como docente
( ) Sim, como discente
Se sim, qual o nome do PPG?
Qual a IES?
( ) Não
1.2 Você participa de um PPG em outra área ?
( ) Sim, como docente
( ) Sim, como discente
Se sim, qual o nome do PPG?
Qual a IES?
Qual a área?
( ) Não
1.3. Você já participou de alguma atividade na Capes como consultor da área interdisciplinar?
( ) Sim, já participei como consultor de:
Avaliação Trienal 2013 ( )
2010 ( )
2007 ( )
2004 ( )
( ) Reunião de classificação de periódicos (Qualis)
( ) Reunião de classificação de livros
( ) Reunião de análise de APCNs
( ) Seminários de Acompanhamento
Outros. Quais? ____________________
( ) Não, nunca participei como consultor da área interdisciplinar

(continua)

2. MOTIVAÇÃO
2.1. O que você considera como a principal motivação para uma abordagem interdisciplinar?
( ) Produção de novo e amplo conhecimento a respeito de um fenômeno que está sob estudo.
( ) Necessidade de compartilhamento de conhecimento, técnicas ou recursos.
( ) Desenvolvimento de inovações tecnológicas.
( ) Contestar ou criticar padrões de pesquisa existentes.
2.2. Na sua opinião, qual(is) é(são) a(s) barreira(s) atualmente encontrada(s) para o trabalho na interdisciplinaridade?
( ) Barreira do conhecimento – dificuldades de pesquisadores, docentes e/ou discentes em conhecer ou se familiarizar com áreas do conhecimento diferentes da sua de origem.
( ) Barreira estrutural – estrutura organizacional das instituições que se mantém prioritariamente departamentalizada e disciplinar.
( ) Barreiras metodológicas – diferentes estilos e formas particulares de pesquisa.
( ) Receptividade/enquadramento por parte de agências de fomento, avaliadores e a comunidade em geral.
3. PROCESSO DE PESQUISA
Trabalho de pesquisa
3.1. Qual das alternativas abaixo descreve melhor a maneira como ocorre o processo de pesquisa nos PPGs?
( ) A orientação dos alunos é dada com base em cada departamento/disciplina.
( ) Os alunos são orientados pelos departamentos/disciplinas, mas são incentivados a conhecer o trabalho interdisciplinar.
( ) A abordagem interdisciplinar é enfatizada nos estudos de doutorado, sem levar em consideração a experiência/vivência prévia do aluno.
( ) Os alunos são ensinados e orientados a combinar conhecimento proveniente de diferentes áreas de conhecimento/pesquisa.
3.2. Qual dos problemas a seguir relacionados com a interdisciplinaridade causam dificuldades a projetos de pesquisa?
( ) As metodologias utilizadas não são muito significativas ou não há recursos suficientes para orientação.
( ) Não há um direcionamento muito claro na pesquisa interdisciplinar, o seu conteúdo é arbitrário.
( ) Os alunos têm dificuldade em conduzir uma pesquisa interdisciplinar por não terem obtido formação/qualificação necessária durante a graduação.
( ) É difícil encontrar orientadores com experiência/expertise para orientar os alunos.
3.3. Qual das ações abaixo é tomada para resolver ou prevenir esses problemas?
( ) Orientadores adicionais (coorientadores) são agregados para auxiliar no desenvolvimento da pesquisa.
( ) Orientação pessoal é intensificada.
( ) Alunos conduzem autonomamente os projetos.
( ) Currículo é ampliado ou redirecionado.

(continua)

3.4. Que tipo de benefício é decorrente de uma abordagem interdisciplinar da pós-graduação – em termos dos alunos?
( ) Os alunos adquirem boas habilidades de pesquisa e aprendem a combinar conhecimento e métodos de diferentes áreas ao ter de lidar com diferentes visões.
( ) Os alunos conseguem se relacionar com especialistas de diversas áreas.
( ) O conhecimento científico dos alunos é ampliado.
( ) As titulações são particularmente inovadoras.
3.5. Qual das alternativas abaixo melhor descreve a importância do trabalho em equipe em um projeto de pesquisa ou na pós-graduação interdisciplinar?
( ) Os membros do grupo de pesquisa estudam diferentes aspectos do fenômeno de uma forma compartilhada, mesmo que o problema de pesquisa seja definido diferentemente em cada subprojeto ou parte da equipe.
( ) Os membros do grupo de pesquisa estudam o mesmo fenômeno, definido de forma compartilhada, assim como possuem a mesma visão do problema de pesquisa e possuem consenso sobre a abordagem teórica.
( ) Os membros do grupo de pesquisa estudam diferentes aspectos de um tema ou fenômeno em comum, a partir da perspectiva de sua área de especialidade.
( ) O trabalho de pesquisa é feito em um grupo reduzido que compartilha problemas de pesquisa e o grupo investe tempo e energia para a integração do conhecimento durante cada etapa da pesquisa.
( ) O trabalho em equipe não é importante na abordagem interdisciplinar. Em vez disso, os pesquisadores individuais possuem suas próprias abordagens interdisciplinares.
3.6. Qual dos seguintes problemas relacionados à interdisciplinaridade causam dificuldades para o trabalho de pesquisa?
( ) A qualidade ou significância da pesquisa é difícil de ser medida no contexto da pesquisa.
( ) O estabelecimento de objetivo/meta, a definição do problema e/ou escolha da abordagem são difíceis em uma área de pesquisa interdisciplinar.
( ) O trabalho de pesquisa e os seus resultados são fragmentados.
( ) A integração ou a profundidade dos conhecimentos e a síntese de resultados são dificultadas.
( ) Atuação de especialistas no projeto não é ampla/multifacetada o bastante.
3.7. Qual das seguintes ações é tomada para resolver ou prevenir os problemas?
( ) Objetivos de pesquisa ou definições são normalmente reconsiderados.
( ) Os pesquisadores são estimulados a conhecer novas áreas.
( ) Expertise é complementada por meio de cooperação com outros pesquisadores.
( ) Métodos integrativos são aplicados a fim de combinar as hipóteses, materiais, teorias de diferentes campos de pesquisa.
3.8. Que tipo de benefício é decorrente de uma abordagem interdisciplinar na pós-graduação – em termos da produção do conhecimento?
( ) Maior potencial de aplicação do conhecimento desenvolvido, gerando impacto mais elevado na sociedade.

(continua)

( ) Desenvolvimento de métodos, conceitos e teorias inovadores.
( ) Uma abordagem interdisciplinar facilita a observação ou o entendimento do fenômeno sob estudo.
( ) São obtidos resultados mais confiáveis quando comparados com uma abordagem disciplinar.
Gestão do projeto
3.9. Que tipo de problemas relacionados com interdisciplinaridade causa dificuldades na gestão de projetos de pesquisa?
( ) Há dificuldades para gerenciar o projeto como um todo, levando-se em conta autoridade, responsabilidade, tempo e competência.
( ) O compromisso ou influência de (algumas) partes sobre objetivos comuns são fracos.
( ) Há necessidade de coordenação mais intensa para que haja melhor integração dos resultados.
( ) Falta de planejamento ou outros fatores de controle limitam o desenvolvimento de resultados interdisciplinares.
( ) O gerenciamento de projetos requer mais esforço do que o esperado.
3.10. Qual das seguintes ações é tomada para resolver ou prevenir os problemas?
( ) A comunicação interna e a tomada de decisão em comum no âmbito do projeto são intensificadas.
( ) Participação de colaboradores externos para auxiliar na tomada de decisão comum é intensificada.
( ) Divisão de responsabilidades é alterada ou tornada mais eficaz.
( ) O equilíbrio entre controle e flexibilidade é melhorado.
( ) Cronograma de atividades é estendido.
Colaboração na pesquisa
3.11. Que tipo de colaboração é feita pelo PPG?
( ) Colaboração é feita ou buscada entre especialistas da mesma área
( ) Dentro da própria IES.
( ) Entre IES nacionais.
( ) Entre IES internacionais.
( ) Colaboração é feita ou buscada entre especialistas de áreas diferentes.
( ) Dentro da própria IES.
( ) Entre IES nacionais.
( ) Entre IES internacionais.
( ) Oportunidades de desenvolvimento de novas tecnologias, produtos ou serviços são aprimoradas a partir da busca de colaboração com atores não acadêmicos e/ou com receptores finais do conhecimento.
( ) Colaboração não é importante.
3.12. Qual a dificuldade enfrentada para buscar colaboração para um projeto de pesquisa interdisciplinar?
( ) A maior dificuldade é encontrar ou identificar colaboradores.

(continua)

( ) Colaboradores potenciais não se interessam em colaborar ou não se dedicam a isso.
( ) Há barreiras entre os departamentos institucionais dos pesquisadores, diferenças entre práticas adotadas pelos pesquisadores ou outros obstáculos institucionais, o que torna a colaboração mais complicada.
( ) Há conflitos de interesse que atrapalham a colaboração.
( ) Esforços mais intensos são necessários para alcançar o entendimento consensual ou resultados em comum.
3.13. Qual das seguintes ações é tomada para resolver ou prevenir esses problemas?
( ) Quantidade ou intensidade de projetos em colaboração são diminuídas.
( ) Colaboração é intensificada.
( ) São procurados novos colaboradores em potencial.
( ) A colaboração é iniciada, em parte, à custa de outras metas.
( ) Projetos de colaboração que pareciam inovadores são iniciados, apesar de serem de risco.
3.14. Qual o benefício da colaboração?
( ) Colaboração influencia as premissas ou a orientação do estudo.
( ) Surgem novas áreas de pesquisa ou novas perspectivas.
( ) Colaborações futuras com orientação similar são facilitadas porque algumas barreiras institucionais se tornam menores.
( ) Resultados são publicados em coautoria.
( ) Capacidade dos pesquisadores em fazer colaborações interdisciplinares similares no futuro é aprimorada.
Comunicação interna
3.15. Que tipo de comunicação é feita entre os participantes de um projeto para aumentar a colaboração?
( ) A comunicação é informal e a interação entre participantes é natural e próxima.
( ) Participantes mantêm contato de forma sistemática diária ou mensalmente, mesmo que trabalhem em locais separados.
( ) São feitos encontros ou seminários regularmente para apresentação de resultados ou para discussão de problemas de pesquisa.
( ) O contato é feito de forma ocasional apenas quando há uma demanda específica.
3.16. Qual dos seguintes problemas relacionados à interdisciplinaridade causam dificuldades para a comunicação interna no projeto?
( ) A comunicação é formal ou superficial ou não é dado tempo suficiente.
( ) Os interesses da pesquisa são fragmentados.
( ) Há dificuldades em encontrar conceitos ou modos de expressão comuns.
( ) Os pesquisadores não se familiarizam com os assuntos de cada um de forma satisfatória para a comunicação.
( ) Não se sabe como distribuir os méritos.

(continua)

3.17. Qual das seguintes ações é tomada para resolver ou prevenir os problemas?
( ) Conceitos comuns são acordados.
( ) Práticas particulares são dispostas para o debate comum, a fim de intensificar a comunicação.
( ) São feitas tentativas para resolver as divergências.
( ) O projeto se estabelece com o nível de comunicação formal e não há esforço para o entendimento mútuo.
3.18. Que tipo de benefícios e impactos é obtido com a comunicação interna por meio dos limites disciplinares?
( ) Subprojetos são integrados em um processo de pesquisa consistente.
( ) Conceitos inéditos são desenvolvidos para facilitar a colaboração interdisciplinar.
( ) A capacidade dos pesquisadores para trabalhar como membros ou como líderes de grupos interdisciplinares melhora.
( ) A comunicação interna é instrutiva e contribui para o trabalho de investigação fortemente.
( ) Os pesquisadores descobrem diferentes modos de argumentação em várias disciplinas.
Publicações
3.19. Que veículos de publicação são usados para divulgação de resultados de pesquisa?
( ) Periódicos interdisciplinares que cobrem assunto amplo.
( ) Periódicos especializados que cobrem vários campos do conhecimento.
( ) Periódicos especializados em um campo do conhecimento.
( ) Periódicos especiais para determinada área(s) de pesquisa interdisciplinar.
3.20. Qual dos seguintes problemas relacionados à interdisciplinaridade causa dificuldades na escrita de artigos?
( ) Fóruns/veículos adequados para publicação são difíceis de encontrar.
( ) Há dificuldades em agrupar em um mesmo artigo resultados obtidos em cada parte do projeto.
( ) Há visões contraditórias sobre o significado científico dos resultados.
( ) Resultados possuem pouco significado científico.
3.21. Qual das seguintes ações é tomada para resolver ou prevenir os problemas?
( ) Periódicos com uma melhor correspondência com o conteúdo da pesquisa são procurados.
( ) A publicação em fóruns ou congressos, além de periódicos, é preferida.
( ) São sugeridas às instituições e/ou às editoras a criação/indução de novos periódicos.
3.22. Que tipos de benefícios são obtidos com a abordagem interdisciplinar do ponto de vista de publicar artigos?
( ) A quantidade de artigos publicados é maior do que o habitual.
( ) Publicação em fóruns/congressos é mais versátil do que o habitual.
( ) Resultados interessam ao público e/ou aos meios de comunicação social mais do que o habitual.
( ) Resultados interessam à comunidade científica mais do que o habitual.
( ) Trabalhos publicados têm sido utilizados ou produzidos também para fins educacionais e/ou comerciais.

(continua)

4. AVALIAÇÃO
4.1. Você considera que a avaliação realizada pela Capes é satisfatória para medir o desempenho de programas interdisciplinares?
( ) Sim
( ) Não (especificar):
( ) Parcialmente (especificar):
4.2. Você considera que PPGs interdisciplinares necessitam de critérios diferenciados de avaliação em relação aos disciplinares?
( ) Não, critérios existentes são ok.
( ) Não, mas critérios existentes devem ser modificados/atualizados para que eles possam responder melhor à forma atual do trabalho de pesquisa.
( ) Sim, os critérios existentes devem ser aplicados de forma diferente para as propostas interdisciplinares.
( ) Sim, são necessários critérios totalmente diferentes ao avaliar propostas interdisciplinares.
( ) Não sei dizer.
4.3. Você acha que PPGs interdisciplinares precisam de um procedimento de avaliação diferente dos disciplinares?
( ) Sim, a sistemática e a análise pelo CTC na sua forma atual não são adequadas para avaliar propostas interdisciplinares.
( ) Sim, um modelo de avaliação totalmente diferente é necessário para avaliar as propostas/PPGs interdisciplinares.
( ) Não, o procedimento de avaliação da Capes deve ser universal para todas as áreas de conhecimento, portanto o existente está ok.
( ) Não, mas as práticas de avaliação devem ser modificadas/atualizadas para que possam corresponder melhor ao trabalho de pesquisa interdisciplinar.
( ) Não sei dizer.
5. O SEMINÁRIO E PERSPECTIVAS
5.1. Qual a sua motivação para participação no Seminário?
( ) Trocar experiência e aprendizados com colegas que trabalham na área interdisciplinar.
( ) Buscar modelos de experiências para implementar no meu cotidiano organizacional.
( ) Estabelecer parcerias ou buscar pesquisadores para colaboração.
( ) Iniciar uma abordagem interdisciplinar na minha instituição.
( ) Outras, quais:
5.2. O que você acha que pode ser feito pelas agências de fomento para estimular a prática da interdisciplinaridade nas instituições de ensino e pesquisa?
( ) Promoção de seminários.
( ) Editais de fomento específicos para projetos ou centros interdisciplinares.
( ) Avaliação diferenciada para propostas interdisciplinares.

(continua)

6. INTERDISCIPLINARIDADE INTRA-ÁREA DE AVALIAÇÃO
As perguntas a seguir dizem respeito a sua opinião a respeito de uma eventual redistribuição de PPGs interdisciplinares em áreas de avaliação tradicionalmente disciplinares.
Fundamentos
6.1. As áreas de avaliação disciplinares deveriam ser ampliadas para contemplar PPGs que hoje estão na área interdisciplinar e/ou propostas futuras?
( ) Sim, todas as áreas de avaliação deveriam contemplar vários dos PPGs que hoje estão na área interdisciplinar, desde que uma expressiva parte das áreas de concentração/linhas de pesquisa sejam aderentes ou similares ao que existe em outros PPGs da área.
( ) Sim, mas isso só se aplica em algumas áreas de avaliação.
( ) Não, os PPGs interdisciplinares devem permanecer nesta área.
6.2. No caso de não haver ampliação das áreas disciplinares, evidentemente a médio e longo prazo, a área interdisciplinar será a área dominante em termos de quantidade de PPG e, por consequência, vai acabar determinando a lógica e a forma dos processos avaliativos. Você concorda com essa afirmativa?
( ) Sim, é o que vai acontecer natural e obrigatoriamente.
( ) Sim, mas como decorrência da enorme dificuldade das áreas para revisão de suas definições e limites clássicos.
( ) Não.
Operacionalidade
6.3. Quais aspectos impactariam mais na inserção de PPGs interdisciplinares em áreas de avaliação disciplinares?
( ) As comissões não teriam condições de avaliar o desempenho dos PPGs.
( ) Os próprios PPGs que estão na área interdisciplinar teriam resistência à mudança.
( ) Mudança dos critérios do Qualis para atender à realidade de publicações de PPGs interdisciplinares.
Formas de operacionalização
6.4. O que poderia ser feito para minimizar/sanar as dificuldades de operacionalização de uma possível migração de PPGs interdisciplinares para áreas tradicionalmente disciplinares?
( ) As exigências das áreas quanto à composição do corpo docente teriam de ser flexibilizadas.
( ) As exigências das áreas quanto às características das linhas de pesquisa/áreas de concentração teriam de ser flexibilizadas.
( ) Os critérios Qualis teriam de ser rediscutidos e refeitos.
6.5. A discussão para ampliação das áreas disciplinares:
( ) Deveria ser feita de forma autônoma pela comunidade de cada área.
( ) Deveria ser feita em seminários exclusivos com esta pauta a serem estabelecidos pela DAV para acontecer na Capes.
( ) Deveria ser feita diretamente no CTC-ES a partir de documentos previamente encaminhados pelas coordenações de área.

REFERÊNCIAS

ALVARENGA, A.T.; ALVAREZ, A.M.S.; SOMMERMAN, A.; et al. Interdisciplinaridade e transdisciplinaridade nas tramas da complexidade e desafios aos processos investigativos. In: PHILIPPI JR, A.; FERNANDES, V. *Práticas da Interdisciplinaridade no ensino e pesquisa*. Barueri: Manole, 2015.

BRASIL. LDB — Lei n. 9394/96, de 20 de dezembro de 1996. Brasília: MEC, 1996.

______. Ministério da educação. Parecer CNE/CES n. 968/98, aprovado em 17 de dezembro de 1998

______. Ministério da Educação. Coordenação de Aperfeiçoamento de Pessoal de Nível Superior. Plano Nacional de Pós-Graduação (PNPG). 2011-2020. Brasília: Capes, 2010.

BRUUN, H.; HUKKINEN, J.; HUUTONIEMI, K.; et al. *Promoting Interdisciplinary Research: The Case of the Academy of Finland. Publications of the Academy of Finland*. Helsinki: Academy of Finland, 2005.

[CAPES]. Coordenação de Aperfeiçoamento de Pessoal de Nível Superior. Comitê Multidisciplinar, Avaliação e Perspectivas, 2003. Disponível em: http://www.capes.gov.br/images/stories/download/avaliacao/MultidisciplinarDoc_Area2003_18jul03.pdf. Acessado em: 04 ago. 2014.

______. Documento da área interdisciplinar 2007-2009, Dez 2009. Disponível em: http://www.capes.gov.br/component/content/article/44-avaliacao/4674-interdisciplinar. Acessado em: 05 jun. 2014.

______. Tabela de áreas do conhecimento/avaliação. Jul 2012. Disponível em: http://www.capes.gov.br/avaliacao/instrumentos-de-apoio/tabela-de-areas-do-conhecimento-avaliacao. Acessado em: 05 jun. 2014.

______. Documento da área interdisciplinar 2010-2012, Dez 2013. Disponível em: http://www.capes.gov.br/component/content/article/44-avaliacao/4674-interdisciplinar. Acessado em: 05 jun. 2014.

______. Sobre as áreas de avaliação. Abr 2014. Disponível em: http://www.capes.gov.br/avaliacao/sobre-as-areas-de-avaliacao. Acessado em: 13 abr. 2016.

[CNPq]. Conselho Nacional de Desenvolvimento Científico e Tecnológico. Nova tabela das áreas de conhecimento. Set 2005. Disponível em: http://memoria.cnpq.br/areasconhecimento/docs/cee-areas_do_conhecimento.pdf. Acessado em: 14 jun. 2014.

DERRICK, E.G.; FALK-KRZESINSKI, H.J.; ROBERTS, M.R. et al. (Technical Writer). *Facilitating Interdisciplinary Research and Education: A Practical Guide*. Report from the "Science on FIRE: Facilitating Interdisciplinary Research and Education", hosted by the American Association for the Advancement of Science. 2011.

FAZENDA, I.C. *Integração e interdisciplinaridade no ensino brasileiro: efetividade ou ideologia*. São Paulo: Loyola, 1979.

HADORN, G.H. et al. (eds.). *Handbook of transdisciplinary research*. New York: Springer, 2008.

JAPIASSU, H. *Interdisciplinaridade e Patologia do saber*. Rio de Janeiro: Imago, 1976.

PACHECO, R.C.S.; FERNANDES, V.; PHILIPPI JR. A.; et al. Análise e perspectivas de programas de pós-graduação multi e interdisciplinares. In: PHILIPPI JR, A.; SILVA NETO, A.J. (eds.). *Interdisciplinaridade em ciência, tecnologia e inovação*. Barueri: Manole, 2011.

PHILIPPI JR, A.; SILVA NETO, A.J. (eds.). *Interdisciplinaridade em ciência, tecnologia e inovação*. Barueri: Manole, 2011.

THE NATIONAL ACADEMIES. *Facilitating Interdisciplinary Research*. Committee on Facilitating Interdisciplinary Research, National Academy of Sciences, National Academy of Engineering, Institute of Medicine. Washington: The National Academies Press, 2004; p. 332.

capítulo 10

Institucionalização do trabalho interdisciplinar em pesquisa e pós-graduação em universidades

Emmanuel Zagury Tourinho | *Psicólogo, UFPA*

O interesse em promover o trabalho interdisciplinar, cada vez mais presente nos ambientes acadêmicos e de pesquisa mundo afora, pode ser expressão, a um só tempo, de uma atualização da concepção de ciência inaugurada na modernidade e das necessidades das sociedades que investem parte de sua riqueza na produção de conhecimento científico e tecnológico de ponta. Compreender esse movimento e atuar no sentido de promovê-lo com políticas próprias pode ser indispensável às instituições (em particular, às universidades) que buscam consolidar-se como centros avançados de investigação e de liderança na solução dos problemas das sociedades.

No que concerne ao exercício do empreendimento científico, transcender a fragmentação (historicamente definida) da investigação básica para, mais do que integrar conhecimentos, descrever um nível superior de complexidade dos fenômenos constitui uma das contribuições da pesquisa interdisciplinar à prática ordinária da ciência (cf. Alvarez, Sommerman e Philippi Jr, 2015). Do ponto de vista da realização desse propósito, os objetos trazidos ao escrutínio científico sob perspectivas interdisciplinares são quase invariavelmente relacionados a problemas concretos e impositivos na vida cotidiana das sociedades – das desenvolvidas, das subdesenvolvidas e das que são ditas em desenvolvimento. Nesse sentido, o enfoque interdisciplinar tem sido fomentado em um contexto de redefinição das expectativas das sociedades em relação às contribuições da ciência para o seu desenvolvimento.

No mundo contemporâneo, em que o contingente de pesquisadores e o custo da infraestrutura para a pesquisa mobilizam recursos consideráveis, tornou-se regra esperar do investimento em ciência um retorno concreto e rápido em termos de geração de riqueza e renda e, principalmente, em termos de solução dos problemas que comprometem a vida das populações. Oferecer resultados dessa ordem demanda uma reconfiguração do trabalho regular dos grupos de pesquisa, mesmo daqueles mais tipicamente dedicados à pesquisa básica disciplinar, na direção de construir e executar agendas de investigação que contemplem a complexidade dos problemas que desafiam as sociedades, problemas que tipicamente envolvem fenômenos naturais e fenômenos sociais. Também é exigido desses grupos que incluam em seu escopo de ação iniciativas de transferência do conhecimento produzido, para os setores sociais que dele podem fazer um uso imediato e relevante.

Diferente do que sugerem alguns debates correntes no ambiente acadêmico, explorar o horizonte do trabalho interdisciplinar não requer o abandono de programas tipicamente disciplinares de investigação e, eventualmente, de formação. Em certo sentido, os últimos são indispensáveis para tornar possível o primeiro. Por outro lado, passa a ser restrito o papel desempenhado pelas instituições, quando deixam de pensar na expansão da atuação de seus grupos de pesquisa e de formação de modo a contemplar as questões complexas impostas pela realidade social contemporânea.

As universidades, sobretudo no Brasil, onde são instituições jovens (comparativamente com muitas instituições europeias e norte-americanas) e, em alguns casos, pouco desenvolvidas, têm sido espaços com forte demarcação disciplinar do trabalho acadêmico e de pesquisa. Suas estruturas e suas dinâmicas internas não raro favorecem mais a dedicação a programas de investigação razoavelmente circunscritos, assim como a programas de formação pouco arejados pela interação com profissionais e pesquisadores de diferentes áreas. Algumas dessas estruturas, como os "departamentos", têm funcionado para cristalizar uma cultura disciplinar de investigação e formação.

Um exemplo típico do viés disciplinar na gestão das universidades pode ser encontrado nos processos de recrutamento e seleção de docentes. Como regra, as vagas docentes são alocadas em unidades acadêmicas responsáveis pela oferta de cursos específicos de graduação. Nessas unidades, frequentemente define-se como uma exigência para a inscrição nos concursos a formação na mesma área da graduação oferecida pela unidade. Disso resulta que, salvo exceções, médicos formam médicos, psicólogos formam psicólogos, engenheiros formam engenheiros, economistas formam economistas etc. Muitas vezes, regulações externas, emanadas de conselhos profissionais, servem de apoio a decisões que limitam os concursos desse modo, mas não é desprezível a convicção estabelecida nos colegiados acadêmicos de que esse é o melhor percurso a ser seguido nos processos sucessivos de renovação dos quadros docentes. Ainda assim, é preciso reconhecer que a diversidade de interesses, atividades e interlocuções encontradas em todos os espaços das universidades são suficientes para torná-los ambientes onde perspectivas diferentes de entendimento sobre o trabalho acadêmico, com maior ou menor ressonância, surgem e geram práticas inovadoras, inclusive interdisciplinares.

Na pós-graduação, a abertura ao trabalho interdisciplinar tem encontrado menos obstáculos e mais estímulos. De um lado porque, mais regulada por oportunidades de financiamento da pesquisa, a pós-graduação tem estado fora do raio de ação das corporações profissionais. De outro, porque essas oportunidades cada vez mais se apresentam no contexto de políticas que buscam conectar o empreendimento científico com as demandas dos processos de desenvolvimento econômico e social, com editais temáticos, transversais e, por vezes, envolvendo atores externos à comunidade científica. Como aponta Raynaut (2015), ainda que as universidades abriguem debates intensos sobre a necessidade e os obstáculos à interdisciplinaridade, nelas já se realiza intensamente a pesquisa interdisciplinar e a exploração de colaborações diversas entre disciplinas e referências teórico-metodológicas.

A evolução da pós-graduação brasileira na oferta de cursos interdisciplinares e na qualidade desses cursos tem sido em larga medida resultado de um trabalho iniciado em 2009 na Capes, com a criação da área Multidisciplinar. Na pesquisa, o CNPq tem cumprido um papel semelhante com os chamados editais "transversais", focados em temáticas que, para serem adequadamente acessadas, requerem o esforço de integração de competências técnicas e científicas diversas. A partir das iniciativas da Capes e do CNPq, um novo patamar de debate se estabeleceu nas instituições brasileiras sobre a necessidade e relevância do trabalho acadêmico interdisciplinar. Esses avanços, por outro lado, ainda não alcançaram com a mesma amplitude os ambientes de avaliação de cursos e projetos tidos como disciplinares, por vezes penalizados quando também estabelecem conexões com campos de saber diversos.

Na Universidade Federal do Pará (UFPA), algumas iniciativas, vinculadas ou não à pesquisa e à pós-graduação, têm possibilitado avanços em direção à promoção de uma cultura de trabalho acadêmico interdisciplinar. Ao mencioná-las brevemente nos parágrafos seguintes, cumpre registrar que são ilustrativas de esforços mais amplos e por vezes estão associadas a ações não abrangidas neste relato. Também é importante dizer que na UFPA, como em outras universidades, convivem práticas acadêmicas e de gestão de vocação disciplinar e interdisciplinar, por vezes em conflito, mas eventualmente com a capacidade de promover a necessária diversidade e o consequente enriquecimento das experiências de formação e investigação.

Fundada em 1957, a UFPA passou a contar, em 1973, com uma unidade acadêmica voltada especificamente aos estudos interdisciplinares, com foco no desenvolvimento econômico e social da Amazônia. O Núcleo de Altos Estudos da Amazônia (NAEA), criado sob a liderança dos professores Armando Dias Mendes e José Marcelino Monteiro da Costa, diferenciava-se das unidades que até então compunham a estrutura de gestão acadêmica da UFPA por buscar integrar investigações nas ciências humanas e sociais com vistas a contribuir para um projeto de desenvolvimento regional (Costa, 1983/2008). De acordo com o relato de Mendes, com o NAEA a UFPA pretendeu "pôr em contato e promover a interfecundação mútua dos especialistas dos muitos saberes compartimentados, para debruçarem-se em conjunto sobre a esfinge amazônica na busca comum de sua decifração" (1983/2008, p. 98-99).

Com tal viés, o Naea já nasceu vocacionado para a pesquisa e a pós-graduação e lá começou a funcionar, em 1977, o primeiro curso interdisciplinar de mestrado na Amazônia e certamente um dos primeiros do Brasil, o Curso de Mestrado em Planejamento do Desenvolvimento (Plades), hoje Programa de Pós-Graduação em Desenvolvimento Sustentável do Trópico Úmido, com os níveis de mestrado e doutorado. Desde sua origem, o Plades foi concebido como um curso "de natureza eminentemente interdisciplinar, que objetiva a formação de profissionais de alto nível na análise e formulação de políticas e programas para o desenvolvimento e mudança socioeconômica, bem como a organização e planejamento do espaço físico da Amazônia" (Costa, 1983/2008, p. 30). A pesquisa que viria a ser desenvolvida no Naea conectava-se, portanto, diretamente com uma realidade política, econômica e social que nas décadas de 1970 e 1980 impunha desafios originais às instituições da Amazônia. Como apontam Ventura Neto et al. (2014), a criação do Naea teve estreita relação com a concepção e execução, por parte do governo federal, de projetos de intervenção na Amazônia. Entre os seus objetivos incluía-se "fornecer mão de obra qualificada que pudesse auxiliar na concepção e construção de uma política nacional de desenvolvimento regional para a Amazônia" (2014, p. 84).

Ao longo de sua trajetória, têm integrado o corpo docente do Naea economistas, sociólogos, geógrafos, antropólogos, filósofos, bacharéis em Direito e arquitetos, em uma rede ainda mais diversificada de pesquisadores quando incluídos os que por lá passaram como discentes. Rapidamente, o Naea tornou-se uma referência acadêmica nacional e internacional em matéria de desenvolvimento econômico e social da Amazônia e um modelo de trabalho interdisciplinar que inspirou muitas outras experiências na própria UFPA e em outras instituições do país.

Em 2006, os Núcleos foram consagrados no novo Estatuto da UFPA como "unidades acadêmicas dedicadas a programa regular de pós-graduação, de caráter transdisciplinar, preferencialmente em questões regionais, com autonomia acadêmica e administrativa" (UFPA, 2009, p. 29). Atualmente, além do Naea, funcionam na instituição outros cinco núcleos: Ciências Agrárias e Desenvolvimento Rural (NCADR), Meio Ambiente (Numa), Medicina Tropical (NMT), Pesquisa em Oncologia (NPO) e Teoria e Pesquisa do Comportamento (NTPC). Criados em resposta a demandas bastante distintas e com graus variados de institucionalização da pesquisa interdisciplinar, esses Núcleos acomodam, não obstante, algumas das experiências mais bem-sucedidas de integração de competências disciplinares diversas em programas de pesquisa com forte potencial de resposta a problemas complexos do ambiente social amazônico. Não esgotam, porém, as iniciativas dessa ordem na instituição, muitas delas em andamento nas demais unidades (institutos) e subunidades (faculdades, escolas e programas de pós-graduação) definidas no Estatuto. Os próprios institutos passaram a ser concebidos também como espaço de trabalho interdisciplinar, diferenciando-se dos Núcleos ao acomodarem também as subunidades (faculdades) que se ocupam do ensino de graduação, não necessariamente centrados em questões regionais. Na definição estatutária, os institutos são "unidades acadêmicas de formação profissional em graduação e pós-graduação, em determinada área do conhecimento, de caráter interdisciplinar, com autonomia acadêmica e administrativa" (UFPA, 2009, p. 29).

Os núcleos, então, continuam sendo um tipo de unidade acadêmica que, em certos contextos ou circunstâncias, funcionam para viabilizar a consolidação de grupos que vêm estabelecendo bases interdisciplinares de pesquisa e que não encontram, nos institutos, as condições ideais para sustentar a sua trajetória. Por outro lado, nos institutos, florescem e se consolidam, igualmente, muitos planos de trabalho multi ou interdisciplinar, que repercutem especialmente na criação e consolidação de programas de pós-graduação. Há hoje, na UFPA, quatro programas de pós-graduação avaliados pela área Interdisciplinar na Capes: Desenvolvimento Sustentável do Trópico Úmido (Naea), Agriculturas Amazônicas (NCADR), Gestão de Recursos Naturais e Desenvolvimento Local na Amazônia (Numa) e Segurança Pública (Instituto de Filosofia e Ciências Humanas). A instituição conta, ainda, com pelo menos outros dez programas de pós-graduação que acolhem propostas interdisciplinares de pesquisa e vinculam-se, na Capes, a áreas diversas (Ciências Ambientais, Biodiversidade, Biotecnologia, Saúde Coletiva) e, na UFPA, a núcleos e institutos: Ciências Ambientais (Instituto de Geociências), Ciências e Meio Ambiente (Instituto de Ciências Exatas e Naturais), Saúde, Ambiente e Sociedade na Amazônia (Instituto de Ciências da Saúde), Biodiversidade e Conservação (Campus de Altamira), Biologia Ambiental (Campus de Bragança), Ecologia Aquática e Pesca (Instituto de Ciências Biológicas), Biotecnologia (Instituto de Ciências Biológicas), Doenças Tropicais (NMT), Teoria e Pesquisa do Comportamento (NTPC) e Oncologia e Ciências Médicas (NPO).

Uma outra novidade considerável, que também guarda relação com o estímulo ao trabalho interdisciplinar, foi introduzida na UFPA com o Estatuto aprovado em 2006: a extinção das unidades acadêmicas designadas "departamentos" (UFPA, 2009). Junto com os Departamentos, foram extintos os antigos "colegiados" de cursos de graduação e, em substituição aos dois, foram criadas subunidades designadas "faculdades", que reúnem atribuições antes acomodadas nos departamentos e colegiados. Às Faculdades, portanto, ou melhor, aos seus conselhos, compete deliberar sobre assuntos acadêmicos pertinentes à oferta de um ou mais cursos de graduação, bem como sobre questões funcionais dos servidores e docentes a ela vinculados. No Conselho das Faculdades estão presentes docentes com diferentes trajetórias de formação e de atuação em pesquisa, vinculados a campos disciplinares diversos e interagindo na oferta de cursos específicos de graduação. É esse mesmo Conselho, por seu turno, que delibera inicialmente sobre o mérito e o apoio institucional a projetos de pesquisa conduzidos pelos docentes. Pelo menos em tese, no ambiente das Faculdades, mais do que no dos antigos Departamentos e Colegiados, encontram-se condições favoráveis ao diálogo entre sistemas explicativos e programas de investigação diversos na definição do percurso de formação na graduação.

A extinção dos departamentos não comprometeu a organização do trabalho disciplinar dos grupos que antes se organizavam desse modo, o que é positivo, mas eliminou um componente disciplinar forte que servia como principal referência para a organização do trabalho acadêmico na universidade, o que traz uma vantagem considerável para o desenvolvimento da instituição. Com a mudança, os programas de pós-graduação tornaram-se o ambiente mais relevante para a configuração da atividade de pesquisa. Na pós-graduação, por seu turno, repercutem mais prontamente as políticas de financiamento da pesquisa que induzem a dedicação a projetos temáticos, de interesse para o desenvolvimento do país, muito frequentemente exigindo a interação de campos diversos do saber acadêmico.

Na medida em que o ambiente da pós-graduação ganha importância para a organização do trabalho de pesquisa nas instituições universitárias, torna-se mais evidente, também, uma relação por vezes de conflito entre políticas de financiamento da pesquisa e políticas de avaliação dos cursos e programas de pós-graduação. Enquanto aquelas muito frequentemente estimulam o esforço interdisciplinar, estas por vezes conduzem a uma subavaliação dos resultados produzidos, penalizando pesquisadores e programas de pós-graduação. Essa dificuldade já vem sendo bastante discutida nos fóruns promovidos pela Capes, responsável pela avaliação do sistema de pós-graduação brasileiro, e há razoável consenso sobre a origem do problema e soluções necessárias (por exemplo, quanto ao formato e uso do Qualis de Periódicos na avaliação de programas de áreas "disciplinares", que precisaria estimular, não punir, o pesquisador que publica em periódico de área diversa daquela a que se vincula seu programa de pós-graduação, estabelecendo novos ambientes de interlocução).

No ensino de graduação são encontrados maiores obstáculos, do que na pós-graduação, para a promoção da formação interdisciplinar e os processos de avaliação nesse nível também mereceriam ser discutidos. Por exemplo, as diretrizes curriculares vigentes, como regra, enfatizam mais competências e habilidades do que conteúdos curriculares. Mas a dosagem de uns e de outros nos programas de formação nem sempre reflete isso. Não está claro, por outro lado, que esse desequilíbrio esteja repercutindo na medida esperada nos processos de avaliação, ou que algo para evitá-lo esteja acontecendo e sendo eficaz. Ao contrário, frequentemente, há receio de inovar nos programas de formação na graduação, um receio maior do que aquele encontrado na formatação de cursos de pós-graduação, que têm sido muito mais criativos e ousados.

Uma evidência da limitação do que ocorre na graduação pode ser encontrada na comparação das propostas das centenas de cursos oferecidos em uma mesma área. Em que pese o horizonte de flexibilidade contido nas diretrizes curriculares nacionais de cada área, há, relativamente ao número de cursos, pouquíssima variabilidade nos percursos oferecidos. Possivelmente, não é só a prevalência da cultura disciplinar nas universidades que explica essa falta de originalidade, mas, também, a ausência de uma indução clara dos processos de avaliação para que as coisas aconteçam de modo diferente.

Uma vez que a interdisciplinaridade avança mais rapidamente na pesquisa e talvez na extensão, um modo de acelerar sua penetração na formação em graduação residiria em tornar o treino de pesquisa e extensão uma atividade de formação privilegiada e não uma "atividade complementar", opcional e frequentemente dependente da disponibilidade do discente fora de seu horário regular de "aulas". O treino em projetos pode ser uma estratégia eficiente para confrontar o graduando com os problemas mais complexos de investigação e com as demandas sociais mais complexas com as quais precisará lidar ao longo de sua carreira profissional. Mas os currículos de graduação no Brasil raramente a ele concedem um lugar privilegiado no processo de formação, algo que contrasta com o que os graduandos brasileiros têm encontrado nos estágios que realizam em instituições estrangeiras, ao participarem do programa Ciência sem Fronteiras. Nas instituições de destino desses discentes, uma parte considerável das atividades de formação se desenvolve não nas salas de aula, mas em laboratórios, bibliotecas e escritórios de projetos.

Atuar em projetos é apenas uma das atividades que poderiam ser concebidas mais centralmente como atividades de formação na graduação. Mas como acomodá-las nas exigências dos processos de avaliação nem sempre é evidente para os responsáveis pela concepção e oferta dos cursos. Com isso, prevalecem modelos rígidos de formação, que inibem a experimentação e inovação tipicamente esperadas das instituições universitárias.

Voltando às iniciativas da UFPA, duas experiências institucionais mais recentes são ilustrativas dos esforços empreendidos com vistas à institucionalização do trabalho interdisciplinar na pesquisa e na formação. Uma delas, relacionada a concursos para docentes, busca estimular a formação ou incremento de novos ambientes de diálogo interdisciplinar; a outra, na forma de apoio a projetos, visa dar suporte direto aos grupos que já vêm trabalhando com esse horizonte.

No terreno dos concursos públicos, a UFPA aprovou recentemente uma resolução que regulamenta a contratação de docentes para a classe de Titular-Livre (UFPA, 2014), de acordo com a qual os requisitos para a candidatura compreendem o título de doutor, experiência em gestão acadêmica e científica, histórico de orientação na pós-graduação e experiência de pesquisa na área do concurso. Não se inclui como requisito, portanto, a titulação em qualquer área particular de conhecimento. A atuação em pesquisa na área do concurso, por seu turno, deve ser atestada com publicações científicas qualificadas. Com esse balizamento, uma vaga para Professor Titular-Livre de Processos Psicossociais, por exemplo, poderá ser preenchida por pesquisador psicólogo, médico, assistente social, biólogo, farmacêutico, cientista social, antropólogo etc., desde que com trabalho de pesquisa e produção científica na área. A experiência com esses concursos poderá inspirar a atualização da resolução que trata dos concursos para os demais cargos e classes nas carreiras do magistério superior e do ensino básico, técnico e tecnológico na UFPA.

A nova resolução de concurso é ainda um primeiro passo em relação às mudanças necessárias, mas pode ser representativo de um maior reconhecimento e estímulo à interação entre docentes e pesquisadores com trajetórias diversas, dedicados a programas originais e inovadores de pesquisa e de formação, na graduação e na pós-graduação. Será necessário que o processo de valorização dessas experiências tenha curso para que a medida gere os resultados esperados. Sem tal reconhecimento, alguns obstáculos serão suficientes para anular os potenciais efeitos da nova regulamentação. Por exemplo, mesmo que não se exija a titulação em uma área de conhecimento particular, a definição da área ou tema do concurso pode funcionar para que o certame seja mais ou menos aberto à contratação de pesquisadores com trajetórias acadêmicas diversas. Definições muito restritas, que remetem a especialidades muito bem definidas no interior de uma disciplina, podem funcionar do mesmo modo que a exigência de titulação para forçar a contratação de docente com título na mesma área da unidade promotora do concurso, inclusive porque a produção científica a ser considerada será apenas a que tiver sido veiculada em periódicos daquela área. De outro modo, definições que remetem a temáticas mais amplas, que comportam o diálogo com diferentes corpos de saberes, veiculados em periódicos mais diversos, disciplinares e interdisciplinares, possibilitam o recrutamento de pesquisadores com percursos mais variados.

Também em 2014, a UFPA, por meio de sua Pró-Reitoria de Pesquisa e Pós-Graduação (Propesp), deu início a um programa de apoio financeiro a projetos interdisciplinares. O "Programa Especial de Apoio a Projetos de Pesquisa – Ação Interdisciplinar (PE-Interdisciplinar)" teve sua primeira edição com o edital 09/2014 – Propesp (Pró-Reitoria de Pesquisa e Pós-Graduação da UFPA, 2014). Em um prazo de pouco mais de um mês, foram recebidas quarenta e nove propostas, submetidas por pesquisadores das mais diversas áreas, o que de certo modo surpreendeu e foi considerado ilustrativo da experiência acumulada na instituição e do interesse de seus pesquisadores por trabalhos interdisciplinares. Por meio desse edital, a UFPA concedeu seis bolsas de Iniciação Científica e R$ 40 mil para despesas de custeio a cada uma de seis propostas aprovadas. Os requisitos incluíram, entre outros, o foco em problemas complexos de especial relevância para a sociedade, a diversidade de formação da equipe (pelo menos, três pesquisadores formados em diferentes áreas de conhecimento), a previsão de produção bibliográfica e o compromisso com a transferência dos resultados das pesquisas para setores não acadêmicos da sociedade, potenciais beneficiários do conhecimento a ser produzido. Com respeito a esse último aspecto, a iniciativa incorpora deliberadamente uma preocupação de articular interdisciplinaridade e demandas da sociedade, originando a "pesquisa de modo 2" (Gibbons et al., 1994), em que "a relação [se] estabelece, desde o início, entre produção de saber e aplicação (Raynaut e Zanoni, 2011, p. 161-162).

Reconhecendo a multiplicidade de experiências possíveis no campo do trabalho interdisciplinar (cf. Raynaut e Zanoni, 2011), o objetivo do edital não é induzir um tema ou modelo específico de investigação – o edital não estabelece temáticas ou referências teórico-metodológicas, por exemplo –, mas estimular iniciativas no contexto dos quais possam convergir competências, métodos e saberes colocados a serviço de questões cientificamente legítimas e de grande relevância para a sociedade neste momento.

Algumas dificuldades encontradas com a primeira edição do PE-Interdisciplinar na UFPA são possivelmente ilustrativas dos desafios para a institucionalização da interdisciplinaridade nas universidades. A primeira delas foi relativa à avaliação das propostas. Como regra, as propostas submetidas aos editais da Propesp/UFPA são julgadas por comitês *ad hoc*, constituídos por membros da comunidade de pesquisadores da instituição. A experiência de julgamento de propostas interdisciplinares, porém, é menos comum aos pesquisadores e as referências para a deliberação sobre o seu mérito são menos claras, especialmente face à diversidade de temas, métodos e sistemas de conhecimento em que os projetos se apoiam.

Nos projetos submetidos ao edital, identificaram-se concepções diversas de interdisciplinaridade (a exemplo das variações referidas em Raynaut e Zanoni, 2011), o que representou um desafio adicional para a aferição do mérito relativo de cada um no processo de análise comparativa dos que eram reconhecidamente meritórios. Tal obstáculo tornou-se mais expressivo com a novidade do programa de apoio institucional e a pouca experiência de todos os atores envolvidos com o julgamento de propostas dessa natureza.

Além de compreensões discordantes acerca da pesquisa interdisciplinar, as propostas traziam ainda graus variados de elaboração ou refinamento de uma concepção de interdisciplinaridade. Essa constatação levou ao entendimento de que os grupos podem tirar grande proveito de uma interlocução qualificada que tenha como referência os projetos aprovados. Em vista disso, um seminário foi programado para discutir os projetos aprovados, com a presença de todas as equipes, inclusive daquelas cujos projetos não lograram êxito na seleção do edital. O seminário consistirá de um debate crítico de cada projeto particular, com foco especial naquilo que pode definir seu caráter interdisciplinar.

A primeira experiência com o PE-Interdisciplinar na UFPA será concluída dois anos após o início do financiamento dos projetos, com um segundo seminário, para a apresentação e discussão dos resultados alcançados e formalizados para a comunicação científica e para a interlocução com a sociedade. Avaliadores externos, experientes em pesquisa interdisciplinar, serão convidados para debater o mérito das contribuições. Representantes de setores não acadêmicos da sociedade, potencialmente beneficiários do conhecimento produzido, serão também convidados para o seminário, com o objetivo de discutir a relevância e o processo de transferência desse conhecimento.

CONSIDERAÇÕES FINAIS

As universidades são por vezes apontadas como instituições conservadoras e que, até por isso, ou apesar disso, têm sobrevivido ao longo de séculos, com continuado prestígio social. Há um sentido em que essa percepção é correta, pois as universidades mantêm estruturas perenes de gestão acadêmica e administrativa, a despeito de mudanças acentuadas no ambiente em que se inserem e da evolução dos modelos de gestão de organizações. Mas, pelo menos do ponto de vista de suas atividades finalísticas, o que a universidade faz hoje é razoavelmente diferente do que fazia há alguns séculos, para ficar com um horizonte de tempo que permite falar de mudança ou conservação, embora incompatível com o tempo de existência das instituições brasileiras. De um modo ou de outro, com estruturas burocráticas pesadas ou bem dimensionadas, com maior ou menor determinação de seus atores, as universidades encontram-se sempre pressionadas pelas necessidades das sociedades, a elas respondendo com mudanças e soluções mais ou menos satisfatórias.

O desenvolvimento da pesquisa interdisciplinar de complexos problemas da sociedade brasileira, como o processo de urbanização, a conservação dos recursos naturais, ou o desenvolvimento e produção de energias renováveis, inexistente há algumas décadas é hoje parte da rotina de muitos grupos de acadêmicos nas nossas universidades. Por outro lado, é necessário reconhecer que a formação dos profissionais que enfrentarão esses problemas fora da academia, com o conhecimento produzido nos ambientes interdisciplinares de investigação, evoluiu muito menos na direção da interação com os sistemas de conhecimento que lhes serão de indispensável familiaridade. Isto é, a pesquisa tem respondido mais prontamente do que a formação na mobilização e integração de competências disciplinares com vistas ao conhecimento e solução dos problemas de interesse imediato para a sociedade. E no âmbito da formação as mudanças têm ocorrido mais acentuadamente na pós-graduação do que na graduação. Em parte, isso ocorre pois a pesquisa e a pós-graduação estão menos imobilizadas por regulações internas e externas às universidades, em parte porque fatores externos têm estimulado a inovação em suas configurações.

A sinergia, portanto, entre regulações e políticas internas e externas às instituições é o que pode acelerar o interesse e a dedicação a programas de trabalho interdisciplinares, que focalizem os problemas para os quais a sociedade demanda profissionais e soluções qualificados. As regulações precisam ser flexíveis e reservar espaço para a experimentação e a inovação – o que combina perfeitamente com a vocação das universidades, ainda que por vezes isso seja ignorado. As políticas precisam ser consistentes umas com as outras e encontrar acolhida no aparato normativo que rege a vida das instituições.

É especialmente relevante que indução e avaliação estejam alinhadas, não guardando espaço para a emergência de inconsistências. No que concerne ao interesse pelo avanço do trabalho interdisciplinar, isso talvez requeira uma elaboração (ainda escassa) das relações entre a disciplinaridade e a interdisciplinaridade e da relevância do investimento nas duas direções nas universidades, em seu sistema de pesquisa e nos cursos de graduação e pós-graduação. O problema, nesse caso, não reside apenas nas políticas externas às instituições, por exemplo, na avaliação da pós-graduação pela Capes e da graduação pelo

Inep. No interior das universidades também se encontram obstáculos dessa ordem, como nas políticas adotadas para a distribuição de vagas, na realização de concursos públicos e a departamentalização como modelo organizacional da pesquisa e da formação.

Muito frequentemente, ouve-se que as universidades precisam aproximar-se dos setores não acadêmicos da sociedade, transpor seus muros etc. Contemporaneamente, isso implica mudar o modelo de formação para acolher atividades que coloquem os formandos em contato permanente com as necessidades que os esperam. Implica também mudar a configuração dos grupos de pesquisa para torná-los, de modo institucionalizado, um ambiente privilegiado de formação, dedicado simultaneamente à investigação, à formação e à inovação. Mas para isso são necessárias condições formais e materiais compatíveis com a dimensão do desafio.

A evolução das expectativas da sociedade em relação às contribuições das universidades, em particular a suposição de que os investimentos em pesquisa devem ter como contrapartida o desenvolvimento de soluções para os seus problemas mais graves e urgentes, é compatível com sua vocação e com sua missão. Está acessível às instituições universitárias oferecer respostas à altura dessas exigências, produzindo conhecimento e desenvolvendo soluções para os problemas enfrentados contemporaneamente. As universidades, a rigor, têm feito isso desde sempre. Agora, porém, a complexidade das questões trazidas ao seu exame impõe uma nova organização do trabalho acadêmico para que aquela função continue sendo apropriadamente cumprida, uma tarefa para os atores diversos das universidades e das instituições que com elas interagem. Estratégias de indução dessa nova configuração são necessárias e podem tomar como referência a diversidade de resultados esperados contemporaneamente da atividade acadêmica nas universidades, especialmente na formação, na produção de conhecimento de ponta e na inovação/transferência de conhecimento para a sociedade.

REFERÊNCIAS

ALVARENGA, A.T.; ALVAREZ, A.M.S.; SOMMERMAN, A.; et al. Interdisciplinaridade e transdisciplinaridade nas tramas da complexidade e desafios aos processos investigativos. In: PHILIPPI JR. A.; FERNANDES, V. (eds). *Práticas da Interdisciplinaridade no Ensino e Pesquisa.* Barueri: Manole, 2015, p. 37-89.

COSTA, J.M.M. *Desenvolvimento regional: NAEA, uma década de experiência amazônica.* Belém: Naea/UFPA, 2008. Publicado originalmente em 1983.

GIBBONS, M; et al. *The new production of knowledge: the dynamics of science and research in contemporary societies.* London: Sage, 1994

MENDES, A.D. NAEA: Os primórdios. In: COSTA, J.M.M. *Desenvolvimento regional: NAEA, uma década de experiência amazônica.* Belém: Naea/UFPA, 2008, p. 97-101. Publicado originalmente em 1983.

PHILIPPI JR, A.; FERNANDES, V. *Práticas da Interdisciplinaridade no Ensino e Pesquisa.* Barueri: Manole, 2015.

PHILIPPI JR, A.; SILVA NETO, A.J. *Interdisciplinaridade em Ciência, Tecnologia e Inovação.* Barueri: Manole, 2011.

PRÓ-REITORIA DE PESQUISA E PÓS-GRADUAÇÃO DA UFPA. Edital 09/2014-Prope. Programa Especial de Apoio a Projetos de Pesquisa – Ação Interdisciplinar (PE-Interdisciplinar). Belém: Pró-Reitoria de Pesquisa e Pós-Graduação da Universidade Federal do Pará, 2014.

RAYNAUT, C. Dicotomia entre ser humano e natureza: Paradigma fundador do pensamento científico. In: PHILIPPI JR., A.; FERNANDES, V. (eds). *Práticas da Interdisciplinaridade no Ensino e Pesquisa.* Barueri: Manole, 2015, p. 3-35.

RAYNAUT, C.; ZANONI, M. Reflexões sobre princípios de uma prática interdisciplinar na pesquisa e no ensino superior. In: PHILIPPI JR. A.; FERNANDES, V. (eds). *Práticas da Interdisciplinaridade em Ciência, Tecnologia e Inovação.* Barueri: Manole, 2011. p. 143-208.

RIVEIRO, O.C.; MORAES, M.C. *Criatividade em uma perspectiva transdisciplinar: Rompendo crenças, mitos e concepções.* Brasília: Liber Livro, 2014.

[UFPA] UNIVERSIDADE FEDERAL DO PARÁ. *Estatuto e Regimento Geral.* Belém: Editora da Universidade Federal do Pará, 2009.

______. Resolução 4.595 de 05/11/2014, Conselho Superior de Ensino, Pesquisa e Extensão. Belém: Universidade Federal do Pará, 2014.

VENTURA NETO, R.S.; CARDOSO, A.C.D.; FERNANDES, D.A.; et al. Pesquisas sobre o urbano amazônico: Diretrizes disciplinares x tradição interdisciplinar. *Revista Brasileira de Pós-Graduação, 11* (22), 77-102, 2014.

capítulo 11

Institucionalização da interdisciplinaridade na Universidade Estadual de Campinas (Unicamp)

Jurandir Zullo Junior | *Matemático e Engenheiro Agrícola, Centro de Pesquisas Meteorológicas e Climáticas Aplicadas à Agricultura – Cepagri (Unicamp).*
Claudia Regina Castellanos Pfeiffer | *Linguista, Laboratório de Estudos Urbanos – Labeurb/Nudecri (Unicamp)*
Marcelo Aparecido Phaiffer | *Gestor em Políticas Públicas, Coordenadoria de Centros e Núcleos Interdisciplinares de Pesquisa – Cocen (Unicamp).*
Carolina Rodriguez-Alcalá | *Linguista, Laboratório de Estudos Urbanos – Labeurb/Nudecri (Unicamp).*
Ítala Maria Loffredo D'Ottaviano | *Matemática, Instituto de Filosofia e Ciências Humanas – IFCH e Centro de Lógica, Epistemologia e História da Ciência – CLE (Unicamp).*

INTRODUÇÃO

Este capítulo apresenta um panorama da institucionalização da interdisciplinaridade na Universidade Estadual de Campinas (Unicamp), por meio da criação do Sistema de Centros e Núcleos Interdisciplinares de Pesquisa, a partir de 1977. Procura-se mostrar que todas as diversas inovações institucionais introduzidas ao longo da implantação progressiva desse Sistema visaram operacionalizar a realização de um duplo objetivo que permeou o próprio projeto de fundação da Unicamp, enquanto universidade de vanguarda, nos anos 1960, a saber, a produção do conhecimento a partir de uma visão integradora, que atravessa fronteiras disciplinares, e em uma relação estreita com as demandas da sociedade.

Faz-se, em primeiro lugar, um histórico detalhado da criação dos diferentes Centros e Núcleos e das sucessivas reestruturações operadas ao longo das décadas (por meio da fusão, da separação ou da extinção de alguns deles), até se chegar aos 21 que integram atualmente o Sistema de Pesquisa Interdisciplinar da Unicamp. Além da descrição de seus objetivos e de sua estrutura administrativa, salienta-se a diversidade de temas transversais abordados nos Centros e Núcleos, a distribuição equilibrada destes nas fronteiras de todas as grandes áreas do conhecimento, bem como sua atuação importante na formação de recursos humanos de alto nível pela integração de pesquisadores e alunos às atividades de pesquisa desenvolvidas, o que expande as práticas tradicionais de ensino mais restritas às salas de aulas, conforme tendência atual nas instituições de ensino superior mais avançadas no cenário internacional.

Descrevem-se, em seguida, os procedimentos adotados nos processos de avaliação institucional pelos quais os Centros e Núcleos passam desde 1988 (bem antes, portanto, da avaliação regular dos demais órgãos acadêmicos da Unicamp, em resposta à exigência instituída pelo Conselho Estadual de Educação em 2000 em relação a todas as instituições universitárias do Sistema Estadual de Ensino). Foram até hoje realizadas ao todo dez avaliações dos Centros e Núcleos, as quais incluem o parecer de comissões de especialistas nas diferentes áreas de atuação externos à Unicamp. Enfatiza-se no texto a importância desses processos para o ajuste contínuo do Sistema de Pesquisa Interdisciplinar às necessidades sociais que vão surgindo e modificando-se conforme as diferentes conjunturas históricas, em um dinamismo dificilmente alcançável em estruturas departamentais menos flexíveis como as dos Institutos e Faculdades.

Nas seções "Comissão de Atividades Interdisciplinares – CAI/Consu" e "Coordenadoria de Centros e Núcleos Interdisciplinares de Pesquisa (Cocen)" aborda-se, respectivamente, a criação de duas instâncias institucionais que constituem o eixo de articulação dos Centros e Núcleos como um Sistema, a saber, a Comissão de Atividades Interdisciplinares do Conselho Universitário (CAI/Consu) e a Coordenadoria dos Centros e Núcleos Interdisciplinares de Pesquisa (Cocen). Além do histórico da criação e da descrição da estrutura e do funcionamento da CAI/Consu e da Cocen, destaca-se sua importância para a regulamentação e a gestão da vida institucional dos Centros e Núcleos, permitindo otimizar o funcionamento desses Órgãos, que são enxutos, estabelecendo assim as condições necessárias para a produção de pesquisa interdisciplinar. Outra inovação fundamental nessa mesma direção foi a criação da carreira de pesquisador, em 1993, um marco no processo de amadurecimento da institucionalização da pesquisa interdisciplinar na Unicamp. A seção "Carreiras de Pesquisador – TPCT e Pq" apresenta o histórico da constituição dessa carreira e suas transformações, desde seu estatuto inicial como carreira de Técnico de Apoio à Pesquisa Cultural, Científica e Tecnológica (TPCT) até adquirir a forma atual como Carreira de Pesquisador (Pq). Descrevem-se, também, a estrutura, as funções e as exigências que a carreira institui, em uma relação de complementaridade com a carreira do magistério superior.

Nas Considerações Finais, apresentam-se alguns resultados da produção acadêmica dos Centros e Núcleos e seu impacto financeiro na Universidade, conforme consta na última avaliação institucional realizada, correspondente ao quinquênio 2009-2013. O balanço é que a estrutura dos Centros e Núcleos enquanto um Sistema articulado e ancorado de maneira fundamental na existência da Carreira de Pesquisador criou condições institucionais adequadas para a produção de pesquisa interdisciplinar de excelência na Universidade e para sua projeção para além dela, por meio de seu impacto na sociedade nacional e de sua internacionalização. O Sistema de Pesquisa Interdisciplinar da Unicamp tem permitido estabelecer extensas redes de colaborações, por meio da articulação de relações entre diversos Departamentos, Unidades e Órgãos da Unicamp e outras instituições nacionais e internacionais, de natureza muito diversa, imprimindo, também, novas formas nas relações com agentes de fomento, tanto nacionais como internacionais.

HISTÓRICO

A Unicamp é uma universidade contemporânea, criada na década de 1960 com a proposta de favorecer a integração do conhecimento e a interdisciplinaridade, conforme afirmado pelo Prof. Zeferino Vaz no discurso proferido por ocasião do lançamento da pedra fundamental do campus de Campinas em 05/10/1966, data oficial de fundação da Universidade. Disse ele na ocasião:

> [...] o impacto de conhecimentos científicos conquistados pela inteligência humana no último quarto de século rompe as barreiras artificiais entre as ciências básicas. Matemática, Física e Química estão indissoluvelmente ligadas e constituem embasamento científico da Biologia suprindo-a dos instrumentos que tornaram possível a detecção e a quantificação das reações químicas e das manifestações energéticas das resultantes que constituem a essência dos fenômenos biológicos. A Biologia por sua vez alicerça cientificamente as chamadas ciências humanas. Em consequência, a Cidade Universitária de Campinas haverá de refletir arquitetonicamente a realidade científica integradora contemporânea. Aqui se construirão os Institutos Centralizadores de Ciências Básicas, comunicantes entre si, nos quais se concentrarão homens, equipamentos e bibliotecas e pelos quais passarão todos os estudantes, qualquer que seja a diferenciação profissional posterior.

Cabe observar que a planta do campus de Campinas e o logotipo da Unicamp refletem (física e simbolicamente) o propósito da integração das áreas do conhecimento pretendida pelo Prof. Zeferino Vaz no projeto de implantação da Universidade.

Dando continuidade à implantação de uma universidade de vanguarda, integradora do conhecimento e preocupada com as demandas sociais, foi criado o Centro de Lógica, Epistemologia e História da Ciência (CLE), em 08/03/1977, primeiro Centro Interdisciplinar de Pesquisa da Unicamp. Este fato, sem dúvida, representa um marco importante na institucionalização da interdisciplinaridade na Unicamp. Destaca-se que os Centros e Núcleos foram criados com um propósito duplo: promover pesquisas e serviços interdisciplinares que encontram dificuldades de ser conduzidos na estrutura departamental e, por intermédio de tais pesquisas e serviços, estabelecer um elo mais estreito com o meio social e econômico mais amplo. Após a criação do CLE, realizada ainda durante a administração do Prof. Zeferino Vaz, a gestão do Prof. José Aristodemo Pinotti (de 19/04/1982 a 18/04/1986) criou 17 Centros e 25 Núcleos, maior número de Centros e Núcleos Interdisciplinares de Pesquisa criados na Unicamp até hoje. Desse total, 13 Centros e 7 Núcleos passaram por processos de extinção, separação ou transformação, ainda durante a própria gestão do Prof. Pinotti. Cabe assinalar que essa gestão foi iniciada logo após um processo de grande e grave crise institucional decorrente da intervenção do Governo Estadual no funcionamento administrativo da Universidade, ocorrida no segundo semestre de 1981, com a exoneração e substituição de vários Diretores de Institutos e Faculdades da Unicamp.

Durante a gestão do Prof. Paulo Renato Costa Souza (de 19/04/1986 a 18/04/1990), foram criados apenas dois Centros e quatro Núcleos, sendo que três Centros e seis Núcleos dentre os então existentes passaram por processos de modificação: dois Núcleos foram extintos, três Centros foram separados, um Núcleo foi transformado, dois Núcleos foram integrados e um foi fechado[1]. A gestão do Prof. Carlos Vogt (de 19/04/1990 a 18/04/1994) foi equivalente à do Prof. Paulo Renato quanto à criação de Centros e Núcleos, tendo sido criados um Centro e três Núcleos, enquanto que um Centro e seis Núcleos dentre os então existentes passaram por processos de modificação: um Núcleo

1 O conceito de extinção significa que o Centro ou Núcleo deixou de funcionar por decisão própria. Os fechamentos foram feitos por decisão do Conselho Universitário, ou seja, por uma decisão externa ao Centro ou Núcleo.

foi separado, outro foi transformado e um Centro e quatro Núcleos foram fechados. Durante a gestão do Prof. José Martins Filho (de 19/04/1994 a 18/04/1998), quatro Núcleos foram desativados. As administrações do Prof. Hermano Tavares (de 19/04/1998 a 18/04/2002) e do Prof. Carlos Henrique de Brito Cruz (de 19/04/2002 a 18/04/2005) desativaram, respectivamente, um Núcleo, enquanto que na primeira gestão do Prof. José Tadeu Jorge (de 19/04/2005 a 18/04/2009), nenhum Centro ou Núcleo foi desativado. Na gestão do Prof. Fernando Costa (de 19/04/2009 a 18/04/2013), um Núcleo foi fechado e dois foram fundidos, levando à quantidade atual de 21 Centros e Núcleos Interdisciplinares de Pesquisa, conforme listado na Tabela 11.1, de acordo com a data oficial de criação de cada um deles. É possível constatar a predominância da criação, na década de 1980, dos Centros e Núcleos que se encontram em funcionamento atualmente, totalizando 15 órgãos. Na década de 1990, foram criados quatro Centros/Núcleos, sendo que o mais recente de todos foi criado em 2009 a partir da fusão de dois existentes.

Destaca-se que os 21 Centros e Núcleos estão bem distribuídos nas fronteiras de todas as grandes áreas do conhecimento, não havendo predomínio de nenhuma delas, sendo que três deles estão mais diretamente relacionados à área artística (Lume, Nics e Ciddic), algo que não é muito usual em iniciativas semelhantes no Brasil e no exterior. Dentre os principais temas de pesquisa deste Sistema, podem ser mencionados, por exemplo, os seguintes: divulgação científica, engenharia genética, mudanças climáticas, opinião pública, migração, meio ambiente, bioenergia, segurança alimentar, engenharia biomédica, petróleo, comunicação sonora, teatro, pensamento e história, nanotecnologia, sustentabilidade, saber urbano e linguagem, planejamento energético. Constata-se que há uma grande diversidade de temas de pesquisa, bem como de condições estruturais dos diferentes Centros e Núcleos.

Tabela 11.1: Nome, sigla e data oficial de criação dos 21 Centros e Núcleos Interdisciplinares de Pesquisa atuais.

Centro/Núcleo	Sigla	Data oficial de criação
Centro de Lógica, Epistemologia e História da Ciência	CLE	08/03/1977
Centro de Componentes Semicondutores	CCS	13/03/1981
Núcleo de Estudos de População "Elza Berquó"	Nepo	27/05/1982
Núcleo de Estudos de Políticas Públicas	Nepp	27/05/1982
Núcleo de Estudos e Pesquisas Ambientais	Nepam	25/08/1982
Centro de Engenharia Biomédica	CEB	05/10/1982

(continua)

Tabela 11.1: Nome, sigla e data oficial de criação dos 21 Centros e Núcleos Interdisciplinares de Pesquisa atuais. *(continuação)*

Centro/Núcleo	Sigla	Data oficial de criação
Núcleo Interdisciplinar de Comunicação Sonora	Nics	05/04/1983
Núcleo de Estudos e Pesquisas em Alimentação	Nepa	18/04/1983
Núcleo de Informática Aplicada à Educação	Nied	17/05/1983
Centro de Pesquisas Meteorológicas e Climáticas Aplicadas à Agricultura	Cepagri	21/11/1983
Centro de Memória – Unicamp	CMU	01/07/1985
Núcleo de Desenvolvimento da Criatividade	Nudecri	30/09/1985
Centro Pluridisciplinar de Pesquisas Químicas, Biológicas e Agrícolas	CPQBA	04/10/1986
Centro de Engenharia Genética e Biologia Molecular	CBMEG	30/10/1986
Centro de Estudos de Petróleo	Cepetro	12/03/1987
Centro Multidisciplinar para Investigação Biológica na Área da Ciência de Animais de Laboratório	Cemib	16/11/1989
Centro de Estudos de Opinião Pública	Cesop	01/10/1992
Núcleo de Estudos de Gênero	Pagu	02/08/1993
Núcleo Interdisciplinar de Pesquisas Teatrais	Lume	04/10/1993
Núcleo Interdisciplinar de Planejamento Energético	Nipe	30/11/1993
Centro de Integração, Documentação e Difusão Cultural	Ciddic	24/11/2009

Fonte: elaborada pelos autores com base em dados disponíveis na Coordenadoria de Centros e Núcleos Interdisciplinares de Pesquisa da Unicamp (Cocen/Unicamp).

É importante mencionar que cada Centro e Núcleo tem um regimento interno que segue um modelo padrão definido originariamente pela Deliberação Consu A-022-1987 (de 28/02/1988), alterada pelas Deliberações Consu A-017/2000 (de 14/08/2001), A-008/2007 (de 07/08/2007) e A-008/2013 (de 28/05/2013). O regimento padrão tem oito capítulos e 17 artigos, que definem os itens seguintes correspondentes ao funcionamento institucional de cada Centro e Núcleo Interdisciplinar de Pesquisa: objetivos; proposições para cumprir seus objetivos; estrutura administrativa superior; composição e competências do Conselho Superior; funções da Diretoria (Centro) ou Coordenadoria (Núcleo), e formas previstas de participação de pesquisadores no Centro/Núcleo. É importante salientar que não existem diferenças funcionais ou institucionais entre os órgãos chamados de Centros ou de Núcleos.

Os mandatos do coordenador ou diretor podem ser de dois ou três anos, permitindo-se uma recondução sucessiva. O conselho superior tem uma composição que inclui o diretor/coordenador, o diretor/coordenador associado, um ou mais representantes de institutos e faculdades da Unicamp, pelo menos um representante da comunidade externa à Unicamp, pelo menos um pesquisador lotado no Centro/Núcleo e um representante dos servidores técnico-administrativos lotados no Centro/Núcleo. Com base nessa regra, a composição dos conselhos superiores dos Centros e Núcleos tem tido pelo menos a metade dos seus membros vinculados a órgãos externos a ele, proporção que merece ser destacada e que é completamente diferente das congregações dos Institutos e Faculdades, que têm apenas membros internos.

As proposições estabelecidas no regimento padrão para que o Centro/Núcleo cumpra seus objetivos são as seguintes: realizar pesquisas próprias ou em convênio com outras instituições; prestar serviços nas suas áreas de especialidade, respeitadas as normas da Universidade; colaborar na criação e funcionamento de cursos de graduação, pós-graduação, especialização, extensão e treinamento, nas áreas de sua especialidade, propostos por unidades e demais órgãos da universidade; colaborar nos programas de pesquisa e extensão das unidades e demais órgãos da universidade, nas áreas de sua especialização; colaborar com os demais órgãos da universidade por convocação da administração central, ou por solicitação dos órgãos.

Destaca-se que, conforme mencionado anteriormente, a participação dos Centros e Núcleos em cursos de extensão, pós-graduação e graduação se dá apenas na qualidade de colaboradores, não podendo ter responsabilidade exclusiva por eles. Existe a possibilidade de desenvolver cursos com responsabilidade compartilhada com unidades de ensino e pesquisa, no quadro dos programas de pós-graduação multiunidades. Os Centros e Núcleos são atualmente corresponsáveis por três programas desse tipo, a saber: o doutorado em Ambiente e Sociedade, do Nepam com o Instituto de Filosofia e Ciências Humanas (IFCH) (*stricto sensu*, nota 5 da Capes); o Mestrado em Divulgação Científica e Cultural (MDCC), do Nudecri-Labjor com o Instituto de Estudos da Linguagem (IEL) (*stricto sensu*, nota 5 da Capes) e a especialização em Jornalismo Científico (*lato sensu*), do Nudecri-Labjor com o Instituto de Geociências (IG) e o Instituto de Artes (IA). Merece destaque, também, a intensa participação do Nepo nos programas de mestrado e doutorado em Demografia (*stricto sensu*, nota 6 da Capes), do IFCH, além de outros dois cursos com responsabilidade compartilhada em vias de elaboração pelo Nudecri e pelo CLE, respectivamente. Além desses cursos, há também outras vias de colaboração dos Centros e Núcleos na pós-graduação, por meio do oferecimento de disciplinas e de orientações e coorientações de dissertações e teses por parte de seus pesquisadores. Na extensão e na graduação, as colaborações têm se dado, principalmente, por meio do apoio ao oferecimento de disciplinas e da participação de alunos em projetos de pesquisas desenvolvidas pelos Centros e Núcleos, correspondendo a um formato moderno de formação de recursos humanos de alto nível, que expande o ensino tradicional baseado em aulas expositivas ministradas em sala por um professor, prática cada vez mais utilizada nas instituições de ensino superior mais avançadas no cenário internacional.

AVALIAÇÕES INSTITUCIONAIS

Os processos de modificação (separação, integração, extinção e fechamento) pelos quais os Centros e Núcleos passaram ao longo de sua história ilustram bem o dinamismo que esta estrutura de órgãos interdisciplinares de pesquisa criados pela Unicamp tem desde a sua criação, iniciada em 1977 e intensificada principalmente durante a gestão do Prof. Pinotti (1982 a 1986). Este dinamismo tem uma relação direta com os processos de avaliação institucional promovidos pela administração central da universidade, que analisaram as atividades desenvolvidas pelos Centros e Núcleos nos seguintes períodos: 1988, 1989-1990, 1991-1992, 1993-1994, 1995-1996, 1997-1999, 2000-2002, 2003-2005, 2004-2008 e 2009-2013. Logo, foram realizadas uma avaliação anual, quatro bienais, três trienais e duas quinquenais, totalizando, até o momento, nove processos avaliatórios completos e um em fase de finalização, correspondente ao quinquênio 2009-2013. É importante mencionar que até a 8ª avaliação, correspondente ao triênio 2003-2005, as avaliações dos Centros e Núcleos tinham um calendário e procedimento próprios, até porque não havia um processo correspondente, simultâneo e sistemático para os demais órgãos acadêmicos da Universidade, isto é, para os Institutos e as Faculdades. A partir da 9ª avaliação realizada, correspondente ao quinquênio 2004-2008, a avaliação dos Centros e Núcleos passou a ser realizada simultaneamente à que começou a ser realizada regularmente nos Institutos e Faculdades, em atenção à Deliberação CEE n. 04/2000 do Conselho Estadual de Educação, que instituiu a exigência de avaliação quinquenal das Universidades e Centros Universitários do Sistema Estadual de Ensino. Por essa razão, as atividades dos Centros e Núcleos realizadas nos anos de 2004 e 2005 foram avaliadas duas vezes. Cabe observar que a avaliação das atividades desenvolvidas na Unicamp no quinquênio 2004-2008 foi a segunda dos Institutos e Faculdades, sendo que a experiência adquirida pelos Centros e Núcleos nas nove avaliações anteriores foi de grande utilidade neste caso. A partir de então, definiu-se que as avaliações dos órgãos acadêmicos da Universidade (Institutos, Faculdades, Centros e Núcleos) seriam simultâneas.

Além de todos os processos avaliatórios realizados, foram abertas também pelo Consu duas Comissões de Pertinência, em 2005 e 2009, respectivamente, destinadas a avaliar a pertinência da estrutura dos Centros e Núcleos Interdisciplinares de Pesquisa na forma como eles existem na Unicamp. A Comissão de 2005 foi motivada pela manifestação de um conselheiro no Consu, quando da discussão sobre o relatório de atividades do triênio 2000-2002, que questionava a existência da estrutura de Centros e Núcleos. É importante destacar que os Centros e Núcleos foram bem avaliados nesse triênio e que aquilo que motivou a manifestação do conselheiro foram dúvidas sobre qual seria o melhor local institucional para a vinculação dos Centros e Núcleos na estrutura administrativa da Universidade, ou seja, se estes deveriam ficar dentro de uma Unidade de Ensino e Pesquisa (um Instituto ou uma Faculdade) ou em uma estrutura específica ligada à Administração Central. A Comissão de 2005 contou com a participação de Pró-Reitores e representantes dos Centros e Núcleos. Mesmo com mais uma avaliação de atividades concluída e aprovada no Consu, cada Centro e Núcleo teve de esclarecer, por meio de um documento, a natureza de suas atividades e suas similaridades, diferenças e eventuais sobreposições com as atividades dos Institutos e Faculdades da Universidade. Também tiveram de se manifestar sobre a hipótese da passagem administrativa do Centro ou do Núcleo para um Instituto ou uma Faculdade mais diretamente relacionado às suas atividades. O relatório final desta Comissão, em 2005, não recomendou a passagem de nenhum dos 23 Centros e Núcleos existentes na época para a estrutura administrativa de um Instituto ou uma Faculdade, concluindo que a estrutura utilizada na Unicamp era pertinente e que uma nova análise deveria ser feita quatro anos depois.

Isso foi efetivamente realizado em 2009, após o início de uma nova gestão na Universidade e o encerramento de mais um processo de avaliação institucional, correspondente ao triênio 2003-2005. Foi constituída uma nova Comissão de Pertinência, bem maior que a primeira, com Pró-Reitores e Diretores de vários Institutos e Faculdades, sendo que as análises realizadas foram baseadas em visitas feitas por alguns membros da Comissão aos Centros e Núcleos e consultas a documentos das últimas avaliações realizadas até aquele momento. Quatro Centros e Núcleos passaram por uma análise mais detalhada da segunda comissão de pertinência, que recomendou o fechamento do Núcleo de Estudos Estratégicos (NEE), a fusão do Centro de Documentação de Música Contemporânea (CDMC) com o Núcleo de Integração e Difusão Cultural (Nidic), dando origem ao Centro de Integração, Documentação e Difusão Cultural (Ciddic), e a manutenção do Núcleo de Estudos e Pesquisas em Alimentação (Nepa) que estava sob observação. Essas recomendações foram aceitas, fazendo com que o número de Centros e Núcleos Interdisciplinares de Pesquisa reduzisse de 23 para 21. A Comissão recomendou, também, que o Nepa e o Ciddic fizessem relatórios anuais de atividades até que pudessem demonstrar que haviam superado as dificuldades de funcionamento então existentes, o que aconteceu nos dois anos seguintes, com resultados favoráveis à manutenção dos dois órgãos.

Cabe destacar a importância para uma Universidade do porte da Unicamp de ter um órgão dedicado a estudos estratégicos, como era o caso do NEE. Com o seu fechamento em 2009 e a mudança da gestão da Universidade em 2013, os estudos estratégicos passaram a ser desenvolvidos por um órgão vinculado diretamente ao Gabinete do Reitor, chamado de Fórum de Pensamento Estratégico (Penses), denominado, quando de sua criação em 2009, de Centro de Estudos Avançados (CEAv). Além desse órgão, foram criados, a partir de um edital de seleção aberto durante a gestão 2009-2013, 17 órgãos denominados Laboratórios Integrados de Pesquisa (LIP), que estão vinculados institucionalmente à Pró-Reitoria de Pesquisa (PRP). Em 2013, também foram criados na Unicamp três Centros de Pesquisa, Inovação e Difusão (Cepids) com financiamento da Fapesp. É importante mencionar que esses órgãos criados mais recentemente não têm a mesma estrutura administrativa dos 21 Centros e Núcleos Interdisciplinares de Pesquisa, nem o mesmo acompanhamento por meio da avaliação institucional regular, razão pela qual não é possível tecer maiores comentários sobre seu funcionamento e desempenho.

As avaliações institucionais dos Centros e Núcleos, principalmente a partir dos processos realizados trienalmente, consistem em uma avaliação interna realizada pelo próprio Centro/Núcleo, baseada no preenchimento de um formulário próprio destinado ao levantamento de dados quantitativos e a descrições qualitativas das atividades realizadas. Em seguida, há uma avaliação externa, realizada por uma comissão de especialistas das áreas de atuação de cada Centro/Núcleo, baseada em uma visita às suas instalações e no preenchimento de um formulário de avaliação. Estas comissões estão constituídas por dois membros externos à Universidade e um interno, conforme procedimentos adotados nas avaliações por pares, evitando-se, assim, na seleção desses membros, possíveis conflitos de interesse. Os relatórios das comissões externas de cada Centro/Núcleo são em seguida sintetizados por uma Comissão designada pela CAI/Consu, com a assessoria da Cocen, e enviados às Pró-Reitorias, à Comissão de Planejamento Estratégico (Copei) e ao Conselho Universitário (Consu) para análise e deliberação.

COMISSÃO DE ATIVIDADES INTERDISCIPLINARES

Dentro de todo o contexto envolvendo a avaliação das atividades realizadas e o consequente dinamismo do Sistema de Centros e Núcleos Interdisciplinares de Pesquisa da Unicamp, destaca-se a criação da CAI, órgão auxiliar do Conselho Universitário da Unicamp, com a função de regulamentar e deliberar sobre questões relativas à vida institucional dos Centros e Núcleos Interdisciplinares de Pesquisa. A CAI foi criada em 17/07/1989 pela Deliberação Consu A-015/1989, na gestão do Prof. Paulo Renato Costa Souza, após a tentativa anterior de criação de um órgão similar, pela Deliberação Consu A-21/1987, mas que não estava vinculado ao Consu e que, de fato, não conseguiu se reunir.

A CAI, de acordo com o art. 2º da Deliberação de sua criação, era composta pelo Coordenador Geral da Universidade (CGU) ou seu representante, exercendo a Presidência da Comissão; o Pró-Reitor de Pesquisa (PRP) ou seu representante; o Pró-Reitor de Extensão e Assuntos Comunitários (Preac) ou seu representante; o Pró-Reitor de Desenvolvimento Universitário (PRDU) ou seu representante; dois diretores de Unidades de ensino e pesquisa; dois representantes docentes do Consu; e quatro Diretores/Coordenadores de Centros/Núcleos. Esta composição foi alterada conforme será descrito a seguir.

As atribuições da CAI são as seguintes, além de outras que lhe forem delegadas pelo Consu: estabelecer as diretrizes gerais da política de atividades interdisciplinares, zelando pelo fiel cumprimento dos objetivos dos Centros e Núcleos; assessorar a CGU; sugerir ao Consu critérios para a avaliação das atividades dos Centros e Núcleos; proceder à avaliação anual das atividades dos Centros e Núcleos e encaminhá-las ao Consu, para deliberação final; propor ao Consu critérios para a criação de novos Centros e Núcleos; examinar as propostas de criação, extinção, desmembramento e fusão dos Centros e Núcleos e, após parecer, encaminhá-las à deliberação do Consu; dar parecer nas propostas de abertura de vagas de pessoal para os Centros e Núcleos. Desde a sua criação até 2014, foram realizadas 219 reuniões. Diferentemente de várias Comissões, Conselhos e Câmaras da Universidade, a CAI tem uma ata completa, elaborada a partir da transcrição do áudio gravado da reunião, constituindo-se em um material de grande utilidade para a realização de pesquisas sobre temas relacionados à interdisciplinaridade. Como exemplo de pesquisa que utilizou atas da CAI em seu desenvolvimento, cita-se o trabalho de Figaredo Curiel (1997).

COORDENADORIA DE CENTROS E NÚCLEOS INTERDISCIPLINARES DE PESQUISA

Um marco significativo na institucionalização da interdisciplinaridade na Unicamp foi a criação de uma Coordenadoria para a gestão dos Centros e Núcleos Interdisciplinares de Pesquisa da Unicamp, a Cocen, ligada à CGU, pelo Prof. Hermano Tavares, então Reitor, em 29/09/1998, pela Deliberação Consu A-017/1998. Segundo o art. 4º desta Deliberação, ficaram subordinados administrativamente à Cocen todos os Centros e Núcleos Interdisciplinares de Pesquisa da Universidade que não estivessem vinculados diretamente a Pró-Reitorias ou regimentalmente a Unidades de Ensino e Pesquisa (Institutos e Faculdades). A Cocen teve como sua primeira Coordenadora a Profa. Ítala Maria Loffredo D'Ottaviano, pesquisadora e fundadora do CLE e docente do Instituto de Filosofia e Ciências Humanas da Unicamp (IFCH).

As atribuições da Cocen, estabelecidas no art. 2º da Deliberação, são as seguintes: propor a política da Administração para o desenvolvimento dos Centros e Núcleos Interdisciplinares de Pesquisa da Universidade e coordenar a execução dessa política; fazer, à Reitoria, propostas a serem encaminhadas à Comissão de Assuntos Interdisciplinares (CAI) do Consu, estabelecendo diretrizes gerais, requisitos e critérios para a criação, extinção e remodelação de Centros e Núcleos, bem como para a avaliação quinquenal de suas atividades; zelar, acadêmica e administrativamente, pelo fiel cumprimento dos objetivos e regimentos dos Centros e Núcleos e pela conformidade de seus atos com as normas legais e as normas internas da Universidade; dar parecer sobre propostas relativas ao quadro de pessoal dos Centros e Núcleos; dar parecer sobre propostas relativas à Carreira de Pesquisador Pq dos Centros e Núcleos; dar parecer sobre relatórios de atividades e prestação de contas; incentivar, com outros órgãos da Unicamp, o desenvolvimento de projetos temáticos multidisciplinares ou de prestação de serviços a instituições públicas e privadas, envolvendo a participação de Centros e Núcleos; apoiar docentes, pesquisadores e estudantes no exercício de suas pesquisas e atividades junto aos Centros e Núcleos Interdisciplinares de Pesquisa da Universidade.

A criação da Cocen, além de vincular os Centros e Núcleos à Reitoria por meio de uma coordenadoria, conferiu o caráter de unidade àquilo que era múltiplo e, muitas vezes, disperso, ao colocar todos os órgãos sob a gestão de um único lugar institucional, permitindo uma maior articulação e visibilidade, tanto interna como externa, desses Órgãos. Ou seja, os diferentes Centros e Núcleos existentes conseguiam se ver, se conhecer e se perceber nas diferenças e semelhanças, ao mesmo tempo em que a comunidade acadêmica da Unicamp e de fora dela passou a ter uma visão mais nítida desta experiência pioneira que constituem os Centros e Núcleos. Foi o primeiro gesto no sentido de configurar o funcionamento dos Centros e Núcleos Interdisciplinares de Pesquisa em um Sistema: o Sistema Cocen. Isto viria a se consolidar definitivamente na terceira gestão da Cocen, sob a coordenação do Prof. Jorge Tápia, tendo passado por movimentos fundamentais na segunda gestão da Cocen, sob a coordenação do Prof. Eduardo Guimarães.

Institucionalmente, a Cocen é um dos órgãos que compõem a estrutura executiva da Unicamp, localizando-se hierarquicamente após a Reitoria e a CGU. A Cocen é uma instância de atuação estratégica, tendo autonomia na gestão de seus objetivos e atividades, que se referem à adequação das atividades dos Centros e Núcleos à política institucional e à adequação de seu desenvolvimento às regras, normas e legislação vigentes. Para tanto, a Cocen tem uma organização funcional específica para poder atender de maneira eficiente às diversas estruturas dos Centros e Núcleos, que refletem suas características e perfis distintos. Esta estrutura conta, normalmente, com dez profissionais da Unicamp e dois estagiários, além do coordenador, designado pelo reitor, e desempenha as seguintes funções:

- Assistência Técnica: realizada por um profissional responsável pelas atividades relacionadas, principalmente, ao gerenciamento dos recursos humanos dos profissionais das carreiras técnicas e administrativas lotados nos Centros e Núcleos, bem como ao funcionamento administrativo da coordenadoria.
- Secretaria: desempenhada por dois profissionais responsáveis pelas atividades de secretaria e expediente da coordenadoria.
- Área Administrativa: realizada por um profissional responsável pelo trâmite de convênios, contratos e concursos entre os Centros e Núcleos e as instâncias administrativas e deliberativas da universidade.
- Como exemplos de atividades realizadas pelas áreas administrativas, de recursos humanos e de expediente da Cocen entre maio de 2013 e dezembro de 2014, podem ser citados os seguintes: avaliação do desempenho de servidores

lotados na Cocen (10) e servidores em estágio probatório (3); apoio e acompanhamento na realização de processos de progressão na Carreira de Pesquisador Pq (18) e concursos públicos de pesquisadores (21); apoio à transferência de funcionários técnico-administrativos nos Centros e Núcleos (31); processo seletivo e acompanhamento de estagiários vinculados à Cocen nas áreas administrativa e de informática (5); organização da participação da Cocen e dos Centros e Núcleos em edições do evento Unicamp de Portas Abertas – UPA (2). O expediente da Cocen, no mesmo período, registrou a entrada de 1.272 documentos, 1.518 processos, 1.404 portarias de afastamento de servidores, pesquisadores e dirigentes dos Centros e Núcleos e 5.136 relações de remessa. A secretaria registrou 757 despachos de toda ordem e 375 memorandos.

- Área Financeira: conduzida por duas profissionais responsáveis pelo gerenciamento dos recursos orçamentários e apoio à utilização de recursos extraorçamentários dos Centros e Núcleos.
  No caso das atividades desenvolvidas pela área financeira da Cocen de maio de 2013 a dezembro de 2014, destacam-se as seguintes: emissão de relatórios orçamentários e de pareceres (920); prestações de contas (32); orientações para uso de recursos da Agência de Formação Profissional da Unicamp – AFPU (67); análises e pareceres de processos de estagiários (135); análises e encaminhamento de pagamento de diárias (59); análises e autorizações de compras (98); pareceres e informações diversas (904); gestões de contratos (6); gerenciamentos de parcerias/convênios (3). Foram gerenciados recursos da ordem de R$ 1.310.227,40 de dotação orçamentária, R$ 2.574.136,86 de receitas diversas, R$ 137.719,83 de infraestrutura das bibliotecas, R$ 79.822,40 do Programa de Auxílio ao Pesquisador em Início de Carreira (Pappic) instituído pela Unicamp, R$ 876.404,50 do Programa de Manutenção ou Reforma Predial, R$ 170.000,00 de infraestrutura de laboratórios de pesquisa, R$ 281.051,73 de termos de parceria entre a Unicamp e empresas privadas e R$ 84.517,97 da avaliação institucional.
- Área de Informática: conduzida por dois profissionais responsáveis pelas atividades de informática da Coordenadoria e pelo apoio às atividades de informática dos Centros e Núcleos, principalmente daqueles que não contam com este tipo de profissional em seus quadros funcionais.
  Dentre as diversas atividades realizadas pela área de informática da Cocen de maio de 2013 a dezembro de 2014, podem ser salientadas as seguintes: emissão de pareceres sobre questões de informática; proposição de execu-

ção de políticas de informática para a Cocen e seus órgãos subordinados; representação da Cocen nos assuntos de informática no âmbito da Universidade; desenvolvimento, aprimoramento e atualização do portal da Cocen e da página da CAI/Consu; desenvolvimento e manutenção de sistemas informatizados de apoio administrativo da Cocen; supervisão e coordenação das atividades de pessoal técnico da área de informática; assessoria aos Centros e Núcleos em assuntos de informática; representação da Cocen junto ao Centro de Computação da Unicamp.

- Secretaria da CAI/Consu: realizada por uma profissional responsável pela secretaria das atividades dessa Comissão.
  Especificamente à CAI/Consu, cuja Presidência e Secretaria são atualmente responsabilidade da Cocen, as principais atividades realizadas de maio de 2013 a dezembro de 2014 foram as seguintes: reuniões, com elaboração de pautas e atas completas (14); análise de relatórios de atividades de pesquisadores (18); análise de processos seletivos de pesquisadores analisados (18); análise de afastamentos de pesquisadores (2); análise de perfil quantitativo mínimo da carreira de pesquisador (1); análise de regimentos internos dos Centros e Núcleos (14); ações referentes ao processo de avaliação institucional: comissão interna (formulários, procedimentos e cronograma) (7), disponibilização de relatórios de atividades 2009/2013 às comissões de avaliação externa (12), realização (4) e agendamento (7) de visitas de comissões externas de avaliação institucional, entre outras; análise de processos de progressão da Carreira de Pesquisador Pq (2); assuntos diversos (atribuição de vagas de pesquisador, concessão de título honoris causa, entre outros) (9); elaboração de deliberações diversas (71); divulgação de informações sobre as atividades dos Centros e Núcleos (78); apresentações de Centros e Núcleos (5); memorandos (106); reunião da comissão para análise das solicitações de vagas de pesquisador Pq por parte dos Centros e Núcleos (1); atribuição de vagas de pesquisador Pq (1); processo de atribuição de recursos para progressão de pesquisadores Pq (1).
- Assessoria Acadêmica e Científica: desempenhada por dois profissionais de carreiras acadêmicas da Unicamp escolhidos pelo Coordenador da Cocen, com aprovação do Reitor, para auxiliá-lo nas atividades de caráter acadêmico e científico desenvolvidas pela Cocen.

A Cocen tem assento em várias Câmaras, Conselhos e Comissões da Universidade, com funções distintas, exercendo a Presidência de uma delas, a

CAI/Consu, como mencionado. Em outras, ela é convidada, sem direito à voz e voto. A Tabela 11.2 contém a lista das Câmaras, Conselhos e Comissões da Unicamp que tiveram a participação da Cocen de maio de 2013 a dezembro de 2014, o tipo de participação e o número de reuniões realizadas. Essas participações se deram por meio do Coordenador da Cocen, dos Assessores acadêmicos e científicos, ou de profissionais ligados aos Centros e Núcleos designados pela Coordenação.

Além das participações nas reuniões das Câmaras, Comissões e Conselhos mencionados anteriormente, a Coordenação da Cocen participou, no período já citado, de 108 mesas de aberturas, sessões solenes, lançamentos, *workshops*, recepções a visitantes, cerimônias, premiações, reuniões com membros da administração central, concertos, divulgações, inaugurações, assembleias, homenagens, posses, palestras e encontros. Trata-se de uma atividade intensa de representação do Sistema de Centros e Núcleos nas várias atividades realizadas no âmbito da Universidade e fora dela.

Tabela 11.2: Lista das Comissões, Câmaras e Conselhos que tiveram a participação da Cocen, de maio de 2013 a dezembro de 2014, com as respectivas siglas, tipos de participação e número de reuniões realizadas.

NOME DA COMISSÃO, CÂMARA OU CONSELHO	SIGLA	PARTICIPAÇÃO	REUNIÕES
Comissão de Avaliação de Desenvolvimento Institucional*	Cadi	Titular	1
Comissão de Atividades Interdisciplinares	CAI	Presidência	14
Câmara de Administração	CAD	Convidado	18
Câmara de Ensino, Pesquisa e Extensão	Cepe	Convidado	18
Conselho Universitário	Consu	Convidado	11
Comissão Central de Pesquisa	CCP	Titular	9
Conselho de Extensão	Conex	Titular	14
Comissão de Planejamento Estratégico Institucional	Copei	Titular	12
Câmara para Análise e Aprovação de Convênios e Contratos	CAACC	Titular	24
Câmara Interna de Desenvolvimento de Pesquisadores da Comissão Central de Recursos Humanos	CIDP/CCRH	Vice-Presidência	6
Câmara Interna de Desenvolvimento de Funcionários da Comissão Central de Recursos Humanos	CIDF/CCRH	Titular	11
Conselho de Desenvolvimento Cultural da Unicamp	Condec	Titular	4
Conselho Superior de Rádio e TV da Unicamp	-----	Titular	4

(continua)

Tabela 11.2: Lista das Comissões, Câmaras e Conselhos que tiveram a participação da Cocen, de maio de 2013 a dezembro de 2014, com as respectivas siglas, tipos de participação e número de reuniões realizadas. (*continuação*)

NOME DA COMISSÃO, CÂMARA OU CONSELHO	SIGLA	PARTICIPAÇÃO	REUNIÕES
Comissão de Bibliotecas	-----	Titular	10
Conselho de Orientação do Fundo de Apoio à Pesquisa e Extensão (FAEPEX) da Unicamp	-----	Titular	2

* Comissão extinta e substituída pela criação da Comissão Central de Recursos Humanos (CCR) e suas Câmaras (CIDD, CIDP e CIDF), em 29/10/2013.

Fonte: elaborada pelos autores com base em dados disponíveis na Coordenadoria de Centros e Núcleos Interdisciplinares de Pesquisa da Unicamp (Cocen/Unicamp).

A Cocen está instalada em um dos prédios localizados na área da Reitoria e ocupa uma superfície de 157 m^2, possuindo sete salas, uma área central de secretaria e expediente e uma copa com depósito. Além disso, divide uma sala de reuniões com a Assessoria de Imprensa da Unicamp, sua vizinha, e tem uma área de exposição das produções dos Centros e Núcleos. A Figura 11.1 ilustra a localização física da Cocen e dos 19 Centros e Núcleos instalados no campus da Unicamp em Campinas. Cabe observar que há dois Centros/Núcleos instalados fora da área do campus: o CPQBA e o Lume. O CPQBA está instalado na cidade vizinha de Paulínia, em uma planta da empresa Monsanto adquirida pela Unicamp nos anos 1980, que contém uma área de laboratórios e um campo experimental com infraestrutura adequada para trabalhos de campo. É o Centro que tem a maior área física dentre os 21, além do maior número de pesquisadores contratados. O Lume está instalado em uma casa alugada pela Unicamp na Vila Santa Isabel, no distrito de Barão Geraldo. Cabe destacar que em torno dele surgiram vários grupos de teatro, com profissionais formados pelo próprio Núcleo, o que vem contribuindo para a transformação da região em um polo artístico e cultural. Há casos, também, como o do Cepagri, que está instalado dentro da unidade de tecnologia da informação da Embrapa, denominada CNPTIA, localizada dentro do campus da Unicamp. Destaca-se que na distribuição dos Centros e Núcleos pelo campus de Campinas procurou-se levar em conta sua proximidade com os órgãos acadêmicos mais relacionados às suas atividades. Isso traz um desafio administrativo maior e se diferencia de outras iniciativas existentes no mundo, que agrupam todos os órgãos semelhantes em uma mesma área ou edifício.

Dentre as diversas atividades em andamento na Cocen atualmente, destacam-se as seguintes metas a serem alcançadas nos próximos dois anos:

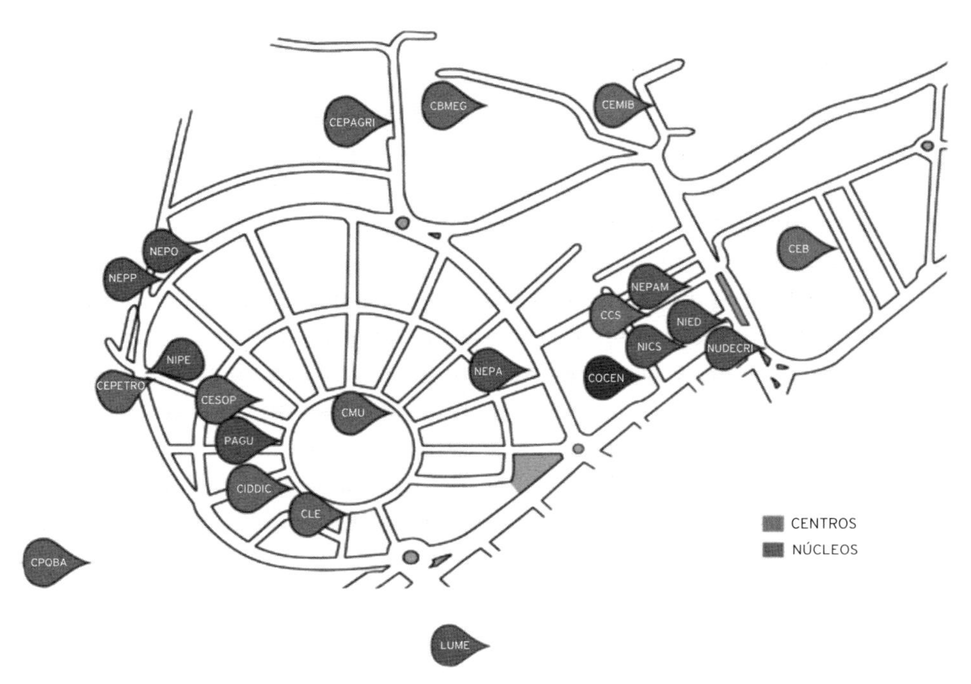

Figura 11.1: Localização da Cocen e dos 21 Centros e Núcleos situados no interior (19) e na vizinhança (2) do campus da Unicamp em Campinas.

Fonte: elaborada pelos autores com base em dados disponíveis na Coordenadoria de Centros e Núcleos Interdisciplinares de Pesquisa da Unicamp (Cocen/Unicamp).

ampliação da divulgação da pesquisa interdisciplinar realizada na Unicamp pelos Centros e Núcleos por meio de fôlderes, fóruns, internet, Facebook, expediente de comissões e câmaras, cursos internos e externos, palestras, eventos e vídeo institucional; conclusão dos projetos das sedes dos Centros e Núcleos que necessitam de ampliação e adequação de espaço físico; conclusão da certificação da Cocen e dos Centros e Núcleos; ampliação dos quadros de pesquisadores e de servidores técnicos e administrativos de apoio dos Centros e Núcleos; conclusão da avaliação quinquenal (2009-2013) dos Centros e Núcleos e incorporação dos resultados à avaliação da Unicamp; disponibilização de banco de dados das atividades administrativas da Cocen; atualização do sistema de informática da Cocen; institucionalização da participação da Cocen, representando os Centros e Núcleos, em instâncias deliberativas e consultivas da Unicamp; definição de verba orçamentária anual para progressão dos pesquisadores Pq dos Centros e Núcleos; institucionalização da responsabilidade dos Centros e Núcleos por cursos de extensão universitária; institucionalização da participação da Cocen no Conselho Executivo do Fundo de Apoio à Pesquisa e Extensão da Unicamp (Faepex); obtenção de verba orçamentária anual para apoio às publicações científicas dos Centros e Núcleos; ampliação de verba orçamentária destinada aos Centros e Núcleos; inserção e manutenção das bibliotecas e centros de documentação dos Centros e Núcleos no Sistema de Bibliotecas da Unicamp (SBU); organização do portal das publicações editadas pelos Centros e Núcleos (especialmente de periódicos científicos); institucionalização da participação dos Centros e Núcleos no desenvolvimento de programas conjuntos de pós-graduação; equiparação do peso dos votos dos pesquisadores ao dos docentes em consultas e eleições da Unicamp; reposição de servidores e pesquisadores de carreira exonerados; instituição de prêmio de excelência acadêmica para pesquisadores; inclusão de área interdisciplinar no Faepex; continuidade do apoio à participação dos Centros e Núcleos em editais gerais abertos pela Universidade; implantação de nova deliberação da Carreira de Pesquisador Pq; ampliação do credenciamento na pós-graduação dos pesquisadores que o desejarem; submissão de projeto multi e interdisciplinar sobre Defesa Civil a agências de fomento.

Ressalta-se que várias ações e metas listadas anteriormente são antigas, oriundas de coordenações anteriores, e continuam sendo perseguidas até hoje por causa das dificuldades encontradas, mesmo considerando o longo tempo em que a interdisciplinaridade começou a ser institucionalizada na Unicamp, a partir de 1977, de acordo com o espírito de vanguarda com que a própria Universidade foi implementada pelo Prof. Zeferino Vaz. Algumas dificuldades são de origem externa, como as restrições orçamentárias em que a área científica do país normalmente se encontra ou as dificuldades burocráticas cada vez maiores para a realização de obras civis e utilização de recursos públicos. Outras são de ordem interna, como a própria política da Universidade que, várias vezes e por motivos diversos, dificultou o aumento da representatividade do Sistema de Centros e Núcleos em várias instâncias decisórias da Universidade ou não atendeu às demandas relativas ao espaço físico e aos recursos humanos, visando superar limitações que afetam muitas vezes a manutenção das atividades realizadas pelos Centros e Núcleos ou restringem demandas reprimidas existentes para sua ampliação.

Uma diferença do momento político atual em relação a períodos anteriores, no que se refere às demandas que necessitam de mudanças administrativas de ordem mais estrutural na Universidade (como o aumento da representatividade do Sistema de Centros e Núcleos nas instâncias deliberativas ou a possibilidade de responsabilidade por oferecimento de cursos de extensão), é que está em curso, desde o início da gestão atual, em 2013, um processo de revisão dos Estatutos da Unicamp. O Sistema de Centros e Núcleos organizou-se, por meio da Cocen e da CAI/Consu, para apresentar uma proposta geral para o novo Estatuto da Unicamp pensando na Universidade como um todo e, em particular, na inserção dos Centros e Núcleos nesse contexto geral. O intuito da proposta não foi, assim, restringir-se a demandas pontuais, relacionadas especificamente aos Centros e Núcleos, mas ter como horizonte a estrutura e o funcionamento da Universidade como um todo. As propostas elaboradas e discutidas detalhadamente visaram, desse modo, contemplar adequadamente todas as questões administrativas e políticas envolvidas em um órgão complexo como é uma universidade para permitir o pleno desenvolvimento da Unicamp nas próximas décadas, incluindo adequadamente as questões relacionadas com a interdisciplinaridade.

Constata-se, com base no que foi descrito até aqui, que as contribuições e consequências de criação da Cocen são inúmeras e positivas na política, na representação e na articulação de um Sistema complexo e diverso, como o dos Centros e Núcleos, situado dentro de um sistema ainda mais amplo e sofisticado, como é o de uma Universidade pública em um país em desenvolvimento. Além disso, é importante destacar também a relevância da Coordenadoria no funcionamento cotidiano dos Centros e Núcleos por causa de sua disponibilidade restrita de recursos orçamentários e de pessoal de apoio técnico e administrativo. Como exemplo, cita-se o apoio administrativo prestado várias vezes pela Cocen por meio da cessão de funcionários técnico-administrativos aos Centros e Núcleos de forma temporária, emergencial ou definitiva.

Outra contribuição significativa da Cocen é a de proporcionar um espaço institucional para Centros e Núcleos de tamanho compacto, pela própria característica de suas áreas de trabalho. Ressalta-se, também, a importância da Cocen na ampliação do funcionamento dos Centros e Núcleos segundo normas e regras institucionais, com redução significativa de possíveis administrações fundamentadas nas pessoas de seus dirigentes, líderes ou pesquisadores principais. O embasamento de administrações em torno de grandes líderes pode ser benéfico para o desenvolvimento inicial dos órgãos ou para defendê-los em momentos de crise institucional, mas nem sempre é útil para o seu funcionamento a longo prazo, para todo o Sistema de Centros e Núcleos, pois acaba favorecendo os que são institucionalmente mais fortes, e também para a universidade, que pode ter grandes dificuldades para tomar medidas administrativas necessárias quando eles não estão atingindo os objetivos para os quais foram criados.

A Cocen também tem sido uma instância que facilita e viabiliza a propagação das experiências científicas e administrativas bem-sucedidas entre os vários Centros e Núcleos, possibilitando uma maior otimização de recursos financeiros e humanos. Sem dúvida, os diretores e coordenadores dos Centros e Núcleos têm autonomia para tratar diretamente de assuntos relacionados aos órgãos que dirigem; entretanto, o tratamento sistêmico de assuntos que se referem ao conjunto de Centros e Núcleos é muito mais eficiente e tem uma possibilidade maior de chegar a um resultado mais adequado para todos.

Um resultado relevante da Cocen durante a gestão do Prof. Jorge Tápia (2005-2009) foi a articulação, elaboração e submissão de um projeto temático na área de mudanças climáticas envolvendo pesquisadores de vários Centros e Núcleos e de Institutos e Faculdades da Unicamp, além de pesquisadores da Embrapa, do Inpe, da USP e da Unesp. Este projeto, denominado AlcScens, foi submetido em 2008 ao Edital de Mudanças Climáticas da Fapesp, tendo sido aprovado e desenvolvido de 01/12/2010 a 30/11/2014. Há, atualmente, um novo projeto temático sendo elaborado na área de defesa civil e adaptação às mudanças climáticas. Sem a presença efetiva da Cocen, a articulação e o desenvolvimento destes projetos que envolvem vários órgãos e diversas áreas do conhecimento seriam muito mais desafiadores do que já são.

Outra consequência da existência da Cocen refere-se à criação da carreira de pesquisador, que será detalhada a seguir. A Cocen, na gestão inaugural, sob a coordenação da Profa. Ítala D'Ottaviano, além de ter um grande cuidado com a visibilidade e a integração dos Centros e Núcleos Interdisciplinares de Pesquisa, debruçou um olhar institucional bastante meticuloso sobre a carreira, que atendia exclusivamente os trabalhos científicos, culturais e tecnológicos dos Centros e Núcleos. Dentre as diferentes ações que sustentaram esses cuidados institucionais, uma foi essencial e inaugurou uma nova relação entre os Centros e Núcleos e entre os membros da carreira de pesquisadores: a reinstalação, sob outra configuração, da CAI/Consu.

CARREIRAS DE PESQUISADOR – TPCT E PQ

A existência de órgãos tão singulares como os Centros e Núcleos Interdisciplinares de Pesquisa faz parte das condições institucionais de criação da carreira de pesquisador na Unicamp, ocorrida em 1993, estando no bojo de importantes consequências de um funcionamento vanguardista marcante da Unicamp. Isso porque estes órgãos foram configurados com o objetivo de construir respostas, reflexões, compreensões a questões acadêmicas e científicas mais amplas do que aquelas possibilitadas pelas disciplinas de forma isolada, sendo responsáveis, desde seu início, por uma dinâmica de pesquisa interdisciplinar inovadora no âmbito acadêmico daquele momento. A criação da carreira de pesquisador é decorrente, portanto, de todo o processo de institucionalização da interdisciplinaridade que ocorre na Unicamp desde a criação pioneira dos Centros e Núcleos de Pesquisa Interdisciplinar, iniciado em 1977 e intensificado na década de 1980.

Ressalta-se que os Centros e Núcleos, nos quais a carreira de pesquisador se insere predominantemente, têm sua proposição sob a responsabilidade de professores da carreira de magistério superior (MS) da Universidade, mas, no entanto, guardam autonomia institucional frente aos institutos e faculdades da Unicamp, o que sempre lhes garantiu uma agilidade acadêmico-institucional bastante produtiva. É por isso que para falar da carreira de pesquisador é preciso fazer alusão estrutural aos Centros e Núcleos, como se verá nesta explanação do percurso institucional da carreira Pq. Se a existência dos Centros e Núcleos Interdisciplinares de Pesquisa está na base da possibilidade da criação de uma carreira de pesquisa dentro da Unicamp, é a Deliberação da Câmara de Administração da Universidade (CAD) que dá corpo ao primeiro gesto em direção à carreira. Isso porque esta carreira não foi criada, ainda em 1993, com o nome de Pesquisador, apesar de ter sido com este intuito que ela foi pensada.

Já estava muito claro, no início da década de 1990, para os professores da carreira de MS envolvidos nas distintas dinâmicas dos Centros e Núcleos Interdisciplinares de Pesquisa, a necessidade premente de que estes órgãos fossem constituídos por uma carreira específica de pesquisa em suas diferentes áreas de atuação – científica, cultural e tecnológica. Não foi sem um esforço institucional e político ímpar que foi aprovada, sob o cuidado direto do Prof. Carlos Vogt, então reitor da Unicamp, a carreira denominada de Técnico Especializado de Apoio à Pesquisa Cultural, Científica e Tecnológica (TPCT), instituída pela Deliberação CAD 353/93, de 04/10/1993. Como se pode observar, seu nome guarda o sentido de apoio à pesquisa. Este foi o gesto possível naquele momento, sob aquelas condições. É preciso observar que abrir condições institucionais para a instauração de uma outra carreira acadêmica, com singularidades e, ao mesmo tempo, similitudes com a carreira acadêmica já existente – a do MS – não foi, como continua não sendo, algo trivial.

Ressalta-se que se tratava de uma carreira cujo objetivo fim era o trabalho de investigação científica, tecnológica ou cultural e exclusiva dos Centros e Núcleos Interdisciplinares de Pesquisa. Estes foram dois pontos fundamentais que permitiram, aos poucos, dar uma fisionomia para esta nova carreira acadêmica instaurada em um meio específico – os Centros e Núcleos interdisciplinares – com o fim específico de fazer pesquisa. O caráter de apoio nunca deu a medida dos modos de configuração desta carreira, o que permitiu que aqueles que nela ingressaram, em seus primeiros anos de existência, logo se tornassem líderes em suas áreas de atuação. Esta carreira ainda tinha uma outra peculiaridade. Nela podiam ingressar, por processo seletivo público, mestrandos, doutorandos e doutores. Isso aponta exatamente para o perfil da carreira que se iniciava: uma carreira de especialização, íntima do fazer acadêmico das diferentes culturas científicas, culturais e tecnológicas e que dava espaço para jovens pesquisadores se formarem dentro da própria carreira, no decorrer da realização da pós-graduação em níveis de mestrado e doutorado.

Pode-se afirmar que na década de 1990 houve, fundamentalmente, dois grupos que se inseriram nesta carreira: alunos formados e inscritos em programas de pós-graduação (nos níveis de mestrado ou doutorado) e profissionais da própria universidade, já doutores, que realizavam pesquisa na carreira técnico-administrativa existente à época. Esta dupla característica de ingresso na carreira permitiu um movimento muito singular aos Centros e Núcleos Interdisciplinares de Pesquisa: a conjugação de pesquisadores com experiência e pesquisadores em fase de formação. Experiência e formação que se davam sob condições muito específicas: a de construir respostas, reflexões e compreensões para questões que não cabiam em uma disciplina específica científica, cultural ou tecnológica.

Foram enquadrados na carreira TPCT, de 01/05/1994 a 01/05/2004, 35 profissionais da Unicamp que desempenhavam oficialmente, pelo menos, 13 funções distintas, tais como: docente de ensino de línguas, químico, engenheiro, biólogo, técnico especializado, engenheiro agrônomo, profissional de ciência de computação, analista de sistemas, ecólogo, orientador educacional, técnico didático, técnico de alimentos e estatístico. Estes 35 profissionais tinham, em média, 10 anos de trabalho na Unicamp (variando de 0,9 a 21,7 anos) quando foram enquadrados na carreira TPCT e estavam lotados em 12 Centros e Núcleos distintos, que continuam ativos até hoje. Desses 35 profissionais, seis pediram demissão da Universidade (17,1%) e um se aposentou (2,9%), sendo que 28 (80,0%) permaneceram na carreira TPCT.

Foram contratados por processo seletivo público, de 05/03/1996 a 12/06/2007, 51 profissionais na carreira TPCT, lotados em dezoito Centros e Núcleos distintos, sendo que apenas um deles não está mais ativo atualmente. Desse total, 14 pediram demissão (27,5%), seis não tiveram seus respectivos contratos de trabalho renovados (11,8%) e 31 permaneceram na carreira TPCT (60,7%). Observa-se uma permanência maior (80,0% x 60,7%) na carreira TPCT dos profissionais da própria Unicamp oriundos de funções distintas e que foram enquadrados nela do que de profissionais externos selecionados por meio de processos seletivos públicos. Os profissionais que saíram da carreira pela não renovação do contrato de trabalho foram os que não conseguiram concluir o mestrado ou o doutorado no tempo estabelecido pela própria deliberação de criação da carreira TPCT, que seria de dois anos para o mestrado e de quatro anos para o doutorado.

Este conjunto de pesquisadores formou a força motriz também de um movimento político-institucional que, no início dos anos 2000, permitiu que negociações fossem estabelecidas para que a carreira de pesquisador fosse compreendida de outro modo pela Universidade, o que, necessariamente, incidia na necessidade de alteração de sua Deliberação, o que, de fato, aconteceu em 2005. Como se vê, muitos foram os percursos e os percalços para que a mudança acontecesse. Nestes percursos, um encontro se tornou um acontecimento fundante na carreira: a criação da Cocen. Ela construiu a possibilidade de alterar, por exemplo, a configuração da CAI, em 2001, por meio da Deliberação Consu A-004/2001 de 17/04/2001. As principais alterações nessa deliberação foram: a inclusão do coordenador da Cocen em sua composição e Presidência; três diretores de unidades de ensino e pesquisa (ao invés de dois); três representantes docentes do Consu (no lugar de dois); cinco diretores/coordenadores de Centros/Núcleos (ao invés de quatro); um pesquisador da carreira TPCT (não existente); e a saída da representação da Pró-Reitoria de Desenvolvimento Universitário (PRDU). Destaca-se a qualidade desta composição, especialmente no que se refere ao equilíbrio das representações, não sendo exclusiva dos Centros e Núcleos. O tamanho da comissão também é muito favorável para a realização de discussões proveitosas e tomadas de decisões potencialmente mais adequadas que aquelas feitas por comissões muito grandes, que normalmente têm uma grande dispersão das representações entre seus membros e dificuldades de logística e condução de reuniões, ou comissões muito pequenas, que podem ter falta de representatividade e um peso excessivo das decisões de cada um dos poucos membros participantes.

É importante destacar que a Cocen não só começou a fazer parte da CAI/Consu, mas foi colocada como o órgão que iria assisti-la a partir de então, sendo o coordenador seu presidente e tendo na estrutura administrativa da Cocen uma assessoria responsável por secretariar esta Comissão e dar encaminhamento administrativo às suas deliberações. Observe-se ainda que a carreira TPCT passou a ser representada diretamente por um de seus membros doutores. Estes dois movimentos foram essenciais para a configuração dos Centros e Núcleos como sistema e para a existência política da carreira de pesquisadores da Unicamp. A Comissão de Atividades Interdisciplinares (CAI/Consu) passou a ser, neste seu novo funcionamento, um espaço deliberativo dos assuntos relativos ao Sistema dos Centros e Núcleos, aí incluídos os assuntos relativos à carreira TPCT, representando uma mudança político-institucional fundamental para os Centros e Núcleos e para a carreira de pesquisador.

No que toca particularmente à carreira de pesquisador, destaque-se que foi por meio da CAI/Consu que, por exemplo, homologamente à carreira de MS, passou a ser obrigatória para a carreira TPCT a apresentação de um relatório trienal de atividades. Isso não apenas veio a exigir da carreira uma visão acadêmica de seu cotidiano institucional, como também permitiu uma visibilidade de suas mais diversas formas de atuação em instâncias públicas institucionais nas quais a carreira era invisível, como a Câmara de Desenvolvimento Institucional (CADI), vinculada à Pró-Reitoria de Pesquisa (PRP), responsável, até outubro de 2013, pela avaliação institucional de todos os membros das carreiras de Magistério da Universidade, tendo passado, a partir de 2001, a avaliar também a carreira TPCT e, posteriormente, a carreira Pq. Destaca-se que atualmente esta avaliação está a cargo da Câmara Central de Recursos Humanos (CCRH) vinculada à Pró-Reitoria de Desenvolvimento Universitário (PRDU), sendo a Comissão de Desenvolvimento Institucional de Pesquisadores (CIDP) uma delas. Cabe mencionar ainda que a composição da CAI/Consu previa em sua deliberação um representante doutor TPCT. Este foi um outro acontecimento fundamental para a carreira de pesquisador.

Para que fosse eleito um representante e seu suplente TPCT na CAI/Consu, foi necessário que a Cocen convocasse uma assembleia da carreira com este fim, ainda em 2001. Este foi o primeiro encontro da carreira TPCT, passados oito anos de sua criação. Encontro em sentido amplo, pois se tornou um acontecimento. Foi a primeira vez que os membros desta carreira se viam enquanto um grupo. A possibilidade de ter um espaço representativo – o único até então – abriu condições institucionais para que a Carreira começasse um movimento político no sentido de reivindicar uma visibilidade de sua atuação acadêmica materializada no cotidiano institucional. Este movimento político se deu por meio de reuniões periódicas entre os membros da carreira fora do âmbito da Cocen e da CAI/Consu, levando a estes âmbitos as demandas acordadas nas reuniões. Este gesto político que foi construído pelas condições institucionais abertas pela instalação da Cocen e, posteriormente, da reestruturação da CAI/Consu incidiu em solicitações tanto pontuais quanto estruturais, levadas pela representação TPCT à CAI/Consu e à coordenação da Cocen, que buscavam o reconhecimento da natureza acadêmica das atividades desenvolvidas por esta carreira.

Algumas das solicitações pontuais que podem ser destacadas – todas garantidas pelo empenho da Cocen com o apoio da CAI/Consu– foram: a carteira de biblioteca com prazo de empréstimo e número de volumes equivalentes à carreira MS; a assinatura mensal do ponto como também ocorria com esta carreira; acesso a uma senha individual ao Sipex (Sistema de Informação de Pesquisa e Extensão da Unicamp) tal como se dava com a carreira do magistério superior. A solicitação estrutural que acompanhou três gestões da Cocen e sempre com o apoio de suas coordenações e da CAI/Consu foi a alteração da deliberação que criava a carreira TPCT, de modo a materializar no texto jurídico aquilo que já caracterizava o funcionamento da carreira e, ao mesmo tempo, atualizar dinâmicas institucionais.

O processo de construção de uma nova deliberação para a carreira de pesquisador foi longo e intenso, com muitas negociações entre a representação TPCT junto à CAI/Consu, à Cocen e à Reitoria da Universidade. Processo que atravessou três gestões da universidade e, portanto, da Coordenadoria dos Centros e Núcleos Interdisciplinares de Pesquisa: a que findava, com a Profa. Ítala D'Ottaviano, que recebeu o primeiro documento da carreira com um conjunto de reivindicações de mudanças na Deliberação, em 2001; a do Prof. Eduardo Guimarães, que viabilizou a linha direta entre a carreira e o coordenador geral da universidade, na época, o professor José Tadeu Jorge, no período de

2002-2005; e a do professor Jorge Tápia, no período de 2005-2009, gestão na qual é aprovada a nova deliberação da carreira, com mudanças substantivas.

Na segunda gestão da Cocen, foi criado pela Coordenação Geral da Universidade (CGU) um grupo de trabalho, do qual fazia parte a representação TPCT, com o objetivo de fazer uma proposição de alterações na carreira à CAD. As negociações se estenderam por toda esta gestão, tendo sido apresentada a proposição de nova deliberação na CAD em 06/10/2005, quando é aprovada, exatamente 12 anos após a criação da carreira TPCT. Muitas foram as alterações conquistadas. Dentre as mais importantes estão a mudança do nome da carreira, que passou a se chamar de pesquisador, e a indicação, no parágrafo primeiro da função desta carreira, retirando o caráter de técnico de apoio e remarcando a autonomia nas práticas científicas, artísticas e tecnológicas, reconhecendo o lugar singular da carreira que, no entanto, compartilha a atividade fim da universidade. De acordo com a nova deliberação, a carreira de pesquisador passa a ser passível de ser lotada nos institutos e faculdades, no limite de 5% do total de vagas da carreira MS. Outros dois pontos bastante significativos foram a mudança de seis para três níveis na carreira e o ingresso que passava a ser possível exclusivamente com o título de doutor. Reflexo de uma nova fase, sob outras condições, em que o trabalho interdisciplinar já estava mais bem compreendido na universidade.

Um último destaque deve ser feito à construção do Perfil Quantitativo Mínimo (PQM) de cada órgão em que a carreira se inserisse, exigido tanto para o ingresso, quanto para a progressão na carreira Pq. A gestão do Prof. Tápia criou um grupo de trabalho, do qual também fazia parte a representação da carreira junto à CAI/Consu, para estabelecer uma parametrização mínima para que os perfis individuais dos órgãos pudessem ter uma referência na qual se basear. Houve um trabalho intenso para construir um conceito da carreira e um lugar comum, sem desfazer as singularidades e especificidades das diferentes áreas nas quais se inserem os pesquisadores da carreira Pq.

Para tanto foram formulados descritores conceituais das três funções da carreira (Pq C, Pq B e Pq A). Por Pesquisador C (Pq C) entende-se que o pesquisador pode ser um recém-doutor, com uma experiência mínima na área (área de atuação ou áreas afins do centro ou núcleo) de três anos, sendo que tal experiência pode ter sido atingida durante o seu trabalho de pós-graduação. Por Pesquisador B (Pq B) entende-se o pesquisador que, após o seu ingresso como Pq C, apresenta condições para coordenar uma equipe de projeto de pesquisa, mostrando independência e capacidade de divulgação nacional e internacional de seus próprios trabalhos, bem como participação na vida institucional de sua área de atuação. Por Pesquisador A (Pq A) entende-se o pesquisador que, após a sua progressão para Pq B, torna-se uma sólida liderança ou reconhecida referência na sua área de atuação, com condições de marcar rumos e orientar outros pesquisadores, além de demonstrar um significativo trânsito nos cenários nacional e internacional, participando de eventos, sendo convidado para proferir palestras, compor bancas acadêmicas, e participar em comissões e comitês de representação, além de divulgar seu Centro ou Núcleo de pesquisa.

Ao lado destes descritores conceituais, foram estabelecidos os critérios que dariam corpo a estes conceitos e que poderiam ser quantificados conforme a especificidade de cada área de atuação dos órgãos em que a carreira estivesse instalada. Estes critérios foram compreendidos como sendo os de: pesquisa, produção, circulação e representação institucional. A partir da aprovação dos perfis quantitativos mínimos de todos os Centros e Núcleos, os profissionais da carreira TPCT puderam ser enquadrados na carreira Pq, em dezembro de 2006, quando também começaram a acontecer os primeiros processos seletivos públicos de ingresso nesta carreira.

Ressalta-se que foram contratados, a partir de 17/05/2007, 39 pesquisadores diretamente na carreira de pesquisador Pq, sem passar pela carreira TPCT, para 12 Centros e Núcleos, sendo que um pediu demissão (3,7%), outro faleceu (3,7%) e 37 permanecem na carreira (92,6%). A carreira TPCT foi extinta após a migração para a carreira Pq de todos os profissionais que estavam nela, iniciada em 01/01/2007, sendo que todos os pesquisadores de carreira lotados nos Centros e Núcleos estão atualmente na carreira Pq. Do total atual de pesquisadores lotados na carreira Pq, 39,8% entraram diretamente nela, 28,6% vieram da carreira TPCT, sendo provenientes de outras carreiras da Unicamp, e 31,6% vieram da carreira TPCT diretamente. Ou seja, há atualmente um bom equilíbrio entre os três tipos de ingresso na carreira Pq, sendo que a quantidade dos que vieram de outras carreiras e funções da Unicamp e passaram pela carreira TPCT deverão reduzir com a proximidade das aposentadorias, enquanto o número dos que ingressaram diretamente na Pq deverá aumentar gradativamente com novas contratações.

É possível concluir, pela competitividade dos processos seletivos realizados e pela permanência significativa dos pesquisadores nas carreiras TPCT e Pq, que os profissionais entraram e permanecem nelas por opção e pelo perfil profissional que ela oferece. É importante mencionar que, em termos salariais, a proposta feita desde a criação da carreira TPCT em 1993 era a de que o pesquisador tivesse um salário igual a 85% do nível equivalente na carreira de MS, pelo fato de não ter a responsabilidade por cursos de graduação. Isto, entretanto, só foi conseguido na gestão atual, em 2013. O fato de os pesquisadores não terem responsabilidade obrigatória por disciplinas de graduação é um elemento crucial para o bom funcionamento da carreira Pq e para os resultados demonstrados, como tem sido assinalado nas sucessivas avaliações institucionais realizadas. Além da carga horária que a dedicação à docência na graduação envolve, a não exigência de ministrar disciplinas permite aos pesquisadores a flexibilidade necessária para o desenvolvimento de projetos interdisciplinares com objetos transversais, que extrapolam os mais rígidos limites disciplinares, que caracterizam frequentemente as grades curriculares dos cursos de graduação, e que exigem a articulação de grupos de pesquisa e de instituições diversas e heterogêneas, conforme diferencial dos Centros e Núcleos da Unicamp.

A Figura 11.2 mostra o número total anual de pesquisadores das carreiras TPCT e Pq lotados nos Centros e Núcleos entre os anos 1994 e 2015, enquanto que a Tabela 11.3 apresenta o total de pesquisadores Pq em cada um dos 21 Centros e Núcleos em 2015. Além dos pesquisadores Pq lotados nos Centros e Núcleos, há, também, uma pesquisadora Pq lotada atualmente no Instituto de Biologia (IB), outra no Hemocentro e um em processo de contratação na Faculdade de Ciências Médicas (FCM).

Observa-se, na Tabela 11.3, que ainda há seis Centros e Núcleos com menos de três pesquisadores Pq, número considerado o mínimo indispensável para o bom funcionamento de cada Órgão, em função da experiência existente da carreira nos Centros e Núcleos. Considerando a necessidade de que pelo menos um pesquisador auxilie a administração do Centro/Núcleo ao qual está vinculado e que é recomendável que um esteja em um programa de pós-doutorado ou especialização no exterior, o número mínimo mais adequado seria de cinco, inclusive para que o Centro/Núcleo não tenha tanto impacto no afastamento mais prolongado de algum pesquisador. É importante salientar que o número maior de pesquisadores no Nudecri em relação a outros Centros e Núcleos deve-se ao fato de este Núcleo ser formado por dois laboratórios articulados, mas que têm uma estrutura e funcionamento diferenciados, a saber, o Laboratório de Estudos Avançados em Jornalismo Científico (Labjor) e o Laboratório de Estudos Urbanos (Labeurb). No caso do CPQBA, o tamanho do quadro de pesquisadores vincula-se também às

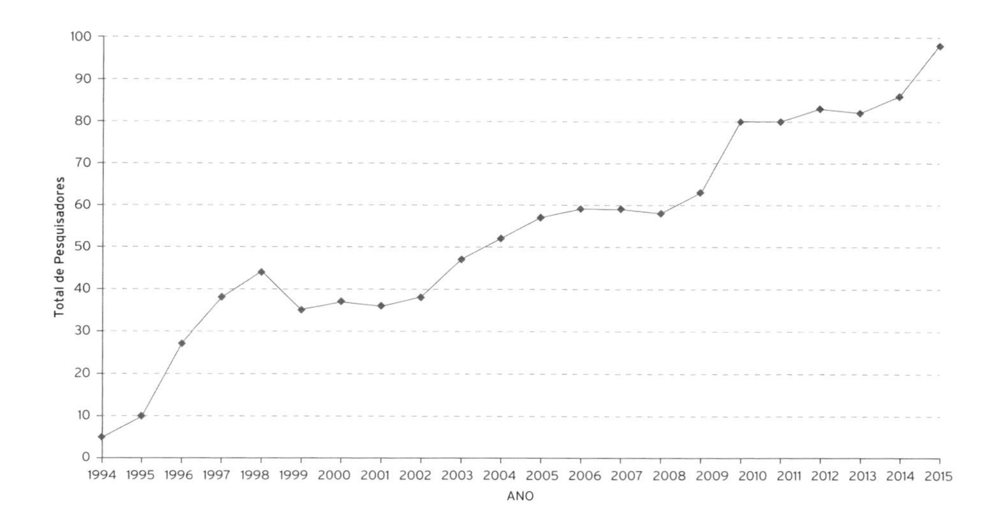

Figura 11.2: Número total anual de pesquisadores das carreiras TPCT e Pq lotados nos Centros e Núcleos.

Fonte: elaborada pelos autores com base em dados disponíveis na Coordenadoria de Centros e Núcleos Interdisciplinares de Pesquisa da Unicamp (Cocen/Unicamp).

particularidades da estrutura do Centro, que se dedica a pesquisas em três áreas distintas (química, biologia e agricultura), realiza uma intensa atividade de prestação de serviços externos e está instalado em uma extensa área física, conforme mencionado anteriormente.

Destaca-se que a expansão do quadro de pesquisadores é uma das principais recomendações feitas nas avaliações institucionais, para que os Centros e Núcleos possam continuar alcançando os objetivos para os quais foram criados (especialmente a articulação entre áreas do conhecimento e atuação em problemas de grande relevância social), reduzir a sobrecarga de trabalho dos pesquisadores atuais, substituir os exonerados ou próximos à aposentadoria e, especialmente, abrir novas linhas de pesquisa em áreas estratégicas. O diferencial que um pesquisador bem selecionado aporta para um Centro/Núcleo é significativo e tem sido fundamental para o desenvolvimento do sistema de pesquisa interdisciplinar da Unicamp. Centros e Núcleos que não consideravam fundamental a presença deste tipo de profissional em seus quadros, pelo tipo de trabalho que realizam, pela maior agilidade e possibilidade de contratação temporária por meio da captação de recursos externos ou pelo envolvimento de um número significativo de docentes e pesquisadores

Tabela 11.3: Número de pesquisadores Pq lotados em cada Centro e Núcleo em 2015

CENTRO/NÚCLEO	TOTAL DE PESQUISADORES PQ EM 2015
CBMEG	7
CCS	4
CEB	2
Cemib	1
Cepagri	4
Cepetro	2
Cesop	2
Ciddic	2
CLE	3
CMU	3
CPQBA	17
Lume	3
Nepa	3
Nepam	8
Nepo	7
Nepp	3
Nics	2
Nied	4
Nipe	4
Nudecri	12
Pagu	5
Total	98

Fonte: elaborada pelos autores com base em dados disponíveis na Coordenadoria de Centros e Núcleos Interdisciplinares de Pesquisa da Unicamp (Cocen/Unicamp).

externos em suas atividades, mudaram completamente de posição quando começaram a ter pesquisadores de carreira contratados.

A presença do pesquisador em um Centro/Núcleo ajuda a reduzir as flutuações existentes normalmente no desempenho de um grupo de pesquisa em função da submissão, aprovação e liberação de recursos financeiros pelas agências de fomento para o desenvolvimento de suas atividades. Sem a presença deste profissional, a articulação dos grupos de pesquisa fica muito dependente da liberação de recursos financeiros, podendo passar por momentos de intensa atividade científica, quando há projetos em pleno andamento, e outros com atividades reduzidas ou paralisadas, quando novos projetos ainda não foram iniciados. A presença dos pesquisadores de carreira amplia a possibilidade de envolvimento de docentes e pesquisadores externos que, por terem compromissos em suas instituições e unidades de origem, não poderiam se envolver devidamente nas atividades de pesquisa desenvolvidas em um Centro/Núcleo se não houvesse um profissional qualificado e em condições de assumir determinadas responsabilidades administrativas e científicas típicas dos projetos e atividades multi e interdisciplinares que envolvem, normalmente, equipes compostas por vários profissionais de origem, formação e experiências heterogêneas. Outro aspecto relevante da participação do pesquisador de carreira em um Centro/Núcleo é que ele tem condições de propor e atuar em temas ousados e relevantes de pesquisa, abrindo, sempre que possível, novas áreas de atuação para a universidade. Além da ousadia e do interesse social serem características das atividades multi e interdisciplinares, o pesquisador tem, potencialmente, uma disponibilidade de tempo maior para participar de eventos e reuniões no Brasil e no exterior pelo fato de não ter o compromisso regular com o ensino de graduação.

Uma recomendação que tem sido normalmente apresentada também nas avaliações institucionais é a ampliação do credenciamento dos pesquisadores lotados nos Centros e Núcleos em programas de pós-graduação da universidade. Isto tem sido possível em algumas áreas que têm uma abertura maior para o credenciamento de profissionais que não são lotados no instituto ou na faculdade responsável pelo programa de pós-graduação. Como exemplo, menciona-se o Instituto de Biologia (IB), a Faculdade de Ciências Médicas (FCM) e unidades ligadas às humanidades, que têm vários pesquisadores de carreira credenciados em seus respectivos programas de pós-graduação. Os institutos e as faculdades ligados às áreas de exatas e tecnológicas, entretanto, têm regras que dificultam bastante o credenciamento de profissionais externos a eles, incluindo os pesquisadores. O aumento da possibilidade de credenciamento na pós-graduação dos pesquisadores que assim desejarem é um grande desafio atual para o Sistema de Centros e Núcleos. A abertura de novos programas de pós-graduação com a participação conjunta de centros, núcleos, institutos e faculdades pode ser uma das alternativas para esta situação.

Neste percurso de muitos começos, foi possível compartilhar uma história – pressuposta múltipla, heterogênea e não linear, apesar de aqui se apresentar sob as vestes de uma aparente linha cronológica organizada – de um processo de institucionalização da carreira de Pesquisador da Unicamp. Não é sem contradições, equívocos, tensões que esta história se faz. Contudo, é inequívoca a contribuição para o panorama acadêmico que a instauração desta carreira representa. Uma contribuição sem volta, uma vez que é nela e no sistema Cocen dos Centros e Núcleos Interdisciplinares de Pesquisa que toda uma formação inovadora interdisciplinar se configurou, apontando para desafios, abrindo questões, avançando em áreas que não tinham ainda nome e que agora se naturalizam como evidentes ou resistem para que tenham vez e voz no espaço acadêmico. Esta carreira e o sistema a que ela está ligada são responsáveis por projetos e por formação de recursos humanos de valor incomensurável, porque não se trata de "um tornar-se interdisciplinar" automático. Trata-se de um processo árduo de construção, em uma relação longa de ires-e-vires que olha de dentro e olha de fora e, quando menos se percebe, *olha de entremeio*[2], nem cá, nem lá, sem adjunções, sem complementos, apenas de um lugar *outro possível.*

CONSIDERAÇÕES FINAIS

Os resultados da última avaliação institucional, correspondente ao quinquênio 2009-2013, são úteis para ilustrar os resultados decorrentes da institucionalização da interdisciplinaridade na Unicamp. Destaca-se, inicialmente, a variedade e a diversidade da composição do quadro de pessoal envolvido nas atividades dos Centros e Núcleos, tendo sido formado por 208 docentes da Unicamp, 88 pesquisadores Pq, 581 pesquisadores externos, 284 funcionários de apoio técnico, 135 funcionários de apoio administrativo, 352 estagiários e 921 bolsistas.

Com relação aos resultados financeiros, a relação entre o custo e o aporte para a Universidade dos Centros e Núcleos pode ser avaliada por meio da participação destes no total de recursos orçamentários e extraorçamentários captados no período em questão. Em relação aos recursos orçamentários, os Centros e Núcleos receberam, de 2009 a 2013, R$ 218.788.169,00, montante equivalente a 2,4% do total de recursos da Universidade (R$ 9.376.799.000,00), enquanto que captaram R$ 252.136.547,00 de recursos extraorçamentários, valor equivalente a 8,9% do total captado pela Unicamp no mesmo período (R$ 2.589.253879,00), aí considerados os recursos repassados pelo Sistema Único de Saúde (SUS), e 12,7% desse total quando excluídos dos cálculos os

2 Referimo-nos aqui ao pensamento de Michel Pêcheux, na França, e Eni Orlandi, no Brasil, que tomam a possibilidade de construir uma disciplina de entremeio.

recursos do SUS (R$ 1.743.309.872,00). A diferença entre os recursos recebidos da Universidade e para ela aportados pelos Centros e Núcleos representou um superávit de R$ 33.348.378,00 no quinquênio avaliado.

O aporte dos Centros e Núcleos para a Universidade pode ser avaliado também por meio da participação destes no total de taxas recolhidas para o Fundo de Apoio à Pesquisa e Extensão (Faepex) da Unicamp, por intermédio do estabelecimento de contratos e convênios, que foi de 31% do total de todos os contratos e convênios celebrados pela Universidade no quinquênio em questão, isto é, R$ 2.067.607,00, recursos que são utilizados diretamente no ensino de graduação. Os Centros e Núcleos também foram responsáveis por 9% do total de recursos captados e administrados por meio da Fundação de Desenvolvimento da Unicamp (Funcamp), correspondendo a cerca da metade do que todas as demais 23 Unidades de Ensino e Pesquisa da Unicamp existentes captaram em conjunto no mesmo período. Destaca-se ainda que os Centros e Núcleos contribuíram com 9% do valor total captado pela Universidade por meio de prestação de serviços. É importante mencionar que os Centros e Núcleos ocuparam, de 2009 a 2013, 1,2% da área física total da Unicamp. A propósito, a melhoria das instalações físicas é um dos desafios principais apontados nas avaliações institucionais.

Outros indicadores ilustram o volume e a qualidade da produção dos Centros e Núcleos. Destaca-se o desenvolvimento, entre 2009 e 2013, de 1.055 projetos financiados de pesquisa e a celebração de 248 convênios, envolvendo 26 Unidades e Órgãos internos à Unicamp e mais de 120 instituições de diferente natureza, tanto nacionais, de todos os Estados brasileiros, como internacionais, de 36 países das América do Norte, Central e do Sul, da Europa, da África e da Ásia. Os Centros e Núcleos são responsáveis pela edição de 21 periódicos especializados, impressos e eletrônicos, dos quais 17 com classificação no Sistema Qualis-Capes, sendo: três Qualis A1, um Qualis A2, seis Qualis B1, três Qualis B2, dois Qualis B3 e dois Qualis C, o que indica uma concentração de periódicos bem avaliados no referido sistema, muito acima da considerada satisfatória pelo Conselho Técnico-Científico da Educação Superior (CTCES). Foi também apontado pelos avaliadores externos o impacto da produção dos Centros e Núcleos indicado pelo depósito de 27 pedidos de patentes e de seis *softwares*, bem como pelos cargos diretivos ocupados pelos pesquisadores dos Centros e Núcleos em diversas instituições nacionais e internacionais: destacam-se diversos cargos de presidência, vice-presidência, diretoria e outras posições de liderança em instituições tais como a Organização Mundial da Saúde (OMS), a Organização das Nações Unidas para Alimentação e Agricultura (FAO), a Agência Internacional de Energia Atômica (AIEA), a Fundação Nacional do Índio (Funai) do Ministério da Justiça e em vários outros ministérios e secretarias estaduais e municipais, em sociedades científicas, entre outras.

Apesar de todos os desafios existentes para a institucionalização da interdisciplinaridade na Unicamp, os resultados obtidos, como os já mencionados, demonstram o acerto da criação dos Centros e Núcleos Interdisciplinares de Pesquisa, da CAI/Consu, da Cocen e da carreira de pesquisador. Por meio de toda essa estrutura institucional, tem sido possível integrar várias áreas do conhecimento e atender aos grandes desafios da sociedade com base na geração de conhecimento, na formação de recursos humanos de qualidade e na prestação de serviços. Nesse sentido, é importante mencionar o interesse demonstrado por vários docentes da universidade, nos últimos dois anos, pelo conhecimento mais aprofundado do Sistema de Centros e Núcleos visando propor a abertura de novos órgãos para atuar de forma mais adequada, intensa e institucional em temas de grande relevância social e científica. Outras instituições do Brasil também têm demonstrado interesse em conhecer mais detalhadamente a experiência da Unicamp na institucionalização da interdisciplinaridade. É importante ressaltar que esse desenvolvimento da interdisciplinaridade na Unicamp é possível também graças à existência de áreas disciplinares fortes nos diferentes órgãos acadêmicos da universidade, que os Centros e Núcleos permitem articular por meio de seu funcionamento e da realização de seus projetos de pesquisa e de prestação de serviços.

REFERÊNCIAS

[COCEN/UNICAMP] COORDENADORIA DE CENTROS E NÚCLEOS INTERDISCIPLINARES DE PESQUISA DA UNICAMP. Disponível em: http://gongo.nics.unicamp.br/institucional.php. Acessado em: 20 maio 2016.

CURIEL, F.H.F. *Estruturas interdisciplinares no ensino superior brasileiro: a experiência dos núcleos e centros da Universidade de Campinas.* Dissertação de Mestrado. Instituto de Geociências, Unicamp. 145p. 1997.

QUEIROZ, M.S.; D'OTTAVIANO, I.M. *Universidade, interdisciplinaridade e memória: uma análise antropológica da experiência acadêmica dos Centros e Núcleos da Unicamp.* Centro de Memória – Unicamp. Campinas: Arte Escrita. 264p, 2009.

capítulo 12

Sobre as condições internas
e externas para a interdisciplinaridade na Faculdade de Ciências Aplicadas da Unicamp

Peter Alexander Bleinroth Schulz | *Físico, Faculdade de Ciências Aplicadas (Unicamp)*
Álvaro de Oliveira D'Antona | *Cientista Social, Faculdade de Ciências Aplicadas (Unicamp)*
Flávio Batista Ferreira | *Historiador, Faculdade de Ciências Aplicadas (Unicamp)*

"A Universidade existe somente na extensão em que é institucionalizada.
A ideia torna-se concreta em sua institucionalização... entretanto...
A ideia nunca é perfeitamente realizada.
Devido a isso existe um permanente estado de tensão...
Entre a ideia e as restrições da realidade institucional e corporativa"

Karl Jaspers
In "A ideia de universidade"

O título acima é uma paráfrase do manifesto fundador da Universidade de Berlin, de Wilhelm Von Humbold, considerado a origem da universidade moderna (Castilho, 2008). Guardadas as devidas proporções, a identidade e prática interdisciplinares da Faculdade de Ciências Aplicadas da Universidade Estadual de Campinas (FCA/Unicamp), que estão ainda em construção, também estão sujeitas a condições internas e externas que precisam ser levadas em conta, uma vez identificadas as suas influências em seus seis primeiros anos de funcionamento.

Do ponto de vista das condições externas – externas à faculdade, mas não à Unicamp –, é preciso considerar que a FCA, não departamental e de princípio interdisciplinar, insere-se em uma Universidade com unidades de Ensino e Pesquisa majoritariamente disciplinares e departamentalizadas: desde o seu regimento até as práticas das diferentes instâncias centrais que regem a administração, avaliação docente, orçamento e diferentes aspectos acadêmicos, a perspectiva disciplinar é ainda preponderante. Nesse sentido, o desafio que se coloca é a construção de uma relação adequada para a FCA, junto às instâncias superiores, que garanta seu desenvolvimento interno, inclusive pela separação geográfica em relação ao campus central, que se localiza em Campinas-SP, enquanto a FCA se situa em Limeira-SP.

Do ponto de vista interno, a construção não departamental é um grande desafio, dado que a maioria dos docentes carregam uma formação e identidade disciplinares. Essa identidade é formada pela "socialização profissional", principalmente durante o doutorado, e pela "socialização organizacional", construída na prática profissional em uma dada estrutura e ambiente posteriores ao doutorado (Clarke, Hyde e Drennan, 2013). Parte da "socialização organizacional" já é incorporada durante a formação docente. Assim, o desafio colocado é: como transformar essa identidade em uma organização que não aparece dada aos docentes, mas que também está em construção?

Na FCA, a construção de uma identidade interdisciplinar se dá ao mesmo tempo em que a própria organização para esse fim é elaborada: a busca da interdisciplinaridade e o arcabouço institucional para isso se retroalimentam. Percebe-se nessa construção a emergência de várias questões colocadas por Karl Jaspers em sua "Ideia de Universidade" (Fincher, 2000), que, embora escrito em 1946 e revisto em 1961, volta a ser atual para o enfrentamento dos desafios que se colocam para a FCA. Em uma faculdade sem departamentos, e com uma estrutura organizacional mais enxuta do que as convencionais, outras instâncias para os diálogos e para os estranhamentos entre disciplinas se constituem. No capítulo, além da abordagem das ações para a) o diálogo interdisciplinar e para b) a integração do ensino, pesquisa e extensão em uma unidade com cursos das áreas de engenharia, saúde e de ciências humanas e sociais aplicadas[1]; discute-se como tais ações se relacionam, ao longo do tempo, com as condições institucionais (infraestruturais e administrativas) e com as formas de organização que se estabelecem.

O PROJETO DE LIMEIRA: MOTIVAÇÃO E CONCEPÇÃO

A criação da FCA significou um acréscimo de 17% no oferecimento de vagas no vestibular em 2009, o maior realizado em um único ano desde a

1 A FCA iniciou suas atividades com oito cursos, cada um deles com 60 vagas/ano: Engenharia de Manufatura e Engenharia de Produção (Engenharia); Ciências do Esporte e Nutrição (Saúde); Gestão de Políticas Públicas, Gestão de Comércio Internacional, Gestão do Agronegócio e Gestão de Empresas (Gestão/Administração). Em 2012, os cursos de Gestão foram reformulados e deram origem a dois cursos: Administração (180 vagas/ano) e Administração Pública (60 vagas/ano).

criação da Unicamp. A expansão por meio desse novo campus de Limeira completou um movimento de ampliação da oferta de vagas no ensino de graduação que teve início em 2002 e foi responsável por um aumento de 40,55%[2]. A implantação da FCA e o aumento de vagas e cursos na Unicamp foram parte da política de expansão da oferta de ensino de graduação no sistema público do Estado de São Paulo[3], elaborada pelo Conselho de Reitores das Universidades Estaduais Paulistas (Cruesp) e apresentada no relatório "Expansão do Sistema Estadual Público de Ensino Superior" (Cruesp, 2001).

A proposta de expansão em novas unidades da Unicamp, USP e Unesp surgiu com o objetivo de aumentar significativamente a oferta de vagas públicas em nível superior, propondo alterações nos modelos pedagógico e administrativo vigentes nas três universidades paulistas como forma de buscar o padrão acadêmico reconhecidamente de qualidade dessas instituições a novos campi concebidos por meio da racionalização dos recursos materiais e humanos (Cruesp, 2001, p. 5-8). Porém, ao ser recebida por cada uma das universidades e discutida internamente em cada uma delas, por meio de seus Conselhos Universitários, a proposta concebida no âmbito do Cruesp incorporou outros objetivos e os projetos de expansão passaram a atender um conjunto mais largo de expectativas e interesses.

As discussões do Cruesp e seus desdobramentos nas três universidades ocorreram em meio a diferentes propostas de reformas dos sistemas de educação superior e de profundas alterações no interior das universidades no Brasil e no mundo. No Brasil, a promulgação da Lei de Diretrizes e Bases da Educação Nacional (LDB) de 1996, pelo seu caráter generalista, abriu um amplo debate sobre os rumos da educação em seus vários níveis, com um impacto importante sobre a educação superior (Dourado, 2002; Squissardi, 2006). Propostas de políticas para a reforma da educação superior foram elaboradas

---

2 Aeplan, Unicamp Anuário Estatístico 2009, p.11.

3 Esta política propôs a expansão da oferta de vagas de Unicamp, USP e Unesp, nos campi existentes e em novos campi, além da expansão do Centro Paula Souza. O projeto contou com recursos próprios incluídos a partir da Lei de Diretrizes Orçamentárias (LDO) de 2002, que permitiu que a expansão fosse custeada pela destinação de recursos suplementares à cota-parte do ICMS, que compõe o orçamento das universidades. Enquanto a Unicamp criou seu novo campus na cidade de Limeira, a USP abriu seu novo campus na Zona Leste da cidade de São Paulo, a Escola de Artes, Ciências e Humanidades (EACH) e um segundo campus na cidade de São Carlos. A Unesp criou sete novos campi espalhados pelo Estado, inicialmente chamados de Campi Diferenciados e atualmente conhecidos como Campi Experimentais, esses campi foram abertos nas cidades de Registro, Rosana, Dracena, Ourinhos, Itapeva, Tupã e Sorocaba/Iperó.

por diferentes entidades (ForGRAD, 2000; Cruesp, 2001; ABC, 2004) e construíram agendas de intervenção tanto nos sistemas estaduais como federal. No mundo, o impulso de reforma do sistema europeu de educação superior dado pela Declaração de Bologna, a emergência de jovens universidades asiáticas e a influência de processos de reafirmação do modelo de formação liberal, como a reforma curricular de Harvard de 2004, dispararam processos sistêmicos de reformulação da educação superior, com ênfase na valorização da formação geral e da produção interdisciplinar do conhecimento. O impulso de criação da FCA e o detalhamento de seu projeto, além de responder ao objetivo do Governo do Estado de ampliar a oferta de vagas públicas, também buscaram responder outras demandas apresentadas por essas diferentes propostas de reforma, além de concentrar projetos latentes existentes na Unicamp desde a década anterior (Ferreira, 2013).

As primeiras discussões sobre a expansão da Unicamp por meio da utilização do terreno de sua propriedade em Limeira foram feitas ainda na década de 1990. Elas dividiam espaço com diferentes propostas de criação de cursos, tanto para um possível novo campus, como para a incorporação nas unidades de ensino e pesquisa consolidadas. A inexistência de recursos adicionais para a implantação de um projeto de expansão constituiu-se como a principal barreira para o desenvolvimento dessas propostas até então. Nesse contexto, a destinação de recursos extraorçamentários pelo Governo do Estado a partir de 2002 permitiu a criação pelo Conselho Universitário (Consu) em 2003 de um Grupo de Trabalho (GT) para receber propostas de utilização do terreno em Limeira visando contribuir com a política de expansão de vagas no ensino superior de São Paulo. A criação do GT-Limeira, como ficou conhecido, foi parte das ações que a Unicamp empreendeu para atender às metas construídas no interior do Cruesp.

O primeiro GT-Limeira trabalhou de 2003 a 2005 e elaborou a proposta de implantação do novo campus, submetida e aprovada pelo Consu[4]. A proposta definiu a orientação conceitual, princípios orientadores, além de estabelecer a meta de implantar 1.000 vagas de graduação até o ano de 2010. Por um lado, respondia ao compromisso com o Governo do Estado de ampliar significativamente a oferta de vagas na graduação, por outro, definiu características que tinham como objetivo incluir o novo campus no movimento de uma reformulação institucional, consequência das reformas nos sistemas de educação superior.

---

4 Deliberação Unicamp Consu-476/2005.

Na mesma medida em que a proposta comprometeu-se com os objetivos de ampliação de vagas, ela determinou que o novo campus deveria ser implantado com novos recursos orçamentários. Este ponto ganhou destaque com o acordo firmado na semana anterior à apresentação do relatório final do primeiro GT--Limeira entre Unicamp e Secretaria de Ciência, Tecnologia e Desenvolvimento do Estado de São Paulo. No acordo, o Governo do Estado comprometeu-se inicialmente com a inserção, de modo permanente, do equivalente a 0,05% do valor do ICMS adicionais a cota-parte recebida pelas universidades paulistas, em função da implantação total do novo campus da Unicamp em Limeira. No entanto, ao longo do processo, o incremento orçamentário não se concretizou e a FCA foi incorporada ao orçamento da universidade.

Após a aprovação da proposta de implantação foi designado um novo GT--Limeira, não mais no âmbito do Consu, mas da Pró-Reitoria de Graduação (PRG). O segundo GT-Limeira foi criado para elaborar os projetos pedagógicos dos cursos e acompanhar as atividades de implantação do novo campus. O seu trabalho foi balizado pela orientação conceitual, princípios orientadores e pelas metas definidas pelo primeiro GT e pelas limitações impostas pelas restrições e indefinições orçamentárias. Assim, princípios orientadores como o de elaborar um projeto pedagógico baseado na integração do conhecimento e na interdisciplinaridade e definir uma estrutura curricular que privilegie a formação geral, com um ciclo básico nos dois primeiros anos, seguido de um conjunto específico de disciplinas de formação profissional de mais 2 anos, foram desenvolvidos buscando conciliar a necessidade de atender a meta de abertura de 1.000 vagas, com o uso exclusivo de novos recursos orçamentários. A proposta orçamentária não permitiria implantar novos cursos nas mesmas condições dos cursos já estabelecidos no que se refere ao número de docentes e à estrutura administrativa. Nesse contexto, dois discursos foram incorporados: a estrutura não departamental, legitimando a redução do custo administrativo, e o da interdisciplinaridade, legitimando a sobreposição de conteúdos, que certamente reduzia também os custos.

É importante lembrar que, no contexto político em que se inseria, uma expansão significativa de vagas e cursos tinha de ser encaminhada aliada a uma proposta de custos menores do que os das estruturas já consolidadas. A legitimação dessa redução de custos deu-se por meio da incorporação dos discursos da interdisciplinaridade e da estrutura não departamental, já presentes no *Zeitgeist* acadêmico da virada do século. Além disso, a intencionalidade de programas de pós-graduação e pesquisa estava apenas esboçada no desenho original, sendo sua discussão, proposição e implantação, acrescidas ao esforço de implementação dos próprios cursos de graduação.

Assim, a "ideia de universidade", incorporando a interdisciplinaridade não apenas ao ensino de graduação, mas também ao de pós-graduação e à pesquisa, levaria a estranhamentos em relação à "realidade institucional e corporativa", que incorporava uma estrutura não departamental.

IMPLEMENTAÇÃO DA UNIDADE

A FCA iniciou suas atividades de ensino de Graduação em março de 2009, oferecendo 480 vagas em seus oito cursos. Essas atividades de ensino foram realizadas com um grupo inicial de 12 docentes, sendo que o quadro docente foi se expandindo paulatinamente, chegando a 90 docentes em 2015[5]. O grupo inicial de docentes aplicou os projetos pedagógicos elaborados pelo Grupo de Trabalho criado em 2006 para esse fim. Do ponto de vista desses projetos, a proposta de interdisciplinaridade seria construída no ensino de Graduação a partir de duas características facilitadoras: a) um Núcleo Básico Geral Comum de disciplinas (NBGC), um conjunto de disciplinas básicas, oferecidas de forma obrigatória a todos os cursos e que promoveria uma interface entre as áreas do conhecimento específicas de cada curso com as Ciências Humanas e Sociais Aplicadas principalmente; b) um considerável grau de sobreposição de conteúdos, notadamente entre os dois cursos de Engenharia e os quatro cursos de Gestão. Nessa concepção, o discurso de interdisciplinaridade foi concebido como intra-áreas de conhecimento, lembrando que a diretriz principal pautava-se na otimização do número de docentes para o oferecimento do conjunto de cursos com um número expressivo de vagas.

Essa estratégia de implantação priorizava, em acordo com a política de expansão de vagas, o ensino de graduação, levando a construção mais lenta de um território de pesquisa e de pós-graduação. Não existindo um projeto prévio para a pós-graduação e a pesquisa, essas passaram a ser construídas internamente a partir da iniciativa dos membros de um corpo docente ainda

5 A estrutura curricular estabelecida resultou em um padrão de turmas com 120 alunos para as disciplinas básicas, 60 alunos para as disciplinas específicas e 30 alunos em turmas laboratório para todos os cursos. Esses padrões são determinantes na construção das grades curriculares e determinados pela perspectiva de otimização de recursos humanos docentes. Inicialmente a relação entre o número de alunos/número de docentes era de aproximadamente 30 para 1, patamar que vem se aproximando a uma meta prevista de 20 para 1.

em formação. Iniciado em 2011, um programa pioneiro em Ciências da Nutrição, Esporte e Metabolismo, incorporou em parte o discurso de interdisciplinaridade ao agregar docentes de diferentes áreas do conhecimento. Um segundo programa, em Pesquisa Operacional, com caráter interdisciplinar e envolvendo docentes de Engenharia e Administração admitiu os primeiros estudantes em 2013. Um terceiro programa em Ciências Humanas e Sociais Aplicadas, aprovado em 2014, traz a palavra interdisciplinar em seu nome, sendo o primeiro da FCA na área interdisciplinar da Capes, dada a proposta de estabelecer pontes entre diferentes áreas do conhecimento.

A pesquisa se organiza em Centros e Laboratórios, agregando uma quantidade muito grande de linhas de pesquisa propostas pelos docentes, nem sempre apresentando uma conexão com os programas de pós-graduação existentes ou os ainda sendo propostos. Várias dessas linhas de pesquisa se desenvolvem, portanto, em função do apoio de grupos e laboratórios externos à Faculdade e/ou no nível compatível apenas com a graduação (iniciação científica). Enquanto o ensino de graduação foi sendo desenvolvido a partir de um projeto proposto, que incorporava pelo menos parcialmente o discurso da interdisciplinaridade, a pesquisa e a pós-graduação foram sendo implantadas pelos docentes que chegavam de tradições disciplinares. Portanto, a transferência do discurso de interdisciplinaridade do ensino de Graduação para essas outras missões ainda está em andamento, mas de forma promissora, como discutido na seção "A interdisciplinaridade como meta – alguns desdobramentos".

Um papel importante nesse processo coube à extensão, que progressivamente passou a ser percebida como um espaço no qual a interdisciplinaridade pode ser realizada com integração com o ensino de graduação e com a pesquisa. A própria organização administrativa, que combina em uma única área de atendimento atividades de suporte à pesquisa e à extensão (Apex), pode contribuir para a integração. Outro aspecto que se revela interessante é a intensa participação de alunos em atividades de extensão (desde a organização de treinamentos até a prestação de serviços comunitários). Apesar da possibilidade de atividades de extensão ocorrerem livres das amarras disciplinares – posto que não se institucionalizam via departamentos nem disciplinas (ou cursos) – há ainda um grande potencial a ser explorado.

Das diretrizes gerais à institucionalização sem departamentos

As diretrizes para implantação da Faculdade de Ciências Aplicadas determinavam que a organização não seria departamentalizada e o quadro de funcionários seria enxuto, quando comparado com outras unidades de ensino e pesquisa da Unicamp. Esse quadro enxuto seria responsável não só por uma administração interna sem departamentos, mas também por suprir serviços ou estabelecer interfaces com funções desempenhadas por órgãos centrais da Universidade, que se encontravam no campus central, portanto bastante distantes geograficamente. Essa organização administrativa foi construída internamente a partir de um grupo inicial de poucos funcionários, o que favoreceu novas configurações para as atividades administrativas que, convencionalmente, se estruturam de forma segmentada. Na organização dos serviços administrativos ligados ao ensino, por exemplo, em lugar de uma estrutura segmentada por cursos de graduação e por programas de pós-graduação, a "área acadêmica" agregou funcionários e serviços de apoio voltados a qualquer aluno da unidade[6].

Para a construção e revisão dessa estrutura nascente, um elemento-chave foi a introdução do planejamento estratégico interno em 2010 em torno de eixos acadêmicos e administrativos. Esse planejamento é, desde então, revisto semestralmente e vem fomentando uma cultura de discussão tanto das atividades fim, quanto das atividades meio, prescindindo dos departamentos uma vez que toda a comunidade da FCA é envolvida diretamente. Durante o planejamento estratégico, docentes e funcionários se reúnem em um grande colegiado, sem a intermediação de representantes, para a definição de prioridades da unidade. Aliado a isso, no que tange ao ensino de Graduação, consolida-se aos poucos um planejamento pedagógico integrado, importante fórum de reflexão iniciado timidamente em 2009, mas que, mais recentemente, envolve um expressivo número de docentes.

O planejamento estratégico interno foi um guia importante para a certificação administrativa da FCA, concluída em 2013, que definitivamente não incorporou departamentos em sua estrutura. Tanto o ensino de Graduação, quanto o de Pós-graduação, a Pesquisa e a Extensão são coordenados de forma integrada, isto é, por comissões multidisciplinares (Graduação; Pós-Graduação; Pesquisa; Extensão; Biblioteca). Em tais comissões, a representação se dá por cursos, núcleos de disciplinas comuns[7], programas e outros agregados

6 Em seu primeiro momento, a combinação de atribuições e públicos diversos era ainda mais intensa na denominada área de atendimento multiusuário, a qual atendia também a várias demandas dos docentes. Progressivamente, tal unidade foi se desmembrando em uma estrutura posteriormente certificada pela Unicamp – e abordada nas próximas páginas deste capítulo.

7 Núcleos de disciplinas comuns são conjuntos de disciplinas comuns a pelo menos dois cursos de graduação, sendo que o NBGC insere-se em todos os cursos. Esse conjunto de disciplinas comuns abrange tanto disciplinas básicas quanto avançadas.

que não necessariamente se repetem em cada uma das comissões. Por exemplo, enquanto na comissão de graduação a representação se faz por cursos e núcleos de disciplinas comuns, na comissão de pesquisa a representação se faz por "área", designação espontânea de estruturas informais, que se aproximam a "colégios invisíveis" de comunicação, mais ou menos disciplinares[8]. A Figura 12.1, a seguir, apresenta a parte do organograma da FCA correspondente às áreas acadêmicas, deixando evidente um expressivo nível de integração de atividades.

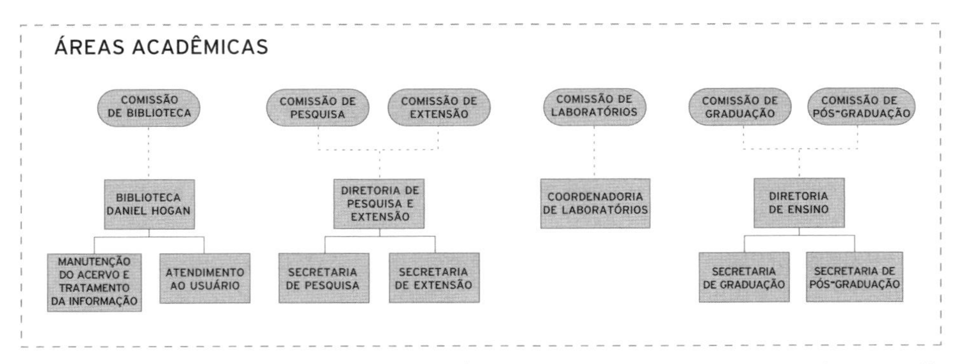

Figura 12.1: Organograma diretamente subordinado à estrutura de direção da FCA, consagrando uma gestão por missões em vez de departamentos.

Fonte: Deliberação da Câmara de Administração (CAD-Unicamp) 331/2013.

No início de 2014, durante o Planejamento Estratégico interno, a missão, visão, valores e princípios da FCA foram revistos e redefinidos coletivamente. A FCA já contava com corpo docente e de funcionários não docentes mais consistente e amplo, embora ainda não totalmente adequado para levar a cabo todas as ações da unidade, o que atribui grande significado às definições. Nesses princípios, apresentados no Quadro 12.1, manifestam-se a promoção da interdisciplinaridade, bem como de diferentes modos de produção de conhecimento necessários. Além disso, dois objetivos estratégicos relevantes para uma identidade interdisciplinar foram definidos na mesma ocasião: a) fomento da interdisciplinaridade e b) busca de uma maior integração entre ensino, pesquisa e extensão.

---

8 Não existe uma definição única para o conceito de "colégios invisíveis", estendemos aqui a conceituação de um grupo, cujos "membros não pertencem a uma instituição formal, mas referem-se a si mesmos como um colégio invisível devido à sua proximidade e encontros regulares em função de interesses científicos comuns", segundo Zuccala (2006). A extensão do conceito se dá pelo fato de que os "colégios invisíveis" em questão incorporam interesses pedagógicos e administrativos.

Quadro 12.1: Missão, visão, princípios e valores da FCA.

MISSÃO
Produzir e difundir as ciências aplicadas contribuindo para o desenvolvimento humano e social.
VISÃO
Ser reconhecida como centro de referência interdisciplinar de ciências aplicadas
PRINCÍPIOS E VALORES
Promoção de valores humanísticos
Exercício da interdisciplinaridade e diferentes modos de produção do conhecimento para inovação e educação
Compromisso com justiça social, sustentabilidade e qualidade de vida
Respeito à diversidade e à pluralidade de ideias
Exercício da crítica e da autocrítica
Educação para cidadania
Compromisso com a gestão democrática e participativa
Garantia de ambiente e relações de trabalho saudáveis, que incentivem a criatividade

Fonte: FCA - Planejamento Estratégico 2014.

Em uma unidade de ensino, pesquisa e extensão com cursos de diferentes áreas, com docentes não ordenados em departamentos e com uma estrutura administrativa enxuta – elementos fortes o suficiente para que se definam novas formas de organização institucional –, o discurso de interdisciplinaridade foi progressivamente incorporado à identidade da FCA e à sua estrutura acadêmico-administrativa. Contudo, as práticas precisam ser refletidas na efetiva representação nas diversas comissões, no desenho e utilização dos processos, e no desenvolvimento das ações propostas nesse sentido no Planejamento Estratégico interno. No desenvolvimento institucional, e sob o manto da interdisciplinaridade, novas soluções e riscos emergem.

A interdisciplinaridade como meta – alguns desdobramentos

No bojo dos desafios internos e externos, constituíram-se instâncias administrativas e práticas peculiares que indicam como a meta da interdisciplinaridade perpassa as ações e decisões em distintos ambientes. A base sobre a qual a interdisciplinaridade na FCA pode ser construída reside no contato multidisciplinar que se provoca desde fora da sala de aula e do laboratório e desemboca na estrutura de comissões e reuniões anteriormente mencionadas. A organização não departamental provocou na FCA soluções administrativas e acadêmicas não típicas no contexto universitário. Em lugar de representações por departamentos, "instituíram-se" representações por agregados de docentes afins – agregados estes que não se reproduzem necessariamente em todas as comissões. Em lugar de estruturas segmentadas (uma secretaria para cada departamento ou programa), construíram-se estruturas mais abrangentes. Em lugar de cursos com docentes especialistas ilhados em quase exclusivas áreas do saber, uma grande diversidade de pequenos grupos de docentes.

O desenho institucional descrito até aqui, facilitador de práticas interdisciplinares, é um dos componentes da transição de um discurso à prática interdisciplinar. Um panorama do terreno interdisciplinar em construção pode ser vislumbrado no trânsito interáreas de disciplinas ministradas no ensino de graduação e a procedência dos docentes participantes nos cursos e programas de pós-graduação da unidade. Esse panorama é esquematizado na Figura 12.2.

Na graduação, cada uma das áreas (saúde, engenharia e administração) e o Núcleo Básico Geral Comum articulam-se por meio de disciplinas oferecidas a todos os cursos/cursos de outras áreas. A formação multidisciplinar e a exposição aos diálogos interdisciplinares, na graduação, se dá também internamente às áreas uma vez que há considerável heterogeneidade na formação do corpo docente. Os diálogos se refletem diretamente na composição do corpo docente dos três programas de pós-graduação de cursos diferentes de uma mesma área (Ciências da Nutrição e do Esporte e Metabolismo) e de cursos de áreas diferentes. Assim, a FCA se diferencia do que usualmente ocorre em outras unidades da Unicamp por oferecer cursos de graduação de distintas áreas do saber e pela pluralidade de vozes em seus cursos de pós-graduação.

A meta da interdisciplinaridade esteve presente ao longo de todo o planejamento e delineamento do conjunto de programas de pós-graduação a ser implementado na unidade. Deve-se observar também a promoção da interdisciplinaridade do ponto de vista discente, ou seja, os programas contam com estudantes com formação em cursos de graduação em diferentes áreas do conhecimento, desenvolvendo seus projetos também sob orientação de docentes com formação, muitas vezes, em áreas bem distintas de seus orientandos (Hoff et al., 2007). Para ilustrar a abrangência desse processo, pode-se mencionar, por exemplo, a participação de egressos do curso de Ciências do Esporte nos três diferentes programas de pós-graduação da FCA.

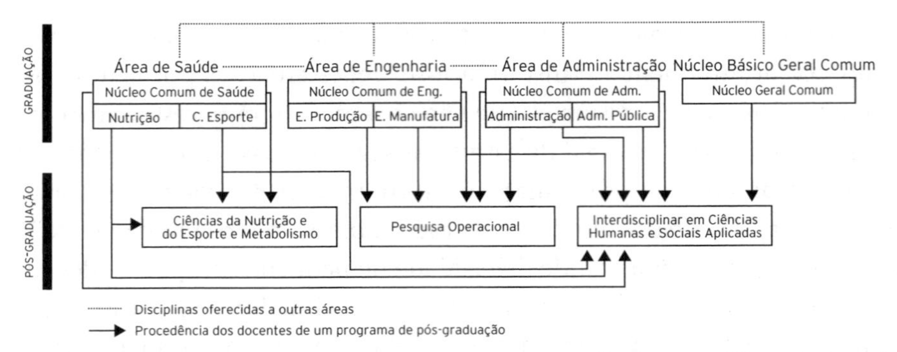

Figura 12.2: Interdisciplinaridade no ensino. Na graduação, a relação se dá pelo compartilhamento de disciplinas e heterogeneidade do corpo docente. A abertura aos diálogos interdisciplinares reflete-se nos programas de pós-graduação, compostos por docentes de distintos cursos e áreas da graduação.

Para além do desenho institucional e articulação do corpo docente, um aspecto emergente, isto é, não previsível nas discussões anteriores e concomitantes à implantação da FCA do ponto de vista institucional, é um singular comportamento do corpo discente frente a uma faculdade nova com um discurso não tradicional. Esse comportamento se refere ao engajamento dos estudantes em entidades com um largo espectro de atuação. Desde os primeiros meses de seu funcionamento, a FCA testemunhou o surgimento de pelo menos 15 organizações, englobando as tradicionais Atléticas e Diretório Acadêmico, bem como Empresas Juniores, equipe Baja, capítulos de entidades internacionais (Enactus, Share, Aiesec), Centro de Voluntariado e replicações de organizações vivenciadas no exterior, durante intercâmbios dentro do Programa Ciências sem Fronteiras. Embora ainda não existam levantamentos precisos, estimativas sugerem participação ativa de até 30% do corpo discente ingressante em algum período durante a sua permanência na FCA. As organizações estudantis incorporam em boa parte o discurso interdisciplinar, de modo que não necessariamente estão associadas aos estudantes de um único curso. A primeira entidade que surgiu ainda em 2009, a Empresa Junior Integra, foi criada por estudantes dos cursos de Engenharia e de Gestão, carregando o discurso no próprio nome. De modo geral, as atividades e possibilidades de participação de grande parte delas abrem-se aos estudantes de todos os cursos. Essa característica leva a um movimento ainda lento, mas contínuo, de incorporação e reconhecimento institucional, da Unicamp, dessas atividades como parte da realização da missão da FCA. Tornou-se estratégico perceber a relevância dessas atividades na formação dos estudantes, dentro de uma perspectiva de integração de ensino e extensão.

Outro importante exemplo de efeitos do processo de construção da interdisciplinaridade é a inserção da FCA no contexto local. Um movimento pouco divulgado na história das universidades é a reorganização da tradicional Universidade de Heidelberg na Alemanha no começo do século XIX. Ao mesmo tempo que se engendrava a moderna universidade de pesquisa com o manifesto da Universidade de Berlim, a Universidade de Heidelberg, então decadente, rearticulava-se em torno das necessidades e condições locais (Fincher, 2000). De certo modo, ao mesmo tempo que a FCA, implantava sua graduação de acordo com determinantes externos a ela, mas internos à Unicamp, e desenvolvia sua estrutura de pós-graduação e pesquisa de acordo com determinantes internos, condições externas do contexto local influenciaram sua identidade. A inserção no contexto local, respondendo em parte às expectativas da cidade de Limeira, materializa-se em dois níveis: governo local e sociedade civil. No âmbito do governo local, docentes da FCA participam de oito conselhos municipais, estabeleceu-se um convênio com a prefeitura, além de parcerias articuladas de diversas formas, e a FCA sedia regularmente encontros e seminários promovidos pelas secretarias da prefeitura. Em relação à sociedade civil, existem convênios com empresas e associações, oferecimento de cursos de extensão de interesse local, atividades de extensão comunitária promovidas tanto por docentes, quanto pelas organizações discentes. A cidade e a região são objeto de estudo de projetos de pesquisa e algumas ações já tiveram impacto socioeconômico relevantes em diferentes comunidades vulneráveis. Esse território de atuação extramuros da academia constitui-se em um fiador da interdisciplinaridade.

Esse conjunto de características do projeto e implantação da FCA, sua estruturação não departamental, a construção dos territórios de ensino e pesquisa, o desenvolvimento do território discente, não vislumbrado inicialmente, e a relação intensa com o contexto local que abriga a faculdade determinam o quadro de tensões e desafios colocados para o próprio desenvolvimento dos territórios mencionados, não esquecendo o objetivo de interdisciplinarização aliada à integração de ensino, pesquisa e extensão.

TENSÕES E DESAFIOS

Do ponto de vista acadêmico, uma estrutura sem departamentos deve ter uma estratégia capaz de induzir e proporcionar uma melhor realização das atividades-fim da Faculdade: ensino, pesquisa e extensão. Por melhor realização entende-se uma realização que seja diferente da tradicional e vista como necessária e relevante para a abordagem de problemas de pesquisa interdisciplinares ou novas práticas de ensino, que envolvam concomitantemente equipes de docentes de diferentes áreas do conhecimento. Esses docentes, separados por limites departamentais, teriam os "custos de operação" para a interdisciplinaridade mais elevados (Sá, 2008). Por outro lado, uma estrutura não departamental precisa garantir também que os processos de trabalho subjacentes à realização das atividades-fim da Faculdade funcionem adequadamente sem essa instância organizacional.

Os objetivos estratégicos da FCA de maior integração entre ensino, pesquisa e extensão e de fomento da interdisciplinaridade realizam-se melhor em um ambiente não departamental, que propicia, por exemplo, o modo 2 de produção do conhecimento. O conceito do "modo 2" foi introduzido por M. Gibbons et al. em 1994 (Schwartzman, 2002), baseado na constatação de organizações e práticas de pesquisa diferentes do "modo 1", ou linear, em acordo com estruturas acadêmicas com separação formal de disciplinas. O modo 2 se caracterizaria por um "conhecimento produzido no contexto das aplicações" (no caso, uma Faculdade de Ciências Aplicadas), pela interdisciplinaridade, "heterogeneidade e diversidade organizacional" (facilitada pela ausência da estrutura departamental) e por uma "prestação de contas" para além dos pares (diálogo com a extensão e preocupação com impactos na sociedade) (Schwartzman, 2002).

Um segundo arcabouço teórico é a redefinição dos possíveis papéis de um corpo docente proposta por Ernest Boyer (1990). Nessa reconsideração da "Scholarship", Boyer renomeia "ensino, pesquisa e extensão" como "docência, descoberta e aplicação", acrescentando uma quarta missão: a integração. A "Scholarship" de integração

> relaciona-se à interpretação dada a novos dados emergentes ou a formas artísticas na medida em que se integram com outros resultados e se comparam com outras criações. A própria expansão da especialização requer novas formas de integração. Sem um contínuo esforço de integração, tem-se a fragmentação. A integração possibilita a articulação entre conhecimentos e modelos de diferentes disciplinas e requer um tipo diferente de abordagem do conhecimento (Santos Filho, 2010, p. 4).

Na implementação da FCA, as dificuldades inerentes ao processo de instalação de uma nova unidade de ensino-pesquisa-extensão em um campus desconectado das infraestruturas centrais da universidade (por exemplo, órgãos administrativos, laboratórios e serviços de apoio) somam-se aos desafios decorrentes da construção de ações integradoras e com identidade interdisciplinar. A seguir, fazemos um exercício de identificação de conjuntos de tensões e desafios da implementação da interdisciplinaridade buscando, na medida do possível, destacá-los daqueles diretamente decorrentes do processo de implementação que se dá paulatinamente e com aplicação de recursos diluídos ao longo do tempo.

Institucionalização da unidade

Embora a organização não departamental esteja definida no organograma da FCA, os facilitadores institucionais de práticas interdisciplinares, levando a uma identidade interdisciplinar na cultura da instituição, estão associados à estrutura e regimento das comissões, bem como à institucionalização dos planejamentos estratégico, pedagógico e de pesquisa, assegurados por resoluções da congregação da faculdade. Um facilitador adicional encontra-se no fato de as comissões não se representarem do mesmo modo, o que leva os docentes a se articularem a vários grupos e não a uma única estrutura para se fazerem representar nas instâncias mais importantes para a realização das atividades-fim (ensino-pesquisa-extensão). Esses dois facilitadores, um estrutural e regimental e o outro de representação, constituem a "estratégia organizacional" (Sá, 2008) construída na FCA.

A FCA iniciou suas atividades voltada basicamente para a implantação, garantia de continuidade e reconhecimento dos seus cursos de graduação. Nesse contexto, a primeira comissão a se estruturar foi a Comissão de Graduação, com representantes dos diferentes cursos. Apesar da presença do Núcleo Básico Geral Comum, a estrutura era e ainda é majoritariamente disciplinar. Como a tradição acadêmica tende a vincular cursos a departamentos, pode-se observar aí um duplo desafio: não recair na criação de colégios invisíveis que emulassem departamentos e não criar inadvertidamente novas barreiras disciplinares. Uma resposta que vem se mostrando satisfatória é a organização das outras atividades-fim de forma diferente, sem correspondência biunívoca com a estrutura do ensino de Graduação. A pesquisa, organizada em Centros e Laboratórios não identificados diretamente com os cursos e os programas de pós-graduação, não tem uma identificação direta com um curso de graduação. Tais práticas, em contínuo desenvolvimento, sinalizam que a interdisciplinaridade não se dá apenas no organograma. Ela vai se materializando apesar de desafios quanto ao equilíbrio da representação nas comissões, tendo em vista que na formação dos "colégios invisíveis" mencionados anteriormente são recorrentes, por parte de alguns docentes, sugestões de que os "colegiados das áreas" sejam institucionalizados – o que levaria inexoravelmente a uma departamentalização branca.

A defesa de ideia de uma departamentalização, que nunca é nomeada, aparece muitas vezes associada a uma tendência à disciplinarização, sem nunca abandonar explicitamente o discurso interdisciplinar. Aparentemente de interesse periférico, a nomenclatura é de importância central. Como exemplo, temos a emergência de "*Disciplinas* como estruturas administrativas alternativas para departamentos" em universidades australianas (Harkin e Healy, 2013). Ainda que diferentes de departamentos, a nomenclatura leva a uma barreira simbólica ainda maior à interdisciplinaridade.

Sendo assim, o primeiro grande desafio é cuidar para que as estruturas e instâncias da FCA não se ajustem a modos de fazer convencionais, disciplinares, o que tornaria ainda mais difícil a realização de práticas interdisciplinares integradoras.

O(s) lugar(es) da interdisciplinaridade

Várias ações propostas no Planejamento Estratégico estão claramente identificadas com o objetivo de fomentar a interdisciplinaridade nas atividades-fim. No entanto, a execução dessas ações ainda é desigual. O que se observa na prática é a existência de "ilhas de interdisciplinaridade", conceito originalmente proposto por Gerard Fourez para práticas pedagógicas interdisciplinares (Lavaqui e Batista, 2007) em torno tanto de conceitos, quanto de projetos. A busca de práticas interdisciplinares na FCA sugere a apropriação da expressão também para a pós-graduação, pesquisa e extensão.

Na FCA, as primeiras ilhas surgiram espontaneamente como exercícios de materialização do discurso de interdisciplinaridade. Essas ilhas, em geral com origem em preocupações referentes ao ensino de graduação, apresentam pelo menos uma das seguintes características: a) integração de duas ou mais disciplinas em torno de um projeto comum para avaliação conjunta do aluno; b) diferentes frentes do projeto são desenvolvidas coordenadamente nas diferentes disciplinas, enquanto a construção final é feita em um ambiente extracurricular; c) o tema dos projetos muitas vezes envolve trabalho de campo com uma temática social ou ambiental, transformando um projeto no âmbito da graduação em uma atividade de extensão; d) a apresentação dos projetos é pública, com um grande envolvimento dos outros estudantes, docentes de outras disciplinas e funcionários.

Algumas iniciativas apresentam as quatro características, mas observa-se que a apresentação pública vem sendo incorporada à cultura institucional, ou seja, a transição para desenvolvimento de projetos dentro do programa de disciplinas isoladas com a exposição dos resultados ou mesmo competições entre os projetos. Observa-se aqui certa aproximação entre a dinâmica de desenvolvimento de algumas disciplinas com a dinâmica de desenvolvimento das atividades dentro do território discente.

As iniciativas ocorrem, em larga medida, entre dúvidas quanto a viabilidade de operacionalização da interdisciplinaridade (ou do diálogo), as quais fazem refletir sobre qual é o seu lugar. Deve se dar no interior dos cursos ou no debate entre cursos? Em um laboratório, em um Centro (agregado de laboratórios) ou nos encontros e desencontros entre Centros com vocações tão distintas? Em um curso ou projeto de extensão promovido por um docente, ou por meio de iniciativas mais abrangentes – inclusive com discentes e funcionários não docentes – e de caráter de serviços comunitários que, além de interdisciplinares, atribuam sentido às ciências aplicadas?

Essas inquietações se justificam muitas vezes por condicionantes que transcendem a universidade, ou seja, por condições externas à FCA e à universidade. Enquanto que no âmbito da graduação e extensão, existe uma autonomia suficiente para a introdução de práticas e ações interdisciplinares, esses condicionantes externos manifestam-se principalmente na pesquisa e na pós-graduação, atividades fortemente entrelaçadas no universo acadêmico brasileiro. O impacto desses condicionantes se manifesta na necessidade de balizar a construção interna da interdisciplinaridade com a construção e regulamentação do espaço da interdisciplinaridade nas agências de fomento e regulação dos programas de pós-graduação.

Seja pelo processo de construção interno, seja pelas pressões externas, a busca por mecanismos mais formais de indução das ilhas de interdisciplinaridade da FCA e sua efetiva transferência para a pesquisa e a pós-graduação são ainda incipientes. Aproximações entre docentes de diferentes origens disciplinares, estudantes e funcionários em torno de projetos comuns alinhados aos objetivos estratégicos da faculdade começaram a ser fomentados em 2014 por editais internos de financiamento para a realização dos projetos escolhidos. Apesar da incipiência de mecanismos concretos, existe uma consciência bem difundida de que os objetivos estratégicos visam à interdisciplinaridade e à integração das atividades-fim. Existe também uma coerência entre o corpo docente na percepção de que indicadores precisam ser discutidos, revisados e propostos para atividades além da pesquisa.

Nesse contexto, o desafio é definir e implementar indicadores também para a interdisciplinaridade, com parâmetros que possam definir as diferentes ilhas e possivelmente indexá-las, desafio que é comum às instituições com práticas interdisciplinares. Um exercício bastante interessante a ser implementado na FCA é a análise de redes de colaboração acadêmica (Mena-Chalco, Dalpian e Capelle, 2014). Outras propostas envolvem também o ensino de pós-graduação, além da colaboração em pesquisa (Hoff et al., 2007). Em um ambiente acadêmico sob pressão, uma atividade desejada, mas não indexável e, portanto, não sujeita a avaliação[9] e reconhecimento, fragiliza-se frente a outras formas de atuação.

Os custos institucionais e acadêmicos para a construção da interdisciplinaridade

Ser interdisciplinar em um ambiente acadêmico preponderantemente disciplinar ainda apresenta custos bastante elevados. Esses custos, muitas vezes intangíveis, referem-se inicialmente ao processo de implantação, que sofre pressões das "socializações profissionais" disciplinares e das "socializações organizacionais" departamentais trazidas pelos docentes que, em sua maioria, passaram a se engajar em maior ou menor grau em uma proposta de interdisciplinaridade não departamental apenas ao se deparar com a FCA. É importante mencionar outro condicionante externo, tanto à FCA, quanto à universidade, que é o formato dos concursos docentes, ainda ancorados a disciplinas específicas.

Um segundo custo refere-se ao tempo adicional que precisa ser investido na prática da interdisciplinaridade. Esta requer inovação nos modos de fazer e de avaliar dentro e fora da sala de aula. No que tange ao ensino, alguns exemplos das iniciativas em curso na FCA devem ser mencionados: disciplinas que envolvem dois ou mais docentes, simultaneamente em sala; conteúdos transversais a disciplinas de áreas distintas (inclusive com compartilhamento de resultados de avaliações); uso de outras mídias e linguagens (cinema e literatura); e aprendizagem com base em problemas. Essas iniciativas, que precisam ser continuamente ampliadas e sistematizadas por meio

9 No momento em que esse texto estava sendo escrito, a inclusão de práticas interdisciplinares nos critérios para fins de avaliação e promoção passaram a ser discutidos de forma mais abrangente.

do planejamento pedagógico, revelam-se bem mais exigentes que um modelo tradicional ancorado em aulas expositivas.

Além disso, as práticas de ensino aliam-se às necessidades de pesquisa e extensão, também interdisciplinares, que precisam ser adequadas a contextos em que os recursos são escassos. O desenvolvimento de ações em consonância com o objetivo estratégico de integrar ensino, pesquisa e extensão pode dar respostas a esses desafios, mas ainda se encontra em estágio inicial. Surge ainda o custo da construção de um sistema adequado de avaliação e reconhecimento docentes, com tensões internas (diferentes valores associados a diferentes origens disciplinares) e externas no âmbito da universidade.

Considerando esses custos, a interdisciplinaridade torna-se realidade mais onerosa do que estruturas acadêmicas disciplinares, não podendo, portanto, ser vista como uma proposta de sinergia e otimização, o que, no caso da FCA, talvez constitua a tensão mais importante, quando da sua implementação.

A interdisciplinaridade implica, portanto, trabalho adicional, cujos custos foram mencionados anteriormente, sobretudo em um contexto em que a relação entre o número de alunos e o de docentes é tão desigual. Dessa forma, é inexorável a constatação de que a participação dos alunos passa a ser ainda mais importante, ou seja, metodologias de aprendizagem ativas são ferramentas para a interdisciplinaridade. No entanto, a adesão dos docentes a essas mudanças também apresenta um custo importante, tornando-se um dos maiores desafios para a FCA, pois, para além do deslocamento dos respectivos colégios invisíveis, soma-se a pressão desse investimento para cobrir os custos iniciais da interdisciplinaridade no ensino de graduação. Portanto, a adesão a esse trabalho adicional ainda é lenta e heterogênea entre os diferentes cursos.

De um modo geral, o esforço interdisciplinar suplanta aquilo que se pode contabilizar em termos monetários ou em horas de trabalho. Ele exige movimentos para além de fronteiras geralmente seguras, de tal modo que os diálogos se realizem. Exige adaptações frente aos desencontros próprios da convivência de diferentes. Em um ambiente como o da FCA, a exposição se faz a pares muito diferentes, com referenciais e socializações muito distintas, abrangendo Ciências Humanas, Exatas e Tecnológicas, Naturais e Tecnológicas, Esportes e Saúde. O cerne do problema, muito provavelmente, reside na distinção essencial que retroalimenta as próprias disciplinas. Retomando o texto de Fincher:

> Jaspers é explícito ao afirmar que "um ideal educacional no qual o humanismo e... as ciências naturais se juntam... para o enriquecimento mútuo não foi realizado". Ele contrapõe as artes

> liberais e as ciências naturais ao dizer que os objetos de estudo das primeiras têm mais valor educacional do que os seus métodos de investigação e interpretação. Ao contrário, os métodos de análise e explicação usadas nas ciências naturais tem mais valor educacional do que seus objetos de estudo (Fincher, 2000, p. 3).

Em algumas ilhas de interdisciplinaridade praticadas, a contraposição à qual Jaspers alude é abordada e parcialmente quebrada para proveito mútuo. Aos poucos se estabeleceu uma estratégia para a construção dessas ilhas, transcendendo iniciativas de grupos isoladamente. Disciplinas compartilhadas por professores que não se revezam em módulos, mas atuam concomitantemente em sala de aula, começam a ser disseminadas. Ao mesmo tempo, disciplinas divididas em módulos têm esses módulos ministrados por docentes com origem de diferentes áreas do conhecimento. Na discussão dessa contraposição, um desafio final é o de que, na construção de um território para a interdisciplinaridade, esta não vire um fim em si mesmo.

CONSIDERAÇÕES FINAIS

O presente texto descreve a trajetória de implantação e desenvolvimento da FCA a partir de seu conceito inicial. A experiência mostra que a interdisciplinaridade, presente no discurso inicial, é uma construção permanente e não pode ser dissociada de outras dimensões de uma unidade de ensino e pesquisa. A referência à interdisciplinaridade como discurso, portanto, dá conta de uma intenção e não de um discurso já construído, acabado. A construção desse discurso, que não é único, ocorre concomitantemente à da própria interdisciplinaridade. Apesar de ser prematuro localizar precisamente o discurso e prática da FCA no amplo cenário de interdisciplinaridade proposto na literatura, cabe inventariar ações e efeitos que caracterizem, sem categorizar, o percurso até agora para a sua avaliação.

Como observado por Mena-Chalco et al. (2014), "a atuação interdisciplinar é um conceito difícil de ser mensurado". Os autores propõem a coautoria em artigos acadêmicos como uma medida da intensidade da atuação interdisciplinar mas, dada a curta existência da FCA, essa métrica registra apenas o afloramento da interdisciplinaridade na unidade, não sendo ainda um indicador representativo do esforço interdisciplinar em questão, o qual necessita de um conjunto de indicadores que também se encontram em construção.

A constatação de que colaborações entre docentes de diferentes áreas estão em andamento ou em negociação indica que uma medida de interdisciplinaridade seria a existência de coorientações nos programas de pós-graduação na FCA. A Figura 12.2 ilustra um arcabouço para a interdisciplinaridade para o qual o número de coorientações constitui um indicador apropriado. Em 2015, 15% dos projetos de mestrado e doutorado estavam sendo desenvolvidos sob coorientação, índice que precisa aumentar, embora parâmetros de comparação com outras instituições não estejam disponíveis.

A mudança de referencial de relações entre docentes para relações entre docentes e discentes, no entanto, revela um cenário promissor para a interdisciplinaridade e que diferencia a FCA de outras unidades de ensino e pesquisa da Unicamp. No âmbito da pós-graduação, é alta a frequência de orientandos e orientadores que vêm de áreas de conhecimento diferentes, sendo que no caso do programa interdisciplinar em Ciências Humanas e Sociais Aplicadas essa dialética disciplinar é total no que se refere a estudantes egressos da graduação da própria FCA. No nível de graduação, lócus da iniciação científica para os estudantes, é grande a frequência do desenvolvimento de projetos fora do recorte disciplinar dos cursos, orientados por docentes de outras áreas do conhecimento. Esse ambiente é bem distinto de unidades de ensino e pesquisa disciplinares. Somado às práticas pedagógicas curriculares interdisciplinares, essa transversalidade na iniciação científica é um elemento-chave na formação interdisciplinar dos estudantes. Essa transversalidade também é observada nas orientações de trabalhos de conclusão de curso.

A organização não departamental é reconhecida como facilitadora da interdisciplinaridade e como base para a realização dos objetivos estratégicos da unidade. A percepção de que "o nexo entre disciplinas e departamentos produz desincentivos à interdisciplinaridade" (Sá, 2008) é crescentemente compartilhada, embora ainda não unânime. Voltando ao âmbito do ambiente de ensino e pesquisa na graduação, integração de missões, bem como de incentivo à interdisciplinaridade são apoiadas por editais internos de fomento, previstos pelo planejamento estratégico da FCA.

O discurso e a construção da prática interdisciplinar da FCA não foram baseados em um documento fundador que levasse em conta a vasta literatura disponível sobre o assunto, mas foi se constituindo socialmente de forma empírica por atores com distintas visões e posições sobre a interdisciplinaridade. Nesse sentido, é interessante perceber, a partir do distanciamento crítico necessário para a confecção do presente texto, que os aspectos e tipos de estratégias necessários para a interdisciplinaridade na FCA são encontrados, de um modo geral, em diferentes instituições nos Estados Unidos (Sá, 2008). Essas estratégias podem ser divididas em três categorias: financiamentos de incentivo à interdisciplinaridade, direcionamento institucional estruturante e modelos de recrutamento e avaliação docente (Sá, 2008). Na FCA, foram estabelecidas estratégias no bojo das três categorias, no âmbito das condições internas. O desenvolvimento dessas estratégias, bem como sua adequada mensuração, é um papel relevante para o debate da interdisciplinaridade no ensino superior para uma possível reestruturação de suas condições externas.

REFERÊNCIAS

[ABC] ACADEMIA BRASILEIRA DE CIÊNCIAS. *Subsídios para a reforma da educação superior*. Brasília, DF, nov. 2004.

BOYER, E. Scholarship Reconsidered: Priorities of the Professoriate. The Carnegie Foundation for the Advancement of Teaching, 1990.

CASTILHO, F. *O Conceito de Universidade no Projeto da Unicamp*. Campinas: Unicamp, 2008.

CLARKE, M.; HYDE, A.; DRENNAN, J. Professional Identity in Higher Education. In: KEHM, B. M.; TEICHLER U. (ed.). *The Academic Profession in Europe: New Trends and New Challanges*. Springer, 2013.

[CRUESP] CONSELHO DE REITORES DAS UNIVERSIDADES ESTADUAIS PAULISTAS. Expansão do Sistema Estadual Público de Ensino Superior. São Paulo: julho de 2001.

FERREIRA, F. B. *Regulação local da política de expansão do ensino superior público paulista: diferentes concepções de universidade no projeto do novo campus da Unicamp em Limeira*. 2013. 209 f. Dissertação (Mestrado em Educação) – Faculdade de Educação, Unicamp. Campinas, 2013.

FINCHER, C. Recalling Karl Jaspers's Classic: The Idea Of The University. *IHE Perspectives*, April 2000, p. 1-6.

[For GRAD] Fórum Brasileiro de Pró-Reitores de Graduação. Resgatando espaços e construindo ideias. Niterói: Eduff, 2000.

HARKIN, D.G.; HEALY, A.H. Redefining and leading the academic discipline in Australian universities. *Australian Universities Review* 2013; 55(2): 80-92.

HOFF, D.N.; DEWES, H.; RATHMANN, R.; BRUCH, K.L.; PADULA, A.D. Os desafios da pesquisa e ensino interdisciplinares. *Revista Brasileira de Pós-Graduação*. 2007; 4(7).

LAVAQUI, V. e BATISTA, I. L. Interdisciplinaridade em Ensino de Ciências e Matemática no Ensino Médio. *Ciência & Educação* 2007; 13(3): 399-420.

MENA-CHALCO, J.P.; DALPIAN, G.M.; CAPELLE, K. Redes de Colaboração Acadêmica: um Estudo de Caso da Produção Bibliográfica da UFABC. *Interciente*. 2014; 1: 50-58.

SÁ, C.M., Interdisciplinary Strategies in U.S. research universities. *Higher Education*. 2008; 55: 537-552.

SANTOS FILHO, J.C. *Profissão Acadêmica e Scholarship da Docência Universitária: os Múltiplos Papéis do Professor Universitário*. X Colóquio Internacional sobre Gestión Univessitária em América del Sur, Mar del Plata, 2010.

SCHWARTZMAN, S. A pesquisa científica e o interesse Público. *Revista Brasileira de Inovação*. 2002; 1(2). Disponível em: http://www.ige.unicamp.br/ojs/rbi/article/view/248. Acessado em: 17 mar. 2015.

SGUISSARDI, V. Reforma universitária no Brasil - 1995-2005: Precária trajetória, incerto futuro. *Educação e Sociedade*. 2006; 27: 1021-1056.

[UNICAMP] UNIVERSIDADE ESTADUAL DE CAMPINAS. Câmara de Administração. Deliberação CAD-331/2013. Certificação da Faculdade de Ciências Aplicadas. Diário Oficial do Estado de São Paulo. São Paulo. Caderno Executivo I, Seção I, v. 123, n. 216, 14 nov. 2013.

ZUCCALA, Modeling the Invisible College, *Journal of the Association for Information Science and Technology* 57(2), 152-168 (2006).

capítulo 13

Institucionalização da interdisciplinaridade no ensino: o caso da Universidade Federal do Oeste do Pará - Ufopa

José Seixas Lourenço | *Físico, Universidade Federal do Oeste do Pará, Ufopa*
Dóris Santos de Faria | *Psicóloga, Universidade Federal do Oeste do Pará, Ufopa*

INTRODUÇÃO

Ao ser criada em 2009 pelo Ministério da Educação como a primeira Universidade Federal com a missão de atender o interior da Amazônia, fora das capitais – então sob a denominação de "*Universidade Federal da Integração Amazônica - Uniam*" e, posteriormente, definida como "Universidade Federal do Oeste do Pará - *Ufopa*"–, assume, essa nova universidade, a "interdisciplinaridade" como seu paradigma de atuação acadêmica, no ensino, pesquisa e extensão, mas também na organização da estrutura e gestão institucional. Como já diziam muitos, dentre eles Bursztyn (1999), há a necessidade (bem como oportunidade) de se institucionalizar a interdisciplinaridade. Já existem experiências relevantes no Brasil. A título de ilustração, referimo-nos especialmente às que vem sendo realizadas no estado da Bahia (UFBA, UFRB e UFSB), e a paulista UFABC, hoje referências nacionais e que também inspiraram a criação da Ufopa. Avanços outros também são registrados no livro de Philippi Jr e Silva Neto (2011).

Consideramos "interdisciplinaridade" como o conceito "relativo à junção comum a duas ou mais disciplinas em um novo corpo, intersecccional, diferente dos anteriores que lhe deram origem, orientados para uma demanda temática que transcenda cada uma das disciplinas envolvidas". Também assumimos que "a interdisciplinaridade é desejável, mas o modelo não pode ser imposto" (Ferreira, 2012, p. 1899) e, por isso, foram realizadas inúmeras reuniões e debates com o pessoal e comunidade envolvidos na implantação dessa nova Universidade sobre o modelo a ser adotado. Certamente que uma ação desse tipo exige muito mais interação dialógica entre diversas áreas de conhecimento, envolvendo gente, equipes profissionais e reflexões sobre suas implicações teóricas, metodológicas e, inclusive, institucionais. Esse debate deve ser permanente, pois mesmo os consensos de um tempo podem ser questionados em seguida, com a continuidade da entrada de novo pessoal, sejam os servidores, sejam os estudantes.

Assumimos que a "interdisciplinaridade" além de representar um avanço desejável nas relações multidisciplinares que as universidades possam (e devem) ter, promovendo novas áreas de intersecção dos conhecimentos, também deve ser mais do que a união pontual de profissionais em seus projetos, mas sim, uma missão institucional desta nova entidade e, portanto, realizando-se por meio de unidades acadêmicas (centros e institutos), também de caráter integrado nos temas de maior relevância para a área de atuação, ou seja, no caso da Ufopa, a Amazônia.

Vale ressaltar que o mundo contemporâneo e, especialmente, a Amazônia, demandam por novas abordagens de conhecimento que superem os limites da fragmentação das inúmeras disciplinas em que se constituíram os conhecimentos universais em nossas universidades, ainda que continuem sendo essenciais para todos os alcances que as ciências nos propiciaram no passado e no presente e que, certamente, também devem continuar no futuro. Assim, os conhecimentos clássicos disciplinares não podem nem devem ser abandonados ou superados, mas, sim, além de *per se*, também envolverem-se nos novos temas e problemas que atingem nossa atual era mundial. Em função dos problemas climáticos, energéticos, econômicos, sociais e ambientais, o Brasil, especialmente por seu perfil continental, depende sobremaneira de que saibamos nos dedicar a novas equações do desenvolvimento e sua sustentabilidade ambiental, garantindo boas condições econômicas, justiça social e respeito à diversidade cultural. Considerando as dimensões da área de influência da Ufopa, pelo menos nos 22 municípios sob sua atuação (ver Figura 13.1), certamente que a missão é hercúlea.

É a Amazônia o contexto mais extremo desse tipo de dilema para o desenvolvimento contemporâneo e, por isso mesmo, precisamos de instituições com caráter multi, inter e transdisciplinar e a Ufopa assumiu essa missão em toda sua dimensão, não só para o ensino, mas também para a pesquisa, extensão e gestão administrativa, conforme seu projeto constitutivo, aprovado pelo MEC – *Plano de Implantação*, em junho de 2009 – para atender a essa imensa região do país.

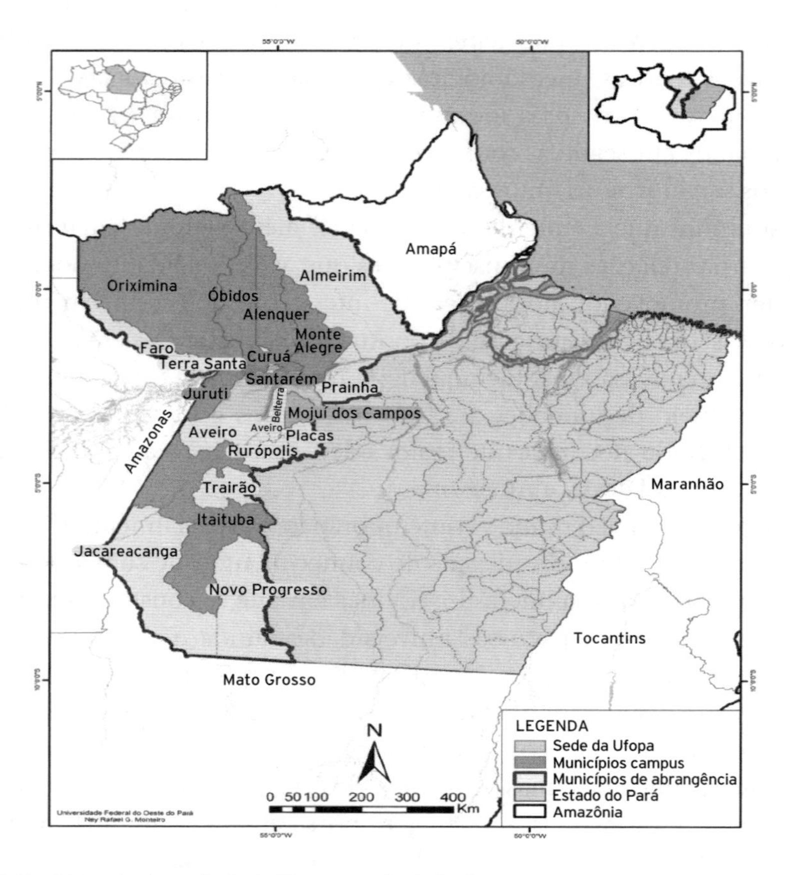

Figura 13.1: Municípios de abrangência da Ufopa no oeste do Pará.
Fonte: Ufopa (2013).

Contudo, é um caminho muito espinhoso. Como identificam Nascimento e Pena-Vega (2012), ao analisarem as relações entre interdisciplinaridade, sustentabilidade e inserção social na perspectiva de uma nova dimensão da Universidade, o dilema do século XXI é "visualizar o futuro da Universidade em um contexto mundial onde a interdependência, a diversidade e, particularmente as incertezas, tornam-se fatores determinantes" (p. 9). Mas Krasilchick (1998) vai mais além, e nos diz que essa nova demanda para as universidades deve implicar "superar e renunciar ao isolamento acadêmico dos grupos" que, mesmo sendo reconhecidos por seus méritos, pelas mais variadas razões, resistem às pressões para a transformação das disciplinas, envolvendo "não só os domínios do conhecimento, mas, principalmente, a configuração e o mapeamento de territórios de poder" (p. 39-40). Essa é a luta interna e externa em que as Universidades se encontram na tentativa de reformulações que são necessárias.

A implantação de modelos curriculares inovadores é, certamente, muito difícil. Provoca muitas reações mais conservadoras e foi por esse motivo que o Reuni não conseguiu realmente reestruturar novos currículos nas universidades já existentes, ainda que tenha contribuído muito para a expansão do ensino superior no país. Além da UFBA e da UFABC, a expectativa era de que as quatro novas universidades "mais de fronteira" (não só física, mas também de conhecimento, Ufopa, Unila, Unilab e UFFS) conseguissem fazê-lo. Todas tiveram grandes dificuldades, algumas avançaram mais que outras e o caso da Ufopa pode ser considerado paradigmático, como relatado neste texto.

A ORGANIZAÇÃO INTERDISCIPLINAR NA UFOPA

A Ufopa organizou-se estruturalmente em sete unidades acadêmicas com cinco institutos temáticos, como pode ser visualizado na Figura 13.2, acrescido, *a posteriori* (em 2015), de um novo Instituto de Saúde Coletiva/ISCO, além de um centro de integração destes (Centro de Formação Interdisciplinar/CFI).

Centro de Formação Interdisciplinar (CFI), que recebe todos os alunos ingressantes na instituição e lhes dá (i) um primeiro nível de formação interdisciplinar – o da integração entre as grandes áreas de conhecimento, como as Ciências Exatas e Naturais com as Ciências Humanas e Sociais –, seguido por (ii) um segundo nível, em cada uma das grandes áreas temáticas do conhecimento interdisciplinar, realizado por seus seis institutos e de interesse para a região amazônica. São eles:

- Instituto de Engenharia e Geociências - IEG
- Instituto de Ciências Sociais – ICS
- Instituto de Biodiversidade e Florestas – IBEF
- Instituto de Ciência e Tecnologia das Águas – ICTA
- Instituto de Ciências da Educação – Iced
- Instituto de Saúde Coletiva – Isco

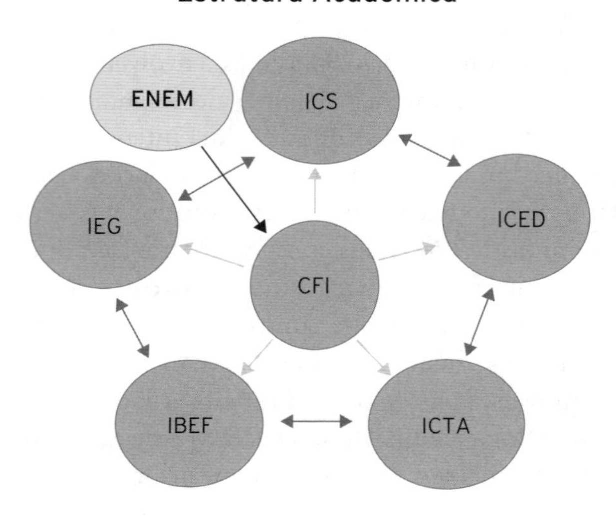

Figura 13.2: Estrutura Acadêmica: unidades acadêmicas da Ufopa (Institutos e CFI). Entrada exclusiva pelo Enem diretamente no CFI (1° semestre letivo da Formação Interdisciplinar), seguido da entrada em um dos cinco Institutos (a partir do 2° semestre letivo) até completar o 1° Ciclo da Graduação. Posteriormente foi criado o 6° ISCO.

Fonte: Ufopa (documento de circulação interna, s.d., não publicado).

Porque assume como paradigma institucional a *"construção da interdisciplinaridade a partir do diálogo multidisciplinar"*, a Ufopa, para a composição de seu quadro funcional caracteristicamente multidisciplinar, especialmente de professores, realizou concursos públicos, com editais por todo o país, tendo selecionado seu corpo docente com uma variada composição de novos perfis acadêmicos e científicos, já atendendo a essa vocação interdisciplinar. Ministram o ensino composto de um conjunto de disciplinas integradas em módulos multi, inter e transdisciplinar, ofertados ao longo de todo o percurso acadêmico da Ufopa, estruturado, como os Bacharelados Interdisciplinares em nosso país, em três ciclos (Figura 13.3), sintetizados abaixo.

- 1° Ciclo de formação geral, com um currículo flexível, composto de módulos integrados que propiciam a transição dos alunos pelas inúmeras áreas de conhecimento e que visam a qualificar os estudantes para uma atuação profissional mais geral, com graduação terminalidade em *"Bacharelados e Licenciaturas Interdisciplinares"* nos institutos temáticos, mas que também podem prosseguir para outra certificação no nível seguinte.

- 2º Ciclo de formação profissional, propiciando a formação, tanto para profissões mais tradicionais, comumente ofertadas pelas universidades mais conservadoras, quanto mais modernas.
- 3º Ciclo de formação pós-graduada, aberto aos dois ciclos anteriores, com os cursos de especialização, mestrado e doutorado, tanto acadêmicos como profissionais.

Figura 13.3: Organização Interdisciplinar da Ufopa ao longo dos três Ciclos de Formação na Graduação e Pós.
Fonte: Ufopa (documento de circulação interna, s.d., não publicado)

A inovação organizacional por três ciclos ofereceu dificuldades quanto a aceitação do 1º Ciclo e a formação em *Bacharelados Interdisciplinares*. Esse aspecto gerou alguma reação, especialmente de setores mais conservadores existentes na Universidade, particularmente os ligados à pesquisa e pós-graduação, no tocante à possibilidade do egresso entrar diretamente no 3º Ciclo. De um modo mais geral, essa possibilidade foi bem aceita pelos estudantes e os docentes mais jovens, sugerindo mesmo que a reação se devia mais à inovação propriamente dita do que a algum componente acadêmico que comprometesse a qualidade do currículo.

A INTERDISCIPLINARIDADE NO ENSINO DA UFOPA

A *"construção da interdisciplinaridade a partir do diálogo multidisciplinar"* preconizada pela Ufopa para a formulação de seus currículos interdisciplinares, impôs o diálogo entre um corpo docente de perfil multidisciplinar que definisse, elaborasse e ministrasse disciplinas e módulos de ensino com abordagens variadas, mas especialmente interdisciplinares, muito embora também devam responder por ofertas mais clássicas, disciplinares, se for o caso.

Um exemplo desses módulos de ensino são os ministrados no primeiro semestre letivo, a todos os alunos ingressantes na Ufopa, antes de eles optarem por um dos Institutos, quando cursarão o segundo semestre letivo:

- *Origem e Evolução do Conhecimento – OEC,* em que os alunos desenvolvem conhecimentos integrativos da filosofia às metodologias científicas, complementados por outras abordagens do conhecimento, como as inúmeras tradições culturais registradas nos saberes populares.
- *Sociedade, Natureza e Desenvolvimento – SND,* integrativo dos conhecimentos universais advindos das ciências geográficas, históricas, antropológicas, sociológicas, ecológicas e econômicas às questões que se colocam para a sustentabilidade do desenvolvimento contemporâneo das sociedades.
- *Estudos Integrativos da Amazônia – EIA,* em que aportes dos outros módulos de ensino passam a ter foco nas características, problemas e interesses amazônicos, especialmente ambientais e sociais, levando em consideração sua diversidade cultural, com seus saberes etnográficos e conhecimentos populares.
- *Lógica, Linguagens e Comunicação – LLC,* um módulo instrumental para a comunicação, especialmente acadêmica, que propicie uma capacitação inicial para a semiótica e a língua portuguesa, com habilidades na escrita para as publicações científicas; a lógica, matemática e estatística, como requisitos quantitativos para a produção científica; e as tecnologias da informação e comunicação (TIC).
- *Seminários Integradores – Sint,* sobre os temas de maior relevância nas áreas de conhecimentos abrangidas pelos Institutos da Ufopa e as carreiras por cada um deles propiciadas, de modo que os alunos fiquem esclarecidos em suas decisões vocacionais, ao optarem por um dos Institutos da Ufopa e seus programas.

- *Interação na Base Real – IBR*, mais ao final do semestre, em que todos os conhecimentos adquiridos são direcionados para a iniciação científica do alunado, na perspectiva de uma formação extensionista. Esses conhecimentos são postos, portanto, na perspectiva social, por meio de projetos de investigação de problemas junto a comunidades locais. Esses projetos são apresentados, já com todos os procedimentos e normas da Academia, num evento de final de semestre letivo e têm sido um dos mais marcantes impactos acadêmicos nas comunidades internas e externas à Ufopa.

Esse módulo IBR talvez seja a maior e melhor criação do currículo da Ufopa, exatamente o que provocou maiores aceitações, tanto dos estudantes quanto dos docentes, bem como das comunidades em que atuaram. Entretanto, também houve críticas – consideradas como advindas de setores mais conservadores, reativos principalmente à extensão universitária – que tinham como base o argumento de que o aluno iniciante ainda não teria competência para realizar pesquisa, mesmo com a preparação que o currículo já oferecia: introdução em filosofia, metodologia científica (Módulo OEC) e o instrumental inicial em quantificação e redação científica (Módulo LLC); e a temática científica universal (SND), regional (EIA) e local (SINT). Ao iniciarem o Módulo IBR os alunos da Ufopa já tinham não só algum preparo teórico, mas prático também, com as atividades de campo que os módulos ofereciam. Os resultados alcançados nos três primeiros períodos mostraram não só a plena condição desses estudantes, com resultados bastante significativos, mas também como os programas de ensino podem estar integrados à pesquisa e, notadamente, à extensão. Mostrou que pontualmente, em projetos específicos, pode-se realizar a indissociabilidade dessas funções acadêmicas, projetando a Universidade na sociedade e seu ambiente, comprometendo-se efetivamente com a problemática das comunidades de seu entorno social.

São inúmeros outros exemplos de conteúdos programáticos inovadores ao longo dos diversos percursos que os Institutos da Ufopa ofereceram com seu modelo. Logo na primeira avaliação do Inep (2012/13) foram destacados resultados positivos por todas as comissões que estiveram em Santarém/PA, sendo considerado que essa concepção interdisciplinar fortaleceu, à época, a aprovação do primeiro deles, no caso, o do Ibef; e assim provavelmente deve ter sido com os outros, uma vez que estão todos aprovados (com notas 4).

O percurso acadêmico na Ufopa

O percurso acadêmico do estudante na Ufopa vai sendo feito, como dito anteriormente, atendendo a níveis de estudos interdisciplinares cada vez mais aprofundados, em que o primeiro deles, logo no primeiro semestre letivo, relaciona as grandes áreas do conhecimento humano constituídas pela compreensão das inter-relações entre as Ciências Exatas e Naturais com as Ciências Sociais e as outras formas advindas das Humanidades e das Artes, num processo ainda em construção que, pelo pouco tempo de sua criação, ainda falta a essa Universidade a concretização desses outros últimos componentes complementares às ciências, para uma formação realmente mais integral do conhecimento até aqui construído pela humanidade. Assim é que, ao longo do primeiro semestre letivo, o aluno da Ufopa tem efetivamente acesso a conhecimentos integrados entre essas grandes áreas de conhecimento constituído pelo amplo espectro das principais ciências. Conforme for trazendo também os componentes das Artes e Humanidades, integrados às Ciências, irá qualificando melhor seus programas. Isso já ocorre em alguns projetos de Extensão Universitária e também pode ser visto em muitos dos projetos nos Módulos IBR.

A implantação de tal modelo certamente causaria polêmica, vislumbrada pelas ações de implantação do Reuni. Propiciou dificuldades ao processo, como será destacado posteriormente. Além de aspectos de natureza política, também houve dificuldades quanto a alguns aspectos fundacionais do modelo, principalmente a questão da avaliação contínua e permanente do desempenho dos alunos para sua promoção ao longo de todo o percurso acadêmico.

No primeiro período letivo, o aluno vai sendo avaliado em seu desempenho nos módulos, com peso de 70% no seu resultado final, e numa prova geral, comum a todos daquele mesmo período de acesso, que vale 30% de sua avaliação final, o seu "Índice de Desempenho Acadêmico – IDA", com o qual se submete a três opções de Instituto. Uma vez definida a unidade que irá cursar, passará ao segundo nível de interdisciplinaridade, especificamente na grande área de conhecimento desse instituto temático específico em que foi aceito, quando cursará o seu segundo semestre letivo e, assim, sucessivamente, até concluir o *1º Ciclo de Formação Geral*, quando estará habilitado a alguma carreira de natureza interdisciplinar, com diplomação superior de um dos "Bacharelados Interdisciplinares", que cada Instituto da Ufopa propicia. A Ufopa ainda deverá implantar as "Licenciaturas Interdisciplinares", mas já oferece, nos seus três anos de oferta dos cursos (2010 a

2013), diplomação em "Licenciaturas Integradas", processos iniciais para a obtenção dos diplomas em quaisquer das Licenciaturas disciplinares tradicionais: Matemática-Física, Geografia-História, Português-Inglês; além da Formação em Educação, com o curso de Pedagogia. Outro aspecto gerador de polêmica e dificuldade na implantação do modelo tem, certamente, relevância para a região amazônica, onde há falta de professores especializados. Uma formação mais geral entre as disciplinas mais próximas mostra-se útil, apesar do sistema estadual e municipal local ainda não haver se adaptado a essa nova qualificação dos licenciados pela Ufopa. Caso venha realmente a se efetivar, no longo prazo, deverá implicar em concursos locais mais generalistas, menos disciplinares, pelo menos para o Ensino Fundamental. Para o Nível Médio a formação disciplinar tradicional em cada uma das respectivas áreas de conhecimento deve permanecer e o currículo da Ufopa também possibilita isso, como sequência às Licenciaturas Integradas.

Sumariamente, esse é o cenário geral da formação superior da graduação na Ufopa, com os 23 programas que oferecia em 2013, como pode ser visto na Figura 13.4, representando todos os cursos ofertados, gradativamente compondo diversos níveis de relações interdisciplinares que vão aprofundando-se nas mais diversas disciplinas, *stricto sensu*, atendendo as demandas mais tradicionais das carreiras profissionais, inclusive as mais clássicas, como as engenharias e o direito, com a medicina ainda sendo criada.

O ensino e a formação de professores na Ufopa

Já que a Universidade contemporânea não pode abster-se das questões e transformações que o mundo atual condiciona, apresentadas anteriormente, tampouco a Escola o pode, diferencialmente entre seus níveis de atuação (fundamental e médio). Exatamente porque hoje em dia se clama por atitudes de base mais dialógica entre os indivíduos e áreas de conhecimento é que precisamos, cada vez mais, construir saberes interdisciplinares que atendam os diversos níveis de uma atuação profissional social. Isso sem desprezar os conhecimentos mais especializados das ciências tipicamente disciplinares, cujos avanços magníficos puderam ser observados no passado tão recente e que contribuíram e contribuem até hoje para uma vida com melhor qualidade. Mas, também, precisam avançar no diálogo entre si, na busca de novas compreensões que o mundo ora exige. Isso atinge, por consequência, todas as instituições de ensino superior (IES) que, por terem uma tradição milenar, lutam

Figura 13.4: Composição das áreas de atuação da Ufopa em relação a suas unidades acadêmicas (Institutos e CFI) programas e cursos ofertados.

Fonte: Ufopa (documento de circulação interna, s.d., não publicado)

com mais dificuldade para transformar-se, motivo pelo qual o cenário fica um pouco mais favorável às instituições mais novas, especialmente as recém-criadas. Ainda assim, persiste o desafio de como construir essas novas formas de abordagem, de modo a propiciar inovações também no campo da Educação.

Na Ufopa, na área da Educação, tem-se o Iced, que foi concebido como um Instituto diferenciado, que deve resultar de um conjunto científico que precisa ser mais integrado (interdisciplinar) entre as diversas áreas de conhecimento que lhe aportam – daí denominar-se como "Ciências da Educação". Deve ir além da perspectiva exclusiva da formação de professores, ainda que a isso dê prioridade. Além da formação específica das Licenciaturas, promove a abordagem interdisciplinar entre elas, por meio de dois tipos de integração, sequenciais e cumulativas, de modo a aumentar a flexibilidade curricular, melhor atendendo não só as demandas da atualidade, mas, especialmente, da Amazônia, com suas profundas necessidades de professores e a realidade de suas escolas, com absoluta falta de quadros para os próximos anos.

(i) Inovou, acrescentando – ao tipo mais tradicional da formação clássica que, ao final, também propicia as graduações clássicas, com a diplomação profissional das Licenciaturas separadas em Matemática, Línguas, Português, Inglês, Física, Química, Biologia, Geografia e História – uma formação inicial em "Licenciaturas Integradas" entre as áreas mais próximas: Matemática-Física, Química-Biologia, Geografia-História e Português-Inglês, a partir das quais o estudante tanto pode avançar em alguma delas especificamente, ou não, caminhando em seguida para o 3.º Ciclo de Formação Pós-Graduada. Tal abordagem vem gerando pressão para que os concursos de professores para a região já sejam feitos nessa perspectiva que, certamente, trará mais qualificação ao processo pedagógico local que, esperamos, deverá ter como consequência mais direta a melhoria dos índices educacionais regionais, como o Ideb e outros indicadores do desempenho da aprendizagem dos alunos;

(ii) Contudo, encontrava-se em gestação, como objeto de debate interno, a criação das "*Licenciaturas Interdisciplinares*" – nos moldes como está sendo desenvolvido no país – devendo atender a uma formação voltada ainda mais especificamente para atuar no ensino fundamental, de modo mais integrado no conjunto entre as áreas das Ciências Exatas e Naturais e as Ciências Sociais e Humanas, antes mesmo de focar em seus componentes separadamente, como ciências distintas, tal qual deve ocorrer no ensino médio e superior.

Hoje existem no Brasil inúmeros programas de bacharelados e licenciaturas interdisciplinares, exatamente nas universidades brasileiras mais novas, aquelas que dispõem de melhores condições para a inovação.

A definição resultante de algumas dessas orientações ainda está por vir, mas certamente, a Ufopa saberá cumprir o papel histórico que lhe foi confiado, de promover um ensino diferenciado para os tempos atuais e o cenário especial que essa região representa. Afinal, é pelas licenciaturas que se sustenta todo o processo de reprodução educacional e projeção social que acontece nos países. Os problemas advindos da inadequação das licenciaturas tradicionais às condições locais e a baixa qualidade com que são ministradas, passam – ainda que não só, mas certamente – pelo divórcio total de seus currículos e disciplinas com uma didática que esteja voltada para a realidade do mundo contemporâneo, gerando o desinteresse dos professores pelo ensino, dos alunos pela aprendizagem, e da escola por um processo eficiente e mais ajustado à realidade do mundo de hoje.

Programas especiais relacionados com o ensino

A Ufopa participa de todos os programas constantes das políticas do governo, como os Programas Institucionais de Iniciação à Docência – Pibid da Capes/MEC, que também tem o Plano Nacional de Formação de Professores – Parfor; o de Bolsas de Iniciação Científica – Pibic, do CNPq/MCT.

No entanto, o que apresenta um caráter mais inovador e de maior impacto para a Região do Oeste do Pará é o *Plano Nacional de Formação dos Professores – Parfor*, levado a cabo em todo o país, mas que tem no estado do Pará sua maior, mais extensa expressão (*Parfor-PA*) e é a Ufopa, hoje, uma das Universidades que dispõe de um dos programas de maior impacto territorial. Esse programa tem um alcance significativo no oeste do Pará, ofertado em todos os sete campi, nas capitais dos municípios e com projeção sobre todos os 22 municípios regionais. Penetra profundamente no interior dessa parte da Amazônia, garantindo a formação superior das licenciaturas para os professores da rede pública que não estejam habilitados em suas áreas de atuação. Esse interior é tão desprovido de recursos humanos qualificados para a realidade local, que os professores terminam tendo que ministrar aulas sobre diversas áreas de conhecimento, motivo pelo qual a Ufopa optou por ofertar imediatamente as Licenciaturas Integradas, como primeira etapa de sua estratégia funcional, antecedendo a formação tradicional em exclusivamente uma única disciplina, mas que o licenciando não deixa de adquirir, se quiser, na continuação do seu percurso acadêmico. A mesma formação é dada tanto nas licenciaturas do programa regular quanto do Parfor. As adequações feitas foram em relação a tratar-se o Parfor um programa do tipo "parcelado", ofertado nas férias funcionais de seus professores, cursistas desse programa; e também ao fato desse aluno-professor já entrar na instituição diretamente no Iced, sem passar pelo processo seletivo dos Institutos da Ufopa. Os resultados mostraram que a organização dos módulos interdisciplinares ajustaram-se muito bem à realidade dos municípios sob influência da Ufopa. Foi grande a motivação dos alunos e, mesmo eles, iniciantes, realizaram interessantes projetos nos Módulos IBR. O fato de um curso parcelado poder ter a mesma qualificação do curso regular talvez seja o principal aspecto denotativo do valor de um currículo interdisciplinar para a reformulação dos cursos de graduação, especialmente de licenciatura. A Tabela 13.1 refere-se a matrículas até 2012, pois o curso inicia-se anualmente em julho.

Tabela 13.1: Graduação - Plano Nacional de Formação de Professores da Educação Básica (Parfor) - alunos matriculados (2010, 2011 e 2012).

MUNÍCIPIOS	LÍNGUA PORTUGUESA	MATEMÁTICA E FÍSICA	BIOLOGIA E QUÍMICA	HISTÓRIA E GEOGRAFIA	PEDAGOGIA	TOTAL POR CAMPUS
Itaituba	95	74	29	48	91	337
Monte Alegre	77	31	39	70	62	279
Oriximiná	106	50	16	66	139	377
Óbidos	73	86	44	118	162	483
Alenquer	124	111	113	128	169	645
Juruti	76	58	35	38	126	333
Santarém	233	153	117	176	154	833
Almeirim	46	47	17	26	77	213
Total/Curso	**830**	**610**	**410**	**670**	**980**	**3400**

Fonte: Ufopa (2013).

Associado ao Parfor e atendendo ao princípio de iniciação científica e extensionista dos estudantes desde o primeiro semestre letivo, o licenciando desse programa que ingressou em 2012 pode realizar, no *Módulo de Interação na Base Real* (IBR), cumprindo a finalidade da iniciação científica, em vez de qualquer projeto de sua opção, um projeto de muito maior extensão, então comum a todos, para atuação junto às suas próprias comunidades, que foi o projeto de estudos socioambientais e educacionais junto às comunidades desses cursistas licenciandos, denominado "Agenda Cidadã", que consistiu das seguintes etapas consecutivas:

- Pesquisa e Diagnóstico Socioambiental (DSA).
- Resgate das Memórias Locais (RML).
- Pesquisa e Desenvolvimento do Ensino no Oeste do Pará (Pedeop).

- Plano de Ação das Comunidades diante dos resultados obtidos nas etapas anteriores.

E, por fim, a colocação de todas estas informações numa plataforma tecnológica aberta ao acesso público <www.vicon.saga.com.br>, de modo a que essas informações estejam permanentemente disponíveis a todos os interessados, especialmente os dirigentes públicos da região, como subsídio às suas políticas públicas.

Os resultados já alcançados, como uma primeira análise das condições regionais, especificamente as socioambientais, estão sintetizados na *Agenda Cidadã*, publicada pela Ufopa em 2013 (Ufopa, 2013), além da postagem na plataforma Vicon dos dados por escolas, sendo concluídos em 2015. O plano era seguir com outro volume sobre os RML e ainda outro sobre os Pedeop. A reitoria atual poderá trazer maiores informações a respeito.

No período dessa pesquisa (2012), aproximadamente 700 alunos iniciavam esse programa na Ufopa, em 26 turmas com cursistas (professores da rede pública) em 466 escolas da região representando vinte municípios. Para essa pesquisa, que serve de base para o diagnóstico socioambiental (DSA), esses alunos da Ufopa coletaram, inclusive com a colaboração de 1.200 de seus alunos, 26.000 questionários, respondidos por moradores das comunidades no entorno dessas escolas, que resultaram em quase 300 planilhas relativas à coleta dos dados a partir de suas escolas. Indicaram que 71% delas eram de áreas rurais e 68% do ensino fundamental. As tabelas abaixo trazem alguns dados de cada um dos sete municípios campus da Ufopa. A pesquisa propiciou aproximadamente 130 resgates da memória das comunidades (RML) por meio das histórias contadas por seus habitantes, especialmente os mais velhos, cujas análises ainda estão em processamento para uma nova publicação. Todos esses resultados trouxeram um panorama revelador da situação socioambiental regional, publicado nos Anais acima referido, bem como relevantes dados sobre comunidades de que não há registros oficiais. Ressaltam-se dois aspectos fundamentais realizados por esse tipo de programa: primeiramente, trazer à luz a realidade dessas comunidades, as mais interioranas de nosso país, até então completamente desconhecidas; segundo, tarefa essa realizada por estudantes de primeiro semestre letivo, sob a orientação de docentes de um programa interdisciplinar.

Sobre as condições das escolas para o ensino, ainda em análise, dos cerca de 1500 questionários que retornaram, já dispusemos de dados (postados no

Vicon) para 200 das 300 escolas que inicialmente participaram do projeto. Para que se possa ter uma dimensão das escolas que continuaram a participar dessa pesquisa com os licenciandos do Parfor, a tabela a seguir apresenta dados para cada um dos sete municípios que são campi da Ufopa e que serviram de polo para o levantamento dos dados das escolas nos 22 municípios amostrados. Apesar de ter havido, entre um semestre letivo e outro (primeiro e segundo), redução nas respostas às coletas (de 300 escolas com DSA para 200 escolas no Pedeop), a dimensão do alcance desse projeto ainda é muito grande, com significativo impacto no conhecimento regional que se está obtendo, essencial para uma inserção adequada da Ufopa na região. Mas, principalmente, sua maior relevância é por estar mostrando o quanto pode ser alcançado na formação desses estudantes do Parfor.

Tabela 13.2: Agenda Cidadã - abrangência da pesquisa socioambiental.

CAMPUS	Nº TOTAL DE ESCOLAS	Nº DE ESCOLAS RURAIS	Nº DE ESCOLAS URBANAS	QUESTIONÁRIOS APLICADOS	MUNICÍPIOS ENVOLVIDOS (NÚMERO DE ESCOLAS)	
Alenquer	70	47 (67%)	23 (33%)	6845	Alenquer (55)	Curuá (15)
Itaituba	43	21 (49%)	22 (51%)	4058	Trairão (2)	Placas (8)
					Moraes de Almeida (2)	Itaituba (22)
					Jacareacanga (4)	Aveiro (2)
Juruti	34	28 (82%)	6 (18%)	2188	Juruti (34)	
Monte Alegre	28	22 (79%)	6 (22%)	2642	Monte Alegre (18)	Prainha (09)
					Porto de Moz (1)	
Óbidos	50	39 (78%)	11 (22%)	2878	Curuá (10)	Óbidos (40)
Oriximiná	24	17 (71%)	7 (29%)	2356	Oriximiná (24)	
Santarém	47	35 (75%)	12 (25%)	5027	Alenquer (1)	Almerim (4)
					Aveiro (1)	Belterra (8)
					Mojuí dos Campos (1)	Placas (1)
					Porto de Moz (2)	Rurópolis (3)
					Santarém (25)	Terra Santa (1)
TOTAL	**296**	**209 (71%)**	**87 (29%)**	**25994**	**20 munícipios envolvidos**	

Fonte: Ufopa (2013).

Tabela 13.3: Agenda Cidadã - total de escolas por municípios e questionários aplicados na pesquisa socioambiental.

MUNICÍPIO	TOTAL DE ESCOLAS	TOTAL DE QUESTIONÁRIOS
Alenquer	23	157
Itaituba	21	175
Juruti	20	110
Monte Alegre	31	260
Óbidos	32	240
Onximiná	29	154
Santarém	44	408
Total Geral	**200**	**1504**

Fonte: Ufopa (2013).

Ainda haveria muito a trazer sobre os resultados que os alunos do Parfor na Ufopa conseguiram obter com seus projetos de pesquisa em seus primeiros anos de estudos, mas isso já mostra como pode ser positiva e reveladora a mudança de estratégia acadêmica que resulta num currículo inovador, com abordagem interdisciplinar que integra diversas áreas de conhecimentos que se voltam para temas relevantes e atuais de interesse para vida dos estudantes, suas comunidades e o ambiente acadêmico em que a Universidade esteja inserida. Foi essa a mais relevante experiência da Ufopa em pesquisa extensionista realizada pelos estudantes em seus cursos de graduação, inclusive em formação licenciada, que, espera-se, não seja perdida no futuro. Afinal, consegue-se estabelecer uma relação permanente entre o ensino, a pesquisa e a extensão, realização concreta de sua possível indissociabilidade na prática ao longo do percurso acadêmico do estudante.

CONSIDERAÇÕES FINAIS

Certamente que o modelo proposto pela Ufopa é ambicioso, pois avança em termos de uma base conceitual – sobre a qual constrói seus currículos – que tem como ponto de partida a integração do conhecimento humano como um todo. Contudo, sua implantação – a par dos grandes alcances, como os relatados anteriormente – foi sendo feita com a ocorrência de muitas dificuldades, conforme já relatado e detalhado a seguir.

A primeira das grandes dificuldades foi quanto à avaliação dessa implantação, em virtude do pouco tempo existente para isso. Apesar de três turmas regulares terem tido acesso à Ufopa (2011, 2012 e 2013), no período de relato da experiência desse texto somente as duas primeiras turmas completaram o primeiro ano, com a conclusão dos dois semestres em que o fundamento interdisciplinar que serviu de base para o modelo poderia ser avaliado quanto a sua proposta de: (i) entrada geral, num mesmo primeiro semestre letivo, comum a todos os calouros; (ii) somente após o qual eles teriam acesso, por um índice geral de aprendizagem (*"Índice de Desempenho Acadêmico – IDA"*), a um dos cinco Institutos da Ufopa; e (iii), ao fim, então já no terceiro semestre letivo, também pelo mesmo procedimento baseado no indicador de desempenho – *IDA*, é que os alunos poderiam ter acesso ao curso pretendido. Esse é o paradigma que diferencia a Ufopa das outras experiências no país; mostrou-se não só importante – para as transformações que o tempo e o país demandam para a formação de recursos humanos em nível superior –, mas também ser exequível, até para uma região com particularidades tão gigantescas como a Amazônia. Contudo, era essa, também, a parte do percurso acadêmico que gerava mais problemas de compreensão e aceite, tanto por parte da comunidade externa quanto da interna. Por isso mesmo é que era a parte que precisava ser primeiro e cuidadosamente avaliada.

Cumpre ressaltar a impressão da grande a dedicação de alunos e professores ao ensino e aprendizagem, certamente que pela pressão que esse sistema de avaliação provoca. Era evidente a preocupação dos alunos com os programas de ensino, tanto quanto aos conteúdos ofertados, como quanto à dedicação pedagógica de seus professores, pois disso dependia a promoção deles ao longo do percurso. Também era evidente a ansiedade que esse tipo de avaliação provocava, tanto nos estudantes quanto nos próprios professores, dado que havia uma mesma avaliação comum a todas as turmas de ensino, o que permitia a identificação, nas turmas e seus docentes, dos melhores e piores resultados quanto ao desempenho acadêmico.

O fato do estudante não entrar diretamente no Instituto ou Curso também causava muita polêmica, não só interna, mas inclusive externa, pois as famílias almejavam ver de imediato seus filhos em algum curso que levasse a alguma das profissões. Tal sistema gerava muita ansiedade, pois a promoção ao longo do percurso acadêmico continuava sendo avaliada e num clima que gerava alguma competição por causa das vagas ofertadas pelos institutos. Mas propiciou também, dedicação bem maior dos alunos ao estudo.

Podemos identificar outros aspectos que se mostraram muito positivos nesse período. Houve muitos casos de – após o aluno cursar o primeiro semestre letivo e conhecer a amplitude das áreas de conhecimento e carreiras profissionais relacionadas e oferecidas pela Ufopa – haver muita mudança de interesses e novas opções, com os casos de alunos que entravam desejando cursar uma determinada carreira e terminarem optando por outra área de formação. Também era muito baixa a evasão após o primeiro semestre (menos de 10%), bem como propiciava diversas mudanças internas, com alunos passando de um Instituto e/ou Curso para outro (sempre em função de seus indicadores de desempenho e vagas disponíveis).

Ainda que o processo só possa ter algum acompanhamento nessas duas ofertas (2011 e 2012), foi possível detectar alguns outros resultados mais evidentes: apesar dos questionamentos não serem em relação à propriedade dos conteúdos interdisciplinares abordados pelos módulos de ensino, o foram quanto ao material impresso produzido e publicado (cinco volumes, um para cada módulo, com os textos básicos sobre os temas, que foram especialmente produzidos e reformulados por pesquisadores docentes atuantes na região), considerado por muitos como demasiadamente genérico; críticas à implementação do currículo, especialmente em relação à didática, com o fato de cada docente, em seus módulos, ter que abordar uma amplitude tão diversificada de conhecimentos bem como à forma de avaliação ter parte comum a todas as turmas de alunos, pois havia os que argumentavam em defesa da ampla autonomia docente, tanto em sala de aula e dos conteúdos a serem abordados, quanto à avaliação do desempenho de seus alunos; e essa avaliação comum corresponde à terça parte da avaliação final da aprendizagem, considerado, por eles, como peso excessivo para esse componente comum.

Esse modelo de avaliação contínua – com aspectos qualitativos diversificados entre os docentes e suas turmas, valendo 70% do índice final – não causava polêmica, mas a avaliação comum a todos (valendo 30% do índice final) acabou por gerar conflitos junto a alunos e professores. Mesmo esses docentes, sentiam-se pressionados a um compromisso com os resultados de suas turmas, que poderiam indicar maior ou menor eficiência de cada um deles. A questão da avaliação, por gerar conflitos, acabou por impor pressões para alteração do modelo.

Certamente que a implantação de modelos inovadores gera reação natural, que deve ser esperada e enfrentada com muito diálogo, pois só assim é que se pode superar as barreiras que se colocam.

Entretanto, não se pode omitir que os aspectos relatados geraram mobilização política contra o modelo da Ufopa. Por um lado, a comunidade local se ressentia de seus filhos entrarem numa universidade sem a certeza do acesso imediato ao curso pretendido, pois isso era gradual e dependia dos resultados obtidos num processo contínuo de avaliação ao longo do percurso acadêmico. Essa comunidade concentrava seus desejos em somente duas ou três carreiras, incluindo Medicina (que só posteriormente veio a compor o programa da Ufopa), além de Direito e Engenharia. A Universidade apresentava um leque muito mais amplo de opções (23), com novos programas e carreiras, a partir dos diversos *Bacharelados Interdisciplinares* que, em princípio, não os interessava. Isso mostrou que o trabalho antecedente junto às comunidades é essencial para a implantação de modelos inovadores. Foram feitas reuniões públicas, mas, ainda assim, não suficientes para superar as resistências locais ao novo.

Há ainda outros aspectos a serem considerados, como a seleção, por concurso público, dos docentes. A primeira leva de concursos foi por área disciplinar, de modo que os selecionados ainda tiveram dificuldade em lidar com um currículo multi e interdisciplinar. Já na segunda leva de concursos a seleção passou a ser feita em função de perfis interdisciplinares, o que facilitou sobremaneira o ajuste dos docentes aos módulos de ensino, diminuindo os problemas com eles.

Também houve a interferência de um componente de natureza político partidário, frequente nas universidades brasileiras. O Pará e seus municípios viviam intensamente uma disputa eleitoral e isso se refletia claramente na luta interior pela conquista da universidade. O mote passou a ser o processo de implantação do modelo curricular interdisciplinar, que se projetou na política interna à universidade, com alguns aspectos preservados e ainda muita defesa do modelo original, que é o que consta na aprovação dos programas, nesse ano, pelo Inep. Assim, só o tempo e os dados que forem possíveis de serem obtidos permitirão conhecer efetivamente o sucesso, ou não, da implantação desse modelo de currículo interdisciplinar na Ufopa.

No entanto, é importante ressaltar a normalidade das dificuldades na implantação de inovações. Com o passar do tempo e maior visibilidade quanto aos aspectos que sejam positivos, as comunidades tendem a, gradativamente, ir assimilando as mudanças, passando a defender o aperfeiçoamento de seus processos. Certamente que o caso da Ufopa continuará sendo um dos bons exemplos de institucionalização da interdisciplinaridade no contexto do ensino superior brasileiro e suas repercussões no ensino básico, por meio da formação de professores.

REFERÊNCIAS

BURSZTYN, M. Interdisciplinaridade. É hora de Institucionalizar! *Ambiente e Sustentabilidade, 1999*. n. 5, p. 229

FERREIRA, V. A Interdisciplinaridade é desejável, mas o modelo não pode ser imposto. *Química Nova*, 2012, v. 35, n. 10, p. 1899

NASCIMENTO, E., PENA VEGA (Org.). *As novas dimensões da Universidade: interdisciplinaridade, sustentabilidade e inserção social: o experimento de uma avaliação internacional*. Rio de Janeiro: Garamond, 2012, 178p.

PHILIPPI JR, A.; SILVA NETO, A.J. *Interdisciplinaridade em Ciência, Tecnologia e Inovação*. Barueri: Manole, 2011, 998p.

UFOPA. *Anais da Agenda Cidadã no Oeste do Pará – Volume 1: Seminários da Agenda Cidadã e Parfor*. Organização: Lígia Valadão; Dóris Faria. Santarém/PA: Ufopa, 2013, 340p.

capítulo 14

Interdisciplinaridade em instituto vinculado à empresa: experiências, desafios e perspectivas do Instituto Tecnológico Vale Desenvolvimento Sustentável

Roberto Dall'Agnol | *Geólogo, Instituto Tecnológico Vale Desenvolvimento Sustentável (ITV) e UFPA*
José Oswaldo Siqueira | *Engenheiro Agrônomo, Instituto Tecnológico Vale Desenvolvimento Sustentável (ITV)*
Maria Cristina Maneschy | *Cientista Social, Instituto Tecnológico Vale Desenvolvimento Sustentável (ITV) e UFPA*
Pedro Walfir Martins e Souza Filho | *Geólogo, Instituto Tecnológico Vale Desenvolvimento Sustentável (ITV) e UFPA*
Everaldo Barreiros de Souza | *Meteorologista, Instituto Tecnológico Vale Desenvolvimento Sustentável (ITV) e UFPA*

INTRODUÇÃO

No que se refere à relação entre pesquisa e produção científica com inovação, o Brasil apresenta um paradoxo único: com quase 3% da publicação de artigos científicos de fluxo internacional, ocupa posição de destaque ao lado de países como Suécia, Holanda e Suíça. Porém, em termos de inovação, estas nações situam-se ao lado dos Estados Unidos, Alemanha, Japão e França, que ocupam o topo da lista de países inovadores, enquanto o Brasil se posiciona atualmente na 58ª posição no ranking do index global de inovação de 2012 do Insead/Inpo. Existem várias causas para isso, mas cabe destacar o fraco protagonismo da indústria brasileira, revelado pela baixa taxa de inovação (38,6%), reduzido percentual de empresas inovadoras (22,3% Pintec) e o limitado dispêndio empresarial em P&D (0,56% do PIB; ENCTI, 2014).

Apesar do nítido fortalecimento de seu sistema de ciência e tecnologia (Brito Cruz, 2010; Mugnaini et al., 2004; Palis Junior, 2010; ENCTI, 2014), contrariamente ao que se observa em países desenvolvidos, a pesquisa científica no Brasil se concentra notavelmente em instituições públicas, com desenvolvimento ainda muito limitado em empresas do setor privado (ENCTI, 2014). Muito provavelmente em decorrência desta baixa inserção da pesquisa no setor industrial e também da reduzida apropriação do conhecimento gerado na Academia pelo setor industrial, a geração de inovação é muito restrita. A baixa capacidade de inovação das empresas brasileiras resulta na baixa competitividade de nossa indústria e faz com que nosso grande mercado interno de produtos manufaturados seja abastecido primordialmente por importações. Este cenário compromete a geração de emprego de qualidade e leva à exportação de divisas em pagamentos de royalties e taxas de aquisição de tecnologias.

O atual estágio da Ciência, Tecnologia & Inovação brasileiro parece contrariar autores clássicos, como Adam Smith e Josef Schumpeter, que defenderam o conhecimento como fator de desenvolvimento. Porém, ele talvez possa ser explicado pela tese de Robert Solow, ganhador do Prêmio Nobel de Economia em 1987, que postulou que a mesma quantidade de capital e trabalho em diferentes nações leva a resultados diversificados no desenvolvimento. Seu postulado constituiu as bases da chamada economia do conhecimento que muda a ênfase da estratégia de produção industrial e desenvolvimento de capital e trabalho mecânico para o uso da inteligência. A economia do conhecimento é fundamentada na competência para pesquisa científica, nas políticas de fomento e desenvolvimento, assim como na visão do setor empresarial e dos consumidores. Nesta base sustentam-se os pilares do desenvolvimento econômico e da competitividade: capacidade de desenvolver inovação tecnológica, mecanismos de proteção intelectual e fortalecimento do empreendedorismo. Com a evolução destas ideias, tem-se hoje que o complexo tecnologia/inovação tornou-se o mais importante fator de crescimento econômico das nações. A capacidade de uma nação gerar conhecimentos e convertê-los em riqueza e desenvolvimento depende das ações e do grau de integração dos agentes geradores e aplicadores do conhecimento. As diversas vias de integração e atores da ciência, inovação e geração de riquezas e qualidade de vida, acham-se ilustrados na Figura 14.1.

Para mudar a realidade brasileira, tem se buscado ampliar e aperfeiçoar os mecanismos de integração entre universidades e empresas e estimular o envolvimento direto de empresas privadas com P&D, visando promover a inovação. Observam-se mudanças no cenário de interação para estruturas novas e híbridas, mas ainda há limitações para o bom funcionamento do processo (Figura 14.2).

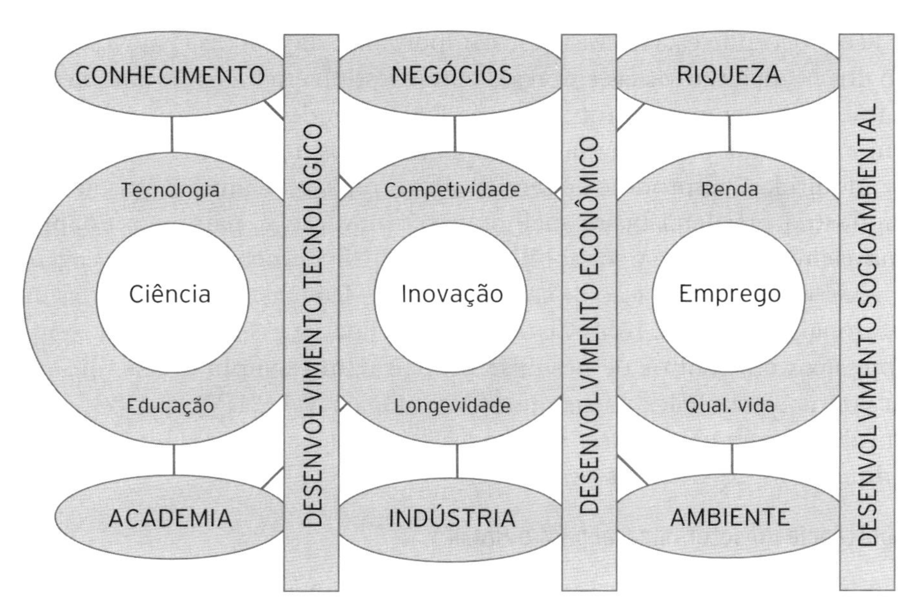

Figura 14.1: Ciência, tecnologia e inovação para o desenvolvimento: integração articulada de conceitos e setores.

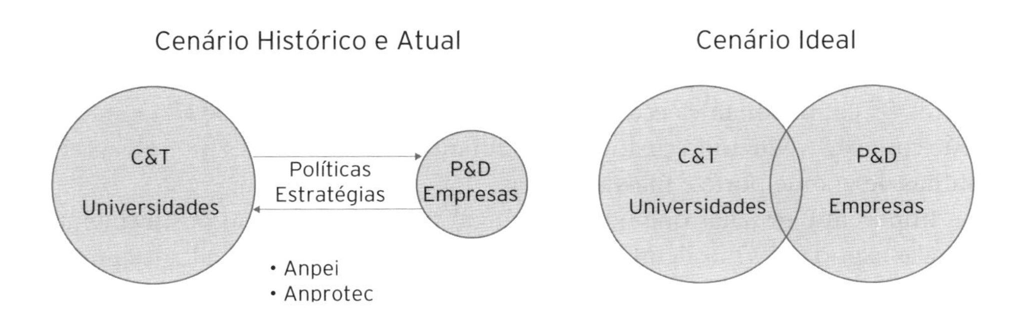

Figura 14.2: Os agentes de desenvolvimento tecnológico no Brasil.

Os principais atores do processo, as instituições de C&T, governo e empresas precisam atuar em harmonia e de modo integrado, como no modelo *"triple helix"*, buscando estabelecer um ciclo virtuoso onde organizações competentes e investimentos geram tecnologias e inovações que repercutem positivamente no crescimento econômico e desenvolvimento.

Reconhecendo esta necessidade e importância da pesquisa para a sustentação dos negócios, diversas empresas têm investido em inovação por meio de: criação de programas estruturados de P&D visando inovação; aproximação com a academia para internalizar conhecimentos; transformação de pesquisas adquiridas em produtos e serviços; incorporação de inovações ofertadas. A indústria brasileira busca melhorar sua inovação e, para isso, estabelece uma agenda específica e se mobiliza (MEI, 2011). Entre os itens desta agenda, tem-se o estímulo à criação de centros de P&D. Do mesmo modo, várias multinacionais, como GE, IBM, Cisco, Siemens, Boeing e 3M, investem recursos expressivos em centros de pesquisa no país. Um exemplo destas iniciativas é a criação, pela Vale, do Instituto Tecnológico Vale (ITV) que certamente contribuirá para modificar o quadro existente ou, na pior das hipóteses, para enriquecer as experiências nessa área.

Importância do setor mineral para o Brasil

A atual crise econômica internacional tem afetado o crescimento da Europa e Estados Unidos e, mais recentemente, começa a atingir o grupo de países ditos emergentes (BRICS – Brasil, Rússia, Índia, China e África do Sul). A China se mantém como exceção, pois sua taxa de crescimento continua muito elevada, embora com tendência de decréscimo desde 2014 até os dias atuais. A China tem sustentado a demanda por matérias-primas no mercado internacional e a reversão desta tendência já deixa reflexos claros no setor mineral, pois afeta até mesmo as suas maiores empresas, como é o caso da Vale. A oferta elevada causa queda acentuada de preços, em especial do minério de ferro. Os condicionantes econômicos obrigam as empresas a se adaptarem a este contexto, reduzindo custos e concentrando suas atividades produtivas em minas de grande porte e mais rentáveis.

Importante ressaltar que o setor mineral sempre contribuiu positivamente para as exportações brasileiras, porém com o crescimento acentuado dos preços dos principais minérios ocorridos no início deste século, refletindo o contexto internacional favorável e a acelerada expansão econômica da China, passou a apresentar peso ainda mais expressivo. O saldo positivo na balança de pagamentos obtido pelo setor mineral tem sido decisivo para manter o equilíbrio das contas externas do país. Em estados de grande produção mineral, como Minas Gerais e Pará, desempenha um papel econômico essencial. No Pará, ela representa em torno de 26% do PIB e 87% das exportações, e estas proporções devem expandir, respectivamente, para 35% e 90% até 2030 (Seicom, 2014), caso se concretizem os projetos planejados para os próximos anos.

O carro-chefe das exportações minerais brasileiras é o minério de ferro, do qual a Vale é o principal produtor e exportador. A empresa é uma das líderes do setor no mundo e se propõe a manter sua posição, inclusive por meio da viabilização de novos projetos de grande porte, como é o caso da mina S11D, no município de Canaã dos Carajás, no Pará, planejada para produzir, quando em plena operação, 90 milhões de toneladas anuais de minério de ferro de alto teor. O projeto envolve também a duplicação de grande parte da Estrada de Ferro Carajás, ligando Parauapebas (PA) com o Porto de Itaqui (MA), e seu prolongamento até a nova mina.

Existe a noção de que o setor mineral, contrariamente ao setor petrolífero, não apresenta grandes demandas de C&T. De fato, há uma tendência de as empresas do setor buscarem atender suas demandas tecnológicas por meio de consultorias, geralmente envolvendo fornecedores de outros países. Entretanto, a Vale e várias empresas nacionais, conhecendo a necessidade de inovar, criaram e estabeleceram centros de pesquisa no país. A Vale sempre possuiu um setor de C&T atuante, representado, entre outros, pelo Centro de Desenvolvimento Mineral (Santa Luzia, MG), Centro de Tecnologia de Ferrosos (Nova Lima, MG) e Vale Technology Center (Mississauga, Canadá). Além de atender suas demandas para a extração e tratamento mineral, a Vale sempre buscou novas tecnologias na área de transporte de grandes volumes de cargas, setor vital para a competitividade da empresa. A decisão da Vale pela criação de dois novos institutos de P&D deve ampliar sua capacidade de geração de tecnologia e contribuir para a formação de recursos humanos para o setor. Os institutos são vinculados à Associação Instituto Tecnológico Vale, uma organização privada sem fins lucrativos, mantida pela Vale, que abriga o Instituto Tecnológico Vale Desenvolvimento Sustentável (ITVDS) e o Instituto Tecnológico Vale Mineração (ITVMI).

Apesar destas iniciativas, a formação de grupos expressivos de pesquisa em empresas privadas em nosso país é escassa e nem sempre amplamente divulgada. As experiências de cunho interdisciplinar neste contexto são ainda mais limitadas. Considera-se, portanto, relevante analisar e apresentar para a comunidade acadêmica a trajetória do ITVDS, criado dentro de perspectiva essencialmente interdisciplinar e que tem como compromisso manter essa forma de atuação em suas atividades de pesquisa e ensino. Pretende-se enfatizar os aspectos relacionados com a integração entre ITVDS e Vale e o espaço existente para a interdisciplinaridade na mesma. Serão abordados os principais resultados e avanços obtidos até o momento, assim como as dificuldades enfrentadas e as perspectivas existentes.

A ASSOCIAÇÃO ITV E SUAS RELAÇÕES INSTITUCIONAIS COM A VALE

Aspectos gerais

O ITV é uma organização de direito privado, sem fins lucrativos, com duração por tempo indeterminado, cuja missão é criar opções de futuro por meio de pesquisa científica e desenvolvimento de tecnologias de forma a expandir o conhecimento e a fronteira dos negócios da Vale de maneira sustentável e atuar na formação de recursos humanos em nível de pós-graduação. Propõe-se a unir pesquisa e ensino para contribuir para uma mineração mais inovadora e sustentável. A concepção do ITV se deu em 2006 e resultou de um estudo cujo diagnóstico mostrou que a Vale era eficiente em soluções de P&D em curto e médio prazo, mas carecia de uma estrutura voltada para desenvolver projetos de horizonte de longo prazo e risco maior. O ITV foi criado em 2009, com o Departamento do Instituto Tecnológico Vale (DITV), atualmente transformado em Diretoria de Tecnologia e Inovação que coordena as ações de C,T&I da Vale e a qual o ITV está subordinado. Para obter maior operacionalidade e organizar os futuros institutos de pesquisa desvinculados da estrutura corporativa da Vale, foi constituída a Associação do Instituto Tecnológico Vale (AITV), com sede no Rio de Janeiro e filiais no Pará e em Minas Gerais. São associados fundadores da AITV: Vale SA e Fundação Vale, os quais contribuem com recursos, doações ou comodato de bens, de forma a garantir a execução dos objetivos que a Associação pretende alcançar. Ao longo de 2010, foi feita a contratação dos primeiros pesquisadores e definido o modelo de operação do ITV.

O ITV deve preencher a lacuna existente entre a pesquisa científica de ponta desenvolvida nas universidades e a utilização desses resultados no mercado, realizada pelas empresas. A estratégia e proposta de valor do ITV implicam um posicionamento que deve conciliar ciência e negócio. Neste sentido, o ITV estaria situado a meio caminho entre institutos de pesquisa tradicionais e a P&D efetuada diretamente por empresas (ver Quadro 14.1). Na prática, o ITV deve desenvolver elevada capacitação científica e tecnológica para gerar inovação. Seus objetivos são a produção de pesquisas de qualidade e de grande aplicabilidade nos negócios da empresa e, no caso do ITVDS, contribuir para o desenvolvimento sustentável da mineração. Para isso, atuará em temáticas variadas, adotando um modelo de inovação aberta, que busca intensificar a integração entre instituições de C,T&I e empresas, em temas de interesse estratégico para a cadeia da mineração.

Entre os principais desafios do ITV, destacam-se:

- Conciliar a excelência científica com pesquisa aplicada à indústria.
- Manter equilíbrio entre visão empresarial, muito sensível a entregas em curto prazo, e visão científica que implica resultados incertos geralmente concretizados no longo prazo.
- Promover e estimular abordagem multi e interdisciplinar nos projetos de pesquisa.
- Desenvolver ações sinérgicas com unidades da Vale, orientadas e selecionadas com base nos desafios e demandas tecnológicas da área.

Quadro 14.1: Modelo que distingue a geração de P&D na academia, em empresas e em institutos como o ITV.

CIÊNCIA	ORIENTAÇÃO		NEGÓCIO
	Diferenças entre institutos de Ciência e Tecnologia e Empresas		
	Instituições Científicas e Tecnológicas (ICTs)	**ITV**	**P&D Empresas**
Finalidade	Não lucrativa	Não lucrativa, sustentabilidade econômico-financeiro	Lucro
Orientação	Pesquisa e ensino	Pesquisa, ensino e empreendedorismo	Mercado
Vocação	Formar profissionais e avançar no conhecimento	Gerar e aplicar conhecimento	Rentabilidade é essencial
Desenho	Compartilhar conhecimento	Compartilhar conhecimento e confidencialidade em alguns casos	Confidencialidade é muito importante
Tempo	Não é tão crítico	Crítico sem prejuízo da qualidade	Muito crítico
Propriedade intelectual	Importante	Importante e muito importante em casos específicos	Muito importante
Publicação	Muito importante e necessária	Necessária	Somente se não há risco estratégico
Compromisso	Público acadêmico e sociedade	Público acadêmico, sociedade e vale	*Stakeholders*
Conhecimento	Mais básico e menos aplicado	Básico e mais aplicado	Aplicado e direcionado a uma necessidade/ propósito específico
Política	Não foca em negócio	Focada em conhecimentos inovadores que podem também gerar negócios	Focada no e em fazer negócio

Fonte: Associação Nacional de Pesquisa e Desenvolvimento de Empresas Inovadoras – Anpei, modificado.

Concepção inicial para a atuação do ITV

Para definição da temática a ser desenvolvida no ITV, de acordo com o princípio de colaboração que pauta a atuação do instituto, foi realizada ao longo de 2010 e 2011 uma série de *workshops*, reunindo renomados pesquisadores do Brasil e do exterior, bem como empregados da Vale com reconhecida competência nos temas de interesse do setor mineral. Nestes eventos, foram discutidos os principais cenários e desafios científicos relacionados com o Desenvolvimento Sustentável e Tecnologia da Mineração e sugeridas linhas de pesquisa em que deveria atuar preferencialmente cada unidade do ITV. No caso do ITVDS, as linhas definidas foram: Mudanças Climáticas, Gestão das Águas, Sustentabilidade na Mineração, Biodiversidade, Bioenergia e Fotossíntese, Monitoramento Ambiental e Sustenômica.[1] Estas linhas serviram de base para o estabelecimento da agenda inicial de pesquisa do ITVDS.

Adaptação à realidade atual

A crise econômica internacional que, nos primeiros momentos não havia afetado tão intensamente o setor mineral, começou a atingi-lo de modo mais marcante a partir do segundo semestre de 2014, com a redução do consumo na China e a queda dos preços da maioria das *commodities* minerais. Isso tem forçado mudanças no planejamento das empresas do setor, que, sem exceção, buscam redução de custos operacionais e investimentos. Para manter sua competitividade e lucratividade procuram concentrar sua produção em grandes minas de classe internacional e fazem esforços para melhoria constante dos processos operacionais. Neste contexto, a Vale se tornou mais sensível à obtenção de melhorias em curto prazo em seus negócios e menos predisposta a apoiar projetos de pesquisa de longo prazo e de resultados incertos. O ITVDS tem sido pouco afetado pela situação econômico-financeira do setor mineral e seus reflexos na Vale, pois prossegue ampliando seu quadro de pesquisadores e corpo técnico, ainda que mais lentamente do que previsto. Neste novo cenário teve de efetuar mudanças na sua estratégia, redirecionando e redimensionando sua programação de pesquisa para ações mais alinhadas com as demandas das unidades de negócio e estratégias corporativas.

---

1 O termo Sustenômica foi proposto por Munasinghe (2001), pesquisador do Sri Lanka que é colaborador do ITVDS. Esse conceito pretende destacar a importância para o desenvolvimento sustentável das dimensões social, ambiental e econômica.

Ao fazer isso, houve a preocupação de aproximar mais o instituto das unidades operacionais da Vale, de modo a ampliar as sinergias e possibilidades de colaboração já existentes em muitos projetos de pesquisa. Diversas linhas foram redefinidas e tiveram suas denominações modificadas e novas foram criadas. As linhas atuais são: Biodiversidade e Biotecnologia, Ciências das Plantas e do Solo, Ecologia e Serviços do Ecossistema, Geologia Ambiental e Recursos Hídricos, Meteorologia e Mudanças do Clima, Socioeconomia e Computação Avançada.

Embora tenha sido mantida no ITVDS a abertura para projetos de pesquisa não vinculados com interesses imediatos da Vale, os pesquisadores são orientados a procurar desenvolver preferencialmente projetos voltados aos desafios tecnológicos e lacunas de conhecimento em áreas relacionadas à sustentabilidade na mineração, sem, contudo, eliminar a possibilidade de desenvolvimento de pesquisa básica com resultados de mais longo prazo.

Demandas da Vale e institucionalização da interdisciplinaridade

Seja pelo acentuado aumento das cobranças por parte da sociedade, seja por sensibilização e iniciativas próprias, tem crescido no Brasil e no mundo o grau de comprometimento das empresas com a sustentabilidade, tanto em termos ambientais, quanto em relação aos aspectos sociais. A Vale tem demonstrado seu engajamento com o desenvolvimento sustentável das regiões onde atua e isso tem sido reconhecido por avaliadores independentes.[2]

Por outro lado, as empresas brasileiras em geral, e, de modo mais acentuado, aquelas atuantes no setor mineral têm procurado aperfeiçoar seus processos de produção e tentado reduzir os impactos ambientais de suas atividades em resposta às crescentes cobranças da sociedade em relação às questões ambientais, que se refletem em uma legislação bastante rigorosa e na presença atuante de órgãos fiscalizadores. A mineração permanece sendo vista com desconfiança devido ao passivo ambiental que gerou no passado e à relativa lentidão com que buscou se adaptar às normas ambientais vigentes. A Vale assume como estratégia para sua atuação a questão da sustentabilidade ambiental, em parte por depender da viabilização de licenciamento ambiental para operação de suas minas e demais instalações produtivas, mas também

---

2 Ver o estudo comissionado pela fundação americana Gordon e Betty Moore sobre as entidades que financiam projetos que colaboram para a conservação da Amazônia, que identificou o Fundo Vale, criado em 2009, dentre as dez que mais disponibilizaram investimentos para a causa entre 2007 e 2013.

para afirmar diante da sociedade a credibilidade e imagem da empresa em termos de seu compromisso com a sustentabilidade.

Para uma empresa enfrentar em seu dia a dia as complexas questões ligadas à sustentabilidade, ela precisa necessariamente, em seus quadros, possuir profissionais aptos a enfrentar problemáticas interdisciplinares. Para responder a estas demandas, a empresa tem estruturado, além de suas unidades tradicionais voltadas prioritariamente para a produção, outras com maior envolvimento com as questões ambientais e sociais, as quais tendem a apresentar forte componente de interdisciplinaridade. Isso se reflete, entre outras coisas, na existência de uma Diretoria de Meio Ambiente (DIAM) na empresa, assim como de gerências de meio ambiente atuantes em cada uma das suas principais unidades produtivas. A DIAM inclui organização referida anteriormente, o Fundo Vale, voltada diretamente para questões referentes à socioeconomia e biodiversidade. Trata-se de uma Organização da Sociedade Civil de Interesse Público (Oscip), cuja missão explícita é "conectar iniciativas e instituições visando a promover desenvolvimento sustentável". Isto é, o Fundo estimula a formação de redes sociais congregando entes da sociedade civil, estatais e de mercado em projetos que aliem conservação de recursos naturais, melhoria de qualidade de vida e desenvolvimento em diferentes contextos territoriais na Amazônia. Dentre as realizações de relevo que contaram com o apoio do Fundo, está o Programa Municípios Verdes, que permitiu que diversos municípios do Pará deixassem a lista negra do desmatamento, a começar por Paragominas, antes notório pela degradação ambiental (Abramovay, 2012, p. 141).

Além disso, a empresa é mantenedora da Fundação Vale, que possui um Departamento de Relações com Comunidades (Dirc). Enquanto a Fundação visa ao desenvolvimento territorial, realizando investimentos sociais voluntários via ações e programas em parcerias, a Dirc foca na gestão de impactos, cuidando de "investimentos sociais obrigatórios ou 'morais', decorrentes de operações da empresa, como Termos de Ajustamento de Conduta, licenciamentos e acordos judiciais". Fundação e Dirc fazem o acompanhamento físico e financeiro dos projetos sociais da empresa e da própria Fundação (Fundação Vale, 2012).[3] A Fundação atua nos territórios onde a Vale opera, segundo

3 A Fundação Vale é gerida por um Conselho Curador, presidido pela Diretoria Executiva de Recursos Humanos, Saúde e Segurança, Sustentabilidade e Energia da Vale, bem como por um Conselho Fiscal, presidido pela Gerência de Projetos da Controladoria da Vale. Um Conselho Consultivo, presidido pelo Presidente da Vale, assessora a Fundação no debate de políticas e estratégia (Fundação Vale, 2013).

o princípio da Parceria Público-Privada (PPP). Promove ações que fortaleçam as políticas públicas nos municípios, por exemplo, nos campos de desenvolvimento urbano, no apoio à habitação de interesse social, saneamento básico, regularização fundiária, mobilidade urbana e de fortalecimento do Sistema de Garantia dos Direitos da Criança e do Adolescente (Fundação Vale, 2013).

Com esse portfólio de ações de desenvolvimento territorial e socioambiental, a Vale alinha-se a uma tendência mais geral no mundo corporativo, de buscar não só melhorar a imagem, mas construir uma reputação, o que resulta da qualidade de sua inserção na sociedade e dos laços sociais que a configuram.

Por enfrentar em sua rotina questões complexas, os profissionais que compõem as equipes das unidades mencionadas mostram maior abertura e tendem a disseminar na empresa uma maneira distinta de buscar soluções, baseada na integração entre profissionais de diferentes áreas e de cunho essencialmente interdisciplinar. Muitos profissionais da Vale que cursam atualmente o mestrado profissional do ITVDS são vinculados a estas unidades, o que demonstra motivação para aprimorar sua formação e visão interdisciplinar.

A ESTRUTURAÇÃO DA PESQUISA NO ITVDS E A QUESTÃO DA INTERDISCIPLINARIDADE

A interdisciplinaridade no ITVDS

A maneira como foi concebido o ITVDS fez com que os profissionais que nele atuam tenham formação muito diversificada, incluindo pesquisadores de Ciências Agrárias, Ciências Ambientais, Ciências Biológicas, Ciências Humanas e Sociais, Ciências da Terra e Física, Computação e Tecnologia de Informação. Entretanto, o simples fato de se encontrarem lado a lado profissionais de áreas diferentes não constitui nenhuma garantia de interdisciplinaridade. Para efetuar pesquisas interdisciplinares, conforme discutido por Alvarenga et al. (2011), Raynaut e Zanoni (2011) e Bastos et al. (2011), é indispensável a atuação em diferentes etapas dos projetos de um número significativo de pesquisadores com formação e atuação distintas, abordando o mesmo problema com a visão de diferentes disciplinas de forma integrada. Tais pesquisadores, uma vez identificados os problemas que exijam enfoque interdisciplinar, devem conceber projetos de pesquisa e procurar soluções, refletindo conjuntamente e integrando sempre que possível suas competências de modo coordenado e complementar. É importante também que a equipe de cada projeto participe da fase de integração de dados e redação de relatórios e publicações. Por outro lado, o fato de o instituto ser voltado para desenvolvimento sustentável, temática de inquestionável vocação interdisciplinar, amplia enormemente as possibilidades de construção de verdadeira interdisciplinaridade. A Figura 14.3 ilustra os diferentes grupos de pesquisa e a formação dos profissionais que constituem o Instituto Tecnológico Vale.

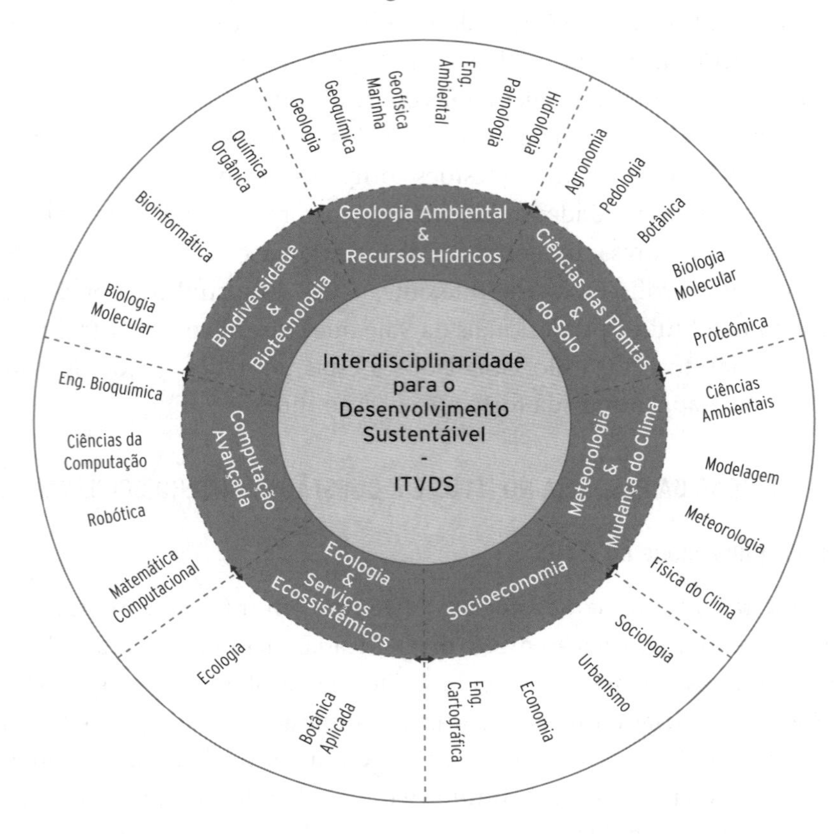

Figura 14.3: Organização interdisciplinar do Instituto Tecnológico Vale.

Desde o início de suas atividades de pesquisa em 2011, o ITVDS definiu diferentes estratégias para desenvolvimento da pesquisa. Um dos primeiros desafios enfrentados foi concentrar sua atuação no planejamento e execução direta dos projetos de pesquisa ou conceber e induzir projetos a serem desenvolvidos em parceria com outras instituições. Em um primeiro momento, foi decidido que a indução e o financiamento de projetos para grupos externos seriam função essencialmente do Departamento do Instituto Tecnológico

Vale (DITV), sediado no Rio de Janeiro, e da Gerência de Gestão de Tecnologia, em Belo Horizonte. Em termos práticos, embora seguida a orientação mencionada, houve certo grau de flexibilidade de modo que os ITVs também puderam induzir alguns projetos de pesquisa liderados por instituições externas, de preferência com significativa participação de pesquisadores dos institutos. No momento, embora mantida a flexibilidade para financiamento de projetos externos, há condicionantes restritivos em função da política de austeridade e da consequente redução de custos da empresa, que não favorece investimentos externos vultosos em projetos de pesquisa, a menos que haja perspectivas claras de aplicação dos resultados em negócios da empresa.

Internamente no ITV, em outra escala, os principais contrastes observados se dão entre projetos estruturados desde seu início como projetos coletivos, a serem desenvolvidos em rede ou por grupos de pesquisadores somente do ITVDS ou com colaboração externa, e projetos concebidos individualmente por pesquisadores que podem ou não contar com outros participantes. No primeiro grupo incluem-se, entre outros, programas da área de geologia ambiental e recursos hídricos que apresentam temáticas gerais em torno da qual se articula número restrito de projetos mais abrangentes, em temas como geologia de superfície, paleoclima e recursos hídricos. Estes projetos tendem a evoluir de modo cada vez mais integrado pelo fato de possuírem diversas intersecções e por serem desenvolvidos em espaço físico comum que é a bacia do Rio Itacaiúnas, onde estão localizados os principais empreendimentos minerários da Vale no estado do Pará (Figura 14.4). A ideia subjacente é utilizar a referida bacia como um grande laboratório cujo conhecimento deverá evoluir de modo expressivo nos próximos anos, graças a estudos interdisciplinares explorando e integrando conhecimentos diversificados gerados pelas ciências naturais, ecológicas, ambientais, e também socioeconomia, tal como exemplificado pelo projeto de avaliação dos impactos da exploração de minério de ferro na mina S11D no município de Canaã dos Carajás, Pará, ora em desenvolvimento pelo ITVDS.

Em formato similar está a área de Socioeconomia, com dois projetos interdisciplinares de avaliação de impactos da cadeia da mineração no Pará, envolvendo pesquisadores do ITV, profissionais de unidades da Vale e de instituições parceiras. Um dos projetos focaliza a produção de dendê para biocombustível no nordeste do Pará, uma linha de negócios relativamente nova para a Vale, correspondente ao seu objetivo estratégico de empregar uma maior proporção de biodiesel em suas operações de transporte. O outro projeto considera os impactos socioeconômicos no município de Canaã dos Carajás e sua região de influência, da produção de minério de ferro na mina S11D, previsto para entrar em operação em 2017. Ambos indagam sobre o potencial de integração entre os circuitos superior e inferior da economia nos municípios, conforme a classificação do geógrafo Milton Santos (Santos, 2008).

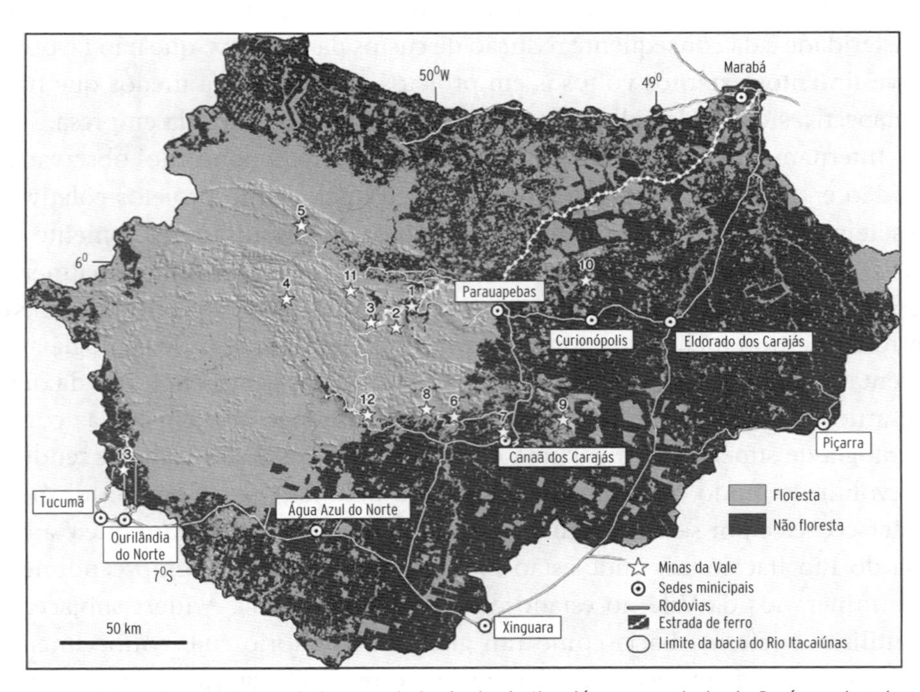

Figura 14.4: Mapa de modelagem de terreno da bacia do rio Itacaiúnas no sudeste do Pará, mostrando as minas da Vale em Carajás (ilustrada a partir de imagem Landsat-8 6R5G4B). A cor mais clara na imagem corresponde à cobertura florestal e a cor mais escura a áreas sem floresta. Os números representam as minas e depósitos em vias de exploração: 1. N4 e N5 (Ferro), 2. Granito, 3. Azul (Manganês), 4. Alemão (Cobre e Ouro), 5. Salobo (Cobre), 6. Sossego (Cobre), 7. Vermelho (Níquel), 8. Projeto 118 (Cobre), 9. Cristalino (Cobre), 10. Serra Leste (Ferro), 11. Polo, 12. S11D (Ferro), 13. Onça-Puma (Níquel).

No segundo grupo, constam projetos de várias áreas do conhecimento que foram concebidos desde sua origem partindo essencialmente de abordagem disciplinar. Alguns destes projetos foram reestruturados de modo a assumir maior grau de interdisciplinaridade, e os que mantêm sua orientação inicial mostram-se mais frágeis e mais sujeitos à descontinuidade ao longo do tempo do que aqueles com temática mais ampla. Em sua reorientação da agenda de pesquisa, o ITVDS fortalece a primeira estratégia de pesquisa em detrimento da segunda. Deve, porém, ficar claro que isso deverá ser feito sempre respeitando a liberdade intelectual e criatividade dos pesquisadores e sem perder de vista que, em instituto vinculado à empresa, é indispensável a aderência dos projetos às necessidades desta.

Um exemplo particular, que foge dos modelos anteriores, também desenvolvido pela área de socioeconomia, é o projeto Urbis Amazônia, um dos projetos pioneiros do ITVDS, estruturado em rede e com dominância de participação externa, concebido quando o número de pesquisadores era ainda reduzido. Sua coordenação ficou a cargo de pesquisadora do instituto, mas sua execução é feita por rede com participação de diversas instituições do país. Visa buscar avanços na compreensão da realidade urbana na Amazônia e das articulações entre metrópoles, cidades, povoados e localidades ribeirinhas, de modo a apoiar tomada de decisão e formulação de políticas de desenvolvimento para a Amazônia.

Se considerarmos a categorização de projetos interdisciplinares proposta por Raynaut e Zanoni (2011, p. 165, Quadro 5.1), com base no tipo de interdisciplinaridade, perfil de formação e vínculo com a aplicação, os projetos de pesquisa do ITVDS se enquadram preferencialmente nas categorias A, B e C. A categoria A abrange "[...] formação com finalidade profissionalizante, dirigida para pessoas engajadas na ação e que trabalhem, a partir de especializações diferentes, dentro de um mesmo domínio de intervenção" (Raynaut e Zanoni, 2011, p. 164). Os projetos desenvolvidos por profissionais da Vale que desenvolvem mestrado no ITVDS se enquadram fundamentalmente nesta categoria. No caso da categoria B, "[...] a formação seria dirigida a pesquisadores de várias disciplinas, mas que pertençam a mesma área científica, a fim de levá-los a... a combinar seus métodos para responder a questões conceituais de interesse comum" (Raynaut e Zanoni, 2011, p. 164-166). Os projetos exemplificados das áreas de geologia ambiental e recursos hídricos e socioeconomia se enquadrariam nesta categoria. Finalmente, na categoria C teria "[...] formação [...] destinada a pesquisadores de várias disciplinas, oriundos de áreas científicas distantes, a fim de ensinar-lhes a combinar suas abordagens teóricas e seus métodos para responder a questões expressas pela demanda social [...]" (Raynaut e Zanoni, 2011, p. 166). Um exemplo de projeto enquadrável nesta categoria desenvolvido pelo ITVDS é de estudos dos impactos sociais e econômicos ao longo da Estrada de Ferro Carajás. Ele envolve profissionais das áreas de ciências da computação, engenharias, ciências humanas e sociais e geologia ambiental. Procura avaliar os impactos relacionados com a instalação e operação da ferrovia e as maneiras de reduzi-los.

Os projetos desenvolvidos pelo ITVDS da categoria A são de natureza essencialmente aplicada, enquanto que os das categorias B e C podem ser aplicados ou possuir ao menos possibilidade de aplicação. Os dois últimos possuem maior potencial para gerar avanços do conhecimento, embora no geral tendam neste estágio a funcionar mais como disseminadores de conhecimento. Não há no momento projetos da categoria D, francamente interdisciplinares e de natureza conceitual (Raynaut e Zanoni, 2011), em execução no ITVDS.

Embora a interdisciplinaridade seja uma marca do ITVDS, a sua manutenção efetiva e sua consistência exigem da direção científica do instituto clareza quanto à sua relevância, bem como visão e comprometimento dos pesquisadores em geral.

Laboratórios de pesquisa e colaborações com outras instituições

Para desenvolver suas pesquisas, o ITVDS conta em sua sede própria com diversos laboratórios, a maioria deles voltados para as biociências e destinados primordialmente a dar apoio às pesquisas em biodiversidade, plantas, microbiologia, solos e ecologia. Os equipamentos dos laboratórios foram cedidos ao ITVDS em regime de comodato pela Vale e já se encontram instalados e em fase de operação, depois de receber licenciamento ambiental por parte da Secretaria de Meio Ambiente e Sustentabilidade (Semas) do Pará. Para ampliar sua capacidade de pesquisa, o ITVDS tem alocado equipamentos e recursos para viabilizar laboratórios conjuntos com UFPA, MPEG e Embrapa. Entre tais equipamentos, consta um moderno e versátil microscópio eletrônico de varredura que foi cedido em comodato para o Instituto de Geociências da UFPA, onde foi inaugurada em março de 2015 unidade de microanálises.

As colaborações desenvolvidas pelo ITVDS são sumarizadas na Figura 14.5. O ITVDS já desenvolve diversos projetos em cooperação com pesquisadores da UFPA e pretende estender a colaboração científica para a Embrapa Amazônia Oriental e Museu Paraense Emilio Goeldi. Em termos nacionais, os principais parceiros da rede Urbis são a UFPA, Inpe e Cedeplar e cabe destacar a colaboração com a USP e UFRJ em pesquisas referentes a mudanças climáticas e com a Fiocruz de Belo Horizonte, em pesquisas de biorremediação e biomineração. Quanto à colaboração internacional, podem ser destacadas, entre outras, as cooperações científicas com Bangor University, Massachussets Institute of Technology (MIT), Commonwealth Scientific and Industrial Research Organisation (CSIRO), Max-Planck Instituts, Weizzmann Institute of Science e o Munasinghe Institute for Development (MIND).

Esta estratégia de integração com outras instituições do país e do exterior cria sinergias positivas e amplia as possibilidades de desenvolvimento de pesquisas interdisciplinares por parte do instituto.

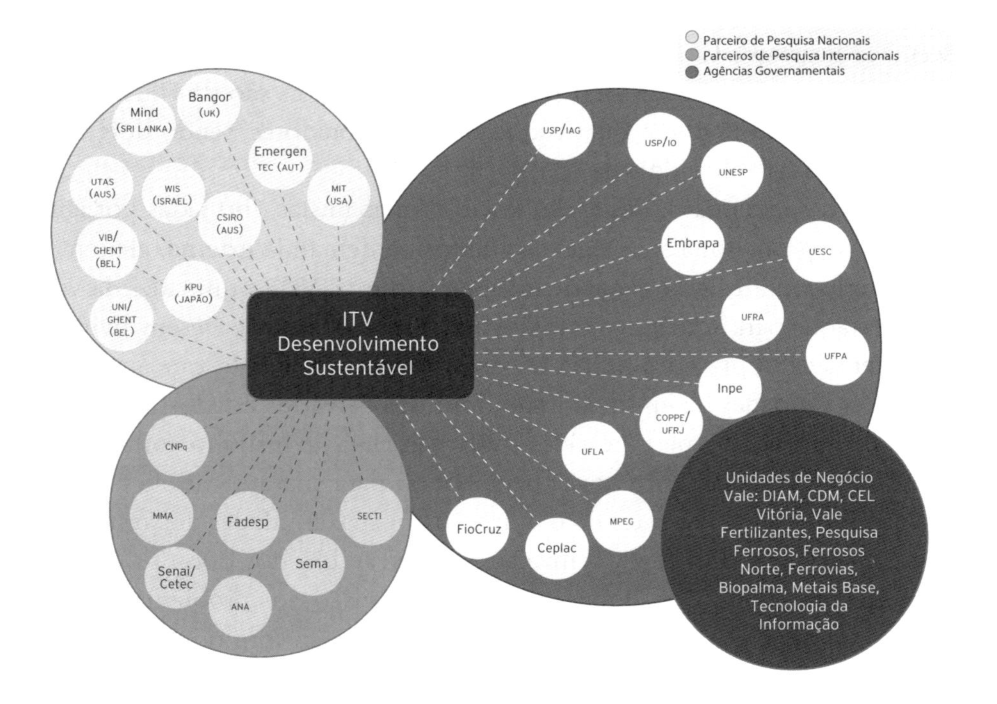

Figura 14.5: Parcerias institucionais estabelecidas pelo ITV.

A CONTRIBUIÇÃO À FORMAÇÃO DE RECURSOS HUMANOS: *O CURSO DE PÓS-GRADUAÇÃO COMO FATOR DE INTEGRAÇÃO ITVDS – VALE*

Para contribuir na formação de recursos humanos diferenciados, em especial na região norte e voltados para a sustentabilidade na mineração, o ITVDS criou um curso de mestrado profissional em *Uso Sustentável de Recursos Naturais em Regiões Tropicais*. Seu primeiro processo seletivo deu-se em março-abril e a primeira turma iniciou suas atividades em maio de 2013. São admitidos em cada turma 20 mestrandos, sendo 10 vagas destinadas para profissionais da Vale e as 10 restantes voltadas para atender a demanda social. O curso tem como objetivo formar profissionais aptos a enfrentar questões interdisciplinares relacionadas com o aproveitamento sustentável de recursos naturais. É destinado para profissionais de empresas, em particular da Vale, e recém-graduados, com formação superior muito diversificada. Possui uma única área de concentração "Uso sustentável dos recursos naturais" e duas linhas de pesquisa, "Sustentabilidade na Mineração" e "Sustentabilidade dos Recursos Vegetais". Conta com 18 docentes permanentes, dos quais 16 são pesquisadores contratados pelo ITVDS e os outros dois são da UFPA e CSI-RO-Austrália. Há também quatro docentes colaboradores, sendo dois deles profissionais da Vale e dois da UFPA.

Como o curso possui desde seu início turmas mistas, formadas por igual número de profissionais da Vale e oriundos da demanda externa, ele tem se constituído em excelente canal de integração entre ITVDS e unidades da Vale, com destaque para aquelas com maior aderência ao tema de Desenvolvimento Sustentável. A presença no ITVDS de profissionais da Vale, que atuam em diferentes unidades da empresa e são oriundos de vários estados brasileiros, cursando o mestrado, permite a eles visão mais clara do instituto, fortalece sua visão interdisciplinar, abre novas perspectivas para sua atuação na empresa e faz com que sejam agentes de divulgação em suas unidades dos resultados dessa experiência. Em sentido inverso, o intercâmbio dos docentes com os primeiros permite a eles obter melhor compreensão dos problemas e desafios enfrentados por diferentes unidades da Vale e faz com que os docentes passem a conhecer melhor a realidade da empresa. O fato de diversas unidades da Vale estarem enviando regularmente profissionais para realizarem seu mestrado no ITVDS é forte evidência de que o curso está obtendo boa repercussão na empresa e de que a oportunidade de formação está sendo valorizada. Por sua vez, os estudantes externos, formados principalmente por recém-graduados sem vínculo empregatício e, eventualmente, por empregados de outras empresas do setor mineral, têm a possibilidade concreta de ampliar seu conhecimento da própria dinâmica da empresa Vale e do setor e de como atuam os profissionais da empresa e as demandas geradas por ela. Os primeiros adquirem assim mais conhecimento do mercado de trabalho real em que muitos pretendem se inserir.

A oferta de disciplinas com enfoque interdisciplinar

Um aspecto importante que ressalta da curta experiência acumulada até o momento no curso é a grande relevância de oferecer pelo menos algumas disciplinas-chaves estruturadas dentro de visão interdisciplinar. Isso pode parecer óbvio, mas permanece muito forte a tendência ao enfoque meramente especializado e isso é mais comum e mais marcante quando a disciplina é oferecida por um único docente, embora não se deva generalizar. Portanto, a oferta de disciplinas por uma associação de docentes com formação distinta parece medida positiva no sentido de contribuir para estimular a visão interdisciplinar entre os mestrandos. São relatados, a seguir, exemplos de disciplinas que, apesar de estruturadas de modo distinto, cumprem, a nosso ver, o requisito de estimular a interdisciplinaridade.

A primeira disciplina a ser oferecida no curso é obrigatória, intitula-se "Desenvolvimento Sustentável: Princípios Teóricos e Experiências Práticas" e é ministrada por uma urbanista, um economista e uma socióloga. Em sua primeira parte, ela trata da construção histórica do conceito de desenvolvimento sustentável, passando pelas correntes críticas ao conceito – o socioambientalismo, o pós-desenvolvimentismo e a racionalidade ambiental. Detém-se sobre o desafio de formular indicadores capazes de expressar as diferentes dimensões da sustentabilidade. Na segunda parte, os alunos têm a oportunidade de debater com especialistas convidados sobre experiências práticas de programas que são inspirados pela perspectiva do desenvolvimento sustentável. São programas da própria empresa, notadamente da Dirc, da Fundação Vale e do Fundo Vale, e de empresas coligadas.

Os docentes relatam dificuldades na condução da disciplina com alunos de distintas formações e, portanto, com diferentes graus de familiaridade com conteúdos de ciências humanas. Porém as experiências diversificadas que trazem, bem como os diferentes lugares que ocupam na cadeia produtiva e na relação com o meio ambiente, enriquecem as aulas, para alunos e professores. Pode-se, assim, conhecer como biólogos, ecólogos, engenheiros, geólogos, agrônomos, arquitetos, economistas e professores apreendem os conteúdos e refletem sobre determinados problemas, como as interações dos empreendimentos minerários com as populações tradicionais, com as cidades e com o poder público.

Mesmo que na sequência do mestrado e na elaboração do projeto de dissertação a tendência da especialização disciplinar possa vir a se sobrepor, os alunos terão tido logo ao início do curso a oportunidade de situar seus interesses de pesquisa no contexto maior da sociedade regional e nacional e nas questões do desenvolvimento. Um ganho esperado reside na maior sensibilidade que devem ter quanto aos impactos da mineração e da infraestrutura associada aos seus grandes projetos sobre o meio social e vice-versa. Outro ganho é o forte estímulo a que os projetos de dissertação incorporem elementos da temática da sustentabilidade em sua formulação.

A disciplina "Sensoriamento Remoto: Princípios e Aplicações para a Sustentabilidade Ambiental" é ofertada por um único docente. Tem como objetivo introduzir os princípios físicos básicos da interação da radiação eletromagnética (REM) no ambiente e suas aplicações nos estudos da atmosfera e dos materiais constituintes da superfície da Terra, como vegetação, solo, água e estruturas urbanas. Portanto, a disciplina é por natureza interdisciplinar e reúne alunos de diferentes formações (por exemplo, engenharias, geologia, biologia, ciências sociais, administração, entre outras) em busca de soluções para problemas ambientais. A disciplina é baseada em um conceito científico inovador, em que sensoriamento remoto, sistema de informação cartográfica e cartografia se combinam para formar uma referência espacial de três vias fundamentais para as ciências físicas, biológicas e sociais (Jensen, 2000).

Para superar a disparidade de conhecimento sobre os princípios físicos da REM por parte dos discentes, o método de aprendizagem é baseado na solução de problemas (Speaking of Teaching, 2001), sejam eles de natureza física, biológica ou social. Com esta abordagem, os alunos trabalham em grupos para resolver problemas complexos reais que ajudam a assimilar o conteúdo da disciplina e, ao mesmo tempo, desenvolvem seu raciocínio e habilidades de comunicação e autoavaliação. A busca de resolução de problemas concretos também ajuda a manter o interesse dos alunos na fundamentação teórica do curso, pois eles percebem a aplicabilidade do aprendizado em seus trabalhos profissionais. Este processo de ensino/aprendizagem é capaz de transmitir aos futuros profissionais visão integrada de ciência com a prática, por ser ativo e baseado em suas próprias competências. Este modelo de aprendizagem ganhou força com a disseminação do uso do computador e da Internet e com a disponibilização de dados gratuitos de sensores remotos, como os da série de satélites Landsat do governo Americano (http://landsat.usgs.gov) e dos satélites CBERS construídos a partir de parceria sino-brasileira (http://www.dgi.inpe.br/CDSR/).

Independente das duas disciplinas escolhidas para ilustração, fica bastante claro já neste estágio inicial do curso que sempre haverá dificuldades para obter de modo generalizado enfoque interdisciplinar nas disciplinas. A implicação disso é que a construção de caráter interdisciplinar sólido no curso e no próprio instituto irá exigir sempre forte compromisso e engajamento das suas lideranças. Mesmo havendo orientação neste sentido, há tendência à mescla de matérias interdisciplinares com outras especializadas. Este é o quadro que se verifica no momento e, muito provavelmente, ele é inteiramente compatível com o estágio atual do curso. Resta verificar se irá manter-se no futuro e cabe até mesmo indagar se esta convivência não é, em certa medida, natural e desejável.

Os desafios de imprimir caráter interdisciplinar às dissertações e gerar inovação

O curso de mestrado profissional está evoluindo conforme planejamento e se espera que a primeira turma conclua suas dissertações no decorrer do primeiro semestre de 2015. Os temas das propostas de dissertações mesclam projetos de natureza interdisciplinar e outros com foco mais disciplinar. Nem sempre é possível aos orientadores propor temas de dissertação com caráter interdisciplinar. Há duas situações bem distintas: aquela dos profissionais da Vale, que possuem maior experiência e se apresentam geralmente com propostas de pesquisa relacionadas com os interesses de suas unidades. Nestes casos, embora haja abertura para negociação com os orientadores, muitas vezes o tema central da proposta está comprometido com as preocupações da unidade de atuação do mestrando. Neste contexto, mesmo que haja intenção do orientador de buscar desenvolver projetos de cunho interdisciplinar, nem sempre isso acontece. A segunda situação é a dos alunos externos que dependem de disponibilidade de recursos para a pesquisa. Isso faz com que os seus temas de dissertação sejam vinculados em sua grande maioria com projetos de pesquisa onde atuam os orientadores e tendam a reproduzir o caráter do projeto em termos de interdisciplinaridade.

Em relação à contribuição do curso para gerar Inovação, o quadro é ainda mais indefinido. Apesar de existir por parte do corpo docente a preocupação permanente com a geração de Inovação, a contribuição do curso para promover a Inovação na Vale ainda não pode ser avaliada. Isso só poderá ser feito após a conclusão das dissertações, pelo registro de patentes e com o acompanhamento da reinserção dos mestrandos formados no seu ambiente de trabalho. Mais do que a contribuição direta das dissertações, deverá ser avaliado até que ponto a formação recebida no ITVDS permitirá aos novos mestres contribuir para avanços tecnológicos e inovação em seus setores de atuação. Talvez os resultados concretos da formação de mestres para a Vale sejam em função da capacidade de os mesmos disseminarem internamente na empresa conhecimento científico e novas técnicas e métodos e, com isso, contribuir para a Inovação. Independente do que vier a ser concretizado em termos de geração de Inovação, fica bastante claro que a integração propiciada pelo curso entre ensino, pesquisa e negócios da empresa representa passo importante para avanços tecnológicos.

O futuro do curso de mestrado profissional do ITVDS

Mantida a atual demanda por parte de profissionais da Vale e garantido o apoio dos dirigentes das suas unidades, o curso tende a prosseguir no ritmo de oferta anual de novas turmas, formadas em igual número por profissionais da Vale e candidatos oriundos da demanda social. Entre as perspectivas para o futuro, inicia-se a discussão sobre a criação de doutorado profissional, caso o mesmo venha a ser institucionalizado pela Capes, ou, eventualmente, a de curso de doutorado acadêmico com perfil diferenciado para formar doutores para pesquisa na indústria. Esta questão ainda não se encontra madura no instituto e as opções a serem feitas devem ser conciliadas com os interesses da empresa.

FUTURO DA INTERDISCIPLINARIDADE NO ITVDS E POSSÍVEIS REFLEXOS NA VALE

Embora as demandas oriundas da Vale para o ITVDS possam envolver problemas que necessitam de abordagem interdisciplinar para serem resolvidos, elas certamente irão muitas vezes exigir enfoques mais especializados e por vezes até um pouco fora das principais áreas de atuação do instituto. Não há como fugir deste aparente antagonismo porque o instituto precisa se afirmar permanentemente e mostrar-se apto a gerar resultados para a empresa sob pena de perder confiança e se fragilizar. Portanto, as demandas da empresa precisarão ser sempre vistas como de alta prioridade para o instituto. Por outro lado, é altamente improvável que demandas de cunho interdisciplinar não sejam colocadas pela empresa, tendo em vista a complexidade das questões que enfrenta em seu dia a dia, em especial quando se trata de sustentabilidade. Portanto, a expectativa é que o instituto prossiga na sua trajetória atual dependendo em grande parte do perfil e atuação de seu corpo de pesquisadores a manutenção do caráter interdisciplinar da pesquisa como dominante.

Desenvolver capacitação para conciliar demandas de curto e médio prazo com visão de futuro é provavelmente o maior desafio de longo prazo para o instituto. Nesta fase de consolidação, onde seus quadros ainda são bastante instáveis e são frequentes as mudanças, seja por questões de adaptação individual, adequação a metas ou simples ampliação de quadros, torna-se difícil fazer planejamento de longo prazo, embora este seja essencial para a continuidade do processo de implantação do ITVDS. A expectativa é que com a expansão do quadro de pesquisadores e sua estabilização no instituto e a construção e instalação do seu prédio definitivo, no Parque Tecnológico do Guamá, ao lado do campus da UFPA, em Belém, o instituto se materialize em sua plenitude.

Seguindo sua trajetória atual, o ITVDS deve contribuir para fortalecer a visão interdisciplinar na Vale. A formação de mestres vinculados a diferentes unidades da empresa e o desenvolvimento de projetos de pesquisa em colaboração direta com estas áreas deverá favorecer a disseminação e ampliação na empresa da compreensão da importância da interdisciplinaridade. Esta tendência será reforçada pela realidade enfrentada pela empresa, que exige cada vez mais uma integração plena entre aspectos ambientais, econômicos e sociais, lado a lado com uso de tecnologias modernas e capacidade de gerar inovação. Para crescer e prosperar, uma empresa do porte da Vale deverá enfrentar tais questões com competência e criatividade e se espera que o ITVDS possa auxiliá-la neste desafio.

CONSIDERAÇÕES FINAIS

Muito se questiona atualmente sobre o modo de fazer ciência. O conhecimento cresce exponencialmente e perdemos o seu domínio cada vez mais rápido. Mas quanto conhecemos? Quase nada. Isso aponta para a necessidade de um novo modo de se fazer ciência, conforme abordado por Gibbons et al. (2006), que colocam a política científica e o conhecimento em um contexto mais amplo da sociedade contemporânea e sugerem mudanças no modo de gerar conhecimento. Eles vislumbram uma nova dimensão para a Ciência com mudanças do modelo tradicional em contexto disciplinar, primariamente cognitivo e de uso acadêmico, para um modelo transdisciplinar, mais reflexivo e orientado a problemas da sociedade e uso na indústria. Em certa medida o ITV vem institucionalizando esse modelo, como se pode inferir a partir de algumas considerações:

- O Instituto Tecnológico Vale está completando seus primeiros quatro anos de vida e acumulou no período uma rica experiência de coexistência entre pesquisadores oriundos em sua grande maioria da Academia e uma empresa de grande porte do setor primário.
- O ITV representa esforço importante no envolvimento direto de empresa com pesquisa e formação de recursos humanos e constitui exemplo ainda raro em nosso país.
- Pelo porte e alcance de sua cadeia produtiva, a Vale é um agente decisivo na moldagem do desenvolvimento sustentável nos territórios em que opera e, assim, as demandas de pesquisa ao ITV são também pertinentes, ou de interesse direto, para a economia e a sociedade regional.
- O ITV Desenvolvimento Sustentável foi concebido em uma visão interdisciplinar e tem procurado exercê-la ao longo de sua trajetória.
- A criação de curso de mestrado profissional constituiu passo importante na direção da consolidação do instituto.
- A visão interdisciplinar precisa ser constantemente estimulada, pois a tendência a atuação especializada está sempre presente e pode se tornar dominante.
- O ITVDS deve funcionar como espaço de institucionalização da interdisciplinaridade e como agente de disseminação da visão interdisciplinar na empresa e se espera que venha a favorecer o crescimento da Inovação.

AGRADECIMENTOS

Os autores agradecem: aos organizadores, pelo convite para contribuir para o volume; aos dirigentes do ITV, pela oportunidade de redigir e divulgar este estudo; aos colegas do ITVDS que participam ativamente do processo de construção do instituto, por partilhar conosco suas experiências e por sua contribuição indireta; à Capes e à sua Comissão de Área de Ciências Ambientais, pelo apoio na instalação do curso de mestrado profissional do ITVDS.

REFERÊNCIAS

ABRAMOVAY, R. *Muito além da economia verde*. São Paulo: Abril, 2012.

ALVARENGA, A.T.; PHILIPPI JR., A.; SOMMERMANN, A.; et al. Histórico, fundamentos filosóficos e teórico-metodológicos da interdisciplinaridade. In: PHILIPPI JR., A; SILVA NETO, A. J. (Eds.). *Interdisciplinaridade em Ciência, Tecnologia & Inovação*. Barueri: Manole, 2011. p. 3-68.

BASTOS, A.P.V.; CASTRO, E.; RAVENA, N. Papel da Pós-Graduação do NAEA-UFPA na formação intercisciplinar para o desenvolvimento sustentável. In: PHILIPPI JR., A; SILVA NETO, A.J. (Eds.). *Interdisciplinaridade em Ciência, Tecnologia & Inovação*. Barueri: Manole, 2011. p. 647-671.

CRUZ, C. H. B. Ciência fundamental: desafios para a competitividade acadêmica no Brasil. *Parcerias Estratégicas*. CGEE, Brasília, p. 103-114, 2010.

FUNDAÇÃO VALE. Relatório de atividades, 2012. p. 42. Disponível em: http://www.fundacaovale.org/pt-br/a-fundacao-vale/governanca-e-transparencia/transparencia/Paginas/default.aspx. Acessado em: 30 out. 2014.

______. Relatório de atividades, 2013. Disponível em: <http://www.fundacaovale.org/pt-br/a-fundacao-vale/governanca-e-transparencia/transparencia/Documents/fundacao_vale_relatorio-atividades-2013_finalizando01_ap04.pdf>. Acessado em: 29 out. 2014.

GIBBONS, M.; LIMOGES, C.; NOWOTNY, H.; et al. *The new production of knowledge. The dynamics of science and research in contemporary societies*. London: SAGE Publications Ltd., 2006.

JENSEN, J.R. *Remote Sensing of the Environment: An Earth Resource Perspective*. 2. ed. New Jersey: Prentice Hall, 2000.

[MEI] MOBILIZAÇÃO EMPRESARIAL PELA INOVAÇÃO. O estado da inovação no Brasil: Uma agenda para estimular a inovação. Sistema Indústria, CNI, SESI, SENAI, IEL. Brasília. 2011. p. 48.

MUGNAINI, R.; JANNUZZI, P.M.; QUONIAN, L. M. Indicadores bibliométricos da produção científica brasileira: uma análise a partir da base Pascal. *Ciências da Informação*. v. 33, p. 123-131, 2004.

MUNASINGHE, M. The sustainomics trans-disciplinary meta-framework for making development more sustainable: applications to energy issues. *International Journal of Sustainable Development*. v. 5, n. 1/2, p. 125-182, 2001.

PALIS JUNIOR, J. Um olhar sobre a ciência brasileira e sua presença internacional. *Parcerias Estratégicas*. CGEE, Brasília, p. 73-102, 2010.

RAYNAUT, C.; ZANONI, M. Reflexões sobre princípios de uma prática interdisciplinar na pesquisa e no ensino superior. In: PHILIPPI JR., A; SILVA NETO, A. J. (Eds.). *Interdisciplinaridade em Ciência, Tecnologia & Inovação*. Barueri: Manole, 2011. p. 143-208.

SANTOS, M. *O espaço dividido: os dois circuitos da economia urbana dos países subdesenvolvidos*. 2. ed. São Paulo: Edusp, 2008.

SEICOM, 2014. Plano de Mineração do Estado do Pará – 2014-2030. Secretaria de Estado de Indústria, Comércio e Mineração, Belém, PA, 2014.

SPEAKING OF TEACHING. Problem-Based Learning. *Stanford University Newsletter on Teaching*. v 1, n. 1, p. 1-8, 2001.

capítulo 15

Internalização da interdisciplinaridade na pesquisa a partir da experiência de um programa de pós-graduação: desafios e estratégias

Herivelto Moreira | *Educador Físico, UTFPR*
Faimara do Rocio Strauhs | *Pedagoga, UTFPR*

INTRODUÇÃO

O avanço da interdisciplinaridade no Brasil é incontestável, seja pela reflexão teórica (Philippi Jr e Silva Neto, 2011), seja por práticas sustentadas por essa reflexão (Philippi Jr e Fernandes, 2015). No âmbito da pós-graduação, esse movimento teve seu impulso, sobretudo pelo processo de institucionalização, iniciado a partir de 1999 com a criação da Área de Avaliação Multidisciplinar da Coordenação de Aperfeiçoamento de Pessoal de Nível Superior (Capes) e mais fortemente, a partir de 2008, com a transformação desta Área Multidisciplinar em Interdisciplinar. Em que pese estes avanços, a internalização da interdisciplinaridade de forma orgânica no âmbito interno dos programas de pós-graduação ainda é um desafio a ser vencido.

Um dos aspectos deste desafio aponta para tomada de ações aparentemente simples, como o estabelecimento de uma linguagem comum que, se na área disciplinar é pressuposto de partida, na pesquisa interdisciplinar pode ser o primeiro obstáculo a ser transposto, dado o caráter diverso dos vários atores envolvidos (Philippi Jr e Silva Neto, 2011; Sobral et al., 2015), dos diversos matizes epistemológicos e ideológicos que constroem o contexto capacitante (lócus de pesquisa) e da visão de mundo destes atores. Raynaut (2015) argumenta que há de existir o desejo e a intenção de colaborar e compartilhar o conhecimento para avançá-lo, transcendendo a designação da área de avaliação, de concentração e de domínio da pesquisa. Igualmente, a própria construção do entendimento, e a equalização conceitual, do que sejam projetos de pesquisa disciplinares, multidisciplinares e interdisciplinares, como bem lembram Bruun et al. (2005) e Sobral et al. (2015), tornam-se elementos de reflexão e de ação preliminares no universo da pesquisa interdisciplinar, sobretudo quando inseridas em ambientes historicamente disciplinares.

A partir deste contexto e de um conjunto de elementos teóricos e metodológicos constituintes da pesquisa interdisciplinar, o objetivo deste capítulo é apresentar algumas estratégias de internalização da interdisciplinaridade, adotadas por um programa de pós-graduação da área interdisciplinar, frente aos desafios e aos obstáculos que se apresentam nesta experiência. Dentre as dimensões trabalhadas, estão o papel das disciplinas para a interdisciplinaridade, as abordagens interdisciplinares na prática da pesquisa, a integração interdisciplinar e as estratégias para superá-los.

O caso apresentado é do Programa de Pós-Graduação em Tecnologia (PPGTE), da Universidade Tecnológica Federal do Paraná (UTFPR), cujas práticas e dificuldades assemelham-se às anteriormente relatadas. Consolidado como Programa de Pós-Graduação com a oferta de um curso de Mestrado já há vinte anos e de Doutorado há sete, com centenas de egressos, o PPGTE é um dos dois programas interdisciplinares com conceito cinco da região Sul do país, na última avaliação trienal (2010-2012) da Capes.

Pela tradição disciplinar dos docentes e discentes, o Programa ainda encontra obstáculos difíceis de serem transpostos no dia a dia da execução das disciplinas, das orientações e do desenvolvimento dos projetos de pesquisa. Um exemplo observado são os projetos elaborados pelos alunos, que, embora tragam problemas complexos, em alguns casos mantêm encaminhamentos metodológicos baseados em suas respectivas disciplinas que por si só não dão conta da complexidade estabelecida. Neste sentido, embora os alunos participem em um programa interdisciplinar, muitas de suas questões são resolvidas nas disciplinas específicas de seus orientadores, principalmente no que diz respeito às decisões metodológicas. Logo, o grande desafio consiste em transcender, em transformar a interdisciplinaridade no contexto do Programa, em um processo orgânico institucionalizado e internalizado.

Neste cenário, o capítulo será estruturado da seguinte forma: apresentação do PPGTE, uma discussão teórico-conceitual a respeito da interdisciplinaridade na pesquisa e na Pós-Graduação, alguns dos desafios e das estratégias de enfrentamento utilizadas no PPGTE e as considerações finais pertinentes.

SITUANDO O CONTEXTO: O PROGRAMA DE PÓS-GRADUAÇÃO EM TECNOLOGIA – GÊNESE E DELINEAMENTOS

Na década de 1990, o PPGTE começou a ser pensado de forma inovadora. Propunha-se o desafio da interdisciplinaridade em um ambiente essencialmente disciplinar, o Centro Federal de Educação Tecnológica do Paraná (Cefet-PR), atual Universidade Tecnológica Federal do Paraná. A ideia propugnada pelo corpo docente e discente de então, mantida ao longo da trajetória de consolidação do Programa, único desta área do conhecimento no ambiente institucional até o momento, era a de ser um contexto capacitante capaz de aglutinar

> forças externas e internas, dirigentes da Instituição, representantes de órgãos governamentais e dos peritos de instituições de fomento, e dar formas e contornos para os desenhos e projetos de um programa de mestrado [e de doutorado] capaz de articular as relações entre educação, ciência, tecnologia e inovação tecnológica (Programa de Pós-Graduação em Tecnologia, 2013, p. 8).

Cabe salientar que no PPGTE o corpo docente, desde a criação do Programa, é composto por professores dos mais diversos cursos da Universidade, bem como de outros programas de pós-graduação, dentro dos limites da área de pesquisa. Na atualidade são 29 professores orientadores, entre permanentes e colaboradores, distribuídos, de forma tradicional, entre as linhas de pesquisa.

O programa possui uma única área de concentração, a de Tecnologia e Sociedade, que é ancorada, atualmente, em três linhas de pesquisa: Mediações e Culturas, Tecnologia e Desenvolvimento e Tecnologia e Trabalho. O Curso de Mestrado, iniciado em 1995 e, portanto, no seu vigésimo ano, como já citado, considera-se consolidado, com suas 459 dissertações defendidas até março de 2016; o Curso de Doutorado, iniciado em 2008, segue em avanço constante, contando com 39 teses defendidas (março/2016).

A estrutura curricular dos dois cursos assenta-se em disciplinas obrigatórias concentradas nos períodos iniciais, disciplinas específicas no intermédio e disciplinas optativas na parte final a ser cursada. As disciplinas obrigatórias integram teoricamente o entendimento de interdisciplinaridade, já as disciplinas específicas e optativas "aprofundam as diferentes abordagens e fundamentam as três linhas de pesquisa. As disciplinas optativas são ofertadas com o objetivo de propiciar aos alunos caminhos diferenciados na complementação da sua formação" (Capes, 2015).

A partir desta perspectiva, o programa atrai potenciais ingressantes interessados nas mudanças sociais e que buscam no profundo entendimento das dinâmicas da ciência e da tecnologia subsídios para estudos e práticas efetivamente transformadores da realidade. A procura pelo PPGTE tem mantido-se estável nos últimos anos, com uma relação média de 7,2 candidatos/vaga para o Mestrado (30 vagas anuais) e Doutorado (18 vagas anuais), entre 2013 e 2015. O perfil do egresso do PPGTE, neste contexto, materializa-se na formação sobretudo de docentes e pesquisadores, com atuação em instituições de ensino e pesquisa de diferentes níveis, mas também em outros tipos de instituições de caráter tecnológico regionais, nacionais e internacionais.

O propósito do PPGTE, dimensionado na sua única área de concentração "Tecnologia e Sociedade", é centrar esforços em pesquisas para compreender como as inovações tecnológicas interferem na vida das pessoas, na maneira de trabalhar, de aprender, de pensar, de simbolizar e de atuar no mundo. Analisa e pesquisa as visões, as representações e os impactos da tecnologia e suas complexidades na vida do homem e do meio natural a partir de uma perspectiva interdisciplinar. O programa privilegia a pesquisa interdisciplinar como elemento articulador dos projetos, das linhas de investigação, das disciplinas e dos seminários que oferta. Entre seus vários princípios constitutivos a interdisciplinaridade é assumida no Programa:

> [...] como necessidade e como problema no plano material, histórico cultural e epistemológico. Admite, pois, a concepção histórico-dialética da realidade onde a categoria da totalidade tenta recuperar toda a sua força e dimensão analítica. Trata-se, portanto, de um processo de aprendizagem social, em busca da teoria que se edifica de maneira globalizante. Assim, a interdisciplinaridade busca superar a racionalidade técnica e instrumental conduzida por visões tecnocráticas. A construção do saber, por esta concepção, passa pela experiência de vida, pela existência compartilhada que forma o novo racional do entendimento, abandonando determinações emanadas a *priori* (Programa de Pós-Graduação em Tecnologia, 2015).

Assume, portanto, uma posição que advoga a interdisciplinaridade "crítica" e "reflexiva", que interroga e visa substituir a estrutura existente do conhecimento, nas áreas e nos problemas que se propõe estudar, assunto a ser debatido na seção seguinte.

INTERDISCIPLINARIDADE: DOS CONCEITOS À VIVÊNCIA NA PÓS-GRADUAÇÃO

Segundo Klein (2005, p. 55), há três formas de interdisciplinaridade: a) a instrumental, b) a conceitual e c) a crítica.

A interdisciplinaridade instrumental, segundo Klein (2005), é uma abordagem pragmática que foca na pesquisa, no empréstimo metodológico e na solução de problemas práticos em resposta às demandas externas da sociedade. No entanto, o empréstimo metodológico por si só não é suficiente para a interdisciplinaridade instrumental, pois ela requer integração. A interdisciplinaridade instrumental busca resolver problemas do mundo real ou esclarecer e criticar as suposições das diferentes perspectivas (disciplinar, ideológica etc.).

A interdisciplinaridade conceitual é considerada também pragmática, pois enfatiza a integração do conhecimento e a importância de colocar questões que não tenham uma base disciplinar simples. Essa noção de interdisciplinaridade implica uma crítica ao entendimento disciplinar do problema, como no caso dos estudos culturais, do feminismo e das abordagens pós-modernas.

A interdisciplinaridade crítica objetiva interrogar as estruturas do conhecimento e da educação existentes, levantando questões de valor e propósito. Os pesquisadores interdisciplinares críticos apontam que os pragmatistas meramente combinam abordagens disciplinares existentes sem advogar transformação. Ao invés de construir pontes entre as unidades acadêmicas com o propósito de solução de problemas práticos, os críticos buscam transformar e desmantelar a fronteira entre o letrado e o político e tratam objetos culturais relacionalmente (Klein, 2005, p. 57-58).

A interdisciplinaridade crítica interroga a estrutura de conhecimento e de educação existentes, levantando questões de valor e finalidades que estão silenciosas e sem reflexão na forma instrumental. As formas críticas interrogam as estruturas institucionais e as disciplinas com o objetivo de transformá-las e, na versão mais forte deste argumento, postulam o colapso das disciplinas em uma transformação "pós-disciplinar" ao pensar sobre conhecimento e cultura.

Na pesquisa epistemologicamente orientada, a integração do conhecimento é também considerada necessária para uma melhor compreensão ou para explicações mais detalhadas de alguns fenômenos. As fronteiras de gênero, de discurso, de disciplinas, de prática e teoria são também questionadas (Klein, 1996, p. 14).

As distinções entre a interdisciplinaridade pragmática e a crítica não são absolutas. Pesquisar problemas sistêmicos e complexos tais como aqueles relacionados ao meio ambiente, à tecnologia e outros fenômenos, frequentemente reflete uma combinação de abordagens críticas e de soluções de problemas.

O significado dos estudos interdisciplinares, ou de interdisciplinaridade, continua a ser contestado por seus praticantes e críticos, mas desses debates emergiram conceitos-chave e alguns consensos estão se desenvolvendo para melhor informar a definição integrada dos estudos interdisciplinares.

A definição integrada de interdisciplinaridade reflete uma abordagem de consenso emergente para a área: é pragmática, embora deixe espaço para a crítica e a interrogação da estrutura das disciplinas, da economia, da política e do social. A interdisciplinaridade, então, "se desenvolveu da ideia para um conjunto complexo de reivindicações, atividades e estruturas" (Klein, 1996, p. 209).

Klein (2005) alerta que nem todas as interdisciplinaridades são as mesmas. Os desacordos sobre tal definição, "refletem diferentes visões do propósito da pesquisa e da educação, o papel das disciplinas e o papel da crítica" (Klein, 2005, p.55), carecendo de aprofundamentos.

O papel das disciplinas na interdisciplinaridade

Buscando compreender o papel desempenhado pela perspectiva disciplinar na interdisciplinaridade, é possível afirmar que, nas universidades, o termo disciplina se refere a um ramo particular da aprendizagem ou corpo de conhecimento tal como a física, a psicologia ou a história (Moran, 2002, p. 2). De acordo com a Associação Americana para a Educação Superior (American Association for Higher Education – AAHE),

> as disciplinas têm substância e sintaxe contrastantes [...] modos de se organizar e de definir regras para estabelecer argumentos e reivindicações que outros irão justificar. Elas têm diferentes maneiras de tratar os fenômenos, problemas, tópicos e questões que constituem o seu conteúdo (apud Schulman, 2002, p. vi-vii).

Huber e Morreale complementam essa ideia argumentando que "cada disciplina tem a sua própria história intelectual, acordos e disputas sobre conteúdos e métodos e suas próprias comunidades de acadêmicos interessadas no processo de ensino e aprendizagem na área" (2002, p. 2).

Neste sentido, as disciplinas são distintas umas das outras, incluindo os questionamentos que fazem, suas perspectivas ou visões de mundo, o conjunto de suposições que empregam e os métodos que utilizam para produzir o conhecimento (fatos, conceitos, teorias) sobre determinado assunto (Newell e Green, 1982, p. 5).

As disciplinas são comunidades acadêmicas que definem os problemas que devem ser estudados, como avançar certos conceitos, organizar teorias e como adotar determinados métodos de investigação. O papel das disciplinas na prática interdisciplinar depende de o pesquisador conectar o tema ou o problema às perspectivas das diferentes disciplinas, pois estas formam a base para a interdisciplinaridade.

A clara definição da perspectiva disciplinar serve a dois propósitos básicos: a) diferenciar entre a visão geral que uma disciplina tem da realidade e os resultados específicos que ela gera em um determinado problema e b) permitir ao pesquisador focar nos elementos definidores de cada disciplina, para desenvolver suficiência nas disciplinas relevantes para o estudo.

Repko (2008, p. 83) argumenta que as disciplinas possuem elementos definidores, tais como fenômenos, suposições (pressupostos), epistemologia, conceitos, teorias e métodos, que as diferenciam umas das outras. Com base neste autor, define-se brevemente, em sequência, cada um destes elementos, pois são fundamentais para a compreensão dessa forma de conhecimento.

Os fenômenos estudados nas disciplinas são aspectos duradouros da existência humana que são de interesse para os pesquisadores e suscetíveis à descrição e explicação acadêmica. Os pesquisadores precisam identificar os fenômenos relevantes para formular suas perguntas de pesquisa.

As suposições são os princípios subjacentes das disciplinas como um todo e sua perspectiva global da realidade. Esses princípios são aceitos como verdades sobre as quais se baseiam as teorias, conceitos, métodos e currículo da disciplina. Em outras palavras, as teorias, conceitos e perspectivas da disciplina são simplesmente as suposições de seus membros sobre o que deve acontecer e como deve acontecer. As suposições frequentemente desempenham um papel importante no processo de criar interesses comuns entre perspectivas conflitantes.

A epistemologia é o ramo da filosofia que estuda como o indivíduo sabe o que é verdade e como validá-la. Está relacionada à natureza, à validade e aos limites da investigação. Uma posição epistemológica reflete a visão do indivíduo, do que pode ser conhecido sobre o mundo e como pode ser conhecido. Literalmente, a epistemologia é uma teoria do conhecimento. A epistemologia de cada disciplina é a maneira de conhecer aquela parte da realidade que considera dentro de seu domínio de pesquisa.

A teoria é um termo que provém do grego *theoria* que tem como raiz observar ou ver, contemplar ou especular. Com a evolução histórica, o termo passou a designar o conjunto de ideias base de um determinado tema, que busca transmitir uma noção geral de alguns aspectos da realidade. As teorias nas diferentes disciplinas são utilizadas como explanação acadêmica generalizada sobre algum aspecto do mundo, como ele funciona e por que fatos específicos estão relacionados e sustentados por dados e pesquisa.

Os conceitos são os blocos mais elementares de construção de qualquer teoria. Alguns conceitos são encontrados em apenas uma simples teoria, mas a maioria é encontrada em uma vasta gama de teorias. Cada disciplina cria um grande número de conceitos que constitui o seu jargão técnico ou sua linguagem. No trabalho interdisciplinar os conceitos podem facilitar a realização de conexões gerais por meio das fronteiras disciplinares.

O método é elemento definidor final de uma disciplina e de sua perspectiva. O método diz respeito a como conduzir a pesquisa, analisar os dados ou evidências, testar teorias e criar novo conhecimento. Os métodos são os caminhos para obter evidência de como funciona algum aspecto do mundo natural e humano. Cada disciplina tende a devotar considerável atenção para discutir o(s) método(s) que usa(m), pois os métodos que uma disciplina usa correspondem às teorias que abraça. Os pesquisadores devem estar cientes deste vínculo entre os métodos disciplinares e as teorias.

Ao invés de serem construtos rígidos e imutáveis, as disciplinas e seus elementos definidores são construtos que evoluem social e intelectualmente e, como tal, são dependentes do tempo.

Em resumo, as disciplinas reivindicam um corpo de conhecimentos sobre certos tópicos ou objetos, têm métodos de adquirir conhecimento e teorias para ordenar o conhecimento, buscam gerar novo conhecimento, conceitos e teorias, dentro ou relacionado com seus domínios, têm a sua própria comunidade de especialistas, são independentes e buscam controlar seus respectivos domínios na medida em que eles se relacionam entre si, e formam os futuros especialistas em cursos de licenciatura, de bacharelado e de programas específicos de mestrado e doutorado.

As disciplinas ocupam-se, portanto, de um domínio aprofundado do conhecimento. Os problemas sociais, no entanto, são de tal complexidade que nem sempre admitem uma solução de perspectiva disciplinar, fragmentada (Moreira e Strauhs, 2013). O papel das disciplinas na interdisciplinaridade será o da base necessária para os pesquisadores fazerem interações e conexões inusitadas, que permitem olhar para um problema ou tema de forma diferenciada e inovadora, sob a perspectiva de uma nova abordagem, pois há de se lembrar da "crescente fluidez cognitiva das disciplinas, suas fronteiras porosas e a medida pela qual as grandes teorias como o interpretativismo, o pós-modernismo, o feminismo e outras influenciam a produção do conhecimento nas ciências humanas" (Moreira e Strauhs, 2013, p. 2).

Abordagens interdisciplinares

O termo interdisciplinaridade foi e ainda é muito discutido, pois existem várias definições, dependendo do ponto de vista, da vivência e da experiência educacional particular de cada um. Neste sentido, a interdisciplinaridade é apresentada na perspectiva dos diferentes autores, culminando em uma definição integrada de interdisciplinaridade.

Para Repko (2008, p. 5), a palavra interdisciplinar consiste em duas partes: **inter** e **disciplinar**. O prefixo **inter** significa "entre, dentre, no meio". **Disciplinar** significa "sobre ou relacionado a um campo particular de estudo" ou especialização.

Stember (1991, p. 4) argumenta que um ponto de partida para a definição de **interdisciplinar** é "entre campos de estudo". Inter também significa "derivado de dois ou mais". A autora (ibidem, 1991) complementa essa ideia afirmando que a interdisciplinaridade é um empreendimento complexo que busca explicar relações, processos, valores e contextos usando a diversidade e a unidade, possível apenas por meio de abordagens colaborativas.

Conforme já afirmado, para Klein (2005) a interdisciplinaridade pode assumir múltiplas facetas, portanto, reforçando-se, **nem todas as interdisciplinaridades são as mesmas**. A abordagem pode ser, recuperando-se a tipologia citada, instrumental, conceitual ou crítica, refletindo diferentes momentos de pesquisa.

A interdisciplinaridade crítica interroga as estruturas de conhecimento e de educação existentes, levantando questões de valor e de finalidade que estão silenciosas e sem reflexão na forma instrumental. A abordagem crítica interroga as estruturas institucionais e as disciplinas com o objetivo de transformá-las.

No entanto, as distinções entre a interdisciplinaridade pragmática e crítica não são absolutas. Pesquisar problemas sistêmicos e complexos tais como o meio ambiente e outros fenômenos poderá exigir uma combinação de abordagens críticas e de resoluções de problemas.

O significado dos estudos interdisciplinares ou de interdisciplinaridade continua a ser contestado por seus praticantes e críticos, mas desses debates emergiram conceitos-chave e alguns consensos estão se desenvolvendo para melhor informar a definição integrada dos estudos interdisciplinares.

Repko faz uma análise das definições de interdisciplinaridade de vários autores (Boix Mansilla, 2005; Klein e Newell, 1997; Newell, 2007; Rhothen et al., 2006) e, a partir dessa análise, elabora uma definição integrada de interdisciplinaridade, apresentando-a

> como o processo de responder uma questão, resolver um problema ou tratar um tópico que é muito amplo ou complexo para ser tratado adequadamente por uma simples disciplina e retira das perspectivas disciplinares seus conhecimentos para produzir maior entendimento ou avanço cognitivo (2008, p. 11-12).

A definição integrada de interdisciplinaridade advoga a integração como o objetivo do trabalho interdisciplinar, por acreditar que a integração aborda o desafio da complexidade e o desenvolvimento de um processo de pesquisa baseado em uma teoria interdisciplinar.

Essa abordagem da interdisciplinaridade reflete uma abordagem de consenso emergente para a área: é pragmática, embora deixe espaço para a crítica e a interrogação da estrutura das disciplinas, da economia, da política e do social. A interdisciplinaridade, então, "se desenvolveu da ideia para um conjunto complexo de reivindicações, atividades e estruturas" (Klein, 1996, p. 209).

Todas as definições da interdisciplinaridade apresentadas são relevantes para a discussão sobre a pesquisa interdisciplinar, pois na maioria das vezes a interdisciplinaridade tende mais a ser admitida ou declarada, em vez de ser definida e, essencialmente, praticada. Essas definições têm como objetivo ajudar os pesquisadores e estudiosos da área a se situar em relação à pesquisa interdisciplinar.

Interdisciplinaridade na pesquisa

A literatura sobre as práticas da pesquisa interdisciplinar avançou muito nas últimas duas décadas. Embora o consenso seja raro, hoje é muito mais fácil identificar e compreender pontos de vista conflitantes sobre uma série de questões pertinentes à pesquisa interdisciplinar.

Toda pesquisa é um processo, um meio ou uma ferramenta, e não um fim. Neste sentido, é razoável tornar esse processo o mais sistemático possível. Os pesquisadores interdisciplinares descrevem a pesquisa interdisciplinar como um processo ao invés de um método, porque o processo permite maior flexibilidade metodológica, particularmente nas ciências humanas.

A pesquisa interdisciplinar, para efeitos deste capítulo, é aquela que se baseia na interação ativa de dados disciplinares, de métodos, de ferramentas, de conceitos e de teorias para criar uma visão holística ou entendimento comum de questões ou problemas complexos. Essa interação tem lugar na formulação de problemas de pesquisa, na execução desta e na análise dos resultados.

A pesquisa interdisciplinar tem um plano geral ou abordagem que é comum a todas as pesquisas disciplinares. Em outras palavras, toda a pesquisa tem três passos em comum: a) o reconhecimento de que o problema necessita de pesquisa, b) o problema é abordado por meio de uma estratégia de pesquisa e c) o problema é resolvido ou pelo menos uma tentativa de solução é planejada.

A pesquisa interdisciplinar é um processo de tomada de decisão que é heurístico, interativo e reflexivo. A tomada de decisão é uma atividade humana exclusiva, é a habilidade cognitiva de escolher após considerar as alternativas existentes. Tal processo é uma maneira prática e demonstrada de tomar decisões sobre como abordar problemas complexos, decidir quais são apropriados para a pesquisa e construir entendimentos, novos significados e possíveis soluções. Este processo envolve tomar uma série de decisões para produzir o entendimento interdisciplinar. A heurística é uma ajuda para entender, descobrir ou aprender. O processo de pesquisa interdisciplinar é heurístico na medida em que proporciona uma maneira de entender um problema que de outra maneira seria impossível de atingir usando uma abordagem disciplinar ou multidisciplinar.

O processo de pesquisa interdisciplinar é iterativo ou procedimentalmente repetitivo. Seus passos e procedimentos envolvem repetições de uma sequência de operações produzindo resultados sucessivamente próximos do resultado desejado. É, ainda, um processo reflexivo. Isso significa que o pesquisador deve ser autoconsciente das tendenciosidades disciplinares e pessoais que poderão influenciar o estudo e, possivelmente, distorcer a avaliação das perspectivas e, assim, o produto da integração.

No entanto, para realizar a pesquisa interdisciplinar é preciso que os pesquisadores se familiarizem com outras abordagens metodológicas e que os métodos sejam utilizados de forma criteriosa. Os projetos de pesquisa metodologicamente interdisciplinares são frequentemente, mas não obrigatoriamente, conduzidos em colaboração, o que significa que é muito importante a coordenação organizacional.

A realização da pesquisa interdisciplinar difere da disciplinar, uma vez que recorre a vários métodos. Ao invés da discussão detalhada de uma ou de um pequeno número de teorias e métodos, o pesquisador deve ter suficiência e aprender a lidar com muitas teorias e métodos. Ou seja, a pesquisa interdisciplinar deve envolver um processo de integração entre os conhecimentos gerados a partir de teorias e métodos disciplinares.

Repko (2008) baseou-se nos trabalhos de Newell (2007) e Szostak (2007) para desenvolver algumas orientações para a realização de pesquisas interdisciplinares. Inicialmente, o pesquisador pode seguir as mesmas orientações acadêmicas disciplinares. Essas orientações devem ser flexíveis, porque o processo de pesquisa interdisciplinar deve adotar múltiplas perspectivas. Além disso, as orientações devem ser iterativas: os pesquisadores certamente devem revisitar as etapas anteriores para poder executar e prosseguir na pesquisa.

O processo da pesquisa interdisciplinar deve começar com uma pergunta ou questão interdisciplinar. Isso pode parecer um passo simples, mas não se pode saber se uma pergunta pode ser bem respondida em uma disciplina a menos que se tenha uma compreensão dos pontos fortes e fracos dessa disciplina.

A etapa seguinte deve envolver a coleta de perspectivas disciplinares relevantes. Como é que o pesquisador sabe onde procurar? Há duas estratégias complementares. Uma delas é refletir sobre a natureza das diferentes disciplinas e identificar aquelas que possam ter algo a dizer sobre o assunto em questão. A segunda é identificar quais fenômenos, teorias e métodos estão envolvidos e, em seguida, localizar quais as disciplinas que estudam os fenômenos identificados. O desafio é identificar uma linguagem comum. Depois de reunir as informações disciplinares relevantes, o pesquisador interdisciplinar deve, então, examiná-las criticamente para distinguir premissas de argumentos e evidências de afirmações.

O pesquisador interdisciplinar deve então refletir sobre os resultados de suas pesquisas, contemplando os prováveis preconceitos em seu próprio trabalho. Deve procurar identificar as maneiras com que a sua compreensão integrativa pode ser testada, e, finalmente, deve comunicar os resultados em um formato que seja acessível a diversos públicos. Trata-se de valorizar tanto as bases de conhecimento quanto os interesses de diferentes audiências. A Figura 15.1 sintetiza as etapas da pesquisa interdisciplinar ora tratadas, pressupondo, no entanto, um avanço natural do processo, a integração.

Neste processo de pesquisa, a integração é de fundamental importância: na sua ausência, aprender um pouco sobre uma ou muitas teorias ou métodos pode ser de pouca utilidade para o pesquisador. O rigor na pesquisa interdisciplinar só pode vir de saber como, por que e quando integrar. A integração é necessária para combater a fragmentação na investigação – em casos especiais, o modo adequado de fazer a interdisciplinaridade depende do contexto no qual a pesquisa ou o projeto é concebido e na definição do problema de pesquisa.

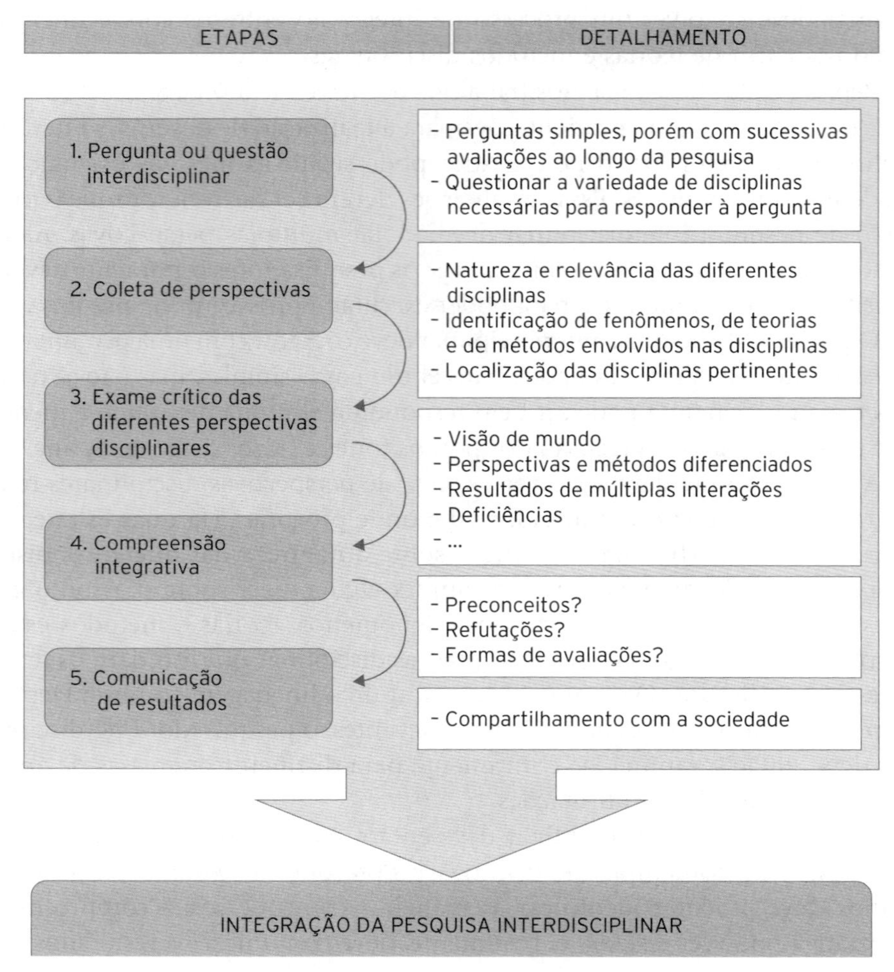

Figura 15.1: Etapas da pesquisa interdisciplinar.
Fonte: adaptado de Repko (2008).

Integração da pesquisa interdisciplinar

O papel da integração na pesquisa interdisciplinar tende a um consenso. Pesquisadores como Bruun et al. (2005), Klein (1996), Repko (2008), Szostak (2001), Sampaio e Santos (2015) apontam "a centralidade da integração para o processo da interdisciplinaridade e da pesquisa interdisciplinar" (Moreira e Strauhs, 2013, p. 4).

Já Colet (2002, apud Sampaio e Santos, 2015, p. 705) trata a integração como um dos princípios de um processo que, apoiado na colaboração, resulta em síntese, em algo novo, necessariamente diferente e maior que as partes individuais – um novo todo. Este novo todo tem como característica distintiva ser mais compreensivo e promover avanço cognitivo com tomada de novas perspectivas e evolução para um pensamento holístico.

O resultado da integração é valorizado não como um fim em si próprio, mas como um entendimento interdisciplinar ou o avanço cognitivo que ele torna possível. A metáfora do "mover-se em direção à integração" não significa uma progressão do tipo linear em que o pesquisador gradualmente se move de formas mais simples de raciocínio para formas mais holísticas e abstratas. Algumas vezes o objetivo não é uma posição, mas um movimento, isto é, mover-se entre os níveis de abstração e generalização, que é parte do processo integrativo.

A integração envolve a ideia de pertencimento:

> O verbo integrar significa "tornar (-se) parte de um conjunto ou de um grupo, incluir, incorporar, combinar". A integração interdisciplinar na opinião de Repko (2008, p. 116) "é a atividade de avaliar criticamente e combinar ideias e conhecimento criativamente para formar um novo todo ou avanço cognitivo". Para ser completa, a definição de integração precisa referenciar três elementos críticos: (i) a natureza do novo todo, (ii) a atividade cognitiva envolvida na integração e (iii) a contribuição das disciplinas para a sua formação (Moreira e Strauhs, 2013).

Aprofundando o pensamento de Repko (2008), do processo de integração fazem parte a avaliação e a análise crítica das diferentes perspectivas disciplinares sobre determinado tema, pois a natureza da atividade ou do processo de integração envolve combinar e unir ideias, dados, informações e conhecimentos. Uma vez que as ideias e o conhecimento tomem a forma de perspectivas em um problema específico, a combinação, união e integração dessas perspectivas são válidas somente para esse contexto.

A integração é a característica definidora da interdisciplinaridade e da pesquisa interdisciplinar e é o que diferencia a interdisciplinaridade da multidisciplinaridade e da transdisciplinaridade. O resultado da integração, que na verdade é o entendimento interdisciplinar ou o avanço cognitivo, precisa explicar um fenômeno específico de maneira compreensível e ser maior do que a soma de suas partes disciplinares, conforme já salientado.

Há de se ter, no entanto, o cuidado para não enfatizar demais a importância da integração. A crítica nas áreas também tem uma função igualmente importante para o avanço científico e pode ser considerada como parte do processo da interdisciplinaridade. Esta não deve pressupor somente consenso e harmonia, porque muitas vezes efetiva-se por meio do conflito e da dissonância, de forma que a pesquisa interdisciplinar se reveste, em determinadas circunstâncias, de diferenças ou conflitos entre os pesquisadores de diferentes disciplinas.

Desafios e obstáculos na internalização da interdisciplinaridade na pesquisa da pós-graduação

A pesquisa interdisciplinar nem sempre acontece de maneira natural. Muitas vezes ela pode ser problemática devido aos desafios e obstáculos entre os pesquisadores, áreas ou entre as disciplinas. Esses desafios e obstáculos, que serão discutidos a seguir, podem criar ineficiência, ou expectativas de ineficiência, de comunicação e interação, e, portanto, podem vir a se constituir em um grande entrave para o trabalho interdisciplinar.

Muitos desses entraves e obstáculos estão relacionados a fenômenos difíceis de identificar, como as práticas tácitas da comunidade disciplinar ou a estrutura geral da pesquisa nas instituições de ensino superior. Como resultado, as tensões, os atrasos ou conflitos surgem sem que os participantes entendam por quê.

Bruun et al. (2005, p. 60-73 – tradução nossa) citam pelo menos sete obstáculos ou barreiras para a colaboração e a integração interdisciplinar. Essas barreiras, tratadas de forma breve sequencialmente, remetem-se a: a) obstáculos estruturais, b) obstáculos do conhecimento, c) obstáculos culturais, d) obstáculos epistemológicos, e) obstáculos metodológicos, f) obstáculos psicológicos e g) de recepção – ver Quadro 15.1.

Quadro 15.1: Obstáculos à pesquisa interdisciplinar.

TIPOS DE OBSTÁCULOS	DETALHAMENTO
Obstáculos estruturais	Dizem respeito à estrutura organizacional da ciência, incluindo os mecanismos de cobrança/acompanhamento e de incentivos que são incorporados nas instituições, pois de modo geral toda a investigação é levada a cabo em um contexto organizacional – universidades, institutos de pesquisa, laboratórios de pesquisa industrial, entre outros.
Obstáculos do conhecimento	São constituídos pela falta de familiaridade ou pelo conhecimento restrito que os pesquisadores muitas vezes possuem em relação a outras áreas disciplinares que não as suas. Essa falta de familiaridade é, muitas vezes, a causa da incompreensão e da falha na comunicação, o que também contribui para a ausência de visões e de conexões entre as disciplinas. Tais limitações podem ter diferentes tipos de efeitos.

(continua)

Quadro 15.1: Obstáculos à pesquisa interdisciplinar. *(continuação)*

TIPOS DE OBSTÁCULOS	DETALHAMENTO
Obstáculos culturais	São formados por diferenças nas características culturais de diferentes áreas de investigação, em particular da linguagem que é utilizada e do estilo de argumentação. Essa categoria inclui também as diferenças de valores.
Obstáculos epistemológicos	São criados pelas diferenças na estrutura do conhecimento. Problemas epistemológicos são causados pelas diferenças entre as áreas e em como os pesquisadores nessas áreas veem o mundo e o que acham interessante para o trabalho interdisciplinar. O trabalho interdisciplinar nem sempre tem implicações epistemológicas radicais. Projetos multidisciplinares, por exemplo, optam pela especialização disciplinar ao invés da integração e dos esforços disciplinares coordenados em determinados pontos do trabalho. Sempre que a integração se torna fundamental, no entanto, os obstáculos epistemológicos tendem a ocorrer.
Obstáculos metodológicos	Surgem quando diferentes estilos de pesquisa se confrontam. Esses obstáculos são particularmente difíceis de vencer, porque tanto a avaliação da competência quanto a identidade disciplinar do pesquisador estão fortemente ligadas à excelência de alguma forma particular de conduzir um estudo.
Obstáculos psicológicos	Ocorrem como resultado dos investimentos intelectuais e emocionais que os pesquisadores fazem em suas áreas e na comunidade disciplinar a que pertencem. O trabalho interdisciplinar pode exigir dos pesquisadores mudanças de atitudes e de identidade, muitas vezes sem ter o apoio social necessário para tal mudança. Além disso, o estado de alerta para as oportunidades interdisciplinares varia entre os pesquisadores. A vigilância pode em parte ser aprendida, mas também resulta de experiências individuais e de personalidade.
Obstáculos da recepção	Emergem quando a pesquisa interdisciplinar é comunicada a uma audiência – por exemplo, avaliadores, agências de financiamento e público em geral – que não entendem ou desconhecem o valor da integração interdisciplinar.

Fonte: adaptado de Brunn et al. (2005 – tradução nossa).

Aprofundando os obstáculos metodológicos, em Brunn et al. (2005), metodologia diz respeito às estratégias, aos métodos, às técnicas e aos instrumentos utilizados na investigação. Os obstáculos metodológicos estão relacionados à estrutura epistemológica dos domínios do conhecimento. Afinal, as metodologias são usadas para construir esses domínios. Os conflitos sobre a metodologia muitas vezes têm dimensões epistemológicas e vice-versa. Ao mesmo tempo, no entanto, as metodologias têm também uma tendência para se difundir por meio das áreas, com efeitos significativos sobre a forma como essas áreas são construídas.

A noção de metodologia é, muitas vezes, interpretada em termos de método ou dos pressupostos filosóficos subjacentes ao método. Nesse contexto, porém, é conveniente considerar a metodologia a partir de uma perspectiva mais ampla, vendo-a como o conjunto completo de estratégias relacionadas ao conteúdo que estão envolvidas no planejamento, na implementação e na apresentação da pesquisa.

Os conflitos metodológicos podem, portanto, estar presentes em uma série de questões: a) como se define a pesquisa em termos de perguntas ou hipóteses, b) o nível de especificação em que deve ser formulada a pergunta ou a hipótese, c) a representação adequada e a aplicação de conceitos, modelos e teorias, d) como a relevância da pesquisa deve ser demonstrada, e) como a pergunta de pesquisa ou a hipótese deve ser vinculada à literatura em determinada área, f) a extensão pela qual a novidade da pesquisa deve ser afirmada e demonstrada, g) os tipos de argumentação considerados como sendo apropriados e convincentes, h) os métodos de pesquisa considerados adequados, i) os instrumentos de pesquisa considerados confiáveis, j) os tipos e a quantidade de dados considerados para constituir uma base sólida para a pesquisa, k) o tipo de evidência necessária para tirar conclusões, l) o tipo de conclusão considerado legítimo e m) as limitações metodológicas da pesquisa.

Os obstáculos metodológicos tanto podem ser explícitos quanto tácitos. Muitas controvérsias clássicas nas disciplinas estão relacionadas à adequação de metodologias concorrentes. Espera-se que os pesquisadores também sejam explícitos sobre o que usam, pois os obstáculos metodológicos são difíceis de serem superados, devido ao estatuto da metodologia e da habilidade do pesquisador. A identidade disciplinar, por exemplo, é muitas vezes ligada à utilização de certas metodologias, tendo, portanto, uma dimensão psicológica. Por outro lado, o fato de que muitos instrumentos e metodologias transcendem os limites das disciplinas também se torna importante ímpeto para o trabalho interdisciplinar.

O trabalho interdisciplinar, avançando discussões, tem várias dimensões psicológicas. Bruun et al. (2005 – tradução nossa) introduziram o conceito de atenção interdisciplinar e propuseram que o conceito seja entendido como a capacidade de ir além das fronteiras disciplinares para formular novas questões interessantes de pesquisa. Pesquisadores alertas interdisciplinarmente veem oportunidades para conexões entre as áreas onde outros não conseguem ver, evoluindo de um modelo hierárquico de construção de ideias para um modelo cuja metáfora são as plantas com raízes em rizoma, sem um tronco principal, com princípios de heterogeneidade e descentralização (Model Rhizome). Um dos potenciais problemas no trabalho interdisciplinar emerge quando dois pesquisadores têm de colaborar mutuamente. Por exemplo, onde um pesquisador vê oportunidades, o outro vê problemas, não necessariamente devido às particularidades da pesquisa que é discutida, mas devido às diferentes características psicológicas ou estilos.

Uma segunda dimensão psicológica da pesquisa interdisciplinar diz respeito à participação de pesquisadores em projetos academicamente heterogêneos. Tal envolvimento pode resultar no desvio parcial da comunidade disciplinar a que o pesquisador pertencia anteriormente, para uma nova comunidade de pesquisadores.

O fenômeno da migração especialista é pertinente aqui. A orientação da nova pesquisa pode sugerir que o pesquisador não tenha tempo para acompanhar as publicações e participar de conferências em sua própria área, da mesma forma como antes. Ao mesmo tempo, os colegas mais antigos podem perder o interesse em seu trabalho e um sentimento de marginalização é provável de acontecer.

O medo da marginalização é um obstáculo significativo para a colaboração interdisciplinar. A marginalização é particularmente problemática se a nova comunidade interdisciplinar for mal definida, porque a nova identidade profissional pode gerar incertezas.

O que poderia gerar mais interação, entre pessoas de diferentes culturas disciplinares, é suscetível de gerar uma vasta gama de emoções, incluindo algumas negativas. As relações humanas são uma fonte potencial de problemas em toda a colaboração, mas na interação interdisciplinar esses problemas podem surgir mais facilmente, devido às diferenças de como os participantes pensam e se comportam, bem como à questão das hierarquias entre as disciplinas.

Muitos dos obstáculos mencionados anteriormente se expressam nas relações internas dos pesquisadores envolvidos no trabalho interdisciplinar e se intensificam nos problemas de recepção. Salter e Hearn descrevem o que eles chamam de o problema de recepção da seguinte forma:

> O trabalho interdisciplinar [...] não encontra audiência fácil na literatura ou porque ele parece lidar com questões que não estão sendo debatidas ou porque se baseia em premissas paradigmáticas metodológicas que não são familiares (e, portanto, não susceptíveis de ser) e aceitáveis para as disciplinas estabelecidas (1996, p.146 apud Brunn et al., 2005, p. 64 - tradução nossa).

O problema da recepção está intimamente relacionado à emissão de avaliação. Como a pesquisa interdisciplinar deve ser avaliada? O sistema disciplinar para avaliação, com base na revisão pelos pares, tem sucesso no tratamento justo de propostas e artigos interdisciplinares? Como pode algo que é novo para todas as comunidades de pesquisadores – como é frequentemente a pesquisa interdisciplinar – ser avaliado?

Logo, as percepções dos obstáculos e das oportunidades variam de forma significativa entre os pesquisadores, e dependem muito da mentalidade cultivada em diferentes comunidades científicas. Enquanto alguns tendem a se concentrar no que separa os ramos da árvore hierárquica da ciência, outros veem infinitas possibilidades de conexões. Um dos fatores que tornam a pesquisa interdisciplinar tão desafiadora é que os obstáculos ocorrem em grande número de dimensões. Assim, mesmo que um tipo de obstáculo seja superado, outros podem vir a ser fatais. O diferencial está em buscar caminhos alternativos superando paulatinamente as dificuldades.

ESTRATÉGIAS DE INTERNALIZAÇÃO DA INTERDISCIPLINARIDADE, FRENTE AOS DESAFIOS E OBSTÁCULOS: AS VIVÊNCIAS DO PROGRAMA DE PÓS-GRADUAÇÃO EM TECNOLOGIA

Uma das funções importantes dos ambientes acadêmicos disciplinares é proporcionar uma zona segura para as atividades dos pesquisadores. Dentro dessa zona, ninguém vai questionar os princípios de sua identidade e comportamento profissional, desde que se conforme com as expectativas disciplinares (Brunn et al., 2005). Em ambientes interdisciplinares, contudo, frequentemente não há zonas seguras, e a consequência é que os pesquisadores experimentem desconforto em relação ao julgamento de outros pesquisadores e muitos obstáculos e desafios, conforme já mencionados, na sua atividade de pesquisa.

Na interdisciplinaridade, no entanto, o envolvimento dos participantes torna-se mais profundo, gerando consequências mais amplas, pois os estudos pressupõem que a convergência de duas ou mais áreas do conhecimento, pertencentes ou não à mesma classe, que contribuam para o avanço das fronteiras da ciência e da tecnologia, transfiram métodos de uma área para outra, gerando novos conhecimentos ou disciplinas (Philippi Jr e Fernandes, 2011, p. 7). Neste sentido, os programas de pós-graduação devem facilitar as conexões entre as diferentes disciplinas e ajudar seus integrantes – professores e alunos – a fazer conexões não apenas no próprio programa interdisciplinar, mas com todos os programas da instituição e mesmo de sua região, tornando barreiras e desafios mais facilmente franqueados.

É possível e desejável, ainda e sobretudo, uma reflexão maior sobre o que é a pesquisa interdisciplinar, como deve ser realizada e como ela se relaciona com outras correntes intelectuais das diferentes áreas do conhecimento, entre os próprios pares. Os pesquisadores podem muito bem começar com uma pergunta aparentemente simples que exija apenas a compreensão disciplinar, para descobrir a complexidade à medida que avançam com suas pesquisas. Como um pesquisador pode julgar se uma questão é interdisciplinar? A melhor orientação é perguntar se, para responder à pergunta, seria necessário envolver fenômenos, teorias e métodos de mais de uma disciplina. Este configura-se como o primeiro passo proposto por Repko (2008) no processo de pesquisa interdisciplinar – ver Figura 15.1.

A reflexão crítica é outra das etapas propostas dentro de uma abordagem iterativa de pesquisa, segundo Repko (2008). A pesquisa interdisciplinar pode recorrer a diversas estratégias para uma crítica reflexiva, questionando: a) como uma determinada visão de mundo foi moldada pela perspectiva disciplinar, b) como uma perspectiva foi determinada pelas teorias e pelos métodos utilizados pela disciplina, c) como a percepção poderia ter sido diferente se a disciplina em questão analisasse um conjunto mais amplo de fenômenos, d) se as perspectivas de uma disciplina chamam a atenção para eventuais deficiências na compreensão de outra disciplina, e) se algum entendimento de fora da academia chama a atenção para eventuais deficiências da visão disciplinar. O trabalho interdisciplinar é valioso para identificar os conhecimentos disciplinares adequados e a necessidade de criticar ideias de diferentes disciplinas e de buscar interesses comuns quando essas ideias discordarem.

Embora diversos programas de pós-graduação e a literatura enfatizem diferentes perspectivas em relação à pesquisa interdisciplinar, alguns desafios podem ser encontrados nessa prática. O próprio documento de área da Capes (2013) explicita um conjunto de desafios que os programas interdisciplinares enfrentam. Entre eles: promover gradativamente a incorporação de metodologias interdisciplinares nos projetos de pesquisa dos docentes e discentes, que garantam o enfrentamento inovador dos problemas pesquisados; atentar aos princípios que norteiam a interdisciplinaridade, reconhecendo que diferentes concepções podem ser adotadas nas pesquisas e no ensino interdisciplinar, "pois é possível construir significados distintos, valorizando e reconhecendo a diversidade que a área comporta" (Capes, 2013, p. 13), lembrando, sobretudo, o seu caráter orgânico.

Esse conjunto de desafios representa apenas uma pequena parcela das dificuldades que os programas interdisciplinares e o pesquisador interdisciplinar terão de enfrentar, pois além desses desafios também poderá haver alguns obstáculos que devem ser levados em consideração se quiserem avançar a pesquisa interdisciplinar de uma maneira sólida e consistente. Mesmo que os obstáculos para a pesquisa interdisciplinar pareçam muitos e formidáveis, eles podem ser superados, desde que não se tome como princípio que deve existir uma solução padrão de como conduzir um projeto ou estudo e se abram oportunidades para a criatividade e a inovação.

Neste sentido, são apresentadas a seguir algumas sugestões de recursos e, sequencialmente, algumas das estratégias utilizadas na prática interdisciplinar institucional do PPGTE. O olhar foi voltado particularmente para aspectos estruturais, metodológicos e culturais, considerando, entretanto, a natural integração proposta por Bruun et al. (2005 – tradução nossa), e dentro das orientações de Repko (2008), que podem ajudar a superar esses desafios e obstáculos para que a pesquisa interdisciplinar possa ser organicamente internalizada em programas interdisciplinares, e possa, também, permear os limites do Programa e se tornar institucional. Sugere-se, então, entre outras ações:

- **Elaborar problema(s) comum(s) a ser(em) resolvido(s):** nos programas interdisciplinares, sobretudo aqueles com múltiplas linhas de pesquisa, com viés epistemológico, culturas e ferramentas metodológicas diferenciadas, delinear **projetos estruturantes** para as linhas, resultantes de problemas comuns, apesar de não ser discussão simples, é perfeitamente factível a partir da efetiva aceitação e interação à natureza do programa. Este é um exercício concreto de aceitação da pluralidade de ideias, com a criação de uma linguagem comum ao programa que pode minimizar o **obstáculo da falta de conhecimento** e da familiaridade entre pesquisadores como apontado em Bruun et al. (2005), bem como os **obstáculos culturais**). A linguagem, segundo Brunn et al. (2005), está intimamente relacionada à cultura. Uma queixa comum em contextos interdisciplinares é que os pesquisadores têm problemas para entender um ao outro por meio do uso da linguagem. Eles usam terminologias especializadas e jargões específicos de suas áreas que são difíceis de entender, pois às vezes se referem ao mesmo objeto de estudo usando conceitos diferentes, ou usam o mesmo conceito de diferentes maneiras.

A existência deste *déficit* de conhecimento cria dificuldades à pesquisa interdisciplinar (Brunn et al., 2005 – tradução nossa). A falta de conhecimento e a diferença terminológica podem ser verificadas quando os membros de um projeto de pesquisa não estão familiarizados com as áreas e domínios dos outros pesquisadores. A primeira dificuldade observada é que os pesquisadores podem ter concepções errôneas sobre áreas com as quais não estão familiarizados. A segunda dificuldade está relacionada a expectativas equivocadas que os pesquisadores possam ter sobre o que outros pesquisadores fazem. Expectativas mal colocadas nem sempre são detectadas tão cedo quanto deveriam ser, pois em projetos de pesquisa existem pressões sobre os pesquisadores para que demonstrem excelência. Tais *gaps* de conhecimento geram dissensões, preconceitos e desarmonia no ambiente organizacional e são, atualmente, fenômeno globalizado.

Por outro lado, admitir restrições na própria capacidade é difícil para a maioria das pessoas – e os pesquisadores, antes de tudo, são apenas isto, pessoas, como bem denotado por Bruun et al. (2005). A pouca familiaridade com outras áreas também pode restringir a capacidade de os pesquisadores identificarem ligações e oportunidades de colaboração.

Um pressuposto para verificar como o trabalho de outros pesquisadores pode ser relevante para o seu próprio trabalho é conhecer o que o outro está fazendo e entender por que está fazendo dessa maneira. Segundo Palmer (1999) e Latucca (2001), citados em Bruun et al. (2005 – tradução nossa), adquirir esse conhecimento geralmente leva tempo e requer significativo investimento pessoal, facilitados com a existência de projetos comuns.

- **Promover políticas para o trabalho interdisciplinar:** segundo Brunn et al. (2005), a estrutura de tomada de decisão organizacional e as normas organizacionais afetam o caráter da pesquisa, sendo inerente aos **obstáculos estruturais**. Isso é particularmente verdadeiro para o equilíbrio entre a pesquisa disciplinar ou interdisciplinar, devido à posição central da disciplina na organização formal das universidades. A organização disciplinar da ciência muitas vezes dificulta o processo de investigação interdisciplinar. Ao considerar o papel das estruturas organizacionais para promover ou dificultar a pesquisa interdisciplinar, deve-se evitar reificar essas estruturas. Nas questões estruturais deve-se levar em consideração, segundo Brunn et al. (2005), as questões de planejamento administrativo, de gestão e fiscal, as regras e os parâmetros de avaliação e de contratação, entre outros elementos.

Outro obstáculo a ser vencido, a partir da estruturação de políticas institucionais de fortalecimento à pesquisa interdisciplinar, diz respeito aos **obstáculos da recepção**. Os obstáculos da recepção ocorrem, segundo Brunn et al. (2005), nas relações externas entre a pesquisa e a audiência, na medida em que a pesquisa é direcionada para pedidos de financiamento, artigos em periódicos, relatórios de projeto e popularização da pesquisa para audiências não especializadas, ou seja, sobretudo em processos de avaliação, pois esta é uma área ainda relativamente nova e de saberes diferenciados e nem sempre de fácil compreensão.

As preocupações com o problema da recepção estão muitas vezes ligadas a uma concepção hierárquica de ciência. Os avaliadores são vistos como especialistas com conhecimento profundo, mas estreito sobre a sua própria área específica, e, portanto, acredita-se que sejam bastante inflexíveis como avaliadores. No entanto, é perfeitamente possível que os sistemas de avaliação por pares existentes consigam lidar com o problema da novidade interdisciplinar de maneira produtiva, apesar de algumas reivindicações em contrário (Brunn et al., 2005).

- **Criar ambientes que incentivem professores/pesquisadores a colaborar:** os contextos capacitantes ou espaços colaborativos são calcados na confiança e na colaboração, com o compartilhamento de informações, de conhecimento, de recursos e responsabilidades com objetivos comuns (Nonaka e Konno, 1998; Camarinha-Matos e Afsarmanesh, 2008). Existe a sólida crença nestes ambientes de que o trabalho individual será sempre de menor alcance que o trabalho conjunto, colaborativo;
- **Estabelecer uma filosofia de trabalho em equipe**: o apoio aos projetos estruturantes, aos projetos em equipes e à avaliação destes projetos por pares especialistas, prevalecendo a indicação daqueles com conhecimento e experiência em pesquisa interdisciplinar e multidisciplinar, facilitaria a implantação e a implementação da cultura de ações integradas. O trabalho em equipe incentiva o apoio à coleta de perspectivas disciplinares relevantes, segunda etapa da pesquisa interdisciplinar (Figura 15.1), reduzindo o desafio do pesquisador, de forma individual, de encontrar métodos e teorias aplicáveis ao seu problema. Um dos grandes desafios que o pesquisador interdisciplinar enfrenta é o de que os catálogos de bibliotecas são organizados por disciplinas, e diferentes termos são utilizados em diferentes disciplinas para se referir ao mesmo fenômeno, teoria ou método, e a busca demanda mais trabalho e atenção, a ação em equipe minimiza

o tempo e o desgaste da busca destes conhecimentos e favorece a questão da integração mencionada;

- **Promover *workshops* para fomentar pontes entre pesquisadores de diferentes programas de pós-graduação institucionais e interinstitucionais**: segundo Bruun et al. (2005), a estratégia para o trabalho interdisciplinar epistemologicamente orientado é a construção de vínculos mais permanentes entre áreas distintas. A pesquisa com o objetivo de criar tais ligações é teoricamente interdisciplinar. O desafio epistemológico dos pesquisadores para realizar essa integração é ampliar o foco epistemológico convencional das áreas existentes. Tal expansão é um grande investimento e, frequentemente, ocorre à custa de uma investigação maior no domínio original.
  Por outro lado, a expansão também pode ser gratificante, tanto epistemológica quanto estrategicamente, pois existem relações entre domínios e deve-se considerar o aumento do conhecimento como um objetivo em si mesmo. A pesquisa interdisciplinar pode realmente criar uma nova área como domínio próprio e único, como aconteceu nos casos da psicologia social, da bioquímica, da biofísica, da engenharia genética, da antropologia cultural, entre outras.
- **Estimular reuniões frequentes entre os coordenadores e membros das diferentes linhas de pesquisa** fomentando o compartilhamento de quem faz o quê, qual a contribuição das pesquisas individuais, da Linha de Pesquisa, dos projetos estruturantes para os objetivos gerais e para as metas estipuladas para o programa;
- **Promover seminários de pesquisa para fomentar pontes entre os alunos de mestrado e doutorado** no âmbito interno da instituição, disseminando esta política para níveis da média e da alta gestão da instituição evoluindo do nível setorial para o organizacional e transcendendo-os;
- **Estimular práticas de Gestão do Conhecimento** visando ao compartilhamento de ações e de pesquisas entre os grupos de pesquisa constituídos, os encontros formais e casuais entre pesquisadores.

A pesquisa interdisciplinar reivindica uma literatura profissional em desenvolvimento com aumento de sofisticação, de profundidade de análise e, portanto, de utilidade. Mais importante, um crescente corpo de pesquisa explicitamente interdisciplinar, que se apoia nos métodos disciplinares, está emergindo nos problemas do mundo real, para extrair perspectivas disciplinares relevantes, conceitos, teorias e métodos com o objetivo de produzir novos conhecimentos, entendimentos mais compreensíveis, novos significados e avanços cognitivos. Isso tudo já está possibilitando a criação de novas disciplinas em diferentes programas interdisciplinares e formando uma própria e diferenciada comunidade de especialistas, notadamente interdisciplinares. Esta comunidade diferenciada exige, para prosperar, um ambiente propício para criação do conhecimento fundamentado em densas redes de interação mediadas por diversas tecnologias, mas também calcados em ativos intangíveis como a confiança e a colaboração (Nonaka e Konno, 1998; Camarinha-Matos e Afsarmanesh, 2008), exigindo ainda "coordenação e uma cooperação das competências científicas, encarnadas por pessoas com formação apropriada" (Collet, 2002 apud Sampaio e Santos, 2015, p. 705). Desta abordagem a promoção do trabalho em equipe, colaborativo e integrado, a participação e a promoção de *workshops* e a estimulação de ações de compartilhamento do conhecimento tornam-se uma necessidade e exigem ações efetivas.

Materializando estratégias e pensando em um ambiente de colaboração e integração, uma ação concreta adotada no PPGTE foi a criação de uma disciplina integradora das três grandes linhas de pesquisa do Programa, com a participação em um mesmo ambiente de docentes destas três linhas, nomeadamente Mediações e Culturas, Tecnologia e Desenvolvimento e Tecnologia e Trabalho. Ofertada inicialmente para todos os alunos do Programa nos Cursos de Mestrado e Doutorado, e sequencialmente em uma turma específica para alunos do Doutorado, as disciplinas buscam criar um ambiente heterogêneo de criação do conhecimento, com a proposição de diferentes perspectivas e diferentes fenômenos, conceitos, pressupostos e teorias. Longe de ser um ambiente harmônico, percebe-se nessas duas disciplinas as várias tensões e dissensões do processo de convivência de pessoas com conceitos diferentes de disciplinaridade, interdisciplinaridade e multidisciplinaridade, nas suas diferentes visões epistêmicas. Prevalece, entretanto, o respeito ao caráter interdisciplinar do Programa, sobressai a oportunidade de conhecer o que o outro está fazendo e "o sair da zona de conforto", sem perder o pertencimento a um grupo ou comunidade, considerando alguns dos obstáculos identificados por Bruun et al. (2005), especialmente os estruturais, os culturais e os metodológicos. Contudo, em uma autoanálise, ainda falta chegar-se ao entendimento de Repko (2008) da interdisciplinaridade integrada ou dos modelos avançados discutidos em Bruun et al. (2005), que permitam identificar problemas de pesquisa comuns e de caráter efetivamente interdisciplinar que conduzam a soluções conjuntas e ao trabalho em equipe.

Com vistas à integração, ou o estabelecimento de pontes, Brunn et al. (2005, p. 28-29 – tradução nossa) aludem a efetividade dos resultados obtidos em seminários de teses e dissertações com o propósito da integração, onde sejam discutidos verdadeiros modelos do trabalho interdisciplinar. Cabe ressaltar aqui a necessidade do entendimento do real propósito de um seminário, recorrendo-se a origem etimológica da palavra focando-se em *semen* – a semente — e *seminarium* – berçário de plantas —, transcendo para o lócus onde se criam novas ideias, novos conhecimentos e argumentos, assemelhados ao já mencionado contexto capacitante ou o "*ba*" de Nonaka e Konno (1998), um espaço compartilhado propício ao surgimento de novas interações, também chamado de espaço colaborativo. Espera-se que tais seminários criem uma linguagem comum, com vocabulário compartilhado, peculiar ao Programa, mas inteligível a outros atores. Neste escopo, o PPGTE movimenta-se internamente para a criação de uma disciplina de Seminários de Teses e Dissertações. Por outro lado, é prática cotidiana do Programa promover, individualmente ou em colaboração com outros cursos da graduação ou da pós-graduação internos e externos à Instituição, seminários interdisciplinares, com boa participação, sobretudo discente, facilitada pela origem plural do corpo docente do Programa.

Neste sentido, ainda, os programas interdisciplinares, fazendo frente aos desafios, devem criar mecanismos para comunicar a natureza da prática da pesquisa interdisciplinar para o público não acadêmico no intuito de explicá-los e justificá-los para todas as audiências, pois as pessoas que não estão familiarizadas com essa abordagem, muitas vezes não sabem o que significa a interdisciplinaridade e não entendem a complexidade que está subjacente ao processo.

Acreditamos, neste contexto, que as ações de extensão dos programas interdisciplinares devem ser valorizadas e ampliadas tanto no ambiente interno quanto no externo, partindo da observação intensiva da comunidade onde estes programas estão inseridos. Ouvir o clamor, e o burburinho, da "rua", entender e decodificar os seus anseios, comunicando-se em uma linguagem comum, parece ser uma estratégia simples, porém não trivial, pois envolve profunda mudança cultural, a capacidade de compartilhar o conhecimento criado, diminuindo obstáculos de recepção à pesquisa interdisciplinar, por exemplo. Nesta seara, o PPGTE tem conseguido alguns significativos avanços ao aproximar docentes e discentes dos problemas reais da sociedade, dentro do enfoque proposto por Klein (2010) da interdisciplinaridade instrumental. Os grupos de pesquisa abertos à comunidade externa e aos egressos, o acolhimento efetivo dos anseios da comunidade trazidos por canais informais e formais de interação, mormente aportados pela comunidade discente fortemente multicultural, o incentivo à participação dos docentes em órgãos e instituições sociais são exemplos das ações de extensão.

A inserção social do PPGTE, neste cenário, é considerada um dos seus diferenciais, inclusive em processos de avaliações institucionais, materializada em premiações internacionais como é o caso do Escritório Verde, laboratório vivo de ações de sustentabilidade e de uso e desenvolvimento de novas tecnologias. Nascido de ações de docentes e de um dos grupos de pesquisa do Programa, o Escritório Verde transcendeu os limites do PPGTE e caracteriza-se, atualmente, como um órgão da UTFPR, ação real da institucionalização da interdisciplinaridade. Verdadeira ágora institucional, o Escritório é espaço de compartilhamento e de ações interprogramas, interdepartamentais e comunitárias, cuja manutenção, entretanto, não é destituída de permanente negociação em esferas internas e externas à UTFPR.

CONSIDERAÇÕES FINAIS

Buscou-se apresentar neste capítulo estratégias de internalização da interdisciplinaridade, adotadas frente aos desafios e aos obstáculos que se apresentam ao tema, em um Programa de Pós-Graduação da área Interdisciplinar. Optou-se pelo aprofundamento no resgate conceitual e no conhecimento compartilhados na literatura estabelecendo a ligação com a prática do Programa de Pós-Graduação em Tecnologia, um programa já consolidado neste domínio de pesquisa, pois esta área, apesar do crescente debate, ainda carece de um mapeamento empírico acurado.

Igualmente, ao tratar de algumas questões que merecem mais aprofundamento, neste texto privilegiou-se um corpo de literatura que pode ser utilizado no ensino e na aprendizagem da prática e na disseminação da pesquisa interdisciplinar, por quaisquer programas de pós-graduação.

Em relação às principais estratégias da internalização prática da interdisciplinaridade no PPGTE, salienta-se o desenvolvimento de espaços integradores, materializados nas disciplinas trabalhadas com docentes das três linhas de pesquisa, nos espaços físicos como o Escritório Verde, ponte real entre o programa e a universidade e, especialmente, nas ações de extensão, que permitem ao programa de pós-graduação em tecnologia atuar como mediador entre a tecnologia e a sociedade real.

É válido enfatizar que não se está alegando que os pesquisadores devam abraçar as perspectivas aqui apresentadas. As sugestões devem ser entendidas como contribuições para a discussão e a reflexão sobre as condições em que a pesquisa interdisciplinar está sendo praticada e é um convite para que outros pesquisadores, e particularmente os alunos, reflitam sobre as questões aqui abordadas e formulem seus pontos de vista em relação a elas.

Além de considerar as questões aqui levantadas, os desafios e algumas estratégias de enfrentamento, os pesquisadores que trabalham em programas interdisciplinares, por fim, devem discutir de forma continuada as suas filosofias de mudança, evocando, talvez, o conceito grego de *metanoia*, significado aqui como transcendência de mentalidade, capaz de permitir inclusive conversão intelectual; devem refletir sobre suas diferentes crenças, mesmo as conflitantes, sobre a natureza, e o propósito da interdisciplinaridade e de suas disputas, sem descuidar, igualmente, do seu princípio orgânico e de que suas necessidades sejam amparadas por uma política institucional de acolhimento, aceitação e compartilhamento.

REFERÊNCIAS

BOIX MANSILLA, V. Assessing student work at disciplinary crossroads. *Change*, n. 37, p.14-21, Jan/Feb, 2005.

BRUUN, H. et al. Promoting interdisciplinary research: The case of the academy of Finland. Helsinki, Finland,:EDITA Oy, 2005. Disponível em: http://www.aka.fi/Tiedostot/Tiedostot/Julkaisut/8_05%20Promoting%20Interdisciplinary%20Research_%20The%20Case%20of%20the%20Academy%20of%20Finland.pdf. Acesso em: 25 ago. 2012.

CAMARINHA-MATOS L. M.; AFSARMANESH, H. *Collaborative Networks: Reference Modeling*. Springer: New York, 2008.

CARLISLE, B. Music and life. *American Music Teacher*, Cincinnati, v. 44, jun/jul, 1995.

[CAPES] COORDENAÇÃO DE APERFEIÇOAMENTO DE PESSOAL DE NÍVEL SUPERIOR. Diretoria de Avaliação – DAV. Documento de área, 2013. Disponível em: http://www.capes.gov.br/images/stories/download/avaliacaotrienal/Docs_de_area/Interdisciplinar_doc_area_e_comiss%C3%A3o_block.pdf. Acesso em: 01 maio 2015.

______. Plataforma Sucupira – Dados do Programa. Disponível em: https://sucupira.capes.gov.br/sucupira/public/consultas/coleta/propostaPrograma/listaProposta.jsf. Acesso em: 21 jun. 2015.

HUBER, M.T.; MORREALE, S.P. Situating the scholarship of teaching and learning: a cross-disciplinary conversation. In: ________(Eds.). *Disciplinary styles in the scholarship of teaching and learning: exploring common ground.* Stanford, CA: The Carnegie Foundation, 2002; p.1-24.

KLEIN, J. T. *Crossing boundaries: knowledge, disciplinarities, and interdisciplinarities*. Charlottesville: University Press of Virginia, 1996.

______. *Humanities, culture, and interdisciplinarity: The changing America academy*. Albany: State University of New York Press, 2005.

______. *A taxonomy of interdisciplinary research*. 2010. Disponível em: http://www.academia.edu/755652/A_taxonomy_of_interdisciplinarity. Acesso em: 20 ago. 2012.

KLEIN, J. T.; NEWELL, W. H. Advancing interdisciplinary studies. In: GAFF, J.G. RATCLIFF, J.L. & Associates (Eds.) *Handbook of the undergraduate curriculum: a comprehensive guide to purposes, structures, practices and change*. San Francisco: Josey-Bass, 1997. p. 393-415.

LATTUCA, L. *Creating Interdisciplinarity: interdisciplinary research and teaching among college and university faculty*. Nashville: Vanderbilt University Press, 2001.

MORAN, J. *Interdisciplinarity*. New York: Routledge, 2002.

MOREIRA, H.; STRAUHS, F. R. O Ensino Interdisciplinar: perspectivas práticas na Pós-Graduação. In: Simpósio Internacional sobre Interdisciplinaridade no Ensino, na Pesquisa e na Extensão Região Sul, 2013, Florianópolis. Simpósio Internacional sobre Interdisciplinaridade no Ensino, na Pesquisa e na Extensão Região Sul, 2013. p. 1-14.

NEWELL, W. H. Decision making in interdisciplinary studies. In: MORÇÖL, G. (Ed.), Handbook of decision making, New York: Marcell-Dekker, 2007. p. 245-264.

NEWEL, W. H.; GREEN, W. J. Defining and teaching interdisciplinary studies. *Improving College and University Teaching*. n. 30, v. 1, p. 23-30, 1982.

NONAKA, I.; KONNO, N. The concept of "Ba": building a foundation for knowledge creation. *California Management Review*. Berkeley, v. 40, n. 3, spring 1998, p. 40-54.

PALMER, C. L. Structures and strategies of interdisciplinary science. *Journal of the American Society for Information Science*. 50, n. 3, p. 242-253, 1999. Disponível em: http://onlinelibrary.wiley.com/doi/10.1002/(SICI)1097-4571(1999)50:3%3C242::AID-ASI7%3E3.0.CO;2-7/pdf. Acesso em: 25 ago. 2012.

PHILIPPI JR, A.; SILVA NETO, A.J. (Orgs.). Interdisciplinaridade em Ciência, Tecnologia & Inovação. Barueri: Manole, 2011.

PHILIPPI JR., A.; FERNANDES, V. Caminhos da Interdisciplinaridade na Pesquisa e na Pós-Graduação. Anais. 63ª Reunião Anual da SBPC – Goiânia, Goiás, Julho/2011. Disponível em: http://www.sbpcnet.org.br/livro/63ra/resumos/PDFs/arq_1240_335.pdf. Acesso em: 25 out. 2012.

______. *Práticas da Interdisciplinaridade no Ensino e Pesquisa*. Barueri: Manole, 2015.

PROGRAMA DE PÓS-GRADUAÇÃO EM TECNOLOGIA. Revista do Programa de Pós-Graduação em Tecnologia – PPGTE: Edição Comemorativa 18 anos (1995-2013). Curitiba: Editora da Universidade Tecnológica Federal do Paraná, 2013.

______. Área de Concentração. Disponível em: http://www.utfpr.edu.br/curitiba/estrutura-universitaria/diretorias/dirppg/programas/ppgte. Acesso em: 22 jun. 2015.

RAYNAUT, C. Interdisciplinaridade na Pesquisa: lições de uma experiência concreta. In: REPKO, A. *Interdisciplinary research: process and theory*. Thousand Oaks: Sage Publications, 2008.

RHOTEN, D.; BOIX MANSILLA, V.; CHUM, M.; KLEIN, J.T. Interdisciplinary education at Liberal Arts Institutions. Teagle Foundation White Paper, 2006. Disponível em: http://info.

ncsu.edu/strategic-planning/files/2010/10/2006ssrcwhitepaper.pdf. Acesso em: 22 set. 2012.

SALTER, L.; HEARN, A. Introduction. In: ________. (Eds). *Outside the lines: issues in interdisciplinary research.* Montreal: Mcgill Quen´s University Presss, 1996; p.3-15.

SAMPAIO, S. M. R.; SANTOS, G. G. A démarche interdisciplinar do Grupo de Pesquisa Observatório da Vida Estudantil. In: PHILIPPI JR., A.; FERNANDES, V. *Práticas da Interdisciplinaridade no Ensino e Pesquisa*. Barueri: Manole, 2015.

SCHULMAN, L. S. F.. In: HUBER, M. T.; MORREALE, S. P. (Eds,). *Disciplinary styles in the scholarship of teaching and learning: exploring common ground.* Menlo Park: American Association for Higher Education, 2002. p.v-ix.

SOBRAL, M. C; et al. Práticas interdisciplinares no campo das ciências ambientais. In: PHILIPPI JR., A.; FERNANDES, V. *Práticas da Interdisciplinaridade no Ensino e Pesquisa*. Barueri: Manole, 2015.

STEMBER, M. Advancing the social sciences through the interdisciplinary enterprise. *The Social Science Journal*, n. 28, v. 1, p. 1-22, 1991. Disponível em: http://web.ebscohost.com/ehost/detail?sid=094934a4-2c5a-42b5-b0b3-f19c3043f9e2%40sessionmgr104&vid=1&hid=126&bdata=Jmxhbmc9cHQtYnlmc2l0ZT1laG9zdC1saXZl#db=afh&AN=9608282252. Acesso em: 28 ago. 2012.

SZOSTAK, R. How to do interdisciplinarity: integrating the debate. *Issues in Integrative Studies*. n. 20, p. 103-122, 2002. Disponível em: http://www.units.muohio.edu/aisorg/pubs/issues/20_Szostak1.pdf. Acesso em: 25 ago. 2012.

______. How and why to teach interdisciplinary research practice. *Journal of Research Practice*. v. 3, n. 2, p.1-16, 2007. Disponível em: http://www.units.muohio.edu/aisorg/pubs/issues/20_Szostak1.pdf. Acesso em: 25 out. 2012.

capítulo 16

Institucionalização

da interdisciplinaridade em uma universidade comunitária: o Programa de Pós-graduação em Desenvolvimento Socioeconômico da Unesc

Rafael Rodrigo Mueller | *Administrador, Unesc*
Giovana Ilka Jacinto Salvaro | *Psicóloga, Unesc*
Alcides Goulart Filho | *Economista, Unesc*

INTRODUÇÃO

A partir do processo de expansão da Pós-Graduação *stricto sensu* no Brasil nas duas últimas décadas, constituiu-se em 1999 a Área Interdisciplinar[1] vinculada à Coordenação de Aperfeiçoamento de Pessoal de Nível Superior (Capes) e que atualmente conta com 294 Programas de Pós-Graduação (PPG) e 380 cursos entre mestrado (acadêmico e profissional) e doutorado (Capes, 2015). Nesse sentido, é hoje a maior Área de avaliação da Capes demonstrando sua legitimidade e relevância para a compreensão da dinâmica da sociedade contemporânea. Em agosto de 2013, o Programa de Pós-Graduação em Desenvolvimento Socioeconômico (PPGDS) da Universidade do Extremo Sul Catarinense (Unesc) obteve recomendação de implementação ao ser submetido à Área Interdisciplinar, estando vinculado à Câmara I – Desenvolvimento e Políticas Públicas. Em novembro de 2013, foi aprovada a Lei n. 12.881/2013 que dispõe sobre a definição, qualificação, prerrogativas e finalidades das Instituições Comunitárias de Educação Superior (Ices), fato esse importante considerando a migração da Unesc, em 2014, para o Sistema Federal.

---

1 Para maiores detalhes sobre a formação histórica da área Interdisciplinar, ver o documento "Perspectivas na pesquisa e na formação de recursos humanos na área Interdisciplinar" (Brasil, 2012).

Diante desses dois momentos vivenciados pela universidade, consideramos pertinente analisarmos de que maneira a constituição do PPGDS e a efetivação da Unesc enquanto Ices se relacionam enquanto uma particularidade dentro de um movimento maior de expansão da pós-graduação e pesquisa acadêmica no Brasil, no sentido de contribuir para a reflexão acerca do processo de institucionalização da interdisciplinaridade nas universidades brasileiras. Para tanto, faz-se necessário discorrer acerca da constituição histórica da Unesc a partir do Sistema da Associação Catarinense das Fundações Educacionais (Acafe) até sua atual condição de Ices, do processo de constituição do PPGDS, anterior à aprovação em 2013 até os desafios presentes em seu funcionamento a partir do contexto da Unesc.

A UNESC ENQUANTO UNIVERSIDADE COMUNITÁRIA: CONSTITUIÇÃO HISTÓRICA E DESAFIOS PRESENTES

A criação da Unesc tem sua origem em um momento de expansão e interiorização do ensino superior em Santa Catarina que se dá a partir da criação do Sistema Acafe. Conforme Siewerdt (2010), com a reforma universitária do final da década de 1960, Lei n. 5.540/68, o Decreto n. SE 31.12.69/8828, aprova o Plano Estadual de Educação, no qual, inicialmente, a expansão do ensino superior catarinense é mencionada. No transcurso do referido plano, em 2 de maio de 1974, as entidades mantenedoras de estabelecimentos de ensino superior em Santa Catarina se unem e criam a Acafe. Tendo por intento central a consolidação do sistema fundacional regionalizado e adequando às Instituições de Ensino Superior (IES) enquanto centros geradores de desenvolvimento comunitário regional e estadual, a Acafe tem um papel determinante no sentido de desenvolver o ambiente cultural, econômico e social das comunidades do interior catarinense, propiciando, por meio do acesso ao ensino superior, a fixação da mão de obra especializada no interior.

Por sua característica jurídica inicial de instituições públicas de direito privado, o conjunto de IES vinculadas ao sistema fundacional, enquanto órgãos instituídos pelo poder público com uma importante função social, identifica a preocupação, já presente no segundo Plano Estadual de Educação (1980-1983), com o financiamento da educação de nível superior, tendo inicialmente no poder público, na figura dos municípios, a responsabilidade sobre tal função. Nesse sentido, instituiu-se o art. 170 presente na Constituição Estadual de Santa Catarina, a partir das Cartas Magnas Federal de 1988 e Estadual de 1989, que prevê

> [...] assistência financeira às fundações educacionais de ensino superior instituídas por lei municipal.
> Parágrafo único. Os recursos relativos à assistência financeira:
> I - não serão inferiores a cinco por cento do mínimo constitucional que o Estado tem o dever de aplicar na manutenção e no desenvolvimento do ensino;
> II - serão repartidos entre as fundações de acordo com os critérios fixados na lei de diretrizes orçamentárias.

Mesmo considerando as diversas dificuldades históricas em se efetivar a responsabilidade do poder público ante a formação no âmbito do ensino superior no estado de SC, o referido artigo reforça a característica social e comunitária presente nas IES vinculadas ao Sistema Acafe. No que se refere às IES integrantes do referido sistema, são elas: Universidade Regional de Blumenau (Furb), Centro Universitário de Brusque (Unifebe), Centro Universitário Barriga Verde (Unibave), Centro Universitário para o Desenvolvimento do Alto Vale do Itajaí (Unidavi), Católica de Santa Catarina, Universidade do Planalto Catarinense (Uniplac), Universidade do Vale do Itajaí (Univali), Universidade da Região de Joinville (Univille), Universidade do Estado de Santa Catarina (Udesc), Universidade do Contestado (UnC), Universidade do Oeste de Santa Catarina (Unoesc), Universidade Comunitária da Região de Chapecó (Unochapecó), Centro Universitário Municipal de São José (USJ), Universidade do Alto Vale do Rio do Peixe (Uniarp), Universidade do Sul de Santa Catarina (Unisul) e a Universidade do Extremo Sul Catarinense (Unesc).

Para compreendermos o papel da Unesc em sua característica de IES voltada ao desenvolvimento socioeconômico regional do sul catarinense, faz-se necessário descrever sua trajetória institucional. Sendo a mantenedora da primeira escola de nível superior criada no Sul de Santa Catarina, a Fundação Educacional de Criciúma (Fucri) foi criada pela Lei n. 697, de 22 de junho de 1968, baseada inicialmente em cursos para o Magistério. Inicia suas atividades nas dependências do Colégio Madre Tereza Michel, com o curso pré-vestibular, sendo que em 1971 passou a funcionar na Escola Técnica General Oswaldo Pinto da Veiga (SATC) e, em junho de 1974, se estabelece no atual Campus Universitário, localizado no Bairro Universitário, em Criciúma. Até setembro de 1991, a Fucri mantinha quatro Unidades de Ensino: a Faciecri, a Esede, a Estec e a Escca. Para o processo de constituição da Universidade, algumas ações foram executadas, dentre elas: a unificação regimental e a criação da União das Faculdades de Criciúma (Unifacri) resultante da integração das quatro escolas (Bitencourt, 2011).

Em setembro de 1991, o Conselho Estadual de Educação (CEE), pelo Parecer n. 256/91, aprovou o regimento unificado da Unifacri. O processo de transformação da Unifacri em Unesc foi encaminhado ao Conselho Federal de Educação (CFE) em 1991 e aprovado em agosto de 1992 pelo Parecer n. 435/92 do CFE. Em 1993, frente à transferência para o Conselho Estadual de Educação da competência de criação de universidades, o projeto da Unesc foi encaminhado ao CEE, que, em fevereiro de 1993, constituiu a Comissão de Acompanhamento, cuja atribuição era acompanhar o processo de transformação da Unifacri em Unesc. Em 3 de junho de 1997, o CEE aprova por unanimidade o parecer do Conselheiro Relator e, em sessão plenária, em 17 de junho de 1997, também por unanimidade, aprova definitivamente a transformação em Universidade do Extremo Sul Catarinense (Unesc), tendo a Fucri como sua mantenedora (Bitencourt, 2011).

A partir do ano de 2007, a Unesc adota uma nova estrutura administrativa e educacional, apresentando o seguinte modelo: Reitoria e Pró-Reitorias (Administração e Finanças; Ensino de Graduação; Pós-Graduação, Pesquisa e Extensão) e quatro Unidades Acadêmicas. As Unidades Acadêmicas da Unesc estão distribuídas em quatro grandes áreas: Ciências da Saúde (Unasau), Ciências Sociais Aplicadas (UNACSA), Ciências, Humanidades e Educação (UNAHCE) e Ciências, Engenharias e Tecnologias (Unacet). De acordo com o Plano de Desenvolvimento Institucional (PDI) "A Unidade Acadêmica é a instância institucional básica que congrega e distribui docentes para a atuação integrada nas dimensões do ensino, da pesquisa e da extensão, em determinadas áreas de conhecimentos e/ou campos de formação acadêmico-profissional" (Unesc, 2015, p. 110). Ressalta-se que as Unidades Acadêmicas reúnem diferentes Cursos de Graduação e Pós-Graduação *Stricto Sensu*.

Em conformidade com a estrutura administrativa e educacional, os cursos de Pós-Graduação *Stricto Sensu* estão vinculados às Unidades Acadêmicas e à Pró-Reitoria de Pós-Graduação, Pesquisa e Extensão (Propex). Para Faure (1992, p. 62), a organização acadêmico-universitária tradicional historicamente tem se constituído como uma 'barreira institucional' para a interdisciplinaridade, destarte, a organização das áreas vinculadas a cada unidade acadêmica na Unesc fomenta a produção do conhecimento científico em uma perspectiva para além do "taylorismo intelectual". Ainda, conforme Fernandes,

> a questão é que a ciência não só se fragmentou no seu interior, departamentalizando o conhecimento por meio das disciplinas, mas, ao extremo, no interior das disciplinas com a excessiva especialização, formando profissionais que em favor da especialização desconhecem a função da própria disciplina. (2010, p. 73)

Argumenta-se, então, que a organização universitária em Unidades Acadêmicas possibilita as condições para institucionalização da interdisciplinaridade, na medida em que escapa ao modelo de departamentos desagregados por cursos e reúne diferentes áreas do conhecimento, cursos de graduação e pós-graduação, docentes e discentes em processos de ensino, pesquisa e extensão. "A interdisciplinaridade entendida assim como conjunto de princípios facilitadores do diálogo entre as disciplinas, de forma a permitir reestabelecer uma visão mais ampla e integradora do conhecimento e dos objetos do conhecimento" (Fernandes, 2010, p. 75).

A interdisciplinaridade intenta em sua constituição lidar com a ideia de religar o universal para contento do particular: o que antes se manifestava pelo individual (o trabalho solitário do especialista) deve agora se manifestar pelo coletivo (o trabalho solidário dos grupos de trabalho e pesquisa). Previsto em sua própria etimologia, a interdisciplinaridade evoca um processo de cooperação mútua, de conversas aprofundadas entre duas ou mais disciplinas, áreas do conhecimento ou campos científicos. Conforme o número de disciplinas, maior a demanda de complexidade proveniente destas e maior a abrangência de especificidades (teoria, metodologia, linguagem etc.) de cada área a ser considerada. Estes diferentes contextos necessariamente terão de ser tensionados, postos em choque, para se estabelecer uma comunicação no intuito de uma possível cooperação. Haverá o que Etges (2002) denomina como estranhamento, ou seja, ao nos confrontarmos com especificidades de outra área que não as do nosso meio, estamos adentrando em terreno desconhecido, estranho e que "[...] fará imediatamente brotar o absurdo de inúmeras proposições. [...] é o meio que torna este trabalho mais sistemático: faz ver mais claramente os pressupostos escondidos bem como o alcance do seu horizonte" (Etges, 2002, p. 75).

Durante este processo de estranhamento poderá ocorrer aquilo que Garber (2003, p. 65) define como a 'inveja das disciplinas': trata-se, segundo a autora, "do desejo de uma disciplina acadêmica, de apropriar-se de termos, de vocabulário e de marcas de autoridade de outra disciplina, de tomá-los emprestados e de moldar-se à feição desta disciplina". O fato de certos pesquisadores demonstrarem o desejo de ir para além das fronteiras de suas áreas de conhecimento, saindo de seus "nichos" epistemológicos e adentrando em outros territórios, por mais densos e estranhos que estes lhe pareçam, demonstra objetivamente a força propulsora de muitas das possibilidades constituídas historicamente no que se refere à produção do conhecimento. Durand exemplifica de forma concreta este ato:

> Se examinamos o "cursus" de grandes inventores, percebemos que a maior parte não era especialista na disciplina em que foram criados. Seria preciso lembrar que o próprio grande Descartes não era um professor de matemática, nem mesmo um professor de segundo grau? Leibniz, o criador do cálculo infinitesimal era um diplomata. Lavoisier não era "químico", mas "Inspetor Real das Pólvoras" e "Fazendeiro Geral" (quer dizer, coletor de impostos). Esquecemos muito facilmente que Kepler era antes astrólogo (ver seu tratado dos *Três princípios* relativo aos aspectos dos três planetas pesados Marte, Júpiter, Saturno) do que astrônomo. Gustav Théodore Fechner, professor de Física, criador da psicofísica, era também autor de um tratado sobre a alma das plantas, de um tratado de angelologia, e de um livro sobre a vida *post mortem*... Louis Pasteur, inventor da teoria microbiana da patologia não era médico, mas químico e sua descoberta fundamental pôs abaixo a tradição médica e seu postulado fundamental das gerações espontâneas defendido por todo o ensino médico do século XIX e pelo biologista Archiméde Pouchet. Enfim, o imenso gênio que criou a cosmologia moderna e impôs a teoria radicalmente subversiva da relatividade, era engenheiro no escritório de invenções *técnicas* de Berna (1993, p. 61-2).

Quando uma área ou objeto de estudo parece exteriorizado em sua totalidade, na cooperação mútua e na exploração de outros campos, caem por terra as certezas e se reacendem as forças do motor utópico, ou conforme exposto por Garber "a consequência inevitável da interdisciplinaridade pode não ser o fim do mundo acadêmico tal como o conhecemos, mas sim o reconhecimento de que nosso conhecimento é sempre parcial, e não total" (2003, p. 80). Nesse sentido, acreditamos que a organização acadêmica da Unesc por meio de suas Unidades Acadêmicas seja um campo de possibilidades que contribui consideravelmente para a promoção da institucionalização da interdisciplinaridade, mesmo que ainda não tenha abdicado plenamente da disciplinaridade particularmente no âmbito de seus cursos de graduação.

No contexto atual, a Unesc (2014) possui um total de 12.594 alunos que vão desde o Ensino Médio e Fundamental até os cursos de Pós-Graduação *Stricto Sensu*. No tocante ao ensino de graduação, são 10.797 alunos distribuídos em 53 cursos e destes alunos 7.703 possuem bolsa de estudos, financiamentos ou estágios remunerados.

Na pesquisa e extensão, a Unesc tem recebido reconhecimento nacional e internacional. Em 2010, a Unesc foi a primeira colocada no SIR Ranking Ibero-Americano de publicação científica (SC Imago Institutions Rankings, da Scopus elaborado pela Editora Elsevier) entre as universidades catarinenses não estatais. Atualmente são 95 grupos de pesquisa distribuídos em todas as áreas do conhecimento.

A Unesc possui 81 projetos de extensão em andamento que geram 309 bolsas para estudantes de graduação. Em termos de formação em nível *Stricto Sensu*, a Unesc possui 273 alunos matriculados em seis Programas de Pós-Graduação, seis mestrados (Educação, Ciências Ambientais, Ciências da Saúde, Ciência e Engenharia de Materiais, Saúde Coletiva e Desenvolvimento Socioeconômico) e dois doutorados (Ciências Ambientais e Ciências da Saúde), sendo que o Programa de Pós-Graduação em Ciências da Saúde é o único programa no Brasil com conceito 6 na área de conhecimento Medicina I da Capes fora de uma universidade federal.

Com a migração da Unesc para o Sistema Federal de Educação em 2014, os cursos de graduação passaram a ser avaliados pelo Instituto Nacional de Estudos e Pesquisas Educacionais (INEP/MEC) e com a portaria do MEC n. 635 de 30 de junho de 2014, a Unesc se torna efetivamente uma Instituição Comunitária de Educação Superior (Ices).

De acordo com a Associação Brasileira das Universidades Comunitárias (Abruc) (2014), a partir da Lei n. 12.881/2013, as 60 IES filiadas à referida associação, da qual a Unesc é integrante, constituem-se como instituições públicas não estatais, tendo, nesse caso, o direito de participação nos recursos públicos e também ao acesso a editais de órgãos do governo federal direcionados ao fomento de instituições públicas, com o objetivo de incentivar programas permanentes de ação comunitária, voltados à formação e desenvolvimento dos alunos e da comunidade regional. Considerando as origens das Universidades Comunitárias, pode-se verificar a sua particularidade enquanto instituição educacional distinta das entidades privadas e das federais, característica essa legitimada, em um primeiro momento, pelo Projeto de Lei n. 7.639/2010, e sintetizada por Machado Neto ao se referir às suas origens e objetivos como sendo resultado

> [...] da associação de esforços de vários segmentos sociais, das autoridades públicas locais (municipais) setores organizados da sociedade civil interessados em alavancar o desenvolvimento socioeconômico e cultural de suas comunidades, em regiões pouco atendidas pelas autoridades estaduais e federal. (Machado Neto, 2008, p. 37)

O Consórcio das Universidades Comunitárias Gaúchas (Comung) e a Acafe, em documento disponibilizado pelo Ministério da Educação (MEC) (2014), ao se referirem à Conferência Regional de Educação Superior da América Latina e Caribe de 2008, remetem-se aos seus três eixos temáticos como elementos integrantes do cotidiano das UCs, quais sejam: democratização do acesso e flexibilização de modelos de formação; elevação da qualidade e avaliação; e compromisso social e inovação. No que se referem à democratização do acesso e flexibilização dos modelos de formação, as Universidades Comunitárias dos estados do Rio Grande do Sul e Santa Catarina se destacam por localizarem-se majoritariamente em cidades do interior desses estados, possibilitando o acesso ao ambiente universitário à população localizada fora dos grandes centros e capitais, na criação de programas de bolsas com recursos próprios, e a partir de currículos voltados ao desenvolvimento das comunidades nas quais estão inseridas. Sobre a busca pela qualidade e por mecanismos consistentes de autoavaliação, as instituições comunitárias desses estados se constituíram originalmente como faculdades e foram historicamente se desenvolvendo até tornarem-se universidades. Para que esse objetivo se concretizasse, foram feitos investimentos em recursos humanos e estrutura física que garantissem a excelência no ensino, pesquisa e extensão reconhecidos pelas agências governamentais; e considerando que seus instrumentos de autoavaliação seguem rigorosamente as instruções veiculadas pelo MEC, denota-se uma pré-disposição em atender às demandas de seus órgãos reguladores.

O compromisso social e a inovação se manifestam a partir do compromisso das UCs com o desenvolvimento socioeconômico e a qualidade da vida de suas comunidades. A produção de conhecimentos que possam ser disponibilizados à sociedade contribui para que as UCs sejam reconhecidas como instituições qualificadas tendo em vista o tripé universitário identificado pelo ensino, pesquisa e extensão. Nesse sentido, o conhecimento sobre a realidade e a dinâmica socioeconômica das regiões nas quais as UCs estão inseridas é condição *sine qua non* para propostas e consequente desenvolvimento de Programas de Pós-Graduação *stricto sensu* presentes em tais regiões, ou seja, considerando a potencialidade acadêmico-científica em uma perspectiva interdisciplinar e na sua relação direta com o desenvolvimento em si. Para tanto, verificamos a necessidade de expor algumas questões acerca da dinâmica socioeconômica da região sul catarinense, lócus da Unesc e contexto regional que legitima o compromisso de uma universidade comunitária e contribuiu/

contribui para as condições de possibilidade do PPGDS, enquanto um Programa de Pós-Graduação de natureza interdisciplinar.

O SUL CATARINENSE E SUA DINÂMICA SOCIOECONÔMICA: O LÓCUS DO PPGDS

O contexto regional em destaque, o sul catarinense, com suas especificidades socioeconômicas, demanda a produção de saberes e fazeres interdisciplinares. A Unesc, portanto, apresenta-se como uma instituição comunitária que busca orientar suas atividades de ensino, pesquisa e extensão a partir do contexto em que se insere. Em tal perspectiva, no texto que segue apresentamos questões da dinâmica socioeconômica do sul catarinense que evidenciam a necessidade e a emergência, no ano de 2013, da criação de um programa de pós-graduação interdisciplinar em desenvolvimento socioeconômico. Nesse sentido, a colaboração entre diferentes áreas do conhecimento, no intuito de compreender e intervir na realidade em questão a partir de suas diversas dimensões (econômicas, sociais, históricas etc.), estabelece-se de acordo com a origem social dos problemas demandados (Raynaut, 2015).

Gibbons (1994) indica em seu conceito de "produção do conhecimento de modo 2" que esse tipo de conhecimento possui uma finalidade em termos úteis, quer seja para a indústria, governo ou para a sociedade em geral. Nesse caso, o conhecimento é sempre produzido sob um aspecto de negociação contínua e que o mesmo não irá ser produzido a menos que atenda aos interesses dos diferentes atores inseridos no referido contexto. Ou seja, Gibbons afirma que, sob essa condição, institui-se um conhecimento socialmente distribuído entre organizações públicas, privadas, terceiro setor ou sociedade civil organizada por meio de entidades representativas.

O sul catarinense apresenta duas trajetórias que se contradizem: ao mesmo tempo em que o setor industrial apresenta indicadores de dinamismo econômico e empresarial, a região apresenta uma realidade social desigual. Isso revela que os resultados positivos gerados por este dinamismo estão descolados da realidade social, cuja parcela significativa da população local ainda não tem acesso aos frutos do crescimento econômico. Um problema complexo que demanda uma visão interdisciplinar sobre os fenômenos que o compõe, principalmente sobre a necessidade de aproximar a geração com a distribuição da riqueza.

A Mesorregião do sul do Estado de Santa Catarina (SC), onde se localiza a Unesc, contém 14,5% da população do Estado de Santa Catarina em 10,06%

de sua área total (Censo IBGE, 2010). São 45 municípios que somam 906.925 habitantes. Criciúma, cidade sede da Unesc, é o quinto município mais populoso de SC, com 21,2% da população total da mesorregião.

A Mesorregião é dividida em três microrregiões: a Associação dos Municípios da Região Carbonífera (Amrec), formada por 12 municípios com 390.789 habitantes; destes, 68,1% é população urbana e 31,9% rural. Do total dos municípios, sete têm população inferior a 20 mil habitantes. A segunda é a Associação dos Municípios do Extremo Sul Catarinense (Amesc), formada por 15 municípios, com um total de 180.808 habitantes. Destes, 64,43% foram consideradas, como população urbana e 35,57% rural (IBGE, 2010). Dos municípios, 13 têm população inferior a 20 mil habitantes. Por fim, a Associação dos Municípios da Região de Laguna (Amurel) é constituída por 18 municípios, com uma população de 335.328 habitantes; deste contingente, 71,17% reside no meio urbano e 28,83% em áreas rurais. Do total dos municípios, 13 têm uma população inferior a 20 mil habitantes.

Com uma população urbana de 68,49% e a rural 31,51%, a Mesorregião Sul catarinense se caracteriza por uma presença rural bem mais acentuada do que a média estadual e nacional. A média urbana catarinense é de 83,99% e a rural de 16,01% e a população urbana brasileira é de 84,36% e a rural, de 15,64%. Uma característica marcante das regiões rurais é a baixa densidade demográfica, sendo que a tendência é de que quanto menos povoado for o município, mais características rurais apresentará e menor será a população urbana. Neste sentido, a região da Amesc tem uma densidade demográfica de 61 hab/km², média inferior à estadual, que é de 65,3 hab/km². Dentre os municípios que compõem a região, 11 possuem uma densidade demográfica inferior a 70 hab/km². A densidade demográfica da Amurel é de 84,03 habitantes por quilômetros quadrados. A região da Amrec tem uma densidade demográfica de 202,92 hab/km², média bem superior à estadual, que é de 65,3 hab/km². Dos municípios que compõem a região, seis possuem densidade demográfica inferior a 70 hab/km² (Unesc/PPGDS/APCN, 2013).

Se forem utilizados os critérios adotados pela Organização para a Cooperação e Desenvolvimento Econômico, que estipula um mínimo de 150 hab/km² para que uma região possa ser considerada urbana, dos 45 municípios da mesorregião, somente oito municípios se enquadrariam nestes critérios: Criciúma, Araranguá, Tubarão, Imbituba, Içara, Sombrio, Sangão e Cocal do Sul. Dessa forma, toda a mesorregião se caracterizaria como uma região rural.

Se, por um lado, a região apresenta essas características rurais, com forte dependência deste setor; por outro, a região também é conhecida por ser um polo industrial reconhecido nacionalmente. A economia sul catarinense, tendo Criciúma como município polo, apresenta três características: a) especializada, destacando-se a indústria de revestimentos cerâmicos; b) diversificada, com a presença das indústrias de plásticos, tintas, carvão, vestuários, metalomecânica e química; e c) integrada, comercializando para todo o mercado nacional e para o exterior, além de contar com empresas que fornecem peças e equipamentos para os setores locais mais expressivos.

O sul de Santa Catarina é o maior polo cerâmico do país, representando 26% da produção nacional e 44% das exportações do setor, gerando aproximadamente seis mil empregos diretos. Na indústria do vestuário, a região gera 7,5 mil empregos diretos, distribuídos em aproximadamente 480 empresas, na sua grande maioria micro e pequena, com uma produção de 45 milhões de peças anuais. Outro setor de grande relevância é a indústria de matérias plásticas, com destaque para embalagens e descartáveis, fazendo a região responsável por 50% da produção nacional. Braço do Norte, Orleans e Grão-Pará concentram o maior polo da indústria de molduras da América Latina com ampla integração internacional. As atividades carboníferas, que outrora eram as principais indutoras da renda regional, dado o desmonte parcial do complexo carbonífero nos anos 1990, hoje ocupam uma função marginal na economia regional com uma produção anual de 8,2 milhões de toneladas de carvão (Unesc/PPGDS/APCN, 2013).

No setor agropecuário, há a apicultura no município de Içara, a bacia leiteira em Nova Veneza e Forquilhinha, e a suinocultura em Orleans. Em Urussanga se sobressaem as atividades da vitivinicultura com especial atenção à uva Goethe. Na microrregião de Araranguá, destaca-se o cultivo de arroz, fumo e banana, com a presença de indústrias de beneficiamento de arroz. As atividades pesqueiras destacam-se nos municípios de Laguna, Araranguá, Arroio do Silva e Passo de Torres, com características industrial e semiartesanal (pesca costeira).

Mesmo o sul catarinense apresentando características de um setor industrial dinâmico concentrado nos principais centros urbanos, os indicadores sociais da Amesc, Amrec e Amurel nem sempre demonstram essa realidade. No que tange à renda *per capita*, observando as 20 microrregiões catarinenses, no ano de 2010 as melhores posições foram assumidas pelas regiões industriais do norte do Estado com uma renda per capita aproximadamente 30% acima da estadual. A Mesorregião do sul do Estado de Santa Catarina ficou muito abaixo da média estadual. Na região de Criciúma, onde se concentra o maior número de indústria de todo sul catarinense, a renda foi de 18,4 mil reais, ocupando a nona colocação; a de Tubarão, 15,4 mil reais, décima sexta posição, e a de Araranguá apenas 14,2 mil reais, ocupando o décimo oitavo lugar, sendo que a mais baixa do estado foi de 13,7 mil reais, ou seja, uma diferença apenas de 500 reais.

No que diz respeito ao Índice de Gini de 2010, os municípios na região que apresentam um índice acima da média estadual (0,49) são Morro Grande (0,55), Balneário Arroio do Silva (0,54), Maracajá (0,50) e, posicionado na média estadual, Criciúma (0,49). Quando analisada a porcentagem da população que vive com somente meio salário mínimo em 2010, na Amesc temos 16,6%, na Amurel 13,7%, e na Amrec 10,53%; somando o número absoluto de ambas, temos uma população de 119 mil pessoas (Unesc/PPGDS/APCN, 2013). Outro dado que revelava a desigualdade social no sul catarinense é o número de famílias inscritas no Cadastro Único e que recebem Bolsa Família em 2013. Na Amrec são 7.934 famílias, na Amurel são 6.894 e na Amesc são 6.031, que, multiplicando em média por quatro pessoas por família, somam uma população em torno de 83,4 mil habitantes.

Com base no exposto acerca do contexto regional sul catarinense, sobretudo no que diz respeito às estruturas econômica, social e política, assim como das condições institucionais da Unesc, a criação de um programa de pós-graduação interdisciplinar se legitima pela possibilidade de realizar estudos e pesquisas a fim de intervir de modo proativo nessa realidade buscando a promoção do desenvolvimento socioeconômico. Nesse sentido, consideramos relevante expor a criação e implantação do PPGDS, desde a sua concepção até o pleno funcionamento em 2014, enquanto um processo resultante de um conjunto de condições institucionais e demandas regionais, que evidenciam as possibilidades concretas de institucionalização da interdisciplinaridade no âmbito de uma universidade comunitária como a Unesc.

PROGRAMA DE PÓS-GRADUAÇÃO EM DESENVOLVIMENTO SOCIOECONÔMICO (PPGDS) DA UNESC: DA PROPOSTA AO PROCESSO DE IMPLANTAÇÃO DO CURSO[2]

O Programa de Pós-Graduação em Desenvolvimento Socioeconômico (PPGDS), como mestrado acadêmico da Unesc, foi aprovado pela Capes em

2 Texto elaborado a partir das informações apresentadas no APCN (Unesc/PPGDS, 2013), Informações do Programa – Plataforma Sucupira – Capes (Unesc/PPGDS, 2014) e em documentos diversos do PPGDS.

agosto de 2013 e iniciou suas atividades em março de 2014. O PPGDS integra a Câmara 1 – Desenvolvimento e Políticas Públicas – da Área Interdisciplinar da Capes e, na Unesc, está vinculado à Pró-Reitoria de Pós-Graduação, Pesquisa e Extensão (Propex) e Unidade de Ciências Sociais Aplicadas (Unacsa). Em um olhar em retrospectiva, conforme argumento apresentado no Aplicativo para Propostas de Cursos Novos (APCN/Capes), as discussões acerca da necessidade e relevância da criação de um programa de mestrado interdisciplinar foram iniciadas em março de 2005, na ocasião de um fórum específico da área de Ciências Sociais Aplicadas, ocorrido na Unesc e que contou com a presença de professores que atualmente integram o coletivo docente do PPGDS (Unesc/PPGDS/APCN, 2013).

As condições de possibilidade da trajetória de elaboração e aprovação da proposta interdisciplinar do curso, gestada ao longo dos anos de 2005 a 2013, efetivaram-se a partir do trabalho conjunto de seu coletivo docente (na ocasião, igualmente, em processo de construção) de gestores(as) da Unacsa, Propex e de outros setores da Unesc.

Em sua configuração atual, o grupo é constituído por professores(as) com doutoramento em Desenvolvimento Econômico, Ciência Econômica, Engenharia e Gestão do Conhecimento, Sociologia Política, Educação, Interdisciplinar em Ciências Humanas, História, Agronegócios, Direito, Administração e Turismo (Unesc/PPGDS, 2015a). A partir do diálogo entre diferentes áreas do conhecimento, os(as) docentes realizam atividades acadêmicas de ensino, pesquisa e extensão, envolvendo os seus pares, graduandos(as) e mestrandos(as), o que contribui para o fortalecimento dos laços e da identidade interdisciplinar do curso.

Nesse contexto de trabalho, nos âmbitos do ensino, da pesquisa e extensão do PPGDS, a interdisciplinaridade é potencializada no e pelo processo de implantação da proposta de curso, orientado pela Área de Concentração – Desenvolvimento Socioeconômico – e as Linhas de Pesquisas – Trabalho e Organizações, Desenvolvimento e gestão social (Quadro 16.1).

Articuladas pela concepção de desenvolvimento socioeconômico mencionada anteriormente, a área de concentração e as especificidades temáticas das linhas de pesquisa vêm ao encontro do objetivo geral e objetivos específicos do PPGDS. Como objetivo geral, busca-se "formar profissionais para atuarem na pesquisa científica, na docência e nas organizações públicas e privadas, que possam contribuir com a promoção do desenvolvimento socioeconômico local e regional" (Unesc/PPGDS/APCN, 2013, p. 10). Para tanto, foram elaborados os seguintes objetivos específicos:

Propiciar a realização de pesquisas e divulgação científica no âmbito do desenvolvimento socioeconômico que atendam necessidades locais e regionais; contribuir com a formação de profissionais para atuarem na docência do ensino de graduação e pós-graduação; formar profissionais para atuarem nas organizações, no planejamento e na elaboração de estratégias das empresas; contribuir na formação de profissionais para atuarem na gestão social e na produção de subsídios para a formulação e avaliação de políticas públicas, na busca de alternativas para problemas locais e regionais; possibilitar a integração da pós-graduação com diferentes cursos de graduação e da universidade com a sociedade. (Unesc/PPGDS/APCN, 2013, p.10)

O PPGDS oferece 24 vagas por seleção e estabelece um total de 28 créditos para titulação: 22 de disciplinas e seis de dissertação. O programa tem como público-alvo graduados em diferentes áreas do conhecimento, com propostas de pesquisa envolvendo questões no âmbito do desenvolvimento socioe-

Quadro 16.1: Área de concentração e linhas de pesquisa

ÁREA DE CONCENTRAÇÃO	
Desenvolvimento socioeconômico	Nossa concepção de desenvolvimento socioeconômico está diretamente relacionada ao conjunto de atividades humanas que se articulam no contexto local, regional e nacional. Por meio da combinação e interação das diferentes esferas da existência (econômico, político, social e cultural), o desenvolvimento socioeconômico visa promover a democracia e a justiça social ampliando os horizontes de oportunidades na busca da cidadania plena. Nesse PPG, essa concepção integra diferentes áreas do conhecimento, estabelecendo diálogos interdisciplinares e com a própria sociedade que o protagoniza, visando à produção e difusão de pesquisas que possam contribuir para o desenvolvimento socioeconômico. Este conjunto de propósitos será alcançado por intermédio da combinação das categorias trabalho, organizações, desenvolvimento e gestão social contempladas nas duas linhas de pesquisa.
LINHAS DE PESQUISA	
Trabalho e organizações	Esta linha de pesquisa tem como foco o trabalho no âmbito das organizações e suas implicações no desenvolvimento socioeconômico. Analisa relações e formas contemporâneas de trabalho e suas interfaces com políticas públicas, desenvolvimento social e econômico. Aborda práticas e capacidades organizacionais relacionadas aos *stakeholders*, compreendendo desempenho e dinâmica organizacional, responsabilidade social, inovação, gestão de negócios e cadeias produtivas.
Desenvolvimento e gestão social	Esta linha de pesquisa enfoca a gestão social como parte do desenvolvimento socioeconômico local e regional. Aborda as formas de organizações coletivas, movimentos sociais, seus efeitos multiplicadores na geração de emprego e renda. Engloba pesquisas no âmbito do desenvolvimento rural, com ênfase em arranjos produtivos, dinâmicas das organizações coletivas e políticas públicas.

Fonte: Unesc/PGDS/APCN (2013).

conômico e temas relacionados às linhas de pesquisa do PPGDS (PPGDS, 2014). As disciplinas obrigatórias e optativas são ministradas, pelo menos, por dois professores(as) e reúnem ementas com temas contemplados nas duas linhas de pesquisa, conforme descrição apresentada no Quadro 16.2:

Quadro 16.2: Estrutura curricular – Disciplinas

DISCIPLINAS OBRIGATÓRIAS	Teorias do desenvolvimento socioeconômico Metodologia da pesquisa interdisciplinar Seminário integrado de pesquisa
DISCIPLINAS OPTATIVAS	Desenvolvimento agropecuário e industrial Estratégias políticas das organizações Cidadania, controle social de políticas públicas e práticas democráticas Desenvolvimento e sustentabilidade Organizações, cadeias produtivas e estratégias Informação e conhecimento nas organizações Gestão social e políticas públicas Trabalho, tecnologia e organizações Teorias do desenvolvimento regional Pesquisa, desenvolvimento e inovações Política, sociedade e poder Agricultura familiar e desenvolvimento rural Trabalho e movimentos sociais Formação econômica e desenvolvimento regional

Fonte: Unesc/PPGDS/APCN (2013).

Como destacado, a estrutura curricular reúne disciplinas que contemplam em suas ementas temas das duas linhas de pesquisa na interface com a área de concentração do programa. Nesse campo de formação, de igual modo, o Estágio de Docência se apresenta como uma atividade curricular do PPGDS e o(a) aluno(a), regularmente matriculado(a), poderá realizá-lo em disciplinas dos cursos de graduação da Unesc. A articulação interdisciplinar estabelecida pelas disciplinas e demais atividades acadêmicas, desenvolvidas a partir das parcerias entre os(as) professores(as) e discentes, permitem ampliar a possibilidade de compreensão e análise dos temas de investigação mobilizados nas diferentes pesquisas em questão. Esse esforço processual e cotidiano, sobretudo, apresenta-se como condição de possibilidade das ações voltadas ao desempenho e fortalecimento do curso, envolvendo a qualidade da formação discente e condições de trabalho do coletivo docente, o aumento e qualidade da produção intelectual docente/discente, a inserção social pela produção de dissertações com temáticas que venham ao encontro de problemáticas locais e regionais, bem como pela qualificação de profissionais para a prática transformadora com vista ao desenvolvimento socioeconômico (Unesc/PPGDS, 2014).

Com relação ao último propósito descrito anteriormente, abarcando os discentes e estudos produzidos, destaca-se centralmente o perfil do egresso do PPGDS, a saber: a partir de uma visão interdisciplinar e crítica, o mestre em desenvolvimento socioeconômico deverá realizar pesquisas que possam contribuir para o desenvolvimento local e regional e estará apto a:

> Atuar em campos acadêmicos da docência e da pesquisa científica; atuar em planejamento e organização de empresas compreendendo os processos e suas cadeias produtivas visando à melhoria da competitividade; analisar e compreender processos de trabalho, organizações privadas (associações, fundações, sociedades empresariais, partidos políticos, sindicatos) públicas (autarquias, fundações, e instituições públicas), urbanas e rurais, e suas interfaces com políticas públicas; compreender e avaliar políticas públicas como subsídio de instrumento de intervenção do Estado na promoção e orientação do desenvolvimento; analisar e compreender diferentes dimensões que envolvem a gestão social, organizações coletivas e movimentos sociais, geração de emprego e renda (Unesc/PPGDS/APCN, 2013).

Em tal contexto de formação, mediante processo seletivo, a primeira turma do PPGDS (2014-2016) reúne um grupo de 22 discentes, oriundos dos cursos de graduação em Administração, Ciências Contábeis, Comunicação Social/Jornalismo, Direito, Economia, Psicologia e Serviço Social. Os projetos de pesquisa em andamento são orientados e coorientados por professores(as) de diferentes áreas do conhecimento, indicados e definidos de acordo com as temáticas de investigação de discente. As parcerias estabelecidas nos processos de orientação e coorientação das dissertações, nas disciplinas ministradas e demais atividades acadêmicas fomentam produções e diálogos interdisciplinares entre professores(as) e discentes. A interdisciplinaridade é potencialmente mediada por produções intelectuais em coautoria e que mobilizam o entrelaçamento de diferentes áreas do conhecimento, parcerias com instituições de pesquisas e com pesquisadores externos, organização de eventos internos e externos pelos coletivos docente e discente do curso. De igual modo, cabe ressaltar que os grupos de pesquisa (Unesc/PPGDS, 2015b) se constituem como espaços privilegiados para a criação e intensificação de diálogos interdisciplinares nos campos da pesquisa, ensino e extensão.

Entre outras atividades realizadas, ressaltam-se também as organizações do Seminário de Ciências Sociais Aplicadas, que teve sua primeira edição em

2008 e a quarta em 2014; I Seminário Organização, Inovação e Estratégia de Gestão, realizado entre os dias 17 e 19 de novembro de 2008, com apoio do CNPq (organizado pelo grupo de professores que inicialmente discutia a proposta de implantação do mestrado); II Seminário Estado, Organização e Desenvolvimento, realizado entre os dias 16 e 18 de outubro de 2010, com apoio da Fapesc (com a participação de professores que integram o PPGDS); III Seminário de Ciências Sociais Aplicadas: Desenvolvimento Rural e Urbano em suas diversas perspectivas, realizado entre os dias 15 e 17 de maio de 2012, que também contou com apoio da Fapesc; IV Seminário de Ciências Sociais Aplicadas e Desenvolvimento Socioeconômico: uma abordagem interdisciplinar, realizado entre os dias 20 e 22 de maio de 2014 (com a participação de professores que integram o PPGDS)[3] (Unesc/PPGDS, 2014).

Ainda, no que diz respeito ao campo da produção bibliográfica, no decorrer do ano de 2014 e início de 2015, em conformidade com a proposta de consolidar a pós-graduação como espaço de formação de pesquisadores, produção e divulgação de conhecimento, o PPGDS criou e lançou o primeiro número da Revista do Programa de Pós-Graduação em Desenvolvimento Socioeconômico da Unesc, intitulada "Revista Desenvolvimento Socioeconômico em Debate" (RDSD)[4].

Além disso, como proposta de integração da pós-graduação com a graduação, os(as) docentes dos programas de pós-graduação *stricto sensu* da Unesc devem dedicar, no mínimo, oito horas semanais em disciplinas nos cursos de graduação, conforme estabelecido em resolução específica, entre outras atividades, tais como orientações e participações em bancas de trabalhos de conclusão de curso, participações em Núcleos Docentes Estruturantes de cursos da Unidade de Ciências Sociais Aplicadas (Unacsa) e de outras unidades acadêmicas da Unesc. A integração entre a graduação e pós-graduação igualmente é viabilizada pela participação de docentes do *stricto-sensu* como orientadores(as) em programas institucionais de iniciação científica e de trabalhos de conclusão de curso (Unesc/PPGDS, 2014). A extensão universitária está contemplada no PPGDS pela participação de docentes regulares do programa em projetos de extensão contemplados com fomento a partir de editais internos, por exemplo, o Programa de Ações em Economia Solidária (Paes), assim como

---

3 Informações detalhadas sobre o IV Seminário de Ciências Sociais Aplicadas e Desenvolvimento Socioeconômico estão disponíveis em: http://www.unesc.net/portal/capa/index/431.

4 Revista Desenvolvimento Socioeconômico em Debate. [recurso eletrônico] v. 1, n.1, 2015, Criciúma, SC: Unesc, 2015. Disponível em: http://periodicos.unesc.net/index.php/RDSD.

pela vinculação de pesquisadores docentes do PPGDS com a Associação Pro-Goethe, um consórcio de vinicultores da região denominada Vales da Uva Goethe, sendo essa a primeira Indicação de Procedência (IP) do estado de Santa Catarina concedida em 2011.

A parceria e a colaboração entre Programas de Pós-Graduação da Unesc se manifestam pela participação dos docentes do PPGDS como colaboradores em outros PPGs, como o Mestrado em Educação (PPGE) e o Mestrado em Ciências Ambientais (PPGCA), potencializando o diálogo interdisciplinar institucional.

CONSIDERAÇÕES FINAIS

Ao considerarmos o movimento interdisciplinar no meio acadêmico brasileiro identificado com maior intensidade nas duas últimas décadas, corroboramos com Pombo que, ao tentar situar a interdisciplinaridade a partir do chamado "complexo disciplinar", propõe uma terminologia baseada em dois princípios fundamentais:

> a) aceitar estes três prefixos: **multi** ou **pluri**, **inter** e **trans** (digo três e não quatro porque, do ponto de vista etimológico, não faz sentido distinguir entre **pluri** e **multi**) enquanto três grandes horizontes de sentido, e b) aceitá-los como uma espécie de *continuum* que é atravessado por alguma coisa que, no seu seio, se vai desenvolvendo (2003, p. 4-5).

Algo que tomaria corpo em sua forma mínima, presente na conjuração da multi/pluridisciplinaridade, que pressupõe um pôr em conjunto por meio do somatório de duas ou mais disciplinas que trabalhariam sob a perspectiva de diversos pontos de vistas postos em paralelo, sem possíveis interferências em suas estruturas interiores. Ao ultrapassarmos o campo do mero somatório ou justaposição, estaríamos caminhando para um estágio em termos de desenvolvimento epistemológico que prevê uma convergência em termos de complementaridade, estabelecendo relações, conexões e correspondências entre as diversas disciplinas, sendo esse o campo da interdisciplinaridade.

Há, portanto, algo que perpassa os componentes do complexo disciplinar, sendo este "algo", segundo Pombo, "uma tentativa de romper o caráter estanque das disciplinas" (2004, p. 6). Essa tentativa de ultrapassagem de produção do conhecimento por meio de estudos fragmentados e monodisciplinares se estabeleceria em função de um *continuum* de desenvolvimento. "Entre alguma coisa que é de menos – a simples justaposição – e qualquer coisa que é demais – a ultrapassagem e a fusão – a interdisciplinaridade designaria o espaço intermédio, a posição intercalar" (idem, ibidem). No espaço epistemológico contido entre a lógica de somatório e paralelismos disciplinares ao qual apontam os prefixos *multi* e *pluri*, e as aspirações de reunificação dos saberes próprias do prefixo *trans*, a utilização do prefixo *inter*, caracterizado pelo princípio do cruzamento, do diálogo permanente e da complementaridade, parece ser ainda o caminho indicado. "Ela tem a ver, basicamente, com a procura de um equilíbrio entre a análise fragmentada e a síntese simplificadora. Entre a especialização e saber geral, entre o saber especializado do cientista, do *expert*, e o saber do filósofo" (Siebeneichler, 1989, p. 157).

O *continuum* das ciências possibilitado pela interdisciplinaridade se efetiva no momento em que o especialista, ao se aprofundar em uma pesquisa, se defronta com as fronteiras de outras áreas do conhecimento que não a sua de domínio. Na necessidade inerente à compreensão do objeto de ir além das fronteiras impostas pela especialização é que surgem as possíveis condições de desenvolvimento científico.

> Em francês, inglês e espanhol, a origem da palavra está no termo do baixo latim que designa a fava do trigo. Como a palavra é formada por oposição a "envolver", é válido interpretá-la em sentido figurado como sinônimo de "liberar". O desenvolvimento é realmente um processo de liberação, de supressão de entraves que impedem a realização de um potencial latente e, ao mesmo tempo, a liberação das restrições materiais. (Sachs, 1993, p. 16-17)

A liberação nesse caso vem em forma de cooperação mútua entre os diversos campos do conhecimento no sentido de expandir os seus limites e ampliar as suas possibilidades, ou seja, as várias formas de extrapolação da disciplinaridade e daquilo que é a sua raiz epistemológica: a disciplina. O desenvolvimento contínuo inerente à interdisciplinaridade apontaria para um afastamento de uma situação de conhecimento unidimensional que restringe uma visão ampliada sobre o objeto de pesquisa potencializada pela perspectiva da totalidade.

Ao trazermos à tona os elementos conceituais acerca da interdisciplinaridade, pretendemos expor a dialeticidade presente na raiz epistemológica da palavra, que abre espaços para questionamentos, aproximações, divergências e complementações; contribuindo de maneira indelével para a produção do conhecimento mediante a conversa permanente entre as diversas disciplinas, pois "o futuro passa, antes, pela construção de modelos monodisciplinares interconectados" (Sachs, 1993, p. 18). Destarte, nem sempre a estrutura universitária se desenvolve em termos de ambiente propício à perspectiva interdisciplinar, constituindo historicamente barreiras institucionais, ou pelo menos que a interdisciplinaridade possa estar contemplada em determinados espaços ou partes integrantes da universidade, tais como: currículos integrados, práticas ou experiências interdisciplinares etc.

Acreditamos que a análise institucional da Unesc, particularmente por sua organização por meio das Unidades Acadêmicas, e a identificação e contextualização das demandas regionais do extremo sul catarinense em suas diversas dimensões (social, econômica, política etc.) demandaram, por parte do coletivo de pesquisadores da referida instituição, uma perspectiva interdisciplinar no que se refere à experiência de concepção e desenvolvimento do Programa de Pós-Graduação em Desenvolvimento Socioeconômico. A Unesc enquanto UC localizada no extremo sul catarinense, em sua particularidade, concebeu e propiciou o desenvolvimento de um Programa de Pós-Graduação que tem por objetivo central o desenvolvimento socioeconômico da referida região no intuito de melhorar as condições de vida de sua comunidade. Nesse sentido, está constantemente afirmando os princípios previstos em sua natureza jurídica atual, qual seja: uma instituição comunitária de ensino superior pública não estatal que por sua atuação frente à comunidade torna-se uma entidade de interesse social e de utilidade pública.

Para além do que já foi destacado no decorrer de tal experiência, intensificamos a crença na proposta interdisciplinar do PPGDS a partir das seguintes ações: estudos realizados em grupos de pesquisa; convergência de temáticas e objetos de pesquisa; disciplinas ministradas pelo menos por dois professores; orientação e coorientação por professores de diferentes áreas do conhecimento; parcerias com instituições de pesquisas e com pesquisadores externos; produções acadêmicas entre diferentes áreas do conhecimento; organização de eventos internos e externos pelos integrantes do programa, bem como de seminários interdisciplinares.

A promoção contínua de ambientes para o diálogo e trocas de conhecimentos internos e externos ao PPGDS e à instituição, assim como a criação de espaço para discussão sobre as atividades que representam um esforço interdisciplinar e que correlacionem ao desenvolvimento socioeconômico, é o horizonte que devemos buscar constantemente para que os objetivos de nossa proposta de PPG estejam em pleno acordo com o nível de excelência previsto pelos órgãos reguladores e que em concomitância possam dar respostas aos anseios da comunidade da qual o mestrado se encontra inserido. Nesse sentido, o PPGDS é a síntese dos esforços institucionais derivados da organização acadêmica da Unesc a partir de suas Unidades Acadêmicas, bem como das demandas socioeconômicas provenientes do contexto regional, produzindo conhecimento que irá ser socialmente distribuído entre seus diversos atores sociais.

REFERÊNCIAS

[ABRUC] ASSOCIAÇÃO BRASILEIRA DAS UNIVERSIDADES COMUNITÁRIAS. *ABRUC: Um novo tempo*. Disponível em: http://www.abruc.org.br/003/00301009.asp?ttCD_CHAVE =230942. Acessado em: 15 dez. 2014.

BITENCOURT, J.B. *Unesc: a trajetória de uma universidade comunitária*. Criciúma: Unesc, 2011.

BRASIL. Ministério da Educação. *Coordenação de Aperfeiçoamento de Pessoal de Nível Superior. Relação de Cursos Recomendados e Reconhecidos*. Disponível em: http://conteudoweb.capes.gov.br/conteudoweb/ProjetoRelacaoCursosServlet?acao=pesquisarAreaAvaliacao. Acessado em: 24 fev. 2015.

______. Ministério da Educação. *Coordenação de Aperfeiçoamento de Pessoal de Nível Superior. Perspectivas na pesquisa e na formação de recursos humanos na área Interdisciplinar*. Disponível em: http://www.capes.gov.br/images/stories/download/avaliacao/Apresentacao_Interdisciplinar.pdf. Acessado em: 05 nov. 2014.

______. Ministério da Educação. *Universidades Comunitárias: pioneiras na democratização do acesso à educação superior com compromisso social, Inovação e qualidade*. Disponível em: http://portal.mec.gov.br/dmdocuments/comung_acafe.pdf. Acessado em: 15 dez. 2014.

ETGES, N. Ciência, interdisciplinaridade e educação. In: JANTSCH, A.P.; BIANCHETTI, L. *Interdisciplinaridade: Para além da filosofia do sujeito*. 6.ed. Petrópolis: Vozes, 2002.

FAURE, G.O. A constituição da interdisciplinaridade. Barreiras institucionais e intelectuais. *Revista Tempo Brasileiro*, 1992; v.108, p.61-68.

FERNANDES, V. Interdisciplinaridade: a possibilidade de reintegração social e recuperação da capacidade de reflexão na ciência. *R. Inter. Interdisc. INTERthesis*, Florianópolis, v.7, n.2, p.65-80, jul/dez. 2010. Disponível em: https://periodicos.ufsc.br/index.php/interthesis/article/view/1807-1384.2010v7n2p65/16223.

GARBER, M. *Instintos acadêmicos*. Rio de Janeiro: Editora Uerj, 2003.

GIBBONS, M.; et al. *New Production of Knowledge: Dynamics of Science and Research in Contemporary Societies*. London: SAGE Publications Ltd, 1994.

[IBGE] INSTITUTO BRASILEIRO DE GEOGRAFIA E ESTATÍSTICA. *Censo Demográfico 2010*. Disponível em: http://www.censo2010.ibge.gov.br/sinopse/index.php?uf=42&dados=0.

MACHADO NETO, A.M. Universidades comunitarias: un modelo brasileño para interiorizar la educación superior. *Universidades*. 2008; v.53, n.37, p.37-48,

Unión de Universidades de América Latina y el Caribe. Disponível em: http://www.redalyc.org/articulo.oa?id=37311274004. Acessado em: 20 fev. 2015.

POMBO, O. *Interdisciplinaridade: ambições e limites*. Lisboa: Relógio d'Água, 2004.

RAYNAUT, C. Interdisciplinaridade na pesquisa: lições de uma experiência concreta. In: PHILIPPI JR, A.; FERNANDES, V. *Práticas da interdisciplinaridade no ensino e pesquisa*. Barueri: Manole, 2015. p. 523-550.

SACHS, I. Desenvolvimento, um conceito transdisciplinar por excelência. *Tempo Brasileiro*. 1993; v.113, p.13-20.

SANTA CATARINA. Secretaria de Estado de Planejamento. *Plano de Desenvolvimento Regional* - PDR - 2012-2015. Disponível em: http://www2.spg.sc.gov.br/fmanager/spg/projetos_descentralizacao/arquivo144_1.pdf. Acessado em: 02 fev. 2014.

SIEBENEICHLER, F.B. Encontros e desencontros no caminho da interdisciplinaridade: G. Gusdorf e J. Habermas. *Tempo Brasileiro*. 1989; v.98, p.153-180.

SIEWERDT, M.J. *Instituições de ensino superior do Sistema ACAFE e autonomia universitária: o trabalho docente nos (des) encontros entre o proclamado e a práxis*. Florianópolis, 2010. 355 f. Tese (Doutorado) Centro de Ciências da Educação. Universidade Federal de Santa Catarina, 2010.

[UNESC]. UNIVERSIDADE DO EXTREMO SUL CATARINENSE. *Plano De Desenvolvimento Institucional - PDI2013-2017*. Rev.2 (novembro de 2012). UNESC, 2015.

________. Programa De Pós-Graduação em Desenvolvimento Socioeconômico (PPGDS). *Aplicativo para Propostas de Cursos Novos (APCN/CAPES) Programa de Pós-Graduação em Desenvolvimento Socioeconômico*. Criciúma, 2013.

________. Programa De Pós-Graduação em Desenvolvimento Socioeconômico (PPGDS). Informações do Programa. In: CAPES. *Plataforma Sucupira*, 2014. Disponível em: https://sucupira.capes.gov.br/sucupira/public/consultas/coleta/propostaPrograma/listaProposta.jsf

______. *A UNESC em números*. 2° semestre de 2014. Cricúma: EdUNESC, 2014.

______. Programa De Pós-Graduação em Desenvolvimento Socioeconômico (PPGDS). *Corpo docente*. Disponível em: http://www.unesc.net/portal/capa/index/412/7362/. Acessado em: 16 abr. 2015a.

______. Programa De Pós-Graduação em Desenvolvimento Socioeconômico (PPGDS). *Grupos de pesquisa*. Disponível em: http://www.unesc.net/portal/capa/index/412/7361/. Acessado em: 18 abr. 2015b.

capítulo 17

Internalizando a inter/ transdisciplinaridade:

experiência do Programa de Pós-graduação em Educação Agrícola da UFRRJ

Akiko Santos | *Letras, UFRRJ*
Ana Cristina Souza dos Santos | *Química, UFRRJ*

INTRODUÇÃO

Este capítulo versa sobre a forma como a inter/transdisciplinaridade se institucionaliza e internaliza por meio do Programa de Pós-graduação em Educação Agrícola (PPGEA), da Universidade Federal Rural do Rio de Janeiro (UFRRJ), cujo principal público-alvo são docentes e técnico-administrativos em atividade na rede dos Institutos Federais de Educação, Ciência e Tecnologia (IFs).

Os mestrandos do PPGEA provêm de várias unidades escolares de diversas regiões do país. O Programa funciona na modalidade de alternância formando centros regionais itinerantes para as aulas presenciais, aproveitando-se a própria estrutura física dos IFs. Até o momento, formaram-se centros regionais nos seguintes institutos: IF do Amazonas (Campi Coari, Maués e Tabatinga); IF do Amapá; IF do Roraima (Campus Boa Vista); IF do Rondônia (Campi Ariquemes, Colorado do Oeste, Cacoal e Vilhena); IF do Pernambuco (Campi Barreiros e Vitória de Santo Antão); IF do Sergipe (Campi Aracajú e São Cristóvão); IF Goiano (Campus Urutaí); IF do Mato Grosso (Campi Cáceres e Campo Novo do Parecis); IF do Norte de Minas Gerais (Campi Januária e Salinas); IF do Sudeste de Minas Gerais (Campi Barbacena e Rio Pomba); IF do Triângulo Mineiro (Campi Uberaba e Uberlândia); IF do Espírito Santo (Campi Alegre, Santa Teresa, Colatina, Itapina, e Serra); IF Fluminense (Campus Bom Jesus do Itabapoana); IF Catarinense (Campi Concordia, Sombrio, Camboriú e

Araquari); IF do Rio Grande do Sul (Campus Sertão). O ingresso ao curso desses profissionais se dá por meio de convênio firmado entre a UFRRJ e a Secretaria de Ensino Técnico e Tecnológico do Ministério da Educação (Sentec/MEC).

Aprovado pelo Conselho de Ensino, Pesquisa e Extensão da UFRRJ em 22/04/2003 e credenciado pela Coordenação de Aperfeiçoamento de Pessoal do Ensino Superior (Capes) em setembro de 2005, o Programa recebeu apoio de instituições estrangeiras, como a École Nationale de Formación *Agronomique* de Toulouse, França (Enfa) e a Facultad de Agronomía da Universidad de Buenos Aires (Fauba). Contou com apoio dos IFs; da Secretaria de Educação Profissional e Tecnológica (Sentec); da Capes e da Fundação Carlos Chagas Filho de Amparo à Pesquisa do Estado do Rio de Janeiro (Faperj).

Entre os objetivos específicos, o Programa mantém alguns relativos à superação da fragmentação do conhecimento: "elaborar e desenvolver competências sem fronteiras; buscar a formação crítica, centrada no ensino e investigação interdisciplinar; inter-relacionar as múltiplas linguagens em que se expressam os conhecimentos e integrar e interagir o conhecimento entre áreas correlatas e diversas" (Guia do Mestrando, 2015).

Em função desses objetivos, a pluridisciplinaridade, a interdisciplinaridade e a transdisciplinaridade[1] são igualmente consideradas, como também se respeita a opção pela visão disciplinar nas pesquisas. A ordem de colocação dessas modalidades não pretende transmitir uma hierarquia valorativa, apenas indicar um acontecimento evolutivo na história das ideias.

Para a integração do conhecimento, a interdisciplinaridade tem grande aceitação, pois integra os documentos oficiais que se referem às diretrizes educacionais, além de ser divulgada e defendida por educadores como Ivani Fazenda (2008; 2013), Gaudêncio Frigotto (2010), Marise Ramos (2010), Hilton Japiassu (1976), entre outros.

Considerando a diversidade de referencial teórico da interdisciplinaridade, a interlocução no PPGEA estabelece-se, sobretudo entre os seguidores da Escola Nova (Teixeira, 1934), da Pedagogia do Oprimido (Freire, 1987), do Construtivismo (Hernández, 1998) e do Marxismo (Frigotto, 2010). Thiesen, resumindo essa variedade, diz:

> [...] a interdisciplinaridade, tanto em sua dimensão epistemológica quanto pedagógica, está sustentada por um conjunto de princípios teóricos formulados, sobretudo por autores que analisam

1 Para a diferenciação entre tais modalidades, ver o livro *Inter ou transdisciplinaridade? Da fragmentação disciplinar a um novo diálogo entre os saberes* (Sommerman, 2006).

> criticamente o modelo positivista das ciências e buscam resgatar o caráter de totalidade do conhecimento. Abordagens teóricas construídas pela óptica da dialética, da fenomenologia, da hermenêutica e do paradigma sistêmico são formulações que sustentam esse movimento produzindo mudanças profundas no mundo das ciências em geral e da educação em particular (Thiesen, 2007, p. 99).

Muitos dos conceitos e atitudes requeridos para a superação da fragmentação dos saberes e o diálogo entre eles vêm sendo trabalhados pela interdisciplinaridade, seja na ótica da dialética, da fenomenologia, da hermenêutica e do paradigma sistêmico. Entretanto, a transdisciplinaridade tem o mérito de sistematizar *leis, lógica e conceitos* para tal diálogo. Essa sistematização sugere a possibilidade de se trabalhar a interdisciplinaridade como outro nível de realidade, pois seus conceitos transgridem a lógica da disciplinaridade.

Segundo Paul (2011), a transdisciplinaridade não é melhor nem pior que a interdisciplinaridade, "mas mesmo para os diferentes níveis de interdisciplinaridade, quaisquer que sejam esses laços, a finalidade e metodologia interdisciplinar permanecem o mais das vezes inscritas no saber disciplinar" (Ibdem, p. 244).

Para compreender melhor a força e os limites de cada um dos pontos de vistas entre interdisciplinaridade e transdisciplinaridade, o autor recorre ao conceito de complexidade em Edgar Morin e de nível de realidade em Basarab Nicolescu.

> [...] dentro da interdisciplinaridade não há, atualmente, uma inscrição do pensamento complexo e do contraditório, como não há metodologia apta a favorecer-lhes a resolução. A dificuldade e o conflito se resolvem nesse caso pela conjunção sobre um mesmo nível de realidade. A transdisciplinaridade, inversamente, por um tensionamento dialético e contraditório entre termos oferecerá [...] uma oscilação que valoriza o princípio da incerteza e de indecidibilidade, até que a tensão, levada a um paroxismo, opere uma ruptura e faça atravessar uma zona de resistência cognitiva que favoreça a um outro nível de realidade, da ordem inconsciente, do "self", do sujeito verdadeiro (Paul, 2011, p. 244).

Mesmo que a interdisciplinaridade esteja ainda inscrita no nível disciplinar, seu caráter de troca e cooperação implica uma exigência humanista e integrativa, no sentido em que Gusdorf (apud Paul, 2011) a entendia. Desta forma, Paul afirma que:

> além das intenções humanistas explícitas é necessário também ver um início de revolução paradigmática: a inteligência da interdisciplinaridade, proveniente de uma epistemologia da complementaridade, é oposta a todas as epistemologias da dissociação (2011, p. 243).

Por essas razões, considera-se que a interdisciplinaridade pode ser trabalhada com a mesma lógica da transdisciplinaridade, a *lógica do terceiro termo incluído*, por isso a expressão conjugada: inter/transdisciplinaridade.

Essas construções são resultantes dos muitos encontros internacionais, em particular o I Congresso Mundial de Transdisciplinaridade, ocorrido em Portugal, em 1994, quando se apresentou a sistematização epistemológica. A transdisciplinaridade traz a ideia da existência de *vários níveis de realidade*, cada qual regido por *leis, lógica e conceitos* distintos. Aplicando o Princípio da Complementaridade de Niels Bohr (1961), tem-se que os níveis da disciplinaridade e da inter/transdisciplinaridade, não obstante se configurarem em conflito paradigmático, são complementares. Nicolescu (1999) diz que a transdisciplinaridade permite uma *nova visão da natureza da realidade*, como também se lê na Carta da Transdisciplinaridade (1994) no seu art. 3°:

> A transdisciplinaridade é complementar à abordagem disciplinar; ela faz emergir do confronto das disciplinas novos dados que as articulam entre si; e ela nos oferece uma nova visão da natureza da realidade. A transdisciplinaridade não busca o domínio de várias disciplinas, mas a abertura de todas elas àquilo que as atravessa e as ultrapassa.

Ao trabalhar com a ideia de complementaridade das modalidades de organização do conhecimento, o Programa respeita a liberdade dos docentes e discentes na escolha de tais modalidades para suas pesquisas, conquanto os docentes que atuam no PPGEA/UFRRJ mantêm diversas orientações filosóficas e pedagógicas e são de diferentes especialidades: agrônomos, zootecnistas, biólogos, engenheiros, químicos, físicos, sociólogos, filósofos, economistas, historiadores, pedagogos e matemáticos. Muitos deles têm a formação em licenciatura, o que possibilita maior compreensão e abertura para interlocuções entre áreas de conhecimento.

O Programa, como se pode deduzir dos seus objetivos, busca a superação da fragmentação disciplinar propiciando um planejamento curricular favorável à religação de saberes, seja nas modalidades pluri, inter ou transdisciplinar. Esta última foi trazida ao Programa pelos integrantes do Laboratório de Estudos e Pesquisas transdisciplinares (Leptrans/UFRRJ).

REFORMULANDO LÓGICA E CONCEITOS

A desobediência conceitual ao sistema de compartimentação disciplinar do conhecimento observa-se com a emergência da pluridisciplinaridade ao fazer integrações epistemológicas entre os saberes afins, introduzindo "disciplinas integradas" no sistema, tais como: "fisicoquímica"; "geociências"; "bioengenharia"; "bioquímica", entre outras. Essa conjugação disciplinar estaria transgredindo a lógica clássica (*lógica da identidade e não contradição*) que comanda o sistema disciplinar, porém, ao permanecer no sistema como uma nova disciplina, não chega a contestar o conflito paradigmático que se desenhava.

Durante as décadas de práticas interdisciplinares (Fazenda, 1993), tal conflito permanece latente, incomodando os docentes e os pesquisadores. Seus seguidores postulavam que era preciso uma mudança de atitude. Quando se dizia que a interdisciplinaridade é uma questão de atitude, de espírito, de postura, apontava-se para a necessidade de transformação do sujeito. Sua prática não se coadunava com as *leis, lógica e conceitos* disciplinares. Tal modalidade de ensino já anunciava que se necessitava um novo instrumento de raciocínio para pensar e fazer educação.

Após muitos encontros internacionais de cientistas de diversas áreas, a transdisciplinaridade reformula a lógica hegemônica (*lógica clássica*) com os seguintes axiomas:

1. *O axioma da identidade: A é A.*
2. *O axioma da não contradição: A não é não A.*
3. *O axioma do terceiro incluído: existe um terceiro termo T que é ao mesmo tempo A e não A* (Nicolescu, 1999, p. 29-32).

A diferença em relação à *lógica clássica* está no terceiro axioma. Enquanto a *lógica clássica* não admite relações entre os diferentes (*terceiro excluído: não existe um terceiro termo T que é ao mesmo tempo A e não A*), a lógica transdisciplinar, com o seu terceiro axioma, admite articulações entre os opostos.

A *lógica clássica* reconhece somente os dois primeiros axiomas, por isso é chamada de *lógica de identidade e não contradição*. A reformulação trazida pela transdisciplinaridade faz com que se tenha de compreender o sistema em voga para ressignificar seus conceitos.

Se a disciplinaridade, devido a sua *lógica de identidade e não contradição,* fragmenta, compartimenta e isola o conhecimento em diversas disciplinas, a interdisciplinaridade e a transdisciplinaridade fazem o movimento de abertura e religação. As duas últimas modalidades compartilham a característica de transgressão da lógica disciplinar, requerendo, para sua aplicação, mudanças conceituais e atitudinais, como já observava Ivani Fazenda.

A transdisciplinaridade, ao ser sistematizada, reforça conceitos e atitudes elaborados pela interdisciplinaridade, e sua *lógica do terceiro termo incluído* ajuda a esclarecer vários embates surgidos com a prática interdisciplinar. Como diz Nicolescu (1999), embora as modalidades de organização do conhecimento sejam distintas, não convém absolutizar suas diferenças. Neste sentido, pode-se afirmar que a interdisciplinaridade abriu caminho para a transdisciplinaridade. Observe-se que o surgimento do termo transdisciplinaridade deu-se no evento sobre a *pluridisciplinaridade e interdisciplinaridade*, realizado em 1970, na Universidade de Nice-França (Sommerman, 2014).

No Brasil, a interdisciplinaridade é introduzida no meio acadêmico a partir dessa mesma década, 1970, por Hilton Japiassú, que centra seus estudos na questão epistemológica, e por Ivani Fazenda, que direciona seus estudos interdisciplinares para o campo pedagógico.

Essas ideias vão exercer forte influência sobre as propostas curriculares. No entanto, ainda sob a influência da *lógica clássica*, a estrutura curricular seguirá a organização disciplinar. Atualmente, para atender o Decreto n. 5.154/2004 (Brasil, 2004) que estabelece o "currículo integrado", observa-se em muitas práticas pedagógicas que a reforma curricular é feita intercalando disciplinas das áreas científicas e humanísticas.

Esse Decreto constitui um grande avanço ao colocar a necessidade de religar saberes e reformar os currículos. No entanto, ao não entrar em maiores detalhes sobre as implicações epistemológicas, os docentes, ao enfrentar o desafio de reestruturação curricular, deparam-se com dúvidas tais como: *intercalar disciplinas das diferentes áreas é "integrar conhecimentos"? Justapor é suficiente? Como elaborar um "currículo integrado"?*

Tais interrogações são motivos de interlocuções entre os docentes do PPGEA e seus alunos. As discussões envolvem tanto a dimensão epistemológica como a pedagógica. Quando se fala na articulação de diversos saberes, almejando a unidade do conhecimento, pela lógica cartesiana redundaria em hibridismo, o que seria condenável. Para entender o significado de hibridismo, exige-se mudança conceitual.

HIBRIDISMO: RESSIGNIFICAÇÃO CONCEITUAL

Hibridismo indica uma visão de mundo que se contrapõe à *lógica de identidade e não contradição*, uma lógica que classifica e compartimenta os diversos elementos que compõem a natureza, omite as relações existentes e nega a possibilidade de articulação. Com essa lógica, o fenômeno do hibridismo existente na constituição da natureza e do ser humano, bem como na construção e reconstrução do conhecimento, ficou secundarizado e mesmo obliterado.

Quando a inter/transdisciplinaridade torna necessária uma visão global dos fenômenos que articule diversos conhecimentos em termos de "unidade na diversidade", os cartesianos, por não admitirem a interação dos opostos, entendem que a transdisciplinaridade busca a unidade do conhecimento como uma soma das partes. "Unidade", nos termos da *lógica clássica*, seria uma macrodisciplina que une todas as ciências. Tal proeza é impensável.

Para entender a expressão "unidade na diversidade", no dizer de Morin (1982) *Unitas Multiplex*, é preciso romper com os conceitos modernistas. Trata-se de um binário concebido segundo o princípio da complementaridade de Niels Bohr (1961): antagônico, porém complementar. Não se trata de somar matematicamente, trata-se de buscar relações que o conhecimento e a natureza estabelecem segundo circunstâncias dadas.

Com o seu terceiro axioma, a *lógica clássica*, ao negar a articulação dos opostos, nega o fenômeno do hibridismo. Desse modo, a dualidade estrutural do ensino é consequência da lógica cartesiana que comanda o pensamento, dissociando o mundo Natural do mundo da Sociedade (Latour, 2009). De acordo com Latour, a "Constituição" moderna, quando dicotomiza Natureza/Sociedade, consagra a visão assimétrica dos fenômenos. Quando os pesquisadores passam a se orientar pela não separação dos dois polos, tratando-os simetricamente, deixam de ser modernos, constituindo-se em um campo "híbrido". O título do livro de Latour é bastante sugestivo: *Jamais fomos modernos*. Assim, a existência de híbridos nas pesquisas vem de longas datas.

> A Constituição moderna permite, pelo contrário, a proliferação dos híbridos cuja existência – e mesmo a possibilidade – ela nega. Da mesma forma como a Constituição moderna despreza os híbridos que abriga também a moral oficial despreza os consensos práticos e os objetos que a sustentam. Sob a oposição dos objetos e dos sujeitos, há o turbilhão dos mediadores (Latour, 2009, p. 50).

Ao longo da existência, a humanidade estruturou e reestruturou "modelos mentais" para pensar os fenômenos da vida a fim de colocar ordem nas intricadas redes de interações e constituir a base da sua segurança e certeza. Esses modelos serviram e servem como fontes de critérios para enfrentar os desafios e incertezas do cotidiano: o mitológico, o filosófico, o teológico e o científico. Tais modelos, além de terem predominado ao longo de distintos períodos históricos, coexistem no mundo da vida, expressando e constituindo produção discursiva dos homens sobre suas relações com a natureza, consigo mesmo e com outros homens.

Assim, o hibridismo se manifesta ao articular os binários sujeito/objeto, ser/saber, sociedade/natureza, autonomia/dependência separados pela modernidade. A relação existente entre Ser e Conhecimento já era percebida por

Hegel (1770-1831), que dizia que para se discutir o conhecimento era necessário antes ter clareza sobre o ser:

"Se eu pergunto o que é o conhecimento, já na palavra 'é' está em jogo uma certa concepção do ser; a questão do conhecimento, daquilo que o conhecimento é, só pode ser concretamente discutida a partir da questão do ser" (citado por Konder, 2007, p. 22).

O conceito de ser é uma questão sobremaneira controversa. Segundo Morin (1996), a definição de sujeito associa noções antagônicas que exige um pensamento que una conhecimentos catalogados em compartimentos separados, entrelaçando múltiplos componentes. A objetividade e a subjetividade compõem um anel mutuamente recursivo.

No âmbito da tessitura individual, os sujeitos atuam conforme suas próprias construções de vida pessoal, reagindo aos estímulos não só por meio da razão, mas também por percepções, emoções, sensações, intuições, desejos, objetivos, competências e crenças. O sujeito tece a si mesmo atualizando-se constantemente ao interagir com os fenômenos exteriores na rede ecossistêmica da qual depende sua vida individual. Ao mesmo tempo em que constrói alteridade em relação a outros, ele está em permanente dialogia recursiva, regenerando-se mutuamente. O ser humano é um ente, por natureza, híbrido desde o seu nascimento, como o conhecimento e as teorias que ele elabora para interpretar os fenômenos da natureza sempre sujeitos a recontextualizações.

No magistério, os docentes como sujeitos autônomos e dependentes (binário) ao mesmo tempo, inseridos na cultura moderna que condiciona o seu modo de ser e pensar, as teorias pedagógicas alternativas à pedagogia tradicional, sofrem o fenômeno do reducionismo, motivo pelo qual a discussão sobre a relação teoria-método-prática é um tema recorrente na educação.

RELAÇÃO TEORIA-MÉTODO-PRÁTICA. RETROAÇÃO E/OU RECURSIVIDADE?

A relação de pertencimento, determinação ou remissão recíproca entre teoria-método-prática é um tema recorrente na área do magistério. Existem exemplos na história da educação de como uma nova teoria que pretendia ser inovadora, na prática, termina sucumbindo ao reducionismo. Reducionismo consiste no procedimento intencional ou não, por meio do qual é efetuada uma simplificação excessiva de uma formulação teórica que se tome como objeto de estudo, de onde pode resultar uma versão compacta, reduzida, simplificada, distorcida, deformada.

Citamos, por exemplo, o ocorrido com a Pedagogia de Paulo Freire (1987) que se praticou simplesmente como o Método Paulo Freire, omitindo a teoria que a fundamentava e substituindo-a pelos conceitos modernistas cartesianos. Este fenômeno repete-se, em educação, cada vez que surge uma nova teoria pedagógica alternativa à tradicional – que teima em se manter hegemônica no contexto da escola brasileira, com a mediação dos educadores desavisados.

Os métodos, as técnicas e as prescrições didáticas, por estarem escritos de modo racional e abstrato, geralmente são vistos pelos menos atentos como neutros. A neutralidade da técnica didática não tem consistência se se pensar que método e técnica só adquirem sentido no seu uso e que sempre são usados por um sujeito e não existe ninguém destituído de finalidades supostamente próprias, mas que são ideologicamente revestidas. Mesmo aquele que diz não as ter, de fato, reproduz um senso comum que, afinal, representa a hegemonia de um determinado grupo na sociedade. Assim, um sistema técnico é um "conjunto de estratégias operacionais, mobilizado para realizar um fim desejado. Isso inclui tanto o pensamento e o imaginário como ações sociais voltadas para o efeito definido" (Brüseke, 1998, p. 35).

As teorias e seus conceitos correlatos norteiam e orientam as práticas pedagógicas. No entanto, é necessário atentar para o fato de que entre teoria e prática há o mundo da vida (Habermas, 1988), da condição humana e sua sobrevivência no sistema constituído. As dimensões da vida a que se refere Habermas fazem com que uma prática como a educativa nem sempre corresponda, integralmente, à teoria que a constituiu.

Devido à força que a *lógica clássica* ainda exerce de separar, simplificar e reduzir quando um fenômeno é complexo, persiste a dicotomia entre teoria e método, teoria e prática, sendo frequente aplicar-se o método com o senso comum, como se fosse algo independente, neutro, um saber simplesmente técnico. Trata-se de um comportamento imediatista. Faz-se mudança metodológica, mas não a mudança epistemológica.

Métodos de ensino são sistematizações construídas a partir dos ideários tecidos a cada momento histórico, dando sustentação e fundamentação conceitual à educação no que se refere ao Ser Humano, à Sociedade, à Aprendizagem e ao próprio Conhecimento.

Quando surge uma nova teoria, o ato de acomodar o novo à velha estrutura dá lugar à dicotomia "teoria e método" que é um recurso fundamentado nas orientações banhadas na ideologia cartesiana – que está na raiz do Método Científico – requerendo dividir, simplificar, classificar e descontextualizar.

É preciso atentar para o fato de que os conceitos modernistas ainda condicionam o modo de pensar, comandando as atitudes e tomadas de decisões, a despeito da vontade de com eles romper.

As prescrições didáticas recomendadas nos manuais, em regra, são proposições genéricas, mesmo porque seguem a ideologia em voga, isto é, a ideologia embutida na metodologia e nas técnicas didáticas. Em relação ao que os educadores chamam de *métodos interativos* ou *globalizados* também estão orientados por suas respectivas teorias. São métodos que objetivam aprendizagens por meio de interlocuções entre os participantes, dialogando com os diversos saberes, construindo significados humanos para o conhecimento. Os métodos e as técnicas estão articulados segundo a maneira de ver do sujeito (Finkielkraut, 1996). Métodos e técnicas não são neutros, eles são o *modus operandi* de uma visão teórica, tendo sentido relacional, de conexões que o usuário estabelece – consciente ou inconscientemente – no seu agir pedagógico. Não querendo isso dizer que, uma vez que a ideologia está inscrita nos métodos e nas técnicas, estes devem ser simplesmente rejeitados. Eles precisam ser reinventados ou rejeitados em função dos objetivos que se quer alcançar: reinventados com vistas à manifestação livre do pensamento; e reelaborados em função de novos objetivos. O gerenciamento dos métodos e das técnicas, apenas, leva à reprodução de um sistema hegemônico. Se alguma alteração precisa ser feita, essa mudança começa, principalmente, na visão teórica que as preside para ajustar sua materialização nas técnicas.

A partir dessas observações, quando se pensa em uma metodologia de ensino na perspectiva inter/transdisciplinar, voltar à história da educação é de grande valia, pois há elementos que indicam como os educadores que pioneiramente comungaram da perspectiva de um ensino que integre os saberes conseguiram romper com a ideologia cartesiana e passaram a adotar uma linha de trabalho didático na perspectiva globalizante e renovadora, indicando modalidades metodológicas capazes de resgatar e recontextualizar segundo os conceitos trazidos pela inter/transdisciplinaridade.

Muitas são as possibilidades metodológicas para tratar o conhecimento como uma rede. Citamos, por exemplo, os Métodos Globalizados: Método Decroly (Centros de Interesse), Método Freinet, Método de Projetos, Método de Solução de Problemas (Libâneo, 1991) construídos pelos seguidores da Escola Nova, um ramo da Pedagogia Renovada que se consolidou no Brasil pelas atuações de Anísio Teixeira (1900-1971), inspirado no ideário liberal de John Dewey (1859-1952); Método Paulo Freire concebido para alfabetização de adultos, segundo sua filosofia humanista (Freire, 1983); Temas Transversais estruturados por César Coll dentro da concepção construtivista e incluídos nos Parâmetros Curriculares Nacionais (Brasil, 1997); Método dos Complexos de Blonsky, Pinkevich e Krupskaia com o referencial marxista (Gadotti, 1997).

No entanto, quando se difunde uma teoria, esta será interpretada e praticada segundo o perfil intelectual dos educadores que a utilizam, como diz Morin acerca da *ecologia da ação*:

"A partir do momento em que lançamos uma ação no mundo, essa vai deixar de obedecer às nossas intenções, vai entrar num jogo de ações e interações do meio social no qual acontece, e seguir direções muitas vezes contrárias daquela que era nossa intenção" (Morin, 1997, p. 23).

Quando a teoria cai no domínio público, podem ocorrer duas práticas radicalmente distintas. Ainda segundo esse autor, ou ela sofre o fenômeno da "retroação", ou o da "recursividade". A "retroação" ou "regulação" é um mecanismo cerebral, inconsciente na maioria das vezes. Morin explica esse fenômeno recorrendo ao exemplo do termostato que regula a temperatura ambiente automaticamente:

> O princípio do circuito retroativo [...] rompe com o princípio da causalidade linear: a causa age sobre o efeito, e o efeito age sobre a causa, como no sistema de aquecimento, em que o termostato regula o andamento do aquecedor. Esse mecanismo de regulação permite, aqui, a autonomia térmica de um apartamento em relação ao frio externo [...]. Inflacionárias ou estabilizadoras, são incontáveis as retroações nos fenômenos econômicos, sociais, políticos ou psicológicos (2000, p. 94-95).

Na prática educativa, a "retroação" consiste na aplicação dos conceitos da pedagogia tradicional, seguindo a *lógica clássica* de separação do binário teoria/método, omitindo a relação existente, o que leva à reprodução do sistema tradicional, como ocorreu com o Método Paulo Freire.

A "recursividade" consiste na prática reconstruída por meio de diálogos com os novos conceitos, ressignificando os velhos, evoluindo para novas estruturas cognitivas de explicação da realidade.

Ao articular os conhecimentos escolares de modo integrado ao contexto, à vida, aos fatos sociais e políticos, está levando em conta os diversos conhecimentos disciplinares integradamente. Tal comportamento segue outra lógica, a *lógica do terceiro termo incluído,* sistematizada por Nicolescu (1999). Como também requer ressignificação dos conceitos de *Ser Humano, Aprendizagem* e *Conhecimento.*

Ao longo da trajetória de ensino inter/transdisciplinar, tem-se observado nas práticas os dois extremos. Há aqueles que conseguem fazer uma prática articulando com os novos conceitos, relacionando a teoria ao método. Mas, há também os que, considerando somente as prescrições técnicas, deixam-se levar por velhos conceitos da pedagogia tradicional. Entre uma e outra prática, nota-se uma variedade de construções. Os resultados são pertinentes às condições locais e aos olhares dos que participaram do grupo. Como diz Morin, os resultados são imprevisíveis, pois dependem dos perfis epistemológicos dos indivíduos.

No diálogo com os diferentes especialistas, os obstáculos são os próprios olhares condicionados pela cultura na qual se insere. As atividades integradoras desvelam a dificuldade em lidar com o diverso. Os sujeitos estão reféns de atitudes e conceitos modernistas estabelecendo fronteiras, leituras específicas a cada área, realçando as diferenças em detrimento das convergências. No diálogo, as oposições se tornam antagônicas e não se complementam. Aceita-se a *lógica do terceiro termo incluído*, mas na prática se atua com a *lógica clássica* de oposição, não havendo ainda uma assimilação da teoria pela emoção. Entre razão e emoção, esta última é muito mais resistente. Daí se compreende o rompante de Albert Einstein ao dizer que é mais fácil desintegrar um átomo do que um preconceito.[2]

DIÁLOGO DE SABERES

Ao se trabalhar conceitos e práticas inter/transdisciplinares impõe-se mudanças de atitudes nas relações humanas. O diálogo produtivo entre os diferentes especialistas exige uma disposição interior de aceitação dos outros. Somente a presença física de outros não garante o diálogo. Pode-se praticar o monólogo em um grupo. Os conceitos da pedagogia tradicional têm levado os professores a praticarem o monólogo em sala de aula, assim também a gestão e organização escolar nos moldes da lógica autoritária. Dialogar pressupõe democracia relacional e cognitiva, reconhecimento da alteridade, do distinto, do diverso, respeito às construções alheias e buscar relações.

Reconhecer a alteridade é reconhecer a legitimidade do outro e ouvir. Ouvir não só pelo sentido da audição, mas compreender outro ponto de vista e reconhecer outras estruturas de pensamento, de raciocínio e conhecimento: uma questão cerebral/emocional/atitudinal, não só de audição. A atitude de abertura, de reciprocidade, de acolhimento é fundamental no diálogo. Na falta dessa atitude, a consequência é o conflito. No conflito, desaparece a boa vontade para com o outro e aflora a resistência, transformando-se em disputa.

---

2 Expressão atribuída a Einstein.

Geralmente, resgata-se da fala do outro somente aquilo que reforça e amplia o sentido do próprio pensamento. O mesmo acontece com o sentido da visão. Os olhos não enxergam se não se tem a estrutura das sinapses neuronais adequadas para representar os fenômenos que acontecem no entorno.

O diálogo subjetivo e objetivo entre todos é o diferencial da inter/transdisciplinaridade. Ao organizar projetos coletivos, no primeiro momento, estar-se-á na multidisciplinaridade, listando possibilidades; no segundo, na interdisciplinaridade, construindo relações com um ou outro especialista; e no terceiro, é o momento da transdisciplinaridade, diálogo simultâneo entre todos, articulando diversos olhares para a emergência de uma compreensão global e significativa dos fenômenos.

ABORDAGEM INICIAL

Outro fator importante no ensino dos novos conceitos é a abordagem inicial. É fundamental começar pela sensibilização, trazendo à consciência as crenças inconscientes que conformam os seres humanos e acredita-se serem partes naturais do modo de ser e pensar. A linguagem metafórica tem sido muito eficiente para que cada um veja em si próprio o condicionamento cultural sofrido durante seu crescimento.

O uso das metáforas e analogias, ao mesmo tempo em que predispõe o espírito para a abertura mental e percepção da possibilidade de mudança paradigmática, evita, no adiantar do curso, a emergência do sentimento, demasiadamente forte, de angústia devido à incompatibilidade com os conceitos internalizados da ciência moderna. Ao despertar a utopia, ameniza-se a angústia, mas permanece o sentimento de ansiedade, o que leva à busca de novas articulações.

Após a tomada de consciência, abordada por meio de linguagem metafórica, questionando "por que eu sou como eu sou", os iniciantes serão capazes de encontrar sentido nos novos conceitos e complementar as lógicas que comandam a mente humana, caracterizando duas lógicas e dois sistemas de pensamento que, apesar de opostos, são complementares.

INTEGRAÇÃO CURRICULAR NO ENSINO MÉDIO E PROFISSIONAL

A integração curricular no ensino médio e profissional tem sido um desafio para a comunidade de técnicos e docentes desse nível educativo. Ao se trabalhar a inter/transdisciplinaridade junto aos docentes e técnico-administrativos da rede dos IFs, é inevitável a discussão sobre o "Currículo Integrado", promulgado pelo Decreto n. 5.154/2004 (Brasil, 2004) que estabelece as Diretrizes e Bases da Educação Nacional, objetivando superar a dualidade estrutural do ensino entre profissional e propedêutico.

Essa superação, antes de tudo, requer a compreensão do modelo tradicional de ensino, questionando sua organização curricular que fragmenta o conhecimento em disciplinas. Ir à raiz desse sistema organizacional significa averiguar o modo de pensar e questionar a lógica que domina o pensamento moderno, elaborada por Aristóteles e retomada por Descartes para sistematizar a filosofia e ciência modernas.

A *lógica de identidade e não contradição* que sustenta a sociedade moderna pauta-se em apenas dois axiomas: os que são iguais e os que não são. O que leva à fragmentação do conhecimento, e com o seu terceiro axioma nega as relações entre os diferentes elementos e saberes. Nos marcos dessa lógica, o sistema educacional necessariamente é disciplinar (física, química, biologia, matemática, história, geografia, etc.) e o conhecimento isolado em distintas áreas (científica e humanística).

O Decreto n. 5.154/2004 (Brasil, 2004), ao instituir "currículo integrado" sem a contrapartida da capacitação docente, as tentativas de organizar o "currículo integrado" realizam-se com base na *lógica clássica*. As disciplinas permanecem justapostas sem comunicação entre si. Fazem-se mudanças pontuais sem questionar a lógica que orienta o raciocínio. Isto é, não se faz mudança epistemológica.

Superar a disjunção estrutural do ensino implica alguns desafios para as comunidades escolares, dentre os quais: repensar o próprio modo de pensar e ensinar; desvelar conceitos e lógicas que fundamentam a atual estrutura educacional; ressignificar conceitos; construir fundamentos teóricos coletivamente; definir projetos que articulem saberes tanto humanísticos como científicos; encontrar metodologias de ensino que religuem os saberes compartimentados; reestruturar o currículo adequando-o ao tempo e ao espaço com a participação de todo o quadro docente e, principalmente, estabelecer a dialógica (diálogo subjetivo e objetivo entre especialistas) como princípio.

As práticas de integração estão mais bem explicitadas no Parecer CNE/CEB n. 5/2011 (Brasil, 2011), que trata das Diretrizes Curriculares Nacionais para o Ensino Médio, aprovado em 04/05/2011 e homologado em 24/01/2012. Esse Parecer coloca a necessidade de rediscutir a forma de organização dos saberes buscando superar a dualidade estrutural entre o propedêutico e o profissional, propondo para sua integração "atividades integradoras", trabalhadas com metodologias que favoreçam a visão globalizada dos fenômenos. Ele cita como exemplos: "aprendizagem baseada em problemas; centros de interesses; núcleos ou complexos temáticos; elaboração de projetos; investigação do meio; aulas de campo; construção de protótipos; visitas técnicas; atividades artístico-culturais e desportivas, entre outras" (p. 43). Em relação ao *Ensino Médio e Profissional* (p. 29), o Parecer toma como base a noção de trabalho como principal referência educativa, considerando sua indissociabilidade com outras dimensões do conhecimento, como a ciência, a tecnologia e a cultura.

Mudar a forma de organizar o conhecimento, objetivando um "currículo integrado", requer a compreensão da *lógica do terceiro termo incluído* que formaliza a articulação entre diferentes elementos, possibilitando o diálogo tanto entre os saberes acadêmicos de diversas áreas, como também entre os não acadêmicos na construção de um projeto de "ensino integrado".

Os docentes e técnico-administrativos dos IFs, após se iniciarem nos fundamentos científicos para a religação de saberes, têm ensaiado projetos interdisciplinares ou transdisciplinares desenvolvidos simultaneamente às aulas convencionais, com temas de interesse local, contando com a colaboração de alguns colegas de outras especialidades que se dispõem a participar.

Os projetos de "atividades integradoras", no nível médio, são desenvolvidos em equipe devido à profundidade que o conhecimento adquire, exigindo o envolvimento de especialistas de cada disciplina. Tais projetos têm funcionado, no primeiro momento, como uma forma de introdução e convencimento do quadro docente para se chegar, mais adiante, à discussão da reforma curricular. Pois, para a reforma do currículo do curso, é necessária a participação de todos os docentes envolvidos para a formalização no Projeto Político Pedagógico do Curso (PPC).

Para o desenvolvimento de projetos coletivos, necessita-se mudança de conceitos e atitudes que estão internalizados e automatizados, pois a disciplinaridade, com sua *lógica de identidade e não contradição* tem levado os sujeitos a um modo de ser individualista com visão parcializada do mundo e da ciência, levantando fronteiras e a clausurar-se entre os iguais, defendendo-se dos diferentes. Tais atitudes são incompatíveis com as posturas exigidas no desenvolvimento de projetos coletivos.

Ao se trabalhar com projetos coletivos impõem-se atitudes de reciprocidade, de solidariedade, de democracia cognitiva, de abertura mental, da aceitação da diversidade do modo de pensar e capacidade de articular em prol de uma visão globalizada dos fenômenos. Suspender sua própria construção e colocar a atenção na compreensão da construção do outro. Olhar o outro desvela a cultura internalizada, amplia horizontes e relativiza o que era tido como verdade única e indiscutível.

A fundamentação lógica e conceitual de tais atitudes tem sido objeto de estudo da teoria da transdisciplinaridade e complexidade. Se a transdisciplinaridade sistematiza leis, lógica, conceitos e metodologia, a Complexidade, ou "Pensamento Complexo" como Morin (1982, 1991, 1996, 1997, 1998, 2000b, 2001, 2002) costuma dizer, traz análises dos fenômenos complexos, explicitando a multiplicidade de inter-relações existentes na configuração da realidade. A metodologia transdisciplinar apresentada por Nicolescu (1999, p. 47) contempla a complexidade, sendo um dos três pilares que a sustenta: a) *Vários níveis de realidade;* b) *Lógica do terceiro termo incluído;* e c) *Complexidade.*

Contudo, entre a concepção que explicita uma visão de mundo e sua consequência para a metodologia pedagógica, no sentido de tornar prática a teoria, muitas interferências podem advir do contexto, das relações entre os homens (consigo mesmos, entre si e com a natureza) ou de outros fatores.

A natureza paradigmática da interdisciplinaridade e transdisciplinaridade, proveniente de uma epistemologia da complementaridade, requerem cuidados em seu tratamento, pois paradigmas são fundamentos para o modo de ser do indivíduo, constituindo sua segurança para interpretar e agir diante das incertezas da vida. Quando um professor propõe um projeto inter/transdisciplinar, as resistências na comunidade docente afloram, alegando argumentos ligados à ordem estabelecida: formação disciplinar; insegurança ao sair das certezas constituídas; tempo já preenchido segundo horários de trabalho, lazer e obrigações domésticas.

PRÁXIS INTER/TRANSDISCIPLINAR. RELATOS DE ATIVIDADES INTEGRADORAS

O processo de aprendizagem do novo sistema de pensamento passa por várias etapas e depende dos conceitos já construídos pelos indivíduos. As práxis aqui registradas são ensaios iniciais após o primeiro contato com a teoria e algumas poucas leituras sobre o assunto.

Apesar das resistências de alguns colegas, os docentes/mestrandos dos IFs têm ousado organizar projetos inter/transdisciplinares nos seus respectivos estabelecimentos, segundo as condições encontradas e dentro do viável, resultando em uma variedade de construções. Como diz Sommerman (2006), são construções que se aproximam mais, ou menos, dos conceitos multi, pluri, inter ou transdisciplinares.

O caminho para uma reforma curricular no ensino em direção ao "currículo integrado" depende das articulações e ressignificações dos velhos conceitos realizados pelos profissionais da educação dentro dos perfis próprios de cada um. A seguir, reproduz-se algumas experiências desenvolvidas no Programa de Pós-graduação em Educação Agrícola – UFRRJ e no Programa de Pós-graduação Educação em Ciências e Saúde – Nutes/UFRJ. Tais projetos, em geral, destacam-se pela criatividade e diversidade, pois são resultados de uma coletividade segundo condições e características locais.

Projeto "*Soja: el oro verde del Mercosur*"

Projeto da professora Rosane Salete Sasset desenvolvido no Instituto Federal de Educação, Ciência e Tecnologia de Rondônia, Colorado do Oeste.

O Estado de Rondônia faz fronteira, ao longo de quase 1.500 km, com a Bolívia, cujo idioma oficial é o espanhol. Com o surgimento do Mercosul, o idioma espanhol passou a ter uma atenção diferenciada no universo escolar brasileiro, fazendo parte dos currículos escolares.

Como professora de língua espanhola, a partir da sua disciplina, organizou um projeto de ensino com abordagem inter/transdisciplinar, objetivando o ensino da língua no contexto das problemáticas vividas por Mercosul em colaboração com o docente responsável pela disciplina Produção Vegetal II que compõe o currículo do Curso Técnico em Agropecuária Integrado ao Ensino Médio.

Inicialmente, articularam-se conteúdos de apenas duas disciplinas, mas na trajetória, na medida em que o projeto ia sendo difundido no campus, outros especialistas se somaram ao grupo e estabeleceram-se relações entre as produções literárias, conhecimentos humanísticos e científicos, requerendo aplicar conceitos transdisciplinares e sua lógica do terceiro termo incluído.

Com o desenvolvimento dos diálogos entre as disciplinas e a aplicação do princípio de autonomia/dependência e o conceito de aprendizagem como um ato autopoiético, aprender tornou-se um exercício dinâmico que promoveu a interação dos conteúdos e das experiências individuais e coletivas, dando significado ao que se aprende e os alunos sentindo-se sujeitos do processo ensino-aprendizagem.

A participação e a aceitação dos alunos no desenvolvimento de todas as atividades propostas foram significativas, demonstrando o interesse por uma prática diferenciada de ensino. A possibilidade de se tornarem pesquisadores de temas que são próprios da realidade do curso Técnico em Agropecuária Integrado ao Ensino Médio, a fim de verificar como isso ocorre em outros lugares trouxe outras perspectivas para a efetivação do processo de ensino-aprendizagem. Aprender tornou-se um exercício dinâmico, resultado da interação das experiências individuais e coletivas. As transcrições das falas de alguns alunos retratam a percepção que tiveram sobre as atividades inter/transdisciplinares desenvolvidas:

- Além de aprender sobre a soja coisas que não sabíamos, aprendemos a falar um pouco mais em espanhol, conhecemos outras culturas e vimos que o nosso potencial em trabalhar em grupo e pesquisar é muito bom, além de ser divertido (menina, 15 anos).
- Promoveu a integração entre os alunos da turma e das demais turmas do segundo ano, além de atualizar os conhecimentos das disciplinas de Produção Vegetal II e Espanhol (menino, 15 anos).
- A partir desse projeto, aprendemos várias coisas, adquirimos mais experiência, mais criatividade e muito mais conhecimento. Crescemos "profissionalmente" e mentalmente, pois para se fazer um trabalho como esse é preciso ter responsabilidade (menina, 16 anos).
- Com certeza foi muito proveitoso, pois aprendi muitas coisas, informações que eu não sabia em relação aos outros países, com esse trabalho interdisciplinar "saímos" para outros países com culturas muito diferentes e tivemos mais conhecimento sobre o Mercosul (menina, 17 anos).

Essa atividade de ensino centrada na pesquisa, no diálogo, na cooperação, na criatividade, na interação coletiva, nas descobertas e reconstrução do conhecimento, faz com que o aluno deixe de ser um ouvinte passivo para ser um interlocutor ativo, o que fortalece a sua autonomia, autoconfiança e o prazer de aprender.

O Projeto "*Soja: el oro verde del Mercosur*" lançou indícios aos professores indicando caminhos para superar o autoritarismo, a hierarquia, o reducionismo, mostrando as vantagens de um ensino que integre o conhecimento, a sociedade, as culturas do mundo globalizado devolvendo vida ao ensino-aprendizagem.

Projeto "Interdisciplinaridade na Usina de Álcool"

Projeto organizado pela professora Camila Ferreira Abrão e desenvolvido no curso Técnico em Agropecuária Integrado ao Ensino Médio do Instituto Federal de Rondônia, Campus Colorado do Oeste.

Os objetivos foram: analisar as articulações e possibilidades de um currículo pautado no diálogo de diferentes saberes e discutir a relação entre diferentes saberes e sua influência para uma ação reflexiva.

O projeto foi desenvolvido nos meses de setembro e outubro de 2012, sendo estruturado em três momentos. No primeiro momento, ocorreram as reuniões entre os professores para o planejamento do projeto. No segundo momento, a execução do projeto "Interdisciplinaridade na Usina de Álcool", onde foram realizados encontros com os alunos participantes do projeto para estudos teóricos explorando o tema cana-de-açúcar e uma visita a Usina de Álcool. No terceiro momento, a avaliação do projeto por professores e alunos e também a verificação do conhecimento incorporado pelos alunos, por meio de aplicação de questionários.

Os conhecimentos selecionados como necessários para compreensão do tema foram definidos a partir do diálogo entre os docentes, o que permitiu uma reflexão mais aprofundada sobre a questão que permeia o tema Usina de Álcool em uma perspectiva interdisciplinar.

Os resultados obtidos forneceram subsídios para formular algumas considerações sobre as contribuições e os desafios no desenvolvimento de projetos interdisciplinares por meio de uma ação dialógica e reflexiva. Os projetos interdisciplinares estão ocorrendo sem uma reflexão sobre como executar essas propostas, uma vez que a interdisciplinaridade foi implantada nos currículos, mas os professores não foram preparados para o seu entendimento e forma de desenvolvimento.

A falta de vivência com atividades de natureza interdisciplinar não se constituiu em entrave para o desenvolvimento da proposta, pois, apesar das dificuldades, os professores mostravam-se animados, principalmente quando conseguiam articular as diferentes áreas de conhecimento para que o projeto acontecesse e quando percebiam que os alunos estavam animados com a proposta de ensino. Dessa maneira o projeto contribuiu para uma formação continuada desses professores.

Na análise do processo de construção e execução, a visão inter/transdisciplinar permeou as interações dialógicas entre professores e alunos, constituindo-se como elemento fundamental para futuros projetos pedagógico.

Mel: Polinizando conhecimentos

Projeto organizado e executado pelos professores e técnicos Ana Carla Gujanwski Ferreira (Técnico em Assuntos Educacionais), Domingos Sávio Côgo (Bibliotecário), Jean Rúbio de Oliveira Lopes (Professor do Ensino Básico), Jonadable Alves Palmeira

(Técnico em Assuntos Educacionais), Leonardo Silva Moraes (Técnico em Tecnologia da Informação), Márcia Helena Milanezi (Pedagoga) e Sival Roque Torezani (Assistente em Administração). Os integrantes deste grupo atuam no Instituto Federal de Ciência e Tecnologia do Espírito Santo (IFES) — Campus Santa Teresa, situado na zona rural do Espírito Santo.

Objetivando ações pedagógicas integradoras baseadas em pressupostos da transdiciplinaridade, o projeto foi desenvolvido com os alunos do curso Técnico em Agroindústria Integrado ao Ensino Médio na Modalidade Proeja. A curiosidade dos alunos e a importância do tema escolhido para a sua formação foram determinantes para a definição do tema: Mel. A partir desta curiosidade, uma palestra foi planejada como atividade motivadora e o assunto foi associado às diversas outras disciplinas do curso, gerando o projeto integrador em pauta.

Os procedimentos metodológicos foram desenvolvidos em etapas diversas. A partir de reuniões com professores a fim de sensibilizar para a realização do projeto, ocorreram discussão e avaliação para a escolha do tema que teve relação estreita com o curso, bem como discussão sobre a importância de estudo do tema para a vida profissional dos estudantes.

Assim, a execução das atividades do projeto foi iniciada com a palestra "Mel", ministrada pelo Professor da disciplina "Animais de Pequeno Porte" do Curso Técnico em Agropecuária, envolvendo os professores participantes junto com os alunos do I Período do Curso Técnico em Agroindústria Integrado ao Ensino Médio — Proeja, em atividades diversas, enfocando o tema "Mel", sempre na perspectiva transdisciplinar.

A partir da palestra, os professores das diversas disciplinas do curso e outros setores relacionados ao curso também abordaram o tema em atividades diversas. Com o desenvolvimento das atividades, o Mapa Conceitual foi sendo elaborado por professores, alunos e demais envolvidos no projeto. Assim, os componentes curriculares ficaram implícitos nas atividades, interligando os conteúdos.

Ao longo do desenvolvimento do projeto, além das disciplinas próprias do curso, outros setores do Campus foram sendo envolvidos:

- Representantes do Núcleo de Estudos em Agroecologia (NEA) apresentaram a função das abelhas na polinização mostrando a preocupação de cientistas com a redução no número de abelhas e algumas iniciativas para a criação desses insetos em espaços urbanos, como forma de assegurar a fertilização das plantas, bem como a produção de mel de excelente qualidade.

- O Agrônomo do NEA fez um relato de sua experiência vivenciada no período de convivência com uma tribo de índios do Xingu e suas atividades com as abelhas sem ferrão. Assim, tivemos um breve contato com a cultura indígena e sua relação com a natureza. Ainda nos foi relatada a forma como os índios manejam as abelhas indígenas sem ferrão e as iniciativas de ONGs na preservação desta cultura e como uma excelente alternativa para a geração de renda entre as populações interioranas da Amazônia, podendo enquadrar-se perfeitamente nos preceitos de uso sustentável dos recursos naturais.

A proposta da oficina Meliponicultura surgiu a partir dos diálogos entre os sujeitos do projeto, quando percebemos que era necessário ir a campo, para que na prática tivéssemos a possibilidade de ressignificar os saberes discutidos nos encontros, aulas e palestras. Assim, foi ministrada uma oficina por professores do Campus com a colaboração do Eng. Agrônomo integrante do NEA. Além dos alunos do I Período do Proeja, participaram da oficina alunos de outros cursos do Campus. Nesta oportunidade, enfocaram-se a importância das abelhas para o meio ambiente, seu papel fundamental na polinização das plantas e os diversos tipos de abelhas e sua atuação na natureza.

Ocorreu também a oficina Culinária com Mel, ideia nascida da concepção de que o conhecimento deve fazer sentido para o aluno, e que a possibilidade do diálogo entre o concreto e o abstrato possa oportunizar aos alunos a construção de seu próprio conhecimento. Observamos o intenso envolvimento dos alunos na realização da tarefa que foi uma delícia no sentido figurado e literal da palavra.

O professor da disciplina de Matemática utilizou uma didática simples, mas muito instigante no sentido de despertar a curiosidade, a atenção e o entendimento sobre o conteúdo programático da disciplina no que se refere a formas geométricas, áreas e volumes relacionando o conteúdo à vida das abelhas: sua organização e as formas prismáticas dos alvéolos; a construção do favo de mel e a noção de volume, etc., fazendo, assim, a relação com o que os alunos aprenderam sobre o tema nas outras disciplinas e atividades.

A atividade de Construção de Paródias teve como objetivo oportunizar aos alunos a construção de paródia musical como alternativa de atividade complementar relacionada ao conteúdo estudado.

A proposta dos professores da disciplina de Noções de Administração foi de pesquisar dados estatísticos sobre o Mercado Produtor de Mel em termos regionais, nacionais e internacionais. Nesta atividade os alunos foram instigados a pesquisar em meio eletrônico, Boletim Técnico, jornais e revistas.

O professor de Química trabalhou a adulteração deste produto. Estes estudos foram muito importantes, considerando os benefícios que o mel traz à saúde humana, interligando estes conhecimentos a outros, estudados em outras áreas de conhecimento.

Na atividade integradora, construir um mapa conceitual auxilia na compreensão dos conceitos relacionados (Figura 17.1).

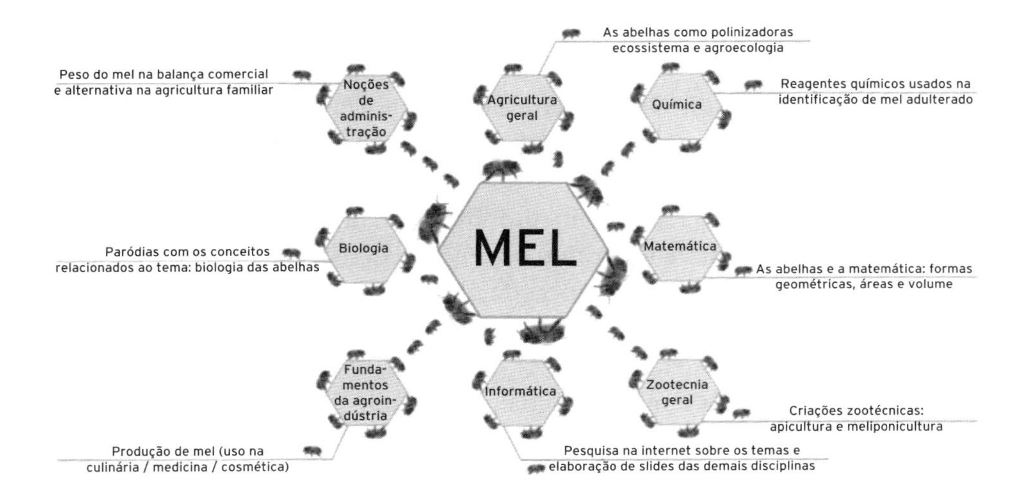

Figura 17.1: Mel - polinizando conhecimentos. Conceitos correlatos.

No decorrer do projeto, percebemos que as atividades trabalhadas demandavam o desenvolvimento de outras atividades em outras áreas de conhecimento. A busca pelo conhecimento nas ações transdisciplinares dificilmente se esgota.

Os depoimentos de dois participantes transcritos a seguir demonstram o reflexo da atividade:

> Foi uma experiência muito construtiva, na qual os alunos (turma Proeja – 2014) se dedicaram intensamente na realização e concretização do projeto. Foram realizados vários encontros para desenvolvimento das atividades, inclusive um encontro promovido pelos alunos durante suas férias. Isto pode mostrar o envolvimento e a dedicação entre todos (Paulo Cesar Pereira Junior, professor orientador da turma).
>
> Seria interessante que os professores trabalhassem mais atividades deste tipo. Porque percebemos que muitos conteúdos têm a ver uns com outros, mas que não é feita esta ponte. Nesta atividade foram incentivados a pesquisar mais sobre o tema e até sugeriram atividades. Isso é que é aula (Maria Luziane, representante da turma).

É possível que esta atividade possibilite outros processos de discussão e problematização de outras temáticas, originando novos olhares sobre a práxis docente e do projeto pedagógico do curso.

Água – Atividade Integradora

Projeto organizado e executado pelos técnico-administrativos em Educação da Universidade Federal Rural de Pernambuco, Sede de Dois Irmãos – Recife/PE: Giovanildo Francisco de Farias (Geografia); José Guilherme Santos Filho (Matemática); Josias Limeira da Silva Sobrinho (Ciências Agrícolas); Norma Nancy Emanuelle Siverio da Silva (Direito); Onilda Maria Reis Vieira (Física); Raphaela Campelo Patrício (Administração); Robson Campelo de Souza (Administração).

Este trabalho é resultado de uma proposta integradora baseada em pressupostos da transdiciplinaridade com o objetivo de desenvolver o senso crítico e a conscientização sobre a importância de preservar e não desperdiçar a água.

O projeto foi desenvolvido com os alunos da turma do 6° ano do Ensino Fundamental com faixa etária entre 11 e 12 anos. O objetivo foi desenvolver atividades por meio da temática "Água: utilização e preservação" que pudessem promover uma consciência planetária.

Com a atual crise hídrica e energética, faz-se necessária maior conscientização da sociedade em relação ao uso deste recurso natural, bem como por parte do governo por meio das políticas públicas de saneamento básico e abastecimento.

A metodologia foi pensada e executada a partir do mapa conceitual transdisciplinar apresentado na Figura 17.2.

As atividades foram desenvolvidas de forma interativa, estimulando a participação de todos na construção dos conhecimentos visando à conscientização dos participantes sobre a importância do uso racional da água.

Teve-se o cuidado de salientar, a todo o momento durante a execução, que o debate sobre a água e atividades a ela relacionadas deveria ser objeto de novos projetos que podem ser incorporados pela escola em seu projeto político pedagógico.

Importante destacar que um dos momentos que mais surpreendeu foi o da fala da aluna L. S. C. de 12 anos, que, no momento da apresentação do tema declarou: "sobre água eu sei tudo, pois eu sou do sertão e por conta da falta de água eu vim morar aqui", acrescentando em sua ficha de questionamento, "mas hoje eu sei o que é ter água à vontade, mas não só porque se tem água à vontade é que vamos desperdiçar. Porque ninguém sabe o dia de amanhã".

Figura 17.2: Água - atividade integradora.

As professoras participantes do processo de integração contribuíram significativamente com as atividades desenvolvidas. Acreditamos que esta atividade seja de fundamental importância para todos indistintamente, alunos, professores, servidores e comunidade e que ela possa vir a desencadear novas ações e debates sobre o tema Água, bem como a fazer parte do projeto político pedagógico da escola. De fato, a transformação do mundo está em nossas mãos!

Painel Integrado – Bullying: Você sabe o que é?

Projeto organizado e executado pelos técnico-administrativos em educação da UFRPE: Adilson Ribeiro Duarte (Bacharel em Direito), Bruna Katharine Santos Cavalcanti (Bacharel em Administração), Mônica Maria César Fonseca da Cruz (Licenciatura em Letras/Espanhol), Ozias Henrique dos Santos (Licenciatura em Ciências Biológicas), Rivonylda Costa Sousa Araújo (Bacharel em Serviço Social) e Sandra Maria Morgado Ferreira (Bacharel em Administração).

Com a intenção de executar um painel com conceitos transdisciplinares junto ao corpo discente e docente do Colégio Dom Agostinho Ikas (Codai), participaram do evento professores e alunos da Escola de Referência do Ensino Médio Conde Pereira Carneiro, ambas localizadas no município de São Lourenço da Mata/PE.

Fases de execução do Projeto:

1. Visita ao Codai para realização de entrevistas com técnico-administrativos, docentes e discentes, com a pretensão de conhecer e captar os problemas enfrentados no contexto escolar.
2. Tendo em vista os depoimentos de alguns alunos acerca dos comportamentos apresentados no decorrer do semestre letivo, como, por exemplo, preconceito e intolerância a respeito da cor da pele, do biotipo, da opção sexual, do alto nível de intelectualidade, dentre outros, o tema escolhido para o projeto transversal foi "Bullying: Você sabe o que é?".
3. Levantamento de referência bibliográfica que discorresse sobre a temática.
4. Construção do Painel Integrado. Procuramos abordar um tema delicado e atual de modo que integrasse nossa formação com o cotidiano dos discentes do Codai, em uma perspectiva transdisciplinar. Após inúmeras discussões teóricas, o painel integrativo formatado pela nossa equipe contou com a colaboração dos seguintes profissionais: pedagoga, técnico em alimentos, zootecnia, servidor em manutenção, motorista, design, jornalista, docente da área de gestão agroindustrial e docente do curso técnico em agropecuária.
5. Culminância da atividade. Painel Integrado: a) Abertura do evento; b) Exibição do filme Billy Elliot, com o objetivo de possibilitar manifestações sobre os efeitos do bullying: as constantes humilhações; os problemas comportamentais que podem ser desencadeados; a queda de aproveitamento escolar e os transtornos na saúde. Discutiram-se também o papel da família dos colegas de escola, dos professores e as implicações no desenvolvimento dos alunos no tocante ao biopsicossocial.

Na construção da visão global sobre o *bullying*, inter-relacionaram-se contribuições das ciências jurídicas, serviço social, matemática, biopsicossocial, pedagogia, português, história, geografia, informática, cinema e nutrição.

Como havia no auditório alunos de duas escolas, a dinâmica da música proporcionou a interação entre eles despertando o espírito de equipe, o respeito à opinião do outro, a escuta e o *feedback*. Foi um momento de muita descontração e amizade.

A realização da atividade possibilitou a conjugação de saberes, habilidades, profissões e visões diferentes. Essa interação se deu de forma dialogada, sem compartimentar as contribuições, que se fundiram em um fluir natural da atividade.

Como sugestões dos próprios alunos, verificamos a necessidade de haver mais eventos dessa natureza, proporcionando a integração dos saberes com foco na visão global dos problemas observados dentro do colégio.

Horta escolar urbana: opção pela abordagem complexa e transdisciplinar

Projeto "Horta escolar urbana: espaço para a construção de práticas educativas inovadoras para a Educação em Ciências e Saúde/FAPERJ", inserido em projeto amplo "Mapeamento e delimitação da Alimentação Escolar no Brasil", aprovado pelo parecer n. 69/2011, processo n. 72/2010 do Comitê de Ética em Pesquisa do Instituto de Estudos de Saúde Coletiva, com a anuência da Secretaria Municipal de Educação da Cidade do Rio de Janeiro e dos gestores da unidade de ensino. A ação foi executada pela professora e doutoranda Elizabete Cristina Ribeiro Silva, pela mestranda Fernanda Dysarz, pelo sociólogo e agricultor Hugo Cerqueira, membros do Laboratório de Currículo e Ensino/Observatório da Educação Capes/Inep/Núcleo Local Nutes/UFRJ sob a coordenação do professor Alexandre Brasil Fonseca.

A equipe compartilha o esforço para a apropriação dos elementos da *complexidade* e da *transdisciplinaridade*. A eleição de ações e indicações de práticas educativas tem se baseado no potencial que essas têm de explicitar as diversas dimensões da alimentação humana, do plantio ao consumo, e de estimular a interação dos diversos atores e elementos da comunidade escolar, abarcando o Programa Nacional de Alimentação Escolar.

Uma dessas escolhas foi repensar e elaborar a estrutura físico-pedagógica da horta escolar, tendo em vista as demandas contemporâneas. Trata-se de uma experiência emblemática com horta em escola pública urbana e desenvolvida a partir de pesquisas e ações anteriores da equipe e intenso exercício de *práxis*.

As ações ocorreram ao longo do ano letivo de 2012 até abril de 2013, atingindo diretamente 150 estudantes do ensino fundamental, 50 pais destes, 10 professores, a diretora adjunta, a coordenadora pedagógica, 6 funcionários e, indiretamente, 350 estudantes e demais membros da comunidade escolar. Os envolvidos foram estimulados à participação direta no planejamento, no plantio, na manutenção, na colheita, nas preparações e no consumo.

Buscou-se harmonizar o empenho físico e o intelectual/reflexivo. Foram usados recursos auxiliares como vídeos, fotografias, livros, jogos e visita à unidade de pesquisa agroecológica. Muitas ações tiveram desdobramentos conduzidos pelos estudantes em seus lares e outras foram elaboradas considerando os saberes trazidos desses espaços. Dois grandes eixos orientaram o desenvolvimento da atividade.

O primeiro considerou o contexto global e o questionamento ao modelo hegemônico de desenvolvimento pelo entendimento que existem nas especificidades históricas, sociais, ambientais e econômicas que permeiam a atividade agrícola no Brasil. Parte da concepção de que uma prática pedagógica deve ter definidos os pressupostos que envolvem a ação em si, como atentar para os diversos aspectos presentes na sua execução e que podem comprometer, ou mesmo contradizer aqueles pressupostos.

As perspectivas da *complexidade* propostas por Edgar Morin e das *Sociologias das Ausências e das Emergências*, postuladas por *Boaventura Souza Santos* coligadas aos princípios da *agroecologia* e da *agricultura urbana* embasaram parâmetros pedagógicos mais amplos. A primeira alertou sobre a impossibilidade de compreender a realidade e elaborar soluções coerentes e abrangentes, adotando a ótica unidimensional especializada e parcelada. Buscou-se evidenciar a multidimensionalidade, a multirreferencialidade e as lógicas decorrentes. As *sociologias* propostas são complementares entre si e, a partir do olhar complexo, denunciam a produção de *ausências*, com ocultamento de realidades e a naturalização de uma visão hegemônica do mundo. Assim, muito do que não é considerado tem sua inexistência produzida ativamente como opção não plausível, invisível e descartável.

Ao serem utilizadas, na ação pedagógica como a horta escolar, trouxeram sua ampliação simbólica, permitindo identificar sinais de futuro, pistas ou traços de suas capacidades e possibilidades emergentes. Identifica-se, nessa perspectiva um papel fundamental na escolha da *agroecologia* e da *agricultura urbana*, como movimentos contra-hegemônicos que, adaptados ao espaço escolar, criaram possibilidades para o discernimento das *ausências* no sistema alimentar vigente, seus impactos sociais e ambientais e suas implicações a saúde humana.

O modelo de agricultura orientou abordagens políticas, ideológicas, sociais, culturais, econômicas e trouxe reflexões nas relações estabelecidas entre os atores sociais envolvidos e desses com os procedimentos adotados no desenvolvimento da atividade, na escolha dos cultivos e na destinação de seus produtos.

O segundo eixo foi o reconhecimento de estudos científicos, especialmente os voltados para a horticultura social e terapêutica, que respaldam os benefícios à saúde humana pelo contato com elementos naturais e que incluem, entre tantos: a potencialização do estabelecimento de laços sociais e o favorecimento da aprendizagem pelo estímulo sensorial e cognitivo. Esses orientam critérios estruturais e metodológicos para práticas agrícolas na composição de um equipamento de saúde.

A mesma lógica, com as respectivas adaptações, pôde ser notada na intervenção. Houve o esforço por conceber a horta escolar como parte de um equipamento pedagógico e, para tanto, alguns cuidados e procedimentos foram adotados não focando somente o objetivo final – estímulo à alimentação saudável – mas entendendo que outros objetivos e aprendizados, igualmente relacionados à formação para a saúde, devem ser diligenciados durante o processo de intervenção. A condição de saudável só pode ser atribuída a um alimento produzido em um contexto igualmente saudável e adequado.

Sintetizando as contribuições dos dois eixos mencionados, foram considerados e praticados análises, provocações, problematizações, reflexões, experimentações tendo como premissa o esforço contra-hegemônico; a escolha de cultivares com impacto pedagógico como feijão, arroz, aipim, beldroega; a visibilidade dos fatores que compõem a cadeia produtiva alimentar; a horizontalidade das relações e saberes; os efeitos da dicotomia e da conjugação do empenho físico e intelectual; questionamentos sobre os seres vivos presentes e ausentes; a ergonomia nos canteiros e nas ferramentas; uso de equipamentos de proteção e segurança individual e coletiva; a inclusão dos saberes familiares/populares sobre cultivares regionais, não comerciais e suas formas de preparação; as referências do senso comum; questões de gênero na agricultura e na culinária; a composição de ambiente favorável à experimentação gustativa etc.

Foi possível, ainda, vislumbrar a pertinência das atividades agrícolas na escola urbana para a percepção da alimentação e do meio ambiente como temas transversais complexos que se comunicam, podendo representar o elo que permita, aos professores e outros envolvidos, o aperfeiçoamento de suas práticas pelo exercício da perspectiva integrada e transdisciplinar. A horta, assim como outras ações educativas, é potencialmente transdisciplinar, mas esse potencial poderia não se revelar na estrutura disciplinar vigente. A opção pela *complexidade* e a *transdisciplinaridade* aliada a outros referenciais teóricos consistentes; o intenso diálogo e o exercício de *práxis* foram fundamentais para a identificação e tratamento dado aos itens mencionados.

CAMINANTE, NO HAY CAMINO; SE HACE CAMINO AL ANDAR

Como diz o poeta Antonio Machado (1975): *"caminante, no hay camino; el camino se hace al andar"*. Os homens são todos peregrinos em busca de uma humanidade melhor, no caso específico dos docentes, uma educação melhor. Desse modo, os relatos anteriormente transcritos devem ser considerados como primeiros passos em direção à religação de saberes, enfrentando os desafios da reforma de pensamento e construindo segundo as condições do caminho.

Como se pode observar nos relatos, os projetos organizados pelos mestrandos, apesar de nem sempre conseguirem contar com todos os especialistas, buscam a aplicação dos conceitos inter/transdisciplinares, servindo para sensibilizar e conquistar os mais reticentes, demonstrando outro modo de se pensar a questão da "integração" e suas implicações conceituais. Nesse sentido, a execução dos projetos integradores tem surtido efeito, entusiasmando os colegas que, inicialmente, eram descrentes e resistentes.

Os organizadores, além da exigência de terem de se reconstruir, enfrentam ainda outro fator complicador que é realizar "atividades integradoras", articulando-se com colegas de diferentes especialidades que em geral não têm muita proximidade nem noção sobre a teoria. O que faz com que tenham de, primeiro, sensibilizar, conquistar e provocar abertura mental dos possíveis participantes, pois eles estão imersos no mundo da vida, da sobrevivência, adequando-se ao sistema.

Para dificultar ainda mais, tais ações são consideradas como atividades extracurriculares, pois não são oficializadas nos Projetos Políticos Pedagógicos (PPP) dos estabelecimentos. Portanto, a participação é voluntária e a composição da equipe muda constantemente, mesmo porque as horas dedicadas ao projeto não são reconhecidas oficialmente.

No entanto, relembrando o dito por Morin (2007, p. 37), de que "a reforma deve se originar dos próprios educadores e não do exterior", os mestrandos assumem o desafio das múltiplas dificuldades que irão emergir da prática pedagógica nessas condições. Desse modo, é de se esperar atuações, muitas vezes, ambíguas e contraditórias, mesmo porque os mestrandos tiveram pouco tempo para reflexão e assimilação do novo sistema de pensamento. Assim como o termo interdisciplinaridade que, por já ter maior aceitação entre os educadores, é utilizado, muitas vezes, como sinônimo de transdisciplinaridade.

Quanto à sensibilização inicial e encaminhamento, a realização do projeto coletivo varia muito de grupo em grupo, pois dependem das condições encontradas em cada unidade escolar. Vários são os fatores que interferem na escolha do caminho a seguir. Há grupos que escolhem a via burocrática, outros, a sensibilização por meio do diálogo, ou as duas vias ao mesmo tempo. E quando a resistência é muito grande, eles organizam o projeto com seus alunos e envolvem os especialistas por meio deles, solicitando apoio e orientações.

Nesses encaminhamentos, a prática da democracia cognitiva é de suma importância. A participação se dá quando a escolha do tema resulta da discussão coletiva. E quando o tema e a realização do projeto são impostos autoritariamente, obtêm-se adesões *pro forma* ou nada acontece.

Nos relatos, observa-se ainda a emergência da compreensão significativa e humana dos fenômenos estudados, reencantando a educação e o prazer de aprender traduzido no entusiasmo dos alunos. A aprendizagem por intermédio dos projetos coletivos depende da participação ativa no processo exercendo a autonomia/dependente como um ato autopoiético (Maturana e Varela, 2001), colocando em jogo as habilidades emocionais, cognitivas e de relações humanas na convivência, respeito à diversidade humana, reconhecendo-se o direito de cada sujeito com sua cultura na ocupação do espaço.

As atividades requisitadas pela metodologia interativa mobilizam os alunos, desafiando-os a construir seus próprios sentidos para o conhecimento em questão; buscar subsídios pertinentes; a confiar em si mesmos; a pensar por si mesmo; a analisar, interpretar, refletir, planejar, organizar, dialogar com os diversos pontos de vista; a sistematizar e a expressar seus conhecimentos. Essas práticas preparam a juventude não mais para a repetição do que existe, mas para reinventar e reorganizar o conhecimento e os valores, desenvolvendo uma ética planetária e ambiental, reformando o pensamento com novas evidências científicas e novas condições sociais.

Na realidade, essas atividades não partem do zero. As escolas, em geral, contam nas suas programações com atividades temáticas que articulam diferentes conteúdos, como as comemorações do "dia do índio", "consciência negra", "semana do meio ambiente", mas, em geral, esses eventos são organizados como festividades com articulações intuitivas. Esse fato, ao mesmo tempo que facilita, também dificulta sua organização em base a novos conceitos, pois as sinapses neuronais estão condicionadas a velhos conceitos.

As ressignificações conceituais trabalhadas na sala de aula se transformam em atitudes a partir do momento em que o sujeito consegue sistematizar novos conceitos como modo de pensar: isto é, após muitas leituras, questionamentos, discussões e enfrentamentos. Os avanços nesse sentido observam-se em teses e dissertações daqueles que tomam como referencial a teoria da interdisciplinaridade ou transdisciplinaridade.

A aquisição de um novo sistema de pensamento não se faz rapidamente. Trata-se de um processo em sujeitos, construindo-se de passo a passo, muitas vezes, incidindo em "retroações" por ainda não ter clareza conceitual, mas ao vislumbrar outro modo de educar, mais humano, articulando subjetividade e objetividade, propõem-se à ressignificação dos velhos conceitos, tomando os novos como recursos ("recursividade").

Nessas práticas, as diferenciações entre pluri, inter e transdisciplinaridade tornam-se muito fluidas dificultando sua caracterização, porém, como diz Patrick Paul, "quer seja pluri, ou inter, ou transdisciplinaridade, o que necessitamos hoje é uma nova forma de inteligibilidade" (2011, p. 257).

CONSIDERAÇÕES FINAIS

A facilidade ou dificuldade do ensino inter/transdisciplinar na pós-graduação depende da formação profissional do público-alvo. Os mestrandos que frequentam o curso do PPGEA são docentes e técnico-administrativos que vivenciam o cotidiano do magistério. Esses profissionais, especialmente os docentes, além do conhecimento específico da sua área, cursaram algumas disciplinas da área humanística e pedagógica oferecidas pelas Licenciaturas, o que facilita a compreensão dos novos conceitos.

Entretanto, na disciplina Epistemologia e Ciência com os doutorandos da veterinária do Programa de Pós-Graduação em Ciências Veterinárias, a dificuldade é muito grande porquanto esses alunos passaram por uma matriz curricular composta por disciplinas restritas à área específica e desconhecem o conteúdo e linguagem da área humanística.[3]

Com sua linguagem e leituras especializadas, superar a formação disciplinar e equiparar os conceitos torna-se o primeiro desafio. Os professores (possuidores de formações distintas à da turma) terão de, na abordagem inicial, aproximar-se e coordenar a linguagem com a da formação dos alunos. No entanto, superada esta etapa, quando os alunos compreendem o sentido da religação dos saberes, dão-se conta da dimensão do conhecimento a ser considerado. E, neste momento, aparece a angústia que cresce mais ainda quando eles percebem a incompatibilidade conceitual com sua formação disciplinar.

Em contrapartida, com os docentes e técnico-administrativos dos IFs, quando tomam conhecimento da teoria, a reação é de entusiasmo, pois eles sofrem no dia a dia a insuficiência e inadequação do ensino ministrado nos moldes da pedagogia tradicional. Todavia, para suas dissertações, somente

3 Essa experiência está no capítulo "Obstáculos epistemológicos no diálogo de saberes" (Santos e Santos, 2009).

alguns optam pelo referencial da interdisciplinaridade ou transdisciplinaridade, por que ainda estão reféns das normas da pós-graduação, tendo de respeitar e seguir as linhas filosóficas dos seus orientadores.

Como docentes e técnico-administrativos de uma instituição de ensino, os mestrandos do PPGEA trazem dos seus afazeres pedagógicos leituras críticas e enfrentam o desafio da elaboração da matriz curricular nos termos do "currículo integrado" do Decreto n. 5154/2004. Nesse sentido, a inter/transdisciplinaridade e complexidade sugerem novo modo de pensar, agir, interpretar e organizar um "ensino integrado".

O ensino de interdisciplinaridade e transdisciplinaridade no PPGEA, ao solicitar dos mestrandos aplicação na ação pedagógica, busca reavivar, por meio das discussões nas instituições escolares, a utopia de uma humanidade melhor.

As ações pedagógicas desenvolvidas vêm conquistando docentes, técnico-administrativos e discentes, assim difundindo ideias que se associam a outras e formam correntes, cada qual com hibridismo próprio. A religação de saberes só se dará ao se ousar sua aplicação nas escolas, o que pode transformar atitudes de isolamento em atitudes de solidariedade e cooperação.

REFERÊNCIAS

BERNSTEIN, B. *A estruturação do discurso pedagógico: classe, códigos e controle.* Trad. de Tomaz Tadeu da Silva e Luís Fernando Gonçalves Pereira. Petrópolis: Vozes, 1996. v. IV.

BOHR, N. *Atomic physics and human knowledge.* New York: Science Editions Inc., 1961.

BRASIL. Secretaria de Educação Fundamental. *Parâmetros Curriculares Nacionais – PCNs: terceiro e quarto ciclos: apresentação dos temas transversais.* Brasília: MEC/SEF, 1997.

______. Decreto-Lei 5.154/2004. Brasília: Diário Oficial da União, 23 jul. 2004.

______. MEC. Diretrizes Curriculares Nacionais para o Ensino Médio. Parecer CNE/CEB No. 5/2011. Disponível em: http://portal.mec.gov.br/index.php?option=com_content&view=article&id=16368&Itemid=866. Acessado em: 16 nov. 2011.

BRÜSEKE, F.J. A Crítica da Técnica Moderna. In: *Revista Estudos Sociedade e Agricultura,* n. 10. Rio de Janeiro: CPDA, UFRRJ, 1998.

CARTA DA TRANSDISCIPLINARIDADE. I Congresso Mundial de Transdisciplinaridade. Arrábida-Portugal, 1994. Disponível em: www.redebrasileiradetransdisciplinaridade. Acessado em: 22 maio 2015.

FAZENDA, I. *Interdisciplinaridade. um projeto em parceria.* São Paulo: Loyola, 1993.

______. *O que é interdisciplinaridade?* São Paulo: Cortez, 2008.

FAZENDA, I.; FERREIRA, N.R.A. (orgs). *Formação de docentes interdisciplinares.* Curitiba: CRV, 2013.

FINKELKRAUT, A. As técnicas e o humanismo. In: SCHEPS, R. (org.). O *Império das Técnicas.* Campinas: Papirus, 1996.

FREIRE, P. *Educação e Mudança.* Rio de Janeiro: Paz e Terra, 1983.

______. *Pedagogia do Oprimido.* Rio de Janeiro: Paz e Terra, 1987.

FRIGOTTO, G.; CIAVATA, M.; RAMOS, M. (orgs.). *Ensino Médio Integrado: Concepções e Contradições.* 2. ed. São Paulo: Cortez, 2010.

GADOTTI, M. *História das ideias pedagógicas.* São Paulo: Ática, 1997.

GUIA DO MESTRANDO. PPGEA/UFRRJ. Disponível em: www.ufrrj.br. Acessado em: 15 maio. 2015.

HABERMAS, J. *Teoría de la acción comunicativa I. Racionalidad de la acción y racionalidade social.* Trad. Manuel Jiménez Redondo. Madrid: Taurus, 1988.

HERNÁNDEZ, F. *A organização do currículo por projetos de trabalho.* Trad. Jussara Haubert Rodrigues. 5. ed. Porto Alegre: Artes Médicas, 1998.

JAPIASSÚ, H. *Interdisciplinaridade e Patologia do Saber.* Rio de Janeiro: Imago, 1976.

KONDER, L. *O que é dialética.* 28. ed. São Paulo: Brasiliense, 2007.

LATOUR, B. *Jamais fomos modernos: ensaio de antropologia simétrica.* 2. ed. Trad. Carlos Irineu da Costa. Rio de Janeiro: 34, 2009.

LIBÂNEO, J.C. *Didática.* São Paulo: Cortez, 1991.

MACHADO, A. *Poesías Completas.* La Habana: Editorial Arte y Literatura, 1975.

MATURANA, H.; VARELA, F. *A árvore do conhecimento: as bases biológicas da compreensão humana.* Trad. Humberto Mariotti e Lia Diskin. São Paulo: Palas Athena, 2001.

MORIN, E. *Ciência com consciência.* Trad. Maria Gabriela de Bragança Portugal: Publicações Europa-América, 1982.

______. *Introdução ao pensamento complexo.* Lisboa: Instituto Piaget, 1991.

______. A noção de sujeito. In: SCHNITMAN, Dora (org.). *Novos paradigmas, cultura e subjetividade.* Porto Alegre: Artes Médicas, 1996, p. 45-58.

______. Complexidade e ética da solidariedade. In: CASTRO, G.; et al. *Ensaios de Complexidade.* Porto Alegre: Sulina, 1997.

______. *O Método. 4. As ideias. Habitat, vida, costumes, organização.* Trad. Juremir Machado da Silva. Porto Alegre: Sulina, 1998.

______. *A cabeça bem-feita: repensar a reforma, reformar o pensamento.* Trad. Eloá Jacobina. Rio de Janeiro: Bertrand Brasil, 2000a.

______. *Os sete saberes necessários à educação do futuro.* Trad. Catarina Eleonor F. Silva e Jeanne Sawaya. São Paulo: Cortez, Brasília; Unesco, 2000b.

______. Jornadas temáticas (1998: Paris, França: 1998). *A religação dos saberes/o desafio do século XXI.* Idealizadas e dirigidas por Edgar Morin. Trad. e notas: Flávia Nascimento. Rio de Janeiro: Bertrand Brasil, 2001.

______. *O Método 5: a humanidade da humanidade.* Trad. Juremir Machado da Silva. Porto Alegre: Sulina, 2002.

MORIN, E.; ALMEIDA, M.C.; CARVALHO, E.A. (orgs). *Educação e complexidade: os sete saberes e outros ensaios.* São Paulo: Cortez, 2007.

NICOLESCU, B. *O Manifesto da Transdisciplinaridade.* Trad. Lúcia Pereira de Souza. São Paulo: TRIOM, 1999.

PAUL, P. Pensamento complexo e interdisciplinaridade. In: PHILIPPI JR, A.; SILVA NETO, A. (ed). *Interdisciplinaridade em ciência, tecnologia e Inovação.* Barueri: Manole, 2011.

RAMOS, M. Possibilidades e desafios na organização do currículo integrado. In: GAUDÊNCIO, F.; CIAVATA, M.; RAMOS, M. (orgs.). *Ensino Médio Integrado: Concepções e Contradições,* 2. ed. São Paulo: Cortez, 2010.

SANTOS, A.; SOMMERMAN, A. (orgs). *Ensino disciplinar e transdisciplinar. Uma coexistência necessária.* Rio de Janeiro: WAK, 2014.

SANTOS, A.C.S.; SANTOS, A. Obstáculos epistemológicos no diálogo de saberes. In: SANTOS, A.; SOMMERMAN, A. (orgs). *Complexidade e transdisciplinaridade em busca da totalidade perdida. Conceitos e práticas na educação.* Porto Alegre: Sulina, 2009.

SOMMERMAN, A. *Inter ou Transdisciplinaridade? Da fragmentação disciplinar a um novo diálogo entre os saberes.* São Paulo: Paulus, 2006.

______. Alguns eventos e documentos de referência no campo da transdisciplinaridade. In: TEIXEIRA, A. *Educação progressiva: uma introdução à filosofia da educação.* 2. ed. São Paulo: Cia. Editora Nacional, 1934.THIESEN, J.A. A interdisciplinaridade como um movimento articulador no processo ensino-aprendizagem. *Periódico Percursos,* Florianópolis, n. 1, v. 8, jan/jun 2007. Disponível em: www.periodicos.udesc.br/index.php/percursos/. Acessado em: 15 maio 2015.

capítulo 18

Transdisciplinaridade na universidade: experiências nos cursos de bacharelado do Centro de Estudos Universitários Arkos, México

Ana Cecilia Espinosa Martínez | *Contabilista, Centro de Estudos Universitários Arkos (México)*
Pascal Galvani | *Educador, Université du Québec à Rimouski (Canadá)*

Nas linhas a seguir, compartilhamos os processos de pesquisa-ação-formação (e, portanto, de autoecorreorganização) desenvolvidos no Centro de Estudos Universitários Arkos[1] (CEUArkos), de Puerto Vallarta, Jalisco, México, para institucionalizar a transdisciplinaridade e a complexidade como parte das práticas de formação universitária, assim como do currículo, apoiado pelo Ministério da Educação mexicano. Para este fim, na publicação *Transdisciplinaridade e formação universitária: teorias e práticas emergentes* (Espinosa e Galvani, 2014), propomos dois longos capítulos que sintetizam ao mesmo tempo os trabalhos para operacionalizar a transdisciplianridade, reunindo a experiência desenvolvida pelos atores universitários para a transição em suas práticas da disciplinaridade à transdisciplinaridade no ensino, aprendizagem e pesquisa na instituição citada, criando estratégias específicas de ação.

---

1 O CEUArkos retoma como parte de sua identidade um dos ícones da cidade de Puerto Vallarta, os arcos do dique. A palavra *arkos* provém de *arkhé*. Na filosofia grega, os pensadores pré-socráticos começavam a se perguntar pelo arkhé das coisas, o princípio supremo unificador dos fenômenos e que está na base de todas as transformações. O "k" é incorporado assim, no nome da instituição, inspirada nesse significado e também no vocábulo grego *kinesis*, que significa movimento ou dinâmica, neste caso a dinâmica de transformação que a instituição deve gerar em sua relação dialética e dialógica com a comunidade que a viu nascer, portanto, as arcadas simbolizam a união e identificação entre a cidadania e o centro universitário.

A experiência é baseada epistemológica e teoricamente na transdisciplinaridade e na complexidade; mas emerge de uma problemática vivenciada pelos atores universitários do CEUArkos que evidenciam uma ruptura entre sua prática universitária e a filosofia institucional, que postula uma formação integral da pessoa, com a qual se sentem identificados. Falamos então de uma experiência teórico-prática que assume as características de uma pesquisa-ação (P-A) e incorpora a reflexão e a colaboração dos participantes em todos os momentos de sua realização.

Desse modo, a pesquisa assume como postura epistemológica aquela denominada por Nicolescu (1998) como *transdisciplinar* (muitas vezes, relacionada e confundida com os termos multidisciplinaridade e interdisciplinaridade[2], aos quais transcende) e por Morin (2005, 2006, 2006b, 2006c, 2006d, 2006e, 2006f) como *complexa*. Assim, partindo da proposta de tipificação dos paradigmas epistemológicos feita por Moraes (2005): positivista, interpretativo, sociocrítico e paradigma ecossistêmico complexo, nosso enfoque é este último. O paradigma ecossistêmico complexo tem uma base

> [...] construtivista, interacionista, intersubjetiva e dialógica (assume a reintrodução do sujeito cognoscente em todo o conhecimento), aceita a natureza múltipla e diversificada do sujeito e do objeto estudado, envolvendo uma dinâmica não linear, dialógica e interativa, recursiva e aberta; que resgata a biopsicogênese do conhecimento humano; e assume que sujeito e objeto são ecologicamente indivisíveis e interdependentes. (Moraes, 2008, p. 16-17)[3]

---

2 "As *disciplinas* são corpos de conhecimento científico, plausíveis de se organizarem sistematicamente para serem ensinadas, que se encarregam do estudo de fragmentos específicos da realidade – tais fragmentos constituem o domínio material ou objeto da disciplina – e da busca contínua de conhecimentos novos que substituem os antigos, sobre a matéria particular da qual se ocupam". (Espinosa e Tamariz, 2006). "A *pluridisciplinariedade* consiste no estudo do objeto de uma única e mesma disciplina por meio de várias disciplinas ao mesmo tempo. O objeto terminará assim enriquecido pela convergência de várias disciplinas. O conhecimento do objeto dentro da sua própria disciplina se aprofunda com o aporte pluridisciplinar fecunda" (Nicolescu, 1998, p. 2). Trata-se, portanto, de um conjunto de disciplinas que abordam diversos aspectos ou âmbitos de um mesmo problema, sem que as disciplinas que contribuem sejam mudadas ou enriquecidas. De modo que a relação pluridisciplinar não oferece possibilidades de relação no sentido estrito, só permite a convergência entre as ciências afetadas. Segundo Piaget, a interdisciplinaridade se dá "onde a cooperação entre várias disciplinas ou setores heterogêneos de uma mesma ciência levam a interações reais, isto é, até uma certa reciprocidade de intercâmbios que dão como resultado um enriquecimento mútuo" (Piaget, 1979, p. 67).

3 Como parte da dimensão ontológica do paradigma, Moraes contempla, e com ela estamos de acordo, que "a realidade é uma unidade global, complexa, integrada; é dinâmica, relacional, indeterminada e não linear, nela aparecem os contrários ao mesmo tempo que como antagônicos, complementares; é construída pela relação sujeito/objeto; é multidimensional; existem diferentes níveis de realidade; a complexidade é constitutiva da realidade, do pensamento e da ação" (2008, p. 16-17).

Para Klein (2013) esta posição se situa dentro do que ela intitula uma perspectiva transdisciplinar que passa da noção de unidade para a noção de complexidade.

TRANSDISCIPLINARIDADE E ENSINO SUPERIOR: TEORIAS E PRÁTICAS EMERGENTES

Contextualização da experiência

Pode-se dizer que desde o século XIX, a educação e, em especial, o ensino superior, em sua maior parte, tem sido caracterizado pelo seu caráter disciplinar, na organização e transferência de conhecimento de forma fragmentada, confinando o conhecimento dentro dos currículos em unidades isoladas, sem relação umas com as outras, tais como peças soltas de um quebra-cabeça que são entregues aos alunos sem lhes proporcionar as instruções para articulá-las. Esse fenômeno não é gratuito, é reflexo da forma que se organiza e se produz o conhecimento científico no campo da educação, cujos resultados formam os conteúdos da educação no mundo moderno: disciplinaridade que tende a atomização do conhecimento e se sustenta no paradigma positivista da ciência clássica.

A universidade, onde o nosso objeto de estudo é contextualizado, não é exceção. O CEUArkos está localizado na cidade de Puerto Vallarta, Jalisco, México, e é uma Instituição de Ensino Superior (IES) encalacrada nesta problemática fundamental de uma educação fragmentária, em que suas funções substantivas e programas educacionais se organizam sob a perspectiva disciplinar. É uma instituição privada, com reconhecimento oficial do Ministério de Educação Pública (MEP), fundada em 1990 por educadores com muitos anos de experiência na formação de jovens e adultos no campo da educação pública. É a primeira universidade da região. Oferece cursos de bacharelado sob o modelo presencial, nas áreas Jurídica, de Contabilidade, Ciências da Comunicação, Administração de Empresas de Turismo e Marketing. É uma universidade pequena com uma população que oscila entre 300 e 400 estudantes e conta com um corpo docente de cerca de 50 professores-profissionais em diversas áreas do conhecimento, que, além de terem uma formação acadêmica, estão envolvidos não só na docência como também no exercício contínuo da profissão. Em relação ao perfil dos alunos, 70% deles trabalham, e, por esta razão, os cursos são ministrados no período da tarde e noite, das 17h às 22h e, aos sábados, das 8h às 14h.

Embora a prática educativa do CEUArkos seja disciplinar, a filosofia institucional tem uma orientação humanista sintetizada em seu lema "Educar é formar homens livres". A universidade tem dentro dos seus ideais uma formação integral do indivíduo. Encorajada por essa visão humanística da educação, a direção do centro educacional se interessou desde cedo pela abordagem transdisciplinar. A visão crítica da comunidade universitária e o sentido de comunidade de aprendizagem existente, permitiram aos seus membros identificar uma lacuna entre a filosofia institucional e a forma como seus cursos eram conduzidos. Por esse motivo, procurou-se, nos planos estratégicos (2003-2008), criar meios que possibilitassem reduzir essa lacuna e alcançar o ideal de uma formação mais integral.

Assim, a questão central da pesquisa era: *Como operacionalizar, metodologicamente, em conjunto com os atores universitários, a prática educativa transdisciplinar – nas atividades de aprendizagem, o ensino e a pesquisa como parte da docência – nos cursos de bacharelado do CEUArkos de Puerto Vallarta, Jalisco, México?* e o objetivo geral da pesquisa era revelar as formas de realização da prática educativa transdisciplinar, com a ajuda dos atores universitários da instituição.

A tríade básica para uma nova formação universitária: transdisciplinaridade, complexidade e ecoformação

A partir do problema de pesquisa, a fundamentação teórica da pesquisa foi baseada na transdisciplinaridade e complexidade e suas derivações na educação de nível superior. Transdisciplinaridade e complexidade representam duas formas de pensamento atuais, que se somam à busca de uma visão integradora do conhecimento e da realidade em reação a uma visão fragmentadora desta mesma realidade. Talvez seja mais correto dizer que elas representam duas maneiras de chamar o novo paradigma da ciência. Os teóricos mais importantes são Nicolescu e Morin. A relação entre as duas teorias é inevitável, pois a transdisciplinaridade concebe a complexidade como um dos seus princípios orientadores. A estas visões se soma a perspectiva ecoformadora que retoma o vínculo indivíduo-sociedade-natureza, o triângulo de vida (D'Ambrosio, 2007), tripolaridade que estrutura as pesquisas sobre a formação humana (Pineau, 2007) que sintetizam o que poderíamos chamar de *tríade básica para uma nova formação universitária.*

A transdisciplinaridade

Segundo Nicolescu (1998), a transdisciplinaridade é aquilo que está ao mesmo tempo *entre, através* e *além* das disciplinas. Seu papel é atender à necessidade de lidar com os desafios sem precedentes do mundo problemático em que vivemos e que exigem um tratamento multirreferencial, por serem complexos. Sua finalidade é compreender o mundo e a articulação das diferentes áreas do conhecimento e dos saberes. Está fundamentada nos pilares da *complexidade,* os *níveis de realidade* e a *lógica do terceiro incluído,* que definem sua metodologia e nova visão da natureza e do ser humano (Nicolescu, 2006).

A complexidade

A complexidade (o que está tramado entre) é uma perspectiva estimulada por uma tensão permanente entre o desejo de um saber não parcelado, não dividido, não reducionista, e o reconhecimento do inacabado e incompleto de todo o conhecimento. Para essa corrente, a realidade é complexa, pois envolve tanto o único quanto o múltiplo, é *unitas multiplex* (Morin, 2001). Para resolver os problemas originados da realidade, a complexidade propõe uma revolução no pensamento que permita que o advento de um *pensamento complexo,* capaz de associar o que está desunido e conceber a multidimensionalidade de toda realidade antropossocial por meio da aplicação de sete princípios: *sistêmico ou organizacional, hologramático, retroatividade, recursividade, autonomia/dependência, dialógico, reintrodução do sujeito em todo o conhecimento* (Morin, 2005).

A ecoformação

A ecoformação é, a partir da perspectiva dos participantes do Congresso da Transdisciplinaridade de Barcelona (2007), a atividade educacional ecologizada, ou seja, enraizada na dinâmica relacional entre o ser humano, a sociedade e a natureza de modo que seja sustentável no espaço e no tempo. Retoma o triângulo da vida (D'Ambrosio, 2007), tripolaridade que estrutura a antropoformação, incorporando as transações entre os três polos: relação com o mundo (ecoformação), relação com o outro (coformação), relação consigo mesmo (autoformação).

Assim, para a experiência investigativa em CEUArkos nos ancoramos à nova visão de mundo e da realidade que nos fornecem tanto os pilares transdisciplinares, como os princípios para um pensamento complexo e a ecoformação, os quais usamos para fundamentar e cocriar as estratégias universitárias a fim de obter uma perspectiva mais integral da formação. Em outras palavras, com estas perspectivas, procuramos inaugurar um novo período para ancorar socialmente essa tríade conceitual em uma comunidade universitária, tentando passar de conceitos de autores a concepções de práticas de atores universitários.

Transdisciplinaridade e ensino superior

Como é sabido, no âmbito da educação, as perspectivas transdisciplinares e complexas têm inspirado várias propostas universitárias como as do Ciret-Unesco-Delors (1997) e do Modelo de Janstch (1979). Destacam-se também, no âmbito teórico, as abordagens de Morin sobre "*Os sete saberes necessários à educação do futuro*", que sintetiza os princípios de sua teoria da complexidade. Também temos as pesquisas de Espinosa e Tamariz (2001) sobre um Modelo de Educação Transdisciplinar para a Universidade e o Modelo de Reynaga (2006), que resume o trabalho de Morin. Porém, no plano da práxis, destacam-se as pesquisas no campo da educação continuada com os trabalhos de Pineau (2007) sobre a ecoformação e de Galvani (2007) sobre a autoformação, que desenvolvem processos de Pesquisa-Ação-Formação. No campo da aprendizagem e do conhecimento, as perspectivas mais próximas do ideal transdisciplinar provêm de visões de autores como Piaget (1980), Maturana e Varela (1998 e 2003) e Galvani (2007), identificadas com o paradigma emergente. Temos também importantes contribuições de autores brasileiros como Ubiratan D'Ambrosio (2007), De Almeida (2009), Moraes (2008), assim como dos membros do Grecom (Almeida e Knobbe, 2003), entre outros.

No entanto, a análise do estado da arte (de 1979 até hoje) sobre transdisciplinaridade e educação no nível superior revela que as experiências vivas em instituições educativas, e particularmente na universidade, ainda são escassas. Dispomos de princípios epistemológicos, mas ainda não temos os passos para sua implementação. Assim, consideremos que uma das principais dificuldades na implementação dessa visão mais integradora da formação oferecida pela transdisciplinaridade se encontraria na falta de propostas metodológicas que permitam tornar operacionais os princípios epistemológicos dessa abordagem nas tarefas universitárias e que a passagem paradigmática na universidade teria de iniciar apenas com a formação transdisciplinar dos diversos atores da comunidade educativa. Na ausência de um modelo, esta formação não pode ser didática, mas deve ser experiencial, é precisamente o interesse do processo de investigação-formação-ação que permite criar coletiva e reflexivamente processos e conteúdos de formação por meio da própria experimentação dos atores.

A práxis transdisciplinar: o método, um caminho construído coletivamente

Nesta parte, apresentamos a práxis, as estratégias, os caminhos criados coletivamente e o próprio método construído pelos membros do CEUArkos para uma formação transdisciplinar. Portanto, um Projeto Transdisciplinar em contínua transformação a partir da necessidade de superar a fragmentação do conhecimento, impulsionado pela formação no CEUArkos, no plano institucional, levando à concepção de práticas educativas (práticas nas quais se encontra uma visão de mundo e da realidade), nas quais caminhos sobre como operacionalizar a transdisciplinaridade e a complexidade deva se dar por meio de uma indagação em conjunto com os atores universitários. Para isso, era básico iniciar com a própria formação desses atores. Assim, um dos objetivos principais era treinar professores e diretores nessas perspectivas, melhorando suas qualificações pedagógica e profissional. Com eles e com os alunos, procuramos criar e experimentar as práticas e estratégias transdisciplinares para o ensino universitário.

Estratégia: oficinas de Pesquisa-Ação-Formação transdisciplinares

Esta tarefa tem sido feita por meio de oficinas P-A focadas em identificar e experimentar os processos para uma formação mais abrangente a parir da visão transdisciplinar. É aí que abordamos como traduzir em passos metodológicos a transdisciplinaridade e a complexidade para adaptá-las às práticas de formação do CEUArkos, tentando libertá-las da fragmentação.

O objetivo é também que os atores incorporem as novas tendências, a partir de práticas de P-A reflexivas em que todos contribuam para a concepção, construção e avaliação dos caminhos explorados (Barbier, 2008; Galvani, 2007), pois uma evolução tão importante como ir de uma lógica disciplinar para uma transdisciplinar na universidade não pode se desenvolver de repente e totalmente sem a participação dos atores e sob um esquema de transmissão apenas e não de pesquisa-ação, já que querer compreender as novas perspectivas sem experimentá-las é uma contradição epistemológica.

As oficinas funcionam desde 2007. Consistem de gestores, professores e estudantes voluntários (uma média de 20 pessoas) de diferentes áreas do CEUArkos (as disciplinas representadas são: Direito, Administração e Turismo, Economia, Contabilidade, Bioquímica, Ciências da Comunicação, Filosofia e Letras, Educação, Matemática e Marketing). São inspirados pelo trabalho de Galvani (2007) e Pineau (2007), assim como nossa própria proposta (Espinosa e Tamariz, 2001), surgida em uma investigação anterior. Essas oficinas são baseadas em noções como: pesquisador coletivo com contrato aberto com os participantes (Barbier, 1996); diálogo intersubjetivo e cruzamento de saberes (Galvani, 2007 e Pineau, 2007); aprendizagem compartilhada e colaborativa; escuta sensível e multirreferencialidade (Barbier, 2008). Assumem um modelo de reflexão-na--ação (Schön, 2006) para transcender a visão dos participantes como meros aplicadores do conhecimento, reconhecendo-os como produtores do mesmo.

O método da oficina transdisciplinar

A formação no processo transdisciplinar não deve ser realizada sob um modelo de expertise e de transmissão, mas sim sob um modelo reflexivo. O método da oficina consiste em partir de problemáticas específicas vividas pelos participantes, que são analisadas coletivamente em grupos de diálogo transdisciplinares. Esse processo permite reconectar os saberes e a vida em inclusão à relação do sujeito cognoscente ao objeto de conhecimento. É uma lógica de emergência, em que cada ator do sistema, seja professor, estudante ou administrador, deve participar da concepção e análise crítica dos processos experimentados. As oficinas se constituem, portanto, pela exploração reflexiva, dialógica e transdisciplinar de problemáticas vividas pelos membros da comunidade educativa. Considerando que a experiência vivida já é transdisciplinar, vamos tomar a opção de partir sempre de situações e de problemáticas ecopsicossociológicas concretas, analisadas dialogicamente entre os diversos autores, de acordo com o processo a seguir:

Cada participante, professor ou aluno, é convidado a apresentar ao grupo uma problemática ecopsicossocial específica que ele tenha observado em seu ambiente e que ele ache que deva ser ajustada para as novas gerações.

Então, estas questões são escolhidas por grupos de cinco pessoas de diferentes formações disciplinares.

Nos subgrupos, cada um pode perseguir sua própria reflexão que irá gerar uma investigação pessoal. Mas o método dialógico implica que cada participante deverá construir todas as fases da sua investigação (problemática, recolhimento de dados e análise) em diálogo com as diversas disciplinas presentes no seu grupo, mas também com especialistas nas áreas de conhecimento relevantes para o objeto de estudo e que podem ser externos à universidade, como os saberes populares tradicionais ou artísticos. Por exemplo, no caso de analisar a problemática do desenvolvimento das boutiques para artistas na Ilha do Rio Cuale que atravessa Puerto Vallarta, não é suficiente questionar a lei, a economia, o turismo e a comunicação; também é necessário ter em conta os representantes do conhecimento popular tradicional que fazem desta ilha um lugar fundamental da cultura local.

Em cada apresentação de uma situação-problema, os membros da oficina transdisciplinar são treinados para identificar quais os esclarecimentos que as diferentes disciplinas podem aportar, mas também os pontos cegos de cada disciplina. A aprendizagem reflexiva aporta ao mesmo tempo sobre o objeto de conhecimento e também sobre a relação do sujeito conhecedor com o seu objeto de conhecimento.

Os grupos de diálogo são seguidos por momentos de integração, reflexivos, coletivos e individuais.

Para o seminário de tese transdisciplinar (criado nas oficinas do P-A, como será visto mais adiante), o próprio método fundamental é usado para reunir os estudantes de todos os graus em um curso estimulado e coordenado por uma equipe transdisciplinar de seis professores.

Uma pedagogia baseada em três níveis de realidade da pessoa

As oficinas são voltadas para que os participantes desenvolvam três tipos de aprendizagem ligados a três grandes dimensões ou níveis de realidade do sujeito (Galvani, 2007): a) vinculado com o nível teórico e epistemológico ou cognitivo, procura-se aprender a pensar, por meio da pesquisa e por meio dos três pilares da transdisciplinaridade e os sete princípios da complexidade, tentando gerar um pensamento complexo; b) relacionado com o nível prático enfatiza-se o aprender a dialogar, distinguir e reconectar as disciplinas, assumir seus limites e complementos; buscar sua interação por meio do diálogo (aberto *versus* a discussão ou a persuasão) e a exploração coletiva; c) ligado ao nível ético ou existencial (reintrodução das dimensões sensível e ética), trabalha-se com a perspectiva de aprender a aprender sobre o conhecimento de si mesmo, dos próprios preconceitos, condicionamentos sociais, históricos e pessoais de nossas crenças e certezas, nossa inspiração e vocação, afinidades, limites e possibilidades, mas também gerar reflexões sobre o conhecimento e a compreensão do conhecimento. Estes três tipos de aprendizagem, interligados, por sua vez, a três níveis de realidade da ação do sujeito, constituem o que se pode chamar de aprendizagens e formas de construção do conhecimento transdisciplinar para formação universitária que exploramos com os membros do Projeto Arkos e buscamos implementar na sala de aula.

Processos de Oficinas de I-A-Formação-Transdisciplinar e exemplos

Em nossa experiência, uma série de processos tem facilitado o trabalho nas oficinas:

a) *Processo de sensibilização e familiarização em direção a transdisciplinaridade e complexidade*, pois quase nenhum dos integrantes está habituado a elas. As atividades iniciais das oficinas se enquadraram em um processo de familiarização à nova perspectiva – para esta tarefa, vários textos transdisciplinares foram especialmente úteis (de autores como Nicolescu, Pineau, Galvani, D'Ambrosio), bem como a realização de vários exercícios de diálogo em grupos com representantes de diversas disciplinas. São processos de sensibilização sobre a visão transdisciplinar e sua relação com a teoria da complexidade; com seminários de trabalho sobre essas teorias com as pessoas envolvidas no projeto.

b) *Processos de identificação das questões de interesse dos participantes.* A primeira proposta de trabalho que fizemos nas oficinas de P-A foi apresentar, derivado da questão geral da investigação comum, questões particulares[4] por cada integrante que coletasse seus interesses para a modificação e aprimoramento de suas práticas, para o qual foi essencial a reflexão de e sobre a prática (Schön, 2006); as conclusões e reflexões sobre essas questões foram coletadas por cada um em um ensaio. Com isso, tratou-se de partir de problemáticas específicas dos atores que seriam abordadas a partir de uma perspectiva transdisciplinar (gerando assim também uma produção individual de saber).

c) *Consolidação do grupo, a partir de processos de autoformação e conformação.* A conformação (Desroche, 1982) – produto de um processo de autoformação coletiva pela pesquisa cooperativa de produção de conhecimento a partir de uma problemática comum que diz respeito a todos e é coconstruída –

4 Algumas das perguntas foram: Sendo a motivação uma exigência contínua dos alunos, a transdiciplinaridade oferece novas opções? Quais seriam as necessidades de aprendizagem supridas pela transdiciplinaridade? Que métodos implementar para preparar as aulas e expô-las a partir da transdiciplinaridade? Como incluir as práticas artísticas dentro da oficina transdisciplinar? O que é o professor-investigador e que relação tem com a transdiciplinaridade? Como unir o conhecimento científico com o humanismo? Quais mudanças ser transdisciplinar pode conseguir a longo prazo, e qual o impacto social? Como posso ajudar para resolver os problemas que acometem minha comunidade? Como viver transdisciplinarmente? (Crônica # 2, folhas de reflexão, membros da oficina de I-A)

realizamos isso nesta pesquisa por meio da experiência cooperativa de fazer pesquisa e reflexão sobre a prática (ação) com membros das diversas áreas do CEUArkos e por meio da intercompreensão necessária que devia se desenvolver entre os grupos nestas áreas e seus saberes. Para isso nos servimos do princípio dialógico da complexidade (Morin, 2005), que ocupou um lugar importante nas atividades que nós projetamos, uma vez que foi por intermédio do diálogo que, com os indivíduos, construímos as várias fases de investigação e surgiu o sentido entre as palavras, ações e conhecimento de uns e outros, gerando também uma sensação de reciprocidade e de comunidade no grupo. O prefixo "co", como observa Pineau "[...] reúne inúmeras palavras para tentar expressar relações de reciprocidade humana que aparecem, também, como estruturais: relações de cooperação, colaboração, de colegas, de conjunto, de comunidade" (2006, p. 12).

> Incentiva-me a oportunidade de discutir estas questões [...] para mim, é importante ter um lugar de reflexão compartilhada e promover a reflexão entre os alunos, ajudando a formar uma cultura de debate e diálogo. Sem saber exatamente os conceitos com antecedência, eu reconheço em minha formação e em minhas atitudes ideias da transdisciplinaridade (Crônica # 2-H, p. 19, Román, Folhas de Reflexão, oficinas de I-A).

d) *Processos de diálogo intersubjetivo para a abertura e reconexão dos saberes e das pessoas.* Em um projeto como este, em que deve ser dada especial atenção à compreensão mútua entre os grupos de pessoas provenientes das diversas áreas da universidade, o diálogo é básico: "é a prática que faz surgir um sentido entre as palavras de uns e de outros [...] [e se torna] o lugar de coformação, da reciprocidade" (Galvani, 2008, p. 17). É por isso que as atividades das oficinas ocuparam um lugar espaçoso. As sessões de trabalho permitiram aos integrantes a convivência com parceiros cuja formação e prática profissional são, muitas vezes, diferentes da própria. O trabalho com pessoas de diferentes formações também representa o desafio e a oportunidade de aprender a dialogar, distinguir e reconectar as disciplinas entre si e com a vida; avaliar os seus limites, complementaridades e possibilidades de interação; leva a uma revisão da própria prática e do sentido de "conformidade" ou "desconforto" gerado pelo manter-se dentro dos limites de uma única perspectiva para aceitar a sabedoria de outros pontos de vista, bem como comprometer-se com uma atitude transdisciplinar. Assim, para os participantes, isso acarreta um exercício de ampla tolerância e abertura:

> Cada sessão se tornou um exercício em grupo e individual de diálogo, de tolerância, de compreensão de nossas reações diante da incerteza e da discrepância com os outros e também

daquilo em que estamos de acordo e que nos une, a riqueza da nossa diversidade (Crônica # 2, p. 45, anônima, Folhas de reflexão, oficinas de P-A).

No entanto, como os trabalhos nas oficinas partem de problemáticas específicas vividas pelos participantes em seus contextos, uma série de processos e dinâmicas de diálogo intersubjetivo nos ajudaram na abordagem transdisciplinar de tais problemáticas. Inspirados nos pilares transdisciplinares (Nicolescu, 2006) e princípios da complexidade (Morin, 2005), a logística das sessões está centrada em três momentos principais que são desenvolvidos alternadamente:

1. *Momentos de trabalho e reflexão em subgrupos transdisciplinares*, emoldurados em um diálogo intersubjetivo em que privilegiávamos o diálogo sobre a discussão. Os subgrupos, regularmente formados por três pessoas para conseguir uma interação real e profunda, sempre procuraram ser transdisciplinares, assim, em cada sessão procurávamos que houvesse compartilhamento e diálogo entre diferentes pessoas e de diferentes formações para permitir o cruzamento de conhecimentos e saberes; os subgrupos não estavam definidos de *per se*, os diálogos versavam sobre: leituras e vídeos que abordam tópicos e autores transdisciplinares; sua relação com as práticas e problemáticas dos integrantes da comunidade universitária, as relações com a vida não só acadêmica, como também prática e pessoal dos mesmos. Desses diálogos, surgiram várias estratégias para estender a prática transdisciplinar à universidade em geral.

2. *Momentos de colaboração-reflexão em plenário*. Para evitar monólogos, buscamos a participação de todas as pessoas por meio da noção do círculo da palavra Clastres (1971) – uma prática ancestral de culturas antigas –, a fim de garantir que todos tivessem a oportunidade de se expressar, permitindo-nos uma nova forma de transcender as visões particulares e tender à compreensão mútua entre os participantes.

3. *Momentos de trabalho e reflexão individual*, constituídos pelo registro escrito das aprendizagens e descobertas que cada pessoa tinha conseguido.

Estes três momentos (em subgrupo, em sessão plenária e individual), na forma de *loop* recursivo (cuja metáfora é bem representada pelo redemoinho), buscam fazer com que os participantes, por meio do diálogo com pessoas de outras disciplinas, analisem e reflitam coletivamente questões de interesse para ter uma visão mais abrangente sobre estas, tentando manter uma abordagem dialógica que permita a vinculação de conhecimentos diversos, bem como as posições que se complementam e excluem. As atividades buscam a abertura de cada participante para outros conhecimentos e a possibilidade de religá-los por ter como centro uma problemática de investigação. Também se coloca em jogo repensar as desvantagens de um conhecimento desintegrado, fragmentado e descontextualizado. Diversas dinâmicas foram criadas e experimentadas para desenvolver agora – dinâmica de linhas paralelas, dinâmica de disparadores de diálogo, dinâmicas ligadas ao conhecimento artístico, dinâmica da Tartaruga (Galvani, 2007b), a Dinâmica de codesenvolvimento (Payette), entre outros.

e) *Processos de exploração, apropriação e aprofundamento no pilares transdisciplinares e princípios complexos* para abordar as problemáticas vividas pelos participantes e exercitar-se no manuseio das ferramentas do pensamento complexo, pois se tornaram conscientes de que não estavam habituados a pensar complexamente.

Em conformidade com este objetivo, formamos subgrupos transdisciplinares para abordar exemplos da realidade social, da práxis da Universidade ou da nossa prática profissional disciplinar, procurando compreender não só a partir das nossas diversas áreas de formação, mas também dos diferentes pilares e princípios. Essas atividades também eram destinadas a que os integrantes se exercitassem no manuseio das ferramentas do pensamento complexo, uma vez que eles estavam cientes de que não estavam acostumados a pensar complexamente. Com essas ideias em mente, dedicamos tempo não só para estabelecer relações entre o conteúdo dos textos transdisciplinares e as práticas que desenvolvemos, como também para abordar temáticas específicas vividas pelos participantes do CEUArkos, a fim de aprofundar nelas, compreendê-las melhor e gerar propostas para a sua solução, se for o caso. As entrevistas com participantes mostram como, em uma sessão, alguns integrantes analisaram o problema apresentado pelos grupos do curso em comunicação. Aqueles que constituíam o grupo transdisciplinar questionaram: a partir de quais pontos podemos discutir esta questão? O que os princípios da complexidade podem nos trazer?

> [...] eu expus a [...] problemática do curso de ciências da comunicação [...] me pareceu um exercício interessante porque eu pude colocar em prática essa experiência aplicando os princípios. Permitiu-me lembrar [...] do que havíamos vivido [...] [M] e essa atividade chamou muito a atenção [...] porque havia dois alunos do curso de bacharelado [...] um professor, que é o coordenador [...] e mais um mestre que não tinha absolutamente nada a ver com o curso e que nem mesmo tinha dado aulas no curso [...] Eu acho que ali o trabalho foi muito proveitoso, porque, por exemplo, mesmo tendo duas pessoas, que éramos Arthur e eu, alunos do curso, tínhamos diferentes perspectivas, ou seja, nós dois tínhamos vivido o processo de forma dife-

rente e diferente também da forma que o professor o tinha vivido [...] e isso me pareceu um exercício de trans [...] o mais perto da transdiciplinatidade porque havia pluralidade [...] havia liberdade de expressão e porque de alguma maneira evidenciava a subjetividade [...] com a qual se desenvolvem todos os conflitos [...], e é [...] um pilar fundamental da teoria da complexidade (Crônica 5-A, p. 2, Elias, LCC, 4 Entrevistas com estudantes, 2007).

f) *Processos de autorreflexão e reflexão sobre a interexperiência*. As oficinas fornecem vários momentos de reflexão e autorreflexão dos participantes para a recuperação das suas experiências na práxis transdisciplinar, que são, em seguida, objeto de análises colaborativas.

Se fizermos aqui um resumo do processo de trabalho em oficinas de P-A transdisciplinar, poderíamos dizer que:

- Os participantes partem de uma pergunta de investigação de seu interesse, onde abordam questões sociais ou aquelas que vivem em relação com sua práxis universitária (cada participante faz sua própria pergunta).
- Constituem subgrupos transdisciplinares de trabalho com colegas de diferentes disciplinas e realizam uma exploração coletiva sobre essa questão por meio das contribuições de sua formação. É um diálogo entre representantes de diferentes disciplinas, mas também com pessoas de sua própria disciplina.
- A exploração das questões também é feita nos subgrupos, utilizando os pilares transdisciplinares e princípios da complexidade como ferramentas que nos ajudam a compreender melhor os processos e situações que são objeto do nosso interesse.
- Depois de trabalhar colaborativamente, cada participante tem espaço para a reflexão individual. As reflexões individuais são socializadas mais tarde, em um plenário.

g) *Processos de produção coletiva de conhecimento*. Estamos nos referindo à criação de estratégias e cursos transdisciplinares para todos os graus, validados pela SEP, que representam o dízimo transdisciplinar levantado por Morin.

> [...] ceder um dízimo epistemológico ou transdisciplinar que preservaria 10% do tempo dos cursos para um ensino comum dedicado ao conhecimento das determinações e pressuposições do conhecimento, da racionalidade, do cientificismo, da objetividade, da interpretação, dos problemas da complexidade e da interdependência entre as ciências (2002, p. 89).

Cursos em que o nosso caso representa 5% do ensino universitário.

Estratégia: mesas redondas/feiras transdisciplinares

Uma segunda estratégia criada coletivamente são as mesas-redondas transdisciplinares que, nas palavras dos envolvidos, são uma oportunidade para a prática transdisciplinar ao devir em uma experiência comunitária para o diálogo intersubjetivo e a reconexão do conhecimento. As mesas são destinadas a toda a comunidade Arkos e são abertas ao público, e por isso são realizadas em espaços públicos. Participam delas: alunos, professores, diretores, grupos e organizações sociais, instituições, artistas, cidadãos. São moderadas pelos membros das oficinas de P-A. O objetivo é viver com as demais pessoas da comunidade educativa experiências transdisciplinares destinadas a produzir melhorias no processo de ensino universitário, bem como abrir o grupo transdisciplinar, primeiro para o resto dos universitários do CEUArkos e a comunidade de Vallarta, a fim de difundir as novas tendências no contexto de uma atividade de diálogo que lhes permita compartilhar como seres humanos ideias, interesses e preocupações em relação ao que acontece em sua comunidade próxima e distante.

As mesas partem da ideia de que o diálogo não significa discussão nem confronto direto, mas sim a manifestação de todos os pontos de vista (Bohm, 2004). Retomam como eixo problemático (sociais, humanas, ambientais, locais e globais) que nos afetam como membros da sociedade, que são dialogadas-refletidas em pequenos grupos transdisciplinares, a partir do qual os participantes levantam opiniões e propostas de solução. As mesas enfatizam o cruzamento de saberes acadêmicos, artísticos, populares. Trata-se de abrir o diálogo aos saberes não disciplinares como os da experiência, os vividos fenomenologicamente, da compreensão intersubjetiva e intercultural. Cada mesa transdisciplinar é composta por seis ou sete participantes para facilitar o diálogo, e procura-se que sejam pessoas com diferentes formações para assegurar a diversidade (alunos e professores de diferentes cursos, órgãos e membros da comunidade) interessados em abordar uma questão específica, a partir de uma perspectiva múltipla.

Como podemos ver, as mesas replicam a dinâmica utilizada nas oficinas de P-A, mas com um maior número de participantes: avaliação de uma problemática, diálogo e reflexão em subgrupos transdisciplinares, reflexão individual e exposição em plenário para compartilhar os aprendizados, de modo que o diálogo intersubjetivo (Bohm, 2004) torna-se uma ferramenta básica.

Para dar uma ideia dos temas abordados, notamos que na primeira mesa transdisciplinar os membros da P-A conseguiram uma participação em um período de 278 pessoas que constituíram 38 mesas compostas de professores, alunos, diretores e visitantes de fora. Os participantes dialogaram sobre 10 temas diversos com características transdisciplinares, tais como: crise da democracia no México; abertura e tolerância em nossa sociedade atual; etnias do México: civilizações sábias ou atrasadas?; a pátria tem limites geográficos?; corrupção no sistema econômico; conflitos causados por disputas de poder; a comunicação na sociedade global; o aquecimento global e a crise ambiental; crianças e seus direitos; a educação no México (Crônica # 23-C, Minutas das oficinas de P-A, 07 de março de 2007).

Para ilustrar de maneira didática os tipos de reflexão que ocorrem nas mesas transdisciplinares, apresentamos a reflexão coletiva em que são analisados o sentimento e as propostas de alunos, professores e cidadãos, neste caso sobre a questão: Economia *versus* ecologia em desenvolvimento de Puerto Vallarta:

> Propomos: desenvolver um pensamento a longo prazo; reconhecer que dependemos da natureza e de seus ciclos; fortalecer o vínculo entre o ecossistema e a cultura com a adaptação ao meio ambiente; buscar o contradiscurso, consumir apenas o necessário; não consumir os produtos daqueles que se beneficiam da concentração urbana, tais como: Sams, Home Depot, Wal-Mart, etc. [sic]. Além disso, observamos que a economia e a ecologia são muitas vezes consideradas antagônicas, porém, compartilham sua raiz etimológica que significa "eco" [...]. Temos de vislumbrar a possibilidade de um equilíbrio, ambas como complemento; ou seja, a ecologia não deve ser sacrificada por causa da economia. Parte da solução é a participação do cidadão, o respeito pela natureza e o planejamento do desenvolvimento turístico em Puerto Vallarta e manter as pessoas bem informadas. Como vimos, o homem é o construtor de [coisas que prejudicam a natureza], evento que ocorre em detrimento do mundo; por outro lado, não poderíamos ter o cinismo de culpar a natureza, reclamamos do meio ambiente, da ignorância dos outros, sem percebermos que os ignorantes somos nós mesmos. Ou você se torna consciente ou você o destrói. Em resumo, propomos como uma aposta a força social, fortalecer o vínculo com a sociedade através de campanhas de informação, fóruns de discussão, exigências ferrenhas de nossas autoridades, pedir audiência pública diária, onde as autoridades tomem decisões com base nas necessidades dos cidadãos. Chegarmos mais perto de bairros e comunidades indígenas, meios de comunicação para exercer pressão contra políticas arbitrárias e violações à lei e aos direitos humanos. Exigir direitos básicos como educação, saúde, moradia, trabalho e lazer, vivendo em um lugar saudável e um ambiente limpo. Intensificar o que já foi dito com campanhas de informação ambiental e legal, uma vez que o conhecimento da lei nos dá força [...] para fazê-lo [...] e propor novos regulamentos, estatutos ou disposições constitu-

> cionais. Unir a força dos cidadãos sob o princípio de logotipos sobre o eco nomos. Ou seja, o espírito e a razão sobre a norma. Trata-se de fomentar a responsabilização e a participação dos cidadãos para que a informação se transforme em ação (Crônica 3-5, p. 23).

A partir dessa estratégia, também codesenvolvemos as *Feiras Transdisciplinares* que incluem, além das mesas de diálogo, oficinas simultâneas que pretendem sensibilizar os participantes sobre questões de ordem mundial que a humanidade enfrenta, por meio da arte e da cultura popular (oficinas de poesia, teatro, artesanato huichol, fóruns de cinema, mostras fotográficas e exposições de pintura, entre outros). Até a data, já realizamos 11 mesas-redondas e 7 feiras transdisciplinares inspiradas nos 7 saberes para a educação do futuro (Morin, 2001).

As propostas e os aprendizados alcançados durante as mesas e feiras transdisciplinares são compilados e distribuídos pelo jornal da universidade: Visão Docente Con-Ciência. A última feira realizada teve o nome de "Por uma cultura de paz para a sociedade mundial"[5].

Estratégia: seminários de trabalhos transdisciplinares

A terceira estratégia coconstruída são os seminários de trabalhos transdisciplinares destinados a estudantes a partir do nono trimestre de todos os cursos do CEUArkos (Contabilidade, Direito, Administração de Empresas de Turismo, Ciências da Comunicação, Marketing). Os objetivos destes seminários são: a abordagem, por meio da pesquisa, de problemáticas da realidade que afetam a comunidade em que os alunos estão imersos; construir trabalhos com perspectiva transdisciplinar; assumir tanto os pontos fortes quanto os limites das áreas de formação. Buscam (como nas oficinas de P-A) desenvolver no aluno três tipos de aprendizagem relacionados a três dimensões ou níveis (da realidade do sujeito): dimensão epistêmica do aprender a pensar; dimensão prática do aprender a dialogar; dimensão ético-existencial do aprender a aprender.

Para operacionalizar os seminários, constituímos coletivamente:

a) Uma equipe docente transdisciplinar, composta por membros de oficinas de P-A (no primeiro seminário, por exemplo, participaram cinco professores de diversas áreas: um contador, um advogado, um economista-administrador, uma professora de letras e um filósofo).

b) Grupos mistos com alunos de diferentes cursos.

---

5 A experiência pode ser encontrada em: Urrutia y Miembros del Taller Transdisciplinar Arkos (2014), http://www.ceuarkos.com/Vision_docente/septima%20feria.pdf.

c) Um plano de trabalho com sentido transdisciplinar: os trabalhos devem tratar de questões da realidade (social, humano e ambiental). A base transdisciplinar se dá pela incorporação de pilares transdisciplinares e princípios complexos como ferramentas metodológicas para tratar a problemática de pesquisa. Devem ser o produto da análise e interação do(s) aluno(s) com o objeto de estudo e de um processo de acompanhamento dialógico do mesmo, dado pelas estratégias intersubjetivas, pensamento coletivo e trabalho colaborativo entre as disciplinas. Devem também incluir a pesquisa de campo.

Os processos dos seminários são semelhantes aos das oficinas de P-A. Os alunos escolhem uma problemática específica observada em seu ambiente e que gostariam de ver aprimorada para as gerações futuras. Estas questões são, então, exploradas por grupos de alunos de diferentes disciplinas do CEUArkos. O diálogo entre disciplinas é feito a partir da especificidade de pontos de vista, tentando entender como cada disciplina está relacionada com o problema em questão. Ver quais soluções são aportadas e também como ele contribui para alimentar os problemas devido às suas limitações e seus pontos cegos. As teses podem ser individuais ou coletivas, de acordo com a escolha do aluno. Em qualquer caso, cada participante (ou grupo de participantes) prossegue a sua própria investigação, mas deve construir cada etapa da pesquisa em diálogo com outras disciplinas e fontes de conhecimento relevantes para a sua problemática. É, portanto, uma experiência de aprendizagem cooperativa para a produção de conhecimento individual e coletivo. O conhecimento relevante não se limita às disciplinas científicas, aberto à arte, à filosofia, ao conhecimento popular. Com esta experiência, vemos os universitários aproximarem-se das problemáticas que saem do domínio dos campos técnicos dos cursos, e reconhecerem a riqueza e a complexidade das problemáticas que compõem a realidade. As investigações estão enraizadas nas questões sociais, ambientais cotidianas que os alunos conhecem e os tocam pessoal ou familiarmente. E não é uma questão de problemas teóricos e abstratos ou especializados que aumenta a lógica interna da disciplina, mas de problemas enraizados na vida, demandados pela vinculação e a reconexão dos saberes disciplinares para lidar com as realidades complexas.

Nas linhas a seguir, apresentamos alguns exemplos concretos de pesquisas transdisciplinares desenvolvidas e defendidas pelos estudantes perante um júri, com as quais alcançaram suas qualificações. Os *abstracts* foram retirados da recente participação que os jovens tiveram na apresentação do livro *Abrir los saberes a la complejidad de la vida. Nuevas prácticas transdisciplinarias en la universidad* (Espinosa, 2014):

Investigação 1

- Meu nome: Rubén Chavarín.
- Ingressei no curso de: Direito
- Título do meu trabalho de conclusão de curso: Implicações econômicas e sociais na comunidade indígena de Chacala, a partir da reforma agrária do artigo 27 da Constituição.
- Questões centrais da minha pesquisa: Quais são os benefícios ou danos que a reforma agrária do artigo 27 da Constituição política traz para esta comunidade? Quais são as implicações sociais e econômicas da reforma que alteram o regime comunal?
- Contexto da investigação: com a reforma agrária do artigo 27 fica estabelecido que em comunidades como Chacala, do Município de Cabo Corrientes, Jalisco, cujo regime é comunal, atos jurídicos podem ser realizados por pessoa física, para levar a cabo e considerá-los procedimentos estabelecidos por lei. Isso permite que as terras possam mudar seu regime e sejam consideradas como uma pequena propriedade, o que, por sua vez, torne possível, por exemplo, a venda de terras. A partir disso, uma série de eventos ocorreram na comunidade, que põem em jogo tanto a decisão de seus membros para vender ou usufruir das terras a terceiros, quanto o sentido de comunidade, pois, segundo os habitantes, em diversas ocasiões, foram apresentadas à localidade pessoas de fora destas localidades, a saber, investidores, com o interesse em comprar ou arrendar as terras para a realização de complexos turísticos, principalmente, dada a beleza das praias chacalenses e, em geral, de sua riqueza em flora e fauna, despertando variedade de interesses e conflitos entre os habitantes.
- Sobre os diferentes tipos de conhecimento: saberes do âmbito do Direito que cruzei com o conhecimentos do âmbito econômico e social, assim como a história do regime comunal e da própria comunidade indígena de Chacala.
- O estudo de campo incluiu: pesquisas e entrevistas com pessoas da comunidade, observação direta da realidade do lugar, participação em reuniões de comuneiros e arrecadação de documento da comuna.

Investigação 2

- Nossos nomes: Edgar Palacios e Mónica Castillón.
- Ingressamos no curso de: Administração de Empresas de Turismo.

- Título do nosso trabalho de conclusão de curso: Investigação sobre a situação atual do estuário "El Salado". Impacto socioecológico e potencial de um desenvolvimento turístico sustentável.
- Questões centrais da nossa pesquisa: Será que o Estuário "El Salado" tem o potencial para um desenvolvimento turístico sustentável (DTS)? Que impactos sociais e ambientais levariam a realização de um DTS no Estuário "El Salado"?
- Contexto da investigação: realizamos a investigação com a finalidade de identificar os principais problemas de contaminação, interesses econômicos e deficiências em planejamento urbano enfrentados atualmente pelo estuário "El Salado" (Área de Proteção Natural – APN), impedindo seu bom desenvolvimento; assim como investigamos o seu potencial turístico sustentável, analisando as características atuais da área, identificando as áreas com a maior biodiversidade de flora e fauna que podem ser atrativos para os turistas.
- Sabemos que o município de Puerto Vallarta tem como principal indústria o turismo, atividade que pode contribuir para a conservação do Estuário, gerando recursos econômicos que ao mesmo tempo ajudem a reduzir alguns dos problemas que a área atualmente apresenta, assegurando a conservação do ecossistema e beneficiando a comunidade local ambiental e economicamente.
- Sobre os diferentes tipos de conhecimento: na realização do estudo, abordamos o problema de disciplinas como Marketing, Ecologia, Direito e Turismo, assim como partimos de uma análise da cultura e práticas sociais de grupos de cidadãos no município de Puerto Vallarta.
- O estudo de campo incluiu: observação do Estuário e arredores; pesquisas com a população em Puerto Vallarta; entrevistas com especialistas como: uma oceanóloga, biólogo, funcionários do escritório de turismo; contratação e análise da área natural protegida (ANP) denominada Laguna de Termos com DTS *versus* El Salado, compilação fotográfica e vídeos.

Investigação 3

- Meu nome: Carolina Sandoval.
- Ingressei no curso de: Direito.
- Título do meu trabalho de conclusão de curso: Regulamentação jurídica para a legalização da adoção entre casais homossexuais no estado de Jalisco.

- Questões centrais da minha pesquisa: Quais são os fatores que têm impedido a legalização da adoção entre casais homossexuais no estado de Jalisco? Se o casamento entre casais homossexuais for regularizado, de que maneira isso favorecerá a regulamentação da adoção?
- Contexto da investigação: acreditar na igualdade entre homossexuais e heterossexuais, em termos dos seus direitos; acreditar que um menor não sofre distúrbios preocupantes pelos quais não possa viver com casais homossexuais; demonstrar que não existe razão suficiente para que a adoção entre casais homossexuais no estado de Jalisco não seja legalizada e, portanto, em Puerto Vallarta. Analisar a discriminação que esta lacuna jurídica traz implícita.
- Sobre os diferentes tipos de conhecimento: abordo que a investigação foi feita a partir de uma perspectiva jurídica, mas também analisei a visão religiosa, dado que tem um grande peso na sociedade mexicana e, particularmente, na de Jalisco. Revisei as perspectivas: educativa e psicológica e o impacto dos meios de comunicação; analisei estudos sobre o gênero.
- O estudo de campo incluiu: pesquisas com adultos (homens e mulheres) e com jovens (meninos e meninas) do ensino médio em Puerto Vallarta. Visitas a várias dependências e residências para observação e para entrevistas em relação aos procedimentos de adoção. Também entrevistas com um juiz de primeira instância, um padre e um psicólogo. Trabalhei com o método de histórias de vida com pessoas homossexuais.

Investigação 4

- Meu nome: Arturo Arteaga.
- Ingressei no curso de: Ciências da Comunicação.
- Título do meu trabalho de conclusão de curso: Criação do Macrolavramento em Puerto Vallarta, efeitos sociais e ecológicos nas áreas onde será construída.
- Questões centrais da minha pesquisa: Quais efeitos sociais e ambientais a execução do projeto do macrolavramento terá de executar? Que papel é desempenhado pelos meios de comunicação na documentação e divulgação desta problemática em relação à população?
- Sobre os diferentes tipos de conhecimento: este curso (Ciências das Comunicação) é o melhor exemplo de um sistema transdisciplinar, a investigação foi realizada a partir de diferentes perspectivas, tais como: ecológica,

política, econômica, comunicação, dando ênfase no âmbito social, pois tudo repercute nele.

- O estudo de campo incluiu: monitoramento de vários meios de comunicação (rádio, periódicos, boletins e sites oficiais, internet) sobre a problemática. Atividades de observação da área. Entrevistas com as pessoas afetadas pelo projeto, como funcionários públicos envolvidos. enquanto funcionários envolvidos. Análises de entrevistas com pesquisadores do *Grupo Ecológico "Nossa Terra"*.

Investigação 5

- Meu nome: Guadalupe Pámanes.
- Ingressei no curso de: Ciências da Comunicação.
- Título do meu trabalho de conclusão de curso: Supersexualização da imagem da mulher em Puerto Vallarta. Coisificação e objetualização da mulher nos âmbitos do trabalho turístico e lugares de lazer, bares e "clubes" de Puerto Vallarta, analisando os conceitos de boa imagem e boa apresentação.
- Contexto da investigação: o interesse do estudo é analisar (a partir de uma perspectiva teórica e também prática) as causas do fenômeno da supersexualização da imagem das mulheres de Puerto Vallarta, para desemaranhar o acúmulo de significados que giram em torno das noções de boa aparência e boa apresentação, requisitos fundamentais na maioria das vagas de emprego para as mulheres, que muitas vezes chegam a desacreditar nas capacidades da pessoa.
- Sobre os diferentes tipos de conhecimento: conhecimentos desde o âmbito da antropologia e sociologia, com base na noção de cultura e identidade; revisei particularmente estudos de gênero, que também cruzei com conhecimentos sobre comunicação.
- O estudo de campo incluiu: práticas de observação em locais recreativos (bares e discotecas) e entrevistas com mulheres que vivem de perto o fenômeno ou já sofreram com isso, entre elas: modelos e hostess em lugares como restaurantes e bares.

Estratégia: workshops transdisciplinares com os alunos

A partir dos seminários de teses transdisciplinares, constituíram-se os cursos denominados oficinas transdisciplinares para estudantes, com grupos mistos de todos os cursos, oficinas que, ao mesmo tempo que sustentam os seminários, compartilham as mesmas orientações pedagógicas, buscando a apropriação dos princípios da complexidade, a visão transdisciplinar e seus pilares de maneira mais lúdica, por meio do cruzamento dos saberes da experiência, do conhecimento artístico e do conhecimento popular (sem negligenciar o conhecimento teórico) e que tendem a construir projetos transdisciplinares coletivos de serviço à comunidade guiados pela tríade indivíduo-sociedade-natureza e os *sete saberes morinianos necessários para a educação*. Por exemplo, as problemáticas sociais, ambientais e humanas, discutidas em sua tese, e a aplicação dos princípios da complexidade a elas são abordadas em grupos transdisciplinares por meio de peças de teatro, ensaios, contos, pintura, poesia, música, meios audiovisuais, etc. O trabalho de campo é realizado em várias áreas da cidade para reavaliar o saber experiencial e a história oral, por meio da prática do método das histórias de vida. Também são gerados projetos de atenção às necessidades de diversos grupos sociais, particularmente vulneráveis (idosos, crianças de rua ou órfãs, desabrigadas, prisioneiros, doentes) por meio de oficinas e atividades de convivência nos quais são exercitados *os sete saberes* propostos por Morin; também há projetos de reflorestamento nas comunidades em que vivem ou projetos de cuidado do meio ambiente, construção de bibliotecas móveis, atividades de assessoria (nas suas áreas de formação) em locais públicos disponíveis a todos, oficinas de reúso e reciclagem, são estabelecidos desafios de ações cotidianas para o cuidado do triângulo da vida (D'Ambrosio, 2007), entre outros.

Os seminários de teses e workshops transdisciplinares para os estudantes representam, como observado anteriormente, o dízimo curricular transdisciplinar, uma vez que foram incluídos no currículo oficial dos programas de estudo todos os cursos universitários, que foram validados e reconhecido pelo Ministério de Educação do México (SEP), como parte da formação universitária na instituição. Eles são, portanto, parte do processo de institucionalização da transdisciplinaridade e complexidade na universidade.

Estratégia: exercícios transdisciplinares na sala de aula

Outra estratégia é o que os integrantes denominam de exercícios transdisciplinares nas aulas, visando a todos os alunos do CEUArkos. Esses exercícios têm por objetivo: sensibilizar os estudantes dos diferentes cursos no sentido de uma perspectiva mais global da práxis do homem no mundo, gerar uma abordagem transdisciplinar na população estudantil e prepará-la para as ideias dessa nova perspectiva, antes de terem a experiência formal de um curso transdisciplinar.

A intenção dessa estratégia é despertar precocemente uma *atitude transdisciplinar* em sala de aula, situação que procuramos construir a partir de exercícios experimentais crítico-reflexivos sobre vários campos de interesse transdisciplinares (desenvolvidos em sala de aula ou em espaços locais). Estes exercícios dependem muito do uso de conhecimentos artísticos (teatro, poesia, fotografia, literatura, música), sabedoria popular (como o círculo da palavra – Clastres, 1971) e dinâmicas de diálogo dinâmico (Bohm, 2004). A dinâmica de trabalho é dividida em seis momentos: a) exercícios de sensibilização; b) leituras breves de textos transdisciplinares; c) reflexão em pequenos subgrupos com exercícios diversos; d) a reflexão individual sobre a aprendizagem da sessão e e) socialização das reflexões e diálogo plenário.

As lembranças de Romina, professora participante das oficinas de P-A, descrevem bem a logística dos exercícios transdisciplinares e a resposta obtida nas aulas:

> Lembro-me com grato apreço a sessão transdisciplinar que Mandy (aluno membro das oficinas P-A) e eu tivemos com o grupo do VI quadrimestre de Contabilidade, eu estava um pouco nervosa porque além de entrarmos como "exploradores emergentes" tínhamos que "enfrentar" os contadores, que segundo dizem os especialistas, são pouco abertos a estas questões, porque têm um perfil muito específico. O tema a ser compartilhado: *a incerteza*. Iniciamos com uma breve apresentação sobre a razão da nossa presença, e, em seguida, o material foi distribuído e a logística foi explicada, estávamos na sala de audiovisual, havia cerca de 15 participantes, para quebrar o gelo, começou solicitando que, individualmente, escrevessem os momentos mais importante em sua vida e, em seguida, distinguissem se tinham sido planejados ou se foram acidentais, e, em seguida, em sessão plenária, pedimos se eles querem compartilhar alguns desses momentos, mas nenhum aceitou, então apenas Mandy e eu o compartilhamos, depois três subgrupos de três integrantes foram formados e uma série de perguntas estruturadas deu início aos diálogo. Eu me juntei a um subgrupo de três homens e a experiência foi gratificante, como nunca antes eu havia tido a oportunidade de trocar ideias e formas de pensar com eles. Durante o diálogo eles foram se abrindo aos poucos, comentando coisas sobre sua vida familiar, pessoal, as suas aspirações, seus medos, seus sentimentos, suas necessidades, com alguém que lhes era totalmente desconhecido. Para completar a experiência... escutamos a música "Que Será, Será", e nisso já se haviam passado uma hora e 20 minutos, e ainda faltava a tarefa mais longa, a leitura do resumo, mas eles mostraram grande vontade de continuar, tivemos de sair da sala e passamos para sua sala de aula na qual continuamos com a leitura comentada e troca de resumos, finalmente... chegou a hora de agradecer e pedir a reflexão escrita, o meu maior momento de felicidade foi ao ler as reflexões individuais, em que o denominador comum era o

quão agradável lhes havia sido a sessão e nos solicitavam para isso que fosse feito mais vezes, inclusive alguns manifestavam que lhes havia servido como "catarse" para sair da rotina... (Crônica 9-A, p.4, Romi, porta da felicidade).

Para dar uma ideia da diversidade dos exercícios transdisciplinares que foram realizados em cada aula do CEUArkos, apresentamos algumas delas (Crônica #22, Exercícios transdisciplinares construídos nas oficinas de P-A).

Por exemplo, uma equipe composta por duas professoras e um aluno veio com o seguinte exercício para o tema "A cegueira do conhecimento: o erro e a ilusão" que trabalhou com um grupo de estudantes do curso de Ciências da Comunicação (tema que é parte do texto "*Os sete saberes necessários à educação do futuro*" de Edgar Morin, 2001). Os autores desta atividade descrevem seu plano geral e as práticas realizadas da seguinte forma: **Momento I.** Breve exercício de sensibilização: foram levantadas ao grupo três possibilidades de escolha: a) Canção: A Maldição de Malinche; b) Poema: Xadrez, de Borges; c) Texto: "*Das três transformações*" de Nietzsche. De acordo com os envolvidos, esses textos foram escolhidos porque introduzem as ideias dos níveis de realidade (Pilar da transdisciplinaridade, de acordo com Nicolescu, 1998) e As cegueiras do conhecimento (vinculadas aos princípios da complexidade – Morin, 2001, 2003, 2005); **Momento II.** Leitura do resumo do capítulo I do livro de Morin (2001) sobre As cegueiras do conhecimento; **Momento III.** Reflexão em pequenos subgrupos sobre o ponto I e II por meio do exercício de frases incompletas sobre As cegueiras do conhecimento; **Momento IV.** Reflexão individual sobre a sessão, após a reflexão intersubjetiva que depois foi socializada.

Outros exercícios tiveram como base lugares diferentes da sala de aula, por exemplo, o professor Marco, um aluno chamado Arturo e Jezebel, uma professora, vieram com um grupo de Direito e outro de Comunicação a um espaço aberto, a fim de introduzir as ideias sobre "A ética do gênero humano", e, para isso, incluíram um exercício experimental de contemplação (na ilha do Rio Cuale – próximo à universidade) que consistiu em trazê-los mais perto da natureza para explorar o loop indivíduo–sociedade–espécie levantado por Morin (2001) e D'Ambrosio (2007), como o núcleo das relações éticas do homem consigo mesmo, com os outros e com o meio ambiente. Nesta base, os atores citados organizaram diálogos para discutir em grupo sua experiência e retomaram frases de textos relacionados com o tema. Em seguida, realizaram o exercício chamado "*cadáver distinto ou o fluxo de consciência*" – que retoma a ideia de *épochê* de Husserl e do livre pensamento de Breton (Moret, 2004) –, porque ao escrever anonimamente era possível que aflorasse o que as pessoas realmente pensam e sentem: "poderíamos fazer um cadáver distinto ou de fluxo de consciência – que eu gosto mais, porque eu adoro como funciona o anonimato para colocar para fora o que nós carregamos dentro" (Crônica 2-A p.43, Jezebel, Folhas de reflexão, membros das oficinas de P-A). A possibilidade de que os alunos se expressassem livremente permitiu o passo importante de trabalhar com as ideias de ensinar a compreensão e a tolerância, que sugere a atitude transdisciplinar (Carta da Arrábida, 1994) e deu a oportunidade de compreender os estudantes por intermédio das suas próprias vozes, usando a fenomenologia.

ABRIR O CONHECIMENTO PARA A COMPLEXIDADE DA VIDA: NOVAS PRÁTICAS TRANSDISCIPLINARES NA UNIVERSIDADE

A institucionalização da transdisciplinaridade e a complexidade nos processos do aprendizado, do ensino e da pesquisa no CEUArkos mostram a viabilidade de implementar estas perspectivas e o enriquecimento que elas geram nesses processos e em seus integrantes. Evidenciam também a necessidade de abrir o conhecimento acadêmico à complexidade da vida, de religá-los com as problemáticas do meio ambiente (natural, humano, social) e com outros saberes, tais como a experiência vivida, o conhecimento artístico e popular, entre outros. Aqueles que apresentamos aqui incluem o que surge da implementação de estratégias transdisciplinares construídas coletivamente, uma breve análise de seus resultados e recomendações.

O que surge com a implementação da transdisciplinaridade e da complexidade

A partir da pergunta: o que surge nas pessoas e nos processos de formação com as estratégias transdisciplinares construídas coletivamente?, diremos que os dados da pesquisa mostram uma série de mudanças nos processos universitários e nas pessoas envolvidas neles. No aprendizado, prevemos mudanças significativas no campo epistêmico para aprender a *pensar complexamente* a realidade por meio de novas ferramentas, os pilares transdisciplinares e os princípios complexos (Nicolescu, 1998; Morin, 2005). Neste mesmo âmbito, os participantes das várias estratégias apontam que são capazes de *observar a realidade* a partir de uma perspectiva *complexa, assumindo a sua pluralidade* e de abortar a questão da realidade a partir da *multiperspectiva* e da *multirreferencialidade*. Eles adquirem conhecimentos formalizados de outras disciplinas, aprendem a *contextualizar* e estabelecer relações entre o todo e a parte dos fenômenos, graças ao trabalho cooperativo entre disciplinas. Uma *aprendizagem colaborativa* surge como algo essencial na formação. Por outro lado, surge nas pessoas a consciência da *complexidade humana* na qual estão presentes comportamentos contraditórios e de diferentes níveis de realidade (do sujeito), compreendem que somos ao mesmo tempo físicos, biológicos, psíquicos, culturais, sociais, históricos e universais. Um novo conceito de *conhecimento*, como aberto, inacabado e suscetível a erros, vemos também surgir em suas reflexões. Os participantes afirmam serem capazes de *identificar cegueiras do conhecimento*, entendidas como falsas ideias e crenças e ter a consciência de quanto nos manipulam. Uma nova noção de *método como caminho que se constrói* está se formando. Aparece também a consciência de que precisamos de uma *racionalidade aberta* que vai além da razão que a ciência nos oferece.

Além disso, testemunhamos mudanças no aprendizado prático que consistem em aprender a dialogar, distinguir e reconectar as pessoas e diferentes tipos de conhecimento sob uma noção de *diálogo aberto* (Bohm, 2004; 2007b; Galvani Pineau, 2007b; Morin, 2005) acima da discussão; o diálogo surge como uma ferramenta por meio da qual o P-A é construído, mas também como um meio para trocar ideias, aprender coletivamente, gerar novas estratégias e significados. O trabalho contínuo em *grupos transdisciplinares* com diversas pessoas e de diferentes áreas de formação gera *vínculos dos membros da comunidade universitária entre si* e, depois, destes com a sociedade de Vallarta; ajuda, de acordo com os participantes, a partir de problemáticas de interesse das pessoas, para serem exercitados no *cruzamento de conhecimentos* acadêmicos, para a *reconexão* destes *com outros tipos de conhecimento* (como os artísticos e populares), para construir pontes entre as matérias do currículo e desenvolver ações que interligam *teoria–prática–ética*. Os participantes sugerem que a experiência transdisciplinar permita lutar contra as barreiras de comunicação entre as disciplinas, contra a sua babelização (segundo Nicolescu, 1998). Eles enfatizam que *aprendem a se expressar* e *a escutar* os outros e desenvolvem atitudes de *tolerância* e *abertura* a outras pessoas e visões, que os ajudam a lidar com situações difíceis, a se compreenderem e compreenderem os outros.

Por outro lado, nesta P-A, um espaço importante se abre no campo da autoformação, o aprendizado ético e existencial (Barbier, 1996; Galvani 2007), promovendo na universidade a aprendizagem sobre o autoconhecimento e sobre o conhecimento do conhecimento (Morin, 2006). A abertura deste espaço vincula-se, para os atores, com um sentido ético de *serem corresponsáveis em uma sociedade*; mas também *na manutenção e no cuidado da vida* (consciência universal). Ao trabalhar com a transdisciplinaridade, emerge nos participantes das oficinas um *novo conceito de educação*: uma *visão ética, humanista e universal da prática e do ensino universitário*, que apela para uma *ética da educação universitária não reducionista*, não restrita à formação acadêmica e profissional, mas que incorpore a compreensão da condição humana, como parte da educação. Situação que os alunos dos seminários de tese traduzem como *visão humanística que transcenda o esquema dos títulos*, rompendo o "fantasma" ou a "máscara dos cursos", e reconhecem que é necessária uma *ética da práxis humana ao redor do mundo*.

Nos participantes também vemos ocorrer um *questionamento do modelo socioeconômico atual* que visa ao consumo, ao materialismo, à concorrência, à degradação de culturas e à desumanização das relações entre pessoas. O surgimento de atitudes reflexivas de introspecção, de autocrítica e de assumir a participação em diversos níveis de realidade também está presente como uma *autoconsciência*. É o surgimento de uma *ética recursiva*, entendida como assumir nossa capacidade de mudar a nós mesmos. Os participantes apontam que aprendem a identificar os próprios preconceitos que emergem das suas tradições cognoscentes e modelos de ação. As experiências com a transdisciplinaridade, em suas palavras, ajudam a gerar *compreensão* e *empatia* entre as pessoas e a *assumir as incertezas* como parte da vida. Por último, vemos as pessoas *interessadas no conhecimento do conhecimento*, e refletir este aspecto na educação deve ser uma prioridade.

No campo da educação, vemos que os processos de conscientização e familiarização com as novas tendências são caracterizados por momentos de *curiosidade* e *expectativa* dos participantes, bem como de *resistência* e *incerteza* em relação ao novo e ao desconhecido; por não contar (no caso dos professores) com um método pedagógico disciplinar de *per se*, como se costuma usar dentro do paradigma já instalado da ciência aplicada (que não convida para construir conhecimento, mas, sim, para consumir — Schön, 2006); para enfrentar o rompimento de um modelo de ensino que "conhece tudo", por não ter a resposta correta e pensar a desqualificação de disciplina. Porém, essas situações são gradualmente transcendidas por meio do acompanhamento e trabalho em equipe entre os vários participantes. Eles apontam que são *capazes de lidar com as incertezas* por meio do exercício de atitudes de *tolerância* e *abertura* perante outras pessoas e perspectivas, bem como por alertarem a *necessidade de uma mudança na educação* que aborde não só um humanista como uma visão universal da vida. Com esta P-A, vemos que a resistência chega a se transformar em um instrumento dinâmico que desencadeia a *curiosidade* e o *interesse* das pessoas para construir algo novo e em um processo recursivo que ajuda a compreender que a abordagem das novas correntes na sala de aula estrará imbricada destas mesmas características.

Na educação, observamos também uma orientação para a *coformação* ou *educação cooperativa* entre vários tipos de atores e conhecimentos (Pineau, 2007; *Declaração de Vitória* — Espinosa 2005). A ênfase é colocada não só nos conteúdos, mas sobre o *processo* e as *relações* entre os indivíduos, as disciplinas, as matérias e fenômenos de estudo (Galvani, 2008; Moraes, 2008). Um *espírito de cooperação* e a criação de uma *comunidade de aprendizagem*, a partir do *trabalho em equipe*, são implementados.

O ensino é baseado em processos de *inter-relação e complementaridade entre* diferentes *conhecimentos, atitudes* e *perspectivas*. Está aberto ao uso de vários conhecimentos acadêmicos e não acadêmicos e promove experiências em sala de aula que criam vínculos entre intelectualidade, emotividade e corporeidade. Além disso, o *diálogo intersubjetivo* e a reflexividade se tornam ferramentas que permitem exercer uma retroativo-recursiva sobre os processos de formação ética entre as partes envolvidas.

No campo da investigação, destacam-se: o surgimento do papel do pesquisador, como parte da tarefa docente, estudantil e dirigente; a conversão de problemáticas da realidade na qual estão inseridos os sujeitos objetos de pesquisa e uma cooperativa para a produção de conhecimento (Desroche, 1982) que leva a universidade, seus membros e conhecimentos a se relacionar uns com os outros e com o meio ambiente (ecoformação). A noção de *envolvimento dos sujeitos* nas problemáticas surge nos participantes das quatro estratégias. A vida social da comunidade em que os universitários estão inseridos, assim como o ambiente natural e as problemáticas daí decorrentes, transformam-se em objeto central das aprendizagens concebidas nas diversas disciplinas oferecidas CEUArkos, resultando em uma tendência para a ecologização da aprendizagem e do ensino universitário. Isso é, para ligar a investigação com a vida. Por exemplo, nos seminários de teses, os alunos aprofundam-se nas questões de sua comunidade e as retomam em suas investigações. Trata-se de *questões complexas* que exigem a reconexão do conhecimento e colocam cada vez mais em primeiro plano a ordem social e comunitária (consciência social). Também vemos emergir na tese, com maior frequência e em todas as disciplinas, a dimensão do meio ambiente, bem como um questionamento crítico e autocrítico sobre a produção de desequilíbrios ambientais que geramos com a nossa práxis e conhecimentos. As pesquisas também recuperam o saber incutido nas pessoas que vivem as problemáticas.

Os participantes (particularmente dos workshops de P-A e seminários de teses transdisciplinares) apontam que são geradas: *mudanças na sua visão da disciplina*, reconhecendo suas fraquezas e pontos fortes e transcendendo-a com abertura a outras; *mudanças na práxis profissional*, assumindo-a como não isolada do social e indicando novos campos de ação; *mudanças que transcendem a disciplina* e se dirigem à vida cotidiana nos âmbitos familiar, social, pessoal, pois concebem a transdisciplinaridade como um estilo de vida que liga ideias, atos e ética; *mudanças na práxis pedagógica:* desde modificar o quadro teórico da prática de ensino e os cursos, até mesmo os estilos de ensino, abrindo-se a novos conhecimentos e recursos, dando espaço para a expressão de sentimentos em sala de aula, etc. Vemos também um *novo papel do docente*, não como mero transmissor, ou detentor de todo o conhecimento, mas como o companheiro-guia nos processos de formação; e um *papel do aluno* como ativo, capaz de construir seu próprio conhecimento e refletir sobre o que ele aprende.

CONSIDERAÇÕES FINAIS

Um caminho para a autoecorreorganização universitária

Esta pesquisa foi além da noção de interdisciplinaridade, operacionalizando a transdisciplinaridade com base na perspectiva de Nicolescu (1998) e Edgar Morin (2005) – citada por Klein (2013).

Com esta pesquisa, aprendemos que a transdisciplinaridade e a complexidade, mais do que um ambiente confortável, representam um ambiente de questionamento para as pessoas em seus diferentes níveis de realidade, pois levam à quebra de paradigmas; questionam hábitos e costumes enraizados em nossas maneiras de ser, agir, pensar, de modo que geram processos de aproximação/distanciamento das novas tendências. Trata-se de entender que o caminho para a transdisciplinaridade não está isento de contradições, não segue um processo linear, mas sim descontínuo de **incerteza–resistência–**

tolerância–abertura de seus integrantes e suas práticas. Porém, a transdisciplinaridade na universidade é possível desde que ela e seus membros se assumam como um sistema aberto, como uma comunidade de aprendizagem que renuncia a certeza de ter alcançado a verdade e assume a noção de se regenerar constantemente. Sem dúvida, a busca pela operacionalização da transdisciplinaridade e da complexidade no CEUArkos tornou-se uma experiência de autoecorreorganização da universidade desde que o projeto tenha sido realizado em escala institucional; foi construído com a participação de representantes de todas as autoridades universitárias, e as estratégias construídas impactaram todos os cursos, o que implica processos de auto-eco-reorganizadores de relações entre envolvidos e suas práticas.

Investigação-ação: método adequado para gerar ambientes transdisciplinares

Com a P-A também aprendemos que: o caminho para a transdisciplinaridade é um trânsito lento que recai sobre a disposição, o interesse, a liberdade e a vontade das pessoas para construí-lo; que é *fundamental partir de problemáticas reais e significativas vividas por membros da comunidade universitária*; e que criar um espaço aberto para a reflexão sobre as práticas é uma necessidade dos diferentes envolvidos. Concluímos também que a evolução para a transdisciplinaridade não pode ser construída sem a participação dos vários envolvidos e por meio de um esquema de pura transmissão. Neste sentido, o desenvolvimento da pesquisa a partir do método da (nova) P-A, que vai além da noção de ciência aplicada e concebe os participantes como sujeitos ativo-reflexos na produção de conhecimento, nos deu a oportunidade de constatar que esta sucede em um método propício para gerar processos transdisciplinares.

Alternâncias dialógicas: disciplinaridade/transdisciplinaridade, balanço conteúdo/processos

Além disso, a partir desta pesquisa, é fundamental observar na prática algo que já tínhamos elucidado na teoria (Espinosa e Tamariz, 2001): que a disciplinaridade e a transdisciplinaridade devem aparecer, de forma dialógica nos processos (de formação) universitários, como cooperantes e complementares. Assim, a alternância entre elas se faz necessária. Particularmente, no nível da graduação, notamos a importância da formação do universitário em uma disciplina, mas também deixando espaços para transcendê-la, vivendo processos de aprendizagem e de colaboração transdisciplinar.

Também é importante equilibrar conteúdos e processos, que, em uma formação disciplinar, devem ser vistos como elementos de um processo dialético. A formação transdisciplinar é mais focada no processo de reflexão, diálogo e produção de conhecimento do que em conteúdo. Assim, cada programa de formação deve assumir o equilíbrio contínuo, o processo dialógico e a alternância entre disciplinaridade-transdisciplinaridade/conteúdos-processos, dependendo do contexto e dos objetivos de formação.

Nesta ordem de ideias, os processos de institucionalização, por meio do registro de validade oficial dos cursos transdisciplinares no Ministério da Educação do México, também implicaram um processo de reorganização, pois foi necessário justificar a sua importância e relevância na graduação do ensino universitário, uma vez alcançado isso, em parte, abriu-se o caminho para a sua implementação. A este respeito, Victoria Gonzalez, que realizou uma viagem de estudos no CEUArkos, diz:

> O interessante, para mim, da proposta do Arkos, é que inserem na estrutura curricular espaços transdisciplinares e os chamam como tais, de modo que os alunos incorporem um vocabulário transdisciplinar em seu léxico profissional. A meu ver, isto alcança pelo menos vários impactos. O primeiro é feito por uma proposta sustentável, ou seja, por estar inserido e visível no currículo, quando as pessoas mudarem, a proposta continuará sendo levada à prática da formação profissional. Outro é que ele se orienta na transformação das pessoas e não das coisas, e por isso não só há um impacto curricular, como também uma transformação do modo de vida das pessoas. Ao mudar o olhar, muda a maneira de interpretar a realidade e as pessoas envolvidas dizem que suas vidas se tornaram muito positivas em relação à sua conscientização dos problemas sociais. (2012, p. 6).

Formação de educadores: uma nova concepção

O paradigma emergente permeia instituições como a Unesco, e a formação de educadores aparece como crucial, no entanto, continua sendo construída sob noções de linearidade, reducionismo, modelo de ciência aplicada e separação entre sujeito e objeto, em que o professor aparece como um transmissor de conhecimento. Somado a isso, as escolas aparecem como submetidas ao pensamento econômico que visa reduzir a educação para a aquisição de competências profissionais que o educador deve transferir (Galvani, 2008).

No entanto, com a pesquisa concluímos que é necessário sair do paradigma da transmissão, reconceber o papel de educador: não só orientado a adquirir conhecimento e transmiti-los, mas também construir conhecimentos e trabalhar sob um modelo que combina ao mesmo tempo a pesquisa-reflexão na ação. Referimo-nos também a *transformar os processos de aprendizagem tornando-se a própria formação em uma prática transdisciplinar e complexa.*

Tríades transdisciplinares para a educação universitária

Com a pesquisa, pudemos ver uma relação triádica entre elementos, conceitos e processos que parecem ser antagônicos, mas, na verdade, alimentam-se mutuamente e apoiam o desenvolvimento de uma formação transdisciplinar. A noção de tríade nos oferece a possibilidade de sair de um pensamento clássico binário e incorporar uma nova lógica do antagonismo contraditório. Na nossa experiência, a série de tríades (aberta e inacabada), que orientou as estratégias para uma formação transdisciplinar são: a) *pesquisa–ação–reflexão,* b) *teoria–prática–ética,* c) *aprendizado–ensino–pesquisa,* d) *cruzamento de conhecimentos–diálogo dialógico e intersubjetivo–reflexividade,* e) *conhecimento acadêmico–artístico–popular,* f) *racionalidade–emotividade–corporalidade,* g) *indivíduo–sociedade–espécie/autoformação–ecoformação.* Estas tríades representam o que chamamos de pedagogia transdisciplinar do CEUArkos.

Acompanhar a reforma do pensamento até uma ecologização dos saberes e da formação universitária

A abordagem da complexidade e da transdisciplinaridade abre na universidade um espaço crítico a partir do qual as pessoas se sentem livres para questionar e expressar seu distanciamento do modelo socioeconômico atual, assim como para expressar os seus desejos de construir um mundo melhor; um quadro social alternativo que transcenda a noção de desenvolvimento social e econômico e permita relações mais harmoniosas entre indivíduo–sociedade–natureza. As instituições interessadas nessas correntes devem considerar que um de seus efeitos envolve uma suposição crítica da realidade e de uma possível postura de questionamento sobre este modelo. Com essa experiência, vemos que carreiras, à primeira vista, não relacionadas à educação sobre o meio ambiente (tais como comunicação, direito, contabilidade, administração, marketing), são ecologizantes que trabalham sob uma abordagem transdisciplinar. Em outras palavras, podemos constatar que a abordagem disciplinar e complexa, que visa organizar e reconectar os ensinamentos disciplinares de questões globais, tende a superar o paradigma disciplinar (técnico, redutor, simplificante) e propõe um questionamento crítico nas diferentes disciplinas sobre os desequilíbrios ambientais e sociais, introduzindo ao meio ambiente e o social como uma preocupação central dos aprendizados e conhecimentos produzidos, apelando para a reintrodução do sujeito cognoscente em todo conhecimento (Morin, 2005) e uma ciência não separada do sujeito (Almeida, 2009).

CEUArkos: um grande laboratório de pesquisas transdisciplinares

Por fim, de acordo com Pineau (em Espinosa, 2014), embora quantitativamente o CEUArkos seja uma universidade pequena, seu tamanho certamente facilitou esse movimento coletivo em espiral de pesquisa–ação–formação para reduzir a diferença entre uma finalidade concebida de formar seres livres e de estruturas disciplinares atomizadores de outra era. A concepção/construção/condução desta P-A, ao mesmo tempo individual, grupal e institucional, de transformações progressivas de práticas de aprendizagem, educação, investigação e administração gerou um grande laboratório de pesquisas transdisciplinares, não apenas conceituais, mas também metodológicas e socioexistenciais.

Para saber mais sobre o processo de internalização e institucionalização da transdisciplinaridade e complexidade nesta universidade, recomendamos a leitura dos textos de Espinosa (2014) e Espinosa e Galvani (2014) citados nas referências deste capítulo.

REFERÊNCIAS

ALMEIDA, M. Complejidad y el vuelo incierto de la mariposa. *Visión docente con-ciencia,* Ano VIII, 47, 5-20, março-abril 2009. Disponível em: http://www.ceuarkos.com/Vision_docente/revistas/No.%2047.pdf

ALMEIDA, M.C.; KNOBBE, M.M. *Ciclos de Metamorfosis. Una experiência de reforma universitária.* Editora Sulina. GRECOM, 2003. Brasil. 213 p.

BARBIER, R. *La Recherche Action.* Paris: Anthropos, 1996. 112 p.

______. Investigación-acción. Su historia. *Revista Visión Docente Con-Ciencia. 2008;* (43): 5-13. CEUArkos. México.

BOHM, D. *On dialogue.* Londres: Routledge, 2008. 136p.

CEUArkos. Filosofía Institucional. Centro de Estudios Universitarios Arkos. México, 2001.

D'AMBROSIO, U. Conocimiento y valores humanos. *Revista Visión Docente Con-Ciencia*. 2008; (35): 6-18. CEUArkos, Puerto Vallarta, Jal. México.

DESROCHE, H. Les auteurs et les acteurs. La recherche coopérative comme recherche--action. *Communautés. Archives de Sciences sociales et de la Coopération et du Développement*. 1982; (59): 36-94.

ESPINOSA, A.C.M. Abrir los saberes a la complejidad de la vida: Nuevas prácticas transdisciplinarias en la universidad. Arkos: Centro de Estudos Universitários Arkos, 2014.

ESPINOSA, A.C.M.; GALVANI, P. Transdisciplinariedad y formación universitaria: Teorías y prácticas emergentes. Arkos: Centro de Estudos Universitários Arkos, 2014.

ESPINOSA, A.C.M.; TAMARIZ, C. *Un modelo transdisciplinario de educación para la Universidad*. Santiago de Querétaro, 2001, 506p. Tese de mestrado sem publicação. Universidade do Vale do México.

______. II Congresso Mundial de Transdisciplinariedade. *Revista Visión Docente Con-Ciencia*. 2005; (27): 12-17. CEUArkos. México.

______. *Estrategias metodológicas para operacionalizar la práctica educativa transdisciplinaria, en conjunto con los actores universitarios, en las licenciaturas del Centro de Estudios Universitarios Arkos de Puerto Vallarta, Jalisco, México*. San José, 2010, 913p. Tesis Doctoral. Universidade Estadual à Distância de Costa Rica.

GALVANI, P. La reflexividad sobre la experiencia: Una perspectiva transdisciplinar sobre la autoformación. 1ª Parte. *Revista Visión Docente Con-Ciencia*, (36), 5-11. CEUArkos. México, 2007a.

______. Metodology. Em: Fourth World University Research Group. The merging of Knowledge. *People in poverty and academics thinking together*. University Press of America, 2007b, p. 9-30.

GONZÁLEZ, V. La transdisciplinariedad: una pasantía en CEUArkos, Puerto Vallarta, México. Ponencia de participación en el IV Forum internacional innovación y creatividad. Barcelona, 2012.

JANTSCH, E. *Hacia la interdisciplinariedad y la transdisciplinariedad en la enseñanza y la innovación*. In: A. Leo, G. Berger, A. Briggs y G. Michaud (Aut.). *Interdisciplinariedad: Problemas de la enseñanza y de la investigación en las*, 1979.

KLEIN, J.T. The Transdisciplinary Moment(um). *Revista Integral Review*. 2013; 9(2): 189--199.

MATURANA, H.; VARELA, F. *El árbol del conocimiento. Las bases biológicas del entendimiento humano*. Argentina: Lumen, 2003. 172 p.

______. *De máquinas y seres vivos: Autopoiesis, la organización de lo vivo*. Chile: Editora Universitaria, 1998. 137 p.

MORAES, M.C. *Ecologia dos saberes. Complexidade, transdisciplinaridade e educacão. Novos fundamentos para iluminar Novas práticas educacionais*. Editora Willis Harman House e Prolíbera, 2008. 301 p.

______. *Los sietes saberes necesarios para la educación del futuro*. UNESCO. México, 2003, 67 p.

______. *La cabeza bien puesta. Repensar la reforma, reformar el pensamiento*. Nueva Visión, 2002. 143 p.

______. *Introducción al pensamiento complejo*. Espanha: Editorial Gedisa, 2005. 167 p.

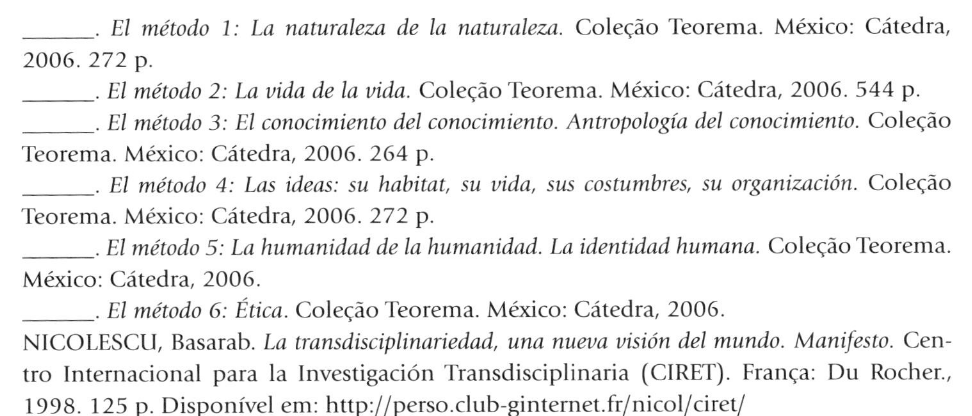

______. *El método 1: La naturaleza de la naturaleza.* Coleção Teorema. México: Cátedra, 2006. 272 p.

______. *El método 2: La vida de la vida.* Coleção Teorema. México: Cátedra, 2006. 544 p.

______. *El método 3: El conocimiento del conocimiento. Antropología del conocimiento.* Coleção Teorema. México: Cátedra, 2006. 264 p.

______. *El método 4: Las ideas: su habitat, su vida, sus costumbres, su organización.* Coleção Teorema. México: Cátedra, 2006. 272 p.

______. *El método 5: La humanidad de la humanidad. La identidad humana.* Coleção Teorema. México: Cátedra, 2006.

______. *El método 6: Ética.* Coleção Teorema. México: Cátedra, 2006.

NICOLESCU, Basarab. *La transdisciplinariedad, una nueva visión del mundo. Manifesto.* Centro Internacional para la Investigación Transdisciplinaria (CIRET). França: Du Rocher., 1998. 125 p. Disponível em: http://perso.club-ginternet.fr/nicol/ciret/

______. Transdisciplinariedad: presente, pasado y futuro. 1ª parte. *Revista Visión Docente Con-Ciencia.* 2006; (31): 15-31. CEUArkos. México.

PIAGET, J. *Biología y conocimiento. Ensayo sobre las relaciones entre las regulaciones orgánicas y los procesos cognoscitivos.* México: Editora Siglo XXI, 1979. 338 p.

PINEAU, Gaston. Edgar Morin: itinerario y obras de un autor transdisciplinario. *Revista Visión Docente Con-Ciencia.* 2007; (34): 5-14. CEUArkos, México.

______. Knowledge: Freeing knowledge! Life, school and action. En: Fourth World University Research Group (Ed.) *The merging of knowledge. People in poverty and academics thinking together* (p. 215-306). E.U.A: University press of America, 2007.

REYNAGA, R. *Una aproximación axiológica de transdisciplina y pensamiento complejo.* Multiversidad Mundo Real. 2006. Disponível em: http://wwwmultiversidadreal.org/ Acesso em 04 ago. 2007.

SCHÖN, D. *The reflective practitioner. How professionals think in action.* Ashgate. England, 2006. 374 p.

UNESCO. Los Cuatro Pilares de la Educación en: *Informe a la UNESCO de la Comisión Internacional sobre la Educación para el siglo XXI.* Buenos Aires: Magistério do Rio da Prata, 1997.

PARTE **3**

Internalização da interdisciplinaridade nos grandes temas da sociedade

capítulo 19

Institucionalidade da interdisciplinaridade na gestão de recursos hídricos no Brasil

Maria do Carmo M. Sobral | *Engenheira civil, Universidade Federal de Pernambuco*
Suzana M. G. L. Montenegro | *Engenheira civil, Universidade Federal de Pernambuco*
Renata Maria Caminha M. O. Carvalho | *Engenheira agrônoma, Instituto Federal de Educação, Ciência e Tecnologia de Pernambuco*
Maiara Gabrielle de Souza Melo | *Gestora ambiental, Instituto Federal de Educação, Ciência e Tecnologia da Paraíba*

INTRODUÇÃO

A gestão de recursos naturais, especificamente dos recursos hídricos, requer uma abordagem interdisciplinar das diversas áreas de conhecimento diante da complexidade das crescentes questões ambientais, tais como: enfrentamento dos impactos das mudanças climáticas, gestão de eventos extremos, aumento da poluição ambiental e dos conflitos entre os usos múltiplos da água.

Este capítulo apresenta reflexões sobre a institucionalização da interdisciplinaridade na gestão participativa de recursos hídricos no Brasil, a partir da sua cronologia dos avanços e desafios nos aspectos legais e institucionais para garantia dos usos múltiplos da água, bem como a experiência da academia na incorporação da interdisciplinaridade nos Programas de Pós-Graduação que atuam na gestão de recursos hídricos.

Essa institucionalização vem se dando de forma progressiva para atender à necessidade de resolução dos impactos e conflitos ambientais causados por grandes acidentes ambientais, como o lançamento de mercúrio na Baía de Minamata no Japão, na década de 1950, que causou a contaminação e mortandade de diversas pessoas.

A gestão de recursos hídricos pode ser entendida como a implementação de medidas para promover o uso múltiplo e sustentável desses recursos, sejam eles naturais ou artificiais, de modo a propiciar melhoria na qualidade de vida dos seres vivos, atendendo aos requisitos ambientais estabelecidos, como parte de um planejamento territorial, onde outros recursos naturais estão presentes.

O estabelecimento da Política Nacional de Recursos Hídricos (PNRH), em 1997, representou um avanço tanto no sentido conceitual, como também na institucionalização da gestão integrada, interdisciplinar e participativa com a integração entre os órgãos gestores, usuários e outras instituições. A implementação da PNRH vem demandando uma atuação multi e interdisciplinar dos agentes responsáveis, tanto no poder executivo, como nos colegiados.

Atualmente o gerenciamento ambiental e, mais particularmente, o de recursos hídricos, passa por um processo de ampla alteração de seus paradigmas: de um gerenciamento local, setorial e de resposta a crises. Há claramente um movimento na direção de um gerenciamento em bacia hidrográfica, integração de usos múltiplos e preditivos. Esse novo processo de gestão necessita de investimentos científicos e modificações no processo de abordagem aos estudos básicos, promovendo também profunda alteração na formação de recursos humanos. É necessária visão sistêmica e interdisciplinar da ciência das águas em geral (Tundisi, 2012).

Para essa análise considera-se multidisciplinar um estudo que agrega diferentes áreas do conhecimento em torno de um ou mais temas, no qual cada área ainda preserva sua metodologia e independência. Neste modo não é obrigatória a cooperação entre disciplinas, porém exige coordenação. Interdisciplinaridade trata-se da convergência de duas ou mais áreas do conhecimento, não pertencentes à mesma classe, que contribua para o avanço das fronteiras da ciência e tecnologia, transfira métodos de uma área para outra, gerando novos conhecimentos ou disciplinas. O novo profissional deve ter perfil distinto dos existentes, com formação básica sólida e integradora. Esse modo exige cooperação e coordenação entre disciplinas (Philippi Jr e Silva Neto, 2011).

INTERDISCIPLINARIDADE NOS DISPOSITIVOS LEGAIS E INSTITUCIONAIS

Uma das primeiras legislações brasileiras relacionadas aos recursos hídricos foi o Decreto Federal n. 24.643, de 10 de julho de 1934, que estabeleceu o Código de Águas, prevendo legalmente águas comuns, municipais e particulares, de uso gratuito, para geração de energia e irrigação. Este Código principiou esforços de mudança de conceitos relativos ao uso e propriedade da água.

Entretanto, neste período, a institucionalização da gestão de recursos hídricos ocorreu de forma setorizada e se deu basicamente com os conhecimentos da engenharia elétrica, civil e agrícola. Em 1965, foi criado o Departamento Nacional de Águas e Energia, que, em 1969, passou a ser denominado de Departamento Nacional de Águas e Energia Elétrica (DNAEE) (Brasil, 2006).

O transcorrer das mudanças econômicas e sociais, que ocorreram no Brasil no processo de redemocratização após o período militar, possibilitou espaço para o estabelecimento da Constituição Federal de 1988, na qual foi estabelecido um capítulo específico para a temática ambiental e garantia que as águas são um bem de uso público, de domínio da União e dos Estados.

Até os anos 1970, as questões relacionadas ao gerenciamento dos recursos hídricos eram consideradas a partir das perspectivas dos setores usuários das águas ou segundo políticas específicas de combate aos efeitos das secas e das inundações. Ainda não se observavam preocupações relacionadas às necessidades de conservação e preservação, principalmente em razão da abundância relativa de água no país e da percepção de que se tratava de um recurso renovável e, portanto, infinito (Brasil, 2006).

Nesse período, foi construída no Brasil uma série de reservatórios, como o Reservatório de Sobradinho, no trecho submédio da bacia hidrográfica do rio São Francisco, com a função primordial de regularização da vazão, constituindo-se o maior da América Latina, com uma área de 4.214 km^2 e comprimento de 350 km, reassentando 70.000 pessoas. Outras obras hídricas de significativo impacto ambiental foram a construção dos Reservatórios Tucuruí e Balbina na bacia amazônica, alterando o ecossistema do ambiente aquático. Esses fatos refletiam que o processo de tomada de decisão era prioritariamente disciplinar baseado nos conhecimentos da engenharia e economia, utilizando o critério do menor custo-benefício, sem considerar os conhecimentos da biologia, geografia, sociologia, entre outros, para incorporação das alterações na biota, no meio físico e antrópico.

Por isso os bancos financiadores de projetos de desenvolvimento, como o Banco Mundial, foram questionados sobre os impactos ambientais desses projetos hídricos, como a construção dessas grandes barragens para geração de energia elétrica, que não consideravam as demandas da população reassentada e das comunidades tradicionais, em especial as indígenas.

A 1ª Conferência Mundial da ONU, sobre Homem e o Meio Ambiente, ocorreu nos dias 5 a 16 de junho do ano de 1972, na capital sueca, Estocolmo, quando em âmbito internacional os países se defrontaram com a questão da degradação dos recursos naturais. Nessa Conferência, os representantes do governo brasileiro se posicionaram contrariamente à demanda internacional acreditando que o momento de cuidar do meio ambiente deveria ser prioridade dos países mais desenvolvidos, e que o país deveria expandir a economia e gerar empregos, sem exigências de controle ambiental.

Entretanto, essa Conferência trouxe resultados positivos para o Brasil com a criação da Secretaria Especial de Meio Ambiente (Sema) em 1973, vinculada ao Ministério do Interior, sob a presidência do biólogo Paulo Nogueira, Professor da Universidade de São Paulo (USP) que iniciou um processo de descentralização fomentando junto aos governadores da época a criação dos órgãos estaduais de meio ambiente que já foram concebidos com uma visão interdisciplinar, incorporando em sua equipe técnica profissionais de diversas áreas de conhecimento para atender à missão de controlar e proteger o meio ambiente.

A partir desse período, foram criadas algumas instituições estaduais relacionadas à questão ambiental, a exemplo da Companhia de Tecnologia de Saneamento Básico e de Controle de Poluição das Águas (Cetesb), em 1973 no Estado de São Paulo, da Fundação Estadual de Engenharia do Meio Ambiente (Feema), em 1975 no Rio de Janeiro, e em Pernambuco, da Companhia Pernambucana de Controle da Poluição Ambiental e de Administração de Recursos Hídricos (CPRH) fundada em 1976. Com isso, dava-se início à institucionalização das questões ambientais no poder executivo, e consequentemente da interdisciplinaridade, tendo em vista a própria conceituação de meio ambiente pela Lei Federal n. 6.938/91, em seu art. 3º, I, como: o conjunto de condições, leis, influências e interações de ordem física, química e biológica, que permite, abriga e rege a vida em todas as suas formas (Brasil, 2006), levando-se em consideração a água, o ar, o solo, a flora, a fauna, os seres humanos e suas inter-relações. Isto requer a interação entre as diversas áreas de conhecimento que só pode ocorrer por uma atuação multi e interdisciplinar.

Nessa época, foi criado o Plano Nacional de Saneamento do Brasil (Planasa), em 1971, com recursos financeiros alocados pelo Banco Nacional da Habitação (BNH) que revolucionou o setor de saneamento no Brasil, com alocação de recursos federais de vulto provenientes do Fundo de Garantia por Tempo de Serviço (FGTS) para elaboração de projetos e implantação de sistemas hídricos de abastecimento de água e esgotamento sanitário. Para implementar este Plano, foram criadas as Companhias Estaduais de Saneamento, a partir de convênios de cessão de competência desses poderes municipais que passaram a ser detentoras da atribuição desses serviços.

Outro evento importante, a Conferência das Nações Unidas sobre a Água, ocorreu em 1977, em Mar Del Plata, Argentina, e declarou que todos os povos têm direito à água potável necessária para satisfazer suas necessidades essenciais (Brasil, 2006).

A institucionalização da Política Nacional de Meio Ambiente (PNMA), por meio da Lei Federal n. 6.938, de 31 de agosto de 1981, trouxe no seu bojo elementos inovadores ao estabelecer a necessidade de realização de Estudos de Impactos Ambientais e Relatórios de Impactos Ambientais (EIA/Rima) para empreendimentos que poderiam vir a causar significativas alterações ambientais, incluindo as obras hidráulicas para exploração de recursos hídricos, tais como: barragem para fins hidrelétricos, acima de 10 MW, de saneamento ou de irrigação, abertura de canais para navegação, drenagem e irrigação, retificação de cursos d'água, abertura de barras e embocaduras, transposição de bacias, diques; emissários de esgotos sanitários, entre outros. Esta Resolução estabelece que o EIA/Rima deve ser elaborado por equipe multidisciplinar de modo a contemplar os aspectos e impactos no meio físico, biótico e antrópico.

Outro aspecto inovador da PNMA foi a inclusão, entre os seus princípios, da necessidade de instituição da educação ambiental em todos os níveis de ensino, inclusive a educação da comunidade, objetivando capacitá-la para participação ativa na defesa do meio ambiente. A implementação desse princípio implica necessariamente uma atuação interdisciplinar entre as diversas áreas de conhecimento.

Somente em 1986, o instrumento de gestão ambiental EIA/Rima foi regulamentado por meio da Resolução do Conselho Nacional de Meio Ambiente (Conama) n. 01/1986 que, inclusive, exige a realização de audiências públicas quando solicitadas. De acordo com essa Resolução, considera-se impacto ambiental qualquer alteração das propriedades físicas, químicas e biológicas do meio ambiente, causada por qualquer forma de matéria ou energia resultante das atividades humanas que, direta ou indiretamente, afetam: a) a saúde, a segurança e o bem-estar da população; b) as atividades sociais e econômicas; c) a biota; d) as condições estéticas e sanitárias do meio ambiente e e) a qualidade dos recursos ambientais.

O EIA/Rima tem por objetivo subsidiar o processo de tomada de decisão explicitando os diversos impactos positivos e negativos e ratifica que deverá ser feito por uma equipe multidisciplinar e independente, de modo a abranger as diversas áreas de conhecimento (engenharia, biologia, direito, geografia, cartografia, assistência social, química, meteorologia, ente outros, em função da especificidade do projeto). Essa equipe de profissionais deverá ser coordenada por um técnico sênior capaz de acolher os estudos individuais e construir um documento integrado. Entretanto, ainda não era exigida uma abordagem interdisciplinar, mas apenas multidisciplinar. A partir da exigência desse instrumento de gestão para projetos potencialmente poluidores, começa a surgir nos órgãos responsáveis pelo licenciamento e controle ambiental a adoção de práticas multidisciplinares para abranger os aspectos do meio físico, biótico e antrópico.

Nos meados dos anos 1980 voltam a surgir os movimentos sociais em forma de cooperativas, associações e organizações não governamentais atuando na área ambiental e que provocaram demandas para avaliar os empreendimentos hídricos de forma integrada, levando em consideração as demandas da comunidade local e os impactos socioambientais causados.

Portanto, o gerenciamento integrado de recursos hídricos surge como uma das soluções propostas no final da década de 1980 e decorre da incapacidade de construir um processo dinâmico e interativo somente com uma visão parcial e exclusivamente tecnológica (Tundisi, 2003). Essa visão já apontava para a necessidade de uma abordagem interdisciplinar para a resolução dos conflitos aos usos múltiplos da água.

Em 1988, pela primeira vez, a temática ambiental foi incluída na Constituição Federal, que incluiu um capítulo destinado ao meio ambiente, o qual afirma que todos têm direito ao meio ambiente ecologicamente equilibrado, bem de uso comum do povo e essencial à qualidade de vida sadia, cabendo ao poder público garantir esse direito. Esse dispositivo legal retirou a ideia da propriedade privada da água, repassando o seu domínio para o poder público, dividindo-o entre a União e os estados.

No ano seguinte, a partir da Lei Federal n. 7.735 de 1989, ocorre a extinção da Sema e criação do Instituto Brasileiro do Meio Ambiente e dos Recursos Naturais Renováveis (Ibama), atualmente vinculado ao Ministério de Meio Ambiente, com a finalidade de executar as políticas nacionais de meio ambiente referentes às atribuições federais permanentes relativas à preservação, conservação e ao uso sustentável dos recursos ambientais e sua fiscalização e controle.

Em 1992, ocorreu a 2ª Conferência das Nações Unidas sobre Meio Ambiente e Desenvolvimento, realizada na cidade do Rio de Janeiro, conhecida como Rio 92. Como resultado desta Conferência, foi criado o Ministério do

Meio Ambiente, formado atualmente por cinco secretarias, entre as quais a Secretaria de Recursos Hídricos e Ambiente Urbano. O Tratado de Educação Ambiental para Sociedades Sustentáveis e de Responsabilidade Global, assinado durante essa conferência, destaca o caráter permanente da educação ambiental na busca da construção de sociedades socialmente justas e ecologicamente sustentáveis, além da permanência de seu caráter interdisciplinar (Krasilchik et al., 2010). Em 1997, foi institucionalizada a Política Nacional de Recursos Hídricos pela Lei Federal n. 9.433/97.

A Política Nacional de Educação Ambiental instituída pela Lei n. 9.795/99 considera a educação ambiental um processo por meio do qual o indivíduo e a coletividade constroem valores sociais, conhecimentos, habilidades, atitudes e competências voltadas para a conservação do meio ambiente e bem de uso comum do povo, essencial à qualidade de vida sadia e sua sustentabilidade. Essa política representou um avanço ao inserir a educação ambiental de modo integrado, em nível formal e informal, para atingir diversas áreas de conhecimento e formar uma visão interdisciplinar e holística, tratando da temática ambiental, na qual se inserem os recursos hídricos, de modo transversal.

A Cúpula Mundial sobre Desenvolvimento Sustentável (CMDS), denominada Rio+10, ocorreu em Joanesburgo, África do Sul, em 2002. Como compromissos dessa Conferência, ressaltam-se as ampliações do acesso ao sistema de saneamento e água potável, e dos serviços de energia modernos, que promovem a eficiência energética e uso de energia renovável (Diniz, 2002).

A Lei Federal de Saneamento Básico, Lei n. 11.445/2007, estabelece diretrizes de âmbito nacional para os serviços de saneamento básico, ressaltando como um de seus princípios fundamentais o da integralidade na prestação desses serviços, de forma que os serviços de interesse comum de abastecimento de água, esgotamento sanitário, limpeza urbana e manejo de resíduos sólidos sejam planejados de forma articulada com outras políticas urbanas, tais como: desenvolvimento urbano, habitação, combate e erradicação da pobreza, proteção ambiental e promoção da saúde. Portanto, a Política Nacional de Gerenciamento de Recursos Hídricos revela a necessidade da integração com essas políticas públicas para estabelecer metas de melhorias futuras que garantam a utilização múltipla e criteriosa dos recursos hídricos.

Após 20 anos de realização da Conferência Rio 92, o Brasil sediou novamente a Conferência das Nações Unidas sobre Desenvolvimento Sustentável, realizada na cidade do Rio de Janeiro, em 2012, conhecida como Rio+20. Dentre outros temas, nessa Conferência foi reiterado o apoio ao desenvolvimento e à implementação do gerenciamento integrado de recursos hídricos e planos de eficiência hídrica.

Política Nacional de Recursos Hídricos

A Política Nacional de Recursos Hídricos foi instituída pela Lei Federal n. 9.433/97, que estabelece as seguintes diretrizes gerais de ação para sua implementação:

- Gestão sistemática dos recursos hídricos, sem dissociação dos aspectos de quantidade e qualidade.
- Adequação da gestão de recursos hídricos às diversidades físicas, bióticas, demográficas, econômicas, sociais e culturais das diversas regiões do país.
- Integração da gestão de recursos hídricos com a gestão ambiental.
- Articulação do planejamento de recursos hídricos com o dos setores usuários e com os planejamentos regional, estadual e nacional.
- Articulação da gestão de recursos hídricos com a do uso do solo.
- Integração da gestão das bacias hidrográficas com a dos sistemas estuarinos e zonas costeiras.

Essas diretrizes gerais apontam para a interdisciplinaridade em sua natureza, pois tratam da agregação de aspectos tratados corriqueiramente sobre a ótica inter e multidisciplinar. Além dessas diretrizes, a PNRH cita seis instrumentos para operacionalizar a sua aplicação: a) planos de recursos hídricos; b) enquadramento dos corpos de água em classes, segundo os usos preponderantes da água; c) outorga dos direitos de uso de recursos hídricos; d) cobrança pelo uso de recursos hídricos; e) compensação aos municípios e f) sistema de informações sobre recursos hídricos.

A implementação de todos esses instrumentos exige equipes multi e interdisciplinares, como também interação institucional. Por exemplo, os Planos de Recursos Hídricos devem ser elaborados por equipes multidisciplinares e aprovados nos respectivos Comitês de Bacias Hidrográficas que possuem composição interdisciplinar e interinstitucional. Para a efetivação dos diversos instrumentos da PNRH, destaca-se a necessidade de conhecimentos de hidrologia, hidrogeologia, qualidade da água, economia, estatística, geografia, pedologia, climatologia, informática, apoiados em ferramentas de geotecnologias e modelos matemáticos diversos, relacionados aos aspectos de quantidade e qualidade. Além disso, as disciplinas e os profissionais das áreas de ciências sociais devem estar plenamente inseridos no contexto e nas equipes de trabalho. O sistema de gestão deve ser exercido de forma descentralizada e participativa.

Os modelos de suporte à decisão, hoje amplamente difundidos, excelente exemplo de interdisciplinaridade, são ferramentas disponíveis para a prática da gestão de recursos hídricos, em diferentes níveis de complexidade, dependendo da disponibilidade de dados e das metodologias aplicadas para implementação dos diversos instrumentos de gestão. Por exemplo, para proposição do enquadramento dos corpos d'água em uma bacia hidrográfica, é importante quantificar todas as cargas poluidoras lançadas nos corpos d'água e suas características físicas, aplicar modelo matemático que avalie a capacidade de depuração ao longo do tempo, propondo possíveis cenários de gestão.

De acordo com o Ministério do Meio Ambiente (Brasil, 2006), o modelo de gerenciamento adotado no Brasil incorpora novos princípios e instrumentos de gestão, embora já aceitos e praticados em vários países, e enquadra-se no modelo sistêmico de integração participativa, que determina a criação de uma estrutura, na forma de matriz institucional de gerenciamento, responsável pela execução de funções específicas, e adota o planejamento estratégico por bacia hidrográfica, tomada de decisão por intermédio de deliberações multilaterais e descentralizadas apoiadas no estabelecimento de instrumentos legais e financeiros.

De acordo com Tundisi (2003), os avanços no sistema de planejamento e gerenciamento das águas resultam da incorporação de processos conceituais (adoção da bacia hidrográfica como unidade de planejamento e gerenciamento e a integração econômica e social), processos tecnológicos (uso adequado de tecnologias de proteção, conservação, recuperação e tratamento) e processos institucionais (integração institucional em uma unidade fisiográfica). Nesse contexto, a abordagem da gestão de recursos hídricos tendo a bacia hidrográfica como unidade de planejamento e gerenciamento instituída pela PNRH promove a integração de cientistas, gerentes e tomadores de decisão com o público em geral, permitindo que eles trabalhem em conjunto em uma unidade física com limites definidos.

A gestão de águas subterrâneas é exemplo prático em que a interdisciplinaridade é imprescindível para a eficácia da gestão de recursos hídricos. Embora incluídas nas legislações de gerenciamento de recursos hídricos em âmbito nacional e nos estados, as águas subterrâneas reservam algumas especificidades que devem ser levadas em consideração nas práticas de gestão. Por serem estaduais, os instrumentos de gestão são aplicados e acompanhados pelos sistemas estaduais de gerenciamento de recursos hídricos. Por exemplo, a outorga das águas subterrâneas é atribuição dos estados, enquanto que o enquadramento das águas subterrâneas, em razão da sua dominialidade, deverá ser realizado pelos Conselhos Estaduais de Recursos Hídricos. A definição das classes de qualidade é atribuição dos colegiados deliberativos do meio ambiente. Alguns estados, como São Paulo, Pernambuco, Ceará, Rio de Janeiro, Alagoas, Rio Grande do Sul e Mato Grosso possuem atualmente legislação pertinente à gestão de águas subterrâneas.

Apesar de já contar com regulamentação para enquadramento de corpos d'água, a Resolução n. 357/2005, o Conama estabeleceu também a Resolução n. 396/2008, que dispõe sobre a classificação e diretrizes ambientais para o enquadramento das águas subterrâneas e dá outras providências. Para o enquadramento das águas subterrâneas, os estados deverão ter programa de monitoramento deste recurso hídrico, e, como consequência do enquadramento, deverá haver zoneamento do uso e ocupação do solo de forma a garantir a qualidade das águas subterrâneas. Essas especificidades ressaltam a extrema importância do exercício da interdisciplinaridade para a prática da gestão de águas subterrâneas.

Sistema Nacional de Gerenciamento dos Recursos Hídricos

O Sistema Nacional de Gerenciamento de Recursos Hídricos (SNGRH) foi criado pela PNRH, e tem como principais objetivos: a) coordenar a gestão integrada das águas; b) arbitrar os conflitos relacionados com os recursos hídricos; c) implementar a Política Nacional de Recursos Hídricos; d) planejar, regular e controlar o uso, a preservação e a recuperação dos recursos hídricos; e e) promover a cobrança pelo uso de recursos hídricos.

A estrutura organizacional do sistema é composta pelas seguintes instituições e órgãos colegiados, conforme Figura 19.1.

A seguir, é apresentada uma síntese das competências das instituições e órgãos colegiados.

- **Conselho Nacional de Recursos Hídricos:** é o órgão superior do Singreh, composto por ministérios e secretarias da Presidência da República com atuação no gerenciamento ou no uso das águas, bem como por representantes dos conselhos estaduais de recursos hídricos, dos usuários e da sociedade civil (Brasil, 2006). De acordo com o Decreto Federal n.

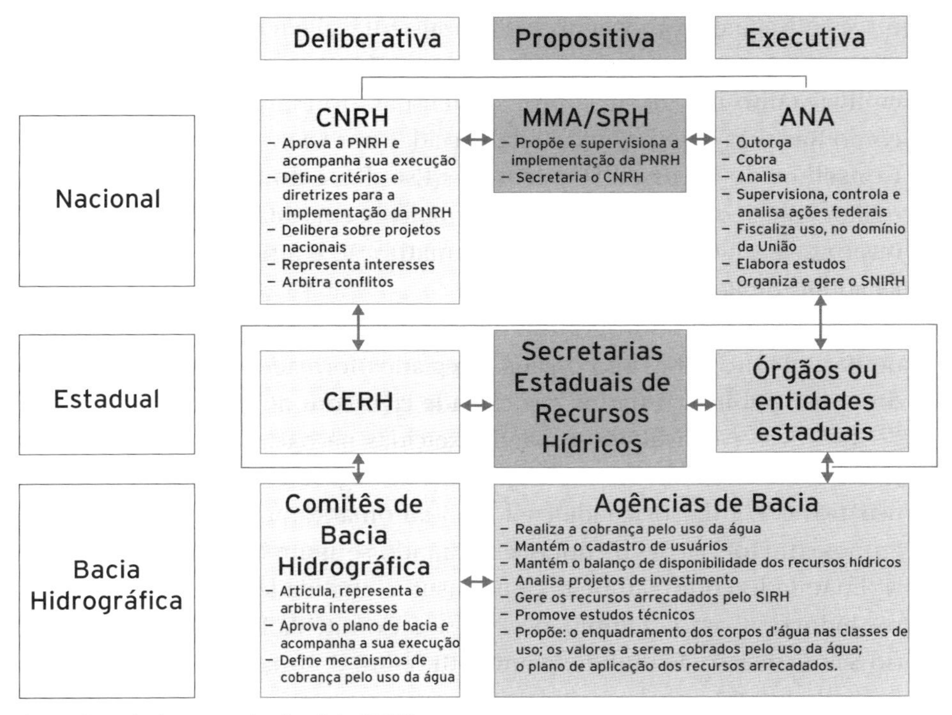

Figura 19.1: Estrutura organizacional do SNGRH.
Fonte: Adaptado de RE CIDS/EBAPE/FGV, 2003.

4.613/2003, está entre as competências deste Conselho: a) promover a articulação do planejamento de recursos hídricos com os planejamentos nacional, regionais, estaduais e dos setores usuários; b) deliberar sobre os projetos de aproveitamento de recursos hídricos, cujas repercussões extrapolem o âmbito dos Estados em que serão implantados; c) analisar propostas de alteração da legislação pertinente a recursos hídricos e à Política Nacional de Recursos Hídricos; d) estabelecer diretrizes complementares para implementação da Política Nacional de Recursos Hídricos, aplicação de seus instrumentos e atuação do Sistema Nacional de Gerenciamento de Recursos Hídricos; e) acompanhar a execução e aprovar o Plano Nacional de Recursos Hídricos, dentre outras.

- **Agência Nacional de Águas:** a Agência Nacional de Águas (ANA) foi criada a partir da Lei Federal n. 9984/2000, e formalizou a institucionalização da gestão de recursos hídrico tendo como missão implementar e coordenar a gestão compartilhada e integrada dos recursos hídricos. Ademais, regula o acesso à água, promovendo seu uso sustentável em benefício das atuais e futuras gerações. Essa agência, desde a sua criação, teve um caráter interdisciplinar tanto na exigência profissional para formação da equipe técnica como nas suas competências estabelecidas por lei.

- **Conselhos de Recursos Hídricos dos Estados e do Distrito Federal**: são órgãos colegiados deliberativos e normativos em cada ente federativo. São responsáveis pelo planejamento, normatização e articulação das Políticas Estaduais de Recursos Hídricos.
- **Comitês de Bacia Hidrográfica:** de acordo com a ANA (2014), os Comitês de Bacia Hidrográfica são órgãos colegiados formados por representantes do poder público, usuários e sociedade civil com atribuições normativas, deliberativas e consultivas a serem exercidas na bacia hidrográfica de sua jurisdição. Devem ser formados por 1/3 de órgãos governamentais, 1/3 de usuários e 1/3 da sociedade civil. Isso automaticamente leva à criação de grupos com formações distintas, exercitando-se assim não apenas a interdisciplinaridade, como também a interinstitucionalidade da gestão dos recursos hídricos. Como exemplo, destaca-se o Comitê da Bacia Hidrográfica do rio São Francisco. Foi fundado em 2001, é um dos mais atuantes do país, é formado por 62 membros titulares e expressa, na sua composição tripartite, os interesses dos principais atores envolvidos na gestão dos recursos hídricos da bacia. Em termos numéricos, os usuários somam 38,7% do total de membros, o poder público (federal, estadual e municipal) representa 32,2%, a sociedade civil detém 25,8% e as comunidades tradicionais, 3,3%.
- **Órgãos dos poderes públicos federal, estaduais, do Distrito Federal e municipais cujas competências se relacionem com a gestão de recursos hídricos:** é importante destacar que os estados e Distrito Federal devem criar órgãos executivos de suas Políticas Estaduais de Recursos Hídricos a fim de facilitar a gestão de recursos hídricos a um nível mais local. Ressalta-se que a criação de estruturas municipais para tratar da gestão de recursos hídricos deve ser incentivada, pois é neste nível que a resolução dos conflitos pode ocorrer de maneira mais eficaz.
- **Agências de Água:** denominadas também de agências de bacia, são entidades dotadas de personalidade jurídica, criadas para dar suporte administrativo, técnico e financeiro aos comitês de bacia, sendo requisitos essenciais para a sua instituição a prévia existência do comitê e sua viabilidade financeira, assegurada pela cobrança do uso de recursos hídricos (Brasil, 2006).

A institucionalização e implementação dos instrumentos legais de gestão dos recursos hídricos no Brasil avançou bastante nas últimas décadas, onde a interdisciplinaridade foi incorporada na concepção do sistema de gestão de recursos hídricos de forma colegiada, participativa e descentralizada, necessitando de profissionais de diversas áreas do conhecimento para trabalhar em conjunto na estruturação e operacionalização dessas instituições.

MODELOS ESTADUAIS DE GESTÃO INTEGRADA E INTERDISCIPLINAR DE RECURSOS HÍDRICOS

Entre os modelos estaduais de gestão integrada de Recursos Hídricos já implementados no país foram selecionadas as experiências consolidadas dos seguintes estados: São Paulo, Rio de Janeiro, Ceará e Pernambuco, como exemplos de aplicação da interdisciplinaridade. Estes estados foram selecionados para análise por serem referências na gestão de recursos hídricos em suas respectivas regiões.

São Paulo

A experiência do estado de São Paulo se destaca pelo seu pioneirismo em termos dos avanços obtidos na institucionalização e implementação da legislação estadual da gestão de recursos hídricos, pois regulou o art. 205 da Constituição anteriormente à promulgação do Sistema Nacional de Recursos Hídricos. O estado estruturou o Sistema Integrado de Gerenciamento de Recursos Hídricos e implantou a Política Estadual de Recursos Hídricos, a partir da promulgação da Lei n. 7.663/91, que estabelece como instrumentos desta Política: planos de recursos hídricos, outorga de direito de uso de recursos hídricos, enquadramento dos corpos d'água em classes de uso e a cobrança pelo uso dos recursos hídricos.

Assim sendo, foram criadas 22 Unidades de Gerenciamento de Recursos Hídricos (UGRHIS), em 21 comitês de Bacias Hidrográficas, que definem em seus planos de bacia as prioridades de uso e proteção das águas subterrâneas.

Ainda em obediência aos preceitos constitucionais do estado, em 1988 foi promulgada a Lei Estadual n. 6.134, que trata da preservação dos depósitos naturais de águas subterrâneas estaduais, posteriormente regulamentada pelo Decreto Lei n. 32.955, editado em 1991. Esse decreto, além de outras disciplinas, estabelece atribuições específicas aos órgãos e instituições do estado, sendo que à Cetesb cabe prevenir e controlar a poluição de água subterrânea.

Segundo o Decreto Estadual n. 32.955 de 1991, cabe ao Departamento de Águas e Energia Elétrica (Daee) a administração das águas subterrâneas do estado, nos campos de pesquisa, captação, fiscalização, extração e acompanhamento de sua interação com as águas superficiais e com o ciclo hidrológico. Cabe à Secretaria da Saúde, por intermédio da Vigilância Sanitária, a fiscalização das águas subterrâneas destinadas ao consumo humano, bem como o atendimento aos padrões de potabilidade. E finalmente ao Instituto Geológico cabe a execução de pesquisa e estudos geológicos e hidrogeológicos, o controle e arquivo de informações de dados geológicos dos poços, no que se refere ao desenvolvimento do conhecimento geológico dos aquíferos e da geologia do estado.

Ceará

A seleção da experiência de gestão de recursos hídricos no estado do Ceará foi determinada em função de ser referência no país de gestão de forma integrada, interdisciplinar, participativa e descentralizada de recursos hídricos. A busca permanente por uma gestão mais eficiente dos seus recursos hídricos por causa dos frequentes eventos de escassez hídrica resultou na criação do Pacto das Águas no final do ano de 2007, sob a coordenação da Assembleia Legislativa do Estado.

Antes da criação da Política Nacional de Recursos Hídricos e do Sistema Nacional de Gerenciamento, por meio da Lei n. 9.433/97, o estado do Ceará se habilitou ao exercício da gestão dos recursos hídricos mediante a edição de aparato jurídico-legal e de instituições capazes de implementar e executar a política estadual de recursos hídricos, com a promulgação da Lei n. 11.996, em julho de 1992. A compatibilização da ação humana com a dinâmica do ciclo hidrológico, assegurando as condições para o desenvolvimento econômico e social, é um dos objetivos desta lei, que visa garantir o planejamento e gerenciamento dos usos múltiplos dos recursos hídricos, com padrões de quantidade e qualidade satisfatórios e de forma sustentável.

Atualmente, o órgão responsável pela gestão dos recursos hídricos superficiais e subterrâneos é a Companhia de Gerenciamento dos Recursos Hídricos do Ceará (COGERH-CE), criada pela Lei n. 12.217/93 e vinculada à Secretaria de Recursos Hídricos (SRH), em conjunto com o Conselho de Recursos Hídricos do Ceará (Conerh), que se encontra em funcionamento desde fevereiro de 1994, dispondo de duas Câmaras Técnicas, sendo uma delas a de água subterrânea.

Nessa experiência de gestão de recursos hídricos destaca-se o funcionamento em todo estado de Comitês e Gerências de Bacias Hidrográficas, compostos, respectivamente, pelo núcleo deliberativo e o núcleo de gestão do organograma operacional do sistema de gestão de recursos hídricos. Os Comitês de Bacias são autorizados a criar as Comissões Gestoras de Sistemas Hídricos, que administram os sistemas hídricos que operam isolados, incluídos nesta categoria os sistemas aquíferos.

Rio de Janeiro

O estado do Rio de Janeiro também se destaca por ter sido uns dos primeiros estados no Brasil a estruturar instituições responsáveis na gestão integrada de recursos hídricos. O Instituto Estadual de Meio Ambiente (Inea) foi instalado pelo Governo do Estado do Rio de Janeiro, em 12 de janeiro de 2009, pelo Decreto n. 41.628, a partir da fusão de três órgãos: Fundação Estadual de Engenharia de Meio Ambiente (Feema), Superintendência Estadual de Rios e Lagoas (Serla) e Instituto Estadual de Florestas (IEF). O Inea unificou, ampliou e fortaleceu as agendas verde (IEF), azul (Serla) e marrom (Feema). Enquanto que em outros estados do país essas agendas são tratadas de forma isolada, o Rio de Janeiro inovou com a criação do Inea, promovendo uma maior interação na busca da eficiência e da agilidade nas atividades de gestão de recursos hídricos bem como de proteção e recuperação do meio ambiente.

A Política Estadual de Recursos Hídricos no estado do Rio de Janeiro, além dos usuais instrumentos, instituiu o Programa Estadual de Conservação e Revitalização de Recursos Hídricos (Prohidro), que visa proporcionar a revitalização e a conservação dos recursos hídricos por meio do manejo dos elementos dos meios físico e biótico de uma bacia hidrográfica. Como parte do Prohidro, foi estabelecido como ferramenta o Programa de Pagamento por Serviços Ambientais (PSA). O PSA é um instrumento econômico que, seguindo o princípio "protetor-recebedor", recompensa e incentiva aqueles que provêm serviços ambientais, melhorando a rentabilidade das atividades de proteção e uso sustentável de recursos naturais. Essa estratégia está presente na atuação e nas políticas do Inea, que tem apoiado o desenvolvimento de iniciativas e projetos no Estado. Criado e regulamentado pelo Decreto Estadual n. 42.029/2011, o Programa Estadual de Pagamento por Serviços Ambientais (PRO-PSA) representa um avanço para a proteção dos recursos hídricos, das florestas e da biodiversidade no estado do Rio de Janeiro e é um exemplo claro da prática interdisciplinar no órgão gestor.

Segundo esse Decreto, são consideradas serviços ambientais passíveis de retribuição as práticas e iniciativas de proprietários rurais do estado do Rio de Janeiro que favoreçam a conservação, a manutenção, a ampliação ou a restauração de benefícios aos ecossistemas. O decreto ainda estabelece as seguintes modalidades de serviço ambiental: a) conservação e recuperação da qualidade e da disponibilidade das águas; b) conservação e recuperação da biodiversidade; c) conservação e recuperação das FMPS e d) sequestro de carbono originado de reflorestamento das matas ciliares, nascentes e olhos d'água para fins de minimização dos efeitos das mudanças climáticas globais.

O PRO-PSA está subordinado ao Prohidro, e seus investimentos devem priorizar as áreas rurais e os mananciais de abastecimento público.

No âmbito dos recursos hídricos, outro importante avanço ocorreu em 2006, com a aprovação pelo Conselho Nacional de Recursos Hídricos (CNRH) do Plano Nacional de Recursos Hídricos (PNRH), que deve ser entendido como um processo multidisciplinar, dinâmico, flexível, participativo e permanente, ademais do conceito de sustentabilidade, em vista da necessidade de contemplar requisitos operacionais, a consistência dos arranjos institucionais, além das bases econômicas e financeiras, indispensáveis à sua viabilidade executiva (Brasil, 2006).

Pernambuco

O estado de Pernambuco se destaca em nível nacional na busca do fortalecimento da estrutura de gestão dos recursos hídricos ao ser criada a Secretaria de Recursos Hídricos em 1999 consolidou a Política e o Sistema Integrado de Gerenciamento dos Recursos Hídricos (SIGRH) por meio da Lei Estadual n. 12.984/2005.

Para complementar o SIGRH e fortalecer o planejamento e regulação dos usos múltiplos dos recursos hídricos no estado, foi criada a Agência Pernambucana de Águas e Clima (Apac) por meio da Lei Estadual n. 14.028 de 26 de março de 2010. A Apac tem como missão executar a Política Estadual de Recursos Hídricos, planejar e disciplinar os usos múltiplos da água em âmbito estadual, realizar monitoramento hidrometeorológico e previsões de tempo e clima no Estado.

A Apac é um exemplo de estrutura institucional brasileira que necessita da promoção e prática da interdisciplinaridade para o cumprimento pleno de sua missão. No seu corpo funcional, estão presentes engenheiros civis, químicos, de pesca, agrícolas, meteorologistas, geógrafos, sociólogos, geólogos, biólogos, analistas de sistemas, dentre outras formações, que garantem a atuação interdisciplinar na gestão de recursos hídricos superficiais e subterrâneos e levando em consideração aspectos de quantidade e qualidade, além da interação com clima e tempo. A interdisciplinaridade da instituição é extremamente necessária para efetivação dos diversos instrumentos de gestão de recursos hídricos, incluindo o sistema de informação de recursos hídricos e monitoramento da quantidade e da qualidade, que, de acordo com a lei estadual, constitui instrumento de gestão.

A estrutura de gestão de recursos hídricos do estado de Pernambuco prevê ainda a atuação conjunta da Apac com o órgão de gestão ambiental, a Agência de Meio Ambiente do Estado de Pernambuco (CPRH), em especial com relação à outorga de águas subterrâneas, seguindo Lei estadual n. 11.427/97.

Além dos componentes usuais do sistema de gerenciamento de recursos hídricos, a exemplo do Conselho Estadual de Recursos, Comitês de Bacia Hidrográfica, no estado de Pernambuco, com grande parte de seu território na região semiárida e com rios intermitentes, estabeleceram-se os chamados Conselhos Gestores de Reservatórios (Consus). Os Consus são colegiados formados por representantes do poder público, dos usuários de água e da sociedade civil para atuar na área de influência de um açude. Esses conselhos acolhem a especificidade da gestão de recursos hídricos na porção semiárida do estado de Pernambuco.

Os exemplos citados revelam que alguns estados da federação avançaram na implementação da política de recursos hídricos incorporando a interdisciplinaridade, tanto na estruturação dos órgãos, como na composição da formação e atuação da equipe de técnicos levando em consideração a visão das diversas áreas do conhecimento no processo de tomada de decisão.

SUPORTE INTERINSTITUCIONAL À PRÁTICA DA INTERDISCIPLINARIDADE NA GESTÃO DE RECURSOS HÍDRICOS

Algumas experiências de atuação interinstitucional têm se revelado como práticas positivas de integração para gestão de eventos extremos de inundações e escassez hídrica, por representarem modelos institucionais interdisciplinares e inovadores na gestão de recursos hídricos.

Centro Nacional de Monitoramento e Alertas de Desastres Naturais

O Centro Nacional de Monitoramento e Alertas de Desastres Naturais (Cemaden) vinculado à Secretaria de Políticas e Programas de Pesquisas e

Desenvolvimento (Seped), do Ministério de Ciência, Tecnologia e Inovação (MCTI), iniciou suas atividades em 2011, emitindo alertas para o Centro Nacional de Gerenciamento de Riscos e Desastres (Cenad) e objetiva desenvolver, testar e implementar um sistema de previsão de ocorrência de desastres naturais em áreas suscetíveis de todo o Brasil. A equipe do CEMADEN opera uma Sala de Situação, que funciona como um centro de gestão de situações críticas e subsidia a tomada de decisões por parte de sua Diretoria Colegiada, em especial, na operação de curto prazo de reservatórios, por meio do acompanhamento das condições hidrológicas dos principais sistemas hídricos nacionais de modo a identificar possíveis ocorrências de eventos críticos, permitindo a adoção antecipada de medidas mitigadoras com o objetivo de minimizar os efeitos de secas e inundações, fornecendo dados sobre áreas de risco relacionadas a escorregamento de encostas, enxurradas e inundações no país. O centro vem estabelecendo parcerias com instituições estaduais e federais (Cemaden, 2015).

Diversos estados da Federação possuem estruturas semelhantes, inseridas nos órgãos gestores de recursos hídricos, com a atuação conjunta de meteorologistas, hidrólogos e hidrometristas, operando estações de medição em tempo real de variáveis hidrológicas, satélites meteorológicos e modelos matemáticos de previsão de tempo e de áreas inundáveis.

Serviço Geológico do Brasil

O Serviço Geológico do Brasil (CPRM) atua na gestão de recursos hídricos, por meio de linhas interdisciplinares de atuação e parcerias com várias instituições, ressaltando-se: monitoramento de redes hidrológicas; previsão e alerta de enchentes e inundações; estudos, levantamentos e cartografia hidrológica; cadastramento, recuperação, revitalização e instalação de poços.

Os seguintes projetos institucionais podem ser elencados como suporte à gestão de recursos hídricos desta instituição:

- **Sistema de Informações de Águas Subterrâneas (Siagas):** apresenta mecanismos que facilitam a coleta, a consistência e o armazenamento de dados hidrogeológicos, além de sua difusão junto aos órgãos gestores e usuários de hidrogeologia.
- **Rede Integrada de Monitoramento das Águas Subterrâneas (Rimas)**: os resultados do monitoramento permanente e contínuo propiciam, em médio e longo prazo, a identificação de impactos às águas subterrâneas em

decorrência da explotação ou das formas de uso e ocupação dos terrenos, da estimativa da disponibilidade dos recursos hídricos subterrâneos, dentre outras informações.

- **Estudos, levantamento e cartografia hidrogeológica**: consiste no desenvolvimento de pesquisa e estudos hidrogeológicos, bem como na elaboração de mapas hidrogeológicos em ambiente de Sistema de Informações Geográficas. São realizadas pesquisas em pequenas bacias sedimentares interiores no semiárido brasileiro e elaboração de estudos e mapas hidrogeológicos no estado do Rio Grande do Sul, no Vale do Jequitinhonha e na borda sudeste do Parnaíba.

Instituto Nacional do Semiárido

O Instituto Nacional do Semiárido (Insa) foi criado pela Lei n. 10.860/2004, vinculado ao MCTI, tendo como missão viabilizar soluções interinstitucionais para a realização de ações de pesquisa, formação, difusão e formulação de políticas para a convivência sustentável do semiárido brasileiro a partir das potencialidades socioeconômicas e ambientais da região (Insa, 2014).

Desde 2011, o Insa vem atuando na estruturação e implantação de um Sistema de Gestão da Informação e do Conhecimento do Semiárido Brasileiro (Sigsab) que visa reunir e disponibilizar informações econômicas, sociais, ambientais e da infraestrutura da região semiárida, bem como à divulgação de experiências e estudos a fim de contribuir na definição de políticas públicas, alocação de investimentos públicos e privados, planejamento e no uso sustentável dos recursos naturais dessa região. As informações levantadas e compiladas pelo Insa, por meio de diferentes ferramentas, juntamente com o desenvolvimento de experimentos diversos, vêm dando suporte à gestão integrada de recursos hídricos.

Monitor de Secas

O Monitor de Secas do Nordeste do Brasil funciona subordinado à Fundação Cearense de Meteorologia e Recursos Hídricos (Funceme), com objetivo de estruturar mecanismos de monitoramento, previsão e alerta para secas a partir da integração de conhecimentos de especialistas de várias instituições nas áreas de meteorologia, recursos hídricos e agricultura. A iniciativa surgiu no contexto da seca prolongada que vem assolando o Nordeste desde 2012, sendo considerada a seca mais grave das últimas décadas.

Este projeto representa uma mudança de abordagem na gestão de recursos hídricos, da gestão emergencial e reativa à preparação e gerenciamento proativos, que permita lidar com a seca desde os seus primeiros sinais. O projeto está sendo desenvolvido em uma base piloto com foco na região semiárida do país por um grupo de especialistas e instituições brasileiras, com o apoio técnico e financeiro do Banco Mundial e de parceiros internacionais, como a *Comisión Nacional del Agua México* (Conagua), *National Drought Mitigation Center*, nos Estados Unidos e instituições governamentais e acadêmicas da Espanha (Funceme, 2015).

No sentido de complementar e apoiar as ações dos órgãos responsáveis pela gestão dos recursos hídricos em nível federal e estadual, as importantes iniciativas relatadas anteriormente têm sido bem-sucedidas e devem continuar sendo apoiadas e ampliadas.

INTERAÇÃO ENTRE GESTÃO DE RECURSOS HÍDRICOS E DE MEIO AMBIENTE NA PERSPECTIVA DA INTERDISCIPLINARIDADE

A partir da Política Nacional de Meio Ambiente, com a demanda para tratar do processo de avaliação de impacto e licenciamento ambiental de empreendimentos potencialmente poluidores, foram criados grupos de trabalho nos órgãos ambientais com profissionais de diversas formações acadêmicas para analisar as propostas de projeto, definição da necessidade de realização de EIA/Rima, acompanhamento e avaliação desses estudos. Isso exigiu a introdução de novos paradigmas no processo de tomada de decisão, que anteriormente era baseado em uma análise simplificada de custo/benefício, considerando prioritariamente os aspectos tecnológicos e financeiros.

Além disso, a exigência de realização de audiências públicas com a participação dos diversos atores envolvidos nos projetos consolidou a necessidade de grupos interdisciplinares de modo a abranger as questões vinculadas às alterações do meio físico, biótico e antrópico contando com atuação de especialistas em hidrologia, saneamento, solos, meteorologia, geoprocessamento e cartografia, entre outros, além do acompanhamento jurídico para analisar os aparatos legais relacionados ao projeto.

No sentido de incorporar os aspectos ambientais na etapa de planejamento de empreendimentos, vem sendo discutida a exigência legal no Brasil da institucionalização da Avaliação Ambiental Estratégica (AAE), instrumento exigido pela Comunidade Europeia (CE) desde 2001 por meio da Diretiva

n. 2001/42/CE. Esse instrumento de gestão ambiental pode avaliar impactos de natureza estratégica, com o objetivo de facilitar a integração ambiental e a avaliação de oportunidades e riscos de estratégias de ação para um desenvolvimento sustentável. Trata-se de um processo integrado no procedimento de tomada de decisão, oferecendo uma perspectiva interdisciplinar e promovendo uma abordagem estratégica, que se destina a incorporar valores ambientais, sociais e econômicos. Em AAE, o processo de avaliação ocorre de uma forma interativa, em que os resultados das várias fases da avaliação são integrados no processo de elaboração de planos, devendo iniciar-se tão cedo quanto possível, preferencialmente na fase de definição de objetivos do planejamento (Sobral et al., 2014).

Outro passo fundamental na institucionalização de uma visão interdisciplinar se deu na própria elaboração da Política Nacional de Recursos Hídricos em 1997, que foi construída de uma forma participativa, com diversos fóruns de discussão em todo país, contando com profissionais de diversas áreas do conhecimento. Essa lei avançou na institucionalização da interdisciplinaridade ao estabelecer em seus fundamentos a necessidade de interação entre o sistema de meio ambiente e o sistema de gestão de recursos hídricos. Além disso, entre os instrumentos da PNRH ressalta-se a realização de planos diretores de bacias hidrográficas, que devem ser elaborados de forma multidisciplinar e participativa e ser aprovado nos Comitês das respectivas bacias hidrográficas.

A Política Nacional de Recursos Hídricos ratificou a estratégia da Política Nacional de Meio Ambiente ao manter a interdisciplinaridade como um elemento aglutinador entre os participantes dos diversos colegiados estabelecidos nestas leis: Conselho Nacional de Recursos Hídricos (CNR), Conselho Nacional de Meio Ambiente (Conama), bem como Comitês de Bacias Hidrográficas e Comitês Estaduais e Municipais de Meio Ambiente.

Para Philippi Jr et al. (2011), a complexidade e abrangência intrínsecas às questões ambientais naturalmente se reproduzem nos processos de gestão. Nesse sentido, o planejamento e a gestão de recursos hídricos, por sua complexidade, requerem profissionais de áreas distintas para compreender os eventos analisados e buscar as melhores decisões.

A interlocução com especialistas de outras disciplinas advém também da necessidade de gerenciamento e negociação de conflitos gerados a partir da alocação da água para usos múltiplos. A previsão de aumento da população e desenvolvimento econômico para os próximos anos levará ao aumento crescente de consumo de água. Ações integradas e negociadas entre os diversos usuários e atores envolvidos na gestão de recursos hídricos e de meio ambiente só poderão ser alcançadas dentro de uma perspectiva interdisciplinar de atuação.

IMPORTÂNCIA DA INTERDISCIPLINARIDADE NA GESTÃO DOS USOS MÚLTIPLOS DE RECURSOS HÍDRICOS

O cenário das mudanças climáticas e aumento de eventos extremos de escassez progressiva de água vem comprometendo todos os setores usuários, o que requer estratégias interdisciplinares de intervenção, trabalhadas sob o enfoque dos múltiplos usos. Nessa perspectiva, a incorporação da interdisciplinaridade na gestão de recursos hídricos vem sendo institucionalizada em diversos setores e usuários, dentre os quais se destacam para esta análise os setores de saneamento básico, geração de energia elétrica e agricultura.

Saneamento básico

O Censo Demográfico constatou que em 2010 o país possuía 90,88% da população urbana atendida por rede geral de água e 61,76% por rede coletora de esgotamento sanitário (IBGE, 2010). Em virtude da grande extensão territorial do Brasil, o Instituto Brasileiro de Geografia e Estatística (IBGE) e CNRH estabeleceram 12 grandes regiões hidrográficas como territórios para o planejamento ambiental e o uso racional da água. O percentual de atendimento por cada região hidrográfica é apresentado na Figura 19.2 e revela que o país possui um alto índice urbano de cobertura de abastecimento de água, mas os índices de coleta e tratamento de esgoto doméstico urbano continuam em patamares inferiores. É importante salientar, ainda, que os índices de cobertura de abastecimento de água baseiam-se na existência de rede de água, não significando garantia da oferta hídrica, nem das condições operacionais (ANA, 2013).

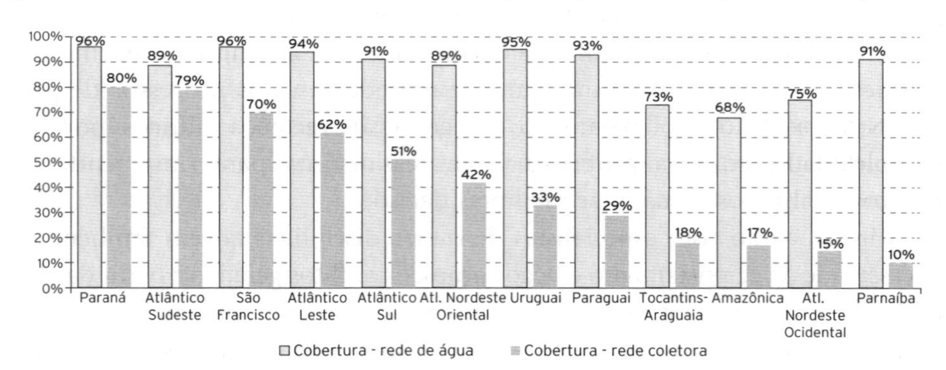

Figura 19.2: População urbana atendida por região hidrográfica
Fonte: ANA (2013)

As Companhias Estaduais de Saneamento, responsáveis pelo planejamento e operação dos sistemas de abastecimento de água e de esgotamento sanitário na maioria dos sistemas brasileiros, demoraram a se estruturar. Diversas obras hídricas foram planejadas, construídas e operadas apenas com a visão disciplinar da engenharia, não considerando as questões ambientais e sociais, ressaltando-se a proteção dos mananciais a montante dos reservatórios para garantir que o uso do solo não viesse a comprometer a quantidade e qualidade futura da água. Além disso, o pouco investimento para implantação de sistemas de esgotamento sanitário continua provocando poluição dos recursos hídricos.

Aliada a esta questão, ressaltam-se os altos índices de desperdício de água tratada para abastecimento. Nesse sentido, a atuação ineficaz e pouca interação entre as companhias de saneamento e órgãos de planejamento do uso do solo e controle ambiental, em grande parte dos casos, vêm resultando em uma gestão deficitária.

Nas últimas décadas, foram criados setores ambientais em várias dessas companhias. Embora as equipes sejam limitadas e maiores investimentos sejam necessários, já se podem observar avanços na gestão dos sistemas de abastecimento de água e esgotamento sanitário, considerando-se a gestão integrada de recursos hídricos.

A interação dos órgãos gestores com o poder público municipal é fundamental para a proposição e implementação de políticas públicas. Como exemplo, em 2014, foi aprovada na cidade do Recife uma legislação para captação e aproveitamento de água de chuva que dispõe sobre a construção de reservatórios de acúmulo ou de retardo do escoamento das chuvas para a rede de drenagem. Assim, as águas poderão ser reaproveitadas e os problemas com alagamentos serão minimizados. A água de chuva captada pode servir para irrigação de jardins, alimentação de sistemas de refrigeração, dentre outros usos não potáveis. Outros estados da Federação, a exemplo de São Paulo, também possuem legislações dessa natureza.

Nesse contexto, os desafios do ponto de vista de interações de grande complexidade em áreas urbanas, a interdisciplinaridade e a interinstitucioanalidade são elementos imprescindíveis para uma gestão participativa de recursos hídricos.

Agricultura

O setor agrícola, responsável pela maior parte do uso consultivo da água no Brasil, requer maior atenção dos órgãos gestores com vistas ao desenvolvimento sustentável dos recursos hídricos. Nesse sentido, Viola (2008) afirma que o uso ineficiente da água para produção agrícola esgota aquíferos, reduz o fluxo de rios, degrada habitat de espécies selvagens e pode ocasionar a salinização de terras irrigadas. Estima-se que em 2025 haverá cerca de 1.800 milhões pessoas residentes em países ou regiões com escassez de água, e 2/3 da população mundial poderá ser afetada pelo estresse hídrico.

Dados da ANA (2013) apontam que a área irrigada no Brasil em 2012 corresponde a 5,8 milhões de hectares. Considerando a relação entre área irrigada e área total cultivada, as regiões hidrográficas Atlântico Sul e Atlântico Sudeste apresentam o mais elevado percentual de irrigação, com 19,4% e 24,0% em 2012, respectivamente. As regiões São Francisco e Atlântico Nordeste Oriental também se destacam com irrigação em 12,8% e 14,0% da área total cultivada, enquanto a região Amazônica apresenta o menor percentual (1,6%). Embora possua a maior área irrigada, a região do Paraná apresenta apenas 7,5% de sua área cultivada sob irrigação, abaixo da média nacional de 8,3% (Figura 19.3).

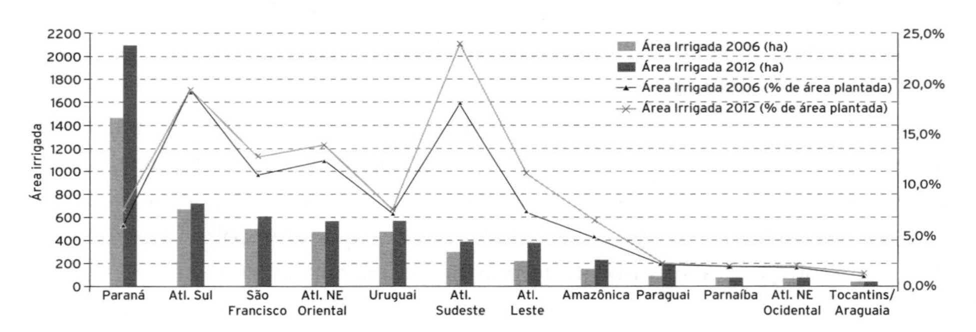

Figura 19.3: Áreas irrigadas em 2006 e 2012 por região hidrográfica

Fonte: Adaptado da ANA, 2013.

O Ministério da Agricultura, Pecuária e Abastecimento (Mapa) não possui câmara temática específica para recursos hídricos e meio ambiente, porém em janeiro de 2013 foi criado um Grupo de Trabalho para a gestão integrada e sustentável dos recursos hídricos no meio rural com a Portaria Interministerial dos Ministérios da Agricultura e Meio Ambiente (Mapa, 2015).

O Ministério do Desenvolvimento Agrário (MDA), apesar de não possuir setor específico para tratar da temática dos recursos hídricos, publicou o Plano Nacional de Desenvolvimento Rural Sustentável e Solidário, com o objetivo de assegurar o desenvolvimento socioeconômico e ambiental do

Brasil Rural. Para fortalecer a agricultura familiar e a agroecologia deverão ser criados: um fundo para pagamento de serviços ambientais, para a produção de base familiar, em especial os agroecológicos e de proteção aos recursos hídricos e áreas de preservação permanente, e uma linha de aporte de recursos não reembolsáveis para a agricultura familiar, povos indígenas, povos e comunidades tradicionais, pescadores(as) artesanais, para recuperação de reservas legais e áreas de preservação permanente, recuperação de matas ciliares e mananciais (Brasil, 2014).

Outro aspecto primordial é a redução dos padrões de produção da agricultura irrigada atualmente em vigor no país, que utilizam tecnologias consumidoras de grande quantidade de água, por exemplo, aspersão com pivô central. Ações interdisciplinares devem ser implementadas para conscientização dos usuários sobre a importância da redução do consumo, em paralelo com a implementação de valores mais substanciais na cobrança pelo uso da água em todos os estados.

Geração de energia elétrica

Em contraste com a matriz elétrica mundial, onde os recursos fósseis representam em torno de 70% da geração de energia elétrica, a oferta brasileira de eletricidade advém essencialmente da hidroeletricidade (Castro et al., 2010). O percentual de participação das fontes hidráulicas para geração de energia na matriz energética brasileira em 2012 era de 89.521 MW correspondendo a 78% do total de 114.202 MW, e em 2017 passou para 107.495 MV em um total de 145.825 MV correspondendo a 73,3%. Esta predominância de recursos renováveis baseada em fontes hídricas permite que, no nível de geração, a energia elétrica brasileira tenha custos competitivos, mas dependentes da disponibilidade desses recursos.

O setor elétrico foi pioneiro no avanço da incorporação em suas instituições de estrutura adequada para lidar com as exigências advindas da contratação e análise de EIA/Rima e respectivo licenciamento ambiental para construção e operação de seus empreendimentos.

A princípio, essas estruturas eram formadas por profissionais da engenharia elétrica e civil, e progressivamente foram incorporando outras especialidades para atender às demandas ambientais, tais como biologia, geologia, assistência social, cartografia, direito, entre outros.

Entretanto, muito precisa ainda ser trabalhado, no sentido de incorporar no processo de tomada de decisão parâmetros que levem em consideração aspectos econômicos, ambientais, sociais e político-institucionais.

INCORPORAÇÃO DA INTERDISCIPLINARIDADE NA ACADEMIA

A gestão integrada de recursos hídricos vem sendo incorporada progressivamente na academia expandindo da área de conhecimento das engenharias para outras áreas, incluindo biologia, química, sociologia, economia, direito, entre outras. Passou-se a entender que não é possível abordar a gestão de recursos hídricos sem compreender todos os fatores que possam influenciá-la por sua natureza intrinsecamente interdisciplinar.

A implementação do Planasa, na década de 1970, provocou a necessidade de formação de recursos humanos em nível acadêmico, quando surgiram os primeiros cursos de graduação em engenharia civil com ênfase na engenharia sanitária. A grade curricular desses cursos era estritamente disciplinar sem considerar as questões ambientais, refletindo também o momento político vivenciado no Brasil durante o regime militar. O processo de tomada de decisão para escolha de alternativas de projetos era baseado em uma visão tecnológica levando-se em conta o custo/benefício daqueles empreendimentos a partir dos conhecimentos da engenharia e economia. A ausência de uma visão interdisciplinar provocou a construção e operação inadequada de muitas obras hídricas gerando uma série de impactos ambientais que poderiam ter sido evitados ou minimizados.

A partir da década de 1980, com a institucionalização da PNMA e exigência da realização de EIA e respectivas audiências públicas, os cursos tradicionais de engenharia civil começaram a dar um enfoque maior à questão hídrica e sanitária, considerando uma gestão integrada dos sistemas de: abastecimento de água, esgotamento sanitário, drenagem urbana, gestão de resíduos sólidos e controle de vetores. Nesse aspecto, inicia-se uma maior interação entre os temas vinculados ao meio ambiente e saúde, como a questão da endemia da esquistossomose no Nordeste pelo tratamento e disposição inadequados dos esgotos sanitários nos corpos de água.

A área de conhecimento da Engenharia Civil foi responsável pelos primeiros cursos de graduação e de pós-graduação a tratar da temática de recursos hídricos e saneamento. Exemplo disso é o Programa de Pós-graduação em Engenharia Hidráulica e Saneamento da Universidade de São Paulo, Campus

São Carlos, que desde 2003 desenvolve pesquisas com enfoque multidisciplinar e interdisciplinar sobre qualidade e quantidade dos recursos hídricos, entre outros, tendo formado grande parte dos tomadores de decisão e profissionais que atuam na gestão de recursos hídricos e saneamento.

No início dos anos 1990, começaram a surgir Programas de Pós-Graduação interdisciplinares tratando a temática ambiental e de gestão de recursos hídricos de forma interdisciplinar, com a participação de docentes de várias áreas do conhecimento, por exemplo: a) Programa de Pós-Graduação de Desenvolvimento Sustentável da Universidade de Brasília, iniciado em 1996, vinculado ao Centro de Desenvolvimento Sustentável dessa Universidade sendo uma referência nacional no exemplo de incorporação da interdisciplinaridade na academia; b) Programa de Pós-Graduação em Desenvolvimento e Meio Ambiente (Rede Prodema) que envolve sete Universidades do Nordeste: Universidade Federal do Piauí (UFPI), Universidade Federal do Ceará (UFC), Universidade Federal do Rio Grande do Norte (UFRN), Universidade Federal da Paraíba (UFPB), Universidade Federal de Pernambuco (UFPE), Universidade Federal de Sergipe (UFS) e Universidade Estadual de Santa Cruz (UESC) e c) Programa de Pós-Graduação em Meio Ambiente e Desenvolvimento (Made) da Universidade Federal do Paraná (UFPR). Tais programas apresentam como propostas a criação de um ambiente de interação entre as áreas de conhecimento, incluindo a área de recursos hídricos, de modo a formar um novo profissional que seja capaz de adquirir conhecimentos de diversas áreas, mesmo que se especializando em apenas uma delas.

A princípio, as propostas desses programas eram avaliadas na Coordenação de Aperfeiçoamento de Pessoal de Nível Superior (Capes) em comitês especiais com consultores *ad hoc*, por não se enquadrarem nas áreas de conhecimento disciplinares existentes na época. A medida que o número de novas propostas semelhantes cresceu consideravelmente, foi criada em 1999 a área Interdisciplinar e em 2011 a área de Ciências Ambientais. Esta nova área de conhecimento possui mais de uma centena de programas que, na sua maioria, tratam da temática de gestão integrada de recursos hídricos.

Se por um lado a formação de recursos humanos em área interdisciplinar é cada vez mais necessária, sobretudo na área ambiental e de recursos hídricos, por outro, o processo seletivo às instituições públicas de ensino superior e órgãos públicos exigem a formação de graduação e pós-graduação do candidato à área disciplinar do concurso, evidenciando uma barreira para a formação interdisciplinar que precisa ser transposta.

No que se refere à capacitação de técnicos que atuam nos órgãos responsáveis pela gestão de recursos hídricos, registra-se ainda uma carência de formação interdisciplinar tendo em vista que os novos profissionais contratados provêm de formação disciplinar com pouca experiência na perspectiva interdisciplinar de atuação.

DESAFIOS PARA CONSOLIDAÇÃO DA INTERDISCIPLINARIDADE NA GESTÃO DE RECURSOS HÍDRICOS

A presença da perspectiva interdisciplinar nos dispositivos legais e institucionais brasileiros, incorporada a partir da Política e do Sistema Nacional de Recursos Hídricos, tem sido fundamental para implementação das diretrizes gerais e dos instrumentos de gestão estabelecidos, integrando equipes interdisciplinares e promovendo a interação interinstitucional.

Entre os desafios futuros para consolidar a inserção da interdisciplinaridade, faz-se necessário ampliar a articulação interinstitucional entre os órgãos gestores federais e estaduais do sistema de recursos hídricos com os órgãos responsáveis por outras políticas setoriais.

Com relação aos modelos estaduais, os estados de São Paulo, Rio de Janeiro, Ceará e Pernambuco avançaram na institucionalização em suas estruturas organizacionais e colegiadas de uma gestão interdisciplinar dos recursos hídricos, que deverá ser consolidada e ampliada. Espera-se que nesta década todos os estados da federação possuam órgãos específicos de gestão de recursos hídricos, nos quais a interdisciplinaridade se constitua um dos pilares desta estruturação.

No que se refere aos usos múltiplos da água, ressalta-se a meta a ser atingida de universalização dos serviços de abastecimento de água e esgotamento sanitário, tanto nas áreas urbanas, quanto nas zonas rurais. Para tal, são fundamentais o planejamento e a execução de atividades conjuntas entre as instituições do setor de saneamento com o de saúde e educação, atuando de forma interdisciplinar. Mudanças nos padrões de consumo da água, juntamente com redução de perdas no sistema, são desafios que requerem estratégias interdisciplinares envolvendo conhecimentos da área de engenharia sanitária e ambiental com as áreas das ciências sociais.

O setor elétrico representa, hoje, um dos maiores usuários dos recursos hídricos, mesmo sendo um uso não consultivo. O aumento da demanda de energia e dos conflitos socioambientais provenientes dos múltiplos usos da água vem direcionando esse setor para estruturar equipes interdisciplinares com capacidade de diálogo e negociação com os demais usuários. Entre os desafios do setor, ressalta-se a intensificação de participação nos colegiados e fóruns de discussão, tais como os comitês de bacias hidrográficas, conselhos estaduais e federal de recursos hídricos, nos quais é fundamental uma postura flexível e de respeito ao posicionamento dos representantes de diferentes setores da sociedade e diversas áreas de conhecimento.

A estreita relação entre agricultura e uso de água é emblemática, pois o setor é o maior usuário de recursos hídricos, evidenciando a necessidade de formulação de estratégias de melhoria no padrão de produção com utilização de novas tecnologias que promovam o uso racional da água, bem como a sensibilização e capacitação dos agricultores por meio de ações interdisciplinares que promovam a redução do consumo da água.

A consolidação dos instrumentos de gestão dos recursos hídricos previstos por lei, em particular a implementação em outro território nacional da cobrança pelo uso da água, é outro desafio desta década, pois garantirá o reconhecimento da água como um bem ecológico, social e econômico, dando ao usuário uma indicação de seu real valor, incentivando os usuários a utilizarem a água de forma mais racional, garantindo, dessa forma, seus usos múltiplos para as atuais e futuras gerações. Deverá ser garantida transparência para a sociedade do uso desses recursos, uma vez que objetiva também arrecadar recursos para financiamento de programas e intervenções voltados para a melhoria da quantidade e da qualidade da água, previstos nos planos de bacias hidrográficas.

A academia, universidades e centros de pesquisa têm contribuído significativamente na formação de profissionais com uma visão inovadora de gestão integrada, sobretudo com aumento progressivo de novos cursos interdisciplinares de Pós-Graduação relacionados aos recursos hídricos. Há necessidade de expansão do processo de capacitação dos técnicos das instituições que compõem o Sistema Nacional de Recursos Hídricos que pode ser realizada em forma de Mestrados Profissionais de Gestão de Recursos Hídricos, bem como cursos de curta duração em temas específicos, tais como: valoração da água, prestação de serviços ecossistêmicos, modelagem institucional, entre outros. Nesse contexto, a academia desempenha um papel relevante ampliando o desenvolvimento de projetos de pesquisa e de formação profissional.

Entre os desafios para o futuro, é fundamental que sejam implantadas atividades interdisciplinares para conscientização da importância da proteção e uso sustentável dos recursos hídricos, promovendo a educação hidroambiental, em âmbito formal e informal, tanto nos órgãos de gestão de recursos hídricos, como na academia e setor privado.

Com os avanços obtidos nas últimas décadas, a institucionalidade da interdisciplinaridade na gestão de recursos hídricos no Brasil vem desempenhando um papel relevante na interação entre as instituições governamentais, academia e setor privado, de modo a assegurar os usos múltiplos da água, contribuindo assim para o desenvolvimento sustentável do país.

REFERÊNCIAS

[ANA] AGÊNCIA NACIONAL DE ÁGUAS . *Lista de termos para o thesaurus de recursos hídricos da Agência Nacional de Águas.* Brasília, 2015. Disponível em: http://arquivos.ana.gov.br/imprensa/noticias/20150406034300_Portaria_149-2015.pdf Acessado em: 01 maio 2015.

______. *Conjuntura dos recursos hídricos no Brasil: 2013/Agência Nacional de Águas*. Brasília: ANA, 2013.

BRASIL. Plano Nacional de Recursos Hídricos. *Síntese Executiva – português/Ministério do Meio Ambiente, Secretaria de Recursos Hídricos.* Brasília: MMA, 2006.

______. Plano Nacional de Desenvolvimento Rural sustentável e solidário. Ministério do Desenvolvimento Agrário. Brasília, 2014.

______. Coordenação de Área em Interdisciplinar. *Documento de Área Interdisciplinar*. Triênio 2007-2009. Brasília: Capes, 2009.

[CAPES] COORDENAÇÃO DE APERFEIÇOAMENTO DE PESSOAL DE NÍVEL SUPERIOR. Coordenação de Área em Ciências Ambientais. *Documento da área em ciências ambientais.* Brasília: Capes, 2013.

CASTRO, N.J.; DANTAS, G. A.; LEITE, A.LDA S.; BRANDÃO, R. Considerações sobre as Perspectivas da Matriz Elétrica Brasileira. In: TIMPONI, R.R. *Textos de Discussão do Setor Elétrico.* N.19. Maio de 2010. Rio de Janeiro.

[CEMADEN] CENTRO NACIONAL DE MONITORAMENTO E ALERTAS DE DESASTRES NATURAIS. Disponível em: http://www.cemaden.gov.br/historico.php. Acessado em: 04 maio 2015.

[FUNCEME] FUNDAÇÃO CEARENSE DE METEOROLOGIA E RECURSOS HÍDRICOS. Monitor de Secas no Nordeste do Brasil. Disponível em: http://monitordesecas.funceme.br/. Acessado em: 4 maio 2015

INSTITUTO NACIONAL DO SEMIÁRIDO. Histórico do INSA. Campina Grande (PB): INSA, 2014. Disponível em: http://www.insa.gov.br/?page_id=26. Acessado em: 04 maio 2015.

KRASILCHIK, M.; CARVALHO, L.M.; SILVA, R.L.F. Educação para a sustentabilidade dos recursos hídricos. Em: BICUDO, C.E.M.; TUNDIZI, J.G.; SCHEUENSTUHL, M.C.B. (Org.). Águas do Brasil: análises estratégicas. 1. ed. São Paulo: Instituto de Botânica, 2010, p. 133-144.

[MAPA] MINISTÉRIO DA AGRICULTURA, PECUÁRIA E ABASTECIMENTO. GT pretende melhorar ações sustentáveis dos recursos hídricos. Disponível em: http://www.agricultura.gov.br/comunicacao/noticias/2013/01/gt-pretende-melhorar-acoes-sustentaveis-dos-recursos-hidricos. Acessado em: 01 maio 2015.

PHILIPPI JR, A; SILVA NETO, A.J. (Org.). *Interdisciplinaridade em Ciência, Tecnologia & Inovação*. 1ª ed. v. 1. Barueri: Manole, 2011. 998p .

RECIDS; EBAPE; FGV. Elaboração de propostas de modelagem institucional, administrativa e organizacional para implantação da Agência de bacia do Paraíba do Sul – Subproduto 1.1, Versão Final. Convênio de cooperação técnica n.18/2002. Fundação Getúlio Vargas. Centro Internacional de Desenvolvimento Sustentável, 2003.

SOBRAL, M.C.; MORAIS, M.M.; CARVALHO, R.M.C. Avaliação ambiental estratégica como instrumento de gestão de bacias hidrográficas - o exemplo de Portugal. In: PHILIPPI JR, A.; BRUNA, G.C.; ROMÉRO, M.A. *Curso de Gestão Ambiental*. 2.ed. Barueri: Manole, 2014, 1250p.

TUNDISI, J.G. Água no século XXI: enfrentando a escassez. São Carlos: RiMa, IIE, 2003.

______. Temas da RIO+20: Situação atual e desafios da pós-graduação. Água. In: PHILIPPI JR A.; SOBRAL, M.C.M. *Contribuição da pós-graduação brasileira para o desenvolvimento sustentável: Capes na Rio+20*. Brasília: Capes, 2012.

VIALA, E. Water for food, water for life. A comprehensive assessment of water management in agriculture. *Irrigation andDrainage Systems*. 2008; 22(1): 127-129.

capítulo 20

Desafios da interdisciplinaridade
e da transdisciplinaridade na pesquisa agropecuária e florestal

Tatiana Deane de Abreu Sá | *Engenheira Agrônoma, Embrapa Amazônia Oriental*
Milton Kanashiro | *Engenheiro Florestal, Embrapa Amazônia Oriental*
Walkymário de Paulo Lemos | *Engenheiro Agrônomo, Embrapa Amazônia Oriental*

INTRODUÇÃO

Este capítulo aborda a experiência de adoção da inter e transdisciplinaridade vivenciadas pela Embrapa, buscando responder se são parte de suas estratégias de mudança institucional ou apenas aparecem como consequência de processos de inovação institucional.

A importância da atividade agropecuária para a economia do Brasil tem uma longa trajetória, expressa historicamente na sucessão de ciclos que tiveram papel relevante na ocupação de seu território e na constituição de sua população (Pastore, 1984; Barros, 2014). A linha de tempo da pesquisa agrícola, contudo, é relativamente bem mais curta e remonta, principalmente, ao final do século XIX, tendo como um marco relevante a criação do Instituto Agronômico de Campinas que teve, desde sua criação, papel essencial para vários cultivos importantes à economia nacional, como é o caso da cafeicultura (Pastore e Alves, 1984). Na sequência, no século XX, foram criados institutos regionais de pesquisa agropecuária, vinculados ao Ministério da Agricultura e algumas instituições estaduais de pesquisa agrícola (CGEE, 2006).

Na década de 1970, surge uma forte inflexão na trajetória e no poder de impacto da pesquisa agrícola no país, com a criação da Empresa Brasileira de Pesquisa Agropecuária (Embrapa), empresa pública que buscou inovar estrutural e funcionalmente a pesquisa agrícola no país, por meio de seus centros e unidades de pesquisa, e investiu pesadamente na contratação e capacitação de seu quadro de pesquisa, incentivando a que essa capacitação fosse realizada em cursos de pós-graduação no Brasil e particularmente no exterior, uma vez que, por ocasião da criação da empresa, a oferta de cursos em universidades nacionais ainda era limitada (Pastore e Alves, 1984; Evenson, 1984; Cabral, 2005; CGEE, 2006). Complementarmente, a Embrapa também passou a coordenar o Sistema Nacional de Pesquisa Agropecuária (SNPA), constituído pela Embrapa (seus centros e unidades), pelas OEPAs, por universidades e institutos de pesquisa de âmbito federal e estadual, e outras organizações públicas e privadas com vínculo direto ou indireto com a pesquisa agropecuária.

Considerada como instituição de excelência em pesquisa agrícola e exemplo positivo de instituição pública nacional, a Embrapa, ao longo de seus mais de 40 anos de existência, vem tendo de se reestruturar continuamente para fazer face ao pano de fundo de mudanças de caráter global, regional e nacional, onde a adoção de abordagens de pesquisa interdisciplinar e transdisciplinar aparece como elemento recorrente de demandas, em diversos contextos e perspectivas, exigindo maior flexibilidade em suas estruturas gerenciais e operacionais, e na adoção de novas abordagens de construção do conhecimento.

No momento em que este volume se volta a refletir sobre a institucionalização da interdisciplinaridade e que sua Parte 3 é dedicada à internalização da interdisciplinaridade de grandes temas da sociedade, nada mais oportuno que o capítulo 20, voltado à agricultura, aborde a experiência vivenciada continuamente pela Embrapa, na tentativa de conciliar sua condição de instituição de excelência em pesquisa agrícola em termos mundiais, de referência para a agricultura tropical, com as demandas cada vez mais explícitas e enfáticas dos diferentes segmentos representativos da agricultura brasileira, observando em que medida a adoção da interdisciplinaridade e da transdisciplinaridade tem feito parte das estratégias de mudança institucional ou apenas aparece como consequência de processos de inovação institucional.

Para desencadear esta reflexão, este capítulo abordará inicialmente aspectos relevantes da evolução de demandas de pesquisa para a agricultura, acompanhando as significativas mudanças que esta atividade crucial vem experimentando, merecendo destaque o surgimento de seu caráter multifuncional, evidenciando sua relação estreita com questões de caráter ambiental e social, com rebatimentos em várias escalas de espaço e de tempo.

Na sequência, são explicitados e analisados os caminhos os quais a Embrapa, como uma empresa pública, tem aberto com temas que incorporam elementos relacionados à interdisciplinaridade e à transdisciplinaridade. Nesse sentido, são analisadas situações relacionadas a necessidades de atendimento a grandes temas em nível global, como é o caso, por exemplo, de mudanças climáticas, do recente advento da ciência da sustentabilidade, da demanda de pesquisa quanto à segurança e soberania alimentar e os processos de transição agroecológica. Será também considerada a necessidade de contemplar temas relevantes de caráter nacional, regional ou mesmo estadual ou local, em muitos casos atrelados a políticas públicas e à demanda crescente oriunda de programas ministeriais.

À guisa de conclusão, no tópico de considerações finais, é oferecida uma síntese analítica do quadro vigente, complementada pela descrição de um conjunto de desafios e perspectivas a considerar no momento e no futuro, rumo à adoção mais ampla e consciente de estratégias de caráter interdisciplinar e transdisciplinar na empresa, como parte de um processo de transição a novas formas de construção e intercâmbio do conhecimento.

A EVOLUÇÃO DE DEMANDAS DE PESQUISA PARA A AGRICULTURA

Várias análises têm sido realizadas sobre as mudanças de escopo e abrangência que a pesquisa agrícola tem enfrentado nas últimas décadas, acompanhando várias fontes de demandas de caráter e escalas diversos, resultando na necessidade de alterações profundas em seu aspecto organizacional e operacional. Uma contribuição relevante à reflexão da natureza e magnitude da questão foi oferecida pelo Projeto Quo Vadis (Lima et al., 2005), que analisou questões voltadas ao futuro da pesquisa agropecuária brasileira, considerando fatores e contextos promotores de mudanças internas nas organizações, fatores de incerteza associados aos fatores portadores de mudanças nas organizações e como as mudanças estão ocorrendo e como podem afetar as prioridades de temas e de clientes nas organizações de pesquisa brasileiras. Como o estudo teve uma abordagem de rede e abrangência que transcendeu o território nacional, incluindo também outros países latino-americanos, permitiu analisar a questão de uma perspectiva regional, oferecendo visões sobre semelhanças e peculiaridades nesse contexto. Uma das relevantes conclusões do estudo foi que a sustentabilidade da pesquisa agropecuária pública dependerá de sua capacidade de integrar diferentes dimensões – tecnológica, ambiental, social e política – de forma coerente, para cumprir a sua missão.

O reconhecimento do caráter de multifuncionalidade na agricultura tem tido considerável relevância para a pesquisa agrícola e o desenvolvimento rural. Ao evidenciar que a atividade agrícola não se restringe à produção de alimentos e fibras e que também é responsável por várias outras funções, tais como o manejo de recursos naturais renováveis, conservação da paisagem e da biodiversidade e a viabilidade socioeconômica de áreas rurais (Renting et al., 2009), influenciou a abordagem da pesquisa agrícola e, em particular, a sua forma de construção do conhecimento, já que a ampliação do leque de funções e, particularmente, o recrudescimento da importância de aspectos ambientais e sociais levaram à necessidade de maior aproximação da pesquisa à realidade local e da conjugação de disciplinas em arranjos complexos e resultou na necessidade de mudanças gradativas do caráter de disciplinaridade, rumo a atividades inter e transdisciplinares que ainda demandam um longo caminho de estudos e prática para se adequarem às múltiplas realidades.

Considerado como um marco relevante e revelador dos novos rumos necessários à construção do conhecimento voltado à sustentabilidade da agricultura em termos mundiais, o Levantamento Internacional do Conhecimento Agrícola, Ciência e Tecnologia para o Desenvolvimento (IAASTD, 2009a, 2009b) teve caráter multidisciplinar e envolveu ampla gama de grupos de interesse, de diversas regiões do globo, lançando mão de ferramentas e modelos para integrar diversos tópicos relevantes, associados a diferentes paradigmas de conhecimento, incluindo o conhecimento local e tradicional, que implicam mudanças substanciais da natureza disciplinar da pesquisa agropecuária. Os resultados apontaram que, para melhor abordar questões ambientais permitindo ao mesmo tempo manter e aumentar a produtividade agrícola, é crucial que o conhecimento, a ciência e a tecnologia agrícola se alinhem cada vez mais à abordagem agroecológica. Também como resultado expresso no relatório do IAASTD, Leakey (2010) enfatiza a relevância do caráter multifuncional da agricultura como um paradigma agrícola melhor do que o modelo corrente de agricultura industrial representa, para um futuro produtivo e sustentável. A Figura 20.1 ilustra aspectos relacionados à multifuncionalidade da agricultura, evidenciando a interconectividade dos diferentes papéis e funções da agricultura (IAASTD, 2009b). Tais evidências, certamente, trazem grandes desafios no campo da interdisciplinaridade e da transdisciplinaridade.

Durante seu mandato de relator especial sobre Direito à Alimentação da Organização das Nações Unidas, o advogado Olivier de Shutter reforçou de forma veemente também o papel da abordagem agroecológica na pesquisa

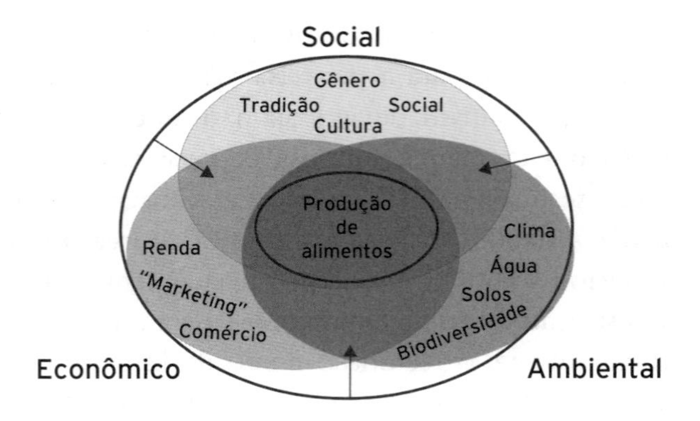

Figura 20.1: A interconectividade dos diferentes papéis e funções da agricultura.
Fonte: IAASTD (2009b).

agrícola, com ênfase na segurança e soberania alimentar (UN, 2011; Caisan, 2012; De Shutter, 2012), com significativa repercussão mundial e no Brasil, e implicações positivas no avanço de políticas de valorização dessa abordagem.

Pela sua própria natureza, a agroecologia, como ciência que provê os princípios ecológicos básicos para o estudo, delineamento e manejo de agroecossistemas de modo que sejam produtivos e conservem os recursos naturais, além de ser sensível a aspectos culturais, socialmente justos e economicamente viáveis (Altieri; Nicholls, 2012; Socla, 2014), requer, para o alcance das suas distintas dimensões (ecológica, técnico-produtiva, social, cultural e política), a adoção de estratégias interdisciplinares e transdisciplinares, em processos participativos de transição produtiva orientada à ação (Dalgaard et al., 2003; Ruiz-Rosado, 2006; Mendez et al., 2013; Sá e Silva, 2014).

O significativo avanço da agroecologia no Brasil, considerando suas vertentes encaradas como ciência, prática e movimento (Wezel et al. 2009), tem sido largamente reconhecido (Abreu et al. 2009; Petersen et al., 2013) e tem impulsionado a proposição de políticas públicas de incentivo em diversos níveis e escalas, processo que culminou com a concretização da Política Nacional de Agroecologia e Produção Orgânica (Pnapo) e respectivo Plano Nacional de Agroecologia e Produção Orgânica (Planapo) (Brasil, 2013a).

Outro aspecto que vem também contribuindo para alterar o perfil de atuação de instituições de pesquisa agrícola está relacionado ao crescimento de linhas de pesquisa de natureza ambiental, que ocorreu em maior intensidade a partir da década de 1980 e potencializou, em grande medida, o exercício da interdisciplinaridade e da transdisciplinaridade em múltiplas formas nessas instituições de pesquisa, pela própria natureza dessas linhas de estudo que exigem a consideração de uma variedade de disciplinas para poder tratar de questões ambientais complexas. Nesse sentido, ao abordar aspectos da pesquisa interdisciplinar em estudos ambientais, Alves (2014) distingue para fins práticos seis tipos de articulação interdisciplinar a partir dos usuais multi, inter e transdisciplinar: a) disciplinaridade dominante ou induzida; b) especialização híbrida ou cruzada; c) multidisciplinar; d) interdisciplinar; e) transdisciplinar linear; e f) transdisciplinar reflexiva. Particularmente relevante em várias questões ambientais atuais relacionadas à atividade agrícola, que integram os campos técnico-científico-político, tais como questões associadas a mudanças climáticas, é a articulação transdisciplinar reflexiva de acordo com a classificação de Alves (2014).

O advento da emergente *ciência da sustentabilidade*, trazendo fundamentos que abordam a interconectividade dos sistemas natural, sociocultural e econômico, vem também acarretando sérias implicações a instituições de pesquisa, pois contempla campos de estudo que transcendem os limites das disciplinas acadêmicas tradicionais, demandando novas composições de disciplinas, em arranjos ainda pouco compatíveis com a formação de profissionais, formas de recrutamento/envolvimento, modalidades de financiamento de pesquisa e até regras de publicação de artigos (Schoolman et al., 2012; Nucic, 2012). Pela relação estreita entre agricultura e as grandes questões objeto de estudos pela ciência da sustentabilidade, ela passou a integrar a agenda de instituições de pesquisa agrícola.

A integração crescente de temas relacionados a aspectos florestais em instituições de pesquisa agrícola, em especial os vinculados a políticas que envolvem recomposição florestal, como é o caso do novo código florestal brasileiro (Vidal et al., 2014) ou ao manejo comunitário em assentamentos, projetos de desenvolvimento sustentável e unidades de conservação (Cruz et al., 2011; Kanashiro, 2014; Porro et al. 2015), vem também motivando o exercício da interdisciplinaridade e da transdisciplinaridade nessas instituições de pesquisa, pela própria natureza dos temas. Esta realidade é particularmente marcante na Amazônia, onde começam a aparecer exemplos de estudos interdisciplinares e mesmo transdisciplinares voltados a desafios de caráter socioambiental enfrentados em projetos implantados por meio de políticas governamentais (Porro et al., 2015).

Aparentemente, há uma tendência crescente de incorporação de elementos de interdisciplinaridade e de transdisciplinaridade nas instituições de pesquisa agrícola. Convergindo para essa interpretação, Crestana (2013) esboça, na

Figura 20.2, uma linha de tempo do caráter disciplinar da agricultura nas últimas cinco décadas, iniciando por uma época da monodisciplinaridade (1960-1970), seguida de uma época da interdisciplinaridade (1980-2010), e avança para o futuro analisando dois cenários possíveis para a agricultura nas próximas décadas, período compreendido no que ele denomina de época da *transdisciplinaridade*, e mostra que o alcance máximo da sustentabilidade dos sistemas de produção agrícola será então obtido por meio do que ele denomina de *revolução agrossocioambiental*, apontando para a importância crescente de tratar integradamente esses aspectos, via abordagens transdisciplinares de pesquisa e intercâmbio de conhecimento.

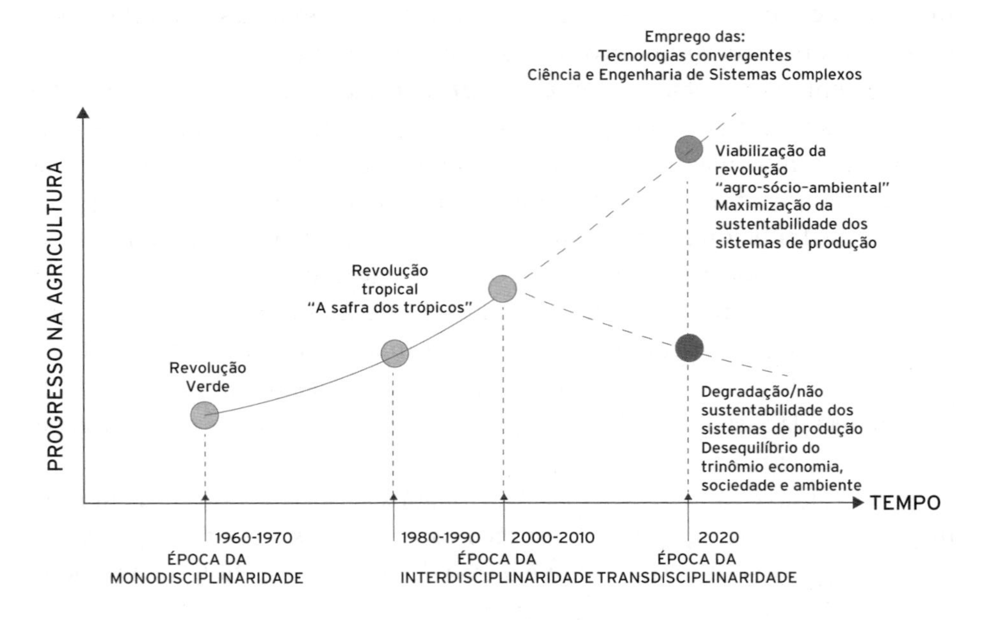

Figura 20.2: Linha de tempo do caráter de disciplinaridade na agricultura e representação gráfica de dois cenários possíveis para a agricultura nas próximas décadas (Crestana, 2013).

A EMBRAPA RUMO À INTERDISCIPLINARIDADE E TRANSDISCIPLINARIDADE

A Embrapa foi criada em abril de 1973 como uma empresa pública de direito privado, voltada a fortalecer e expandir o programa de ciência e tecnologia em agricultura, no sentido de obter para os produtos básicos e essenciais os rendimentos e a eficiência produtiva satisfatória. O processo de criação se desencadeou a partir de uma demanda formulada pelo Ministro da Agricultura, que designou um grupo de trabalho para a formulação de um Sistema Nacional de Pesquisa Agropecuária (Embrapa, 2006). É oportuno recordar que essa criação ocorreu, em termos de momento nacional, em plena vigência do regime militar e, em termos da agricultura em escala global, no período da revolução verde que, na linha de tempo proposta por Crestana (2013), expressa na Figura 20.2, está caracterizado como época da monodisciplinaridade.

O corpo técnico da fase inicial era constituído em sua maioria por profissionais oriundos dos institutos regionais de pesquisa e experimentação agropecuária da estrutura do Ministério da Agricultura. As equipes eram então constituídas de profissionais em sua grande maioria com formação nas ciências agrárias, com predominância de agrônomos.

A nova empresa foi construída para seguir uma abordagem de pesquisa distinta da que vinha sendo adotada nos centros do DNPEA e, nesta nova configuração, seriam criados, além de centros ecorregionais, centros de produtos e centros temáticos, diversificando sobremaneira a natureza dos perfis de profissionais necessários ao seu funcionamento e exigindo assim uma urgente alteração na composição das equipes de pesquisa (Pastore e Alves, 1984; Cabral, 2005; Embrapa, 2002, 2006).

A estratégia adotada nesse momento foi a de, por um lado, procurar recrutar profissionais disponíveis no Brasil e buscar quem estivesse em programas de pós-graduação em universidades estrangeiras e, de outro, implantar uma estratégia que se mostrasse bem-sucedida, que foi a criação de um arrojado programa de capacitação nos níveis de pós-graduação e de capacitação continuada, viabilizado graças a empréstimos no exterior (Alves, 1984).

O Quadro 20.1 mostra a evolução do corpo de empregados da empresa e do programa de capacitação, tanto em termos de pós-graduação, como de capacitação continuada, nos dez primeiros anos de vida da empresa, evidenciando o substancial esforço então despendido. Grande parte dos números relativos a cursos de pós-graduação dizia respeito a cursos em universidades estrangeiras, em particular nos Estados Unidos. A Figura 20.3 oferece elementos para acompanhar a evolução do programa de capacitação da Embrapa até 2012, na qual é possível identificar a magnitude do esforço desencadeado nos anos iniciais e que, certamente, foi um grande contribuinte inicial para garantir um processo lento e gradativo de mudança de um perfil de atuação monodisciplinar para a formação de equipes multidisciplinares, e ações interdisciplinares e transdisciplinares.

Quadro 20.1: Evolução do quadro de pessoal da Embrapa e do programa de capacitação nos dez primeiros anos da empresa.

VARIÁVEIS RELACIONADAS A EMPREGADOS	1973	1974	1975	1976	1977	1978	1979	1980	1981	1982
Número de pesquisadores	12	872	1.037	1.328	1.311	1.336	1.448	1.553	1.576	1.578
Número de pessoal de suporte técnico	7	2.125	2.356	2.666	2.678	2.954	3.191	3.314	3.340	3.338
Número de pessoal administrativo	47	993	1.416	1.709	1.696	1.744	1.935	1.902	1.948	1.996
Total de empregados	66	3.990	4.809	5.703	5.685	6.034	6.574	6.669	6.864	6.912
Número em programa de pós-graduação	-	381	474	575	457	295	324	316	320	350
Número em programa de treinamento continuado	-	491	563	753	854	1.041	1.124	1.257	1.256	1.228

Fonte: Adaptado de Alves, 1984.

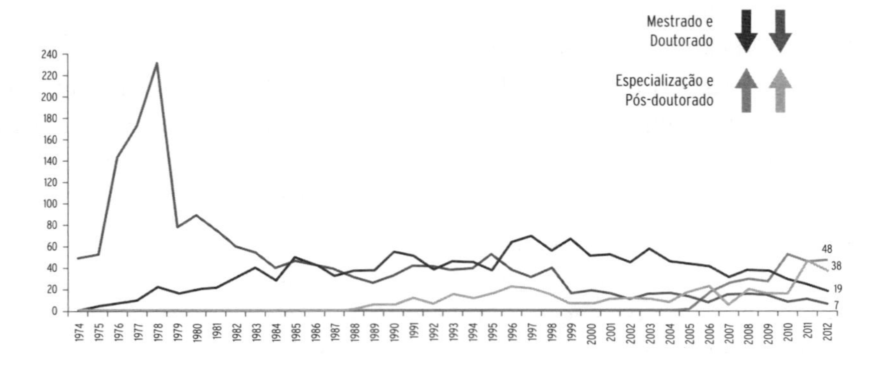

Figura 20.3: Evolução dos cursos de longa duração concluídos por empregados da Embrapa entre 1973 e 2012.
Fonte: DGP – Embrapa.

Outro flanco que permitiu gradativamente incorporar substanciais avanços na diversificação dos perfis de pesquisadores e outros profissionais na Embrapa foi o processo de ampliação do número e missão dos seus centros de pesquisa no território nacional. O Quadro 20.2 mostra a constituição vigente, em termos de unidades de pesquisa, unidades de serviço e escritórios de transferência de tecnologia organizados por unidade federativa. Por força de uma demanda crescente de atuação da empresa em suporte à formulação e execução de políticas públicas e de demandas de diferentes grupos de interesse, há uma tendência de ampliação no leque de perfis nas unidades descentralizadas da empresa.

Quadro 20.2: Unidades de pesquisa, unidades de serviço e escritórios da Embrapa por estado brasileiro.

ESTADO	UNIDADES DE PESQUISA	UNIDADES DE SERVIÇO/ ESCRITÓRIOS
AC	Acre	
AM	Amazônia Oriental	Escritório Amazônia
AP	Amapá	
BA	Mandioca e fruticultura	
CE	Agroindústria tropical, caprinos e ovinos	
DF	Agroenergia, cerrados, hortaliças, recursos genéticos e biotecnologia	Café, informação tecnológica, produtos e mercado, quarentena vegetal, escritório Brasília
GO	Arroz e feijão	Escritório Goiânia
MA	Cocais	Escritório Imperatriz
MG	Gado de Leite, milho e sorgo	Escritórios Sete Lagoas e Triângulo Mineiro
MS	Agropecuária Oeste, gado de corte, Pantanal	Escritório Dourados
MT	Agrossilvipastoril	Escritório Rondonópolis
PA	Amazônia Oriental	
PB	Algodão	Escritório Campina Grande
PE	Semiárido	Escritório Petrolina
PI	Meio Norte	
PR	Floresta, soja	Escritórios Londrina e Ponta Grossa
RJ	Agrobiologia, agroindústria de alimentos, solos	
RO	Rondônia	
RR	Roraima	
RS	Clima temperado, pecuária sul, trigo, uva e vinho	Escritórios Capão do Leão e Passo Fundo
SC	Suínos e aves	Escritório Canoinhas
SE	Tabuleiros costeiros	
SP	Informática agropecuária, instrumentação, meio ambiente, monitoramento por satélite, pecuária Sudeste	Gestão territorial, escritório Campinas
TO	Pesca e aquicultura	

Para se ter uma ideia da diversidade e magnitude de demandas de pesquisa e transferência de tecnologia direcionadas à Embrapa na atualidade, o Quadro 20.3 lista um conjunto de ministérios e descreve a natureza de sua relação com a Embrapa em termos de vinculação e de atividades.

Uma vez que grande parte das demandas oriundas de programas ministeriais, em especial os da área social, remete para agendas que envolvem a necessidade de adoção de estratégias participativas, pode-se dizer que esse tipo de demanda vem contribuindo para abrir espaço na empresa para a inclusão de tal abordagem na sua carteira de projetos e, assim, possibilitar o incremento de práticas transdisciplinares na sua programação. Este avanço se mostra mais visível em alguns temas que em si já trazem a necessidade de adoção de abordagens interdisciplinares e transdisciplinares.

Quadro 20.3: Conjunto de ministérios e a natureza de sua relação com a Embrapa em termos de vinculação e de atividades.

MINISTÉRIOS	VINCULAÇÃO E EXEMPLO DE ATIVIDADE RELACIONADAS
Ministério da Agricultura, Pecuária e Abastecimento (Mapa)	Está vinculada ao Mapa e atua em suporte a diversas linhas de interesse do ministério, como zoneamento agrícola de risco climático, sistema de observação e monitoramento da agricultura nacional, e sistemas de controle sanitário e produção orgânica
Ministério do Desenvolvimento Agrário (MDA)	Pesquisas e transferência de tecnologia em temas e interesse à agricultura familiar e atividades em assentamentos, agroecologia
Ministério do Desenvolvimento Social (MDS)	Atividades voltadas à redução da pobreza e segurança alimentar e nutricional
Ministério da Ciência, Tecnologia e Inovação (MCTI)	Atividades voltadas à construção do conhecimento científico e à inovação tecnológica
Ministério do Meio Ambiente (MMA)	Zoneamentos ecológico-econômicos, adequação ambiental e questões florestais
Ministério da Pesca e Aquicultura (MPA)	Aquicultura e pesca de subsistência
Ministério de Minas e Energia (MME)	Agrocombustíveis e fontes alternativas de energia
Ministério da Justiça (MJ)	Temas de interesse indígena
Ministério das Relações Exteriores (MRE)	Cooperação internacional em temas de agricultura
Ministério da Educação e Cultura (MEC)	Contribuição à educação em vários níveis
Ministério da Saúde (MS)	Impactos da agricultura na saúde e relação alimento-saúde
Ministério do Desenvolvimento, Indústria e Comércio (MDIC)	Tecnologia de produtos agrícolas e florestais

(continua)

Quadro 20.3: Conjunto de ministérios e a natureza de sua relação com a Embrapa em termos de vinculação e de atividades. *(continuação)*

MINISTÉRIOS	VINCULAÇÃO E EXEMPLO DE ATIVIDADE RELACIONADAS
Ministério da Cultura (MinC)	Temas culturais associados à agricultura
Ministério do Turismo (MT)	Turismo rural
Ministério das Comunicações (MC)	Programas de divulgação agrícola em rádios, televisão
Ministério do Interior (MIN)	Agendas regionais e em áreas de fronteira
Ministério do Trabalho e Emprego (MTE)	Atividades associadas à penosidade do trabalho agrícola
Secretaria de Assuntos Estratégicos (SAE)	Atividades voltadas ao desenvolvimento da Amazônia
Secretaria de Políticas de Promoção da Igualdade Racial (SEPPIR)	Atividades voltadas a comunidades tradicionais de matriz africana
Casa Civil da Presidência da República	Atividades relacionadas a grandes temas nacionais

Um exemplo marcante dessa realidade pode ser visto na evolução de ações associadas à agroecologia na empresa, disciplina que pela sua própria natureza gera a necessidade de implantação de atividades via ações interdisciplinares e transdisciplinares.

O tema ganhou espaço na empresa inicialmente por meio da agenda relacionada à produção orgânica, liderada pela Embrapa Agrobiologia, sediada em Seropédica, RJ (Neves et al., 2000) e em ações de desenvolvimento territorial na Embrapa Clima Temperado, sediada em Pelotas, RS (Gomes et al., 2011) e, a partir de 2005, em atendimento a demandas oriundas de políticas governamentais e de movimentos sociais, foi implantada uma ação integrada que incluiu a realização de uma oficina de trabalho, a construção de um marco referencial em agroecologia da Embrapa (Marco Referencial em Agroecologia, 2006), treinamentos na maioria dos centros da empresa, a execução de um projeto em rede nacional, a criação da Coleção Transição Agroecológica (Gomes e Assis, 2013), e a implantação de um Fórum Permanente de Agroecologia na empresa.

Ao longo do período em que ações integradas em agroecologia vêm ocorrendo, são visíveis os avanços no exercício da interdisciplinaridade e da transdisciplinaridade em várias unidades e que tendem a se manter e mesmo ampliar, em função do protagonismo que a empresa tem demonstrado em relação à construção e implantação da Pnapo e do Planapo e que lhe valeu a responsabilidade nominal na execução de um expressivo conjunto de metas constantes do Planapo 2012-2015 (Brasil, 2013b). Outro fato que certamente contribuirá ao avanço da agroecologia na Embrapa é a criação de Núcleos de Agroecologia em várias de suas unidades, em resposta a chamadas públicas para projetos de construção desses núcleos pelo MDA/CNPq.

No âmbito da estrutura organizacional e programática da Embrapa, é possível visualizar iniciativas de mudança gradativa que podem resultar na ampliação da atuação interdisciplinar e transdisciplinar.

Na esfera de Pesquisa, Desenvolvimento & Inovação (PD&I), por exemplo, o Sistema Embrapa de Gestão (SEG) (Figura 20.4), concebido entre 2001 e 2002, teve a intenção de ser um modelo de gestão flexível o bastante para, ao mesmo tempo, reconhecer e abrigar a diversidade das atividades científico-tecnológicas que a Embrapa desenvolve e permitir a implementação de ações de indução estratégica, sem tolher a criatividade e as iniciativas inovadoras dos seus pesquisadores e gerentes. Em sua primeira década de implementação, teve como ênfase o estímulo à formação de redes de pesquisa, por meio da articulação de equipes em projetos em rede. Passados mais de dez anos de sua implementação, foi observado que muitos projetos que poderiam ser executados em sinergia encontravam-se desconectados e relativamente dispersos. Assim, foi decidido que, além da ênfase em projetos em rede, seria introduzido o conceito de "rede de projetos", representada pelos *portfólios corporativos* e *arranjos* (Figura 20.5), que compõem as novas formas de visualizar e gerenciar, por tema, resultados da programação da empresa (Embrapa, 2012). Essas novas figuras abrem mais chances de incentivar a prática da interdisciplinaridade e da transdisciplinaridade, uma vez que promovem uma maior interação entre segmentos diferenciados de pesquisa em torno de temas mobilizadores.

Na área de transferência de tecnologia, também é possível vislumbrar, em alguns segmentos, mudanças que convergem para permitir maior interação entre componentes de equipes multidisciplinares, e desses com os grupos de interesse envolvidos. A Figura 20.6 ilustra essa evolução, de um modelo esquemático de transferência de tecnologia (linear) para um modelo de intercâmbio de conhecimentos (circular), finalizando com um modelo de construção de conhecimentos. Infelizmente, o processo de mudança de modelos ainda se restringe a poucos temas, sendo que os modelos de intercâmbio de conhecimentos e de construção de conhecimentos têm maior adoção em iniciativas na área de agroecologia.

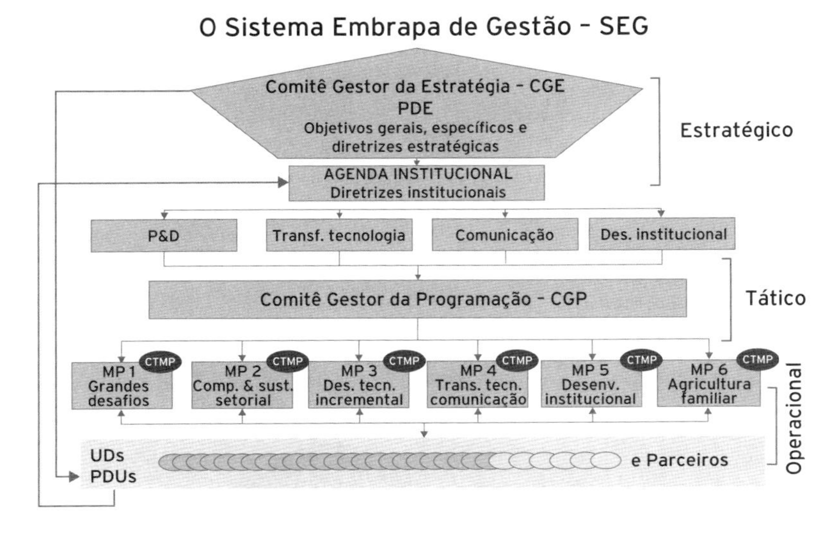

Figura 20.4: Sistema Embrapa de Gestão adotado por mais de dez anos na Embrapa.
Fonte: DPD – Embrapa

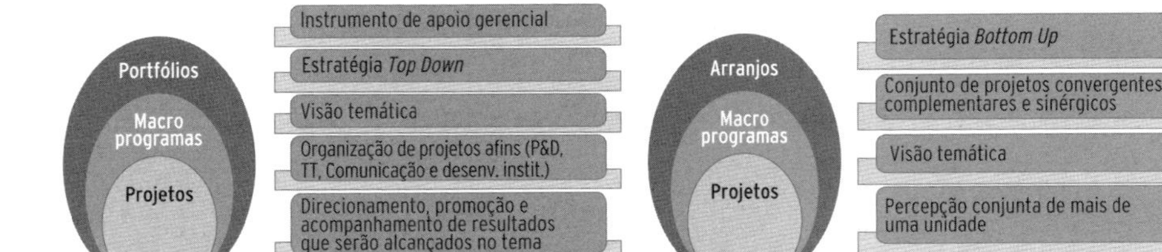

Figura 20.5: Novas figuras organizacionais da programação de PD&I da Embrapa: portfólios e arranjos de projetos.
Fonte: DPD – Embrapa

Já existem na área, ainda denominada de transferência de tecnologia, exemplos de iniciativas realizadas ou em andamento em alguns centros da empresa quanto aos modelos de intercâmbio de conhecimentos e de construção de conhecimentos (Gomes et al., 2011; Balsadi et al. , 2013) e está sendo delineada a proposta de um Portfólio de Pesquisa em Transferência de Tecnologia (TT) e Inovação Social (Heberle et al., 2014), que incentivará novas formas de construção do conhecimento, mais alinhadas com o Modo 2 de construção do conhecimento proposto por Gibbons e colaboradores (Gibbons et al., 1994; Nowotny et al, 2001; Sá et al. 2014).

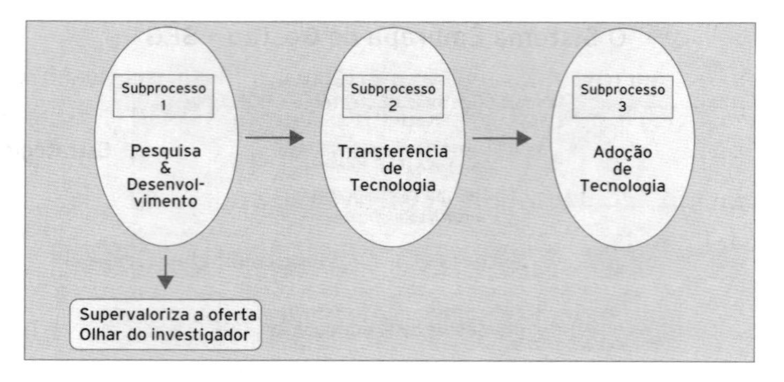

Modelo de transferência de tecnologia

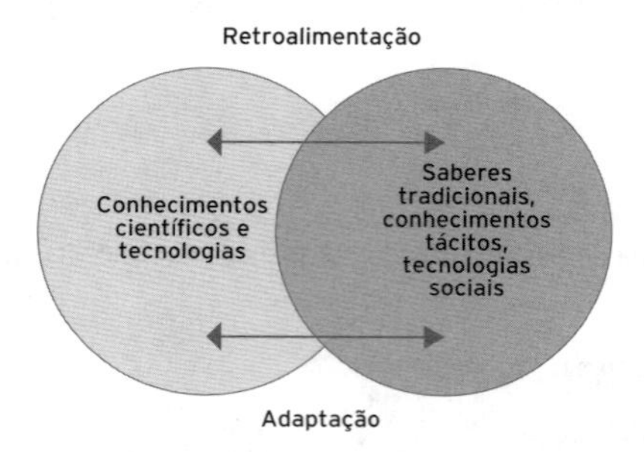

Modelo de intercâmbio de conhecimentos

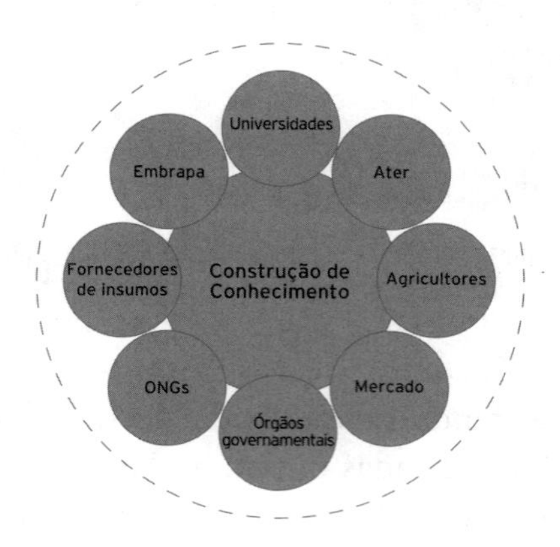

Modelo de construção de conhecimentos

Figura 20.6: Evolução de um modelo esquemático de transferência de tecnologia (modelo linear) para um modelo esquemático de intercâmbio de conhecimentos (modelo circular) e um modelo esquemático de construção de conhecimentos.

Fonte: Diretoria de Transferência de Tecnologia, Embrapa (2014).

Outra inovação institucional recente implantada na Embrapa refere-se à configuração de macrotemas-chave para nortear a pesquisa, desenvolvimento e inovação na lógica de cadeias produtivas agropecuárias (Embrapa, 2014), conforme ilustrado na Figura 20.7, que está em processo de implementação e que, certamente, também poderá oferecer oportunidades para o exercício da interdisciplinaridade.

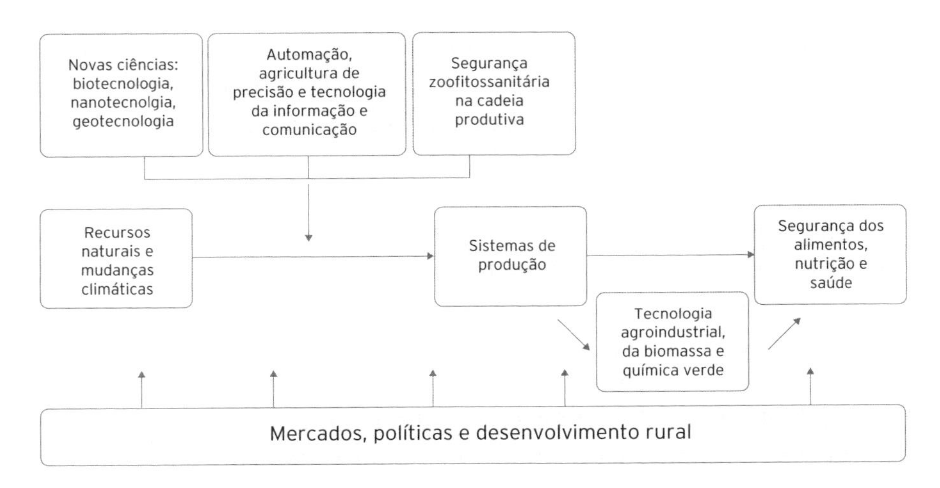

Figura 20.7: Macrotemas-chave para pesquisa, desenvolvimento e inovação (PD&I), na lógica da cadeia produtiva agropecuária (Embrapa, 2014).

No campo da avaliação de desempenho do quadro de funcionários, há também uma tendência de, em um processo gradativo, privilegiar processos de ação coletiva, em equipes, como fica evidente ao analisar a evolução dos sistemas adotados pela empresa a partir de sua criação até o momento em que se prepara para implantar o sistema Integro de avaliação em equipes (Figura 20.8), o que poderá ser um elemento para aumentar o interesse em atividades interdisciplinares e transdisciplinares.

Figura 20.8: Processos de gestão e avaliação de desempenho acompanhando a evolução na forma de gerenciar os recursos humanos na Embrapa.

Fonte: DGP – Embrapa.

Além do conjunto de iniciativas mencionadas, há na Embrapa um expressivo e crescente número de experiências relevantes que envolvem ações participativas e a incorporação de abordagens interdisciplinares e transdisciplinares em diversas fases do processo de pesquisa, em agendas que podem ser consideradas como diálogos ciência-sociedade, mas que ainda têm um caráter difuso, restrito a grupos temáticos, a territórios de atuação, e a um discreto envolvimento de unidades da empresa em forma de rede, carecendo de um reconhecimento e valorização via instrumentos institucionais adequados. Tais iniciativas estão dedicadas aos públicos da agricultura familiar em suas diferentes nuances, povos indígenas, populações tradicionais, e dizem respeito, em grande parte, a temas associados à agrobiodiversidade, ao etnoconhecimento, desenvolvimento territorial, extrativismo e manejo florestal comunitário (Silva et al., 2000; Mota et al., 2007; Haverroth e Negreiros, 2011; Santos et al., 2012; Porro et al., 2015). Há uma tendência de essas iniciativas fazerem parte das carteiras de projetos dos macroprogramas 4 (Comunicação e Transferência de Tecnologia) e 6 (Agricultura Familiar) no âmbito do SEG. Encontra-se em fase de organização pela Embrapa o lançamento de uma coleção de volumes dedicada ao etnoconhecimento, a ser denominada de Coleção Povos e Comunidades Tradicionais, que certamente dará maior visibilidade a muitas das relevantes atividades nessa linha.

CONSIDERAÇÕES FINAIS

Inegavelmente, após proceder a análise expressa no tópico precedente, fica patente que, ao longo de seus mais de quarenta anos de existência, a Embrapa tem experimentado avanços em vários aspectos que convergem para a adoção mais intensa de abordagens interdisciplinares e transdisciplinares. Esse quadro, contudo, evidencia em grande parte o resultado de mudanças que são ditadas por circunstâncias externas, como o caso de mudanças no paradigma da agricultura, da emergência de temas ambientais e sociais, de alteração do foco institucional com ênfase à inovação tecnológica, da pressão de políticas públicas e marcos legais e, em menor intensidade, em resposta a decisões explícitas em termos gerenciais e programáticos da empresa.

O acúmulo de ações concretas existentes, ainda que executadas de modo difuso, associadas aos instrumentos gerenciais ora vigentes ou em processo de construção, nas diversas áreas da empresa, quer seja no segmento de PD&I, de TT ou mesmo de gestão de pessoas, aponta que estamos vivenciando um momento muito rico em oportunidades de avanço rumo a uma agenda institucional que exiba a prática da interdisciplinaridade e da transdisciplinaridade de modo rotineiro e integrado aos processos, permitindo maior agilidade, abrangência e representatividade às atividades desenvolvidas.

Para que ocorra esta significativa mudança é crucial um esforço institucional de revisão dos modos de construção do conhecimento, abrindo espaço para haver oportunidades de participação de grupos de interesse na construção e apropriação dos conhecimentos gerados, e na avaliação de sua efetividade, elementos importantes para que a empresa reforce o seu papel como instituição de inovação e tenha também garantido o seu papel na época da transdisciplinaridade, de acordo com a linha de tempo apresentada por Crestana (2013). A proposta esboçada na nota técnica de lançamento do Portfólio de Pesquisa em Transferência de tecnologia (TT) e Inovação Social (Heberle et al., 2014) parece trazer elementos para subsidiar essa transformação.

O processo de transição de uma agenda de PD&I caracterizada por ações monodisciplinares e equipes no máximo multidisciplinares ou pluridisciplinares para agendas que demandam a prática da interdisciplinaridade e da transdisciplinaridade é complexo e exige um esforço contínuo de interpretação, ação, monitoramento, avaliação e adaptação às múltiplas realidades encontradas e, do ponto de vista institucional, é crucial que se abram espaços adequados para abrigar e fortalecer práticas dessa natureza.

Experiências vivenciadas por grupos de pesquisa que vem realizando atividades de caráter interdisciplinar e transdisciplinar, em iniciativas de diálogo ciência-sociedade (Bernard e Buning, 2014), apontam que há um conjunto de fases diferenciadas no processo e que podem ser reduzidas na medida em que haja a oportunidade de frequentes diálogos e compartilhamento de atividades entre pesquisadores de diferentes disciplinas e intervenções entre grupos de interesse e pesquisadores ao longo do tempo. Uma das situações diferenciadas que tais grupos enfrentam diz respeito ao fato de que não há ainda muitas experiências e regras para a implantação e monitoramento dos processos, e estes requerem contínuas negociações entre os participantes (Hunt et al., 2010) em aspectos e magnitudes que variam muito a depender da natureza da atividade. Tais constatações sugerem que os caminhos que devem ser tomados na implantação de agendas voltadas a ampliar a prática da interdisciplinaridade e da transdisciplinaridade na empresa precisam atentar para a natureza amplamente diversa dos desafios a serem enfrentados, em termos temáticos, biofísicos, socioambientais e culturais e devem dispor de mecanismos que lhes confiram flexibilidade para melhor se adequar aos processos a serem abordados.

Há um conjunto de grandes temas de caráter global, com rebatimento sobre a diversa realidade brasileira que tende a demandar da empresa uma ação institucional que requererá ações cada vez mais interdisciplinares e transdisciplinares, resultando assim no avanço desses campos na empresa.

A percepção recente do Antropoceno, como a nova era em que a Terra se encontra, a partir da ação humana intensa, que provocou mudanças que atuam como uma autêntica força geológica com fortes implicações ambientais e sociais, certamente levará a uma intensificação de agendas de pesquisa tentando envolver pesquisadores e grupos de interesse atingidos, em iniciativas cobrindo vários temas e exigindo avanços metodológicos para a sua execução (Smith e Zeder, 2013).

As mudanças climáticas, cada vez menos contestáveis, demandam programas voltados a avaliar e promover a resiliência socioecológica em comunidades rurais, com vistas à sua adaptação às mudanças (Nicholls e Altieri, 2013; Nicholls Estrada et al., 2013), o que demandará ações de natureza interdisciplinar e transdisciplinar para que alcancem a diversidade de situações e cenários. Nessa perspectiva, é fundamental considerar, além da oferta de tecnologias, o caráter organizacional dos atores envolvidos e as instituições que os representam, de modo que possam garantir o que foi denominado de *sustentagilidade* (sustainagility) por Jackson et al. (2010), conferindo abordagem também agilidade aos processos para enfrentar as situações adversas como as advindas de mudanças do clima.

Finalizando, a consideração da segurança e da soberania alimentar é outro tema portador de grande potencial de mobilizar equipes de pesquisa na Embrapa em ações interdisciplinares e transdisciplinares. A abordagem desse tema integrando perspectivas orientadas a sistemas e a atores permite, por exemplo, analisar relações entre resiliência e capacidade adaptativa como propriedades de sistemas agroalimentares, permitindo estabelecer elos importantes na pesquisa de sistemas agroalimentares face a mudanças socioeconômicas, políticas e ambientais.

REFERÊNCIAS

ABREU, L.S.; LAMINE, C.; BELLON, S. Trajetórias da agroecologia no Brasil: entre movimentos sociais, redes cientificas e políticas publicas. *Revista Brasileira de Agroecologia*. v. 4, n. 2, p. 1611-1614, 2009.

ALVES, D.S. Pesquisa interdisciplinar em estudos ambientais. In: GUIMARÃES, I.C.; TOLEDO, P.M.; SANTOS Jr, R.A.O. (orgs.) *Ambiente e sociedade na Amazônia. uma abordagem interdisciplinar.* Rio de Janeiro: Garamond, 2014; p. 53-77.

ALVES, R.E.A. Brazil´s program for development of agricultural researchers. In: YEGANIANTZ, L. (ed.). *Brazilian agriculture and agricultural research.* Brasília: Embrapa (Embrapa-DSEP, Documentos, 9), p. 161-173, 1984.

ALTIERI, M.A., NICHOLLS, C. *Agroecología: única esperanza para la soberanía alimentaria y la resiliencia socioecologica. Una contribuición a las discusiones de Rio+20 sobre temas en la interface del hambre, la agricultura y la justicia ambiental y social.* SOCLA, 2012.

BALSADI, O.V.; CRUZ, M.C.; VERNE, M.C.; et al. (Eds.) Transferência de tecnologia e construção do conhecimento. Embrapa, Brasília. 2013.

BARROS, G.S.C. Agricultura e indústria no desenvolvimento brasileiro. In: BUAINAIN, A.M.; ALVES, E.; SILVEIRA, J.M.; NAVARRO, Z. (Eds. Tecs.) *O mundo rural no Brasil do século 21.* Unicamp, Embrapa, 2014; p. 79- 116.

BERNARD. M., BUNING, T. C. *Moving from monodisciplinarity to transdisciplonary: insights in barriers and facilitators that scientists faced during a interdisciplinary pig breeding program.* International Conference on Organizational, Learning, Knowledge and Capabilities. Washington, D.C., 2013. Disponível em: http://www.olkc2013.com/sites/www.olkc2013.com/files/downloads/215.pdf. Acesso em: 17 nov. 2014.

BRASIL. Ministério do Desenvolvimento Agrário. Brasil Agroecológico. Plano Nacional de Agroecologia e Produção orgânica- PLANAPO. Brasília. 2013a.

______. Plano Nacional de Agroecologia e Produção Orgânica. Detalhamento de iniciativas. Brasília. 2013b.

CABRAL, J.I. *Sol da manhã: memória da Embrapa.* Brasília: Unesco, 2005.

[CGEE] CENTRO DE GESTÃO E ESTUDOS ESTRATÉGICOS. *Estudo sobre o papel das Organizações Estaduais de Pesquisa Agropecuária: OEPAs.* Brasília, 2006.

CAISAN. *A agroecologia e o direito humano à alimentação adequada.* Tradução do Relatório de Olivier de Schutter relator especial da ONU para o direito à alimentação. Brasília, MDA, Cadernos SISAN 01/2012. p. 32.

CRESTANA, S. As tecnologia convergentes e o mundo contemporâneo: algumas reflexões em busca de uma síntese e de uma agenda responsável quanto à sustentabilidade dos sistemas de produção agrícola. In: PAULA, J.A. (org). *Forum de Estudos Contemporâneos: Coletânea de conferências.* Belo Horizonte: Imprensa Universitária — UFMG, 2013.

CRUZ, H.; SABLAYROLLES, P.; KANASHIRO, M.; et al. (Orgs.) *Relação empresa-comunidade no contexto do manejo florestal comunitário e familiar: uma contribuição do Projeto Floresta em Pé.* IBAMA/MMA, 2011.

DALGAARD, T.; HUTCHING, N.J.; PORTER, J.R. Agroecology: scaling and interdisciplinarity. *Agriculture Ecosystems and Environment.* v. 100, p. 39- 51, 2003.

DE SCHUTTER, O. Agroecology, a tool for the realization of the right to food. In: LICHTFOUSE, E. (ed.) Agroecology and strategies for climate change, sustainable agriculture. *Reviews 8.* p. 1-16, 2012.

EMBRAPA. *Pesquisa agropecuária e qualidade de vida. A história da Embrapa.* Brasília: Embrapa, 2002.

______. *Sistema Embrapa de Gestão. Nota Técnica.* Chamadas para portfólios e arranjos. Esclarecimentos e Orientações. Brasília, 2012.

______. *Sugestões para formulação de um Sistema Nacional de Pesquisa Agropecuária.* Brasília: Embrapa, 2006.

______. *Visão 2014-2034: o futuro do desenvolvimento tecnológico da agricultura brasileira.* Brasília: Embrapa, 2014.

EVENSON, R.E. Observations on the Brazilian Agricultural Research and Productivity. In: YEGANIANTZ, L. (ed.). *Brazilian agriculture and agricultural research.* Brasília: Embrapa (Embrapa- DSEP, Documentos, 9), p. 247- 275, 1984

GIBBONS, M.; LIMOGES, C.; NOWOTNY, H.; et al. *The new production of knowledge the dynamics of science and research in contemporary societies.* Sage, 1994.

GOMES, J.C.C.; ASSIS, W.S. *Agroecologia - Princípios e reflexões conceituais.* Brasília: Embrapa (Coleção Transição Agroecológica, 1), 2013.

GOMES, J. C. C.; AQUINI, D.; GOMES, F.R.C.; et al. Da difusão de tecnologia ao desenvolvimento sustentável: trajetória da transferência de tecnologia na Embrapa Clima temperado. *Cadernos de Ciência & Tecnologia.* v. 28, n. 1, p. 159-188, 2011.

HAVERROTH, M.; NEGREIROS, P.R.M. Calendário agrícola, agrobiodiversidade e distribuição espacial de roçados Kulina (Madija). Alto Rio Envira, Acre, Brasil. Sitientibus, v. 11, n. 2., p. 299-308, 2011.

HEBERLE, A. et. al. *Portfolio em TT e Inovação Social. Nota Técnica.* Brasília: Embrapa, 2014.

HUNT, L. et at. *Experiences of transdisciplinarity in research on agricultural sustainability.* WS2.2 – Narratives of interdisciplinary studies of farm system sustainability, 10th European IFSA Symposium, July 2010, p. 981-991,Viena, 2010.

[IAASTD] INTERNATIONAL ASSESSMENT OF AGRICULTURE KNOWLEDGE AND SCIENCE AND TECHNOLOGY FOR DEVELOPMENT. *Agriculture at a Crossroads: International Assessment of Agricultural Knowledge, Science and Technology for Development.* Washington DC: Island Press, 2009a.

______. *Agriculture at a Crossroads: Evaluación del papel de los Conocimientos, la Ciencia y la Tecnologia en el Desarrollo Agrícola. Resumen de La evaluación mundial preparado para lós responsables de La toma de decisiones.* Washington DC: Island Press, 2009b.

JACKSON, L. Biodiversity and agricultural sustainagility: from assessment to adaptative management. *Current Opinion in Environmental Sustainability.* v. 2, p. 80-87, 2010.

KANASHIRO, M. O manejo florestal e a promoção da gestão dos recursos florestais em áreas de uso comunitário e familiar na Amazônia. *Cadernos de Ciência & Tecnologia,* v. 31, n. 2, p. 421-427. 2014.

LEAKEY, R. R. Agroforestry: a delivery mechanism for multi-functional agriculture. In: KELLIMORE, L.R. (ed.) Handbook on agroforestry: management practices and environmenal impact. *Nova Science.* p. 471-471, 2010.

LIMA, S.M.V.; et al. *Projeto QUO VADIS. O futuro da pesquisa agropecuária brasileira.* Brasília: Embrapa, 2005.

MARCO REFERENCIAL EM AGROECOLOGIA. Empresa Brasileira de Pesquisa Agropecuária. Brasília: Embrapa Informação Tecnológica, Brasília, 2006.

MÉNDEZ, V.E.; BACON, C.M.; COHEN, R. Agroecology as a transdisciplinary, participatory, and action-oriented approach. *Agroecology and Sustainable Food Systems.* v. 37, p. 3-18, 2013.

MOTA, D. M; et al. As catadoras de mangaba: problemas e reinvidicações. Belém: Embrapa Amazônia Oriental, 2007.

NEVES, M. C. P. et al Agricultura orgânica: instrumentos para a sustentabilidade dos sistemas de produção e valoração de produtos agropecuários. Seropédica: Embrapa Agrobiologia, 2000.

NICHOLLS, C.I.; ALTIERI, M.A. *Agroecología y cambio climático- Metodologías para evaluar la resiliencia socio-ecológica en comunidades rurales.* Lima, REDAGRI/CYTED/SOCLA. 2013. Disponível em: http://agroeco.org/socla/wp-content/uploads/2013/11/REDAGRESlibro2.pdf. Acessado em: 03 nov. 2014.

NICHOLS ESTRADA, C.I.; OSORIO, L.A.R.; ALTIERI, M.A. *Agroecología y resiliencia socioecológica: adaptandóse al cambio climático.* Medellín: DSOCLA, 2013.

NOWOTNY, H.; SCOTT, P.; GIBBONS, M. *Re-thinking science. Knowledge and the public in a age of uncertainty.* Cambridge: Polity, 2001.

NUCIC, M. Is sutainability science becoming more interdisciplinary over time? *Acta Geographic Slovenica.* v. 5, n. 1, p. 2015- 236, 2012

PASTORE, J. Brazilian agricultural research. In: YEGANIANTZ, L. (ed.) *Brazilian agriculture and agricultural research.* Brasília: Embrapa (Embrapa- DSEP, Documentos, 9), p. 99-115, 1984.

PASTORE, J.; ALVES, E.R.A. Reforming the brazlian agricultural research system. In: YEGANIANTZ, L. (ed.) *Brazilian agriculture and agricultural research.* Brasília, Embrapa (Embrapa--DSEP, Documentos, 9), p. 117-128, 1984.

PETERSEN, P.; MUSSOI, E.M.; DAL SOGLIO, F. Institutionalization of the agroecological approach in Brazil: advances and challenges. *Agroecology and Sustainable Food Systems.* v. 37, n. 1, p. 103-114, 2013.

PORRO, R.; PORRO, N.S.M.; MENEZES, M.C.; et al. Collective action and Forest management: institutional challenges for the environmental agrarian reform in Anapu, Brazilian Amazon. *International Forestry Review.* v. 17, s. 1, p. 20-37, 2015.

RENTING, H. et al. Exploring multifunctional agriculture. A review of conceptual approaches and prospects for an integrative transitional framework. *Journal of Environmental Management* v. 90, p. S112-S123, 2009.

RUIZ-ROSADO, O. *Agroecología: una disciplina que tiende a la transdisciplina.* INCI [online]. 2006, vol.31, n.2 [citado 2014-11-17], pp. 140-145 . Disponível em: <http://www.scielo.org.ve/scielo.php?script=sci_arttext&pid=S0378-18442006000200011&lng=es&nrm=iso>. ISSN 0378-1844. Acessado em: 17 nov. 2014.

SÁ, T.D.A.; KANASHIRO, M.; LEMOS, W.P. Interdisciplinaridade e transdisciplinaridade na pesquisa agrícola amazônica. *Agroecossistemas.* v. 6, n. 1, p. 110-124. 2014.

SÁ, T.D.A., SILVA, R.O. Para além do interdisciplinar: agroecologia como uma perspectiva transdisciplinar para a agricultura na Amazônia. In: GUIMARÃES, I.C.; TOLEDO, P.M.; SANTOS JR, R.A.O. (orgs.) *Ambiente e sociedade na Amazônia. uma abordagem interdisciplinar.* Rio de Janeiro: Garamond, 2014. p. 379-408

SANTOS, A.S.; CURADO, F.F.; SILVA, E.D.; et al. Pesquisa e política de sementes no semiárido paraibano. Aracajú: Embrapa Tabuleiros Costeiros, 2012.

SCHOOLMAN, E.D.; GUEST, J. S.; BUSH, K.F.; et al. How interdisciplinary is sustainability research?Analyzing the structure of an emerging scientific field. *Sustainability Science.* 7-1. 2012. Tokyo. DOI: 10.1007/s11625-011-0139-z

SILVA, P.C.G.; SABOURIN, E.; CARON,P. et al . Estudo de trajetórias de desenvolvimento local e da construção do espaço rural no Nordeste semi-árido. Agricultura Familiar (UFPA), Belém, v. 1, n.2, p. 5-27, 2000.

SMITH, B.D.; ZEDER, M.A. The onset of the Anthropocene. Anthropocene. v. 4, p. 8-13, 2013.

SOCLA. *Agroecology: concepts, principles and applications.* 2014. Disponível em: https://socla.co/wp-content/uploads/2014/socla-contribution-to-FAO.pdf

UN. *Agroecology and the Right to Food,* Report presented at the 16th Session of the United Nations Human Rights Council, UN doc. A/HRC/16/49, 2011.

VALLEJO-ROJAS, V.; RAVERA, F.; RIVERA-FERRE, M.G. Developing tools to assess agri-food systems responses to food sovereignity policies: a conceptual and methodological approach through integration of SES and vulnerability frameworks. In: *Food Sovereignity a Critical Dialogue.* International Conference, Yale University, Conference Paper #77. 2013.

VIDAL, C.Y. et al. Adequação ambiental de propriedades rurais e restauração florestal: 14 anos de experiência e novas perspectivas. In: SAMBUICHI, R.H.S.; SILVA, A.P.M.; OLIVEIRA, M.A.C. DE; et al. (Orgs.) *Políticas agroambientais e sustentabilidade — desafios, oportunidades e lições aprendidas.* IPEA, p. 125-148, 2014.

WEZEL, A. S.; et al. Agroecology as a science, a movement and a practice. A review. *Agronomy for Sustainable Development.* v. 29, p. 503-515, 2009.

capítulo 21

Construção de núcleo de pesquisa interdisciplinar e o exemplo Incline

Tércio Ambrizzi | *Meteorologista, Instituto de Astronomia, Geofísica e Ciências Atmosféricas, USP*
Cintia Barcellos Lacerda | *Linguista, Instituto de Astronomia, Geofísica e Ciências Atmosféricas, USP*
Lívia Márcia Mosso Dutra | *Meteorologista, Instituto de Astronomia, Geofísica e Ciências Atmosféricas, USP*

INTRODUÇÃO

A busca por práticas interdisciplinares vem crescendo ao longo dos anos de forma bastante expressiva, conforme a necessidade em responder aos problemas complexos atuais demanda novas formas de abordagem que vão além da produção de conhecimento particionado. O trabalho em conjunto de diferentes áreas, quando executado de forma adequada, propicia alcançar resultados mais efetivos e inovadores, transpondo o saber alcançado em pesquisas individuais. A interdisciplinaridade pode ser entendida como uma perspectiva alternativa, complementar e inovadora para compreender os problemas contemporâneos que nos rodeiam. O avanço da ciência e da tecnologia na sociedade moderna está inegavelmente vinculado à consolidação de novos modos de se pensar e gerar conhecimento dentro de um âmbito interdisciplinar. Nesta conjuntura, observa-se na Universidade de São Paulo a criação de núcleos de pesquisa com características e objetivos interdisciplinares, que buscam contribuir para a emergência de um novo paradigma disciplinar. Os conhecimentos gerados por um núcleo de pesquisa interdisciplinar enriquecem atividades de ensino e pesquisa. Estes núcleos necessitam fazer uso de processos e metodologias interdisciplinares para somar o conhecimento dos diversos atores que os compõem. Entretanto, cabe destacar que não basta apenas seguir algum roteiro metodológico para se instituir um grupo de pesquisa interdisciplinar; é necessário que haja reformas de pensamento frente às questões atuais e o sincero comprometimento de todas as partes envolvidas.

Nesse contexto, o objetivo deste capítulo é transmitir os aspectos fundamentais relacionados à criação de um núcleo de pesquisa interdisciplinar e discutir os desafios envolvidos em seu gerenciamento e manutenção. O final do texto inclui uma breve descrição dos processos de construção e atividades de um núcleo de pesquisa interdisciplinar sediado na Universidade de São Paulo (USP), o *INterdisciplinary CLimate INvestigation cEnter* (Incline).

CONCEITUAÇÃO E OBJETIVOS DA PESQUISA INTERDISCIPLINAR

Atualmente, a produção de conhecimento obtida sobre um determinado tema é fragmentada e gerada a partir de um modelo de pensamento baseado em quatro princípios: ordem, separação, redução e lógica formal (Morin, 2000; Alvarenga et al., 2011). Nesse modelo, um problema complexo é decomposto em elementos simples, como visto na divisão disciplinar da ciência moderna. Uma dada temática pode ser investigada por diferentes áreas do conhecimento, cada uma abordando o problema a partir de seu respectivo ponto de vista e modo de pensamento. De acordo com Gibbons et al. (1994), o conhecimento gerado dentro de um contexto monodisciplinar pode ser classificado como pertencente ao "Modo 1" de produção de conhecimento. Nesse modo, cada área científica possui sua própria autonomia e a maior parte da divulgação dos resultados de pesquisa ocorre entre os próprios profissionais da área.

Os núcleos de pesquisa interdisciplinares surgem como uma forma alternativa de se produzir conhecimento científico, na qual os problemas são atacados simultaneamente e com conhecimentos profundos de diferentes perspectivas. De acordo com Raynaut (2011, p. 84),

> o desafio fundamental ao se adotar um enfoque interdisciplinar consiste em tentar restituir, ainda que de maneira parcial, o caráter de totalidade, de complexidade e de hibridação do mundo real, dentro do qual e sobre o qual todos pretendemos atuar.

Nesta forma de geração do saber, classificada por Gibbons et al. (1994) como "Modo 2" de produção de conhecimento, a divulgação dos resultados científicos é mais ampla, atingindo diferentes segmentos sociais. Um grupo interdisciplinar reúne profissionais de diversas áreas de formação, interligados em torno de uma mesma temática principal.

É importante não confundir interdisciplinaridade com multidisciplinaridade. Na multidisciplinaridade, busca-se informação em várias disciplinas, porém estas não são modificadas ou enriquecidas (Piaget, 1973). Assim, a multidisciplinaridade favorece entendimentos mais amplos, porém os elementos disciplinares conservam sua identidade original, e a estrutura de conhecimento existente não é questionada (Klein, 2010). Por outro lado, as práticas interdisciplinares levam à cooperação entre várias disciplinas com consequente enriquecimento mútuo e mistura de ideias e métodos. De acordo com Klein (2010), "quando a integração e a interação se tornam proativas, a linha entre multidisciplinaridade e interdisciplinaridade é cruzada". Compreender a distinção entre estes dois conceitos é fundamental para poder realizar atividades verdadeiramente interdisciplinares. Klein (2010) afirma que muitos dos chamados programas interdisciplinares são, na verdade, um conjunto multidisciplinar de cursos disciplinares. Segundo Augusto (2004), muitos docentes ainda confundem interdisciplinaridade com multidisciplinaridade. O autor sugere que reflexões teóricas sobre o conceito de interdisciplinaridade sejam feitas em futuros cursos de formação continuada de professores.

De acordo com Krohn (2010), pesquisas interdisciplinares podem ser subdivididas em três categorias: (a) fusão interdisciplinar; (b) comunicação interdisciplinar; e (c) resolução interdisciplinar de problemas (em inglês, *interdisciplinary problem solving* ou *interdisciplinary case work*). A fusão interdisciplinar refere-se à criação de novas disciplinas a partir de outras disciplinas distintas (p. ex., bioquímica, saúde pública, pesquisas do clima). Apesar de relevantes, Krohn (2010) argumenta que estas novas disciplinas deixam seu público no mesmo ponto de início. A segunda categoria, de comunicação interdisciplinar, refere-se ao que costuma ocorrer em diversos centros de pesquisa: novas ideias são fornecidas aos seus pesquisadores, estimulando o redirecionamento das pesquisas. Segundo Krohn (2010), em alguns casos o efeito de tal redirecionamento pode ir além dos pesquisadores individuais. Por fim (e com maior importância), a categoria de resolução interdisciplinar de problemas parte do princípio de que os grandes "problemas do mundo real" são demasiadamente complexos para serem tratados por apenas uma ou duas disciplinas. É necessário, portanto, que haja esforços em conjunto para viabilizar a cooperação intelectual e interação de diferentes disciplinas. Tais esforços podem ser consideravelmente complicados e consumir muito tempo, além de não ter critérios claros para retornos positivos. Por consequência, diversas tentativas de práticas interdisciplinares acabam sendo abandonadas pela falta de resultados que justifiquem os investimentos. Entretanto, caso as preocupações públicas e políticas forem fortes o bastante para exercer uma pressão permanente, a continuidade dos esforços em conjunto pode gerar um autêntico campo de pesquisa interdisciplinar (Krohn, 2010).

Ainda segundo Krohn (2010), qualquer campo ou projeto de pesquisa que aborde problemas do mundo real pode ser considerado essencialmente interdisciplinar, já que esses problemas integram bases de conhecimento heterogêneas. Como exemplo, pode-se destacar a pesquisa sobre mudanças climáticas globais, que vem crescendo ao longo das últimas décadas e para a qual diversas especialidades contribuem. Aprofundar o conhecimento científico acerca das questões relacionadas às mudanças climáticas é de fundamental importância para motivar o desenvolvimento de ações sociais e políticas necessárias no enfrentamento dos problemas climáticos. Além das implicações ambientais e sociais, o estudo do clima da Terra também envolve os oceanos, a atmosfera, gelo marinho, processos de transporte, uso e cobertura do solo, ações antrópicas, mecanismos de resposta, entre vários outros fatores importantes. Assim, o entendimento dos complexos processos associados ao clima da Terra e seus efeitos necessita da colaboração de diferentes áreas do saber, incluindo pesquisadores das Ciências Exatas, Humanas e Biológicas.

Muitas das grandes descobertas científicas realizadas foram feitas por meio de projetos interdisciplinares (p. ex., a descoberta da estrutura do DNA, o sequenciamento do genoma humano, a energia nuclear no contexto do Projeto Manhattan, etc.). Além disso, olhando ao redor, é possível identificar diversos elementos presentes no dia a dia da sociedade que são produtos de pesquisas interdisciplinares, originadas a partir da colaboração de especialidades distintas. Podem-se destacar: ressonância magnética, cirurgia ocular a laser, radar, voos espaciais tripulados, entre outros (*National Research Council*, 2004). Estas conquistas demonstram a enorme eficiência da pesquisa interdisciplinar e sua capacidade de produzir ideias inovadoras. Assim, a prática interdisciplinar mostra-se como um importante processo para a produção de conhecimento no mundo contemporâneo.

De forma geral, um núcleo de pesquisa interdisciplinar tem como objetivo contribuir para o melhor entendimento dos problemas complexos que envolvem um determinado tema de pesquisa. No âmbito do núcleo, especialistas de diversas áreas unem esforços para produzir conhecimento e fortalecer conexões com formuladores de políticas públicas e iniciativas privadas, apontando novas direções e trazendo consequentes benefícios para a sociedade como um todo. Essa produção de conhecimento envolve a integração de informações, dados, técnicas, ferramentas, perspectivas, conceitos, e/ou teorias de diversas disciplinas, com o objetivo de explicar fenômenos ou resolver problemas que não podem ser resolvidos por meio de uma única área específica (*National Research Council*, 2004; Mansilla, 2010).

PROCESSOS DE CONSTRUÇÃO DE UM NÚCLEO INTERDISCIPLINAR

Nas universidades e instituições de pesquisa, é comum que pesquisadores de diferentes áreas do conhecimento associem-se para desenvolver pesquisa interdisciplinar; no entanto a existência de iniciativas de estímulo a esse tipo de estudos já é mais rara. No âmbito da Universidade de São Paulo, a figura dos núcleos de apoio a suas atividades-fim (ensino, pesquisa e cultura e extensão) está prevista em seu Estatuto e Regimento Geral, publicados em 1988 e 1990. A primeira dessas normas, inclusive, categoriza os núcleos de apoio como órgãos de integração da Universidade, ressaltando a interdisciplinaridade como uma das características para sua constituição.

Resoluções que disciplinam o funcionamento dos diferentes tipos de núcleos também foram elaboradas pela Universidade, e a que trata especificamente dos núcleos de apoio à pesquisa – Resolução n. 3657/90 – assim os define, no *caput* de seu art. 1º: "Núcleos de Apoio à Pesquisa são órgãos de integração da Universidade de São Paulo, instituídos com o objetivo de reunir especialistas de uma ou mais Unidades e órgãos em torno de programas de pesquisa de caráter interdisciplinar e/ou de apoio instrumental à pesquisa".

A previsão normativa abriu caminho para que pesquisadores já reunidos ou que pretendessem se reunir em programas de pesquisa interdisciplinares propusessem a criação de núcleos de apoio à pesquisa (NAPs) vinculados à Universidade. Remontam a este período inicial os prestigiosos Núcleo de Estudos da Violência e Núcleo de Pesquisas em Políticas Públicas, ambos ainda em atividade. Porém, para de fato impulsionar a realização da pesquisa interdisciplinar, é necessária a combinação de uma série de fatores e, principalmente, disponibilizar recursos financeiros para viabilizar esses estudos.

Nesse sentido, a Universidade de São Paulo lançou em 2010 o Programa de Incentivo à Pesquisa, com o objetivo de criar condições propícias para o aumento do impacto da produção científica da Universidade, por meio da reorganização dessa produção, afastando-a da tradicional disciplinaridade acadêmica e enfatizando temas relevantes. Como os grupos contemplados deveriam constituir núcleos de apoio à pesquisa para o desenvolvimento das propostas, a implantação do Programa fez com que o número de NAPs existentes na USP aumentasse significativamente: de 34 núcleos em atividade em 2010, para 139 em abril de 2015, de acordo com dados da Pró-Reitoria de Pesquisa da USP.

O alinhamento da iniciativa da Universidade de São Paulo às expectativas dos envolvidos com a pesquisa interdisciplinar pôde ser percebido pela leitura do relatório *Facilitating Interdisciplinary Research*, publicado pelo *National Research Council* dos EUA com o objetivo de avaliar a pesquisa interdisciplinar desenvolvida no país e o que poderia ser feito para promovê-la. Entrevistas com acadêmicos e líderes em pesquisa interdisciplinar permitiram aos autores compilar uma série de condições essenciais para a realização eficaz da pesquisa interdisciplinar em um quadro (Quadro 21.1), que reproduzimos a seguir (2004, p. 21).

Quadro 21.1: Condições-chave para realização de pesquisa interdisciplinar em instituições acadêmicas.

ASPECTO	CONDIÇÕES-CHAVE
Estágios iniciais: estabelecendo conexões	Problema comum a ser resolvido Liderança Ambiente que estimule a colaboração entre pesquisadores Financiamento inicial/consolidador Seminários para promover conexões entre estudantes, pós-doutores e pesquisadores da mesma instituição Workshops para promover interação entre pesquisadores de diferentes instituições Reuniões constantes entre os membros da equipe Pensar sobre o fim logo no início
Apoio ao projeto	Doutores capacitados em administração de pesquisas Apoio à criação de projetos e à formação de equipes Financiamento flexível e contínuo Disposição para assumir riscos Reconhecer o potencial para alto impacto Envolvimento das instituições de fomento
Instalações	Proximidade física dos pesquisadores Instrumentação compartilhada Aumentar as oportunidades de encontros casuais entre pesquisadores, como em lanchonetes internas
Organização/administração	Organização matricial Recompensas para os líderes acadêmicos que promovem pesquisa interdisciplinar Políticas de promoção/estabilidade para o trabalho interdisciplinar Avaliação feita por *experts* com vasta erudição e experiência em pesquisa interdisciplinar Reconhecimento profissional de pesquisadores bem-sucedidos em pesquisas interdisciplinares

A leitura do quadro apresentado revela que a grande maioria das condições elencadas é aplicável também ao cenário brasileiro e aos núcleos de apoio à pesquisa da USP, permitindo-nos elaborar uma descrição geral das fases de desenvolvimento e manutenção de um possível núcleo de pesquisa interdisciplinar a seguir.

Etapas iniciais

- A existência de um problema comum a ser resolvido tem sido apontada como um dos principais motivadores para a realização da pesquisa interdisciplinar, já que tais problemas são muitas vezes complexos e multifacetados e precisam ser abordados a partir de diferentes pontos de vista, como é o caso das mudanças climáticas. A importância do tratamento integrado de temas de relevância nacional e global também foi um dos objetivos específicos do edital do Programa de Incentivo à Pesquisa.
- A pesquisa interdisciplinar deve ter liderança – é importante que pesquisadores de renome estejam dispostos a romper com as fronteiras de suas disciplinas e a colaborar com outras áreas em grupos interdisciplinares, pois como se trata de áreas de pesquisa recém-criadas, sua reputação pode conferir prestígio ao grupo e facilitar a obtenção de financiamento e apoio acadêmico e institucional. Ao mesmo tempo, a sua experiência pode ser útil na orientação dos pesquisadores mais jovens do grupo. O edital do Programa de Incentivo à Pesquisa exigia a presença de pelo menos três pesquisadores bolsistas de produtividade 1 do CNPq ou equivalente e pelo menos três pesquisadores associados a programas de pós-graduação com nota 6 ou 7 da Capes, garantindo assim a liderança necessária aos grupos contemplados.
- O ambiente institucional deve estimular a colaboração entre pesquisadores, o que já ocorre na prática em muitas universidades. Faculdades, institutos e até mesmo alguns departamentos são concebidos sob a égide multidisciplinar. A USP chega ao ponto de incluir isso em seu Estatuto e Regimento Geral, ao prever a possibilidade de criação de núcleos de apoio às suas atividades-fim (ensino, pesquisa e extensão).
- Toda pesquisa precisa de apoio financeiro e isso é ainda mais importante para os estudos interdisciplinares que, em virtude de seu caráter inovador, muitas vezes não conseguem recursos junto às instituições de fomento tradicionais. Nesse sentido, o aporte de recursos concedido no âmbito do Programa de Incentivo à Pesquisa da USP foi fundamental para a criação

e consolidação de grupos de pesquisa interdisciplinares, organizado sob a forma de núcleos.

- A organização de seminários internos permite o estabelecimento de conexões entre estudantes, pós-doutores e pesquisadores principais de uma mesma instituição, podendo levar a *insights* sobre possibilidades de pesquisa envolvendo diferentes áreas. Além disso, a organização de workshops com a participação de pesquisadores de diferentes instituições é fundamental para a troca de informações e estabelecimento de futuras colaborações.
- É importante que a pesquisa interdisciplinar seja realmente colaborativa e não um agrupamento de trabalhos feitos por pesquisadores de diferentes áreas – é importante que os membros de um grupo interdisciplinar incorporem e desenvolvam linguajar e técnicas de uso comum e a realização de reuniões frequentes entre os membros da equipe é fundamental para manter uma troca constante de ideias e experiências.
- O estabelecimento de objetivos finais claros logo no início das atividades de pesquisa é fundamental para o planejamento e a manutenção do ritmo das atividades – em virtude das possibilidades múltiplas que podem advir do contato entre as diferentes disciplinas, é importante não perder o foco e considerar apenas o que é necessário para a consecução das metas estabelecidas.

Apoio ao projeto

- Algumas agências de fomento já solicitam que as Instituições beneficiadas por seus recursos tenham em seus quadros doutores para administrar seus projetos de pesquisa (*project managers*). A Universidade de São Paulo ainda não possui essa função oficialmente, embora possua servidores capacitados para a administração de recursos de projetos de pesquisa. Neste caso, a interação entre o Coordenador Geral do NAP e a administração da Unidade de Ensino é bem próxima.
- É fundamental que a constituição de novos grupos e a propositura de novos projetos de pesquisa encontrem apoio não só financeiro, mas também de infraestrutura e recursos humanos. A existência de espaço físico disponível, equipamentos modernos e pessoal qualificado proporciona ao pesquisador uma certa tranquilidade material, permitindo que ele se concentre na pesquisa.

- Em virtude do caráter pioneiro e multifacetado da pesquisa interdisciplinar, há muitas dificuldades para se conseguir recursos, portanto é fundamental que exista um financiamento flexível e constante para garantir a continuidade da pesquisa.
- O apoio à pesquisa interdisciplinar envolve a disposição para assumir riscos, uma vez que os pesquisadores estarão, basicamente, desbravando terreno desconhecido. Aliado a isso, é importante saber reconhecer o potencial para alto impacto que os resultados de tal pesquisa podem gerar junto à ciência e à sociedade.
- Garantir o envolvimento das instituições de fomento é de extrema importância para a expansão e o fortalecimento da pesquisa interdisciplinar, instando-as a adotar políticas de financiamento para esse tipo de projeto, de modo que o aspecto financeiro deixe de ser o principal entrave para a realização de pesquisas interdisciplinares.

Instalações

- Proximidade física dos pesquisadores é algo desejável, mas não fundamental. É necessário um espaço para gerenciamento do projeto, sala de reuniões, sala de aula e um espaço reservado para pesquisadores visitantes.
- Instrumentação compartilhada por meio de Servidores que possam abrir todas as informações do Núcleo, os dados gerados e outros.
- Aumentar as oportunidades de encontros casuais entre pesquisadores, como em lanchonetes internas, sala de café ou mesmo organizar almoços em conjunto durante os eventos do Núcleo.

Organização/Administração

- A organização matricial é ideal para o desenvolvimento de pesquisa interdisciplinar, pois envolve a formação de equipes com membros de diferentes áreas para trabalhar em um projeto comum. No entanto, não se trata de uma estrutura organizacional comum no meio acadêmico brasileiro.
- Avaliação dos avanços do Núcleo feita por *experts* com vasta erudição e experiência em pesquisa interdisciplinar.
- Reconhecimento profissional de pesquisadores bem-sucedidos em pesquisas interdisciplinares por meio da divulgação em diferentes mídias (jornais, revistas, rádio e TV).

GERENCIAMENTO E MANUTENÇÃO DE UM NÚCLEO DE PESQUISA INTERDISCIPLINAR

De forma geral, a maioria dos passos para o desenvolvimento de um Núcleo de Pesquisa Interdisciplinar descritos na seção anterior foram usados na criação e manutenção do Incline. Sendo assim, uma descrição mais específica do mesmo será apresentada a seguir.

O EXEMPLO DO INCLINE

Adiante são apresentados os esforços envolvidos na criação do Incline por grupos de docentes e pesquisadores da Universidade de São Paulo (USP). O Incline é um Núcleo de Apoio à Pesquisa em Mudanças Climáticas (NapMC) que envolve dezenas de projetos de pesquisa oriundos de diversas áreas do conhecimento e integrados na temática de mudanças globais. O principal objetivo deste núcleo é promover, integrar e potencializar colaborações essenciais ao tema de Mudanças Climáticas, que vem recebendo crescente destaque nos veículos de comunicação tendo em vista a sua enorme relevância no contexto atual de nosso planeta. Além de colaboradores internos, tais como professores, pesquisadores e estudantes da USP, o Incline também conta com a colaboração de grupos provenientes de instituições externas, tanto nacionais quanto internacionais. O estabelecimento do Incline cria uma ponte de diálogo entre as diferentes áreas do conhecimento e facilita o aprofundamento de investigações científicas rompendo barreiras interdisciplinares. O conhecimento desenvolvido no âmbito deste núcleo deverá fornecer um maior apoio para políticas públicas neste tema e fortalecer a relação da ciência com a sociedade.

Incline: proposta e processos de criação

Os temas ambientais são, por si só, extremamente complexos e envolvem uma variedade de tópicos (p. ex.: água, saneamento, poluição, florestas, fauna, alimentos etc.). As questões das Mudanças Climáticas adicionam um peso significativo na discussão dos problemas ambientais e demandam estudos mais abrangentes e interdisciplinares que sirvam como base para decisões e ações a serem tomadas em benefício do planeta e da sociedade. Sabemos que o dióxido de carbono (CO_2) liberado para a atmosfera pela queima de combustíveis fósseis é um dos fatores responsáveis pelo aquecimento global observado recentemente e previsto para as próximas décadas. Juntamente a este aumento de temperatura, vem sendo observado um aumento de eventos extremos (p. ex.: ondas de calor, inundações costeiras, chuvas intensas, secas severas), os quais estão, em geral, associados a importantes impactos.

Dada sua enorme importância, a temática de Mudanças Climáticas tem estado em foco o tempo todo, especialmente desde a criação do Painel Intergovernamental de Mudanças Climáticas (em inglês, Intergovernmental Panel on Climate Change, IPCC) em 1988. No Brasil, vários outros programas de pesquisa sobre mudanças climáticas também têm sido desenvolvidos, como o Programa Fapesp de Pesquisa sobre Mudanças Climáticas Globais (PFPMCG), a Rede Brasileira de Pesquisa sobre Mudanças Climáticas Globais (Rede Clima), o Painel Brasileiro de Mudanças Climáticas (PBMC) e o Instituto Nacional de Ciência e Tecnologia (INCT) para Mudanças Climáticas. Naturalmente, é muito importante que estas questões sejam também discutidas nas universidades, e assim o Incline foi criado neste âmbito como uma iniciativa da USP, com o objetivo de aglutinar o estado da arte em mudanças climáticas.

A ideia de criação do Incline partiu da necessidade que docentes da USP, muitos dos quais envolvidos em pelo menos um dos programas citados anteriormente, sentiam em explorar a temática de mudanças globais dentro de um contexto interdisciplinar. Pesquisadores líderes nesta temática uniram esforços para elaborar um projeto em conjunto, o qual foi submetido à Pró-Reitoria de Pesquisa da USP para criação do Incline como um Núcleo de Apoio à Pesquisa em Mudanças Climáticas (NapMC). A proposta original, que foi aprovada, incluiu diversos subprojetos interligados na temática de mudanças climáticas, com aspectos físicos, químicos, biológicos, socioeconômicos e de saúde trabalhando em conjunto. A estrutura organizacional do núcleo foi completamente planejada desde o início, incluindo um Coordenador Geral, um Vice-Coordenador Geral, um Conselho Deliberativo, um Escritório de Apoio e os diversos subprojetos científicos, cada um formado por ao menos um subcoordenador principal, pesquisadores e colaboradores internos e externos e estudantes de graduação e pós-graduação. O envolvimento de alunos no núcleo é de extrema importância, pois contribuirá para a formação de profissionais que futuramente estarão liderando agências, empresas, departamentos de governança e diversos outros setores. O Incline foi planejado para que suas atividades contribuam para fortalecer a formação de pesquisa interdisciplinar.

Incline: o diálogo interdisciplinar

Desde o início de sua criação, o Incline faz uso de perspectiva e atividades interdisciplinares para promover a interação entre seus membros. Tais atividades são importantes para estimular a colaboração geral entre as diversas áreas dos saberes e fortalecer sua integração no ensino, pesquisa e extensão, além de evitar que o núcleo seja apenas um conjunto de projetos individuais e desarticulados.

Dentre as atividades realizadas no âmbito do Incline, destaca-se a realização de oficinas interdisciplinares para construção conjunta de conceitos diretamente ligados à temática de estudo do núcleo: vulnerabilidade, adaptação e resiliência. Todos os membros do núcleo são convidados a participar das oficinas, que utilizam metodologias já consagradas na literatura para construção de conceitos e de mapas conceituais (Silva, 1993; Moreira, 1988). Os debates e resultados produzidos nestas oficinas são enriquecidos a partir da integração entre os profissionais de diversas instituições e formações, e os participantes aprimoram seus conhecimentos e experiências ao interagir com pesquisadores de diferentes áreas e formas de pensamento. Assim, as oficinas interdisciplinares promovem reflexões acerca de temas fundamentais ao mesmo tempo que fortalecem o grupo de pesquisa. Os conceitos finais obtidos são utilizados pelos membros do grupo e podem, por consequência, influenciar na formulação e implementação de políticas públicas essenciais em mudanças climáticas.

O Incline também oferece, desde 2014, a disciplina de Pós-Graduação "Mudanças climáticas e suas interdisciplinaridades", ministrada anualmente por docentes das diversas áreas que compõem o núcleo. O objetivo principal da disciplina é fornecer aos estudantes conhecimentos gerais e interdisciplinares sobre aspectos relacionados às Mudanças Climáticas e suas implicações no clima passado, presente e futuro. Em geral, os alunos que cursam esta disciplina possuem variadas áreas de formação e buscam uma compreensão mais ampla da realidade das mudanças climáticas, bem como a possibilidade de trocas de conhecimento e construção de vínculos de trabalho. A disciplina também é aberta para estudantes estrangeiros, de forma a promover a internacionalização da Universidade em que o núcleo está situado. Os docentes do curso concordam em ministrar as aulas no idioma inglês, caso ao menos um estudante estrangeiro esteja matriculado.

Reconhecendo a importância de se manter relações com outras redes nacionais e internacionais no tema de Mudanças Climáticas, o Incline valoriza relações de parceria com outras instituições. Em junho de 2014 foi firmada oficialmente parceria com a United Nations Educational, Scientific and Cultural Organization (Unesco) por meio do projeto "Governança Ambiental" que é um subprojeto do Incline. Além disso, diversos membros do Incline também estão envolvidos em atividades no Ministério de Ciência, Tecnologia e Inovação (MCTI), na Rede Clima, no Instituto Nacional de Ciência e Tecnologia (INCT) de Mudanças Climáticas e no Programa Fapesp de Mudanças Climáticas. Destaca-se ainda que o núcleo promove atividades em parceria com pesquisadores da Universidade de Michigan (UMich). Tais parcerias impulsionam o reconhecimento internacional do núcleo e amplificam seu potencial de influência em políticas públicas, além de favorecer o intercâmbio de alunos e pesquisadores e possibilitar produções conjuntas e interdisciplinares.

Sempre que possível, os diversos membros do Incline trabalham em conjunto para produzir conhecimento interdisciplinar em benefício da sociedade. Por exemplo, em dezembro de 2013 o núcleo obteve um projeto aprovado pelo Conselho Nacional de Desenvolvimento Científico e Tecnológico (CNPq) para elaborar um manual para alunos do final do Ensino Fundamental II e Ensino Médio (entre 14 e 18 anos) dentro da temática: "Interdisciplinaridade e Mudanças Climáticas – Diálogos com a Sociedade". O manual produzido será distribuído em escolas na Região Metropolitana de São Paulo e deverá servir como material didático para professores e alunos, contribuindo para o avanço do ensino no Brasil.

Adicionalmente, os coordenadores de subgrupos do Incline trabalham na elaboração de um livro intitulado "Ciência das Mudanças Climáticas e sua Interdisciplinaridade". A publicação tem como objetivo resumir o estado atual das atividades realizadas pelo grupo e promover a divulgação do núcleo.

O Incline possui um escritório de apoio que auxilia na organização das atividades gerais e na divulgação de eventos. Os membros do núcleo recebem com frequência e-mails de divulgação de palestras, cursos e workshops relacionados à temática de Mudanças Globais. O grupo possui também um site (www.incline.iag.usp.br) para divulgação de notícias e materiais dos eventos realizados no âmbito do núcleo. O site inclui ainda a descrição de cada subprojeto e membro que compõe o núcleo, além da listagem das diversas instituições de seus colaboradores. Fica em evidência o caráter de internacionalização do grupo, que é composto por pesquisadores oriundos de diferentes regiões do globo, incluindo América do Sul, América do Norte e Europa. O Incline e seus membros são cadastrados no Diretório dos Grupos de Pesquisa no Brasil, o que fornece visibilidade à pesquisa desenvolvida pelo núcleo. O logo do Incline e de todas as unidades da USP envolvidas em suas atividades de pesquisa, ensino e extensão são mostrados na Figura 21.1.

Figura 21.1: Logo do Incline e das diversas instituições da USP que fazem parte do Núcleo.

CONSIDERAÇÕES FINAIS

Os grandes problemas contemporâneos, por sua crescente complexidade, exigem novas formas de abordagem, caracterizando-se cada vez mais a necessidade de atuação interdisciplinar, provocando mudanças significativas na forma de produzir conhecimento e, consequentemente, nas estruturas e organizações que dão sustentação à pesquisa científica, aos seus desdobramentos e às atividades associadas, como a pós-graduação.

A consolidação do Incline, como resultado dessas reflexões na Universidade de São Paulo, vem, a exemplo de outras universidades estaduais e federais, como a Unicamp e a UFABC, contribuindo para a promoção de mudanças estruturais, organizacionais e curriculares que possibilitem enfrentar os novos desafios que se colocam para a produção integrada de conhecimento envolvendo especialidades e sociedade. A criação de Núcleos de Apoio à Pesquisa Interdisciplinar se apresenta, nesse sentido, como um dos caminhos para otimizar esta transição. O tema Mudanças Climáticas, que por si só é interdisciplinar, torna o Incline uma experiência desafiadora pelo número de especialidades envolvidas, que exigem articulações interunidades e interinstitucionais, pela necessária conexão com atores externos à academia, envolvendo setores governamentais, empresariais e da sociedade civil, o que evidencia a relevância e importância da interdisciplinaridade enquanto objeto e agente de integração.

REFERÊNCIAS

ALVARENGA, A.T.; et al. Histórico, fundamentos filosóficos e teórico-metodológicos da interdisciplinaridade. In: PHILIPPI Jr, A.; SILVA NETO, A.J. (orgs.). *Interdisciplinaridade em ciência, tecnologia & inovação*. Barueri: Manole, 2011. p. 3-68.

AUGUSTO, T.G.S.; et al. Interdisciplinaridade: concepções de professores da área ciências da natureza em formação em serviço. *Ciência & Educação*. 2004; 10(2): 277-289.

GIBBONS, M.; et al. *The New Production of Knowledge: the Dynamics of Science and Research in Contemporary Societies*. London: SAGE Publications, 1994.

KLEIN, J.T. A taxonomy of interdisciplinarity. In: FRODEMAN, R.; KLEIN, J.T.; MITCHAM, C. (orgs.) *The Oxford handbook of interdisciplinarity*. Oxford: Oxford University Press, 2010, p. 15-30.

KROHN, W. Interdisciplinary cases and disciplinary knowledge. In: FRODEMAN, R.; KLEIN, J. T.; MITCHAM, C. (orgs.) *The Oxford handbook of interdisciplinarity*. Oxford: Oxford University Press, 2010, p. 31-49.

MANSILLA, V.B. Learning to synthesize: the development of interdisciplinary understanding. In: FRODEMAN, R.; KLEIN, J. T.; MITCHAM, C. (orgs.) *The Oxford handbook of interdisciplinarity*. Oxford: Oxford University Press, 2010, p. 288-306.

MOREIRA, M.A. Mapas conceituais e aprendizagem significativa. *Revista Galáico Portuguesa de Sócio-Pedagogia e Sócio-Linguística*. 1988; 23-28: 87-95.

MORIN, E. A epistemologia da complexidade. In: MORIN, E; LE MOIGE, J.L. (orgs.). *A inteligência da complexidade*. São Paulo: Peirópolis, 2000, capítulo 2, p. 42-137.

NATIONAL RESEARCH COUNCIL. *Facilitating Interdisciplinary Research*. Washington, DC: The National Academies Press, 2004.

PIAGET, J. The epistemology of interdisciplinary relationships. In: PIAGET, J. (org.) *Main Trends in Interdisciplinary Research*. New York: Harper & Row, 1973, p. 127-39.

RAYNAUT, C. Interdisciplinaridade: mundo contemporâneo, complexidade e desafios à produção e à aplicação de conhecimentos. In: PHILIPPI Jr, A.; SILVA NETO, A.J. (orgs.). *Interdisciplinaridade em ciência, tecnologia & inovação*. Barueri: Manole, 2011, p. 69-105.

SILVA, D.J. Uma abordagem cognitiva ao planejamento estratégico para o desenvolvimento sustentável. Florianópolis, 1993. Tese (Doutorado). Universidade Federal de Santa Catarina. Disponível em: http://www.gthidro.ufsc.br. Acessado em: 2 fev. 2013.

UNIVERSIDADE DE SÃO PAULO. Estatuto, 1988.

_____. Regimento Geral, 1990.

_____. Resolução nº 3657, de 15 de fevereiro de 1990.

_____. Edital do Programa de Incentivo à Pesquisa, 2010.

capítulo 22

Relações multidisciplinares:
produção científica em pesquisas sobre cidade

Eduardo Guimarães | *Bacharel em Letras português-francês, DL-IEL/Labeurb Unicamp*

INTRODUÇÃO

O objetivo deste capítulo é apresentar uma experiência específica de organização multidisciplinar da pesquisa científica em um domínio das ciências humanas. Trata-se da história de pesquisas desenvolvidas sobre cidade, a partir da criação do Laboratório de Estudos Urbanos da Unicamp. O desenvolvimento deste percurso se deu em condições históricas específicas determinadas pelo desenvolvimento, na Unicamp, de um sistema de centros e núcleos interdisciplinares de pesquisa e pelas condições que se instalaram a seguir, no Brasil, pelo fim da ditadura, criação do Ministério de Ciência e Tecnologia (MCT) e estabelecimento de condições de financiamento (Finep, CNPq, Capes e Fapesp, por exemplo) para grupos de pesquisa e grandes projetos interinstitucionais, inclusive.

A história dessa trajetória de pesquisa começa pela criação, em 1992, do Laboratório de Estudos Urbanos (Labeurb). O Labeurb configura sua especificidade pela instituição de uma nova área de pesquisa. Esta área é estabelecida como resultado das pesquisas inicialmente realizadas, e se torna o eixo que organiza as atividades multidisciplinares do Labeurb.

A multidisciplinaridade e interdisciplinaridade se apresentam atualmente como um caminho relevante para o desenvolvimento da produção científica e tecnológica. Este modo de colocar ou encarar a produção científica está ligado a uma conexão particularmente forte hoje, entre *ciência* e *tecnologia* diretamente articulada ao que se chama insistentemente de *inovação*. Neste cenário, *inovação* aparece muito comumente como um sinônimo de *produção de novos artefatos tecnológicos*.

Esta articulação, ciência e tecnologia, apresenta-se, nesta medida, como modelo para as práticas da produção de conhecimento. Deste ponto de vista, o que deve guiar a busca de conhecimento é, em última instância, um desenvolvimento tecnológico. Por exemplo, a produção de um remédio (que é um resultado tecnológico), para ser bem-sucedida, exige conhecimentos científicos muito particulares e envolve domínios diferentes do conhecimento, pode-se dizer disciplinas científicas diferentes. A busca de substâncias ou de procedimentos de cura, igualmente.

UM LUGAR DE ORGANIZAÇÃO E DESENVOLVIMENTO DE PESQUISA

A questão importante para as pesquisas do Labeurb da Unicamp é de como as ciências humanas, as ciências da linguagem, por exemplo, participam deste processo relativo às práticas de produção de conhecimento e tecnologias. Isso traz para a cena aspectos e procedimentos muito específicos, a ponto de, muitas vezes, encontrarmos posições que desconhecem ou recusam a relação do conhecimento científico com as tecnologias. Estas posições costumam afirmar que aceitar esta articulação é descaracterizar as ciências humanas. Do ponto de vista que interessa ao Labeurb, as ciências humanas precisam enfrentar o possível risco e ultrapassá-lo. Levar em conta a relação com as tecnologias não é se reduzir a simples ator da produção de artefatos de gestão pública, ou algo assemelhado. Por isso o Laboratório toma os instrumentos de gestão pública como objeto a ser analisado. Deste modo, nos projetos de pesquisa do Laboratório, sempre houve um espaço destinado à análise de materiais como planos diretores de municípios e outros documentos correlacionados. Assim não se trata de propor artefatos de gestão simplesmente, mas de pensar sobre como eles significam na relação com a sociedade.

O enfrentamento dessa questão pelo Labeurb se faz a partir de uma posição que não desconhece que a produção de tecnologias não é algo novo na história das ciências humanas e, depois, porque estas tecnologias, tal como qualquer outra, só têm a ganhar com novas práticas das ciências humanas, voltadas para as condições atuais dos processos históricos. Sem enfrentar este risco, as ciências humanas podem se reduzir a falar só para si mesmas, e assim seus resultados podem se tornar um conhecimento desnecessário para a sociedade no seu modo de organização atual (não estamos dizendo inútil).

Não se pode recusar a relação com os desenvolvimentos tecnológicos, de fato diretamente ligados ao desenvolvimento científico. É necessário, no caso das ciências humanas, refletir sobre este próprio processo, e não simplesmente procurar aplicá-lo. Ou seja, a produção de tecnologias só é significativa se for feita a partir de um conhecimento que faz avançar as fronteiras teóricas, metodológicas e de procedimentos de descrição e análise. Quando se olha, por exemplo, do lugar das ciências da linguagem, esta questão é particularmente interessante, pois podem-se encontrar os sentidos constituídos por estas práticas (a sua inevitabilidade hoje, o seu caráter nefasto na educação das crianças e adolescentes, a sua importância na democratização da informação oficial, etc.) e, entre eles, o de que elas são necessárias. A análise do que dizem os políticos, os governantes, a mídia, etc., pode nos levar a uma compreensão dos processos históricos envolvidos nas condições atuais das práticas humanas. E só uma compreensão clara destas condições pode sustentar a produção de práticas específicas direcionadas para condições específicas.

Por outro lado, a consideração da articulação entre ciência e tecnologia não se reduz a refletir sobre as questões a elas diretamente ligadas. Levar em conta esta relação não apaga a necessidade de todo tipo de pergunta que possa levar a uma melhor compreensão das práticas humanas e desenvolver sobre elas uma crítica consistente (no sentido materialista), não militante.

É com este ponto de vista que pretendo refletir, sobre este percurso muito particular, a experiência de constituição de um conjunto de relações multidisciplinares que construíram a história do Labeurb da Unicamp. Na história dos sistemas de núcleos interdisciplinares desta universidade, o Núcleo de Desenvolvimento da Criatividade (Nudecri), que abriga o Labeurb e o Laboratório de Estudos Avançados em Jornalismo (Labjor)[1], foi criado em 1986. O Labeurb foi constituído em 1992 como o objetivo de produzir conhecimento sobre cidade, dando continuidade a outras experiências do Nudecri, no seu período inicial.

A história do Labeurb tem assim 22 anos e tem como uma de suas consequências fundamentais, e que a caracteriza decisivamente, o estabelecimento e desenvolvimento da área de pesquisa "Saber Urbano e Linguagem".

---

1 O Labjor é o outro laboratório do Nudecri, com que o Labeurb se relaciona a partir de projetos de pesquisa e atividades comuns e pela participação no Mestrado de Divulgação Científica e Cultural.

A concepção desta área de pesquisa cria as condições para o Labeurb estabelecer, com domínios conexos, um novo debate, propiciado claramente pelas relações multidisciplinares e interdisciplinares em que se colocou, ao mesmo tempo em que escolheu um lugar específico para os estudos da linguagem a partir da análise de discurso. A importância que tem hoje esta área de pesquisa para o Labeurb me leva, a seguir, a concentrar atenção no papel desta área para o desenvolvimento de uma história específica e assim para a caracterização do Labeurb no cenário da pesquisa brasileira. A criação e o desenvolvimento da área "Saber Urbano e Linguagem" são um acontecimento que se constitui e se desdobra em uma conjuntura específica das políticas científicas no Brasil em geral e na Unicamp em particular.

UMA ÁREA DE CONHECIMENTO EM UMA CONJUNTURA MULTIDISCIPLINAR

O Laboratório de Estudos Urbanos se instala procurando caracterizar a possibilidade de tratar as questões da cidade de um novo lugar de observação. O Labeurb procurou, assim, um conjunto de questões que pudessem ser enfrentadas não por meio da abordagem dos urbanistas, dos geógrafos ou historiadores. Estes domínios foram considerados como interlocutores importantes, mas o Labeurb tomou como centro a questão da linguagem. Ao tomar a linguagem como centro de interesse, desmarcou-se também no domínio das ciências da linguagem, da sociologia da linguagem, da sociolinguística, da antropologia e da linguística antropológica, por exemplo. Para isso a coordenadora do Labeurb, Profa. Eni Orlandi, junto com sua equipe inicial de pesquisadores e colaboradores de outras instituições internas e externas à Unicamp, trouxe para o centro organizador do trabalho uma concepção discursiva, baseada, portanto, na consideração histórico-política, na consideração da historicidade, na significação da linguagem. Nessa medida, novas abordagens se apresentaram como necessárias.

Essa tomada de posição faz operar, de uma nova maneira, as condições institucionais, a configuração de uma disciplina (a análise de discurso), uma configuração histórica específica no modo de organização social (espaço urbano). Ao mesmo tempo, toma uma perspectiva que não se reduz a colocar no centro da questão uma metodologia científica, simplesmente. É isso, entre outros aspectos, que o *multidisciplinar*, tomado como ponto de partida para essa reflexão, significa. Ele coloca uma relação de disciplinas com seus objetos e métodos, de acordo com uma tomada de posição *não positivista ou lógica, do domínio da análise de discurso*[2].

Todos estes aspectos levaram à constituição da área "Saber Urbano e Linguagem"[3]. Nesta medida, como dito anteriormente[4], esta área de pesquisa coloca a relação entre o urbano e a linguagem não como uma simples correlação entre o linguístico e o social, ou o antropológico, mas como uma relação em torno do *saber*. Em torno de uma noção que não restringe o trabalho de pesquisa ao domínio direto de uma disciplina científica, e se abre para perguntar, à própria cidade, sobre seus saberes. Posição que não deixa de, como diz E. P. Orlandi, nos levar "às coisas a saber" de Michel Pêcheux. A posição assumida considera que "o espaço urbano é simbólico" e que "o espaço urbano produz sentidos".[5]

Na apresentação do primeiro projeto temático à Fapesp, "O Sentido Público no Espaço Urbano", pode-se ler: "Saber como a cidade significa é o primeiro passo para a compreensão do urbano" (Orlandi, 1996b). Diante da imperiosa necessidade de compreender o urbano é preciso saber como a cidade significa.

Retomando o que disse em Guimarães (2013, p. 172)[6], vemos como os projetos de pesquisa do Labeurb, e seus resultados, sustentam que "o modo de organização social urbano tem práticas significativas específicas" e que "o projeto vai analisar estas práticas para compreender o modo de organização social urbano". E, ainda, "isto possibilita analisar os processos de identificação

---

2 Análise de discurso está aqui no sentido que esta nomeação disciplinar tem a partir de Michel Pêcheux e tal como está configurado em E. Orlandi (1983 e 2001, por exemplo).

3 Tratei da história desta constituição em Guimarães (2013). Para isso me vali de documentos, além dos constantes da bibliografia, como *Relatório das Atividades dos Núcleos e Centros Interdisciplinares de Pesquisa da Unicamp no biênio 1993-94*. Campinas, Unicamp; *Relatório das Atividades dos Núcleos e Centros Interdisciplinares de Pesquisa da Unicamp no biênio 1995-96*. Campinas, Unicamp; *Relatório das Atividades dos Núcleos e Centros Interdisciplinares de Pesquisa da Unicamp no biênio 2000-2002*. Campinas, Unicamp; *Labeurb em Contato*, v. 1, n. 7. Campinas, Labeurb – Unicamp, 2002.

4 Guimarães (2013).

5 Essa posição aparece claramente colocada em uma carta da coordenadora do projeto, em maio de 1996, ao Diretor Científico da Fapesp: "Nossa proposta é a de compreender o espaço urbano enquanto espaço simbólico, em que as práticas assim se definem porque 'significam'. Para se 'saber' o urbano é preciso conhecer os modos pelos quais o urbano 'produz sentidos'. Mesmo as práticas de administração, organização, planejamento, projeção funcionam pelos sentidos que elas mobilizam, assim como a própria linguagem se 'espacializa' de forma particular na cidade, ganhando suas especificidades, organizando-se em diferentes lugares de interpretação (rua, centro, comércio, praças, muros, etc.). Conhecer esse movimento de sentidos produzido no espaço urbano e a administração simbólica desse espaço é o que objetivamos" (Orlandi, 1996a).

6 Estes aspectos postos nas citações deste parágrafo são tomados de Orlandi (1997).

linguístico-históricos da constituição da cidade; e dar visibilidade aos processos que fundam o sentido do público e definem a vida do cidadão a partir do imaginário urbano". Este imaginário funda o sentido do público e define a "vida do cidadão".

> Assim, entre outras coisas, considera-se que o espaço urbano significa e produz sentidos. E há uma duplicidade do modo de significar que está atribuído aos sentidos de "saber", que também está significado, de um lado na afirmação da busca de compreensão do imaginário e das práticas urbanas, e nos sentidos destas práticas significativas de outro: conhecer o que está significado; e significar seus saberes. Ou seja, o saber como conhecimento, o saber sobre a cidade; o saber como sabedoria tácita, os saberes da cidade (Guimarães, 2013, p. 172-173).

A constituição desta área de pesquisa de que falamos aqui (Saber Urbano e Linguagem) deu ao Laboratório de Estudos Urbanos a configuração específica que tem. E foi essa configuração que possibilitou a força de sua produção. A partir das pesquisas que se desenvolveram e se desenvolvem, o Labeurb se organizou em torno de programas de trabalho: de um lado projetos de pesquisa, portanto pesquisadores, procedimentos, práticas científicas, resultados, publicações; de outro, programas que envolvem necessariamente a participação da sociedade e a consideração, pelos pesquisadores, dos saberes da cidade, da sociedade. Isso se fez por meio de programas como *Conversa de Rua* e *Pensando a Cidade*[7], de que falaremos mais à frente.

Uma prática multidisciplinar

A constituição desta área multidisciplinar de pesquisa foi feita por uma prática de trabalho e de pesquisa que produziu condições favoráveis para a criação da área e desenvolvimento da pesquisa. A prática multidisciplinar no Labeurb se configurou fundamentalmente por um conjunto de decisões sobre o que pesquisar e como fazê-lo.

Um aspecto fundamental foi o estabelecimento de objetos a serem analisados nos projetos de pesquisa. Este estabelecimento foi feito sempre pensando objetos que, por si, expõem-se a abordagens de domínios diferentes do conhecimento. Assim, foram temas de pesquisa: as políticas públicas urbanas, a análise do político na cidade; a constituição de um conhecimento sobre a cidade do interesse da sociedade (e muitas vezes levando em conta, e os

---

7 Estes programas podem ser encontrados na página do Labeurb: www.labeurb.unicamp.br.

analisando, os saberes tácitos, do senso comum); o estudo das relações entre sujeitos em um grupo social específico. Entre estes grupos sociais, deu-se atenção particular, com frequência, a grupos da periferia urbana.

Um outro aspecto muito importante foi que os objetos de interesse das pesquisas foram tomados no seu modo de significar. Desta maneira, coloca-se no centro dos procedimentos de análise o funcionamento da linguagem nos discursos sobre a cidade e o urbano (o que as instâncias públicas, a mídia, os agentes sociais não oficiais dizem sobre o modo de organização das cidades, por exemplo). A partir desse aspecto é possível considerar o espaço urbano e ações que nele se desenvolvem como significação, como algo que interessa não simplesmente porque ocorre, mas pelo que significa.

Nessa prática multidisciplinar é decisiva a constituição de ações de trabalho, incluindo aí a pesquisa, que deem prioridade à reunião, à colocação em contato constante, de pesquisadores de áreas diferentes do saber, ao mesmo tempo que se coloca em relação estes pesquisadores com a própria sociedade.

Desse modo, o Labeurb sempre desenvolveu atividades como seminários abertos para reunir não só os pesquisadores do Laboratório, mas também de outras unidades da Unicamp e de outras instituições, assim como incluir alunos de pós-graduação e graduação. Nesse caso, estes seminários sempre contaram com a presença de pesquisadores e alunos de ciências da linguagem, história, antropologia, psicologia, geografia, arquitetura e urbanismo, sociologia, filosofia, literatura, música, medicina, entre outros.

Por outro lado, os projetos de pesquisa, pelos próprios objetos estabelecidos, envolviam pessoas com formação em diversas das disciplinas das ciências da linguagem, assim como em outros domínios científicos, notadamente da filosofia e ciências humanas e sociais.

Como decorrência deste modo de trabalhar, o Labeurb criou uma revista (*RUA*) para abrigar a produção, no interior da área "saber urbano e linguagem", procedente dos diversos domínios de conhecimento que têm a possibilidade de abordar questões relacionadas aos objetos de estudo do Laboratório. Ao lado disso, dedicou-se a publicar livros sobre estes assuntos, incluindo livros coletivos, temáticos, com artigos de especialistas de áreas diferentes.

Esse modo de proceder exige que cada pesquisador tenha seu domínio específico sobre seus procedimentos e sua teoria e, ao mesmo tempo, esteja sempre aberto e disponível para ouvir, e levar em conta, outras formulações, de outros domínios. Isso pode ser visto na apresentação que se fará a seguir, a respeito dos projetos desenvolvidos e da produção a que se chegou.

RESULTADOS E DESDOBRAMENTOS

A relevância das ações que organizaram o Labeurb, tendo como eixo a área de pesquisa "Saber Urbano e Linguagem", pode ser medida pela observação dos resultados alcançados, e pelos desdobramentos que eles projetam. Como não é possível, nem interessa aqui, fazer um inventário exaustivo de toda sua produção, vamos apresentar elementos capazes de representar o principal desta produção de um grupo de pesquisadores específicos, em uma organização particular do trabalho científico.

Em primeiro lugar, podemos registrar a aprovação de projetos coletivos em agências de fomento e órgãos de governo como Finep, CNPq, Fapesp e MEC. Apresentamos abaixo 6 grandes projetos do Laboratório[8].

O Sentido Público no Espaço Urbano (SPEU)

Coordenação: Eni P. Orlandi (período: 1994-1997). Financiado pela Fapesp como projeto temático. Seu objetivo foi analisar a relação do sujeito com o espaço urbano considerando "os processos discursivos que intervêm na *simbolização do espaço*" assim como analisar "o processo de espacialização das práticas simbólicas". Procurou compreender os processos de identificação em diferentes práticas sociais no contexto urbano e práticas políticas, administrativas, educacionais, artísticas, jornalísticas, mediáticas e ambientais.

Enciclopédia Discursiva da Cidade (Endici): Um Glossário de Base

Coordenação: Eni P. Orlandi (período: 2000-2001). Financiado pelo CNPq através dos editais universais. O objetivo do projeto foi constituir um vocabulário fundamental para se poder falar da cidade e assim produzir, sobre ela, uma compreensão que fique à disposição da sociedade, dos grupos sociais, das escolas e universidades. Uma expectativa é que a produção desta Enciclopédia possa afetar a produção dos conceitos incluídos por ela. A *Endici* foi apresentada no formato eletrônico como modo de melhor alcançar seus objetivos. Seu interesse deu a este projeto um caráter até certo ponto permanente nas atividades do Labeurb e levou a um segundo projeto, financiado pela Fapesp, mais recentemente e que levou a uma ampliação e remodelação da Enciclopédia, mantendo sempre o mesmo objetivo. Este segundo projeto teve como coordenador José Horta Nunes.

---

8 O conjunto de todos os projetos do Laboratório, desenvolvidos nestes anos e em desenvolvimento agora, pode ser encontrado em www.labeurb.unicamp.br.

A Produção do Consenso nas Políticas Públicas Urbanas: entre o Jurídico e o Administrativo-CAEL

Coordenação: Eni P. Orlandi (período: 2004-2008). Financiado pela Fapesp como projeto temático. Levando em conta os resultados dos projetos anteriores, seu objetivo foi refletir sobre as relações entre o jurídico e o administrativo. Esta relação funciona por intermédio da busca de consensos, como modo de controle da cidade enquanto espaço urbano. Por meio da consideração do político como confronto, como dissensual, o projeto produziu uma crítica sobre os mecanismos homogeneizadores da administração da sociedade pelas instituições.

Ciência, cultura, tecnologia e sociedade: produzir conhecimento na periferia, uma proposta de inclusão (Projeto Barracão)

Coordenação: Cristiane Dias (período 2011-2012). Financiado pelo MEC. O projeto teve como objetivo produzir uma articulação das questões postas pela sociedade com a pesquisa sobre a cidade. Desta forma buscou-se, por meio deste contato, desenvolver ações específicas com um grupo social e ao mesmo tempo refletir sobre as condições do funcionamento da sociedade e do andamento da própria pesquisa. Fez parte do processo de trabalho o desenvolvimento de atividades com o grupo social envolvido, incluindo crianças e mulheres.

Núcleo de Estudos em Jornalismo Científico (Pronex)

Coordenação: Eduardo Guimarães (período: 1997-2002). Financiado pela Finep e CNPq. Este projeto reuniu os dois laboratórios do Nudecri. O projeto dedicou-se a refletir sobre o funcionamento e importância da divulgação científica e sobre as políticas públicas na área das ciências. Pode-se pensar assim nas relações entre Estado, Governo, Ciência, Mídia e Sociedade. Além dos resultados específicos das pesquisas, o Labeurb desenvolveu a *Enciclopédia das Línguas do Brasil*, como um instrumento de fazer divulgação científica na área das ciências da linguagem e das ciências humanas.

Além dos projetos temáticos do próprio núcleo, o Labeurb foi um dos grupos de pesquisa que participaram de um outro projeto temático da Fapesp. Trata-se do projeto *Geração de cenários de produção de álcool como apoio para a formulação de políticas públicas aplicadas à adaptação do setor sucroalcooleiro nacional às mudanças climáticas (AlcScens)*. (Período: 2010-2014). Coordenação: Jurandir

Zullo Júnior, do Cepagri. Trata-se de um outro Centro de pesquisa interdisciplinar da Unicamp. Este projeto é constituído de 10 núcleos de pesquisadores que estudam a adaptação do sistema agrícola brasileiro, em especial a produção da cana-de-açúcar, às mudanças climáticas. A equipe de pesquisa inclui especialistas em climatologia, dinâmica demográfica, segurança alimentar e nutricional, divulgação científica, políticas públicas, geoprocessamento, meio-ambiente, saúde humana e desenvolvimento científico e tecnológico.

Estes projetos e outros mais específicos, e até individuais, levaram à produção de artigos e livros com resultados que passaram a circular amplamente. Como forma de mostrar a relevância dos resultados, apresento a seguir um conjunto de livros publicados, indicando sua relação com os projetos desenvolvidos. Estas obras são somente uma parte dos trabalhos publicados, que também inclui um grande número de artigos apresentados em periódicos especializados no Brasil e no exterior, principalmente na Europa e América Latina.

As obras apresentadas a seguir serão dispostas em ordem cronológica, para dar especificidade e densidade à dimensão temporal do percurso:

a) *Cidade atravessada – O sentido público no espaço urbano*[9]. Apresenta uma reflexão sobre o público no espaço da cidade, considerando aspectos como a narratividade urbana; a subjetividade contemporânea; as interdições no espaço da cidade; o corpo e a dança em cadeira de rodas; a nomeação de espaços na cidade; a relação tecnologia e mídia; a relação rural – urbano; a escolarização e o sujeito na cidade; e a questão dos centros de cultura.
b) *Produção e circulação do conhecimento. V.I Estado, mídia, sociedade; V.II Política, Ciência e Divulgação*[10]. Trata especificamente de temas fundamentais sobre a relação da ciência com a sociedade, o estado e a mídia; a circulação da ciência (autoria científica nas relações de colonização e globalização, discurso da ciência e do cotidiano, educação e jornalismo); o jornalismo científico (a relação da ciência e tecnologia com a mídia, novos modos de divulgação frente às novas tecnologias); a produção do conhecimento (por meio da análise das políticas científicas de agências de fomento).

---

9 Organizado por Eni Orlandi (2001). Apresenta resultados do projeto "O sentido público no espaço urbano" (Fapesp).

10 Organizada por Guimarães (2001, 2003). Estas obras trazem resultados do projeto Pronex sobre divulgação científica e cultural e políticas científicas no Brasil.

c) *Semântica do Acontecimento*[11]. É um livro que trata de aspectos teóricos da semântica para abordar questões importantes na cidade ligadas aos sentidos de nomes no processo de nomeação de ruas, avenidas e praças, e de estabelecimentos comerciais. No que aqui é relevante, interessa observar como as análises mostram o sentido da história nas nomeações de espaços públicos.
d) *Para uma enciclopédia da cidade*[12]. Traz o relato da reflexão sobre a construção da *Enciclopédia Discursiva da Cidade* e apresenta verbetes produzidos a partir do projeto. A obra relata o esforço de produzir um processo de busca na enciclopédia que seja capaz de ter a memória dos percursos já realizados por aqueles que a utilizam. Esta enciclopédia foi ampliada por meio de um projeto mais recente e contém mais de 200 verbetes e estará disponibilizada no site do Labeurb[13].
e) *Cidade dos sentidos*[14]. É um livro que traz uma reflexão muito particular da pesquisadora sobre os percursos de projetos em que ela esteve envolvida como coordenadora no Labeurb. Enfrenta questões contemporâneas fundamentais como o flagrante urbano; o que ela chama de "falas desorganizadas"; a relação da sociedade com os espaços públicos; os grafismos na cidade (pichações). A obra também traz uma reflexão teórica e metodológica sobre como compreender os sentidos da cidade pelo discurso.
f) *Discurso e Políticas Públicas Urbanas – A Fabricação do Consenso*[15]. No seu conjunto a obra mostra como o esforço da produção de consensos produz segregação e esvaziamento daquilo que é próprio do político: o confronto, o conflito. Para isso os diversos pesquisadores tratam da questão da individuação do sujeito; da questão da chamada "inclusão social" como um modo de administrar a vida na cidade; das políticas públicas e o ensino; do direto à língua; das políticas de esporte para pessoas com deficiência.
g) Dossiê "Normes et rupture de sens dans l'espace urbain" na Revista *Astérion*[16]. Reúne trabalhos que trazem resultados de projetos diferentes do

---

11 Guimarães (2002). Se desenvolveu com pesquisas relacionadas ao projeto "O sentido público no espaço urbano".

12 Organizado por Eni Orlandi (2003), traz resultados do Projeto *Endici – Enciclopédia Discursiva da Cidade: Um Glossário de Base.*

13 www.labeurb.unicamp.br.

14 Orlandi (2004).

15 Organizado por Eni Orlandi (2010). Reúne textos com resultados do projeto *Discurso e Políticas Públicas Urbanas – A Fabricação do Consenso.*

16 Coordenado por Eni Orlandi, *Astérion*, n. 8 de 2011, da École Normale Supérieure de Lyon na França.

Labeurb em torno do tema, incluindo os seguintes artigos: "Métaphores de la lettre: écriture, graphisme"; "Ville, sujet et langue scolarisés"; "Sujets (in) formels. Désignation dans les médias et subjectivation dans la différence"; "Stations dans la discursivité sociale: alternance et fenêtres"; "La marque du nom".

h) *Cidade, Linguagem e Tecnologia: 20 anos de História*[17]. Reúne textos de pesquisadores que têm relação com a história do Labeurb (tanto pesquisadores do próprio Labeurb, quanto de outras instituições que mantêm relações de trabalho com o Laboratório, inclusive do exterior). É um registro dos 20 anos do Laboratório (completados em 2012). Por isso reúne também poesia e um registro fotográfico da história do Laboratório. Deste modo esta obra cruza trabalhos que fazem operar de várias maneiras a multidisciplinaridade. De um lado cruza trabalhos de disciplinas científicas do domínio das ciências humanas e sociais e de outro cruza estes trabalhos com o domínio da arte, tanto porque se ocupa de análises sobre produções artísticas nos artigos de sua primeira parte, quanto pela publicação de dois poemas e de um itinerário fotográfico-histórico.

i) *Formas de mobilidade no espaço e-urbano: sentido e materialidade digital*[18]. Reúne artigos de pesquisadores que trabalharam com a questão do espaço urbano tomado da perspectiva da relação com a internet e elementos das novas tecnologias de linguagem. O interesse da obra pode ser observado a partir dos títulos dos textos de alguns autores: "A materialidade do gesto de interpretação e o discurso eletrônico"; "A criminalidade no espaço digital: a formulação do sentido"; "Mobilidade e acessibilidade no espaço *e*-urbano".

Um terceiro aspecto diretamente ligado à produção de conhecimento é o de o Labeurb ter recebido um bom número de alunos de graduação, inclusive com bolsa para iniciação científica, de diversos cursos da Unicamp (geografia, linguística, história e outros) e de pós-graduação, principalmente da pós-graduação em Linguística (mestrado e doutorado) e mestrado em Divulgação Científica e Cultural. Vários dos trabalhos de tese foram publicados como livros e outros resultaram em bom número de artigos, igualmente publicados em diversas revistas especializadas. Além disso o Laboratório recebe com fre-

---

17 Organizado por Guimarães (2013). Livro em formato digital que pode ser encontrado no endereço http://www.labeurb.unicamp.br/labeurb20anos/index.php.

18 Organizado por Dias (2013). Livro em formato digital que pode ser encontrado no endereço http://www.labeurb.unicamp.br/livroEurbano/volumeII/.

quência pesquisadores que vêm fazer seu pós-doutorado em uma relação de trabalho com algum dos pesquisadores ligados ao Labeurb.

As teses produzidas em programas de pós-graduação da Unicamp ou de outras universidades, em contato com as pesquisas do Labeurb, foram muitas e de largo e variado interesse. Como indicação desse interesse, apresento quatro destas teses que se transformaram em livros:

Confidências da Carne: o público e o privado na enunciação da sexualidade[19].

A obra examina, a partir de uma análise discursiva, a constituição do sujeito da prática homossexual tomada na história do movimento de liberação homossexual na década de 1980. O autor parte da análise da correspondência enviada ao "Somos – Grupo de Afirmação Homossexual". Procura-se compreender como se constitui o sujeito da prática homossexual, "no limiar de enunciação localizado entre as esferas pública e privada". A análise se faz sobre relatos, confidências, confissões feitas por meio de cartas.

Sujeito, Sociedade e Tecnologia: a discursividade da rede (de sentidos)[20]. O trabalho da autora apresenta uma análise discursiva da constituição do sujeito em uma sociedade marcada por tecnologias da linguagem. Levando em conta a reflexão sobre a relação da sociedade com o ciberespaço, muito presente hoje nas ciências humanas e na filosofia, a autora vai procurar, a partir do campo das ciências da linguagem, pensar sobre o impacto da internet e das tecnologias na organização da sociedade. Sua análise procura compreender como estas tecnologias afetam o sujeito e o funcionamento do discurso. Por esta análise, procura compreender como o sujeito "atua nesse campo das novas tecnologias, o ciberespaço". Para a autora, com o ciberespaço o mundo se desdobra "em seu funcionamento (discursivo)" construindo novas redes de sentido. É essa trama que a obra procura entender: que fios "são utilizados do mundo para a construção do espaço utópico das redes". Que sujeito se funda neste espaço?

Um Saber nas Ruas. O Discurso Histórico Sobre a Cidade Brasileira[21]. Esta obra considera a cidade, a língua nacional e a historiografia, como um lugar imaginário que opera a unificação da nação criando um "nós nacional". A análise é realizada da posição da análise de discurso no limiar das áreas de pesquisa "História das ideias linguísticas" e "Saber urbano e linguagem". Nesse espaço

19 Souza (1997). Tese defendida no Programa de pós-graduação em Linguística do IEL em 1994.

20 Dias (2012). Tese defendida no Programa de pós-graduação em Linguística do IEL em 2004.

21 Fedato (2013). A tese foi defendida no programa de pós-graduação em Linguística do Departamento de Linguística do IEL em 2011, e recebeu o prêmio Capes de 2012.

de relações, procura-se compreender a produção da identificação dos sujeitos ao urbano. Para isso analisa a poesia inscrita na língua. A autora visa, pela análise, definir as especificidades dessa identificação levando em conta "o paralelismo entre os processos de gramatização e urbanização e a construção dos monumentos urbanos enquanto patrimônio".

Sentidos de Milícia. Entre a Lei e o Crime[22]. Nesta obra a autora analisa os processos discursivos postos em curso pela denominação "milícia". Ela começou a circular na mídia em 2006 como modo de se fazer referência à polícia que passa a agir em áreas de favelas, estabelecendo um domínio nas relações sociais. O trabalho procura responder à pergunta: "por que chamar a polícia de milícia?". No percurso do trabalho são analisados discursivamente textos e imagens. Na análise procura-se compreender como essa denominação recobre a violência policial desvinculando a milícia da instituição policial. O funcionamento desta denominação configura e sustenta o sentido de milícia enquanto protetora das pessoas no espaço em que atua. Por outro lado, como sua prática está articulada ao sentido do crime, milícia significa assim crime. Outro aspecto importante é a análise dos sentidos de milícia pensando sua conexão com um espaço determinado nas cidades, as favelas.

Em quarto lugar, registre-se todo um conjunto de atividades e projetos realizados, durante todo o percurso aqui apresentado, em acordos com a Universidade de Paris III, Paris VII, Paris XIII, ENS-Lyon, Universidade de Lausanne e com universidades brasileiras como UFMG, UFRGS, UFSM, UCPEL, Unemat, Unisul[23].

Um quinto aspecto foi a criação de coleções e publicações pré-print[24], assim como da revista *Rua*[25]. Esta revista completou, em 2014, 20 anos. Foi criada logo no início das atividades do Laboratório e tem sido instrumento de circulação de trabalhos sobre cidade produzidos em diversas áreas de conhecimento. A importância desta revista a levou a uma avaliação como Qualis A-2 pela Capes. Neste caso é fundamental ressaltar seu papel como periódico científico multidisciplinar, decisivo pelo seu impacto na vida interna do Laboratório.

---

22 Costa (2014). Tese defendia no programa de pós-graduação em Linguística do Departamento de Linguística do IEL em 2011.

23 As diversas relações do laboratório no Brasil e no exterior podem ser encontradas no site do Labeurb: www.labeurb.unicamp.br.

24 Informações sobre estas publicações podem ser encontradas no site do Labeurb: www.labeurb.unicamp.br.

25 Pode ser encontrada no site do Labeurb: www.labeurb.unicamp.br.

Um sexto aspecto, também decisivo na história de pesquisa do Laboratório foi a criação, já em 1994, do Centro de Documentação Urbana (Cedu). Isso significou, na história do Labeurb, o estabelecimento de um lugar em que fossem depositados os materiais de pesquisa e também bibliográficos que, ao mesmo tempo, documentassem o percurso feito pelos projetos e possibilitassem a disponibilização destes materiais para outras pesquisas e pesquisadores de outras instituições. Além disso o Cedu organiza seus arquivos levando em conta os percursos de leitura dos pesquisadores (do Laboratório e externos) que nele estão depositados. O material bibliográfico, não muito grande, mas ligado aos interesses da área "Saber Urbano e Linguagem", tem obras que, no sistema de bibliotecas da Unicamp, só são encontradas no Cedu, em virtude dos interesses específicos do Laboratório.

Um sétimo aspecto relacionado aos resultados deste percurso do Labeurb foi a criação de dois programas de ação que estabelecem relações com a sociedade a partir das ações de pesquisas e, ao mesmo tempo, como modo de se expor às perguntas da sociedade, que motivam novas outras para o cientista, na sua prática específica. Os dois programas são *Conversa de Rua* e *Pensando a Cidade*[26]. Cada um se relaciona diferentemente com a cidade. No primeiro, o Labeurb leva até a universidade pessoas da cidade, que estão envolvidas em situações particulares e de interesse social, para que falem aos pesquisadores a partir de seu lugar na cidade. No segundo, o Laboratório organiza alguma atividade reunindo pesquisadores e gestores públicos, ou pessoas ligadas a outras instituições, para se discutirem temas específicos de interesse da sociedade e de governos. São duas formas de se "dar voz" à cidade para que se possa ser afetado por ela na prática da pesquisa. Como já dito[27], "de um lado a posição dos pesquisadores sobre seu objeto, de outro os saberes práticos, os saberes tácitos, os saberes que se apresentam a partir da prática dos sujeitos no modo de organização social".

CONSIDERAÇÕES FINAIS

O percurso que acabamos de acompanhar se caracteriza por muitos aspectos. De um lado, ele foi possível porque, em um certo momento de sua história, ainda na década de 1980, a Unicamp constituiu um sistema interdisciplinar

26 Estes programas podem ser encontrados na página do Labeurb: www.labeurb.unicamp.br.
27 Guimarães (2013).

de núcleos e centros de pesquisa, abrindo assim uma nova perspectiva no interior da instituição. Esse aspecto, conectado a mudanças na conjuntura histórica do Brasil (fim da ditadura e criação do MCT, entre outras), coloca em curso novas políticas em organismos de fomento como Finep, CNPq, Capes, Fapesp, etc. Mas reduzir a questão a estes aspectos, que poderíamos chamar de formas de política científica, seria insuficiente para compreender o percurso dessa experiência particular do Labeurb no domínio dos estudos da cidade, das questões urbanas. Faltaria considerar o movimento próprio do domínio do conhecimento. E é aí que entra a especificidade e vigor desta experiência. O grupo que estabelece o Labeurb se dedica, a partir de um lugar específico no domínio das ciências da linguagem, a se deixar afetar por um conjunto de domínios de conhecimento e por diversas disciplinas. Tomar o lugar da linguagem foi decisivo para se poder chegar às questões aparentemente tão díspares e que poderiam ser consideradas como de outros espaços disciplinares. E isso tem a ver diretamente com a criação da área de pesquisa "Saber Urbano e Linguagem". Ela permitiu olhar para o conhecimento das diversas áreas e ao mesmo tempo a levar em conta, como uma relação, os saberes da cidade, da sociedade.

Os resultados alcançados dão conta também do modo como o Labeurb enfrentou as dificuldades, e "desconfianças" de certos setores, da relação ciência e tecnologia em ciências humanas. Isso ocorreu pela inclusão, no campo de interesse do Laboratório, das chamadas tecnologias da informação, tomadas no Labeurb como tecnologias de Linguagem. Particularmente interessa observar que isso foi feito: a) pela produção de teoria sobre essas tecnologias de linguagem (Orlandi, 2010) e de sua análise (Orlandi, idem; Dias, 2012, por exemplo); b) pelo estudo do funcionamento do discurso eletrônico (no sentido que dá a esse termo Orlandi, 2003); c) pela produção da *Enciclopédia discursiva da cidade*; esta enciclopédia é um instrumento tecnológico para divulgação científica de conhecimento sobre cidade produzido pelo grupo do Laboratório em seus diversos projetos; um aspecto importante a considerar é que a produção da enciclopédia procura valer-se do instrumento eletrônico para produzir percursos não estabilizados de leitura sobre o conhecimento e assim tratar o leitor em uma relação de debate intelectual; d) pela produção da *Enciclopédia das Línguas do Brasil* lançada para fazer divulgação de um conhecimento sobre as línguas do Brasil, que não pensa somente a questão do ensino gramatical, mas de uma relação com a realidade histórica dos diversos povos que constituem o país; e) pela produção de reflexões sobre as políticas públicas e sobre grupos e movimentos sociais capazes de orientar a produção de instrumentos (tecnologias, portanto) de Estado ou de outros organismos a partir de uma reflexão sustentada e fora do embate cotidiano de práticas repetidas na sociedade.

Esse conhecimento não se produz para que dele resulte um modo de ação na sociedade, ele se produz como conhecimento que não desconhece os conflitos sociais, os conflitos próprios das relações entre o Estado (e os governos) e a sociedade. E, desse modo, esses instrumentos, a serem eventualmente produzidos (tal como se fez no projeto *Barracão*, e por meio das oficinas *Conversa de Rua* e *Pensando a Cidade*, por exemplo), já se apresentam como parte das relações do conflito político, e não como um modo de produzir consensos sustentados nas relações verticais do poder.

Em todo esse percurso foi possível pensar a questão da identificação do sujeito por meio de práticas diversas e determinações históricas muito específicas. Nessas práticas podemos encontrar as pichações, os monumentos; o discurso da homossexualidade; a nomeação dos espaços públicos; o lugar ou não lugar das pessoas com deficiência, pensadas relativamente à arte, ao esporte; a relação cidade, língua e história; a violência tratada sob diversos aspectos e condições.

Estas análises permitiram observar conexões muito particulares de sentido entre o sujeito, o Estado, as instituições, a sociedade e o crime. Permitiram, também, observar, bem de perto, o funcionamento da política e como as instituições e governos buscam, por meio da construção massiva de consensos, apagar a política e domesticar as relações sociais, ao preço de exclusões feitas de modo permanente.

No domínio das ciências, pôde-se refletir sobre as relações estabelecidas, a partir do domínio das ciências da linguagem, com a filosofia, a psicanálise, a história, a antropologia, o urbanismo. E refletir não só sobre as relações entre as disciplinas, mas sobre o que podemos considerar a constituição de conhecimento nas ciências humanas de modo consequente. Isso porque, a partir da área de pesquisa estabelecida, abriu-se todo um leque de muitas e novas questões.

Um outro aspecto decisivo, específico da configuração do Laboratório, é que se pôde também dedicar a um conjunto de materiais significantes, em toda sua materialidade: a linguagem, as imagens, o espaço, o tempo, o corpo, os percursos e narrativas urbanas, a arte e a memória das cidades.

REFERÊNCIAS

COSTA, G. *Sentidos de milícia. Entre a lei e o crime*. Campinas: Unicamp, 2014.

DIAS, C. *Sujeito, sociedade e tecnologia: a discursividade da rede (de sentidos)*. São Paulo: Hucitec, 2012.

______. *Formas de mobilidade no espaço e-urbano: sentido e materialidade digital*. Campinas, Labeurb. 2013. Disponível em: http://www.labeurb.unicamp.br/livroEurbano/volumeII/.

FEDATO, C. *Um saber nas ruas. O discurso histórico sobre a cidade brasileira*. Campinas: Unicamp, 2013.

GUIMARÃES, E. (Org.). *Produção e circulação do conhecimento. Estado, mídia, sociedade*. Campinas: Pontes/CNPQ-PRONEX, 2001.

______. *Semântica do acontecimento*. Campinas: Pontes, 2002.

______. (Org.). *Produção e circulação do conhecimento. Política, ciência e divulgação*. Campinas: Pontes, 2003.

______. *Cidade linguagem e tecnologia; 20 anos de História*. Campinas, Labeurb/Nudecri. 2013. Disponível em: http://www.labeurb.unicamp.br/labeurb20anos/index.php).

ORLANDI, E.P. (1983) *A linguagem e seu funcionamento*. São Paulo: Pontes, 1987.

______. *Sumário* anexo a carta à FAPESP. Campinas: Labeurb - CEDU, 1996a.

______. *Documento spenet.doc*. Campinas: Labeurb - CEDU, 1996b

______. *Sumário* do projeto O Sentido Público no Espaço Urbano. Campinas: Labeurb - CEDU, 1997.

______. (Org.). *Cidade atravessada - Os sentidos do público no espaço urbano*. Campinas: Pontes, 2001.

______. *Análise de discurso*: princípios e procedimentos. Campinas: Pontes, 2001.

______. (Org.). *Para uma enciclopédia da cidade*. Campinas: Pontes, 2003. 222p.

______. *Cidade dos sentidos*. Campinas: Pontes, 2004.

______. (Org.). *Discurso e políticas públicas urbanas - A fabricação do consenso*. Campinas: RG, 2010.

______. A contrapelo: incursão teórica na tecnologia - discurso eletrônico, escola, cidade. *RUA* 16, V. 2, Labeurb, 2010a.

SOUZA, P. *Confidências da Carne: o público e o privado na enunciação da sexualidade*. Campinas: Unicamp, 1997.

capítulo 23

Megacidades e mudanças climáticas:

compreendendo problemas e desafios no município de São Paulo sob enfoque interdisciplinar[1]

Gabriela Marques Di Giulio | *Jornalista, Faculdade de Saúde Pública da USP*
Maria da Penha Vasconcellos | *Psicóloga, Faculdade de Saúde Pública da USP*
Wagner Costa Ribeiro | *Geógrafo, Faculdade de Filosofia, Letras e Ciências Humanas da USP*

INTRODUÇÃO

As agendas de pesquisa atuais demandam, cada vez mais, a integração de especialistas de diferentes campos do conhecimento para compreender e analisar criticamente problemas complexos que requerem uma abordagem integrada e interdisciplinar. Este enfoque para pensar questões e processos sociais nas interfaces entre ambiente, territórios construídos e sociedade traz a oportunidade de cruzamentos de dados e escalas de análise, em uma articulação de diferentes perspectivas teóricas e metodológicas. Os resultados dessa articulação permitem não apenas compreender as dinâmicas investigadas no âmbito local, mas pensá-las e confrontá-las à luz de uma perspectiva mais global.

No âmbito brasileiro, a institucionalização da interdisciplinaridade no ensino e na pesquisa vem ocorrendo de longa data e tem-se mantido o interesse sobre as questões inerentes à sua dinâmica em um processo constante, seja pela visibilidade dada pela Capes, renomeando a área Multidisciplinar por

1 Este capítulo é baseado em ideias discutidas e apresentadas em DI GIULIO, G.M.; VASCONCELLOS, M.P.; LEMOS, M.C.; RIBEIRO, W.C. A megacidade de São Paulo e as mudanças climáticas: carência e urgência no tempo e espaço em políticas públicas urbanas. 7° Encontro Nacional da Anppas – Anais, 2015; e DI GIULIO, G.M.; VASCONCELLOS, M.P.; RIBEIRO, W.C. Climate change, risks and adaptation in the megacity of São Paulo: a perspective from Human Sciences. Fourth Global Meeting – ICARUS IV, Illinois.

área Interdisciplinar em 2008, e por meio de seus seminários como forma de institucionalização, seja por programas de pós-graduação que já vêm adotando este processo de formação interdisciplinar ou, ainda, pela colaboração de pesquisadores sensíveis às novas necessidades de repensar o processo de trabalho investigativo com a complexidade dos problemas contemporâneos. Mais recentemente verifica-se também a busca da interdisciplinaridade em cursos de graduação, como indicam as experiências da Escola de Artes, Ciências e Humanidades da Universidade de São Paulo e alguns cursos da Universidade Federal do ABC.

A necessidade da abordagem interdisciplinar

> requer a superação da especialização e um maior diálogo entre as disciplinas buscando-se cada vez mais o estreitamento da cooperação entre diversas áreas. A interdisciplinaridade na abordagem de questões ambientais colabora para a superação das dicotomias e hegemonias estabelecidas entre disciplinas e campos do saber criados na tradição universitária (Ribeiro, Zanirato, Villar, 2011, p. 677),

podendo colaborar em problemas cada vez mais presentes que envolvem a adaptação às mudanças ambientais. Para tal, é preciso buscar uma nova forma de fazer pesquisa, na qual "a incerteza não desaparece, mas se gerencia; os valores não se pressupõem, mas se explicitam" (Ribeiro, Zanirato, Villar, 2011, p. 682), por meio de um diálogo interativo que concilie atores até então afastados da possibilidade de interlocução com técnicos e tomadores de decisão, com diferentes formações disciplinares e diversidade de experiências.

Na perspectiva de contribuir para o debate sobre a internalização da interdisciplinaridade nos grandes temas da sociedade, foco da presente parte desse livro, buscamos destacar, a partir da nossa experiência, que a realização de pesquisas criativas e originais passa também por um viés, cada vez mais desejável, de aplicabilidade, sobretudo quando se trata de questões relacionadas à capacidade adaptativa às mudanças climáticas.

O debate atual sobre cidades e mudanças climáticas, certamente um desses grandes temas, passa pela compreensão de que a dimensão escalar e uma abordagem integrada para avaliação dos impactos dessas mudanças no contexto urbano (com reforço para o papel das Ciências Humanas neste processo) são fundamentais para compreender esse conjunto de novos riscos e ameaças que podem agravar as situações adversas já existentes nos centros urbanos.

Tendo como ponto de partida estudo desenvolvido em São Paulo[2], o capítulo traz reflexões que têm norteado o desenvolvimento de uma investigação interdisciplinar que busca compreender os problemas e desafios da megacidade que poderão ser potencializados pelas mudanças climáticas. O enfoque interdisciplinar adotado no estudo vai ao encontro da ideia proposta por Steil (2011), para quem um posicionamento comum da pesquisa interdisciplinar é o de que ela busca a resolução de "problemas reais" da sociedade.

> Interdisciplinaridade é confirmada como um meio de transformar a ciência do campo do geral e abstrato para a completa complexidade e especificidade da realidade concreta, e é, portanto, imputada com o propósito de resolver problemas reais socialmente relevantes cujas soluções estão além do escopo de uma única disciplina ou área de prática de pesquisa (Hackett, Rhoten, apud Steil, 2011, p. 411).

Neste sentido, o enfoque dado à investigação inclui não apenas uma abordagem mais integrada de conhecimentos para pensar a complexa equação "dinâmicas urbanas + mudanças ambientais + clima" (Di Giulio e Vasconcellos, 2014), mas também uma abordagem que busca o diálogo entre as ciências humanas e sociais com as ciências ambientais e a aproximação entre *stakeholders* da ciência, política e sociedade civil, na perspectiva de facilitar a articulação entre esferas que ainda atuam de forma separada ante questões ambientais e urbanas.

Se para as megacidades há a necessidade de reinventar (Leite, 2010), nos tempos atuais também é primordial a reinvenção nos processos de conhecimento científico, nos parecendo que o caminho promissor de produção do conhecimento é a via interdisciplinar.

Essas premissas são encontradas nas partes a seguir, nas quais se apresentam São Paulo e alguns de seus desafios hodiernos, que podem ser agravados pelas mudanças globais, bem como o exercício de interdisciplinaridade na busca de alternativas a eles, que vem depois, como um exemplo de aplicação do conhecimento científico.

---

2 O estudo em questão é desenvolvido no âmbito de dois projetos financiados pela Fundação de Amparo à Pesquisa do Estado de São Paulo (Fapesp): Projeto Clima, ambiente urbano e qualidade de vida: um estudo sobre riscos e sustentabilidade na cidade de São Paulo (Processo 2013/17665-5) e Governance, sustainability and climate issues in urban environment: the role of scientific knowledge and networks in building adaptive capacity to respond to climate impact (Processo 2014/50313-8), do qual os autores fazem parte.

SÃO PAULO: NOVOS DESAFIOS, ANTIGOS DILEMAS

São Paulo contabiliza nesta segunda década do século XXI uma população de mais de onze milhões de habitantes (IBGE, 2013), que geram demandas cada vez maiores por serviços públicos, matérias-primas, moradias, transportes e empregos.

Compreender as especificidades de São Paulo nos planos econômico, político e social, revela "dimensões, como aquelas de local e global; tendo como pano de fundo o processo de mundialização da sociedade, enquanto constituição da sociedade urbana" (Carlos, 2004, p. 20).

A dinâmica social que ocorre na principal cidade brasileira impõe, certamente, situações novas em uma velocidade intensa que apresenta desafios a gestores, tomadores de decisão e à sociedade civil (Ribeiro, 2010). Ao considerar o tamanho e as especificidades da capital paulista, o termo megacidade cabe perfeitamente como um codinome à frente de seu nome São Paulo.

A exemplo do que ocorre em outras megacidades no mundo, que não são apenas muito maiores do que as cidades de meados do século passado, mas são mais complexas e interligadas e é nelas que se estabelecem as grandes conexões e fluxos globais (Leite, 2010), São Paulo precisa enfrentar questões relevantes neste século XXI relacionadas à densidade populacional, carência de tecnologias, modernização de infraestrutura e logística urbana e sustentabilidade.

O relatório produzido em 2013 pelo Centro de Estudos da Metrópole (CEM/Cebrap) e Fundação de Desenvolvimento Administrativo (Fundap), com base no Censo Demográfico IBGE (2010), mostra que de um total de 3.561.505 de domicílios da cidade de São Paulo, 356.692 estão em setores subnormais e 111.331, em setores precários – o que representa 13,14% de domicílios em assentamentos precários. Quando as estimativas se referem ao número de indivíduos que residem em assentamentos precários em áreas urbanas na cidade, os números revelam que 1.283.932 pessoas vivem em setores subnormais e 391.289 vivem em assentamentos precários – ou seja, mais de 15% da população vive atualmente em assentamentos precários em São Paulo.

Para além de questões como concentração de pobreza e graves problemas socioambientais, decorrentes especialmente da inadequação ao longo dos anos de investimentos em infraestrutura e saneamento, a megacidade de São Paulo, como destaca Leite (2010), precisa se reinventar. Enfrentar os novos (e velhos) desafios e antigos dilemas, que passam pela diminuição de suas desigualdades sociais e econômicas e pela melhora da qualidade de seu ambiente e de vida daqueles que a habitam.

O enfrentamento destas questões passa também por um tópico que nos parece central no debate atual sobre megacidades: o papel que estes espaços urbanos têm diante do complexo quadro denominado conceitualmente por mudanças climáticas, já que é na esfera local que as populações são afetadas de forma direta e que as ações de ajustamentos e adaptação precisam ser pensadas e implantadas com urgência (Hogan, 2007; Kasperson et al., 2005; Ambrizzi et al., 2012; Vargas, 2011, 2013; Ribeiro, 2010; Ferreira et al., 2012; Diling; Lemos, 2011; Lemos et al., 2012).

Dialogando com estudos climáticos, compreendemos o termo mudanças climáticas como mudanças no estado do clima identificadas por alterações na média e/ou na variabilidade de suas propriedades, que persistem por um longo período, cujas causas podem ser processos internos ou forças externas, ou persistentes mudanças antropogênicas na composição da atmosfera ou no uso da terra (Climate and Development Knowledge Network, 2012). O termo mudanças climáticas refere-se a uma variedade de fenômenos físicos e a uma questão de políticas públicas e é, muitas vezes, usado como sinônimo de aquecimento global, embora as mudanças climáticas envolvam muito mais do que o aquecimento do planeta, como reconhecem Weber e Stern (2011).

A compreensão dos cientistas acerca das mudanças climáticas envolve mais de 150 anos de um processo de aprendizado coletivo com acúmulo de dados observados; formulações, testes e refinamentos de hipóteses; construção de teorias e modelos para sintetizar conhecimento e estudos empíricos para testar essas teorias e modelos (Weber e Stern, 2011).

As compreensões acerca desse fenômeno evidenciam certa urgência de um debate mais amplo e mais sensível sobre as implicações político-estratégicas no desenvolvimento de longo prazo e a formulação de novos paradigmas, buscando criar sinergias entre ações de adaptação e mitigação.

Neste sentido, as megacidades, palco das maiores transformações atuais (Leite, 2010), têm papel fundamental nesse processo, uma vez que os modos de vida associados à urbanização são motores das mudanças ambientais em curso (IPCC, 2007, 2013). As diferentes atividades que ocorrem dentro dos centros urbanos são fontes de emissão de gases de efeito estufa, em particular transporte, produção industrial, geração e consumo energético (Stern, 2006; Giddens, 2009; Hallegatte, Corfee-Morlot, 2011).

Nos países não centrais, as cidades são tidas também como as áreas mais suscetíveis a enfrentarem os impactos mais severos das alterações climáticas, como eventos extremos de precipitação e eventos extremos associados à temperatura e seca (Hogan e Marandola Jr., 2009; Ribeiro, 2010, 2008; Vargas, 2011; Climate and Development Knowledge Network, 2012; Nobre et al., 2010).

Mas que recursos essas megacidades mobilizam para que possam estar mais preparadas para enfrentar estes desafios? Qual é a capacidade adaptativa dessas megacidades para enfrentar a exacerbação dos riscos e problemas urbanos frente às mudanças climáticas? Este cenário – de mudanças ambientais, alterações climáticas – pode explicitar a importância das relações entre contextos urbanos e não urbanos (oceanos, savanas, geleiras, florestas e cerrados) e recolocar a questão ambiental como relevante em sua singularidade no espaço urbano, sem perder de vista suas conexões?

Para buscar possíveis aproximações a essas perguntas, São Paulo se apresenta como um bom estudo de caso, particularmente considerando o momento atual vivido pela capital paulista, com a aprovação do novo Plano Diretor, em 2014, e a perspectiva de se apoiar em planejamentos urbanos que incorporem conhecimentos produzidos interdisciplinarmente, e com a necessidade de enfrentar o problema de escassez de água, exacerbado a partir de 2014 e que tem reflexos fortes na qualidade e regularidade do abastecimento de água na megacidade, colocando em dúvida a viabilidade de crescimento da megacidade do ponto de vista demográfico, da atividade econômica e em sua forma construtiva sem limites.

Para buscar responder a essas perguntas, o tratamento interdisciplinar dado à investigação também é fundamental, partindo-se de uma abordagem que busque integrar aportes teóricos e metodológicos, aproximar o diálogo entre as ciências humanas e sociais com ciências naturais e ambientais e promover a articulação entre os saberes (científico e local ou tradicional).

UM ENFOQUE INTERDISCIPLINAR NO ESTUDO SOBRE SÃO PAULO

Em consonância com os principais desafios expressos e as recomendações feitas pela comunidade científica internacional, divulgados no documento *Input for Rio+20 Compilation Document*, que destaca a necessidade de ação política e pesquisas interdisciplinares sobre temas urgentes, como riscos e desastres, biodiversidade, energia, segurança hídrica e alterações climáticas (ICSU,

2012)[3], o estudo desenvolvido sobre a megacidade de São Paulo filia-se ao debate internacional sobre dimensões humanas das mudanças ambientais globais.

A partir de um enfoque interdisciplinar, privilegiando uma articulação entre ciências humanas e ciências naturais, o estudo dialoga com arcabouços teóricos dos campos da Sociologia (em particular da Ambiental e do Risco), Geografia, Ciência e Comunicação, Estudos Sociais da C&T e Meteorologia, para discutir as projeções climáticas nos diferentes níveis (em particular no nível local), buscando ir além do debate sobre variabilidade climática natural e mudanças climáticas associadas às ações antrópicas; incluindo também questões associadas ao aumento da exposição e da vulnerabilidade (de lugares, pessoas, comunidade e grupos demográficos) e ao aumento da ação direta do homem sobre o ambiente, com mudanças do uso da terra, urbanização e poluição.

As contribuições teóricas desses campos citados, aliadas às experiências e sobreposição dos nossos olhares relacionados às nossas próprias formações acadêmicas, têm sido fundamentais para compreender como a megacidade de São Paulo se mobiliza para lidar com os problemas e ameaças que podem ser potencializados pelas mudanças climáticas e que ações são colocadas em prática e que podem resultar em medidas que envolvem a melhoria da infraestrutura urbana e da qualidade de vida.

Com base nesse aporte teórico interdisciplinar, o estudo parte da compreensão da cidade "enquanto construção humana; produto histórico-social, contexto no qual a cidade aparece como trabalho materializado, acumulado ao longo de uma série de gerações, a partir da relação da sociedade com a natureza" (Carlos, 2004, p. 19).

Na nossa análise, o entendimento da atual crise ecológica como crise profunda da racionalidade instrumentalizada (Bosco e Di Giulio, 2015), reflexo das mudanças ambientais induzidas pela ação humana e resultante de negociações, projeções e respostas políticas moldadas por variáveis sociais, escolhas tecnológicas, políticas públicas de desenvolvimento, comportamentos

3 A comunidade científica internacional se reuniu na Conferência das Nações Unidas sobre Desenvolvimento Sustentável (Rio+20), que ocorreu no Rio de Janeiro em junho de 2012, para a realização do Fórum de Ciência, Tecnologia e Inovação para o Desenvolvimento Sustentável. Este fórum foi organizado pelo Conselho Internacional para a Ciência (ICSU, na sigla em inglês) que abrange a representação de sociedades científicas internacionais e nacionais. No âmbito desse fórum, foi definida uma agenda de pesquisa para os próximos dez anos relacionada à temática da sustentabilidade, denominada de *Future Earth*.

dos consumidores e desempenho econômico (Yearley, 2009), constitui outro elemento balizador importante.

Outro marco teórico importante na nossa análise é a compreensão de como as dimensões simbólicas e normativas sobre o que é tido como risco são mediadas pela interação social e pelas instituições e como os padrões propostos pela literatura que servem para a definição do risco são eles, também, objeto de construção social (Bosco e Di Giulio, 2015; Di Giulio e Vasconcellos, 2014).

Dialogando com autores como Beck (2011), Giddens (1991), Hannigan (2006), incorporamos a ideia de que o que é considerado como risco depende de diversos fatores, como as relações sociais, relações de poderes e hierarquia, crenças culturais, confiança nas instituições, conhecimento científico, experiências, emoções, discursos, práticas e memórias coletivas.

Ainda dentro dessa perspectiva, dialogamos com autores que buscam analisar as diferentes percepções sobre mudanças climáticas e sobre os riscos associados ou potencializados por elas. Entendendo que a percepção de risco se constitui pelo processamento de sinais físicos e/ou informações recebidos pelos indivíduos e a formação de seus julgamentos sobre a seriedade, probabilidade e aceitabilidade acerca dos eventos e seus riscos (Renn, 2008), buscamos analisar elementos que pesam na conformação das percepções. Entre eles, destacam-se: as incertezas sobre as mudanças climáticas e seus efeitos no nível local; a (falta de) confiança nos órgãos reguladores e gestores, responsáveis por avaliarem e gerenciarem a complexa equação "dinâmicas urbanas + mudanças ambientais + clima"; os valores individuais que influenciam comportamentos e práticas sociais e que ainda se sobressaem em detrimento de necessidades coletivas; a forma como as informações são comunicadas pela mídia, pelos cientistas e pelos tomadores de decisão (Di Giulio e Vasconcellos, 2014).

Do debate atual sobre capacidade de adaptação às mudanças climáticas, nossa análise baseia-se nos apontamentos sobre como diferentes competências e fatores contextuais afetam a habilidade de diversos sistemas responderem às ameaças climáticas, particularmente nos espaços urbanos. Nas cidades, onde é possível testar inúmeras abordagens sociais e tecnológicas para responder a este fenômeno no nível local (Bulkeley e Broto, 2013), a experimentação de políticas públicas (*policy experimentation*) surge como uma importante opção para aqueles que pretendem tomar medidas climáticas tendo em vista possíveis ganhos econômicos, redução dos potenciais perigos associados aos impactos climáticos, expansão de reivindicações de autoridade ou de recursos ou, ainda, expressão de uma posição ideológica sobre o fenômeno climático (Hoffmann, 2011).

Da cooperação científica estabelecida com a University of Michigan[4], o estudo também dialoga com pesquisas internacionais que buscam analisar ações adaptativas às mudanças climáticas em cidades, entendendo que as experimentações de políticas públicas vão sendo construídas dentro do contexto em que emergem, sendo influenciadas por diferentes variáveis, como: (i) as cidades buscam políticas inovadoras de mudanças climáticas porque isso pode ajudá-las a cumprir suas próprias metas internas ou reduzir riscos (Bassett e Shandas 2010, Anguelovski e Carmin, 2011); (ii) as cidades tomam iniciativa para agir frente às mudanças climáticas porque essa é uma forma de se diferenciar positivamente e alcançar posições de lideranças, promovendo simultaneamente seus perfis e afirmando sua capacidade de exercer pressão política sobre escalas mais altas de governança (Anguelovski, Carmin 2011; Eisenhauer et al., in review); (iii) as cidades seguem com a questão climática como uma forma de alcançarem outros objetivos, como iniciativas verdes ou sustentabilidade, justiça social, redução de despesas potenciais, suporte ao desenvolvimento econômico, atração de investimento e migração econômica (Barclay et al., 2013).

Do ponto de vista metodológico, o estudo tem privilegiado uma abordagem integrada qualitativa apoiada na pesquisa documental, observação, entrevistas, workshops interativos, seminários sobre temáticas relacionadas, reuniões com pesquisadores e encontros com gestores locais e moradores, a partir de uma perspectiva de investigação embasada no modo de interação entre pesquisadores e interessados, visando à aprendizagem coletiva e produção de conhecimentos.

Em que pese a descrição desse relato pontual sobre a investigação, nosso intuito é ir além buscando sinalizar que as cidades são exemplos de objetos complexos e que exigem a promoção de um diálogo interdisciplinar. Em outras palavras, uma explicitação de temas, controvérsias, interesses complexos que inviabilizam uma análise a partir de uma única perspectiva.

Os objetos complexos, como as respostas das cidades às mudanças climáticas, não possibilitam uma compreensão de suas dinâmicas e efeitos por

---

4 Esta cooperação acontece no âmbito do projeto Fapesp 2014/50313-8, com a participação da profa. Maria Carmen Lemos, da School of Environment and Natural Resources, University of Michigan.

conhecimentos fechados com apoio de teorias específicas, uma vez que requerem a construção de novos conceitos e teorias que abarquem essa plasticidade.

Nesse movimento de ir e vir entre diferentes disciplinas e atores/pesquisadores, constrói-se um trânsito teórico facilitador da contribuição interdisciplinar para a compreensão dos fenômenos complexos, configurando, ao mesmo tempo, um processo de internalização de métodos, atitudes e estratégias que transcendem o domínio disciplinar e provocam a própria reconfiguração das ciências.

CONSIDERAÇÕES FINAIS

A pesquisa interdisciplinar deve recorrer, ao analisar a megalópole de São Paulo, a diferentes campos do conhecimento como suporte teórico e metodológico, buscando evitar o somatório de conceitos e instrumentos metodológicos disciplinares para construir novas indagações e abordagens na pesquisa empírica, estabelecendo um novo trânsito teórico para a compreensão desse objeto complexo.

O enfoque interdisciplinar adotado no estudo dos problemas e potencialidades da megacidade de São Paulo frente às mudanças climáticas, para além das múltiplas possibilidades de resultados e análises, discutidos, por exemplo, em Di Giulio e Vasconcellos (2014), Di Giulio, Vasconcellos e Ribeiro (2015) e Di Giulio et al. (2015), traz também desafios aos pesquisadores.

O primeiro deles é a disposição em elaborar questionamentos compartilhados, a serem investigados a partir do cruzamento de referenciais teóricos e instrumentos metodológicos. Para atingir esse objetivo, as colaborações e aproximações entre os pesquisadores, caracterizadas por diálogos intensos que favorecem a flexibilidade e o intercâmbio de ideias, mostram-se fundamentais. A necessidade por um enfoque interdisciplinar advém também da tomada de consciência do caráter cada vez mais híbrido da realidade à qual nos confrontamos e da disposição de trazer "o outro" informante para (melhor) compreendermos os comportamentos individuais e sociais da vida em sociedade.

Trazer o "outro" informante é também valorizar os diferentes saberes – científicos, locais, tradicionais – no processo de reflexão sobre os problemas investigados, abrindo-se, assim, para uma produção de conhecimento compartilhada. Alcançar este desafio passa, certamente, por reflexões acerca das possibilidades de atuação (por parte dos cientistas) mais efetiva nas arenas políticas e sobre o envolvimento e participação de outros atores sociais na produção, validação e utilização do conhecimento científico (Di Giulio et al., 2015).

Nesta esteira, outro desafio está no estabelecimento de uma relação de confiança e comprometimento entre os múltiplos atores. A resistência no compartilhamento de dados, os diferentes tempos (da academia, da gestão pública, da sociedade) e as diversas demandas e prioridades de cada esfera interferem, por vezes negativamente, na articulação necessária para o desenvolvimento de uma pesquisa interdisciplinar e participativa.

Ainda que os desafios elencados neste capítulo sejam significativos (e embora se reconheça a existência de tantos outros), o enfoque interdisciplinar adotado mostra-se essencial para uma compreensão mais robusta dos problemas investigados, a partir das especificidades de São Paulo nos planos econômico, ambiental, político e social. Permite ainda desenvolver estratégias de pesquisas participativas com gestores, técnicos e tomadores de decisão de setores público e produtivos de modo a entender e enfrentar os desafios presentes, particularmente, em questões relacionadas às mudanças climáticas, megacidades e aumento da desigualdade social, econômica e de acesso aos recursos naturais.

AGRADECIMENTOS

Os autores agradecem à Fapesp (Processos 2013/17665-5 e 2014/50313-8).

REFERÊNCIAS

AMBRIZZI, T. et al. Sumário Executivo do Volume 1 – Base Científica das Mudanças Climáticas. Contribuição do Grupo de Trabalho 1 para o 1º Relatório de Avaliação Nacional do Painel Brasileiro de Mudanças Climáticas. PBMC, Rio de Janeiro, Brasil, 2012. 34p.

ANGUELOVSKI, I.; CARMIN, J. Something borrowed, everything new: innovation and institutionalization in urban climate governance. Current Opinion in Environmental Sustainability. v. 3, n. 3, 2011, p. 169-175.

BARCLAY, P.; BASTONI, C.; EISENHAUER, D.; HASSAN, M.; LOPEZ, M.; MEKIAS, L.; et al. *Climate change adaptation in Great lakes Cities.* University of Michigan Masters Capstone, 2013.

BASSET, E.; SHANDAS, V. Innovation and climate action planning. *Journal of the American Planning Association*. 2010, v. 76, n. 4, p. 435-450.

BECK, U. NASCIMENTO, S. (trad). *Sociedade de risco rumo a uma outra modernidade*. 2.ed. São Paulo: Ed. 34, 2011, 383p.

BETSILL, M.M.; BULKELEY. H. Cities and the multilevel Governance of Global Climate Change. Global Governance. 2006; 12(2):141-59.

BOSCO, E.; DI GIULIO, G.M. Ulrich Beck: considerações sobre sua contribuição para os estudos em Ambiente e Sociedade e desafios. *Ambiente & Sociedade*. 2015; v. 18, n. 2, p. 145-56.

BULKELEY, H.; BROTO, V. Government by Experiment? Global Cities and the Governing of Climate Change. Transactions of the Institute of British Geographers. 2013; 38(3):361-75.

BULKELEY, H.T. Reconfiguring Environmental Governance: Towards a Politics of Scales and Networks. Political Geography. 2005; 24(8):875-902.

BYRNE, J.; HUGHES, K.; RICKERSON, W.; KURDGELASHVILI, L. American policy conflict in the greenhouse: Divergent trends in federal, regional, state, and local green energy and climate change policy. Energy Policy. 2007; 35:4555-4573.

CARLOS, A.F.A. *O espaço urbano*. São Paulo: Contexto, 2004.

CARMO, R.L. Urbanização e Desastres: Desafios para a Segurança Humana no Brasil. In: CARMO, R.; VALENCIA, N. (Org.) *Segurança humana no contexto dos desastres*. São Carlos: RiMa Editora, 2014.

CENTRO DE ESTUDOS DA METRÓPOLE – CEM/Cebrap e Fundação de Desenvolvimento Administrativo – Fundap. Diagnóstico dos assentamentos precários nos municípios da Macrometrópole Paulista. Primeiro Relatório, 2013.

CLIMATE AND DEVELOPMENT KNOWLEDGE NETWORK. *Gerenciando extremos climáticos e desastres na América Latina e no Caribe: Lições do relatório SREX IPCC*. 2012. Disponível em: http://www.fapesp.br/ipccsrex/upload/SEX-Lessons-Portuguese-LAC.pdf. Acessado em: 27 dez. 2012.

DENTON, F.; WILBANKS, T.J.; ABEYSINGHE, A.C.; BURTON, I.; GAO, Q.; LEMOS, M.C.; et al. Climate-resilient pathways: adaptation, mitigation, and sustainable development. In: *Climate Change. 2014: Impacts, Adaptation, and Vulnerability. Part A: Global and Sectoral Aspects. Contribution of Working Group II to the Fifth Assessment Report of the Intergovernmental Panel on Climate Change*, 2014. p. 1101-31.

DI GIULIO, G.M.; VASCONCELLOS, M. P. Contribuições das Ciências Humanas para o debate sobre mudanças ambientais: um olhar sobre São Paulo. *Estudos Avançados* (USP. Impresso). v. 28, p. 41-63, 2014.

DI GIULIO, G.M.; VASCONCELLOS, M. P. ; LEMOS, M. C. ; RIBEIRO, W. C. A megacidade de São Paulo e as mudanças climáticas: crência e urgência no tempo e espaço em políticas públicas urbanas. In: 7 Enanppas, 2015, Brasília. 7º Encontro Nacional da Anppas – Anais, 2015.

DI GIULIO, G.M.; VASCONCELLOS, M. P.; RIBEIRO, W. C. Climate change, risks and adaptation in the megacity of São Paulo: a perspective from Human Sciences. In: ICARUS IV – Causes of Vulnerability & Livelihoods of the Poor, 2015, Urbana Champaign. ICARUS IV ABSTRACTS – Causes of Vulnerability & Livelihoods of the Poor, 7-9 May 2015.

DI GIULIO, G.M.; VIGLIO, J.E.; SILVA, R. F. B.; ARAOS, F. A proposição de um novo contrato entre ciência e sociedade: uma análise do Fórum de Ciência, Tecnologia e Inovação para o desenvolvimento sustentável. In: Fábio de Castro; Célia Futemma (Org.). Governança ambiental no Brasil – entre o socioambientalismo e a economia verde. 1.ed. Jundiaí: Paco Editorial, 2015, v. 1, p. 87-108.

DI GIULIO, G.M.; et al. Propostas metodológicas em pesquisas sobre risco e adaptação: experiências no Brasil e na Austrália. *Ambiente & Sociedade (Online)*. 2014; 17:35-54.

DILLING, L.; LEMOS, M. C. Creating usable science: opportunities and constraints for climate knowledge use and their implications for science policy. *Global Environmental Change*, 2011; 21:680-9.

EAKIN, H., LEMOS, M.C.; NELSON, D. Differentiating capacities as a means to sustainable climate change adaptation. *Global Environmental Change*. 2014; 27: 1-8.
EISENHAUER, D.C.; BARCLAY, P.; MEKIAS, L.; HASSAN, M.; STOCK, R.; RAMACHANDRAN, S.; et al. Revitalizing the Rust Belt: building adaptive capacity to climate impact in the Great Lakes region. In review.
FERREIRA, L. C. et al. Urban growth, vulnerability and adaptation: social and ecological dimensions of climate change on the Coast of São Paulo. Relatório Científico Anual, julho de 2011 a agosto de 2012.
GIDDENS, A. *As consequências da modernidade*. São Paulo: Unesp, 1991.
______. *The politics of climate change*. Cambridge: Polity Press, 2009.
GIESBRECHT, M. D.; DI GIULIO, G.M.; FERREIRA, L.C. Brasil e a questão energética no debate sobre mudanças ambientais globais. In: Fábio de Castro; Célia Futemma (Org.). Governança ambiental no Brasil – entre o socioambientalismo e a economia verde. 1.ed. v. 1. Jundiaí: Paco Editorial, 2015. 1-237.
HALLEGATTE, S.; CORFEE-MORLOT, J. Understanding climate change impacts, vulnerability and adaptation at city scale: an introduction. *Climatic Change*. 2011; 104: 1-12.
HANNIGAN, J.A. Environmental sociology – a social construction perspective. Routledge, London. 2006.
HOFFMAN, M.J. *Climate governance at the crossroads: experimenting with a global response*. Nova York: Oxford University Press, 2011.
HOGAN, D. (Org.) Dinâmica populacional e mudança ambiental: cenários para o desenvolvimento brasileiro. Núcleo de Estudos de População – Nepo. Campinas: Unicamp, 2007.
HOGAN, D.; MARANDOLA JÚNIOR, E. (Org.) População e mudança climática – Dimensões humanas das mudanças ambientais globais. Campinas: Núcleo de Estudos de População – Nepo/Unicamp; Brasília: UNFPA, 2009.
[IBGE] INSTITUTO BRASILEIRO DE GEOGRAFIA E ESTATÍSTICA. Censo 2010. IBGE, 2013.
[ICSU] INTERNATIONAL COUNCIL FOR SCIENCE. *Input for Rio+20 Compilation Document*, 2012. Disponível em: http://www.icsu.org/rio20/documents/icsu-submission-to-rio-20-outcome-document. Acesso em: 10 out. 2012
[IPCC] INTERGOVERNMENTAL PANEL ON CLIMATE CHANGE. Chapter 18: Inter-Relationships Between Adaptation and Mitigation, 2007. Disponível em: <http://www.ipcc.ch/publications_and_data/ar4/wg2/en/ch18.html>. Acessado em: 4 dez. 2012.
______. Summary for Pocymakers. 2013. Disponível em: http://www.climatechange2013.org/images/report/WG1AR5_SPM_FINAL.pdf. Acessado em: 24 jul. 2014.
JACOBI, P. Dilemas socioambientais na gestão metropolitana: do risco à busca da sustentabilidade urbana. Política & Trabalho. *Revista de Ciências Sociais*. 2006; 25:115-34.
KASPERSON, J. X. et al. Vulnerability to Global Envirnomental Change. In: KASPERSON, J.; KASPERSON, R. The social contours of risk: publics, risk communication and the social amplification of risk. London: Earthscan, 2005, p. 245-85.
LEITE, C. São Paulo, megacidade e redesenvolvimento sustentável: uma estratégia propositiva. *Revista Brasileira de Gestão Urbana*. 2010; 2(1): 117-126.

LEMOS, M. C.; KIRCHHOFF, C. J.; RAMPRASAD, V. Narrowing the climate information usability gap. *Nature Climate Change*. 2012; 2(2): 789-94.

LEMOS, M.C. et al. Building Adaptive Capacity to Climate Change in Less Developed Countries. Climate Science for Serving Society, Springer Netherlands, 2013. p. 437-57.

LEMOS, M.C.; NELSON, D. Differentiating capacities as a means to sustainable climate change adaptation. *Global Environmental Change*. 2014; 27:1-8.

LOMBARDO, M.A. Ilha de Calor Nas Metropoles: e Exemplo de São Paulo. São Paulo: Hucited, 1985.

NOBRE, C. A.; et al. Vulnerabilidades das megacidades brasileiras às mudanças climáticas: Região Metropolitana de São Paulo. 2010. Disponível em: http://www.issonaoenormal.com.br/CLIMA_SP_FINAL.pdf. Acessado em: 19 jul. 2013.

RIBEIRO, W. C. Impactos das mudanças climáticas em cidades no Brasil. Parcerias Estratégicas, n. 297, p. 297-321, 2008.

______. Riscos e vulnerabilidade urbana no Brasil. *Revista Electrónica de Geografía y Ciencias Sociales*. 2010; v. XIV, n. 331, p. 65.

RIBEIRO, W. C.; ZANIRATO, S. H.; VILLAR, P. C. Dilemas de gestão e produção do conhecimento interdisciplinar: uma contribuição do Programa de Pós-Graduação em Ciência Ambiental da USP. In: PHILIPPI JR., A.; NETO, A.J.S. (Org.). *Interdisciplinaridade em ciência, tecnologia & inovação*. Barueri: Manole, 2011, p. 672-93.

ROLNIK, R; KLINK, J. Crescimento econômico e desenvolvimento urbano: por que nossas cidades continuam tão precárias? Novos estudos Cebrap [online]. 2011, n.89, p. 89-109.

SILVA, E. N. Ambientes atmosféricos intraurbanos na cidade de São Paulo e possíveis correlações e doenças dos aparelhos: respiratório e circulatório. 2010. Tese (Doutorado) – Faculdade de Saúde Pública, Universidade de São Paulo. São Paulo, 2010.

STEIL, A.V. Trajetória interdisciplinar formativa e profissional na sociedade do conhecimento. In: PHILLIPPI JR., A.; NETO, A.J.S. (Org.). *Interdisciplinaridade em ciência, tecnologia & inovação*. Barueri: Manole, 2011, p. 209-28.

STERN, N. *The Economics of Climate Change*. Executive Summary, UK, 2006.

VARGAS, M. C. Mudança climática e recursos hídricos: problemas de adaptação na escala metropolitana. O caso da região da Baixada Santista, Brasil. In: V Congresso Iberoamericano Sobre Desarrollo Y Ambiente, Santa Fe. Anais... Santa Fé, 2011.

WEBER, E.; STERN, P. Public Understanding of Climate Change in the United States. In: *American Psychological Association*. 2011. v. 66, n. 4, 315-28.

YEARLEY, S. Sociology and climate change after Kyoto: what roles for social science in understanding climate change? *Current Sociology*. 2009; 57:389-405.

PARTE **4**

Lições aprendidas e a aprender: concepções, metodologias, processos e reflexões

capítulo 24

Contextos criativos: potencializando a institucionalização da interdisciplinaridade na graduação

"O principal compromisso da universidade com a sociedade é a recuperação do gosto pelo conhecimento, mostrar a beleza inerente aos mistérios da natureza ou escondida num conceito matemático" (Bevilacqua, 2014, p.22).

Sonia Maria Viggiani Coutinho[1] | *Advogada, Faculdade de Saúde Pública da USP*
Maria da Penha Vasconcellos | *Psicóloga Social, Faculdade de Saúde Pública da USP*
Eduardo de Senzi Zancul | *Engenheiro Mecânico, Escola Politécnica da USP*
Leandro Key Higuchi Yanaze | *Arquiteto, Escola Politécnica da USP*
Roseli de Deus Lopes | *Engenheira Elétrica, Escola Politécnica da USP*

INTRODUÇÃO

A partir da experiência da disciplina Desenvolvimento Integrado de Produtos, da Escola Politécnica, este capítulo tem por objetivo apresentar como a internalização da interdisciplinaridade pode se dar em um movimento *bottom up*, na Universidade de São Paulo (USP).

Esta disciplina foi concebida na Escola Politécnica da USP ao longo de 2013 e oferecida pela primeira vez para alunos de graduação no primeiro semestre de 2014. É oferecida na modalidade optativa livre, com duração de um semestre letivo.

As disciplinas optativas no âmbito da USP, embora pouco inseridas nos currículos de suas unidades, são previstas para serem oferecidas em três categorias: disciplinas curriculares eletivas, assim entendidas as cursadas pelo aluno dentro de um conjunto preestabelecido, para cumprir exigências do currículo quanto a um determinado número de créditos de disciplinas optativas; disciplinas curriculares livres, assim entendidas as cursadas para cumprir obrigatoriedade curricular quanto a um determinado número de créditos em

1 Autora apoiada pelo Processo Fapesp n. 2012/02605-4.

disciplinas optativas, sem estabelecimento prévio do seu conjunto; e disciplinas extracurriculares, assim entendidas as cursadas para ampliação de conhecimentos culturais, científicos ou tecnológicos, ficando a critério da unidade de origem do aluno autorizar o aproveitamento dos créditos dessas disciplinas para integralização de currículos nos quais seja exigido o cumprimento de um número determinado de créditos em disciplinas optativas.

A criação da disciplina ocorreu simultaneamente ao lançamento de uma nova estrutura curricular na Escola Politécnica para alunos ingressantes a partir de 2014. Essa estrutura tem como uma de suas premissas maior flexibilização curricular, para que os jovens possam realizar algumas escolhas na sua formação. Uma das mudanças introduzidas é a ampliação do número de disciplinas optativas livres que podem ser realizadas ao longo da graduação, conforme o interesse acadêmico pessoal (Cardoso, 2014). A mudança institucional cria demanda de alunos por disciplinas optativas livres e estimula novas iniciativas nesse sentido.

A iniciativa surgiu inspirada na disciplina *Product Design Innovation* (código ME310) da Escola de Engenharia de Stanford. Lá, os alunos desenvolvem soluções para problemas complexos de engenharia, conforme desafios apresentados por empresas parceiras. A disciplina enfatiza ciclos de construção e de melhoria de protótipos (Carleton e Leifer, 2009). Uma equipe da USP participou da disciplina de Stanford em 2013 e a experiência serviu de inspiração para a criação de disciplina análoga no Brasil, redesenhada em uma ambientação interdisciplinar.

A disciplina não está vinculada diretamente a nenhum departamento acadêmico específico. Desde a sua concepção, buscou-se sua vinculação em um nível institucional mais adequado para a prática interdisciplinar. Na USP, assim como em outras universidades, tradicionalmente a maior parte das disciplinas é vinculada a uma unidade de ensino ou escola – tal como a Escola Politécnica – e a um departamento acadêmico da respectiva unidade de ensino. A Escola Politécnica é composta por 15 departamentos que atuam em áreas específicas da engenharia. Como a disciplina é proposta por professores ligados a diferentes departamentos – Departamento de Engenharia de Produção e Departamento de Engenharia de Sistemas Eletrônicos –, e visa à participação de alunos dos diversos cursos de engenharia, optou-se pela vinculação como disciplina oferecida pela Escola Politécnica e não como disciplina departamental. Esse posicionamento, apesar de representar distinção formal sutil e de ser uma possibilidade institucional existente, contribui para explicitar para os alunos e para a instituição a intenção da prática interdisciplinar.

Sendo aberta para todos os alunos da USP, a diversidade dos alunos da classe é ainda mais ampla: composta por 50% de alunos de engenharia da Escola Politécnica, 16,7% de alunos dos cursos de design ou de arquitetura da Faculdade de Arquitetura e Urbanismo (FAU), 16,7% de alunos de administração, ciências econômicas ou contabilidade da Faculdade de Economia, Administração e Contabilidade (FEA), além de mais 16,7% de alunos das demais unidades da USP. Normalmente são oferecidas 60 vagas por semestre, quantidade que pode ser menor dependendo do semestre específico.

O foco temático da disciplina é no processo de desenvolvimento de novos produtos. Os alunos trabalham em grupos para desenvolver uma solução de engenharia para um problema complexo real da sociedade. O desenvolvimento de produtos foi escolhido como foco por ser intrinsecamente uma atividade interdisciplinar nos diversos setores e instituições nas quais é realizado. O processo requer a combinação do entendimento das necessidades dos usuários, com as viabilidades técnica e econômica, exigindo para isso a participação de pessoas de várias áreas e com diferentes visões (Kieling et al., 2013; Viana et al., 2012). A formação de cada um dos grupos segue a distribuição da composição da classe. Como método de desenvolvimento de produtos, optou-se pelo *design thinking*, uma abordagem, segundo Vianna et al. (2012, p. 12), "focada no ser humano, que vê, na multidisciplinaridade, colaboração e tangibilização de pensamentos e processos, caminhos que levam a soluções inovadoras (...)". Em comparação com métodos mais tradicionais de desenvolvimento de produtos, *dá ênfase* maior à contribuição do trabalho interdisciplinar, à prototipagem física de soluções para testes com usuários e à busca de soluções com maior grau de inovação (Brown, 2009).

Os alunos trabalham em projetos reais, que são apresentados como desafios acadêmicos por empresas e instituições (ONGs, grupos de pesquisa, entre outros), que atuam em parceria com a disciplina, comprometendo-se a apoiar a equipe de desenvolvimento, provendo informações sobre o contexto real de trabalho na busca de soluções inovadoras. Os resultados dos projetos são apresentados por meio de três protótipos físicos, que são construídos pelos próprios alunos.

Além de estrutura diferenciada dentro do contexto da USP, a disciplina acompanha a tendência da Escola Politécnica de, ainda no período de formação dos estudantes, aproximá-los dos futuros campos de atuação, serviços públicos e governo, empresas, indústrias, empreendedorismo e *startups*.

CENÁRIO EM QUE OCORRE

A disciplina Desenvolvimento Integrado de Produtos é realizada no InovaLab@Poli, um laboratório multidisciplinar voltado para apoiar o desenvolvimento de projetos tecnológicos. Esse laboratório, conforme apresentado em sua página institucional, oferece recursos avançados para projetos de engenharia (*softwares*, *hardware*, impressoras 3D, oficinas mecânica e eletrônica), com acesso livre para alunos de graduação da Escola Politécnica (Poli) e da Universidade de São Paulo (USP) como um todo. Participam professores de várias disciplinas de diversos cursos de graduação da USP, reforçando a formação de competências complementares, tais como: capacidade de trabalhar em equipe, conhecimento do mercado/cliente, criatividade para busca de soluções e capacidade de comunicação.

O InovaLab@Poli utiliza como estratégias pedagógicas, o incentivo ao engajamento de alunos de graduação de engenharia e de outros cursos da USP em atividades voltadas ao aprendizado por meio de projetos de concepção e desenvolvimento de protótipos e produtos inovadores, estímulo à experimentação na forma de análise e possíveis soluções de problemas complexos, bem como estímulo a atitudes de cooperação em contraposição ao fomento de lideranças.

A disciplina tem o intuito de incentivar a produção criativa, entendida neste contexto como a não repetição de respostas convencionais, mas sim o encontro de abordagens inovadoras a partir de experimentações para respostas aos problemas apresentados. Para isso, contribui a infraestrutura de três espaços físicos: sala de aula para PBL (*Project Based Learning*), sala de projetos e oficina de prototipagem (Figura 24.1).

A equipe da disciplina é composta por professores, pesquisadores e pós-graduandos, estes últimos, que atuam como monitores dos projetos de desenvolvimento de produtos, visam também à utilização deste ambiente para pesquisas sobre práticas de ensino de engenharia. Dispõe também de monitores de graduação que, em geral, já cursaram a disciplina anteriormente e atuam apoiando os grupos na construção de protótipos.

As atividades são desenvolvidas a partir de um cenário de contrato fictício de aprendizagem, composto pelo grupo de estudantes de graduação, que irá desenvolver produtos supervisionados pelos professores, em uma ambientação de "clientes" (empresas, instituições de ensino, ONGs, entre outros) que elaboram *briefings* de projeto de acordo com demandas e expectativas reais.

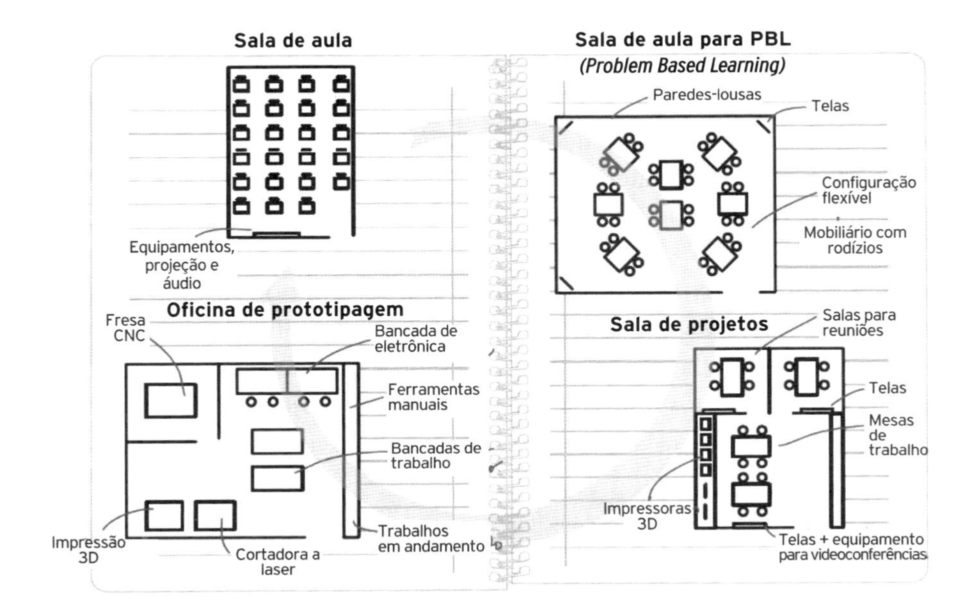

Figura 24.1: Espaços físicos do InovaLab@Poli.

A disciplina é realizada em duas aulas por semana, com uma hora e quarenta minutos cada uma. As aulas são estruturadas em torno de dois momentos distintos. A primeira parte, correspondente a cerca de um terço do tempo, é utilizada para a apresentação conceitual pelos professores do método de trabalho e de ferramentas. Aqui, são detalhadas as etapas de trabalho e os resultados esperados em cada uma delas. A segunda parte da aula, correspondente a aproximadamente dois terços do tempo de aula, é dedicada ao trabalho em grupo pelos alunos, para aplicação prática nos projetos dos conceitos apresentados na primeira parte da aula. Para isso, utiliza-se a Sala de Aula para PBL em configuração para trabalho em grupo. Eventualmente, alunos podem na segunda parte da aula utilizar a Sala de Projetos e a Oficina de Prototipagem do InovaLab@Poli.

Fora dos momentos de classe, a equipe de professores, pesquisadores e monitores da disciplina tem contato com os alunos por meio de um grupo específico criado em uma rede social (*Facebook*), que permite o compartilhamento de notícias de interesse dos grupos de trabalho. Por exemplo, no semestre em que são desenvolvidos projetos de interesse social, como a economia de água e medição de chuvas, são compartilhadas notícias nacionais e internacionais tanto sobre avanços tecnológicos quanto sobre demandas da sociedade nessas áreas. Ao mesmo tempo, materiais teóricos da disciplina são armazenados em uma ferramenta *online*, baseada no sistema *moodle* e chamada de Ambiente Virtual de Aprendizagem (AVA), que permite acesso contínuo dos alunos ao material.

O esquema de "missões" (etapas) do método de *design thinking*, para esta disciplina, envolve três fases (ciclos), com objetivos distintos: ciclo de prototipagem da função crítica, ciclo do *dark horse* (protótipo inusitado) e ciclo de protótipo funcional. A cada ciclo, os alunos são incentivados a apresentar seus protótipos em aula, mas também a testá-los com o "cliente" e, quando possível, com os usuários finais para que, de fato, os projetos sejam centrados nos desejos dos usuários (Figura 24.2).

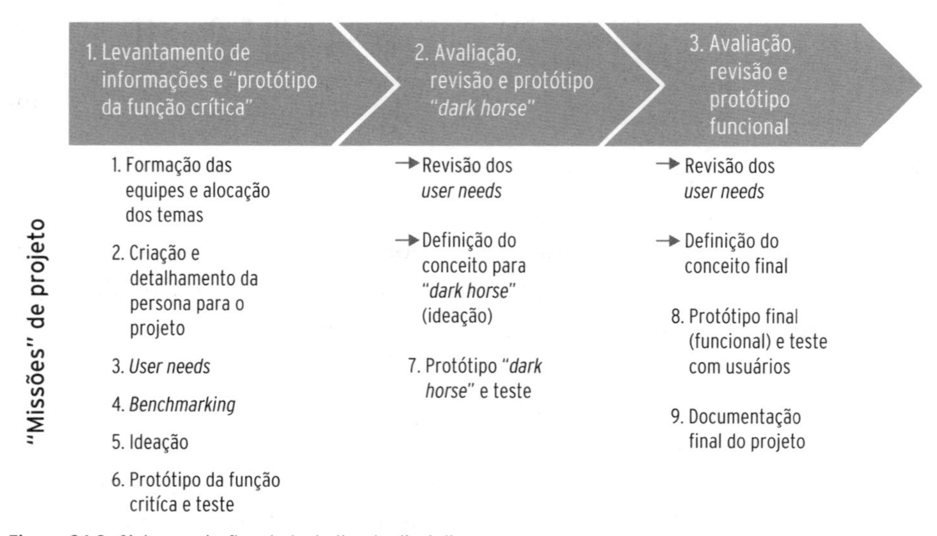

Figura 24.2: Ciclos e missões de trabalho da disciplina.

Nos três ciclos de prototipagem os alunos são estimulados a construir protótipos físicos funcionais, capazes de representar o funcionamento da solução para testes por usuários. Os protótipos são evolutivos, sendo que o primeiro é mais rudimentar e focado na função crítica que o produto deve desempenhar. O segundo protótipo, chamado de *dark horse*, visa à exploração de alternativas inusitadas, rompendo com conceitos estabelecidos e possibilitando que a equipe disponha de tempo e de recursos metodológicos e materiais para exploração. O terceiro protótipo deve representar a solução final de maneira mais ampla e completa, podendo utilizar elementos dos dois protótipos anteriores. A construção física de protótipos com trabalho "mão na massa" representa também uma forte tendência no ensino de engenharia sendo adotada atualmente em algumas universidades nacionais e internacionais.

Ao final da disciplina é feita uma apresentação dos protótipos desenvolvidos pelos grupos aos "clientes".

A avaliação dos alunos é feita a cada "missão" pelos professores e equipe de assistentes, havendo a complementação e individualização das notas por meio da autoavaliação e avaliação de pares, na qual o grupo determina o nível de participação de cada aluno e a relevância desta participação dentro de cada grupo.

Esta forma de avaliação tem se tornado usual no contexto da aprendizagem ativa, transferindo parte da responsabilidade da nota para o próprio aluno, demonstrando motivação e engajamento com o seu próprio aprendizado, além de incentivar senso crítico e analítico.

Os grupos do projeto recebem verba específica, sujeita a prestação de contas, para a construção de seus protótipos. A verba é doada por um fundo de *endowment* (apoio para universidades) denominado Amigos da Poli. Adicionalmente, as equipes podem utilizar recursos avançados de pesquisa e de construção de protótipos do Centro Interdisciplinar em Tecnologias Interativas da USP (Citi). A Figura 24.3 apresenta os recursos que podem ser utilizados pelos alunos durante a disciplina.

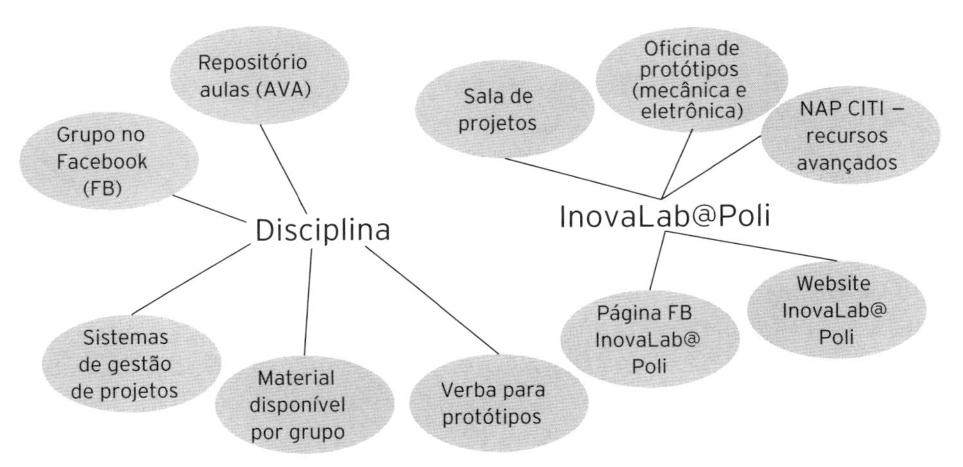

Figura 24.3: Representação de atividades e recursos da disciplina e do InovaLab@POLI

No início e final da disciplina foi respondido um questionário que, entre outros aspectos, buscou levantar os contributos da disciplina a partir da percepção dos alunos no desenvolvimento de competências diversas (Figura 24.4).

Não sendo objetivo deste capítulo um detalhamento analítico destes resultados, a figura é trazida apenas como uma ilustração de como os alunos perceberam, no conjunto de contributos, habilidades importantes para sua formação, destacando-se a predisposição para o trabalho em equipe interdisciplinar, o respeito pela opinião do outro colega e a resolução de problemas.

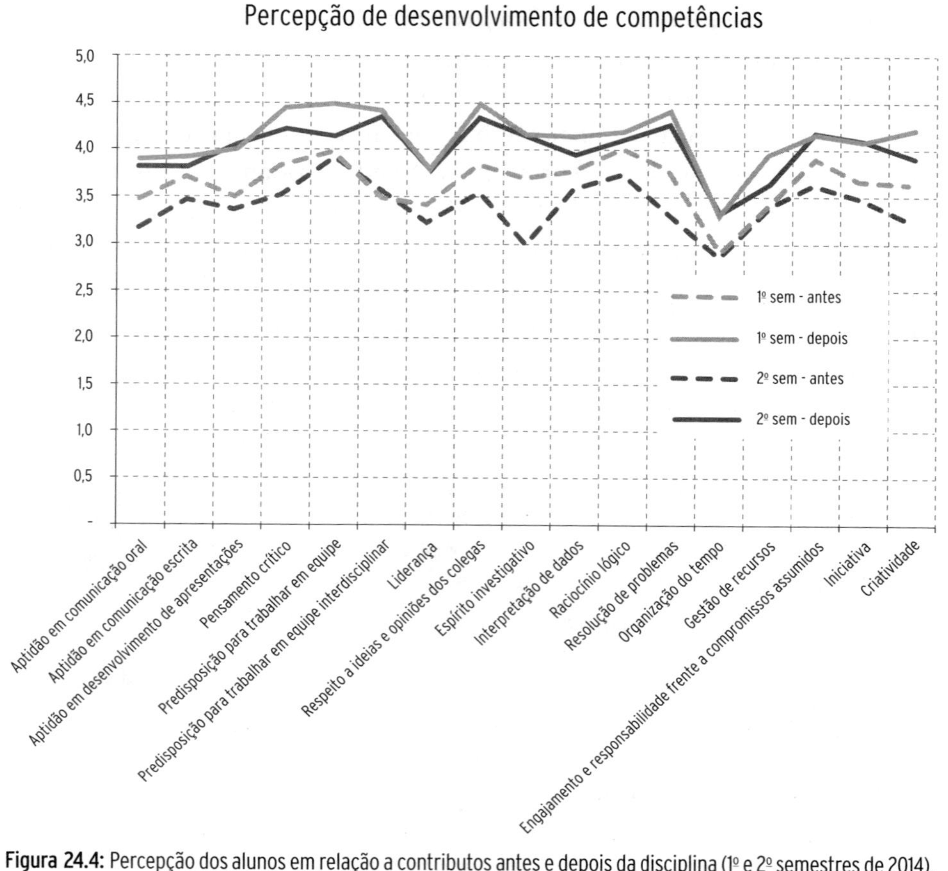

Figura 24.4: Percepção dos alunos em relação a contributos antes e depois da disciplina (1º e 2º semestres de 2014).

O MÉTODO *DESIGN THINKING*

O destaque dado por Brussi (2014) ao surgimento da ideia do *design thinking* está ligado a pré-disposição de certas pessoas em responderem, diante da vida prática ou coletiva, com soluções materiais ou imateriais para questões da sociedade. Citam-se, a partir de Brown (2008, 2010), dois exemplos históricos que identificam esta ideia: a descoberta da lâmpada elétrica, por Thomas Edison, e a construção da ferrovia inglesa *Great Western Railway* (GWR), por Isambard Kingdom Brunel.

Para realizar a invenção da lâmpada elétrica, Thomas Edison analisou a fundo o cenário da época. Observou as necessidades das pessoas, do que elas queriam em suas vidas e do que gostavam ou não em relação aos produtos existentes. As pessoas deram suas opiniões sobre certos produtos, como eram elaborados, embalados, disponibilizados e mantidos (Brown, 2008, p. 86), ou seja, longe de ser um cientista estreitamente especializado, eram um generalista que serem cercou de diversos outros pensadores, formando um time voltado à inovação (Brown, 2008).

Brunel, ao criar a ferrovia, não se preocupou

> apenas com a tecnologia de suas criações, mas levou em consideração o design do sistema. Acreditava que era importante construir inclinações mais uniformes possíveis, pois desejava que os passageiros tivessem a sensação de "flutuar pelo campo" enquanto andavam de trem. Em suas outras construções como pontes, túneis e viadutos, não pensava em criar apenas transportes eficientes e sim melhorar a experiência das pessoas durante o trajeto, tornando o percurso memorável. Estava à frente do seu tempo, pois, além de suas ideias de melhores experiências, pensava em sistemas de transporte integrado, no qual o viajante embarcaria em um trem na estação *Paddington*, de Londres e desembarcaria de um navio a vapor em Nova York (Brown, 2010, p. 2 citado por Brussi, 2014, p. 16).

Estes exemplos trazidos demonstram os elementos que definem um *design thinker*, e que foram citados por Brown (2008): empatia, imaginação, pensamento integrativo, otimismo, experimentalismo, colaboração e habilidade de trabalhar em um contexto interdisciplinar.

A empatia, segundo Brown (2009, p. 50), significa "o esforço de ver o mundo através dos olhos dos outros, compreender o mundo através de suas experiências e sentir o mundo através de suas emoções".

O método de *design thinking* com o objetivo de desenvolver protótipos e aprendizagem ativa pressupõe algumas características que dão sua especificidade. Toma como lugar central a importância da observação, com o objetivo de resolver ou dar novas respostas a problemas da vida concreta. Para isso, considera um conjunto de habilidades e conhecimentos de diferentes campos visando às diferentes perspectivas facilitadoras de um contexto interdisciplinar. Reforça atitudes de questionamento constante ao longo do processo de criação e inverte a lógica atual de caminhos já construídos anteriormente.

A interação do trabalho em equipes é fundamental ao permitir múltiplas perspectivas e visão transversal; elementos essenciais para a ação refletida, observada, questionada e criativa que se dará no processo de inovação criativa.

As inter-relações, bem como o estabelecimento de conexões e difusão de ideias, costuma ocorrer por microexperimentações e uso de comunicações pelas redes sociais ou pelas ideias amplificadas permitidas pela criação da internet, que vão se dando como tentativas de estabelecer conformações inovadoras no processo de aprendizagem.

A força deste pressuposto inovador está em acreditar no movimento de divergências e convergências possibilitadas pela diversidade de pessoas, idades, culturas, interesses individuais, curiosidade e experiências.

Esse momento, potencializado pelo compartilhamento grupal e interacional entre as diversas perspectivas disciplinares possibilita reinscrições conceituais e rearranjos de conhecimento que mudam trajetos analíticos de compreensão sobre os fenômenos ou a busca de soluções pragmáticas, mas de grande alcance para o contexto enigmático da atividade que se pretende realizar. Entende-se que esse momento é catalisador da mudança de ideias, criação cognitiva e soluções, ou seja, gera e é gerado em ambientação criativa.

O pressuposto da noção deste tipo de grupo é que, ao estimular o trabalho em grupo, reconhece-se que, ao fortalecer o contraditório de interesses diversos e repertórios distintos, que já fazem parte da vida de jovens, são obtidas as mudanças inovadoras perante a realidade.

O processo de *design thinking* pode ser dividido em quatro ciclos: imersão preliminar e profunda, análise e síntese, ideação e prototipagem em um processo não linear, constante e retroalimentado.

A imersão permite que a equipe aproxime-se do problema sob perspectivas e pontos de vista diversos em um movimento exploratório de pesquisa, podendo fornecer insumos para o ciclo de análise e síntese.

No ciclo de análise e síntese os dados são coletados e organizados em diferentes suportes, criando padrões identificáveis que auxiliem na compreensão do problema, estabelecendo critérios norteadores para o andamento do projeto. Sendo necessário, pode-se retornar ao ciclo anterior.

O ciclo de ideação ocorre para identificação do perfil do público alvo e a utilidade da solução criada, por meio de testes a futuros usuários do sistema proposto, ou seja, a proposta é colocada à crítica de outras perspectivas avaliativas. Este momento deve ser mais aberto a novas ideias e sugestões, evitando-se julgamento de valores. Igualmente, sendo necessário, pode-se retornar ao ciclo anterior.

No ciclo de prototipagem, as ideias e os processos se concretizam, validando todo o processo, expressando a solução inovadora criada pelo grupo de estudantes para os interessados diretos no produto ou sistema.

O método permite que os membros de uma equipe multidisciplinar explorem diferentes perspectivas e construam, a partir dos resultados do pensamento diverso, a base para uma finalização convergente (Balem et al., 2011). Por conter muitas ambiguidades, os resultados de projetos de *design thinking* costumam ficar em aberto até a fase final. Embora seja um método estruturado, possui uma plasticidade que possibilita o vai-e-vem entre etapas, mudanças de itinerários investigativos e metas claramente definidas ao longo do cronograma do projeto.

Resumindo, o *design thinking*, mesmo que tenha ganhado maior velocidade em algumas áreas de conhecimento em relação a outras, expressa, segundo alguns autores, uma tendência em seu uso, integrando as necessidades sociais ao cruzamento com inovações tecnológicas, na formação dos estudantes, enfatizando seu uso como forma de possibilitar compartilhamento com usuários finais, sejam eles comunidade ou instituições, em suas necessidades materiais, emocionais e afetivas.

JOVENS E AMBIENTES INOVADORES

"Suas paixões são como 'voos de borboletas', sem pouso certo"[2].

Constitui fator fundamental na atualidade saber lidar com novos desafios, incertezas, mudanças socioculturais mais velozes e acessadas globalmente. Ou seja, a universidade necessita reinventar-se, estruturando-se cada vez mais em contextos criativos produzidos por experimentações pedagógicas e inovado-

2 Como diria Machado Pais (2006, p. 08), referindo-se ao comportamento dos jovens.

ras, voltadas a manter o interesse e envolvimento de jovens com características distintas das fases anteriores, citadas por Pais (2006), como será visto a seguir.

Mas quais são as características desses jovens?

De acordo com Pais (2006), os jovens que chegavam à universidade expressavam a passagem da adolescência para vida adulta por meio de formas prescritivas, encontrando uma universidade historicamente igualmente prescritiva. Contudo, na atualidade, encontram-se "ilhas de dissidência" em jovens com "culturas performativas".

> [...] as transições para a vida adulta assemelhavam-se às viagens de estrada de ferro nas quais os jovens, dependendo da sua classe social, gênero e qualificações acadêmicas tomavam diferentes comboios com destinos pré-determinados. Posteriormente as transições dos jovens eram mais bem comparadas às viagens de automóvel. O condutor de automóvel encontra-se em condições de selecionar o seu itinerário de viagem entre um vasto número de alternativas, em função de sua experiência ou intuição. (Pais, 2006, p. 8)

Diante de contextos sociais mais fluidos, o autor caracteriza os jovens como possuidores de vida marcada por crescentes inconstâncias, flutuações, descontinuidades, reversibilidades, movimentos de vai-e-vem, tendendo a tudo relativizar, desde o valor dos diplomas até a segurança de emprego. Isso é refletido na capacidade de darem voltas e mais voltas, que lhes garantam mobilidade e elasticidade (adaptado de Pais, 2006, p. 8 e 9).

Longe de uma crítica moral, o que se pretende é reforçar o tempo social que estes jovens vivem e do momento atual da universidade sobre a qual pretendemos refletir.

A experiência relatada da disciplina Desenvolvimento Integrado de Produtos possibilita-nos apontar para necessidade das universidades, em suas dinâmicas institucionais, serem mais coetâneas com as características inerentes aos jovens universitários nesta fase da vida, em uma "escuta" constante, oportunizando configurações acadêmicas criativas que estimulem a prática interdisciplinar, a tolerância para diversidade de posições, a cooperação e mudanças inovadoras perante a realidade.

Nesse sentido, Quaresma (2014, p. 22), ao citar Postic (1995), sinaliza que este autor, ao debater uma "educação para o futuro", indica "a importância da escola em apoiar os jovens na construção de um projeto pessoal e profissional pleno de sentido".

A prática das revisões curriculares voltadas à formação universitária, particularmente no âmbito profissional, no contemporâneo, tem se dado cada vez mais em períodos mais curtos e dialogados com os diversos setores – científico, econômico, empresarial, artístico e de criação e inovação – que compõem o universo de ocupação em que os jovens estarão se inserindo, ao término de suas graduações.

Como ambiente de formação, o investimento das instituições de ensino no capital social é prioritário. Ressalta-se a importância do método como estratégia na formação de jovens que já chegam com a cultura de redes sociais e de habilidades no uso da informática e mídias digitais, porém com carências conceituais, teóricas e de "sociabilidade profissional".

Geralmente, o ensino convencional, em algumas universidades brasileiras, caracteriza-se ainda por transmissão de conteúdo sobre o conhecimento já construído, reforçando uma estabilidade social e curricular não mais adequada à realidade. Isso ocorre em contraposição a uma realidade que expressa novos desafios que exigem a construção de conhecimentos e metodologias que venham compreender ou solucionar problemas complexos e transversais relacionados ao tempo social vivido, certamente sem perder de vista o processo histórico que constituiu o tempo social presente.

O modelo de estrutura convencional vê problemas a serem solucionados, de forma linear, por meio do conhecimento acumulado individualmente, porém no contexto criativo, que trabalha com enigmas e novas necessidades, a realidade não é só um campo real de aplicação, mas é vista como transformação, não podendo mais ser individual. E, ao final, o que seria a ciência não convencional, senão responder enigmas?

CONSIDERAÇÕES FINAIS

Segundo Bevilacqua, "se a universidade tiver estimulado a atitude de enfrentar desafios, buscar soluções, tomar iniciativas, o jovem profissional terá como sair-se bem-sucedido desse desafio (2014, p. 23)". E, ainda, "[s]e a sua formação permitiu que fizesse escolhas, assumisse riscos e lutasse para vencer obstáculos, ela poderá aproveitar as oportunidades de trabalho sem se restringir a uma única alternativa, muitas vezes sem oportunidade de emprego".

Portanto, na perspectiva trazida por Bevilacqua (2014), a universidade deve propor-se a uma reformulação institucional frente aos desafios contemporâneos de problemas cada vez mais complexos e que não podem ser respondidos apenas com perspectivas disciplinares.

A estrutura universitária, quando possibilita a diversificação das unidades curriculares e a melhor exploração de disciplinas optativas eletivas e livres, diminuindo-se disciplinas obrigatórias e com pré-requisitos; quando incentiva a mobilidade horizontal (entre alunos das diversas unidades) e vertical (entre alunos de diversos semestres acadêmicos e nos diversos níveis de formação – graduação, mestrado e doutorado); e quando estimula a experimentação conjunta entre grupos de alunos e professores em permanente movimento investigativo, possibilita a prática de compreensão dos enigmas em contextos criativos interdisciplinares voltados às realidades que estes estudantes, como futuros profissionais, se dedicarão, "permite a oportunidade da liberdade de escolha dos próprios caminhos" (Bevilacqua, 2014, p. 22) e remete à epígrafe de abertura deste capítulo.

REFERÊNCIAS

BALEM, F.R.; FIALHO, F.A.P.; CARDOSO, H.A.T.G.; SOUZA, R.P.L. DesignThinking: Conceitos e competências de um processo de estratégias direcionado a inovação. Anais do 1° Congresso Internacional de Design – Desenhando o Futuro, 2011.

BEVILACQUA, L. Sobre a universidade no Brasil na era do choque cultural – a formação para tecnologia. In: GAUTHIER, F.O; et al. *Interdisciplinaridade – Teoria e Prática*. v. I, Florianópolis: UFSC/EGC, 2014.

BROWN, T. Design Thinking. Harvard Business Review, v. 86, n.6, p. 84 92,141, 2008. Disponível em: http://www.ideo.com/images/uploads/thoughts/IDEO_HBR_Design_Thinking.pdf. Acesso em 23 mar. 2015.

______. Change by design – How design thinking transforms organizations and inspires innovation. HarperCollins, 2009.

______. Design Thinking: uma metodologia poderosa para decretar o fim das velhas ideias. Rio de Janeiro: Elsevier, 2010.

BRUSSI, M.T.C.E. O *Design Thinking* como metodologia no processo de escolha e uso dos instrumentos de Comunicação Organizacional Monografia apresentada à Faculdade de Comunicação da Universidade de Brasília, para a obtenção do título de Bacharel em Comunicação Social com habilitação em Comunicação Organizacional, Brasília – DF, 2014.

CARDOSO, J.R. O engenheiro de 2020 – Uma inovação possível. *Revista USP*, n. 100, p. 97-108, dezembro/janeiro/fevereiro 2013-2014.

CARLETON, T.; LEIFER, L. Stanford's ME310 Course as an Evolution of Engineering Design. Proceedings of the 19th CIRP Design Conference Competitive Design, Cranfield University, 2009.

KIELING, A.P.; KAULING, G.B.; MULLER, J.M.; FIALHO, F.A.P. Aspectos Interdisciplinares em Design Thinking – um enfoque na Administração de Negócios, Moda e Psicologia Social. In: Simpósio Internacional sobre Interdisciplinaridade no Ensino, na Pesquisa e na

Extensão – Região Sul, 2013, Florianópolis. Simpósio Internacional sobre Interdisciplinaridade no Ensino, na Pesquisa e na Extensão – Região Sul, 2013. p. 1-13.
PAIS, J.M. Buscas de si: expressividades e identidades juvenis. In: DE ALMEIDA, M.I.M.; EUGENIA, F. *Culturas Jovens. Novos mapas do afeto*. Rio de Janeiro: Jorge Zahar, 2006.
QUARESMA, M.L. Entre o herdado, o vivido e o projetado: Estudo de caso sobre o sucesso educativo em dois colégios privados frequentados pelas classes dominantes. Edições Afrontamento, 2014.
VIANNA, M.; VIANNA Y.; ADLER, I.K. ; LUCENA, B.; RUSSO, B. *DesignThinking: inovação em negócios*. Rio de Janeiro: MJV Press, 2012.

capítulo 25

A interdisciplinaridade no projeto político institucional da Universidade Federal da Fronteira Sul

Joviles Vitório Trevisol | *Filósofo, Universidade Federal da Fronteira Sul*
Sérgio Roberto Martins | *Agrônomo, Universidade Federal da Fronteira Sul*

INTRODUÇÃO

> A maior contribuição do conhecimento do século XX foi o conhecimento dos limites do conhecimento. (Edgar Morin)
>
> A exigência interdisciplinar impõe a cada especialista que transcenda sua própria especialidade, tomando consciência de seus próprios limites para acolher as contribuições das outras disciplinas. (Georges Gusdorf)
>
> A confusão não nasce da diversidade, quando ela é devidamente reconhecida e pensada, mas sim da incapacidade de identificá-la e aceitá-la. (Claude Raynaut)

A Universidade Federal da Fronteira Sul (UFFS) é uma das instituições de ensino públicas federais criadas no bojo das políticas públicas de expansão e de interiorização do ensino superior no Brasil[1]. Por meio da Lei n. 12.029, assinada em 15 de setembro de 2009, o Estado brasileiro criou a UFFS e, ao fazê-lo, respondeu de forma afirmativa às demandas que vinham sendo formuladas e apresentadas há anos pelos movimentos sociais e pelo conjunto das lideranças sociais e políticas de uma grande região do sul do Brasil, denominada Mesorregião Grande Fronteira do Mercosul. A criação e a implantação dessa universidade pública federal, em uma região de fronteira, é parte e resultado de um processo singular, que pode ser considerado *sui generis* no conjunto das IES públicas e no interior da própria história da educação superior brasileira (Trevisol; Cordeiro; Hass, 2011). A UFFS é, notadamente, uma instituição nascida de "fora para dentro". Sua origem se deu no âmago da sociedade civil organizada. Trata-se de uma universidade oriunda dos processos de participação social e política dos movimentos sociais e das redes do associativismo civil. Ela é, neste sentido, fruto da mobilização dos atores sociais que há décadas lutam em defesa do direito à educação superior pública, gratuita e de qualidade.

> Tendo esse *locus* de origem/nascimento, a UFFS viu-se desafiada a se conceber a partir de um projeto diferente, alicerçado em concepções, diretrizes e práticas distintas, muitas delas inovadoras em relação à maioria (mais antigas e tradicionais) das universidades públicas brasileiras. Ao invés de brotar da iniciativa, liderança e hegemonia de um grupo restrito de especialistas ou de acadêmicos notáveis, o desenho institucional da UFFS nasceu do diálogo e da interação entre estado e sociedade civil, entre Ministério da Educação e movimentos sociais e organizações comunitárias e de classe.

A construção do Projeto Político Institucional (PPI) da UFFS colocou desafios de diversas naturezas e níveis, estimulando reflexões e desafiando a nascente universidade a se posicionar sobre temas fundamentais, alguns

---

1 A partir dos anos 1990, o Brasil promoveu uma verdadeira explosão do ensino superior, tanto presencial quanto à distância. O crescimento do número de cursos e de matrículas de graduação e de pós-graduação foi exponencial, rompendo, deste modo, com séculos e décadas de retração e/ou tímido crescimento. Não sem razão, é importante lembrar que o Brasil foi um dos países da América Latina que mais tardiamente estruturou seu sistema de ensino universitário (Saviani, 2004, 2007). A despeito da inegável expansão do ensino superior ao longo do último século, foi a partir das duas últimas décadas que o crescimento se fez sentir em grandes proporções. Como decorrência de uma série de razões, entre as quais os novos marcos regulatórios e as políticas educacionais implementadas, as matrículas nos cursos de graduação saltaram de 300 mil, em 1970, para 1.500.000, em 1980; 2.694.245, em 2000; 4.163.733, em 2004; 7.037.688, em 2012 e 7.300.000, em 2013. Houve também crescimento do número de IES, de 893, em 1990, para 2.416, em 2012. O setor privado capitaneou a expansão: 87,5% das IESs são privadas, respondendo por 73% das matrículas do país (MEC/INEP, 2014).

de natureza epistemológica, tais como: Que conhecimentos produzir e para quem? Que ciência promover, em uma época em que ciência, ela própria, é parte do problema? Que pressupostos epistemológicos devem orientar o ensino, a pesquisa e a extensão? Como articular o conhecimento científico (disciplinas) com o conhecimento não acadêmico na construção do processo interdisciplinar? Como internalizar a interdisciplinaridade (ID) na graduação, pós-graduação, pesquisa e extensão?

O propósito deste capítulo é adentrar na experiência de implantação da UFFS com o objetivo de analisar os pressupostos epistemológicos que orientam o projeto da nascente universidade. Trata-se de um exercício analítico que implica lançar luzes sobre o sujeito/objeto em estudo, com a finalidade de compreender as diretrizes e/ou concepções que orientam a produção do conhecimento universitário e suas relações com a sociedade e com as demais formas de saber, tendo como foco elementos para reflexão sobre o processo da institucionalização da ID na UFFS.

Tendo presente esses objetivos, o capítulo está estruturado em algumas seções. A primeira delas trata da *episteme* que emerge da própria história da UFFS. O diálogo com a sociedade impulsionou uma reflexão sobre as complexidades e as ambivalências que atingem a espinha dorsal do paradigma dominante de ciência e do conhecimento produzido pela universidade, demandando um posicionamento sobre o papel, os condicionantes e as implicações da ciência e do conhecimento universitário. Nesta perspectiva, a seção apresenta uma reflexão sobre o conhecimento do conhecimento que a universidade produz, oferecendo elementos que ajudam a compreender as dimensões epistemológicas do PPI da UFFS no contexto do debate contemporâneo sobre a) a crise do paradigma hegemônico de ciência e de conhecimento (conhecimento-regulação) e b) a necessidade de uma nova epistemologia (a ciência como conhecimento-emancipação).

A seção seguinte apresenta os principais pressupostos epistemológicos que orientam o PPI: educação/universidade popular, justiça cognitiva, ecologia de saberes e ID. Como a UFFS não é obra de um grupo restrito de especialistas e de acadêmicos notáveis, procura-se demonstrar que tais princípios refletem o processo de participação social e política que deu origem à instituição, sobretudo a compreensão, os anseios e as expectativas formulados pelas instituições e lideranças envolvidas. Objetiva-se, deste modo, evidenciar a historicidade de tais pressupostos, tematizando-os a partir dos contextos e das práticas que lhes dão origem.

A última seção procura compreender a importância e o espaço que a ID ocupa na organização acadêmica da instituição, sobretudo no ensino, na pesquisa e na extensão.

UNIVERSIDADE, CIÊNCIA E SOCIEDADE

A epistemologia perpassa integralmente as instituições de ensino, pois todas elas, independentemente do nível a que se refere, ocupam-se com a transmissão dos saberes historicamente construídos e a organização e o desenvolvimento de novos conhecimentos. Mesmo quando tais concepções não são explicitadas e refletidas nos projetos institucionais, lá estão elas, atuando de forma implícita, na orientação de sentidos e de práticas (des)instituidores de saberes, em algumas situações produzindo, reproduzindo e legitimando e, em outras, hierarquizando, negligenciando, subestimando e desconstruindo. O conhecimento que temos de nós mesmos e das coisas define nosso modo de ser e de estar no mundo. O conhecimento é também o outro lado do desconhecimento. Nossas práticas, individuais e coletivas, definem-se pelo que conhecemos. Todo conhecimento é autoconhecimento e todo desconhecimento é autodesconhecimento (Santos, 2003).

A reflexão epistemológica faz, portanto, pleno sentido, sobretudo no âmbito das instituições de ensino superior, que recebem orçamentos públicos e privados para fins de pesquisa, abrigam as comunidades científicas e respondem por grande parte do conhecimento científico mundialmente produzido. Hoje, mais que em qualquer outra época, a vigilância epistemológica precisa ser defendida e praticada, pois os problemas de nosso tempo são, também, problemas epistemológicos. Os problemas assumiram uma dimensão epistemológica, entre outras razões, porque a ciência está na origem deles, ora pelo excesso de presença, ora pela demasiada ausência.

Tendo em vista a centralidade da reflexão epistemológica, a UFFS também foi – e continua sendo – desafiada a refletir e a se posicionar sobre algumas das questões mais prementes do debate contemporâneo sobre a ciência (papel, condicionantes, resultados, consequências, implicações ambientais e éticas etc.) e suas relações com a sociedade. Não é mais possível defender todo e qualquer conhecimento pela simples razão de ser denominado e aceito como científico. A legitimação do conhecimento científico não pode dar-se *ante factum* (Beck, 1992; Giddens, 1991; Santos, 2002). As promessas não cumpridas, as contradições e as ambivalências da racionalidade técnico-científica hegemônica instauraram uma sensação de perplexidade e de desconfiança. Ao tornar-se parte do problema, a ciência deixou de ser plenamente credível. Ao promover a ciência e o desenvolvimento científico, a universidade também precisa explicitar que ciência está defendendo, assim como os compromissos éticos e políticos que a fundamentam. O conhecimento deve vir acompanhado de uma reflexão crítica sobre o conhecimento do conhecimento que a universidade produz.

A seguir procuraremos explicitar os aspectos centrais do debate contemporâneo sobre a crise do paradigma hegemônico de ciência (conhecimento-regulação) e sobre a necessidade da emergência de um novo paradigma (conhecimento-emancipação).

Hermenêutica[2] da crise do paradigma dominante: a ciência como conhecimento-regulação

A ciência deixou de ser credível no seu todo. Nos últimos sessenta anos ela tem sido objeto de questionamentos e críticas, formulados não apenas por filósofos da ciência e cientistas sociais, mas também por um grupo expressivo de cientistas naturais – como Einstein, Heisenberg, Gödel, Prigogine, Maturana, Varela, Capra e tantos outros – que passaram a desenvolver análises filosóficas sobre suas próprias práticas. No conjunto das reflexões epistemológicas – que versam sobre o conhecimento do conhecimento –, fica latente um mal-estar quanto ao modelo de racionalidade que orientou a ciência moderna e a transformou em conhecimento hegemônico e dominante. As posições ufanistas passaram a ceder espaço às posturas mais críticas, que procuram demonstrar as ambivalências e as contradições que cercam a racionalidade hegemônica da ciência moderna e, no limite, a própria modernidade, enquanto época. Desse movimento tem emergido uma reflexão sobre a crise da ciência, que é, também, um pensamento sobre a complexidade, as ambivalências e as contradições que se instalaram na própria modernidade.

Ciência e modernidade são irmãs gêmeas. Em termos metafóricos, pode-se dizer que os traços de uma ajudam a compreender as origens e os traços

2 O termo hermenêutica está sendo tomado aqui no sentido filosófico, a partir da tradição de pensamento inaugurada por Wilhelm Dilthey, Hans-Georg Gadamer e Paul Ricouer. Diz respeito, em síntese, à arte e/ou ao método de interpretar, de compreender o sentido atribuído pelos homens às coisas, aos fenômenos, a si próprios e às narrativas (discursos) que constroem para compreenderem-se no mundo. Compreender um sentido é adquirir a capacidade de se mover nele e de se reconhecer nele (Gadamer, 2008).

da outra. A modernidade não pode ser devidamente compreendida sem que se considerem a ciência e o papel profundamente transformador que ela foi assumindo desde o século XVI. Razão deve ser dada a todos os grandes intérpretes da modernidade – entre os quais Marx (1978), Freud (1978), Weber (1991), Adorno & Horkheimer (1985), Lyotard (2002), Habermas (2002), Giddens (1991), Latour (1994), Morin (2005), Beck (1992), Bauman (2001), Santos (2002) e outros –, que apontaram a ciência e o conhecimento dela proveniente como uma das mais importantes dinâmicas instituidoras da modernidade. Características e dimensões fundamentais da era moderna (como o heliocentrismo, a visão cartesiana e mecanicista do mundo, o processo de racionalização, o desencantamento do mundo, a invenção do Estado, do direito moderno, da democracia, dos três poderes, da escola, da universidade etc.) estão estreitamente relacionadas às descobertas, invenções e debates havidos no campo das ciências empírico-analíticas (naturais) e das ciências do espírito (humanas). O cartesianismo e, com ele, a física newtoniana, a biologia darwiniana e spenceriana, a mecânica quântica de Einstein, Heisenberg e Bohr e tantas outras invenções/descobertas transformaram os paradigmas de compreensão da natureza e assentaram, sobre novas bases, as relações homem/natureza/sociedade.

De forma ambivalente, a ciência integra a espinha dorsal de nossa época. O ser e o devir, o presente e o futuro, a natureza e a sociedade, a ela se ligam diretamente. Ao se tornar uma poderosa força produtiva, a ciência incide diretamente sobre a vida natural e humana, transformando e recriando dinâmicas e relações. A ciência se impôs a todas as demais formas de conhecimento e sobre a vida social. Há uma hipercientifização do mundo e, dadas as estreitas relações entre modernidade, ciência e capitalismo, está em curso uma hipermercadorização da vida.

Hoje a centralidade/presença/interferência da ciência na natureza e na vida humana é de tal ordem e magnitude que podemos afirmar que os problemas de nosso tempo são, ao mesmo tempo, problemas epistemológicos. Outrora vista como a solução de todos os males, ela acabou por se tornar parte do problema. Como sugere Boaventura de Sousa Santos:

> a transformação gradual da ciência numa força produtiva neutralizou-lhe o potencial emancipatório e submeteu-a ao utopismo automático da tecnologia. Os nossos problemas sociais assumiram uma dimensão epistemológica quando a ciência passou a estar na origem deles. Os problemas não deixaram de ser sociais para passarem a ser epistemológicos. São epistemológicos na medida em que a ciência moderna, não podendo resolvê-los, deixou de os pensar como problemas (2002, p. 117).

Pela primeira vez na história, sem precedentes, passamos a nos inquietar menos com o que a natureza pode fazer conosco, e mais com o que nós podemos, por meio das distintas formas que dispomos de intervenção no mundo, fazer com a natureza, com as pessoas e com as coisas (Morin e Kern, 1995; Morin, 2005; Santos, 2003, 2004; Giddens, 2000; Beck, 1992). Mais que em qualquer outra época, sabemos que a ciência, além de descobrir, cria a realidade. Ao formular explicações, descrições e narrativas sobre as coisas e os homens, ela converte-se imediatamente em discursos instituidores de práticas.

A ciência promoveu a hipercientifização do mundo e contribuiu decisivamente para hegemonizar uma forma de racionalidade – a racionalidade científica e tecnológica – sobre todas as demais formas de conhecimento e torná-la totalitária, na medida em que esta passou a impor silêncio aos saberes e aos sujeitos considerados rivais, inferiores e imperfeitos (senso comum, filosófico, religioso, etc.) e a negar o caráter racional aos conhecimentos não produzidos pela via dos cânones do método científico (Santos, 2002, 2003, 2010; Nunes, 2004). Os que detêm o conhecimento científico são e estão incluídos, e os que não o dominam não sabem e são considerados ignorantes e incultos (Santos, 2004; Quijano, 2010; Nunes, 2010; Santos e Menezes, 2010; Dussel, 2010).

No último século, em particular, a ciência se consolidou definitivamente como força produtiva, alicerçada nos critérios de eficiência e de eficácia e envolta em um projeto mais amplo de poder: a dominação da natureza e do próprio homem (Horkheimer, 2002; Habermas, 1968, Giddens, 1991, Santos, 2003). A hipercientifização do mundo aliou-se à hipermercadorização da vida. A racionalidade instrumental colonizou e subordinou as energias emancipatórias da ciência. O conhecimento-regulação se impôs sobre o conhecimento-emancipação, consolidando uma concepção obcecada pela ideia de totalidade, sob a forma de ordem, controle e domínio. Nas palavras de Boaventura de Sousa Santos:

> A promessa da dominação da natureza, e do seu uso para o benefício comum da humanidade, conduziu a uma exploração excessiva e despreocupada dos recursos naturais, à catástrofe ecológica, à ameaça nuclear, à destruição da camada de ozônio, e à emergência da biotecnologia, da engenharia genética e da consequente conversão do corpo humano em mercadoria última [...] A redução da emancipação moderna à racionalidade cognitivo-instrumental da ciência e a redução da regulação moderna ao princípio do mercado, incentivadas pela conversão da ciência na principal força produtiva, constituem as condições determinantes do processo histórico que levou a emancipação moderna a render-se à regulação moderna [...] a emancipação deixou de ser o outro da regulação para se converter no seu duplo (2002, p. 56 e 57).

A epistemologia que conferiu à ciência a exclusividade do conhecimento válido na modernidade (monocultura do saber), permitindo-lhe intervenções ambivalentes na natureza e na sociedade, estruturou-se a partir de algumas separações e dicotomias, organizadas de forma hierárquica (do superior ao inferior/do mais ao menos importante) no quadro a seguir.

Quadro 25.1: As dicotomias estruturantes do paradigma hegemônico da ciência moderna.

DICOTOMIAS	DESCRIÇÃO
SUJEITO/OBJETO	O conhecimento científico deve ser neutro, imparcial, objetivo, factual, rigoroso e livre de qualquer interferência de valores humanos ou religiosos. Deve avançar por meio da observação descomprometida, livre e sistemática. Sujeito e objeto devem ser estanques e incomunicáveis. O empirismo e o positivismo consagraram o homem enquanto sujeito epistêmico e o expulsaram enquanto sujeito empírico. Ocorre uma interiorização do sujeito à custa da exteriorização do objeto (Santos, 2003a). A distinção epistemológica entre sujeito e objeto se articula, metodologicamente, com a distância empírica entre sujeito e objeto.
CIÊNCIA/SENSO COMUM	A separação entre sujeito e objeto materializa-se por meio da ruptura epistemológica entre ciência e senso comum. A ciência moderna desconfia sistematicamente das evidências da experiência imediata, tratando-as como vulgares, ilusórias, obscurantistas e dogmáticas. Ao estabelecer-se a partir da ruptura com o paradigma aristotélico de ciência e com o pensamento filosófico, a ciência moderna proclama-se como conhecimento rival e superior a todas as demais formas "imperfeitas" de racionalidade. Estabelece-se, assim, como um modelo totalitário de racionalidade, na medida em que nega o caráter racional a todas as formas de conhecimento que não se pautarem pelos cânones do método científico (Santos, 2003a, 2003b; Capra, 1996; Serres, 1991; Horkheimer, 2002; Latour, 1994). À ciência arroga-se o monopólio da distinção universal entre o verdadeiro e o falso e atribui-se um privilégio epistemológico: propõe não apenas a compreender o mundo ou explicá-lo, mas transformá-lo (Santos, 1995, 2004, 2010).
HOMEM/NATUREZA	A terceira dicotomia proposta pelo paradigma científico moderno diz respeito à ruptura homem e natureza. A civilização industrial construiu a ideia de uma natureza objetiva e exterior ao homem, assim como uma "concepção de homem não natural e fora da natureza" (Gonçalves, 2001, p. 35). A natureza passou a ser comparada a uma máquina. A noção de um universo orgânico, vivo e espiritual foi sendo substituída por uma visão mecanicista do mundo. A natureza segue leis fixas, imutáveis e universais. É preciso conhecer os seus mistérios, para dominá-la e controlá-la. Conhecer a mecânica do mundo e determinar seu funcionamento são os grandes objetivos da ciência moderna (Leff, 2000; Santos, 1989, 2003a; Morin, 1995, 2005; Capra, 1996).
CIÊNCIAS NATURAIS/ CIÊNCIAS SOCIAIS	A distinção entre ciências naturais e ciências sociais decorre da separação entre natureza e sociedade. As ciências naturais estudam realidades/fenômenos objetivos que seguem leis imutáveis. Por meio do método científico buscam descobrir como a realidade funciona, especialmente suas leis, com vista a prever o comportamento futuro dos fenômenos. As ciências sociais, consideradas pouco objetivas e inferiores, estudam os fenômenos humanos, reconhecidos como mutáveis, efêmeros, contraditórios (Löwy, 2008; Santos, 2002, 2003). A modernidade conferiu aos estudos sobre a natureza um privilégio maior que os estudos sobre o homem e a sociedade.

(continua)

Quadro 25.1: As dicotomias estruturantes do paradigma hegemônico da ciência moderna. *(continuação)*

DICOTOMIAS	DESCRIÇÃO
TODO/PARTES	Como a complexidade do mundo é superior à capacidade humana de conhecer, o método científico propõe reduzir a complexidade do real em partes. Conhecer significa dividir e classificar. A ciência pode observar e medir as leis da natureza. As leis da natureza são simples e regulares. O método compartimentaliza e divide o real, com a promessa de que o rigor só é possível pelo específico. As partes são tomadas pelo todo. O todo tem absoluta primazia sobre cada uma das partes que o compõem (Santos, 2002, 2003; Leff, 2000; Morin, 2005).
UNIVERSAL E GLOBAL/ PARTICULAR E LOCAL	A ciência moderna, mesmo sendo um localismo globalizado, aspirou rejeitar, inferiorizar e substituir os conhecimentos locais e particulares. A monocultura do conhecimento científico inferioriza o local e o particular, sob o argumento de que a realidade segue leis imutáveis que, quando descobertas, são válidas e devem se impor a topos os espaços e os tempos.

Fonte: Quadro organizado a partir das contribuições de Horkheimer (2002); Habermas (1968); Santos (1989, 1995, 2003a, 2003b, 2004, 2010); Latour (1994); Morin (1999, 2000, 2005); Leff (2000); Löwy (2008); Dussel (2010); Capra (1996); Gonçalves (2001) e Serres (1991).

Hermenêutica do paradigma emergente: a ciência como conhecimento-emancipação

A ciência moderna, como já destacado anteriormente, é uma dimensão estruturante da modernidade, sendo, ao mesmo tempo, nem um bem incondicional, nem um mal incondicional. São inegáveis os avanços que o conhecimento científico aportou ao processo de desenvolvimento das sociedades, assim como são visíveis as intervenções poderosas e drásticas na natureza e na sociedade. Os princípios da regulação e da emancipação estão igualmente presentes e relativamente equilibrados no projeto moderno de ciência. Newton, Descartes, Galileu, Comte e Marx, apenas para citar alguns, defenderam amplamente o conhecimento científico como forma de esclarecimento e de emancipação. Augusto Comte, por exemplo, é o mais emblemático. Defendeu que a ordem (regulação) e o progresso (emancipação) deveriam ser dimensões integrantes e complementares das ciências humanas. A modernidade acreditou ser possível equilibrar o princípio da regulação ao da emancipação.

A partir do século XIX – momento em que a trajetória da modernidade se identifica com a trajetória do capitalismo, transformando-se em modernidade capitalista (Giddens, 1991; Santos, 1995, 2003b, Morin, 2001, Habermas, 1968) –, o princípio da regulação acabou por colonizar a emancipação. A ciência passou a ser, progressivamente, colonizada pelo mercado. O conhecimento-regulação se sobrepôs ao conhecimento-emancipação.

O esgotamento da ciência positivista aponta para a necessidade de construir um novo paradigma, que permita pensar, sobre novas bases, o conhecimento científico e suas relações com a natureza e a sociedade. Nesse intento, partilhamos do entendimento de que a crise paradigmática atual relaciona-se estreitamente à forma como a modernidade propôs e realizou o (des)equilíbrio entre conhecimento-regulação e conhecimento-emancipação (Quadro 25.2). Os elementos centrais do paradigma emergente podem ser encontrados na própria modernidade. Por meio de uma hermenêutica crítica é possível recuperar e resignificar dimensões que foram reprimidas, negligenciadas ou esquecidas. O paradigma do conhecimento-emancipação, parafraseando Boaventura de Sousa Santos (2003, 2004), deve propor uma nova epistemologia (paradigma de um conhecimento prudente) e uma nova sociedade (paradigma de uma vida decente).

Quadro 25.2: Conhecimento-emancipação como paradigma emergente.

CONHECIMENTO-REGULAÇÃO	CONHECIMENTO-EMANCIPAÇÃO
Monocultura do conhecimento científico: o saber e o rigor do saber são defendidos como critérios por excelência de verdade e, ao fazê-lo, impõe silêncio aos saberes e aos sujeitos considerados rivais, inferiores e imperfeitos, negando o caráter racional aos conhecimentos não produzidos pela via dos cânones do método científico.	**Ecologia e diálogo de saberes:** revaloriza os saberes não científicos e a revalorização do próprio saber científico pelo seu papel na criação e aprofundamento de outros saberes não científicos. Fundamenta-se na tese de que o conhecimento é interconhecimento, ou seja, aprender outros conhecimentos sem esquecer os próprios. Como parte de uma ecologia de saberes, a ciência declina de sua pretensão monopolista. Reconhece o outro enquanto produtor de conhecimento.
Dicotômico: estrutura-se a partir de uma concepção dicotômica e fragmentada da realidade. Ao separar, também hierarquiza, estabelecendo superioridades e inferioridades. A ciência concebe-se como conhecimento superior, a partir da inferiorização daquilo que pretende negar e superar.	**Relacional:** sustenta que a realidade não é dicotômica e estática; é complexa, relacional, dinâmica e regida pelo movimento e pelas bifurcações. O todo não é a soma das partes, porque o todo é definido a partir do movimento e da transformação das partes. A realidade opera pelo princípio da auto-organização. Ao invés de seguir leis eternas e imutáveis, a natureza e a sociedade regem-se pela mudança, a desordem, a espontaneidade e o acidente.
Ocidental e colonial: estrutura-se sob uma pretensão de validade fundamentada na ideia de ordem, de domínio e de controle da natureza e da sociedade. Pretendeu impor-se como racionalidade totalitária em todas as partes do mundo, na perspectiva da colonialidade do saber e da colonialidade do poder. O conhecimento-regulação reduz a compreensão do mundo à compreensão ocidental do mundo. O conhecimento hegemônico foi incorporado à expansão colonial europeia, legitimando e ampliando as práticas de epistemocídio: negação e extermínio dos saberes inferiores, próprios dos seres considerados inferiores. Ancora-se em uma concepção abissal do mundo e do conhecimento.	**Pós-colonial e multicultural:** reconhece e procura promover a diversidade epistemológica do mundo. Ao reconhecer a pluralidade epistemológica, promove o reconhecimento dos sujeitos sociais e das culturas que produzem distintos saberes, com critérios também distintos de validade. Longe de ser negativa, a diversidade enriquece as capacidades humanas de conferir inteligibilidade e intencionalidade às experiências sociais. O conhecimento-emancipação na perspectiva da ecologia de saberes pretende constituir-se em uma alternativa à concepção abissal da modernidade e do conhecimento científico.

(continua)

Quadro 25.2: Conhecimento-emancipação como paradigma emergente. *(continuação)*

CONHECIMENTO-REGULAÇÃO	CONHECIMENTO-EMANCIPAÇÃO
Descontextualizado: postula que o conhecimento independe das condições a partir das quais é produzido, assim como postula que sua aplicação independe dos contextos reais onde é aplicado. Não reconhece o desequilíbrio de escalas entre ação técnica do cientista e consequências técnicas. Sob essas condições, o cientista sente-se autorizado a agir de qualquer modo, independentemente de suas consequências. A maximização do princípio da objetividade científica promove a maximização do princípio da neutralidade do pesquisador (ações e consequências). Uma vez descontextualizado, todo o conhecimento é potencialmente absoluto.	**Contextual:** o conhecimento é sempre contextualizado pelas condições que o tornam possível. As linhas que separam o sujeito cognoscente do objeto conhecido, o conhecimento do autoconhecimento, a ciência da política, a verdade do interesse, a descrição da realidade da intervenção sobre a mesma são sempre tênues e, algumas vezes, inexistentes. O conhecimento-emancipação tem na sua base um compromisso ético. Ele assume as consequências de sua aplicação e procura promover o equilíbrio de escalas entre ação e consequências. Em vez da maximização da neutralidade do cientista, a sua minimalização. O conhecimento e a tecnologia que o pesquisador produz não são neutros.
Disciplinar: ao separar o todo em partes, a ciência moderna compartimentalizou o real, com a promessa de que o rigor e a objetividade avançam pelo específico. A excessiva disciplinarização promoveu a especialização e a fragmentação reducionista.	**Inter/transdisciplinar:** a complexidade do mundo natural e humano exige abordagens teóricas e metodológicas mais flexíveis e interativas, permitindo novas interfaces e diálogos entre disciplinas e pesquisadores. A fragmentação, embora existente, é mais temática e menos disciplinar.
Homogêneo e hierárquico: os investigadores – que têm a mesma formação e a mesma cultura científica – tendem a determinar os problemas científicos a resolver, a relevância, as metodologias e os ritmos da pesquisa, segundo objetivos e hierarquias bem definidas.	**Heterogêneo:** obriga um diálogo ou confronto com outros tipos de conhecimento e com investigadores com formação acadêmica diversa e com prioridades igualmente diferentes. O conhecimento é produzido em ambientes menos rígidos e hierarquizados. A formulação dos problemas a resolver e a determinação dos critérios de relevância resultam de diálogos mais ampliados.
Unilateral: assenta-se na separação entre ciência e sociedade, entre universidade e sociedade. A universidade produz conhecimento que a sociedade se apropria ou não. Quem produz (universidade, pesquisadores) opera com uma certa "desresponsabilização social", na medida em que não se pergunta sobre a relevância e a aplicação do conhecimento produzido.	**Interativo:** a sociedade (o conjunto das instituições e sujeitos sociais que se apropriam do conhecimento produzido) desenvolve uma relação mais intensa e responsável, exigindo maior participação na produção e avaliação dos impactos que decorrem da aplicação do conhecimento. A maior inserção da ciência na sociedade corresponde a uma maior inserção da sociedade na ciência.
Arrogante: arroga-se superior em relação a todas as formas de conhecimento e se autoatribui o direito de impor os seus critérios de validade. Além de conhecer o mundo, quer transformá-lo, por meio de interferências em múltiplas escalas e dimensões.	**Prudente:** procura manter as escalas das ações técnicas ao nível das escalas das consequências. Em uma sociedade revolucionada pela ciência, o novo paradigma científico (o paradigma de um conhecimento prudente) deve ser também um novo paradigma social (o paradigma de uma vida decente). A prudência é a coragem de ter medo; é a insegurança assumida e controlada. Prudente é aquele que aprende a viver/conviver com a insegurança, sem, no entanto, sofrê-la irresolutamente. Quando está em risco a sobrevivência da humanidade tal como a conhecemos, ter medo é a atitude mais sensata. O conhecimento-emancipação pressupõe uma nova ética, fundada no princípio da responsabilização.

Fonte: Quadro elaborado a partir das contribuições de Santos (1995, 2002, 2003a, 2003b, 2004 e 2010); Quijano (2005, 2010); Dussel (2010); Nunes, (2010); Mignolo (2005); Lander (2005); Bourdieu (2013) e Jonas (2006).

PRESSUPOSTOS EPISTEMOLÓGICOS DO PROJETO DA UFFS

Toda instituição produz e reproduz conhecimentos, sujeitos e práticas e, ao fazê-lo, pressupõe uma ou várias epistemologias. Todo conhecimento tem, portanto, uma institucionalidade, no âmbito da qual as relações sociais se organizam e acontecem. Não há, neste sentido, conhecimento sem práticas e sem atores sociais organizados em instituições. Para ser hegemônica, toda e qualquer epistemologia se ancora em um aparato institucional, em que os conhecimentos se tornam inteligíveis e reconhecidos como válidos (Berger e Luckmann, 2004; Santos e Menezes, 2010).

A dimensão institucional, por conseguinte, não pode ficar ausente da análise epistemológica. Não se pode ocultar o contexto sociopolítico e a rede institucional que produziu a racionalidade científica hegemônica na modernidade. As ambivalências e as contradições da ciência moderna, na sua relação com a natureza e com a sociedade, não podem ser compreendidas sem o estado, o mercado, as universidades, os centros de pesquisa, as associações acadêmicas e profissionais, o sistema de peritos, os pareceres técnicos etc.

A universidade, em particular, gozou, ao longo dos séculos, de legitimidade política e social para desenvolver o conhecimento-regulação, assentada em uma concepção positivista da ciência e da própria sociedade. A crise do paradigma dominante de ciência expõe, assim, as ambivalências do próprio conhecimento universitário. Enquanto principal instituição produtora do conhecimento científico, a universidade precisa ser, ela própria, objeto de reflexão epistemológica.

O processo de criação e de implantação da Universidade Federal da Fronteira Sul, ora de forma mais, ora de forma menos explícita, produziu reflexão sobre as complexidades e as ambivalências que atingem a espinha dorsal do paradigma dominante de ciência e do conhecimento produzido pela universidade. Uma reflexão menos acadêmica e sistemática e mais fragmentada e difusa, considerando que a UFFS não foi concebida e fundada por um grupo restrito de especialistas e de acadêmicos notáveis. Sendo assim, não foi a reflexão epistemológica, pedagógica ou política, *ante factum*, que orientou o projeto fundador. A criação resultou de um processo amplo de participação social e política, no qual as organizações da sociedade civil, os movimentos sociais e as lideranças políticas e comunitárias tiveram atuação decisiva. As "vozes" que ecoaram para dentro do projeto de criação são, majoritariamente, as dos que não integram a institucionalidade universitária. Elas refletem a compreensão, os anseios e as expectativas dos que, apesar de terem sido excluídos da possibilidade do ensino superior, acreditam e defendem a universidade e a dimensão emancipatória e libertadora do conhecimento que ela produz.

Os dez princípios do PPI da UFFS, definidos em 2009, expressam os principais compromissos e anseios[3]:

1. Respeito à identidade universitária da UFFS, o que a caracteriza como espaço privilegiado para o desenvolvimento concomitante do Ensino, da Pesquisa e da Extensão.
2. Integração orgânica das atividades de Ensino, Pesquisa e Extensão [...].
3. Atendimento às diretrizes da Política Nacional de Formação de Professores [...].
4. Universidade de qualidade, comprometida com a formação de cidadãos conscientes e comprometidos com o desenvolvimento sustentável e solidário da Região Sul do país.
5. Universidade democrática, autônoma, que respeite a pluralidade de pensamento e a diversidade cultural [...].
6. Universidade que estabeleça dispositivos de combate às desigualdades sociais e regionais, incluindo condições de acesso e permanência no Ensino Superior, especialmente das populações mais excluídas do campo e da cidade.
7. Universidade que tenha na agricultura familiar um setor estruturador e dinamizador do processo de desenvolvimento.
8. Universidade que tenha como premissa a valorização e a superação da matriz produtiva existente.
9. Universidade pública e popular.
10. Universidade comprometida com o avanço da arte e da ciência e com a melhoria da qualidade de vida para todos.

O lugar de nascimento da UFFS, além de ser geográfico, político e social, é também epistemológico, pois todos são portadores de uma *episteme*, construída a partir de sua história e de seu lugar no mundo. Ele tem dimensões epistemológicas na medida em que diz respeito aos conhecimentos e às práticas dos atores sociais e das instituições envolvidas no processo de criação. O conhecimento é sempre contextualizado pelas condições que o tornam possível.

---

3 A íntegra dos dez princípios institucionais encontra-se disponível em: http://www.uffs.edu.br e em Trevisol, Cordeiro e Hass (2011).

Tendo isso presente, a seguir pretendemos explicitar os principais pressupostos epistemológicos que orientaram o projeto institucional da UFFS desde a sua criação. O esforço aqui empreendido é similar ao trabalho do arqueólogo, que escava (em busca de vestígios que indicam presença de vida e de cultura) e traduz (com o intuito de produzir inteligibilidades sobre os objetos encontrados). De modo mais preciso, a síntese aqui produzida decorre de um projeto de pesquisa desenvolvido entre 2011 e 2013, que teve como tema de investigação o processo de criação da Universidade Federal da Fronteira Sul (Trevisol e Ló, 2014). O trabalho investigativo realizado permitiu acessar e organizar um conjunto substancial de documentos, atas, fotos, memorandos, portarias, resoluções, assim como a realização de dezoito entrevistas (áudio e vídeo) com as principais lideranças do Movimento Pró-Universidade dos estados do Rio Grande do Sul, Santa Catarina e Paraná. Para os propósitos deste capítulo, dois documentos serão sobremaneira importantes: os princípios norteadores estabelecidos no PPI e o Documento Final da I Conferência de Ensino, Pesquisa e Extensão da UFFS[4].

Educação/universidade popular

Este é o primeiro e o mais importante princípio presente em todo o processo de criação e implantação da UFFS. Sua presença e defesa indica, claramente, o esforço de conceber e de realizar uma instituição universitária enquanto um bem público a serviço da sociedade, especialmente dos grupos sociais historicamente excluídos. O termo "popular" demarca um claro distanciamento com o elitismo reinante na maioria das instituições de ensino superior no Brasil e no mundo. Ao longo de séculos, as universidades têm sido, com raras exceções, espaços ocupados pelas elites detentoras do capital econômico, social e cultural. Os estudantes ingressam em busca de um título/prêmio que lhes permita exercer, de forma legítima, um poder que, em geral, já possuem. As classes sociais mais ricas têm se servido da universidade para reproduzir e ampliar o seu poder em relação aos mais pobres e excluídos (Chauí, 1999, 2001; Santos, 2005; Silva Junior e Sguissardi, 2001). Inserido dessa maneira, o conceito de "popular" reconhece e valoriza a riqueza pedagógica e epistemológica presente nas experiências de universidades populares desde o século XIX na Europa (Benzaquen, 2011; Osório, 2006) e de educação

4 O Documento Final da I Coepe pode ser acessado em: www.uffs.edu.br e em Trevisol, Cordeiro e Hass (2011).

popular no Brasil e na América Latina, desde os anos 1960 (Freire, 1987, 1996; Brandão, 1986, 2002). Traz para dentro do projeto uma concepção dialética e não positivista de conhecimento e de educação superior. Partilha do entendimento de que todas as formas de conhecimento, inclusive o saber científico, são construções sociais coletivas, que precisam estar a serviço da sociedade. O conhecimento, neste sentido, produz transformação social, emancipação humana e autonomia.

Justiça cognitiva

A justiça cognitiva, enquanto pressuposto, promove uma abertura epistemológica e alarga os compromissos éticos e políticos da universidade e do conhecimento que ela produz. Ela introduz a tese de que a justiça social passa, necessariamente, pela justiça cognitiva. O acesso, a partilha e a apropriação social do conhecimento científico e tecnológico que a sociedade produz, especialmente por meio de suas instituições de ensino superior, são condições essenciais para o desenvolvimento humano e para a justiça social. A exclusão cognitiva fortalece e amplia a exclusão social (e vice-versa). Ao inserir este pressuposto em seu projeto institucional, a UFFS procura se distanciar de uma concepção elitista de conhecimento e de universidade. Propõe-se a promover a justiça cognitiva na medida em que proporciona aos jovens e aos grupos sociais excluídos o acesso aos saberes sistematizados, essenciais ao mundo do trabalho e ao exercício da cidadania (UFFS, 2011). A justiça cognitiva, assim concebida, é uma resposta ao monopólio que o conhecimento científico exerceu ao longo da modernidade sobre todas as demais formas de saber, assim como uma recusa ao elitismo reinante no ensino superior, que possibilitou apenas às elites a apropriação do saber científico e suas tecnologias (Santos, 2004). A justiça cognitiva nos leva a reconhecer a) que toda experiência produz conhecimento; b) que todo conhecimento é uma produção social e c) que toda a experiência social pode ensejar práticas de reconhecimento (Arroyo, 2011).

Ecologia de saberes

Tendo em vista suas origens, a UFFS procurou se pensar a partir de uma relação interativa e solidária (e não unilateral e distante) com a sociedade. Ao invés de se conceber como universidade-fortaleza, a partir do distanciamento estrutural que tem caracterizado muitas universidades – que se colocam acima, em uma posição distante da comunidade onde estão inseridas e hierarquicamente superiores –, ela se propõe a ampliar as zonas de contato e intensificar a interatividade, a inserção e as relações de cooperação solidária (universidade--rede). Trata-se do desafio de fazer emergir uma universidade de proximidade. A sociedade deixa de ser o objeto das interpelações, para ser o sujeito. O conceito de ecologia de saberes visa tornar presente essa perspectiva, que no fundo é a materialização do princípio da democratização (de dentro para fora e de fora para dentro) da universidade e do conhecimento científico. Uma democratização, a propósito, que vai muito além do acesso e da permanência dos estudantes (UFFS, 2011; Santos, 2005).

O mesmo movimento que leva o conhecimento científico para a sociedade deve ser o que traz outras formas de conhecimento que circulam na sociedade (senso comum, artístico, religioso, indígena, tradicional, urbano, camponês etc.) para dentro da universidade. A ecologia de saberes (revalorização dos saberes não científicos e revalorização do próprio saber científico pelo seu papel na criação ou aprofundamento de outros saberes não científicos) permite reatar o conhecimento científico ao senso comum, tornando-o conhecimento apropriado e utilizado pelos diferentes sujeitos e atores sociais. Por meio da extensão invertida e de mão dupla, o conhecimento produzido pela universidade põe-se em diálogo com o senso comum e com todas as demais formas de conhecimento produzido pela comunidade. Trata-se de uma ruptura com as formas tradicionais e hegemônicas de conceber a ciência e a universidade, pois inaugura uma partilha solidária de conhecimentos, em que o saber acadêmico, disciplinar, homogêneo e hierárquico produzido pela universidade interage com agentes com formação acadêmica diversa e com prioridades igualmente diferentes. A ecologia de saberes promove o reconhecimento de outras formas de saber e o confronto comunicativo entre elas. A universidade, nessa perspectiva, acaba por ser "um ponto privilegiado de encontro entre saberes. A hegemonia da universidade deixa de residir no caráter único e exclusivo do saber que produz e transmite para passar a residir no caráter único e exclusivo da configuração de saberes que proporciona" (Santos, 1995, p. 224). Quanto mais a universidade se insere na sociedade, tanto mais esta se insere na universidade.

Interdisciplinaridade

Em sintonia com os demais princípios, a inclusão da ID no projeto da UFFS promove uma abertura conceitual e metodológica, que ajuda a pensar a produção do conhecimento, os currículos e a organização dos pesquisadores na universidade a partir de parâmetros que vão além da tradicional e hegemônica disciplinarização e, com ela, a especialização e a fragmentação do saber. O princípio diz respeito ao processo de construção do conhecimento que, por meio do diálogo e da integração entre diferentes saberes e disciplinas, possibilita a composição de interpretações mais abrangentes e complexas, e uma intervenção mais qualificada na realidade (UFFS, 2011). Trata-se de uma perspectiva menos unilateral, hierárquica e rígida e mais interativa, contextual e sensível à complexidade do mundo natural e humano. Como tão bem destaca Claude Raynault (2013), a vida não se organiza em fronteiras disciplinares. A fragmentação do real desencadeia um reducionismo arbitrário, tornando o cientista um ignorante especializado (Santos, 2005a).

A INTERDISCIPLINARIDADE NO PPI DA UFFS

A ID, como já destacado, não pode ser tematizada de forma a-histórica e descolada dos contextos de sua emergência, a partir – e em relação – dos quais procura ensejar novas concepções e práticas institucionais e individuais. Ela diz respeito, neste sentido, a ideias, instituições, atores e práticas. Não abordá-la desta forma é incorrer no risco de retirar-lhe a inovação e o potencial transformador, separando a ideia do contexto, a teoria da prática, o individual do institucional, o projeto do seu plano de execução. Essa forma de abordar o tema é especialmente válida para compreender o lugar e o percurso da ID no processo de criação e implantação da UFFS.

A trajetória da ID na UFFS é muito peculiar, abrigando em seu interior especificidades que precisam ser reconhecidas. A primeira delas, notadamente, diz respeito aos atores e às instituições que desde o início a defenderam como princípio estruturante do projeto da nascente universidade. Atores, na sua grande maioria, não vinculados ao meio acadêmico. A perspectiva interdisciplinar foi, curiosamente, impulsionada de "fora para dentro", por pessoas e instituições não vinculadas ao meio científico. Foi defendida pelos movimentos sociais e pelas organizações comunitárias que integraram o Movimento Pró-Universidade, formados os incorporados por lideranças que sequer haviam frequentado a universidade. Uma defesa menos embasada no conteúdo epistemológico e acadêmico presente na proposta interdisciplinar e mais motivada pelo desafio de pensar e construir uma universidade diferente. Ao invés de uma "universidade-fortaleza" (fechada em si mesma, corporativa e centrada em uma especialização fragmentada e reducionista), uma "universidade-rede" (um bem público a serviço da sociedade).

Em pesquisa realizada com as principais lideranças que participaram do processo de criação da UFFS (Trevisol e Ló, 2014), indagamos os entrevistados sobre os princípios mais relevantes que orientaram as discussões. A defesa da ID aparece claramente:

> [...] nós não queremos uma universidade que esteja dissociada da comunidade, que esteja encastelada, que esteja distante da sociedade, que esteja acima da sociedade, uma universidade arrogante, que faz da ciência um lugar de dominação. Isso nós não queremos. Não queremos uma universidade que fragmenta o conhecimento e, ao fragmentar, impede a construção da consciência, que depende do todo; não queremos uma universidade elitizada e corporativista[5].
> [...] Entendemos também o que temos de mais avançado na construção do conhecimento é a ID. Não queríamos a fragmentação do conhecimento, aquele que é especialista e que sabe quase tudo sobre quase nada [...] Sempre tivemos isso presente. Não adianta ter os melhores profissionais; é preciso termos também bons cidadãos, bons pesquisadores, que ajudam na transformação da sociedade [...] O fundamental da ciência é o pensamento crítico[6].
> Por que ter departamento se o conhecimento humano não é departamentalizado [...] Não defendemos os departamentos, mas falávamos: essa universidade não pode ter essa separação, essa fragmentação[7].

Na UFFS, a ID é, claramente, uma ideia-força que vai muito além das relações/interações entre as disciplinas acadêmicas. O núcleo duro da proposta interdisciplinar defendida reside na relação entre ciência e sociedade, entre universidade e desenvolvimento, entre conhecimento científico e transformação social. A dimensão epistemológica se articula com as dimensões políticas e pedagógicas. A ID é, neste sentido, também uma pedagogia. Ela põe em movimento um modo de ser da universidade e uma forma de construir o conhecimento científico a partir de uma relação dialógica e interativa com a sociedade e com as suas principais necessidades.

As demandas da sociedade foram colocadas no centro do processo de definição do desenho institucional e acadêmico da UFFS (áreas de conhecimento, cursos de graduação, área de concurso de docentes, política curricular dos cursos de graduação e pós-graduação, cursos de pós-graduação, pesquisa e extensão etc.). A organização acadêmica e científica não foi definida a partir das áreas de conhecimento ou das disciplinas acadêmicas hegemônicas nas

---

5 Trecho de entrevista realizada em 16/01/2012, com uma das principais lideranças do processo de criação da UFFS.

6 Trecho de entrevista realizada em 22/02/2012, com uma das principais lideranças do processo de criação da UFFS.

7 Trecho de entrevista realizada em 26/02/2012, com uma das principais lideranças do processo de criação da UFFS.

instituições de ensino superior. A prioridade foi dada à região de abrangência da UFFS. As prioridades foram estabelecidas por meio de uma análise detalhada das características (demográficas, econômicas, culturais e socioeducacionais) e das históricas lacunas presentes na Mesorregião Fronteira Sul (Figura 25.1)[8].

Figura 25.1: Mesorregião Fronteira Sul.

Fonte: Diretoria de Comunicação/UFFS, 2014.

O ensino superior nessa região de fronteira é, além de tardio, uma possibilidade facultada a poucos. Ao longo de décadas, milhares de jovens e adultos ficaram excluídos. Especialmente a juventude residente em pequenos municípios, de economia agrícola e alicerçados na agricultura familiar, viu-se obrigada a buscar sua inserção no mercado de trabalho assalariado, evadindo-se do campo em direção a cidades de maior porte, muitas das quais situadas

8 A Mesorregião Fronteira Sul se refere a uma região do sul do Brasil, situada na fronteira com a Argentina, composta por aproximadamente 396 municípios e 3,7 milhões de habitantes dos estados do Rio Grande do Sul (região Noroeste), Santa Catarina (região Oeste) e do Paraná (região Sudoeste). Localiza-se entre 400 e 600 km das três capitais dos três estados do Sul, tendo sido, ao longo dos séculos, palco de permanentes lutas pela posse da terra.

nas regiões litorâneas. O êxodo rural acentuou o processo de urbanização e, no interior dele, a tendência à "litoralização". A crise da pequena propriedade agrícola de base familiar, acentuada a partir dos anos 1980, reforçou sobremaneira a mobilidade humana do campo para as cidades litorâneas (Trevisol, 2014).

O desenho institucional da UFFS foi definido, neste aspecto, de "fora para dentro". Ao invés de brotar da iniciativa, liderança e hegemonia de um grupo de especialistas ou de *experts*, nasceu do diálogo e da interação entre estado e sociedade civil, entre Ministério da Educação e movimentos sociais/organizações comunitárias, entre quem produz conhecimento científico e quem se apropria dele. Em termos de prioridade, a tradicional cultura acadêmica alicerçada nas áreas de conhecimento cedeu espaço para as temáticas que a comunidade envolvida julgou serem mais importantes e necessárias para seu desenvolvimento. É neste contexto que a perspectiva interdisciplinar emerge.

As áreas temáticas estruturantes

As áreas prioritárias de atuação, após serem definidas, assumiram um peso importante na organização acadêmica e científica da UFFS, sendo utilizadas para a definição dos cursos de graduação e pós-graduação, as áreas de concurso dos docentes, as políticas e matrizes curriculares, os grupos de pesquisa e os programas de extensão. As áreas são grandes temáticas que se conectam aos campos profissionais e ao cotidiano da sociedade. Por meio delas a universidade define o conteúdo de sua presença na comunidade e, também, estabelece o modo como pretende construir a articulação entre as áreas de conhecimento, as disciplinas e os pesquisadores (Quadro 25.3).

Quadro 25.3: Áreas temáticas centrais do Projeto Político Institucional.

ÁREAS TEMÁTICAS	JUSTIFICATIVA/RELEVÂNCIA	CURSOS DE GRADUAÇÃO
Educação básica e formação de professores*	A melhoria da qualidade da educação básica é estratégica para o desenvolvimento do país. Enquanto universidade pública federal, criada no bojo das políticas de expansão e interiorização do ensino superior, a UFFS decidiu priorizar a formação de professores e o desenvolvimento da pesquisa e da extensão nessa área. Todos os cursos de graduação da área de humanidades são licenciaturas.	Pedagogia (2 cursos) História (3 cursos) Geografia (2 cursos) Ciências Sociais (2 cursos) Filosofia (2 cursos) Letras (3 cursos) Matemática (1 curso) Biologia (2 cursos) Física (2 cursos) Química (2 cursos) Educação do Campo (3 cursos)

(continua)

Quadro 25.3: Áreas temáticas centrais do Projeto Político Institucional. *(continuação)*

ÁREAS TEMÁTICAS	JUSTIFICATIVA/RELEVÂNCIA	CURSOS DE GRADUAÇÃO
Agricultura familiar e agroecologia	A agricultura familiar responde por sete de cada dez empregos do campo e produz 70% dos alimentos que vão à mesa. Cerca de 85% das propriedades rurais do Brasil são de agricultores familiares. Tendo isso presente, a UFFS firmou compromisso com a produção de conhecimentos, tecnologias e práticas sustentáveis, que potencializam a agricultura familiar, a produção de alimentos e a sustentabilidade.	Agronomia (5 cursos) Engenharia de Aquicultura (1 curso) Medicina Veterinária (1 curso) Engenharia de Alimentos (1 curso)
Energias renováveis e sustentabilidade	As temáticas ambientais, em especial a formação socioambiental e o desenvolvimento de ciência e tecnologia no campo das energias renováveis, foram consideradas estratégicas para a UFFS e sua região de abrangência.	Engenharia Ambiental (3 cursos)
Saúde coletiva	A área de saúde foi e continua sendo fortemente demandada pela comunidade. Há forte pressão para a criação de novos cursos de graduação e de pós-graduação, que permitam formar profissionais em maior número e habilitados para atuarem na saúde pública (SUS, saúde da família e comunidade, cuidados em saúde, gestão etc.).	Medicina (2 cursos) Enfermagem (1 curso) Nutrição (1 curso)
Gestão	O associativismo civil e o cooperativismo têm presença marcante na organização social, política e econômica da região. As cooperativas, as associações de produtores e economia solidária respondem por fatias importantes da economia regional. Em vez dos tradicionais cursos de administração de empresas, foram priorizados cursos voltados à formação de gestores de micro e pequenas empresas, cooperativas, organizações econômicas populares, agricultura familiar etc.	Administração (2 cursos) Ciências Econômicas (1 curso)

(*) Todos os cursos de graduação vinculados à área de formação de professores são licenciaturas, inclusive a de física, química e biologia. *Fonte: Prograd/2015.*

A interdisciplinaridade na proposta curricular da graduação

O currículo é poder. Ele é, como propõe Mckernan, "necessariamente uma seleção da cultura" (2009, p. 27). Mais que conhecimentos, competências e habilidades, ele organiza e reproduz concepções de conhecimento, de cultura, de profissão e de vida em sociedade. As políticas de currículo, neste sentido, expressam o projeto de formação humana, científica e cidadã da universidade.

Tendo em vista esta centralidade, a organização curricular da graduação na UFFS foi – e continua sendo – tema de amplo debate. Em 2009, a Comissão de Implantação definiu as diretrizes gerais que, a despeito de algumas mudanças implementadas em 2012, permanecem até hoje. A Comissão construiu uma proposta diferente e inovadora, procurando distanciar-se dos formatos curriculares que imperam hegemonicamente na maioria das IESs. Na contramão das tendências que primam pela fragmentação curricular, especialização disciplinar precoce dos estudantes e conteúdos alinhados ao mercado de trabalho, a UFFS definiu-se por uma política curricular que procura equilibrar: a) formação especializada e formação generalista; b) formação disciplinar e formação interdisciplinar; c) formação humana e formação para o mundo do trabalho, e d) formação científica e formação cidadã.

A formação na UFFS, no âmbito da graduação, está estruturada em três níveis distintos, porém integrados e complementares. Os níveis correspondem, em termos metafóricos, à estrutura de uma árvore: o tronco, os galhos e as folhas. A formação acadêmica deve integrar/contemplar, de forma dialética, o geral e o específico, o universal e o particular, o global e o local, a ciência e a cidadania. Todo estudante da universidade, independentemente do curso de graduação que frequenta, tem sua formação alicerçada em três domínios.

O primeiro deles é o *Domínio Comum*. Ele responde pela formação geral. Diz respeito aos componentes curriculares obrigatórios[9] em todos os cursos de graduação (entre 420 horas e, no máximo, 660 horas) que, de acordo com o art. 12 do Regulamento da Graduação da UFFS, visam promover:

> a) a contextualização acadêmica: desenvolver habilidades e competências de leitura, de interpretação e de produção em diferentes linguagens que auxiliem a se inserir criticamente na esfera acadêmica e no contexto social e profissional;
> b) a formação crítico social: desenvolver uma compreensão crítica do mundo contemporâneo, contextualizando saberes que dizem respeito às valorações sociais, às relações de poder, à responsabilidade socioambiental e à organização sociopolítico-econômica e cultural das sociedades, possibilitando a ação crítica e reflexiva, nos diferentes contextos (UFFS, 2014).

O segundo, denominado *Domínio Conexo*, diz respeito ao conjunto de componentes curriculares situados na interface entre áreas de conhecimento, objetivando a formação e o diálogo interdisciplinar entre diferentes cursos, em cada *Campus* (UFFS, 2014). Os componentes curriculares do Domínio Conexo são obrigatórios para cursos de uma mesma grande área do conhecimento.

O terceiro, *Domínio Específico*, refere-se ao conjunto dos componentes curriculares (disciplinas, seminários, oficinas, atividades curriculares complementares)

9 As seguintes disciplinas compõem o Domínio Comum: Leitura e Produção Textual I, Leitura e Produção Textual II, Introdução à Informática, Matemática Instrumental, Estatística Básica, Iniciação à Prática Científica, Direitos e Cidadania, Introdução ao Pensamento Social, História da Fronteira Sul, Meio Ambiente, Economia e Sociedade e Fundamentos da Crítica Social.

próprios e específicos das áreas do conhecimento e dos campos profissionais a que o curso de graduação está vinculado. Promove a especialização científica e técnica no âmbito de uma determinada área de formação acadêmica (UFFS, 2014).

A interdisciplinaridade na pós-graduação

As políticas de pós-graduação começaram a ganhar espaço na agenda institucional a partir de junho de 2010, no contexto da realização da I Conferência de Ensino, Pesquisa e Extensão (I Coepe), evento que envolveu, ao longo de três meses, cerca de quatro mil pessoas dos três estados que integram a região de abrangência da UFFS. O Documento Final da Coepe (UFFS, 2011), enquanto resultado de um processo de construção coletiva, define as políticas norteadoras da pós-graduação, assim como os programas e os cursos a serem implantados nos primeiros cinco anos de existência da universidade. A ID foi aprovada como o nono princípio estruturante das políticas da pós-graduação.

Em 2013, após longo processo de amadurecimento, o Conselho Universitário, por meio de sua Câmara de Pesquisa e Pós-Graduação, aprovou a Política de Pós-Graduação (Resolução n. 7/2013 – Consuni/CPPG). A ID, ao firmar-se como princípio, fortaleceu outras diretrizes, como a da flexibilidade curricular.

A pós-graduação, conforme demonstra o Quadro 25.4, mantém estreita conexão com as áreas temáticas que integram o projeto institucional. Pode-se afirmar que os impulsos que a dinamizam estão menos nas áreas de conhecimento e nas disciplinas e mais na convergência dos pesquisadores em torno de temáticas/problemáticas de estudo de natureza interdisciplinar. É significativo o número de programas aprovados na Área Interdisciplinar da Capes.

Quadro 25.4: A dimensão interdisciplinar na pós-graduação da UFFS

ÁREAS TEMÁTICAS	STRICTO SENSU	ÁREA CAPES	LATO SENSU
Educação básica e formação de professores	PPG em Educação (Acadêmico)	Educação	• Educação Integral • Ensino de Ciências e Matemática • Ensino de Língua e Literatura • Epistemologia e Metafísica • História da Ciência • História Regional • Interdisciplinaridade e Práticas Pedagógicas • Linguagem e Ensino • Literaturas do Cone Sul • Orientação Educacional • Processos Pedagógicos na Educação Básica • Teorias Linguísticas Contemporâneas
	PPG em Educação (Profissional)	Educação	
	PPG em Estudos Linguísticos	Letras e Linguística	
	PPG em Ciências Humanas	Interdisciplinar	
	PPG em Matemática - PROFMAT	Matemática	
	PPG em História	História	

(continua)

Quadro 25.4: A dimensão interdisciplinar na pós-graduação da UFFS. *(continuação)*

ÁREAS TEMÁTICAS	STRICTO SENSU	ÁREA CAPES	LATO SENSU
Agricultura familiar e agroecologia	PPG em Agroecologia e Desenvolvimento Rural Sustentável	Interdisciplinar	• Desenvolvimento Rural Sustentável e Agricultura Familiar • Produção de Leite Agroecológico
	PPG em Ciência e Tecnologia de Alimentos	Ciência e Tecnologia de Alimentos	
Energias renováveis e sustentabilidade	PPG em Ciência e Tecnologia Ambiental	Ciências Ambientais	• Em construção
	PPG em Ambiente e Tecnologias Sustentáveis		
Saúde	Em construção		• Saúde Coletiva • Segurança Alimentar e Nutricional
Gestão	PPG em Desenvolvimento e Políticas Públicas	Interdisciplinar	Em construção

Fonte: Propepg/UFFS (2015).

A interdisciplinaridade na pesquisa e extensão

As políticas de pesquisa e de extensão também foram amplamente discutidas na I Conferência de Ensino, Pesquisa e Extensão (I Coepe) da UFFS. Em 2013, o Conselho Universitário, por meio de sua Câmara de Pesquisa e Pós-Graduação, aprovou a Política de Pesquisa (Resolução n. 6/2013 – Consuni/CPPG), documento que incorpora, aprofunda e detalha os princípios e as diretrizes institucionais da pesquisa discutidas e aprovadas na Coepe, em 2010. A perspectiva interdisciplinar está presente em boa parte dos 81 grupos de pesquisa atualmente certificados no Diretório dos Grupos de Pesquisa do CNPq, especialmente os estruturados com vistas à implantação dos futuros programas de pós-graduação de natureza interdisciplinar.

A extensão, por sua vez, aprovou sua Política de Extensão no Conselho Universitário em 2011 (Resolução n. 002/2011 – Consuni/CEXT). O Capítulo II explicita as áreas temáticas das atividades de extensão, notadamente interdisciplinares: a) Comunicação; b) Cultura; c) Direitos Humanos e Justiça; d) Educação; e) Meio Ambiente; f) Saúde; g) Tecnologia e Produção; h) Trabalho.

CONSIDERAÇÕES FINAIS

O presente capítulo procurou descrever e analisar o "lugar" que a ID ocupa na organização institucional e acadêmica de uma universidade pública federal recentemente criada. Por tratar-se de uma IES em construção, com apenas seis anos de existência, o sujeito/objeto em estudo não é o passado, nem o futuro; é a experiência presente de uma instituição viva, pouca estática, aberta, dinâmica e permeada por inúmeros movimentos, impulsos, interesses, tensões e disputas. Optou-se por abordar o tema a partir de suas especificidades, incorporando a processualidade do objeto e reconhecendo os próprios limites que decorrem de um estudo sobre uma IES, cuja materialidade reinventa-se constantemente e assume novas feições e dinâmicas.

A opção por uma abordagem processual nos obrigou a uma incursão na própria história de criação da UFFS, em busca dos pressupostos epistemológicos que foram tomados como referência para a construção do PPI e para concepção e organização das atividades-fim da instituição. Esse percurso histórico demonstrou que a ID não é algo extemporâneo. Trata-se, ao contrário, de um princípio muito presente, mobilizado com o propósito de defender e propor um projeto diferente e inovador de universidade. É uma ideia-força evocada para expressar uma recusa contundente ao academicismo, à fragmentação do saber, à disciplinarização, à departamentalização e ao distanciamento da universidade e da ciência em relação aos problemas da sociedade.

Na UFFS, a defesa da ID vai muito além das relações entre as disciplinas acadêmicas e da transposição das fronteiras disciplinares. O núcleo duro da proposta interdisciplinar defendida reside na relação entre ciência e sociedade, entre universidade e desenvolvimento, entre conhecimento científico e transformação social. A perspectiva interdisciplinar, articulada a outros princípios que alicerçam o projeto institucional (universidade popular, justiça cognitiva e ecologia de saberes) fundamentaram importantes políticas institucionais, cujos desdobramentos já se fazem sentir no cotidiano da instituição:

- **Políticas de acesso.** Optou-se em eliminar, por inteiro, o vestibular. O processo seletivo é inteiramente baseado no Exame Nacional de Ensino Médio (Enem), adicionando-se à nota obtida um sistema de bonificação para os estudantes oriundos da escola pública. Em virtude disso, a UFFS foi a primeira IES pública federal a implantar a "Lei das Cotas" (Lei n. 12.711/2012) em percentuais superiores ao exigido em lei. De acordo com pesquisa desenvolvida por Nierotka (2015), referente a todos os ingressantes do ano de 2012 (2.123 estudantes de graduação), 97,4% dos estudantes são oriundos da escola pública; 71,5% possuem idade entre 18 e 24 anos; 63,5% são mulheres; 69,3% pertencem a famílias com renda mensal média de até três salários mínimos. São oriundos de famílias de pais com baixa escolaridade: 44,5% dos pais e 36,1% das mães estudaram até a 4ª série do ensino fundamental e apenas 6,6% dos pais e 12,9% das mães concluíram um curso superior. É, na sua grande maioria, a primeira geração familiar a chegar à universidade.

- **Organização curricular e concurso dos docentes.** Na contramão das tendências que primam pela fragmentação curricular, especialização disciplinar precoce dos estudantes e conteúdos alinhados ao mercado de trabalho, a UFFS definiu-se por uma política curricular que procura equilibrar: a) formação especializada e formação generalista; b) formação disciplinar e formação interdisciplinar; c) formação humana e formação para o mundo do trabalho, e d) formação científica e formação cidadã. Os currículos da graduação estão estruturados em três níveis distintos, porém integrados e complementares. Os níveis correspondem, em termos metafóricos, à estrutura de uma árvore: o tronco, os galhos e as folhas. A formação acadêmica deve integrar/contemplar, de forma dialética, o geral e o específico, o universal e o particular, o global e o local, a ciência e a cidadania. Todo estudante da universidade, independentemente do curso de graduação que frequenta, tem sua formação alicerçada em três domínios: *Domínio Comum, Domínio Conexo* e *Domínio Específico*. Os concursos de docentes foram estruturados a partir das demandas colocadas pelos três domínios.
- **Organização acadêmica**. A estrutura departamental tem sido um dos temas que mais disputas gerou nos conselhos superiores. Parte dos docentes defende a implantação dos departamentos sob o argumento de que eles fortalecem a autonomia e aprimoram a gestão. A despeito das disputas, a tese que advoga a criação de departamentos tem sido refutada. A reforma estatutária, recentemente concluída, propõe, observados alguns critérios, a criação de unidades acadêmicas mais amplas e interdisciplinares.
- **Pesquisa, pós-graduação e extensão interdisciplinares**. Os concursos dos docentes, definidos majoritariamente a partir das demandas da graduação, incidem sobre a organização e as características das demais áreas

acadêmicas. A existência dos três domínios na estrutura curricular da graduação trouxe para a universidade um corpo docente menos disciplinar ou, dito de outro modo, menos verticalizado do ponto de vista disciplinar. O perfil dos docentes tem levado à criação de grupos de pesquisa de programas de pós-graduação com características mais interdisciplinares.

A construção interdisciplinar na UFFS, a exemplo do que ocorre na maior parte das IES, assenta-se em três assertivas convergentes que lhe conferem uma singularidade própria: a) as inúmeras perspectivas da construção interdisciplinar; b) as características de sua *episteme* institucional; e c) a ID como processo em permanente construção como alicerce para a epistemologia institucional igualmente em contínua formação. A experiência tem mostrado que os caminhos são muitos, os problemas são os mais variados e os olhares para sua solução são diversos. São sinais de riqueza intelectual e de possibilidades em aberto. Como bem destaca Claude Raynault (2013), esta imensa diversidade indica que a vida não vê fronteiras disciplinares e que o pensamento interdisciplinar, por ser complexo, não obedece a receitas metodológicas.

É neste contexto que a UFFS vem sendo desafiada. Diante de tal complexidade é possível perceber que o processo exige transpor barreiras individuais e institucionais, constituídas pelas *epistemes* em permanente processo dinâmico do "ser", do "pensar" e do "fazer". Junto ao corpo docente está a história de vida das pessoas, sua formação científica, o modo como foi construído seu conhecimento, os limites e singularidades de sua especialidade, sua visão de mundo, seu entendimento sobre seu papel como produtor de ciência, seu compromisso com a realidade.

Do ponto de vista institucional é possível identificar pelo menos dois níveis de construção epistêmica. O primeiro diz respeito ao olhar da instituição para seu interior. O segundo é o olhar da instituição para seu entorno. Ambos estão imbricados entre si. O olhar sobre o entorno onde a universidade se insere é o resultado de como ela se vê. Revela a *episteme* que subjaz nas decisões institucionais, na escolha dos caminhos a serem percorridos, e que constituem em última análise seu projeto pedagógico: grades curriculares, conteúdos das disciplinas, métodos de aprendizagem, sistemas de avaliação.

No caso específico da UFFS, seu *ethos* – desde sua concepção de forma articulada entre diversos atores sociais (públicos e privados) da região com destaque para os movimentos sociais a partir de uma vontade política tecida entre as esferas municipal, estadual e federal, até a definição de seu projeto pedagógico – é revelador de seu singular processo epistemológico responsável pela construção dos saberes individuais de sua comunidade acadêmica e da própria instituição. Ao mesmo tempo ajuda a compreender as contradições – a partir de sua implantação – entre o "querer ser" e o "construir" de uma universidade marcadamente de natureza "popular" feita no cotidiano de centenas de pessoas que aos poucos foram chegando para o desafio de sua "construção coletiva". Cada qual com sua idiossincrasia e com sua *episteme* nem sempre afinada com o processo epistêmico institucional.

A experiência em estudo mostra, efetivamente, que não existe a *episteme* e sim "epistemologias". A gênese de tal processo dialoga com as afirmativas de Boaventura Souza Santos (2010) quando trata da existência de uma epistemologia do Sul, assentada em três orientações: *aprender que existe o Sul; aprender a ir para o Sul; aprender a partir do Sul e com o Sul.* Nada mais apropriado, instigante e desafiador para uma universidade que nasce no Sul a partir de suas demandas, compromete-se com o Sul (presente e futuro), nutre-se do Sul para construir seu conhecimento científico que, ao mesmo tempo, almeja ser de caráter universal, e ainda assim compromissado com as grandes questões da fronteira geográfica onde a está situada: entre os estados do Sul do país e destes com os países vizinhos.

Ainda que a história da UFFS esteja apenas começando, seus primeiros anos de existência têm provocado importantes reflexões sobre a epistemologia de seu processo interdisciplinar e, particularmente, seu papel na produção do conhecimento com pensamento próprio. Neste sentido, Hugo Zemelman (2000), juntamente com outros autores, ao refletir sobre a construção do conhecimento e o papel da epistemologia na América Latina, adverte para o perigo que representa uma produção intelectual (aqui considerando a produção científica e tecnológica) sem pensamento próprio. Que busca respostas (colocando energia, recursos financeiro e infraestrutura) a perguntas formuladas por pensamentos produzidos fora da região, o que aprofundaria a brecha existente com as nações desenvolvidas e aumentaria nossa submissão no lugar de construirmos nosso presente e nosso futuro de maneira autônoma. Ou seja, desta forma, estaríamos aumentando nossa escassez de pensamento. Destaca que *é fundamental considerar a relação entre o que significa construir um conhecimento que se organiza no interior de exigências cognitivas contidas no método científico e outras funções gnoseológicas de apropriação da realidade. Relação que obriga a* refletir sobre a origem, essência e limites do conhecimento, pensar criticamente sobre o significado do método científico. São pistas que abrem novos caminhos para propor disciplinas, grades curriculares, organização de conteúdos, aspectos pedagógicos, formas de pesquisar, papel da extensão e relações entre saberes acadêmicos e não acadêmicos.

REFERÊNCIAS

ADORNO, T.; HORKHEIMER, M. *Dialética do esclarecimento.* Rio de Janeiro: Zahar, 1985.

ARROYO, M. *Currículo. Território em disputa.* Petrópolis: Vozes, 2011.

BAUMAN, Z. *Modernidade líquida.* Rio de Janeiro: Jorge Zahar Editor, 2001.

______. *Globalização: as consequências humanas.* Rio de Janeiro: Jorge Zahar Editor, 1999.

______. *Modernidade e ambivalência.* Rio de Janeiro: Jorge Zahar Editor, 2000.

BECK, U. *Risk Society. Towards a new modernity.* London: Sage Publications, 1992.

BRANDÃO, C.R. *Educação Popular.* 3.ed. São Paulo: Brasiliense, 1986.

______. *A educação popular na escola cidadã.* Petrópolis: Vozes, 2002.

BRASIL. Presidência da República. Lei n. 12.711 em 29 de agosto de 2012. Dispõe sobre o ingresso nas universidades federais e nas instituições federais de ensino técnico de nível médio e dá outras providências. *Diário Oficial da União,* Brasília, DF, Seção 1, p. 1, 30 de ago. 2012.

BOURDIEU, P. *Os usos sociais da ciência. São* Paulo: Unesp, 2013.

BENZAQUEN, J.F. *Universidades dos movimentos sociais: apostas em saberes, práticas e sujeitos descoloniais.* Tese de Doutorado. Centro de Estudos Sociais, Universidade de Coimbra, 2011. Disponível em www.ces.uc.pt.

BERGER, P.; LUCKMANN, T. *A construção social da realidade.* 24ª ed. Petrópolis: Vozes, 2004.

CAPRA, F. *O ponto de mutação. A ciência, a sociedade e a cultura emergente.* São Paulo: Cultrix, 1996.

CHAUÍ, M. Ideologia neoliberal e universidade. In: OLIVEIRA, F.; PAOLI, M.C. (Org.) *Os sentidos da democracia.* Petrópolis: Vozes, 1999.

______. *Escritos sobre a universidade.* São Paulo: Unesp, 2001.

DUSSEL, H. Meditações anticartesianas sobre a origem do antidiscurso filosófico da modernidade. In: SANTOS, B.S.; MENEZES, M.P. (Org.). *Epistemologias do Sul.* São Paulo: Cortez, 2010.

FREIRE, P. *Pedagogia do oprimido.* 27.ed. São Paulo: Paz e Terra, 1987.

______. *Pedagogia da autonomia.* 2.ed. São Paulo: Paz e Terra, 1996.

FREUD, S. *O mal-estar na civilização.* Freud. Coleção: Os Pensadores. São Paulo: Abril Cultural, 1978.

GADAMER, H.G. *Verdade e Método I. Traços fundamentais de uma hermenêutica filosófica.* 10 ed. Petrópolis: Vozes, 2008.

GIDDENS, A. *Mundo em descontrole.* Rio de Janeiro: Record, 2000.

______. *As consequências da modernidade.* São Paulo: Unesp, 1991.

GONÇALVES, C.W.P. *Os (des) caminhos do meio ambiente.* 8.ed. São Paulo: Contexto, 2001.

GUSDORF, G. Prefácio. In: JAPIASSU, H. Interdisciplinaridade e patologia do saber. Rio de Janeiro: Imago, 1976.

HABERMAS, J. *O discurso filosófico da modernidade.* São Paulo: Martins Fontes, 2002.

______. *Técnica e ciência enquanto ideologia.* Lisboa: Edições 70, 1968.

HORKHEIMER, M. *Eclipse da razão.* São Paulo: Centauro, 2002.

JONAS, H. *O princípio responsabilidade: ensaio de uma ética para uma civilização tecnológica.* Rio de Janeiro: PUC Rio, 2006.

LANDER, E. Ciências sociais: saberes coloniais e eurocêntricos. In: LANDER, E. (Org) *A colonialidade do saber: eurocentrismo e ciências sociais. Perspectivas latino-americanas.* Buenos Aires: CLACSO, 2005. Disponível em: http://biblioteca.clacso.edu.ar/ar/libros/lander/pt/lander.html. Acessado em: maio 2015.

LATOUR, B. *Jamais fomos modernos.* Rio de Janeiro: Editora 34, 1994.

LEFF, H. *Epistemologia ambiental.* São Paulo: Cortez, 2000.

LÖWY, M. *Ideologias e ciência social: elementos para uma análise marxista.* São Paulo: Cortez, 2008.

LYOTARD, J.F. *Condição pós-moderna.* Rio de Janeiro: José Olympio, 2002.

MARX, K. *Para a crítica da economia política.* Marx. Coleção: Os Pensadores. São Paulo: Abril Cultural, 1978.

MEC/INEP. *Censo da Educação Superior.* Disponível em: http://portal.inep.gov.br/web/censo-da-educacao-superior. Acessado em: 01 jul. 2014.

MIGNOLO, W. A colonialidade de cabo a rabo: o hemisfério ocidental no horizonte conceitual da modernidade. In: LANDER, E. (Org) *A colonialidade do saber: eurocentrismo e ciências sociais. Perspectivas latino-americanas.* Buenos Aires: CLACSO, 2005. Disponível em: http://biblioteca.clacso.edu.ar/ar/libros/lander/pt/lander.html. Acessado em: maio 2015.

MCKERNAN, J. *Currículo e imaginação: teoria do processo, pedagogia e pesquisa-ação.* Porto Alegre: Artmed, 2009.

MORIN, E. *Método II. A vida da vida.* 3.ed. Lisboa: Publicações Europa-América, 1999.

______. *Saberes locais e saberes globais: o olhar transdisciplinar.* Rio de Janeiro: Garamond, 2000.

______. Cabeça bem feita: repensar a reforma, reformar o pensamento. 8ª ed. Rio de Janeiro: Bertrand Brasil, 2003.

______. Método III. Conhecimento do conhecimento. Porto Alegre: Sulina, 2005.

______. Ciência com consciência. 5.ed. Rio de Janeiro: Bertrand Brasil, 2001.

MORIN, E.; KERN, A.B.*Terra-Pátria.* Porto Alegre: Sulina, 1995.

NIEROTKA, R.L. *Políticas de acesso e ações afirmativas na educação superior: a experiência da Universidade Federal da Fronteira Sul.* 2015. 180 f. Dissertação (Mestrado em Educação) – Universidade Federal da Fronteira Sul. Chapecó, 2015.

NUNES, J.A. Um discurso sobre as ciências 15 anos depois. In: SANTOS, B.S. (Org.) *Conhecimento prudente para uma vida decente. Um discurso sobre as ciências revisitado.* São Paulo: Cortez, 2004.

______. O resgate da epistemologia. In: SANTOS, B.S.; MENEZES, M.P. (Org.). *Epistemologias do Sul.* São Paulo: Cortez, 2010.

OSORIO, A.R. As universidades populares: contexto e desenvolvimento de programas de formação de pessoas adultas. *Revista Lusófona de Educação*, n. 8, 2006. Disponível em: http://www.scielo.br. Acessado em: maio 2015.

QUIJANO, A. Colonialidade do poder, eurocentrismo e América Latina. In: LANDER, E. (Org.) *A colonialidade do saber: eurocentrismo e ciências sociais. Perspectivas latino-americanas.* Buenos Aires: CLACSO, 2005. Disponível em: http://biblioteca.clacso.edu.ar/ar/libros/lander/pt/lander.html.

______. Colonialidade do poder e classificação social. In: SANTOS, B.S.; MENEZES, M.P. (Org.). *Epistemologias do Sul.* São Paulo: Cortez, 2010.

RAYNAUT, C. Os desafios contemporâneos da produção do conhecimento: o apelo para ID. In: GAUTHIER, F.O.; et al. *Interdisciplinaridade. Teoria e prática.* v. 1. Florianópolis: UFSC/EGC, 2013.

SANTOS, B.S. *Introdução a uma ciência pós-moderna.* Rio de Janeiro: Graal, 1989.

______. *Pela mão de Alice. O social e o político na pós-modernidade.* São Paulo: Cortez, 1995.

______. *A crítica da razão indolente. Contra o desperdício da experiência.* 4.ed. São Paulo: Cortez, 2002.

______. *Um discurso sobre as ciências.* São Paulo: Cortez, 2003.

______. Para uma sociologia das ausências e uma sociologia das emergências. In: SANTOS, B.S. (Org.) *Conhecimento prudente para uma vida decente. Um discurso sobre as ciências revisitado.* São Paulo: Cortez, 2004.

______. *A universidade no século XXI. Para uma reforma democrática e emancipatória da Universidade.* 2.ed. São Paulo: Cortez, 2005.

______. Para além do pensamento abissal: das linhas globais a uma ecologia de saberes. In: SANTOS, B.S.; MENEZES, M.P. (Org.). *Epistemologias do Sul.* São Paulo: Cortez, 2010.

SANTOS, B.S.; MENEZES, M.P. (Org.). *Epistemologias do Sul.* São Paulo: Cortez, 2010.

SAVIANI, D. O legado educacional do "longo século XX" brasileiro. In: SAVIANI, D.; et al. (Orgs). *Legado educacional do século XX no Brasil.* Campinas: Autores Associados, 2004.

______. *História das ideias pedagógicas no Brasil.* São Paulo: Autores Associados, 2007.

SERRES, M. *O contrato natural.* Rio de Janeiro: Nova Fronteira, 1991.

SILVA JÚNIOR, J.R.; SGUISSARDI, V. *Novas faces da Educação Superior no Brasil. Reforma do Estado e mudanças na produção.* 2ª ed. São Paulo: Cortez/UFS-IFAN, 2001.

TREVISOL, J.V.; CORDEIRO, M.H.; HASS, M. *Construindo agendas e definindo rumos.* Chapecó: Edições UFFS, 2011.

TREVISOL, J.V.; LÓ, M. (Orgs). *Educação e política. Movimentos sociais e participação no processo de criação da UFFS.* Chapecó: UFFS, 2014 (formato DVDs).

TREVISOL, J.V. *Movimentos sociais e universidade popular no Brasil: a experiência de implantação da UFFS.* Trabalho apresentado na X ANPED SUL, Florianópolis, 2014. Disponível em: http://xanpedsul.faed.udesc.br/arq_pdf/978-0.pdf

UFFS. Principios norteadores do Projeto Político-Institucional da UFFS. Disponível em: www.uffs.edu.br. Acessado em: maio 2015.

______. Documento Final da I Conferência de Ensino, Pesquisa e Extensão. In: TREVISOL, J.V.; CORDEIRO, M.H.; HASS, M. *Construindo agendas e definindo rumos.* Chapecó: Edições UFFS, 2011.

______. *Política de Graduação da UFFS.* Resolução nº 4/2014- Consuni/CGRAD. Disponível em: www.uffs.edu.br. Acessado em: maio 2015.

______. *Política de Pós-Graduação da UFFS.* Resolução nº 7/2013-Consuni/CPPG. Disponível em: www.uffs.edu.br. Acessado em: maio 2015.

______. *Política de Pesquisa da UFFS.* Resolução nº 6/2013-Consuni/CPPG. Disponível em: www.uffs.edu.br. Acessado em: maio 2015.

______. *Política de Extensão da UFFS.* Resolução nº 6/2013-Consuni/CPPG. Disponível em: www.uffs.edu.br. Acessado em: maio 2015.

WEBER, M. *Economia e sociedade.* v. 1. Brasília: UnB, 1991.

ZEMELMAN, H. Epistemologia y política en el conocimiento socio-histórico. In: MAERK, J.; CABROLIÉ, M. (Coord.) *¿Existe una epistemologia latinoamericana?* Mexico: Plaza y Valdés, 2000.

capítulo 26

Construção de um currículo
interdisciplinar de graduação em engenharia

Sérgio Persival Baroncini Proença | *Engenheiro civil, Escola de Engenharia de São Carlos, USP*

INTRODUÇÃO

A Escola de Engenharia de São Carlos da Universidade de São Paulo (EESC/USP) caracteriza-se pela sua vocação natural para o ensino e a pesquisa. A dinâmica e o entusiasmo contagiantes que se notam claramente nos seus pesquisadores e alunos, entre eles, também, inúmeros estrangeiros que circulam nos seus ambientes, são decorrentes substancialmente da atração exercida pela qualidade do seu corpo docente e dos cursos oferecidos. Tais características compõem um ambiente de trabalho peculiar e extremamente agradável, talvez único no país, que tem proporcionado, ao longo de mais de sessenta anos de atividades, resultados muito positivos, traduzindo-se, particularmente, na formação profissional e acadêmica de excelência de seus alunos e no incremento permanente de produção científica altamente qualificada.

Não obstante toda a sua história de sucesso e realizações, sempre consciente de sua missão social, a Escola tem no planejamento de seu futuro acadêmico uma preocupação primordial. De fato, os tempos modernos, que se caracterizam pela abundância de novas tecnologias e pela inerente complexidade dos problemas, que em escala mais ampla combinam aspectos de natureza social, ambiental e econômica, passando a exigir por parte do engenheiro uma formação acadêmica que lhe proporcione maior integração de conhecimentos. O engenheiro, com grande frequência, vem sendo requisitado a buscar soluções em âmbito híbrido, multi ou interdisciplinar, fugindo, portanto, dos limites de disciplinas convencionalmente praticadas nos cursos de engenharia. Entende-se que uma formação com forte base científica e visão sistêmica, induzida pela maior integração de conceitos disciplinares, possa contemplar esses requisitos, permitindo que o engenheiro melhor se adapte e responda ao que dele se exige. Sendo este o objeto central de planejamento futuro, cabe à Escola avaliar os seus reflexos e exigências sobre as atividades de formação, seja em relação à necessidade de alterações na estrutura curricular de seus cursos de graduação, seja em relação às metodologias de ensino a serem adotadas.

Este capítulo trata da experiência recente da Escola de Engenharia de São Carlos para a construção de um currículo de graduação com características de interdisciplinaridade, particularmente com destaque para as etapas de discussão e definição de diretrizes para a sua institucionalização. Para melhor distribuição dos diferentes tópicos em consideração, opta-se por uma estrutura de organização do texto na forma de seções e subseções. Assim, no item "Engenharia e Interdisciplinaridade", apresenta-se, inicialmente, o entendimento adotado em relação às formas de interação disciplinar, quais sejam: multidisciplinaridade, interdisciplinaridade e transdisciplinaridade. Em seguida, nas suas subseções, descrevem-se conceitos e aspectos complementares decorrentes daquele entendimento que nortearam a construção das diretrizes para a graduação em engenharia na EESC. No item "Oportunidades e Avanços", descrevem-se avanços possíveis e desafios associados a diversos aspectos considerados importantes para a efetiva prática de um currículo interdisciplinar, nos quais se incluem questões de ensino e aprendizagem. Na seção "Desafios e Oportunidades", reúnem-se comentários sobre desafios de natureza institucional, relativos tanto à operacionalização das diretrizes, quanto ao acompanhamento da progressiva transição para a nova estrutura curricular e expectativa de desdobramentos futuros. Nas considerações finais, inclui-se a descrição de algumas ações já em curso com vistas à prática das diretrizes propostas. A última seção reúne a indicação de bibliografia relacionada aos diferentes conceitos envolvidos neste capítulo. A propósito, optou-se por reduzir ao mínimo necessário a indicação de referências ao longo do texto.

ENGENHARIA E INTERDISCIPLINARIDADE

Algumas ponderações surgem de imediato ao se iniciar o trabalho de construção de uma estrutura curricular que objetive contemplar o caráter sistêmico na formação do engenheiro, consubstanciado pela maior atenção à interdisciplinaridade. Imagina-se, por exemplo, que uma maneira de fomentar essa abordagem consista em flexibilizar o currículo de modo a possibilitar ao aluno de graduação maior liberdade de trânsito por meio das fronteiras do conhecimento, capacitando-o, com isso, para a formulação e proposta de solução de certo problema a partir de mais de uma perspectiva. Por outro lado, há de se considerar que a prática da abordagem interdisciplinar requer metodologias de ensino adequadas, como aquelas em que o problema ou o projeto estejam na base do aprendizado. Todavia, a reflexão sobre tais ponderações pode ser conduzida de modo mais objetivo à luz de um entendimento preliminar claro sobre o conceito de interdisciplinaridade.

A visão aqui adotada sobre o tema, sobretudo fundamentada em Klein (2010), mas também em coerência com o conceito descrito no documento de área da CAInter-Capes (2010), interpreta a interdisciplinaridade como um processo de interação disciplinar. Em outras palavras, o processo se traduz em um modo de abordar certo problema integrando conceitos, teorias e ferramentas de dois ou mais campos especializados de conhecimento, normalmente restritos aos limites de disciplinas específicas, e propondo soluções ou linhas de investigação que vão além daqueles limites. Em um nível complementar de entendimento conceitual, o processo de interação disciplinar pode se dar de diferentes formas: multidisciplinaridade, interdisciplinaridade e transdisciplinaridade.

Na multidisciplinaridade, as disciplinas são basicamente justapostas, com reduzida interação, entretanto sem alteração das estruturas de conhecimento originais. A interdisciplinaridade se configura quando, além da integração por justaposição, o processo envolve interação de conhecimentos (seja ela ampla ou mais localizada), levando à elaboração de nova estrutura ou síntese conceitual para a análise de um problema em particular. A transdisciplinaridade envolve um processo amplo e sistemático de integração e reorganização de conhecimentos do qual resultam novos paradigmas conceituais.

Do ponto de vista da formação em engenharia, o processo de discussão conduzido na EESC procurou considerar as três formas descritas de interação disciplinar. Todavia, as discussões foram norteadas fundamentalmente pelo objetivo de contemplar maior interdisciplinaridade entre as áreas de engenharia, pois já se podia identificar a multidisciplinaridade em muitas delas. Não obstante tal norteamento, as diretrizes resultantes abrem espaço também para a transdisciplinaridade, apesar do entendimento inicial sobre ser a pós-graduação o âmbito mais propício para a sua prática mais imediata.

Em relação à prática da interdisciplinaridade, procurou-se analisar as experiências de aprendizado orientadas pela solução de um problema ou projeto real, pois tais experiências colocam os estudantes frente a situações mais complexas que requerem o trabalho em grupo e a avaliação de múltiplas alternativas de solução.

Nas subseções seguintes, descrevem-se alguns dos aspectos considerados nas discussões que levaram à proposição de um conjunto de diretrizes para a construção de um currículo interdisciplinar para a graduação em engenharia. O leitor poderá observar que a visão adotada sobre interação disciplinar permeia cada um dos aspectos.

É importante observar que todo o processo propositivo foi conduzido procurando-se manter forte aderência com a resolução do Conselho Nacional de Educação, CNE/CES 11, de 11 de março de 2002, que institui diretrizes curriculares nacionais do curso de graduação em Engenharia.

Breve histórico

Motivada, à época, pela necessidade de discussão e planejamento sobre o futuro de seus cursos de graduação, a Congregação da Escola de Engenharia de São Carlos, reunida em sessão extraordinária sobre o tema da Graduação, realizada em 13/04/2012, deliberou pela criação de um grupo de trabalho sobre Políticas para a Graduação na EESC. Ao grupo foi delegada a função primária de promover a discussão integrada sobre o ensino de graduação e a proposta de nova estrutura curricular para seus cursos.

Por ocasião do início de suas atividades, o grupo de trabalho ponderou que, se por um lado inserir maior interdisciplinaridade entre as áreas de Engenharia em princípio seria objetivo factível, uma vez que em certa medida vários dos requisitos essenciais já vinham sendo contemplados como parte da mecânica natural das atividades de investigação de vários grupos de pesquisa da EESC, por outro, elaborar uma proposição de reforma curricular com essa característica poderia se constituir em tarefa não evidente. De fato, um documento contendo a proposição de uma política para a graduação na EESC deveria ser o resultado da síntese criteriosa de uma série de discussões. Entretanto, à parte o rigor e cuidado dispensados a essa tarefa, sempre haveria o risco natural de realizar uma síntese incompleta, a menos que o período de trabalho e análise fosse muito mais longo.

Tendo-se em vista os aspectos mencionados, preocupando-se em apresentar à egrégia Congregação da EESC um documento que atendesse às expectativas de seus membros e, ao mesmo tempo, evitando, tanto quanto possível, o risco associado à sua eventual incompletude, o chamado Grupo de Trabalho da Graduação (GT-Graduação) optou por compô-lo na forma de sugestões de diretrizes gerais. Entendeu-se que o formato de diretrizes viria também ao encontro do papel central que a Escola de Engenharia deve desempenhar diante da questão da reformulação curricular, qual seja o de indicar claramente seus princípios e visão de futuro.

Ao longo de um período de dois anos e meio, realizaram-se mais de quarenta e cinco reuniões de trabalho, culminando, em 17/10/2014, com a submissão formal para análise e deliberação pela Congregação de um documento reunindo o conjunto de diretrizes para a estrutura curricular dos cursos da EESC. Uma vez aprovado o conjunto de diretrizes pela Congregação, o planejamento dos trabalhos para a sua aplicação deveria, em princípio, ser conduzido pelas comissões regimentais pertinentes, nomeadamente a Comissão de Graduação (CG) e as Comissões de Cursos (CoC).

Considerações iniciais que orientaram a construção das diretrizes para a graduação

A discussão sobre o tema da graduação na EESC ensejou, à partida, por parte dos membros do grupo de trabalho, inúmeros aspectos e pontos de vista, muitos relacionados às diferentes visões e experiências de ensino praticadas em cada curso de formação em Engenharia oferecido. Entretanto, julgou-se ser importante levar em conta preliminarmente alguns aspectos mais peculiares, entre positivos e negativos, relacionados à graduação em engenharia e identificados no conjunto de alunos e corpo docente da EESC.

Dentre os aspectos positivos identificados, destaca-se que os alunos que ingressam na Escola, após a aprovação em um processo seletivo rigoroso, possuem nível intelectual elevado, que se traduz pela habilidade de compreensão rápida dos assuntos a serem apresentados. Outro aspecto positivo é a notável qualificação do corpo docente.

Do lado negativo, destaca-se que apesar do mencionado elevado nível intelectual dos alunos ingressantes, que os habilita a enfrentar o desafio do aprendizado com expectativa de êxito quase certa, é significativo o número daqueles que passam a apresentar baixo rendimento escolar já no primeiro ano, acumulando dependências a partir daí, ou que prosseguem no curso aparentemente objetivando apenas a aprovação com nota mínima necessária em cada disciplina. Contribuem, também, para o aspecto negativo, a elevada carga horária de disciplinas cursadas a cada semana. Além disso, há falhas nas próprias estruturas de algumas disciplinas, que apresentam ementas excessivamente longas, muitas vezes decorrentes de sobreposição exagerada com assuntos abordados em outras disciplinas, ou que não preveem atividades e avaliações mais adequadas para a promoção do aprendizado.

Quanto ao corpo docente, o aspecto negativo predominante é que muitos demonstram menor motivação para o ensino de graduação, em razão da clara valorização da pesquisa no meio acadêmico, priorizando, portanto, as atividades de pesquisa e pós-graduação.

Rapidamente entendeu-se que uma maneira imediata de a EESC atuar diretamente no incremento de suas atividades de formação graduada, reduzindo os aspectos negativos mencionados e, ao mesmo tempo, reforçando os positivos, consistiria em direcionar as ações de ensino para a questão do aprendizado.

Em outras palavras, essas ações se constituiriam fundamentalmente em dar ao aluno a oportunidade de desenvolver competências que lhe permitam utilizar os conhecimentos adquiridos para enfrentar e resolver de forma criativa, eficaz e inovadora os desafios e problemas de sua profissão. Portanto, na medida em que o conjunto de esquemas – percepção, pensamento, avaliação e ação – for sendo desenvolvido, certamente alimentará um maior interesse e motivação para o aprendizado dos assuntos que vierem a ser trabalhados nas demais disciplinas do currículo. Assim sendo, ficou claro ao grupo de trabalho que, combinadas à capacidade intelectual mencionada, as competências e habilidades a serem construídas constituem os elementos essenciais para a sólida formação do aluno.

Associado ao objetivo de melhoria do aprendizado, o grupo de trabalho direcionou-se à composição do conteúdo dos cursos da EESC em conformidade com uma abordagem sistêmica interdisciplinar, considerada também como fonte para o desenvolvimento de habilidades e competências de liderança, gerenciamento, empreendedorismo e comprometimento com valores éticos. Como passo inicial nesse sentido, procurou-se homogeneizar a visão e o entendimento do grupo sobre as formas de interação disciplinar.

Finalmente, passou-se à definição de uma metodologia geral para a condução do processo de discussão.

Metodologia geral adotada no processo de discussão

A abordagem metodológica adotada para alcançar o objetivo de construção das diretrizes fundamentou-se, essencialmente, na realização de uma série de reuniões por parte do grupo de trabalho, nas quais a EESC e suas características de ensino e pesquisa foram o tema central das discussões. Deve-se observar que como estratégia geral de condução das discussões, o coordenador do grupo inicialmente apresentava um conjunto de conceitos e ideias relativas ao tema escolhido para análise, em seguida convidava os participantes para livremente opinarem e apresentarem suas contribuições.

Um passo importante para orientação da temática de discussões consistiu nas caracterizações do perfil de engenheiro que a Escola deseja formar e do perfil do corpo docente responsável por esta formação. Todo o conjunto de diretrizes sugeridas na sequência foi formulado de modo a contemplar esses perfis.

Em resposta à pergunta sobre o perfil de engenheiro que a Escola de Engenharia deseja formar, as discussões realizadas levaram à seguinte concepção:

1. Um profissional com formação conceitual e técnica de elevado nível, complementada por desejável experiência internacional.
2. Um profissional empreendedor, com visão sistêmica e pensamento crítico, que saiba lidar de modo criativo com problemas e soluções de engenharia.
3. Um profissional sempre comprometido com os valores e a ética profissional, capaz de liderar equipes, gerenciar projetos e empresas.
4. Um profissional comprometido com a busca de soluções sustentáveis, contemplando as melhores relações possíveis entre a sociedade e a natureza.

Observa-se que o perfil descrito acabou por apresentar forte adesão com o conjunto de competências e habilidades gerais do engenheiro arroladas na resolução CES11 do Conselho Nacional de Educação, anteriormente referida.

Em resposta à pergunta sobre o perfil de docente que a Escola de Engenharia necessita para atingir esses objetivos de formação do engenheiro, as discussões realizadas levaram aos seguintes posicionamentos:

- Um profissional de ensino comprometido com os objetivos de formação dos alunos estabelecidos pelas diretrizes da EESC, com formação conceitual sólida e inserção internacional, evidenciadas quer pela sua experiência profissional, quer pelo mérito comprovado de pesquisas e atividades de extensão na sua área de conhecimento.
- Um profissional com disposição para aperfeiçoar sua formação pedagógica, com vistas a manter atualizadas as metodologias de ensino/aprendizagem.

O grupo de trabalho concluiu, ainda, que o êxito na realização prática desses objetivos de formação exige também forte comprometimento por parte do corpo discente. Nesse sentido, entendeu-se que o papel do aluno para atingir os objetivos de formação implica:

- Assumir a responsabilidade pelo seu próprio aprendizado, identificando suas necessidades específicas e os recursos para efetuá-lo, tornando-se, assim, o centro do processo de ensino-aprendizagem.
- Assumir atitude permanente de reflexão e autocrítica, procurando desenvolver sua maturidade ao longo do curso.
- Ter comportamento ético.

Manteve-se um permanente registro das reuniões complementado por uma síntese periódica, nela destacando-se os principais avanços alcançados. Tais avanços são objeto da próxima seção deste texto.

Além disso, também como parte da estratégia metodológica adotada, algumas das reuniões foram dedicadas a atividades temáticas complementares, que incluíram a participação em evento sobre Inovação em Educação para Engenharia, a realização de palestras por parte de especialistas convidados e debates com representantes de instituições de ensino superior do estado de São Paulo que passaram por processos semelhantes de reformulação curricular. Os temas tratados nessas atividades complementares foram:

- O ensino da Física para Engenharia.
- O ensino da Matemática para Engenharia.
- Interdisciplinaridade e abordagem sistêmica.
- Aprendizagem ativa.
- Sustentabilidade.
- Mudanças da estrutura curricular dos cursos de engenharia: caso do ITA.
- Habilidades sociais.
- Análise e propostas de melhoria para o processo de internacionalização da EESC.
- Uma avaliação do ensino na EESC: pesquisa realizada pelos alunos de Engenharia Mecatrônica.

Como informação complementar, há de se destacar o fato de terem sido abertas a todos os interessados as reuniões do grupo de trabalho, de modo que, ao longo do processo, cresceu o número de participantes, entre docentes que se dedicam intensamente ao ensino, alunos e funcionários, alguns com formação pedagógica.

Diretrizes gerais para as dimensões de formação contemplando diferentes formas de interação disciplinar

O conjunto mais amplo de diretrizes pretendeu favorecer mais objetivamente a formação dos estudantes em coerência com o perfil estabelecido e a valorização da interdisciplinaridade.

No que diz respeito ao conjunto de disciplinas dos seus cursos, para favorecer os aspectos mencionados, a formação de graduação da EESC deve passar por uma mudança de paradigma, de uma abordagem apoiada em uma estrutura curricular em que cada curso é construído a partir da soma de blocos de conhecimento delimitados para uma abordagem sistêmica de ensino e aprendizagem. No seu sentido mais amplo, a mudança para uma visão sistêmica tem por objetivo habilitar o engenheiro para lidar de modo criativo com problemas e soluções de engenharia, que com frequência apresentam um caráter interdisciplinar. Nota-se, entretanto, que esta abordagem envolve as questões de ensino e aprendizagem, que pela sua importância também foram objeto de diretrizes específicas.

Particularmente em relação à abordagem sistêmica apontou-se, como diretriz geral associada, que a concepção de todos os cursos da EESC deve contemplar tanto a formação profissional quanto científica, esta resultante de maior integração entre graduação e pós-graduação, e no qual se inserem, também, em estreita relação entre si, internacionalização e formação humanística.

Para um esclarecimento imediato do sentido implícito a esta diretriz geral, deve-se, em primeiro lugar, destacar o entendimento que a pós-graduação constitui-se no ambiente mais favorável à prática da interdisciplinaridade e da transdisciplinaridade, sendo que alguns programas da EESC já apresentam essa característica. Para facilitar a transferência dessa prática para a graduação, ponderou-se que a inserção melhor definida na estrutura curricular da atividade de Iniciação Científica poderia servir de facilitador a esse processo. De fato, dada a sua importância, tal atividade acabou sendo objeto de diretrizes mais específicas.

À parte uma intervenção direta nas disciplinas, outra via de inserção da interdisciplinaridade na graduação decorre de sua associação com o processo crescente de internacionalização, seja ela envolvendo a simples mobilidade temporal dos alunos para centros do exterior, com o objetivo de estudo ou estágio, seja pelas colaborações em pesquisa por parte de diversos grupos. De fato, concluiu-se que essa via potencialmente pode oferecer contribuições importantes, inclusive de caráter humanístico, para a formação dos engenheiros da EESC. Assim sendo, diretrizes associadas à internacionalização também mereceram destaque específico no documento resultante.

A síntese das discussões dos aspectos mencionados levou à proposição de uma estrutura de formação contemplando diferentes dimensões, conforme ilustra a Figura 26.1. Nela destacam-se as dimensões de formação: Básica, Específica e Formação em Pesquisa, Pós-Graduação e Profissional. Conforme também indicado na figura, a interação disciplinar insere-se em cada dimensão segundo suas diferentes formas.

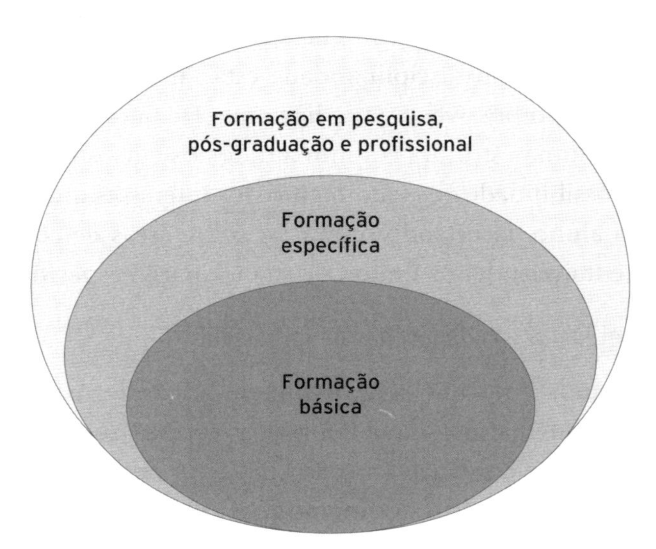

Figura 26.1: Dimensões de formação.

A dimensão de formação básica reúne disciplinas comuns a todos os cursos, as quais dizem respeito aos conhecimentos necessários de Matemática, Física, Química e Computação. Nesta dimensão, os conteúdos multidisciplinares envolvidos e sua importância para a solução de problemas da engenharia já podem ser destacados. A multidisciplinaridade apresenta-se, então, como um primeiro passo na direção da interdisciplinaridade. Na dimensão de formação específica, reúnem-se os conhecimentos relacionados às competências técnica e de gestão. A abordagem interdisciplinar pode ser praticada com maior ênfase nesta dimensão, também porque nela ocorrem com maior intensidade as atividades de mobilidade para o exterior dos alunos. A dimensão de formação em pesquisa, pós-graduação e profissional reúne tanto os conhecimentos complementares técnicos e de gestão necessários para a formação profissional quanto os conhecimentos aprofundados dedicados à formação científica. Para essa opção de formação em particular, a transdisciplinaridade pode ser praticada transferindo-se para a graduação o ambiente propício oferecido pela pós-graduação, em que, por exemplo, modeladores e experimentalistas desenvolvem maior interação.

No diagrama ilustrativo, o formato adotado de inserção de cada dimensão de formação nas seguintes procura representar o favorecimento à abordagem de conteúdos multidisciplinares e interdisciplinares de conhecimentos profissional e técnico-científico já a partir da etapa de formação básica.

De certo modo, a transdisciplinaridade está também implícita em uma segunda interpretação possível para o diagrama. De fato, entendendo-se que o diagrama exibe uma estrutura comum a todos os cursos da EESC, pode-se intuir sobre a possibilidade de atendimento dos interesses individuais de formação de cada aluno, facilitando o trânsito sobre áreas de conhecimento e permitindo-lhe transcender os limites de sua formação específica.

O pilar de competências nas dimensões de formação

Observa-se que se por um lado as dimensões de formação concebidas procuraram fundamentalmente contemplar as formas de interação disciplinar e o perfil desejado do engenheiro da EESC, por outro lado elas atendem à concepção de núcleos de conhecimento (básico, profissionalizante e específico) sugerida na resolução CES11 para a estrutura curricular do curso de Engenharia. No sentido de melhor justificar esse aspecto, procura-se destacar nesta subseção a inserção no âmbito daquelas dimensões do denominado pilar de competências técnica e de gestão.

Conforme ilustra a Figura 26.2, as competências em questão podem ser representadas compondo um pilar de conhecimentos essenciais para a formação do engenheiro, apoiado em uma base de formação intelectual pessoal. Em termos práticos, essas competências se inserem, em maior ou menor escala, em todo o conjunto de disciplinas que compõem as dimensões de formação.

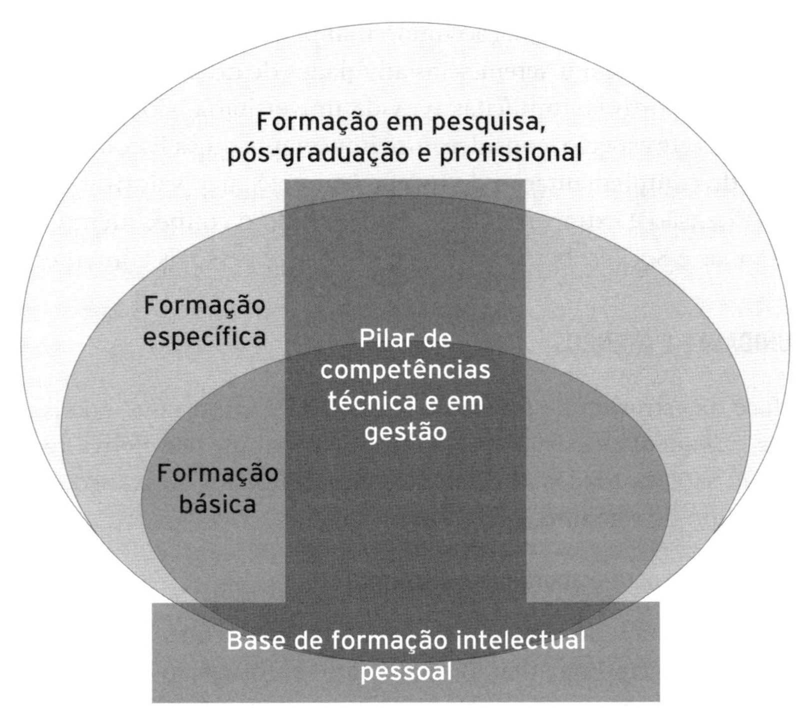

Figura 26.2: As competências técnica e de gestão nas dimensões de formação.

A competência técnica se caracteriza tanto pelos conhecimentos conceituais (matemáticos, científicos e tecnológicos) julgados essenciais para a formação do engenheiro, quanto por conhecimentos instrumentais que sirvam ao desenvolvimento de novas tecnologias.

A competência em gestão se caracteriza pelos temas que se relacionam aos aspectos de gerenciamento de projetos (nos quais se incluem o seu planejamento e supervisão), direito empresarial, liderança, responsabilidade e ética profissional, todos explicitados no perfil desejável para o engenheiro da EESC. Além disso, incluem-se nessa competência disciplinas associadas ao empreendedorismo, planejamento estratégico e sustentabilidade, por exemplo. Aliás, nesse particular, concluiu-se ser possível dar mais atenção a estes aspectos em todos os cursos de graduação sem incremento significativo na carga horária.

Observa-se que, de um modo geral, as competências técnica e em gestão podem ser contempladas amplamente mediante abordagem interdisciplinar praticada nas atividades de ensino formal teórico e prático, de laboratório, de pesquisa e extensão, extracurriculares e pelo desenvolvimento de projetos dirigidos.

Em relação à base de formação intelectual pessoal, na qual o pilar de competências se apoia, nela inserem-se as atividades de extensão e extracurriculares, sociais e esportivas, implícitas na vida universitária. Como diretriz geral relacionada a este aspecto, considerou-se importante que a Escola proporcione condições de complementação da formação intelectual, valorizando as atividades de extensão e extracurriculares, fomentando o conhecimento em Ciências Humanas e Sociais, bem como as habilidades pessoais e interpessoais.

OPORTUNIDADES E AVANÇOS

Em face da estrutura de formação idealizada é importante analisar possibilidades e avanços possíveis que contribuam para a sua efetiva realização. Nesta seção são abordadas as diferentes possibilidades de avanço consideradas pelo grupo de trabalho.

Avanços possíveis para a abordagem sistêmica

A visão sistêmica decorre de um entendimento conceitual mais amplo sobre a formação em Engenharia, qual seja o da formação como o resultado de um processo e não da simples soma de conhecimentos delimitados. Neste sentido, transcendem-se as fronteiras do conhecimento específico e o perfil do profissional resultante difere do atual, pois sua formação o habilita a trabalhar de maneira integrada.

Por esta razão, em uma das principais diretrizes sugeriu-se uma mudança de paradigma, que fundamentalmente diz respeito a uma nova cultura de aprendizagem, ao mesmo tempo fomentando o desenvolvimento de pensamento crítico, habilidades de comunicação, criatividade e liderança. Essencialmente, trata-se de uma abordagem dita de construção do conhecimento, sendo o aprendizado baseado em projeto multidisciplinar um exemplo claro de sua prática.

Para além disso, na abordagem sistêmica, multidisciplinaridade e interdisciplinaridade passam a ter maior destaque. A prática de ambas, mas particularmente a interdisciplinaridade, exige a articulação e a convivência entre pesquisadores, o que pode não ser tarefa simples, uma vez que parte do corpo docente e discente ainda desconhece essa forma de interação de conhecimentos; além disso, a estrutura departamental é conservadora nesse sentido.

Um passo inicial importante para viabilizar a realização prática da abordagem interdisciplinar, mas, também, para a multidisciplinar, consiste em formular as propostas de disciplinas segundo uma metodologia pedagógica adequada, isto é, evidenciando os conhecimentos prévios desejáveis e os conhecimentos a elas relacionados, além das habilidades e valores nelas contidos que contribuirão para a formação do engenheiro.

A partir daí, claramente o desafio maior consiste em promover a coordenação e cooperação entre disciplinas para favorecer a construção de uma base conceitual sólida, bem como a integração e o aproveitamento adequado de conhecimentos. Já na dimensão de formação básica, o estabelecimento de parcerias interunidades pode ajudar a superar esse desafio. Para favorecer as parcerias em um âmbito mais amplo, sugeriu-se, como diretriz, que disciplinas tanto das dimensões básica quanto específica sejam organizadas em conjunto por professores com maior experiência no ensino da EESC e dos institutos envolvidos, ressaltando-se a importância dos conteúdos envolvidos à luz de uma visão sistêmica.

Independentemente das parcerias com outros institutos, no âmbito exclusivo do conjunto de cursos da EESC, entende-se que tanto multidisciplinaridade quanto interdisciplinaridade podem ser praticadas em disciplinas nas quais problemas abertos seriam formulados, ressaltando-se os diferentes aspectos e temas envolvidos. Além disso, há temas interdisciplinares por excelência, como sustentabilidade, que podem ser inseridos em diversas disciplinas.

Por outro lado, como estratégia para a inserção progressiva da abordagem interdisciplinar na estrutura curricular, a mesma pode ser objeto da proposta pedagógica de uma disciplina tratando, por exemplo, de "Soluções de Problemas em Engenharia". Tal disciplina teria também o objetivo de explicitar a parte prática da Engenharia já nesta etapa. Destaca-se, neste caso, o entendimento sobre o papel fundamental do professor como orientador para a busca e integração de conceitos.

A abordagem interdisciplinar pode continuar a ser desenvolvida, por exemplo, em versão da disciplina "Soluções de Problemas em Engenharia" voltada para a dimensão de formação específica, agora com o objetivo de explicitar a parte prática da Engenharia.

O aspecto interdisciplinar e até o transdisciplinar também podem ser considerados, mediante disciplinas optativas relacionadas a temáticas gerais e atuais, como Mecânica Computacional, Nanotecnologia, Sustentabilidade, Energia, Biomecânica, etc. Tais disciplinas devem ser organizadas por grupos afins, procurando favorecer com isso a convivência entre pesquisadores.

Para fomentar valores como liderança, disponibilidade para o trabalho em equipe e ética, temáticas relacionadas à Gestão Organizacional, Formação Intelectual e Pessoal devem ser introduzidas já na dimensão de formação básica. Como exemplo, sugere-se que a disciplina de Introdução à Engenharia sirva tanto como instrumento para a abordagem mais direta das temáticas relativas à gestão quanto para a formação de valores socioambientais para construção da sustentabilidade.

As atividades extracurriculares e de extensão conduzidas pelos alunos devem ser apoiadas no sentido de melhorar o seu rendimento acadêmico e proporcionar maior sintonia entre elas e o conteúdo de disciplinas específicas. Eventualmente a equivalência de créditos pode ser reconhecida, contemplando assim a possibilidade de redução da carga horária em favor daquelas atividades.

Avanços possíveis e desafios para a formação profissional e em pesquisa

As disciplinas da dimensão de formação profissional devem permitir a prática da interdisciplinaridade e da transdisciplinaridade. Neste sentido, a diretriz geral aponta que esta dimensão de formação deve atender aos objetivos de construção de uma base conceitual sólida, do fomento à transferência de conhecimento da pós-graduação para a graduação e do favorecimento à atividade de pesquisa voltada para a inovação.

Nota-se, por exemplo, que o próprio trabalho de conclusão de curso (TCC) pode ser elaborado considerando-se a perspectiva interdisciplinar. Uma sugestão para a realização desta proposta é que cada coordenação de curso disponibilize aos alunos uma lista de temas multidisciplinares para o TCC, observando-se que tais temas poderiam ainda se constituir em importante espaço para a conexão de práticas sustentáveis abordadas em diferentes disciplinas.

Um desafio importante consiste em disponibilizar meios para que os alunos com aptidão possam adquirir uma formação mais completa em termos de pesquisa, desse modo incentivando-os a prosseguir em seus estudos na pós-graduação ou mesmo se qualificar para atuar junto a núcleos de estudos e desenvolvimento tecnológico, criados pelo mercado de trabalho. Naturalmente, esta dimensão de formação deve favorecer com maior intensidade a prática da interdisciplinaridade e mesmo da transdisciplinaridade. De fato, nela os alunos devem ainda encontrar melhores oportunidades de contemplar seus interesses individuais, podendo transitar entre diferentes especialidades, portanto, transcendendo os limites da formação específica e projetando a continuidade de formação na pós-graduação.

Se, por um lado, no âmbito da formação com maior ênfase em Pesquisa e Pós-Graduação devem ser reunidas disciplinas que proporcionam conhecimentos científicos aprofundados, por outro lado, temas multi e interdisciplinares (como tecnologia da informação, computação de alto desempenho e sua aplicação na análise de problemas multifísicos) poderiam ser mais ativamente explorados em disciplinas optativas concebidas, sempre que possível, em conjunto com outras unidades, especificamente para atender a esta dimensão de formação.

Como outro exemplo de avanço possível, mas que ao mesmo tempo configura-se como um desafio a enfrentar, sugere-se o favorecimento para a formação de graduação complementada com o mestrado. De fato, seria algo similar ao modelo de Bolonha, entretanto, com graduação mínima em cinco anos. Isto é, o aluno ao final de sua graduação receberia o título de engenheiro complementado pelo mestrado, indicando sua qualificação para a pesquisa. Neste caso, em lugar do Trabalho de Conclusão de Curso haveria a dissertação de mestrado.

No sentido de viabilizar a liberação de carga horária para a sua realização, a opção pela formação com mestrado poderia prever equivalência com o estágio, uma vez que esta possibilidade estivesse prevista no projeto pedagógico da Unidade. Aliás, essa possibilidade já está prevista na Lei n. 11.788/2008 art. 2°, § 3° – "*As atividades de extensão, de monitorias e de iniciação científica na educação superior, desenvolvidas pelo estudante, somente poderão ser equiparadas ao estágio em caso de previsão no projeto pedagógico do curso*". Assim sendo, um aluno com esta formação estaria habilitado a se candidatar diretamente ao programa de doutorado, no caso de ter interesse pela pós-graduação.

Na verdade, pode-se ampliar o escopo desta dimensão de formação, por exemplo, incluindo-se nela o Mestrado Profissionalizante, opção que poderia ser feita já quando do pleito pela atividade de Iniciação Científica. A justificativa está no fato de que podem existir diferenças entre os objetivos de investigação de pesquisa puramente acadêmica e os interesses em pesquisa da indústria. Nesse caso, o próprio estágio poderia se inserir de modo mais objetivo como parte do programa de Mestrado, em relação direta com os interesses da indústria. O recém-criado Centro Avançado da EESC para Apoio à Inovação, objeto de comentários específicos mais adiante, deverá servir para abrigar e impulsionar as iniciativas de formação anteriormente descritas que contemplem o desenvolvimento tecnológico.

Finalmente, no certificado de conclusão de curso, opcionalmente, um destaque poderia ser dado em relação à opção de formação do aluno, isto é, inserindo no certificado menção sobre qual "vertente" o aluno seguiu: formação geral, com estudos especiais dedicados à formação profissional, com mestrado profissionalizante ou acadêmico, por exemplo.

De acordo com essa perspectiva, o desafio requer o estudo das possibilidades operacionais relativas a aspectos como: carga horária, flexibilização do intercâmbio com a pós-graduação (por exemplo, facilitando aos alunos de graduação a frequência em disciplinas a partir do quarto ano), incentivo ao desenvolvimento de pesquisas financiadas pela indústria, nelas incluindo o período de estágio e, ainda, o desenvolvimento do TCC bem estruturado, equivalente à dissertação de Mestrado, tendo-se em vista a conclusão da graduação com o Mestrado incorporado.

Avanços possíveis e desafios para a internacionalização

A internacionalização no seu sentido mais amplo já vem sendo praticada há muitos anos na EESC na forma de atividades de cooperação científica conduzidas a partir de iniciativas individuais de docentes e diversos grupos de pesquisa. Nos anos recentes, os programas de mobilidade disponibilizados aos alunos de graduação passaram a ter uma adesão crescente, ganhando, hoje em dia, significativa influência na sua formação. Além disso, também como parte dos programas internacionais de intercâmbio e cooperação acadêmica, a EESC passou a receber número considerável de estudantes estrangeiros.

Portanto, em face dessa realidade é importante que a Escola procure compatibilizar efetivamente o processo de internacionalização com sua estrutura curricular.

A mobilidade de seus estudantes para o exterior deve atender aos objetivos de formação estabelecidos nas diretrizes gerais, complementando os aspectos ressaltados de aprendizado e formação humanística. Uma boa maneira de contemplar aqueles objetivos consiste em privilegiar a mobilidade para centros de excelência do exterior com características de formação compatíveis com as da EESC. A formalização de acordos de mobilidade com parceiros preferenciais vai ao encontro dos objetivos de formação, ao mesmo tempo que facilita a regulamentação das equivalências de créditos.

A EESC também deve estar atenta ao seu papel de contribuição para a formação dos alunos estrangeiros que aqui vêm realizar seus programas de mobilidade. Tais alunos normalmente inscrevem-se em disciplinas que se inserem nas dimensões de formação específica e em pesquisa, pós-graduação e profissional. Para uma contribuição mais efetiva à formação desses alunos, disciplinas de maior procura por alunos estrangeiros poderiam ter turmas especiais, nas quais os alunos regulares da EESC também poderiam se inscrever, com oferecimento de aulas e material didático em língua inglesa.

Também no sentido de exemplificar ações para oportunizar a prática interdisciplinar abrangente, ao mesmo tempo suprindo a carência de oferta de disciplinas aos alunos estrangeiros, cada coordenação de curso poderia oferecer uma disciplina "integrada", contemplando vários temas e, portanto, envolvendo professores de especialidades distintas.

Em favor da maior inserção internacional da EESC como instituição, uma iniciativa importante é a produção de cursos online em inglês com conteúdos específicos, a serem disponibilizados na página da EESC, com acesso gratuito. Essa iniciativa cumpriria também uma missão de extensão, indo ao encontro dos objetivos de retorno à sociedade.

Avanços possíveis e desafios para a iniciação científica

Já foi comentado que a EESC recebe alunos de grande potencial intelectual e, portanto, é importante que muitos deles sejam incentivados para a pesquisa, para a formação pós-graduada e mesmo para a vida acadêmica futura.

A Iniciação Científica (IC) pode preencher este papel de modo natural, mas é importante destacar que para além do preparo para a pesquisa, ela também pode capacitar o aluno para o exercício de atividade profissional de elevado nível. Neste caso, a IC cumpriria objetivos semelhantes àqueles dos estágios, que criteriosamente poderiam ser dispensados.

A Figura 26.3 ilustra a concepção conceitual das dimensões de formação em relação ao programa de IC.

A Iniciação Científica deve ser inserida claramente na estrutura curricular, contando com disciplinas optativas de apoio e atividades de investigação que favoreçam a prática interdisciplinar. Nesse caso, a estrutura curricular deve prever a equivalência entre o programa de IC e certo número de créditos e carga horária, fazendo parte dos totais exigidos para a conclusão da graduação.

As disciplinas de apoio ao programa de IC seriam comuns a todos os cursos, podendo ter conteúdos concernentes aos aspectos de metodologia de investigação, organização e escrita científica, além de comunicação e técnicas de apresentação de trabalhos. Por exemplo, os alunos de IC poderiam ser estimulados a cursar oficialmente as disciplinas do Programa de Aperfeiçoamento do Ensino (PAE) da pós-graduação.

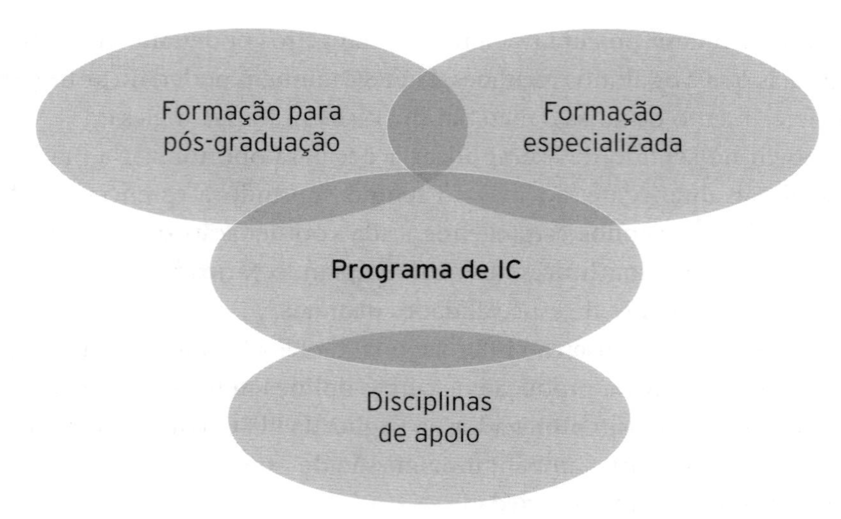

Figura 26.3: Dimensões de formação em iniciação científica.

O programa de IC deve ainda possibilitar que o aluno possa se inscrever em disciplinas da pós-graduação (optativas) voltadas para o tema da sua investigação. Isto é possível de acordo com as normas atuais da pós-graduação, mas, uma vez regulamentado o programa de IC, haveria, certamente, maior participação de alunos de graduação em disciplinas de pós-graduação, contribuindo para a transferência mais direta de conhecimentos deste para aquele nível de formação.

Um desafio importante consiste em harmonizar as atividades de IC, internacionalização, estágio e TCC. Como exemplo de avanço possível nesse sentido, a mobilidade para o exterior também poderia prever atividades prioritariamente relacionadas ao desenvolvimento de pesquisa, de modo compatível com um programa "sanduíche", neste caso prevendo-se a coorientação de pesquisador estrangeiro.

A possibilidade de equivalência entre IC e estágio deve ser prevista nos projetos pedagógicos, de acordo com critérios estabelecidos pelas respectivas coordenações de cursos. Naturalmente, o TCC também poderia ter conteúdo estreitamente relacionado à pesquisa desenvolvida no programa de IC, decorrendo desta, por exemplo, mediante uma etapa sucessiva de aprimoramento de seu relatório.

No caso de um programa de IC voltado para a formação profissional especializada, seria interessante a sua realização em parceria com uma empresa interessada em desenvolver um tema de pesquisa específico ou inovação tecnológica. Nesse caso, a atividade de estágio passaria a fazer parte do programa de IC.

Avanços possíveis e desafios para a sustentabilidade

O conceito mais conhecido relacionado ao desenvolvimento sustentável é o estabelecido pela Comissão Brundtland[1], que o define como o atendimento às necessidades presentes sem que estas comprometam a possibilidade das gerações futuras de satisfazerem as suas próprias necessidades.

Pensar na formação do engenheiro para a construção de sociedades sustentáveis significa considerar a produção de conhecimentos, tecnologias e práticas inovadoras que se coadunem com o desafio da sustentabilidade.

Dentre as exigências legais para a incorporação da temática da sustentabilidade na formação universitária, destaca-se a Lei n. 9.795, de 27 de abril de 1999, que dispõe sobre a Educação Ambiental e institui a Política Nacional de Educação Ambiental (PNEA), a qual, em seu art. 9º, estabelece que a educação ambiental deve ser "(...) desenvolvida no âmbito dos currículos das instituições de ensino públicas e privadas", devendo ser (art. 10º) "(...) desenvolvida como uma prática educativa integrada, contínua e permanente em todos os níveis e modalidades do ensino formal".

Em relação às competências e habilidades que os engenheiros devem desenvolver, o art. 4º das Diretrizes Curriculares Nacionais para as Engenharias coloca, dentre outras, "(...) compreender e aplicar a ética e responsabilidade profissionais e avaliar o impacto das atividades da engenharia no contexto social e ambiental (...)".

As diretrizes para a sustentabilidade procuram ir ao encontro desses dispositivos legais. De acordo com elas, a temática da sustentabilidade não deve ser tratada apenas como conteúdo de disciplina(s) isolada(s) na matriz curricular, mas sim como um tema complexo, multi e interdisciplinar, que possibilite a participação e o intercâmbio de diferentes áreas do conhecimento.

A formação dos Engenheiros da EESC precisa ser pautada pela perspectiva de uma abordagem que contemple soluções proativas, que visem à prevenção e precaução de impactos socioambientais negativos. Dentre as possibilidades de abordagem que correspondem a uma visão sistêmica, claramente com

---

1 World Comission on Environment and Development (WCED). *Our Common Future*. Oxford University Press, Nova York, 1987.

caráter interdisciplinar, está a perspectiva de ciclo de vida dos produtos. De fato, a ênfase no ciclo de vida (desde a extração do material até a produção, uso e pós uso – reúso, reciclagem, remanufatura, etc.) está na base de grande parte das melhorias ambientais, sociais e econômicas dos bens e serviços, decorrendo, ainda, do entendimento detalhado desse ciclo desde as fases do projeto do produto, diversas oportunidades de inovação.

O desafio consiste, por um lado, na construção de estratégias de formação e motivacionais para que o corpo docente passe à adoção e desenvolvimento progressivo de uma cultura de sustentabilidade. De outro lado é preciso estimular ações coordenadas junto à Comissão de Graduação, às Comissões de Cursos e, também, aos departamentos, para a construção de um projeto pedagógico coerente. Em todas as dimensões de formação, é imprescindível a integração dos valores socioambientais e conteúdos de sustentabilidade específicos a cada curso de Engenharia junto às disciplinas e demais atividades educativas. Em essência, trata-se de um processo que requer a identificação das particularidades de cada curso em relação à temática.

Avanços possíveis e desafios para ensino, aprendizagem e avaliação

Quanto aos aspectos de ensino e aprendizagem na prática da interdisciplinaridade, pode-se requerer do docente motivação e conhecimento sobre habilidades interpessoais.

Em relação à motivação, é importante que o docente ministre conteúdos compatíveis com sua área de conhecimento. Em relação às habilidades interpessoais, o docente precisa saber como o aluno aprende, isto é, como recebe e processa a informação, reconhecendo as diferenças individuais. Existem alunos que são mais visuais e outros mais auditivos quanto à recepção das informações. Nesse sentido, a prática de "padronização das aulas" não é recomendável.

A falta de interesse e motivação do aluno pode ser resolvida com implantação de metodologias de participação ativa, que lhe possibilitem construir significados e relações entre informações, desenvolvendo o seu esquema de raciocínio. Além disso, o professor deve explicitar, logo no início do curso, as informações gerais que interessam ao aluno, como os objetivos de formação da disciplina, a metodologia das aulas, o sistema de avaliação e notas, etc. Ao longo do curso, a razão para o ensino de determinado assunto e sua relação com outros conhecimentos deve ser periodicamente esclarecida aos alunos.

Por outro lado, do ponto de vista da aprendizagem, os currículos devem levar em conta o tempo necessário para a aprendizagem, bem como considerar as metodologias de ensino mais indicadas para cada disciplina.

Ainda em favor do melhor aprendizado, um desafio importante consiste em estabelecer uma transição criteriosa para um regime de menor carga horária. Um avanço inicial possível nesse sentido seria determinar o que deve ser essencial e obrigatório para cada curso, buscando, ainda, reduzir as sobreposições ou interfaces comuns, em uma espécie de otimização da carga horária de aulas. Também em favor da redução da carga horária, sugere-se a programação de atividades integradas entre disciplinas, mostrando a importância e aplicação de determinado assunto.

Contudo, com a redução da carga horária, observa-se que há maior necessidade de controle sobre as atividades dos alunos, além da disponibilização de material de consulta e estudo, naturalmente com o auxílio de recursos tecnológicos de eficácia comprovada.

Para operacionalizar estas ações, as Comissões de Cursos, coordenadas pela Comissão de Graduação, fariam as análises dos conteúdos, metodologias de cada disciplina, cargas de horas-aula e de trabalho complementares necessárias, ficando essas informações disponíveis no sistema de gerenciamento da graduação (Júpiter). A própria contagem de créditos de disciplinas da graduação poderia ser uniformizada com a contagem da pós-graduação, facilitando eventuais equivalências, ao mesmo tempo atendendo aos interesses dos programas de Iniciação Científica e da etapa de formação em pesquisa, pós-graduação e profissional.

No que diz respeito aos instrumentos de avaliação do aproveitamento, não se pode dizer que existam instrumentos melhores ou piores, pois o critério para determinar se um instrumento é bom ou não é a adequação das questões propostas aos objetivos que se pretendem medir. Conceitualmente, estes objetivos têm por finalidade evidenciar em que medida os resultados reais de aprendizagem apresentados pelos alunos se igualam aos resultados esperados no plano curricular.

O desafio é o de estabelecer um sistema de avaliação com mecanismos não só para determinar até que ponto os objetivos propostos foram alcançados, mas também para medir a eficiência do ensino e das atividades promovidas pelo professor. Além disso, é de primordial importância que os objetivos das avaliações estejam bem definidos nos planejamentos das disciplinas, focando-se não somente em aspectos de conhecimento, mas também em relação às habilidades e competências.

As provas e testes com distribuição difusa nas disciplinas são procedimentos didáticos de avaliação que servem para acompanhar a aprendizagem dos estudantes, indicando, diante dos padrões de desempenho previamente estabelecidos, a necessidade de mudanças ou de planejamento de atividades para enriquecer ou recuperar a aprendizagem. Nesse contexto, a avaliação baseada em aprendizado deve ter caráter motivacional e não punitivo.

Observa-se que a avaliação de caráter menos periódico, ou feita ao final do processo (avaliação somativa), predominantemente empregada nas disciplinas dos diferentes cursos da EESC, determina qual o conhecimento e quais habilidades o aluno adquiriu como resultado do programa instrucional. Esta avaliação geralmente se caracteriza pela atribuição de conceito ou classificação dos alunos. É um tipo de avaliação importante, porém, se usada exclusivamente, permite apenas detectar situações de aprendizado já consumadas.

Na medida do possível, a avaliação deve ser difusa durante o processo de ensino-aprendizagem (avaliação formativa), com uma frequência tal que permita detectar eventuais falhas a tempo de saná-las. Nessa perspectiva, a avaliação se descaracteriza como tarefa esporádica, assumindo um papel sistemático diretamente vinculado ao processo de ensino-aprendizagem.

Cabe ainda mencionar a importância da avaliação do próprio ensino e do desenvolvimento do programa instrucional realizado. É o momento em que o professor faz uma análise do trabalho desenvolvido, avalia o quanto já foi atingido e identifica o que faltou alcançar, o que contribuiu efetivamente para a consecução dos objetivos e o que necessita ser reformulado.

Destaca-se, finalmente, que podem existir situações em que a avaliação apresenta feitio particular, com enfoque na competência. É o caso, por exemplo, de disciplinas que não têm um conteúdo formal a ser transmitido, mas, sim, propõem determinado desafio, como a resolução de um problema real envolvendo uma problemática nacional de interesse, ou a elaboração de um plano estratégico com apoio da tecnologia. Nestes casos, os alunos podem ser avaliados pela sua competência em aprender, mediante participação em discussões, elaboração de relatórios, apresentação de seminários, etc.

Avanços possíveis e desafios para a capacitação e assistência pedagógica de professores

A ênfase no ensino/aprendizagem envolve o desafio de capacitar o corpo docente em didática. Nesse sentido, entende-se como essencial que o docente conheça de que forma ocorre o aprendizado, para que possa se valer de métodos, estratégias, recursos de ensino e avaliação mais apropriados.

Também é preciso explorar o potencial dos métodos ativos de aprendizagem e das novas tecnologias instrucionais para aprimorar a eficácia do processo de ensino-aprendizagem, além de melhorar as condições de laboratórios e salas de aula.

O Centro de Tecnologia Educacional para Engenharia (Cetepe), criado na EESC pela Resolução n. 1987, de 23.10.80, pode, claramente, possibilitar avanços na direção da capacitação pedagógica de professores. Trata-se de centro concebido para atuar em todas as frentes do aprimoramento do ensino de Engenharia, em particular um centro de excelência dedicado ao apoio, acompanhamento e assistência pedagógica aos professores nas suas atividades de ensino.

Naturalmente o centro deve desempenhar papel fundamental na valorização da atividade de ensino, devendo conter nos seus quadros um grupo de profissionais com formação pedagógica alinhados com o ensino para engenharia.

Entre as atividades a serem desenvolvidas pelo Cetepe no cumprimento de sua missão e em consonância com as diretrizes da nova estrutura curricular, destacam-se:

- Acompanhar e auxiliar os docentes na aplicação de métodos inovadores e/ou alternativos objetivando o aprimoramento do aprendizado nos cursos.
- Analisar demandas e promover cursos de capacitação, treinamentos e atividades afins para docentes e pós-graduandos visando à melhoria contínua do processo de ensino e aprendizagem.
- Contribuir como incubadora e centro de testes de novas tecnologias instrucionais para melhoria ou inovação didático-pedagógica, as quais incluem a adequação das salas de aula, avaliando seus impactos no ensino e aprendizagem.
- Auxiliar na avaliação pedagógica nos concursos de admissão e progressão na carreira docente.
- Colaborar com os docentes envolvidos com a organização e gestão de equipes estudantis que participam de atividades de formação direta e extracurriculares em Engenharia.
- Apoiar a produção e disponibilização de conteúdos online com o objetivo de ampliar o acesso a conhecimentos complementares.
- Apoiar o desenvolvimento de uma estratégia de *Massive Open and Online Courses* (MOOCs).

Por meio do Cetepe a EESC poderá introduzir novos conteúdos e métodos alternativos e/ou inovadores para contribuir de modo efetivo na formação de seus engenheiros de acordo com o perfil estabelecido nas diretrizes. Assim sendo, além de possuírem excelente capacitação técnica, os engenheiros da EESC estarão mais bem preparados para enfrentar situações que exijam habilidades comportamentais maduras e com capacidade de empreender na busca de soluções inovadoras frente aos desafios sociais.

Avanços possíveis e desafios para a inovação e empreendedorismo

O desafio para promover a associação de formação empreendedora com transferência de tecnologia e estímulo à inovação nos diversos níveis de ensino e pesquisa passa por apoiar ações que capacitem e auxiliem pesquisadores e alunos a incorporar a tecnologia gerada como resultado de projeto de investigação, ou de curso, em produto ou serviço com desempenho melhorado.

Na EESC não existe espaço físico adequado para convivência entre pesquisadores e profissionais que atuam na área de inovação, como empresários, aceleradoras, investidores e outros. Um espaço como esse poderia ampliar a rede de relacionamento dos pesquisadores, servindo como elemento integrador, auxiliando pesquisadores interessados em se organizar como empresas e facilitando a busca de competências por parte dos profissionais.

Procurando induzir o avanço nesse sentido, a Escola de Engenharia vem estruturando um Centro, denominado Centro Avançado EESC para Apoio à Inovação (EESC*in*).

Para cumprir o papel de formação empreendedora em todas as modalidades dos cursos de engenharia da EESC, as atividades do Centro devem priorizar o caráter interdisciplinar e transdisciplinar, proporcionando aos estudantes a oportunidade de experimentar o trabalho colaborativo em equipe. As ações do Centro devem acontecer fundamentalmente na forma de disponibilização de ambiente para o desenvolvimento de projetos, escolhidos e priorizados por meio de editais. Os pesquisadores e alunos que participam de projetos do Centro devem ser incentivados a dar continuidade na rota de evolução em direção à inovação em produtos ou protótipos.

Além disso, o EESC*in* deve servir como canal de divulgação das iniciativas da EESC em um contexto mais amplo, nos quais se incluem projetos de competição de inovação e projetos de oferecimento de cursos de difusão ligados ao empreendedorismo, métodos e técnicas para desenvolvimento tecnológico e de produtos.

Por suas características, o EESC*in* deve também servir como um ambiente de aproximação das tecnologias em desenvolvimento na EESC com as empresas de base tecnológica e parques da região. De fato, outro diferencial do Centro está no fato de caracterizar-se como "posto avançado" da EESC e da Universidade de São Paulo, tendo-se em vista estar localizado geograficamente dentro de um complexo empresarial que abriga um parque tecnológico. Entende-se que um Centro inserido nesse ambiente seja a melhor estratégia para promover a formação empreendedora e apoiar a transformação das tecnologias geradas na EESC em inovações efetivas que contribuam para a geração de valor para a sociedade.

DESAFIOS E OPORTUNIDADES

Alguns desafios mais específicos para a construção e realização de um currículo interdisciplinar da graduação em Engenharia já foram objeto de breves comentários nas seções anteriores. Nesta seção, são abordados desafios de caráter institucional mais amplo, bem como propostas preliminares para sua superação.

Desafios para a operacionalização da proposta

A Comissão de Graduação e as Comissões de Cursos, ouvidos os departamentos, têm a missão fundamental de planejamento e operacionalização de ações para colocar em prática as diretrizes aprovadas.

Entre as ações iniciais sugeridas naquela direção, a cargo da Comissão de Graduação estarão análises dos conteúdos, metodologias, cargas de horas-aula e de trabalhos complementares de cada disciplina. O trabalho de identificação de conteúdos inter-relacionados servirá, em um passo seguinte, para orientação das Comissões de Curso na elaboração de projetos que viabilizem a realização prática da interdisciplinaridade.

Chama-se a atenção para a ação determinante dos departamentos na execução das diretrizes, uma vez que estão intimamente ligados aos cursos de graduação e, ainda, são responsáveis pela contratação do corpo docente. Assim, os planos de trabalho e desenvolvimento futuro de cada departamento devem, por sua vez, atender aos objetivos gerais estabelecidos nas novas diretrizes curriculares.

Além daquelas comissões e departamentos, julga-se que as secretarias acadêmicas, enquanto estruturas organizadas pelos alunos associadas diretamente aos cursos, podem servir como centros importantes de discussão, conexão com os docentes e busca de soluções aos desafios relacionados aos cursos.

Desafio complementar: o acompanhamento da nova estrutura curricular e desdobramentos futuros

É importante o estabelecimento de indicadores que revelem aspectos da nova realidade de ensino e aprendizagem que passará a vigorar na Escola e, assim, qualificá-los.

A diretriz geral nesse sentido impõe o estabelecimento de uma sistemática regular de avaliação, incluindo-se cursos, disciplinas e docentes, com análise dos resultados. Naturalmente será preciso decorrer certo tempo para que o impacto das Diretrizes possa ser avaliado.

As consultas para fins de avaliação podem ser organizadas de diferentes maneiras, por exemplo, pelos alunos, por meio das secretarias acadêmicas, ou diretamente pelas Comissões de Cursos. Além disso, o Sistema Integrado de Gestão Acadêmica (Siga), disponibilizado pela Pró-Reitoria de Graduação, poderia ser efetivamente utilizado, pois se trata de plataforma bastante completa que disponibiliza amplos recursos de análise estatística.

Em época oportuna, levando-se em conta o tempo necessário para avaliação do impacto das Diretrizes e sua aceitação em cada curso, a Congregação deve questionar a Comissão de Graduação sobre o andamento desse processo.

Finalmente, é importante que a dedicação ao ensino por parte dos docentes, identificada nas avaliações, seja devidamente valorizada, particularmente nos processos de promoção na carreira.

CONSIDERAÇÕES FINAIS

Passados alguns meses desde a aprovação por parte da Congregação do documento sobre as diretrizes curriculares, já podem ser identificados alguns avanços progressivos, conduzidos em diferentes frentes, com vistas ao cumprimento das diretrizes estabelecidas.

Em uma das frentes, o grupo de trabalho está em fase final de elaboração de um documento complementar elaborado para subsidiar a Comissão de Graduação e as Comissões de Curso nos trabalhos de mapeamento das competências associadas às disciplinas existentes. O objetivo é o de contribuir para o trabalho de identificação das formas mais adequadas de interação disciplinar e sua inserção clara na estrutura de formação proposta nas diretrizes. Nesse processo, sugere-se como ação mais imediata, por exemplo, a identificação daquelas disciplinas aptas para a imediata implantação de metodologias ativas, bem como a elaboração de uma lista de problemas ou projetos abrangentes, portanto de caráter interdisciplinar, que possam ser desenvolvidos em disciplinas, ou mesmo na forma de trabalho de conclusão de curso, reunindo competências de diferentes cursos.

Para além dos trabalhos junto às Comissões, outras frentes de ação vêm sendo conduzidas. Destaca-se, por exemplo, a fase adiantada de elaboração de propostas que viabilizarão a chamada ambientalização curricular. Tais propostas, que serão brevemente submetidas à apreciação das Comissões de Curso, permitirão a inserção da temática interdisciplinar da sustentabilidade de forma transversal em todas as dimensões de formação.

Outra frente em andamento está relacionada ao tema da complementação da formação técnica com as competências de formação em gestão e liderança. Nesse caso, identificaram-se experiências passadas bem-sucedidas, entre disciplinas e projetos educacionais, particularmente conduzidas no âmbito do curso de Engenharia de Produção, que poderão servir de modelo a ser adotado nos outros cursos da EESC. Uma experiência sugerida como referência é o Programa de Desenvolvimento de Liderança em Engenharia (Prolider)[2], que teve por objetivo conciliar competências técnicas, interpessoais e sociais para formar profissionais aptos a ocupar posições de gestão e liderança.

Há também a frente que trata do planejamento para adequação e reestruturação das atividades do Centro de Tecnologia para a Educação (Cetepe), de modo a capacitá-lo com as condições estruturais necessárias para o apoio aos docentes, com isso incentivando-os à adoção de novas metodologias de ensino e aprendizagem. Uma forma imediata de apoio ao docente consiste na promoção de cursos e treinamentos voltados para o aprimoramento do processo de ensino e aprendizagem, incluindo-se o uso de novas tecnologias e capacitação pedagógica. Em termos de reestruturação do Cetepe, sugere-se a criação de uma equipe de especialistas em metodologias ativas de aprendizagem e processos pedagógicos, composta por educadores, engenheiros e técnicos educacionais, estes com conhecimento e domínio de tecnologias de informação e mídias sociais, por exemplo. Dessa forma o centro estaria mais bem preparado para apoiar os docentes nas seguintes atividades:

---

2 Disponível em: http://www.prolider.eesc.usp.br/.

- Adoção, desenvolvimento e avaliação de metodologias ativas de ensino--aprendizagem que utilizem a problematização como estratégia.
- Elaboração e/ou adequação dos planos de ensino de acordo com as novas diretrizes educacionais da EESC.
- Construção e prática da avaliação discente como atividade permanente e indissociável da dinâmica de ensino-aprendizagem, de modo a garantir que se torne mais abrangente para que oriente o processo e a própria atividade docente.

Finalmente, destaca-se a frente voltada para a construção de mecanismos que possam facilitar o relacionamento entre a pesquisa interdisciplinar bem--sucedida e a transferência de tecnologia. Nesse caso, o melhor instrumento é o recém-criado EESC*in*, no qual algumas atividades efetivas estão em curso, basicamente relacionadas a duas linhas de ação.

A primeira tem em vista o apoio direto ao empreendedorismo. Em um passo inicial, como resposta a um edital de consulta junto à comunidade de pesquisadores da EESC, foi identificado um conjunto de projetos de pesquisa de natureza interdisciplinar com alto potencial de inovação. Para apoiar tais projetos, já estão em curso os trabalhos de planejamento de alternativas de ação empreendedora. A segunda atividade do EESC*in* envolve um trabalho em conjunto com a Agência USP de Inovação e com o Centro de Engenharia Aplicada à Saúde (Ceas), outro centro da EESC, reunindo pesquisadores de diferentes departamentos. Trata-se da formatação e proposição da disciplina denominada Oficina de Inovação, com oferecimento já a partir do primeiro semestre de 2016, com caráter transdisciplinar e aberta a alunos de todas as unidades do campus. Essencialmente, a cada ano, as vagas na disciplina serão preenchidas por seleção de projetos em atendimento a um edital. Neste edital, um problema temático socialmente relevante será proposto, cabendo aos alunos o desafio de compor grupos e submeter projetos inovadores de solução. Espera-se que ao longo do semestre, contando com a orientação dos pesquisadores do Ceas, os projetos combinem o desenvolvimento e a adaptação de tecnologias adequadas para a solução do problema proposto.

Concluindo, o desafio de colocar em prática os objetivos de formação do engenheiro para atuar em problemas mais temáticos e menos disciplinares, fundamentando-se em uma aprendizagem baseada em construção do conhecimento e em coerência com o perfil definido, vem sendo enfrentado na EESC mediante um trabalho sistemático de um grupo de trabalho comprometido com esse objetivo.

Ainda é cedo para uma avaliação conclusiva sobre os trabalhos realizados. Como expectativa futura, é importante ressaltar que, para além do impacto direto sobre o ensino de graduação, imagina-se que a prática das diretrizes relacionadas à construção de um currículo interdisciplinar de graduação em Engenharia deverá impactar positivamente a pós-graduação, a carreira docente e a relação da Escola de Engenharia com as outras unidades do campus de São Carlos da Universidade de São Paulo.

REFERÊNCIAS

BRASIL. Ministério da Educação. Coordenação de Pessoal de Nível Superior. *Documento de área 2009*: área de avaliação: interdisciplinar. 2010. Disponível em: http://www.capes.gov.br/images/stories/download/avaliacao/INTER03ago10.pdf.

BORREGO, M.; CUTLER, S. Constructive alignment of interdisciplinary graduate curriculum in engineering and science: An analysis of successful IGERT proposals. *Journal of Engineering Education*. 2010; v. 99, n. 4, p. 355-369.

CUNHA, F.M.; BURNIER, S. Estrutura Curricular por eixos de conteúdos e atividades. *Revista de Ensino de Engenharia*. 2008; n. 24, p. 2.

FROYD, J.E.; OHLAND, M.W. Integrated engineering curricula. *Journal of Engineering Education*. 2005; v. 94, n. 1, p. 147-164.

GALLOWAY, P.D. Engineering Education Reform. *Civil Engineering*. 2007; 46-51.

GEROLAMO, M.C.; GAMBI, L.N. How Can Engineering Students Learn Leadership Skills? The Leadership Development Program in Engineering (PROLIDER) at EESC-USP, Brazil, *International Journal of Engineering Education*. 2013; v. 29, n. 5, p. 1172–1183.

GREENWALD, R. Today´s Students Need Leadership Training Like Never Before. *The Chronicle of Higher Education*. December 5, 2010. Disponível em: http://chronicle.com/article/Todays-Students-Need/125604/.

HARRISON, G.P.; EWEN MACPHERSON, D.; WILLIAMS, D.A. Promoting interdisciplinarity in engineering teaching. *European Journal of Engineering Education*. 2007; v. 32, n. 3, p. 285-293.

KERN, V.M. et al. Construção da Interdisciplinaridade para a inovação (Capítulo 26). In: PHILIPPI JR, A., SILVA NETO, A.J. (eds.) *Interdisciplinaridade em Ciência, Tecnologia e Inovação*. Barueri: Manole, 2011.

KLEIN, J.T. A taxonomy of interdisciplinarity. In: FRODEMAN, R.; KLEIN, J.T., MITCHAM, C. *The Oxgford handbook of interdisciplinarity*. 2010.

KING, C.J. Restructuring engineering education: Why, how and when?. *Journal of Engineering Education*. 2012; v. 101, n. 1, p. 1-5.

PRADOS, J.W.; PETERSON, G.D.; LATTUCA, L.R. Quality assurance of engineering education through accreditation: The impact of Engineering Criteria 2000 and its global influence. *Journal of Engineering Education*. 2005; v. 94, n. 1, p. 165-184.

RICHTER, D.M.; PARETTI, M. C. Identifying barriers to and outcomes of interdisciplinarity in the engineering classroom. *European Journal of Engineering Education*. 2009; v. 34, n. 1, p. 29-45.

ROSEN, M.A. Engineering education: future trends and advances. In: *Proceedings of the 6th WSEAS international conference on Engineering education*. 2009, p. 44-52.

SILVEIRA, M.A.; CARMO, L.C.S. PARISE, J.A.; CAMPOS, R.C. Pesquisa em educação em engenharia. In: COBENGE 2007, 2007, Curitiba. Anais do Cobenge 2007. Curitiba: UnicenP, 2007.

WINBERG, C. Teaching engineering/engineering teaching: interdisciplinary collaboration and the construction of academic identities. *Teaching in Higher Education*. 2008; v. 13, n. 3, p. 353-367.

capítulo 27

Construção interdisciplinar: modelo de avaliação do grau de maturidade em programas de Pós-Graduação

Maria Beatriz Maury | *Educadora, Centro de Desenvolvimento Sustentável, UnB*
Marcel Bursztyn | *Economista, Centro de Desenvolvimento Sustentável, UnB*

INTRODUÇÃO

Desde a década de 1960, a interdisciplinaridade vem se tornando um tema importante no meio acadêmico e nas políticas de ensino e pesquisa. Percebe-se que grande parte do que é estudado, assinalado ou destacado na teoria em voga refere-se à crítica de um modelo histórico que levou à construção do paradigma disciplinar e à crítica da especialização e da fragmentação do conhecimento, e à consequente crise da Ciência. Do constante debate sobre a interdisciplinaridade vêm surgindo algumas ideias centrais das quais certos consensos vêm se estabelecendo. Um primeiro foco deste debate refere-se à integração da ciência. No contexto da interdisciplinaridade, essa integração é um processo pelo qual ideias, informações, métodos, ferramentas e teorias oriundas de uma ou mais disciplinas são sintetizadas, conectadas ou misturadas (Repko 2008).

A propagação de iniciativas interdisciplinares deu origem, por sua vez, a novas experiências que precisam lidar com questões como conceituação, definição e prática. Isso tem sido um desafio constante, pois esbarra em limitações institucionais e de legitimidade de tais métodos. A expansão do interesse por essas questões tem feito com que, nacional e internacionalmente, agências de financiamento e o meio acadêmico estejam cada vez mais preocupados em definir e operacionalizar a interdisciplinaridade na pesquisa (Huutoniemi et al., 2010).

A interdisciplinaridade tem desempenhado um papel importante no debate sobre temas complexos, como a sustentabilidade das sociedades humanas e, em geral, sobre a própria crise e o futuro da Universidade. Se o século XX pode ser identificado como uma era de especialização na Academia, há uma tendência atual de adicionar espaços multi e interdisciplinares para a investigação disciplinar tradicional e a organização de formação e treinamento (Bursztyn e Drummond, 2013).

Apesar de a questão da disciplinaridade no meio acadêmico ser constantemente questionada nas últimas décadas, ainda não se conseguiu construir uma prática efetiva e consolidada em seus diversos campos. Há dificuldades na avaliação de atividades interdisciplinares, também porque a complexidade de sua investigação desafia um padrão único consolidado para a consideração das práticas disciplinares (Klein, 2006).

Apesar do trabalho de muitas décadas de estudiosos sobre o conceito de interdisciplinaridade, ainda não há para ela um meio consolidado para sua avaliação e/ou um indicador geral aceito para fins de política científica. A maioria dos avaliadores de pesquisa e gestores da ciência concorda com um tipo de vocabulário básico, que ainda assim varia muito de um grupo para outro. No entanto, não há consenso sobre como avaliar ou mensurar a interdisciplinaridade na prática (Huutoniemi et al., 2010).

Philippi Jr (2000), referindo-se, há alguns anos, aos desafios de uma ciência integrada, lembrava que ainda não estava consolidada uma cultura de trabalhos e propostas interdisciplinares, no campo do ensino e da pesquisa. Para o autor, mesmo existindo experiências anteriores em trabalhos interdisciplinares, era patente ainda uma significativa dificuldade para se atuar nesse sentido: pois não há uma receita pronta para o exercício da interdisciplinaridade.

Huutoniemi et al. (2010) argumentam que, embora as tipologias existentes de interdisciplinaridade desempenhem um papel importante na forma como as concebemos, ou seja, como fenômeno, elas ainda não encontraram um bom caminho para as análises empíricas da ciência. Por outro lado, é cada vez mais necessária uma discussão pragmática por parte dos gestores de pesquisa e tomadores de decisão sobre a investigação interdisciplinar, com vistas a estabelecer um bom diálogo entre as análises conceituais e as pragmáticas da interdisciplinaridade.

O propósito do estudo aqui apresentado é contribuir para o refinamento da avaliação dos Programas de Pós-Graduação Multi e Interdisciplinares (PPG-MD-ID) vinculados à Coordenação de Aperfeiçoamento de Pessoal de Nível Superior (Capes).

A Capes adota um sistema que analisa informações relevantes aos programas, como: sua proposta, produção intelectual, corpo discente e docente e inserção social. No entanto, não há ainda itens ou dispositivos que avaliem a proposição multi e interdisciplinar, quesito importante e que poderia analisar os diversos níveis de interdisciplinaridade em que os programas estão. Daí a importância da proposição deste capítulo, que avançou na criação de uma metodologia que avalia a construção interdisciplinar e seus diversos níveis de maturidade.

O que se propõe no presente capítulo é apresentar um modelo de avaliação do grau de maturidade interdisciplinar desses cursos, utilizando-se de critérios qualitativos fundamentados em governança. Os elementos tratados são de interesse de gestores dos programas, bem como de avaliadores, dirigentes e de todos aqueles que estejam de alguma maneira associados à construção da interdisciplinaridade nos programas de pós-graduação no Brasil.

Especificamente, buscou-se: a) contextualizar a demanda por avaliação de maturidade em práticas multi e interdisciplinares; b) justificar essa demanda no contexto da pós-graduação; c) identificar dimensões da interdisciplinaridade aplicada a programas de pós-graduação multi e interdisciplinares e seus respectivos funcionamentos; d) apresentar um novo modelo proposto para análise de maturidade interdisciplinar.

Não se trata de analisar, comparar ou criticar o *modus operandi* de avaliação da pós-graduação adotado pela Capes, mas de colaborar apresentando e aprofundando a ideia da construção interdisciplinar e algumas de suas dimensões.

Para isso propomos que os cursos e programas de pós-graduação multi e interdisciplinares sejam vistos a partir do ponto de vista da Construção Interdisciplinar e de suas dimensões Concepção, Processos, Práticas e Produtos. Nestas dimensões, aplicamos índices de Maturidade desenvolvidos a partir do Modelo de Maturidade dos Processos de TI – Cobit (*Control Objectives for Information and Related Technology*), uma ferramenta do modelo conhecido como Governança em Tecnologia da Informação, ou *IT Governance*.

Para tanto, o capítulo está dividido da seguinte maneira:

A seção "Os desafios da Pós-Graduação Multi e Interdisciplinar no Brasil" apresenta os desafios existentes neste âmbito, especialmente no que se refere à conceituação e à prática da Interdisciplinaridade e à importância da criação de meios de avaliação do grau de maturidade interdisciplinar destes cursos.

A seção seguinte, "Desafios para Avaliação da Interdisciplinaridade", apresenta a necessidade de estudos sobre avaliação e a mensuração da interdisciplinaridade nos cursos e programas de pós-graduação.

No item "A Construção Interdisciplinar e Suas Dimensões", propõe-se que os programas de pós-graduação multi e interdisciplinares sejam avaliados de acordo com as suas "fases" de implantação, que se caracterizam por serem verdadeiras dimensões da construção interdisciplinar, a saber: concepção, processos, práticas e produtos. Conforme será apresentado, as dimensões da construção interdisciplinar podem ser vistas, estudadas e analisadas de forma autônoma[1].

OS DESAFIOS DA PÓS-GRADUAÇÃO MULTI E INTERDISCIPLINAR NO BRASIL

No Brasil, destaca-se a fertilidade de propostas interdisciplinares que vêm surgindo, especialmente em programas de pós-graduação, o que demonstra uma vitalidade desse tipo de abordagem e uma resposta criativa da sociedade para a limitação e as amarras de uma ciência em (des ou re)construção. Os processos de institucionalização de atividades multi e interdisciplinares precisam ser objeto de uma acurada avaliação de trajetória, mas também enquanto modelos de implantação. Os Cursos Programas de Pós-Graduação Multi e Interdisciplinares (CPPG-MD-ID) nasceram na adversidade (de legitimação institucional e de dotação de meios) e são experiências notáveis de um metabolismo inovador. Não só por inovarem em matéria de *modus operandi* de lidar com desafiantes e complexas questões da atualidade, mas também por causa das estruturas criativas em sua organização burocrática (Bursztyn, 2004).

Apesar da grande fertilidade de programas multi e interdisciplinares no Brasil, ainda existem muitos desafios para a sua implementação, consolidação e avaliação. O Documento de Área Interdisciplinar 2009 (Brasil, MEC-Capes, 2010d) apresentou um conjunto de desafios para os programas da área, os quais são apresentados a seguir, de forma resumida:

- Promover abertura para o enfrentamento de novas perspectivas teórico-metodológicas de pesquisas, ensino e inovação [...].

1 Até maio de 2015, o procedimento aqui proposto foi aplicado e testado em sua dimensão produtos interdisciplinares (publicações científicas) a partir do estudo da rede de colaboração científica estabelecida entre pesquisadores e docentes de quatro programas, sendo os três primeiros interdisciplinares e o último disciplinar (usado como caso de referência comparativa): o Centro de Desenvolvimento Sustentável da Universidade de Brasília (CDS-UnB); o Núcleo de Estudos e Pesquisas Ambientais (Nepam-Unicamp); o Núcleo de Altos Estudos Amazônicos (Naea); e o Instituto de Matemática Pura e Aplicada (Impa). Os resultados desta aplicação podem ser encontrados na tese de doutorado *O Mosaico e o Caleidoscópio: da Multi à Interdisciplinaridade na Universidade* (Maury, 2014).

- Atender aos desafios epistemológicos que a inovação teórica e metodológica coloca nas pesquisas e no ensino interdisciplinar [...].
- Promover gradativamente a incorporação de metodologias interdisciplinares nos projetos de pesquisa dos docentes e discentes [...].
- [...] Reconhecer que diferentes concepções podem ser adotadas nas pesquisas e no ensino interdisciplinar [...].
- Aprofundar as características definidoras de pluri, multi e interdisciplinares, seus diferentes contextos teórico-metodológicos [...], a fim de melhor embasar as definições de propostas de ensino e pesquisa, suas linhas inovadoras, assim como as avaliações dos diferentes programas da Área Interdisciplinar (Brasil, MEC-Capes, 2010d).

É importante destacar o interesse dos programas multi e interdisciplinares em vencer os desafios que se apresentam. No entanto, parte do que ocorre é que os cursos e programas se instalaram de forma empírica, iniciando suas atividades de forma quase heroica, com pouca compreensão do significado do fenômeno multi e interdisciplinar. Esse é um fato que ainda hoje desafia avaliadores, gestores, docentes e discentes a construir novos modelos de pesquisa e ensino.

É preciso destacar que esses desafios são característicos em propostas multi e interdisciplinares por todo o mundo. A ideia de uma (re)integração da ciência e sua prática faz parte de uma mudança de paradigma ainda não completamente consolidado. Daí o conjunto de questões desafiadoras que se apresentam em todos os níveis da ciência em integração.

Dentre tantos desafios, ainda destacamos a necessidade de que os programas *multi* e *interdisciplinares* estabeleçam uma espécie de tipologia que os distinga, conforme as suas concepções, processos, práticas e produtos. Também é preciso estabelecer uma diferenciação de como eles se organizam ao desenvolver suas pesquisas, analisando a interdisciplinaridade no conteúdo cognitivo de seus estudos.

O aprofundamento dessas questões é importante não apenas para aumentar a compreensão sobre as fronteiras na produção do conhecimento interdisciplinar – entendido como: "conhecimento com novo significado, criado pela integração de conceitos e ideias de diferentes disciplinas" (Shin, 1986) –, mas também para o desenvolvimento de suas práticas de pesquisa, a fim de dar suporte tanto aos fomentadores da pesquisa interdisciplinar, quanto aos tomadores de decisão.

Huutoniemi et al. (2010) consideram também que tem havido poucas tentativas de se estabelecer um esquema de categorização – como a divisão conceitual já amplamente reconhecida em multi, inter e transdisciplinaridade – com vistas a medir, analisar, ou identificar os esforços da integração da ciência e de pesquisa atuais.

Realizar testes empíricos é importante para validar uma categorização, bem como para o desenvolvimento posterior ou de uma ferramenta de análise ou de avaliação da interdisciplinaridade. Uma vez que não tem havido muito interesse empírico, grande parte das definições está ainda vagamente operacionalizada, fazendo com que os autores que se aventuram nessa empreitada observem que suas categorias são ainda exemplos ou ilustrações teóricas, em vez de representações de investigação propriamente dita (Huutoniemi et al., 2010).

Apesar de haver algumas soluções da Cientometria e da Bibliometria (Balancieri e Bovo, Barabási, Leydesdorff, Liu e Wang, 2005; Oliveira et al., 2006) com o propósito de mensurar interdisciplinaridade – por exemplo, o mapeamento de redes de colaboração científica, desenvolvido por diversos autores nacionais e internacionais –, temos consciência de que as soluções quantitativas para mapear a estrutura interdisciplinar da Ciência não são exclusivas nem definitivas. Necessita-se também de meios de avaliação qualitativos da construção interdisciplinar no meio acadêmico. Para tanto apresentamos neste capítulo uma proposição e modelo de avaliação da maturidade interdisciplinar nos cursos e programas de pós-graduação multi e interdisciplinares.

DESAFIOS PARA AVALIAÇÃO DA INTERDISCIPLINARIDADE

No ano de 2006, o Centro de Desenvolvimento Sustentável da Universidade de Brasília convidou um conjunto de avaliadores externos para realizar uma avaliação sobre sua atividade acadêmica interdisciplinar. Os avaliadores encontraram alguns desafios para cumprir essa tarefa, especialmente para encontrar ferramentas apropriadas para analisar e avaliar programas interdisciplinares de forma independente, especialmente porque três deles eram oriundos do exterior e pertencentes a distintas realidades em seus respectivos países. Esse é um exemplo dos constantes desafios a iniciativas de avaliação da interdisciplinaridade e em especial dos Cursos e Programas de Pós-Graduação Multi e Interdisciplinares (CPPG/MD-ID).

A Capes mantém um sistema de avaliação trienal, com itens de ajuizamento e de ponderação, que ao final classificam os CPPG/MD-ID em um conjunto de notas que vão de 1 a 7. No entanto, os itens de avaliação da Capes não mensuram interdisciplinaridade, mas o desempenho dos cursos para alcance de resultados e pontuação para suas notas finais. Ainda há poucas ferramentas independentes de avaliação interdisciplinar à disposição para que gestores, docentes e outros interessados acompanhem o alcance de resultados nestes programas. Cabe destacar que a experiência e a cultura de avaliação da Capes é eminentemente disciplinar, sendo a maioria dos programas avaliados por ela originariamente disciplinares.

Conforme dados da Avaliação Trienal 2010 da Capes[2], a Grande Área Multidisciplinar (composta por quatro subáreas) ainda não tinha um programa ou curso com nota 7. No caso da Área Interdisciplinar, a maioria deles tinha nota 3 (50,7%) e nota 4 (29,8%), sendo que os programas com nota 5 (9,3%) e nota 6 (2,4%), eram ainda muito poucos (Figura 27.1).

Não afirmamos que o atual estágio dos conceitos dos cursos multi e indisciplinares seja por barreiras disciplinares. Isso pode se dar pelo curto período em que eles existem, cerca de quinze anos. Esses dados, no entanto, podem apontar para o quanto pode ser desafiante para um programa multi ou interdisciplinar atender a parâmetros tradicionalmente disciplinares.

Daí a importância de desenvolver algumas ferramentas autônomas que possam avaliar não apenas o desempenho dos programas de pós-graduação, mas também o seu grau de maturidade interdisciplinar.

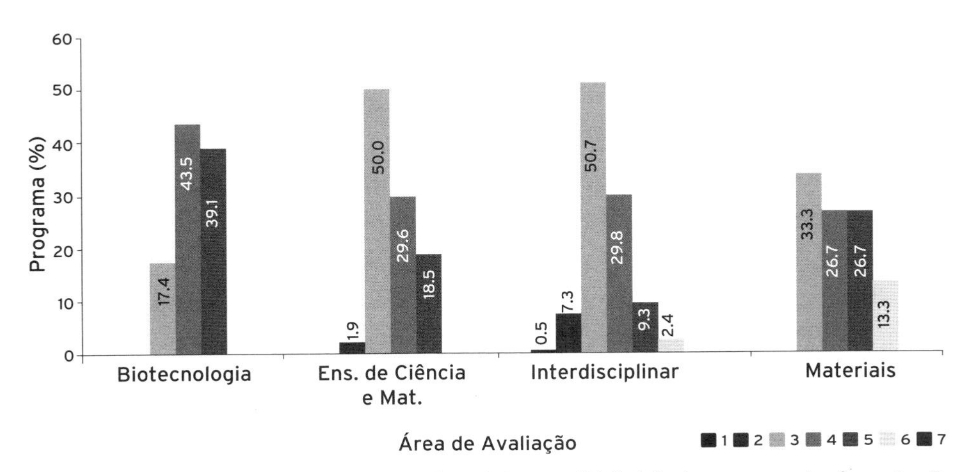

Figura 27.1: Subáreas da grande área multidisciplinar da Capes – distribuição de programas de pós-graduação por notas na avaliação trienal 2010

Fonte: Capes, 2010.

2 Relatório de Divulgação dos Resultados Finais da Avaliação Trienal, 2010. Acessado em: 05/11/2011.

O desenvolvimento de meios próprios de avaliação pode contribuir para o aprimoramento dos programas e também do próprio sistema da Capes, que é nutrido pelas discussões e debates feitos no meio acadêmico. Apesar dos esforços desenvolvidos pelo sistema de avaliação da Capes, ainda há pontos que requerem aprimoramento, tendo em vista que o crescimento exponencial e a constante inventividade no interior dos programas interdisciplinares desafiam os mecanismos oficiais de avaliação, que, por vezes, utilizam-se de conceitos, ideias e valores ainda relativos à ciência especializada e não à ciência integrada.

O que se propõe neste estudo é que os programas possam fazer uma avaliação acurada de sua trajetória e do alcance de seus objetivos multi e interdisciplinares. Não temos por objetivo criticar os critérios de avaliação da Capes. Tão somente contribuir para o aprimoramento da avaliação, propondo ferramenta autônoma que possa aferir as dimensões da construção interdisciplinar nos cursos de pós-graduação.

A CONSTRUÇÃO INTERDISCIPLINAR E SUAS DIMENSÕES

Em geral, programas de pós-graduação da Área Interdisciplinar são desafiados quanto à diferenciação das práticas disciplinares e quanto à identificação da construção de caminhos próprios para interdisciplinaridade. Isso envolve, por exemplo: a "definição da matriz curricular; a dinâmica ensino-aprendizagem; a natureza científica e epistemológica das pesquisas; o retorno à comunidade científica e à sociedade dos resultados das teses" (Lovo et al., 2009). É importante destacar que estes elementos fazem parte da avaliação multi e interdisciplinar da Capes.

Partimos do princípio de que esses "passos" ou "fases" descritos por Lovo et al. (2009) – e que são itens componentes da avaliação da Capes – podem ser considerados como "dimensões" para que se chegue à construção da interdisciplinaridade em programas de pós-graduação. Desse modo, o foco aqui é a consolidação da interdisciplinaridade em programas de pós-graduação vista como um processo de *construção* que se inicia (a) na concepção, ou seja, na conceituação teórica que subjaz na constituição dos programas, passando pelos seus (b) processos, ou a forma com que esses conceitos se consolidam e se materializam nos programas, por exemplo, na forma como docentes e discentes de diferentes áreas se agregam ao programa; chegando às (c) práticas interdisciplinares efetivas como a docência, condução de pesquisas, estudos e trabalhos; e aos (d) produtos gerados de forma interdisciplinar, tais como dissertações, teses, resultados de pesquisas, os diversos tipos de publicações, eventos e a atividade de extensão praticada junto à comunidade.

A Figura 27.2 mostra que essas dimensões da construção interdisciplinar se dão de forma dinâmica e interativa, sendo também autônomas e independentes entre si. Isso acontece porque é possível que um programa esteja mais bem desenvolvido em uma ou outra dessas dimensões. O exemplo mais comum, de possíveis desnivelamentos dessas dimensões, é o de programas com uma concepção interdisciplinar bem estabelecida, com propostas teóricas no programa e grades curriculares bem elaboradas, mas com processos, práticas e produtos ainda disciplinares. O desafio tem sido incorporar ao cotidiano novos *processos*, *práticas* e *produtos* com características interdisciplinares. Em geral, o apego à origem disciplinar e ao campo conhecido tem feito com que em especial algumas práticas disciplinares se reproduzam. O receio do novo, ou mesmo o seu desconhecimento, por vezes impede que iniciativas mais arrojadas se estabeleçam. Também a cultura disciplinar da estrutura acadêmica por vezes se torna o fator impeditivo da prática da ciência em integração.

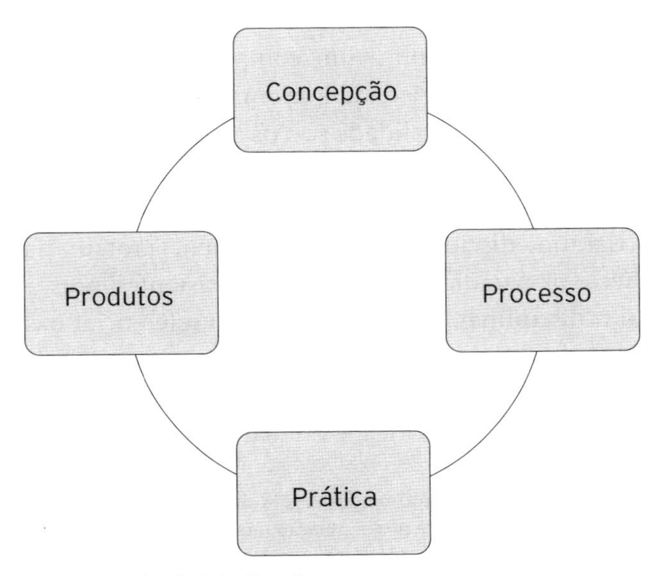

Figura 27.2: Dimensões da construção interdisciplinar.

Propomos, portanto, que a interdisciplinaridade aplicada aos CPPG/MD-ID é uma *construção* que se dá em várias "dimensões", as quais podem ser analisadas, avaliadas e/ou mensuradas por alguns meios de verificação, de forma a termos ao final uma avaliação do Nível de Maturidade da Construção Interdisciplinar. Com esse propósito concebemos e propomos mais adiante um quadro avaliativo que, aplicado aos programas, permite verificar a consolidação da interdisciplinaridade em sua maturidade plena ou não.

A seguir são detalhadas as dimensões da construção interdisciplinar[3].

Concepção Interdisciplinar

Base epistemológica, conceitual e teórica em que o programa se baseia.

Para a construção e análise da situação inicial de um programa interdisciplinar, busca-se responder a seguinte questão:

> Quais são os conceitos, princípios e diretrizes adotados pelo programa, que identificam sua concepção interdisciplinar?

A princípio entende-se que alguns pontos de partida conceituais devem ser considerados como pressupostos ou pré-requisitos para a formulação de um programa interdisciplinar. Este ponto é o que reúne o conjunto de intenções, de ideias. Essa é a primeira parte de todo o processo: *o querer ser interdisciplinar.*

A interdisciplinaridade implica um compromisso com diferentes disciplinas, uma espécie de solidariedade e mesmo cumplicidade entre elas, em função do conhecimento da realidade sob os seus vários aspectos, de modo a formular uma síntese possível. É importante ressaltar, também, que a ciência não alcança a verdade como tal, mas apenas as verossimilhanças. Não se trata, portanto, de criar uma disciplina-síntese, uma ciência totalitária. No entanto, busca-se conhecer os paradigmas das ciências existentes, pois o interdisciplinar não exclui o disciplinar, mas o supõe como referencial básico (Barbosa, 2000, p. 297-298).

Para tanto, a formulação da *concepção interdisciplinar* constitui-se da base epistemológica, conceitual e teórica, e o ideal é que tenha como princípios:

---

3 É importante destacar que o conjunto de dimensões da construção disciplinar aqui apresentados aplica-se a programas e cursos de pós-graduação multi e interdisciplinares, credenciados pela Capes. No entanto, é possível que, com alguma adaptação, sejam aplicáveis a outros tipos de iniciativas integradoras.

- Reconhecimento da complexidade do conhecimento e a necessidade de sua integração para a percepção do mundo e a solução de problemas.
- Consideração de que o conhecimento se produz a partir do contexto e do compartilhamento de diversos saberes, necessitando da incorporação de uma grande variedade de saberes: científicos e não científicos.
- Observação de para que ou para quem serve o conhecimento gerado, destacando-se o papel ético e os valores atrelados à ciência.
- Reconhecimento de que os saberes disciplinares têm determinadas funções, mas que para o tratamento de problemas complexos necessita-se de uma abordagem mais sistêmica, dinâmica e integrada.
- Adoção de metodologias interdisciplinares de pesquisa, ensino e extensão, levando em consideração as diversas práticas integradoras dos saberes.

Meios de Verificação

- Documentação.
- Ementas dos cursos.

Processo Interdisciplinar

Conjunto de ações que institucionalizam a interdisciplinaridade

Para dar continuidade ao que foi concebido, conceituado e estabelecido como princípios da interdisciplinaridade, o programa interdisciplinar precisa estabelecer as suas rotinas em forma de ações, de políticas, projetos ou objetivos a serem alcançados.

Neste item, reside a questão:

> Quais são os meios, as linhas, as políticas a serem estabelecidas pelo programa para que sua concepção se torne de fato interdisciplinar?

A princípio, para que um programa exista, ele precisa a) criar sua base curricular de forma a ter disciplinas e matérias oferecidas com formato diferenciado do tradicional, como a presença de mais de um professor por disciplina; b) compor um corpo docente com formação variada; e c) atrair discentes oriundos de várias áreas. Este ponto é aquele que reúne o conjunto de planos, de políticas e é a segunda parte de todo o processo: *o como ser interdisciplinar.*

Para tanto, o *processo interdisciplinar* necessita da reflexão e da construção sobre:

- Base curricular interdisciplinar.
- Docentes e discentes com formação variada.

Meios de Verificação

- Análise do currículo proposto pelo programa.
- Análise dos modelos adotados pelos programas.
- Análise das áreas de formação e origem departamental dos docentes e discentes.
- Membros do corpo docente oriundos de programas disciplinares – a dupla lotação.

Prática Interdisciplinar

Conjunto de práticas que consolidam a interdisciplinaridade

Conjunto de práticas de docência ou de pesquisa que reúnem docentes e discentes de várias origens disciplinares para desenvolver as suas questões e os seus problemas por meio de colaboração científica e compartilhamento de conhecimento.

Após o estabelecimento de política e planos de ação, o programa interdisciplinar passa para a prática, consolidada em planos de aula, nos projetos de pesquisa, nas ações desenvolvidas de forma intra e interinstitucional, estabelecendo ações e, com isso, alcançando resultados.

Neste item, reside a questão:

> Quais são as práticas, as ações, os projetos desenvolvidos pelo programa que criam a experiência e a vivência interdisciplinar?

Este é um ponto-chave de toda a construção interdisciplinar, no qual se situam os maiores desafios. A prática secular disciplinar é bastante arraigada e as suas técnicas são facilitadas por metodologias aprimoradas por anos de estudo e vivência. A docência e a pesquisa interdisciplinares exigem esforços e é neste aspecto que se depositam as maiores resistências e desafios e as experiências mais inovadoras e brilhantes de toda a construção interdisciplinar.

Este ponto é *o agir interdisciplinar.*

Para tanto, a prática *interdisciplinar* constitui-se de ações como técnicas, métodos e fazeres para:

- A docência interdisciplinar.
- Projetos de pesquisa interdisciplinar, na busca de soluções para problemas complexos.
- Reuniões e encontros de docentes e discentes de várias origens disciplinares para reflexão e discussão de problemas e temas de pesquisa.
- Colaboração científica e compartilhamento de conhecimento.

Meios de Verificação

- Análise das ementas das disciplinas.
- Análise dos projetos de pesquisa.
- Mapeamento de redes de colaboração científica.

Produto Interdisciplinar

Conjunto de produtos resultantes da prática interdisciplinar: artigos, livros, trabalhos, eventos, atividades de extensão

Esta é a fase em que o processo interdisciplinar gera frutos ou produtos oriundos de uma concepção, um processo e uma prática interdisciplinar.

> Quais são os produtos, os frutos do programa que demonstram o resultado interdisciplinar?

Este ponto, que reúne o conjunto de resultados, produtos e frutos do processo interdisciplinar, é a quarta parte do processo: *o produto interdisciplinar*.

O *produto interdisciplinar* é constituído por:

- Artigos.
- Livros.
- Trabalhos.
- Eventos.
- Extensão.

Meios de Verificação

- Mapeamento de redes de colaboração científica.
- Análise de Redes Sociais aplicada a publicações científicas.
- Características interdisciplinares dos periódicos em que publicam.

Conforme mencionado, mais adiante apresentamos quadro preliminar descritivo das dimensões da Construção Interdisciplinar, contendo alguns meios de verificação para que se possa averiguar se os programas atendem à proposição de integração do conhecimento. Para a formulação deste quadro, foram mesclados: a) a proposição das dimensões da Construção Interdisciplinar feitas por este estudo; b) alguns itens de avaliação presentes nos formulários da Capes; c) níveis de maturidade, apresentados neste capítulo como possível avaliação de programas de pós-graduação interdisciplinares.

A respeito da Construção Interdisciplinar apresentamos o seu conjunto de dimensões. Sobre os itens de avaliação da Capes, consideramos a necessidade de introduzir alguns deles neste quadro, a fim de que os programas tenham a oportunidade de estabelecer estratégias para a melhoria de suas atividades, inclusive de suas notas. Por fim, a aplicação de Itens de Avaliação da Maturidade Interdisciplinar no contexto dos programas de pós-graduação tem por objetivo auxiliar na concretização de metas realizáveis, tornando a construção interdisciplinar mais realista, pragmática e factível.

Para melhor compreensão do assunto, explicamos de forma sucinta, a seguir, os itens de avaliação da Capes e os Níveis de Maturidade, escolhidos para compor a presente proposta, ou seja, um quadro de avaliação de programas de pós-graduação multi e interdisciplinares.

ITENS DE AVALIAÇÃO DA CAPES

O Sistema de Avaliação da Pós-Graduação foi implantado pela Capes em 1976 e vem desempenhando o papel de desenvolvimento da pós-graduação e da pesquisa científica e tecnológica no Brasil. O sistema de avaliação abrange dois processos, conduzidos por comissões de consultores vinculados a instituições das diferentes regiões do Brasil: a avaliação dos programas de pós-graduação e a avaliação das propostas de programas novos de pós-graduação.

A Avaliação dos Programas de Pós-Graduação compreende: a) a realização do acompanhamento anual e b) a avaliação trienal do desempenho de todos os programas que integram o Sistema Nacional de Pós-Graduação (SNPG). Os resultados desse processo são expressos em notas na escala de "1 a 7" e fundamentam a deliberação CNE/MEC sobre quais programas obterão a renovação de "reconhecimento", a vigorar no triênio subsequente (Brasil, MEC-Capes, 2010a, 2010b, 2010c, 2010d, 2010e.)

A Avaliação das Propostas de Cursos Novos de Pós-Graduação é parte do rito estabelecido para o credenciamento de novos programas ao SNPG. Ao avaliar as propostas de programas novos, a Capes, por meio do comitê assessor da área de conhecimento na qual a proposta se enquadra, verifica a qualidade de tais propostas e se elas atendem ao padrão requerido desse nível de formação. Em seguida, encaminha os resultados desse processo para fundamentar a deliberação do CNE/MEC sobre o reconhecimento de tais programas e sua incorporação ao SNPG.

Os dois processos – avaliação dos programas de pós-graduação e avaliação das propostas de novos programas – são alicerçados em um mesmo conjunto de princípios, diretrizes e normas, compondo, assim, um só Sistema de Avaliação, cujas atividades são realizadas pelos mesmos agentes: os representantes e consultores acadêmicos[4].

Para avaliar os programas, a Capes constituiu o "trinômio" que expressa os processos e os resultados da avaliação trienal: documentos de área, os relatórios de avaliação em conjunto e as fichas de avaliação. Este sistema é o instrumento utilizado para o registro das avaliações de cada um dos programas de pós-graduação após a análise de mérito realizada pelas comissões de área de avaliação. Há uma ficha para os programas acadêmicos e outra para os mestrados profissionais. Ambas se estruturam em quesitos e itens e servem para:

- Garantir uma base de uniformidade e de padronização do processo de avaliação, o que pressupõe a observância, por todas as Áreas, dos pontos básicos para esse fim, definidos pelo CTC-ES.
- Ampliar, considerando as especificidades de cada Área e aquelas estabelecidas pelo CTC-ES, o nível de integração entre as Áreas no âmbito de sua respectiva Grande Área e no contexto de todas as demais[5].

Conforme o documento *Regulamento para Avaliação Trienal – 2007-2009* da Capes (2010) os avaliadores dos programas e cursos de pós-graduação devem ponderar os seguintes itens de avaliação:

- Proposta do programa.
- Corpo docente.
- Corpo discente, teses e dissertações.

---

4 Disponível em: http://www.capes.gov.br/avaliacao/avaliacao-da-pos-graduacao. Acessado em: jul. 2013.

5 Disponível em: http://www.capes.gov.br/avaliacao/sistema-de-ficha-de-avaliacao. Acessado em: jul. 2013.

- Produção intelectual.
- Inserção social.

Estes itens de avaliação da Capes estão mesclados no quadro de avaliação que propomos adiante e somam-se aos níveis de maturidade interdisciplinar descritos a seguir.

NÍVEIS DE MATURIDADE INTERDISCIPLINAR

De acordo com os dicionários Houaiss e Aulete[6], o termo maturidade se refere ao estado de pessoas ou de coisas que atingiram completo desenvolvimento. Refere-se também àquilo que se encontra no último estágio de um determinado desenvolvimento ou evolução. A maturidade é definida também como a condição plena alcançada em algum tipo de arte, saber ou habilidade adquirida. Pode ser ainda um estado de desenvolvimento completo, de perfeição, de excelência e de plenitude.

Para atender a necessidade de se mensurar interdisciplinaridade, este capítulo se inspirou no Modelo de Maturidade dos Processos de TI – Cobit (*Control Objectives for Information and Related Technology*), uma ferramenta do modelo conhecido como Governança em Tecnologia da Informação, ou *IT Governance*[7], que preconiza que um modelo de maturidade pode ser visto como um conjunto de níveis estruturados, que descrevem como comportamentos, práticas e processos de uma organização podem produzir resultados, passo a passo. Esta ideia de um modelo de maturidade pode ser utilizada para a avaliação comparativa de diferentes organizações em que haja algo em comum[8].

Segundo o *IT Governance Institute* (ITGI)[9], os níveis de maturidade dos processos de TI descritos pelo Cobit[10] apresentam processos que possam ser reconhecidos por seus avaliadores. Esses níveis são constituídos de patamares evolutivos de maturação daquilo que se pretende avaliar e para alcançar um nível mais adiante é preciso passar antes pelos anteriores. No caso da maturação interdisciplinar, já verificamos que suas dimensões se dão de forma

---

6 Disponível em: www.uol.com.br. Acessado em: 03 mar. 2014.

7 Esse framework/modelo para governança em TI foi lançado pela Information System Audit and Control Association, em 1996. Já está em sua 5ª edição.

8 No nosso caso, comparamos programas de pós-graduação com a temática meio ambiente e sociedade (ver Maury, 2014).

9 Disponível em: www.itgi.org. Acessado em: 08 maio 2014.

10 Disponível em: www.isaca.org. Acessado em: 10 abr. 2014.

autônoma, mas para que possamos avaliá-las e, posteriormente, mensurá-las, pensaremos nelas como fases com objetivos e metas de maturidade a serem alcançados.

É importante esclarecer que não aplicamos a ferramenta Modelo de Maturidade dos Processos de TI – Cobit. O que fizemos foi tão somente utilizar sua ideia geral e alguns de seus princípios, como mensurar a maturidade em cinco níveis (Figura 27.3), adaptando sua nomenclatura à realidade dos programas de pós-graduação multi e interdisciplinares.

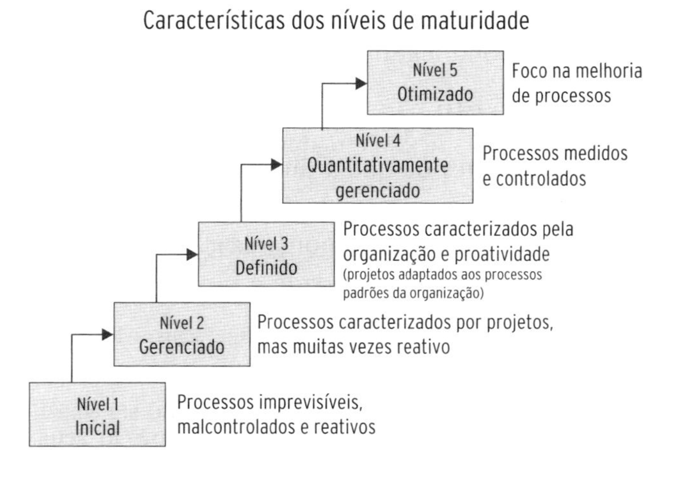

Figura 27.3: Modelo de maturidade dos processos de TI – Cobit.

Fonte: Adaptada de CMMI for Development, Version 1.3" MMI-DEV (Version 1.3, November 2010). Carnegie Mellon University Software Engineering Institute. 2010. Retrieved 16 February 2011.

Escolhemos, então, aplicar o que denominamos de Níveis de Maturidade Interdisciplinar de CPPG/MD-ID, às dimensões da Construção Interdisciplinar que, tal como fases e etapas, podem ser analisadas e avaliadas, conforme o alcance de seus objetivos. Busca-se, portanto, estabelecer uma relação da interdisciplinaridade com seu nível de amadurecimento dentro dos programas de pós-graduação. A seguir, são apresentados os níveis de maturidade a serem analisados nas diversas dimensões da Construção Interdisciplinar:

Nível 1 – Maturidade Inexistente (MI)

Não é possível reconhecer evidências que atendam à construção interdisciplinar.

Nível 2 – Maturidade Inicial (MN)

Há evidências de que a dimensão analisada está em fase inicial, havendo pontos que demonstram o início de uma construção interdisciplinar. No entanto, faltam ainda muitos itens, passos, etapas ou fases para que a dimensão se torne interdisciplinar.

Nível 3 – Maturidade Estruturada (ME)

Há evidências suficientes de que a dimensão analisada é estruturada e há diversos pontos que demonstram uma construção interdisciplinar em curso. Falta, no entanto, melhorar alguns pontos.

Nível 4 – Maturidade Ampla (MA)

Há evidências suficientes de que a dimensão analisada é ampla, há pontos que demonstram uma construção interdisciplinar extensa e bem definida. Ainda são, notados, porém, traços da organização típica da disciplinaridade, por exemplo, dependência e centralidade e pouca colaboração intra e interinstitucional.

Nível 5 – Maturidade Plena (MP)

A dimensão analisada está plena, buscou e alcançou seus melhores conceitos, metodologias e práticas. No Quadro 27.1 apresentamos as dimensões da construção interdisciplinar.

O Quadro 27.2 apresenta um aplicativo hipotético dos níveis de maturidade, cujo objetivo é mensurar as dimensões avaliadas, dando a elas notas. Cada dimensão avaliada pode ser mensurada entre notas que vão de 1 a 5. Com isso sua nota final pode variar de 5 a 20. No entanto, a sua avaliação será sempre estabelecida a partir de seu menor nível de maturidade. O objetivo dessa avaliação é o alcance do nível seguinte. Veja o exemplo dado a seguir já aplicado no Quadro 27.2.

A nota final do exemplo anterior é 12 (Concepção MP 5 + Processos ME 3 + Prática MN 2 + Produtos MN 2 = Índice de Maturidade 12). Apesar de a dimensão Concepção obter Maturidade Plena e a Processos Maturidade Estruturada, o programa hipotético, ainda se qualifica como de Maturidade Inicial, pois duas de suas dimensões – as Práticas e os Produtos – ainda estão nesse patamar.

Quadro 27.1: Dimensões da construção interdisciplinar.

DIMENSÕES DA CONSTRUÇÃO INTERDISCIPLINAR	DESCRIÇÃO	INDICADOR	MÉTODO	ITENS DE AVALIAÇÃO
Concepção Quais são os conceitos, princípios e diretrizes adotados pelo programa que identificam sua concepção interdisciplinar?	Base epistemológica, conceitual e teórica em que o programa se baseia.	Nível de maturidade interdisciplinar da proposta epistemológica do programa de CPPG/MD-ID	Avaliação de Documentação	Coerência, consistência, abrangência e atualização sobre os conceitos, pesquisas e projetos multi, inter e transdisciplinares. Planejamento do programa e proposta curricular, contemplando diversidade nas áreas de conhecimento. Visão ampliada em pesquisa, que capacite o aluno à resolução de problemas complexos.
Processo Quais são os meios, as linhas, as políticas a serem estabelecidas pelo programa para que sua concepção se torne de fato interdisciplinar?	Conjunto de ações que institucionalizam a interdisciplinaridade dentro de um programa.	Nível de maturidade interdisciplinar da institucionalização do programa de CPPG/MD-ID	Avaliação de Documentação. Aplicação do modelo em estrela. Mapeamento das áreas de formação e origem departamental de docentes e discentes.	Estrutura de políticas e normas que estabeleçam processos que propiciem a prática e a cultura interdisciplinar. Meio com que docentes e discentes oriundos de várias áreas se integram ao programa.
Prática interdisciplinar Quais são as práticas, ações, projetos desenvolvidos pelo programa que criam a experiência e a vivência interdisciplinar?	Conjunto de práticas de docência ou de solução de questões que reúnem docentes e discentes de várias origens disciplinares. Colaboração científica, compartilhamento de conhecimento. Base curricular.	Nível de maturidade interdisciplinar da prática do CPPG/MD-ID	Avaliação de Documentação. Ementas dos cursos, grade curricular. Aplicação de questionário quali e quantitativo	Formação interdisciplinar de docentes e discentes. Orientação, formação de bancas, projetos de pesquisa prática de docência interdisciplinar, eventos e avaliação da cultura.
Produtos Quais são as práticas, ações, projetos desenvolvidos pelo programa que criam a experiência e a vivência interdisciplinar?	Conjunto de produtos resultantes da prática interdisciplinar, como: dissertações, teses, artigos, livros, trabalhos, eventos, extensão etc.	Nível de maturidade interdisciplinar nos produtos de CPPG/MD-ID	Mapeamento da colaboração científica. Aplicação da análise de redes sociais utilizada em publicações.	Relações interdisciplinares estabelecidas por meio da colaboração científica.

Fonte: Maury (2014).

É importante destacar que o modelo de avaliação aqui apresentado faz parte de uma proposição maior que foi aplicada no Programa de Pós-Graduação do Centro de Desenvolvimento Sustentável da Universidade de Brasília, e ainda em mais três programas nacionais, em tese defendida em 2014. Os resultados encontrados se mostraram bastante viáveis, gerando inclusive indicadores que foram conclusivos. Conseguimos, por exemplo, mensurar quantitativamente o número de relações interdisciplinares na produção de artigos, livros, e capítulos de livros, conferindo níveis de maturidade aos programas analisados, na dimensão Produtos (Maury, 2014). Para os próximos passos da pesquisa, pretende-se aplicar o modelo em todas as suas dimensões.

Quadro 27.2: Quadro aplicativo hipotético dos níveis de maturidade

NÍVEL DIMENSÃO	MATURIDADE INEXISTENTE (MI) AFERIÇÃO 1	MATURIDADE INICIAL (MN) AFERIÇÃO 2	MATURIDADE ESTRUTURADA (ME) AFERIÇÃO 3	MATURIDADE AMPLA (MA) AFERIÇÃO 4	MATURIDADE PLENA (MP) AFERIÇÃO 5
Concepção					X
Processos			X		
Práticas		X			
Produtos		X			

Fonte: Maury (2014).

CONSIDERAÇÕES FINAIS

Este capítulo teve como propósito apresentar um Modelo de Avaliação de Maturidade Interdisciplinar para Programas de Pós-Graduação Multi e Interdisciplinares.

Uma das primeiras percepções desta pesquisa refere-se aos desafios decorrentes da efetivação prática e da avaliação da multi e da interdisciplinaridade no universo acadêmico. Percebe-se que tem havido um campo fértil para novas experiências e para o exercício da vanguarda. No entanto, paradoxalmente, a necessidade de cumprir com os ritos acadêmicos não contribui para uma prática efetiva e consolidada de uma ciência integrada. A estrutura universitária, por vezes, parece não estar plenamente liberta dos moldes que a consolidaram nos últimos séculos.

Essas contradições evidenciam-se, especialmente, nos programas de pós-graduação multi e interdisciplinares. Ao mesmo tempo que eles crescem exponencialmente, nem sempre são plenamente compreendidos e/ou apoiados por um conjunto de políticas que os fortaleça no alcance de seus objetivos inovadores. Essa situação se reflete, por exemplo, na ausência de padrões que lhe atribuam identidades epistemológicas e conceituais ou práticas efetivadas. Sem uma base conceitual definida, que determine onde se encaixam as suas proposições, os programas, por exemplo, ainda misturam multi, inter e transdisciplinaridade. Entretanto, essa ausência de definições, apoio e práticas não é exclusiva do Brasil, expressando-se em outras instituições de pesquisa pelo mundo que procuram exercer uma ciência integrada. O movimento de uma ciência em integração é recente, e suas fronteiras estão ainda em construção.

Por isso, a prática interdisciplinar vem sendo exercida de forma irregular, ou desempenhada de forma instintiva, em função de um conjunto de desafios que devem ser cotidianamente vencidos nos ambientes acadêmicos. Há ainda muitas dificuldades, como entraves burocráticos, ausência de métricas próprias, impedimentos financeiros e ausência de políticas que propiciem ou fomentem o fazer de uma ciência integrada. Esses empecilhos são oriundos de uma cultura que, apesar da busca pela inovação, ainda se encontra avessa – ou atônita – diante de ideias e práticas integradoras.

Do mesmo modo, detectamos a pouca oferta de meios de avaliação autônomos, em especial no que se refere à interdisciplinaridade. Para avaliação dos programas de pós-graduação credenciados, a Capes adota um sistema que analisa informações relevantes aos programas, como sua proposta, produção intelectual, corpo discente e docente e inserção social. No entanto, não há ainda itens ou dispositivos que avaliem ou mensurem a proposição multi e interdisciplinar, quesito importante e que poderia analisar os diversos níveis de interdisciplinaridade em que os programas estão. Daí a importância da proposição deste estudo, que avançou na criação de uma metodologia que avalia a construção interdisciplinar e seus diversos níveis de maturidade.

Conforme destacamos, nosso objetivo foi contribuir para o aprimoramento dos meios de avaliação dos cursos multi e interdisciplinares, apresentando um quadro analítico que congregou aspectos teóricos e práticos da busca pela ciência integrada, cujo discurso de longa data tem revelado diferenças entre os seus vários tipos de abordagens, como a multi, a inter e a transdisciplinaridade.

REFERÊNCIAS

BALANCIERI, R.; BOVO, A.B; et al. A análise de redes de colaboração científica sob as novas tecnologias de informação e comunicação: um estudo na Plataforma Lattes. *Ci. Inf.* 2005; 34(1): 64-77.

BAMMER, G. Integration and Implementation Sciences: building a new specialization. *Ecology and Society*. 2005; 10(2):6. Disponível em: http://www.ecologyandsociety.org/vol10/iss2/art6/. Acessado em: 14 nov. 2011.

______. *Disciplining Interdisciplinarity: Integration and Implementation Sciences for Researching Complex Real-World Problems*. Canberra: The Australian National University. 2012. Disponível em: http://epress.anu.edu.au/titles/disciplining-interdisciplinarity.

BARABÁSI, A.L. Network Theory: the Emergence of the Creative Enterprise. *Science*. v. 308 29 April 2005. Disponível em: http://www.sciencemag.org. Acessado em: 29 mar. 2016.

BARBOSA, F.A.R. Síntese dos marcos conceituais. In: PHILIPPI JR, A. et al. *Interdisciplinaridade em Ciências Ambientais*. São Paulo: Signus. São Paulo. 2000. Disponível em: http://www.ambiente.gov.ar/infotecaea/descargas/philippi01.pdf. Acessado em: 29 mar. 2016.

BRASIL, MEC-CAPES. Plano nacional de Pós-Graduação (PNPG) 2011-202 Brasília, DF. 2010a. Disponível em: http://www.capes.gov.br/images/stories/download/Livros-PNPG-Volume-I-Mont.pdf. Acessado em: 29 mar. 2016.

______. Relatório de avaliação 2007-2009 - Trienal 2010. Brasília-DF. 2010b. Disponível em: http://trienal.capes.gov.br/wp-content/uploads/2011/08/relatorio_geral_dos_resultados_-finais_da-avaliacao_2010.pdf. Acessado em: 29 mar. 2016.

______. Relatório de divulgação dos resultados finais da avaliação trienal. 2010c. Disponível em: http://trienal.capes.gov.br/wp-content/uploads/2011/08/relatorio_geral_dos_resultados_-finais_da-avaliacao_2010.pdf. Acessado em: 29 mar. 2016.

______. Documento de Área. Triênio 2007-2009. 2010d. Disponível em: http://www.capes.gov.br/images/stories/download/avaliacao/INTER03ago10.pdf. Acessado em: 29 mar. 2016.

BURSZTYN, M. Meio ambiente e interdisciplinaridade: desafios ao mundo acadêmico. *Desenvolvimento e Meio Ambiente*, n. 10, p. 67-76, jul./dez. 2004. Editora UFPR. Disponível em: http://repositorio.unb.br/bitstream/10482/9778/1/ARTIGO_MeioAmbienteInterdisciplinaridade.pdf. Acessado em: 29 mar. 2016.

BURSZTYN, M.; DRUMMOND, José. Sustainability science and the university: pitfalls and bridges to interdisciplinarity. *Environmental Education Research*, 2013. Disponível em: http://www.tandfonline.com/loi/ceer20#.Ui3RQMZJNdM. Acessado em: 29 mar. 2016.

HUUTONIEMI, K.; KLEIN, J.T.; BRUUN, H.; HUKKINEN, J. Analyzing interdisciplinarity: Typology and indicators. Research Policy, 39(2010)79–88. Disponível em: http://ideas.repec.org/a/eee/respol/v39y2010i1p79-88.html. Acessado em: 29 mar. 2016.

KLEIN, J.T. *Interdisciplinarity: History, Theory & Practice*. Detroit: Wayne State University Press, 1990.

LEYDESDORFF, L. "Betweenness Centrality" as an Indicator of the "Interdisciplinarity" of Scientific Journals. *Journal of the American Society for Information Science and Technology* (forthcoming).

______. Mapping Interdisciplinarity at the Interfaces between the Science Citation Index and the Social Science Citation Index.

LIU, Zao; WANG, Chengzhi. Mapping interdisciplinarity in demography: a journal network analysis. *Journal of Information Science*. 2005; 31(4): 308-316.

LOVO, I.C.; MENDES, M.D.; TYBUSCH, J.S. A construção da interdisciplinaridade: A área "Sociedade e Meio Ambiente" do Programa de Pós-graduação Interdisciplinar em Ciências

Humanas. *Cad. de Pesq. Interdisc. em Ci-s. Hum-s.*, 2009; 10(97): 25-50. Disponível em: https://periodicos.ufsc.br/index.php/cadernosdepesquisa/article/view/1984-9851.2009v-10n97p27/11378. Acessado em: 29 mar. 2016.

MAURY, M.B. *O mosaico e o caleidoscópio: da multi à interdisciplinaridade na universidade.* Brasília, 2014. Tese de doutorado. Centro de Desenvolvimento Sustentável da Universidade de Brasília.

OLIVEIRA, A.B.S; MATHEUS, R.F.; PARREIRAS, F.S.; PARREIRAS, T.AS. Análise de redes sociais como metodologia de apoio para a discussão da interdisciplinaridade na ciência da informação. *Ci. Inf.*, 2006; 35(1): 72-93.

PHILIPPI JR, A; et al. *Interdisciplinaridade em Ciências Ambientais.* São Paulo: Signus, 2000. Disponível em: http://www.ambiente.gov.ar/infotecaea/descargas/philippi01.pdf. Acessado em: 29 mar. 2016.

REPKO, A.F. *Interdisciplinary Research: Process and Theory.* Califórina: Sage Publications, 2008.

SHIN, U. The Structure of Interdisciplinary Knowledge: a Polanyian View. *Issues in Integrative Studies.* 1986; 4: 93-104.

capítulo 28

Construção de uma pós-graduação interdisciplinar: o caso da UFABC

Carlos Kamienski | *Ciência da computação, Universidade Federal do ABC (UFABC)*

INTRODUÇÃO

Os caminhos que levam à internalização da interdisciplinaridade nos ambientes acadêmicos impõem mudanças nas abordagens tradicionais de ensino, pesquisa e extensão. Este capítulo aborda a experiência da Universidade Federal do ABC (UFABC) na construção de um ambiente de pós-graduação interdisciplinar. São apresentadas informações históricas, contextualização de decisões, adaptações necessárias, desafios e soluções, assim como reflexões e análises. Para finalizar, é apresentada uma proposta preliminar de pós-graduação interdisciplinar decorrida da experiência vivenciada. Evitando a discussão sobre a diversidade de termos existentes – como multidisciplinaridade, interdisciplinaridade, pluridisciplinaridade e transdisciplinaridade –, aqui somente o termo interdisciplinaridade é usado para se referir à interação sinérgica entre pessoas com formação em áreas disciplinares diferentes com a finalidade de gerar, disseminar e aplicar o conhecimento.

Um aspecto fundamental deste capítulo é não tratar a interdisciplinaridade como um fim em si própria, mas um meio para alcançar a excelência acadêmica, em ensino, pesquisa e extensão. Isso porque as descobertas científicas com impacto significativo ocorrem de maneira geral na fronteira entre as disciplinas (Foprop, 2013). A pesquisa é o motor da pós-graduação (UFABC, 2006), mas o seu objetivo precípuo é a formação de recursos humanos para pesquisa, com altos níveis de excelência. Na pós-graduação, a interdisciplinaridade é tanto um meio para formar alunos mais bem preparados para gerar descobertas científicas de alto impacto, quanto uma forma de produzir o próprio conhecimento científico.

A UFABC tem um projeto pedagógico novo e ainda inovador, pautado pela interdisciplinaridade em vários aspectos reais da sua estrutura acadêmica e administrativa. O envolvimento interdisciplinar dos docentes da UFABC é uma missão, mas também uma consequência do seu projeto pedagógico, devido à ausência de departamentos e arquitetura que estimula a interação entre os membros da comunidade universitária. Por outro lado, o ambiente da UFABC e sua cultura estimulam os docentes a desenvolverem atividades interdisciplinares. A inserção rápida da UFABC na pós-graduação pode, entre outros motivos, ser creditada à facilidade com que se arquitetam programas com características interdisciplinares.

Apesar do grande interesse na internalização da prática interdisciplinar nos últimos anos, os avanços ainda são tímidos. A estrutura das universidades, aliada às exigências disciplinares dos processos de avaliação impedem o pleno desenvolvimento da interdisciplinaridade na pós-graduação. Em geral, além das barreiras psicológicas que não podem ser desprezadas, existem barreiras reais que restringem a interação quando há diversidade na formação de docentes e discentes e diversidade de *lócus* de publicação das descobertas científicas. A atuação das forças contrárias à alteração do *status quo* na pesquisa e pós-graduação gera efeitos reais que se manifestam até em uma universidade criada sob a égide da interdisciplinaridade, como a UFABC. Mesmo com um ambiente apropriado e com avanços em relação a outras universidades, os reflexos da interdisciplinaridade são significativamente menos intensos na estrutura da pós-graduação, quando comparados às mudanças ocorridas na graduação. Por esse motivo, este capítulo arrisca fazer uma proposta preliminar de pós-graduação sem áreas e programas, mas mantendo o rigor na avaliação.

Na sequência deste capítulo, são apresentados o modelo da UFABC, o histórico e a situação atual da pós-graduação, o processo de construção de pós-graduação sem departamentos, aspectos conceituais e práticos da criação de programas de pós-graduação e uma proposta preliminar de pós-graduação interdisciplinar e flexível.

A UFABC E A INTERDISCIPLINARIDADE

Interdisciplinaridade

Interdisciplinaridade é um tema atual nos meios acadêmicos e científicos e resulta de uma necessidade de gerar progressos no conhecimento de problemas e desafios reais da sociedade que atualmente não possuem soluções adequadas. Isso porque o método disciplinar, usado para gerar avanços nos últimos séculos devido à sua busca por profundidade e rigor científico, é considerado um modelo de geração de conhecimento simplificador, reducionista e de racionalidade estreita (Alvarenga et al., 2011). Nesse sentido, de acordo com Jacobi et al. (2014), a interdisciplinaridade não é fetiche, mas opção de conhecimento. Não obstante, e em sintonia com a cultura do pensamento crítico, o tema gera debates e divide opiniões em aspectos diferenciados. Para Agopyan (2011), há praticamente um consenso entre pesquisadores e cientistas de que a interdisciplinaridade é imprescindível para gerar avanços na ciência, tecnologia e inovação. Por outro lado, mesmo que de forma tímida, alguns pesquisadores classificam o termo como clichê, enquanto outros o relacionam à superficialidade.

Não existe consenso sobre a definição de interdisciplinaridade, mas em geral é aceito que o conceito está relacionado à interação e integração de uma ou mais disciplinas para alcançar maior abrangência no conhecimento (Freire et al., 2014). A literatura na área evoluiu nos últimos anos e contém termos que são ora utilizados como sinônimos, ora apresentados com níveis claros ou sutis de diferenciação. Alvarenga et al. (2011) dá ênfase principalmente à multidisciplinaridade, interdisciplinaridade, pluridisciplinaridade e transdisciplinaridade. Este capítulo tem o objetivo de descrever uma experiência real de atuação interdisciplinar na pós-graduação com maior ênfase prática do que teórica. As diferenças conceituais são preteridas para a prática, que pode ser classificada de formas variadas de acordo com o olhar do observador. Aqui é usado somente o termo interdisciplinaridade para se referir à interação sinérgica entre pessoas com formação em áreas disciplinares diferentes com a finalidade de gerar, disseminar e aplicar o conhecimento.

A interdisciplinaridade na UFABC

A UFABC é uma universidade jovem, que ainda não completou dez anos desde o seu primeiro dia de aula na graduação em 11 de setembro de 2006. Neste dia, 500 alunos ingressaram no Bacharelado em Ciência em Tecnologia (BCT). Em setembro do ano seguinte, iniciava oficialmente a pós-graduação, com o ingresso de alunos para os seis primeiros programas. Uma maior compreensão dos aspectos interdisciplinares presentes na pós-graduação requer um conhecimento mínimo sobre o projeto pedagógico da UFABC, sua estrutura acadêmica e a organização da sua graduação.

A UFABC não é apenas uma universidade nova, mas uma universidade baseada em um modelo inovador capitaneado pelo seu Projeto Pedagógico (UFABC, 2006) que faz uso extensivo da interdisciplinaridade. A exposição à interdisciplinaridade na UFABC é algo que atinge toda a comunidade universitária, embora com graus variados. Duas características principais tornam inevitável algum contato interdisciplinar na UFABC:

1. Ausência de departamentos: A UFABC rompe com o tradicional modelo departamental que produz muros, físicos e psicológicos, que colocam barreiras na comunicação dos membros da comunidade universitária. A estrutura acadêmica que abriga docentes e cursos é dividida em três grandes centros interdisciplinares: a) o Centro de Engenharia, Modelagem e Ciências Sociais Aplicadas (CECS), onde convivem profissionais de diversos campos da engenharia, assim como arquitetura, ciências sociais, economia e geografia, entre outras áreas; b) o Centro de Ciências Naturais e Humanas (CCNH) que agrega físicos, químicos, biólogos e filósofos; e c) o Centro de Matemática, Computação e Cognição (CMCC), que abriga as áreas tradicionalmente relacionadas à matemática e computação, mas também uma grande variedade de subáreas que compõe a cognição e neurociência, como biologia, medicina, psicologia e estatística. Esta característica, ligada à estrutura física dos *campi* de Santo André e São Bernardo do Campo, coloca os docentes e discentes de diferentes áreas do conhecimento fisicamente lado a lado. Um exemplo são os gabinetes dos docentes, onde é comum encontrar em um mesmo andar ou corredor docentes de áreas disciplinares distintas, como física, química, biologia, filosofia, matemática e computação. É importante salientar que houve uma iniciativa para também abolir os centros, mas não houve apoio suficiente e não progrediu.

2. Bacharelados interdisciplinares: O ingresso na graduação ocorre somente por meio de bacharelados interdisciplinares (BI), que atualmente são dois: Bacharelado em Ciência e Tecnologia (BCT) e Bacharelado em Ciências e Humanidades (BCH). Os projetos pedagógicos dos BIs são construídos de modo a oferecer grande liberdade de escolha aos alunos, para que desenvolvam espírito crítico, responsabilidade e visão empreendedora da sua própria carreira acadêmica. Menos de 50% dos créditos necessários para concluir os BIs vêm de disciplinas obrigatórias. Os demais podem ser escolhidos entre uma grande variedade de disciplinas optativas, divididas em duas categorias: disciplinas de opção limitada e livres (UFABC, 2006). A partir dos BIs, ou concomitantemente a eles, os alunos podem cursar um ou mais cursos de formação específica. Atualmente a UFABC oferece oito cursos de engenharia, 11 cursos de bacharelado e cinco cursos de licenciatura[1]. O aluno pode também matricular-se em cursos de formação específica por meio de processo interno, mas esse procedimento não é necessário. Quando cursam com sucesso todas as disciplinas e cumprem outros requisitos específicos (como estágio), os alunos podem solicitar o seu diploma em determinado curso. Por exemplo, para obter um diploma em Engenharia de Energia, o aluno deve estar matriculado no BCT, assim como para obter um diploma em Ciências Econômicas o aluno precisa estar matriculado no BCH.

Os BIs são vinculados diretamente à Pró-Reitoria de Graduação (Prograd), enquanto que os cursos de formação específica (de graduação) são vinculados aos centros, de acordo com a sua afinidade. No início, todos os cursos de graduação estavam vinculados diretamente à Prograd, mas em 2010, após longa negociação interna, o Conselho Universitário decidiu que haveria ganhos administrativos com a vinculação dos cursos de graduação aos centros. Já a pós-graduação é supracentro, com as coordenações de programa vinculadas diretamente à Pró-Reitoria de Pós-Graduação.

Histórico e programas atuais

O Projeto Pedagógico da UFABC estabeleceu que a pós-graduação deveria ser iniciada praticamente junto com a graduação (UFABC, 2006). Uma vez que a pesquisa é o motor da pós-graduação, iniciar a pós-graduação logo no

1 Disponível em: http://prograd.ufabc.edu.br/cursos. Acessado em: 21 mar. 2016.

início das atividades da universidade iria incentivar o desenvolvimento de atividades de pesquisa. Nesta área, a UFABC obteve grande sucesso, que pode ser mensurado pela rápida inserção na pós-graduação iniciando com seis programas aprovados pela Capes em setembro de 2007. Este sucesso pode ser atribuído tanto à visão do seu primeiro grupo dirigente, quanto ao potencial dos primeiros docentes contratados em agosto de 2006, que tinham perfil de orientação na pós-graduação.

Em setembro de 2006, foi criada a Comissão de Implantação da Pós-Graduação (CIPG), cujos trabalhos resultaram na submissão de seis propostas para a Capes por meio do Aplicativo para Proposta de Cursos Novos (APCN) em março de 2007 (Milioni et al., 2011). As seis propostas foram aprovadas, sendo que três delas também com doutorado.

A Tabela 28.1 mostra uma lista com todos os programas de pós-graduação da UFABC. Atualmente (agosto de 2015), são 21 programas de pós-graduação próprios, dos quais 13 possuem curso de doutorado. Além desses programas, a UFABC participa de dois programas de mestrado profissional em rede nacional em áreas estratégicas para a formação de professores para o ensino básico. São eles: o Mestrado Profissional em Matemática em Rede Nacional (Profmat) e o Mestrado Nacional Profissional em Ensino de Física (MNPEF).

É importante enfatizar que a ênfase precoce na criação de programas de pós-graduação logo no início das atividades não tem sido unanimidade nas novas universidades (e *campi*) criados nos últimos 10 anos, mas uma característica distintiva da UFABC. O objetivo desta política adotada desde o início da universidade é criar um ambiente acadêmico de excelência, com enfoque em pesquisa e que estimule e atraia docentes jovens (revelações), assim como docentes com a carreira já estabelecida.

A composição e a diversidade dos programas atuais representa o recorte de áreas de conhecimento de formação dos docentes da universidade. De maneira geral, os docentes são contratados por demandas dos cursos de graduação que estão vinculados aos três centros. Uma vez contratados, os docentes se inserem na pós-graduação. A discussão sobre flexibilizar a origem da contratação dos docentes para permitir a atuação em áreas de pesquisa consideradas prioritárias ou deficientes está constantemente em pauta.

A política e o esforço de todos já apresentam resultados auspiciosos na pós-graduação. Até o final de 2014, a UFABC tinha formado 755 mestres e 73 doutores, e a tendência é aumentar devido aos novos cursos de mestrado e doutorado iniciados nos últimos anos. Além da criação de novos cursos, de grande importância, está a política da UFABC de dedicar parcela significativa do seu orçamento para financiar bolsas de mestrado e doutorado.

Tabela 28.1: Ano de início e área dos programas de pós-graduação da UFABC.

PROGRAMA	ÁREAS CAPES	MESTRADO	DOUTORADO
Biossistemas	Ciências Biológicas II	2010	2010
Biotecnociência	Biotecnologia	2012	2015
Ciência e Engenharia de Materiais	Engenharias II	2016	-
Ciência da Computação	Ciência da Computação	2011	2015
Ciência e Tecnologia Ambiental	Ciências Ambientais	2014	-
Ciência e Tecnologia/Química	Química	2007	2007
Ciências Humanas e Sociais	Interdisciplinar	2011	2014
Energia	Interdisciplinar	2007	2007
Engenharia Biomédica	Engenharias IV	2012	-
Engenharia da Informação	Engenharias IV	2007	2015
Engenharia e Gestão da Inovação	Interdisciplinar	2015	-
Engenharia Elétrica	Engenharias IV	2011	-
Engenharia Mecânica	Engenharias III	2011	-
Ensino, História e Filosofia das Ciências e Matemática	Ensino de Ciências e Matemática	2011	-
Evolução e Diversidade	Biodiversidade	2013	2013
Filosofia	Filosofia / Teologia	2015	-
Física	Astronomia / Física	2007	2010
Matemática	Matemática	2007	2014
Nanociências e Materiais Avançados	Interdisciplinar	2007	2007
Neurociência e Cognição	Interdisciplinar	2011	2011
Planejamento e Gestão do Território	Planejamento Urbano e Regional / Demografia	2011	2013
Políticas Públicas	Ciência Política e Relações Internacionais	2014	-
Profissional em Matemática em Rede Nacional (Profmat)	Matemática	2011	-
Mestrado Nacional Profissional em Ensino de Física (MNPEF)	Astronomia / Física	2013	-
Total		**23**	**13**

Fonte: Cursos Pós-Graduação UFABC. Disponível em: http://propg.ufabc.edu.br/cursos. Acessado em: 01 abr. 2016.

Doutorado Acadêmico Industrial

O ambiente interdisciplinar da UFABC favorece o desenvolvimento de iniciativas que requerem maior flexibilidade e ampla cooperação entre Pró-Reitoria de Pós-Graduação e coordenações de programas. Um exemplo é o Doutorado Acadêmico Industrial (DAI), um projeto piloto inovador iniciado em 2013 por meio de uma parceria entre UFABC e CNPq para estimular maior interação entre universidade e empresas e, consequentemente, potencializar a geração de inovação científica e tecnológica que pode trazer vantagens competitivas para o país.

O DAI é uma modalidade de ingresso em programas de doutorado existentes e de concessão de bolsas que vincula o projeto de pesquisa dos alunos às necessidades das empresas. No DAI, o aluno deve identificar o seu projeto de pesquisa a partir de um período inicial passado em laboratórios e centros de pesquisa de empresas privadas. Este projeto deve atender conjuntamente aos requisitos da universidade quanto a um projeto de pesquisa, assim como solucionar um problema relevante para a empresa. Para participar do programa, as empresas passam por um processo de credenciamento que resulta em um convênio contendo respostas às questões que comumente surgem nesse tipo de relacionamento entre universidade e empresa. Notoriamente, o tratamento à proteção da propriedade intelectual lidera as discussões e negociações, mas outras questões importantes são abordadas no convênio, como a necessidade de sigilo *versus* a defesa pública da tese.

Para aumentar a chance de sucesso no desenvolvimento de um projeto conjunto entre universidade e empresa, o DAI é estruturado em duas fases com dois processos de seleção distintos. Inicialmente, os alunos são selecionados para a fase de pré-doutorado, com duração máxima de seis meses, onde os alunos devem identificar um projeto de pesquisa. Neste período, os alunos recebem bolsa do CNPq, mas ainda não são considerados alunos regulares da universidade, nem possuem vínculo com algum programa de pós-graduação.

A passagem para a fase de doutorado se dá pela aprovação de um projeto apresentado pelo aluno ao comitê gestor do programa. Caso o projeto seja considerado adequado aos objetivos do programa, incluindo o interesse da empresa, o aluno é admitido em um programa de pós-graduação e continua o seu trabalho de pesquisa. Após a passagem do aluno para a fase do doutorado, não há mecanismos que o obriguem a seguir a mesma linha de pesquisa ou continuar com a interação com a empresa. Antes de ser encarada como um problema, essa característica é essencial para garantir independência e excelência acadêmicas necessárias a um trabalho de doutorado. No entanto, dado o envolvimento inicial com a empresa e seus desafios tecnológicos, espera-se que a parceria continue durante o desenvolvimento da pesquisa e que resulte em inovação para a empresa e geração de conhecimento compatível com uma tese de doutorado. Especificamente, o DAI se propõe a gerar indução e não obrigação, algo que é compatível com a cultura de flexibilidade e excelência da UFABC.

A PÓS-GRADUAÇÃO NO PROJETO INTERDISCIPLINAR DA UFABC

O modelo de universidade sem departamentos ofereceu várias oportunidades para a prática interdisciplinar na UFABC. Talvez a mais significativa seja a estrutura acadêmica e administrativa da pós-graduação, na qual as coordenações dos programas estão vinculadas hierarquicamente à Pró-Reitoria de Pós-Graduação (PROPG). É importante ressaltar que na graduação os cursos de formação específica são vinculados aos centros, de modo que a decisão de não vincular a pós-graduação aos centros tem grande relevância na convivência interdisciplinar em um escopo amplo que abrange a universidade inteira.

Liberdade e flexibilidade favorecem a Interdisciplinaridade

Um dos principais desdobramentos da política de vincular os programas de pós-graduação à PROPG é a ausência de barreiras para a atuação dos docentes nos diversos programas de pós-graduação. Esta característica permite que docentes de diferentes áreas e centros possam participar de programas de pós-graduação com os quais sentem afinidade e desenvolver suas atividades de orientação e pesquisa em colaboração com colegas de outras áreas. Essa liberdade de atuação é efetivamente percebida pelos docentes, uma vez que os programas pertencem à universidade e não a departamentos ou centros. Frequentemente não é possível identificar a área de formação de um docente ou o centro ao qual está vinculado somente com a informação da sua atuação na pós-graduação. De acordo com a Tabela 28.1, vários programas possuem nomes não tradicionais gerados a partir de uma visão interdisciplinar, independente do comitê da Capes ao qual estão vinculados.

É comum as universidades reportarem dificuldades para construir e manter programas de pós-graduação interdisciplinares devido à forte tendência de identificação e fidelidade departamental. Uma vez que a capacidade de orientação é limitada, existem pressões formais ou informais para que os docentes atuem fundamentalmente em atividades dos seus departamentos. Inclusive, muitos departamentos criam regras que dificultam a participação dos docentes em programas de outros departamentos ou então supradepartamentais. É fácil concluir que os maiores prejudicados são os alunos que desejam desenvolver pesquisas interdisciplinares, que são privados de contribuições de docentes de áreas diferentes. A pesquisa brasileira também tem o seu potencial de impacto diminuído, porque, como já foi observado, as descobertas significativas em geral ocorrem na fronteira entre as disciplinas.

Para transpor as barreiras departamentais e fomentar a interdisciplinaridade, a Carta de São Bernardo identifica que "o futuro da universidade passará por centros dinâmicos operando em uma lógica de percursos interdisciplinares (Foprop, 2013)". Esta observação vem da experiência de várias universidades no Brasil e no exterior que conseguiram criar e manter programas de pós-graduação e grupos de pesquisa interdisciplinares com a criação de novos centros ou institutos com viés interdisciplinar, aos quais, por determinação superior, os docentes têm liberdade de se vincular. Além disso, a Carta destaca que é necessário alterar a organização das universidades e flexibilizar as estruturas para reduzir a distância entre as disciplinas e seus atores.

A UFABC possui essas características que facilitam a pesquisa e pós-graduação interdisciplinares (além do ensino de graduação e extensão) devido à sua própria gênese, orientada pelos caminhos da interdisciplinaridade. O desafio atual consiste em evitar o surgimento de barreiras departamentais e disciplinares (mantendo, no entanto, a profundidade disciplinar), assim como evitar o enrijecimento da sua estrutura física e pedagógica.

Criação de novos programas de pós-graduação

Atualmente, na UFABC qualquer grupo de docentes pode propor um novo programa de pós-graduação, independente da sua área de formação ou centro de vínculo administrativo[2]. No entanto, é importante ressaltar que a criação de um novo programa de pós-graduação não é apenas motivada pelo interesse de um grupo de pessoas, mas, acima de tudo, por interesses institucionais. No intuito de atingir altos níveis de excelência acadêmica suportada pela

---

2 Os docentes são vinculados administrativamente aos centros e respondem hierarquicamente ao seu diretor.

interdisciplinaridade, a UFABC sempre privilegiou a inclusão dos docentes, possibilitando acesso à realização de atividades de pesquisa e participação na pós-graduação. Para que isso ocorra na prática, frequentemente é necessária a criação de um *lócus* próprio onde um grupo de docentes possa desenvolver todo o seu potencial de pesquisa.

Uma vez que os programas são alojados em áreas de avaliação da Capes, o escopo das atividades dos docentes e discentes pode ser restringido pelas normas de avaliação, principalmente pelo sistema Qualis[3]. As limitações impostas pela avaliação afetam principalmente os pesquisadores cuja atuação não possui um enquadramento perfeito dentro do escopo das áreas, ou seja, aqueles com maior viés interdisciplinar. Uma contradição é que esse fenômeno pode ocorrer inclusive na grande área Multidisciplinar, que também tem as suas regras de avaliação e, portanto, está sujeita aos mesmos desafios. Por exemplo, novas áreas surgidas a partir da área Interdisciplinar costumam limitar o seu Qualis (em relação à Interdisciplinar) que, como consequência, as tornam mais excludentes para vários docentes.

Por outro lado, é prática usual da Capes incentivar uma maior abertura interdisciplinar nas áreas de avaliação, inclusive induzindo-as a aceitar programas com escopos de atuação não tradicionais. Esses esforços apresentam resultados positivos, mas podem gerar distorções na atuação dos docentes e discentes, limitando o pleno desenvolvimento do seu potencial. Esses motivos conduzem à necessidade de programas de pós-graduação com escopos mais bem definidos em certos casos, principalmente em áreas interdisciplinares, o que frequentemente gera a necessidade de criação de novos programas.

A construção da pós-graduação

O processo de elaboração de novos programas tem sido sistematicamente capitaneado e gerido pela PROPG, o que garante consistência institucional e qualidade. Embora gestados fora de uma unidade acadêmica (departamento ou centro) os novos programas/cursos de pós-graduação tem forte identificação institucional e sintonia com os objetivos de excelência da UFABC. Além de instituir regras para criar novos programas, é oferecido apoio acadêmico e administrativo para os responsáveis pelas propostas. Em 2006, primeiro ano de efetivo funcionamento da UFABC, foi criada a Comissão de Implantação da Pós-Graduação (CIPG), que resultou na criação dos seis primeiros programas.

3 Disponível em http://qualis.capes.gov.br. Acessado em: 21 mar. 2016.

A CIPG teve uma grande influência na rápida implantação da pós-graduação na UFABC. As suas atribuições, de acordo com Milioni et al. eram:

> Conceber os cursos de pós-graduação que a UFABC submeteria à Capes em 2007; preencher e submeter os Aplicativos para Propostas de Cursos Novos (APCNs); acompanhar o processo de análise de cada APCN até a deliberação final da Capes; elaborar o regimento da pós-graduação da UFABC; e atuar como órgão deliberativo e normativo da pós-graduação da UFABC.
> Os participantes foram convidados diretamente pelo pró-reitor (*pro tempore*) de pós-graduação, que presidia o CIPG. Os convites foram feitos mediante demonstração de interesse em reuniões preliminares, abertas a todos. (Milioni et al., 2011, p. 217)

Sendo a UFABC uma universidade nova com um corpo docente novo e inexperiente, as principais funções da CIPG foram informar aos seus membros o processo de criação de novos cursos de pós-graduação de acordo com as normas da Capes, incluindo o Aplicativo para Proposta de Cursos Novos (APCN), e sistematizar e centralizar a decisão sobre a escolha e formatação dos primeiros programas a serem submetidos à Capes. Como mostram os resultados obtidos com as propostas de 2007, a CIPG teve 100% de sucesso.

A CIPG foi extinta em 2007 quando o regimento geral da pós-graduação foi aprovado pelo Conselho de Ensino, Pesquisa e Extensão (ConsEPE) que culminou na criação da Comissão da Pós-Graduação (CPG), presidida pelo pró-reitor de pós-graduação e formada pelos coordenadores dos programas, além de representantes discentes. Entre 2007 e 2009, as propostas de novos programas/cursos foram dirigidas pela PROPG e apreciadas e aprovadas pela CPG. A atuação da CIPG é descrita detalhadamente em Milioni et al. (2011).

Seguindo o modelo de sucesso da CIPG, a partir de 2010, a cada ano tem sido criada uma Comissão de Novos Cursos de Pós-Graduação (CNPG). O seu objetivo principal é fomentar discussões sobre o futuro da pós-graduação na UFABC e auxiliar o processo de elaboração de propostas de novos cursos para submissão à Capes. A CNPG é presidida pelo pró-reitor de pós-graduação e tem como membros docentes com experiência na criação, coordenação e avaliação da pós-graduação discentes de pós-graduação, além de representantes dos grupos interessados em criar novos programas. A identificação dos interessados é realizada por meio de uma chamada aberta à comunidade.

Alguns aspectos da atuação da CNPG caracterizam o foco na excelência, viabilizada pela interdisciplinaridade sempre que possível e desejável:

- Os docentes que se organizam para levar propostas de novos programas à CNPG podem ter quaisquer formações e estar vinculados a qualquer um dos três centros. Em alguns casos, é possível identificar o centro e qual curso de formação específica da graduação os docentes estão vinculados, mas em outros casos esta associação é mais complexa. Alguns exemplos: a) Evolução e Diversidade: possui fundamentalmente docentes de biologia vinculados ao CCNH; b) Neurociência e Cognição: pelo próprio nome (Cognição) a maioria dos docentes é do CMCC com formações diversas, mas alguns docentes são do CCNH e CECS; c) Ciência e Tecnologia Ambiental: a maioria dos docentes é do CECS, com docentes do CCNH.
- A CNPG se reúne regularmente, no início com calendário fixo e posteriormente sob demanda dos próprios proponentes de novos programas. Nas primeiras reuniões, os proponentes são apresentados às regras da Capes, áreas de avaliação, documentos de área e critérios para APCNs[4]. Além disso, são apresentados ao modelo (*template*) padronizado de propostas de pós-graduação da UFABC e à ficha de avaliação da Capes.
- Os proponentes são orientados quanto aos aspectos relevantes de uma proposta e particularmente à composição do corpo docente, que deve se fundamentar na excelência, comprovada pela produção intelectual. Em muitos casos, propostas com excelente formatação interdisciplinar não prosperam porque não conseguem obter adesão de docentes com produção científica relevante nas suas áreas de abrangência.
- À medida que algumas propostas progridem e se tornam promissoras, elas são apesentadas aos membros da CNPG. Quando as propostas são avaliadas positivamente quanto aos aspectos de qualidade exigidos pela UFABC e pela Capes e de acordo com os objetivos da UFABC, elas são aprovadas pela CNPG e encaminhadas à CPG, que tem poder para aprová-las em primeira instância e encaminhá-las aos conselhos superiores.

Interdisciplinaridade na pós-graduação: valor ou obrigação

Desde o início da UFABC uma discussão permeou o trabalho da CIPG: a interdisciplinaridade na proposta de programas de pós-graduação deveria ser compulsória ou optativa? Em outras palavras, a UFABC permitiria a existência

---

4 Todas as áreas da Capes geram periodicamente os documentos de área e os critérios para APCNs. Por exemplo, os documentos da área interdisciplinar podem ser encontrados em http://www.capes.gov.br/component/content/article/44-avaliacao/4674-interdisciplinar. Acessado em: 21 mar. 2016.

de programas tradicionalmente disciplinares ou exigiria que todos os seus programas tivessem características interdisciplinares? Milioni et al. constatam que:

> As divergências de opiniões a respeito dessa questão levaram à conclusão de que não havia necessidade de impor uma linha única aos cursos que seriam desenvolvidos. Ficou decidido, portanto, que eles seriam concebidos com liberdade de formatação, ou seja, poderiam ou não ter caráter multidisciplinar, conforme a convergência e o melhor entendimento dos docentes envolvidos. (Milioni et al., 2011, p. 218)

Na época houve uma discussão se deveria haver programas em áreas disciplinares (como Física, Química, Matemática e Computação), ou somente em áreas interdisciplinares como Energia, Nanociências ou Engenharia da Informação. A resposta obtida por meio das discussões e posterior consenso foi que tanto propostas disciplinares quanto interdisciplinares seriam aprovadas, desde que fossem pautadas por critérios de excelência.

Além disso, durante a construção das primeiras propostas, os docentes tiveram total liberdade para escolher o programa no qual gostariam de atuar. Por incentivo do corpo dirigente *pro tempore* da UFABC na época, todos os docentes tiveram espaço na pós-graduação, inclusive aqueles com baixa produção científica. Novamente, conforme Milioni et al.:

> As hipóteses de adesão voluntária e irrestrita funcionaram surpreendentemente bem. Nenhum docente deixou de pertencer a um grupo com o qual sentisse identidade científica e acadêmica e nenhum docente, que assim não o desejasse, foi obrigado a se juntar a algum grupo que requisitasse seu talento (Milioni et al., 2011, p. 222)

Alguns critérios tiveram de ser posteriormente alterados e aprimorados, particularmente a introdução de normas de credenciamento nos programas. A partir da aprovação destas normas pela CPG, os programas passaram a exigir aderência aos seus critérios de qualidade para permitir o ingresso e permanência de docentes. No entanto, a adoção de critérios de credenciamento e especialmente o nível exigido em cada programa é algo em constante discussão e, em geral, não é possível alcançar amplo consenso (semelhante ao que ocorre em outras universidades).

Como mostra a Tabela 28.1, no decorrer dos anos vários programas novos foram criados, alguns com temática interdisciplinar e outros com temática disciplinar. É importante ressaltar que nem todos os programas com orientação interdisciplinar estão alojados na área de avaliação interdisciplinar (ou outras áreas da grande área multidisciplinar) da Capes.

A visão da interdisciplinaridade como valor e não como obrigação levou à quebra de alguns paradigmas que já haviam se estabelecido, mesmo na jovem UFABC. Uma característica distintiva dos cursos de graduação em engenharia é a ausência das tradicionais Engenharia Civil, Mecânica, Elétrica e de Produção. A UFABC optou por recortes diferentes abrangendo diversas temáticas. Como resultado, existem cursos como Engenharia de Informação, Engenharia de Energia, Engenharia Ambiental e Urbana e Engenharia de Gestão.

Não obstante esta visão na graduação, em 2011 iniciaram na UFABC programas de pós-graduação em Engenharia Elétrica e Engenharia Mecânica. O uso de denominações tradicionais gerou desconforto entre certos segmentos da comunidade universitária, mas existem razões sólidas para a criação desses programas. Em primeiro lugar, é importante observar que o fator de maior relevância para o florescimento da interdisciplinaridade é um ambiente acadêmico propício para a livre circulação de ideias e interação entre pessoas sem amarras ou barreiras artificiais ao processo de construção do conhecimento (por exemplo, uma estrutura departamental). Segundo Shakespeare, "O que há num simples nome? O que chamamos rosa com outro nome não teria igual perfume?"[5]. Embora nomes acadêmicos carreguem significados e escopos conhecidos e aceitos, o principal resultado a ser obtido pela pós-graduação é uma formação de excelência para os alunos.

A criação da pós-graduação em Engenharia Elétrica resultou de uma necessidade de um grupo de docentes em trabalhar de forma mais profunda com a área de Sistemas de Energia Elétrica, com foco na Rede Elétrica Inteligente (*Smart Grid*). Na época em que um grupo significativo de docentes ingressou na UFABC com este perfil (2009), já havia os programas de Energia e de Engenharia da Informação. O programa de Energia, na área Interdisciplinar, já tinha um grupo numeroso de docentes credenciados e o ingresso de um número alto de docentes em uma área de pesquisa específica poderia criar um desbalanceamento que poderia gerar problemas futuros. O programa de Engenharia da Informação, embora na área de Engenharias IV, apresentava um recorte diferente e não acomodaria estes docentes. O resultado foi a criação de um programa denominado Engenharia Elétrica na UFABC, mas com uma abrangência de menor dimensão do que costuma ter na maioria das universidades e com temática interdisciplinar.

5 William Shakespeare: Romeu e Julieta, ato II, Cena II.

No caso do programa em Engenharia Mecânica, vários docentes são vinculados ao curso de Engenharia Aeroespacial na graduação, ou também Engenharia de Instrumentação, Automação e Robótica (IAR). Diversas alternativas de nomes e escopos foram discutidas, mas todos com limitada abrangência, que poderia atrair um número reduzido de docentes e discentes e possivelmente comprometer a manutenção do programa. Portanto, um programa denominado Engenharia Mecânica nasceu de uma real oportunidade para a universidade atuar nesta área, juntamente com a necessidade de criar um ambiente acadêmico com suficiente abrangência para fomentar a geração de novas descobertas científicas.

Embora haja uma aparente contradição entre a criação dos programas com nomes de Engenharia Elétrica e Engenharia Mecânica, a chave para compreender as decisões em ambos os casos é o escopo de atuação dos docentes envolvidos nas propostas. Na pós-graduação, a inclusão de docentes com capacidade de orientação sempre foi considerado um valor para a UFABC atingir a excelência acadêmica. O programa de Engenharia Elétrica foi assim chamado devido à existência de um grupo de docentes cujas áreas de pesquisa não estavam totalmente contempladas nos programas existentes. No caso da Engenharia Mecânica, havia docentes não incluídos na pós-graduação, mas com áreas de atuação que não permitiram a criação de algum programa com escopo mais reduzido. É importante ressaltar que as áreas tradicionais adquiriram escopo mais amplo ao longo do tempo e esse efeito é mais difícil de ser gerado em áreas interdisciplinares em um curto período, porque em geral entende-se que as pesquisas precisam gravitar em torno de uma temática central.

Gerenciando a liberdade

De maneira geral, as regulamentações (normas, resoluções, regimentos) desempenham um papel importante ao sistematizar os processos e nivelar as informações para todos os atores envolvidos em determinadas funções. No entanto, regras com níveis excessivos de detalhes tendem a enrijecer os processos e prejudicar a avaliação de casos omissos e desconhecidos. Isso gera um efeito negativo particularmente em situações novas e grupos inexperientes, pois há uma tendência de regulamentar o que se desconhece, causando situações indesejadas no futuro. John von Neumann, o criador do computador moderno, disse que "Não faz sentido ser preciso quando nem ao menos se sabe do que se está falando". Essa abordagem permeou em muitos sentidos os primeiros anos da pós-graduação na UFABC. Aqui será abordado um caso significativo que exemplifica as escolhas necessárias para permitir a liberdade interdisciplinar, mas ao mesmo tempo organizar os processos e as decisões individuais e coletivas.

Como mencionado anteriormente, um ambiente com liberdade acadêmica, administrativa e física é essencial para a produção de conhecimento calcada na interdisciplinaridade. Por outro lado, o excesso de liberdade pode causar efeitos deletérios, principalmente quando os seus limites são deixados para livre interpretação dos indivíduos. A UFABC sempre optou pela liberdade de atuação na pós-graduação, inclusive permitindo o credenciamento de docentes em múltiplos programas, desde que respeitassem as normas das áreas de avaliação da Capes (presentes no documento de área). Nos primeiros anos, essa prática de grande liberdade funcionou adequadamente, uma vez que o número reduzido de programas e docentes permitia uma gestão mais abrangente sem a introdução de regras.

Com o aumento do número de programas e docentes credenciados na pós-graduação, tornou-se evidente que a ausência de certas normas tinha um efeito mais prejudicial do que benéfico. Os coordenadores de programas perceberam que o excessivo espalhamento dos docentes por diversos programas causava dificuldades para compartilhar a carga de trabalho, seja de atividades didáticas ou administrativas. Para prevenir-se de uma possível situação em que o livre e irrestrito acesso individual a um recurso compartilhado pudesse gerar prejuízo coletivo, situação, em alguns casos, conhecida como Tragédia dos Comuns (Hardin, 1968), foi gerada de maneira orgânica a necessidade de regulamentar a participação de docentes em programas de pós-graduação. Como resultado, foi criada a Resolução n. 99 do Conselho de Ensino, Pesquisa e Extensão (ConsEPE), que estabelece regras para, por um lado, permitir que docentes atuem em mais do que um programa, e, por outro, garantir que a maioria dos docentes tenha dedicação apenas a um programa. Em outras palavras, a resolução permite que apenas alguns docentes atuem em mais programas, em geral aqueles de maior atuação interdisciplinar ou com maior produção científica.

Estrutura acadêmica e administrativa

Na UFABC os programas de pós-graduação são vinculados diretamente à Pró-Reitoria de Pós-Graduação, o que gera vários incentivos à prática interdisciplinar, além de ganhos de produtividade no uso dos recursos disponíveis. Uma consequência direta é a facilidade de compartilhamento de informações entre programas, como os alunos terem acesso simplificado às disciplinas oferecidas por vários programas.

Além disso, esta organização acadêmica incomum[6] viabilizada pela estrutura sem departamentos da UFABC, possibilitou a implantação de uma gestão administrativa centralizada na PROPG para todos os programas de pós-graduação. Em outras palavras, os programas de pós-graduação não possuem secretarias individuais. Atualmente, a PROPG é organizada em três unidades abrangentes: a) Acadêmica: responsável pelo controle acadêmico, como disciplinas, matrícula, conceitos, defesas e diploma; b) Administrativa: responsável pela gestão administrativa e financeira, como bolsas, auxílios, aquisições e recursos humanos; c) Apoio às coordenações: responsável pelo apoio às coordenações de programas em todas as atividades não inclusas nos itens anteriores, como processos de seleção, reuniões e demandas esporádicas.

Estruturas de gestão centralizadas possuem vantagens como homogeneidade de serviços, facilidade de controle e menor redundância e desperdício nas tarefas (Christie et al., 2003). Na pós-graduação da UFABC, esta organização gera níveis maiores de profissionalização dos servidores técnico-administrativos, que se manifesta em serviços de qualidade superior com um número reduzido de pessoas e racionalização dos custos[7]. Porém, atualmente não é claro se esta solução totalmente centralizada deverá ser mantida no futuro ou se alguns níveis de descentralização poderão aumentar o desempenho e, consequentemente, favorecer níveis maiores de excelência acadêmica.

Além de gerar eficiência, a estrutura adotada também permite maior compartilhamento de experiência por diversos atores, como coordenadores, docentes, discentes e serviços técnico-administrativos. A centralização facilita a convivência dos alunos de diferentes áreas, favorecendo com que trilhem os percursos interdisciplinares necessários aos seus projetos de pesquisa. Os próprios servidores técnico-administrativos tendem a expandir a sua atuação interdisciplinar com esta abordagem, sendo capazes de identificar soluções eficientes adotadas em um programa e aplicá-las em outros programas com desafios semelhantes.

As disciplinas ofertadas pelos programas se tornam disciplinas da pós-graduação da UFABC e são visíveis e acessíveis a alunos de todos os programas.

---

6 Universidades de certo porte tradicionalmente possuem secretarias individuais para os seus cursos de graduação e pós-graduação.

7 Obviamente também existem opiniões contrárias, que em geral anseiam maior flexibilidade e personalização no tratamento de coordenadores, docentes e discentes.

Todo aluno matriculado em qualquer programa pode se inscrever nas disciplinas oferecidas por qualquer outro programa de pós-graduação, desde que obtenha a autorização do seu orientador e anuência da coordenação do programa ofertante. Esta característica facilita o compartilhamento de disciplinas, diminuindo a carga didática para os docentes e estimulando a convivência entre alunos de programas que possuem similaridades. Por exemplo, os programas de Física, Nanociências e Química frequentemente oferecem disciplinas em conjunto. Por outro lado, alguns programas que possuem a disciplina de Metodologia de Pesquisa como obrigatória frequentemente orientam seus alunos a cursar a disciplina oferecida pelo programa de Ensino. Na UFABC, esse nível de flexibilidade é natural e não requer autorizações, matrículas manuais e documentos formais que frequentemente são exigidos em outras universidades para que alunos transponham os limites do seu programa de pós-graduação e de seu departamento. Obviamente que esta flexibilidade deve respeitar o limite da estrutura curricular dos programas, que impõe algumas restrições como disciplinas obrigatórias.

A instância máxima de tomada de decisão da pós-graduação na UFABC é a CPG (Comissão da Pós-Graduação), presidida pelo pró-reitor de pós-graduação e tendo como membros todos os coordenadores dos programas além de dois discentes eleitos. Ao contrário da estrutura praticada em outras universidades, na UFABC a CPG é única para toda a universidade. Os programas possuem órgãos colegiados chamados de coordenações, compostas de coordenador, vice-coordenador, três a cinco representantes docentes e um representante discente.

APRENDIZADOS DA UFABC SOBRE PÓS-GRADUAÇÃO INTERDISCIPLINAR

Embora a vida e a sociedade sejam notoriamente interdisciplinares, a especialização necessária para a construção do conhecimento, especialmente no século XX, gerou estruturas acadêmicas com visões e ações que favorecem a profundidade em detrimento da abrangência. A extrema especialização produziu terminologias próprias para cada área que incentivam as discussões entre os detentores do jargão apropriado, tornando mais difícil discussões que transcendem essas barreiras. Nas universidades, esse fenômeno gerou também unidades administrativas com vida própria com dificuldade de comunicação entre si.

Devido à relativa novidade da introdução da interdisciplinaridade na pesquisa e na pós-graduação, os meios e abordagens usados para empreender iniciativas inovadoras ainda não são totalmente conhecidos. No Brasil, tanto a Capes quanto programas de pós-graduação em diversas universidades buscam meios de incentivar a atuação interdisciplinar, mas nem todos obtêm o sucesso pretendido.

Interdisciplinaridade de comitê *vs.* interdisciplinaridade de fato

Normalmente um grupo de docentes se reúne para criar um programa de pós-graduação interdisciplinar, ou para introduzir maiores níveis de interdisciplinaridade em programas existentes. Após múltiplas interações entre esses atores, o resultado é uma proposta de programa de pós-graduação contendo as intenções de pesquisa e formação de alunos com viés interdisciplinar, com objetivos, áreas de concentração, linhas de pesquisa, disciplinas, entre outros aspectos. Esta proposta pode ser descrita como "interdisciplinaridade de comitê", porque reflete as melhores práticas passadas e intenções futuras de um grupo de docentes.

O que se observa na prática é que as pessoas não necessariamente seguem o que foi planejado, está escrito nos documentos e é insistentemente apregoado por um grupo mais motivado, devido a uma diversidade de motivos pessoais, organizacionais, acadêmicos e financeiros. Por outro lado, atividades conjuntas entre pesquisadores de áreas disciplinares distintas ocasionalmente ocorrem de maneira não planejada e em padrões que às vezes não possuem total identificação com a proposta original. Deste fenômeno resulta a "interdisciplinaridade de fato", cuja implementação pode requerer propostas com recortes diferenciados para florescer.

Na UFABC este fenômeno foi observado algumas vezes, com certas variações, mas com grande consistência. Programas criados com algumas perspectivas originais têm seu escopo de atuação alterado após certo intervalo de tempo e geram novos programas com diferentes recortes interdisciplinares. Algo que ainda ocorre com frequência na UFABC é a contratação de novos docentes, que gera demandas por pós-graduação que seja mais adequada ao perfil do novo grupo, de modo a ser mais inclusiva. Além de incluir estes docentes, os novos programas têm sobreposição com programas existentes e atraem aqueles já credenciados em outros programas. Muitas vezes, para viabilizar um novo programa e incluir um maior número de docentes na pós-graduação, alguns precisam se descredenciar de programas já existentes. Devido ao fato de a universidade ainda estar em construção e ter muitas vagas abertas, a pós-graduação ainda não está consolidada, mas certamente está se tornando mais estável com o passar dos anos. Isto é algo típico de uma universidade nova, mas a dinâmica da livre circulação dos docentes entre os programas é viabilizada pela estrutura acadêmica e administrativa, que não impõe barreiras desnecessárias à atuação e, consequentemente, fomenta interações interdisciplinares.

Um problema que gera adaptações nas propostas e na composição do corpo docente dos programas em relação à sua proposta inicial é acertar o foco do público alvo. Certamente que o objetivo precípuo da pós-graduação é a formação de recursos humanos em pesquisa, de modo que a formação dos alunos com altos níveis de excelência acadêmica é a meta do sistema. Algo detectado com certa frequência na UFABC é que as boas intenções iniciais de interações interdisciplinares na pós-graduação se esvaem com o tempo devido à falta de alunos com formação adequada para a orientação de certos docentes. Isto se deve à formação dos alunos que não necessariamente está adequada às exigências dos comitês da Capes que são repassadas aos regulamentos dos programas. Como exemplo, pode-se considerar um docente da área de humanas que participa de um programa interdisciplinar, mas com foco maior na área de exatas. Na teoria, este docente pode orientar alunos com qualquer formação que se interessem pela sua área de pesquisa. No entanto, na maioria das vezes, alunos com formação em humanas são atraídos para este docente. Caso o programa tenha exigência de disciplinas obrigatórias na área de exatas (o que ocorre com frequência), este aluno terá grande dificuldade. A dificuldade em captar alunos com diferentes perfis disciplinares para um programa de pós-graduação pode dificultar a consolidação prática de uma proposta interdisciplinar promissora, ao impedir a atuação efetiva de docentes de áreas que não compõem o núcleo da proposta. Como esse fenômeno é devido principalmente aos limites disciplinares impostos às áreas de conhecimento, uma possível solução passa pela sobreposição desses limites, por meio da abolição das áreas e comitês específicos na pós-graduação.

Alguns programas da UFABC refletem esta situação. O programa de Nanociências e Materiais Avançados reúne docentes das áreas de Física, Química, Biologia e Engenharia dos Materiais. Vários docentes possuem também atuação em programas disciplinares nas áreas de Física, Química e Biologia. Vale lembrar que existem limites percentuais de docentes que podem ser credenciados em diversos programas. Por outro lado, por estar alojado no comitê interdisciplinar da Capes, existe maior flexibilidade. No entanto, mesmo com estrutura interdisciplinar, o programa não contempla adequadamente todos os docentes da área de engenharia de materiais, seja devido ao seu próprio escopo (áreas de concentração e linhas de pesquisa), seja pela alta exigência para credenciamento em termos de publicações, típica das ciências naturais, mas altas para os padrões das engenharias. Possivelmente, no futuro, a UFABC terá um programa de Engenharia de Materiais e, neste caso, a participação de docentes desta área no programa de Nanociências pode ficar comprometida.

Outro caso característico é o programa de Energia, que iniciou com uma proposta com altos níveis de interdisciplinaridade reunindo docentes de engenharia e ciências sociais aplicadas. A concepção inicial estabelecia que pesquisas com caráter técnico (Engenharia) assim como social (Ciências Sociais) seriam desenvolvidas no programa. Desde o seu início em 2007, este programa sofreu várias modificações, incluindo alterações nas áreas de concentração e alterações no perfil do corpo docente, devido a diferentes questões. Uma delas foi a abertura dos programas de Ciências Humanas e Sociais e Engenharia Elétrica que captaram vários docentes (efetivos e potenciais) de Energia. Outra questão foi a preocupação legítima de que um programa interdisciplinar não se tornasse sede de subprogramas com temáticas diferentes, mas com o mesmo nome. Uma composição interdisciplinar inicial "de comitê" pode levar a esta situação indesejável, em que a interdisciplinaridade real não ocorre na prática. Na UFABC, evitou-se esta situação.

Outros casos também ilustram esta situação. O programa de Engenharia da Informação reúne docentes das áreas de engenharia elétrica, computação, ciências sociais e humanas. Com o aumento do número de docentes de computação, foi criado um programa nesta área, com a identificação de que Engenharia da Informação não comportaria adequadamente os docentes de todas as áreas da computação. Além disso, com o passar do tempo docentes das áreas de ciências sociais e humanas escolheram outros caminhos, devido principalmente à dificuldade já mencionada com o público alvo discente. Atualmente, esse programa tem características mais disciplinares, principalmente pelas exigências do comitê de Engenharias IV. Outro exemplo é o programa de Políticas Públicas, que captou docentes de Ciências Humanas e Sociais e Planejamento e Gestão do Território.

Um longo período de mergulho disciplinar no século XX gerou terminologias e metodologias de trabalho distintas, que possuem a tendência de separar os pesquisadores. Não há regras para gerar sinergias na atuação conjunta de pesquisadores de áreas diferentes por meio da interdisciplinaridade.

A experiência da UFABC até aqui diz que a regra mais efetiva é a da mudança constante, por possibilitar a liberdade necessária e flexibilidade de empreender novas experiências. O princípio da mudança constante tem pautado a Internet desde o seu nascimento e contribuiu de maneira decisiva para o seu sucesso e estrondoso crescimento. De acordo com Brian Carpenter, "[o] princípio da mudança constante talvez seja o único princípio da Internet que deveria sobreviver indefinidamente" (Carpenter, 1996). A interdisciplinaridade deve seguir o mesmo caminho. Criar estruturas interdisciplinares estáticas terá provavelmente o efeito de criar novas áreas disciplinares com as mesmas características e limitações que as existentes.

Comitê interdisciplinar *vs.* programas interdisciplinares

O comitê Interdisciplinar da Capes, inicialmente chamado de Multidisciplinar, foi criado com o objetivo de alojar programas que não estavam bem acomodados em outros comitês ou para possibilitar a existência de programas cujas propostas não eram avaliadas na sua abrangência pelas áreas disciplinares (Bevilacqua, 2011). Ele foi concebido como uma incubadora de programas que, com o tempo, deveriam ser absorvidos pelos comitês disciplinares. No entanto, esta expectativa não se confirmou na prática. Em quinze anos de existência, o comitê Interdisciplinar se tornou o maior em número de programas, não obstante os esforços da Capes para transferir programas com viés interdisciplinar para os comitês disciplinares. Propostas submetidas para o comitê Interdisciplinar são discricionariamente direcionadas para comitês disciplinares, sempre que isso for considerado adequado, de acordo com regras pré-definidas.

Atualmente a Capes tem diretrizes claras para que os comitês disciplinares aceitem propostas interdisciplinares em seu meio e as avaliem adequadamente. Todos os comitês elaboraram em 2012 um documento sobre o tratamento da interdisciplinaridade em suas áreas[8]. Apesar desses esforços, a maioria das propostas interdisciplinares não se vê contemplada nas áreas disciplinares, que ocorre por motivos diversos. Em primeiro lugar, muitos comitês exigem que um determinado percentual (alto) do corpo docente tenha formação na área específica, algo que limita a atuação de muitos docentes externos à área.

8 Este documento se chama "Considerações sobre a Interdisciplinaridade e Multidisciplinaridade na área". Como exemplo, o da Ciência da Computação pode ser obtido em http://www.capes.gov.br/component/content/article/44-avaliacao/4656-ciencia-da-computacao. Acessado em: 21 mar. 2016.

Além disso, a exigência de disciplinas obrigatórias na área afasta alunos com formações em outras áreas e, consequentemente, também os docentes. Mas, principalmente, o sistema de avaliação Qualis é o principal fator determinante da exclusão de atividades interdisciplinares da maioria dos comitês. Como cada área pode atribuir um percentual limitado de periódicos para os extratos Qualis, a tendência é que somente os periódicos considerados centrais à área recebam as melhores avaliações. Publicações em periódicos fora do núcleo central da área recebem classificação baixa dentro dos extratos Qualis e isso ocorre mesmo para periódicos considerados de alto impacto em outras áreas. O efeito prático é afastar docentes de outras áreas dos comitês disciplinares, para não prejudicar a avaliação dos programas. Nesse processo, a interdisciplinaridade e os avanços que poderiam ser obtidos com ela são prejudicados.

Essa conjuntura mostra que, por um lado, embora haja direcionamento da Capes para abertura interdisciplinar nos diversos comitês, na prática existem barreiras que impedem essa prática de se alastrar. Por outro lado, uma proposta submetida ao comitê Interdisciplinar pode ser reencaminhada a um comitê diferente à revelia dos proponentes. Neste último caso, a avaliação pode ser prejudicada porque a produção intelectual será avaliada por um Qualis diferente do que foi considerado durante a proposta.

Na UFABC existe um direcionamento para que as propostas incorporem elementos interdisciplinares sempre que isso for considerado saudável para a realização de pesquisas de alto impacto, mas também para obter uma avaliação justa. Nem sempre programas com características interdisciplinares devem ser submetidos, ou devem permanecer no comitê Interdisciplinar. Esta é uma das principais decisões a ser tomada no processo de elaboração de uma proposta de programa novo, porque embora não tenha solução simples, pode ser um fator determinante do sucesso do programa. A instituição pode tentar prever qual o melhor enquadramento de área de avaliação para maximizar as chances de aprovação da proposta e de sucesso do programa. No entanto, como a Capes está na liderança do processo, há um risco implícito em encaminhar uma proposta com características interdisciplinares a áreas disciplinares.

Uma pós-graduação interdisciplinar e flexível

Nas seções anteriores, foram discutidos aspectos relacionados à atuação interdisciplinar na pós-graduação, com foco especial no caso da UFABC, uma universidade onde a interdisciplinaridade possui maior aceitação. No entanto, é importante ressaltar que mesmo com esse ambiente apropriado e com os avanços em relação a outras universidades, os reflexos da interdisciplinaridade são significativamente menos intensos na pós-graduação, quando se compara com as mudanças ocorridas na graduação. Os avanços são tímidos dado o potencial latente, e este fenômeno é ocasionado principalmente pela avaliação sistemática da pós-graduação empreendida pela Capes. Conforme discutido anteriormente, a estrutura das universidades, aliada às exigências disciplinares dos comitês da Capes e dos próprios programas, impede o pleno desenvolvimento da interdisciplinaridade na pós-graduação. Três problemas foram identificados, que barram maior atuação interdisciplinar, tanto de docentes quanto de discentes: a) Formação dos docentes; b) Formação dos alunos; e c) Avaliação e o sistema Qualis.

O surgimento de um sistema de pós-graduação verdadeiramente interdisciplinar e flexível irá requer mudanças estruturais nas universidades e na Capes. Por outro lado, a avaliação é importante e de maneira geral eleva a qualidade da pesquisa e da formação dos alunos. A interdisciplinaridade não pode ser associada com superficialidade e falta de rigor nas atividades desenvolvidas na pós-graduação.

Nas universidades, maior liberdade para explorar os limites do conhecimento e aprimorar a formação interdisciplinar dos alunos requer a extinção do conceito estanque de programa de pós-graduação. Neste modelo, o aluno é matriculado na pós-graduação sem área específica e quando todos os requisitos forem cumpridos lhe será outorgado o título de doutor, também sem especificar a área. A universidade oferece uma lista de disciplinas de diversas áreas, das quais o aluno escolhe algumas para cursar em comum acordo com o orientador. Esta proposta difere dos modelos americano e europeu, porque ambos são baseados nos departamentos e nas áreas de conhecimento, mas mantêm o conceito americano de disciplinas para aprimorar a formação em profundidade dos alunos nas áreas em que eles necessitam para desenvolver as suas atividades de pesquisa. É possível também conceber variações a este modelo. Uma alternativa poderia ser a existência de programas em grandes áreas, como os Bacharelados Interdisciplinares na graduação da UFABC.

É possível perceber vários desafios iniciais, como os processos de seleção e os mecanismos de aferição de qualidade, que deverão ser modificados. Além disso, um sistema sem programas em princípio se torna centralizado e introduz uma grande variedade de mudanças culturais. A UFABC empreendeu mudança semelhante na graduação, em que a alocação das disciplinas para os bacharelados disciplinares é realizada de maneira centralizada, envolvendo grande número de alunos, professores, disciplinas, turmas e salas de aula. Até o presente momento, este modelo tem apresentado resultados positivos, de acordo com várias avaliações externas. Se esta modificação foi implantada na graduação, por que não poderia ser também estendida à pós-graduação?

Uma pós-graduação sem programas, ou poucos programas interdisciplinares, gera desafios na sua avaliação. Em primeiro lugar, é preciso compreender qual o papel dos recortes do conhecimento na avaliação da pesquisa e da pós-graduação. De maneira geral, acredita-se que a estruturação de áreas de conhecimento em departamentos ou comitês é necessária para que seja possível realizar a avaliação por pares. Portanto, o grande desafio é manter o rigor da avaliação por pares sem impor limites à criatividade, ao espírito investigativo e às interações entre pesquisadores de diferentes áreas. A avaliação por pares não obriga um sistema de pós-graduação ou pesquisa a ser organizado em comitês. Esta organização decorre da tradição e da facilidade de interlocução, tanto dos gestores da pesquisa ou pós-graduação com o grupo de pesquisadores, quanto entre o próprio grupo. Na UFABC, as estruturas convencionais não existem, e docentes de áreas diferentes são colocados em situação em que a interação é necessária. Portanto, existem indícios de que mudanças semelhantes também podem ser implantadas na gestão da pesquisa e da pós-graduação.

CONSIDERAÇÕES FINAIS

Até o presente momento, a UFABC obteve sucesso na construção da pós-graduação em um período de nove anos, que, com 23 cursos de mestrado e 13 de doutorado, já formou cerca de mil alunos entre mestres e doutores e auxiliou a alavancar resultados significativos na pesquisa (Dalpian, 2014). Entre outros fatores positivos, o projeto pedagógico e a estrutura acadêmica e administrativa contribuíram significativamente para inibir barreiras e proporcionar liberdade e flexibilidade de atuação interdisciplinar para docentes e discentes.

O planejamento e a execução de atividades interdisciplinares devem buscar sempre a excelência acadêmica e fugir do risco da superficialidade. Grande parte das barreiras encontradas na academia para a prática da interdisciplinaridade se dá pela visão, distorcida, de que a interdisciplinaridade não trata os desafios com a profundidade que o método científico requer. A prática salutar da interdisciplinaridade, com potencial de gerar avanços significativos em ensino, pesquisa em extensão, requer profundos conhecimentos disciplinares.

De acordo com a Carta de São Bernardo, "[o] interdisciplinar não se contrapõe ao disciplinar, se apoia nele" (Foprop, 2013). A experiência da UFABC até aqui diz que a regra mais efetiva para gerar sinergias na atuação conjunta de pesquisadores de áreas diferentes por meio da interdisciplinaridade é a mudança constante, por possibilitar a liberdade necessária e flexibilidade de empreender novas experiências. Criar estruturas interdisciplinares estáticas terá provavelmente o efeito de criar novas áreas disciplinares com as mesmas características e limitações que as existentes.

A internalização da interdisciplinaridade na pós-graduação e na pesquisa requer alterações estruturais nas universidades e nos processos de avaliação externos. A UFABC possui condições para gerar maior interação interdisciplinar entre docentes, alunos e pesquisadores, mas na prática os avanços têm sido mais tímidos na pós-graduação do que na graduação. Embora pareça contraditório, devido à inserção da UFABC na pós-graduação pelos seus resultados na pesquisa, essa situação é gerada pela maior liberdade de promover mudanças nos cursos de pós-graduação.

A Capes é diretamente responsável pelo grande sucesso e avanço na pós-graduação brasileira nos últimos 50 anos e, para isso, ao longo dos anos, vários mecanismos de avaliação e regras tiveram de ser produzidos. Em geral, quanto mais regras existem em um sistema, menos propício a mudanças e menos flexível ele se torna. Ou seja, o sucesso da Capes e o seu fortalecimento na comunidade acadêmica são o grande fator impeditivo para uma maior inserção interdisciplinar na pós-graduação. Esta contradição precisa ser tratada adequadamente para que novos avanços significativos sejam almejados. Alterações mais profundas na estrutura da pós-graduação rumo à maior flexibilidade e liberdade para livre exercício da criatividade e interação entre as pessoas irá requerer uma reestruturação dos comitês da Capes e revisão significativa dos processos de avaliação. A excelência acadêmica é o fiel da balança e gera um compromisso que requer diferentes escolhas metodológicas. Por um lado, o processo de avaliação sistemática gera avanços na qualidade do sistema. Por outro lado, impede o pleno desenvolvimento das interações interdisciplinares que, como consequência, inibe outros potenciais avanços.

REFERÊNCIAS

AGOPYAN, V. "Prefácio". In: PHILIPPI JR, A.; SILVA NETO, A.J. (eds.). *Interdisciplinaridade em Ciência, Tecnologia e Inovação*. Barueri: Manole, 2011.

ALVARENGA, A.T.; PHILIPPI JR, A.; SOMMERMAN, A.; ALVAREZ, A.M.S.; FERNANDES, V. Histórico, fundamentos filosóficos e teórico-metodológicos da interdisciplinaridade. In: PHILIPPI JR, A.; SILVA NETO, A.J. (eds.). *Interdisciplinaridade em Ciência, Tecnologia e Inovação*. Barueri: Manole, 2011. p. 3-68.

BEVILACQUA, L. Primórdios da Área Multidisciplinar da Capes e suas influências na Pós-Graduação e na Graduação. In: PHILIPPI JR, A.; SILVA NETO, A.J. (eds.). *Interdisciplinaridade em Ciência, Tecnologia e Inovação*. Barueri: Manole, 2011. p. 785-802.

CARPENTER, B. Architectural Principles of the Internet. RFC 1958, Internet Engineering Task Force (IETF), Junho de 1996.

CHRISTIE, A.; JOYE, M.; WATTS, R. Descentralization of the firm: Theory and Evidence. *Journal of Corporate Finance*. 2003; 9(1): 3-36.

DALPIAN, G. M. A UFABC e os rankings universitários. *Comunicação UFABC – Artigos*. 29.10.2014.

FOPROP. Carta de São Bernardo. Interdisciplinaridade: Ampliando as Fronteiras do Saber, Encontro do Fórum dos Pró-Reitores de Pesquisa e Pós-Graduação (FOPROP) da Região Sudeste, São Bernardo do Campo, novembro de 2013. Disponível em: http://eventos.ufabc.edu.br/inter2013. Acessado em: 21 mar. 2016.

FREIRE, P.S.; TOSTA, K.C.T.; PACHECO, R.C.S. Práticas para criação do conhecimento interdisciplinar: caminhos para inovação baseada em conhecimento. In: PHILIPPI JR, A.; FERNANDES, V. (eds.). *Práticas da Interdisciplinaridade no Ensino e na Pesquisa*. Barueri: Manole, 2014. p. 262-290.

HARDIN, G. The Tragedy of the Commons. *Science* 13. 1968; 162(3859): 1243-1248.

JACOBI, P.R.; GIATTI, L.L.; AMBRIZZI, T. Interdisciplinaridade e mudanças climáticas: caminhos para sustentabilidade. In: PHILIPPI JR, A.; FERNANDES, V. (eds.). *Práticas da Interdisciplinaridade no Ensino e na Pesquisa*. Barueri: Manole, 2014. p. 262-290.

MILIONI, A.Z.; GONÇALVES, J.; DALPIAN, G.M. Da concepção à implantação da pós-graduação na UFABC: o Programa em Nanociências e Materiais Avançados. RBPG. *Revista Brasileira de Pós-Graduação*. 2011; 8: 209.

UFABC. Plano de Desenvolvimento Institucional, 2012.

______. Projeto Pedagógico, 2006.

capítulo 29

A multi e a interdisciplinaridade
na visão das áreas de avaliação da Capes

Roberto C. S. Pacheco | *Engenheiro civil, Universidade Federal de Santa Catarina, UFSC*
Andrea Valéria Steil | *Psicóloga, Universidade Federal de Santa Catarina, UFSC*
Denilson Sell | *Cientista da computação, Instituto Stela*

INTRODUÇÃO

A internalização e, principalmente, a institucionalização da interdisciplinaridade são processos de mudança (Jacobs; Frieckel, 2009). Tratam-se de fatores que desencadeiam alterações nas estruturas clássicas das organizações de sistemas de ciência, tecnologia e inovação (Casey, 2010). Tanto a multi como a interdisciplinaridade constituem-se em formas alternativas de interação e integração de disciplinas científicas (Klein, 2010). Internalizar práticas multi/interdisciplinares significa introduzir mudanças nas formas tradicionais de planejamento, avaliação (ex. Huutoniemi, 2010), fomento, gestão e produção de conhecimento técnico-científico, bem como em técnicas e métodos de ensino tradicionais (Hackett; Rhoten, 2009; Dezure, 2010).

Entre os fatores que influenciam o grau de viabilidade de implantação de mudanças, encontra-se a percepção dos atores líderes no contexto organizacional vigente sobre a natureza, o conteúdo e as formas das mudanças oportunizadas (Gioia; Thomas, 1996). Quanto maior o grau de aceitação desses fatores, maior será a chance de que uma mudança organizacional se incorpore (ou modifique) à cultura vigente (Lawrence; Mauws; Dyck; Kleysen, 2005).

No Brasil, um dos principais agentes indutores de mudança em prol da multidisciplinaridade (MD) e da interdisciplinaridade (ID) tem sido a Capes, desde o advento da área de avaliação Multidisciplinar, em 1999 (Bevilacqua, 2011). Nos 13 primeiros anos de existência da área de avaliação interdisciplinar, no plano institucional, as visões multi e interdisciplinares ficaram situadas, mais especificamente, em apenas uma de suas grandes áreas de avaliação. Em 2012, no entanto, o Conselho Técnico-Científico do Ensino Superior (CTC-ES)[1] da Capes convidou todas as áreas de avaliação a criarem comunicados com suas visões sobre MD e ID. Esses comunicados, disponíveis no site da Capes, permitem verificar como as áreas de avaliação disciplinares se posicionam sobre importantes fatores relativos ao arranjo institucional da MD e da ID na pós-graduação. Neste capítulo, analisamos a totalidade desses comunicados com o objetivo de identificar fatores potencialmente indutores ou inibidores da inserção desses modos de ciência na cultura da avaliação da pós-graduação. Para a identificação destes fatores, os comunicados foram tratados com procedimentos de Análise de Conteúdo e complementados com análises informétricas (a partir de dados da Plataforma Lattes).

Para apresentar esse estudo, destacamos, inicialmente, a MD e a ID no contexto da Capes. Na terceira seção, apresentamos o método de Análise de Conteúdo aplicado aos documentos com os comunicados das áreas de avaliação, disponíveis no site da Capes. Em seguida, apresentamos os resultados das análises, encerrando o capítulo com as principais conclusões do estudo e suas respectivas implicações para o sistema de avaliação da pós-graduação multi e interdisciplinar no Brasil.

A MULTI E INTERDISICPLINARIDADE NA CAPES

A institucionalização da ID e da MD na Capes só ocorreu no final dos anos 1990, quando a Presidência e a Diretoria de Avaliação decidiram formar um comitê de avaliadores para criar o Comitê Multidisciplinar.

Em seus primeiros anos, o Comitê adotou uma visão pragmática para avaliar as cerca de 40 propostas que não encontravam lócus de avaliação nas áreas disciplinares, focando-se mais no agir sob diretrizes gerais do que em estabelecer uma epistemologia para a multi, inter ou transdisciplinaridade (Bevilacqua, 2011). Nessa fase inicial, o Comitê Multidisciplinar organizou o trabalho em grupos temáticos, definiu diretrizes esperadas para programas

---

1 Conselho Técnico-Científico da Educação Superior (CTC-ES). Conselho composto pelo presidente e diretores da Capes e representantes dos três colégios de avaliação, que, entre outras atribuições, estabelece critérios e procedimentos para o acompanhamento e avaliação da pós-graduação.

multi e interdisciplinares, definiu dinâmica de avaliação baseada na pluralidade de visões de consultores e, em discussão plenária, estabeleceu a visão para a área como incubadora de propostas de natureza multi e interdisciplinares (Habert, 2011).

No biênio seguinte, a área avançou em seus processos organizacionais e de comunicação com os programas multi e interdisciplinares. Em 2006, a área passou por uma reorganização e foi dividida em Câmaras, conforme as temáticas dos programas (Câmara I – *Meio Ambiente e Agrárias*; Câmara II – *Sociais e Humanidades*; Câmara III – *Engenharia, Tecnologia e Gestão*; e Câmara IV – *Saúde e Biológicas*). Em 2007, essa organização foi levada à 2ª Reunião Nacional de Coordenadores de Programas de Pós-Graduação Interdisciplinares (ReCoPI).

Em 2008, a área passou a se chamar *Interdisciplinar*, agora integrante da Grande Área *Multidisciplinar*, com comissão de avaliação denominada *CAInter*. No triênio seguinte, a CAInter ampliou sua reflexão epistemológica, explicitando conceitos, diretrizes e critérios para uma pós-graduação interdisciplinar (Phillippi et al., 2011). Nesse período, outro fato dava destaque à interdisciplinaridade na educação superior brasileira: o Decreto 0696/2007 instituía o Programa de Reestruturação e Expansão das Universidades Federais (Reuni) com referenciais orientadores dos bacharelados interdisciplinares. No âmbito da Pós-Graduação, a inter e a multidisciplinaridade ganharam espaço no planejamento, quando se tornaram referência em um capítulo específico no novo Plano Nacional de Pós-Graduação (PNPG 2011-2020).[2]

A essa altura, em pouco mais de uma década, o número de programas de pós-graduação multi e interdisciplinares fora multiplicado por dez em relação ao total de cursos que deu início à área, em 1998 (indo de 36 para 377, em 2010). Embora esse crescimento, a institucionalidade da avaliação interdisciplinar não ocorreu sem que um coletivo de pesquisadores se dedicasse para estabelecer uma identidade para essa nova unidade de avaliação (Bevilacqua, 2011; Habert, 2011).

A partir de 2012, a interdisciplinaridade posiciona-se na agenda institucional da Capes para além de sua própria Grande Área de avaliação – *Multidisciplinar* (que já se encontrava ampliada pela nucleação de áreas oriundas da CAInter, como as *Ciências Ambientais*, criada em 2011). Nesse período, a Diretoria de Avaliação efetiva mudanças no processo de proposição de novos

2 Capítulo 6 – *A importância da Inter(multi)disciplinaridade na pós-graduação* (em MEC/Brasil, 2010).

cursos, criando o procedimento de "triagem" (em processo normatizado, mais tarde, pela Portaria Capes 120/2012). A partir dessa Portaria, as propostas de novos cursos, ainda que encaminhadas à área interdisciplinar, podem ser redirecionadas a áreas disciplinares, dependendo da composição de seu corpo docente e/ou de sua temática.

É nesse contexto que, em 2012, o CTC-ES fez uma pesquisa de percepção, solicitando aos coordenadores de todas as áreas de avaliação que realizassem uma reflexão sobre a interdisciplinaridade. As coordenações de área basearam sua reflexão na avaliação de propostas de novos cursos, encaminhadas à Capes nos anos de 2010 e 2011. As coordenações de área foram convidadas a verificar se teriam condições de receber essas novas propostas, que haviam sido encaminhadas à área interdisciplinar e, posteriormente, a registrarem suas impressões em um documento denominado *Considerações sobre a Multidisciplinaridade e Interdisciplinaridade na área* (aqui também referido como "Comunicado das áreas"). Os documentos contendo essas reflexões estão publicados e divulgados na página da Capes. Esse processo está descrito no capítulo de Oliveira e Amaral (2016), neste terceiro volume da trilogia. A exemplo dos colegas autores, utilizamos esses Comunicados das áreas para analisar as percepções dos comitês disciplinares de avaliação constantes nesses documentos acerca da multi e da interdisciplinaridade, conforme descrito a seguir.

A pesquisa de percepção junto às áreas disciplinares

A pesquisa de percepção solicitada pelo CTC-ES abrangeu um total de 44 das 48 áreas de avaliação, dado que a Grande Área Multidisciplinar não foi consultada. Das 44 áreas solicitadas a realizar a Comunicação, 7 áreas (*i.e.*, 16% do total) não produziram um documento com sua reflexão (ou produziram, mas não o tornaram público), conforme apresentado na Tabela 29.1.

Tabela 29.1: Áreas de avaliação que não produziram comunicado sobre ID/MD.

<table>
<tr><th>COLÉGIO</th><th>GRANDE ÁREA</th><th>N.</th><th>ÁREA DE AVALIAÇÃO</th><th colspan="2">% NR COLÉGIO</th><th colspan="2">% NR G. ÁREA</th></tr>
<tr><td>CIÊNCIAS DA VIDA</td><td>Ciências Biológicas</td><td>1</td><td>Biodiversidade</td><td>6%</td><td>1 em 17</td><td>25%</td><td>1 em 4</td></tr>
<tr><td rowspan="2">CIÊNCIAS EXATAS, TECNOLÓGICAS E MULTIDISCIPLINAR</td><td>Engenharias</td><td>2</td><td>Engenharias III</td><td>11%</td><td>1 em 9</td><td>25%</td><td>1 em 4</td></tr>
<tr><td>Multidisciplinar*</td><td colspan="2">Biotecnologia; Ciências Ambientais; Ensino; Interdisciplinar</td><td colspan="4">Não participaram</td></tr>
<tr><td>HUMANIDADES</td><td>Ciências Humanas</td><td>3</td><td>Antropologia/Arqueologia</td><td>29%</td><td>5 em 17</td><td>13%</td><td>1 em 8</td></tr>
</table>

(continua)

Tabela 29.1: Áreas de avaliação que não produziram Comunicado sobre ID/MD. *(continuação)*

COLÉGIO	GRANDE ÁREA	N.	ÁREA DE AVALIAÇÃO	% NR COLÉGIO		% NR G. ÁREA	
HUMANIDADES	Ciências Sociais Aplicadas	4	Direito	29%	5 em 17	43%	3 em 7
		5	Economia				
		6	Serviço Social				
	Linguística, Letras e Artes	7	Letras/Linguística			50%	1 em 2

NR: Não respondente. (*) Grande área que não participou da enquete. *Fonte: elaborada pelos autores com base nos dados disponíveis nos sites das áreas de avaliação da Capes.*

Entre as áreas que deixaram de registrar sua reflexão sobre a interdisciplinaridade estão a Economia e a Engenharia Mecânica. Coincidentemente, em um estudo realizado por Jacobs e Frickel (2009), engenheiros mecânicos e economistas posicionaram-se entre os 30% dos docentes que discordaram que o conhecimento de natureza interdisciplinar é melhor do que o obtido por uma única disciplina.

Na Tabela 29.2 estão relacionadas as 37 áreas de avaliação que produziram um documento com suas reflexões sobre MD e ID (com as respectivas extensões de cada documento, em termos de número de páginas).

Tabela 29.2: Áreas de avaliação que produziram comunicado sobre ID/MD.

COLÉGIO	GRANDE ÁREA	N.	ÁREA DE AVALIAÇÃO	PGS
CIÊNCIAS DA VIDA	Ciências Agrárias	1	Ciência de Alimentos	2
		2	Ciências Agrárias I	2
		3	Medicina Veterinária	2
		4	Zootecnia/Recursos Pesqueiros	2
	Ciências Biológicas	5	Ciências Biológicas I	2
		6	Ciências Biológicas II	1
		7	Ciências Biológicas III	2
	Ciências da Saúde	8	Educação Física	1
		9	Enfermagem	1
		10	Farmácia	1
		11	Medicina I	1
		12	Medicina II	1
		13	Medicina III	3

(continua)

Tabela 29.2: Áreas de avaliação que produziram comunicado sobre ID/MD. *(continuação)*

COLÉGIO	GRANDE ÁREA	N.	ÁREA DE AVALIAÇÃO	PGS
CIÊNCIAS DA VIDA	Ciências da Saúde	14	Nutrição	3
		15	Odontologia	3
		16	Saúde Coletiva	2
CIÊNCIAS EXATAS, TECNOLÓGICAS E MULTIDISCIPLINAR	Ciências Exatas e da Terra	17	Astronomia/Física	1
		18	Ciência da Computação	1
		19	Geociências	2
		20	Matemática/Probabilidade e Estatística	2
		21	Química	2
	Engenharias	22	Engenharias I	2
		23	Engenharias II	3
		24	Engenharias IV	1
	Multidisciplinar	25	Materiais	3
HUMANIDADES	Ciências Humanas	26	Ciência Política e Relações Internacionais	2
		27	Educação	2
		28	Filosofia/Teologia	2
		29	Geografia	2
		30	História	2
		31	Psicologia	2
		32	Sociologia	5
	Ciências Sociais Aplicadas	33	Administração, Ciências Contábeis e Turismo	3
		34	Arquitetura e Urbanismo	2
		35	Ciências Sociais Aplicadas I	1
		36	Planejamento Urbano e Regional/Demografia	3
	Linguística, Letras e Artes	37	Artes/Música	3

Fonte: elaborada pelos autores com base nos dados disponíveis nos sites das áreas de avaliação da Capes.

Na seção a seguir apresenta-se o método de análise de conteúdos aplicado ao conjunto de documentos dessas áreas, com o objetivo de verificar a percepção geral da institucionalidade da avaliação da Capes sobre a MD e a ID.

MÉTODO DE ANÁLISE DOS DOCUMENTOS DAS ÁREAS

Universo de análise

Como apresentado anteriormente, o conjunto de documentos com as percepções das coordenações totaliza 37 das 48 áreas de avaliação na Capes.

Essas 37 áreas escreveram, ao todo, 75 páginas para registrar suas análises sobre MD e ID em seu contexto de avaliação. A área de *Planejamento Urbano* foi a que mais espaço tomou para tratar da questão (cinco páginas). Já as áreas de *Ciência de Alimentos, Ciências Agrárias I, Ciências Biológicas I, Ciências Biológicas II, Ciências Biológicas III, Ciências Sociais Aplicadas I, Engenharias II, Engenharias IV, Matemática/Probabilidade e Estatística* e *Saúde Coletiva* registraram sua percepção em uma única página (como se pode ver na Tabela 29.2).

Em termos de representação por Colégio de Avaliação, conforme indicado na Tabela 29.1, em relação à expectativa de universo respondente, o Colégio mais representado é o de *Ciências da Vida*, com 16 áreas respondentes (94% do total do Colégio), seguido do Colégio de *Ciências Exatas, Tecnológicas e Multidisciplinar*, com 8 áreas respondentes (89% do total do Colégio, desconsiderando-se a área *Multidisciplinar*) e do Colégio de *Humanidades*, com 12 áreas respondentes (69% do total do Colégio).

Com relação às Grandes Áreas de avaliação, as *Ciências Agrárias, Ciências da Saúde* e *Ciências Exatas e da Terra* tiveram todas as suas áreas respondentes (conforme Tabela 29.2). Já as Grandes Áreas que não alcançaram a totalidade de respondentes foram: *Ciências Humanas* (87%), *Ciências Biológicas* (75%), *Engenharias* (75%), *Ciências Sociais Aplicadas* (57%) e *Linguística, Letras e Artes* (50%), conforme Tabela 29.1.

Coleta de dados

Para efetivar a análise de conteúdos, após a identificação do universo de análise, os documentos com os Comunicados das Áreas foram baixados do site da Capes e separados, de acordo com o respectivo Colégio, Grande Área e Área de avaliação[3].

Análise dos dados via técnica análise de conteúdos

Os 37 comunicados foram analisados com técnicas de *análise de conteúdo* – conjunto de procedimentos utilizado quando há uma grande quantidade de comunicações que requerem análise em um contexto específico. A Análise de Conteúdo é adequada quando se busca compreender como conceitos específicos têm sido utilizados em comunicações (Bardin, 2011), sejam elas escritas, imagéticas ou faladas.

3 Colégios representam os níveis mais altos de organização das áreas de avaliação na Capes, seguidos pelas Grandes áreas e, abaixo destas, pelas Áreas, que abrigam os comitês de avaliação.

Há dois tipos principais de análise de conteúdo: a análise numérica (ou quantitativa) e a análise temática. Existe, também, a possibilidade de se realizar a análise de conteúdo combinada, quando uma técnica complementa a outra.

A análise de conteúdo numérica tem o objetivo de produzir a contagem de categorias chave e a mensuração da quantidade de outras variáveis descritas em documentos. Busca, portanto, gerar uma síntese numérica de um conjunto de documentos ou mensagens (Neuendorf, 2002).

A análise de conteúdo temática busca identificar temas em comunicações. Um tema é uma entidade abstrata que agrega significado e identidade a um padrão de comunicações ou experiências. Em seu aspecto pragmático, um tema funciona como uma forma de categorizar um conjunto de dados em um "tópico implícito que organiza um grupo de ideias que se repetem" (Auerbach; Silvestein, 2003, p. 38). É uma forma de capturar o fenômeno que se busca compreender. Utilizamos essencialmente a análise de conteúdo temática neste capítulo, pois consideramos mais relevante compreender o significado das comunicações do que enumerar frequências de palavras que compõem os documentos (a única exceção foi a contagem do número de referências utilizadas pelos autores, que se enquadra como análise de conteúdo numérica).

Protocolo de análise

Uma análise de conteúdo é planejada a partir de um conjunto de códigos pré-definidos, ao mesmo tempo em que se mantém atenção à identificação de códigos e categorias emergentes (Ezzy, 2002). Conforme recomendam os procedimentos de análise de conteúdo, os códigos foram estabelecidos de forma clara e concisa, para permitir a "sumarização de significados", de modo que, em um segundo momento, pudéssemos avançar para a "interpretação do significado" e ainda para "explicar por que algo ocorreu ou o que algo significa" (Rubin; Rubin, 1995, p. 57).

Dos diferentes métodos de codificação existentes, optamos pela codificação estrutural. Ela é utilizada para codificar e categorizar dados a partir da identificação de uma frase conceitual ou de conteúdo que esteja relacionado a uma pergunta específica de interesse do pesquisador (Saldaña, 2009).

As categorias e subcategorias de análise, assim como as questões associadas, estão descritas no Quadro 29.1, a seguir. As questões foram utilizadas como guias para a codificação e posterior categorização das informações disponíveis nas comunicações das áreas.

Quadro 29.1: Categorias e subcategorias de análise utilizadas.

CATEGORIAS	SUBCATEGORIAS	QUESTÕES VERIFICADAS
Documentos	Disponibilidade do documento (s/n)	Não se aplica (o documento ou está disponível (s) ou não (n) no site da área de avaliação, na Capes).
	Total de páginas do documento	Não se aplica: numérico calculado a partir da análise do documento
Caracterização da área	Perfil inter ou multidisciplinar	1. Considera que a área tem perfil ID? 2. Considera que a área tem perfil MD? 3. Menciona exemplos de ID ou MD?
	Menção a práticas MD/ID na área	4. A área tem PPG MD ou ID? 5. Nesses PPGs há docentes de diferentes áreas? 6. Afirma que seus docentes publicam em periódicos de outras áreas? 7. Menciona a existência de discentes com diferentes formações?
Avaliação da PG ID	Intenção de receber propostas MD/ID	8. Menciona explicitamente a intenção de receber propostas MD/ID?
	Critérios para PPGs MD/ID	9. Considera que deve haver critérios diferenciados para PPGs MD/ID?
		10. Menciona exemplos de critérios diferenciados (ex. Qualis)?
	Egresso PPGs MD/ID	11. Faz referência à diferenciação do egresso de PPGs MD/ID?
Aspectos conceituais ID/MD	Categorização de MD/ID	12. Menciona alguma definição de MD?
		13. Menciona alguma definição de ID?
		14. Explicita alguma diferença entre MD de ID?
	Referências utilizadas	15. Utiliza referências sobre ID/MD?
		16. Se sim (em 15), que autores foram citados?
		17. Se sim (em 15), quais são as mais recentes?

Como se pode verificar no Quadro 29.1, a análise procurou verificar o posicionamento das áreas de avaliação quanto a três categorias: (i) a categorização apresentada pela área em relação ao seu perfil multi ou interdisciplinar (categoria "Caracterização da Área"); (ii) a visão que a área apresenta sobre a avaliação de programas multi/interdisciplinares (categoria "Avaliação da PG ID"); e (iii) a visão ou referencial que a área utiliza para tratar multi/interdisciplinaridade (categoria "Aspectos conceituais ID/MD").

Na categoria que visa a analisar a autocategorização da área como ID/MD, há 7 questões que procuram compreender como a área de avaliação se posiciona em relação a fatores ou elementos característicos da inter e da multidisciplinaridade. Por essa razão, verifica-se se o comunicado da área de avaliação faz referência explícita a um eventual perfil MD/ID para sua área (questões 1 e 2), a menção de exemplos que ilustrem esse perfil alegado (questão 3), se considera já ter programas com perfil MD ou ID (questão 4), se esses programas têm docentes com formação em diferentes áreas (questão 5), se os docentes de programas em sua área publicam em periódicos de outras áreas (questão 6) e ainda se há programas com discentes com formação em outras áreas que não a do programa (questão 7).

A segunda categoria procura avaliar a posição das áreas quanto à avaliação de programas de natureza multi ou interdisciplinar. Para isso, foram verificadas nos textos dos comunicados a menção à intenção da área em receber programas de pós-graduação multi/interdisciplinares (questão 8), à critérios de avaliação diferenciados (questões 9 e 10) e à caracterização de um perfil diferenciado para egressos de programas multi ou interdisciplinares (questão 11).

Finalmente, uma última categoria verificada na análise dos comunicados refere-se à menção das áreas de avaliação a elementos conceituais sobre a ID ou MD. O objetivo aqui é verificar se há um referencial conceitual explicitado pelos coordenadores em sua reflexão sobre ID, MD e a relação com sua área de avaliação. Para isso, foram verificadas as menções a definições de ID ou MD (questões 12 e 13) e se há uma distinção explicitada entre ID e MD (questão 14) e o eventual uso de referências bibliográficas para fundamentar suas visões (questão 15) e, no caso de uma verificação positiva para essas referências, se elas estão explicitadas (questão 16) e com que atualidade (questão 17).

Confiabilidade da codificação e categorização

Os dados foram analisados independentemente por dois dos três autores deste capítulo. Após a análise individual, as análises foram comparadas. Houve diferenças de opinião na codificação de partes das comunicações, as quais foram discutidas até que se chegasse a um consenso acerca de a que subcategoria determinada sentença pertencia. A realização desse processo garantiu o alcance de 100% de concordância entre análises dos dois autores, o que representa um kappa de Cohen de 1. O uso do kappa de Cohen foi possível porque as unidades de análise codificadas são discretas (independentes umas das outras) e porque as categorias de escala nominal (nomes) são mutualmente exclusivas, sem a existência, portanto, de sobreposição (Saldaña, 2009).

RESULTADOS DAS ANÁLISES

Quanto à autocaracterização da área como multi/interdisciplinar

Na Tabela 29.3 estão os resultados da análise para as questões relacionadas à autocategorização da área respondente quanto à ID/MD. O objetivo dessas análises é verificar se o documento de comunicação indica a opinião da respectiva área de avaliação quanto a uma autocategorização como inter ou multidisciplinar e se a área menciona explicitamente alguns dos componentes de programas de pós-graduação MD/ID.

Tabela 29.3: Questões relacionadas à caracterização da área como ID/MD.

QUESTÕES VERIFICADAS	RESPOSTAS TOTAIS			POSITIVAS POR COLÉGIO		
	SIM	NÃO	N.I.	CV	CETM	HUM
1. Considera que a área tem perfil ID?	29 (78%)	3 (8%)	5 (14%)	15 (88%)	6 (43%)	8 (47%)
2. Considera que a área tem perfil MD?	24 (65%)	2 (5%)	11 (30%)	12 (70%)	7 (50%)	5 (29%)
3. Menciona exemplos de ID ou MD?	24 (65%)	13 (35%)	-	10 (58%)	7 (50%)	7 (41%)
4. A área afirma ter PPG MD/ID?	16 (43%)	-	21 (57%)	8 (47%)	3 (21%)	5 (29%)
5. Nesses PPGs há docentes de diferentes áreas?	19 (51%)	-	18 (49%)	10 (58%)	5 (36%)	4 (23%)
6. Afirma que seus docentes publicam em periódicos de outras áreas?	5 (14%)	-	32 (86%)	1 (6%)	2 (14%)	2 (12%)
7. Menciona a existência de discentes com diferentes formações?	4 (11%)	-	33 (89%)	2 (12%)	2 (14%)	0 (0%)

CV: Colégio de Ciências da Vida; CETM: Colégio de Ciências Exatas, Tecnológicas e Multidisciplinar; HUM: Humanidades; NI: não informado.

Conforme os resultados detalhados na Tabela 29.3, a significativa maioria das áreas de avaliação considera que suas pesquisas têm perfil interdisciplinar (78%) e/ou multidisciplinar (65%). Mais da metade (65%) justifica esse argumento com exemplos. Quase metade das áreas (43%) explicita que possui PPGs com identidade ID/MD. Além disso, mais da metade (51%) menciona a existência de docentes com diferentes perfis de formação. Finalmente, parte das áreas mencionam a publicação em veículos de outras áreas (14%) e a admissão de discentes com formação variada (11%).

Os resultados na Tabela 29.3 também indicam que há uma variação entre os diferentes Colégios. O Colégio de *Ciências da Vida* é o que mais tem áreas que se consideram de perfil ID (88%) ou MD (70%), que mencionam exemplos (58%) e indicam abrigar em seus programas docentes de outras áreas (58%). Já o Colégio de *Ciências Exatas, Tecnológicas e Multidisciplinar* tem a maior proporção de áreas que mencionam que seus docentes publicam em periódicos de outras áreas (14%) e que abrigam alunos com formação em outras áreas (14%). Pelos critérios verificados, proporcionalmente, o Colégio de *Humanidades* é o que possui menos áreas que se autocaracterizam como ID/MD.

Formação de docentes na pós-graduação do país

A questão 5, na Tabela 29.3, refere-se à presença de docentes de formação distinta da área do programa de pós-graduação. Como mencionado anteriormente, 19 áreas afirmam em seus comunicados que seus programas já recebem docentes com formações variadas. Dessas, 10 são de áreas do Colégio das *Ciências da Vida*, 5 do Colégio de *Ciências Exatas, Tecnológicas e Multidisciplinar* e 3 das *Humanidades*, conforme se pode ver no Quadro 29.2.

Quadro 29.2: Áreas de avaliação que informam que há docentes de outras formações em seus programas.

COLÉGIO	ÁREAS DE AVALIAÇÃO QUE AFIRMAM TER DOCENTES DE OUTRAS ÁREAS
CV: Ciências da Vida	Nutrição; Medicina II; Medicina I; Farmácia; Enfermagem; Educação Física; Ciências Biológicas III; Ciências Biológicas II; Ciência de Alimentos; Ciências Biológicas I.
CETM: Colégio de Ciências Exatas, Tecnológicas e Multidisciplinar	Química; Materiais; Geociências; Engenharias II; Engenharias I.
HUM: Humanidades	Administração, Ciências Contábeis e Turismo; Psicologia; Filosofia/Teologia; Educação.

Para comparar essa percepção das coordenações de áreas de avaliação com os perfis de formação dos quadros docentes da pós-graduação, bem como verificar se há outras áreas que têm presença de professores com formação diversificada, realizamos uma pesquisa na Plataforma Lattes do CNPq, verificando a titulação informada em currículos com atuação em pós-graduação, comparativamente à área do curso em que atuam. Os resultados aparecem na Tabela 29.4.

Linhas e colunas na Tabela 29.4 indicam o total de currículos com a Grande Área do curso de pós-graduação em que o docente atua e com Grande Área de formação desse mesmo docente, respectivamente. Desse modo, na diagonal da matriz estão os percentuais que representam a totalidade de docentes que têm a mesma Grande Área de formação (coluna) que a grande área do curso em que atuam (linha). A única Grande Área que não tem a maioria de seus docentes nessa condição é denominada "*Outra*" e inclui, justamente, os Programas Multidisciplinares. Esses cursos têm professores formados em todas as demais grandes áreas (com ênfase para *Ciências Biológicas* e *Ciências Humanas*, com 24% cada do total de professores).

Por outro lado, embora as Grandes Áreas tenham a maioria de seus cursos com docentes formados na própria Grande Área, em todas elas há, no mínimo, 10% de docentes com formação em outra Grande Área. Dentre as Grandes Áreas com o maior percentual de docentes com formação em outra Grande Área está *Ciências da Saúde* (com 41% de formados em outra Grande Área).

Outro fato a destacar nas estatísticas da Tabela 29.4 está na proximidade de formação entre as Grandes Áreas. Como ilustrado na tabela pelas células em tons de cinza, há uma proximidade temática entre as grandes áreas que formam o corpo docente da maioria dos cursos. É o caso dos cursos nas *Ciências Agrárias* que, com os docentes formados em *Ciências Biológicas*, somam mais de 80% dos professores e, também, do caso inverso, no qual os cursos de *Ciências Biológicas* com mais de 85% de docentes formados em sua Grande Área e em *Ciências Agrárias*. O mesmo ocorre nas grandes áreas de *Ciências da Saúde* e *Ciências Biológicas*, e *Engenharias* e *Ciências Exatas e da Terra*.

Assim, embora haja, de fato, professores de formações diversas[4], observa-se que se tratam de formações afins, configurações mais típicas de ações de fraca interdisciplinaridade (Gökalp, 2000; Hey et al., 2009).

---

4 A análise de perfil de formação tanto de docentes como de discentes (ingressantes) na pós-graduação pode ser bastante enriquecida para além do que aqui se propõe. Para esse estudo, limitamos a análise ao maior nível de titulação registrado no Currículo Lattes dos docentes. Porém, novas perspectivas podem surgir quando se consideram todas as formações dos docentes (*i.e.*, outras tabelas podem ser feitas como a Tabela 29.4, considerando-se as titulações de graduação e de mestrado).

Tabela 29.4: Formação de docentes *vs.* área de programas em que atuam.

GRANDE ÁREA DO CURSO	GRANDE ÁREA DE FORMAÇÃO									TOTAL
	CIÊNCIAS AGRÁRIAS	CIÊNCIAS BIOLÓGICAS	CIÊNCIAS DA SAÚDE	CIÊNCIAS EXATAS E DA TERRA	CIÊNCIAS HUMANAS	CIÊNCIAS SOCIAIS APLICADAS	ENGENHARIAS	LINGUÍSTICA, LETRAS E ARTES	OUTRA	
Ciências Agrárias	64,8%	18,4%	1,9%	6,2%	2,3%	1,6%	4,2%	0,3%	0,1%	**10.684**
Ciências Biológicas	6,7%	79,2%	4,6%	5,8%	1,5%	0,4%	1,4%	0,1%	0,2%	**8.779**
Ciências da Saúde	1,7%	21,1%	59,4%	4,6%	8,4%	1,7%	1,9%	0,8%	0,4%	**10.635**
Ciências Exatas e da Terra	1,6%	3,6%	0,6%	84,9%	1,6%	0,7%	6,8%	0,1%	0,1%	**9.093**
Ciências Humanas	0,5%	1,1%	1,3%	4,6%	81,7%	5,0%	0,6%	5,0%	0,2%	**11.031**
Ciências Sociais Aplicadas	0,3%	0,3%	1,0%	2,9%	18,7%	66,9%	4,7%	5,1%	0,2%	**8.321**
Engenharias	1,7%	1,8%	0,8%	17,8%	1,6%	3,5%	72,3%	0,1%	0,2%	**10.208**
Linguística, Letras e Artes	0,0%	0,0%	0,4%	0,4%	7,1%	2,4%	0,3%	89,3%	0,1%	**5.555**
Outra	7,5%	24,0%	8,8%	12,7%	24,0%	9,2%	7,9%	5,5%	0,3%	**907**
Total	**11%**	**16%**	**10%**	**16%**	**17%**	**10%**	**12%**	**8%**	**0%**	75.085

Fonte: Plataforma Lattes, CNPq. Consulta em Julho de 2015.

Quanto à avaliação da pós-graduação interdisciplinar

Na Tabela 29.5, estão os resultados das análises dos comunicados quanto à percepção que as áreas têm sobre alguns dos aspectos ligados à avaliação de programas interdisciplinares.

Tabela 29.5: Questões verificadas quanto à visão da área sobre a avaliação ID/MD.

QUESTÕES VERIFICADAS	RESPOSTAS TOTAIS			POSITIVAS POR COLÉGIO		
	SIM	NÃO	N.I.	CV	CETM	HUM
8. Menciona explicitamente a intenção de receber propostas MD/ID?	12 (32%)	25 (68%)	-	9 (52%)	1 (7%)	2 (12%)
9. Considera que deve haver critérios diferenciados para PPGs MD/ID?	1 (3%)	-	36 (97%)	0 (0%)	0 (0%)	1 (6%)
10. Menciona exemplos de critérios diferenciados (ex. Qualis)?	3 (8%)	-	34 (92%)	1 (6%)	2 (14%)	0 (0%)
11. Faz referência à diferenciação do egresso de PPGs MD/ID?	2 (5%)	-	35 (95%)	1 (6%)	0 (0%)	1 (6%)

CV: Colégio de Ciências da Vida; CETM: Colégio de Ciências Exatas, Tecnológicas e Multidisciplinar; HUM: Humanidades; NI: não informado.
Fonte: elaborada pelos autores com base nos dados disponíveis no site das áreas de avaliação da Capes.

Como se pode ver pela Tabela 29.5, percebe-se que: (i) quase um terço das áreas (32%) explicitou seu desejo de receber propostas de novos cursos ID/MD; (ii) apenas uma área de avaliação mencionou a necessidade de haver critérios diferenciados para esses casos; (iii) somente três áreas indicaram exemplos para esses critérios diferenciados; e (iv) duas áreas lembraram da necessidade de diferenciar também o perfil do egresso de programas MD/ID.

Como ocorreu no caso da autocaracterização da área como ID/MD, há uma diferença entre os Colégios na forma com que as áreas analisam a avaliação de programas inter ou multidisciplinares. Enquanto mais da metade das áreas no Colégio de *Ciências da Vida* mencionam a intenção de receber propostas de programas ID/MD[5], no Colégio de *Humanidades* há duas áreas que explicitam essa intenção (*História* e *Educação*) e no Colégio de *Ciências Exatas, Tecnológicas e Multidisciplinar* apenas uma área (*Ciência da Computação*).

5 Foram 9 as áreas que mencionaram essa intenção: Zootecnia/Recursos Pesqueiros; Saúde Coletiva Nutrição; Medicina Veterinária; Medicina III; Medicina II; Medicina I; Ciências Biológicas III e Ciências Biológicas II.

A segunda questão na Tabela 29.5 indica se a área considera o fato de que uma avaliação inter ou multidisciplinar requer critérios diferenciados. Mesmo no Colégio de *Ciências da Vida*, em que a maioria explicita o desejo de receber programas inter ou multidisciplinares, não há uma única área que faça menção aos critérios diferenciados. Na realidade, a única área a fazê-lo em todo o estudo é a *Administração, Ciências Contábeis e Turismo*. A questão se amplia um pouco quando se considera a exemplificação de critérios diferenciados. Nesse caso, três áreas mencionam exemplos, sendo uma do Colégio de *Ciências da Vida* (*Educação Física*), duas no Colégio de *Ciências Exatas, Tecnológicas e Multidisciplinar* (*Materiais* e *Engenharias I*) e nenhuma do Colégio de *Humanidades*.

Finalmente, com relação à diferenciação do aluno formado em programas ID/MD, fator típico de programas dessa natureza, apenas duas áreas de avaliação mencionaram essa preocupação com o perfil do egresso, sendo uma do Colégio de *Ciências da Vida* (*Ciências Biológicas II*) e outra do Colégio de *Humanidades* (*Administração, Ciências Contábeis e Turismo*).

Quanto ao referencial conceitual sobre ID/MD

Na Tabela 29.6, estão apresentados os resultados da análise sobre o referencial conceitual em ID/MD.

Tabela 29.6: Questões verificadas quanto ao referencial conceitual utilizado para ID/MD.

QUESTÕES VERIFICADAS	RESPOSTAS TOTAIS			POSITIVAS POR COLEGIADO		
	SIM	NÃO	N.I.	CV	CETM	HUM
12. Menciona alguma definição de MD?	0	37 (100%)	-	0 (0%)	0 (0%)	0 (0%)
13. Menciona alguma definição de ID?	4 (11%)	33 (89%)	-	1 (6%)	0 (0%)	3 (17%)
14. Explicita alguma diferença entre ID e MD?	1 (3%)	36 (97%)	-	0 (0%)	1 (7%)	0 (0%)
15. Utiliza referências sobre MD ou ID?	2 (5%)	35 (95%)	-	0 (0%)	0 (0%)	2 (12%)
16. Se sim, que autores foram citados?	4 refs. (2 áreas) - D. Floriani (2004) e R. Alves et. al (2004); Jantsch e Bianchetti (1997); Japiassu (1976)					
17. Se sim, quais são os mais recentes?	2004 (2)					

CV: Colégio de Ciências da Vida; CETM: Colégio de Ciências Exatas, Tecnológicas e Multidisciplinar; HUM: Humanidades.

NI: não informado.

Fonte: elaborada pelos autores com base nos dados disponíveis no site das áreas de avaliação da Capes.

Como se pode ver pelos resultados na Tabela 29.6, nenhuma das áreas definiu, de forma explícita, o que entende por multidisciplinaridade. Já quatro áreas explicitaram sua definição para Interdisciplinaridade e apenas uma área distingue MD de ID. Para justificarem suas visões sobre ID, as áreas de *Planejamento Urbano e Regional/Demografia* e *Arquitetura e Urbanismo*, (ambas do Colégio de *Humanidades*) basearam-se em referências bibliográficas. Nenhuma das áreas considerou a definição de Multidisciplinaridade e Interdisciplinaridade constante no documento de área da CAInter/Capes.

REFLEXÕES SOBRE AS ANÁLISES

Nesta seção, discutimos alguns dos significados que as análises realizadas trazem para a institucionalização da interdisciplinaridade no âmbito da Capes, enquanto agência que planeja, organiza e avalia o sistema de pós-graduação do país. Iniciamos com uma reflexão sobre a análise realizada pelos colegas Oliveira e Amaral, também constante neste volume e, posteriormente, apresentamos nossas conclusões sobre esses comunicados.

ANÁLISE DOS COMUNICADOS DE ÁREA (CAPÍTULO 9)

Neste mesmo volume (Capítulo 9), Oliveira e Amaral dedicaram parte de seu capítulo à análise do que consideram os pontos mais importantes nos documentos produzidos pelas áreas de avaliação em sua reflexão sobre a inter e a multidisciplinaridade. Esses autores destacam cinco pontos (Oliveira; Amaral, 2016):

1. **Quanto aos programas ID/MD em funcionamento:** segundo os autores, as áreas de avaliação já começam a identificar a interdisciplinaridade nos programas em funcionamento sob sua avaliação, caracterizada na agregação de métodos de pesquisa, integração de estudos e na presença de docentes de diferentes áreas.
2. **Quanto ao reconhecimento de sua natureza ID/MD**: os autores indicam que todas as áreas têm programas com características interdisciplinares que, em menor ou maior intensidade, são expressos por suas linhas de pesquisa, formação docente variada, natureza da publicação bibliográfica e pela interação com pelo menos uma outra área afim.

3. **Quanto a uma nova tabela de áreas do conhecimento:** os autores afirmam haver consenso sobre a necessidade de atualização da "tabela de áreas do conhecimento", a fim de atender às demandas contemporâneas.
4. **Quanto à prática de ID e MD em áreas básicas**: os autores também fazem referência às áreas de Matemática, Física ou Biologia e a seus conteúdos e instrumentos de interesse especial para áreas emergentes, como Materiais, Ciências Ambientais e Biotecnologia.
5. **Quanto ao incentivo à publicação em outras áreas**: os autores enfatizam a necessidade de que as áreas valorizem também a publicação em periódicos de outras áreas do conhecimento.

Nesses cinco tópicos, nota-se que, além de fatores relacionados ao posicionamento das áreas sobre ID/MD (1° e 2° itens), há notas de incentivo e caracterização geral de ID/MD (itens 3° ao 5°).

Em nossas análises, não constatamos a presença dos últimos fatores nos comunicados das áreas, mas, de fato, são necessidades à evolução da MD/ID na pós-graduação, reconhecidas na literatura, como no caso da tabela de áreas do conhecimento (ex.: Silva, 2007) e do incentivo a publicações em periódicos de outras áreas.

Em relação à forma com que as áreas se caracterizam, nossos estudos chegam à mesma conclusão dos itens 1 e 2 (conforme Tabela 29.3). Adicionalmente, nossa análise indica que, na maioria dos comunicados, a autocaracterização da área como MD/ID se dá de modo genérico, sem explicitação dos elementos que justificam sua percepção e sem um referencial teórico sobre a definição de MD/ID utilizada para a autoanálise. As justificativas são, como lembrado por Oliveira e Amaral (4° fator), referentes à natureza de contribuições que as áreas disciplinares trazem a projetos multidisciplinares (como mencionado pelos autores quanto às áreas de Matemática, Física e Biologia). De fato, somente a partir de estruturas disciplinares consolidadas e aprofundadas se pode iniciar projetos multi e interdisciplinares de qualidade (Canning, 2011). Porém, adicionalmente aos conteúdos, métodos e instrumentos aportados por cada disciplina, a institucionalização da interdisciplinaridade implica em processos, estruturas acadêmicas e organizacionais, fatores de liderança e de cultura organizacional e, com isso, em elementos da avaliação, não verificados nos comunicados analisados.

Um processo em evolução sobre MD/ID

Tanto pela análise de Oliveira e Amaral (2016) como pelos estudos realizados neste capítulo, verificou-se que a maioria das áreas considera-se, com diferentes intensidades, multi ou interdisciplinar. Além disso, as áreas também se mostram dispostas a receber novos programas com caraterísticas MD/ID, quando suas propostas guardarem relação com as temáticas tratadas em seus cursos disciplinares.

Contudo, nossa análise revela que as autocaracterizações como ID/MD não explicitam nem o referencial epistemológico nem referências sobre ID ou MD[6] para fundamentar essas afirmações. Essa ausência abre espaço para múltiplas visões sobre ID/MD e dificulta a definição de referencial (mesmo que plural) para discussão sobre como levar ID/MD à totalidade das áreas.

Um dos reflexos da falta dessa referência está no fato constatado de que, embora dispostas a receber programas multi ou interdisciplinares, poucas áreas mostram evidências nos documentos analisados de que discutem alterações em seus procedimentos de avaliação. Também não fazem referências à diferenciação no perfil de egresso e de formação discente necessários em programas efetivamente multi e interdisciplinares. Quando critérios de avaliação disciplinares são mantidos imutáveis, programas multi e interdisciplinares têm dificuldades em se adequar e em se consolidar (Oliveira; Almeida, 2011). Assim, é preocupante o fato de que, de um lado, haja em parte das áreas o desejo de receber propostas ID/MD, mas, ao mesmo tempo, que poucas tenham registrado previsão de mudanças em seus critérios de avaliação para poder absorver adequadamente esses novos e distintos cursos.[7]

No momento em que tanto a multidisciplinaridade como a interdisciplinaridade são reconhecidas como necessárias à evolução da ciência, da tecnologia e da inovação, em nível global, deve-se reconhecer o trabalho do CTC-ES

---

6 Não se pode concluir, naturalmente, que as comunicações sejam desprovidas de referencial epistemológico sobre ID/MD ou sem consulta à literatura da área, e sim que essas não estão presentes nas comunicações. A Capes tem no documento de área do comitê interdisciplinar sua única definição em documentos formais, mas ela não foi referência às reflexões das áreas. A julgar pelo baixo número de referências, coube a cada área, individualmente, fundamentar sua reflexão da forma que melhor julgasse. A falta de um quadro de referência dificulta comparabilidades transversais como a realizada neste capítulo.

7 Não se pode afirmar apenas pelas análises aqui realizadas que essa disposição de ajustes nos critérios inexista. Apenas ela não surge de forma explícita e na mesma proporção que a disposição em absorver novos cursos, de natureza inter ou multidisciplinar.

e das áreas de avaliação da Capes em produzir as reflexões e, principalmente, em torná-las públicas. Nossa análise, no entanto, mostra que esse processo não deve ser dado por finalizado. É recomendável que essas reflexões incorporem a dimensão epistemológica e, principalmente, que dialoguem com as experiências acumuladas tanto da área *Interdisciplinar* como das demais áreas de avaliação na Grande Área *Multidisciplinar*. Essas experiências permitiram evidenciar fatores que caracterizam unidades multi ou interdisciplinares de pós-graduação, como o perfil esperado para egressos e a flexibilização de critérios de avaliação (especialmente nas formas de definição do Qualis, de eventos e da produção tecnológica). Esse diálogo pode dar caminhos sobre como tais fatores podem ser considerados pela avaliação e, principalmente, na incorporação de cursos de natureza MD/ID por parte de áreas disciplinares.

Um exemplo de critério está nos referenciais Qualis que serão adotados. O processo atual de valoração dos periódicos, por exemplo, é dividido e autônomo entre as diversas áreas, sem o compromisso de valoração entre áreas. Assim, mesmo que programas de pós-graduação ID/MD publiquem em periódicos qualificados de diferentes áreas, sem alteração no processo atual, não terão garantida a valoração de sua produção, como ocorre com seus potenciais coirmãos disciplinares. Outro critério a ser verificado está na estrutura esperada do programa por parte dos avaliadores. É sabido que algumas áreas de avaliação exigem que quase 100% do quadro docente tenha titulação na mesma área de formação e pesquisa do programa. Outro elemento estruturante para programas ID/MD que pode ser conflituoso com critérios disciplinares está na estrutura de créditos obrigatórios, sabidamente diversificada em torno de um mesmo eixo temático para programas ID/MD e vertical para programas disciplinares. Esses e outros elementos característicos da multi e da interdisciplinaridade devem ser explicitados em futuras reflexões das áreas disciplinares, para que sua institucionalização seja não só operacional (*i.e.*, vise a reduzir o número de programas da grande área Multidisciplinar), mas, principalmente, estratégica à pós-graduação do país.

É fato que os comunicados produzidos pelas áreas de avaliação são uma resposta a um pedido do CTC-ES da Capes para uma reflexão sobre sua relação com MD e ID e não um estudo estruturado e planejado que levasse à explicitação de um referencial epistemológico e organizacional para essas modalidades de ciência. Entretanto, como indica o histórico da evolução da área interdisciplinar na Capes (e.g., Bevilacqua, 2011; Habert, 2011; Philippi Jr et al., 2011), a caracterização e o estabelecimento de diretrizes sobre o que se entende por multi e interdisciplinaridade são insumos essenciais à compreensão das diferenças e à definição de critérios de avaliação adequados para essa natureza de pós-graduação.

CONSIDERAÇÕES FINAIS

Neste capítulo, analisamos a reflexão realizada pela maioria das áreas de avaliação da Capes acerca da multi e da interdisciplinaridade. Aplicamos a técnica de análise de conteúdos sobre os comunicados das áreas com diferentes objetivos. O primeiro foi o de conhecer o que as áreas de avaliação pensam sobre sua relação com a multi e a interdisciplinaridade. Também verificamos qual é a relação dessa percepção com os critérios da avaliação da pós-graduação e, finalmente, se as coordenações de áreas utilizaram um referencial conceitual para elaborarem sua reflexão.

Os resultados identificam um processo em evolução de avanço da institucionalidade da ID/MD, com a maioria das áreas abrindo-se para essa perspectiva, tanto em sua própria caracterização como pelo desejo explicitado em receber propostas de natureza multi e interdisciplinar. Também identificaram, contudo, que essa receptividade não está acompanhada, nesse momento, de referências que permitam prever adaptações nos critérios de avaliação, na caracterização diferenciada de padrões de cursos inter e multidisciplinares e também na própria visão conceitual sobre o que vem a ser e como se estruturam cursos dessa natureza.

Há a possibilidade de que esses hiatos sejam resultado do fato de que as reflexões são exercícios livres realizados pelas áreas, sem o questionamento estruturado sobre fatores abrangentes à caraterização da inter e da multidisciplinaridade. É, portanto, altamente aconselhável que a reflexão continue e se amplie, se possível, em sintonia e em coprodução com a própria Grande Área *Multidisciplinar*, que pode trazer sua década e meia de experiência na nucleação, desenvolvimento, avaliação e evolução de cursos ID e MD.

Nossas análises não só ratificam, portanto, a relevância da iniciativa do CTC-ES e da Capes/DAV em promover a reflexão à totalidade de áreas de avaliação sobre MD e ID, como encorajam sua ampliação e melhoramento. Práticas como essa podem não só criar oportunidades para a inteligência coletiva voltada ao avanço do sistema de pós-graduação como, também, registrar a memória desse sistema, ao longo de sua trajetória de evolução.

Nosso estudo também mostra que, para tal, além do convite à reflexão, é altamente aconselhável que o mesmo seja feito sob material de referência, com bases conceituais de conhecimento comum (e, claro, abrangentes) e, especialmente, com um roteiro comum[8] à reflexão, para que se possa, efetivamente, comparar a posição de cada ponto focal de avaliação.

REFERÊNCIAS

AUERBACK, C.F.; SILVESTRIN, L.B. *Qualitative data: an introduction to coding and analysis.* New York: New York University Press, 2003.

BARDIN, L. *Análise de conteúdo.* São Paulo: Edições 70, 2011.

BEVILACQUA, L. Primórdios da área Multidisciplinar da CAPES e suas influências na Pós-Graduação e na Graduação. In: PHILIPPI JR., A.; SILVA NETO, A. (Eds.). *Interdisciplinaridade em Ciência, Tecnologia & Inovação.* Barueri: Manole, 2011.

CANNING, J. et al. Subject Centre for Languages, Linguistics and Area Studies. *Higher Education Academy*, UK. Disponível em http://www.llas.ac.uk/projects/2837. Acessado em 08 maio 2011.

CASEY, B.A. Administering interdisciplinary programs. In: FRODEMAN, R.; KLEIN, J.T.; MITCHAM, C. (Eds.). *The Oxford handbook of interdisciplinarity.* Oxford: Oxford University Press, 2010.

DEZURE, D. Interdisciplinary pedagogies in higher education. In: FRODEMAN, R.; KLEIN, J.T.; MITCHAM, C. (Eds.). *The Oxford handbook of interdisciplinarity.* Oxford: Oxford University Press, 2010.

EZZY, D. *Qualitative analysis: practice and innovation.* London: Routledge, 2002.

GIOIA, D.A.; THOMAS, J.B. Identity, Image, and Issue Interpretation: Sensemaking During Strategic Change in Academia. *Administrative Science Quarterly*, v. 41, n. 3, p. 370-403, 1996.

GÖKALP, I. On complexity and interdisciplinarity: or how to bridge disciplinary cultures. In: *Technology and Society, 2000. University as a Bridge from Technology to Society. IEEE International Symposium on.* IEEE, 2000. p. 35-40.

HABERT, C. Implantação, dilemas e perspectivas da interdisciplinaridade na Pós-Graduação no Contexto Brasileiro. In. PHILIPPI JR., A.; SILVA NETO, A. (Eds.). *Interdisciplinaridade em Ciência, Tecnologia & Inovação.* Barueri: Manole, 2011.

HACKETT, E.J.; RHOTEN, D.R. The snowbird charrette: integrative interdisciplinar collaboration in environmental research design. *Minerva*, v. 47, p. 407-440, 2009.

HEY, J. et al. Putting the discipline in interdisciplinary: Using speedstorming to teach and initiate creative collaboration in nanoscience. *Journal of Nanoscience Education*, v. 1, n. 1, p. 75-85, 2009.

---

8 Roteiros adotados pelo conjunto de programas, como o utilizado pela CAInter em 2008 para autoavaliação dos seus programas (Pacheco et al., 2011) permitem a análise transversal, comparativa e a verificação da memória coletiva criada no exercício.

HUUTONIEMI, K. Evaluating interdisciplinary research. In: FRODEMAN, R.; KLEIN, J.T.; MITCHAM, C. (Eds.). *The Oxford handbook of interdisciplinarity*. Oxford: Oxford University Press, 2010.

JACOBS, J.A.; FRIECKEL, S. Interdisciplinarity: a critical assessment. *Annu. Rev. Sociol.*, v. 35, p. 43-65, 2009.

KLEIN, J.T. A taxonomy of interdisciplinarity. In: FRODEMAN, R.; KLEIN, J.T.; MITCHAM, C. (Eds.). *The Oxford handbook of interdisciplinarity*. Oxford: Oxford University Press, 2010.

LAWRENCE, T.B., MAUWS, M.K., DYCK, B.; KEYSEN, R.F. The politics of organizational learning: integrating power into the 4I framework. *Academy of Management Review*, v. 30, n. 1, p. 180-191, 2005.

MEC/BRASIL - Ministério da Educação, Coordenação de Aperfeiçoamento de Pessoal de Nível Superior (Capes). Plano Nacional de Pós-Graduação PNPG 2011-2020. 2V. Brasília, DF. CAPES, 2010.

NEUNDORF, K.A. *The content analysis guidebook*. Thousand Oaks: Sage, 2002.

OLIVEIRA, M.R.; ALMEIDA, J. Programas de pós-graduação interdisciplinares: contexto, contradições e limites do processo de avaliação Capes. *Revista Brasileira de Pós-Graduação*, v. 8, n. 15, 2011.

OLIVEIRA, T.M.; AMARAL, L. Institucionalização da interdisciplinaridade em uma agência governamental de fomento e sua percepção na comunidade acadêmica. In: PHILIPPI JR, A.; FERNANDES, V.; PACHECO, R.C. (Eds.). *Ensino, pesquisa e inovação: desenvolvendo a interdisciplinaridade*. Barueri: Manole, 2016.

PACHECO, R.C.S. ; DE SA, M.F.; SARTORI, R.; GONÇALVES, A.L. Taxonomia para Análise SWOT dos Programas da Área Interdisciplinar da CAPES. In: PHILIPPI JR, A; SILVA NETO, A.J. (Org.). *Interdisciplinaridade em Ciência, Tecnologia & Inovação*. Barueri: Manole, 2011. 887-917

PHILLIPPI JR, A et. al. Diretrizes, Critérios e processo de avaliação da pós-graduação interdisciplinar. In: PHILIPPI JR, A; SILVA NETO, A.J. (Org.). *Interdisciplinaridade em Ciência, Tecnologia & Inovação*. Barueri: Manole, 2011.

RUBIN, H.J.; RUBIN, I.S. *Qualitative interviewing: the art of hearing data*. Thousand Oaks: Sage, 1995.

SALDAÑA, J. *The coding manual for qualitative researchers*. Los Angeles: Sage, 2009.

SILVA, R.P. da. *A interdisciplinaridade e os aspectos conceituais e de representação: análise da área multidisciplinar da tabela de áreas do conhecimento em uso pela CAPES*. Rio de Janeiro, 2007. Dissertação (mestrado) IBICT-UFF.

Índice remissivo

M

N

O

P

R

S

T

U

V

Dos editores

Arlindo Philippi Jr

Engenheiro civil pela Universidade Federal de Santa Catarina (UFSC), sanitarista e de segurança do trabalho pela Universidade de São Paulo (USP), mestre em Saúde Ambiental e doutor em Saúde Pública pela USP. Pós-doutorado em Estudos Urbanos e Regionais pelo Massachusetts Institute of Technology (MIT), Estados Unidos. Na Capes, foi membro do Conselho Técnico Científico do Ensino Superior e do Conselho Superior, bem como Diretor de Avaliação. Finalista do Prêmio Jabuti em cinco edições, tendo recebido o 2º lugar na categoria Educação com a obra *Interdisciplinaridade em Ciência, Tecnologia e Inovação* em 2011; o 3º lugar na categoria Ciências Naturais com a obra *Gestão do Saneamento Básico: Abastecimento de água e esgotamento sanitário* em 2014; e o 1º lugar em 2015, na categoria Educação e Pedagogia, com a obra *Práticas da Interdisciplinaridade no Ensino e Pesquisa*; todos publicados pela Editora Manole. Livre-docente da USP em Política e Gestão Ambiental. É professor titular do Departamento de Saúde Ambiental, tendo sido presidente da Comissão de Pós-Graduação da Faculdade de Saúde Pública, Pró-Reitor Adjunto de Pós-Graduação e Prefeito (Campus Capital) da USP.

Valdir Fernandes

Cientista social, mestre e doutor em Engenharia Ambiental pela Universidade Federal de Santa Catarina (UFSC). Pós-doutorado em Saúde Ambiental pela Faculdade de Saúde Pública da Universidade de São Paulo (USP). Finalista do Prêmio Jabuti em três edições, tendo recebido o 2º lugar em 2011 na categoria Educação com a obra *Interdisciplinaridade em Ciência, Tecnologia e Inovação*, da qual foi editor executivo e coautor; finalista em 2013 na categoria Economia, Administração e Negócios com *Gestão de Natureza Pública e Sustentabilidade*; e o 1º lugar em 2015 na categoria Educação e Pedagogia com a obra *Práticas da Interdisciplinaridade no Ensino e Pesquisa*; todos publicados pela Editora Manole. Na Capes, foi coordenador adjunto da área de Ciências Ambientais para mestrados profissionais e exerceu o cargo de coordenador geral de avaliação e acompanhamento. É professor titular-livre da Universidade Tecnológica Federal do Paraná (UTFPR).

Roberto C. S. Pacheco

Engenheiro civil, mestre e doutor em Engenharia de Produção (UFSC). Participou da criação e, posteriormente, coordenou o Programa de Pós-Graduação em Engenharia e Gestão do Conhecimento (EGC/UFSC). Coordenou diversos projetos nessas áreas, incluindo Plataforma Lattes (CNPq, 1997-2004), Rede ScienTI (internacionalização da Plataforma Lattes, que a levou a 11 países, 2001-2003), Portal Inovação (CGEE/MCTI, 2004-atual); Portal Sinaes (Inep/MEC, 2005-2007), Plataforma Aquarius (CGEE/MCTI, 2011-2013), Portal de competências em vigilância sanitária (DC-VISA - Anvisa, 2007), Portal de competências em educação ambiental (DC-Sibea - MMA, 2007) e Sistema de indicadores para as FAPs (Sifaps - Confap, 2009-2014). É fundador e pesquisador no Instituto Stela, onde atua em projetos em colaboração com o EGC/UFSC. É professor do Departamento de Engenharia do Conhecimento da UFSC. É coeditor da 2ª edição do *Oxford Handbook of Interdisciplinarity*, em colaboração com Robert Frodeman e Julie Thompson Klein.

Dos autores

Agustina R. Echeverría

Licenciada, bacharel e mestre em Química pela Universidade da Amizade dos Povos de Moscou (Rússia). Doutora em Educação pela Universidade Estadual de Campinas (Unicamp). Professora associada da Universidade Federal de Goiás (UFG), atuando no Instituto de Química e nos programas de pós-graduação em Educação em Ciências e Matemática, e em Ciências Ambientais dessa universidade. Coordena o Núcleo de Pesquisa em Ensino de Ciências (Nupec) da UFG e é líder do grupo de pesquisa em Educação Ambiental registrado no CNPq. Investiga nas áreas de Educação em ciências, na perspectiva sócio-histórica, de formação de professores e de educação ambiental.

Akiko Santos

Doutora em Educação pela Universidade Metodista de Piracicaba (Unimep). Membro do quadro permanente do programa de pós-graduação em Educação Agrícola da Universidade Federal Rural do Rio de Janeiro. Autora e coorganizadora de cinco livros nas áreas de educação, ensino e didática.

Alcides Goulart Filho

Economista pela Universidade do Sul de Santa Catarina (Unisul), mestre em Geografia pela Universidade Federal de Santa Catarina (UFSC) e doutor em Ciência Econômica pela Universidade Estadual de Campinas (Unicamp) na área de história econômica. Pesquisador produtividade CNPq nível 2. Professor do curso de Economia e do programa de pós-graduação em Desenvolvimento Socioeconômico (PPGDS) da Universidade do Extremo Sul Catarinense (Unesc). Foi presidente da Associação de Pesquisadores em Economia Catarinense (Apec) e secretário da Associação Brasileira de Pesquisadores em História Econômica (ABPHE). Autor do livro *Formação Econômica de Santa Catarina*, publicado pela Editora da UFSC.

Álvaro de Oliveira D'Antona

Bacharel em Ciências Humanas e Sociais Aplicadas, incluindo Economia, mestre em Antropologia, doutor em Ciências Sociais e pós-doutor em População e Ambiente. Docente do Núcleo Geral Comum dos cursos de graduação da Faculdade de Ciências Aplicadas (FCA-Unicamp) e do programa de pós-graduação de Demografia (IFCH-Unicamp), além do mestrado interdisciplinar em Ciências Humanas e Sociais Aplicadas (ICHSA-FCA/Unicamp).

Ana Cecilia Espinosa Martínez

Doutora em Educação pela Universidad Estatal a Distancia de Costa Rica; mestre em Ciências da Educação pela Universidad del Valle de México e licenciada em Contabilidade pelo Centro de Estudios Universitarios Arkos de Puerto Vallarta, onde é diretora. Pesquisa sobre Transdisciplinariedade (TD) desde 1996. Criou a Gaceta Universitaria: Visión Docente Con-Ciencia, reconhecida pelo Ciret da França. Escreveu numerosos artigos vinculados a TD e complexidade. Participou de diferentes congressos internacionais sobre complexidade/transdisciplinaridade e de conferências sobre o tema em diversos espaços acadêmicos.

Ana Cristina Souza dos Santos

Graduada em Licenciatura em Química pela Universidade Federal Rural do Rio de Janeiro (UFRRJ). Mestre e doutora em Química também pela UFRRJ. Atualmente é professora associada e membro do quadro permanente do programa de pós-graduação em Educação Agrícola na mesma universidade. Experiência na área de Educação, com ênfase em Ensino de Ciências, atuando principalmente nos temas da transdisciplinaridade, interdisciplinaridade, formação de professores, ensino de Química e ensino de Ciências. Coordenadora do programa de pós-graduação em Educação em Ciências e Matemática (Mestrado Profissional) do Instituto de Educação da UFRRJ.

Andrea Valéria Steil

Psicóloga, mestre em Administração e doutora em Engenharia de Produção. Atuou como pesquisadora visitante na University of South Florida (USF), nos EUA. Foi diretora-presidente do Instituto Stela. Coordena o Núcleo Interdisciplinar de Estudos em Conhecimento, Aprendizagem e Memória Organizacional (Klom) da Universidade Federal de Santa Catarina (UFSC), onde atua como professora dos programas de pós-graduação em Engenharia e Gestão do Conhecimento e em Psicologia.

Annibale Cutrona

Engenheiro químico no Politécnico de Milão, Itália. Iniciou sua carreira profissional no Programa de Cooperación Universitaria para el Desarrollo del Gobierno Italiano; durante oito anos trabalhou nesse programa na América Latina, primeiro como voluntário em uma ONG e posteriormente como especialista do Ministerio de Relaciones Exteriores no Programa Eula-Chile. Dirige uma sociedade cooperativa do setor de investigação marinha. É diretor do Conisma, uma associação nacional interuniversitária para as ciências marinhas.

Arlindo Philippi Jr

Engenheiro civil pela Universidade Federal de Santa Catarina (UFSC), sanitarista e de segurança do trabalho pela Universidade de São Paulo (USP), mestre em Saúde Ambiental e doutor em Saúde Pública pela USP. Pós-doutorado em Estudos Urbanos e Regionais pelo Massachusetts Institute of Technology (MIT), Estados Unidos. Na Capes, foi membro do Conselho Técnico Científico do Ensino Superior e do Conselho Superior, bem como Diretor de Avaliação. Finalista do Prêmio Jabuti em cinco edições, tendo recebido o 2º lugar na categoria Educação com a obra *Interdisciplinaridade em Ciência, Tecnologia e Inovação* em 2011; o 3º lugar na categoria Ciências Naturais com a obra *Gestão do Saneamento Básico: Abastecimento de água e esgotamento sanitário* em 2014; e o 1º lugar em 2015, na categoria Educação e Pedagogia, com a obra *Práticas da Interdisciplinaridade no Ensino e Pesquisa*; todos publicados pela Editora Manole. Livre-docente da USP em Política e Gestão Ambiental. É professor titular do Departamento de Saúde Ambiental, tendo sido presidente da Comissão de Pós-Graduação da Faculdade de Saúde Pública, Pró-Reitor Adjunto de Pós-Graduação e Prefeito (Campus Capital) da USP.

Carlos Kamienski

Bacharel pela Universidade Federal de Santa Catarina (UFSC), mestre pela Universidade Estadual de Campinas (Unicamp) e doutor pela Universidade Federal de Pernambuco (UFPE) em Ciência da Computação. Foi coordenador da pós-graduação em Engenharia da Informação da UFABC e pró-reitor de pós-graduação na mesma instituição. Professor associado e coordenador do Núcleo Estratégico Nuvem na mesma universidade, realizando pesquisas em áreas como computação em nuvem, redes definidas por *software* e cidades inteligentes. É assessor de relações internacionais e coordenador do programa Ciência sem Fronteiras.

Carolina Rodriguez-Alcalá

Graduada em Letras e doutora em Linguística pela Universidade Estadual de Campinas (Unicamp). Realizou estágios de pós-doutorado em Linguística na École Normale Supérieure - Lettres et Sciences Humaines (Lyon) e na Université de la Sorbonne Nouvelle - Paris III, na França. Pesquisadora do Laboratório de Estudos Urbanos (Labeurb/Nudecri), da Unicamp, e professora credenciada no Departamento de Linguística do Instituto de Estudos da Linguagem (IEL) da mesma universidade. Atua nas áreas de Análise do Discurso, Saber Urbano e Linguagem e História das Ideias Linguísticas. Trabalha principalmente com os seguintes temas: discursos sobre a língua, língua guarani, nacionalismo linguístico (Paraguai), políticas de língua, gramatização do guarani (período colonial), língua nacional, língua urbana, espaço e ambiência urbana. É assessora da Coordenadoria de Centros e Núcleos Interdisciplinares de Pesquisa da Unicamp (Cocen).

Cintia Barcellos Lacerda

Graduada em Letras com habilitação em Linguística pela Faculdade de Filosofia, Letras e Ciências Humanas da Universidade de São Paulo (FFLCH/USP). É integrante da equipe administrativa do Instituto de Astronomia, Geofísica e Ciências Atmosféricas (IAG/USP).

Claudia Regina Castellanos Pfeiffer
Bacharel, mestre e doutora em Linguística pela Universidade Estadual de Campinas (Unicamp). Desde 1996, exerce suas atividades científico-acadêmicas como Pesquisadora no Laboratório de Estudos Urbanos (Labeurb/Nudecri) da mesma instituição. Foi coordenadora adjunta do Labeurb/ Nudecri; assessora acadêmica da Coordenadoria dos Centros e Núcleos Interdisciplinares de Pesquisa da Unicamp (Cocen); e coordenadora do Nudecri e do grupo de trabalho de Análise de Discurso da Anpoll. Especialista em Análise de Discurso, atua, principalmente, nas seguintes linhas: Saber Urbano e Linguagem, Políticas Públicas, História das Ideias Linguísticas e Divulgação Científica. Docente credenciada como professor pleno na área da História das Ideias Linguísticas do programa de pós-graduação em Linguística, no Instituto de Estudos da Linguagem (IEL/Unicamp). É coordenadora da Faculdade de Ciências Médicas da Unicamp, e do Grupo Interdisciplinar de Pesquisa em Políticas em Saúde.

Claudio Zaror
Engenheiro civil e químico, doutor em Filosofia pelo Imperial College de Londres. Atualmente é professor titular da Facultad de Ingeniería de la Universidad de Concepción. Seus interesses de investigação são na Engenharia Ambiental, tanto em aspectos tecnológicos como de gestão da indústria de processos, promovendo permanentemente a integração multidisciplinar. É autor e coautor com cerca de 310 publicações em revistas internacionais e congressos científicos, e 3 livros publicados. Participou de diferentes comissões nacionais, tem prestado consultoria para importantes empresas nacionais e estrangeiras e tem sido relator em numerosos cursos e conferências internacionais.

Denilson Sell
Graduado em Ciências da Computação pela Universidade do Vale do Itajaí (Univali), mestre e doutor em Engenharia de Produção pela Universidade Federal de Santa Catarina (UFSC), com estágio de doutoramento na The Open University, Reino Unido. Atuou como pesquisador e coordenador em diversos projetos de P&D com organizações públicas (como a Plataforma Lattes e a Plataforma Aquarius, com o Ministério da Ciência e Tecnologia e Inovação, Portal Sinaes, com o Ministério da Educação, DCVisa, com a Anvisa e Sibea, com o Ministério do Meio Ambiente), privadas (como Busca Semântica, com Embraer e Plataforma de Gestão da Ética e da Integridade, com o Itaú/Unibanco) e do terceiro setor (como a Plataforma para Gestão do Absenteísmo, com o Sesi/BA e Plataforma da Gestão do Conhecimento do Senai/CE-Fiec). É professor no Departamento de Administração Pública da UFSC e no programa de pós-graduação em Engenharia e Gestão do Conhecimento na mesma universidade. Atua também como diretor e pesquisador no Instituto Stela.

Divina das Dôres de P. Cardoso
Graduada em História Natural pela Pontifícia Universidade Católica (PUC) de Goiás, mestre em Biologia Celular pela Universidade Federal de Goiás (UFG), doutora em Ciências/Microbiologia pela Universidade de São Paulo (USP) e pós-doutora em Virologia pelo Instituto Oswaldo Cruz, da Fundação Oswaldo Cruz (Fiocruz). Foi chefe de departamento, coordenadora do programa de pós-graduação

em Medicina Tropical e Saúde Pública da UFG e diretora do Instituto de Patologia Tropical e Saúde Pública na mesma instituição, além de pró-reitora de pesquisa e pós-graduação também na UFG. É professora titular do Instituto de Patologia Tropical e Saúde Pública da UFG e docente permanente do programa de pós-graduação em Medicina Tropical e Saúde Pública da mesma universidade. Chefe do Laboratório de Virologia Humana da UFG. Atua como pesquisadora na área de Virologia.

Dóris Santos de Faria

Psicóloga pela Faculdade de Humanidades Pedro II (Fahupe), mestre e doutora em Psicologia pela Universidade de São Paulo (USP) e pós-doutora em Antropologia Biológica pela University College London (UCL), Londres. Professora aposentada do Departamento de Ecologia da Universidade de Brasília (UnB) em cursos de graduação, mestrado e doutorado, além de diversas especializações voltadas para a interdisciplinaridade entre Educação e Meio Ambiente. Foi decana/pró-reitora de extensão na mesma universidade e presidente do Comitê Gestor da Universidade Virtual Pública do Brasil (UniRede) e da Universidade Virtual do Centro-Oeste (Univir-CO). Participou da equipe que criou a Universidade Federal do Oeste do Pará (Ufopa) e foi diretora do Centro de Formação Interdisciplinar (CFI). Publicou 23 artigos científicos, 17 livros e 10 capítulos. Pesquisadora-associada do Centro de Educação a Distância (Cead/UnB), coordenou a implantação de diversos grandes projetos nacionais da Secretaria de Educação a Distância (Seed), do Ministério da Educação, em ensino a distância sobre aplicações tecnológicas no ensino. Atualmente é consultora em projetos sobre sustentabilidade do desenvolvimento no país.

Eduardo de Senzi Zancul

Engenheiro mecânico, mestre e doutor em Engenharia de Produção pela Universidade de São Paulo (USP). Foi pesquisador na RWTH Aachen University, Alemanha, e *visiting scholar* na Stanford University, EUA. Na Escola Politécnica (Poli/USP), foi um dos fundadores e é um dos coordenadores do InovaLab@Poli, além de atuar como professor do Departamento de Engenharia de Produção da mesma instituição. Suas áreas de pesquisa incluem métodos de desenvolvimento de produtos, manufatura avançada e ensino de engenharia, com foco em ensino de projetos.

Eduardo Guimarães

Foi diretor do Instituto de Estudos da Linguagem e coordenador do Núcleo de Desenvolvimento da Criatividade (Nudecri) da Universidade Estadual de Campinas (Unicamp), além de presidente da Associação Nacional de Pós-Graduação e Pesquisa em Letras e Linguística (Anpoll). Professor titular de Semântica da Unicamp. É autor de grande número de artigos em periódicos brasileiros e estrangeiros e publicou diversos livros. Desenvolve pesquisas nas áreas de semântica da enunciação, história das ideias linguísticas e saber urbano e linguagem. Tem trabalhado com a história dos estudos do português, com a análise de noções e conceitos como civilização, empréstimo e história e com a política de línguas. É diretor da Editora da Unicamp e coordenador do Laboratório de Estudos Urbanos (Labeurb) da mesma universidade.

Emmanuel Zagury Tourinho

Psicólogo pela Universidade Federal do Pará (UFPA), mestre em Psicologia Social pela Pontifícia Universidade Católica de São Paulo (PUC-SP) e doutor em Psicologia Experimental pela Universidade de São Paulo (USP). Exerceu as funções de pró-reitor de Pesquisa e Pós-Graduação da UFPA, representante adjunto e coordenador da área de Psicologia na Capes, presidente do Colégio de Pró-Reitores de Pesquisa e Pós-Graduação das Instituições Federais de Educação Superior (Copropi) e coordenador regional Norte do Fórum Nacional de Pró-Reitores de Pesquisa e Pós-Graduação. Atualmente, é professor titular da UFPA e coordena o grupo de pesquisa em Análise do Comportamento: Pesquisa Conceitual, Básica e Aplicada. Sua atividade de pesquisa focaliza processos comportamentais culturais, autocontrole, eventos privados e terapia analítico-comportamental. É membro e coordenador do Comitê Assessor da Área de Psicologia do CNPq.

Everaldo Barreiros de Souza

Bacharel pela Universidade Federal do Pará (UFPA), mestre pelo Instituto Nacional de Pesquisas Espaciais (Inpe) e doutor pela Universidade de São Paulo (USP) em Meteorologia. Tem experiência nas áreas de Geociências e Ciências Ambientais, com ênfase em Climatologia, Modelagem Climática Regional, Variabilidade e Mudanças Climáticas, Meteorologia Tropical, Ciências Ambientais e Pesquisas Interdisciplinares no contexto da Amazônia. Atualmente ocupa a posição de pesquisador associado no Instituto Tecnológico Vale (ITV), trabalhando no grupo de pesquisa em Meteorologia e Mudança do Clima. É coordenador do curso de mestrado profissional em Uso Sustentável de Recursos Naturais em Regiões Tropicais. Exerce também o cargo de professor associado na UFPA e é bolsista de Produtividade em Pesquisa (PQ-2) do CNPq.

Faimara do Rocio Strauhs

Pedagoga pela Universidade Tuiuti do Paraná (UTP), mestre em Tecnologia pela Universidade Tecnológica Federal do Paraná (UTFPR) e doutora em Engenharia de Produção pela Universidade Federal de Santa Catarina (UFSC). Tem experiência na área de gestão do conhecimento organizacional e metodologia da pesquisa, atuando em especial nos seguintes temas: gestão da informação tecnológica, gestão do conhecimento organizacional e metodologia da pesquisa. Atualmente é professora e pesquisadora do programa de pós-graduação em Tecnologia da UTFPR.

Flávio Batista Ferreira

Bacharel e licenciado em História e mestre em Educação pela Universidade Estadual de Campinas (Unicamp). Exerceu, na Faculdade de Ciências Aplicadas (FCA-Unicamp), as funções de supervisor da seção acadêmica, diretor de ensino e assistente técnico da unidade. Atualmente, é analista de apoio técnico em procedimentos institucionais na mesma universidade e aluno do curso de doutorado em Educação, na área temática Estado, Sociedade e Educação, na Faculdade de Educação da Universidade de São Paulo (FE-USP).

Gabriela Marques Di Giulio
Professora doutora do Departamento de Saúde Ambiental da Faculdade de Saúde Pública da Universidade de São Paulo (FSP/USP). Pesquisadora permanente do Laboratório Interdisciplinar de Pesquisas Sociais em Saúde Pública (Liesp). Orientadora dos programas de pós-graduação em Saúde Global e Sustentabilidade; Ambiente, Saúde e Sustentabilidade.

Gilberto Montibeller Filho
Economista e doutor em Ciências Humanas pela Universidade Federal de Santa Catarina (UFSC), Universidade de São Paulo (USP) e Université Sorbonne, França. Foi gerente do Sebrae/SC. É autor de dois livros, entre eles *Empresas, desenvolvimento e ambiente*, publicado pela Editora Manole. É professor em programas de doutorado interdisciplinares na área de economia ambiental e coordenador científico de projetos de pesquisa na Fundação de Amparo à Pesquisa e Inovação do Estado de Santa Catarina (Fapesc).

Giovana Ilka Jacinto Salvaro
Psicóloga pela Universidade do Sul de Santa Catarina (Unisul) e mestre em Psicologia e doutora em Ciências Humanas pela Universidade Federal de Santa Catarina (UFSC). Atualmente é professora pesquisadora da Universidade do Extremo Sul Catarinense (Unesc). Tem experiência na área de Psicologia, com ênfase em Psicologia Social, atuando principalmente nos seguintes temas: movimentos sociais, agricultura familiar, desenvolvimento rural e cooperativas rurais, subjetividades, gênero e trabalho. É pesquisadora do Grupo Interdisciplinar de Pesquisa e Extensão em Desenvolvimento Socioeconômico, Agricultura Familiar e Educação do Campo (Gidafec/Unesc/CNPq).

Gustavo Martini Dalpian
Graduado pela Universidade Federal de Santa Maria (UFSM) e doutor em Física pelo Instituto de Física da Universidade de São Paulo (IF/USP). Pós-doutor pelo National Renewable Energy Laboratory e pela University of Texas, Estados Unidos, onde desenvolveu pesquisas sobre materiais para energia e nanomateriais. No IF/USP, estudou propriedades de superfícies de materiais semicondutores. Em 2004, recebeu menção honrosa no prêmio de melhor tese de doutorado do ano da Sociedade Brasileira de Física. Publicou mais de 50 artigos em revistas científicas especializadas. Atua como docente na Universidade Federal do ABC (UFABC), tendo coordenado a criação do programa de pós-graduação em Nanociências e Materiais Avançados da universidade, onde ocupou o cargo de vice-reitor e atualmente é pró-reitor de pós-graduação. Também coordenou a construção do Plano de Desenvolvimento Institucional (PDI) da UFABC para o período de 2013 a 2022.

Helio Waldamn
Engenheiro eletrônico pelo Instituto Tecnológico de Aeronáutica (ITA) e mestre (M.Sc.) e pós-doutor (Ph.D.) pela Universidade de Stanford, Estados Unidos. Em Stanford, foi Nasa Fellow. Atuou na antiga Comissão Nacional de Atividades Espaciais (CNAE, hoje Inpe) e lecionou no Instituto Alberto Luiz Coimbra de Pós-Graduação e Pesquisa de Engenharia da Universidade Federal do

Rio de Janeiro (Coppe/UFRJ). Passou a atuar na Universidade Estadual de Campinas (Unicamp), onde se aposentou em 2006 como professor titular. Na mesma universidade, foi diretor da antiga Faculdade de Engenharia de Campinas e o primeiro pró-reitor de Pesquisa. Foi professor titular da Universidade Federal do ABC (UFABC), onde se aposentou compulsoriamente em 2014 por ter completado 70 anos. Na instituição, foi pró-reitor de pesquisa e de graduação e reitor. Desenvolve pesquisas sobre a infraestrutura óptica da internet. É sócio honorário da Sociedade Brasileira de Telecomunicações (SBrT), *life senior member* do Instituto de Engenheiros Eletricistas e Eletrônicos (IEEE), comendador da Ordem Nacional de Mérito Científico na área de Ciências da Engenharia e professor emérito da UFABC.

Herivelto Moreira

Graduado em Educação Física pela Universidade Federal do Paraná (UFPR), mestre pela University of Dayton, Estados Unidos, e doutor pela University of Exeter, Reino Unido, em Educação. Tem experiência na área de educação com ênfase na formação de professores e na pesquisa interdisciplinar, atuando nos seguintes temas: educação tecnológica, métodos de ensino e avaliação no ensino superior, formação em serviço de professores e metodologia da pesquisa. Atualmente é professor e pesquisador do programa de pós-graduação em Tecnologia da Universidade Tecnológica do Paraná (UTFPR).

Isac Almeida de Medeiros

Graduado em Farmácia pela Universidade Federal da Paraíba (UFPB), mestre e doutor em Pharmacologie Des Médicaments Cardiovasculaires pela Université Claude Bernard Lyon I, França. Tem experiência na área de farmacologia, com ênfase em farmacologia cardiorenal, atuando principalmente nos seguintes temas: pressão arterial; frequência cardíaca; vasodilatação; artérias pulmonar, aorta e mesentérica isoladas de rato; estresse oxidativo, óxido nítrico; cálcio e outros mecanismos de sinalização celular. É professor titular do Departamento de Ciências Farmacêuticas do Centro de Ciências da Saúde e exerce o cargo de pró-reitor de pós-graduação e pesquisa da UFPB. Atualmente exerce a presidência do Fórum Nacional de Pró-Reitores de Pesquisa e Pós-Graduação das Instituições de Ensino Superior Brasileiras.

Ítala Maria Loffredo D'Ottaviano

Graduada em Matemática pela Pontifícia Universidade Católica de Campinas (PUC-Camp), mestre e doutora em Matemática pela Universidade Estadual de Campinas (Unicamp) e pós-doutora pelas Universidades Berkeley e Stanford, Estados Unidos, e Oxford, Inglaterra. Membro fundadora do Centro de Lógica, Epistemologia e História da Ciência (CLE) da Unicamp e da Sociedade Brasileira de Lógica (SBL). Foi diretora do CLE e presidente da SBL e do Latin-American Committee on Logic da Association for Symbolic Logic, além de coordenadora da Coordenadoria de Centros e Núcleos Interdisciplinares de Pesquisa (Cocen) da Unicamp. Criadora e editora da *Coleção CLE*, coleção de livros nas áreas de lógica, epistemologia e história da ciência, com mais de 70 volumes publicados. Foi pró-reitora de pós-graduação da Unicamp. Suas áreas de atuação são: lógica e fundamentos da matemática, história e filosofia da ciência, álgebra de lógica, lógicas não clássicas, lógica universal, teoria da auto-organização e sistêmica. É professora titular em Lógica e Fundamentos da Matemática do Departamento de Filosofia da Unicamp.

Jorge Rojas

Sociólogo, mestre em Sociologia e Ciências Políticas e doutor em Sociologia pela Universidade de Hannover, Alemanha. Pesquisador e docente do Instituto de Sociologia da Universidade de Hannover. Professor titular do Departamento de Sociologia, ex-diretor da Facultad de Ciencias Sociales, professor do Programa de Doctorado en Ciencias Ambientales na Universidad de Concepción. Atualmente vice-reitor de Relaciones Institucionales y Vinculación con el Medio. Publicou mais de 100 artigos, livros e capítulos de livros em espanhol e alemão. Pesquisador do Centro de Recursos Hídricos para la Agricultura y Minería (CRHIAM), Fondap/Conicyt; pesquisador da Red Temática Transformaciones de la Patagonia, Universidad de Jena, Alemanha. Especialista em teoria social, globalização, desenvolvimento regional, pobreza, trabalho e empresa, movimentos sociais, democratização e participação cidadã, meio ambiente e mudança climática global.

José Oswaldo de Siqueira

PhD em Ciência do Solo pela University of Florida, Estados Unidos, e pós-doutor pela Michigan State University, também nos Estados Unidos. Membro da Academia Brasileira de Ciências e da Academy of Sciences for the Developing World (TWAS). Laureado com Prêmio Santista 2000 e comendador da Ordem do Mérito Científico e Classe Grã-Cruz da Presidência da República. Professor emérito da Universidade Federal de Lavras, onde foi pró-reitor de pesquisa. Foi diretor da área de ciências da vida do Conselho Nacional de Desenvolvimento Científico e Tecnológico (CNPq) e membro do Conselho Técnico-Científico da Capes. Especialista em Ciência do Solo, com atuação em Microbiologia e Biotecnologia, Fertilizantes, Sustentabilidade, Degradação e Reabilitação do Solo. Atualmente é diretor científico do Instituto Tecnológico Vale Desenvolvimento Sustentável. É autor e coautor de centenas de publicações, além de livros, capítulos e patentes.

José Seixas Lourenço

PhD em *Engineering Geoscience* pela Universidade da Califórnia-Berkeley, Estados Unidos. Foi presidente da Sociedade Brasileira de Geofísica, diretor do Museu Paraense Emilio Goeldi, reitor da Universidade Federal do Pará (UFPA), presidente da Associação de Universidades Amazônicas (Unamaz) e membro do Conselho Superior da Capes (1990-1994). Vencedor do Prêmio Anisio Teixeira, conferido pela Capes e pelo Ministério da Educação em 1991. Também atuou como diretor do Instituto Nacional de Pesquisas da Amazônia (Inpa), secretário nacional da Amazônia do Ministério do Meio Ambiente e assessor especial do Ministério da Ciência e Tecnologia.

Joviles Vitório Trevisol

Graduado em Filosofia pela Faculdade de Filosofia, Ciências e Letras Dom Bosco/Universidade Regional do Noroeste do Estado do Rio Grande do Sul (Unijuí), especialista em Filosofia Política pela Unijuí, mestre em Sociologia pela Universidade Federal de Santa Catarina (UFSC), doutor em Sociologia pela Universidade de São Paulo (USP) e pós-doutor em Sociologia pelo Centro de Estudos Sociais da Faculdade de Economia da Universidade de Coimbra, Portugal. Membro titular do Conselho Superior da Fundação de Amparo à Pesquisa de Santa Catarina (Fapesc). Membro do Fórum Estadual de Educação (FEE/SC). Atualmente é docente adjunto IV, da Universidade Federal da Fronteira Sul (UFFS), onde exerce a função de pró-reitor de pesquisa e pós-graduação. Secretário Executivo do Diretório Nacional do Fórum de Pró-Reitores de Pesquisa e Pós-Graduação. Tem desenvolvido pesquisas em temáticas como Globalização e Transformações do Estado Contemporâneo, Sociedade Civil, Movimentos Sociais e Estado e Políticas.

Jurandir Zullo Junior

Graduado em Matemática Aplicada e Engenharia Agrícola, mestre em Pesquisa Operacional pelo Departamento de Matemática Aplicada e doutor em Engenharia de Computação e Automação pela Faculdade de Engenharia Elétrica, todos da Universidade Estadual de Campinas (Unicamp). Foi assessor científico e coordenador da Coordenadoria de Centros e Núcleos Interdisciplinares de Pesquisa (Cocen) da Unicamp. Tem experiência na área de engenharia agrícola, com ênfase em planejamento agrícola, agrometeorologia, sensoriamento remoto, processamento de imagens, zoneamento agrícola e mudanças climáticas. É pesquisador do Centro de Pesquisas Meteorológicas e Climáticas Aplicadas à Agricultura (Cepagri/Unicamp), tendo sido também seu diretor.

Leandro Key Higuchi Yanaze

Arquiteto pela Faculdade de Arquitetura e Urbanismo da Universidade de São Paulo (FAU/USP), mestre em Interfaces Sociais da Comunicação pela Escola de Comunicações e Artes (ECA/USP) e doutor pelo Departamento de Engenharia Elétrica da Escola Politécnica (Poli/USP). É pesquisador pelo grupo de pesquisa de Educação em Engenharia da Poli/USP, pelo Centro de Estudos de Avaliação e Mensuração em Comunicação e Marketing (Ceacom) e pelo grupo de pesquisa em Economia Criativa e Tecnologia Social *Human Data* da Universidade Metodista de São Paulo (Umesp). É professor nos cursos de Produção Multimídia, Engenharias e Jogos Digitais da mesma universidade, onde também coordena o curso de Jogos Digitais.

Lívia Márcia Mosso Dutra

Graduada em Meteorologia pelo Instituto de Astronomia, Geofísica e Ciências Atmosféricas da Universidade de São Paulo (IAG/USP) e mestre em Ciências pela mesma instituição. É membro colaborador do Grupo de Estudos Climáticos (GrEC) e do Interdisciplinary Climate Investigation Center (Incline).

Lívio Amaral

Bacharel, mestre e doutor em Física pela Universidade Federal do Rio Grande do Sul (UFRGS), além de pós-doutor em Paris, França, e Amsterdã, Holanda. Exerceu diversos cargos de representação e administração na UFRGS, em agências do Ministério da Ciência e Tecnologia (MCT), Ministério da Educação (MEC) e Fundações de Amparo à Pesquisa e na diretoria da Sociedade Brasileira de Física

(SBF). Foi diretor de avaliação da Capes. Atua na área de física experimental. Atualmente, é professor titular do Departamento de Física da UFRGS.

Luiz Alberto Pilatti

Doutor em Educação Física pela Universidade Estadual de Campinas (Unicamp). Professor titular da Universidade Tecnológica Federal do Paraná (UTFPR), campus Curitiba, onde atualmente exerce o cargo de vice-reitor. Está vinculado aos programas de pós-graduação em Engenharia de Produção (PPGEP) e Ensino de Ciência e Tecnologia (PPGECT), no campus Ponta Grossa. É bolsista de Produtividade em Pesquisa do Conselho Nacional de Desenvolvimento Científico e Tecnológico (CNPq), comitê de Educação.

Luiz Bevilacqua

Engenheiro civil pela Universidade Federal do Rio de Janeiro (UFRJ), com especialização em Engenharia de Estruturas pela TH Stuttgart. PhD pela Stanford University, Estados Unidos. Foi livre docente da UFRJ, vice-reitor acadêmico da Pontifícia Universidade Católica do Rio de Janeiro (PUC-Rio), coordenador da Comissão de Fundação e Implantação da Universidade Federal do ABC (UFABC) e reitor da universidade. Ocupou cargos de direção no Ministério da Ciência e Tecnologia, Agência Espacial Brasileira (AEB) e Conselho Nacional de Desenvolvimento Científico e Tecnológico (CNPq). Professor titular e emérito do Programa de Engenharia Civil do Instituto Alberto Luiz Coimbra (Coppe) da UFRJ, tendo sido também diretor do instituto. É membro da Academia Brasileira de Ciências, da Academia Nacional de Engenharia, da Third World Academy of Sciences (TWAS) e da European Academy of Sciences, além de ser membro da Ordem do Mérito Científico. Trabalha atualmente em problemas de difusão anômala, dinâmica populacional e resposta dinâmica de estruturas fractais.

Maiara Gabrielle de Souza Melo

Graduada em Gestão Ambiental pelo Instituto Federal de Educação, Ciência e Tecnologia de Pernambuco (IFPE), mestre em Desenvolvimento e Meio Ambiente pelo Programa de Pós-Graduação em Desenvolvimento e Meio Ambiente (Prodema) da Universidade Federal de Pernambuco (UFPE) e doutora em Engenharia Civil com ênfase em Tecnologia Ambiental e Recursos Hídricos pela mesma universidade. Professora do Instituto Federal de Educação, Ciência e Tecnologia da Paraíba (IFPB), onde exerce a função de diretora de Extensão Tecnológica e Assuntos Comunitários. Atua nas áreas de gestão ambiental, adequação ambiental, modelagem institucional, governança ambiental, análise de constelação e gestão integrada de recursos hídricos.

Marcel Bursztyn

Graduado em Ciências Econômicas e mestre em Planejamento Urbano e Regional pela Universidade Federal do Rio de Janeiro (UFRJ), com diploma em *Planning Studies* pela University of Edinburgh, Reino Unido, e doutorado em *Developpement Economique et Social* pela Université de Paris I - Panthéon-Sorbonne, França, e em *Economie* pela Université de Picardie, também na França. Pós-doutor em Políticas Públicas na Universidade de Paris XIII e na Ecole des Hautes Etudes em Sciences Sociales, na França. *Senior Research Fellow* na Kennedy School of Government - Sustainability Science Program, da Harvard University, Estados Unidos, com bolsas Harvard, Fulbright e Capes. Foi professor visitante na Université de Rennes 2 e na Université de Paris 3 (Sorbonne la Nouvelle) - cátedra Simon Bolivar, ambas na França. Foi presidente da Fundação de Apoio à Pesquisa do Distrito Federal (FAP-DF) e da Capes (2003-2004). Membro do Comitê de Ética para a Pesquisa Agrícola do Inra e Cirad, França. É professor titular da Universidade de Brasília, junto ao Centro de Desenvolvimento Sustentável.

Marcelo Aparecido Phaiffer
Técnico pela Escola Técnica Estadual Conselheiro Antonio Prado (Etecap) e licenciado em Química pela Universidade Estadual de Campinas (Unicamp). Graduado em Gestão de Políticas Públicas pela Unicamp, onde trabalha desde 1988 como profissional de Administração, com atuação na Diretoria Geral de Administração, na Diretoria Geral de Recursos Humanos e na Editora da Unicamp. É assistente técnico de coordenação da Coordenadoria de Centros e Núcleos Interdisciplinares de Pesquisa (Cocen) da Unicamp. Atualmente, é aluno de mestrado na mesma universidade, na área de planejamento de instituições de ensino superior. Participa como pesquisador do Laboratório de Políticas Públicas e Planejamento Educacional (Lapplane), da Faculdade de Educação da Unicamp (FE-Unicamp).

Maria Beatriz Maury
Mestre e doutora em Desenvolvimento Sustentável pelo Centro de Desenvolvimento Sustentável da Universidade de Brasília (UnB). Especialista em Estado e Sociedade: Política e Gestão de ONGs pelo Instituto de Ciência Política da UnB, licenciada e bacharel em Letras pela mesma universidade. Foi editora executiva da revista *Sustentabilidade em Debate*, assessora da Secretaria Adjunta de Educação do Distrito Federal, diretora de Educação Ambiental e Difusão de Tecnologias do Instituto Brasília Ambiental, consultora do Probio-MMA, pesquisadora do Laboratório do Ambiente Construído, Inclusão e Sustentabilidade da UnB. Experiência em Educação e Gestão Ambiental, com elaboração de materiais didáticos e atuando em gestão de resíduos sólidos, biodiversidade e educação. Professora da Secretaria de Educação do DF. Desenvolve pesquisas, metodologias e indicadores de multi, inter e transdisciplinaridade, com ênfase em universidades, educação e uso da metodologia Análise de Redes Sociais.

Maria Cristina Maneschy
Graduada em Ciências Sociais e mestre em Planejamento do Desenvolvimento pela Universidade Federal do Pará (UFPA). Doutora em Sociologia pela Université Toulouse Le Mirail, França. É pesquisadora associada ao Instituto Tecnológico Vale Desenvolvimento Sustentável (ITV-DS) e professora no programa de mestrado profissional em Uso Sustentável de Recursos Naturais em Regiões Tropicais. É professora associada da UFPA, vinculada ao Instituto de Filosofia e Ciências Humanas, lecionando no curso de pós-graduação em Ciências Sociais. Seus interesses de pesquisa envolvem as relações

entre sociedade e meio ambiente, com ênfase nas atividades de pesca e, mais recentemente, de mineração, enfocando também as relações sociais de gênero nesses campos de trabalho.

Maria da Penha Vasconcellos
Professora associada do Departamento de Saúde Ambiental da Faculdade de Saúde Pública da Universidade de São Paulo (FSP/USP). Pesquisadora permanente do Laboratório Interdisciplinar de Pesquisas Sociais em Saúde Pública (Liesp). Orientadora dos programas de pós-graduação em Saúde Global e Sustentabilidade; Saúde Pública; Ambiente, Saúde e Sustentabilidade.

Maria do Carmo M. Sobral
Engenheira civil pela Universidade Federal de Pernambuco (UFPE), mestre em Engenharia Civil pela Universidade de Waterloo, Canadá, PhD em Planejamento Ambiental pela Universidade Técnica de Berlim, Alemanha, e pós-doutora em Tecnologia Ambiental pelo Instituto de Educação para Água da Unesco, Holanda. Professora da pós-graduação em Engenharia Civil - área de Tecnologia Ambiental - e do programa de pós-graduação em Desenvolvimento e Meio Ambiente (Rede Prodema) da UFPE. Foi coordenadora da área de Ciências Ambientais da Capes. Produção científica em gestão ambiental, gestão de bacias hidrográficas, qualidade de água e tecnologia ambiental.

Maria José Giannini
Graduada em Farmácia/Bioquímica, mestre em Microbiologia e Imunologia, e PhD em Ciências Biológicas/Microbiologia pela Universidade de São Paulo (USP). Tem experiência na área de farmácia, com ênfase em micologia e biologia celular. Foi vice-presidente das Sociedades Brasileiras de Micologia e de Microbiologia. Professora titular da Faculdade de Ciências Farmacêuticas da Universidade Estadual Paulista (Unesp) e atualmente ocupa o cargo de pró-reitora de pesquisa e vice-presidente do Fórum de Pró-Reitores de Pós-Graduação e Pesquisa (Foprop). É líder do grupo de pesquisa sobre Interação Fungo-Hospedeiro do Conselho Nacional de Desenvolvimento Científico e Tecnológico (CNPq), onde atua como pesquisadora 1A. Membro do conselho superior da Fundação de Amparo à Pesquisa do Estado de São Paulo (Fapesp).

Milton Kanashiro
Engenheiro florestal, mestre e doutor em Florestas, com experiência em Silvicultura e Genética Florestal. Pesquisador A da Embrapa Amazônia Oriental, atuando principalmente nos temas: manejo florestal, diversidade e conservação de espécies e da estrutura genética populacional para conservação das florestas. Foi mentor e coordenador do projeto Dendrogene (Brasil-Reino Unido), em colaboração com instituições nacionais e internacionais, que gerou importantes resultados voltados à sustentabilidade do uso, manejo e conservação dos recursos florestais tropicais. É presidente do grupo de trabalho Portfólio Recursos Florestais Nativos da Empresa Brasileira de Pesquisa Agropecuária (Embrapa) e da Comissão de Cooperação Internacional da Embrapa Amazônia Oriental. Participa de comitês, comissões e projetos nacionais e internacionais em Genética e Conservação dos Recursos Florestais Tropicais.

Oscar Parra

Biólogo pela Universidad de Concepción, Chile. Doutor pela Universidade Livre de Berlim, Alemanha. Professor titular da Facultad de Ciencias Naturales y Oceanográficas e do Centro y Facultad de Ciencias Ambientales, Eula-Chile, da Universidad de Concepción; ex-diretor do Centro Eula-Chile e diretor científico do Centro de Investigación en Ecosistemas de la Patagonia (Ciep). Diretor da cátedra Unesco/Eolss "Gestión de Recursos Naturales, Planificación Territorial y Protección Ambiental". Suas áreas de interesse ou especialização correspondem a taxonomia e ecologia de algas de águas continentais, limnologia, qualidade da água, contaminação aquática e gestão ambiental de recursos hídricos. Autor e coautor de mais de 200 publicações, entre revistas e livros.

Pascal Galvani

Desde 2001 é professor e pesquisador na Universidad de Québec, Canadá. Suas pesquisas são sobre a autoformação em uma perspectiva complexa e reflexiva. Tem experiência de coordenação de pesquisa-ação sobre temáticas como pobreza, diálogo intercultural, e momentos decisivos de autoformação. Desenvolve um método de cruzamento dialógico e transdisciplinar dos saberes prático-poético-existenciais e teóricos.

Pedro Walfir Martins e Souza Filho

Graduado em Geologia pela Universidade Federal do Pará (UFPA), especialista em Geologia e Geofísica Marinha pela Universidade Federal Fluminense (UFF), mestre em Geologia Costeira pela UFPA e doutor em Geologia na área de Sensoriamento Remoto Geológico pela UFPA. Foi membro afiliado da Academia Brasileira de Ciências. É professor associado da Faculdade de Oceanografia do Instituto de Geociências da UFPA (IG-UFPA), pesquisador associado do Instituto Tecnológico Vale (ITV) e bolsista de produtividade em pesquisa do Conselho Nacional de Desenvolvimento Científico e Tecnológico (CNPq). Atua no curso de mestrado profissional do ITV e no programa de pós-graduação em Geologia e Geoquímica do IG-UFPA.

Peter Alexander Bleinroth Schulz

Bacharel, mestre e doutor em Física, com pós-doutorado na mesma área realizado na Alemanha. Foi professor do Instituto de Física da Universidade Estadual de Campinas (Unicamp) por 20 anos, transferindo-se definitivamente para a Faculdade de Ciências Aplicadas em 2012, onde atua desde 2009. Na instituição, atualmente é docente do curso de mestrado interdisciplinar de Ciências Humanas e Sociais Aplicadas. Além da Física, dedica-se à divulgação científica e aos estudos de ciências nos últimos anos.

Rafael Rodrigo Mueller

Graduado em Administração de Empresas pela Fundação Universidade Regional de Blumenau, mestre em Educação pela Universidade Federal de Santa Catarina (UFSC) e doutor em Educação pela mesma universidade. Tem experiência nas áreas de Trabalho e Educação, atuando principalmente nos seguintes campos de estudos: ciência, tecnologia e sociedade, educação profissional e tecnológica e estudos organizacionais. É professor do programa de pós-graduação em Educação (PPGE) e do programa de pós-graduação em Desenvolvimento Socioeconômico (PPGDS) da Universidade do Extremo Sul Catarinense (Unesc). É líder do Núcleo Interdisciplinar de Estudos sobre Trabalho e Educação (Niete/Unesc/CNPq), e pesquisador do Grupo Interdisciplinar de Pesquisa e Extensão em Desenvolvimento Socioeconômico, Agricultura Familiar e Educação do Campo (Gidafec/Unesc/CNPq).

Renata Maria Caminha M. de O. Carvalho

Engenheira agrônoma pela Universidade Federal Rural de Pernambuco (UFRPE), mestre em Gestão e Políticas Ambientais, e doutora em Engenharia Civil pela Universidade Federal de Pernambuco (UFPE). Atualmente é professora e coordenadora do programa de pós-graduação em Gestão Ambiental do Instituto Federal de Pernambuco (IFPE), onde atua nas áreas de Gestão e Planejamento Ambiental, Gestão de Bacias Hidrográficas e Sustentabilidade da Agricultura Familiar.

Roberto C. S. Pacheco

Engenheiro civil, mestre e doutor em Engenharia de Produção (UFSC). Participou da criação e, posteriormente, coordenou o Programa de Pós-Graduação em Engenharia e Gestão do Conhecimento (EGC/UFSC). Coordenou diversos projetos nessas áreas, incluindo Plataforma Lattes (CNPq, 1997-2004), Rede ScienTI (internacionalização da Plataforma Lattes, que a levou a 11 países, 2001-2003), Portal Inovação (CGEE/MCTI, 2004-atual); Portal Sinaes (Inep/MEC, 2005-2007), Plataforma Aquarius (CGEE/MCTI, 2011-2013), Portal de competências em vigilância sanitária (DC-VISA - Anvisa, 2007), Portal de competências em educação ambiental (DC-Sibea - MMA, 2007) e Sistema de indicadores para as FAPs (Sifaps - Confap, 2009-2014). É fundador e pesquisador no Instituto Stela, onde atua em projetos em colaboração com o EGC/UFSC. É professor do Departamento de Engenharia do Conhecimento da UFSC. É coeditor da 2ª edição do *Oxford Handbook of Interdisciplinarity*, em colaboração com Robert Frodeman e Julie Thompson Klein.

Roberto Dall'Agnol

Graduado em Geologia pela Universidade Federal do Rio Grande do Sul (UFRGS) e doutor em Petrologia com ênfase em Granitos na Universidade Paul Sabatier, na França. Professor aposentado do Instituto de Geociências da Universidade Federal do Pará (UFPA). Foi coordenador da área de Geociências da Capes. Pesquisador titular do Instituto Tecnológico Vale de Desenvolvimento Sustentável (ITV-DS), onde coordena o grupo de Geologia Ambiental e Recursos Hídricos, e pesquisador 1A do Conselho Nacional de Desenvolvimento Científico e Tecnológico (CNPq). É membro titular da Academia Brasileira de Ciências e da Academy of Sciences for the Developing World (TWAS), além de coordenador do Instituto Nacional de Ciência e Tecnologia de Geociências da Amazônia (Geociam).

Roseli de Deus Lopes

Professora associada da Escola Politécnica da Universidade de São Paulo (Poli/USP). É vice-coordenadora do Centro Interdisciplinar em Tecnologias Interativas (Citi/USP) e pesquisadora do Laboratório de Sistemas Integráveis (LSI/USP), onde coordena estudos e projetos de pesquisa em Tecnologias Interativas, com ênfase em Aplicações para Saúde, Educação e Inclusão. Coordena projetos voltados a despertar e incentivar talentos em Ciências e Engenharia como a Feira Brasileira de Ciências e Engenharia (Febrace), maior feira de âmbito nacional pré-universitária, e o InovaLab@Poli, iniciativa que provê infraestrutura laboratorial associada a estratégias de aprendizagem com base em projetos e prototipação rápida para estudantes de graduação em Engenharia. Seus interesses em pesquisa incluem: processamento e análise digital de imagens, realidade virtual e aumentada, *e-health*, *e-learning*, tecnologias assistivas e sistemas eletrônicos interativos.

Sergio Luiz Gargioni
Engenheiro mecânico. É professor da Universidade Federal de Santa Catarina (UFSC), presidente da Fundação de Amparo à Pesquisa e Inovação do Estado de Santa Catarina (Fapesc) e presidente do Conselho Nacional de Ciência e Tecnologia (Confap). Tem assento no Conselho Nacional de Desenvolvimento Científico e Tecnológico (CNPq) e na Finep.

Sergio Roberto Martins
Graduado e mestre em Agronomia pela Universidade Federal de Pelotas (UFPEL). Mestre em Gestão Econômica e Planejamento do Desenvolvimento pela Universidad Complutense de Madrid, Espanha. Doutor e pós-doutor em Agronomia pela Universidad Politécnica de Madrid, Espanha. Foi pró-reitor de pesquisa e pós-graduação e coordenador da área de concentração em Produção Vegetal do programa de pós-graduação em Agronomia da UFPEL. É professor colaborador do programa de pós-graduação em Engenharia Ambiental da Universidade Federal de Santa Catarina (UFSC) e professor visitante nacional senior/Capes da Universidade Federal da Fronteira Sul (UFFS), além de docente do programa de pós-graduação em Agroecologia e Desenvolvimento Rural Sustentável.

Sérgio Persival Baroncini Proença
Professor titular do Departamento de Engenharia de Estruturas da Escola de Engenharia de São Carlos da Universidade de São Paulo. Desenvolve pesquisas com ênfase em Engenharia de Estruturas, atuando principalmente nos seguintes temas: mecânica do dano, análise não linear de estruturas, método dos elementos finitos generalizados e estruturas em casca. Colabora com o curso de graduação em Engenharia Aeronáutica ministrando a disciplina de Mecânica das Estruturas Aeronáuticas. Na pós-graduação em Engenharia de Estruturas, é responsável pelas disciplinas Análise Não Linear de Estruturas e Método dos Elementos Finitos Generalizados. Desenvolve projetos e colaborações em pesquisa com o Politécnico de Milão, Laboratório de Mecânica e Tecnologia de Cachan, França, Instituto Superior Técnico de Lisboa, Portugal, e Universidade de Illinois em Urbana-Champaign, Estados Unidos. Coordena o grupo de pesquisa SCIEnCE credenciado no Conselho Nacional de Desenvolvimento Científico e Tecnológico (CNPq).

Silvano Focardi

Biólogo pela Universidad de Siena, Itália. Doutor pela Universidad de Concepción, Chile. Professor de Ecologia da Universidade de Siena, Itália. Ex-reitor da Universidad de Siena. Áreas de especialização: ecologia aplicada, ecotoxicologia, contaminação aquática. Autor e coautor de mais de 500 publicações em revistas internacionais e mais de 400 congressos científicos.

Sonia Maria Viggiani Coutinho

Graduada em Direito, mestre em Saúde Pública e doutora em Ciências (linha de pesquisa: políticas públicas e gestão ambiental), todos pela Universidade de São Paulo (USP). Pós-doutora pela USP com bolsa Fapesp. É pesquisadora do INterdisciplinary CLimate INvestigation Center (Incline).

Suzana M. G. L. Montenegro

Engenheira civil pela Universidade Federal de Pernambuco (UFPE), mestre em Engenharia Civil-Hidráulica e Saneamento pela Escola de Engenharia de São Carlos da Universidade de São Paulo (USP), PhD em *Civil Engineering* pela University of Newcastle Upon Tyne, Reino Unido, e pós-doutora no Centre for Ecology and Hydrology de Wallingford, Reino Unido. Atualmente é professora titular da UFPE, membro dos programas de pós-graduação em Engenharia Civil da mesma universidade (mestrado e doutorado) e em Engenharia Agrícola e Ambiental da Universidade Federal Rural de Pernambuco (mestrado e doutorado). Tem experiência em Recursos Hídricos, atuando principalmente nos seguintes temas: semi-árido, modelagem hidrológica, mudanças climáticas, drenagem urbana e aquíferos costeiros.

Talita Moreira de Oliveira

Graduada em Engenharia de Alimentos e mestre em Ciência e Tecnologia de Alimentos pela Universidade Federal de Viçosa. Doutoranda no programa de pós-graduação em Educação em Ciências: Química da Vida e Saúde da Universidade Federal do Rio Grande do Sul (UFRGS), Universidade Federal do Rio Grande (Furg) e Universidade Federal de Santa Maria (UFSM). Atua como analista em Ciência e Tecnologia na Capes.

Tatiana Deane de Abreu Sá

Engenheira agrônoma, mestre em Ciência do Solo e Biometeorologia, doutora em Ecofisiologia Vegetal e pós-doutora em Agroecologia. Pesquisadora A na Empresa Brasileira de Pesquisa Agropecuária (Embrapa), em sua unidade da Amazônia Oriental, onde foi chefe geral. Ocupou diretoria executiva da Embrapa. Tem experiência na área de Agronomia, com ênfase em Agrometeorologia e Biofísica Vegetal, atuando principalmente nos seguintes temas: vegetação secundária, capoeira, sistemas agroflorestais, Amazônia, sistemas alternativos à queima e agroecologia, com interesse no estímulo à adoção das abordagens interdisciplinar e transdisciplinar. Desenvolve também atividades de docência em cursos de pós-graduação, atualmente na Universidade Federal do Pará (UFPA), no programa de pós-graduação em Agriculturas Amazônicas. Tem participado e coordenado projetos e participado de colegiados técnico-científicos nacionais e internacionais.

Tercio Ambrizzi

Doutor em Meteorologia pela Universidade de Reading, Reino Unido. Foi diretor do Instituto de Astronomia, Geofísica e Ciências Atmosféricas da Universidade de São Paulo (IAG/USP), onde é professor titular do Departamento de Ciências Atmosféricas. Foi editor-chefe da *Revista Brasileira de Meteorologia*, vinculada à Sociedade Brasileira de Meteorologia. Publicou centenas de artigos em periódicos especializados, trabalhos em anais de eventos e capítulos de livros. Atua na área de Ciências Atmosféricas, com ênfase em meteorologia dinâmica, modelagem numérica da atmosfera e climatologia. É coordenador do Grupo de Estudos Climáticos (GrEC) e do INterdisciplinary CLimate INvEstigation Center (Incline). Membro titular da Academia Brasileira de Letras (ABC).

Valdir Fernandes

Cientista social, mestre e doutor em Engenharia Ambiental pela Universidade Federal de Santa Catarina (UFSC). Pós-doutorado em Saúde Ambiental pela Faculdade de Saúde Pública da Universidade de São Paulo (USP). Finalista do Prêmio Jabuti em três edições, tendo recebido o 2º lugar em 2011 na categoria Educação com a obra *Interdisciplinaridade em Ciência, Tecnologia e Inovação*, da qual foi editor executivo e coautor; finalista em 2013 na categoria Economia, Administração e Negócios com *Gestão de Natureza Pública e Sustentabilidade*; e o 1º lugar em 2015 na categoria Educação e Pedagogia com a obra *Práticas da Interdisciplinaridade no Ensino e Pesquisa*; todos publicados pela Editora Manole. Na Capes, foi coordenador adjunto da área de Ciências Ambientais para mestrados profissionais e exerceu o cargo de coordenador geral de avaliação e acompanhamento. É professor titular-livre da Universidade Tecnológica Federal do Paraná (UTFPR).

Wagner Costa Ribeiro

Professor titular do Departamento de Geografia da Faculdade de Filosofia, Letras e Ciências Humanas da Universidade de São Paulo (FFLCH/USP), dos programas de pós-graduação em Geografia Humana e em Ciência Ambiental. Membro do grupo de pesquisa Meio Ambiente e Sociedade do Instituto de Estudos Avançados, também na USP. Pesquisador do Conselho Nacional de Desenvolvimento Científico e Tecnológico (CNPq) e da Fundação de Amparo à Pesquisa do Estado de São Paulo (Fapesp).

Walkymário de Paulo Lemos

Engenheiro agrônomo, mestre e doutor em Entomologia. Pesquisador A da Empresa Brasileira de Pesquisa Agropecuária (Embrapa) Amazônia Oriental, onde tem dedicado suas pesquisas às áreas de manejo integrado de pragas dos principais cultivos amazônicos (especialmente fruteiras e palmáceas), controle biológico de pragas, pesticidas botânicos e agroecologia, com abordagem multidisciplinar. Atualmente é chefe de pesquisa e desenvolvimento (P&D) da Embrapa Amazônia Oriental e professor permanente do programa de pós-graduação em Agriculturas Amazônicas (PPGAA) da Universidade Federal do Pará (UFPA), que tem também abordagem multidisciplinar. Na mesma universidade, tem orientado dissertações de mestrado. É bolsista de produtividade em pesquisa (PQ-2) do Conselho Nacional de Desenvolvimento Científico e Tecnológico (CNPq) e líder do grupo de pesquisa Insetos-Praga e Benéficos de Plantas Cultivadas na Amazônia Oriental.

A TRILOGIA

Trata-se de obras que registram conquistas de um processo desenvolvido no Brasil, nos últimos 15 anos, e que vem paulatinamente ganhando espaço e força, contribuindo para mudanças significativas na comunidade acadêmica e científica, com reflexos diretos em suas áreas de atuação no ensino, pesquisa e extensão.

O primeiro volume, *Interdisciplinaridade em ciência, tecnologia & inovação*, editado por Arlindo Philippi Jr e Antônio Silva Neto, é composto por conjunto significativo de reflexões teóricas e abordagens práticas, associadas ao desenvolvimento da ciência, tecnologia e inovação.

O segundo volume, *Práticas da Interdisciplinaridade no ensino e pesquisa*, editado por Arlindo Philippi Jr e Valdir Fernandes, dá continuidade a essas reflexões, porém agora com ênfase às práticas empreendidas por docentes, grupos de pesquisa e instituições de ensino e pesquisa.

Ensino, pesquisa e inovação: desenvolvendo a interdisciplinaridade, obra editada pelos professores Arlindo Philippi Jr, Valdir Fernandes e Roberto Pacheco, é o terceiro volume, contendo reflexões e discussões sobre processos de institucionalização da interdisciplinaridade em instituições de ensino e pesquisa, bem como sobre os desafios de sua internalização.